도로교설계기준(한계상태설계법)-2015

Limit State Design of Concrete Structures

제2판 콘크리트구조 한계상태설계

김 우 저

도서출판 동화기술

서문

콘크리트는 우리 주변에서 가장 많이 사용되는 재료이다. 실제로 현대 문명 사회에서는 콘크리트 구조물 안에서 거의 모든 생활과 활동을 하고 있다는 것을 쉽게 느낄 수 있다. 그럼에도 불구하고, 콘크리트 재료의 특성인 임의성, 비선형성, 시간 의존성과 이질 재료인 철근과의 합성 작용에 대한 이해가 충분하지 않았기 때문에 지난 1세기 동안 콘크리트 구조물을 설계하는 작업은 경험과 실험에 주로 의존할 수밖에 없었으며 불확실성이 크게 내재된 분야로 분류되어 왔다.

철근콘크리트 구조물을 설계하는 방법은 콘크리트 구조의 기본 원리를 파악하는 정도에 따라 안전성과 경제성을 합리적으로 확보하는 방향으로 지속적으로 개선되면서 변화하고 있다. 특히, 21세기로 넘어오는 과정 중에는 세계 자유무역협정에 따라, 국가간 자유 무역을 위한 기술적 장애 제거와 기술 규격 및 기준의 통일이 강조되면서 콘크리트구조설계기준은 큰 변혁을 겪고 있다. 이러한 대외적 현실은 더 이상 우리 국내적 요구 수준의 설계기준보다는 해외 건설 시장에서 우리 기술자들의 경쟁력을 확보할 수 있는 수준의 기술력과 설계기준을 확보해야 할 필요성이 크게 대두되어서, 토목 구조물 설계에 적용하는 도로교설계기준이 한계상태설계 개념으로 크게 개정되었다. 이 새로운 설계법은 상당한 수준의 통합 요소 이론 기반으로 구성되어 있다.

이 책은 새 설계기준인 '도로교설계기준(한계상태설계법)'의 기본 개념을 이해하여 실제 설계에 쉽게 적용할 수 있게 하려는 목적으로 집필된 것이다. 그동안 국내외에서 철근콘크리트 구조 설계에 관련된 많은 책이 출간되었음에도 불구하고, 한계상태설계 개념에 근거한 이론적 배경으로부터 설계식이 도출되는 과정을 쉽게 그리고 충분히 이해하는데 적합한 교과서는 국내외적으로 흔치 않았다. 이러한 이유로 이 책에는 구성과 내용, 그리고 사용된 용어 및 부호들이 독자들에게 익숙하지 않으며 처음으로 소개되는 생소한 것들이 상대적으로 많이 포함되어 있다. 한계상태설계 개념을 효과적으로 설명하기 위해서, 이 책은 내용을 크게 ① 한계상태 설계 일반, ② 재료 및 기본 구조 요소의 성질, ③ 구조 해석, ④ 한계상태 검증, ⑤ 철근과 부재 상세 설계, ⑥ 프리스트레스트 콘크리트의 여섯 주제 순서로 나누어 전체 11장으로 구성하였다.

이 책의 1장에서는 콘크리트 교량 뿐만 아니라 모든 구조물에 적용되는 한계상태의 정의, 설계 기본 변수의 설계값, 부분안전계수와 하중 조합에 대한 설계 일반 사항을 깊이 있게 다루었다. 2장에서는 미시 재료 관점에서 콘크리트와 철근의 재료에 대한 역학적 성질을 간단히 소개했으며, 3장에서는 합성된 기본 구조 요소의 성질을 거시적 재료 관점으로 새롭게 기술하였다. 4장에서는 작용 하중에 의해 구조물에 발생하는 하중영향을 산정하는 구조 해석 방법에 관한 사항을 기술하였다. 5장과 6장에서는 극한한계상태의 검증 방법과 함께 설계 방법을 소개하였다. 특히, 7장에서는 교란 영역의 극한한계상태 검증에 적용하는 스트럿-타이 설계법을 상세히 기술하였다. 8장에서는 사용한계상태 검증과 내구성 설계에 대해 다루었다. 9장에서는 철근의 정착과 이음 등의 상세를 정리하였다. 10장에서는 가장 기본이 되는 보를 기준으로 슬래브, 기초판 및 옹벽의 설계에 대해 종합적인 예제를 들어 설명하였다. 마지막 11장에는 프리스트레스트 콘크리트 부재 설계에 대해 다루고 있다. 특히, 이 새로운 한계상태설계법의 근본 내용을 쉽게 이해할 수 있도록 기존 강도설계법의 핵심내용과 그 차이를 해당 부분마다 주석으로 기술하였다.

이 책은 콘크리트 구조 설계 과목의 교재로 한 학기 또는 두 학기에 강의하는데 적합하도록 구성되었다. 학부에서 교재로 사용할 경우에는 재료역학과 구조역학을 이수한 후에 이 과목을 편성하여야 효율적인 강의가 가능하다. 1장, 3장과 4장에는 한계상태설계법의 깊은 배경 이론이 포함되어 있으며, 이러한 내용을 기술하는 절에는 절 번호에 * 표시를 하여 두었다. 따라서 만약 한 한기 강의 교재로 사용할 경우이거나, 재료역학과 구조역학을 선행 이수하지 않는 경우, 또는 시간이 충분하지 않는 실무 기술자인 경우에는 * 표시된 절을 제외하고 다루어도 이해가 가능하도록 책을 구성하였다. 학부 학생들에게는 * 표시된 부분을 읽기 숙제로 부여하면 콘크리트 공학에 대한 좋은 동기 부여의 기회가 될 수 있다. 이 책은 학부의 심화 과정이나 대학원 교재로도 적합하다. 각 장의 끝에는 이 책을 쓰면서 참조한 문헌들과 함께 내용을 깊이 이해하는데 도움이 될 논문들을 발췌하여 참고문헌 목록을 수록하여서 깊이 있게 공부하거나 연구하는 학생들에게 도움이 되도록 하였다.

콘크리트 구조의 한계상태설계법은 최근에 등장하였으며, 기존의 강도설계법에 비해 새로운 이론과 용어가 많이 추가된 설계 방법이다. 이러한 연유로 한계상태설계법을 넓고 깊이 있으면서 쉽고 간결하게 설명하려고 애를 썼으나, 준비 기간과 능력의 제약으로 처음의 의도가 다 이루어지지 않았음을 밝히고, 점차 수정하고 보완하여 가까운 시일에 개선된 책을 출간하여 읽는 이들의 기대에 부응할 것을 약속드리는 바이다.

이 책을 쓰면서 많은 사람들의 도움을 입었다. 특히, 중앙대 정영수 교수, 성균관대 신현목 교수, 동아대 강원호 교수, 영남대 이재훈 교수, 성균관대 이광명 교수, 서경대 김지상 교수, 콘크리트공학연구소 정하선 소장, 그리고 부산대 정진환 교수와 함께 지난 10년간 교량설계핵심기술연구단(서울대학교)의 지원에 의한 많은 연구와 토론이 있었기에 이 책을 쓸 수가 있었다. 또한 한국콘크리트학회 전단-비틀림 연구위원회의 여러 위원들과 20여년 동안의 토론이 3장의 초석이 되었다. 이분들에게 큰 감사를 드린다. 전남대학교 대학원 토목공학과를 나온 순천제일대 이기열 교수, 전남 TP 김민중 박사, 금광기업 이창신 박사, 효진 ENG 양준호 박사, 조선이공대 최승원 교수와 박사과정의 이준석 군은 책 전반에 걸쳐 점검하고 교정하였으며, 부록과 설계 도표를 만드는데 수고하였고, 책을 집필하는 동안 지켜보고 응원해준 전남도립대 김대중 교수와 연구실 제자들에게 저자는 한없는 고마움을 나타내고 싶다.

이 책을 편집하고 출간하는데 많은 수고를 해주신 도서출판 동화기술 편집진 여러 분께 감사드리고, 지난 1년여의 각고의 시간동안 인내와 기대를 끝없이 보내준 숭실대 최완철 교수, 영남대 우광성 교수, 전남대 하태준 교수와 더불어 저자의 아내와 아들 현수, 딸 유진이와 함께 이 책을 펴내는 기쁨을 나누고 싶다.

담양 창평에서
김 우

차례

제1장 • 서 론

제2장 • 재 료

제3장 • 기본 구조 요소

제4장 • 구조 해석

제5장 · 휨과 축력이 작용하는 부재의 설계

제6장 · 전단 및 비틀림이 작용하는 부재의 설계

제8장 • 사용성과 내구성 설계

제11장 · 프리스트레스트 콘크리트 부재 설계

APPENDIX

CHAPTER 1
서 론

1.1 철근콘크리트 구조

콘크리트는 시멘트, 모래와 자갈로 구성되는 골재 그리고 물의 적절한 혼합으로 얻어지는 재료이다. 콘크리트는 골재가 대부분을 차지하고, 물과 시멘트는 골재들을 결합시켜 단단한 고체가 되도록 한다. 콘크리트는 구성 재료를 적절한 비율로 조정함으로써 여러 종류의 품질을 얻을 수 있으며, 특수 시멘트, 특수 골재, 혼화재료, 특수 양생 방법 등에 의해 다양한 재질의 콘크리트를 제조할 수 있다.

콘크리트는 초기에 액체 상태로 다양한 형태의 거푸집에 채워질 수 있기 때문에 여러 형태의 구조물을 만들 수 있다는 것이 큰 장점이다. 또한 시멘트를 제외한 대부분의 재료들을 가까운 주변에서 쉽게 얻을 수 있다. 콘크리트의 압축강도는 천연의 바위처럼 높아서 압축을 받는 부재에 적합하다. 반면에 콘크리트는 압축강도에 비해 인장강도가 작은 취성 재료이다. 이러한 한계를 극복하기 위해 19세기 후반부터 콘크리트 내부에 철근을 사용하게 되었다. 그 후 철근과 콘크리트 사이의 부착을 증가시키기 위해 표면에 요철을 둔 철근을 사용하게 된다. 철근을 미리 거푸집 안에 배치하고 콘크리트를 타설하여 하나의 구조체로 만든 것을 **철근콘크리트**(reinforced concrete)라 하며, 콘크리트와 철근이라는 두 재료의 결합을 통해 많은 장점을 발휘하게 된다.

일반적으로 세상에서 널리 쓰이는 구조 재료로서, 철근콘크리트는 강재(steel)나 목재에 비해 많은 장점들을 가지고 있다. 첫 번째로 철근콘크리트는 높은 경제성을 가지고 있다. 콘크리트를 구성하는 시멘트, 골재, 물 등은 공사 현장과 가까운 거리에서 공급이 풍부하고, 운반하거나 저장하기 매우 쉽다. 두 번째 장점으로는 내구성이 우수하고 사용 중 유지 관리가 쉬운 점을 들 수 있다. 콘크리트는 화학적으로 안정된 재료이므로 물리-화학적으로 쉽게 손상되지 않으며, 화재에 대해서도 저항하는 성능이 우수하다. 세 번째로는 뛰어난 조형성이다. 콘크리트는 거푸집 안에 액체 상태로 타설되기 때문에 거푸집 형상과 마감 처리에 따라 원하는 형태와 무늬를 만들어 낼 수 있다. 네 번째로 소리, 진동, 온도에 대한 차단 성능이 매우 우수하다. 바람이나 기계적 진동 또는 보행자에 의해 구조물 전체나 바닥판이 진동하는 경우가 있으나, 콘크리트 구조물인 경우에는 높은 강성과 질량으로 이에 대한 저항 성능이 크며, 열전달계수가 낮아서 쉽게 데워지거나 냉각되지 않는다.

이처럼 우수한 장점으로 인하여 콘크리트는 점점 사용하기 쉬운 구조 재료로 인식되고 있으나, 한편으로는 단점들도 가지고 있다. 콘크리트의 인장강도는 그 압축강도의 1/10 정도로 매우 취약하다. 이때문에 콘크리트 구조에는 균열이 쉽게 발생하며, 취성적 파괴 형태를 띤다.

철근은 이러한 취약성을 보강하기 위하여 사용된다. 철근은 큰 인장강도, 뛰어난 연성과 인성을 갖는다. 이러한 여러 장점으로 인해 교량, 건물, 댐, 저류 시설 등의 구조물을 건설할 때 철근콘크리트는 거의 제한없이 사용되고 있다.

철근콘크리트는 발휘하는 강도에 비해 자중이 무겁다. 철근콘크리트의 비중은 대략 2.4로 상당히 큰 편이다. 이러한 이유로 긴 경간 구조에는 불리한 면을 갖고 있다. 최근에는 보통 철근보다 4배 이상으로 항복강도가 높은 철근도 생산할 수 있으며, 보통 콘크리트보다 5배 정도 강도가 높은 고강도 콘크리트를 생산하는 것도 가능해졌다. **프리스트레스트 콘크리트**(prestressed concrete)는 고강도 강재와 콘크리트가 결합된 것으로서, 사용 하중이 작용하기 전에 강선, 강연선, 강봉 등에 미리 도입되는 높은 압축력은 콘크리트의 처짐과 인장 균열을 현저하게 감소시킨다. 고강도 재료와 선행 압축(precompression) 공법을 사용하면 작은 크기의 부재로도 큰 외력外力을 저항할 수 있기 때문에 자중의 감소로 인하여 장대長大 경간에도 적용할 수 있는 많은 이점을 갖게 되었다.

교량은 인류 문명의 발전에 필수 요소 중의 하나이다. 아주 오래 전부터 인류는 석재石材를 이용한 아치교를 만들었다. 돌로 만든 아치교는 우리나라를 포함한 세계 도처에 존재했으며 지금까지 많은 유적들이 남아 있다. 석재 아치교를 도로교에 적용하여 크게 발전시킨 시기는 서구 로마시대였다. 그 후 중세를 포함한 근 1,000년 동안의 인류 문명사에서 교량 축조 기술에 대한 진보가 없었으며, 사용 재료의 한계 때문에 아치교의 지간은 대략 20m 미만이었다. 18세기에 이르러 산업혁명에 따른 새로운 운송 수단의 등장으로 말미암아 교량은 매우 중요한 기간 시설로 등장하게 되었다. 그러나 당시에는 건설 재료의 제약 때문에 기존의 석재 아치교에서 크게 벗어나지 못했다. 이러한 상황에서 혁신적인 교량 발달의 단초는 19세기 초 현대 시멘트의 등장이다. 이때부터 콘크리트는 석재와 목재를 대신하는 중요한 건설 재료가 되어 그동안 인류가 상상할 수 없었던 장대 교량과 고층 건물의 축조가 가능하게 되었다.

약 150년 전인 19세기 중엽부터 현대의 콘크리트가 실용화되면서 교량의 크기와 형태에 비약적인 변화가 시작되었다. 19세기 후반에는 깊은 계곡이나 넓은 강을 횡단하기 위한 장경간 교량의 필요성에 의해 대들보(girder ; 거더) 축조 기법이 크게 발전하였으며, 그 대표적인 것이 프리스트레스 공법이라 할 수 있다. 이 콘크리트 보강 기술을 적용한 대표적인 것으로서, 그림 1.1에 보인 경간(span)이 174 m이고 높이가 150 m인 교량이 알프스산 계곡에 만들어져 지금까지 사용되고 있다. 그림 1.2는 1980년에 한강에 건설된 원효대교를 보인 것이다. 이 교량은 우리나라에서 처음으로 특수 건설 방법인 캔틸레버 공법(FCM)을 사용하여 건설되었으며, 상자형 단면 거더를 곡선으로 구성하여 구조적 효율성과 함께 미관이라는 측면을 고려한 최초의 교량이다. 그 후 발전을 거듭하여 그림 1.3에 보인 교량처럼 바다의 섬들 사이를 단지 몇 개의 교각만으로 지지하는 많은 콘크리트 교량이 건설되었다.

그림 1.1 Ganter교 (계곡에서 150 m 높이 총길이 477 m인 4경간 콘크리트 사장재 곡선교, 1980, 스위스)

그림 1.2 원효대교 (경간 60 m인 10경간 연속 상자형 단면 콘크리트 거더교, 1980) [참고문헌 1.3]

그림 1.3 늑도대교 (경간 90 m+160 m+90 m인 상자형 단면 콘크리트 거더교, 2004) [참고문헌 1.3]

그림 1.4는 총길이가 6,890 m에 달하는 고속철도교를 보인 것이다. 이 교량의 상부 구조는 프리스트레스트 콘크리트 상자형 단면으로, 이동식 거푸집 공법으로 92년부터 7년간에 걸쳐 완공되었다. 최대 속도 350 km/hr로 달리는 고속열차와 구조물간의 공진 등 기존에 경험해보지 못했던 조건들을 견디도록 설계 및 시공되었다. 그림 1.5에 보인 것은 국내 기술진이 해외에 건설한 초고층 건물인 페트로나스 트윈 빌딩이다. 이 건물은 80 MPa의 고강도 콘크리트로 된 수직 골조와 강재 합성 콘크리트 슬래브로 된 지상 450 m 높이의 초고층 빌딩이다. 특히 지상 380 m까지 레미콘을 직접 압송하여 건설하였다. 그림 1.6에 보인 원통형 콘크리트 구조물은 높이가 150 m인 원자력 발전소 격납 구조물로서 국내에 이미 20여기 이상 건설되었다. 이 격납 구조물은 벽 두께가 1.2 m 정도이며, 대형 항공기의 외부 충돌이나 내부 원자로의 사고 상황에 대비하기 위하여 원주 방향과 높이 방향으로 매우 높은 수준의 프리스트레스가 도입되어 있다.

그림 1.1에서 1.6까지 보인 구조물의 형태는 모든 종류의 콘크리트 구조물을 보인 것은 아니고, 인류 문명사에서 도전적이며 창조적인 사례들의 일부만을 보인 것이다. 이처럼 오랜 역사 동안 불가능하다고 생각했던 장대 교량과 초고층 건물의 축조를 가능하게 한 것은 콘크리트라는 건설 재료를 사용할 수 있기 때문이다. 콘크리트의 다양한 적용성은 아직도 설계 기술자들이 도전해야 할 많은 창조적인 기회를 제공하고 있다.

그림 1.4 풍세교(총길이 7 km이며 한 경간이 40 m인 프리스트레스 상자형 단면 거더교, 1999) [참고문헌 1.3]

그림 1.5 페트로나스 트윈 타워 (지상 450 m 높이의 98층 초고층 빌딩, 말레이시아, 1997) [참고문헌 1.3]

그림 1.6 원자력 발전소 격납 시설 (벽 두께가 1 m 원통형과 돔 형식의 구조물, 1980년대) [참고문헌 1.3]

1.2 구조 설계법

1.2.1 설계법의 변천

콘크리트 구조물은 적절한 정도의 신뢰성과 경제성을 확보하면서 의도하는 수명동안 사용 중 발생 가능한 모든 하중과 환경에 견딜 수 있어야 하며, 사용 용도에 부합하도록 설계되어야 한다. 즉, 충분한 구조적 안전성, 사용성과 내구성을 가져야 하며, 적합한 재료의 선정, 적절한 설계 및 상세, 엄격한 시공 관리를 통해 위 요구 조건을 만족시켜야 한다. 그런데 실제로 구조물을 설계하려 할 때 아직까지 많은 제약들이 존재한다. 그 중에서 가장 큰 제약은 구조물의 시공과 사용 중에 발생 가능한 구조적 불확실성으로서 작용하는 **하중**荷重(load)에 대한 불확실성, 사용하는 재료의 **강도**強度(strength)와 성질에 대한 불확실성, 시공 품질에 대한 불확실성, **거동**擧動(behavior)을 예측하는 이론에 대한 불확실성이 있다. 이런 모든 불확실성에도 불구하고 우리는 안전하고 경제적인 구조물을 설계하고 지어야 한다. 최근에는 경제성을 극대화하려는 경향이 크게 증대하고 있는 현실에서 어떻게 필요한 **안전성**安全性(safety)을 확보하느냐 하는 것에 대한 방법은 점점 복잡해지고 있다.

서구에서 산업혁명이 크게 왕성해지는 19세기 전반까지는 계산 형식을 사용한 구조물 설계를 거의 하지 않았다. 당시에는 구조물의 저항 강도를 예측하는데 사용할 수 있는 시공 재료의 강도를 측정할 수단이 없었으며, 구조물의 거동에 대한 이론적 지식이 거의 없는 상태였다. 이때문에 구조물의 안전성은 오로지 경험에 의존할 수밖에 없었으며, 건설 기술자는 구조물의 형태, 재료 및 치수를 오랜 기간동안의 경험으로 결정하였다. 경험에 의존하는 설계는 확실하게 불안전한 설계를 다시 하지 않는다는 장점이 있는 반면에, 강도가 얼마만큼 초과되어 이에 따른 비경제적 공사비가 얼마인지에 대해 알 수단이 없었다. 더욱이, 이런 설계 방법은 기존에 지어진 구조물과 설계 상황이 비슷한 경우에만 적용될 수 있었다. 즉 공사비가 바뀌지 않으며, 사용 재료와 구조 형식이 크게 다르지 않는 경우에만 적용이 가능하였다. 이러한 건설 방법은 산업혁명이 크게 왕성해지는 19세기부터 급격히 변화하기 시작하였다.

산업의 급속한 발전으로 인해 제한된 경간과 기울기를 갖는 기존의 도로와 철도의 조건들을 훨씬 넘어서는 제원의 교량들이 필요하게 되었다. 지지해야 할 하중은 그 당시 경험했던 값보다 훨씬 컸다. 뿐만 아니라, 공장 및 생산 시설의 발전으로 말미암아 새로운 형식의 건물이 필요하게 되었으며, 항구와 같은 다른 기반시설도 개발하게 되었다. 이러한 상황들은 설계자와 기술자들이 경험했던 것을 훨씬 넘어서는 것들이었으며, 새로운 방법을 찾아야만 했다. 이것들이 궁극적으로는 오늘날 우리가 알고 있는 구조공학을 발전시키게 되는 직접적인 동기였다.

그 당시 안전한 설계 방법을 개발하기 위한 시도로 실제 구조물을 실험하고자 하는 경향이 있었다. 이러한 대표적인 기술자로 영국의 Brunel을 들 수 있는데, 그는 한 지역을 지나는 철도교를 건설할 때, 거더를 설치하기 전에 한 경간에 임시 거더 하나를 올려서 770톤의 하중을 가하는 실험을 하였다. Rober Stephenson은 Britannia 교량을 설계할 때 여러 종류의 모형 실험을 수행하였다. 결국, 이들은 교량이 실제로 예상되었던 것보다 상당히 큰 하중을 지탱할 수 있다는 사실을 알게 되었다[참고문헌 1.6]. 이것을 기호를 사용하여 다음과 같이 표현할 수 있을 것이다.

$$R \geq \gamma Q \tag{1.2-1}$$

여기서 R은 추정한 구조 저항 강도이고, Q는 작용 하중이며, γ는 안전계수이다. 이 **안전계수**(safety factor)를 사용하는 목적은 하중의 크기와 강도를 평가하는데 포함되는 모든 불확실성을 고려한 여유 강도를 확보하기 위해서였다. 안전계수의 값은 임의로 선택되었으며, 일반적으로 3 근처의 값을 취하였다. 이 식은 강도를 평가하거나 구조물을 몇 개의 부분 구조로 나누어서 실험하여 안전성을 판별할 때 아주 편리하게 사용할 수 있었다.

1.2.2 허용응력 설계법

지난 19세기에는 구조 이론 분야의 발전에 큰 진전이 있었다. Navier, Rankine, Maxwell, Castigliano와 같은 학자들의 연구가 모두 이 시기에 이루어졌다. 이 시기에 구조물을 탄성 해석하는 방법과 구성 부재의 응력을 계산하는 능력이 크게 발전하였다. 탄성 이론은 파괴 강도를 직접적으로 예측하게 하지는 않지만 하중에 의해 부재에 유발되는 응력의 분포와 크기를 예측할 수 있게 한다. 파괴 강도를 평가하기 위해서는 재료가 지탱할 수 있는 최대 응력을 알 필요가 있다. 이 재료의 최대 응력을 안전계수로 나누어 **허용응력**(permissible stress)을 구하였다. 따라서 구조물을 안전하게 설계하기 위해서는 하중에 의해 부재에 유발된 응력이 허용응력을 초과하였는지를 검증하여야 했다. 이러한 설계 방법을 기호를 사용하여 다음과 같이 표현할 수 있다.

$$\frac{f_R}{\gamma} \geq f_E \tag{1.2-2}$$

여기서 f_R은 재료가 저항할 수 있는 최대 응력인 극한한계강도이고, f_E는 작용하는 하중에 의해 부재에 발생하는 응력이며, γ는 안전계수이다. 위 식의 좌변을 보통 허용응력 f_a라고 정의하며, 안전성 문제를 다룰 때 많이 사용하는 공식이다. 그런데 이 식에 사용한 안전계수

γ값은 불확실성을 포함하는 함수가 되도록 하는 시도 없이 임의로 선택된 것이었다. 응력을 계산할 때 사용하는 하중에 대한 값은 일반적으로 **사용하중**(working load at service)으로 하였다. 즉, 이 사용하중은 구조물을 사용하는 동안에 자주 발생하는 크기의 하중이다. 이런 크기의 하중을 적용하는 것의 이점은 하중이 설계자와 사용자에게 실제적으로 보인다는 것이다. 이런 하중 하에서 구조물은 대체적으로 탄성 거동을 할 것이며 따라서 응력과 하중의 계산은 상대적으로 현실적이 될 수 있다.

19세기 후반에는 철근콘크리트가 주요한 구조 재료로 등장하였다. 그런데 철근콘크리트의 출현은 안전성 문제에 새로운 어려움을 가져왔다. 철근콘크리트는 강재인 철근과 콘크리트가 일체로 구성된 복합 재료이다. 이 두 재료는 생산되는 방법이 아주 다르며, 따라서 이들의 품질 및 강도와 관련하여 예상되는 불확실성이 크게 다르다. 철근은 공장에서 엄격한 품질 관리를 거쳐 생산되기 때문에 기본적으로 재료 성질에 큰 차이가 없는 재료인 반면에, 콘크리트는 자연 재료인 자갈과 모래로 대부분 현장에서 만들어진다. 현장에서 배합하여 거푸집에 타설, 다짐, 양생되므로 콘크리트의 품질은 상당히 변동적이다. 이러한 경우에는 재료마다 서로 다른 안전계수를 사용하여 각 재료의 다른 불확실성의 수준을 간단하게 반영하는 허용응력 설계법을 적용해야 한다는 것을 빠르게 인식하게 되었다. 따라서 서로 다른 재료가 있는 경우에 대한 허용응력 공식은 다음과 같이 표현하였다.

$$\frac{f_{ck}}{\gamma_c} = f_{ca} \geq f_c \quad \text{그리고} \quad \frac{f_y}{\gamma_s} = f_{sa} \geq f_s \tag{1.2-3}$$

여기서 f_{ck}는 콘크리트 기준강도이고, f_y는 철근의 항복강도이며, f_c와 f_s는 각각 콘크리트와 철근에 유발된 응력, γ_c와 γ_s는 각각 콘크리트와 철근에 적용하는 안전계수이다. 이러한 방법은 다른 강도와 다른 불확실성을 가진 재료로 구성된 구조물을 설계하는데 유용한 방법이라고 할 수 있었다.

1.2.3 부분안전계수 설계법

허용응력 설계법의 취약점은 각 재료가 서로 다른 불확실성을 갖고 있다는 것을 인지하였지만, 각기 다른 형태의 하중과 관련된 불확실성은 전혀 반영하지 못한다는 것이었다. 허용응력 공식이 사용되는 설계법의 또 다른 취약점으로는 탄성 이론으로 계산한 응력과 파괴 응력 사이에 선형 비례 관계가 성립하지 않는다는 것이다. 이때문에 사용된 안전계수는 개념적인 값에 불과한 것이며 구조물의 실제적인 안전율을 가깝게 나타내지 못하였다.

20세기 초반부터 구조 부재의 실제 파괴 강도를 예측하려는 많은 연구가 수행되었다. 구조의 안전성 문제를 생각하는데 실제 사용중인 상태보다는 파괴 직전의 상태를 직접 수식화하는 것이 훨씬 논리적인 것으로 여겼으며, 이때부터 미국과 유럽 여러 나라의 설계기준에 파괴 강도를 예측하는 공식들이 도입되기 시작하였다. 구조물의 파괴 강도를 예측하기 위해서는 파괴라는 실질적 의미를 공학적으로 새롭게 정의할 필요가 있을 뿐만 아니라, 그에 연관된 설계 변수(design variable)들에 대한 불확실성을 추가적으로 고려할 필요가 대두되었다. 이때문에 구조물의 일관된 안전성을 다루기 위해서는 많은 설계 변수마다 각각의 **부분**部分**안전계수**(partial safety factor)를 별도로 설정하는 것이 합리적이라고 생각하게 되었다.

이처럼 구조 설계법의 취약점을 보완하기 위해 안전성 문제에 대한 새로운 방법이 개발되었다. 이 새로운 설계법의 기본 개념은 1930년대 러시아에서 처음 나타난 것으로 알려지지만, 현재의 형태로 발전시킨 것은 1964년 유럽콘크리트위원회(Comite European du Beton; CEB)였으며, 부분안전계수 설계법의 첫 단계는 작용 하중 영향과 저항 강도를 엄격하게 구별하여 정의하는 것이었다[참고문헌 1.6]. 하중의 기본적인 크기를 표준값으로 정의하는데, 구조물의 **설계 수명**(design life span)동안 특정한 발생 확률에 상응하는 하중 크기로 정한 값이다. 사실 표준하중은 극히 드물게 발생할 것으로 예상되는 하중 크기로, 설계 수명동안 한두 차례 정도 발생 가능한 크기로 정의하는 것이 가장 합리적인 것으로 여겨진다. 왜냐하면 이 값이 구조물의 수명동안 작용 가능 최대 하중에 해당되기 때문이다.

표준하중을 정의하는 방법과 동일한 접근법을 구조 재료의 강도를 정의하는데 적용한다. 재료의 **기준강도**(characteristic strength)는 이 값보다 낮은 강도가 발생할 수 있는 확률이 어떤 특정한 값에 상응하는 강도 크기로 정의한다. 이것은 재료 성질의 통계적 확률빈도곡선의 특정한 분위(fraction)에 해당하는 값이다. 이처럼 표준하중과 기준강도를 엄밀하게 정의하면, 발생 확률이 훨씬 낮게 설정된 설계값(design value)인 설계강도와 설계(계수)하중을 결정할 수 있다. 재료의 **설계강도**(design strength)는 다음 식으로 주어진다.

$$f_d = \frac{f_k}{\gamma_m} \tag{1.2-4}$$

여기서 f_d는 재료의 설계강도이고, f_k는 재료의 기준강도이며, γ_m은 재료 성질의 기준값이 갖는 불확실성을 반영하는 부분안전계수이다. 보통 안전률 또는 안전계수는 1.0 이상의 값을 갖는다. 따라서 위 식으로 정한 설계강도는 기준강도보다 작은 강도가 된다.

일반적으로 구조물의 설계저항강도 R_d는 사용된 여러 재료의 설계강도 $f_{d,i}$ $(i \geq 1)$, 구조물 치수 a_n과 저항강도 산정 모델 R의 세 가지 변수로 구성된 함수이다. 즉,

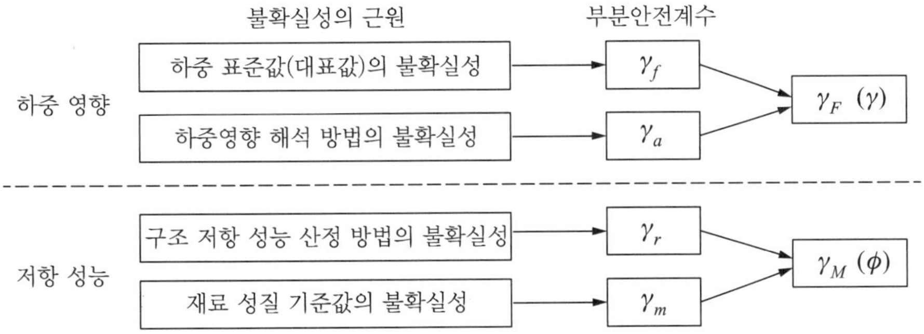

그림 1.7 개별 부분안전계수의 정의와 관계 [참고문헌 1.7]

$$R_d = \frac{1}{\gamma_r} R\{f_{d,i};\, a_n\,; \ldots\} \tag{1.2-5}$$

여기서 R은 강도 산정 과정을 표현하는 함수이고, γ_r은 강도 산정 방법이 내포하고 있는 불확실성을 고려하는 부분안전계수이다. 이것은 사용하중 상태에서의 응력 대신 극한한계상태가 고려되는 것을 제외하고는 허용응력 설계법과 크게 다르지 않다.

부분안전계수법이 허용응력 설계법과 가장 큰 차이가 나는 것은 하중을 다루는 방법이다. 여기서 하중은 표준값 Q_k가 갖는 불확실성을 반영한 부분안전계수 γ_f를 곱하여 구한 설계(계수)값 Q_u는 다음 관계식으로 정의된다.

$$Q_u = \gamma_f Q_k \tag{1.2-6}$$

실제 구조물에서는 여러 종류의 하중이 동시에 작용하기 때문에 구조물에 대한 다양한 실제 **하중조합**(load combination)에 따른 구조 해석을 수행하여 하중영향을 구한다. **하중영향**(influence of load / load effect)이란 작용하는 하중 혹은 하중 조합에 의해 구조물의 내부에 발생하는 모든 반응을 포괄적으로 의미하는 것으로, 구조물에 유발되는 휨모멘트, 전단력, 비틀림 등의 내력內力과 그에 의한 응력과 더불어 처짐과 변형을 모두 포함하고 있다. 따라서 여러 계수하중에 의해 구조물에 발생한 하중영향 E_u를 다음 식으로 표현할 수 있다.

$$E_u = \gamma_a E\{\textstyle\sum Q_{u,i};\, \ldots\} \tag{1.2-7}$$

여기서 E는 구조 해석 과정을 함수로 표현한 것이고, γ_a는 구조 해석 방법이 갖는 불확실성을 고려하기 위한 부분안전계수이다. 이제 구조물의 안전을 확보하기 위해서는 안전률을 반영한 설계저항강도가 계수하중영향보다 크다는 것을 검증하면 된다.

$$R_d \geqq E_u \tag{1.2-8}$$

이것이 부분안전계수 설계법의 기본 틀이며, 그림 1.7에 나타낸 것과 같이 기본적으로 4개의 부분안전계수로 구성되어있다[참고문헌 1.7]. 구조물에는 이 설계법에 규정된 것 이상의 불확실성이 존재할 수 있다. 구조물의 치수와 같은 다른 요인이나 시공의 불확실성이 추가되는 경우에는 이에 대한 부분안전계수를 포함시키면 된다. 그러나 이것은 일반적으로 불필요하게 복잡할 뿐만 아니라, 이미 정의한 4개의 부분안전계수의 값을 결정하는 것도 현실적으로는 쉽지 않다.

실제 설계에서는 하중영향 해석 방법에 대한 부분안전계수 γ_a를 별도로 분리하지 않고 하중크기에 대한 부분안전계수와 곱한 안전계수 $\gamma_F = \gamma_f \times \gamma_a$에 포함시켜 **하중계수**(load factor)라 부르고, 간단하게 γ로 표시한다. 또한, 저항 강도 산정 방법에 대한 부분안전계수 γ_r도 별도로 분리하여 다루지 않고 재료 부분안전계수 γ_m과 곱한 안전계수 $\gamma_M = \gamma_m \times \gamma_r$에 포함하여 다루며, 이 값을 역수($1/\gamma_M = \phi$)로 나타내면 1.0보다 작은 값이 되어 설계가 간편해지기 때문에 이를 **저항계수**(resistance factor) 또는 **강도감소계수**(strength reduction factor)라 하여 보통 ϕ로 표기한다. 이 저항계수를 부재에 적용하면 **부재계수**가 되고, 구성 재료에 적용하면 **재료계수**가 된다. 하중계수 γ와 강도감소계수 ϕ로 구성된 설계법은 **강도설계법**이라 불리고 있다. **하중–저항계수설계법**이라고 하는 설계법도 결국 그림 1.7에 나타낸 것과 같이 대부분 하중계수 γ_F와 재료계수 γ_M으로 구성되어 있어서 $\gamma-\phi$로 구성된 강도설계법과 근본적으로 동일하다.

그런데 이러한 설계법의 기본적인 개념은 하중계수 γ가 하중영향 산정의 정확성에 영향을 주는 모든 요인을 포함하여 반영하며, 저항계수(재료계수) ϕ가 구조 저항 강도 계산의 정확성에 영향을 주는 모든 인자를 포괄한다는 것이다. 모든 불확실성을 나열하면 이들 두 부분안전계수에 포함된 불확실성은 다음과 같다.

하중계수 γ	저항계수(재료계수) ϕ
• 하중 크기에 대한 불확실성 • 하중 분포에 대한 불확실성 • 하중영향의 구조 해석법에 대한 불확실성 • 하중영향의 추정에 영향을 주는 구조 치수에 대한 불확실성	• 실험한 재료 강도에 대한 불확실성 • 실험한 재료와 구조물에 사용되는 재료 사이의 차이에 대한 불확실성 • 저항 계산에 영향을 주는 구조 치수에 대한 불확실성 • 강도 예측법에 대한 불확실성

부분안전계수 설계법은 설계에 관련된 수많은 변수들을 근본적으로 세가지 기본 변수인 하중, 재료, 기하적 치수로 분류하고, 이들을 **설계 기본 변수**(basic design variable)라고 부르며, 각 변수가 갖는 불확실성에 대한 부분안전계수를 확률론적 기반으로 결정할 수 있도록 체계적인 큰 틀로 구성한 것이다. 더욱이 구조물의 설계에서 이 상태를 벗어나면 적합한 설계 기준 성능을 더 이상 만족하지 못하는 한계상태를 주로 재료 성질 기반으로 정의하여, 하중에 의해 구조물에 발생한 하중영향이 이 한계값을 초과하지 않는가를 검증하게 되어 있다. 이러한 배경에서 이 설계법을 기존의 강도설계법과 구분하기 위해 소위 **한계상태설계법**(limit state design)이라고 부르기도 한다. 따라서 이 설계법의 기본 개념에 대한 충분한 이해가 있어야만 합리적인 설계가 가능하다.

1.2.4 콘크리트 구조 설계기준

건물이나 교량과 같은 다양한 형태의 콘크리트 구조물의 설계와 시공에는 수많은 불확실한 위험 요소가 내재되어 있음에도 불구하고, 오랜 시간동안 사용자가 위험하지 않도록 지어야하는 법적이며 도덕적인 책임을 설계자에게 부과해야 할 필요가 있게 된다. 이러한 이유로 나라마다 건물이나 기간 시설물의 성능에 대한 최소한의 요구 조건들을 설계기준으로 제정하고 있다. 최초의 콘크리트 구조의 설계기준은 독일 Stuttgart 대학의 Mörsch 교수가 작성하여 1904년 프러시아에서 공포되었으며, 그 후 곧바로 영국, 프랑스, 스위스, 오스트리아 및 미국에서 제정되었다.

1960년대까지는 프랑스에서 개발된 **허용응력설계법**(Working Stress Design; WSD)이 콘크리트 구조 설계 방법의 주를 이뤘다. 그 후 이 설계법의 취약점을 보완하고 구조물의 안전율을 합리적으로 평가하여 설계하기 위해서 구조 부재의 실제 파괴 강도를 기준으로 부분안전계수를 적용한 설계법이 등장하여서 허용응력설계법을 빠르게 대체하였다. 1960년대와 1980년대 사이에는 기존의 허용응력설계법과 부분안전계수 설계법이 세계적으로 병용되면서, 여러 나라와 전문 기술자 협회마다 약간씩 다른 형태의 설계법을 개발하여 **강도설계법**(Ultimate Strength Design; USD), **하중-저항계수설계법**(Load-Resistance Factor Design; LRFD), **한계상태설계법**(Limit State Design; LSD)이라 각각 부르고 있다. 그러나 앞 절에서 기술했듯이, 현재 세계 각 나라에서 사용하는 구조설계기준은 근본적으로 한계상태와 부분안전계수에 기반하고 있으며, 거의 동일한 논리적 배경을 갖고 있다. 다만, 이 설계법들은 한계상태의 정의와 검증 방법에 약간의 차이를 두고 있을 뿐이다.

우리나라에서는 1960년대까지 콘크리트 구조물의 설계와 시공을 외국 문헌에 의존하였으며, 1972년에 처음으로 건설부의 지원 아래 대한토목학회가 '콘크리트도로교표준시방서'를, 대한 건축학회가 '철근콘크리트 구조계산규준'을 제정하였다. 당시 이 기준들은 허용응력설계법으로 되어 있었으며, 1980년대에 들어 강도설계법으로 개념이 바뀌면서 미국설계기준을 근간으로 각각 개정되었다. 1999년에는 한국콘크리트학회에서 기존의 토목과 건축 분야의 두 기준을 통합하여 **'콘크리트구조설계기준'**을 제정하였고, 특히 이때 용어 및 기호의 통일, 구성 체계 및 강도감소계수를 통합하였다. 이 콘크리트구조설계기준의 강도설계법은 수차례 개정되면서 **'도로교설계기준'**의 근간이 되었다. 2012년에는 그동안 강도설계법에 기반을 두었던 도로교설계기준이 유럽설계기준 방식의 한계상태설계법 개념으로 바뀌면서 **'도로교설계기준(한계상태설계법)'**이 제정되었으며, 현재 토목 구조물 설계에 사용되고 있다.

1.3 한계상태와 설계 상황

1.3.1 한계상태

전통적인 한계상태의 기본 개념에 의하면 구조물의 상태를 만족과 불만족으로 구별하는 기준을 한계상태라고 할 수 있다. 즉, 한계상태는 바람직하지 못한 사건이나 현상의 시작점을 이상화한 것이다. 실제에서는 이들 바람직하지 못한 사건의 발생 직전의 상태를 한계상태로 간주하기도 한다. 따라서 구조물의 설계에서 이 상태를 벗어나면 적합한 설계 기준 성능을 더 이상 만족하지 못하는 상태를 **한계상태**限界常態(limit state)로 정의하며 각 한계상태는 구조물에 부과되는 요구 성능과 직접적으로 관련되어 있다.

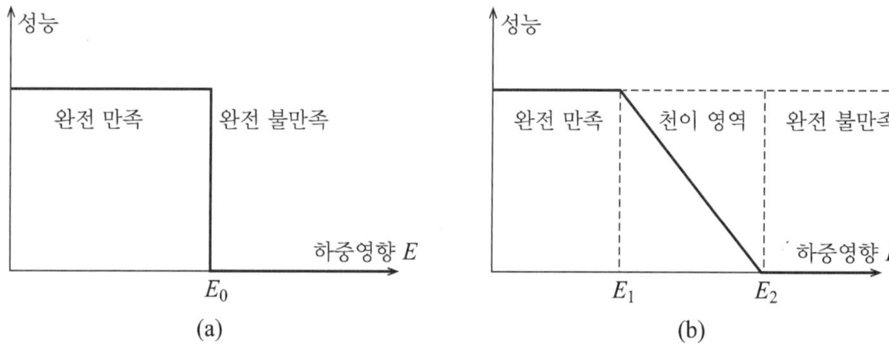

그림 1.8 한계상태의 정의

그림 1.8은 이러한 한계상태 개념을 설명하는 것이다[참고문헌 1.8]. 그림 1.8(a)는 명확한 한계상태를 갖는 경우이며, 구조물이 하중영향 E_o값까지 완전히 만족하다가 이 값을 초과하면 완전히 불만족하게 되는 것으로 간주한다. 그런데 만족한 상태와 불만족한 상태를 구분할 수 있는 E_o값을 명료하게 정의하는 것은 어려운 일이다. 일반적으로 구조물이 갖추어야 할 소요성능을 정성적 항으로는 쉽게 표현할 수 있다. 예를 들면 '50년 동안 사용자가 안전하며 심미적으로 편안한 상태' 등과 같은 조건을 간단하게 요구할 수 있다. 그러나 이 요구 조건을 만족하는 한계상태를 모든 사람에게 모호하지 않고 명확한 공학적인 물리량으로 정의하는 것은 상당히 어려운 일이며, 대부분의 경우 적당히 근사적인 표현만 가능하다. 이런 경우는 그림 1.8(b)와 같이 구조물이 만족한 기능을 수행할 능력을 점차적으로 상실하는 천이영역 $< E_1, E_2 >$를 두는 것이 보다 현실적인 방법일 것이다.

이처럼 명확하지 못한 한계상태를 확률론적인 신뢰도로 나타낸다. **신뢰도**(reliability)는 '일정 기간에 지정된 한계상태에 도달하지 않을 확률'이며, 구조물의 신뢰도는 하중, 재료 성질, 해석 이론 등 여러 설계 변수가 갖는 불확실성을 확률과 통계 이론을 사용하여 구한다. 신뢰도 해석은 기본 자료의 정확도, 해석의 복잡성 등에 따라 4가지 단계로 나눌 수 있다. 1단계는 각 기본 변수의 불확실성을 하나의 **특성값**(characteristic value)으로 표현하는 것이다. 예를 들면, 고정하중의 하중계수가 1.25이라는 식이다. 2단계는 각각의 기본 변수가 갖는 불확실성을 두 개의 특성값(대개는 평균과 변동계수)으로 표현하는 것이다. 예를 들면, 어떤 하중은 확률적으로 확률이 0.90이고 변동계수가 0.1인 변수이며, 이를 이용하여 신뢰도 해석을 하는 단계를 말한다. 3단계는 각각의 불확실 변수의 분포 함수를 이용하여 파괴 확률을 계산하는 단계이며, 4단계는 각 변수들의 상호분포함수, 경제성 등을 고려하는 최고의 단계이다. 이중에서 현재 실제적으로 사용되는 것이 2단계 신뢰도 해석 방법으로 각 설계 변수들의 평균과 표준편차를 사용하여 구조물의 신뢰도를 계산하는 것이다. 현재 사용되는 대부분의 구조 설계법은 2단계 신뢰도 해석법을 사용하면서, 설계자가 쉽게 적용할 수 있도록 1단계의 부분안전계수 방법을 채택한 설계기준이라 할 수 있다[참고문헌 1.4].

표 1.1 목표 신뢰도지수와 한계상태 도달 확률 [참고문헌 1.7]

	목표 신뢰도지수	
	1년	50년
극한한계상태	4.7	3.8
사용한계상태	2.9	1.5

파괴 확률	10^{-1}	10^{-2}	10^{-3}	10^{-4}	10^{-5}	10^{-6}	10^{-7}
신뢰도지수 β	1.28	2.32	3.09	3.72	4.27	4.75	5.20

철근콘크리트 구조물에서 한계상태는 안전성에 관련된 극한한계상태와 사용성에 관련된 사용한계상태로 구분하고 있다. 이러한 철근콘크리트 구조물의 안전성에 대한 신뢰도는 의도하는 수명동안의 한계상태 도달 확률(파괴 확률)로 표현한다. 만약 계산된 확률이 미리 설정한 목표 확률보다 크다면 그 구조물은 불안전하다고 간주한다. 현재 대부분의 구조설계기준에 적용하고 있는 신뢰도지수로 표현된 목표 확률을 표 1.1에 나타냈다. 이 기준에 따르면 50년 사용기간동안에 구조물이 극한한계상태(파괴)에 도달할 확률은 대략 1/20,000이다. 이것은 구조물이 50년 동안에 붕괴되지 않을 확률이 99.995퍼센트라는 의미이기도 하다.

(a) 극한한계상태

극한한계상태(ultimate limit state)는 붕괴 또는 구조적 파괴와 같은 한계상태로, 일반적으로 구조물의 최대 하중 저항 능력에 해당하는 상태이며, 사용자의 안전을 위험하게 하는 구조적 손상 또는 붕괴에 관련된 것이다. 구조물의 안전에 관련된 극한한계상태는 현실적 단순화를 위해 구조물의 붕괴 상황보다는 붕괴되기 직전의 상태로 간주하는데 다음과 같은 상태를 포함한다.

① 구조계나 부재의 정역학적 평형 손실
② 구조계나 부재의 파괴 또는 과도한 변형
③ 지반의 파괴 또는 과도한 변위
④ 구조계나 부재의 피로 파괴

정역학적 평형 손실의 극한한계상태는 구조물의 **외적 안정성**(external stability)에 관계가 되며 넘어지는 전도(overturning), 침하(settlement) 또는 떠올림(uplift), 미끄러지는 활동(sliding) 등의 한계상태를 말한다. 구조 부재의 파괴는 사용된 재료가 그 극한한계강도의 도달에 의한 파괴를 의미한다. 반복하는 하중을 받는 구조물에서는 정상적으로 예상되는 하중 수준보다 훨씬 낮은 수준에서 피로 파괴가 발생할 수 있다.

(b) 사용한계상태

사용한계상태(serviceability limit state)는 정상적 사용 중의 구조물 또는 부재의 기능과 사용자의 안녕 그리고 구조물의 외관에 관련된 사항이다. 이러한 관점에서 설계에서 수행하는 사용성 검증은 구조물의 외관이나 효율적 기능 발휘에 영향을 미치는 변형이나 변위, 진동, 그리고 내구성 저하를 유발하는 콘크리트 손상에 대한 사항이 포함된다. 사용한계상태는 구조물에 나타나는 현상의 크기에 관련되기 때문에 정확한 사용 한계값의 정의는 작용 하중의 크기와 연관되어 있다. 즉, 구조물의 수명동안 계속해서 나타나는 현상을 기준으로 한계값을 정할 때

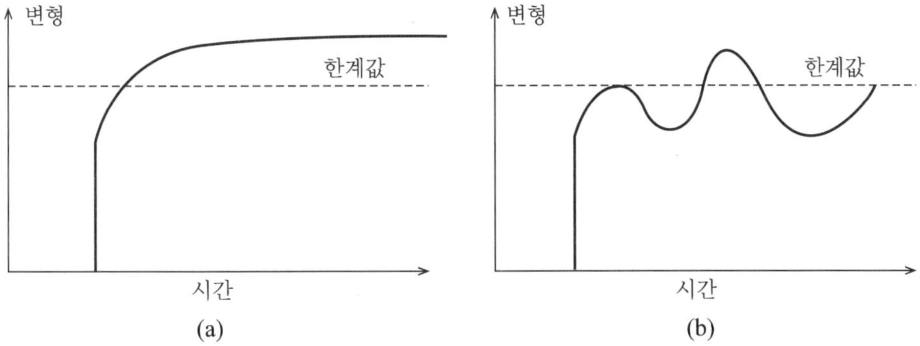

그림 1.9 사용한계상태 : (a) 복원 불능, (b) 복원 가능 [참고문헌 1.8]

는 **지속하중**(sustained load) 크기에서 검증하여야 할 것이다. 그러나 잔류 변형과 같은 복원 불가능한 변형으로 규정된 한계값일 경우에는 수명동안 흔하게 발생하지 않는 큰 하중 크기에서 검증해야 할 것이다.

이 사용한계상태는 특정 사용성 요구 조건을 초과하게 하는 하중을 제거해도 그 영향이 그대로 남는 복원 불능 사용한계상태와, 특정 사용성 요구 조건을 초과하게 하는 하중을 제거하면 그 영향이 사라지는 복원 가능 사용한계상태로 구분하는 것이 유용하다. 예를 들면, 콘크리트 보에 휨모멘트로 인한 균열이 발생할 수 있다. 적당한 하중이 가해진 경우 이들 균열은 하중이 제거되면 닫힌다. 그러나 보다 심각한 하중이 가해진 경우 이들 균열들은 하중이 가해지지 않는 상태에서도 닫히지 않게 된다.

극한한계상태는 구조물의 붕괴 혹은 다른 형태의 구조 파괴에 직접 관련되어 있는 반면, 사용한계상태는 정상적인 사용 중의 조건에 대한 것에 한정되고 있다. 극한한계상태를 초과하는 경우에는 항상 구조 파괴가 일어나 구조물의 해체 혹은 주요 보수를 하게 된다. 반면에 사용한계상태를 초과하는 경우에는 구조물에 치명적인 결과를 항상 가져오지는 않기 때문에 사용한계상태를 초과하게 만드는 하중을 제거하면 정상적으로 구조물을 사용할 수 있게 된다. 극한한계상태의 한계 기준에는 설계 기본 변수인 하중, 재료 및 구조물 치수만이 포함되는 반면, 사용한계상태의 한계 기준은 상당히 주관적 판단에 의존하는 값으로 발주자 및 사용자의 요구 조건에 따라 달라질 수 있다.

극한한계상태와 사용한계상태의 이러한 차이점으로 인하여 한계상태의 검증 때 표 1.1에 나타낸 것과 같이 각기 다른 신뢰도지수를 설정하여 사용한다. 그러나 이 두 한계상태 중 하나에 대한 요구 조건이 다른 한계상태에 의해서도 만족된다는 것을 확실히 보장할 수 있다면 다른 한계상태에 대한 검증은 생략할 수 있다. 예를 들면, 극한한계상태를 만족하는 철근콘크리트 보에서 경간-깊이비(span-depth ratio)가 특정값보다 작을 경우 처짐의 검증은 생략할 수 있다.

어떤 특별한 상황에서는 극한한계상태와 사용한계상태의 정의와 구분이 모호해지는 경우가 있을 수 있다. 예를 들면, 철도교에서 바닥판의 처짐에 관한 사용한계상태는 궤도에 대한 극한한계상태에 직접적으로 관련이 있다. 즉, 궤도의 과도한 변형은 인명 손실을 가져 올 수 있는 기차 탈선을 일으킬 수 있기 때문이다. 또 다른 예로 교량의 진동을 들 수 있다. 이런 진동은 구조적 손상을 전혀 발생시키지 않는 상태이지만 보행자가 넘어지거나 다쳐서 건강에 치명적인 해를 끼치는 경우가 있을 수 있다.

극한한계상태 및 사용한계상태와 관련되는 처음 두 가지 요구 성능인 안전성과 사용성은 일반적으로 상호 의존적이다. 많은 경우 충분한 구조 저항 성능을 가지고 있는 구조물은 충분한 강성剛性(stiffness)도 가지고 있는 경우가 대부분이었다. 그러나 신기술과 해석 기법의 발전 및 고강도 재료를 사용하면서 경제적으로 구조물을 설계하기 위해 구조 요소가 점점 가늘어지고 있기 때문에, 강성에 관한 검토가 점차 중요하게 되었다. 예로, 장대 교량에서 충분한 강도는 가지고 있으나 필요한 강성을 갖지 못하는 경우가 있다. 따라서 안전성과 사용성에 대한 석설한 고려가 필요하다.

1.3.2 설계 상황

콘크리트 구조물은 필요한 기능을 발휘할 수 있도록 정해진 기간동안 발생하는 실제 설계 조건에 해당하는 적절한 **설계 상황**(design situation)을 선정하여 그에 부합되도록 설계하여야 한다. 선정한 설계 상황은 구조물의 사용 기간 중에 합리적으로 예상할 수 있는 환경이어야 한다. 이러한 설계 상황을 다음과 같이 세 가지로 구분할 수 있다.

임시 설계 상황(transient design situation)은 구조물의 정상적인 사용 수명보다 훨씬 짧은 기간 동안에 맞는 설계 상황으로, 대표적으로, 시공 중이나 보수 중과 같이 구조물이 일시적으로 노출되는 상황이다. 교량 유지관리의 경우를 예로 들면, 교량의 사용 조건을 변경하기 위해 교통을 차단하고 임시적으로 차로를 통제할 수 있다. 이것은 설계 수명보다 훨씬 짧은 기간에 대한 것으로 적절한 하중의 대표값을 정의할 필요가 있다.

정상 설계 상황(persistent design situation)은 구조물 사용 수명동안의 정상적 사용 때 발생 가능한 물리적 조건에 해당하는 상황이다. 정상적인 사용 중에는 지진, 풍하중, 설하중 등의 사고 하중이 발생할 가능성이 있다.

극단 설계 상황(accidental/extreme design situation)은 지진, 화재, 폭발 및 국부적 파괴와 같은 구조물의 예외적인 노출 조건을 포함하는 사고 설계 상황이다. 특별한 경우에는 극단하중을 분류하는 것이 분명하지 않는 경우도 있다. 지진이 자주 발생하는 지역에서는 구조물 설계에 지진하중을 당연히 반영해야 하기 때문에 지진을 극단 설계 상황에 포함시키지 않고 대신에 정상 설계 상황으로 분류할 수 있으며, 또는 특별히 지진 설계 상황을 별도의 설계 조건으로 설정하기도 한다.

그 심각성과 변동성을 충분히 고려하여 선택하는 설계 상황은 합리적으로 예측되거나 구조물의 시공 및 사용 기간동안 발생할 수 있는 모든 상황을 포함한 것이어야 한다. 예를 들면, 화재나 충격과 같은 하중으로 인한 극단 설계 상황이 발생한 후에 보수해야 하는 짧은 기간동안의 구조물은 임시 설계 상황으로 간주하며, 이 경우는 일반적으로 정상 설계 상황에서 사용되는 값들 보다 낮은 신뢰도 수준과 작은 안전계수를 적용하여야 할 것이다.

1.4 설계 기본 변수

1.4.1 개요

현대의 구조 설계에서는 구조물의 저항 성능 설계값이 작용하는 하중의 영향값보다 항상 크다는 것을 검증하여야 한다. 이 설계 검증 때 필요한 구조 해석과 저항 성능 평가는 항상 다음의 3가지 변수로 구성된다. 따라서 이 변수를 **설계 기본 변수**(basic variables for structural design)라고 한다.

- 하중
- 재료 성질
- 구조물 치수

이 기본 변수는 각각 세부적으로 많은 변수를 포함하고 있다. 예를 들면, 하중은 여러 종류의 고정하중 D와 활하중 L로 구성되며, 재료 성질에는 강도를 기본으로 변형에 관련된 여러 재료 상수를 포함하고 있다. 구조 설계에서 어떤 한계상태도 초과하지 않는지를 검증하는 구조 해석 및 저항 성능 평가의 입력값으로 사용할 수 있는 모든 기본 변수의 설계값을 결정하는 것은 매우 중요한 사항이다.

1.4.2* 하중

일반적으로 실제 교량은 여러 종류의 차량이 섞여서 서로 간격을 두고 이동하는 정상 상태에 있다고 생각한다. 그러나 어떤 경우에는 교통 혼잡이 있고 양방향 차량들이 모두 앞뒤가 거의 맞닿은 상태로 서있는 경우도 있다. 이러한 경우에는 분명히 큰 하중으로 교량에 작용하게 되기 때문에 얼마나 더 큰 하중인지를 고려할 필요가 있게 된다. 그리고 교량 양쪽에 설치된 보도의 군중들도 고려하여야 한다. 이처럼 교량에 작용하고 있는 가능 최대 하중을 결정하는 것은 결코 쉬운 일이 아님을 알 수 있다. 교량 설계에 실제로 요구되는 것은 가능한 최대 하중보다 오히려 합리적인 최대 하중을 결정하는 것이다.

합리적으로 최대 하중을 정하기 위해서는 구조물의 특정 형태마다 각각 작용하는 하중의 크기를 광범위하게 조사하여야 할 필요가 있으며, 하중의 성질에 따라 기본적으로 2가지 접근 방법이 있다. 첫 번째 방법은 유사한 기능을 가진 수많은 구조물에 대한 하중 크기를 직접 조사하는 것이다. 이러한 조사 결과를 이용하여 하중 크기에 따른 작용 횟수 또는 빈도를 나타내는 분포도로부터 크기를 정한다. 다른 방법은 바람 혹은 풍랑과 같은 환경 하중에 적용하는 것으로서, 이 방법은 계측기로 크기를 계속 측정하고, 측정 자료로부터 특정 크기를 갖는 하중의 재현 주기를 정하거나, 또는 특정 재현 주기를 갖는 하중의 크기를 정하는 것이다.

재현 주기라는 용어는 거동의 주기적인 현상을 표현하는 확률적 개념으로 정한 것이다. 예를 들면 50년 재현 주기의 바람이 어제 발생하였다고 하여도 이것이 앞으로 50년 동안 또 다른 그런 바람이 불지 않을 것이라는 의미는 아니다. 50년 주기의 바람이란 50년 동안 최소한 한 번 이상 발생하거나 초과하게 될 기회가 있는 것이다. 단지 한번만 발생한다거나 보다 강한 바람이 이 기간동안 발생하지 않는다는 것을 의미하는 것은 아니다. 풍속은 일반적으로 측정되는 것으로 물리 공식에 의해 풍하중으로 변환된다. 이처럼 하중에 대한 조사는 설계에 어떤 하중을 사용하여야 하는지를 직접적으로 말해주는 것이 아니고 다양한 크기의 하중이 발생할 상대적인 확률에 대한 정보를 줄 뿐이다.

(a) 분류

하중(load/action)은 구조물에 직접 작용하는 힘 또는 힘의 집단(직접하중)이거나, 구조물에 부과된 변형이나 가속도로서, 온도와 습도의 변화, 부등 침하 또는 지진 등에 의해 유발되는 하중영향(간접하중)을 말한다. 하중을 완전하게 정의하기 위해서는 크기, 위치, 방향, 지속 기간과 같은 하중의 여러 성질들이 포함되어야 한다. 경우에 따라서는, 하중과 구조물의 응답 사이의 상호작용도 고려하여야 한다. 하중은 서로 유사하거나 상이한 특성을 구별하여 구조물 설계에서 적절한 하중 크기와 신뢰도 요소를 적용할 수 있도록 분류하여 다뤄야 할 필요가 있다. 일반적으로 하중은 다음과 같은 기준을 바탕으로 분류한다.

① 시간 변동에 따른 분류 – 그림 1.10에 나타낸 것처럼, 하중은 시간 변동성에 의해 다음과 같이 분류한다.

고정하중 (dead/permanent load; D) : 설계 상황 설정 기간동안 지속적으로 작용하는 하중으로, 그림 1.10에 보이는 것과 같이 시간에 따른 크기의 변화를 무시할 수 있으며, 작용 방향이 항상 일정한 하중을 의미한다. 구조물의 자중 또는 부착된 장치와 도로 포장층의 무게, 토압, 프리스트레스는 고정固定하중으로 분류된다. 건조수축이나 부등침하不等沈下에 의한 영향도 고정하중에 포함한다.

활하중 (live/variable load; L) : 그림 1.10에 보인 것처럼 시간에 따라 크기가 변화하는 하중이다. 교량 바닥판을 지나는 차량 하중, 군중 하중, 온도 변화 등이 포함된다. 특히, 물에 의해 유발되는 하중은 시간 변동성에 의해 고정하중과 활活하중 중의 하나로 간주할 수 있다. 눈에 의한 설하중도 보통 활하중으로 분류된다.

극단하중 (accidental/extreme load; A) : 현저하게 큰 크기로 짧은 기간동안 작용하는 사고하중으로서, 구조물의 수명동안 발생하기 어려운 하중으로 적절한 대책을 세우지 않는다면 심각한 결과를 초래할 수 있는 극단極端하중이 발생하는 많은 경우가 있다. 충격, 설하중, 풍하중과 지진하중은 그 크기와 성질에 관한 확률적 기준에 따라 활하중 또는 극단하중으로 분류된다.

지진과 같은 특성을 갖는 하중들은 현장 위치와 실제 조건에 따라 극단하중과 활하중 중의 하나로 간주할 수 있다. 미국 서부와 일본에서 지진은 드문 경우가 아니기 때문에 활하중으로 취급할 수 있다. 유사한 논리로 수압은 시간에 따른 변동성에 따라 고정하중 혹은 활하중으로

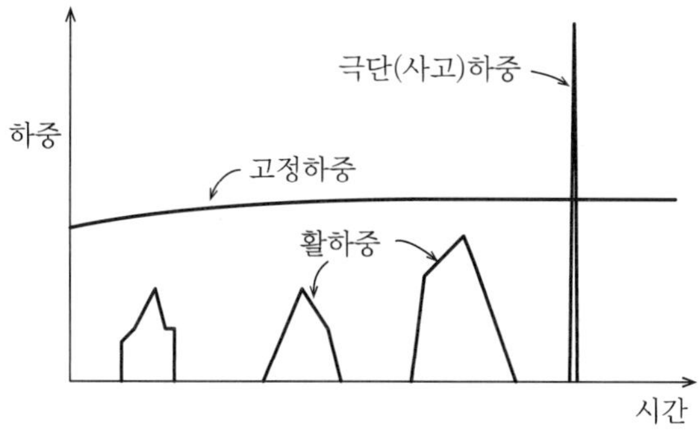

그림 1.10 고정하중, 활하중, 극단하중의 정의

간주할 수 있다. 특정 하중을 위의 분류로 구분하는 데는 특정한 설계 상황과도 관련될 수 있다. 또 다른 예로, 경우에 따라 설하중(snow load)을 극단하중으로 취급하여야 한다. 지역의 지붕 적설 발생 빈도가 낮아 예외적인 설하중으로 취급하는 따뜻한 기후 지역에서는 적설積雪을 극단하중으로 취급할 수 있다. 프리스트레스 긴장력은 보통 고정하중으로 취급한다.

모든 경우에 하중의 성격을 구분하기 위하여 하중에 따른 공학적 판단이 필요하다. 예를 들어, 고정된 크레인의 자중은 고정하중이지만 이것이 들어 올린 물건의 중량은 활하중이 된다. 이러한 분류는 하중 조합을 구성하고 적합한 하중계수를 선정할 때 매우 중요하다. 또 다른 분류도 하중의 대표값을 평가하는데 중요하다.

② 원인에 따른 분류 – 하중은 원인에 따라 **직접하중**(direct load)과 **간접하중**(indirect load)으로 분류된다. 직접하중은 명확하게 구조물에 직접 작용하는 힘과 그 집단을 말하며, 이의 특성은 대개 구조물의 성질이나 응답과는 상관없이 결정된다. 이와 달리 콘크리트 건조수축은 간접하중의 대표적인 예이다. 그림 1.11에 보인 것과 같이 건조수축은 구조물이 구속되었을 때 영향이 있다. 부등 침하도 간접하중으로 간주하는데 부정정不靜定 구조물인 경우에 그 영향을 유발하기 때문이다. 이는 구조물의 응답을 고려하여 하중영향을 결정한다는 의미이다. 일반적으로 부등 침하는 고정하중으로 온도 변화는 활하중으로 간주할 수 있다. 보통 습도의 변화는 목재나 조적 구조물에만 적용하고 콘크리트 구조물에는 적용하지 않는다.

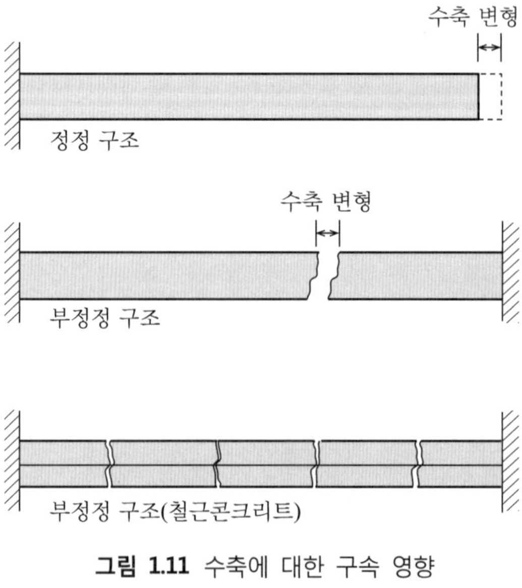

그림 1.11 수축에 대한 구속 영향

③ 공간상 변동에 따른 분류 – 공간상 변동에 있어서, 이동하중이란 규정 한계 이내의 어느 곳에서나 구조물에 작용할 수 있는 하중을 말한다. 예를 들면, 도로 차량 하중은 **이동하중**에 해당한다. 이동하중은 하나 이상의 스칼라 값이 위치와 방향을 달리하여 구조물에 작용한다. 따라서 가장 불리한 영향을 유발하도록 배치하여야 한다. 반면에, 고정 장치의 자중은 올바른 위치에 작용시켜야 하기 때문에 고정하중이다. 사실, 대부분의 이동하중에 대하여 공간상 변동성은 제한이 있으며, 이 변동성을 직접, 간접적으로 고려하여야 한다. 하중의 공간 변동성에 대한 구조물 응답의 민감성 정도에 따라 이 변동성을 무시하기도 한다.

④ 구조물 응답應答에 따른 분류 – 구조물의 반응 성질에 따라 정적靜的하중(static load)과 동적動的하중(dynamic load)으로 분류한다. **정적하중**은 구조물이나 구조 부재에 심각한 관성력(inertia force)을 유발시키지 않는 작용을 말하며, **동적하중**은 그림 1.12에 나타낸 것처럼 구조물이나 부재에 심각한 관성력을 유발시키는 작용을 말한다. 이러한 관성력은 구조체의 질량과 가속도의 곱으로 나타나기 때문에 정적하중의 크기를 증가시킨다. 동적하중은 등가等價 개념을 도입하여 **준정적하중**(quasi-static action)으로 고려하기도 한다.

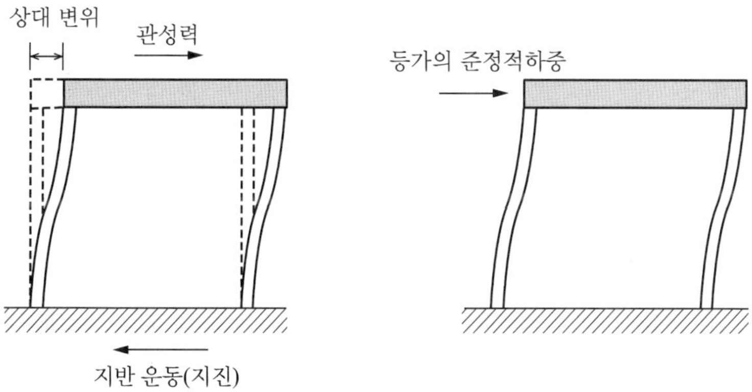

그림 1.12 지반 운동을 받는 구조물

(b) 크기

모든 하중의 크기는 여러 가지 대표값(representative value)으로 평가하여 설계 계산에 사용한다. 하중의 크기는 확률적 특성값(characteristic value)으로 나타내며, 이 값을 표준값 또는 표준하중(characteristic value of load)이라 부른다. **표준하중**은 그림 1.13과 같은 통계적 모델에 의해 기술되어야 하며, 그 크기를 평균값, 상위 또는 하위 표준값으로 나타낸다. 대부분의 경우 강도 안전성安全性(safety)을 검증하기 위해 큰 값인 상위 표준값을 사용한다. 구조물의 외적 안정성安定性(stability)을 검토할 때는 낮은 값의 하위 표준값이 필요한 경우도 있다.

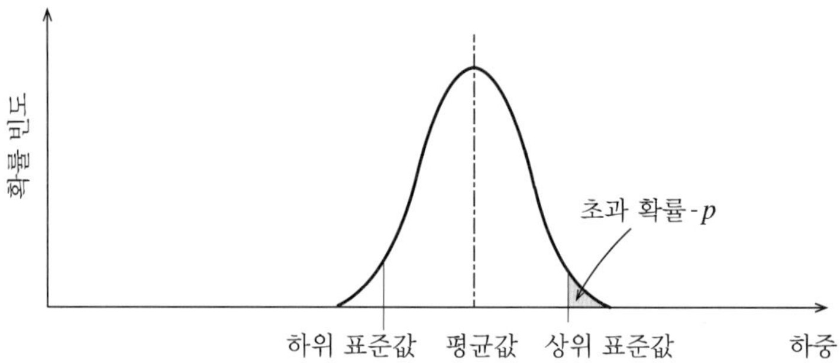

그림 1.13 하중 크기의 정의

① 고정하중(D) – 고정하중의 크기를 평가할 때, 특히 구조물의 자중을 결정할 때는 통계자료가 충분한 경우가 많다. 만일 고정하중의 변동성이 무시할 정도로 작은 경우에는 단일 표준값 D_k 만을 사용한다. 이때 자중은 평균값을 표준값으로 정할 수 있으며, 공칭치수와 평균 단위질량에 근거하여 산정한다. 표 1.2에 교량 구조에 많이 사용되는 재료의 단위질량을 정리하였다. 반면에 변화폭을 무시할 수 없을 때는 상위와 하위 표준값을 사용하여야 한다. 예를 들어 교량 바닥판의 자중은 변동성이 작으므로 평균값을 취하여 휨모멘트, 전단력, 비틀림모멘트와 같은 하중영향을 산정한다. 그러나 차량 방호 난간, 방수층, 피복제, 철도 도상 등과 같은 항목의 자중은 변동성이 작지 않을 수 있으므로 상위 및 하위 표준값을 모두 적용한다. 또한, 옹벽의 전도와 강도를 검증하는 경우에는 하위값과 상위값 모두를 설계에서 사용하여야 한다.

표 1.2 재료의 단위질량

하 중	단위질량(kg/m^3)
강재, 주강, 단강	7,850
주철, 주물강재	7,250
알루미늄 합금	2,800
철근콘크리트	2,500
프리스트레스트 콘크리트	2,500
무근콘크리트	2,350
시멘트 모르타르	2,150
역청재(방수용)	1,100
아스팔트 포장재	2,300
목재(단단한것/무른것)	960/800
용수(담수/해수)	1,000/1,025

설계 수명동안에 변동계수(＝표준편차/평균값; coefficient of variation)의 크기가 구조물의 형식에 따라 0.05～0.1 보다 크지 않다면 고정하중의 변동성은 통상적으로 작다고 간주한다 [참고문헌 1.6]. 그러나 장경간 교량에서처럼 자중 크기의 변동성이 더 작은 범위일지라도, 구조물이 고정하중의 변동성에 매우 민감한 경우에는 두 개의 값을 고려하여야 한다. 두 개의 값을 사용하는 경우에는 자중은 일반적으로 정규(가우스)분포한다고 가정하고, 이 분포 곡선의 0.05와 0.95 확률에 해당하는 값을 각각 하위 표준값과 상위 표준값으로 정한다.

특수 형태의 하중으로 프리스트레스 긴장력 P는 고정하중으로 다루어야 한다. 물리적으로 긴장력은 시간 의존적인 하중이어서, 이의 표준값은 시간에 따라 다를 수 있다. 또한 프리스트레스를 도입한 특수 형태의 교량에서는 앞에서 기술한 하위값과 상위값으로 프리스트레스 긴장력을 정해야 한다.

② 활하중(L) － 활하중의 크기는 설계 상황 설정 기간동안 의도하는 확률로 그 크기를 초과하지 않는 상위 표준값으로 한다. 즉 설계에 사용해야 할 활하중의 표준값 L_k는 가능한 통계 자료를 근거로 한 확률적 방법으로 평가하여야 한다. 예를 들면, 우리나라는 과거 40년 이상의 기후 자료가 축적되어 있어서 풍하중, 설하중 및 온도하중에 대한 과학적인 결정이 가능하다. 실제로 통행 트럭 하중의 크기를 결정하기 위하여 여러 간선 도로를 지나는 수 천대 이상의 중차량 통행 기록을 사용하였다.

설계에 사용해야 할 활하중의 표준값을 정의하기 위해서는 두 가지 요소가 필요하다. 첫째는 극값極値(최대값 또는 최소값)을 관측하기 위한 기준 주기이고, 둘째는 이 극값을 초과하지 않거나 미달하지 않을 소정의 확률값이다. 일반적으로 정상 설계 상황에서 구조물에 작용하는 기후 하중의 표준값은 비초과 확률 0.98과 기준 주기 1년을 적용한다.

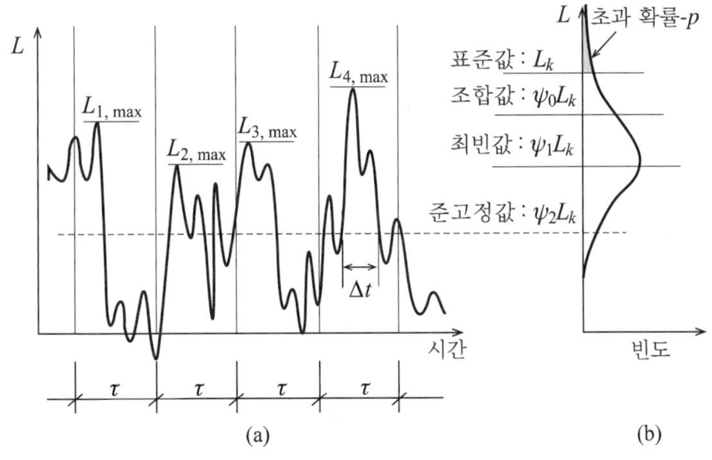

그림 1.14 시간 함수로 나타낸 활하중 L과 대표값 [참고문헌 1.8]

그림 1.14(a)는 시간에 대한 활하중 L의 변화를 보인 것이며, 기준 주기 τ를 가로축에 일정한 시간 주기로 표시한 것이다. 이 기준 주기는 풍하중 및 설하중과 같은 기후 하중일 경우에는 1년으로 하는 것이 합당할 것이다. 반면에 트럭 하중과 같은 경우에는 특정 시간 주기로 한 주 또는 한 달로 할 수도 있다. 각 주기 τ마다 최대값(극값) $L_{\max}$가 항상 존재한다. 이러한 방법으로 매 주기 마다 구한 최대값 $L_{1,\max}$, $L_{2,\max}$, $L_{3,\max}$, … 를 이용하여 하중 크기에 따른 발생 빈도를 그리면 그림 1.14(b)처럼 나타난다. 이 빈도 곡선에 근거하여 표준값 L_k는 한정된 확률$-p$(예로 0.02)에서 $L_{\max}$가 초과되는 조건으로 정할 수 있다. 즉, L_k는 주기 최대값 $L_{\max}$ 빈도 분포의 초과 확률$-p$에 해당하는 하중이 된다.

구조물에 여러 활하중이 동시에 작용하는 경우에는 지배 활하중과 동반 활하중으로 구분할 필요가 있다. 왜냐하면 동시에 작용하는 활하중이 모두 표준값의 크기로 작용할 가능성은 낮기 때문이다. 따라서 지배 활하중이 표준값 크기로 작용할 때 동반 활하중의 크기는 그 표준값보다 작은 크기로 작용한다고 간주하는 것이 합리적일 것이다. 이러한 논리적 배경에서 하중 조합 때 사용하는 동반 활하중의 크기를 조합값(combination value)으로 표현하고 있다. 이 조합값은 그림 1.14(b)에 나타낸 것처럼 표준값에 계수 ψ_o를 곱한 값으로 정한다.

이처럼 하중은 조합값과 더불어, 활하중에 관하여 다른 대표값들을 규정할 수 있다. 활하중에 관련해서는 3개의 대표값을 주로 사용한다. 그림 1.14(b)에 보인 것처럼, 조합값 $\psi_o L_k$, 최빈값(frequent value) $\psi_1 L_k$, 준고정값(quasi-permanent value) $\psi_2 L_k$가 이에 해당한다. 여기서 계수 ψ_0, ψ_1, ψ_2는 활하중의 표준값에 대한 감소계수로, 유로코드에서 대표적으로 사용하는 값을 표 1.3에 정리하였다.

조합값은 $\psi_0 L_k$로 나타내며, 극한한계상태와 복원 불능 사용한계상태를 검증할 때 하중 조합에 사용하는 동반 활하중의 크기이며, 여러 독립적인 활하중들이 가장 불리한 값으로 동시에 작용하는 확률이 감소하는 것을 반영한 것으로, 교량에서 트럭 하중에 대한 계수 ψ_0의 값은 표 1.3에 정리된 것처럼 0.75를 권장하고 있다.

표 1.3 유로코드에서 활하중의 대표값 산정 계수 ψ의 값

하 중	ψ_0	ψ_1	ψ_2
자동차교 통행 차량 하중	0.75	0.75	0
보도교 통행 군중 하중	0.4	0.4	0
시공 하중	1.0	-	1.0
온도 하중	0.6	0.6	0.5
설하중	0.8	-	-
풍하중	0.6	0.2	0

표 1.4 도로교설계기준의 다차로재하계수

재하 차로 수	다차로재하계수
1	1.0
2	0.9
3	0.8
4	0.7
5 이상	0.65

우리나라의 도로교설계기준에는 트럭 하중 조합값의 특성을 간접적인 방법으로 반영하고 있는데, 차선이 많은 교량에 **표준트럭하중**을 차로마다 재하할 때 **다차로재하계수**를 적용하여 동시에 작용하는 트럭 하중의 영향을 감소시키도록 규정하고 있다. 즉, 차로 수가 많은 교량 일 경우에는 차로 수만큼의 표준트럭하중을 바닥에 재하 시켜야 하지만, 여러 트럭이 동시에 표준값의 크기로 작용하는 확률이 작기 때문에 이를 고려하여 하중영향을 산정할 때 표 1.4에 나타낸 것과 같이 다차로재하계수를 곱하여 하중영향을 감소시킬 수 있다. 이 계수가 동반 활하중의 조합계수 $\psi_o = 0.75$의 영향과 거의 동일하다는 것을 알 수 있다.

최빈最頻값은 $\psi_1 L_k$로 나타내며, 회복 가능 사용한계상태를 검토할 때 사용한다. 이 하중은 자주 발생 가능한 크기로 하루 또는 1주일에 한번 정도의 빈도로 자주 작용하는 최대 하중값이라고 할 수 있으며, 일반적으로 말하는 활하중의 사용하중에 해당한다. 유로코드에는 도로 교량의 차량 하중에 관한 최빈값의 계수 ψ_1값으로 0.75를 권장하고 있다. 우리 도로교설계기준에는 사용하중조합의 활하중에 0.8을 곱하여 사용하도록 규정하고 있다.

준準고정값 $\psi_2 L_k$는 고정하중과 동일하게 **지속하중**으로 간주할 수 있는 크기를 말하며, 구조물의 장기 거동을 산정할 때 주로 사용한다. 예로 콘크리트 교량의 크리프 영향을 결정할 때 사용해야 한다. 유로코드(EN 1990)에 따르면, 준고정값의 크기는 사용 시간동안 $\psi_2 Q_k$ 값 이하 크기의 하중이 지속되는 시간의 합(그림 1.14(a)에서 $\psi_2 Q_k$를 나타내는 점선으로 표시한 부분 지속 시간 Δt의 합)이 사용 기간의 50퍼센트 이상이 되도록 정의한다. 하중에 따라서는 ψ_2가 매우 작을 수 있다. 도로 교량에서 트럭 하중은 순간적으로 통과하는 특성을 가지기 때문에 통행 차량 하중의 경우에 계수 ψ_2 값은 0으로 한다. 그러나 주차장 건물의 경우에는 차량에 대한 ψ_2는 0.3을 권장하고 있다.

③ 극단하중(A) – 극단하중에 대한 통계 정보는 고정하중이나 활하중에 비하여 부족하며,

다양한 하중과 환경 영향에 대하여 적절한 통계 자료가 충분하지 않은 것이 현실이다. 하중의 대표값을 결정하는데 있어서 가용한 관찰 결과 및 실험 자료가 없거나 또는 충분한 통계 자료가 부족한 경우에는 온전히 주관적인 평가 및 판단에 의존할 수 있다. 따라서 극단하중의 표준값은 일반적으로 해당 과업에 맞도록 특별히 정한 값으로 한다. 지진하중의 표준값은 특성값으로부터 유도된 값이거나, 또는 그 과업에 맞도록 특별히 지정한 값으로 한다. 지진하중은 국가에서 정한 구조기준의 내진 설계편에 보통 주어진다.

④ 피로하중 – 하중의 변동으로 인하여 **피로**(fatigue) 파괴가 발생될 수 있다. 일반적인 구조에 하중의 변동에 따른 구조 응답을 평가하여 피로하중의 크기를 설정하여야 하며, 설계 대상 구조물에 적합한 것이어야 한다. 피로 파괴에 직접 영향을 주는 하중은 강도 안전성이나 외적 안정성에 관련된 하중이 아니다. 교량의 경우 피로의 주된 원인은 가장 무거운 화물 트럭의 영향이 아니라 자주 반복되는 트럭의 영향이므로, 많이 반복되는 활하중의 평균값과 그 반복 횟수를 적용한다. 이러한 관점에 살펴보면 앞에서 기술한 자주 발생하는 활하중들의 최빈값은 피로하중의 대표값 중의 하나가 될 수 있을 것이다. 도로교설계기준에는 피로하중으로 교량에 작용하는 활하중의 표준값에 0.75를 곱한 값으로 규정하고 있다.

1.4.3* 재료 성질

재료의 성질은 구조물의 신뢰도를 결정하는 데 있어서 매우 중요한 설계 기본 변수 중의 하나이다. 구조 재료 관점에서 설계 계산에 중요하게 사용되는 재료 성질에는 다음과 같은 것들이 있다.

(1) 강도 f_k

(2) 탄성계수 E

(3) 항복응력 f_y

(4) 항복변형률 ε_y

(5) 파괴변형률 ε_u

구조물을 구성하고 있는 재료의 모든 부분의 강도를 실험할 수 있다면, 주어진 설계강도가 확보되었다고 보증할 수 있을 것이다. 그러나 재료를 실험하는 것은 파괴를 수반하게 되므로, 실제 구조물을 구성하고 있는 재료를 실험할 수는 없다. 좋은 대안은 재료의 일부만을 실험하고 구조물에 있는 그 나머지 재료들은 실험한 재료와 동일하다고 간주하는 것이다. 통계적으로 말한다면 표본을 채취해서 조사하고 그 결과로부터 전체 모집단의 성질을 추론하는 것이다. 그런데 이러한 방법을 적용할 때 재료의 가장 취약한 부분에서 표본을 채취했는지를 알 수가 없기 때문에 구조물의 중요 부위에 실험한 것보다 약한 재료가 있는 여부를 알 수 없다. 따라서 "재료의 가능한 최저 강도는 얼마인가?" 라는 질문에 직접적으로 대답할 수 없는 것이며, 최선의 방법은 강도가 주어진 값보다 낮을 확률을 구하는 것이다.

더욱이 시공 과정에서 더 취약해질 수 있는 건설 재료에는 추가의 위험이 따른다. 예를 들면, 콘크리트는 현장으로 운반되어, 타설되고, 다짐하고, 양생하여야 한다. 이 절차들 중 어느 하나가 완벽하지 못하게 실행된다면, 재료가 채취된 표본보다 더 약해질 수 있다. 모든 재료는 시간과 노출된 환경의 영향에 따라 변한다. 콘크리트는 시간에 따라 강도가 증가되지만, 경우에 따라서는 열화에 의해 강도가 감소하기도 한다. 강재는 페인트로 보호하지 않으면 부식하고, 목재는 상대 습도에 따라 성질이 크게 변한다. 어떤 재료는 시간에 따라 취성이 될 수도 있다. 이처럼 설계 때 사용한 기준강도보다 낮은 강도가 발생할 수 있으며, 이에 대해 확률적으로 답하는 것이 가능할지라도, 재료 강도와 성질에 대한 불확실성이 아주 높은 수준이라는 것을 알 수 있다.

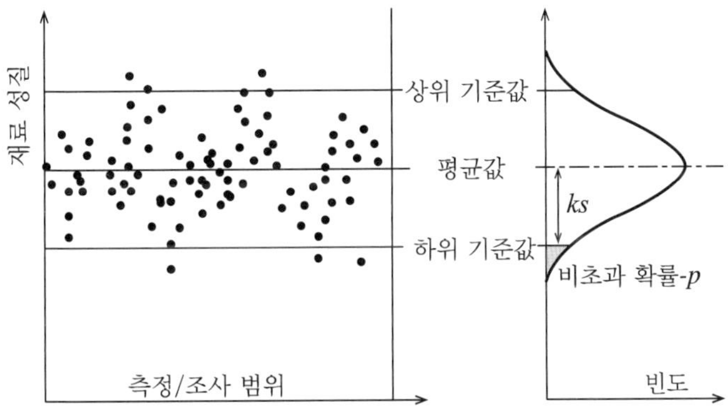

그림 1.15 재료 성질의 기준값과 평균값의 정의

그림 1.15에 나타낸 것과 같이 재료의 성질은 적절한 시험 방법에 의해 획득한 실제 실험 자료의 확률 빈도 분포도에서 특정한 확률에 해당하는 특성값(characteristic value)으로 나타내며, 이것을 재료의 **기준값**이라 한다. 재료의 기준값은 상위 기준값, 하위 기준값과 평균값(mean value)으로 나타낸다. 재료 성질이 한계상태 검증에 중요한 변수인 경우에는 재료 성질의 상위와 하위 기준값을 적절하게 사용하여야 하며, 강도強度(strength)와 강성剛性(stiffness)에 관련한 재료 성질은 서로 분리해서 다루어야 할 필요가 있다. 대부분의 경우 강도 관점에서 하위 기준값을 사용하면 안전한 설계가 된다. 그러나 다루는 문제의 상황의 따라 상위 기준값이 필요한 경우도 있다. 예를 들면, 최소 철근량 산정을 위한 콘크리트의 인장강도의 경우에는

상위 기준값을 사용하여야 안전한 설계가 된다.

재료 성질의 통계 분포에 관한 이론적 모델을 결정할만한 충분한 자료 확보가 가능하다면, 정해진 확률에 해당하는 기준값을 얻을 수 있는 연산법을 적용한다. 그러나 만일 한정된 실험 자료만이 주어진다면, 제한된 자료로 인한 통계적 불확실성을 고려하여야 하며, 더 복잡한 통계 기법을 적용하여야 한다. 일반적으로 콘크리트 기준강도 f_{ck}는 정해진 실험 방법에 따라 획득한 자료의 확률분포도에서 특정 확률에 해당하는 값이다.

$$f_{ck} = f_{cm} - ks \tag{1.4-1}$$

여기서 f_{cm}은 평균강도이고, k는 계수 (비초과 확률 $p = 0.05$일 때 $k = 1.64$)이며, s는 표준편차를 나타낸다.

구조물의 강성에 관련된 재료 성질들은 대개 평균값으로 정의하여야 한다. 재료 성질들은 서로 다른 여러 재료가 복합되어 있는 구조물 해석에서 자주 사용한다. 즉, 재료의 강성값에 따라 해석 결과가 왜곡될 수 있기 때문에 일방적인 안전계수로 수정할 수 없으며, 이러한 이유로 강성에 관련된 성질은 가공하지 않도록 권장하며 보통 평균값을 사용한다. 다만 특수한 상황에서(예 ; 상단에 수평력이 작용하는 파일의 계산의 경우), 강성의 하위값과 상위값을 고려할 필요가 있으며 일반적으로 공학적인 판단에 따라 정한다.

1.4.4* 구조물 치수

구조물의 치수는 구조물, 구조 부재와 단면의 형상, 크기와 전체적인 배열을 포함하는데, 설계에 필요한 중요한 기본 변수이다. 구조물의 치수가 설계도에 주어진 값과 정확하게 일치하도록 건설하는 것은 현실적으로 불가능하다. 보통 인정할 수 있는 허용 오차가 주어지지만, 실제로 측정해 보면 이들 값들이 자주 초과된다. 철근콘크리트에서 철근의 위치는 도면에 나타낸 곳에서 쉽게 이탈할 수 있으며, 모든 구조물의 높이와 폭이 도면과 다를 수 있다.

이처럼 구조물의 치수는 일반적으로 확률 변수(random variable)인데, 하중 및 재료 성질과 비교하여 구조물 치수의 변동성은 대부분의 경우 작거나 무시할 수 있다. 따라서 치수를 확률 변수로 간주하지 않고 설계도면에 나타난 값을 **공칭값**(nominal value)으로 하여 설계에 그대로 사용할 수 있는 설계값이 된다. 그러나 어떤 치수의 편차가 하중, 하중영향 및 구조물의 저항 성능에 심각한 영향을 미칠 때, 치수는 명시적으로 확률 변수로 간주하여 확률적 접근법을 적용하거나, 구조 해석이나 강도 산정에 포괄적으로 고려하여야 한다. 하중 작용점 또는 받침점의 위치처럼 해당 구조물의 신뢰도에 현저한 영향을 미칠 때는 공칭값에 변동 편차를 고려하여 치수의 설계값을 결정해야 한다.

치수의 공칭값 a_n은 한국산업규격 또는 제품 제작회사에서 기준으로 정한 값이며 설계도면과 도서에 사용된 기본 치수를 일컫는다. 이 공칭값의 편차는 부재의 길이 및 폭과 같은 단면 치수에 관련된 오차뿐만 아니라, 시공 중에 발생하는 부재 연직성(verticality)에 관련된 편향(deviation) 결함, 직선성(straightness)에 관련된 곡률 결함과 그 누적 치수 결함, 혹은 하부 기초 구조의 굴착 깊이의 부정확성을 포함한다.

1.4.5* 거동 모델

하중의 작용에 의한 구조물의 거동은 상당히 복잡하여 현재까지 이에 대한 인간의 이해는 완전하지 않은 상태이다. 더욱이 구조물의 실제 거동을 비교적 정확하게 구하는 계산 방법일수록 매우 복잡하며 시간이 많이 소요된다. 이런 이유로 현실적이며 경제적으로 설계하기 위해서는 구조물의 거동에 대한 단순화 또는 이상화가 필요하게 된다. 간단한 예로, 구조물에서 힘과 모멘트 분포를 구하기 위해 구조물을 해석할 경우, 재료는 탄성으로 가정하며, 부재는 중심축과 일치된 선으로 보고 강성만 주어져 있는 것으로 가정하는 것이 일반적이다. 그런데 이 모든 가정들은 실제 사용하는 재료 혹은 구조물에 정확한 것이 아니며, 따라서 구한 해석 결과에 오차가 포함되어 있다. 더욱이 철근콘크리트 구조물에 균열이 발생하면 실제 각 부재의 하중영향은 해석 결과와 크게 다를 수 있다. 특히 부정정 구조물의 해석은 힘의 평형 조건뿐만 아니라 변형의 적합 조건도 만족하여야 하는데 해석에 사용된 강성이 실제 강성과 다르면 그 해석 결과도 다르게 된다. 3차원 유한요소해석과 같은 방법을 사용하여 보다 정밀한 해석을 수행할 수 있다. 이 방법에서는 실제 재료의 응력-변형률 곡선을 사용할 수도 있지만 상당한 시간과 비용이 소요될 것이다.

또한 구조적 거동 현상에 대한 인간의 불완전한 지식이 불확실성의 심각한 원인이기도 하다. 예측 공식으로 산정한 강도와 실제 실험으로 구한 강도가 서로 근접하게 일치한다고 예측 공식이 종종 괜찮다고 하지만 완벽한 것은 결코 아니다. 일반적인 단면 형태의 부재에서 추출한 예측 공식이 다루지 않은 다른 형태의 단면 부재에 대해서도 똑같이 좋은 값을 산출할 것인지는 알 수 없다. 예를 들면, 전단 철근이 없는 철근콘크리트 부재의 전단 거동을 설명할 수 있다고 일반적으로 인정되는 거동 모델이 지금까지는 없는 상태이며, 전단 강도를 예측하는 대부분의 공식들은 현상에 대한 깊은 이해보다는 실험 자료를 기반으로 하고 있기 때문에 특히 이런 종류의 불확실성의 정도는 매우 크다고 할 수 있다.

1.5 한계상태 검증

1.5.1 개요

구조물을 효율적으로 설계하기 위해서는 공사비가 적게 소요되어야 한다. 공사비를 최소화하는 가장 쉬운 방법은 사용하는 재료의 양을 줄이고 따라서 안전성 또는 품질을 감소시키는 것이다. 그러나 설계자는 사용자가 위험하지 않도록 해야 하는 법적이며 도덕적인 책임을 진다. 품질, 안전성과 경제성 사이의 올바른 균형을 세우는 것이 기본적으로 중요한 것이며 모든 설계의 핵심이 된다. 이러한 균형을 합리적이며 일관된 방식으로 확보하기 위해 안전성이 의미하는 바를 명확히 하고 정량적으로 정의하여야 한다.

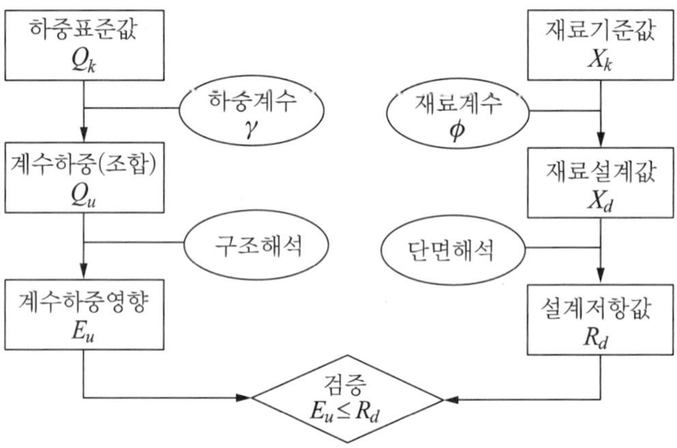

그림 1.16 한계상태설계법의 콘크리트 구조 한계상태 검증 흐름도 [참고문헌 1.5]

한계상태설계법에 따른 구조물의 설계는 규정된 한계상태와 부분안전계수에 의한 검증을 바탕으로 하고 있다. 이 방법을 사용할 때, 거동 해석 모델에 기본 변수(하중, 재료성질, 치수)의 설계값을 사용하여 모든 설계 상황에서 규정하고 있는 어떤 한계상태도 초과되지 않는다면 구조물은 신뢰성이 있는 것으로 간주한다. 즉, 모든 가능한 설계 상황과 하중 경우에서 계수하중영향과 설계저항강도를 기준으로 적합한 한계상태를 초과하지 않는다는 것을 검증하여야 한다. 이때 선정된 설계 상황과 한계상태에서 가장 불리한 작용 하중들을 조합하여야 한다. 그러나 동시에 발생하지 않는 하중은 하중 조합에서 고려하지 않아야 한다. 구조 계산은 모든 변수를 포함하고 있는 적절한 거동 모델을 사용하여 수행하여야 하며, 이 거동 모델은 구조 거동을 충분히 정밀하게 예측할 수 있는 것이어야 한다. 그림 1.16은 이와 같은 한계상태 검증

순서를 개념적으로 나타낸 것이다.

한계상태 검증에서 실질적으로 중요한 것은 극한한계상태와 사용한계상태의 검증을 위한 정확한 거동 해석 모델의 선택과 그 방법에 입력할 기본 변수의 설계값이다. 이 설계값은 기본 변수의 표준값 또는 기준값에 적절한 하중계수 γ와 재료계수 ϕ를 곱한 값이다.

확보된 통계 자료의 부족으로 인해 기본 변수의 설계값이 기준값에서 유도될 수 없는 경우에는 적절한 설계값을 직접 결정할 수도 있는데, 이때는 설계기준에서 정한 각 부분안전계수를 사용하여 설계한 구조물과 동등한 수준의 신뢰도를 가질 수 있도록 설계값을 선택하거나, 또는 더 안전한 값을 선택한다. 통계적으로 직접 결정한 설계값은 설계기준에 주어진 부분안전계수를 사용하여 수행한 한계상태 검증과 최소한 동등한 수준의 신뢰도를 보장하여야 한다.

1.5.2 계수하중과 하중영향

구조물 설계에서 사용하는 입력값으로는 실제 작용 하중의 크기와 그 하중 표준값의 불확실성 등을 반영하기 위해 하중 표준값에 하중계수를 곱하여 구한 소위 **계수하중**(factored load) 또는 설계하중(design load)이라고 부르는 확대된 값을 사용한다. 즉 계수하중 Q_u는 다음과 같은 일반 형태로 표현한다.

$$Q_u = \gamma Q_k \tag{1.5-1}$$

여기서 γ는 해당 하중의 하중계수이며, Q_k는 하중의 표준값인데, 특히 활하중일 경우에는 각 설계 상황에 적합한 대표값을 표준값 대신 사용하여야 한다.

위 식은 하중의 크기가 구조물의 신뢰도를 지배하는 1차원적 하중의 경우에서만 적용될 수 있다. 하중이 하나 이상의 변수(예로서 피로 하중, 응력 크기 Δf, 반복회수 N, 피로강도곡선의 기울기 m 등)를 포함하는 다차원적일 경우, 그리고 이들 하중의 영향이 비선형일 경우, 하중의 대표값 및 설계값은 모두 이들 변수가 한계상태에 영향을 미치는 것에 따라 좌우된다. 경우에 따라 하중의 설계값을 구조물의 응답을 고려하여 평가하기도 하며, 지진하중이나 지반-구조 상호작용의 경우에는 구조물 거동에 대한 변수에 따라 하중의 설계값이 변하기도 한다. 지진하중의 설계값은 구조 거동과 관련되는 기준을 고려하여 결정하여야 한다.

하중영향은 작용 하중에 의해 구조물의 각 부위에 유발된 응답으로 내력內力(모멘트, 전단력, 응력 등)과 변형(처짐, 회전, 변형률 등)을 모두 포함하여 일컫는 용어이다. 이 하중영향은 하중, 구조물 치수, 재료 성질에 따라 변한다. 예를 들면, 부재 한 단면에서의 휨모멘트의 크기는 자중을 포함한 작용 하중, 높이와 지간 등에 관한 구조물 치수, 그리고 구성 재료의 탄성계수 등에 따라 달라진다. 실제 설계에서는 구조물이 선형 탄성 거동을 한다고 가정하여 설계하는 경우가 대부분이다. 이때는 중첩의 원리가 적용되기 때문에 일반적인 구조물의 설계를 위해서는 대부분의 경우 다음 식과 같이 해석 방법에 관련된 부분안전계수를 고려하지 않으며 모두 하중계수에 반영한 후 구조 해석을 수행하여 하중영향을 구하는 포괄적인 방법을 사용한다.

$$E_u = E\{\gamma_i Q_{k,i};\, a_n\} \quad i \geq 1 \tag{1.5-2}$$

여기서 γ_i는 해당 하중의 하중계수이고, a_n은 구조물 치수의 공칭값이다. 하중영향의 계수값 (factored value of influence of load)은 원칙적으로 작용 하중의 크기뿐만 아니라, 구조 해석 방법의 불확실성도 고려하여야 하는 경우도 있다. 비선형 해석이나 특수한 경우에서는 하중계수 γ를 해석 방법에 대한 부분안전계수 γ_a와 하중의 크기에 대한 부분안전계수 γ_f로 분해하여 사용할 때가 있다. 즉, 하중 크기의 불확실성과 해석 방법의 불확실성을 별도로 구분하여 하중영향의 계수값 E_u를 다음과 같이 산정한다.

$$E_u = \gamma_a E\{\gamma_{f,i} Q_{k,i};\, a_n\} \quad i \geq 1 \tag{1.5-3}$$

이때 하중계수 $\gamma_i = \gamma_a \times \gamma_{f,i}$가 된다. 터널 및 지반공학 분야에서는 이러한 형태의 분해된 부분안전계수를 사용하여 설계하기도 한다. 구조공학 분야에서는 해석 방법의 정밀성을 주로 다루는 유한요소해석법에 적용한다.

1.5.3 재료 성질의 설계값

여기서 재료는 콘크리트 구조물의 구성 요소인 콘크리트와 철근 및 프리스트레스 강재를 말하며, 그 성질은 재료의 극한한계상태에 관련된 것으로 주로 극한한계강도와 한계변형률을 의미한다. 실제 설계에 사용되는 재료 강도의 설계값 f_d는 다음 식과 같이 재료의 기준강도 f_k에 안전계수를 반영하여 구한다.

$$f_d = \phi f_k \tag{1.5-4}$$

여기서 ϕ를 재료계수라고 한다. 재료 성질 중에서 강도가 아닌 탄성계수, 포아송비, 건조수축 변형률 등은 보통 평균값을 설계값으로 사용하고, 강도처럼 안전계수를 반영한 설계값으로 취급하지 않는다.

표 1.5 도로교설계기준(한계상태설계법)의 재료계수

한계상태	하중조합(설계 상황)	콘크리트 ϕ_c	철근 또는 프리스트레스 강재 ϕ_s
극한한계상태	극한하중조합 (정상 및 임시 설계 상황)	0.65	0.90
	극단하중조합 (극단 및 지진 설계 상황)	1.0	1.0
사용한계상태	사용하중조합	1.0	1.0

도로교설계기준(한계상태설계법)에서 콘크리트 **설계압축강도** f_{cd}는 유효계수 α_{cc}를 추가로 적용하도록 규정되어 있다. 즉, 콘크리트의 설계압축강도를 다음 식과 같이 기준압축강도 f_{ck}에 재료계수와 유효계수를 곱하여 구한다.

$$f_{cd} = \phi_c \alpha_{cc} f_{ck} \tag{1.5-5}$$

여기서 ϕ_c는 콘크리트의 재료계수이며, 도로교설계기준에서 사용하고 있는 강재와 콘크리트 재료계수를 표 1.5에 정리하였다.[1)] 사용한계상태에 대한 재료계수가 특별히 지정되지 않는 일반적인 상황에서는 철근이나 콘크리트에 대한 재료계수로 1.0을 사용한다. 유효계수 α_{cc}는 장기하중의 영향 등을 고려하기 위한 보정계수로 보통 0.85의 값을 취한다.

1.5.4 치수의 설계값

구조물 치수값의 변동성은 하중 및 재료 성질의 변동성 보다는 일반적으로 심각하지 않으며 많은 경우 무시할 수 있다. 따라서 하중영향과 저항 성능을 산정하는데 사용되는 부재 치수의 설계값으로 설계도에 주어진 값을 공칭값으로 간주하여 사용한다. 그러나 치수에서 편차의

1) 재료계수는 $\phi = 1/\exp(3.04V_R - 1.64V_f)$로 산정할 수 있다. 여기서 V_R은 재료 강도 평가에 관한 변동계수로 $V_R = \sqrt{V_r^2 + V_g^2 + V_f^2}$ 인데, V_r은 극한한계상태의 강도 측정 방법 불확실성의 변동계수, V_g는 부재 치수의 변동계수, 그리고 V_f은 재료 강도의 변동계수이다[참고문헌 1.7]. 유로코드에서는 ① 철근에 대해서 $V_r = 2.5\%$, $V_g = 5\%$, $V_f = 4\%$로 전제하여, 철근 재료의 부분안전계수 $\gamma_s = 1.154$를 산정하였으며, 이 값을 바탕으로 $\gamma_s = 1.15\ (\phi_s = 0.87)$를 채택하고 있다. ② 콘크리트에 대해 $V_r = 5\%$, $V_g = 5\%$, $V_f = 15\%$로 간주하여 $\gamma_c = 1.30$을 구하였다. 실제 현장에서 제작되는 콘크리트와 연구 목적으로 특별히 제작되고 양생된 실험용 콘크리트와의 차이에 의한 불확실성을 보완하기 위해 추가로 계수 1.15를 적용하였다. 유로코드에서는 이를 바탕으로 콘크리트 부분안전계수 $\gamma_c = 1.15 \times 1.30 = 1.50(\phi_c = 0.67)$를 사용하고 있다. 이 값은 우리나라 도로교설계기준의 $\phi_c = 0.65$와 거의 동일한 값이다.

영향이 구조물 신뢰도에 심각한 영향을 미칠 때, 치수의 설계값은 다음과 같이 정의하여야 한다.

$$a_d = a_n \pm \Delta a \tag{1.5-6}$$

여기서 Δa는 기준값(혹은 공칭값)에서 불리하게 벗어날 가능성과 여러 치수들이 동시에 나타나는 누적 효과를 고려한 것이다. Δa는 좌굴 해석에서의 결함처럼 편심의 영향이 심각할 경우에만 적용되는 값이다. 그리고 허용 오차는 해당 기준에 정의된 것을 사용한다.

1.5.5 설계강도

구조물의 저항 성능(resistance performance)이란 구조물 전체 또는 부재가 하중과 변형에 저항할 수 있는 최고 능력(load carrying capacity)을 의미하는 것으로서, 보통 힘 또는 응력의 항으로 표현할 때 강도(strength)라고 한다. 이 강도는 구성 재료 성질과 구조물의 치수를 강도 산정 공식에 적용하여 계산되는 값으로, 사용 재료의 설계값 f_d와 구조물 치수의 설계값 a_d를 입력 자료로 사용하여 구한 강도를 **설계강도**(design strength)라 한다. 철근콘크리트 구조물에서 설계강도 R_d는 다음과 같이 재료의 설계값 $f_d(=\phi f_k)$와 치수의 공칭값 a_n을 사용하여 산정한다.

$$R_d = R\{f_{d,i};\ a_{n,j}\} \quad i \geq 1,\ \ j \geq 1 \tag{1.5-7}$$

이 식에서는 철근과 콘크리트의 재료 강도의 불확실성을 반영하는 재료계수는 각 재료의 설계값 $f_{d,i}$에 분리되어 반영되고 있으며, 저항 강도 산정 함수의 불확실성도 재료계수 ϕ에 포괄적으로 포함되어 있다고 간주한다.

한편, 일반적으로 구조 강도 평가에 재료계수를 고려하지 않고 각 사용 재료의 기준강도 f_k와 치수의 공칭값 a_n으로 계산한 강도를 부재의 기준강도 R_k 또는 **공칭강도**(nominal strength) R_n이라 한다. 즉,

$$R_n = R\{f_{k,i};\ a_{n,j}\} \quad i \geq 1,\ \ j \geq 1 \tag{1.5-8}$$

이렇게 산정된 공칭강도 R_n에는 불확실성을 고려하는 안전계수가 포함되어 있지 않다. 당초 정의한대로 강도 R 확률 분포 곡선의 특정 분위에 해당되는지를 검증하기 위해 실험으로 분석할 수 있다. 그러나 구조물 성능의 현장 발현 값은 실험실에서 측정된 값과 다를 수 있기 때문에 R_n에 안전계수를 적용하기 위해 아래 식과 같이 공칭강도에 안전계수를 곱하여 설계

강도를 직접 구하여 한계상태를 검증할 수 있다.[2)]

$$R_d = \phi R_n \tag{1.5-9}$$

여기서 ϕ를 **강도감소계수**(strength reduction factor)라 부르기도 하며, 재료계수와 구별하기 위해 **부재계수**(member factor)라 한다. 이론적으로 이러한 방법은 강구조물처럼 단일 재료로 구성된 구조물에 적용할 때 효율적일 수 있지만, 성질이 서로 다른 여러 재료로 구성된 합성 구조에 적용하는 것은 비합리적이라 할 수 있다. 이러한 배경에서 도로교설계기준(한계상태설계법)에서는 콘크리트 구조물 설계에는 재료계수를 사용하는 식 (1.5-7)로 부재 설계강도를 산정하고, 강구조 설계에는 부재계수를 사용하는 식 (1.5-9)로 설계강도를 평가하도록 구성되어 있다.

1.5.6 극한한계상태 검증

구조물의 극한한계상태는 대상 구조물이 구조적 혹은 기능적 설계 요구 성능을 만족하지 못하는 점 이상의 상태를 이상화한 것이다. 따라서 검증의 목표는 이러한 상태에 도달할 수 없는지 혹은 주어진 확률로 초과할 수 없는지를 확인하는 것이다.

(a) 강도 안전성 한계상태

구조물의 강도 안전성(strength safety) 한계상태는 구조계나 부재의 파괴 또는 과도한 변형의 한계상태를 의미하는 것으로서, 구조적 강도의 부족, 연결부의 파단 혹은 과대 변형으로 인한 파괴에 해당되는 한계상태이다. 구조 부재의 파괴는 사용되는 재료의 한계값 도달에 의한 파괴를 의미한다. 구조 계산은 적절한 해석 방법을 사용하여 수행하여야 한다. 이 해석 방법은

2) 콘크리트구조기준[참고문헌 1.2]의 강도설계법에서는 재료계수 대신에 부재강도감소계수(부재계수)를 사용하여 부재 설계강도 R_d를 산정하는 방법을 채택하고 있다. 콘크리트구조기준의 강도감소계수 ϕ는 다음과 같이 규정하고 있다.

조 건	강도감소계수 ϕ
① 인장 지배 단면	0.85
② 압축 지배 단면 (가) 나선 철근으로 보강된 부재	0.70
(나) 그 이외의 부재	0.65
(다) 휨부재에서 철근의 순인장 변형률에 따라	0.65~0.85
③ 전단과 비틀림 부재	0.75
④ 콘크리트 지압부(프리스트레스 정착부와 스트럿-타이 모델 제외)	0.65
⑤ 스트럿-타이 모델의 스트럿, 타이 및 절점영역	0.75
⑥ 무근콘크리트	0.55

구조 거동을 충분히 정밀하게 예측할 수 있어야 한다. 이러한 한계상태는 항상 하중영향의 계수값 E_u가 구조 강도의 설계값 R_d를 초과하지 않는다는 것을 검증하여야 한다.

$$E_u \leqq R_d \tag{1.5-10}$$

모든 가능한 설계 상황에서 계수하중영향을 산정하여야 한다. 선정된 설계 상황과 한계상태에서 가장 불리한 하중들을 조합하여야 한다. 그러나 동시에 발생하지 않는 하중은 조합에서 고려하지 않는다.

일반적으로 정상 설계 상황에서 하중 조합은 고정하중, 지배하는 활하중의 계수값과 동반하는 활하중의 계수값에 근거하여 다음과 같이 구성한다.

$$\Sigma \gamma_{D,j} D_j + \gamma_{L,1} L_{k,1} + \Sigma \gamma_{L,i} \psi_{o,i} L_{k,i} \ (i \geq 2) \tag{1.5-11}$$

여기서 D_j와 $\gamma_{D,j}$는 각각 고정하중 j의 표준값과 하중계수이며, $L_{k,1}$과 $\gamma_{L,1}$은 지배 활하중의 표준값과 그 하중계수이고, $L_{k,i}$와 $\gamma_{L,i}$는 동반 활하중 i의 표준값과 그 하중계수이다. 그리고 ψ_0는 표준값으로부터 조합값을 산정하는 계수이다. 프리스트레스 긴장력이 작용하는 경우, 위에서 정의한 각 하중 조합에 긴장력을 포함시켜야 한다. 극한한계상태 검증 때 간접하중인 건조수축과 크리프의 영향은 현저할 때에만 고려하여야 하며, 부재의 연성과 회전 능력이 충분한 경우에는 검토할 필요가 없다. 건조수축 영향을 고려하는 경우에는 보통 하중계수로 1.0을 사용할 수 있다.

반면에, 지진이나 폭발과 같은 극단적인 사고 설계 상황의 하중 조합에서 활하중과 긴장력에 적용하는 하중계수는 1.0이다. 실제적인 극단하중조합을 하기 위해서 지배 활하중과 기타 활하중에 최빈값과 준고정값을 각각 적용하기도 한다. 예를 들면, 지진의 경우, 지진 극단하중과 함께 교량 바닥판에 작용하는 트럭하중의 크기는 표준값보다는 최빈값(frequent value)을 적용하는 것이 더 실제적이다. 극단 설계 상황에 대한 하중 조합은 극단하중 A(지진 혹은 충격)를 포함하여 다음과 같이 구성한다.

$$\Sigma D_j + A + \psi_{1,1} L_{k,1} + \Sigma \psi_{2,i} L_{k,i} \ (i \geq 2) \tag{1.5-12}$$

여기서 ψ_1과 ψ_2는 표준값으로부터 최빈값과 준고정값을 산정하는 계수이다.

대부분의 경우, 온도 변화, 건조수축, 부등침하는 지배 하중으로 간주하지 않는다. 또한 활하중의 영향을 증가시켜서 **불리한 영향**을 주는 고정하중은 1.0보다 큰 값의 하중계수 $\gamma_{D,h}$를 적용하고, 활하중의 영향을 감소시켜 **유리한 영향**을 주는 고정하중은 1.0보다 작은 값의 하중계수 $\gamma_{D,l}$를 적용하여 하중영향을 산정하여야 한다. 이와 관련하여 설계자는 다음 두 가지 원칙을 준수하여야 한다.

(a) 하중영향의 계수값이 구조물 부위에 따른 고정하중 크기의 변화에 아주 민감할 경우, 고정하중의 불리하고 유리한 부위를 개별 하중으로 구분하여 고려한다.

(b) 한 하중의 여러 영향(예 ; 자중에 의한 휨모멘트와 수직력)이 완전히 서로 상관되지 않는 경우, 유리한 요소에 적용하는 하중계수를 감소시킨다.

첫째 사항 (a)의 좋은 예로서 그림 1.17의 3경간 특수 장대 연속 거더를 들 수 있다. 중앙 경간에서의 최대 계수휨모멘트를 산정하기 위해서는 계수활하중(등분포 하중)을 중앙 경간에만 작용시키고, 동시에 중앙 경간의 자중인 고정하중의 계수값은 불리함이 크도록 큰 하중계수를 적용한 $\gamma_{D,h}D$를 작용시켜야 한다. 반면에 외측 경간의 중앙 최대 계수휨모멘트를 산정할 때는 계수활하중을 양 외측 경간에만 작용시키고, 동시에 중앙 경간의 자중에는 작은 하중계수를 적용한 $\gamma_{D,l}D$를 작용시켜야 한다. 그러나 일반적인 철근콘크리트 구조물은 경간이 작으며, 고정하중은 자중이 대부분으로 고정하중의 변화에 민감하지 않는 상태이므로, 고정하중을 개별 하중으로 구분하지 않고 한 하중계수 만을 적용하여 설계한다.

두 번째 사항은 설계자로 하여금 구조물의 사용 수명동안의 모든 단계에서 안전성을 확보하도록 설계해야 한다는 사실을 명시한 것이다. 편심을 받는 기둥에서는 작용하는 축압축력이 휨강도를 증가시키는 경우가 있다. 이 경우에는 기둥의 불리한 요소에 적용할 하중계수를 1.0보다 작은 값이 되도록 감소시켜야 안전성이 확보될 수 있다. 불리한 고정하중에 대한 하중계수는 일반적으로 0.85~1.00 사이의 값이 된다.

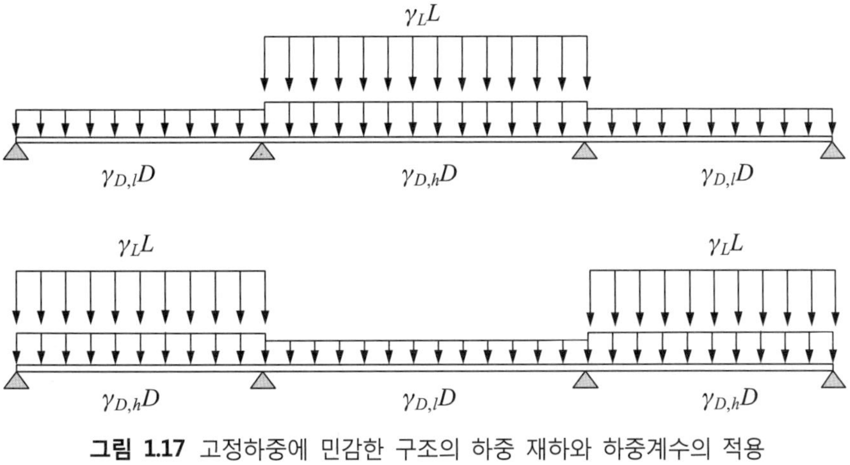

그림 1.17 고정하중에 민감한 구조의 하중 재하와 하중계수의 적용

앞에서 설명한 하중 조합은 일반 콘크리트 구조물 설계에 적용하기 위한 원칙적인 방법에 해당한다. 기능과 목적이 다르게 설계되는 콘크리트 구조물에는 이 설계 일반 원칙(general principle)을 기반으로 설계 대상 구조물의 특수성을 고려한 하중 조합을 구성하여야 한다. 대표적으로 일반 건물과 토목 구조물인 교량은 그 용도가 다르기 때문에 적용하는 하중 조합이 다르다.[3] 이처럼 설계 하중의 크기와 그 조합을 결정하는 일은 결코 간단하지 않다. 도로교설계기준(한계상태설계법)에서는 교량과 같은 토목 구조물의 특수성을 고려하여 필요한 설계 상황에 부합하는 하중 조합이 경우마다 미리 정해져 있으며, 하중계수 뿐만 아니라 **수정계수**(modification factor)를 추가적으로 적용하고 있다. 교량을 설계할 때 하중계수를 고려한 총 계수하중 또는 그 영향 Q_u는 아래와 같이 결정하도록 규정되어 있다.

$$Q_u = \Sigma \eta_i \gamma_i q_i \tag{1.5-13}$$

여기서 q_i는 하중 또는 하중영향이고, γ_i는 해당 하중의 하중계수이다. 그리고 η_i는 수정계수로서 교량 구조의 연성(ductility)에 관련된 계수 η_D, 부정정 차수에 관련된 여용성(redundancy) 계수 η_R과 중요도에 관련된 계수 η_I의 곱으로 구성되어 있다. 즉,

$$\eta_i = \eta_D \eta_R \eta_I \tag{1.5-14}$$

극한한계상태 검증 때 콘크리트 구조의 경우 연결부의 강도가 인접 구성 요소 부재에 유발되

3) 콘크리트구조기준(2012)에 규정된 각 하중에 대한 하중계수와 조합은 일반 건물 구조에 적용하는 것으로 다음과 같다.

지배 하중	계수하중조합	
기본 하중	$U = 1.4(D + H_v)$	(1)
	$U = 1.2(D + F + T) + 1.6(L + \alpha_h H_v + H_h) + 0.5(L_r$ 또는 S 또는 $R)$	(2)
	여기서 $\alpha_h = 1.0 \ (h \le 2m)$ $= 1.05 - 0.025h \ (h > 2m)$	
풍하중	$U = 1.2D + 1.6(L_r$ 또는 S 또는 $R) + (1.0L$ 또는 $0.65W)$	(3)
	$U = 1.2D + 1.3W + 1.0L + 0.5(L_r$ 또는 S 또는 $R)$	(4)
	$U = 0.9(D + H_v + 1.3W + (1.6H_v$ 또는 $0.8H_h)$	(5)
지진하중	$U = 1.2(D + H_v) + 1.0E + 1.0L + 0.2S + (1.0H_h$ 또는 $0.5H_h)$	(6)
	$U = 0.9(D + H_v) + 1.0E + (1.0H_h$ 또는 $0.5H_h)$	(7)
유체압	$U = 1.2(D + F + T) + 1.6(L + \alpha_h H_v) + 0.8H_h + 0.5(L_r$ 또는 S 또는 $R)$	(8)
	또 식 (2)	
토압	식 (1), 식(2), 식 (5), 식 (6), 식 (7), 식 (8)	
간접하중	식 (2), 식(8)	

여기서, D= 고정하중, L= 활하중, W= 풍하중, E= 지진하중, H_h= 수평토압, H_v= 연직토압, F= 유체압, L_r= 지붕활하중, S= 설하중, R= 강우하중

는 최대 하중영향의 1.3배 이상이면 연성 요구 조건을 만족하는 것으로 간주할 수 있다는 것을 기준으로 다음과 같은 연성 관련 하중수정계수 η_D의 값을 사용할 수 있다.

$\eta_D \geq 0.95$: 연성 요구 조건을 만족하는 교량 구조
$= 1.0$: 통상적인 설계 및 상세를 갖는 교량 구조
≥ 1.05 : 비연성 구성 요소 및 연결부를 갖는 교량 구조

극한한계상태에서 교량을 구성하는 부재별로 부재의 파괴가 교량의 붕괴를 초래하는 비여용 부재와 부재의 파괴가 교량의 붕괴를 초래하지 않는 여용 부재(redundant member)로 구분하여 여용성 계수 η_R 값을 다음과 같이 정한다.

$\eta_R \geq 0.95$: 특별한 여용도를 갖는 수준
$= 1.0$: 통상적인 여용도를 갖는 수준
≥ 1.05 : 비여용 요소 및 연결부를 갖는 부재

또한, 교량 전체 구조계나 구성 부재의 중요도에 따라 하중수정계수 η_I를 적용하여 검증해야 한다. 이 중요도는 발주자가 지정할 수 있다.

$\eta_I \geq 0.95$: 상대적으로 중요도가 낮은 교량 구조
$= 1.0$: 일반 교량 구조
≥ 1.05 : 중요 교량 구조

이 세 종류의 수정계수의 곱으로 나타나는 하중수정계수 η_i의 값은 0.95보다 항상 커야 한다.

도로교설계기준에서는 표 1.6에 보인 바와 같이 정상 설계 상황에서 극한한계상태 검증을 위한 하중 조합을 다섯 경우로 나누어 주어져 있으며, 극단 설계 상황에서 극한한계상태 검증을 위해 두 가지 경우로 하중 조합을 주고 있다.

- 극한한계상태 하중 조합 Ⅰ : 일반적인 차량 통행을 고려한 기본 하중 조합으로, 이때 풍하중은 고려하지 않는다.
- 극한한계상태 하중 조합 Ⅱ : 발주자가 지정하는 특수 차량이나 통행 허가 차량을 고려한 하중 조합
- 극한한계상태 하중 조합 Ⅲ : 풍속 90 km/hr (25 m/sec)를 초과하는 풍하중이 지배하중으로 작용하는 하중 조합
- 극한한계상태 하중 조합 Ⅳ : 활하중에 비하여 고정하중이 매우 큰 경우에 적용하는 하중 조합

- 극한한계상태 하중 조합 Ⅴ : 풍속 90 km/hr (25 m/sec)를 초과하는 풍하중과 통행 차량 하중의 최빈값을 고려한 하중 조합
- 극단상황한계상태 하중 조합 Ⅰ : 지진하중을 고려하는 하중 조합
- 극단상황한계상태 하중 조합 Ⅱ : 빙산(ice load), 선박 또는 차량의 충돌을 고려한 사고 하중 조합
- 피로 검증 하중 조합 : 피로 한계상태를 검증하기 위한 하중 조합

표 1.6은 도로교설계기준에서 정한 각 하중 조합에 적용하는 하중계수를 정리한 것이며, 표 1.7은 고정하중에 대한 하중계수를 나타낸 것이다. 여기서 활하중은 차량하중, 보도하중과 통행 차량의 충격, 원심력 및 제동하중을 포함한다. 각 하중의 크기는 설계기준 3장에 기술되어 있다.

표 1.6 도로교설계기준 (한계상태설계법)의 극한한계상태 검증을 위한 하중 조합과 하중계수

하중 조합	고정하중 D	활하중 L	수압 부력	구조 풍하중	차량 풍하중	마찰력	평균온도하중	극단(사고)하중			
								지진	설하중	차량충돌	선박충돌
극한하중 조합 I	γ_D	1.8	1.0	-	-	1.0	0.5/1.2	-	-	-	-
극한하중 조합 II	γ_D	1.4	1.0	-	-	1.0	0.5/1.2	-	-	-	-
극한하중 조합 III	γ_D	-	1.0	1.4	-	1.0	0.5/1.2	-	-	-	-
극한하중 조합 IV	γ_D	-	1.0	-	-	1.0	0.5/1.2	-	-	-	-
극한하중 조합 V	γ_D	1.4	1.0	0.4	1.0	1.0	0.5/1.2	-	-	-	-
극단상황하중 조합 I	γ_D	γ_E	1.0	-	-	1.0	-	1.0	-	-	-
극단상황하중 조합 II	γ_D	0.5	1.0	-	-	1.0	-	-	1.0	1.0	1.0
피로하중 조합	-	0.75	-	-	-	-	-	-	-	-	-

(b) 외적 안정성 한계상태

구조물의 외적 안정성安定性(stability) 한계상태란 구조계나 부재의 정역학적 평형 손실 한계상태를 말한다. 이 한계상태는 구성하고 있는 재료의 강도와는 관련되지 않는다. 대부분의 경우 이 한계상태를 초과하면 즉각적인 붕괴가 발생하기 때문에 정적 평형의 손실은 극한한계상태로 취급하여야 한다. 평형 손실의 극한한계상태는 다음의 한계상태를 포함한다.

- 전도(overturning)
- 떠올림(uplift) (예 ; 부력에 의해 올려짐) 또는 침하(settlement)
- 계면에서 활동(sliding)

표 1.7 도로교설계기준 (한계상태설계법)의 고정하중에 적용하는 하중계수

하중의 종류		하중계수, γ_D	
		불리한 영향 $\gamma_{D,h}$	유리한 영향 $\gamma_{D,l}$
자중	구조 부재와 비구조 부착물	1.25 (극한 IV에서1.50)	0.90
	포장과 시설물	1.50	0.65
마찰력	말뚝 부마찰력	1.80	0.45
수평 토압	주동	1.50	0.90
	정지	1.35	0.90
연직 토압	• 전체 외적 안정	1.00	-
	• 옹벽 및 교대	1.35	1.00
	• 강성 암거(예, 콘크리트 상자)	1.30	0.90
	• 골조형 강성 구조물(예, 라멘)	1.35	0.90
	• 연성 암거(예, 파형 강관)	1.95	0.90
	• 상자형 연성 강재 암거	1.50	0.90
상재하중	토하중	1.50	0.75
간접하중	시공중 발생하는 구속 응력	1.0	1.0
프리스트레스	• 세그멘탈 콘크리트교의 상/하부구조	1.0	
	• 비세그멘탈 콘크리트교의 상부구조	1.0	
	• 비세그멘탈 콘크리트교의 하부구조(I_g/I_e)	1.0/0.5	
	• 강재 하부구조	1.0	
크리프, 건조수축	• 세그멘탈 콘크리트교의 상/하부구조	자중에 적용하는 γ_D	
	• 비세그멘탈 콘크리트교의 상부구조	1.0	
	• 비세그멘탈 콘크리트교의 하부구조(I_g/I_e)	0.5/1.0	
	• 강재 하부구조	1.0	

이 한계상태는 일반적인 구조물에서는 자주 마주치지는 않는다. 그림 1.18은 압출 공법으로 가설되는 교량 상부구조를 나타낸 것인데, 내민코 쪽의 무게가 크게 되어 평형이 손상되면 전도가 발생하여 가설 중인 상부구조가 붕괴할 수 있는 외적 안정 한계상태의 좋은 예에 해당한다.

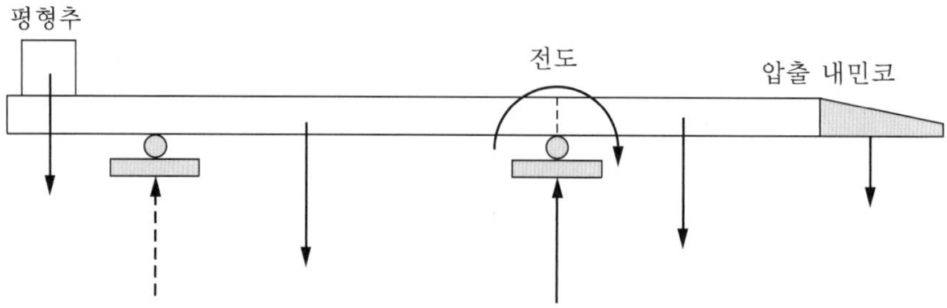

그림 1.18 압출 공법으로 가설되는 교량 상부구조

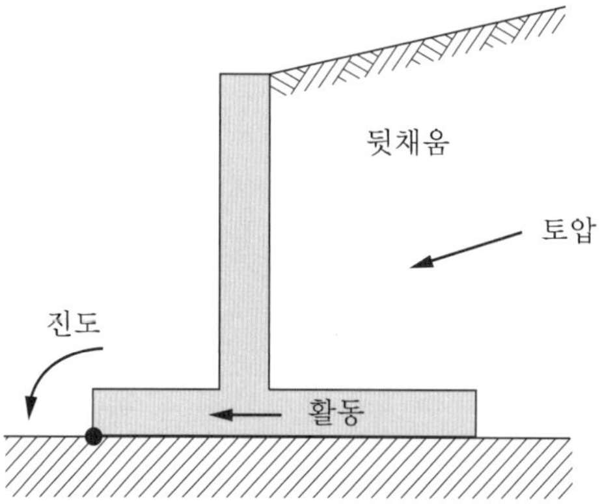

그림 1.19 옹벽의 외적 안정성에 대한 극한한계상태

앞에서 언급한 가설 중인 교량 상부구조보다 더 복잡한 정적 평형에 관한 좋은 예는 그림 1.19에 보인 지반 위에 직접 놓여있는 콘크리트 옹벽이다. 옹벽의 뒷면은 흙으로 채워져 있다. 이 뒷채움 흙은 옹벽에 연직력과 동시에 큰 수평력을 발생시키는 토압으로 작용하게 된다. 이 수평 토압이 크면 옹벽이 압굽 모서리를 중심으로 전도할 수 있을 뿐만 아니라, 기초판과 지반 사이에 활동(미끄러짐)이 발생하여 붕괴될 수 있다. 따라서 외적 안정성을 확보하기 위해서는 불안정화 하중영향의 계수값이 안정화 하중영향의 계수값보다 작다는 것을 검증하여야 한다.

$$E_{u,unstable} \leqq E_{u,stable} \tag{1.5-15}$$

일반적으로 안정화 하중영향에는 고정하중만을 포함하고 활하중은 고려하지 않아야 한다. 이것은 활하중이 작용하지 않는 시간 동안에는 안정화 하중영향이 작아져 한계상태를 초과할 수 있기 때문이다. 그러나 불안정화 하중영향을 결정할 때는 활하중의 영향을 반드시 고려하여야 한다. 경우에 따라 적절하다고 판단될 때는 강체 사이의 마찰력과 같은 힘을 포함시킬 수 있다.

또한, 고정하중을 다룰 때 유리한 영향과 불리한 영향을 분명하게 구분하여 2개의 서로 다른 하중계수($\gamma_{D,l}$와 $\gamma_{D,h}$)를 사용하여야 한다. 여기서 '유리'와 '불리'라는 단어는 고정하중이 안정화 하중영향에 기여하는 경우이면 1.0보다 작은 하중계수 $\gamma_{D,l}$을 적용하고, 불안정화 하중영향에 기여하는 고정하중에는 1.0보다 큰 하중계수 $\gamma_{D,h}$를 적용하여야 한다. 그림 1.20에 보인 단순 지지된 보의 전도를 검증할 때, 받침점 B를 중심으로 A와 B 사이 자중은 안정화 전도 모멘트에 기여하기 때문에 작은 하중계수 $\gamma_{D,l}$를 곱해야 하고, B와 C 사이 내민부의 자중은 불안정화 전도 모멘트에 기여하기 때문에 큰 하중계수 $\gamma_{D,h}$를 곱한 하중영향을 구하여 한계상태를 검증해야 한다.

$$(\gamma_{D,l} D_{A-B})a \geq (\gamma_{D,h} D_{B-C})b \tag{1.5-16}$$

또한, 그림 1.20에 보인 보에서 받침점 A에서 지압 받침 설치물을 설계할 때도, 위 식과 동일하게 정적 평형 손실 한계 검증 방법을 적용하여야 한다.

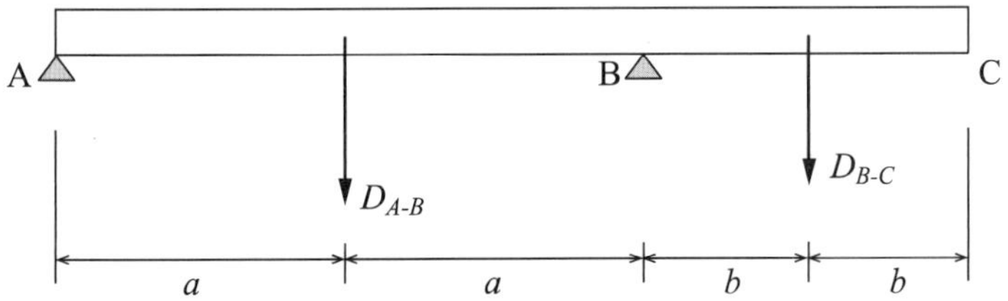

그림 1.20 단순보에서 내민부 정력학적 평형 한계상태 검증

(c) 피로한계상태

반복하는 하중을 받는 구조물에서는 파괴가 정상적으로 예상되는 하중 수준보다 훨씬 낮은 하중 수준에서 피로 파괴가 발생할 수 있다. 피로가 자유롭게 발생할 때 최종 단계는 구조물의 파괴가 되기 때문에, 피로한계상태를 극한한계상태로 고려한다. 그런데 피로 파괴에 직접 영향을 주는 하중은 강도 안전성이나 외적 안정성에 관련된 하중이 아니다. 교량의 경우 피로의 주된 원인은 가장 무거운 화물 트럭의 영향이 아니라 자주 반복되는 트럭의 영향이며, 따라서 많이 반복하는 평균 하중을 적용한다. 교량에 적용하는 피로하중은 차량 하중 표준값의 75퍼센트 정도에 해당한다고 간주하는 것이 일반적이다. 파괴 검증은 구조 재료에 크게 좌우된다. 이러한 피로 파괴가 균열에 의해 발생할 경우, 균열이 형성되는 초기 단계와 균열 전파 단계 그리고 불안정 균열 전파가 발생하여 파괴하는 세 단계로 진행되는 특징이 있다.

예제 1.5-1 3경간 연속보의 극한한계상태 검증을 위한 하중 조합

3경간 연속 거더에 자중 w_o와 포장과 시설물 하중 w_D 그리고 분포 활하중 w_L이 작용하고 있다. 도로교설계기준에 따라 극한한계상태 검증을 위한 하중 조합을 구성하라.

풀이

(i) 구조물의 강도 안전성 검증은 최대 휨모멘트 또는 최대 전단력이 발생 가능한 여러 위험 단면에서 각각 수행하여야 한다. 3경간 연속보에서 휨에 대한 설계 위험 단면은 보통 각 경간 중앙의 정휨모멘트 단면과 지점 위의 부휨모멘트 단면이 된다. 여기서는 분포 하중이 작용하는 상태이고, 대칭 구조이기 때문에 중앙 경간의 중앙 단면과 내측 지점 위 단면으로 단순화 할 수 있다. ① 중앙 경간에서 최대로 휨모멘트가 발생되기 위해서는 활하중이 그 경간에만 작용하여야 하며, 외측 경간에 작용하는 활하중은 중앙 경간의 휨모멘트를 감소시키는 유리한 작용을 하기 때문에 이때는 활하중을 작용하지 않아야 한다. 반면에 고정하중은 민감한 경우에만 큰 고정하중계수와 작은 고정하중계수를 적용하여야 하는데, 여기서는 일반적인 경우로 고정하중이 하중영향에 민감하지 않다고 간주하여 전 경간에 큰 고정하중계수를 적용할 수 있다. 따라서 아래 그림의 하중 조합-1과 같이 재하하여 중앙 경간의 휨에 대한 강도 안전성을 검증해야 한다. ② 한편, 지점 위 부휨모멘트는 활하중이 양 인접 경간에 동시에 작용할 때 최대가 된다.

(ii) 연속보의 양 끝단의 받침 장치의 한계상태 중에서 부압력에 의한 떠올림(uplift) 한계상태가 발생할 수 있다. 이 떠올림은 외적 안정성에 해당하는 것으로서, 검증을 위한 하중 조합에서 고정하중을 개별 하중으로 간주하여 큰 하중계수와 작은 하중계수를 적용하여야 한다. 따라서 아래 그림 하중 조합-4와 같이 하중을 작용시켜 그 영향을 산정하여 검증한다.

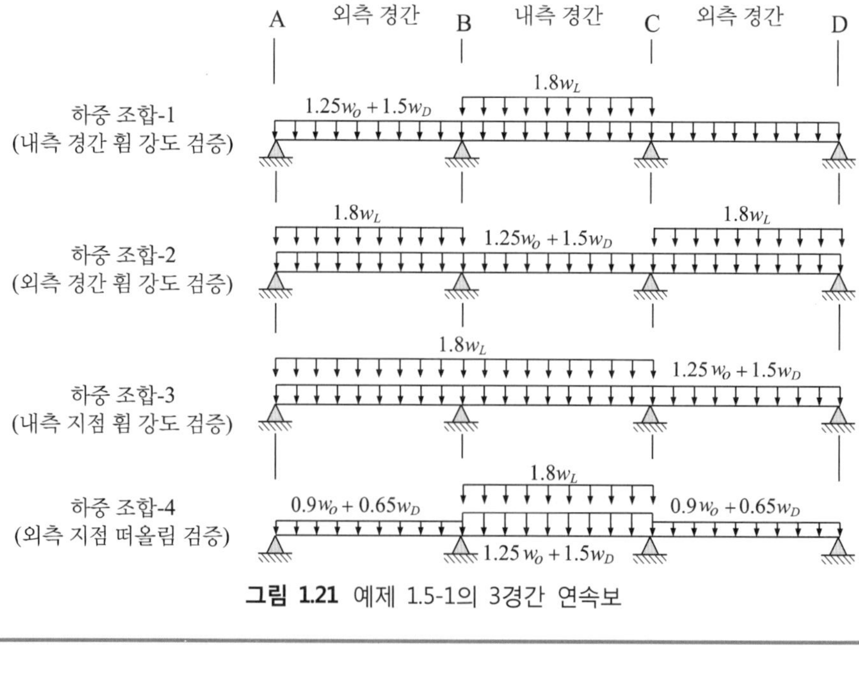

그림 1.21 예제 1.5-1의 3경간 연속보

예제 1.5-2 T형 구조의 극한한계상태 검증을 위한 하중 조합

T형으로 된 기차역 대기 플랫폼에 자중 w_o와 시설물 하중 w_D, 그리고 군중하중 w_L이 작용하고 있다. 도로교설계기준에 따라 극한한계상태 검증을 위한 하중 조합을 구성하라[참고문헌 1.22].

풀이

(i) 활하중은 유리한 작용을 할 때 고려하지 않아야 한다. 여기서 주어진 구조물은 전체적인 외적 안정성을 검토해야 할 필요가 있는 형상을 갖고 있다. 이때 외적 안정성 한계상태를 검증할 때 불리하게 작용하는 활하중만 고려하고, 고정하중은 불리한 경우 큰 하중계수를 유리한 경우에는 작은 하중계수를 적용한다. 따라서 아래 그림 하중 조합-1과 같게 된다.

(ii) 기둥의 강도 안전성 한계상태를 검증하기 위해서는 압축과 휨에 대해 각각 최대가 되도록 하중을 작용시켜야 한다. 기둥의 압축력이 최대가 되기 위해서는 활하중은 모두 고려해야 하고, 고정하중도 큰 하중계수를 적용하여야 한다. 한편, 기둥의 휨에 대한 강도 안전성 한계상태를 검증하기 위해서는 기둥에 최대 휨모멘트가 발생할 수 있는 하중 조합-3을 적용해야 한다. 강도 안전성을 검증할 때 고정하중은 별개로 구분하지 않고 큰 하중계수를 곱한 한 개의 하중만 고려한다.

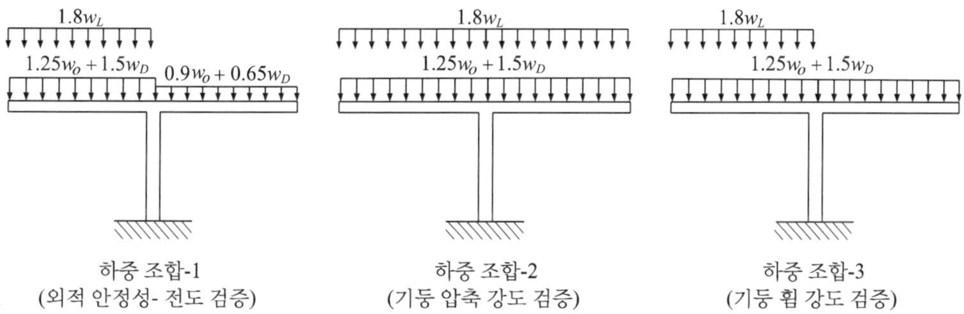

그림 1.22 예제 1.5-2의 플랫폼

1.5.7 사용한계상태 검증

설계에서 사용한계상태 검증은 구조물의 외관이나 효율적 기능 발휘에 영향을 미치는 변형이나 변위, 사용자에 불편을 주거나, 구조물과 그 부대 시설물에 손상을 끼칠 수 있는 또는 그 기능에 장애를 유발시키는 진동, 그리고 내구성 저하를 유발하는 콘크리트 손상에 대한 사항이 포함된다. 구조물에 나타나는 이러한 현상의 크기가 적합한 사용하중 상태에서 초과하지 않는다는 것을 검증해야 한다.

$$E_u \leq C_d \tag{1.5-17}$$

여기서 E_u는 관련된 하중 조합을 기반으로 계산한 하중영향이고, C_d는 사용성 기준의 한계값이다.

사용한계상태의 검증은 구조물의 형태와 현장 주변 환경에 따른 사용성 요구 조건을 고려하여 정한 사용성 한계값과 구조 성능을 비교하여 수행하는 것이다. 이때 적합한 설계 상황에서 고려하여야 할 하중 조합은 사용성 요구 성능과 조건에 부합하여야 한다. 일반적으로 사용한계상태는 세 가지 하중 조합에서 검토한다.

콘크리트 구조물에서 크리프와 처짐 등의 장기 거동에 관련된 한계상태를 검증하기 위해서는 자중을 포함하여 수명동안 지속해서 작용하는 실제 지속하중들의 조합을 사용해야 한다. 반면에 회복 불능 한계상태를 검증하기 위해서는 수명 동안 한두 번 발생 가능한 크기인 표준값들의 조합을 사용하고, 회복 가능 사용한계상태는 실제로 자주 발생하는 사용하중 조합으로 검증해야 한다. 도로교설계기준에서는 이러한 하중 조합을 표 1.8과 같이 정해서 적용하도록 하고 있다. 사용하중조합 I은 표준값들의 조합이고, 사용하중조합 III과 IV는 구조물에 실질적으로 빈번하게 발생 가능한 소위 사용하중(load at service)들의 조합을 나타내고 있다. 사용하중조합 III은 연식 하중이 지배적인 상부구조의 사용하중이고, 사용하중조합 IV는 수평 하중이 지배적인 교각 및 하부구조의 사용하중에 해당한다. 사용하중조합 V는 장기 거동을 검토하는 지속하중조합이다.

필요하다면 건조수축과 크리프 및 부과된 변형량도 고려하여야 한다. 표준하중조합과 지속하중조합에서 콘크리트 압축응력의 상한값을 설정하여 콘크리트의 손상이나 과도한 크리프 변형을 피해야 한다. 작용 하중에 의한 철근의 인장응력 상한값을 설정하여 비탄성 변형과 과도한 균열을 제한하여야 한다. 사용한계상태를 검증하기 위한 간단한 보조 방법이 주어진 경우에는 여러 조합하중에 대한 상세한 계산을 생략할 수 있다. 사용한계상태를 검토할 때, 특별히 지정하지 않는 한, 재료계수값을 1.0으로 취해야 한다.

표 1.8 도로교설계기준의 사용한계상태 검증을 위한 하중조합과 하중계수

하중 조합	고정하중 토압	활하중	수압	구조 풍하중	차량 풍하중	마찰력	평균온도하중	경사온도하중	지반침하
사용하중조합 I	1.0	1.0	1.0	0.3	1.0	1.0	1.0/1.2	0.5	0.5
사용하중조합 III	1.0	0.8	1.0	-	-	1.0	1.0/1.2	0.5	0.5
사용하중조합 IV	1.0	-	1.0	0.7	-	1.0	1.0/1.2	-	1.0
사용하중조합 V	1.0	-	-	-	-	-	0.5	-	-

참고문헌

1.1 도로교통협회 (2015), 도로교설계기준(한계상태설계법)-일반교량편(2015), 국토교통부.

1.2 한국콘크리트학회 (2012), 콘크리트구조기준, 국토해양부, 기문당.

1.3 대한토목학회 (2004), 한국 토목 걸작선, 사단법인 대한토목학회.

1.4 황의성, 백인열, (2006), 신뢰도기반 설계기준의 기본 이론 및 설계 일반, 서울대학교 교량설계핵심기술연구단, KBRC TRS 001.

1.5 김 우, 이광명, (2006), 콘크리트 교량의 신뢰도기반 한계상태설계법 - Eurocode 2의 기본 개념, 서울대학교 교량설계핵심기술연구단, KBRC TRS 003.

1.6 R.S. Narayanan and A.W. Beeby, (2001), *Introduction to Design for Civil Engineers*, Spon Press, London and New York.

1.7 European Committee for Standardization, (1990), *Eurocode 0(EN-1990) - Basis of structural design*, EC Technical Committee CEN/TC 250.

1.8 Gulvanessian, H. Calgaro, J.-A. and Holicky, M., (2002), *Designers' Guide to EN 1990 - Basis of structural design*, Thomas Telford, London.

1.9 Gulvanessian, H. and Holicky, M., (1996), *Designers' Handbook to Eurocode - Part 1: Basis of design*, Thomas Telford, London.

1.10 *Eurocode 2 - Commentary*, (2008), European Concrete Platform ASBL

1.11 European Committee for Standardization, (1992), *Eurocode 2(EN 1992) - Design of Concrete Structures*, EC Technical Committee CEN/TC 250.

1.12 fib (1999), *Structural Concrete - Textbook*, fib Bulletin 2, Vol. 1 and Vol. 2

1.13 CEB-FIP (1993), *CEB-FIP Model Code 1990 - Design Code*, Comite Euro- International du Beton, Thomas Telford, London.

1.14 FIB (2010), *Model Code 2010*, International Federation for Structural Concrete.

1.15 International Standards Organization, *Statistical Interpretation of Test Results. Estimation of the Mean, Confidence Interval*, ISO, Geneva, ISO 2602.

1.16 International Standards Organization, *Statistical Interpretation of Data. Techniques of Estimation and Test Relating to Means and Variances*, ISO, Geneva, ISO 2854.

1.17 International Standards Organization, *Statistical Interpretation of Data. Determination of Statistical Tolerance Interval*, ISO, Geneva, ISO 3207.

1.18 International Standards Organization, *Statistical Interpretation of Data. Comparision of Two Means in the Case of pared Observations*, ISO, Geneva, ISO 3301.

1.19 MacGregor, J. (1997), *Reinforced concrete, Mechanics and Design, 3rd ed.*, Prentice Hall, Upper Saddle River, NJ, USA.

1.20 Hendy, C. R. and Smith, D. A. (2007), *Designers' Guide To EN 1992-2, Eurocode 2: Design of Concrete Structures, Part 2: Concrete Bridges*, Thomas telford, London, England.

1.21 *Concrete Structures Euro-Design Handbook 1994/96*, (1994), ed by Eibl, J., Erst & sohn, Germany.

1.22 *Eurocode 2 Worked Examples*, (2008), ed by Jean-Pierre Jacobs, The European Concrete Platform ASBL, Brussels, Belgium.

CHAPTER 2

재 료

2.1 개요

교량이나 건물과 같은 콘크리트 구조물을 구성하고 있는 부재는 콘크리트와 보강 강재(reinforcing steel)로 구성되어 있다. 보통의 콘크리트 구조물의 보강補强 강재鋼材로 철근(steel bar)을 대부분 사용하며, 경우에 따라 고강도 강선(steel wire)이나 강연선(strand) 또는 합금강봉(alloy bar)을 사용하기도 한다. 이러한 강재로 보강된 콘크리트 구조물의 성능을 이해하기 위해서는 콘크리트와 보강 강재가 가지고 있는 역학적 성질을 파악하는 것은 매우 중요하다.

보강된 콘크리트 구조는 강재와 콘크리트가 갖는 큰 장점들이 조합된 합성合成작용에 의해 그 유용성을 크게 증대시키는 구조이다. 그런데 콘크리트 재료의 특성인 비균질성, 비선형성, 이방성, 시간 의존성과 서로 다른 재료의 복잡한 합성 거동 때문에 체계적인 재료역학을 콘크리트 구조물의 해석과 설계에 적용하기 힘들었다. 이러한 배경 때문에 지난 1세기 동안 콘크리트 구조를 해석하고 설계하는 작업은 경험과 실험에 주로 의존할 수 밖에 없는 분야로 간주되어 왔었다. 최근에 콘크리트 구조물의 해석과 설계 바탕 이론이 급격하게 변화하고 있는 추세에 있다.

과거에는 설계 목적으로 콘크리트 재료의 완전한 응력−변형률 관계가 필요하지 않았다. 그러나 최근에는 콘크리트 응력−변형률 곡선을 명시적으로 정의하여 부재의 해석과 설계에 직접 반영하는 설계법으로 변화하고 있다. 더욱이 다양한 작용 하중에 의해 여러 방향의 응력을 동시에 받고 있는 다축 응력 상태에 놓이는 콘크리트의 강도와 변형률을 재료 단위에서 정의하여 실제 구조물의 한계상태 검증에 적용하고 있다. 한계상태설계법에서는 재료의 응력−변형률 곡선과 그 한계강도 및 한계변형률을 기반으로 구조물의 한계상태를 검증하는 방법을 채택하고 있다.

지금까지 주로 부재에 관련된 지식을 기반으로 한 설계 방식이 이제는 구성 재료 성질에 관련된 한계값을 기준으로 구조물의 모든 한계상태를 검증하여 설계하는 방법으로 변화하고 있다. 최근에는 구조물의 요구 성능이 점점 다양해지는 추세이며, 다양한 요구 성능은 결국 공학적으로 재료의 한계값에 의존하게 된다. 도로교설계기준(한계상태설계법)도 이러한 추세에 맞춰 제정된 것으로서 많은 부분이 콘크리트와 보강 재료의 성질에 관한 지식에 바탕을 두고 있다. 이 장에서는 구성 재료인 콘크리트와 철근의 재료 성질에 대해 다루었다. 특히, 콘크리트의 역학적 특성인 강도와 변형에 관련하여 다축 응력 상태에서의 강도 변화와 더불어 장기 거동인 크리프와 건조수축에 대해 심도있게 다뤘다. 철근콘크리트 구조물의 극한한계상태는 대부분 철근의 재료적 한계값에 따라 크게 달라지기 때문에 철근의 역학적 성질에 관련해서는 항복 이후의 성질에 대해 상세하게 기술하였다.

2.2 콘크리트

2.2.1 구성 재료

콘크리트는 시멘트와 물이 혼합된 시멘트풀(paste)로 화학적 불활성인 골재를 결합한 것이다. 콘크리트는 배합 때 시멘트풀이 골재 사이의 공극을 채우고, 시멘트와 물은 수화반응을 하여 골재와 강한 접착력을 발휘하여 단단하면서 내구성을 갖는 고체가 된다. 콘크리트를 이루는 기본 구성 재료는 시멘트, 골재 및 물이며, 유동성이나 응결 속도 등을 개선시키기 위해 혼화 재료가 첨가되기도 한다.

(a) 시멘트

구조용 콘크리트에 사용되는 시멘트는 수화작용에 의해 접착력을 발휘하는 분말 상태의 재료로 포틀랜드 시멘트가 대표적이며, 실리카, 석회, 알루미나를 주성분으로 한다. 시멘트는 규산질 점토와 석회석을 분쇄하여 혼합하고 소성로(kiln)에서 가열시켜 생산된 클링커(clinker)를 분쇄한 후 소량의 석고를 가하여 가루로 만든 것이다. 시멘트의 성질을 결정하는 요소는 재료의 배합비, 가열 온도 및 분말도 등이다. 현재까지 5가지의 표준 포틀랜드 시멘트가 사용되는데, 한국산업규격에서 포틀랜드 시멘트는 KS L 5201에 규정되어 있으며, 1종 시멘트-보통 콘크리트 용, 2종 시멘트-중용열 콘크리트 용, 3종 시멘트-조강 콘크리트 용, 4종 시멘트-저열 콘크리트 용, 5종 시멘트-내황산염 콘크리트 용이다. 건설 공사에는 1종 시멘트가 90퍼센트 이상 사용되고 있다.

시멘트에 물이 혼합되면 화학적으로 **수화**水化**반응**(hydration)이 시작하여 시간에 따라 **응결**凝結(setting)되어 소성 상태가 형성되고, 점차 **경화**硬化(hardening)되면서 강도 발현이 시작된다. 첨가된 수분은 시멘트 입자 표면부터 속으로 점차 용해시키면서 수화되는데, 이때 **수화열**(heat of hydration)이라고 하는 열을 발생시킨다. 따라서 분말도가 좋은 시멘트는 입자 크기가 미세하고 전체 표면적이 넓어 수화반응이 빠르게 진행되기 때문에 조기에 경화되며 동시에 수화열도 많이 발생한다. 시멘트가 화학적으로 완전히 수화하려면 시멘트 중량의 약 25퍼센트, 즉 **물-시멘트비**(water-cement ratio; W/C)가 0.25인 수분이 화학적으로 필요하다. 그러나 실제로는 작업성 확보를 위해 추가적인 수분이 필요하다. 보통 콘크리트의 경우 물-시멘트비는 일반적으로 0.40에서 0.60 정도이며, 고강도 콘크리트의 경우 0.25 정도까지 감소되지만 이 경우 작업성을 확보하기 위하여 적절한 혼화 재료의 사용이 필요하다.

화학적 결합에 사용된 25퍼센트를 초과한 물은 시멘트풀(cement paste) 내에 공극을 형성한다. 경화된 시멘트풀의 강도는 공극이 차치하는 부피가 커질수록 감소한다. 이것은 물리적으로 고체만이 응력에 저항할 수 있으므로 고체가 차지하는 비율이 커질수록 강도는 증가하기 때문이다. 즉 시멘트풀의 강도는 물-시멘트비에 주로 영향을 받으며, 결국 최종적인 콘크리트의 강도는 사용한 물-시멘트비가 증가할수록 감소하게 된다.

(b) 골재

골재는 시멘트풀과 결합하여 일체로 굳어져 콘크리트를 이루는 강모래, 강자갈, 부순 자갈, 플라이애쉬, 점토, 고로 슬래그 등의 불활성 입상 재료이다. 콘크리트 전체 부피에서 골재가 차지하는 비율은 70～80퍼센트이고, 나머지 부피는 경화된 시멘트풀과 빈 공극들이다. 일반적으로 경도(hardness)가 큰 골재이며 그 크기가 잘 분포되어 밀실하게 채워질수록 우수한 콘크리트가 만들어진다. 골재는 입자 크기 5 mm를 기준으로 **굵은 골재**(자갈)와 **잔골재**(모래)로 나뉜다. 콘크리트에 사용되는 골재는 KS F 2526(콘크리트 용 골재), KS F 2527(콘크리트 용 부순 골재), KS F 2544(콘크리트 용 경량 골재)에 규정된 것 이상의 품질을 가져야 한다.

강모래, 강자갈, 부순 골재를 보통 골재라고 하며, 반면에 화산석, 점토, 셰일, 플라이애쉬처럼 내부에 팽창된 공극을 많이 포함하고 있는 다공실 입상 재료는 그 단위질량이 천연 골재보다 작아서 이들을 경량 골재라고 한다. 보통 골재를 사용하여 얻은 콘크리트를 **보통 콘크리트**(normal concrete)라고 부르며, 그 단위질량이 2,300～2,500 kg/m^{3}에 해당한다. 경량 골재를 사용한 콘크리트를 **경량 콘크리트**(lightweight concrete)라고 부르며, 보통 단위질량(밀도)이 2,000 kg/m^{3}보다 작으며, 인공이나 천연 경량 골재를 전부 또는 일부 포함한 콘크리트를 말한다. 구조용 콘크리트에 사용하는 경량 골재의 단위질량은 1,400～2,000 kg/m^3 정도로 보통 콘크리트에 상응하는 압축강도를 발현하지만, 인장강도가 상대적으로 취약하다. 이보다 작은 단위질량을 갖는 경량 골재는 비구조용 콘크리트에 사용된다. 경량 골재를 사용한 경량 콘크리트는 그 단위질량도 작지만 역학적 성질이 천연 골재를 사용한 보통 콘크리트와 다르게 나타난다. 표 2.1에 설계 목적으로 콘크리트 자중이나 고정하중을 계산하는 데 사용할 수 있는 무근콘크리트와 보통의 철근량을 포함하고 있는 철근콘크리트의 단위질량이 주어져 있다.

표 2.1 경량 콘크리트의 골재 밀도와 설계 단위질량

절대 건조 밀도 γ_g (kg/m^3)		1,201～1,400	1,401～1,600	1,601～1,800	1,801～2,000
단위질량 (kg/m^3)	무근콘크리트	1,450	1,650	1,850	2,050
	철근콘크리트	1,550	1,750	1,950	2,150

콘크리트는 공장에서 생산되는 시멘트와 자연 상태의 골재와 물이 현장에서 배합되어 만들어지기 때문에 시멘트의 종류와 분말도, 사용 골재의 크기와 강도, 혼화 재료의 성질, 혼합된 물의 비율 등 배합 재료의 개별 요인들과 거푸집 안에 부운 후의 다짐 정도, 재료 분리, 주변 대기 온도 및 습도 등 콘크리트 **타설**(placing)과 **양생**(curing) 과정에 따라 콘크리트의 성질이 달라진다.

2.2.2 강도

구성 재료인 시멘트, 물, 골재를 배합한 초기의 굳지 않은 콘크리트(fresh concrete)는 액체 상태로 유동성을 갖고 있다. 이 콘크리트는 수화반응에 의해 시간에 따라 응결되어 소성 상태가 형성되고, 점차 경화되면서 강도 발현이 시작된다. 콘크리트는 초기 수일 내에 빠르게 강도가 발현되며, 보통 일주일이면 최종 강도의 대략 70퍼센트에 도달한다. 콘크리트의 최종 강도는 초기의 습윤 상태와 온도에 따라 크게 다르게 나타난다. 이 초기 동안에 적절한 조건을 유지하는 것을 양생이라고 한다.

철근은 공장에서 엄격한 품질 관리 절차를 거쳐 생산되기 때문에 근본적으로 재료 성질에 큰 차이가 없다. 반면에, 콘크리트는 자연 상태인 자갈과 모래로 대부분 공사 현장에서 만들어지기 때문에 최종 강도는 사용 재료의 성질과 배합비 뿐만 아니라 양생 조건, 주변 환경 영향, 부재의 형상과 크기 등 여러 가지 요인에 따라 크게 달라진다. 이러한 이유로 콘크리트 구조물의 안전성에 직접적으로 영향을 미치는 콘크리트의 재료 강도에 대한 평가는 상당히 엄격한 절차와 적합한 시험 방법에 따라야 한다고 규정되어 있다.

(a) 압축강도

구조용 콘크리트에서 그 압축강도는 구조물의 해석 및 설계에 사용하는 가장 중요한 기본 변수이면서 동시에 콘크리트의 제반 품질을 나타내는 척도이다. 따라서 콘크리트의 압축강도는 적합한 시험 방법에 따라 평가하여야 한다. 강도 평가용 시험체는 한 배합에 대하여 30회 이상 연속적으로 시험할 수 있도록 제작되어야 하며, 시료 채취는 KS F 2401(굳지 않는 콘크리트 시료 채취 방법)에 따라야 하고, 강도 시험을 위한 공시체는 KS F 2403(강도 시험 용 공시체 제작 방법)에 규정된 지름의 두 배 높이를 갖는 150 mm × 300 mm 원주형으로 제작하여 28일 동안 표준 양생된 공시체를 KS F 2405(콘크리트의 압축강도 시험 방법)에 따라 수행한 압축 시험 결과로 얻어진 자료의 통계적 특성값(characteristic value)으로 결정한다. 특별한 경우에는 KS F 2403의 규정과 다른 조건에서 양생한 시험체를 근거로 하여 재령 28일 전후의 콘크리트 압축강도를 평가하는 것이 적절할 수 있다.

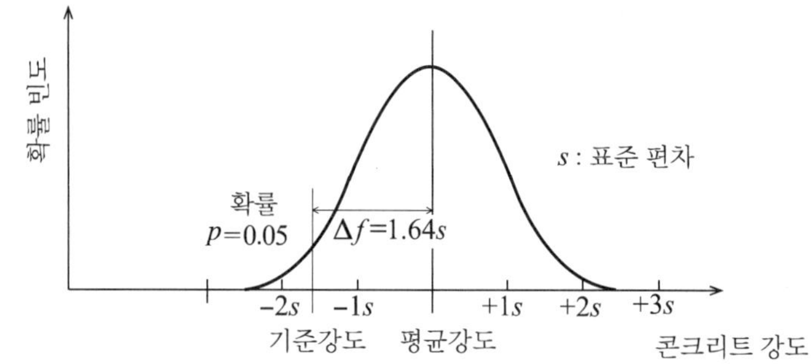

그림 2.1 콘크리트 기준강도와 평균강도의 정의

콘크리트는 현장으로 운반되어, 타설되고, 다짐하고, 양생하여야 한다. 이 절차들 중 어느 하나라도 완벽하지 못하게 실행된다면 실제 재료가 채취된 표본보다 더 약해질 수 있다. 이처럼 설계 때 사용한 기준값보다 낮은 강도가 발생할 수 있으며, 이에 대해 확률적으로 답하는 것이 가능할 지라도, 재료 강도에 대한 불확실성이 아주 높은 수준이라는 것을 알 수 있다. 그림 2.1은 적합한 시험 방법에 의해 획득한 실제 공시체 압축 강도의 확률 빈도 분포를 나타내는 대표적 곡선이다.

구조 설계에 명시적으로 사용하는 콘크리트 압축강도 값은 정해진 실험 방법에 따라 획득한 자료의 확률 분포도에서 그 값 이하로 강도가 발현될 확률이 0.05에 해당하는 확률적 특성값에 해당하는 크기의 강도 값으로 정한 것이며, 이 값을 콘크리트 **기준압축강도**[1] (characteristic/specified compressive strength)라고 부르고 f_{ck}로 표시한다. 여기서 부호 f_{ck}의 아래 첨자 중 k는 확률적 특성값이라는 의미를 갖고 있으며, 다른 설계 변수가 첨자 k를 갖고 있으면 그 값도 확률적 특성을 갖는 값이라는 것을 의미한다.

대부분의 경우 강도 관점에서 평균값보다 낮은 기준값을 사용하면 결과적으로 안전한 설계가 된다. 그러나 다루는 문제의 상황에 따라 **평균강도**(mean strength ; f_{cm}) 값이 필요한 경우도 있다. 재료 성질이 한계상태 검증에 중요한 변수인 경우에는 강도(strength)와 강성(stiffness)에 관련한 재료 성질을 서로 분리해서 다루어야 할 필요가 있다. 특히 다른 여러 재료가 합성되어 있는 구조물 해석에서 재료의 강성값에 따라 해석 결과가 불안전하게 왜곡될 수 있기 때문에 일방적인 안전계수로 수정할 수 없으며, 이러한 이유로 강성에 관련된 재료 성질들은 대개 평균값으로 정의하여야 한다. 대표적으로 구조물의 강성에 직접적으로 영향을 미치는

1) 콘크리트구조기준의 강도설계법에서는 **설계기준압축강도**라고 호칭한다. 한계상태설계법에서는 저항계수로 부재계수 대신에 재료계수를 사용하기 때문에 콘크리트 **기준압축강도**와 그 값에 재료계수를 곱한 값인 **설계압축강도**를 구분해야 할 필요가 있게 되었다.

콘크리트 재료의 탄성계수는 압축강도의 함수이다. 따라서 탄성계수를 구하기 위해서는 기준강도 f_{ck} 대신에 평균강도 f_{cm}을 사용하여야 한다.

평균압축강도 f_{cm}이 필요할 경우 다음의 관계식을 사용하여 콘크리트의 기준압축강도 f_{ck}로부터 구할 수 있다.

$$f_{cm} = f_{ck} + \Delta f \tag{2.2-1}$$

특정한 조건에서 충분한 통계 자료가 있다면 원칙적으로 표준편차 s를 먼저 구하고 그 1.64배에 해당하는 $\Delta f = 1.64s$를 사용하여 평균강도를 결정하여야 한다. 그러나 충분한 통계 자료가 없는 경우에는 기준압축강도 40 MPa 이하의 보통강도 콘크리트에 대해서는 $\Delta f = 4$ MPa을 60 MPa 이상의 고강도 콘크리트에 대해서는 $\Delta f = 6$ MPa을 사용하여 산정할 수 있으며, 압축강도 40~60 MPa 사이의 콘크리트에 대해서는 두 값에 대한 직선 보간으로 결정한다. 유럽설계기준에서는 통상의 품질관리 조건에서 $\Delta f = 8$ MPa를 사용하고 있는데, 이 값은 압축강도 50 MPa 이하이며 주로 현장 배합 콘크리트에 대한 것으로, 고강도 콘크리트나 레미콘에 대한 최근의 국내 연구 결과 [참고문헌 2.5]에 따라 우리나라에서 주로 사용하는 콘크리트에 부합하도록 수정한 값이다.

초기의 액체 상태 콘크리트는 시간에 따라 점차 경화하면서 강도를 발현하게 된다. 그림 2.2는 시간에 따른 콘크리트의 강도 발현을 보인 것이다. 보통 7일된 콘크리트는 28일 강도의 70퍼센트 정도에 도달하며 그 후는 발현 속도는 차츰 줄어들지만 강도는 증가한다. 조강 시멘트를 사용한 콘크리트는 3일만 지나도 28일 강도의 70퍼센트 정도에 도달한다. 그림 2.2는 1종 **보통 시멘트**와 3종 **조강 시멘트**의 전형적인 시간에 따른 강도 발현을 나타낸 것이다. 이 곡선은 재령 28일 압축강도에 대해 정규화한 곡선이다. 조강 시멘트는 초기 강도 발현이 빠르지만 장기 강도 증가율은 작다. 조강 시멘트는 프리캐스트 부재에 주로 사용되고, 기준압축강도로 28일 보다 7일 강도를 일반적으로 사용한다. 이처럼 콘크리트는 재령 t에 따라 강도가 발현되는데 사용한 시멘트 종류, 온도 및 양생 조건에 따라 다르게 나타난다. 표준 양생된 콘크리트의 각 재령에서 발현되는 압축강도 $f_{cm}(t)$는 28일 압축강도 $f_{cm}(28)$를 기준으로 다음 식을 사용하여 간접적으로 평가할 수 있다.

$$f_{cm}(t) = \beta_{cc}(t) f_{cm}(28) \tag{2.2-2}$$

여기서 $\beta_{cc}(t)$는 재령材齡에 따른 강도 발현 계수로 다음 식으로 나타낸다.

$$\beta_{cc}(t) = \exp\left\{\beta_{sc}\left[1-\left(\frac{28}{t}\right)^{1/2}\right]\right\} \tag{2.2-3}$$

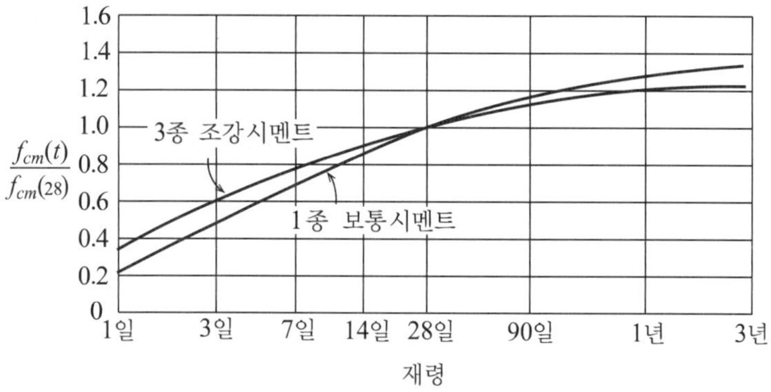

그림 2.2 표준 양생된 콘크리트 강도의 재령 영향

여기서 t는 재령(일)이고, β_{sc}시멘트 종류에 따른 상수로 1종 시멘트 습윤 양생 경우이면 0.35, 2종 시멘트에 0.40, 3종 시멘트 습윤 양생에 0.25를 각각 적용한다. 증기 양생인 경우에는 별도의 값을 사용해야 한다. 이 식에 의하면 콘크리트의 7일 압축강도는 28일 강도의 70~80%, 180일 압축강도는 110~125% 정도 범위의 값을 보인다. 이 재령에 따른 강도 평가 방법은 표준 양생된 콘크리트 강도 시험 결과를 바탕으로 추출된 식이기 때문에 표준 양생에서 벗어난 조건에 있는 콘크리트에 적용하는 경우에는 주의하여야 할 필요가 있다.

(b) 인장강도

콘크리트의 인장강도는 그 압축강도의 1/8~1/12 정도로 매우 취약하다. 콘크리트 구조물에 유발된 인장응력이 콘크리트의 인장강도에 도달하면 균열이 발생하는데, 보통 사용 중인 콘크리트 구조물에는 많은 균열이 발생되어 있다. 따라서 균열의 발생과 확장은 콘크리트의 인장강도와 직접적으로 관련이 있으며, 특히, 전단력과 비틀림력에 의해 사인장응력이 발생되기 때문에 이에 대한 저항 성능을 평가하기 위해서는 콘크리트 인장강도에 대한 이해가 필요하게 된다.

콘크리트의 인장강도를 실험으로 결정하는 것은 상당히 어려운 과업에 해당한다. 직접 인장시험은 그림 2.3(a)에 보인 것처럼 막대형으로 제작한 시험체를 인장 시험 기구에 설치하고 양 끝을 잡아 당겨 파단시키는 방법으로 파단 될 때 측정한 인장력을 단면적으로 나눈 응력 크기로 **직접인장강도**를 결정한다. 이 직접인장강도는 순수 1축 인장응력 상태의 콘크리트 인장 특성을 나타내기 때문에 인장강도(tensile strength ; f_{ct})의 대표값(representative value)으로 간주한다. 그런데 이 직접 인장 시험은 양 끝을 쥐는 장치에 따라 중심축의 정렬(alignment) 상태가 달라져 시험 결과가 크게 변하기 때문에 실제적으로 사용하기에 어려운 시험 방법에

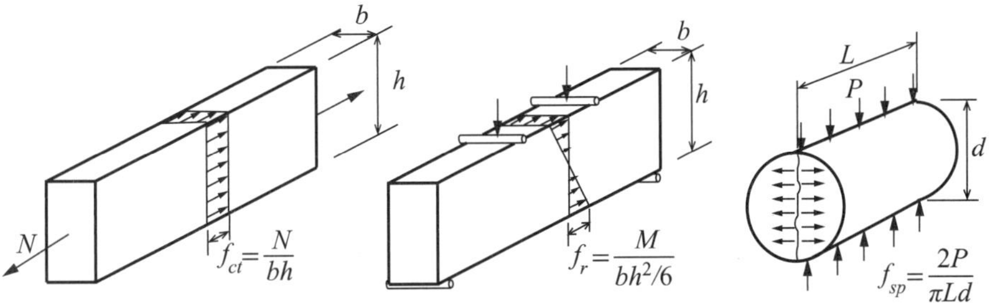

(a) 직접 인장 시험 (b) 휨인장 시험 (c) 쪼갬 인장 시험

그림 2.3 콘크리트 인장강도 시험 방법

해당한다. 이러한 이유로 오랫동안 간접 인장 시험 방법으로 그림 2.3(b)와 2.3(c)에 보인 **휨인장 시험**(flexural tension test)과 **쪼갬 인장 시험**(split tension test)을 사용하여 콘크리트 인장강도를 측정하고 있다.

휨인장 시험은 KS F 2408(휨인장 시험 방법)에 규정되어 있으며, 100 mm 또는 150 mm인 사각형 단면을 갖는 무근콘크리트 보를 단순 지지한 상태에서 3분점 재하시켜 보의 인장 측에 균열이 발생하여 휨파괴 될 때 측정된 하중으로 계산한 인장 연단의 인장응력을 **휨인장강도**라고 간주하는 시험 방법이다. 이 휨인장강도는 무근콘크리트 보를 파괴시키는 값이라고 하여 **파괴계수**(modulus of rupture ; f_r)라고도 부른다. 그런데 측정된 파괴 하중으로 부터 휨인장강도를 계산할 때, 콘크리트 재료를 선형 탄성으로 가정할 뿐만 아니라 보 인장 영역의 응력이 등분포가 아닌 부등 분포 상태이기 때문에 휨인장강도는 순수 등분포 인장응력 상태의 파단으로부터 측정한 직접인장강도와 현저하게 다르며 약 2배 정도 큰 값이 산출된다. 도로교설계기준(한계상태설계법)에서는 규정된 휨인장 시험으로 구한 휨인장강도 f_r을 이용하여 인장강도 f_{ct}를 결정할 수 있도록 허용하고 있으며 그 관계는 다음과 같이 주어져 있다.

$$f_{ct} = 0.5 f_r \tag{2.2-4}$$

이처럼 휨인장강도의 크기는 콘크리트의 실제 순수 1축 인장강도와 상당히 다르지만, 콘크리트 휨부재를 설계할 때는 이 휨인장강도를 적용하는 것이 더 적합하다. 그런데 휨인장강도는 부재 단면의 기하적 크기에 따라 현저하게 변하는 특성을 갖고 있다. 이 크기효과(size effect)가 나타나는 원인에 관해서는 아직까지 많은 논란이 있지만, 앞에서 언급한 콘크리트 휨부재의 인장 영역의 단면 변형률 경사도(strain gradient)의 영향이 지배적이라고 알려져 있다. 콘크리트 휨부재의 인장 연단 부근에 놓인 일정 높이를 갖는 층의 콘크리트 단위 요소에 작용하고 있는 변형률 분포 상태를 살펴보면, 단면의 인장 연단에 놓인 층은 최대 변형률이 발생하지만

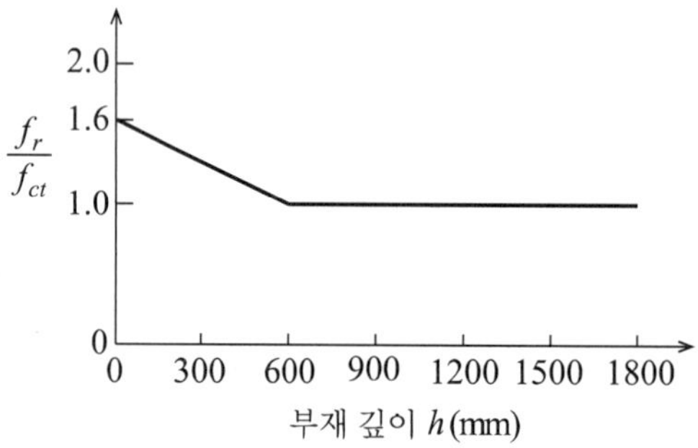

그림 2.4 설계에 사용하는 휨인장강도

인접된 바로 다음 층은 이보다 작은 변형률을 가지며 연단 층과 일체로 되어 있어서 연단 층의 자유로운 인장 변형이 구속된 상태에서 **변형 연화**(strain softening)가 진행되기 때문에 중심축 인장 상태의 거동과 다르게 된다. 따라서 깊이가 작은 보에서는 이 단위 층 요소의 휨인장 변형률이 심하게 부등 분포하여 인접 층의 구속 영향이 크게 되지만 깊이가 매우 큰 보에서는 동일 높이의 단위 요소에 작용하는 변형률은 거의 등분포 상태에 가까워 인접 층의 구속 영향이 작게 된다. 이러한 논리적 배경에 의하면 부재 깊이가 커질수록 휨인장강도는 직접인장강도에 접근한다고 할 수 있다.

그림 2.4에 보인 것과 같이 도로교설계기준에서는 휨 부재를 설계할 때 사용하는 콘크리트의 휨인장강도(파괴계수) f_r은 부재의 깊이 h에 따라 변하는 값으로 부재의 깊이가 중요한 경우에는 안전하게 다음 식을 사용하여 수정하도록 하고 있다.[2)]

$$f_r(h) = \left(1.6 - \frac{h}{1000}\right) f_{ct} \geq f_{ct} \tag{2.2-5}$$

여기서 부재 깊이 h의 단위는 mm 이어야 한다. 이 식에 의하면 깊이가 600 mm 이상인 부재의 휨인장강도는 결국 직접인장강도와 같은 크기가 된다는 것을 알 수 있다.

쪼갬 인장 시험은 실제 현장에서 쉽게 인장강도를 측정할 수 있는 방법으로 KS F 2423(콘크리트의 쪼갬 인장 시험 방법)에 규정되어 있으며, 압축강도 시험에 사용되는 원주형 공시체를 시험체로 사용한다. 그림 2.3(c)에 보인 것처럼 원주형 공시체를 눕힌 상태에서 압축력 P를 가하면 작용 압축력선의 직각 방향으로 거의 등분포 상태의 인장응력 $2P/\pi dL$이 유발된다. 여기서 d와 L은 원주형 공시체의 지름과 길이이다. 압축력을 증가시키면 최종적으로 두 쪽으로 쪼개져 파괴되는데, 이때 측정된 압축력으로부터 계산한 인장응력을 **쪼갬인장강도**(split

2) 콘크리트구조기준(2012)에서는 휨인장강도 f_r을 부재 깊이에 상관없이 $0.63\sqrt{f_{ck}}$로 규정하고 있다.

tensile strength; f_{sp})라 한다. 그런데 이 시험은 인장응력 선의 직각 방향으로 작용 압축력 P에 의한 압축응력이 동시에 유발되기 때문에 순수 1축 인장 상태라고 할 수 없다. 이로 인해 쪼갬인장강도도 순수 1축 인장강도와 다르게 나타낸다. 쪼갬인장강도 f_{sp}로 직접인장강도를 결정할 경우, 인장강도 f_{ct}는 아래 식에 의해 근사적으로 결정할 수 있다.

$$f_{ct} = 0.9 f_{sp} \tag{2.2-6}$$

여러 시험 방법으로 측정한 콘크리트 인장강도의 값들은 압축강도 시험 값들보다 훨씬 크게 분산된다. 구조 설계에 명시적으로 사용하는 콘크리트 인장강도의 크기는 원칙적으로 규정된 직접 인장 시험 방법에 따라 획득한 자료의 확률 분포도에서 그 값 이하로 강도가 발현될 확률이 0.05에 해당하는 확률적 특성값에 해당하는 크기의 강도 값으로 정한 것이며, 이 값을 콘크리트 **기준인장강도**(charateristic tensile strength) 라고 부르고 f_{ctk}로 표시한다. 압축강도를 다룰 때와 동일하게, 대부분의 경우 강도 관점에서 평균값보다 낮은 기준값을 사용하면 결과적으로 안전한 설계가 된다. 그러나 다루는 문제의 상황에 따라 **평균인장강도**(mean tensile strength; f_{ctm}) 값이 필요한 경우도 있다. 대표적으로 콘크리트 부재에는 취성 파괴를 방지하기 위해 소요 최소 철근량을 결정하는 경우를 들 수 있다. 소요 최소 철근량을 결정하기 위해서는 콘크리트 인장강도가 중요한 설계 변수로 작용하는데, 평균강도 값을 사용하여 구한 철근량을 배치하여야만 최소한의 안전을 확보하게 된다. 도로교설계기준에는 콘크리트의 기준인장강도와 평균인장강도의 관계가 다음과 같이 주어져 있다.

$$f_{ctk} = 0.70 f_{ctm} \tag{2.2-7}$$

휨인장강도와 쪼갬인장강도의 시험 결과가 직접인장시험의 확률 빈도 분포 특성과 유사할 것이라는 가정에서 위 관계식은 휨인장강도와 쪼갬인장강도에서도 동일하게 적용할 수 있다.

많은 연구에 의하면 콘크리트의 인장강도와 압축강도에는 일정한 상관관계가 있다고 알려 졌으며, 그 결과에 의하면 콘크리트 평균인장강도 f_{ctm}는 평균압축강도 f_{cm}의 함수로 근사하게 평가할 수 있다. 도로교설계기준에서는 다음과 같이 주어져 있다.

$$f_{ctm} = 0.30 (f_{cm})^{2/3} \tag{2.2-8}$$

앞에서 설명한 콘크리트의 여러 종류 강도 사이의 관계식을 사용하여 우리나라 콘크리트의 기준압축강도 f_{ck}의 변화에 따른 평균압축강도, 기준인장강도 및 평균인장강도를 계산한 값을 표 2.2에 정리하였다.

표 2.2 보통 콘크리트의 압축강도와 인장강도

f_{ck} (MPa)	18	21	24	27	30	35	40	50	60	70
f_{cm} (MPa)	22	25	28	31	34	39	44	55	66	76
f_{ctk} (MPa)	1.65	1.80	1.94	2.07	2.20	2.42	2.62	3.04	3.43	3.77
f_{ctm} (MPa)	2.36	2.56	2.77	2.96	3.15	3.45	3.74	4.34	4.90	5.38

보통 골재로 만든 보통 콘크리트의 인장강도는 콘크리트 내부의 골재와 굳은 시멘트풀 사이 계면의 부착력에 따라 달라진다. 그러나 경량 골재를 사용한 경량 콘크리트의 인장강도는 다공질 골재 자체의 인장강도에 주로 의존한다. 따라서 경량 콘크리트의 인장강도는 공극의 함유 정도에 따라 달라지는 경량 골재의 단위밀도에 따라 변화한다고 할 수 있다. 경량 콘크리트의 인장강도는 보통 콘크리트의 평균인장강도 f_{ctm}에 아래 식으로 정의된 **경량 콘크리트 계수** η_l를 곱하여 얻을 수 있다.

$$\eta_l = 0.4 + \frac{0.6\gamma_g}{2200} \qquad (2.2\text{-}9)$$

여기서 γ_g는 표 2.1에 주어진 골재 절대 건조 밀도(단위질량)의 상한값이다. 이 식에 의해 단위질량이 1,500 kg/m^3 인 경량 골재를 사용한 콘크리트의 계수 값으로 0.8이 산정되는데 이 값은 콘크리트구조기준에서 사용하는 경량 콘크리트 계수인 0.75～0.85 사이의 값에 해당한다는 것을 알 수 있다.

2.2.3 변형

하중이 작용하고 있는 구조물의 거동과 성능은 구성 재료의 응력－변형률 관계에 따라 크게 달라진다. 콘크리트 구조물에서 콘크리트는 주로 압축력을 받게 되므로 그 **응력－변형률 관계**는 매우 중요하다. 이 압축응력－변형률 관계는 원주형 공시체를 이용한 압축강도 시험 때 변위 측정기를 부착하여 측정하기도 하고, 콘크리트 보 시험 때 압축 영역에 변위 측정기를 부착하여 측정하기도 한다. 시험 방법은 KS F 2405(콘크리트 압축강도 시험 방법)에 규정되어 있다. 그림 2.5는 여러 강도의 보통 콘크리트로 만든 원주형 압축 공시체에 단기 1축 압축력을 작용하여 구한 전형적인 응력－변형률 곡선을 나타낸 것이다.

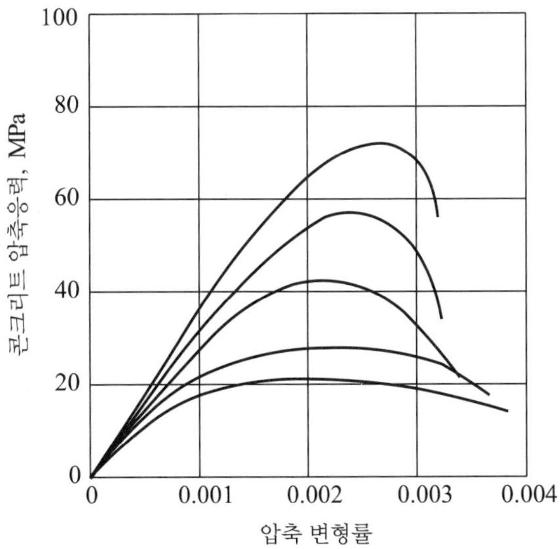

그림 2.5 콘크리트의 압축응력 - 변형률 곡선 [참고문헌 2.16]

그림에 보인 여러 종류의 곡선을 살펴보면 서로 유사한 특성이 나타나는데, 초기에는 상대적으로 직선에 가까워서 응력과 변형률이 서로 선형 비례하고 있다. 그 후 곡선은 점차 기울면서 수평이 되어 압축강도에 해당 하는 최대 응력인 정점에 도달한다. 이 정점 응력에 도달할 때의 변형률은 대략 0.002에서 0.003 범위에 있다는 것을 알 수 있다. 정점에 도달한 이후에는 변형 연화되는 하향 곡선부가 나타나는데, 이들 특성은 시험 방법에 따라 크게 달라지기 때문에 일반적 경향을 정의하기 힘들다. 최종 파괴는 순간적으로 일어나는데 이때의 변형률을 **극한한계변형률**(ultimate limit strain; ε_{cu})이라고 하며 대략 0.0025에서 0.0040 사이의 값을 가지며 고강도 콘크리트일수록 작은 값을 나타낸다. 콘크리트의 극한한계변형률은 부재를 설계할 때 극한한계상태 검증에 사용하는 중요한 한계값이다.

(a) 탄성계수

응력－변형률 곡선 상의 한 점에서 접선의 기울기는 역학적으로 해당 응력 상태의 탄성계수가 되며, 그 값은 초기 시작점에서 가장 크고 점차 작아져 정점에서 영이 되는 큰 비선형성이 나타나고 있다는 것을 알 수 있다. 한 곡선의 시작점에서 접선 기울기를 **초기접선탄성계수**(initial tangent elastic modulus; E_{ci})라고 하며 가장 큰 값을 갖는다. 실제 콘크리트 구조물에 사용하중이 작용할 때 콘크리트에 유발되는 응력을 **사용응력**(stress at service)이라고 하는데, 일반적으로 압축강도의 절반 수준의 범위 안에 놓인다. 더욱이 이 응력 범위에서 응력－변형률 관계는 거의 직선에 가깝다. 이러한 이유로 곡선의 시작점과 대략 $0.4f_{cm}$에 해당하는 점을 연결하는 직선의 기울기를 **할선탄성계수**(secant elastic modulus)라고 하며 이 값을 콘크리트의 **탄성계수** E_c로 정의하고 있다.

그림 2.5에 나타낸 콘크리트 강도에 따른 응력－변형률 곡선을 비교해 보면 콘크리트 탄성계수는 압축강도의 크기에 따라 달라진다는 것을 알 수 있다. 이것은 탄성계수가 콘크리트를 구성하고 있는 골재와 시멘트풀 자체 재료의 탄성계수와 공극의 함유 정도에 지배되기 때문이다. 따라서 콘크리트의 탄성계수는 단위질량과 강도의 함수로 나타나며, 규암을 골재로 사용하고 단위질량이 다른 여러 종류의 보통 콘크리트의 탄성계수 E_c의 값을 다음 식으로 평가하고 있다.

$$E_c = 0.077 m_c^{1.5} \sqrt[3]{f_{cm}} \ \text{(MPa)} \tag{2.2-10}$$

여기서 m_c는 콘크리트의 단위질량 (kg/m^3)으로, 보통 사용하고 있는 콘크리트의 단위질량이 2,300 kg/m^3이므로 보통 콘크리트의 탄성계수를 다음 식으로 간편하게 결정할 수 있다.

$$E_c = 8{,}500 \sqrt[3]{f_{cm}} \ \text{(MPa)} \tag{2.2-11}$$

이 식으로 계산한 보통 콘크리트의 강도 등급별 탄성계수를 표 2.3에 정리하였다.

경량 콘크리트의 탄성계수는 보통 콘크리트에 대한 위 식 E_c에 다음 계수를 곱하여 구할 수 있다.

$$\eta_E = \left(\frac{\gamma_g}{2{,}200} \right)^2 \tag{2.2-12}$$

여기서 γ_g는 표 2.1에 주어진 절대건조밀도의 상한값이다.

사용응력의 범위에서는 압축 및 인장 탄성계수가 같다고 보아도 좋다. 앞에서 설명한 콘크리트의 응력－변형률 특성은 규정된 시험 방법으로 구한 값들로 제한된 일반 환경 조건에서의 성질이다. 동일한 재료와 환경에서도 압축력 재하 속도에 따라 변형 특성이 상당히 변할 수 있다는 것을 인식할 필요가 있다.

표 2.3 보통 콘크리트 탄성계수

f_{ck} (MPa)	18	21	27	30	35	40	50	60	70
f_{cm} (MPa)	22	25	31	34	39	44	55	66	76
E_c (GPa)	23.8	24.8	26.7	27.5	28.8	30.0	32.3	34.3	40.0

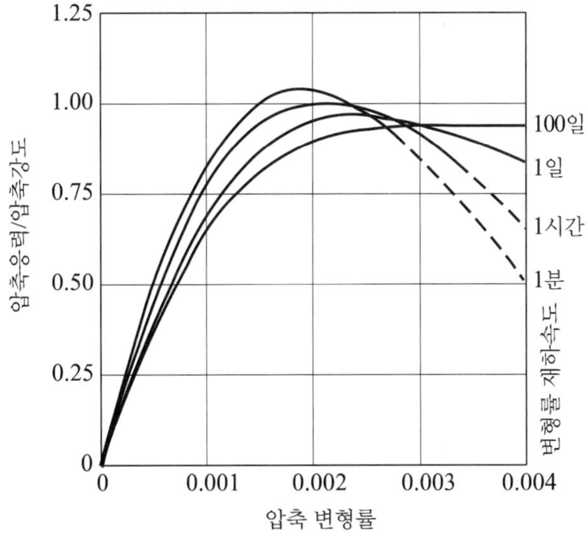

그림 2.6 재하 속도에 따른 응력 - 변형률 곡선 [참고문헌 2.4]

특히 압축력 재하 속도는 콘크리트 응력－변형률 관계에 상당한 영향이 미친다. 그림 2.6은 같은 콘크리트로 만든 시험체에 대해 서로 다른 변형률 속도를 적용하여 실험한 결과이다. 재하 속도가 느려지면 콘크리트 내부의 조직 분리가 낮은 응력 단계에서도 발생하여 정점 변형률이 증가하며 탄성계수가 작아진다. 더욱 중요한 사실은 재하 속도가 느려지면 정점 응력인 강도가 낮아지는 현상도 발생하며, 정점 이후에 변형 연화가 작게 나타나기도 한다고 알려졌다. 따라서 실제 구조물에는 장기적인 지속하중이 일반적으로 작용하는 상태이므로 구조물 설계에서 설계압축강도 값 결정에 고려해야 한다.

(b) 포아송비와 열팽창계수

모든 재료는 1방향으로 압축을 받으면 그 직각 방향으로 팽창하는 물리적 성질을 갖고 있다. 압축력 작용 방향의 압축 변형률에 대한 직각 방향의 팽창 변형률의 비를 **포아송비**라고 한다. 콘크리트의 포아송비는 그 구성 재료, 재령, 콘크리트의 습윤 상태 등의 영향을 받으며, 작용 응력의 수준에 따라서 다른 값이 나타난다. 작용하는 압축응력이 증가함에 따라 포아송비도 약간 증가하며, 일반적으로 평균압축강도의 50퍼센트 이상의 응력이 작용하면 내부에 미세 균열의 발생 영향으로 직각 방향 변형률이 크게 증가하여 균질 재료로 볼 수 없다. 일반적으로 사용응력 상태에서는 0.15～0.25 정도의 범위를 갖는다. 포아송비의 값은 실험에 의하지 않는 경우 일반적인 설계 목적으로 비균열 콘크리트에 대해 1/6, 균열 콘크리트에 대해 0을 취할 수 있다.

콘크리트도 가열하면 팽창한다. 따라서 콘크리트 구조물 주변의 대기 온도 변화에 의해 콘크리트에 응력과 변형이 유발되기 때문에 설계에 온도의 영향을 반영하여야 한다. 온도의 영향이 중요하지 않다면 설계 목적으로 사용하는 콘크리트 **열팽창계수**는 $8\times10^{-6}/℃$ 의 값을 택할 수 있다. 정밀한 자료가 없는 경우, 열팽창계수는 $10\times10^{-6}/℃$ 로 간주한다. 경량 콘크리트의 열팽창계수는 주로 사용된 골재의 종류에 따라 다른데, 약 $4\times10^{-6}/℃$ 와 $14\times10^{-6}/℃$ 사이의 값이다.

(c) 크리프

강재(steel)와 같은 재료는 그 강도나 응력－변형률 관계가 작용하는 하중의 지속 기간에 따라 바뀌지 않는다. 이와는 대조적으로 콘크리트는 하중이 지속되면 거동이 현저하게 달라지는 특성을 갖는 재료이다. 콘크리트의 **크리프**(creep)는 경화된 콘크리트에 지속적으로 하중이 작용할 때의 시간 종속적인 변형을 의미한다. 콘크리트 구조체에 압축력이 작용하면 그림 2.7에 보인 것처럼 탄성 변형률 ε_{ci}가 순간적으로 발생하고, 압축력의 추가없이 초기 압축력의 크기를 그대로 지속적으로 유지하게 되면 시간의 흐름과 함께 천천히 추가 변형이 발생한다. 이 추가 변형을 크리프 현상이라고 하며 그 변형률을 크리프 변형률 $\varepsilon_{c,creep}$라고 한다.

콘크리트 크리프에 영향을 끼치는 요인들은 콘크리트 강도, 재령, 골재, 온도, 상대습도 등이다. 콘크리트 강도는 크리프에 가장 큰 영향을 주는 요인이다. 고강도 콘크리트처럼 탄성계수가 큰 콘크리트에는 순간 탄성변형이나 크리프 변형이 작게 발생한다. 콘크리트의 배합 후 나이인 재령도 강도와 직접적으로 관련되어 있어서 크리프 변형에 영향을 미친다. 크리프는 온도의 영향을 받아 온도가 상승할수록 크리프 변형이 증가된다. 주변 대기의 상대습도는 가장 중요한 크리프 요인 중의 하나이다. 습도가 낮을수록 건조가 빠르게 진행되기 때문이다.

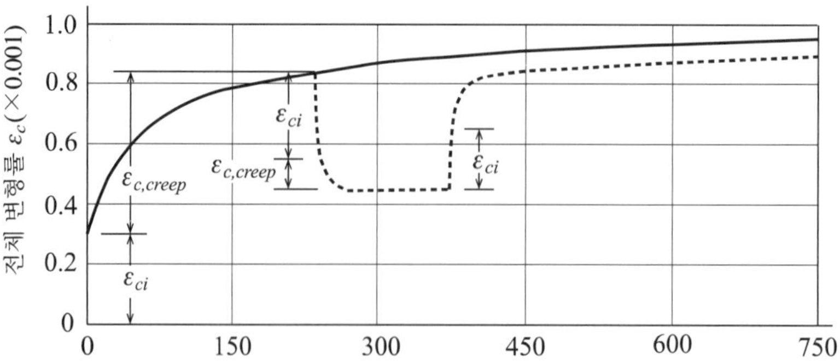

그림 2.7 전형적인 크리프 곡선

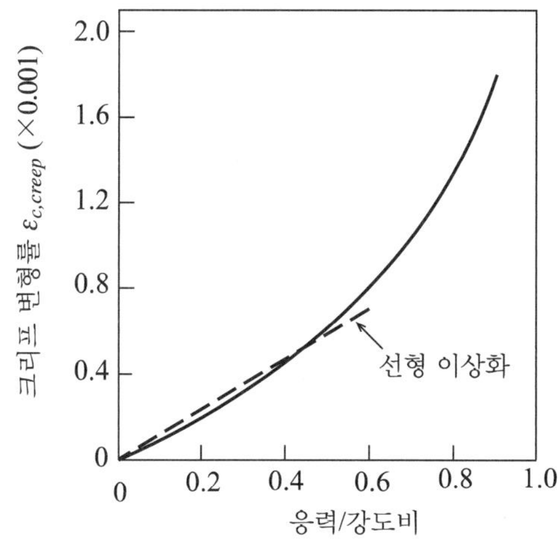

그림 2.8 크리프와 응력의 비선형 관계 [참고문헌 2.15]

크리프에 의한 변형률의 크기는 작용하는 지속응력 크기의 함수로, 그림 2.8에 보인 것처럼 지속 응력의 수준이 높을수록 비선형적으로 크게 증가한다. 콘크리트에 작용하는 지속 응력이 압축강도의 절반을 초과하지 않는 상태에서는 크리프 변형률 $\varepsilon_{c,creep}$는 지속응력의 크기에 대략 일정하게 비례하는 것으로 알려졌다. 이 사실로부터 순간 탄성 변형률 ε_{ci}는 응력에 비례하기 때문에 다음과 같은 **크리프계수**(creep coefficient; φ)를 정의할 수 있다.

$$\varphi = \frac{\varepsilon_{c,creep}}{\varepsilon_{ci}} \tag{2.2-13}$$

지속하중 작용 시작 때의 콘크리트 재령을 t_o라 하면, 이 지속하중에 의해 재령 t일 까지 즉, 지속하중 재하 기간 $t-t_o$ 동안에 발생하는 크리프 변형에 대한 크리프계수 $\varphi(t,\, t_o)$는 압축강도 f_{cm}, 상대습도 RH, 사용 시멘트 종류, 양생 온도, 대기 온도 변화에 따라 달라진다. 특히, 크리프는 지속하중이 재하되기 시작할 때의 콘크리트 재령과 지속 응력 크기 그리고 지속기간에 따라 크게 변한다. 설계기준에서는 크리프계수를 예측하기 위하여 임의의 재하 기간이 경과한 후의 크리프계수 φ_o와 지속 기간에 따른 크리프의 증가율을 나타내는 함수 $\beta_c(t-t_o)$와의 곱으로 나타낸다.

$$\varphi(t,\, t_o) = \varphi_o \beta_c(t-t_o) \tag{2.2-14}$$

φ_o는 지속하중 재하 시작 때의 콘크리트 재령에 의존하는 함수로 다음과 같이 산정한다.

$$\varphi_o = \varphi_{RH}\, \beta(f_{cm}) \beta(t_o) \tag{2.2-15}$$

여기서,

$$\varphi_{RH} = 1 + \frac{1 - 0.01RH}{0.10\sqrt[3]{h_m}}$$

$$\beta(f_{cm}) = \frac{16.8}{\sqrt{f_{cm}}}$$

$$\beta(t_o) = \frac{1}{0.1 + (t_o)^{0.2}}$$

지속하중의 지속 기간에 따른 크리프의 증가율을 나타내는 함수 $\beta_c(t-t_o)$는 다음과 같이 산정된다.

$$\beta_c(t-t_o) = \left[\frac{(t-t_o)}{\beta_H + (t-t_o)}\right]^{0.3} \tag{2.2-16}$$

여기서 $\beta_H = 1.5\left[1 + (0.012RH)^{18}\right]h_m + 250 \leq 1{,}500$(일)로 계산되며, $h_m = 2A_{cp}/p_{cp}$은 개념치수(notional size)로 단면의 중심에서 표면까지의 평균 깊이에 상응하는 등가 평균 심도를 나타내는 값이고, 단면 내부의 수분 또는 온도의 발산과 직접적으로 관련이 있는 단면 성질이며, A_{cp}와 p_{cp}는 각각 단면의 면적과 둘레 길이(mm)이다.

크리프계수 $\varphi(t, t_o)$ 산정 방법은 보통강도 콘크리트에 대하여 응력이 $0.45f_{ck}$ 이하일 경우에 유효하며, 평균 온도는 10℃에서 20℃ 사이에 해당하므로 계절적으로 −20℃에서 40℃ 사이로 변하는 기후에 적용할 수 있다. 표 2.4는 앞에서 기술한 크리프계수 평가 방법을 보통 콘크리트에 적용하여 구한 값을 정리한 것이다.

표 2.4 보통 콘크리트 최종 크리프계수 $\varphi(\infty, t_o)$

지속하중 재하 시작 때 콘크리트 재령 t_o(일)	개념치수 $h_m = 2A_{cp}/p_{cp}$(mm)							
	100	200	300	500	100	200	300	500
	건조한 대기 환경(옥내) RH=50%				습윤한 대기 환경(옥외) RH=80%			
1	5.4	4.8	4.5	4.2	3.7	3.5	3.4	3.2
3	4.4	3.9	3.7	3.4	3.0	2.8	2.7	2.6
7	3.8	3.4	3.2	2.9	2.6	2.4	2.3	2.2
28	2.9	2.6	2.4	2.3	2.0	1.9	1.8	1.7
100	2.3	2.0	1.9	1.8	1.6	1.5	1.4	1.4
365	1.8	1.6	1.5	1.4	1.2	1.1	1.1	1.1

*콘크리트 압축강도 $f_{ck} = 30$ MPa이며, 설계 수명 $t = 50$년(18,250일)을 기준으로 함

지속하중이 작용하는 콘크리트 구조체의 설계에서 작용 응력 $f_c(t_o)$에 의한 콘크리트의 순간 탄성 변형률과 크리프 변형률을 합한 전체 변형률 $\varepsilon_{c\sigma}(t,\ t_o)$는 아래 식을 사용하여 구할 수 있다.

$$\varepsilon_{c\sigma}(t,\ t_o) = f_c(t_o)\left[\frac{1}{E_{ci}(t_o)} + \frac{\varphi(t,\ t_o)}{E_{ci}}\right] \tag{2.2-17}$$

여기서 첫째 항은 지속 응력이 작용하기 시작할 때의 재령 t_o에서 발생하는 순간 탄성 변형률을 나타낸 것으로 그 재령에서 초기접선탄성계수 $E_{ci}(t_o)$를 적용한 것이고, 두 번째 항은 지속 기간 동안 발생한 크리프 변형률로 재령 28일의 초기접선탄성계수 E_{ci}를 사용하여 계산한다. 이때 초기접선탄성계수는 탄성계수를 이용하여 $E_{ci} = E_c/0.85$로 구하고, 이 E_{ci}를 이용하여 시간 t_o에서 초기접선탄성계수 $E_{ci}(t_o)$를 다음 식을 이용하여 재령에 따른 영향을 반영하여 구한다.

$$E_{ci}(t_o) = \sqrt{\beta_{cc}(t)}\, E_{ci} \tag{2.2-18}$$

여기서 $\beta_{cc}(t)$는 식 (2.2-3)으로 정의된 재령에 따른 강도 발현 계수이다.

(d) 건조수축

콘크리트의 **건조수축**(shrinkage)은 내부에 있는 수분이 증발하여 콘크리트 체적이 줄어드는 변화를 말한다. 이러한 현상은 콘크리트와 주위 상대습도의 차이에서 기인하는 것으로 콘크리트의 경화가 시작된 초기에 많이 발생하며 시간의 경과에 따라 서서히 줄어든다. 콘크리트의 건조수축에 크게 영향을 끼치는 것은 콘크리트 내부 수분 함량이다. 콘크리트 내부의 수분 함량은 건조수축량과 거의 선형으로 비례한다. 따라서 콘크리트 배합 때 사용한 물-시멘트비가 낮을수록 수축률이 적으며, 골재의 함량이 많을수록 수축이 적게 일어난다. 콘크리트 주위의 습도가 높으면 내부에서 표면으로 이동하는 수분의 흐름이 늦어지기 때문에 대기의 상대습도는 건조수축에 크게 영향을 끼친다.

이러한 현상들을 반영하여 콘크리트 건조수축 변형률은 다음 식으로 구할 수 있다.

$$\varepsilon_{sh}(t,\ t_s) = \varepsilon_{sho}\beta_s(t - t_s) \tag{2.2-19a}$$

여기서 t_s는 콘크리트가 대기 중에 노출되어 건조가 시작될 때의 콘크리트 재령(일)이며, ε_{sho}는 개념 건조수축계수로 상대습도, 시멘트 종류, 압축강도, 부재 치수의 영향을 나타내며 아래와 같이 산정한다.

표 2.5 최종 건조수축 변형률 $\varepsilon_{sh}(\infty)$ (보통콘크리트 기준)

위치	상대습도(%)	개념치수 $h_m = 2A_{cp}/p_{cp}$ (mm)			
		100	200	300	500
옥내	50	591×10^{-6}	575×10^{-6}	551×10^{-6}	491×10^{-6}
옥외	80	330×10^{-6}	321×10^{-6}	307×10^{-6}	274×10^{-6}

*콘크리트 강도 $f_{ck} = 30$ MPa, 설계 수명 $t = 50$년(18,250일)이고, 20°C를 기준으로 함

$$\varepsilon_{sho} = \varepsilon_s(f_{cm})\beta_{RH} \tag{2.2-19b}$$

β_{RH}는 습도 영향 계수로, 대기 중인 경우 상대습도 RH에 따라 $1.55[1-(RH/100)^3]$으로, 수중일 경우에는 0.25를 각각 적용한다. $\varepsilon_s(f_{cm}) = [160 + 10\beta_{sc}(9 - f_{cm}/10)] \times 10^{-6}$으로 산정하는데, 여기서 β_{sc}의 값으로 1종 시멘트이면 5, 2종 시멘트이면 4, 그리고 3종 시멘트이면 8을 사용한다. 수축은 콘크리트의 물-시멘트비와 시멘트 량에 직접적으로 좌우되는데 압축강도가 이들의 영향을 간접적으로 대표하기 때문에 압축강도의 항으로 표현된 것이다. 즉, 물-시멘트비가 작을수록 압축강도가 증가하여 수축도 감소한다.

또한, $\beta_s(t-t_s)$는 건조수축 발현 함수로 건조 기간 $(t-t_s)$과 부재 단면의 등가평균심도 $h_m = 2A_{cp}/p_{cp}$를 이용하여 다음 식으로 산정한다.

$$\beta_s(t-t_s) = \sqrt{\frac{(t-t_s)}{0.035\,h_m^2 + (t-t_s)}} \tag{2.2-19c}$$

주위의 온도가 상온이고, 양생 기간 t_s가 14일 미만일 경우, 수축량은 습윤 양생 기간의 영향을 받지 않는다. 따라서 이러한 경우에는 양생 온도 뿐만 아니라 양생 기간도 고려하지 않는다. 건조수축량은 최종적으로 특정 값에 도달하지만, 건조 기간이 길고 부재가 아주 큰 경우의 수축변형률은 거의 알려져 있지 않다. 표 2.5는 앞에서 설명한 식에 의해 계산한 보통 콘크리트의 최종 건조수축 변형률을 정리한 것이다.

2.2.4 응력-변형률 곡선

과거에는 콘크리트 재료의 응력-변형률 관계가 명확하게 정의되지 않은 상태였으며, 콘크리트 구조 설계 목적으로 완전한 응력-변형률 관계가 굳이 필요하지도 않았다. 초창기에는 콘크리트 응력-변형률 곡선에서 대체적인 선형 탄성 구간 안에 한계응력(허용응력)을 설정하고 실제 구조물에 유발되는 콘크리트 응력을 이 한계값 이내로 제한시키는 방법으로 설계하

였기 때문에 선형 탄성에 기초한 해석 방법으로 충분하였다. 그 후에 출현한 강도설계법에서도 최대 강도 관점에서 콘크리트의 극한한계상태의 현상만 필요하여 부재의 극한한계상태에서 단면의 압축 합력의 크기와 그 작용점 위치만을 실험적으로 파악하여 설계에 적용하였다. 이처럼 콘크리트의 높은 응력 수준에서 응력과 변형률이 더 이상 비례하지 않는 비탄성 구간에서는 여러 이유로 전적으로 일관된 해석 이론이 정립되지 않은 상태에서, 부분적으로 역학이론에 기초하고 다른 한편으로는 많은 실험 결과에 의해 보완된 해석 방법을 사용하였다. 그러나 이러한 설계 방법은 다양하고 새로운 요구 성능이 주어지는 콘크리트 구조물 설계에 적용하는데 상당한 한계를 갖고 있기 때문에 최근에는 콘크리트의 응력–변형률 곡선을 명시적으로 정의하여 해석과 설계에 직접적으로 반영하는 설계 방법으로 변화하고 있는 추세이다.

도로교설계기준(한계상태설계법)에서는 콘크리트에 압축력을 작용하여 얻은 실험 결과에서 유도한 콘크리트 응력–변형률 곡선에 근거한 설계법을 채택하고 있다. 부재 단면에서 압축 영역의 응력과 변형률 관계를 특정한 응력–변형률 곡선으로 나타내어 단면의 압축 영역에 발생 가능한 모든 응력 분포를 표현하는 방법으로서, 동일한 논리에 의해 철근콘크리트 보, 슬래브, 기둥과 프리스트레스트 콘크리트 부재의 해석과 설계를 할 수 있도록 한 것이다.

(a) 비선형 해석을 위한 응력–변형률 곡선

콘크리트 각주(prism)에 단기 중심 축압축력을 작용시키면 그 단면은 등분포 압축응력 상태가 된다. 그림 2.9는 여러 종류의 강도를 갖는 보통 콘크리트를 순수 등분포 압축응력 상태를 유지하면서 파괴할 때까지 실제 시험하여 구한 응력–변형률 곡선을 나타낸 것이다. 이 곡선들을 살펴보면 몇 가지 큰 특징적 현상을 관찰할 수 있다. 강도가 높은 콘크리트일수록 초기

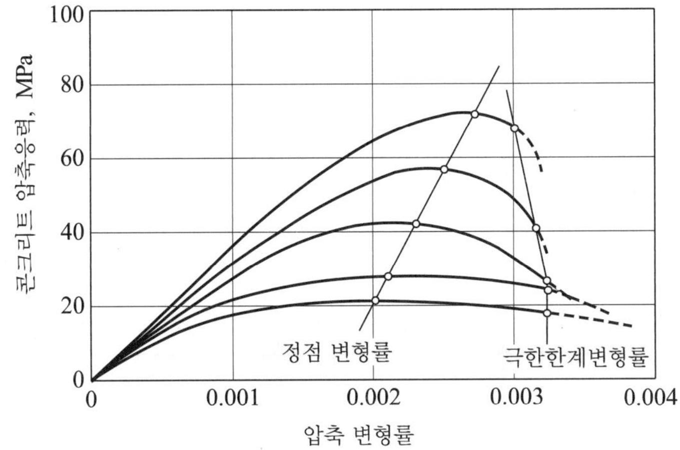

그림 2.9 콘크리트 응력 - 변형률 곡선의 특성

기울기가 증가하는데 이것은 이미 앞 절의 탄성계수 항에서 설명하였다. 각 곡선의 원점에서 정점까지의 상승부 곡선의 형태는 낮은 강도 콘크리트에서는 상당한 곡선 형태인데 반해 고강도 일수록 직선에 가까워져 대략적인 곡률이 작아진다는 것을 알 수 있다. 곡선의 정점에서의 응력은 당연히 콘크리트 압축강도 값을 나타내며, **정점 변형률** 값은 대략 0.002에서 0.003의 범위인데 고강도일수록 정점 변형률이 점차 커지고 있다는 것도 알 수 있다. 정점을 지난 이후 하강부 곡선은 고강도일수록 짧고 경사가 급한 취성을 보이며, 최종 파괴 때의 변형률 값이 작아지는 현상도 관찰할 수 있다.

이러한 일반적 현상을 반영하기 위해 도로교설계기준에서는 단기 순수 1축 압축력을 받는 콘크리트의 응력－변형률 곡선을 그림 2.10에 보인 형태로 이상화하여 다음 식으로 표현하였다.

$$f_c = f_{cm}\left[\frac{k(\varepsilon_c/\varepsilon_{co,r}) - (\varepsilon_c/\varepsilon_{co,r})^2}{1+(k-2)(\varepsilon_c/\varepsilon_{co,r})}\right] \tag{2.2-20}$$

여기서 $k = 1.1E_c\varepsilon_{co,r}/f_{cm}$ 이고, $\varepsilon_{co,r}$ 은 최대 응력에 도달하였을 때의 정점 변형률이며, $\varepsilon_{cu,r}$ 은 극한한계변형률을 나타내는데, 이 값들을 표 2.6에 콘크리트 강도 등급 별로 정리하였다. 곡선의 정점을 지난 하강부의 특성은 압축 시험 방법에 따라 매우 큰 차이가 나타난다고 알려져 있으며, 특히 고강도 콘크리트에서 하강부 곡선은 신뢰성이 부족하다. 이때문에 최종점의 극한한계변형률의 값은 그림 2.9에 보인 바와 같이 비교적 안전한 값으로 취한 것이다.

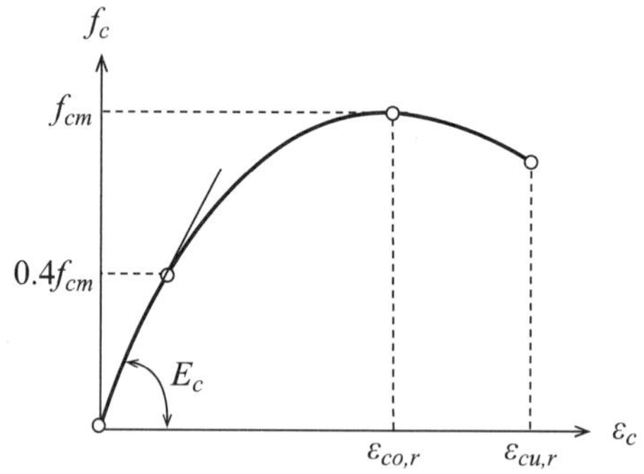

그림 2.10 비선형 해석을 위한 콘크리트 응력 - 변형률 곡선

표 2.6 비선형 해석을 위한 응력 - 변형률 곡선의 콘크리트 강도 변화에 따른 상수값

f_{ck} (MPa)	18	21	24	27	30	35	40	50	60	70	80	90
$\varepsilon_{co,r}$ (‰)	1.92	2	2.05	2.1	2.2	2.25	2.3	2.45	2.6	2.7	2.8	2.8
$\varepsilon_{cu,r}$ (‰)				3.3				3.2	3.1	3.0	2.8	2.8

압축강도가 40 MPa 이하인 보통강도 콘크리트에서 해당 탄성계수 E_c와 정점 변형률 $\varepsilon_{co,r}$을 앞 식에 대입하면 k 값이 대략 2가 되어 다음 식 (2.2-21)처럼 간단하게 표현할 수 있으며, 콘크리트 구조물의 유한요소 해석과 같은 정밀한 비선형 해석에 편리하게 적용할 수 있는 식이다.

$$f_c = f_{ck}\left[2\left(\frac{\varepsilon_c}{\varepsilon_{co,r}}\right)-\left(\frac{\varepsilon_c}{\varepsilon_{co,r}}\right)^2\right] \tag{2.2-21}$$

(b) 단면 설계를 위한 응력-변형률 곡선

앞에서 정의한 비선형 응력-변형률 곡선은 단기 등분포 응력 상태일 때 순수 압축을 받는 콘크리트가 나타내는 곡선이다. 그러나 실제 부재 단면에서 나타나는 평균적 응력-변형률 관계는 이 곡선과 다르게 나타난다. 왜냐하면 부재 단면은 일정 크기의 면적을 갖기 때문에 작은 응력 교란이 존재할 수 있으며, 크리프 현상에 의해 국부적인 응력 재분배가 발생하고, 압축력 재하 속도에 따른 발현 강도의 변화 등에 따라 단면 전체의 평균 응력-변형률 곡선은 다르게 된다. 특히, 편심 압축력을 받아 단면 변형률 경사가 유발되어 있는 단면에서 한 점의 변형률은 인접된 부분이 서로 다른 크기의 변형률을 갖으며 일체로 되어 있어서 자유로운 압축 변형이 부분적으로 구속된다. 따라서 부재 단면의 압축 응력 분포 상태는 단기 순수 등분포 압축 상태의 응력-변형률 곡선과 많이 다르게 된다. 이러한 현상을 반영하기 위해 부재 단면의 실제 압축 응력 분포는 그림 2.11에 나타낸 포물-사각형 형태로 파괴 변형률까지 정점 응력을 일정하게 이상화시킨 곡선으로 나타낸다.

이것을 **포물-사각형 응력-변형률 곡선**(parabola-rectangular stress-strain curve; p-r 곡선)이라고 하며 다음 식 (2.2-22)로 나타낸다.

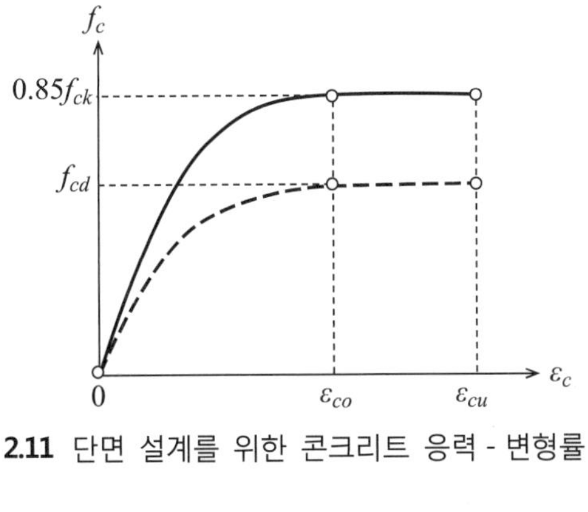

그림 2.11 단면 설계를 위한 콘크리트 응력-변형률 관계

표 2.7 단면 설계를 위한 응력 - 변형률 곡선의 상수값

f_{ck} (MPa)	18	21	24	27	30	35	40	50	60	70	80	90
n				2.0				1.92	1.50	1.29	1.22	1.20
ε_{co} (‰)				2.0				2.1	2.2	2.3	2.4	2.5
ε_{cu} (‰)				3.3				3.2	3.1	3.0	2.9	2.8

$$f_c = 0.85 f_{ck}\left[1-\left(1-\frac{\varepsilon_c}{\varepsilon_{co}}\right)^n\right] \quad : 0 \le \varepsilon_c \le \varepsilon_{co} \tag{2.2-22a}$$

$$f_c = 0.85 f_{ck} \quad : \varepsilon_{co} < \varepsilon_c \le \varepsilon_{cu} \tag{2.2-22b}$$

여기서 ε_{co}는 최대 응력에 처음 도달할 때의 변형률로서 40 MPa 이하의 보통강도 콘크리트에서는 0.002로 취한다. ε_{cu}는 극한한계변형률이며 보통강도 콘크리트에서 0.0033이고 강도가 10 MPa 증가하면 0.0001씩 작아진다. n은 상승 곡선부의 형상을 나타내는 지수로 표 2.7에 주어진 값이다. 유효계수 0.85는 극한한계변형률까지 정점 응력이 유지되는데서 발생할 수 있는 단면 강도의 과대평가를 방지하기 위한 의도와 함께 장기 지속하중에 의한 콘크리트 강도가 낮아지는 현상을 반영한 값이다.

이 포물－사각형 응력－변형률 곡선은 모든 부재의 단면 압축 영역에서 실제 응력 분포를 근사적으로 나타낼 수 있게 한다. 이 곡선은 부재 단면의 중립축 위치를 산정하는데 적용될 뿐만 아니라, 압축 연단의 한계변형률 결정에도 적용된다. 그러나 콘크리트 탄성계수 E_c를 이 곡선의 접선으로 산출하여 사용할 수는 없다. 많은 연구 결과에 의하면 이 곡선은 세장한 기둥의 좌굴 해석에 적용해도 충분히 만족스러우며 안전한 결과를 얻을 수 있다고 알려졌다.

2.2.5* 다축 응력 상태의 강도

대부분의 실제 구조물에서 작용하는 다양한 하중에 의해 콘크리트는 여러 방향의 응력을 동시에 받고 있다. 예를 들어 보 부재의 콘크리트 단면은 압축응력과 전단응력을 동시에 받고 있으며, 슬래브의 콘크리트 단면은 서로 직각한 두 방향으로 압축응력과 동시에 전단응력을 받고 있다. 이러한 여러 조합 응력 상태의 콘크리트는 재료역학에서 다루는 주응력 해석에 의해 서로 직각으로 작용하는 3개의 주응력으로 나타낼 수 있다. 3개의 주응력 중에서 일부 또는 전부가 인장응력일 수도 있고 압축응력일 수도 있다. 주응력 중의 하나가 0이면 2축 응력 상태이고, 두개가 0이면 1축 응력 상태가 된다. 즉 순수 압축 또는 순수 인장 상태가 될 것이다. 순수 전단 상태는 동일한 크기의 압축과 인장 주응력이 작용하는 2축 응력 상태에

해당한다. 1축 응력 상태에 있는 콘크리트의 강도는 앞에서 다룬 공시체를 시험하여 얻은 기준압축강도 f_{ck}와 기준인장강도 f_{ctk}로 비교적 정확하게 나타낼 수 있다.

일반적인 균질 재료는 1축 강도를 기반으로 여러 파괴 이론을 적용하여 2축 또는 3축 응력 상태의 파괴강도를 가깝게 예측할 수 있다. 그러나 계속적인 많은 연구에도 불구하고 조합 응력 상태에 있는 콘크리트 강도에 대한 명료한 이론이 아직까지 나타나지 않았다. 다양한 파괴 기준인 최대 응력, 최대 변형률, Mohr-Coulomb, 8면체 전단응력과 같은 파괴 이론을 콘크리트에 적용하였으나 크게 만족스러운 결과를 얻지 못하고 있다. 이러한 주된 원인은 콘크리트가 상대적으로 비균질 재료이며, 특히 높은 응력 상태에서는 내부의 균열로 비균질성이 더욱 확대되는 재료이기 때문이다.

이때문에 기존의 콘크리트 구조 설계법은 부재 단위의 실험을 통해 구한 자료를 근간으로 수정하고 보완된 방법으로 구성되었다. 그러나 이 접근법은 다양한 조합 하중이 작용하며 새로운 성능이 요구되는 구조물의 한계상태를 검증하는 데 많은 어려움이 있다. 예를 들면 얇은 평면 요소로 구성된 장대 교량 상부 구조의 복부와 플랜지 콘크리트는 전단, 휨, 축력 및 비틀림이 작용하여 항상 조합 응력 상태에 놓이는데, 한계상태를 검증하기 위해서는 다축 응력 상태의 콘크리트 강도가 필수적으로 필요하게 된다. 이러한 필요성에 의해 비록 제한된 양이지만 이미 확보된 시험 결과들을 바탕으로 조합 응력을 받는 콘크리트 강도에 대한 상관관계를 수식으로 정리하여 극한한계상태 검증에 적용하고 있다. 여기서는 이 한계상태 설계를 목적으로, 조합 응력 상태의 콘크리트에 나타나는 최대 강도를 **유효강도**(effective strength) 항으로 표현하여 기술하였다.

(a) 2축 압축–압축 상태의 압축강도

교량 거더의 복부는 전단, 휨 및 축력의 조합 작용으로 항상 **평면 응력 상태**(plain stress state)에 놓이며, 주응력 해석하면 2축 **응력장**(stress field)이 나타난다. 특히 프리스트레스트 콘크리트 부재의 경우처럼 축방향 압축력과 동시에 전단력이 작용하는 복부에는 2축 압축–압축장이 형성된다. 이때의 콘크리트 압축강도는 1축 압축 상태의 강도보다 크게 된다. 콘크리트는 압축력 선의 직각 방향으로 팽창하여 파괴되는데 동반한 직각 방향 압축력에 의해 횡방향 팽창을 부분적으로 구속하기 때문이다. 많은 실험 결과에 의하면 2축 압축 상태에서 압축강도는 1축 압축강도 보다 약 30퍼센트 정도 증대되며, 직각 방향 압축응력의 상대적 크기 비 f_1/f_2에 따라 달라진다고 알려져 있다. 여기서 f_1과 f_2는 2축 응력 상태의 주응력들이다. 도로교설계기준에서는 2축 압축–압축일 경우의 콘크리트 **유효압축강도** $f_{c2,\max}$를 다음 식으로 정하여 콘크리트 극한한계상태 검증에 적용하고 있다.

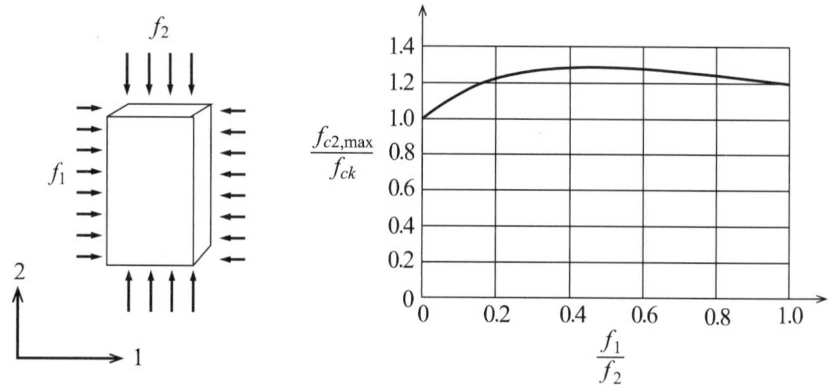

그림 2.12 2축 압축-압축 상태일 때 유효압축강도

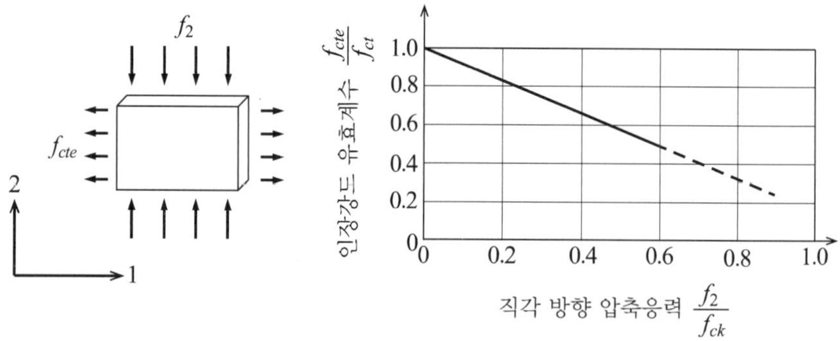

그림 2.13 2축 인장 - 압축 상태일 때 유효인장강도

$$f_{c2,\max} = f_{ck}\frac{1+3.8(f_1/f_2)}{[1+(f_1/f_2)]^2} \tag{2.2-23}$$

여기서 f_1과 f_2는 주응력으로 모두 압축 응력이어야 하며, 콘크리트의 기준강도가 40 MPa이하의 보통강도 콘크리트인 경우일 때에 유효하다. 이 식에 의한 강도 변화를 그림 2.12에 나타냈다.

(b) 2축 인장–압축 상태의 인장강도

콘크리트는 압축력이 작용하면 직각 방향으로 팽창하는 인장 변형이 나타난다. 2축 인장–압축 상태의 콘크리트의 인장 변형률은 동반하는 직각 방향 압축력에 의해 확대되기 때문에 1축 상태일 때의 인장강도 f_{ct}와는 다르다. 그림 2.13에 보인 것처럼, 인장 방향과 직각으로 압축응력이 동반하면 인장강도가 감소하게 되며 동반 압축응력의 크기 f_2에 직접적으로 비례한다고 알려졌다. 이처럼 2축 인장–압축 상태일 때 나타나는 최대 인장강도를 **유효인장강도** f_{cte} 라 하여 아래 식으로 표현한다.

$$f_{cte} = \left(1 - 0.8\frac{f_2}{f_{ck}}\right)f_{ct} \tag{2.2-24}$$

동반 압축응력의 크기가 콘크리트 압축강도에 가깝게 높은 수준일 때는 압축응력 자체에 의해 내부의 미세 균열 발생이 현저해져 위 식으로 나타낸 인장강도보다 더 작아진다. 이때문에 위 유효강도 식은 $f_2 \leq 0.6f_{ck}$ 일 때만 적용이 가능하다. 이처럼 2축 인장–압축 상태에 놓인 콘크리트는 훨씬 낮은 인장응력에서 균열이 발생한다.

(c) 구속된 상태의 압축강도

콘크리트의 3축 강도에 대한 실험은 실험상의 어려움, 즉 하중 가압 장치로부터 큰 구속없이 세 방향으로 동시에 하중을 가압하는 어려움으로 인하여 충분한 실험 자료를 확보하지 못한 상태이다. 다만 세 방향 압축응력이 동일한 완전 구속된 상태의 콘크리트 압축강도는 1축 강도의 10배 이상의 크기가 나타날 수 있다고 알려졌다.

실제 구조물 설계에서는 두 방향의 압축응력이 동일한 상태로 부분 구속된 콘크리트의 압축강도를 사용하는 경우가 훨씬 많이 발생한다. 예를 들면 나선형의 횡방향 철근이 배치된 기둥의 심부 콘크리트는 부재축 방향 압축력이 작용하면 횡방향으로 팽창되는데 횡방향 철근에 의해 구속되면서 구속 응력이 유발된다. 이 심부 콘크리트는 동일한 압축응력으로 두 방향이 구속된 상태가 된다. 기둥 하면에 놓인 확대 기초판이나 슬래브에서도 동일한 현상이 나타난다. 즉 부분 영역에 지압력이 작용하면 아래 놓인 콘크리트는 주변 콘크리트에 의해 평면 구속되면서 두 방향 압축응력이 동일한 상태가 된다.

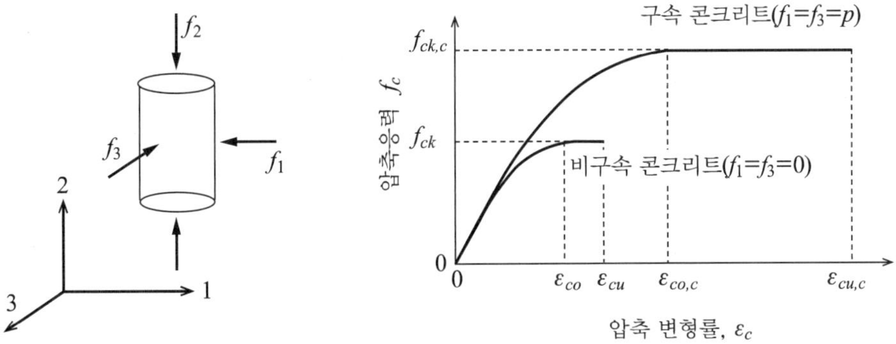

그림 2.14 구속 콘크리트의 응력 - 변형률 곡선

이처럼 구속된 콘크리트는 훨씬 높은 강도와 큰 한계 변형률을 나타낸다. 여기서는 이러한 상태에 놓인 콘크리트를 구속된 콘크리트라고 하고 그림 2.14에 보인 것과 같은 응력-변형률 관계식을 사용할 수 있으며, 구속된 콘크리트의 압축강도 $f_{ck,c}$ 및 변형률의 증가를 다음과 같이 나타낼 수 있다.

$$f_{ck,c} = f_{ck}(1.0 + 3.7 f_3 / f_{ck}) \qquad (2.2\text{-}25)$$

$$\varepsilon_{co,c} = \varepsilon_{co}(f_{ck,c}/f_{ck})^2 \qquad (2.2\text{-}26a)$$

$$\varepsilon_{cu,c} = \varepsilon_{cu} + 0.2 f_3 / f_{ck} \qquad (2.2\text{-}26b)$$

여기서 $f_3(=f_1)$는 극한한계상태에서 구속에 의해서 발생하는 횡방향 압력 p이다. 콘크리트의 횡방향 팽창을 막을 수 있게 적절하게 배치된 폐합 철근 또는 구속 철근의 소성 강도로부터 극한한계상태에서의 횡방향 구속 응력의 크기를 쉽게 산정할 수 있다.

2.2.6 설계강도

한계상태설계법에서 극한한계상태 검증법이 콘크리트구조기준의 해당 방법과 가장 크게 다른 점은 저항계수의 적용 방법이다. 콘크리트구조기준의 강도설계법에서는 재료 기준강도와 단면 치수를 이용하여 단면 해석을 통해 부재의 **공칭강도**(nominal strength of member)를 먼저 산정한 후에 부재강도감소계수를 곱하여 부재의 **설계강도**(design strength of member)값을 산정한다. 그러나 한계상태설계법에서는 재료의 기준강도에 먼저 재료계수를 곱하여 재료 설계강도를 구한 후 단면 해석을 통해 부재의 설계강도를 산정한다. 따라서 도로교설계기준(한계상태설계법)에서는 기존의 부재 공칭강도 개념이 없어지고 대신에 재료 설계강도 개념이 새로이 도입된 것이다.

구조물 설계에서 명시적으로 사용하는 콘크리트 기준강도 값의 불확실성을 고려하기 위해 기준강도에 부분안전계수인 재료계수를 곱하여 구한 **설계강도**(design strength)라는 감소된 값을 사용한다. 콘크리트의 **설계압축강도** f_{cd}는 다음 식과 같이 기준압축강도에 **재료계수**와 **유효계수**를 곱하여 구한다.

$$f_{cd} = \phi_c \alpha_{cc} f_{ck} \qquad (2.2\text{-}27)$$

여기서 ϕ_c는 1장에 주어진 콘크리트의 재료계수이며, α_{cc}는 유효계수로 장기 거동 영향과 단면의 불리한 하중 재하의 영향을 반영하는 계수로 0.85를 사용한다.

기준압축강도 f_{ck}는 순수 등분포 단기 압축 상태라는 이상적 조건에서 나타나는 강도이다. 그러나 설계 때는 단면 전체 또는 일정 면적이 균일 응력 상태라고 가정하여 계산하는데, 실제 부재의 단면은 여러 원인에 의해 가정한 균일 응력 상태는 존재하지 않는다. 왜냐하면 부재 단면은 일정 크기의 면적을 갖기 때문에 작은 응력 교란이 존재할 수 있으며, 크리프 현상에 의해 국부적인 응력 재분배가 발생하고, 압축력 재하 속도에 따른 발현 강도의 변화 등에 따라 단면 전체에서 유효한 평균 강도는 f_{ck}와 다르게 된다. 실험 결과[참고문헌 2.18]에 의하면 콘크리트 각주에 장기 하중이 작용할 때의 강도는 재하 속도에 따라 단기 강도의 약 80퍼센트 정도까지 작아진다고 알려졌다.

이러한 여러 요인을 반영하기 위해서 부재 단면 설계 목적으로 사용하는 압축강도에 유효계수 0.85를 일반적으로 적용한다. 다만, 부재 실험을 통해 직접 유도한 부재 단면 콘크리트 강도에는 이 유효계수를 적용하지 않는다. 그 대표적인 것이 부재의 전단강도를 평가할 때 사용하는 콘크리트 유효압축강도 νf_{ck}에는 유효계수 0.85를 적용하지 않는다. 왜냐하면 이 유효강도는 부재의 전단 실험 결과로부터 직접 추출했기 때문에 실험 결과 안에 이미 포함되었다고 간주할 수 있기 때문이다. 단기 하중인 경우의 유효계수는 1.0을 적용 할 수 있다. 무근콘크리트 구조물 설계에서는 취성적 성질을 고려하여 0.80을 적용하기도 한다.

콘크리트의 **설계인장강도** f_{ctd}는 다음 식과 같이 기준인장강도에 재료계수를 곱한 값이다.

$$f_{ctd} = \phi_c \alpha_{ct} f_{ctk} \tag{2.2-28}$$

여기서 ϕ_c는 위 설계압축강도에 적용되는 값과 동일한 재료계수이고, α_{ct}는 유효계수이다. 인장강도에 적용하는 유효계수의 배경은 앞에서 설명한 압축강도에 적용하는 배경 논리와 근본적으로 동일하다. 콘크리트 부재 복부에서 큰 압축력에 의해 발생하는 쪼갬 균열 강도를 계산할 경우 유효계수 α_{ct} 값으로 0.85를 사용한다. 무근콘크리트 구조물 설계에서는 취성적 성질을 고려하여 유효계수로 0.80을 적용하기도 한다. 그러나 부착 및 정착 설계에 필요한 설계인장강도 산정에 필요한 유효계수는 모두 1.0을 적용하고 있다.

2.3 철근

2.3.1 개요

콘크리트 구조물에 사용되는 보강 강재는 크게 철근과 프리스트레스 긴장재(tendon)로 나눌 수 있다. 철근은 압축력의 저항에 사용되기도 하지만 인장력에 주로 사용되며, 철근의 강도는 보통 콘크리트 압축강도의 15배 정도이고 인장강도의 100배 정도이다. 그러나 철근은 콘크리트에 비해 비싼 재료이기 때문에 서로의 장점을 효율적으로 이용할 수 있는 양을 설계에 사용해야 한다. 콘크리트 부재에서 인장 연단 쪽에 놓여진 철근은 인장력에 저항하고, 압축 연단 쪽에 놓여지면 압축력에 저항한다. 그리고 전단력이 작용하고 있는 부재에는 사인장력에 저항하기 위해 철근을 배치하기도 한다.

철근으로 보강된 콘크리트 부재의 효과적인 거동을 보장하기 위해서는 철근과 그 주위 콘크리트는 서로 상대적인 미끄러짐이 일어나지 않고 같은 크기의 변형이 일어나야 한다. 즉 서로 다른 두 재료는 충분한 부착강도를 가지고 있어야 한다. 이러한 부착은 철근과 콘크리트 사이의 계면에서 화학적인 접착력, 철근 표면의 마찰력, 마디를 갖는 철근의 표면 돌기에 의한 맞물림에 의해 이루어진다. 더욱이 철근과 콘크리트의 **합성작용**(composite action)이 만족스럽게 일어날 수 있는 근본적인 인자는 다음과 같다.

1. 두 재료의 열팽창계수는 철근이 $12.0 \times 10^{-6}/℃$ 이고 콘크리트가 $10.0 \times 10^{-6}/℃$ 로 큰 차이가 없다. 이로 인해 서로 부등적인 열팽창에 의한 부착 파괴가 발생하지 않는다.
2. 노출된 철근은 쉽게 부식 되지만 그 주위를 콘크리트가 감싸고 있으면 철근의 부식이 일어나지 않는다.

2.3.2 종류와 등급

가장 많이 사용되는 철근은 봉강 형태로 10 mm에서 35 mm 사이의 지름을 가진 **이형 철근**(deformed bar)이며 47 mm에서 57 mm의 매우 큰 지름을 가진 철근도 사용된다. 콘크리트와 철근 사이의 미끄러짐에 대한 저항성을 증대시키기 위해 표면 마디를 가진 형태의 이형異形 철근이 생산된다. 이러한 마디의 간격과 돌기의 크기 등에 관한 요구 조건은 실험적인 연구에서 발전되어 왔으며, 철근 제조사들은 여러 형태의 철근을 생산하고 있다. 이형 철근의 표면 형상은 철근이 설계강도에 도달할 때까지 철근과 콘크리트의 적절한 부착이 확보되도록 제작하여야 한다. 이형 철근의 표면 형상이 KS D 3504의 규격을 만족하는 경우 그 철근은 충분한 부착강도를 갖고 있는 것으로 가정할 수 있다. 다른 표면 형상을 갖는 보강재의 부착 특성은 반드시 검증한 후 사용하여야 한다.

국내에서 주로 사용되고 있는 이형 철근의 굵기는 D10에서 D35까지이며, 지름이 매우 큰 철근으로 D41과 D51이 KS 표준에 규정되어 있다. 철근을 표시할 때 D는 이형 철근을 의미하며, 그 뒤의 숫자는 해당 철근의 지름을 나타낸다. KS 표준에서 규정된 철근의 굵기에 따른 호칭과 공칭 제원을 표 2.8에 정리하였다. 여기서 이형 철근 제원의 공칭값은 철근과 단위 길이 당 중량이 일치하는 원형 강봉의 해당 값으로 정의하고 있다. 철근의 단위질량으로 7,850 kg/m^{3}을 사용한다.

콘크리트 구조물에 사용되는 철근의 강도가 점점 높아지는 경향이 있다. 30년 전에는 240 MPa의 항복강도를 가진 철근이 일반적이었지만 지금은 400 MPa의 항복강도를 가진 철근을 주로 사용한다. 이것은 경제적인 측면과 거푸집내의 철근의 혼잡함을 줄여서 시공성을 확보하고자 하는 이유 때문이다. 더 높은 항복강도를 가진 SD 500철근이 점점 많이 사용되고 있으며, 표 2.9에 현재 사용되고 있는 모든 철근의 등급 별 종류를 나타내었다. 우리나라 설계기준은 최근 600 MPa 철근까지 사용을 허용하고 있다.

표 2.8 철근의 공칭 지름, 공칭 단면적, 공칭 둘레, 단위 무게

호칭명	공칭 지름 (mm)	공칭 단면적 (mm^2)	공칭 둘레 (mm)	단위 무게 (kg/m)
D6	6.35	31.67	20	0.249
D10	9.53	71.33	30	0.560
D13	12.7	126.7	40	0.995
D16	15.9	198.6	50	1.56
D19	19.1	286.5	60	2.25
D22	22.2	387.1	70	3.04
D25	25.4	506.7	80	3.98
D29	28.6	642.4	90	5.04
D32	31.8	794.2	100	6.23
D35	34.9	956.6	110	7.51
D38	38.1	1140	120	8.95
D41	41.3	1340	130	10.5
D51	50.8	2027	160	15.9

표 2.9 KS 표준에 따른 철근의 등급별 강도

KS 표준	등급 기호	기준항복강도 (MPa)	기준인장강도 (MPa)	비고
KS D 3504 철근콘크리트용 봉강	SD 300	300	440	
	SD 350	350	490	
	SD 400	400	560	
	SD 500	500	620	
	SD 600	600	710	
	SD 700	700	800	
	SD 400W	400	560	용접용
	SD 500W	500	620	용접용

철근의 용접은 강도와 내구성을 저하 시킬 수 있어서 용접이 허용되는 철근의 종류와 용접 과정에 대한 특별한 규정을 따라야 한다. 보강용 강재에 관련된 규정들은 KS D 3504(철근콘크리트용 봉강), KS D 3552(철선)과 KS D 7017(용접철망)의 각 규격에 적합한 강재를 사용하여야 한다.

2.3.3 응력–변형률 곡선

철근의 응력–변형률 관계는 철근콘크리트 부재의 성능에 큰 영향을 미친다. 우리나라에서 사용하는 철근 등급에 따른 대표적인 응력–변형률 곡선을 그림 2.15에 나타내었다. 이 그림에서 보이듯이 초기 응력과 변형률 관계는 곧은 직선으로 나타나는 선형 탄성 구간을 갖는다. 탄성 구간의 큰 특징은 모든 등급의 철근이 동일한 기울기를 갖고 있다. 즉 탄성 구간의 기울기를 철근의 **탄성계수** E_s라 하며, 보통 저강도 철근이나 고강도 철근에서 같은 탄성계수를 가지고 있다. 시험에서 구한 철근의 탄성계수 E_s는 200 GPa이며 구조물 설계에서는 보통 이 값을 사용한다.

선형 탄성 구간 이후에는 일정한 응력에서 변형률만 증가하는 수평 구간인 **항복고원**(yield plateau)이 나타나는 것을 볼 수 있다. 이 항복고원이 시작되는 점을 철근의 **항복점**(yield point)이라고 하며, 이 점에 해당하는 응력이 **항복강도**(yield strength) f_y이고, 해당 변형률이 **항복변형률**(yield strain) ε_y이다. 원점에서 항복점까지는 직선이고 그 기울기가 탄성계수이므로 항복변형률은 항복응력을 탄성계수로 나눈 값($\varepsilon_y = f_y/E_s$)이 된다.

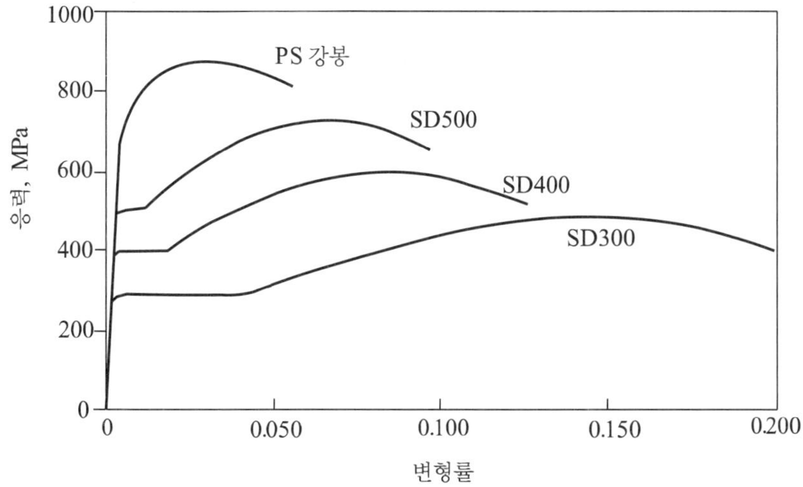

그림 2.15 이형 철근의 전형적인 응력 - 변형률 곡선

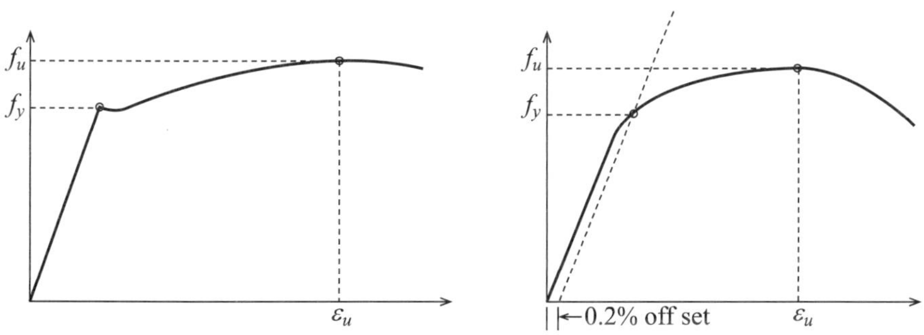

(a) 열간 압연 강재

(b) 냉간 압연 강재

그림 2.16 일반 보강 강재의 응력 - 변형률 곡선

항복고원을 지나 변형률이 더 증가하면 응력이 다시 증가하는데 이 현상을 **변형 경화**(strain hardening)라 한다. 변형경화가 계속 진행되다 정점에 도달한 후 하강 곡선을 이루며 결국 파단된다. 이 정점에서의 응력을 철근의 **인장강도**(tensile strength ; f_u)라 하며, 그 변형률을 일반적으로 **극한한계변형률** ε_u로 간주한다. 철근의 극한한계변형률의 크기는 항복변형률의 수십 배에 이르는 매우 우수한 연성을 나타내고 있다. 그림에 보인 바와 같이 고강도 철근일수록 극한한계변형률이 크게 작아진다는 것을 알 수 있다. 즉 SD 300 철근의 극한한계변형률은 대략 0.150 정도인데 반해, SD 500 철근은 대략 0.050 정도이다.

한편 높은 등급의 고강도 철근, 프리스트레스 강재와 합금 강재는 훨씬 적은 길이의 항복고원을 갖거나, 또는 항복고원이 없이 변형경화가 일어난다. 또한, 철근의 생산 공정은 매우 다양하므로 여러 가지 형태의 응력–변형률 곡선이 존재할 수 있다. 이러한 경우는 그림 2.16(a)와 같이 명료한 항복점이 있을 경우는 그 해당 응력을 항복강도로 하며, 그렇지 않을 경우는 그림 2.16(b)에 보인 것과 같이 변형률 0.2퍼센트 오프셋 선과 만나는 점을 항복점을 간주하여 해당 응력을 **0.2퍼센트 오프셋 항복강도** $f_{0.2k}$라 하고 항복강도로 간주하여 사용한다. 모든 경우에 변형 경화 구간의 정점 응력과 변형률을 철근의 인장강도와 극한한계변형률 값으로 각각 취한다. 항복강도와 인장강도는 각각 시험으로 측정한 항복하중과 최대하중을 공칭단면적으로 나누어 구한 값이다.

2.3.4 설계강도와 연성

콘크리트 기준강도의 설정 방법과 동일하게, 구조 설계에 명시적으로 사용하는 철근의 강도값도 정해진 실험 방법에 따라 획득한 자료의 확률 분포도에서 그 값 이하로 강도가 발현될 확률이 0.05에 해당하는 확률적 특성값에 해당하는 크기의 강도 값으로 정하며, 이 값을 철근의 **기준항복강도**(characteristic yield strength)와 **기준인장강도**(charateristic tensile strength)라고 부르고 각각 f_y와 f_u로 표시한다. 콘크리트는 공사 현장에서 제작되는 반면에 철근은 제강회사의 제작 과정에서 이미 요구 기준에 부합하도록 품질 관리가 된 상태로 현장에 조달된다. 이때문에 지금까지는 제조사가 제공하는 강도 값을 공칭강도(nominal strength)로 간주하여 특별히 구분하지 하지 않고 설계에 사용되어졌다. 그러나 한계상태설계법에서는 재료의 기준강도와 설계강도를 구분해서 적용해야 하기 때문에 기준강도라고 엄밀하게 호칭하고 부호는 f_{yk}와 f_{uk}로 표시하기도 한다.

구조물 설계에 사용하는 철근의 설계강도(design strength)는 기준강도에 재료계수 ϕ_s를 곱한 값으로 정의한다. 즉 설계는 철근의 설계강도와 공칭 단면적에 기초하여 수행되어야 한다. 철근의 **설계항복강도**(design yield strength)는 f_{yd}로 표시하며 다음과 같이 결정한 값이다.

$$f_{yd} = \phi_s f_y \tag{2.3-1}$$

여기서 ϕ_s는 재료계수로 우리나라에서 생산되는 철근과 프리스트레스 강재의 품질을 고려하여 0.90을 사용한다.

이러한 설계 방법은 구조물에 배치된 철근의 실제 항복강도가 기준항복강도보다 큰 값들이어서 강도 관점에서 안전성을 확보할 수 있게 한다. 그러나 어떤 경우에는 사용된 철근의 실제 강도가 설계강도보다 지나치게 큰 값이면 오히려 철근콘크리트 구조물의 안전성이 위태롭게 되는 경우가 있다. 이것은 연성(ductility) 거동이 필요한 부재에서 철근의 강도가 증가하면 콘크리트가 먼저 파괴되어 부재의 연성이 오히려 감소하는 현상이 나타나기 때문이다. 예를 들면 내진 구조물에서 부재의 연성은 매우 중요한 설계 항목으로서, 구조물의 전체적 손상을 줄이기 위하여 특정한 부위의 철근이 일정 하중 크기에서 항복되어 가정한 회전 능력(rotational capacity)을 가진 소성힌지가 형성되도록 설계한다. 따라서 부재 단면의 설계 휨강도와 실제 휨강도의 차이인 초과 휨강도의 크기는 특정한 크기를 초과하여서는 안된다. 설계기준에서는 이러한 현상을 방지하기 위해 사용하려는 철근을 시험하여 구한 실제 항복강도의 크기는 설계에 사용한 기준항복강도의 1.3배를 초과하지 않도록 제한하고 있다.

철근콘크리트 부재의 연성은 철근의 연성도에 따라 주로 좌우된다. 철근의 연성은 극한한계변형률 ε_u와 항복강도에 대한 인장강도의 비 $(f_u/f_y)_k$에 따라 달라진다. 극한한계변형률은 원칙적으로 철근이 파단될 때의 변형률을 의미하는데, 몇몇 나라에서는 이 값으로 정의하기도 하지만 변형 경화 구간의 정점 변형률로 정의하는 것이 구조적 관점에서 더 합리적이라고 간주되고 있다. 부재의 연성은 사용한 철근의 극한한계변형률에 직접 비례한다. 교량 상부 구조처럼 보통 매우 큰 깊이를 갖는 거더의 휨인장 철근에는 기하적 이유로 큰 변형률이 유발되기 때문에 극한한계상태에서 압축 영역 콘크리트의 취성 파괴를 방지하는데 필요한 철근의 극한한계변형률은 0.025 이상의 상당히 큰 값이 필요하다고 알려졌다.

철근의 연성에 또 하나의 중요한 성질은 항복강도에 대한 인장강도의 비 $K=(f_u/f_y)_k$이다. 이 강도비 K가 1.0이면 항복점 이후에는 하중의 증분이 없이도 변형이 계속되는 완전 소성 상태를 의미하며, 이 비를 가진 철근을 사용한 부재에서는 항복 이후에 작용 하중의 증가가 없어도 변형이 계속 될 수 있는 불안정 상태가 유발된다. 즉 철근에서 취약한 부위 또는 가장 큰 응력 부위가 항복하면 그 위치에서 소성 변형이 진행되는 동안 인접 부위로 소성이 확산되지 않는다. 따라서 전체 철근의 신장량 $\Delta=\varepsilon_s l$이 매우 작은 상태에서도 파단 될 수 있다. 이러한 경우 철근의 극한한계변형률 크기는 구조물의 연성에 실질적 의미가 없게 된다.

그러나 이 강도비가 1.0보다 크다면 철근의 항복 이후에 외부 하중의 증분이 있어야만 소성 변형이 진행되며, 동시에 소성 구간이 인접 부위로 점차 확산된다. 따라서 파단 때 소성 구간이 길어져 전체 철근 신장량이 훨씬 큰 상태가 된다. 이러한 현상 때문에 강도비가 큰 철근일수록 항복 이후 더 실제적 연성 거동을 갖는다. 표 2.9에 정리된 KS 철근 등급 규격에 따르면 우리나라에서 생산되는 보통 철근의 강도비는 대략 1.1에서 1.5까지가 변한다. 특히 낮은 등급 철근에서는 큰 값을 갖는데 반해 높은 등급인 SD 700 철근의 K값은 1.14에 불과하다는 것을 알 수 있다.

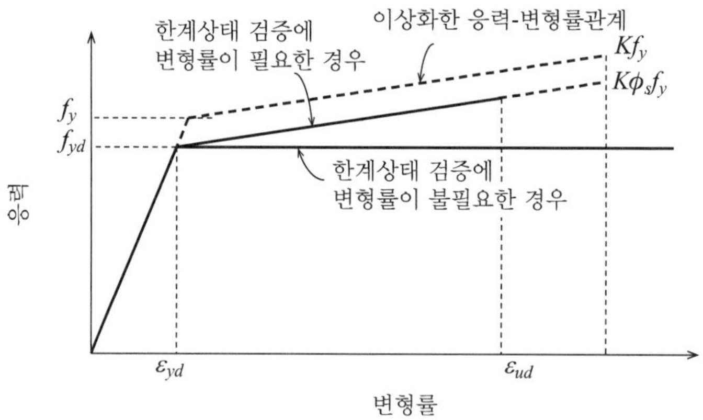

그림 2.17 설계에 사용하는 철근의 응력 - 변형률 곡선

유럽설계기준에서는 동일한 기준항복강도의 철근에 대하여 극한한계변형률과 강도비 K를 기준으로 연성도를 세 가지 종류로 구분하고 있다. 그러나 우리나라에서 생산되는 대부분의 철근은 고연성 철근으로 구분될 수 있는 현실을 고려하여 별도로 구분하지 않는다. 구조용 콘크리트에 사용하는 철근은 일반적으로 $f_u/f_y > 1.08$이며 극한한계변형률 $\varepsilon_u > 0.050$를 만족하는 경우 적절한 연성을 갖고 있는 것으로 간주할 수 있다. 고강도 철근일수록 강도비와 극한한계변형률이 작아지기 때문에 특히 교량 상부 구조에 고강도 철근을 사용할 경우에는 조심하여야 한다.

그림 2.17은 한계상태설계법에서 사용하는 철근의 응력–변형률 곡선을 나타낸 것이다. 이 곡선은 철근이 기준항복강도에 도달한 후에 항복점에서 변형 경화 구간 정점까지 직선으로 이상화한 것이다. 설계를 위해서는 항복응력과 그 변형률에 재료계수를 곱한 설계항복응력 f_{yd}와 변형률 ε_{yd}를 사용하며, 그 이후에는 두 종류의 응력–변형률 관계를 사용 할 수 있다. 설계항복점 이후 수평으로 나타낸 응력–변형 관계는 부재 설계 때 변형 한계상태를 검증할 필요가 없을 경우 사용한다. 이 곡선은 항복 후 항복강도가 계속 유지되는 상태이며 특별히 극한한계변형률을 규정할 필요가 없다. 항복 후 기울기가 있는 응력–변형률 관계는 변형 한계상태를 검증할 필요가 있는 경우에 사용한다. 이때는 극한한계변형률의 설계값 ε_{ud}를 적용하여 검증하며 보통 $0.9\varepsilon_u$를 사용한다.

2.3.5 피로강도

차량이 주로 통행하는 교량 등에서 철근과 콘크리트는 수많은 응력 변동을 겪게 되는데, 이때 철근이나 프리스트레싱 강재는 큰 피로하중을 받게 된다. 금속은 피로하중에 의해 주기적인 응력을 빈번히 받으면 여러 미세 균열이 발생한다. 이 피로 균열은 응력 집중 점에서 발생하여 응력 변동의 횟수가 증가하면 점차 파급된다. 이것이 철근의 단면을 감소시켜 작용력에 저항하지 못할 때까지 진행되면 철근이 급작스럽게 파괴된다. 이 피로 파괴는 피로 응력의 진폭(amplitude)과 반복 횟수의 함수이다. 보통 작은 응력 진폭이면 많은 반복 회수에 파괴되고, 큰 진폭이면 적은 반복에도 파괴된다. 철근에서는 200만번 반복 횟수에 파괴가 되는 응력 범위를 피로강도라고 하며 그 크기는 철근의 등급과 관계없이 일정하다고 밝혀졌다. 또한 응력 진폭에서 최소 응력 크기 f_{min}가 피로 파괴에 영향을 준다는 사실도 알려졌다.

많은 실험 결과에 의해 직선 철근의 피로강도 f_{fat}를 아래와 같이 근사적으로 평가할 수 있다.

$$f_{fat} \leq 166 - 0.33 f_{min} \tag{2.3-2}$$

여기서 f_{min}은 하중조합에서 피로하중이 작용하지 않을 때의 철근의 응력(MPa)이며, 인장일 때 +값이다. 반복하는 피로하중이 작용하여 유발된 철근의 응력이 이 f_{fat}보다 작으면 철근은 피로에 대해 안전하다. 용접이나 굽혀진 철근에서는 심한 응력집중이 발생하기 때문에 피로강도는 크게 저하된다. 따라서 피로하중을 받는 철근의 용접이나 굽힘은 가능한 피해야 한다.

참고문헌

2.1 한국교량및구조공학회-교량설계핵심기술연구단 (2015), 도로교설계기준(한계상태설계법) 해설, 도서출판 건설정보사.

2.2 한국콘크리트학회, (2012), 콘크리트구조기준, 국토해양부, 기문당.

2.3 김 우, 이광명, (2006), 콘크리트 교량의 신뢰도기반 한계상태설계법 - Eurocode 2의 기본 개념, 서울대학교 교량설계핵심기술연구단, KBRC TRS 003

2.4 김 우, 김진근, 오병환, 정 란, 최완철, (2012), 콘크리트구조설계, 도서출판 동화기술.

2.5 김지상, 신정호, (2009), 통계적분산을 고려한 콘크리트의 역학적 특성, 콘크리트학회 논문집. Vol. 21, No.6, pp.789-796

2.6 European Committee for Standardization, (1992), *Eurocode 2(EN 1992) - Design of Concrete Structures*, EC Technical Committee CEN/TC 250.

2.7 *Eurocode 2 - Commentary*, (2008), European Concrete Platform ASBL

2.8 CEB-FIP (1993), *CEB-FIP Model Code 1990 - Design Code*, Comite Euro-International du Beton, Thomas Telford, London.

2.9 FIB (2010), *Model Code 2010*, International Federation for Structural Concrete.

2.10 fib (1999), *Structural Concrete - Textbook*, fib Bulletin 2, Vol. 1.

2.11 *Concrete Structures Euro-Design Handbook 1994/96*, (1994), ed by Eibl, J., Erst & sohn, Germany.

2.12 MacGregor, J. (1997), *Reinforced concrete, Mechanics and Design, 3rd ed.*, Prentice Hall, Upper Saddle River, NJ, USA.

2.13 Branson, D. E., (1977), *Deformation of Concrete Structures*, McGraw Hill, New York, USA.

2.14 *Design and Control of Concrete Mixture*, (2002), 14th ed. Portland Cement Association, Skokie, Il, USA.

2.15 Mindess, S., Young, J. F., and Darwin, D., (2003), *Concrete, 2nd ed.*, Prentice Hall, Upper Saddle River, NJ, USA.

2.16 Neville, A. M., (1996), *Properties of Concrete, 4th ed.*, John Wiley & Sons, New York, USA.

2.17 ACI committee 214, (2003), "Recommended Practice for Evaluation of Strength Test Results of Concrete," ACI Manual of Concrete Practice, Part 1.

2.18 Rusch, H., (1960), "Researches Toward a General Flexural Theory for Structural Concrete," ACI Journal, Vol. 32, No. 1, pp. 1-28.

2.19 Hendy, C. R. and Smith, D. A. (2007), *Designers' Guide To EN 1992-2, Eurocode 2: Design of Concrete Structures, Part 2: Concrete Bridges*, Thomas telford, London, England.

CHAPTER 3

기본 구조 요소

3.1 개요

앞 장에서 콘크리트와 철근 자체의 성질을 강도와 변형의 관점에서 각각 상세하게 다뤘다. 그런데 실제 구조물에서는 성질이 서로 다른 콘크리트와 철근이 일체로 합성되어 작용 하중에 저항한다. 합성된 상태에서 하중을 받을 때 나타나는 강도와 변형 성능에는 재료의 자체 성질만으로 기술되지 않는 성질들이 추가로 나타난다. 합성된 두 재료의 상호 작용에 의한 하중 분담, 변형 능력과 강도 변화에 관한 기본 성질을 이해하는 것은 실제 콘크리트 구조물의 거동을 정확하게 반영한 설계를 하기 위해서 매우 중요하다.

일반적으로 구조물이 발휘하는 능력을 **성능**(performance)이라 한다. 콘크리트와 철근이 합성된 철근콘크리트 구조물의 성능은 지지할 수 있는 하중의 크기를 나타내는 **하중 저항 능력**(load resisting capacity)과, 변형에 저항하는 능력인 **강성**(stiffness), 그리고 파괴 때 변형의 크기를 나타내는 **연성 능력**(ductility capacity)의 항으로 주로 결정된다. 그런데 콘크리트와 철근 재료의 자체 성능은 실제 구조물에서 합성 작용에 의해 크게 다르게 나타난다. 콘크리트는 철근과 주변 콘크리트에 의해 구속되거나 연화되면 그 응력–변형률 관계가 현저하게 바뀌게 된다. 콘크리트가 구속된 상태일 때는 그 강도와 한계변형률이 1축 응력 상태에 비해 10배 이상으로 커지기도 하며, 연화되었을 때는 50퍼센트 정도까지 작아지기도 한다. 콘크리트 내부에 묻혀 있는 철근은 인장강화현상(tension stiffening effect)에 의해 철근 자체의 응력–변형률 관계와 상당히 다르게 된다.

이와 같은 이유로 실제 철근콘크리트 구조물의 성능을 평가하여 설계에 반영하기 위해서는 합성 거동에 관련된 기초적인 현상을 **거시 재료**(macroscopic material)[1] 관점으로 이해해야 할 필요가 있게 된다. 더욱이 철근콘크리트 구조물의 해석과 설계법이 성능 기반으로 급격하게 변화하고 있다. 따라서 새로운 설계법을 이해하기 위해서는 구성 재료인 콘크리트와 철근의 재료 자체 성능뿐만 아니라 합성 후에 변화되는 성능을 파악하는 것은 매우 중요한 과정이라고 하겠다. 그림 3.1에 보인 것과 같이 철근콘크리트 합성 구조물을 구성하는 거시 재료적 기본 구조 요소(basic structural element)를 크게 압축 요소, 인장 요소, 휨 요소 및 평면 요소로 분류할 수 있다.

---

1) 미국 ASCE/ACI Committee 447(1993)에서 처음으로 균열이 발생한 철근콘크리트 합성 거동 해석에 적용하는 재료 구성식을 **미시 재료 모델**(microscopic material model)과 **거시 재료 모델**(macroscopic material model)로 구분하였다. 미시 재료 모델은 콘크리트와 철근 자체의 각각 응력–변형률 관계와 부착-미끄럼 관계에 기반을 두고 서로 조합하는 기존 방법을 의미하며, 거시 재료 모델은 균열이 발생한 철근콘크리트를 평균 응력과 평균 변형률 관계를 이용하여 직접적으로 기술하는 방법으로서 평균값에 부착과 전단 마찰 등의 국부적 현상을 포괄적으로 포함시키는 접근 방법을 일컫는다[참고문헌 3.3].

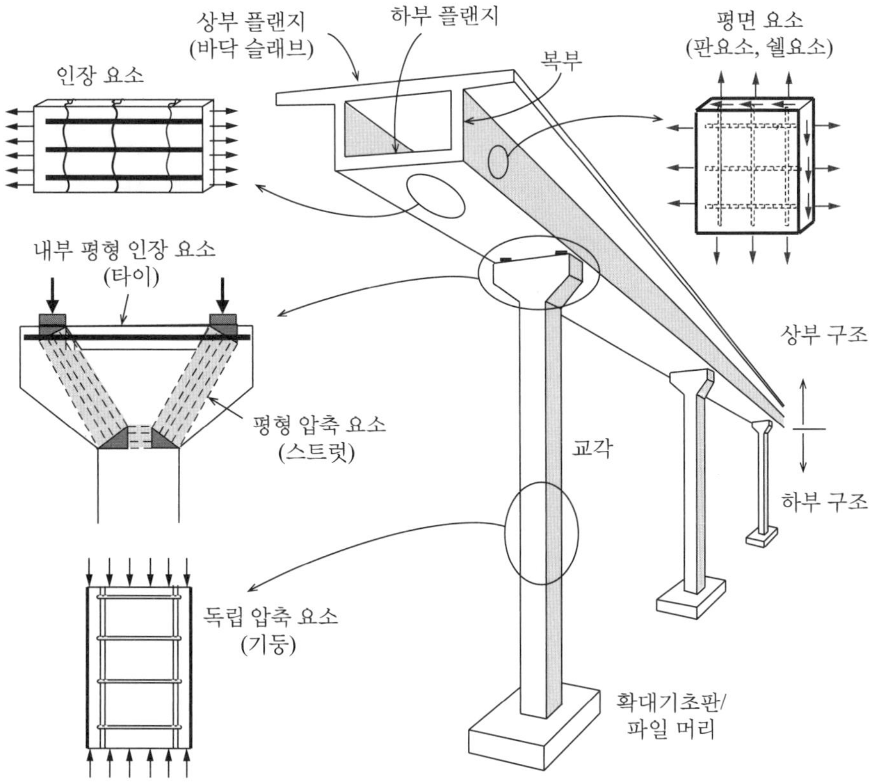

그림 3.1 구조물을 구성하는 기본 구조 요소의 분류와 명칭

압축 요소는 기둥 또는 교각과 같은 독립 압축 요소와 부재 내부에 형성되는 압축 스트럿(strut)인 평형 압축 요소가 있다. **인장 요소**에는 상자형 거더의 하부 플랜지처럼 인장력을 주로 담당하는 인장 요소와 부재 내부에 형성되는 인장 타이(tie)와 같은 평형 인장 요소가 있다. **휨 요소**는 일반적인 부재에서 가장 많이 나타나는 휨모멘트를 저항하는 요소로 간단한 보뿐만 아니라 그림 3.1의 상부 구조 자체가 휨 요소에 해당한다. **평면 요소**는 부재의 복부처럼 2축 방향 힘을 받는 영역을 말하며, 면내력(in-plane force)만이 작용하면 **판요소**(plate element)라 부르고, 면외력(out of plane force)이 동반되면 **쉘요소**(shell element)라고 한다[참고문헌 3.4]. 그림 3.1에 보인 교량 거더의 상부 플랜지는 휨에 의한 면내 축압축력과 비틀림에 의한 전단력뿐만 아니라 중력 하중에 의한 면외력이 주로 작용하는 상태이므로 쉘요소로 분류할 수 있다. 철근콘크리트 부재는 이러한 기본 구조 요소의 조합 작용으로 구조적 성능이 결정된다. 따라서 기본 구조 요소에 대한 바탕 지식은 다양한 형태의 철근콘크리트 부재 또는 구조물의 복잡한 거동을 이해하는 기초일 뿐만 아니라, 각 하중 단계마다 나타나는 현상을 기본 요소 성질을 기반으로 힘의 평형 조건과 변형 적합 조건을 적용하여 체계적으로 표현

할 수 있게 된다. 이 장에서는 철근콘크리트 합성 압축 요소, 인장 요소, 휨 요소와 면내력을 받는 판요소의 역학적 기본 성질에 대해 다루고 있다.

3.2 부착

3.2.1 개요

철근콘크리트 구조에서 콘크리트의 취약한 인장 성능을 철근으로 보강하기 위해서는 콘크리트와 철근 사이에 충분한 **부착**(bond)이 이루어져야 한다. 만약, 철근콘크리트 보에 원형 철근을 사용하고 더욱이 그 표면에 윤활유를 발라 매끄러운 상태라면 하중이 작용할 때 철근은 주변 콘크리트와 쉽게 미끄러져 힘을 받지 않는 상태로 남아 있게 되어 이 보는 무근콘크리트 보와 다름없게 된다. 따라서 소정의 합성 거동을 하기 위해서는 철근과 콘크리트 접촉면에서 미끄러짐을 방지할 수 있는 부착이 필요하다.

보강 철근과 콘크리트 사이 계면의 부착은 여러 면에서 철근콘크리트 구조 거동에 영향을 미친다. 철근콘크리트 구조물에서 부착은 철근과 콘크리트 사이에 힘을 전달시키는 매우 기본적인 중요한 기능을 한다. 이때문에 콘크리트에 균열이 발생된 후에도 부재는 더 큰 하중에 저항할 수 있게 된다. 또한, 부착은 철근의 **정착**(anchorage)과 **이음**(splice)에 직접적으로 관련되어 부재의 저항 강도와 연성 능력을 달라지게 하는 중요한 기본 요소이다. 부착은 콘크리트 균열의 폭과 간격에 영향을 주며 철근에 인장강화현상이 일어나게 하고, 이에 따라 콘크리트 부재가 우수한 연성을 갖도록 하는 역할을 한다. 이러한 부재의 연성은 소성 회전 능력을 갖게 하여 부정정 구조물에서 하중을 재분배시키기도 한다.

3.2.2 부착강도

부착 현상을 파악하기 위해서는 철근과 콘크리트 계면(interface)에서 힘의 전달 메커니즘(mechanism)을 이해해야 한다. 그림 3.2는 콘크리트에 묻힌 철근에 뽑힘 인장력이 작용하고 있는 요소를 나타낸 것이다. 이 뽑힘 인장력은 철근과 콘크리트 사이 계면의 부착력에 의해 저항하게 된다. 묻혀 있는 철근 표면의 단위 면적당 부착력을 **부착응력**(bond stress)이라 한다.

계면의 부착력은 점착력 및 마찰력과 철근의 마디에 의한 지압력으로 구성된다. 초기의 부착력은 화학적 접착력과 마찰 저항에 의해 미끄러짐없이 형성된다. 그러나 이러한 부착 저항력

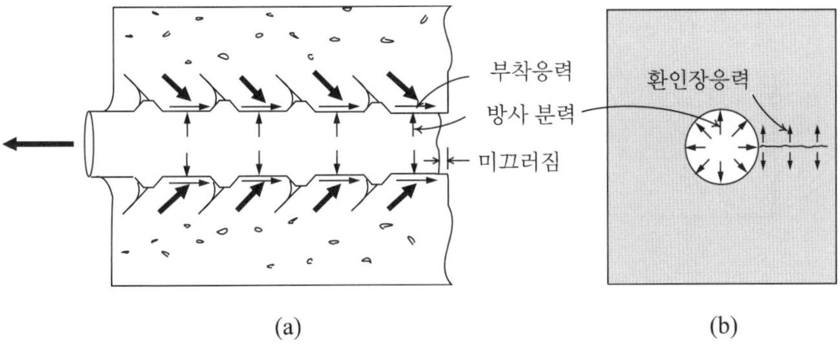

그림 3.2 철근과 콘크리트 계면의 부착 메커니즘 [참고문헌 3.6]

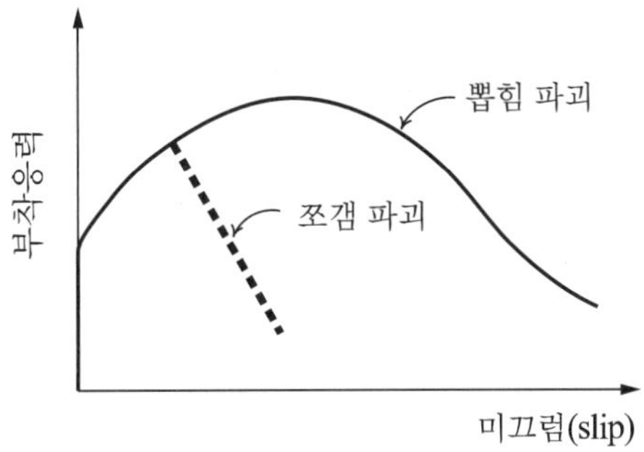

그림 3.3 부착응력 - 미끄럼 곡선 [참고문헌 3.7]

은 크지 않아 철근에 작용 인장력이 증가하면 쉽게 파괴되어 그림 3.3에 보인 부착응력 – 미끄럼(slip) 곡선에 나타낸 것과 같이 미끄러짐이 시작된다. 계면에서 철근이 미끄러지기 시작하면 그림 3.2(a)에 보인 것과 같이 철근 이형 마디의 쐐기작용(wedging action)에 의해 주위 콘크리트에는 콘 형태의 내부 균열이 발생하며, 균열 사이의 콘크리트는 키(key)가 되어 높은 지압 저항력을 발휘하게 된다. 이 지압력은 철근 축에 경사지게 작용하는데 그 접선 분력이 부착력이고 방사(직각) 분력은 주변 콘크리트에 환인장력(hoop tension)을 유발한다. 즉, 그림 3.2(b)에 보인 것처럼 방사 분력은 마치 원통의 내부 압력처럼 작용하여 주변 콘크리트에 인장응력을 유발시킨다.

이 인장응력이 철근을 감싸고 있는 피복 콘크리트의 인장강도보다 크게 되면 콘크리트에 쪼갬 균열이 발생한다. 그림 3.4에 보인 것처럼 균열은 보통 피복 콘크리트가 얇거나 철근 간격이 작은 경우에 나타나며, 철근에서 가장 가까운 콘크리트 표면 쪽으로 철근을 따라 갑작스럽게 발생된다. 균열이 발생하면 더 이상 부착에 저항하지 못하고 철근이 뽑히면서 순간적으로 파괴된다.

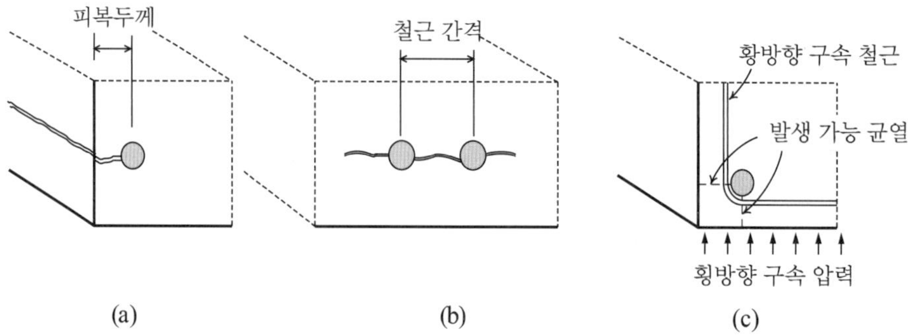

그림 3.4 쪼갬 파괴 형태와 보강 방법

이러한 파괴를 **쪼갬 파괴**(splitting failure)라 하는데, 그림 3.3에 점선으로 보인 것처럼 충분한 연성을 나타내지 않는 미성숙 파괴 형태를 나타낸다. 반면에 피복 콘크리트가 충분히 두꺼워 쪼갬 균열이 방지된 경우에는 철근 각 마디 앞의 콘크리트가 부스러지면서 철근이 서서히 미끄러져 뽑힌다. 이러한 파괴를 **뽑힘 파괴**(pullout failure)라 한다. 그림 3.3에 실선으로 나타낸 것과 같이, 뽑힘 파괴는 큰 미끄럼 변형을 수반하면서 서서히 발생한다.

실제 설계에서 여러 상황에 맞도록 충분한 피복두께나 철근 간격을 확보할 수 없는 경우에는 그림 3.4(c)에 보인 것과 같이 균열을 방지 또는 지연시켜 부착강도를 증진하기 위한 횡방향 구속 철근을 배치한다. 또한 받침부 위치에서 지압 반력에 의해 횡방향 구속 압력이 존재할 경우에는 쪼갬 파괴가 방지되기도 한다. 그림 3.5는 부착강도에 대한 횡방향 구속력의 영향을 나타낸 것이다. 횡방향 구속력이 충분할 경우에는 쪼갬 파괴가 방지되어 뽑힘 파괴 형태가 나타나며 부착강도도 증가한다. 이처럼 철근과 콘크리트의 계면에서 부착 저항력은 철근과 콘크리트 자체의 재료 성질보다는 기하적 치수와 횡방향 구속 정도에 따라 크게 변한다는 것을 알 수 있다.

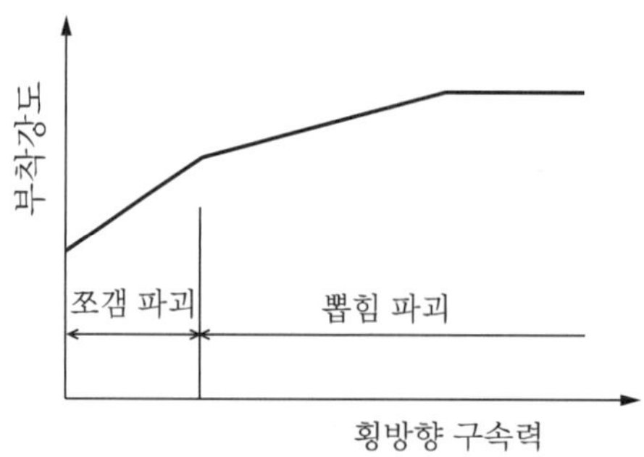

그림 3.5 횡방향 구속력의 영향 [참고문헌 3.7]

앞에서 기술한 철근의 부착 거동 관점에서 살펴보면, 마디가 없는 원형 철근이거나 지름이 작은 프리스트레스 강선의 부착 성능은 매우 제한적일 수밖에 없다는 것을 알 수 있다. 이러한 형태의 보강재는 마디가 없기 때문에 지압 저항 성능이 없고 단지 화학적 점착력과 표면의 마찰력에 의존하여 부착력이 발휘되며, 쪼갬 파괴가 거의 발생하지 않는다.

부재 내의 철근 위치도 부착 강도에 크게 영향을 미치는 것으로 관찰되었다. 거푸집 안으로 콘크리트를 타설할 때 기포와 먼지 등이 진동에 의한 브리딩(bleeding)으로 형성되는 레이탄스가 철근 아래 표면에 축적된다. 철근 아래 타설되는 콘크리트 깊이가 클수록 이러한 현상은 증가되며, 이에 비례하여 불량한 부착 상태가 되어 부착강도가 감소한다. 많은 조사에 의하면 철근 아래 타설되는 콘크리트 깊이가 300 mm 이상이면 철근의 부착강도가 현저하게 작아진다고 알려졌다.

또한, 뽑힘 파괴할 때 가는 철근은 항상 그 항복력을 충분히 발휘하지만, 반면에 굵은 철근에서는 항복력에 도달하기 전에 쪼갬 파괴가 발생하기도 한다. 이것은 철근 항복력의 크기가 항복응력과 철근 단면적의 곱($\pi f_y d_b^2/4$)의 함수로 지름 d_b의 제곱에 비례하지만, 이에 저항하는 부착력은 철근 표면적의 크기에 지배되는데 표면적($\pi d_b l$)의 크기는 지름에 비례하기 때문이다. 더욱이 실험 결과에 따르면 철근의 지름이 클수록 평균 단위 부착강도는 상대적으로 감소하는 것으로 나타났다.

도로교설계기준에서는 쪼갬 파괴가 방지된 경우에 일반 이형 철근의 **설계부착강도** f_{bd}를 다음과 같이 정하고 있다.

$$f_{bd} = \phi_c 2.25\,\eta_1 \eta_2 f_{ctk} \tag{3.2-1}$$

여기서 f_{ctk} 콘크리트 기준인장강도이다. η_1은 부착 조건과 철근의 위치에 관계되는 보정 계수로 보통의 경우 $\eta_1 = 1.0$이며 그 외의 양호한 부착 조건이 아닌 경우 $\eta_1 = 0.7$을 적용한다. η_2는 철근의 지름에 관계되는 계수로 지름 d_b가 32 mm 이하인 경우는 $\eta_2 = 1.0$이고, 그 이상의 큰 철근인 경우에는 $\eta_2 = (132 - d_b)/100$를 사용한다.

3.2.3 부착응력

부착응력은 철근 표면의 단위 면적당 부착력으로 정의되는데, 물리적으로는 철근으로부터 주변 콘크리트로 전달된 힘의 세기(intensity)이다. 그림 3.6(a)는 콘크리트에 묻혀있는 철근에 뽑힘력이 작용할 때 부착응력과 철근 응력의 분포를 보인 것이다. 요소의 단부에서 철근에 작용하는 인장력 T는 부착에 의해 콘크리트에 전달되어져 표면에서 멀어질수록 철근의 응력이 작아진다. 단부로부터 어떤 거리 이상 지나면 철근에 응력이 존재하지 않는 0응력 점까지의 거리와 그 사이 철근 응력의 분포는 철근 표면의 부착응력의 분포에 따라 상당히 복잡하다. 부착응력이 클수록 철근 응력의 감소 기울기가 증가한다. 이러한 거동을 **정착 부착**이라고 하며, 철근의 정착과 이음에 나타나는 현상이다.

한편, 실제 부재에서 발생된 균열과 균열 사이의 부착응력의 분포는 훨씬 복잡하다. 그림 3.6(b)에 보인 휨모멘트가 작용하는 부재의 콘크리트 균열면에서는 철근이 인장력을 모두 담당한다. 이때문에 부착응력은 서로 반대 방향으로 작용한다. 철근의 응력은 균열 면에서 최대가 되며, 균열 사이에서는 부착에 의해 콘크리트에 전달된 크기만큼 응력이 작아진다. 이러한 거동을 **휨부착**이라고 한다. 좌우 균열면에서 철근력 T가 동일하면 부착응력의 분포는 대칭이 되며 그 합은 0이 된다, 일반적인 휨부재에서 양 균열면의 철근력은 같지 않고 차이 ΔT가 있으며 ΔT는 전단력에 비례한다. 전단력이 큰 휨부재에서는 부착응력 분포가 비대칭이 되며, 평균 부착응력이 크게 된다. 부착응력 분포 면적에 철근 둘레를 곱한 크기가 철근력 차이 ΔT가 된다.

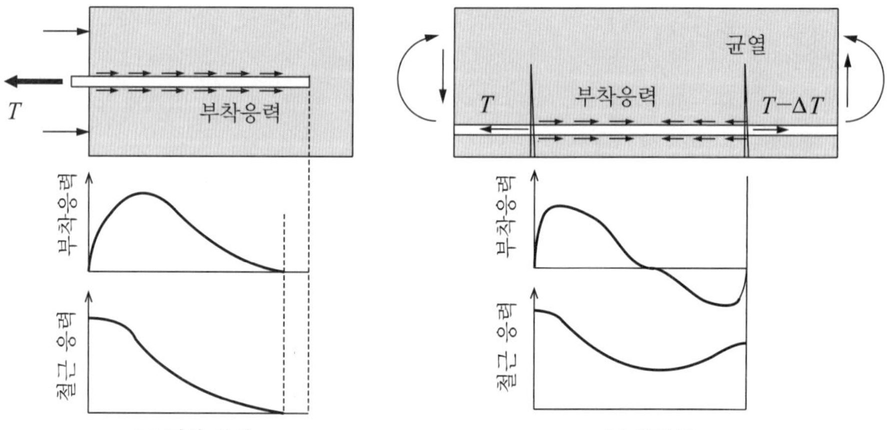

(a) 정착 부착　　(b) 휨부착

그림 3.6 부착응력의 분포와 철근 응력

3.3 압축 요소

3.3.1 개요

실제 철근콘크리트 구조물에서 콘크리트는 철근과 함께 일체로 합성되어 압축력에 저항하는 경우가 대부분이다. 이때 나타나는 압축강도와 변형 성질은 콘크리트 재료의 자체 성질만으로 기술되지 않는 현상들이 나타난다. 기둥은 축방향 주철근과 함께 횡방향 띠철근으로 보강된 상태로 압축력에 저항하는 대표적인 독립 압축 요소이다. 주로 휨에 저항하는 보는 휨압축력을 담당하는 내부 압축 요소를 갖는다. 여러 형태의 하중이 조합으로 작용하는 대부분의 부재 내부에는 균열로 구획되어 내부 압축력을 저항하는 압축 스트럿(strut)이 형성된다. 이러한 스트럿도 압축 요소에 해당한다. 기둥을 받치는 기초판에는 부분적으로 큰 지압력이 작용하는 압축 요소가 형성된다. 이러한 여러 경우의 압축 요소의 콘크리트는 구속되기도 하고 또는 연화될 뿐만 아니라 합성된 철근과 상호 작용에 의해서 1축 압축 상태의 강도와 변형 성질과는 크게 다른 성질을 갖는다.

3.3.2 환산 단면

축하중을 받는 철근콘크리트 독립 압축 부재의 기본 거동을 설명하기 위해 그림 3.7에 1축 압축 요소를 나타냈다. 이 요소의 단면에는 총 단면적이 A_{st}인 철근이 대칭으로 배치되어 있다. 압축력이 작용하면 요소에는 압축 변형 Δ가 일어난다. 모든 단면의 변형률이 균일하다고 간주하면 콘크리트의 변형률 ε_c는 변형되기 전의 요소 길이 l을 기준으로 아래와 같이 표현된다.

$$\varepsilon_c = \frac{\Delta}{l} \tag{3.3-1}$$

그림 3.7처럼 큰 지압판을 통해 중심 축압축력을 받는 요소에서는 철근과 콘크리트의 변형량은 동일하기 때문에 철근 변형률 ε_s와 콘크리트 변형률 ε_c는 항상 같게 된다.

콘크리트는 대략 $0.4f_{ck}$ 보다 낮은 응력 단계에서 거의 선형 탄성으로 거동하며, 이때의 할선 기울기를 탄성계수 E_c로 정의하고 있다. 철근은 항복까지 선형 탄성이며 그 기울기를 탄성계수 E_s라 한다. 이러한 두 재료가 모두 선형 탄성 범위에 있을 때 압축 요소의 콘크리트 변형률 ε_c와 철근 변형률 ε_s는 다음과 같이 표현된다.

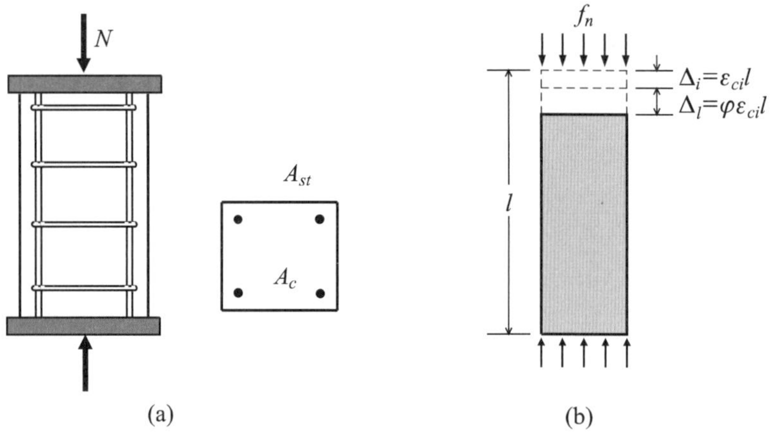

그림 3.7 철근콘크리트 독립 압축 요소

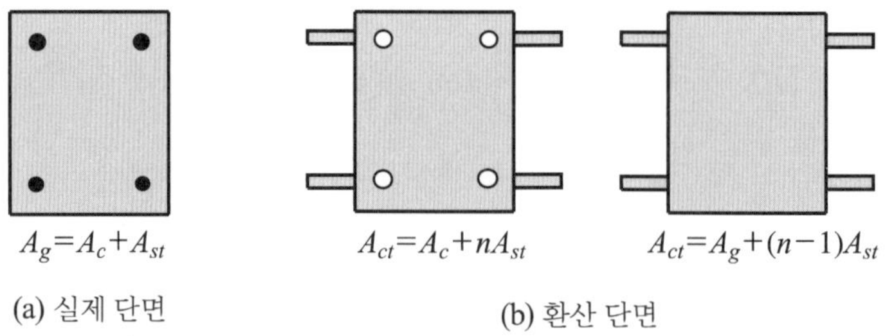

그림 3.8 환산 단면적

$$\varepsilon_c = \frac{f_c}{E_c} \quad \text{그리고} \quad \varepsilon_s = \frac{f_s}{E_s} \tag{3.3-2}$$

압축 요소의 철근과 콘크리트 변형률이 같기 때문에 철근 응력 f_s와 콘크리트 응력 f_c는 다음과 같은 관계가 성립한다.

$$f_s = \frac{E_s}{E_c} f_c = n f_c \tag{3.3-3}$$

여기서 $n = E_s / E_c$이며 **탄성계수비**(modular ratio)라 한다. 보통 콘크리트에서 탄성계수비는 대략 6에서 8 사이의 값을 갖는다. 압축 요소에 작용하는 압축력 N과 단면의 응력간의 평형 조건은

$$N = f_c A_c + f_s A_{st} = f_c A_c + n f_c A_{st} \tag{3.3-4}$$

이 식은 결국 다음과 같이 나타낼 수 있다.

$$N = f_c(A_c + nA_{st}) = f_c[A_g + (n-1)A_{st}] \tag{3.3-5}$$

여기서 A_c는 콘크리트의 순 단면적으로 전체 단면적에서 철근 단면적을 제외한 면적이고, A_{st}는 철근의 총 단면적이며, A_g는 기하적인 전체 단면적(gross area)이다. 위 식에서 괄호안의 면적 $A_c + nA_{st}$ 또는 $A_g + (n-1)A_{st}$를 **환산 단면적**(transformed area; A_{ct})이라 하며, 철근과 콘크리트로 구성된 실제 단면과 동일한 하중을 받을 수 있는 등가의 콘크리트 단면적에 해당한다. 환산 단면적은 실제 콘크리트 면적에 n배의 철근 면적을 합한 것으로 그림 3.8에 나타낸 것처럼 실제 철근 단면적 대신 nA_{st}만큼의 가상 콘크리트 면적으로 대체된다.

3.3.3 유효 탄성계수

그림 3.7(b)에 보인 것과 같이 압축 요소에 하중이 작용하면 순간 탄성 변형량 $\Delta_i = \varepsilon_{ci} l$이 발생하고, 이 하중이 장기적으로 지속해서 작용하면 크리프 변형이 발생하여 순간 탄성 변형에 추가된다. 식 (2.2-13)에 정의된 크리프계수 φ를 이용하면 크리프에 의한 장기 변형량은 $\Delta_l = \varphi\varepsilon_{ci} l$로 나타낼 수 있으며, 탄성 변형량과의 합인 총 변형량 Δ_t는 다음과 같게 된다.

$$\Delta_t = \Delta_i + \Delta_l = (1+\varphi)\varepsilon_{ci} l \tag{3.3-6}$$

여기서 ε_{ci}는 압축응력 f_n에 의한 순간 탄성 변형률 $\varepsilon_{ci} = f_n / E_c$이고, l은 요소 길이이며, E_c는 식 (2.2-11)로 정의된 단기 탄성계수이다. 이 총 변형량과 동일한 크기의 변형을 발생하는 등가의 탄성계수 E_{ce}로 나타내면

$$\Delta_t = \frac{(1+\varphi)f_n}{E_c} l = \frac{f_n}{E_{ce}} l \tag{3.3-7}$$

이 식으로부터 감소된 등가 탄성계수는 아래와 같게 되며 이것을 **유효 탄성계수** E_{ce}라 한다.

$$E_{ce} = \frac{E_c}{1+\varphi} \tag{3.3-8}$$

일반적인 상황에서 축하중 N은 고정하중 D와 활하중 L의 조합으로 구성된다. 이때 장기 변형을 일으키는 지속하중은 주로 고정하중이다. 이러한 경우의 장기 총 처짐량이 등가의 탄성계수 E_{ce}를 갖는 압축 요소의 변형량과 같다고 하면 다음 관계를 얻는다.

$$\Delta_t = \frac{(1+\varphi)Dl}{E_c A_c} + \frac{Ll}{E_c A_c} = \frac{(D+L)\,l}{E_{ce} A_c} \tag{3.3-9}$$

여기서 A_c는 압축 요소의 콘크리트 단면적이다. 이 식으로 부터 유효 탄성계수 E_{ce}는 다음과 같게 나타난다.

$$E_{ce} = \frac{(D+L)E_c}{L+(1+\varphi)D} \tag{3.3-10}$$

이 식에 의하면, 보통의 경우에 해당하는 예로 고정하중과 활하중의 구성비가 2대 1이고 크리프계수가 2이라면 유효 탄성계수는 $0.6E_c$가 된다는 것을 알 수 있다. 일반 교량 구조에서 유효 탄성계수비는 10에서 15사이의 값을 갖게 되며, 이 값을 사용하여 사용한계상태를 검증해야 한다. 사용하중 상태에서 콘크리트의 시간 의존적 장기 거동에 의한 응력과 처짐을 검토할 때 이 유효 탄성계수를 사용해서 탄성계수비 n을 구하고 그에 따른 환산 단면적으로 단면해석을 수행해야 한다.

3.3.4 비선형성과 응력－변형률 곡선

콘크리트의 응력－변형률 관계가 선형 탄성 범위 안에서는 작용 하중의 크기와 단면 치수가 주어지면 콘크리트 응력을 단면의 평형 조건식 (3.3-4)만으로 쉽게 구할 수 있다. 일반적으로 콘크리트 변형률이 0.0005까지 응력－변형률 곡선은 거의 선형이다. 그러나 이 범위를 벗어나면 탄성 해석 방법으로는 부재의 응력 상태를 정확하게 파악할 수 없게 된다. 이러한 경우에는 콘크리트의 응력－변형률 관계를 사용하여야만 해석이 가능하게 된다. 앞 2장에서 콘크리트 압축응력－변형률 관계($f_c-\varepsilon_c$곡선)를 식 (2.2-20)과 식 (2.2-22)로 나타낼 수 있다고 하였다.

(a) 비선형 해석 응력－변형률 곡선

철근콘크리트 압축 요소의 하중 단계별 거동을 파악하고, 응력－변형률 관계를 적용하여 해석하는 방법을 이해하기 위해, 그림 3.7에 보인 철근콘크리트 압축 요소를 식 (2.2-20)을 적용하여 직접 해석해 보자. 이 압축 요소의 단면은 $600\times600\,\mathrm{mm}$이고 네 모서리에 D32 철근이 배치되어 있으며, 요소의 길이는 $2{,}000\,\mathrm{mm}$, 사용한 콘크리트의 실제 압축강도는 $f_{cm}=34\,\mathrm{MPa}\,(f_{ck}=30\,\mathrm{MPa})$이고, 철근의 기준항복강도를 $f_y=400\,\mathrm{MPa}$라고 하자. 단면에 배치된 철근의 총 단면적 $A_{st}=4\times794.2=3{,}177\,\mathrm{mm}^2$이고, 콘크리트의 단면적은 $A_c=600^2-3{,}177=356{,}823\,\mathrm{mm}^2$이 된다. 콘크리트의 정점 변형률 $\varepsilon_{co,r}=0.0022$이고 극한한계변형률 $\varepsilon_{cu,r}=0.0033$이며, 철근의 항복변형률 $\varepsilon_y=f_y/E_s=0.0020$이다.

먼저, 철근과 콘크리트의 변형률이 $\varepsilon_c = \varepsilon_s = 0.0004$라면, 식 (2.2-20)에 의해 콘크리트 응력은 $f_c = 10.3\,\mathrm{MPa}$이며, 철근의 응력은 $f_s = E_s\varepsilon_s = 200{,}000(0.0004) = 80\,\mathrm{MPa}$로 산정된다. 따라서 콘크리트 단면의 압축 합력은 $N_c = f_cA_c = 3{,}672\,\mathrm{kN}$이고, 철근의 압축 합력은 $N_s = f_sA_{st} = 254\,\mathrm{kN}$으로 되어, 단면의 총 압축력은 $N = N_c + N_s = 3{,}926\,\mathrm{kN}$가 된다. 이때 요소의 수축 변형량은 $\Delta = \varepsilon_c l = 0.0004(2000) = 0.8\,\mathrm{mm}$가 된다. 이것은 이 압축 요소에 $3{,}926\,\mathrm{kN}$의 압축력이 작용하면 콘크리트와 철근에는 각각 $10.3\,\mathrm{MPa}$와 $80\,\mathrm{MPa}$의 응력이 유발되며, $0.8\,\mathrm{mm}$ 수축 변형이 발생된다는 의미이다. 여러 다른 변형률에서 위와 동일한 과정을 반복하여 얻은 결과를 아래 표에 정리하고, 그림 3.9에 하중–변형 곡선으로 나타내었다. 이 결과는 동일한 치수를 갖는 실제 압축 부재를 제작하여 실험을 통해 구한 결과와 가까울 것이다. 왜냐하면 사용한 식 (2.2-20)이 많은 중심 축압축 실험 결과를 바탕으로 구한 **재료 구성 법칙**(material constitutive law)이며, 적용한 단면의 **변형 적합 조건** $\varepsilon_c = \varepsilon_s$와 **평형 조건** $N = f_cA_c + f_sA_{st}$이 완전하기 때문이다.

이 결과를 살펴보면 요소의 최대 강도는 13,403 kN이고 그 때의 수축 변형량은 4.4 mm이다. 강도의 대략 1/2 정도 보다 낮은 하중 단계에서는 선형 탄성 해석 결과와 거의 비슷한 하중–변형 관계가 나타나고, 높은 하중 단계에서는 변형 증가율이 커지는 현저한 비선형 성질이 나타난다는 것을 알 수 있다.

한편 콘크리트 내부에 있는 철근의 압축력은 그 항복변형률 0.002에 도달할 때까지 선형으로 증가하고, 항복한 이후에는 항복력 만큼의 압축력에 계속해서 저항하고 있다. 요소의 총 압축 저항력은 콘크리트가 정점 변형률인 0.0022에 도달할 때 최대가 된다.

표 3.1 철근콘크리트 압축 요소의 하중 단계별 응력과 변형률 변화

$\varepsilon_c(=\varepsilon_s)$	f_c (MPa)	f_s (MPa)	N_c (kN)	N_s (kN)	N (kN)	
0.0004	10.3	80	3,672	254	3,926	
0.0006	14.8	120	5,305	381	5,687	
0.0010	22.7	200	8,122	635	8,757	
0.0014	28.8	280	10,266	889	11,156	
0.0018	32.6	360	11,430	1,143	12,787	
0.0020	33.6	400	12,007	1,270	13,277	철근 항복
0.0022	34.0	400	12,132	1,270	13,403	최대 강도
0.0024	33.6	400	12,002	1,270	13,271	
0.0026	32.5	400	11,590	1,270	12,860	
0.0030	27.5	400	9,840	1,270	11,111	
0.0033	21.3	400	7,605	1,270	8,876	압축 파괴

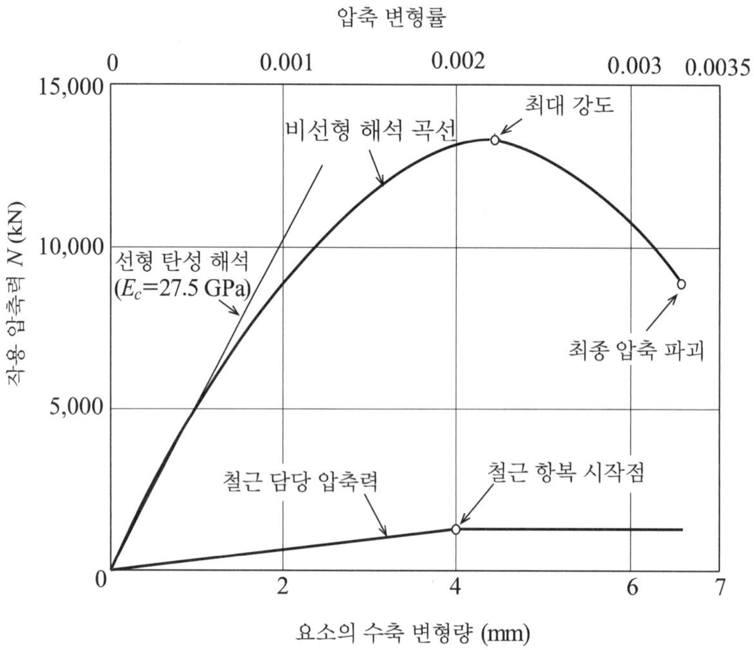

그림 3.9 철근콘크리트 압축 요소의 압축력 - 변형 곡선

그 후 콘크리트의 압축 저항력은 감소하지만, 철근은 지속적으로 1,270 kN의 저항력을 발휘하고 있다는 것을 알 수 있다.

철근콘크리트 압축 요소는 콘크리트가 극한한계변형률 0.0033에 도달할 때 최대 강도의 약 2/3 크기의 하중에서 콘크리트의 최종 압괴(crushing)로 파괴된다. 이론적으로는 콘크리트가 압축 파괴된 후에 철근 항복력 만큼의 저항 성분이 존재하지만 곧바로 철근은 횡방향으로 크게 휘면서 기능을 발휘하지 못한다. 압축력이 작용하는 실제 콘크리트 기둥에서 이 파괴 과정은 최대 강도 점에 도달하자마자 최종 파괴점까지 매우 순간적이며 폭발적으로 발생하는 큰 특징이 있다. 이러한 현상은 콘크리트가 정점 응력에 도달한 후에 내부에 많은 미세 균열이 발생되어 조직이 빠르게 연화(softening)되기 때문이다. 이러한 이유로 실제 설계에서 중심 축 압축 부재의 실질적 극한한계상태는 콘크리트가 정점 변형률에 도달할 때로 정의하고 있다.

(b)* 단면 해석 응력-변형률 곡선

앞에서 기술한 콘크리트 압축 요소의 비선형 거동은 단면이 균일한 단기 압축응력이라는 이상적인 상태일 때 나타나는 현상이다. 그러나 실제 부재 단면에서 나타나는 평균적 응력-변형률 관계는 다르게 나타난다. 왜냐하면 실제 부재 단면은 상대적으로 넓은 면적을 가지기 때문에 단면 안에서 변형률이 직선 분포한다는 이상적 가정에 작은 오류가 포함될 수 있을 뿐만 아니라, 국부적인 조직 결함이나 작은 응력 교란이 존재할 수 있다. 또한 장기 거동 관점에서 살펴보면 압축력 재하 속도에 따라 강도가 달라지며, 동시에 크리프 현상에 의해 응력 재분배가 단면 내에서 발생한다. 특히, 편심 축압축력이 작용하여 단면에 **변형률 경사**(strain gradient)가 발생된 상태의 콘크리트에는 정점 변형률 이후의 거동이 상당히 다르게 나타난다.

그림 3.10에 보인 것과 같이 강성이 충분히 큰 지압판 사이에 놓인 콘크리트 요소를 몇 개의 가상 부분 요소로 나누어 서로 비교해 보자. 그림 3.10(a)처럼 요소에 중심 축압축력을 작용시키면 각 부분 요소의 변형률과 응력은 항상 동일한 상태에 놓인다. 하중의 증가에 의해 정점 변형률 ε_{co}에 도달하면 거의 순간적으로 최종 파괴까지 진행되며, 특히 그림 3.10(b)에 보인 것처럼 폭발적으로 거의 파괴되는 특성이 나타난다.

반면에 그림 3.10(c)처럼 압축력을 편심으로 작용시키면 외측에 있는 부분 요소-a에 유발되는 변형률이 가장 크고, 다른 부분 요소에는 그 크기가 점차 작아진다. 부분 요소-a가 정점 변형률에 도달할 때, 인접 부분 요소-b는 정점 변형률보다 작은 변형률이 유발된 상태이다. 요소-a가 정점 변형률을 지나서 연화가 진행되는 동안에는 일체로 연결 되어 있는 요소-b가 요소-a의 자유로운 압축 변형을 부분적으로 구속하게 된다. 이때문에 요소-a의 변형 연화 현상이 현저하지 않으며 그림 3.10(b)와 같은 순간적이며 폭발적인 파괴 특성이 감소하게 된다. 이러한 변형 구속 효과는 단면의 변형률 기울기가 클수록 더 심해질 것이다.

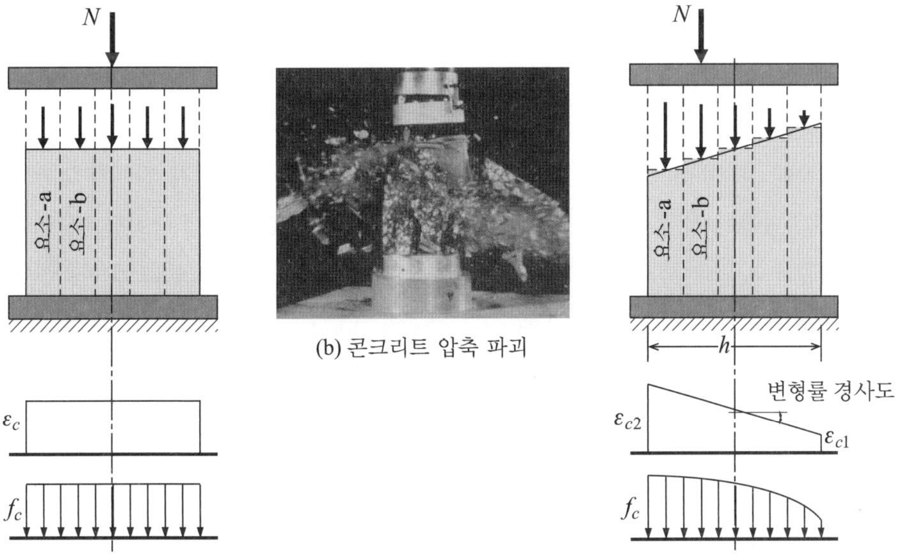

(a) 중심 축압축 (b) 콘크리트 압축 파괴 (c) 편심 축압축

그림 3.10 단면 변형률 경사 영향

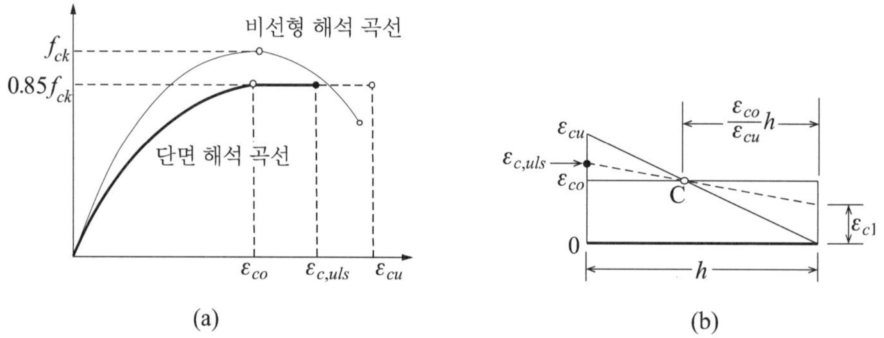

그림 3.11 콘크리트 응력 - 변형률 곡선과 압축 부재의 단면 한계변형률 제한

이처럼 여러 이유로 실제 부재 단면 해석을 위한 응력－변형률 관계는 단기 하중에 의해 이상적인 등분포 변형률을 갖는 콘크리트의 응력－변형률 곡선과 많이 다르게 된다. 특히 정점 변형률을 지난 하강부 곡선이 수평에 가깝게 되며, 단면의 실제 유효 강도는 이상적 상태일 때 강도보다 항상 작게 된다. 이러한 현상을 반영하기 위해 부재 단면 해석에는 그림 3.11(a)에 나타낸 포물－사각형 형태로 정점에서 유효 응력을 $0.85f_{ck}$로 낮게 설정하여 파괴 변형률까지 일정하게 이상화시킨 곡선으로 표현한 응력－변형률 관계가 더 실제적이며 적절하다고 알려졌다. 도로교설계기준에서는 부재의 단면 해석을 위해 압축 영역에 적용하는 콘크리트의 응력－변형률 관계를 식 (2.2-22)와 같이 정의하고 있으며, **포물－사각형 응력－변형률 곡선** (parabola-rectangular stress-strain curve; **p-r 곡선**)이라고 부른다.

더욱이, 실제 구조물에서 취성 파괴를 방지하기 위해 그림 3.11에 나타낸 것처럼 단면 변형률 경사도에 따라 설계에 사용하는 한계변형률을 제한하도록 되어 있다. 변형률 경사가 충분히 커서 인접 콘크리트 구속 효과에 의해 정점 변형률 도달 이후에 순간적으로 파괴되지 않는 경우에는 설계에 사용하는 단면 한계변형률은 ε_{cu}가 된다. 반면에 변형률 경사가 없는 경우에는 단면 한계변형률을 정점 변형률 ε_{co}로 제한한다. 따라서 압축 부재의 극한한계상태에서 단면 한계변형률을 $\varepsilon_{c,uls}$라 하면, 그 값은 ε_{co}에서 ε_{cu}사이이며, 변형률 경사도에 따라 보간법을 적용하여 결정한다. 즉, 극한한계상태에서 단면 한계변형률은 그림 3.11(b)에 나타낸 C점을 중심으로 회전 시키는 방법으로 제한한다. 여기서 C점은 중심 축압축 상태의 한계변형률 분포도와 0 응력에서 ε_{cu}를 연결하는 분포도의 교점으로 정하며, 연단에서 $h\varepsilon_{co}/\varepsilon_{cu}$에 위치한다. 따라서 압축 부재의 **단면 한계변형률** $\varepsilon_{c,uls}$는 다음과 같이 제한된다.

$$\varepsilon_{c,uls} = \varepsilon_{co} + \frac{1}{\varepsilon_{co}}(\varepsilon_{co} - \varepsilon_{c1})(\varepsilon_{cu} - \varepsilon_{co}) \tag{3.3-11}$$

여기서 ε_{c1}은 단면 연단의 작은 변형률로 $0 \leq \varepsilon_{c1} \leq \varepsilon_{co}$ 범위의 값이다.

(c) 단면의 압축 합력 크기와 작용점

압축력을 받는 철근콘크리트 요소에서 단면의 변형률 크기와 응력–변형률 관계식을 이용하면 모든 하중 단계에서 실제와 가깝게 단면 해석을 할 수 있다는 것을 알았다. 따라서 여러 형태의 철근콘크리트 부재 설계에 p-r 곡선을 이용하면 사용한계상태와 극한한계상태를 포함한 모든 하중 단계에서 부재 단면 압축 영역의 응력 분포 상태를 정확하게 파악할 수 있어서 더 경제적이며 안전한 설계 결과를 얻는 큰 장점이 있다. 그런데 실제 해석에서는 단면에 분포된 응력의 합력과 그 작용점의 위치가 필요하다. 선형 탄성 응력–변형률 관계라면 압축 영역의 응력 분포는 항상 삼각형 형태가 되어 그 합력과 작용점은 기하학적으로 쉽게 결정할 수 있다. 그러나 비선형으로 표현된 단면 분포 응력의 합력과 작용점은 복잡한 계산 과정을 거쳐야하는 어려움이 따른다.

그림 3.10(c)에 보인 콘크리트 요소를 다시 살펴보자. 압축력 N의 작용점과 중심축 사이 거리인 편심에 따라 변형률 분포도의 경사가 달라지며, 강성이 큰 지압판 사이에 놓여 있다면 단면의 변형률은 항상 직선 형태로 분포한다. 따라서 양 연단의 변형률 $\varepsilon_{c1}, \varepsilon_{c2}$의 크기가 주어지면 내부 각 부분 요소의 변형률 ε을 기하학적으로 쉽게 알 수 있다. 이 ε을 p-r 곡선식에 대입하면 해당 부분 요소의 응력 f_c가 결정된다. 이렇게 내부 부분 요소들의 응력을 계산하여 연결하면 단면의 응력 분포도가 산출되며, 이것을 적분한 값이 합력이고 그 무게 중심이 작용점 위치가 된다.

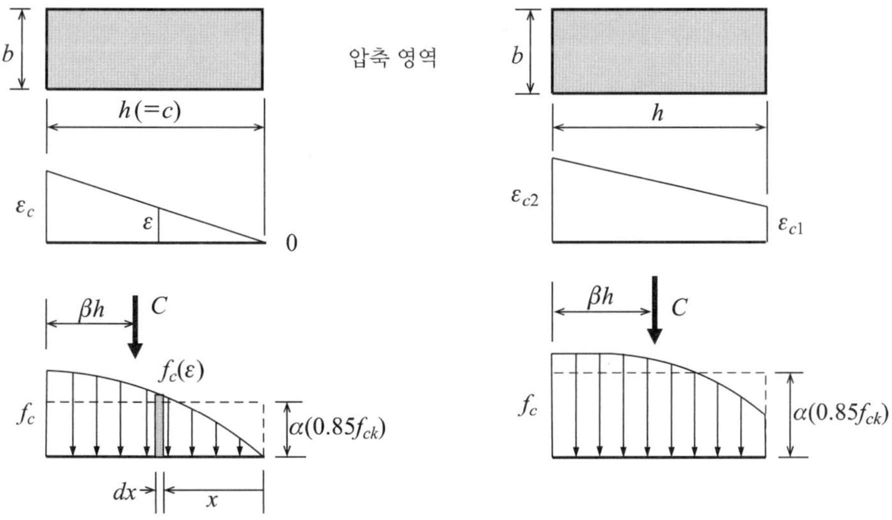

(a) 한 연단의 변형률이 0인 경우

(b) 양 연단이 압축인 경우

그림 3.12 단면 압축 영역에 분포한 응력의 합력 크기와 작용점 위치

그림 3.12(a)에 보인 것처럼 한쪽 연단의 변형률이 항상 0인 경우 단면 압축응력의 합력 C와 그 작용점 깊이 βh를 다음과 같이 계산할 수 있다.

$$C = \int_0^h f_c(\varepsilon) b dx \quad \text{그리고} \quad \beta h = h - \frac{\int_0^h x f_c(\varepsilon) b dx}{\int_0^h f_c(\varepsilon) b dx} \tag{3.3-12}$$

여기서 b는 압축 영역의 단면 폭이며, x는 변형률이 0인 연단에서 잰 거리이다. 동일한 방법을 그림 3.12(b)처럼 단면 모두가 압축 상태에 있는 단면에도 적용하여 합력의 크기와 작용점의 위치를 결정할 수 있다. 여기서 압축 영역의 합력 크기와 작용점 위치에 관련하여 다음과 같은 무차원 계수(non-dimensional coefficient)를 사용하면 편리하게 된다.

$\alpha = \dfrac{f_{c,avg}}{0.85 f_{ck}}$: 압축 영역의 평균 응력 $f_{c.avg}$의 정점강도 $0.85 f_{ck}$에 대한 비

β = 큰 압축 연단으로부터 잰 작용점 깊이의 압축 영역 깊이에 대한 비

이렇게 정의한 무차원 계수 α와 β는 압축 영역이 직사각형 단면일 때, 다음 식과 같이 압축 연단 변형률 ε_c만의 함수로 정해진다. 아래 식은 압축강도가 $40\,\text{MPa}$ 이하인 보통강도 콘크리트에 대해 유도한 것이다.

한쪽 연단의 변형률이 항상 0인 경우

$$0 \le \varepsilon_c \le 0.002 : \qquad \alpha = \frac{10^3 \varepsilon_c}{2} - \frac{(10^3 \varepsilon_c)^2}{12}, \qquad \beta = \frac{8 - 10^3 \varepsilon_c}{4(6 - 10^3 \varepsilon_c)} \tag{3.3-13a}$$

$$0.002 \le \varepsilon_c \le 0.0033 : \qquad \alpha = 1 - \frac{2}{3(10^3 \varepsilon_c)}, \quad \beta = \frac{4(10^3 \varepsilon_c) - 3(10^3 \varepsilon_c)^2 - 2}{6(10^3 \varepsilon_c)(0.67 - 10^3 \varepsilon_c)} \tag{3.3-13b}$$

양쪽 연단이 모두 압축 상태인 경우

$$\alpha = \frac{14 + 4(10^3 \varepsilon_{c1}) - (10^3 \varepsilon_{c1})^2}{18}, \quad \beta = \frac{-34 - 20(10^3 \varepsilon_{c1}) + 5(10^3 \varepsilon_{c1})^2}{6[14 + 4(10^3 \varepsilon_{c1}) - (10^3 \varepsilon_{c1})^2]} \tag{3.3-13c}$$

여기서 ε_{c2}는 연단의 큰 압축 변형률이고 ε_{c1}은 작은 압축 변형률이다. 그림 3.13은 위 식으로 계산한 무차원 계수를 그래프로 나타낸 것이다. 실무에서는 이 그래프를 이용하면 부재의 단면 해석을 간편하게 할 수 있을 것이다.

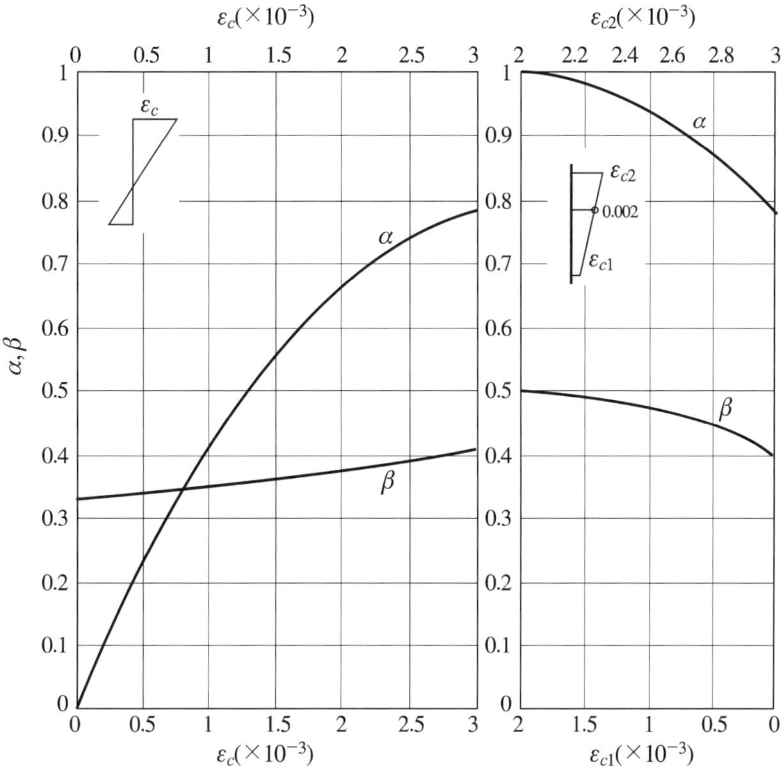

(a) 단면 안에 중립축 위치 (b) 단면 밖에 중립축 위치

그림 3.13 직사각형 단면의 압축 합력에 관한 무차원 계수

부재가 극한한계상태일 때 단면에 분포하는 압축응력의 합력 크기와 작용점은 설계에 매우 중요한데, 한쪽 연단의 변형률이 항상 0인 경우 각 콘크리트 강도 등급에 따른 극한한계상태의 α와 β값은 정해진 정점 변형률 ε_{co}와 한계변형률 ε_{cu}항으로 아래 식을 사용하여 얻을 수 있다.

$$\alpha = 1 - \frac{1}{1+n}\left(\frac{\varepsilon_{co}}{\varepsilon_{cu}}\right) \tag{3.3-14a}$$

$$\beta = 1 - \frac{1}{\alpha}\left[0.5 - \frac{1}{(1+n)(2+n)}\left(\frac{\varepsilon_{co}}{\varepsilon_{cu}}\right)^2\right] \tag{3.3-14b}$$

이 식을 이용하여 구한 극한한계상태의 압축 합력의 특성을 나타내는 무차원 계수 값을 표 3.2에 정리하였다. 대표적으로, 기준압축강도가 40 MPa 이하인 보통강도 콘크리트로 만든 부재인 경우에는 극한한계상태에서 **평균 응력 계수** α와 **작용점 위치 계수** β 값으로 0.80과 0.41이 각각 산정된다.

표 3.2 콘크리트 강도에 따른 극한한계상태의 압축 합력의 무차원 계수값

f_{ck} (MPa)	18	21	24	27	30	35	40	50	60	70	80	90
n	2.0							1.92	1.50	1.29	1.22	1.20
ε_{co} (‰)	2.0							2.1	2.2	2.3	2.4	2.5
ε_{cu} (‰)	3.3							3.2	3.1	3.0	2.9	2.8
α	0.80 (0.8)*							0.78	0.72	0.67	0.63	0.59
β	0.41 (0.4)*							0.40	0.38	0.37	0.36	0.35

* 공학적 관점에서 실제 설계에 사용가능한 계수값

3.3.5* 구속 콘크리트

콘크리트는 주변 콘크리트 또는 철근에 의해 구속(confining)되거나 연화(softening)되어져 그 압축 성질이 크게 변질된다. 콘크리트가 3축으로 구속될 경우에는 그 강도와 한계변형률은 1축 압축 상태에 비해 10배 이상의 크기를 가질 수 있다. 반면에 구속과 반대로 연화될 경우에는 그 절반에도 미치지 못하는 강도에서 파괴되기도 한다. 이처럼 실제 콘크리트 구조물에서 콘크리트의 응력－변형률 관계는 1축 상태의 관계와 크게 달라진다.

(a) 심부 구속 콘크리트

그림 3.14에 보인 기둥처럼 축압축 하중을 주로 받는 요소는 두 종류의 주요 형태를 갖는다. 사각형 단면 부재에서 수직 철근이 주철근(main reinforcement) 역할을 하고, 이들은 횡방향으

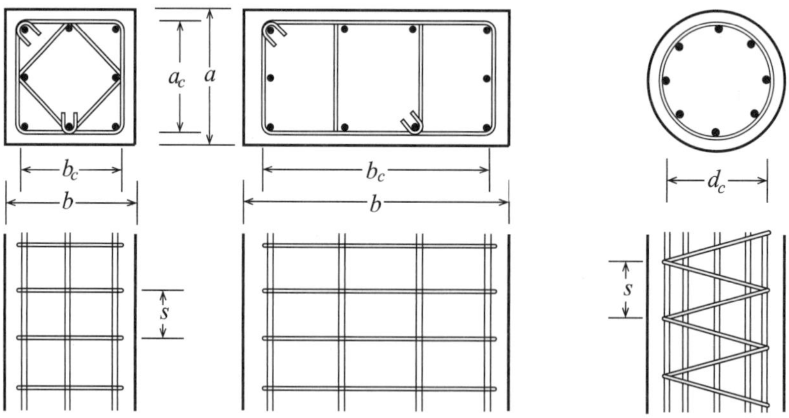

(a) 주철근과 띠철근 (b) 주철근과 나선철근

그림 3.14 독립 압축 요소의 철근 배치 형태

로 작은 지름의 띠철근에 의해 고정된다. 원형 단면 부재는 수직 주철근을 나선형 횡방향 철근으로 둘러싸는 형태이며 이 나선철근은 띠철근과 같은 역할을 한다. 횡방향 철근은 주철근의 위치 이동을 막고 얇은 콘크리트 피복이 박리되면서 철근이 휘는 것을 방지할 뿐만 아니라 극한한계상태에서는 콘크리트의 횡방향 팽창을 억제하여 심부는 구속된 콘크리트가 되어 부재의 압축 성능을 향상시키는 기능을 한다.

콘크리트 압축 요소에 축압축력이 작용하면 길이가 줄어들면서 동시에 횡방향으로 팽창한다. 이때 횡방향으로 배치된 띠철근이나 나선철근은 콘크리트의 팽창을 구속하는 기능을 한다. 이러한 현상은 그림 3.15(a)에 보인 모래가 가득 찬 원통을 이용하여 쉽게 이해할 수 있다. 모래에 하중을 작용하면 압력 p가 원통 벽에 전달되어 원통에는 환인장력(hoop tension) pr이 발생한다(r은 원통 반지름). 하중은 원통이 파괴될 때까지 계속해서 증가한다. 만약 원통이 없다면 모래 기둥만으로는 작은 하중도 지지할 수 없을 것이다. 이와 동일한 현상이 콘크리트 압축 요소에도 나타난다.

띠철근이나 나선철근이 적절히 배치된 압축 요소에서는 이 철근이 파단되기 전까지 심부(core) 콘크리트를 횡방향으로 구속한다. 그림 3.15(b)에 나타낸 철근이 항복력을 발휘 할 때 횡구속 압력 p는 그림 3.15(a)의 환인장력 해석에 따라 다음과 같이 나타난다.

$$p = \frac{2A_{sp}f_y}{d_c\, s} \tag{3.3-15}$$

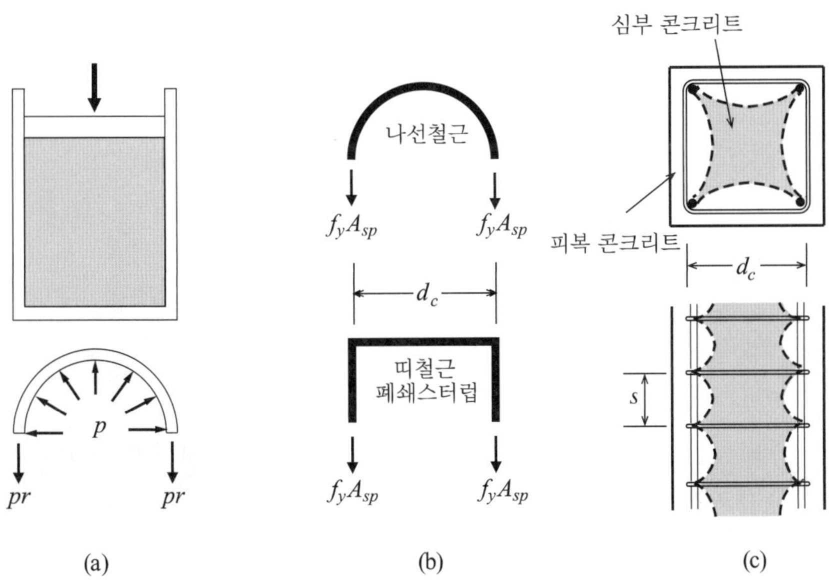

그림 3.15 압축 요소의 심부 구속 콘크리트 [참고문헌 3.2]

여기서 A_{sp}와 f_y는 각각 횡방형 철근의 단면적과 항복강도이고, d_c는 심부 콘크리트의 지름이다. 심부 콘크리트 부피에 대한 횡방향 철근 부피 비 ρ_{sp}는 다음과 같이 나타난다.

$$\rho_{sp} = \frac{4A_{sp}}{d_c\, s} \tag{3.3-16}$$

이 식을 A_{sp}로 정리한 후 식 (3.3-15)에 대입하면

$$p = 0.5\rho_{sp} f_y \tag{3.3-17}$$

그런데 모래 원통의 경우와는 다르게 이 횡구속 압력은 등분포 상태가 아니고 철근의 단면 배치 형태와 간격에 따라 크게 부등 분포 상태이다. 그림 3.15(c)에 보인 것처럼, 단면에 배치된 철근이 사각형 띠철근이면 음영으로 표시된 내부 콘크리트에 구속 효과를 미친다. 만약 원형 나선형 철근이라면 단면 전체에 구속 효과가 나타날 것이다. 또한 길이 방향으로 배치된 간격 s에 따라 구속 효과가 달라진다. 이러한 영향을 반영한 유효 횡구속 압력을 구하기 위해 다음과 같은 보정 식이 필요하다.

$$p = 0.5\,\alpha_c \rho_{sp} f_y \tag{3.3-18}$$

여기서 α_c는 단면에서 횡방향 철근 형태와 철근 배치 간격 s에 따른 구속 유효 면적을 고려하기 위한 감소계수이다. 심부 콘크리트를 구속하는 횡방향 철근이 콘크리트의 횡방향 팽창에 의해 충분히 항복할 수 있는 폐쇄 스터럽이나 타이일 경우에는 아래 식을 사용하여 감소계수를 산정할 수 있다.

사각형 띠철근인 경우 : $$\alpha_c = \left(1 - \frac{s}{a_c}\right)\left(1 - \frac{s}{b_c}\right) \tag{3.3-19a}$$

원형 나선철근인 경우 : $$\alpha_c = 1 - \frac{s}{d_c} \tag{3.3-19b}$$

여기서 a_c와 b_c는 그림 3.14에 보인 사각형 단면의 심부 콘크리트 가로와 세로 길이이고, d_c는 원형 단면의 심부 콘크리트 지름이다.

이와 같이 압축 요소의 횡방향 철근에 의한 구속 압력 p가 구해지면 심부 콘크리트 압축강도의 증가는 식 (2.2-25)를 사용하여 다음과 같이 나타낼 수 있다. 이때 구속 압력 p는 주응력 $f_1 = f_3$과 동일한 값이 된다.

$$f^*_{ck,c} = f_{ck} + 1.85\alpha_c\rho_{sp}f_y \tag{3.3-20}$$

여기서 $f^*_{ck,c}$는 횡구속을 받는 심부 콘크리트의 증가된 압축강도이다. 심부 콘크리트의 한계 변형률의 증가는 식 (2.2-26)을 이용하면 다음과 같게 된다.

$$\varepsilon^*_{co,c} = \varepsilon_{co}(f^*_{ck,c}/f_{ck})^2 \tag{3.3-21a}$$

$$\varepsilon^*_{cu,c} = \varepsilon_{cu} + 0.1\alpha_c\rho_{sp}f_y/f_{ck} \tag{3.3-21b}$$

이처럼 횡방향 팽창을 막을 수 있게 적절하게 배치된 폐합 철근 또는 결속 철근의 소성 강도로부터 극한한계상태에서의 횡방향 구속 응력과 그 연성 능력인 한계변형률의 크기를 산정할 수 있다. 압축 요소에 적절히 횡방방 철근을 배치하면 심부 콘크리트의 강도와 한계변형률이 현저하게 증가된다. 일반적인 압축 부재의 파괴는 구속이 없는 피복 콘크리트가 먼저 박리되면서 발생한다. 실제 설계에서는 피복 박리 하중 이상의 강도는 여러 이유에서 고려하지 않는다. 그러나 피복이 담당하는 압축력보다 더 큰 압축력을 횡방향 구속에 의해 심부 콘크리트의 증가된 강도가 담당하고 주철근이 좌굴하지 않는다면, 그림 3.16에 보인 것과 같이 부재는 피복이 파괴된 후에도 많은 변형이 일어나고 그 후 높은 하중에서 파괴된다. 그러나 횡방향 철근이 없거나 적게 배치된 기둥은 피복 박리 후 곧바로 파괴된다. 조밀하게 많은 횡방향 철근을 배치하면 기둥의 강도를 크게 증가시키지는 않지만 기둥의 갑작스런 파괴를 방지함으로써 큰 변형 능력을 발휘할 수 있게 되어 특히 연성 능력이 중요시 되는 내진 설계에는 많이 고려되는 사항이다.

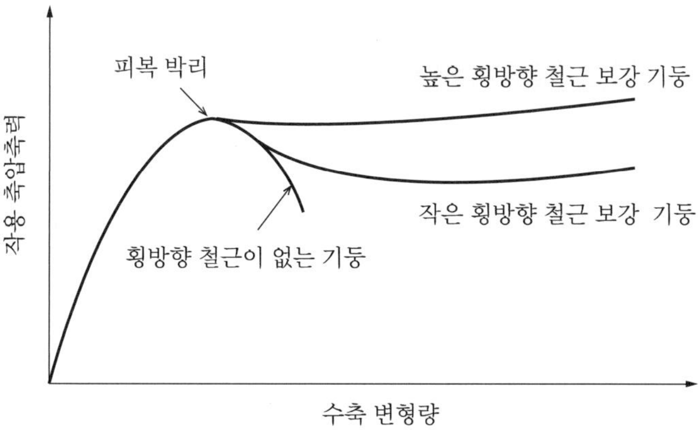

그림 3.16 횡방향 철근이 배치된 기둥의 거동

예제 3.3-1 심부 구속 콘크리트 강도와 연성

그림 3.14(b)에 나타낸 것과 동일한 형태의 원형 기둥이 나선 철근으로 보강되어 있다. 이 기둥의 외부 지름은 600 mm, 피복두께는 50 mm, 주철근은 8개의 D25 철근이며, 지름이 9.6 mm인 강선이 75 mm 피치로 배치되어 있다. 콘크리트는 f_{ck} = 30 MPa이며 주철근은 f_y = 400 MPa이고, 나선 강선은 f_y = 600 MPa이다. 이 기둥은 2차영향이 발생하지 않는 단주이다. 단면 해석에 사용되는 포물-사각형 응력-변형률 곡선을 이용하여 피복 콘크리트가 박리되기 직전의 기둥 압축강도(1차 최대 강도)와 박리 후 나선철근이 항복할 때의 압축강도(2차 최대 강도)를 구해 비교해 보자.

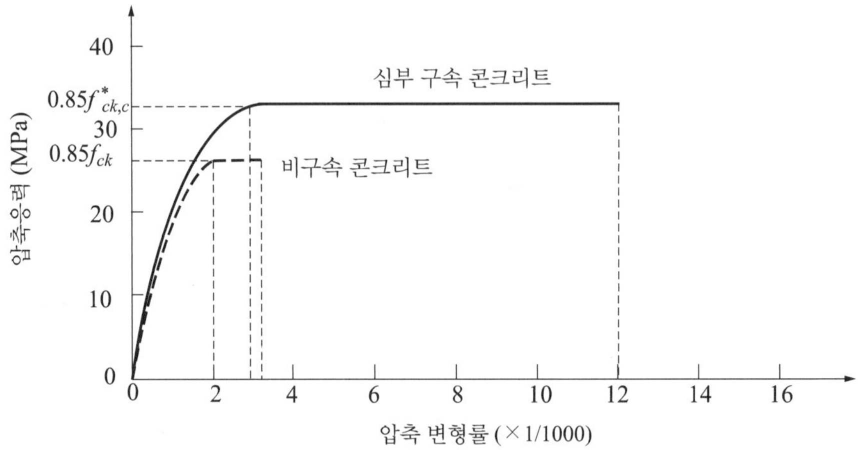

그림 3.17 예제 3.3-1의 심부 콘크리트 응력 - 변형률 곡선

풀이

단면에 배치된 주철근의 총 단면적은 $A_{st} = 8 \times 506.7 = 4{,}054\,\mathrm{mm}^2$,

단면 콘크리트의 순 단면적은 $A_c = \pi 600^2/4 - 4{,}054 = 278{,}546\,\mathrm{mm}^2$,

심부 콘크리트의 단면적은 $A_{cc} = \pi 500^2/4 - 4{,}054 = 192{,}196\,\mathrm{mm}^2$이고,

나선철근의 단면적은 $A_{sp} = \pi 9.6^2/4 = 72.3\,\mathrm{mm}^2$이다.

(i) 1차 최대 강도 : 콘크리트의 정점 변형률에서 콘크리트 응력 $0.85f_{ck} = 25.5\,\mathrm{MPa}$이고, 철근은 항복한 상태이므로 $f_y = 400\,\mathrm{MPa}$가 된다. 따라서,

콘크리트 단면의 압축 합력 $N_c = 0.85 f_{ck} A_c = 7{,}103\,\mathrm{kN}$

철근의 압축 합력 $N_s = f_y A_{st} = 1{,}621\,\mathrm{kN}$

단면의 1차 최대 압축강도 $N = N_c + N_s = 8{,}724\,\mathrm{kN}$가 된다.

이 강도에 해당하는 하중에 도달하면 피복 콘크리트가 압축에 더 이상 견디지 못하고 박리 파괴된다.

(ii) **심부 콘크리트의 응력-변형률 곡선** : 심부 콘크리트 지름 $d_c = 500\,\mathrm{mm}$, 나선 간격 $s = 75\,\mathrm{mm}$ 이어서 횡방향 철근비 ρ_{sp}는 식 (3.3-16)에 의해

$$\rho_{sp} = \frac{4A_{sp}}{d_c\, s} = \frac{4(72.3)}{(500)(75)} = 0.0077$$

나선철근이 항복력을 발휘 할 때 횡구속 압력 p는 식 (3.3-18) 의해

$$p = 0.5\alpha_c \rho_{sp} f_y = 0.5(0.85)(0.0077)(600) = 1.963\,\mathrm{MPa}$$

여기서 α_c는 식 (3.3-19b)에 따라 $1-75/500 = 0.85$를 적용하였다. 이 압력에 의해 증가된 심부 콘크리트의 기준강도 크기를 (3.3-20)에 의해 계산하면

$$f^*_{ck,c} = f_{ck} + 1.85\,\alpha_c \rho_{sp} f_y = 34.8\,\mathrm{MPa}$$

심부 콘크리트의 한계변형률의 증가는 식 (3.3-21)를 이용하면

$$\varepsilon^*_{co,c} = \varepsilon_{co}(f^*_{ck,c}/f_{ck})^2 = 1.35\varepsilon_{co} = 0.0027$$

$$\varepsilon^*_{cu,c} = \varepsilon_{cu} + 0.1\alpha_c \rho_{sp} f_y / f_{ck} = 0.0033 + 0.0087 = 0.012$$

이 결과를 그림 3.17에 응력-변형률 곡선으로 나타내어 비구속 콘크리트와 비교하였다. 나선철근의 구속에 의해 압축강도가 16퍼센트 증가되었다. 특히, 구속에 의한 콘크리트의 연성은 매우 크게 증가한다는 것을 알 수 있다. 즉, 앞에서 설명했듯이 비구속 콘크리트는 변형률 0.002에서 순간적으로 파괴하는 것과 비교한다면 6배 이상의 연성 능력이 향상된다는 것을 알 수 있다.

(iii) **2차 최대 강도** : 심부 구속 콘크리트의 정점 변형률 0.0027 이후에서

콘크리트 응력 $0.85 f^*_{ck,c} = 0.85(34.8) = 29.6\,\mathrm{MPa}$이고,

철근은 항복한 상태이므로 $f_y = 400\,\mathrm{MPa}$가 된다.

따라서, 심부 콘크리트의 합력 $N_{cc} = 29.6(192{,}196) \times 10^{-3} = 5{,}685\,\mathrm{kN}$

항복한 철근의 압축 합력 $N_s = f_y A_{st} = 1{,}621\,\mathrm{kN}$

단면의 2차 압축강도 $N = N_{cc} + N_s = 7{,}306\,\mathrm{kN}$이 산정된다.

이 2차 강도는 1차 강도 $8{,}724\,\mathrm{kN}$의 83퍼센트 크기에 해당한다. 이 강도는 비구속 콘크리트에 비해 6배 정도의 큰 연성을 발휘하는 동안 지속 가능하게 된다. 심부 콘크리트가 극한한계변형률 0.012에 도달할 때 나선철근의 변형률은 이론적으로 포아손비에 따라 결정되는데, 이 비를 대략 0.25라고 하면 나선철근의 변형률은 0.003 정도에 머물러 항복 후 소성 구간에 놓이며 파단되지 않는 상태이다.

(b) 부분 재하 구속 콘크리트

그림 3.18에 보인 것과 같이 기둥이 기초판이나 받침대 위에 놓여 있을 때 기둥의 압축력은 기초판의 일부분에만 전달된다. 이때 주변 콘크리트가 하중을 받는 부분을 에워싸고 있어서 횡방향으로 구속하는 역할을 한다. 이런 현상 때문에 기둥 하중을 직접 받는 부분은 3축 방향으로 구속된 콘크리트가 되어 압축강도가 증가한다. 이처럼 주변 콘크리트에 구속되는 부분 재하 상황은 철근콘크리트 여러 부재에 자주 발생하는 경우로 앞에서 기술한 1축 압축 상태 콘크리트의 성질과 크게 다르게 된다.

콘크리트 구조체의 부분 영역에 큰 압축력이 작용하는 지압부에서는 콘크리트의 국부적 압축 파괴와 횡방향 파열 인장 한계를 검증하여야 한다. 그림 3.19에 보인 것과 같이 구조체 가장자리 부근에 큰 분포 하중이 면적 A_o에 작용할 경우 아래 부분 콘크리트의 횡방향 팽창을 둘러

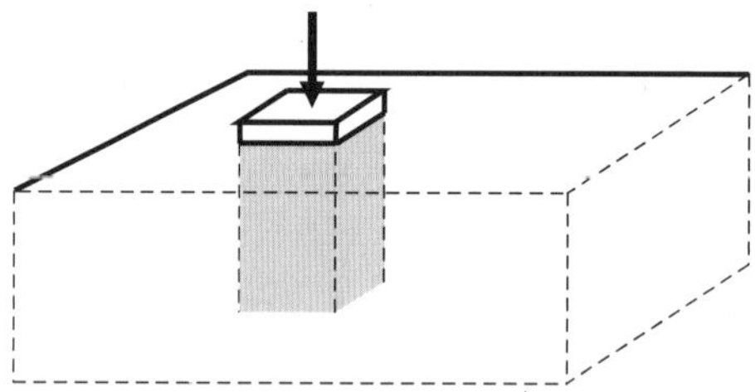

그림 3.18 부분 영역 재하 지압부

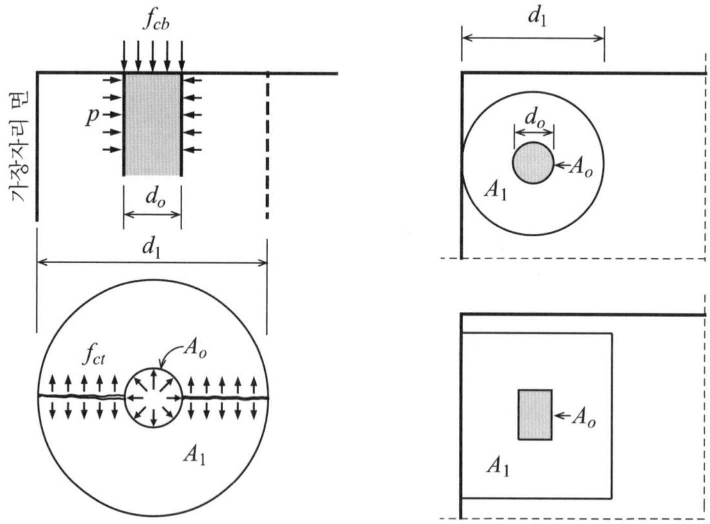

그림 3.19 부분 재하된 지압부의 횡방향 구속 상태 [참고문헌 3.5]

싸고 있는 주변 콘크리트가 구속하게 된다. 따라서 주변 콘크리트는 팽창 압력 p를 받는 상태가 되며 이때문에 가장 가까운 모서리 쪽으로 잠재적 쪼갬 균열이 발생할 수 있다.

이러한 상태를 그림 3.19와 같이 근사적으로 이상화 한다면, 균열 발생 직전에 팽창 압력과 균열 강도 사이의 평형 조건을 다음과 같이 나타낼 수 있다[참고문헌 3.5].

$$pd_o = f_{ct}(d_1 - d_o) \tag{3.3-22}$$

여기서 d_o는 지압력 재하면의 지름이며, d_1은 재하면과 동일한 중심축을 가지며 가장 가까운 가장자리까지 형성된 가상 실린더의 외부 지름이다. f_{ct}는 콘크리트 인장강도인데 그 크기는 보통강도 콘크리트에서 대략 $f_{cm}/10$에 해당하므로 실린더 압력 p를 다음과 같이 근사적으로 나타낼 수 있다.

$$p = \frac{f_{cm}}{10}\frac{d_1 - d_o}{d_o} \tag{3.3-23}$$

이 압력은 부분 재하면 아래 부분 콘크리트의 횡방향 구속 압축응력이므로, 구속된 콘크리트의 압축강도는 식 (2.2-25)에 의해 다음과 같게 된다.

$$f^*_{cm,c} = f_{cm} + 3.7p = f_{cm}\left(1 + 0.37\frac{d_1 - d_o}{d_o}\right) \tag{3.3-24}$$

실제 상황에서 d_1은 d_o의 2배에서 4배 정도의 범위라고 가정하고, $f_{cm} \approx 1.3f_{ck}$ 관계를 적용하면 위 식의 오른 쪽 항을 대략 $f_{ck}(d_1/d_o)$라고 단순화 시킬 수 있다. 또한 d_1/d_o를 $\sqrt{A_1/A_o}$로 표현하면 원형이 아닌 다른 형상의 재하면에도 적용할 수 있도록 일반화할 수 있으며, 이때의 구속 압축강도가 부분 재하된 콘크리트의 **지압강도**(bearing strength) f_{cb}라고 할 수 있다. 즉

$$f_{cb} = f_{ck}\sqrt{\frac{A_1}{A_o}} \tag{3.3-25}$$

여기서 A_1은 그림 3.19에 보인 주변 구속 콘크리트의 유효 면적이다. 이 식은 주변 콘크리트 균열 발생 직전에 인장응력이 등분포 한다는 가정에서 유도한 것으로 구속력을 상당히 과대평가한 것에 해당한다. 그러나 심부 콘크리트 실린더 면의 전단마찰 기여 저항 성분을 생략한 것으로 서로 상쇄될 수 있으므로 위 식은 현실적으로 지압강도를 평가할 수 있는 방법이라 할 수 있다. 실제 설계에서는 위 식의 지압강도에 재료계수를 곱한 설계값을 적용하여야 한다.

3.3.6* 연화 콘크리트

그림 3.20에 보인 상자형 단면의 교량 상부 구조처럼, 얇은 면으로 구성된 많은 구조물이 있다. 이 거더의 플랜지와 복부는 전형적인 평면 요소로 간주할 수 있다. 이러한 부재의 한 부분 요소에는 그 중심면에 작용선이 놓이는 축력과 전단력이 조합으로 작용하는 것이 일반적이다. 철근이 배치된 콘크리트 평면 요소는 보통 축력과 전단력이 조합으로 작용하면 2축 응력 상태가 되며, 주응력 해석에 의해 인장 주응력 f_1과 압축 주응력 f_2가 작용하는 상태로 변환할 수 있다.

콘크리트의 인장강도는 압축강도의 1/10 정도로 아주 작기 때문에 평면 요소는 초기 응력 단계에서 인장 주응력의 직각 방향으로 균열이 쉽게 발생한다. 균열 발생 후에는 균열로 구획된 콘크리트 경사 **스트럿**(strut)이 형성되어 압축력에 저항한다. 그런데 콘크리트 압축 스트럿은 그림 3.21(b)에 보인 것과 같이 균열이 발생되어 교란된 상태에서 압축력에 저항하고 있다.

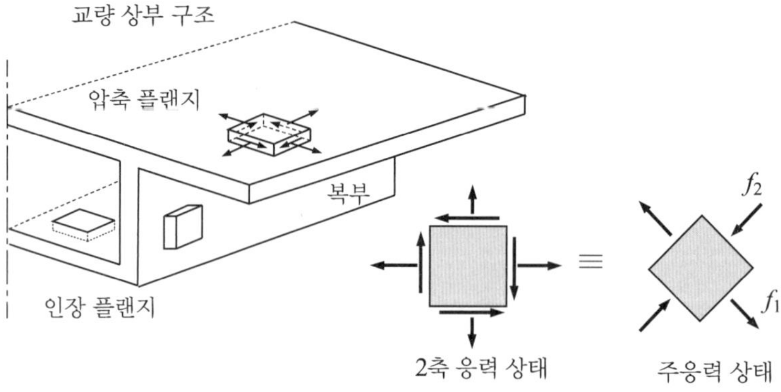

그림 3.20 평면 요소 응력 상태

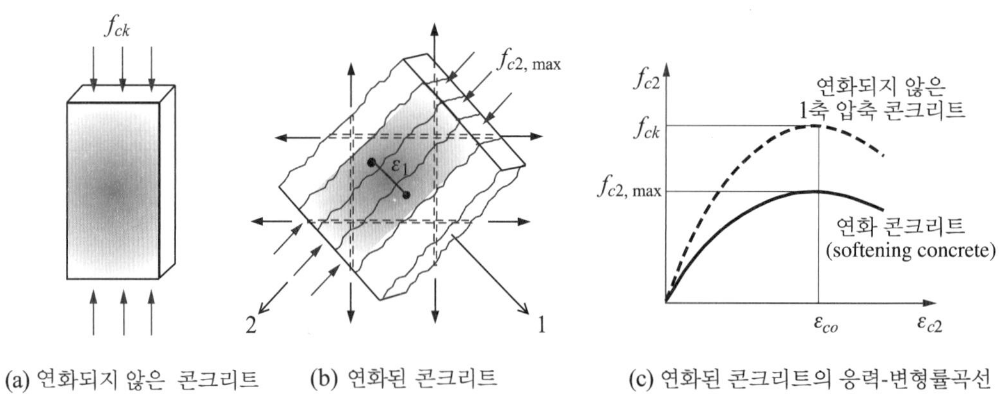

그림 3.21 압축 콘크리트의 연화 현상과 응력 - 변형률 곡선

이러한 상태에 놓인 콘크리트의 압축강도는 직각 방향 구속 효과와는 반대로, 직각 방향 인장에 의해 압축강도가 현저하게 낮아지는 **연화 효과**(softening effect)가 나타난다[참고문헌 3.20]. 균열이 발생한 후 균열 면에서는 콘크리트 인장응력이 전달되지 않으며 철근이 모든 인장력을 담당한다. 반면에 균열과 균열 사이 콘크리트에는 배치된 철근의 부착에 의해 인장력과 변형이 전달된다. 특히, 철근의 신장에 따라 큰 인장 변형이 유발되어 압축대 콘크리트는 연화된다. 이처럼 연화된 콘크리트는 그 압축강도가 크게 낮아지며, 이때 나타나는 최대 강도를 콘크리트 **유효압축강도**(effective compressive strength)라 하고, $f_{c2,\max}$로 표시한다.

유효압축강도 $f_{c2,\max}$의 크기는 연화 정도에 따라 달라질 것이며 그 정도는 직각 방향의 주인장 평균 변형률 ε_1의 크기에 주로 지배될 것이다. 이러한 배경에서 유효압축강도를 평가할 수 있는 몇 가지 방법이 제안되어 있는데 그 대표적인 것이 다음 식이다[참고문헌 3.10].

$$f_{c2,\max} = \frac{f_{ck}}{0.8 + 170\,\varepsilon_1} \tag{3.3-26}$$

이 식은 실물 철근콘크리트 대형 판 실험 자료에서 추출한 것이며, 그 유효 강도의 변화를 그림 3.22에 나타냈다. 이 결과를 살펴보면 주인장 변형률에 따라 압축강도가 현저하게 감소한다는 것을 알 수 있다. 대략 철근 항복변형률의 2배 정도의 인장 변형률이 직각으로 작용하면 압축강도는 약 반으로 감소한다는 것을 볼 수 있다. 여기서 평면 요소에는 인장 주응력에 직각 방향으로 균열이 발생하므로 인장 주응력 방향을 1로 압축 주응력 방향을 2로 표시하고 응력과 변형률에 해당 첨자를 사용하였다.

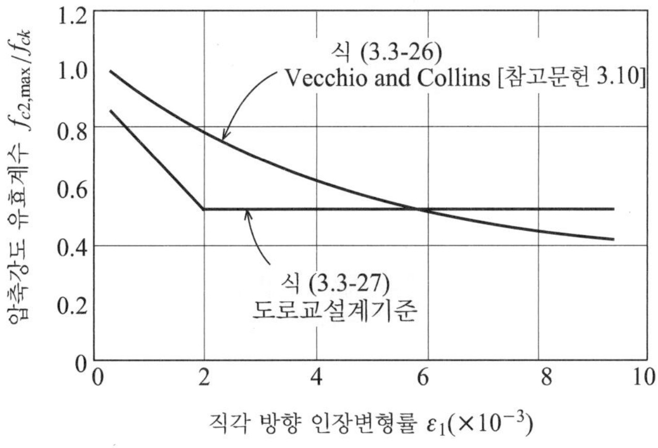

그림 3.22 연화 콘크리트의 유효압축강도

식 (3.3-26)은 인장 변형률이 주어져야만 적용이 가능하기 때문에 현실적으로 실무에 사용하기 힘들다. 더욱이 실제 부재 설계에서는 단면의 전체 또는 일정 영역의 응력이 등분포한다고 가정하여야 하기 때문에 실제적 유효 강도가 필요하게 된다. 이러한 배경에서 그림 3.22에 나타낸 것처럼, 철근의 항복변형률을 기준으로 항복 전에는 철근의 응력에 반비례하는 직선으로, 항복 후에는 일정 값으로 유효 강도를 평가하는 두 직선 근사적 방법을 설계에 많이 사용하고 있다. 즉, 콘크리트 내부에 배치된 철근이 항복하여 소성 상태에 놓인 경우에는 콘크리트 강도 등급에 따라 일정한 유효 강도 값을 갖는다고 단순화하여 아래 식으로 나타낸다.

$$f_{c2,\max} = \nu f_{ck} = 0.6\left[1 - \frac{f_{ck}}{250}\right] f_{ck} \tag{3.3-27}$$

여기서 $\nu = 0.6(1 - f_{ck}/250)$를 **압축강도 유효계수**라고 한다. 이 유효계수는 실제 보의 복부에서 단면의 전단응력이 등분포 상태에 있다고 가정하고 복부 철근과 콘크리트가 소성 상태에 놓일 때 계산한 전단 강도와 실제 부재의 실험 전단 강도의 상대적 비를 기반으로 구한 것이다 [참고문헌 3.11]. 콘크리트는 본질적으로 취성 재료이며 고강도일수록 취성이 더 크게 되기 때문에 단면 내의 재분배 능력이 감소하므로 더 작은 값의 유효계수를 갖는 특징이 있다.

만약 복부 철근이 한계상태에서 항복하지 않는 경우에는 위 식을 적용할 수 없다. 직각 방향 변형율이 0이면 1축 압축 상태에 해당하는 경우로 유효강도는 $0.85f_{ck}$가 되며, 항복 변형률일 때의 유효강도는 앞 식으로 정의된 νf_{ck}가 된다. 따라서 철근의 응력 크기에 따라 콘크리트 최대 유효강도를 νf_{ck}와 $0.85f_{ck}$사이의 값을 갖도록 선형 보간으로 정할 수 있다.

$$f_{c2,\max} = \left[0.85 - \frac{f_s}{f_{yd}}(0.85 - \nu)\right] f_{ck} \tag{3.3-28}$$

여기서 f_s는 직각 방향 철근 응력 값이다. 철근의 항복강도가 400 MPa인 경우($\varepsilon_y = 0.002$)에 위 식을 적용한 유효강도를 그림 3.22에 나타냈다. 응력 항으로 표현된 간편식은 인장 변형률의 함수로 나타낸 식 보다 먼저 세상에 알려진 것으로 근본적으로 바탕 이론이 다르다. 그럼에도 불구하고 그림 3.22에 보인 것과 같이 앞 식으로 산정한 값과 거의 같은 값을 갖는다는 것을 알 수 있다. 특히, 이 방법은 변형률 해석이 필요하지 않으므로 강도 한계상태 검증에 쉽게 적용할 수 있다는 큰 장점이 있기 때문에 도로교설계기준에서는 전단응력이 포함되는 2축 응력 상태에 놓인 모든 콘크리트의 극한한계상태 검증에 식 (3.3-27)의 유효압축강도를 사용하고 있다.

이렇게 2축 압축－인장 응력장에서 압축 스트럿의 최대 응력인 유효압축강도를 알게 되면 식

(2.2-21)의 1축 압축 상태의 응력-변형률 형상을 그대로 적용하여 스트럿 콘크리트의 응력-변형률 관계를 다음과 같이 표현하며 그림 3.21(c)와 같은 형태를 갖는다[참고문헌 3.10].

$$f_{c2} = f_{c2,\max}\left[2\left(\frac{\varepsilon_{c2}}{\varepsilon_{co,r}}\right)-\left(\frac{\varepsilon_{c2}}{\varepsilon_{co,r}}\right)^2\right] \tag{3.3-29}$$

이처럼 균열이 발생한 평면 요소의 콘크리트 압축대의 응력-변형률 관계를 평균 변형률 항으로 나타내면, 균열이 발생한 철근콘크리트를 전혀 새로운 연속체처럼 다룰 수 있게 되어 해석이 용이해진다. 특히 변형 적합 조건을 고려하는 해석이 가능해져 정밀한 구조 해석을 할 수 있게 된다.

3.4 인장 요소

3.4.1 개요

콘크리트의 인장강도는 압축강도에 비해 현저하게 작기 때문에 철근콘크리트 합성 부재에서 콘크리트는 부재 인장강도에 거의 기여하지 못하므로 독립 인장재로서 사용은 적절하지 않다. 내부 압력이 작용하는 저장 시설이나 간접 받침부 등과 같이 특별한 상황에서만 철근콘크리트 독립 인장재를 사용한다. 철근콘크리트 구조물 또는 부재 내부의 인장 영역에는 인장력을 저항하기 위해 철근을 배치한다. 보의 휨인장 영역에 배치되는 철근은 휨인장력을 담당하며, 복부에 배치되는 철근은 사인장력(diagonal tension)에 저항하여야 한다. 이처럼 부재 내부에는 여러 형태의 인장 **타이**(tie)가 형성되어서 내부 압축 스트럿과 평형을 이루어 작용하중에 저항한다. 이러한 인장 타이들은 평형 인장 요소라고 하며 대표적인 합성 인장 요소에 해당한다.

강도 관점에서 합성 인장 요소를 해석하고 설계하는 과정은 비교적 간단하다. 콘크리트에 균열이 발생하기 전 상태는 탄성적으로 거동하고, 균열이 발생한 후에는 균열의 틈 사이로 어떠한 힘도 전달되지 못하기 때문에 모든 인장력은 배치된 철근이 부담하게 된다. 그러나 변형 관점에서 인장 요소의 거동은 상당히 복잡하다. 철근콘크리트 인장 요소는 압축 요소에 비해 강도가 작은 반면에 변형은 훨씬 크다. 부재 내부 타이처럼 평형 인장 요소의 변형 크기에 따라 내부 힘의 분포가 달라져 부재의 거동과 강도가 변한다. 또한, 구조물의 처짐과 균열폭은 설계에서 중요한 검증 항목으로서 인장 요소의 변형 성질에 지배된다.

3.4.2 합성 거동

가장 간단한 인장 요소로 그림 3.23(a)에 보인 것과 같은 대칭 단면을 갖는 철근콘크리트 요소를 살펴보자. 축인장력이 작용하면 초기에는 철근과 콘크리트에 의해 지지되며, 두 재료의 변형률은 동일한 상태로 작용 인장력과 변형은 선형 비례한다. 콘크리트는 균열 발생 전까지 선형 탄성 거동을 하며 이때 탄성계수는 압축을 받는 경우와 동일한 값을 갖는다. 따라서 앞 3.3.2절에 다룬 압축 요소에 대해 탄성 해석으로 유도된 모든 표현들이 인장 요소에도 그대로 적용된다.

작용력이 증가하여 가장 취약한 단면의 콘크리트가 인장강도 f_{ct}에 도달하면 첫 균열이 발생한다. 균열이 발생한 이후에는 철근과 콘크리트 계면의 부착 상태에 따라 거동이 상당히 복잡해진다. 균열면에서 인장력은 철근이 모두 담당한다. 한편, 그림 3.23(c)에 보인 것처럼 철근 표면의 부착에 의해 콘크리트에 인장력이 전달된다. 따라서 그림 3.23(d)처럼 철근의 변형률과 응력은 균열면에서 최대가 되며, 균열면으로부터 거리에 따라 점차 감소한다. 결국 균열면에서 어떤 거리만큼 떨어진 단면의 콘크리트 변형률은 철근의 변형률과 같아지게 되는데, 이 거리를 **전달길이**(transfer length; l_t)라고 한다.

작용 인장력이 더 증가하면 전달길이 밖에서 균열이 계속 발생한다. 이것은 첫 균열에서부터 전달길이 이내에는 부착력이 발휘되는 길이가 짧아 콘크리트에 전달된 인장력이 상대적으로 낮은 상태에 놓이기 때문이다. 만약 첫 균열에서 $2l_t$보다 큰 간격으로 두 번째 균열이 발생하였다면, 그 사이에 세 번째 균열이 더 발생할 수 있다. 따라서 이론적으로 균열 간격이 $2l_t$ 미만이 될 때까지 계속 균열이 발생하게 되는데 이때를 **균열 형성 단계**(crack formation stage)라고 한다. 그 이후 하중 단계에는 균열 수는 고정되고 균열폭만이 넓어지는 상태가 된다. 이러한 상태를 **균열 안정화 단계**(stabilized cracking stage)라고 한다[참고문헌 3.5].

철근콘크리트 인장 요소에서 균열 형성 단계와 안정화 단계가 존재하기 위해서는 첫 균열 발생 직전의 인장력을 발생 직후 철근이 저항할 수 있는 최소한의 철근량 이상이 배치되어야 한다. 왜냐하면 최소 철근량보다 적은 양이 배치되어 있다면, 가장 취약한 부위에 발생한 첫 균열면의 철근이 균열 발생과 동시에 항복하여 파단되기 때문이다. 인장 요소의 콘크리트 단면적이 A_c이고 그 인장강도가 f_{ct}이면, 인장 요소에서 균열 발생 인장력은 $N_{cr} = f_{ct} A_c$이다. 철근이 저항하는 최대 인장력은 $f_y A_s$이기 때문에 균열 직후 다음과 같은 조건이 성립하여야 한다.

$$f_y A_s \geq f_{ct} A_c \tag{3.4-1}$$

따라서 인장 요소에 필요한 **최소 철근량** $A_{s,\min}$은 다음과 같이 정의할 수 있다.

$$A_{s,\min} = \frac{f_{ct} A_c}{f_y} \tag{3.4-2}$$

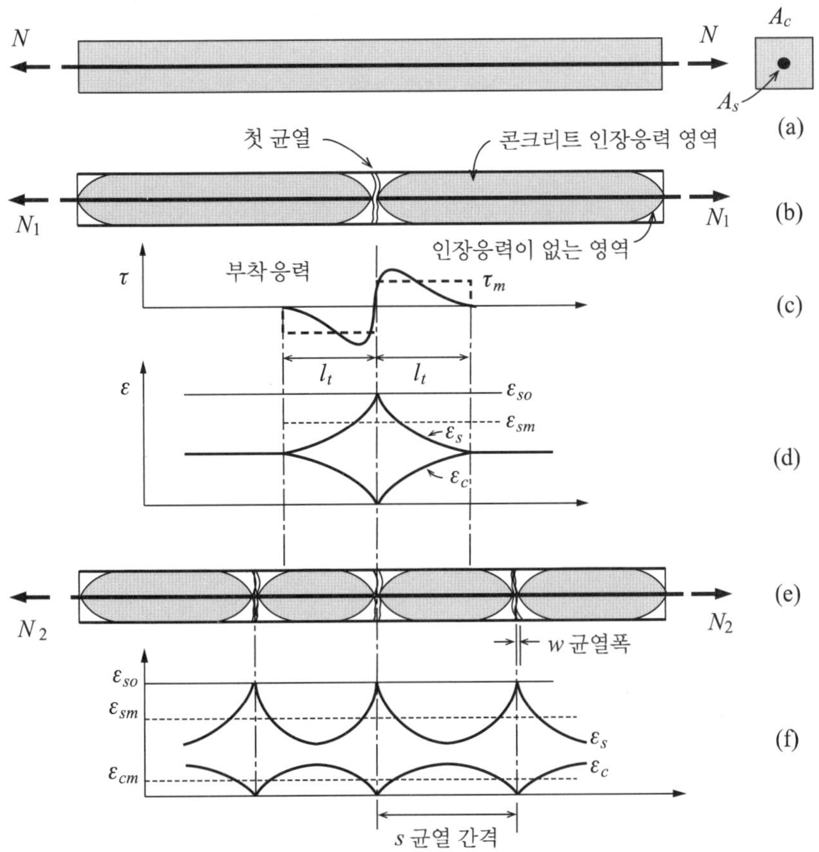

그림 3.23 합성 인장 요소의 응력과 변형률 분포

이 최소 철근량보다 많은 철근이 배치되어야만 첫 균열이 발생한 후 균열에 의해 소멸된 콘크리트 인장력을 철근이 담당할 수 있게 되며, 철근이 항복응력보다 낮은 응력 상태에 놓이게 되기 때문에 추가 인장력을 저항하는 동안 2차 또는 3차 균열이 발생할 수 있다. 반면에 최소 철근량보다 적은 철근이 배치된 인장 요소는 철근이 없는 **무근콘크리트**(plain concrete)와 동일하게 첫 균열 발생과 동시에 파괴된다.

3.4.3* 인장강화효과

그림 3.23의 인장 요소에 축인장력 N이 작용하면 이 힘은 철근이 저항하는 힘 N_s와 콘크리트가 저항하는 힘 N_c의 합과 평형을 이뤄야 한다.

$$N = N_s + N_c = E_s \varepsilon_{sm} A_s + E_c \varepsilon_{cm} A_c \tag{3.4-3}$$

균열면에서는 작용 인장력을 철근이 모두 저항하여야 한다.

$$N = E_s \varepsilon_{so} A_s \tag{3.4-4}$$

여기서 그림 3.23(f)에 나타낸 바와 같이 ε_{sm}과 ε_{cm}은 각각 철근과 콘크리트의 평균 변형률이고, ε_{so}는 균열면에서 철근 변형률이다. 결국 위 두 식은 같아야 한다.

$$E_s \varepsilon_{so} A_s = E_s \varepsilon_{sm} A_s + E_c \varepsilon_{cm} A_c \tag{3.4-5}$$

요소 전체 단면적에 대한 철근 단면적의 비를 기하학적 **철근비**(reinforcement ratio)라고 하며, 보통 ρ로 표시한다.

$$\rho = \frac{A_s}{A_g} = \frac{A_s}{A_c + A_s} \tag{3.4-6}$$

식 (3.4-5)에 철근비 ρ와 탄성계수비 $n = E_s/E_c$를 도입하면 변형률 사이의 관계는 다음과 같이 표현된다.

$$\varepsilon_{sm} = \varepsilon_{so} - \frac{\varepsilon_{cm}}{n\rho} \tag{3.4-7}$$

이 식은 콘크리트에 묻힌 철근의 평균 변형률은 인장력을 모두 받을 때의 변형률보다 작다는 것을 의미한다. 이것은 철근에 부착되어 있는 콘크리트가 인장력의 일부를 담당하기 때문이다. 이처럼 주변 콘크리트에 의해 철근의 변형률이 $\varepsilon_{cm}/n\rho$ 만큼 감소하는 현상을 **인장강화효과**(tension stiffening effect)라고 한다[참고문헌 3.18, 3.22].

그림 3.24는 실제 철근콘크리트 직접 인장 부재에 축인장력 N을 작용시켜 측정한 인장 변형량 Δ로부터 추출한 평균 응력-변형률 관계를 나타내는 전형적인 곡선이다. 균열이 발생한 후에도 콘크리트가 인장력의 일부를 담당하고 있다는 것을 알 수 있다. 이것은 부착을 통해 철근 인장력의 일부가 콘크리트로 전달되어 콘크리트에 인장응력이 존재하기 때문이다. 콘크리트가 분담하는 인장력만큼 철근의 인장력이 감소하기 때문에 철근의 변형률이 작아지는 현상이 인장강화효과이다. 이 효과는 균열 발생 후 작용력이 증가하면 점차 감소하며 철근과 콘크리트 계면의 부착 거동에 직접적인 영향 받는다. 부착은 철근 응력 크기, 피복두께, 장기 반복 하중 등의 인자에 따라 달라지기 때문에 인장강화효과도 그에 따라 변한다. 이러한 배경에서 실험 결과를 바탕으로 간단하게 표현하는 몇 종류의 모델이 제안된 실정인데 그 중에서 대표적인 것이 다음 식이다.

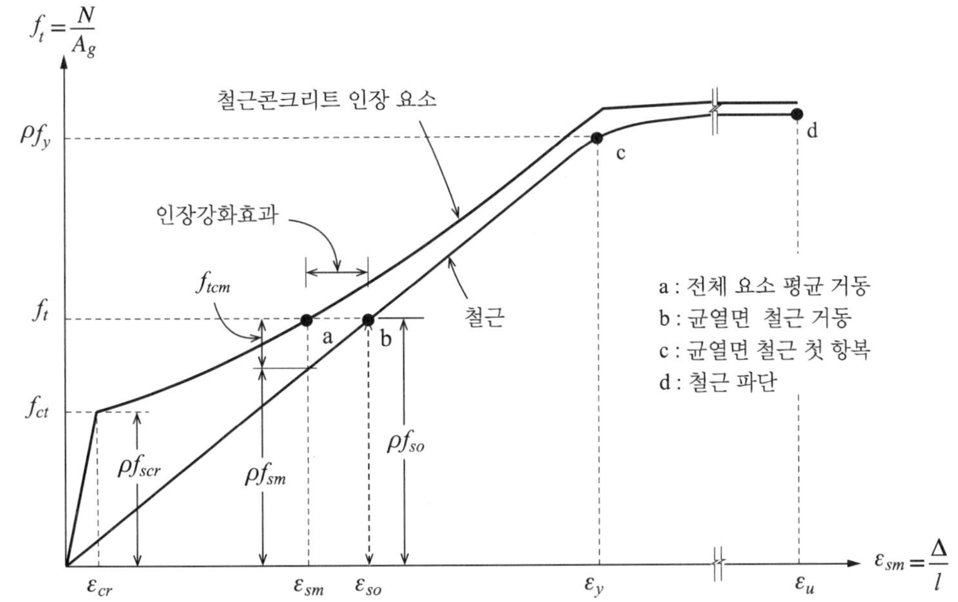

그림 3.24 합성 인장 요소의 평균 응력 - 변형률 곡선과 인장강화효과

$$\varepsilon_{sm} = \frac{f_{so}}{E_s}\left(1 - \beta\left(\frac{f_{scr}}{f_{so}}\right)^2\right) \tag{3.4-8}$$

여기서 f_{so}는 균열면의 철근 응력이고, f_{scr}은 첫 균열이 발생하는 순간의 균열면에서 철근 응력이다. β는 ε_{sm}에 영향을 미치는 하중의 반복 지속 기간을 반영하는 계수로서 단순 단기 하중에서는 1.0을 반복 장기 하중에 대해 0.5를 적용한다. 이 식에서 응력비 f_{scr}/f_{so}는 인장 부재에서 축력비 N_{cr}/N과 같은 값이며, 휨모멘트가 작용하는 부재를 선형 탄성 해석하는 경우에는 M_{cr}/M과 동일한 값이 된다.

3.4.4* 평균 인장응력 – 변형률 관계

이처럼 철근이 배치된 콘크리트에는 균열이 발생한 후에도 인장응력이 존재한다. 콘크리트에 균열이 발생하면 인장응력이 존재하지 않는다는 것은 더 이상 옳지 않다. 이것은 균열면에서 인장응력이 직접 전달되지 않지만 철근 표면의 부착을 통해 인장력이 전달되어지기 때문이다. 그림 3.25는 조합 하중이 작용하는 일반 구조물의 내부 인장 영역에 형성된 타이로 부터 떼어 낸 인장 요소를 나타낸 것이다. 이 요소에 인장응력 f_t가 작용하고 있을 때 철근과 콘크리트의 평균 응력과 평균 변형률 항으로 거동을 살펴보자.

요소는 균열 발생 전까지 선형 탄성 거동을 하며 이때 탄성계수는 압축을 받는 경우와 동일한 값을 갖는다. 따라서 앞 3.3.2절에 다룬 압축 요소에 대한 탄성 해석으로 유도된 모든 표현들이 인장 요소에도 그대로 적용된다. 인장응력이 콘크리트의 인장강도 f_{ct}에 도달하면 균열이 발생한다. 일반적으로 부재 내부에 형성되는 평형 인장 요소(타이)에는 직각 방향으로 압축응력이 동반한다. 이러한 경우에는 2.2.5(b)절에서 설명했듯이, 콘크리트 인장강도가 감소하며 식 (2.2-24)로 표현한 유효인장강도 f_{cte}를 적용한다.

요소의 콘크리트에 균열이 발생한 이후 단계에서 단면 강도를 다룰 경우에는 균열면에서 평형식이 필요하고, 변형 특성을 포함하여 다룰 경우에는 평균 응력으로 구성된 평형식이 필요하게 된다. 균열 틈으로 인장력이 전달되지 못하므로 철근이 모두 담당해야 하기 때문에 균열면에서 평형식은 식 (3.4-4)를 단면적 A_c로 나누어 응력 항으로 표현하면 다음과 같게 된다.

$$f_t = f_{so}\left(\frac{A_s}{A_c}\right) = \rho f_{so} \tag{3.4-9}$$

여기서는 단면의 전 단면적 $A_g\,(= A_c + A_s)$는 콘크리트 단면적 A_c와 거의 동일하다고 간주하여 철근비 $\rho = A_s/A_c$로 정의하였다. 균열면의 철근 응력 f_{so}가 항복응력 f_y에 도달하면 철근이 항복하여 더 이상 인장력은 증가하지 않는다.

균열과 균열 사이의 콘크리트 단면에서 합력의 평형식은 그림 3.25(b)의 분포 응력으로부터

$$f_t A_c = f_{sm} A_s + f_{tcm} A_c \tag{3.4-10}$$

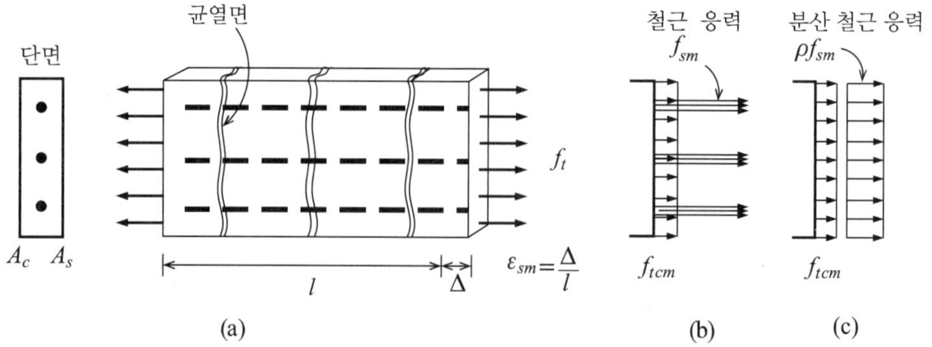

그림 3.25 철근콘크리트 인장 요소의 응력 상태

여기서 f_{tcm}은 **인장 콘크리트의 평균 응력**(tension concrete mean stress)이고, f_{sm}은 철근의 평균 응력이다. 이 평형식을 A_c로 나누어 응력 항으로 표현하면

$$f_t = \rho f_{sm} + f_{tcm} \tag{3.4-11}$$

여기서 ρf_{sm}은 그림 3.25(c)에 보인 것과 같이 국부적으로 작용하고 있는 철근 응력과 크기가 같은 등가等價(equivalent)의 분포 응력으로서 **분산 철근 응력**(smeared steel stress)이라고 한다. 이렇게 세로 방향 평균 응력과 가로 방향 분산 응력 항으로 표현한다는 것은 균열이 발생해 있으며 철근이 국부적으로 배치된 철근콘크리트 요소를 연속체로 다룰 수 있다는 의미가 되므로 체계적인 역학 이론의 적용이 용이해진다.

그림 3.26은 철근콘크리트 합성 인장 요소에서 유발된 인장 콘크리트의 평균 응력 f_{tcm}과 합성 요소 평균 변형률 ε_{sm}의 관계를 실험 결과와 함께 나타낸 것이다. 실험 결과가 상당히 분산되어져 있지만, 철근이 항복한 이후에도 콘크리트에는 인장강도 f_{ct}의 대략 1/2 정도의 상당한 인장응력이 존재한다는 것을 알 수 있다. 정밀한 비선형 구조 해석에 사용할 목적으로 그림 3.26에 점선으로 나타낸 것처럼 이상화한 몇 가지 근사적인 인장 콘크리트 평균 응력-변형률 곡선이 제안되어 있다[참고문헌 3.10, 3.15, 3.17].

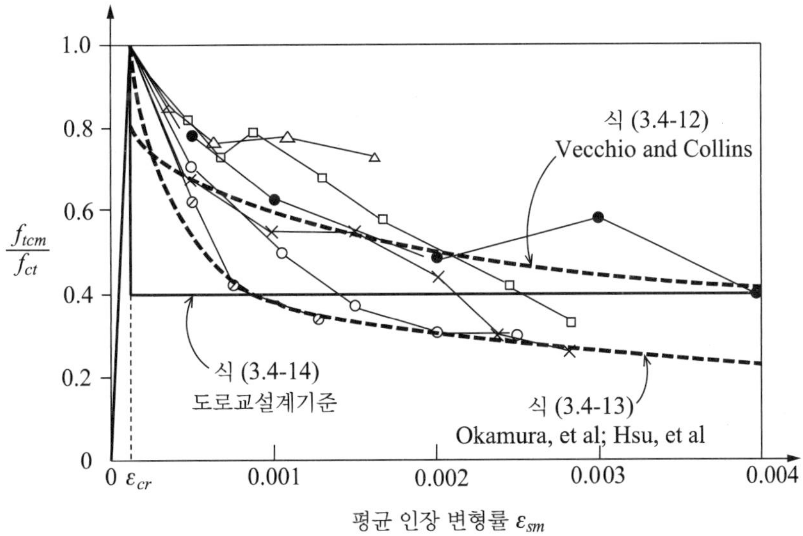

그림 3.26 인장 콘크리트의 평균 응력-변형률 관계 [참고문헌 3.9]

Vecchio and Collins : $$f_{tcm} = \frac{f_{ct}}{1+\sqrt{500\varepsilon_{sm}}} \tag{3.4-12}$$

Okamura, et al. and Hsu : $$f_{tcm} = f_{ct}\left(\frac{\varepsilon_{cr}}{\varepsilon_{sm}}\right)^{0.4} \tag{3.4-13}$$

이러한 식은 변형 해석을 수행하여 변형률의 크기를 알아야 응력을 평가할 수 있다. 실제 설계 목적으로 그림에 굵은 직선으로 나타낸 것처럼, 균열이 발생한 철근콘크리트 요소에 부착에 의해 콘크리트에 전달된 인장 콘크리트 평균 응력을 인장강도의 40퍼센트로 단순화한 다음 식을 사용할 수 있다.

$$f_{tcm} = 0.4\beta f_{ct} \tag{3.4-14}$$

여기서 β의 값으로 단기 하중에 대해 1.0, 장기 반복 하중에 대해 0.5를 취할 수 있다.

이러한 인장 콘크리트 평균 응력－변형률 관계를 식 (3.4-11)에 대입하여 철근콘크리트 합성 인장 요소의 응력－변형률 관계를 아래와 같이 표현할 수 있게 된다.

균열 발생 전 : $$f_t = E_c(1+n\rho)\varepsilon_{sm} \tag{3.4-15a}$$

철근 항복 전 : $$f_t = \rho E_s\,\varepsilon_{sm} + f_{tcm} \tag{3.4-15b}$$

철근 항복 후 : $$f_t = \rho f_y + f_{tcm} \tag{3.4-15c}$$

그림 3.23(f)에 보인 것처럼 실제 철근콘크리트 인장 요소의 철근 응력은 항상 균열면에서 최대가 되기 때문에 균열면의 철근에서 제일 먼저 항복이 시작되며, 하중 증가에 따라 인접 부위도 항복되면서 소성 변형 구간이 점차 확장된다. 이러한 현상으로 말미암아 인장 요소의 평균 응력-변형률 곡선은 그림 3.24에 보인 것과 같이 철근의 첫 항복 후 항복고원이 명료하게 나타나지 않는 특성을 갖게 된다. 위 식 (3.4-15c)는 요소 전체가 연속체이며 항복 후 항복응력이 일정하다고 간주할 때의 평균 응력-변형률 관계를 나타낸 것이다.

더욱이, 부착이 우수한 콘크리트이며, 철근비가 작은 인장 요소 일 경우에는 철근의 항복에 따른 실제 소성 변형 구간이 균열면 주위에 한정된 상태에서 철근이 파단되어 극한한계상태에 도달하기도 한다. 특히, 철근 재료의 응력비 $K(=f_u/f_y)$가 작아서 변형률 경화 현상이 뚜렷하지 않는 고강도 철근일수록 항복 후 소성 변형 상태에 놓이는 구간이 짧아지기 때문에 인장 요소의 전체 신장량이 크게 작은 상태에서 철근이 파단 된다. 이러한 성질 때문에 콘크리트에 묻힌 철근의 평균 극한한계변형률은 철근 재료 자체의 극한한계변형률 ε_u보다 항상 작게 된다.

독립적으로 인장을 받는 부재에서는 철근이 항복할 때를 부재의 강도로 간주하기 때문에 항복점 이후 단계에 대한 검토는 대부분 불필요하다. 그러나 부재 내부에 형성되는 평형 인장 요소에서는 철근의 항복이 부재의 극한한계상태를 항상 야기하지는 않는다. 오히려 철근의 항복 후 소성 상태에서 내부 힘을 재분배 시켜 부재 강도가 증가되는 경우가 많다. 이러한 관점에서 평형 인장 요소의 항복 후의 거동은 극한한계상태 검증에 중요하다.

3.4.5* 균열 간격과 폭

그림 3.23(f)에 나타낸 ε_{sm}은 철근의 평균 변형률이며 요소의 전체 늘어난 변형량을 요소 길이로 나누어 구한다. 반면에 ε_{cm}은 인장 콘크리트 평균 변형률로, 철근의 평균 변형률보다 훨씬 작은 값을 나타낸다. 이것은 균열에서 많은 변형이 발생하고 콘크리트에는 나머지 변형만 남게 되기 때문이다. 따라서 균열폭 w는 균열 간격 s내에서 철근과 콘크리트의 변형량 차이가 된다. 즉

$$w_m = (\varepsilon_{sm} - \varepsilon_{cm})s_m \tag{3.4-16}$$

여기서 w_m과 s_m은 각각 평균 균열폭과 평균 균열 간격이다. 철근과 콘크리트의 평균 변형률 차이 $\varepsilon_{sm} - \varepsilon_{cm}$은 식 (3.4-7)을 사용하면 아래와 같이 나타난다.

$$\varepsilon_{sm} - \varepsilon_{cm} = \varepsilon_{so} - \varepsilon_{cm}\left(\frac{1+n\rho}{n\rho}\right) \tag{3.4-17}$$

인장 콘크리트 평균 변형률 ε_{cm}을 그림 3.26에 보인 것과 같은 실험 자료로부터 추출한 여러 종류의 인장 콘크리트 평균 응력 f_{tcm} 항으로 나타 낼 수 있다.

$$\varepsilon_{cm} = \frac{f_{tcm}}{E_c} = \frac{n\,f_{tcm}}{E_s} \tag{3.4-18}$$

이 식을 식 (3.4-17)에 대입하고, ε_{so}도 f_{so}/E_s로 치환하면 아래와 같이 응력 항으로 표현된 변형률 차이를 얻을 수 있다.

$$\varepsilon_{sm} - \varepsilon_{cm} = \frac{f_{so}}{E_s} - \frac{f_{tcm}(1+n\rho)}{E_s\,\rho} \tag{3.4-19}$$

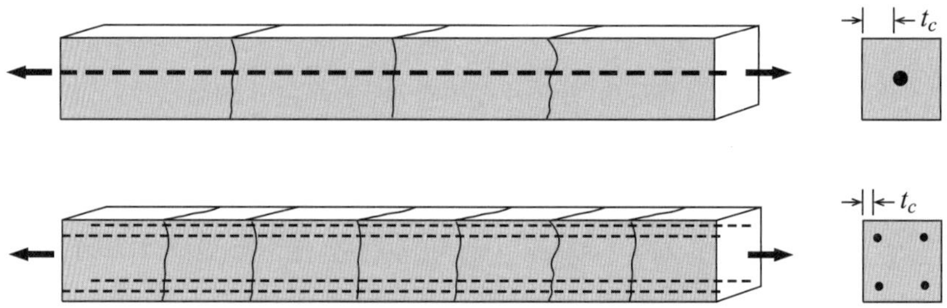

그림 3.27 철근 분포에 따른 균열 형상

앞에서 기술한 바와 같이, 균열 안정화 단계에서 최소 균열 간격은 전달길이 l_t가 되고 최대 균열 간격은 $2l_t$가 된다. 그림 3.23(c)에 나타낸 것처럼 전달길이는 철근과 콘크리트 사이 계면의 부착 성능에 따라 달라진다. 부착 성능이 우수하면 전달길이가 짧아져 균열 간격이 작아진다. 전달길이에 걸친 부착응력의 평균값을 τ_m이라고 한다면 철근 표면 부착력의 합이 콘크리트의 인장강도에 도달하면 균열이 발생한다고 할 수 있다. 즉,

$$\tau_m \pi d_b l_t = A_c f_{ct} \tag{3.4-20}$$

여기서 d_b는 묻힌 철근의 지름이고, A_c는 콘크리트 인장 면적이며, f_{ct}는 콘크리트 인장강도이다. 이 식에 부재의 철근비 $\rho = \pi d_b^2 / 4A_c$를 도입하여 다시 정리하면, 전달길이를 다음과 같게 표현할 수 있다.

$$l_t = \frac{f_{ct} d_b}{4 \tau_m \rho} \tag{3.4-21}$$

균열의 평균 간격 s_m은 l_t와 $2l_t$사이 값이고, τ_m을 정확하게 알 수 없는 상태이기 때문에 포괄적인 실험 상수를 도입하여 균열 간격을 나타내면

$$s_m = k_1 \frac{d_b}{4\rho} \tag{3.4-22}$$

여기서 k_1은 콘크리트 인장강도에 따른 부착 성능(f_{ct}/τ_m)과 l_t와 $2l_t$ 사이의 실제 간격을 반영하는 실험 상수이다. 이 식에 따르면 균열 간격은 철근의 지름과 철근비의 함수이다. 그림 3.27은 동일한 철근량을 사용한 부재에서 철근 지름에 따른 균열 형상을 비교한 것이다. 작은 지름의 철근이 표면 근처에 균등하게 배치된 부재에는 균열 간격이 훨씬 작으며 폭이 작은 많은 수의 균열이 발생한다. 이처럼 철근콘크리트 인장 요소에 발생하는 균열의 간격은 부착 성능 외에도 여러 인자에 영향을 받으며 임의성이 상당히 큰 성질을 갖고 있다.

균열 간격에 영향을 미치는 주요 변수 중에는 철근의 순피복두께 t_c가 있다. 또한 식 (3.4-22)를 유도하기 위해 콘크리트 단면에 인장응력이 등분포한다고 가정하였는데 실제는 철근 주변의 응력은 부재 표면보다 큰 값을 나타낸다. 더욱이 인장 부재에 편심 인장력이 작용하게 되면 균열 강도가 감소하게 된다. 따라서 정확한 균열 간격을 예측하는 것은 현실적으로 어려운 일이다.

이러한 요인을 반영하기 위해 아래와 같이 수정한 식으로 균열 간격을 표현한다[참고문헌 3.4].

$$s_m = kt_c + k_1 k_2 \frac{d_b}{4\rho} \tag{3.4-23}$$

여기서 k는 피복두께 영향을 반영하고, k_1은 철근의 표면 부착 상태를 고려하는 실험 상수이다. 실제 설계에서 사용하는 균열 간격은 평균값보다 큰 값을 사용해야 안전성에 유리하게 된다. 따라서 일정한 발생 가능 확률을 기준으로 설정한 큰 설계값 s_k를 사용할 필요가 있게 된다. 그런데 이러한 실험 상수들에 대한 체계적이고 신뢰할 만한 값을 정하는 것은 현실적으로 많은 제약이 있어서, 실제 설계에서는 포괄적 접근 방법을 많이 사용하고 있다. 도로교설계기준에서는 부재 실험 결과의 통계적 특성값을 바탕으로 아래의 설계 최대 균열 간격 s_k를 사용하고 있다.

$$s_k = 3.4t_c + 0.425 k_1 k_2 \frac{d_b}{\rho} \tag{3.4-24}$$

여기서 k_1값으로 이형 철근에는 0.8, 원형 철근에는 1.6을 사용하고, k_2값으로는 휨 부재에는 0.5를 그리고 직접 인장 부재에는 1.0을 사용한다.

따라서 실제 설계에서는 최대 균열 간격과 평균 변형률 차이를 곱하여 구한 설계 균열 폭으로 검증하고 있다.

$$w_k = (\varepsilon_{sm} - \varepsilon_{cm}) s_k \tag{3.4-25}$$

여기서 $\varepsilon_{sm} - \varepsilon_{cm}$은 식 (3.4-19)를 사용한다. 높은 균열 안정화 단계에서 콘크리트 변형률은 철근에 비해 상대적으로 매우 작은 값이다. 따라서 실제 설계에서는 ε_{cm}을 무시하고 균열폭을 계산하기도 한다.

3.5 휨 요소

3.5.1 개요

그림 3.28(a)에 보인 것과 같이 부재에 직각으로 하중이 작용하면 부재는 활처럼 휘게 되는데, 이처럼 휘게 하는 힘을 휨모멘트(bending/flexural moment)라고 하며 보통 M으로 표시한다. 그림 3.28(b)처럼 부재의 순수 휨 구간에서 떼어낸 요소에 휨모멘트가 작용하면 상부는 압축이 발생하는 영역이 형성되고, 하부는 인장이 발생하는 영역이 생긴다. 두 영역의 경계는 인장이나 압축이 전혀 발생하지 않는 상태가 되며, 이 경계를 **중립축**(neutral axis)이라고 한다. 휨을 받는 요소는 결국 중립축을 기준으로 압축 영역은 편심 압축력을 받는 압축 요소이고 인장 영역은 인장력을 받는 인장 요소라는 것을 알 수 있다. 따라서 앞에서 다룬 압축 요소와 인장 요소의 성질을 바탕으로 휨 요소의 성질을 쉽게 파악할 수 있다.

휨 요소에 작용하는 휨모멘트를 점진적으로 증가시켜 파괴에 이르는 동안에는 몇 단계로 구분할 수 있는 거동 특징이 나타난다. 초기 낮은 하중 단계에서 콘크리트의 최대 인장응력이 콘크리트 인장강도보다 작을 때는 균열이 발생하지 않아 전체 단면이 응력에 저항하는데 유효하다. 하중을 더 증가시키면, 인장 영역의 인장응력은 곧 콘크리트의 인장강도에 도달하게 되며 균열이 발생한다. 만약 철근을 배치하지 않는 무근콘크리트 요소이면 첫 균열 발생과 동시에 순간적으로 부재가 파괴된다. 따라서 효율적인 설계를 위해 부재에 철근을 배치하여 균열이 발생한 후에도 견딜 수 있게 한다.

이처럼 철근콘크리트 휨 요소는 전혀 성질이 다른 두 재료로 만들어졌으며, 사용 중 항상 균열을 갖고 있기 때문에 근본적으로 균질하지 않다. 또한 콘크리트는 그 응력-변형률 관계가 비선형이며 큰 취성을 갖고 있다. 이때문에 그 성질은 상당히 복잡하게 나타나며, 해석 방법은 강재나 목재, 혹은 다른 구조 재료로 만들어진 부재 해석 방법과 다르게 된다. 그러나 힘을 받는 부재의 역학적 원리와 원칙들은 본질적으로 동일하게 적용된다. 따라서 복잡한 거동을 나타내는 철근콘크리트 부재를 해석하기 위해서 이상화(idealization) 가정과 신뢰할 만한 응력-변형률 곡선이 필요하게 된다.

먼저, 기본적인 재료역학의 원리에 따라 휨 요소 단면의 응력 상태는 작용하는 휨모멘트와 평형을 이뤄야 한다. 즉, 한 단면에서 압축 영역의 **합력**(resultant)과 인장 영역의 합력 크기는 항상 같고 방향은 반대인 **짝힘**(couple force)이 되어야 하며, 이 짝힘에 의한 모멘트는 그 단면에 작용하는 휨모멘트와 같아야 한다. 그리고 콘크리트 속에 묻혀 있는 철근은 콘크리트와

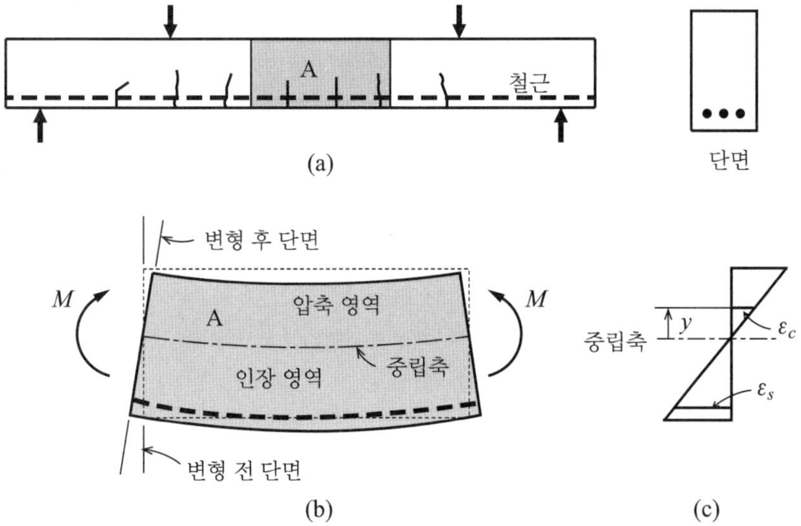

그림 3.28 철근콘크리트 휨 요소

완전 부착되어 있다고 간주한다. 이 가정은 철근과 콘크리트 사이의 계면에서 미끄러짐이 발생하지 않아서 철근의 변형률은 그 주변 콘크리트 변형률과 같다는 의미이다. 실제 보에는 철근의 마디에 의한 기계적 맞물림으로 높은 부착력이 거의 극한한계상태까지 발휘된다고 알려져 있으므로, 완전 부착 가정은 실제와 거의 가깝다.

철근콘크리트 부재의 휨에 대한 해석을 가능하게 하기 위해서는 **평면 보존 가정**을 적용해야 한다. 이것은 하중을 받기 전의 평면은 하중을 받아 변형한 후에도 평면을 유지한다는 가정이다. 그림 3.28(b)에 보인 것처럼 보의 일부인 요소–A의 양 단면은 휨모멘트에 의해 변형한 후에도 뒤틀림이 발생하지 않고 평면을 유지한다고 간주하면, 단면에서 변형률은 그림 3.28(c)처럼 중립축으로부터 거리 y에 직선 비례하게 된다. 중립축에서 변형률이 0이고 상단에서 최대 압축 변형률이 되며, 철근의 변형률은 중립축 위치와 상단 콘크리트 변형률 값에 기하학적으로 적합한 값을 갖게 된다. 이것을 휨 요소의 단면 변형에 대한 **적합 조건**이라 한다.

그림 3.28(c)에 보인 중립축부터 거리 y 위치에서 응력의 크기 f_c는 그 위치의 변형률 ε_c에 따라 콘크리트의 응력–변형률 관계에 의해 결정되며, 철근 응력 f_s는 그 변형률 ε_s에 따라 철근의 응력–변형률 관계로부터 결정된다. 이처럼 변형이 주어지면 응력을 알 수 있게 하는 관계를 **재료 구성 법칙**이라고 한다. 부재에 균열이 발생되기 전에는 콘크리트 인장응력을 해당 위치의 변형률에 따라 결정한다. 그러나 균열 발생 후에는 콘크리트 인장응력은 존재하지 않으며 모든 인장력은 철근이 담당한다. 이렇게 한 단면의 콘크리트 응력과 철근 응력 상태는 작용하는 단면 휨모멘트와 평형을 이뤄야 하며, 이것을 단면 응력 또는 힘의 **평형 조건**이라

한다. 이처럼 적합 조건과 평형 조건을 적용하여 휨 요소를 해석을 하기 위해서는 재료 법칙인 철근과 콘크리트의 응력－변형률 관계가 필요하다는 것을 알 수 있다.

3.5.2 비균열 단면 해석

철근콘크리트 휨 요소는 초기 낮은 하중 단계에서 콘크리트의 최대 인장응력이 그 휨인장강도보다 작을 때에는 균열이 발생하지 않아 보의 전체 단면이 응력에 저항하는데 유효하다. 이때 단면 중립축을 기준으로 한쪽은 압축을 받고 다른 쪽은 인장을 받는다. 인장 영역에 배치된 철근은 콘크리트와 부착되어 있어 같은 위치의 콘크리트와 동일한 크기의 변형이 발생하여 이에 따라 철근은 인장응력을 받게 된다.

콘크리트에 발생되는 응력이 휨인장강도보다 작은 범위에서는 응력－변형률 관계가 선형 탄성이며 균질한 탄성 재료로 된 보와 본질적으로 동일하다. 다만 유일한 차이점은 철근이라는 다른 재료가 포함되어 있다는 사실이다. 그림 3.29에 보인 것과 같이 휨모멘트 M이 작용하고 있는 요소의 변형률은 중립축으로부터 거리에 비례하게 분포한다. 따라서 단면에서 콘크리트 응력은 변형률 ε_c에 콘크리트 탄성계수 E_c를 곱하여 바로 구할 수 있어 그림 3.29(d)에 보인 삼각형 모양으로 단면에 분포하게 된다. 인장 철근의 응력 f_s도 변형률 분포도에서 배치된 위치의 철근 변형률 ε_s에 철근의 탄성계수 E_s를 곱한 값이 된다.

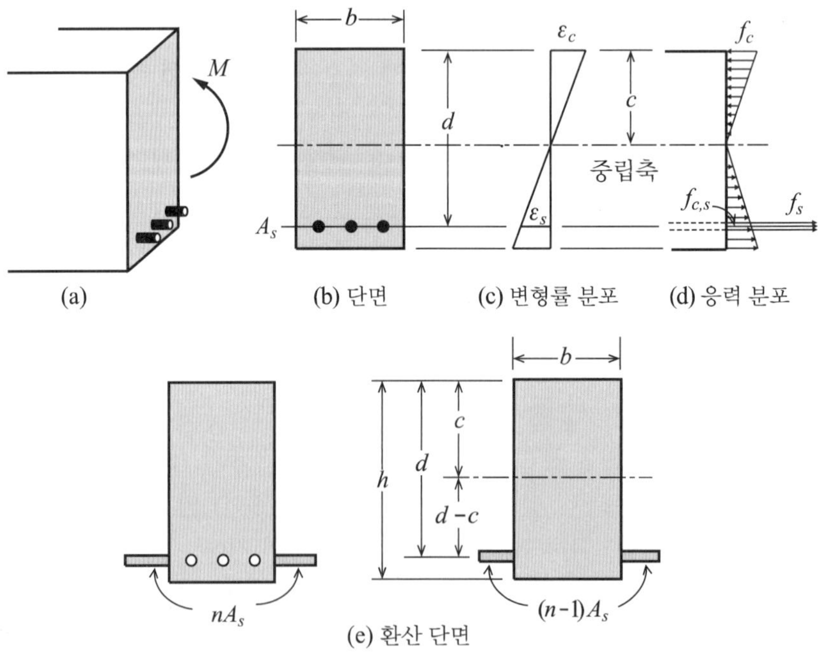

그림 3.29 휨균열 발생 전의 응력 분포 상태와 환산 단면

그림 3.29(c)와 (d)에 보인 것과 같이 철근 위치에서 철근과 그 주위 콘크리트의 변형률은 같지만 응력은 탄성계수의 비만큼 차이가 난다. 즉 철근 주위 콘크리트의 응력 $f_{c,s}$와 철근 응력 f_s는

$$f_{c,s} = E_c \varepsilon_s \qquad f_s = E_s \varepsilon_s \tag{3.5-1}$$

이 식으로 부터 철근 응력 f_s와 콘크리트 응력 f_c는 다음과 같은 관계가 있다.

$$f_s = \frac{E_s}{E_c} f_c = n f_{c,s} \tag{3.5-2}$$

여기서 $n = E_s / E_c$ 인 탄성계수비이다. 위 식은 동일한 변형률에서 철근은 콘크리트보다 탄성계수비 만큼 더 큰 응력을 받는다는 의미이며, 응력 관점에서 단면적 A_s인 철근의 역할을 등가의 콘크리트 면적 nA_s로 대체 할 수 있다는 의미도 된다. 단면적 A_s인 철근이 배치된 실제 단면을 모두 가상의 콘크리트로 환산한다면 그림 3.29(e)와 같은 환산 단면을 갖는다. 성질이 서로 다른 두 재료로 구성된 철근콘크리트 휨 요소의 환산 단면이 얻어지면, 재료역학에서 다뤘던 탄성 균질 보에 대한 휨 해석 방법을 그대로 적용할 수 있다. 즉 중립축 위치와 단면2차모멘트 또는 단면계수를 환산 단면으로부터 계산하여 콘크리트와 철근의 응력을 구할 수 있다.

$$f_c = \frac{M}{I_{ut}} y \qquad f_s = n f_{c,s} = n \frac{M}{I_{ut}} (d - c) \tag{3.5-3}$$

여기서 M은 요소에 작용하는 휨모멘트이고, c는 압축 연단에서 중립축까지 깊이이며, y는 중립축으로부터 거리로서 압축 연단의 응력을 계산할 때는 $y = c$가 된다. I_{ut}는 비균열 환산 단면의 단면2차모멘트이다.

인장 연단 콘크리트의 응력이 휨인장강도 f_r에 도달하면 휨균열이 발생하며, 이때의 휨모멘트를 **균열휨모멘트** M_{cr}이라 한다. 이 균열휨모멘트는 위 식에서 하단의 콘크리트 응력이 휨인장강도 f_r이 되고 y는 $h - c$가 될 때 해당 휨모멘트 값이다. 즉

$$M_{cr} = f_r \frac{I_{ut}}{h - c} \tag{3.5-4}$$

중립축 깊이 c는 중립축에 대한 압축 영역의 단면1차모멘트와 인장 영역의 단면1차모멘트가 같다는 조건으로 구한다. 그림 3.29(e)에 보인 비균열 환산 단면의 단면2차모멘트는 아래와 같이 계산한다.

$$I_{ut} = \frac{bh^3}{12} + (n-1)A_s(d-c)^2 \tag{3.5-5}$$

이 식의 오른쪽 두 번째 항은 철근의 환산 단면적 $(n-1)A_s$가 기여하는 단면2차모멘트인데, 보통 콘크리트 부재에 사용하는 철근 단면적은 전체 콘크리트 단면적의 2퍼센트 이내로 상대적으로 작아서 철근 환산 단면적의 추가적 효과를 생략하고 계산하기도 한다. 이렇게 철근 환산 단면적을 생략하고 구한 단면2차모멘트를 전단면(gross area) 2차모멘트라고 하며 I_g로 표기하여 I_{ut}와 구분하여 사용한다. 여러 형태의 단면이 갖는 역학적 성질에 관한 자세한 사항은 재료역학을 참고하면 된다.

예제 3.5-1 비균열 단면 휨 해석

그림 3.30에 보인 사각형 단면은 폭 $b = 250\,\text{mm}$, 유효깊이 $d = 550\,\text{mm}$, 깊이 $h = 650\,\text{mm}$이다. 인장 철근은 D22 철근 6개를 사용하여 $A_s = 2{,}323\,\text{mm}^2$이다. 사용한 콘크리트의 기준강도 $f_{ck} = 30\,\text{N/mm}^2$이고, 철근의 $f_y = 400\,\text{N/mm}^2$이다. 휨모멘트 $M = 50\,\text{kNm}$가 작용할 때의 콘크리트와 철근의 응력을 각각 계산하고, 균열휨모멘트 M_{cr}을 구하라.

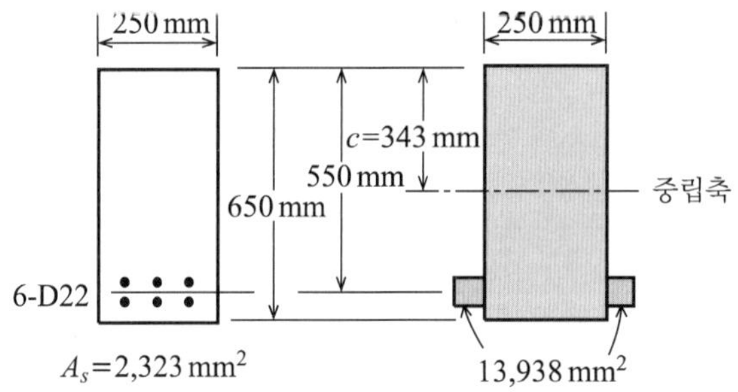

그림 3.30 예제 3.5-1의 해석 단면

풀이

철근의 탄성계수 E_s는 200 GPa이고, 콘크리트의 탄성계수는 식 (2.2-11)에 따라 $8{,}500\sqrt[3]{f_{cm}}$로 27.5 GPa가 된다.
따라서 탄성계수비 $n = E_s/E_c = 200/27.5 = 7.2$이므로, $n = 7$을 사용하면 $(n-1)A_s = 6(2{,}323) = 13{,}938\,\text{mm}^2$로 철근의 환산 단면적이 얻어진다. 비균열 환산 단면의 중립축 깊이 c는 중립축에 대한 압축 영역의 단면1차모멘트와 인장 영역의 단면1차모멘트가 같다는 조건으로 부터 343 mm로 계산된다. 이 중립축에 대한 단면2차모멘트는 6,371,233,000 mm^4 가 된다. 따라서 부재 상단의 콘크리트 압축 응력은 식 (3.5-3)에 의해

$$f_c = 50 \times 10^6 \frac{343}{6{,}371{,}233{,}000} = 2.69\,\text{N/mm}^2\ (\text{또는 MPa})$$

단면 하단에서 콘크리트 인장응력은

$$f_t = 50 \times 10^6 \frac{307}{6{,}371{,}233{,}000} = 2.41 \text{ N/mm}^2 \text{ (또는 MPa)}$$

철근의 응력은

$$f_s = n\frac{M}{I_{ut}}(d-c) = 7\left(\frac{50 \times 10^6 \times 207}{6{,}371{,}233{,}000}\right) = 11.37 \text{ N/mm}^2$$

콘크리트 인장강도는 식 (2.2-8)에 의해

$$f_{ctm} = 0.3(f_{ck}+4)^{2/3} = 0.3(34)^{2/3} = 3.15 \text{ N/mm}^2$$

휨인장강도는 식 (2.2-5)에 따라

$$f_r = \left(1.6 - \frac{h}{1000}\right) f_{ct} \geq f_{ctm} \text{이므로 } f_r = 3.15 \text{ N/mm}^2$$

하단의 응력 2.41 N/mm^2은 휨인장강도 3.15 N/mm^2보다 작으므로 휨균열이 발생하지 않으며, 따라서 비균열 환산 단면에 의한 계산이 타당하다. 하단의 응력이 휨인장강도에 도달 할 때의 균열휨모멘트는 다음과 같다.

$$M_{cr} = f_r \frac{I_{ut}}{h-c} = 3.15 \frac{6{,}371{,}233{,}000}{(650-343)} \times 10^{-6} = 65.37 \text{ kNm}$$

이 하중 단계에서 얻어진 콘크리트와 철근의 응력을 재료의 기준강도와 비교해 보면 균열이 발생하는 단계에서는 실제 응력이 매우 낮은 상태라는 것을 알 수 있다.

3.5.3 균열 단면 해석

철근콘크리트 휨 요소는 식 (3.5-4)의 균열휨모멘트보다 큰 휨모멘트가 작용하면 휨균열이 발생한 상태로 간주한다. 균열이 발생한 이후에 인장 영역 콘크리트는 인장에 저항하지 못하기 때문에 미리 인장 영역에 철근을 배치하여 인장력에 저항하게 한다. 이러한 철근을 **휨인장 철근**이라고 한다. 휨인장 철근은 그 중심에서 단면의 압축 연단까지의 거리가 클수록 효율이 증대되며, 그 거리를 **유효깊이**(effective depth)라고 하며 보통 d로 표시한다. 단면에 배치되는 휨인장 철근량 A_s가 많을수록 큰 휨모멘트를 저항할 수 있다. 이러한 철근량은 단면의 유효면적에 대한 인장 철근 단면적의 비로 정의된 **인장 철근비** ρ로 나타낸다.

$$\rho = \frac{A_s}{bd} \tag{3.5-6}$$

또한, 균열이 발생된 부재에서도 평면 보존 가정은 여전히 유효하다. 이 가정에 의해 단면의 변형률은 선형으로 분포하게 되며, 변형률에 따라 콘크리트 응력-변형률 관계를 적용하여 응력을 구하면 단면의 응력 분포 상태가 결정된다. 간단한 방법으로는 응력과 변형률이 선형으로 비례한다고 간주하여 단면 응력 상태를 결정하는 **선형 탄성 해석법**이 있다. 정밀한 해석을 위해서는 포물-사각형 응력-변형률 관계(p-r 곡선)를 적용하여 단면 응력 상태를 결정하는 비선형 해석법을 적용할 수 있다.

(a) 선형 탄성 해석

콘크리트 압축강도의 대략 절반 수준에 해당하는 사용응력 범위에서 응력과 변형률이 비례한다는 전제에서 선형 탄성 이론을 적용하여 철근콘크리트 휨 요소를 해석할 수 있다. 콘크리트의 응력-변형률 관계가 선형 탄성이라면 콘크리트 응력은 후크법칙(Hook's law)에 따라

$$f_c = E_c \varepsilon_c \tag{3.5-7}$$

균열이 발생하면 균열면에는 인장응력이 존재하지 않기 때문에 환산 단면은 그림 3.31(b)와 같게 된다. 평면 보존 가정에 의해 변형률은 그림 3.31(c)처럼 중립축으로부터 거리에 비례하는 삼각형 분포 형태가 된다. 이 변형률 분포에 선형 탄성 응력 관계를 적용하면 균열이 발생한 단면의 응력 분포는 그림 3.31(d)처럼 단순한 삼각형 형태가 된다.

압축 연단에서 중립축까지 거리를 중립축 깊이라고 하고 보통 c로 표시한다. 단면 유효깊이 d에 대한 c의 비 c/d를 **중립축 깊이비**라고 하고 k로 표시하며, 휨 해석과 설계에 가장 많이 사용되는 중요한 무차원 계수이다. 철근 변형률 ε_s와 콘크리트 압축 연단 변형률 ε_c의 관계는 그림 3.31(c)에 보인 변형률 분포도의 기하학적 조건에 의해 다음과 같은 관계가 있다는 것을 알 수 있다.

$$\varepsilon_s = \left(\frac{1-k}{k}\right)\varepsilon_c \tag{3.5-8}$$

단면 압축 영역의 압축 합력(resultant) C와 그 작용점을 그림 3.31(d)에 보인 삼각형 응력 분포도로부터 쉽게 파악할 수 있다.

$$C = 0.5 f_c bc = 0.5 E_c \varepsilon_c kbd \tag{3.5-9}$$

또한 철근의 인장 합력 T는 변형률 항으로 다음과 같이 표현된다.

$$T = f_s A_s = E_s \varepsilon_c \left(\frac{1-k}{k}\right) A_s \tag{3.5-10}$$

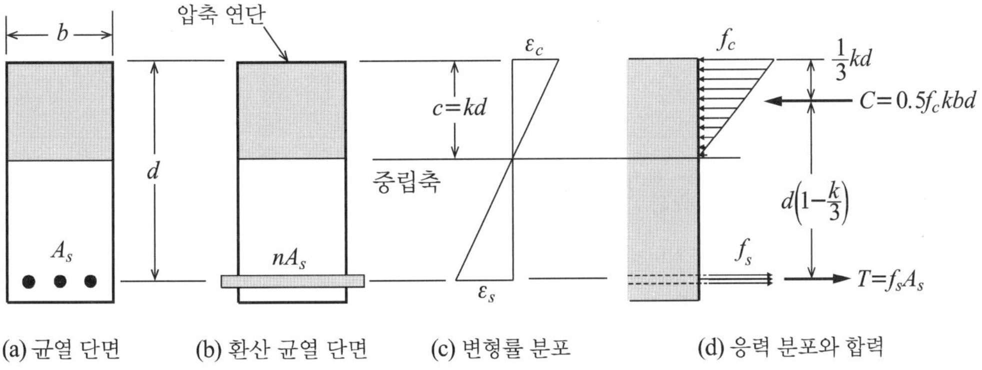

그림 3.31 균열 단면의 선형 탄성 해석

이 두 합력은 단면에 작용하는 휨모멘트에 의해 유발된 짝힘이므로 그 크기가 같고 방향만 다르다. 따라서 식 (3.5-10)에 철근량 $A_s = \rho bd$와 철근 탄성계수 $E_s = nE_c$를 치환한 후, 식 (3.5-9)와 등치하면 중립축 깊이비 k에 대한 2차 함수를 얻을 수 있으며, 그 해는

$$k = \sqrt{(n\rho)^2 + 2n\rho} - n\rho \tag{3.5-11}$$

이처럼 선형 탄성 응력-변형률 관계를 콘크리트에 적용하면, 중립축 위치는 철근비 ρ와 탄성계수비 n의 두 무차원 계수만으로 결정되며 간단하게 바로 구할 수 있다.

중립축 깊이를 알게 되면, 두 짝힘 사이의 거리인 **모멘트 팔길이**는 $(1-k/3)d$가 되어 짝힘에 의한 단면의 휨모멘트는

$$M = 0.5f_c k\left(1 - \frac{k}{3}\right)bd^2 \tag{3.5-12a}$$

$$M = f_s A_s\left(1 - \frac{k}{3}\right)d \tag{3.5-12b}$$

이 내부 휨모멘트는 단면에 작용하는 외부 휨모멘트와 같아야 하기 때문에, 작용 휨모멘트 M에 의해 유발된 콘크리트의 연단 압축응력 f_c와 철근의 인장응력 f_s는 위 식으로부터 간단히 계산할 수 있다.

$$f_c = \frac{2M}{k(1-k/3)bd^2} \tag{3.5-13}$$

$$f_s = \frac{M}{A_s(1-k/3)d} \tag{3.5-14}$$

또한 그림 3.31(b)에 보인 환산 단면의 균열 단면2차모멘트 I_{ct}를 다음과 같이 계산한다.

$$I_{ct} = \frac{b(kd)^3}{3} + nA_s(1-k)^2 d^2 \tag{3.5-15}$$

예제 3.5-2 보의 탄성 해석

예제 3.5-1의 보가 $M = 150\,\text{kNm}$를 받을 때와 $M = 300\,\text{kNm}$를 받을 때 각각의 콘크리트와 철근의 응력을 구하라.

풀이

만약 균열이 발생하지 않았다면, 단면의 모든 응력은 단순하게 이전 예제 값의 3배와 6배가 될 것이다. 특히 콘크리트 인장응력은 인장강도를 훨씬 넘게 되어 균열이 발생하게 되고 따라서 해석 방법은 균열 단면의 경우로 바뀌어야 한다. 단면의 철근비 $\rho = 2{,}323/(250 \times 550) = 0.0169$와 탄성계수비 $n = 7$을 식 (3.5-11)에 대입하면 중립축 깊이비 $k = 0.382$가 구해지며, 중립축 깊이 $c = kd = 0.382(550) = 210\,\text{mm}$가 된다. 따라서 모멘트 팔길이는 $(1 - k/3)d = 480\,\text{mm}$가 된다. 이 값을 식 (3.5-13)에 대입하면 $M = 150\,\text{kNm}$일 때 콘크리트 압축응력 $f_c = 14.9\,\text{N/mm}^2$가 구해진다. 그리고 (3.5-14)로 부터 철근 응력 $f_s = 134.5\,\text{N/mm}^2$를 얻는다. 동일한 방법으로 $M = 300\,\text{kNm}$일 때 $f_c = 29.8\,\text{N/mm}^2$와 $f_s = 269\,\text{N/mm}^2$를 얻는다.

앞 예제의 결과와 3배의 휨모멘트를 받을 때의 결과를 비교해 보면 다음과 같은 큰 변화를 알 수 있다.

(1) 중립축의 깊이가 $343\,\text{mm}$에서 균열이 발생하여 $210\,\text{mm}$로 크게 위로 옮겨졌다.

(2) 외부 휨모멘트는 단지 3배 증가하였지만 철근 응력은 $11.37\,\text{N/mm}^2$에서 $134.5\,\text{N/mm}^2$로 약 12배 증가하였다.

(3) 식 (3.5-15)로 구한 균열 환산 단면2차모멘트는 2,651,521,000 mm^4로 비균열 단면 값인 6,371,233,000 mm^4의 약 40퍼센트에 해당하는 값으로 크게 감소하였다.

(b)* p-r 응력-변형률 곡선을 이용한 해석

앞에서 균열이 발생한 보의 선형 탄성 해석을 다뤘다. 선형 탄성 해석은 콘크리트 압축 연단 응력이 그 강도의 약 절반 이하의 상태에 있을 때 적용이 유효하고, 큰 응력 상태에서는 정확한 해석이 어렵다. 한편, 포물-사각형 응력-변형률 곡선(p-r곡선)을 적용하면 초기 응력 단계에서부터 극한한계상태에 이르는 모든 하중 단계에서 정밀한 단면 해석이 한 논리로 가능해지는 장점이 있다. 그러나 p-r곡선을 이용한 단면 해석은 선형 탄성 해석과 다르게 **비선형 해석**(nonlinear analysis)이다.

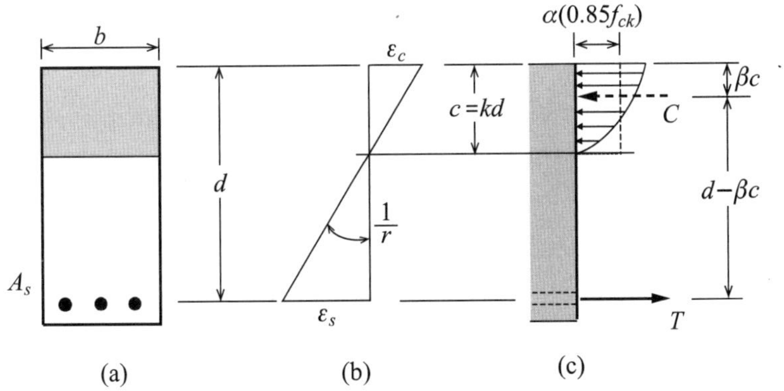

그림 3.32 p-r곡선을 이용한 휨부재의 단면 해석

그림 3.32(b)의 변형률 분포에 p-r 응력–변형률 관계를 적용하면 단면의 압축 영역에 그림 3.32(c)와 같은 비선형 단면 응력 분포 상태가 나타난다. 선형 탄성 해석에서는 압축 응력 분포가 삼각형 형태여서 그 합력과 작용점을 기하학적으로 쉽게 결정할 수 있었지만, p-r곡선으로 결정된 분포 응력의 합력과 작용점은 쉽게 계산되지 않고 복잡한 계산 과정을 거쳐야 한다. 이러한 경우에는 앞 3.3.4절에서 이미 식 (3.3-13)으로 설명한 무차원 합력 계수 α와 작용점 계수 β를 사용하여 간편하게 해결할 수 있다.

3.3.4(c)절에서 설명했듯이, p-r곡선에 따른 콘크리트 압축응력 블록의 합력 계수 α와 작용점 깊이 계수 β 값은 압축 연단 변형률 ε_c의 함수이다. 이 계수를 단면 압축 영역에 적용하면 그림 3.32(c)에 나타낸 것처럼 평균 응력은 $\alpha(0.85f_{ck})$가 되며 작용점 깊이는 βc가 된다. 따라서 비선형 분포 압축응력의 합력 C와 철근의 인장력 T는

$$C = \alpha(0.85f_{ck})kbd \tag{3.5-16}$$

$$T = A_s f_s = \rho f_s bd \tag{3.5-17}$$

이 두 합력 사이의 거리인 모멘트 팔길이는 작용점 깊이 계수 β를 이용하여

$$d - \beta c = (1 - \beta k)d \tag{3.5-18}$$

여기서 k는 중립축 깊이비이다. 따라서 단면의 짝힘 작용에 의한 휨모멘트는

$$M = C(1-\beta k)d = \alpha(0.85f_{ck})k(1-\beta k)bd^2 \tag{3.5-19}$$

$$M = T(1-\beta k)d = f_s A_s(1-\beta k)d \tag{3.5-20}$$

이처럼 단면 해석은 α, β와 k라는 세 무차원 계수 값이 필요하다. 그런데 이 계수 값들은 주어진 단면의 작용 휨모멘트의 크기에 따라 변하기 때문에 그 값을 구하기 위해서는 단면의 평형 조건과 변형 적합 조건을 모두 만족할 때까지 반복 시산법(trial-error method)을 동원하여야 하는 어려움이 있다. 따라서 간편한 단면 해석을 위해서 주어진 단면에 작용하는 휨모멘트의 상대적 크기를 나타내는 다음과 같은 무차원 계수 m을 도입할 필요가 있다.

$$m = \frac{M}{0.85 f_{ck} b d^2} \tag{3.5-21}$$

이 계수 m은 주어진 단면에 작용하는 **휨모멘트 세기**(bending moment intensity)를 나타낸다. 이 계수를 식 (3.5-19)에 대입하여 정리하면 무차원 계수로 구성된 k에 관한 2차방정식이 얻어진다.

$$m = \alpha k (1 - \beta k) \tag{3.5-22}$$

이 식을 만족하는 해는

$$k = \frac{1 - \sqrt{1 - 4m\beta/\alpha}}{2\beta} \tag{3.5-23}$$

먼저, 주어진 단면의 작용 휨모멘트 M으로부터 계수 m을 구한 후, 압축 연단 변형률 ε_c를 가정하면 식 (3.3-13)에 의해 α와 β값을 얻을 수 있다. 이 값들을 위 식에 대입하면 중립축 깊이비 k를 얻는다. 그 다음 가정한 ε_c와 계산한 k를 그림 3.32(b)의 단면 변형률 분포의 기하 조건에 대입하여 철근 변형률 ε_s를 구하고 탄성계수를 곱하면 다음과 같이 인장 철근의 응력이 결정된다.

$$f_s = E_s \varepsilon_c \left(\frac{1-k}{k} \right) \le f_y \tag{3.5-24}$$

이 철근 응력이 식 (3.5-20)의 휨모멘트 식에서 유도한 다음 식으로 구한 값과 동일하면 가정한 변형률과 그 값으로 계산한 응력들은 작용 휨모멘트에 의해 발생된 값이다.

$$f_s = \frac{M}{A_s (1 - \beta k) d} \tag{3.5-25}$$

그러나 철근 응력이 동일하지 않으면, 동일할 때까지 연단 변형률을 계속 변화시키며 반복 계산하여야 한다.

철근이 항복한 이후에는 철근 응력 f_s는 항복 응력 f_y이라고 알고 있는 값이 되기 때문에 시산법은 사용하지 않아도 단면 해석이 가능해 진다. 항복 후 단계에서는 콘크리트 압축 합력 C는 철근 항복력과 항상 같아야 하는 조건으로부터 중립축 깊이를 알 수 있다. 식 (3.5-17)의 f_s를 f_y로 치환한 후 식 (3.5-16)과 등치하면,

$$k = \frac{f_y A_s}{\alpha(0.85 f_{ck})bd} \tag{3.5-26}$$

특히, 다음과 같이 정의되는 **역학적 철근비**(mechanical steel ratio; ω)를 사용하면,

$$\omega = \frac{A_s f_{yd}}{bdf_{cd}} = \rho \frac{f_{yd}}{f_{cd}} \tag{3.5-27}$$

인장 지배 휨부재의 극한한계상태의 k값은 다음과 같이 역학적 철근비로 표현된다.

$$k = \frac{\omega}{\alpha} \tag{3.5-28}$$

콘크리트 압축 연단 변형률 ε_c가 주어지면, 식 (3.3-13)으로 합력계수 α와 작용점 계수 β를 얻게 된다. α값을 위 식에 대입하여 k를 구할 수 있게 되므로 식 (3.5-19) 또는 식 (3.5-20)으로 단면 휨모멘트를 구할 수 있게 된다.

또한 단면에 작용하는 휨모멘트에 의해 유발된 철근과 콘크리트의 변형률을 파악하게 되면, 그림 3.32(b)에 보인 것처럼 단면의 곡률 $1/r$을 변형률 분포도의 기하학적 관계로부터 다음과 같이 나타낼 수 있다.

$$\frac{1}{r} = \frac{\varepsilon_s}{d-c} = \frac{\varepsilon_s + \varepsilon_c}{d} \tag{3.5-29}$$

이처럼 콘크리트의 p-r 응력–변형률 곡선과 철근의 응력–변형률 곡선이 주어지면, 단면 변형률 적합 조건과 힘의 평형 조건을 적용하여 초기 하중 단계부터 극한한계상태까지의 모든 하중 단계의 거동을 앞에서 설명한 방법으로 모두 해석할 수 있다.

예제 3.5-3 p-r곡선을 적용한 휨부재의 비선형 해석

예제 3.5-2의 요소 단면에서 콘크리트에는 p-r곡선을 사용하고 철근은 항복 후 수평으로 나타낸 응력–변형률 곡선을 이용하여 단면을 해석하여 보자.

(i) $M = 150$ kNm가 작용할 때 철근 응력 f_s을 다시 구하라.

(ii) 철근이 항복하는 순간의 휨모멘트와 곡률을 구하라.

(iii) 콘크리트의 변형률이 극한한계변형률 ε_{cu}에 도달할 때 휨모멘트와 곡률을 구하라.

(iv) 휨모멘트-곡률 곡선을 스케치하여 보아라.

풀이

(i) 콘크리트 정점 강도 $0.85f_{ck} = 0.85(30) = 25.5\,\mathrm{N/mm^2}$이므로 무차원 휨모멘트 세기는

$$m = \frac{M}{0.85f_{ck}bd^2} = \frac{150\times 10^6}{25.5(250)(550)^2} = 0.078$$

먼저 $\varepsilon_c = 0.0007$로 가정하면, 식 (3.3-13a)로부터 $\alpha = 0.309$, $\beta = 0.344$이 얻어지며, 식 (3.5-23)에 의해 중립축 깊이비는

$$k = \frac{1-\sqrt{1-4(0.078)(0.344/0.309)}}{2(0.344)} = 0.278$$

변형 적합 조건에 의한 철근 응력은 식 (3.5-24)에 의해

$$f_s = 200{,}000(0.0007)\left(\frac{1-0.278}{0.278}\right) = 363.1\,\mathrm{N/mm^2}$$

휨모멘트 평형 조건에 의한 철근 응력은 식 (3.5-25)에 의해

$$f_s = \frac{150\times 10^6}{1.0(2323)(1-0.344\times 0.278)(550)} = 129.8\,\mathrm{N/mm^2}$$

두 값이 일치하지 않으므로 가정한 콘크리트 변형률은 부정확한 값이며, 다시 가정하여야 한다. 여러 시행 착오에 의해 최종적으로 $\varepsilon_c = 0.00048$로 가정하면, $\alpha = 0.221$, $\beta = 0.341$가 되어 식 (3.5-23)에 의해 $k = 0.409$가 산출된다. 변형 적합 조건에 의한 철근 응력은

$$f_s = 200{,}000(0.00048)\left(\frac{1-0.409}{0.409}\right) = 138\,\mathrm{N/mm^2}$$

휨모멘트 평형 조건에 의한 철근 응력은

$$f_s = \frac{150\times 10^6}{1.0(2534)(1-0.341\times 0.409)(550)} = 136\,\mathrm{N/mm^2}$$

두 값이 거의 일치하므로 가정한 콘크리트 변형률은 정확한 것으로 간주할 수 있으며, 철근의 응력은 $f_s = 137\,\mathrm{N/mm^2}$으로 판정할 수 있다. 이 값은 예제 3.5-2에서 선형 탄성 해석으로 구한 $f_s = 134.5\,\mathrm{N/mm^2}$와 거의 동일한 값이라는 것을 알 수 있다.

(ii) 철근이 항복하는 순간의 인장력 $T_y = f_yA_s = 400(2{,}323) = 929\,\mathrm{kN}$이고, 이때의 변형률 $\varepsilon_y = f_y/E_s = 400/200{,}000 = 0.002$이다.

먼저 $\varepsilon_c = 0.0025$로 가정하면, 식 (3.3-13a)로부터 $\alpha = 0.733$이 얻어지며, 식 (3.5-26)으로 부터 중립축 깊이비는

$$k = \frac{929,000}{0.733(25.5)(250)(550)} = 0.361$$

변형 적합 조건에 의한 철근 변형률은 식 (3.5-7)에 의해

$$\varepsilon_s = 0.0025\left(\frac{1-0.361}{0.361}\right) = 0.0042$$

이 값은 $\varepsilon_y = 0.002$와 일치하지 않으므로 가정한 콘크리트 변형률은 부정확한 값이며, 다시 가정하여야 한다.
여러 시행 착오에 의해 최종적으로 $\varepsilon_c = 0.00163$으로 가정하면, $\alpha = 0.593$, $\beta = 0.364$가 되어, 식 (3.5-26)에 의해 $k = 0.448$이 구해지며, 변형 적합 조건에 의한 철근 변형률은

$$\varepsilon_s = 0.00163\left(\frac{1-0.448}{0.448}\right) = 0.0020$$

이 값은 $\varepsilon_y = 0.002$와 일치하므로 가정한 콘크리트 변형률은 정확한 값이다. 따라서 항복 때 단면 휨모멘트는 식 (3.5-20)에 의해

$$M_y = 929(1-0.364\times 0.448)(550\times 10^{-3}) = 427\,\mathrm{kNm}$$

또한, 단면 곡률은 식 (3.5-29)에 의해

$$\frac{1}{r} = \frac{\varepsilon_s}{(1-k)d} = \frac{0.002}{(1-0.448)(550)} = 6.59\times 10^{-6}\,\mathrm{rad}$$

(iii) 단면의 극한한계상태는 압축 연단 콘크리트 변형률 ε_c가 극한한계변형률 $\varepsilon_{cu} = 0.0033$에 도달 할 때를 말한다. 따라서 $\varepsilon_c = 0.0033$일 때 식 (3.3-13)으로 $\alpha = 0.798$, $\beta = 0.412$이 얻어지며, 식 (3.5-26)으로부터 중립축 깊이비는

$$k = \frac{929,000}{0.798(25.5)(250)(550)} = 0.331$$

변형 적합 조건 식 (3.5-7)에 의한 철근 변형률은

$$\varepsilon_s = 0.0033\left(\frac{1-0.331}{0.331}\right) = 0.0067 \geq \varepsilon_y = 0.0020$$

이 값은 $\varepsilon_y = 0.002$의 3.3배에 해당하는 변형률이지만, 철근의 극한한계변형률($\varepsilon_u \approx 0.0500$) 보다 훨씬 적은 값이다.
극한한계상태에서 단면 휨모멘트는 식 (3.5-20)에 의해

$$M_{uls} = 929(1-0.412\times 0.331)(550\times 10^{-3}) = 442\,\mathrm{kNm}$$

또한, 단면 곡률은 식 (3.5-29)에 의해

$$\frac{1}{r} = \frac{\varepsilon_s}{(1-k)d} = \frac{0.0067}{(1-0.331)(550)} = 18.2\times 10^{-6}\,\mathrm{rad}$$

(iv) 철근이 항복하기 전 하중 단계에서는 위 풀이 (i)의 과정을 반복하여 곡률을 구할 수 있다. 먼저 몇 단계로 선정한 각 휨모멘트에 대해 평형 조건을 만족하는 변형률 분포도를 찾아 해당 곡률을 구한다. 철근이 항복한 후 하중 단계에서는 위 풀이 (iii)의 과정대로, 먼저 연단 콘크리트 변형률을 몇 단계로 나누어 각각의 변형률에 해당하는 휨모멘트와 곡률을 구한다. 이러한 과정을 반복하여 얻은 결과를 아래 표에 정리하고, 단면 휨모멘트와 곡률 관계를 그림 3.33에 스케치 하였다. 이 결과를 살펴보면, 철근 응력은 작용 휨모멘트 크기와 거의 선형으로 비례하고 있다. 더욱이 $M=300\,\mathrm{kNm}$에서 철근 응력 $f_s=275\,\mathrm{N/mm^2}$가 계산되는데, 이 결과는 예제 3.5-2에서 선형 탄성 해석 방법으로 구한 철근 응력 $269\,\mathrm{N/mm^2}$과 거의 동일한 값이다. 철근 응력은 소위 사용하중 단계까지는 선형 탄성 해석 결과와 큰 차이를 발견할 수 없을 정도로 비슷한 응력이 산출된다는 것을 알 수 있다. 따라서 사용한계상태 검증에 선형 탄성 해석법을 사용할 수 있을 것이다.

표 3.3 p-r 응력 - 변형률 곡선을 적용한 철근콘크리트 단면 휨 해석 결과

M (kNm)	ε_c $(\times 10^{-3})$	α	β	k	f_s (MPa)	$\frac{1}{r}$ $(\times 10^{-6})$	
65	0.20	0.097	0.336	0.403	59	0.9	균열 발생
100	0.31	0.147	0.338	0.409	90	1.4	
200	0.65	0.290	0.343	0.418	182	2.8	
300	1.03	0.426	0.351	0.429	275	4.4	
400	1.48	0.557	0.361	0.443	372	6.1	
427	1.63	0.593	0.364	0.448	400	6.7	철근 항복
431	1.80	0.630	0.369	0.421	400	7.8	
435	2.00	0.667	0.375	0.397	400	9.1	
439	2.50	0.733	0.391	0.361	400	12.5	
440	3.00	0.777	0.405	0.341	400	16.0	
442	3.30	0.798	0.412	0.332	400	18.2	압축 파괴

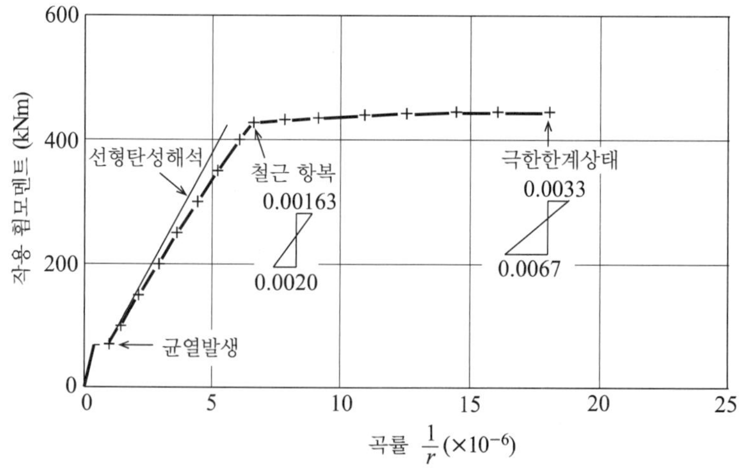

그림 3.33 예제 3.5-3의 휨모멘트 - 곡률 곡선

철근이 항복하는 순간의 휨모멘트는 $M_y = 427\,\text{kNm}$이며, 콘크리트 변형률은 $\varepsilon_c = 0.00163$이다. 그 후 철근이 소성 변형을 계속하며 그에 따라 중립축 깊이비가 점차 작아지는 것을 볼 수 있다. 이것은 중립축이 위로 올라간다는 의미이며, 이에 따라 모멘트 팔길이가 길어져 단면 휨모멘트가 조금씩 증가한다는 것도 알 수 있다. 종국적으로 콘크리트 연단 변형률이 극한한계변형률 $\varepsilon_{cu} = 0.0033$에 도달할 때 $M_{uls} = 442\,\text{kNm}$가 된다. 이 마지막 단계에서 철근 변형률은 $\varepsilon_s = 0.0067$로 항복변형률의 3.3배에 해당한다.

3.5.4* 연성 능력

휨 요소의 성능을 다룰 때 하중 저항 능력(load bearing capacity)을 **휨강도**(flexural strength)라 하며, 변형에 저항하는 능력을 **휨강성**(flexural stiffness)이라 한다. 또한 파괴 때 발휘하는 변형 크기를 **연성 능력**(ductility capacity)이라고 하는데, 휨 부재에서 연성 능력은 **회전 능력**(rotational capacity)으로 평가한다. 철근콘크리트 구조 해석 특히 좌굴과 관련된 2차해석에서 휨강성은 중요한 입력 자료 중의 하나이다. 사용하중 상태에서 부재의 처짐 한계상태를 검증할 때도 휨강성이 필요하게 된다. 더욱이 실제 구조물에서는 어느 한 부재가 처음으로 휨강도에 도달하였더라도 그 순간에 구조물이 붕괴되지 않으며, 최초 위험 부위가 충분한 연성 능력을 발휘한다면 하중은 다른 부위로 재분배되어 더 큰 하중에 저항할 수 있다. 이러한 이유로 휨 부재의 연성 능력 평가는 중요한 설계 항목이다.

(a) 휨모멘트-곡률 곡선

그림 3.34에 보인 것처럼 휨 요소에 휨모멘트가 작용하면 중심축을 따라 휘게 되는데, 이 휜 상태의 단위 길이 당 각변화량 θ를 곡률이라고 하고 $1/r$로 표시한다. 여기서 r은 곡률 반경이다. 균열이 발생하기 전 단계는 3.5.2절에서 설명한 비균열 환산 단면2차모멘트 I_{ut}를 구하여 다음과 같이 곡률을 계산한다.

$$\frac{1}{r} = \frac{M}{E_c I_{ut}} \tag{3.5-30}$$

균열이 발생 한 이후 하중 단계에서는 그림 3.34에 보인 것과 같이 부재에서 균열은 어떤 간격을 두고 발생하기 때문에 균열 발생 단면의 곡률과 균열 사이의 콘크리트가 있는 단면의 곡률은 차이가 있다. 이것은 균열과 균열 사이 부분은 부착된 콘크리트에 의해 철근의 변형이 감소되는 인장강화효과가 나타나기 때문이며, 이 결과로 평균 곡률은 균열면의 곡률보다 작다. 앞 절에서 설명했듯이, 콘크리트에 묻힌 철근의 평균 변형률 ε_{sm}은 균열면의 철근 변형률 ε_{so}를 기준으로 몇 가지 방법을 사용하여 평가할 수 있다.

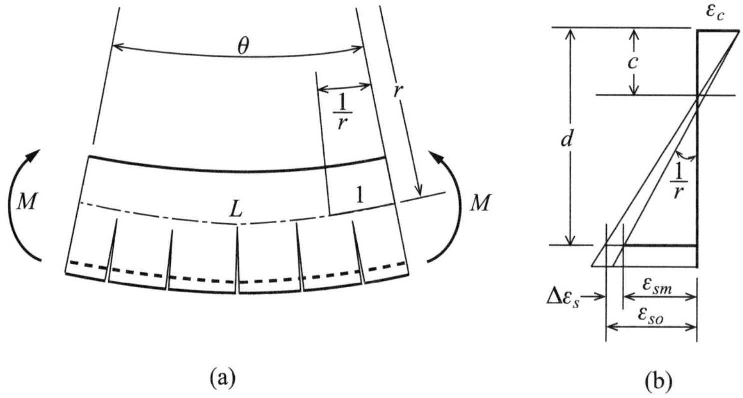

그림 3.34 철근콘크리트 휨 요소의 평균 곡률

작용하는 휨모멘트에 의해 유발된 철근과 콘크리트의 변형률을 파악하게 되면, 그림 3.34(b)에 보인 것과 같이 평균 곡률 $1/r$은 단면 평균 변형률 분포 기울기로 나타난다.

$$\frac{1}{r} = \frac{\varepsilon_{sm} + \varepsilon_c}{d} \tag{3.5-31}$$

앞에서 다룬 균열 단면 비선형 해석법에 따라 하중 단계마다 균열면에서 철근 변형률 ε_{so}를 구한 후, 계산된 ε_{so}를 인장강화효과를 표현하는 식 (3.4-7)과 식 (3.4-8)에 대입하면 아래와 같이 평균 변형률 ε_{sm}을 얻을 수 있다.

$$\text{철근 항복 전 } (\varepsilon_s \le \varepsilon_y): \quad \varepsilon_{sm} = \varepsilon_{so}\left(1 - \left(\frac{f_{scr}}{f_s}\right)^2\right) \tag{3.5-32a}$$

$$\text{철근 항복 후 } (\varepsilon_s > \varepsilon_y): \quad \varepsilon_{sm} = \varepsilon_{so} - \frac{0.4 f_{ct}}{E_c \rho_e} \tag{3.5-32b}$$

여기서 f_{scr}은 균열이 발생한 직 후 균열면의 철근 응력이다. ρ_e는 유효 철근비인데, 깊이에 따라 응력이 변하는 휨 요소의 인장 영역을 직접 인장 요소로 변환했을 때의 등가 콘크리트 인장 면적에 대한 철근비로서 보통 보에서 $2.5(h-d)b$를 등가 인장 면적으로 취한다. 이렇게 구한 철근의 평균 변형률을 식 (3.5-31)에 대입하여 균열이 발생한 부재의 곡률을 구할 수 있게 된다. 이 해석 방법을 앞 예제에서 주어진 사각형 단면에 적용하여 구한 휨모멘트–곡률 곡선을 그림 3.35에 나타냈다.

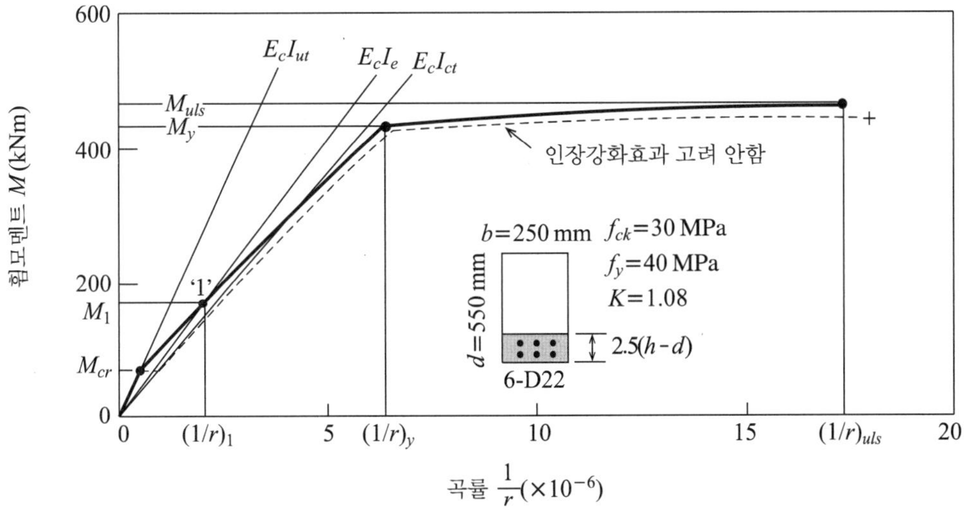

그림 3.35 휨모멘트 - 곡률 곡선

(b) 유효 휨강성

휨모멘트–곡률 곡선 위의 한 점에서 원점으로 그은 직선의 기울기가 **휨강성**(flexural stiffness) EI이다. 그림 3.35에 보인 것처럼 초기 휨모멘트가 균열휨모멘트 M_{cr}보다 작아서 균열이 발생하기 전에는 비균열 환산 단면의 휨강성 E_cI_{ut}를 가지며, 균열 발생 후에는 휨강성이 점차 작아진다. 곡선 위의 임의의 한 점 '1'에서 휨강성은 해당 휨모멘트 M_1과 곡률 $(1/r)_1$의 기울기로부터 계산할 수 있다.

$$E_cI_e = \frac{M_1}{(1/r)_1} \tag{3.5-33}$$

여기서 I_e를 점 '1'의 **유효 단면2차모멘트**(effective moment of inertia)라 한다. p-r곡선과 철근의 인장강화현상을 반영하여 위 식으로 계산한 유효 단면2차모멘트를 그림 3.36에 나타내었다.

그림 3.36을 살펴보면 휨모멘트 M이 균열휨모멘트 M_{cr}보다 클수록 유효 단면2차모멘트 I_e가 크게 감소한다는 것을 알 수 있다[2]. 휨모멘트가 더 커지면 I_e는 균열단면2차모멘트 I_{ct}에 점차

---

2) 콘크리트구조기준의 강도설계법에서는 사용하중 상태의 유효 휨강성을 단면2차모멘트 항으로 평가하고 있다. 사용하중 범위에서 균열이 발생한 부재의 단면2차모멘트의 하한 값을 I_{ct}로 설정하여 실험 자료를 바탕으로 추출한 유효 단면2차모멘트 I_e를 균열휨모멘트에 대한 작용 휨모멘트의 비 M/M_{cr}의 함수로 다음과 같이 평가한다.

$$I_e = \left(\frac{M_{cr}}{M}\right)^3 I_{ut} + \left[1 - \left(\frac{M_{cr}}{M}\right)^3\right] I_{ct} \le I_{ut} \tag{주.3-1}$$

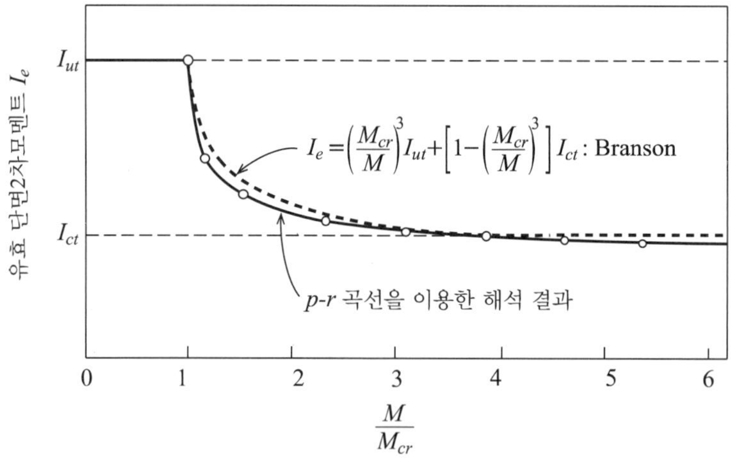

그림 3.36 유효 단면2차모멘트

접근하며, 항복 휨모멘트 M_y 부근에서는 I_e가 I_{ct}보다 작은 구간이 나타난다. 이것은 식 (3.5-33)에 사용된 콘크리트 탄성계수 E_c가 유효 범위를 벗어나는 비선형 재료 범위에 놓이기 때문이다.

실제 부재에서 p-r곡선과 인장증강효과를 모두 고려하는 비선형 해석으로 휨강성을 구하는 일에는 많은 시간이 소요된다. 설계에서는 균열 발생 직전의 곡률 $(1/r)_{uncrack}$과 작용 하중에 의한 균열면의 곡률 $(1/r)_{crack}$사이를 식 (3.4-8)의 괄호 안에 철근 응력 크기로 표현된 무차원 2차 함수 $[1-\beta(f_{scr}/f_{so})^2]$를 분배 계수(weight factor)로 사용하여 보간(interpolation)하는 다음 식으로 유효곡률 $(1/r)_e$을 간편하게 계산할 수 있다.

$$\left(\frac{1}{r}\right)_e = \beta\left(\frac{f_{scr}}{f_{so}}\right)^2\left(\frac{1}{r}\right)_{uncrack} + \left[1-\beta\left(\frac{f_{scr}}{f_{so}}\right)^2\right]\left(\frac{1}{r}\right)_{crack} \qquad (3.5\text{-}34)$$

여기서 f_{so}는 균열 단면 해석으로 구한 인장 철근 응력이고 f_{scr}은 첫 균열이 발생하는 순간에 균열 단면 해석으로 구한 철근 응력으로서, p-r곡선을 적용하여 계산한 값을 사용하면 정밀한 곡률을 얻을 수 있지만, 선형 탄성 해석으로 간단하게 구한 응력 값을 사용하여도 그 결과에는 큰 차이가 발생하지 않는다. β는 변형률에 미치는 하중의 반복 지속 기간을 반영하는 계수로서, 단순 단기 하중에 대해 1.0을 반복 장기 하중에 대해 0.5를 취한다.

(c) 연성비

그림 3.35의 휨모멘트−곡률 곡선에 나타낸 것처럼 철근이 항복하여서 항복 휨강도 M_y에 도

달한 이후에는 저항 휨모멘트가 거의 증가하지 않고 회전 변형만 계속되는 소성 상태(plastic state)가 나타난다. 종국에는 단면의 극한한계상태에 도달하여 부재는 파괴되는데 이때의 곡률 크기 $(1/r)_{uls}$는 단면 **연성 능력**(ductility capacity)을 나타내는 값으로 부재 설계에서 검증해야 할 중요한 항목 중의 하나이다. 여기서는 단면의 극한한계상태의 한계 곡률 크기를 실제적으로 쉽게 파악하기 위해 앞 예제에서 주어진 사각형 단면에 D22 철근을 1개부터 12개까지 철근량을 변화시키면서 각 단면의 한계 곡률을 조사하여 보자. 표 3.4는 앞에서 기술한 방법으로 해석하여 얻은 결과를 정리한 것이다. 이 표에 주어진 실제 휨모멘트 크기를 무차원 계수 $m_y = M_y/f_{cd}bd^2$와 $m_{uls} = M_{uls}/f_{cd}bd^2$로 표현하면, 표에 나타난 모든 무차원 값들은 주어진 단면 형상에만 국한되지 않고 일반적인 철근콘크리트 여러 형상의 단면에 모두 유효하게 적용되는 값이라는 사실을 미리 인식할 필요가 있다.

이 표에 나타낸 해석 결과들을 살펴보면, 인장 철근비에 따라 한계 곡률이 크게 변화한다는 것을 알 수 있다. 철근비가 작은 단면은 낮은 휨모멘트에서 철근이 항복하여 극한한계상태에 도달할 때는 철근이 깊숙한 소성 상태에 놓여 큰 한계 곡률을 나타낸다. 특히, 철근비가 0.56 퍼센트 보다 작은 단면에서는 철근이 그 극한한계변형률 0.025에 도달하여 파단 될 때 콘크리트는 극한한계변형률 0.0033에 도달되지 않는 상태에서 극한한계상태가 된다. 반면에 큰 철근비를 갖는 단면의 경우는 극한한계상태에서 압축 연단 콘크리트가 먼저 한계변형률 ε_{cu}에 도

표 3.4 휨 요소의 보강 철근량에 따른 한계 곡률의 변화

보강 철근량			철근 항복점		극한한계상태($K=1.08$, $\varepsilon_{ud}=0.025$)				
A_s (mm^2)	ρ (%)	ω	M_y (kNm)	$(1/r)_y$ ($\times10^{-6}$)	M_{uls} (kNm)	$(1/r)_{uls}$ ($\times10^{-6}$)	k_{uls}	$\varepsilon_{s,uls}$ ($\times10^{-3}$)	
387	0.28	0.044	78	2.6	86	47.1	0.071	25	철근 파단
774	0.56	0.088	154	4.1	168	50.5	0.117	25	철근 파단
1,161	0.84	0.132	226	4.8	243	34.4	0.171	16	
1,548	1.12	0.177	296	5.3	314	26.2	0.224	11.4	
1,936	1.41	0.221	363	5.8	381	21.1	0.280	8.5	
2,323	1.69	0.265	427	6.3	445	17.6	0.335	6.6	예제 단면
2,710	1.97	0.309	489	6.8	503	15.2	0.388	5.2	
3,097	2.25	0.353	548	7.3	558	13.2	0.446	4.1	
3,484	2.53	0.397	603	7.8	610	11.8	0.498	3.3	
3,871	2.82	0.442	654	8.5	658	10.6	0.555	2.7	
4,258	3.10	0.486	701	9.3	702	9.7	0.609	2.1	균형 상태
4,645	3.38	0.530	-	-	742	8.9	0.660	1.7	항복 안함

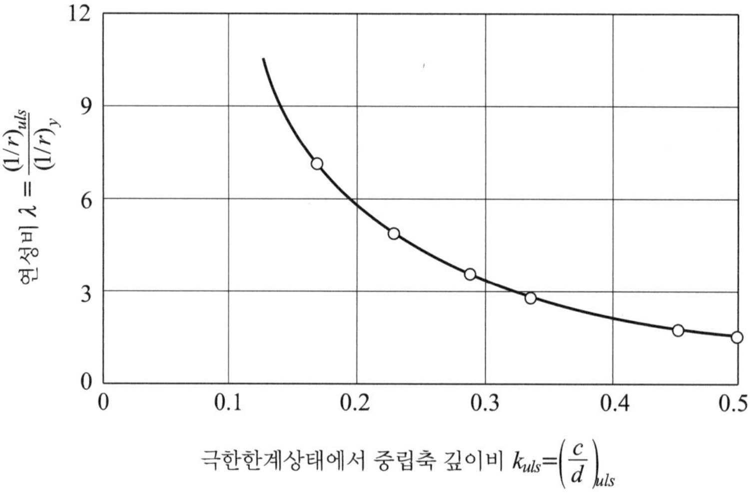

그림 3.37 단면의 연성비 변화

달하며 철근의 변형률이 작아서 곡률이 작게 된다. 철근비가 3.1퍼센트인 단면에서는 콘크리트가 극한한계변형률 0.0033에 도달 할 때 철근이 거의 동시에 항복하는 균형 상태가 나타나고, 이 보다 더 큰 철근비에서는 철근이 항복하지 않는 상태에서 극한한계상태에 도달 한다는 것을 알 수 있다.

단면의 연성 능력을 표현할 수 있는 간단한 방법은 한계 곡률 $(1/r)_{uls}$의 크기를 항복 곡률 $(1/r)_y$의 상대적 비로 나타내는 **연성비**(ductility ratio; λ)이다. 즉,

$$\lambda = \frac{(1/r)_{uls}}{(1/r)_y} \tag{3.5-35}$$

연성비 λ는 연성 능력을 포괄적으로 나타내는 지수이며, 휨모멘트 재분배 량에 직접적으로 영향을 주는 지수이다. 표 3.4를 살펴보면, 인장 철근비가 1퍼센트 이하일 때는 연성비가 대략 5이상 되지만, 3퍼센트 이상일 때는 λ가 1이 된다는 것을 알 수 있다. 그림 3.37은 철근량 변화에 따른 휨 요소의 연성비를 중립축 깊이비로 표현한 그래프이다. 여기서 식 (3.5-28)에 따라 중립축 깊이비는 역학적 철근비 ω에 직접 비례한다는 사실로 부터 연성비는 철근비에 따라 매우 크게 달라진다는 것을 알 수 있다.

(d) 소성회전능력

소성회전능력(plastic rotation capacity)이란 부재의 특정 구간에 걸쳐 철근이 처음 항복 후부터 파괴까지 각 단면에 발생되는 곡률을 적분하여 얻는 회전각을 말한다. 간단한 예로 그림

3.38(a)에 보인 길이가 L인 휨 요소를 생각해 보자. 요소에 휨모멘트 M이 작용하면 각 단면에 곡률 $1/r$이 발생하여 전체가 휘게 된다. 따라서 길이 L에 걸쳐 발생한 회전량 θ는 $(1/r)L$이 된다. M이 증가하면 철근이 항복점에 도달하면서 항복 곡률 $(1/r)_y$가 되며, 종국에는 극한한계상태의 $(1/r)_{uls}$에 도달하여 파괴된다. 따라서 철근 항복 후부터 파괴 때까지 발생한 회전각은 다음과 같으며 이 각이 요소의 소성회전능력 θ_{pl}이 된다.

$$\theta_{pl} = L\left[\left(\frac{1}{r}\right)_{uls} - \left(\frac{1}{r}\right)_y\right] \tag{3.5-36}$$

그림 3.38(b)에 이 휨 요소의 휨모멘트－회전각 관계($M-\theta$곡선)와 소성회전능력을 나타냈다. 실제 대부분의 콘크리트 구조물은 부재들이 일체로 연결된 부정정 구조이다. 이러한 구조에서는 어느 한 단면이 휨강도에 제일 먼저 도달하는 순간에도 파괴되지 않는다. 왜냐하면 최초 위험 단면에서 휨강도에 도달한 이후에 소성 변형이 발휘되는 동안 아직 한계상태에 도달하지 않는 다른 부위가 추가 하중에 저항할 수 있는 여유를 제공할 수 있기 때문이다. 이러한 추가 저항 능력은 소성회전능력의 크기에 비례하기 때문에 소성회전능력을 파악하고 설계에 반영하는 것은 경제적 설계를 가능하게 한다.

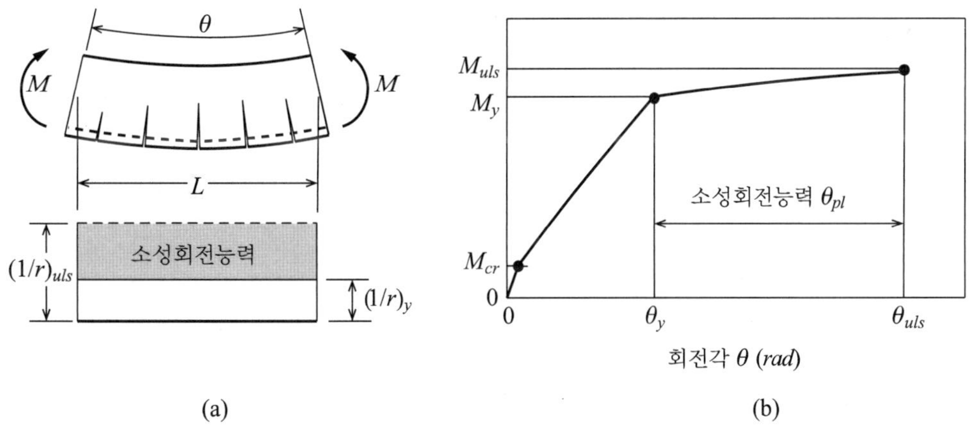

그림 3.38 휨 요소의 $M-\theta$곡선과 소성회전능력

3.6 평면 요소

3.6.1 개요

그림 3.39(a)에 보인 교량 상부 구조의 플랜지와 복부는 모두 전형적인 **평면 요소**(planar element)이다. 이러한 부재에서 떼어낸 사각형 한 부분 요소에는 그 중심면에 작용선이 놓이는 축력과 전단력에 의해 전단응력 v와 함께 두 방향 법선응력 f가 조합으로 작용하는 것이 일반적이다. 이 요소에는 직교 방향으로 철근이 배치되어 있고 영역 $\Delta x \times \Delta y$를 등분포 응력장(uniform stress field)으로 간주한다면, 그림 3.39(b)에 나타낸 것처럼 평면 응력 상태(plane stress state)의 철근콘크리트 평면 요소가 된다. 일반적인 평면 요소에 작용하는 면내력으로 전단응력 v, 종방향 법선응력 $f_{n,l}$과 횡방향 법선응력 $f_{n,t}$가 포함된다. 이 요소의 두께를 t로 나타내었다.

철근콘크리트 평면 요소는 콘크리트에 균열이 발생하기 전의 낮은 하중 단계에서 선형 탄성 거동을 한다. 따라서 선형 탄성 이론을 적용하여 응력과 변형률 상태를 비교적 정확하게 평가할 수 있다. 그러나 하중이 증가하여 인장 주응력이 콘크리트 인장강도에 도달하면 사인장 균열이 발생하며, 그 후의 거동은 상당히 복잡해진다.

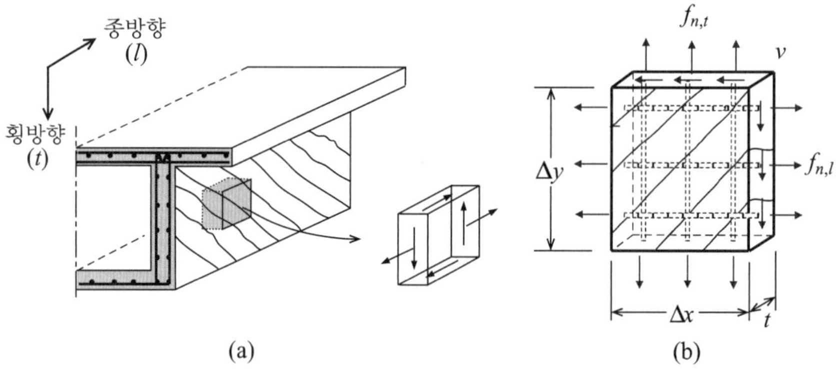

그림 3.39 철근콘크리트 평면 요소

3.6.2 사인장 균열

그림 3.39(b)에 나타낸 것처럼 2축 응력 상태에 놓인 평면 요소는 응력 변환에 의해 주응력을 구하면 경사진 인장 주응력 f_1과 압축 주응력 f_2만이 존재하는 상태가 되며 그 크기는 다음

과 같게 된다.

$$\begin{matrix} f_1 \\ f_2 \end{matrix} = \frac{f_{n,l}+f_{n,t}}{2} \pm \sqrt{\frac{(f_{n,l}-f_{n,t})^2}{4}+v^2} \tag{3.6-1}$$

이 주응력 방향 θ_{el}은 조합 응력의 크기에 따라 달라진다.

$$\tan 2\theta_{el} = \frac{2v}{f_{n,l}-f_{n,t}} \tag{3.6-2}$$

인장 주응력 f_1을 **사인장응력**(diagonal tensile stress)라고 부르는데, 특히 인장강도가 취약한 콘크리트 구조에서 이 사인장응력은 부재의 거동에 지대한 영향을 준다. 평면 요소의 경우에는 2.2.5(b)절에서 설명했듯이, 사인장응력에 직각 방향으로 압축응력이 동반하면 콘크리트 인장강도가 감소하는 현상이 나타나므로 식 (2.2-24)로 표현한 유효 인장강도 f_{cte}를 적용한다. 사인장 응력이 콘크리트의 유효 인장강도에 도달하면 그 직각 방향으로 균열이 발생하며, 이 균열을 **사인장 균열**(diagonal tensile crack)이라고 한다.

3.6.3 트러스 작용

사인장 균열이 발생하면 균열면을 통해서는 인장력이 전달되지 않으며, 콘크리트는 균열 방향에 평행한 1방향 압축력에만 주로 저항하는 역할을 하게 된다. 즉 요소의 콘크리트는 경사 압축력만을 담당하고 이 경사 압축력과 평형을 유지하기 위해서 직교 철근은 인장력에 저항하는 종방향 인장 타이와 횡방향 인장 타이 역할을 하여 **트러스 작용**(truss action)이 형성된다. 이처럼 사인장 균열이 발생한 철근콘크리트 평면 요소 내부에 트러스를 형성하여 작용하는 면내력에 저항하는 현상을 설명하는 간단한 역학 이론을 **트러스 모델**(truss model)이라고 한다[참고문헌 3.6, 3.20].

(a) 트러스 이상화

평면 요소는 전단응력 v, 종방향 법선응력 $f_{n,l}$과 횡방향 법선응력 $f_{n,t}$가 작용하는 등분포 응력 상태에 있다. 이들 응력에 의해 사인장 균열이 발생된 후에는 균열을 직선으로 단순화하면, 그림 3.40(a)에 보인 것과 같이 균열에 의해 구획된 콘크리트는 1축 압축력만을 받는 일련의 경사 **스트럿**(strut)이 된다. 철근은 본래 축력만을 전달하는 재료이기 때문에 자체의 휨강성을 무시하고 인장 **타이**(tie) 기능만 하는 것으로 단순화할 수 있다. 이렇게 이상화하면 평면 요소는 대각선 압축 스트럿, 횡방향 인장 타이와 종방향 인장 타이의 세 종류의 요소로 구성되며, 각 요소의 합력선으로 표현하면 그림 3.40(b)에 보인 것처럼 격자형 트러스가 된다.

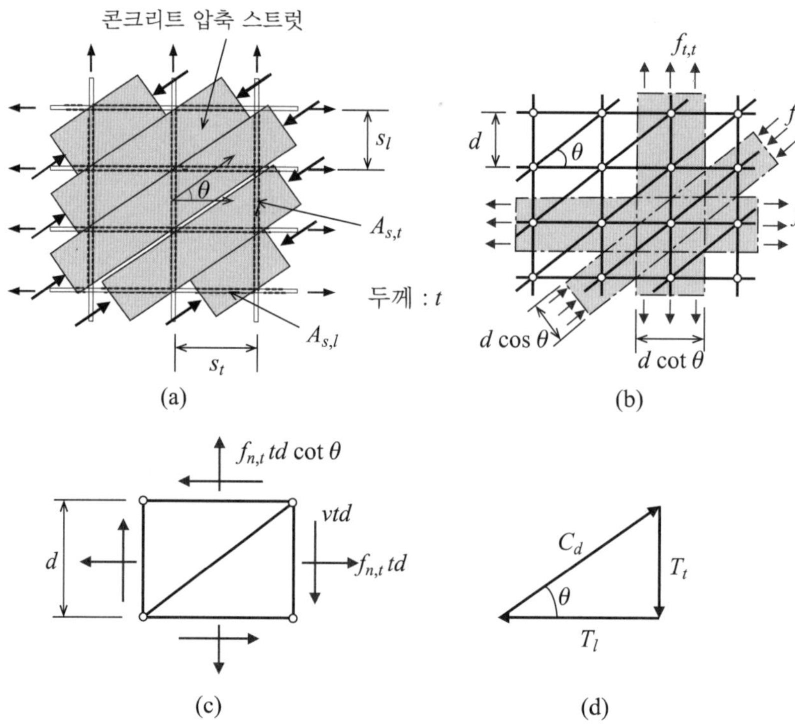

그림 3.40 트러스 모델

이 트러스는 합력선 위치에 선분으로 표시된 상태이지만, 실제 각 구성 요소는 부피를 갖고 있다. 격자 트러스의 한 단위 깊이는 d이고 대각선 경사 스트럿과 종방향 철근 사이의 각을 θ라고 하면, 폭은 $d\cot\theta$가 되어서, 그림 3.40(b)에 보인 것과 같이 각 단위의 중심선으로 구획된 각 요소의 단면적은 다음과 같게 된다.

$$\text{횡방향 타이의 단면적} = t\,d\cot\theta \tag{3.6-3a}$$

$$\text{종방향 타이의 단면적} = t\,d \tag{3.6-3b}$$

$$\text{대각 스트럿의 단면적} = t\,d\cos\theta \tag{3.6-3c}$$

보통 철근콘크리트 부재에서 보강 철근은 상당한 간격으로 배치된 상태이다. 여기서는 직교 철근이 배치되어 있는 상태로 횡방향 철근은 단면적 $A_{s,t}$와 간격 s_t로, 종방향 철근은 $A_{s,l}$과 s_l로 배치된 상태이다. 이때의 평면 요소의 횡방향과 종방향 철근비는 각각 다음과 같게 된다.

$$\rho_t = \frac{A_{s,t}}{s_t\,t} \qquad \rho_l = \frac{A_{s,l}}{s_l\,t} \tag{3.6-4}$$

각 방향 타이는 단면적에 철근비를 곱한 양 만큼의 철근이 배치된 상태의 인장재가 된다. 즉, 횡방향 타이는 단면적이 $td\cot\theta$이고 철근량 $\rho_t td\cot\theta$가 배치된 인장 요소이고, 종방향 타이는 철근량 $\rho_l td$가 배치된 인장 요소가 된다. 이렇게 이상화한 타이는 앞 3.4절에서 설명한 인장 요소의 모든 표현을 그대로 적용하여 다룰 수 있게 되며, 경사 스트럿은 3.3절에서 설명한 연화 콘크리트의 성질을 갖게 되어서 평면 요소의 거동을 체계적으로 기술할 수 있다.

(b) 평형 조건

그림 3.40(c)에 보인 것처럼, 깊이 d인 단위 트러스에 작용하는 전단력은 vtd가 되며, 종방향 축력은 $f_{n,l}td$, 횡방향 축력은 $f_{n,t}td\cot\theta$가 된다. 이 힘과 평형을 이루기 위한 횡방향 타이의 성분력 T_t와 종방향 타이의 성분력 T_l 및 콘크리트 대각 스트럿에는 압축력 C_d가 다음과 같이 유발된다.

$$T_t = vtd + f_{n,t}td\cot\theta \tag{3.6-5a}$$

$$T_l = vtd\cot\theta + f_{n,l}td \tag{3.6-5b}$$

$$C_d = \frac{vtd}{\sin\theta} \tag{3.6-5c}$$

이 힘을 식 (3.6-3)의 해당 요소 단면적으로 나누면 각 요소에 작용하는 평균 응력이 된다.

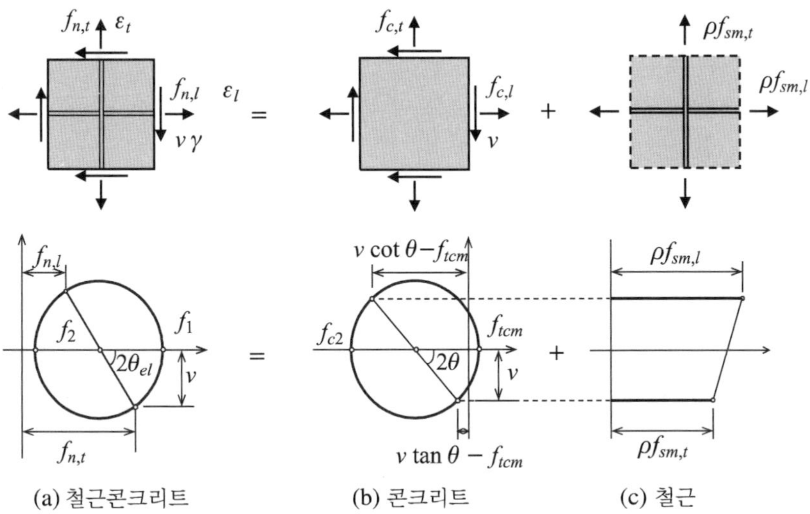

그림 3.41 철근콘크리트 평면 요소의 응력 평형조건

$$f_{t,t} = v\tan\theta + f_{n,t} \tag{3.6-6a}$$

$$f_{t,l} = v\cot\theta + f_{n,l} \tag{3.6-6b}$$

$$f_{c2} = v(\tan\theta + \cot\theta) \tag{3.6-6c}$$

여기서 $f_{t,t}$와 $f_{t,l}$은 각각 횡방향 타이와 종방향 타이에 작용하는 인장응력이다. 따라서 앞 절에서 보인 그림 3.25와 동일한 응력 상태의 인장 요소가 되며, 식 (3.4-11)처럼 다음과 같은 평형식을 갖는다.

$$f_{t,t} = \rho_t f_{sm,t} + f_{tcm} \tag{3.6-7a}$$

$$f_{t,l} = \rho_l f_{sm,l} + f_{tcm} \tag{3.6-7b}$$

여기서 $\rho_t f_{sm,t}$와 $\rho_l f_{sm,l}$은 각각 횡방향 철근과 종방향 철근의 분산 응력이고, f_{tcm}은 인장 콘크리트 평균 응력이다. 한편, 대각선 스트럿에 유발된 응력 f_{c2}는 스트럿 콘크리트 자체가 저항한다. 결국 평면 요소의 **평형 조건식**(equilibrium equation)은 다음과 같게 된다.

$$\rho_t f_{sm,t} = v\tan\theta + f_{n,t} - f_{tcm} \tag{3.6-8a}$$

$$\rho_l f_{sm,l} = v\cot\theta + f_{n,l} - f_{tcm} \tag{3.6-8b}$$

$$f_{c2} = v(\tan\theta + \cot\theta) \tag{3.6-8c}$$

여기서 철근 응력과 법선응력은 인장일 때 +로 한 것이다. 이처럼 철근콘크리트 평면 요소의 평형 상태는 평균 응력 항으로 표현할 수 있으며, 그림 3.41에 콘크리트와 철근의 응력 상태를 분리하여 나타냈다[참고문헌 3.19].

이 평형 조건식은 균열이 발생한 철근콘크리트 평면 요소를 연속체(continuum)로 간주하여 평균 응력 항으로 표현한 것이다. 그러나 철근콘크리트 요소에서 강도를 다룰 경우에는 균열면에서 평형 조건식이 필요하게 된다. 왜냐하면 균열 틈에는 인장력 f_{tcm}이 존재하지 않으므로 균열면의 철근 응력 f_{so}는 평균 응력 f_{sm}보다 항상 크기 때문에 극한한계상태에서는 균열면의 철근이 먼저 항복하여 한계상태에 도달하기 때문이다. 즉, 균열면에서 $f_{tcm} = 0$이므로 균열면에서 평형 조건식은 다음과 같게 된다.

$$\rho_t f_{so,t} = v\tan\theta + f_{n,t} \tag{3.6-9a}$$

$$\rho_l f_{so,l} = v\cot\theta + f_{n,l} \tag{3.6-9b}$$

$$f_{c2} = v(\tan\theta + \cot\theta) \tag{3.6-9c}$$

위 평형식들을 살펴보면, 각 방향의 철근비에 따라 각기 다른 응력 상태가 나타나고, 작용력의 크기에 따라서도 콘크리트 **스트럿의 경사각** θ가 변화한다는 것을 알 수 있다. 즉, 트러스 모델은 경사각 θ라는 또 다른 미지수가 포함되기 때문에 내적 부정정 문제에 해당하며 힘의 평형식만으로 해석이 불가능하다는 큰 특징을 갖는다. 따라서 트러스 모델에 의해 철근콘크리트 평면 요소의 모든 하중 단계의 거동을 기술하기 위해서는 힘의 평형 조건 뿐만 아니라 변형 적합 조건이 필요하며, 이에 따라 응력－변형률 관계가 필요하게 된다.

(c)* 응력－변형률 관계와 적합 조건

그림 3.41에 보인 철근콘크리트 평면 요소의 응력 상태를 살펴보면, 요소에 v, $f_{n,t}$, $f_{n,l}$이 작용하면 내부 콘크리트에는 응력 f_{c2}, $f_{tcm}(=f_{c1})$이 유발되고, 양방향 철근에 각각 $f_{sm,t}$와 $f_{sm,l}$이 유발되어 평형을 유지한다는 것을 알 수 있다. 그런데 이 응력들은 평면 요소의 주변형률 ε_{c1}, ε_{c2}와 법선 변형률 ε_t, ε_l의 함수로 모두 표현이 가능하다.

앞 3.3절의 연화 콘크리트에서 설명한 식 (3.3-29)에 따라 스트럿의 압축응력 f_{c2}는 압축 변형률 ε_{c2}의 함수로 나타 낼 수 있다.

$$f_{c2} = f_{c2,\max}\left[2\left(\frac{\varepsilon_{c2}}{\varepsilon_{co}}\right) - \left(\frac{\varepsilon_{c2}}{\varepsilon_{co}}\right)^2\right] \tag{3.3-29}$$

여기서 $f_{c2,\max}$는 연화된 콘크리트의 강도로 식 (3.3-26) 또는 식 (3.3-27)의 값을 사용할 수 있으며, ε_{co}는 콘크리트 정점 변형률로 보통강도 콘크리트에서 0.002의 값을 취한다. 인장 콘크리트 응력 f_{tcm}은 앞 절의 식 (3.4-12), (3.4-13) 또는 (3.4-14)에 주어진 식 중에 하나를 사용하여 응력－변형률 관계를 나타낼 수 있다.

횡방향과 종방향 타이 철근의 응력－변형률 관계는 식 (3.4-11)에 따라 아래와 같이 각각 표현할 수 있다. 이때 철근의 평균 변형률 $\varepsilon_{sm,t}$와 $\varepsilon_{sm,l}$은 요소의 각 방향 변형률 ε_t, ε_l에 해당한다.

$$\text{철근 항복 전 :}\quad f_{sm,t} = \rho_t E_s \varepsilon_t + f_{tcm} \qquad f_{sm,l} = \rho_l E_s \varepsilon_l + f_{tcm} \tag{3.6-10a}$$

$$\text{철근 항복 후 :}\quad f_{sm,t} = \rho_t f_y + f_{tcm} \qquad f_{sm,l} = \rho_l f_y + f_{tcm} \tag{3.6-10b}$$

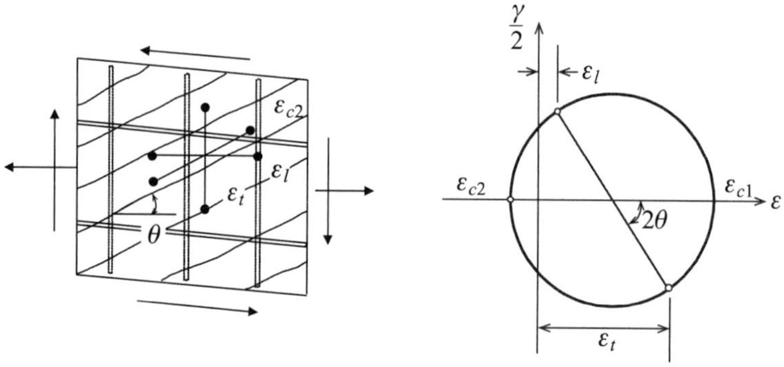

그림 3.42 평면 요소의 변형률 적합 조건

이처럼 균열이 발생한 철근콘크리트에 평균 변형률 항을 사용하면 변형 적합 조건을 쉽게 다룰 수 있다. 그림 3.42에 보인 모어원으로 부터 변형률 사이에는 다음의 **변형 적합 조건식**이 성립한다.

$$\varepsilon_t = \varepsilon_{c2}\sin^2\theta + \varepsilon_{c1}\cos^2\theta \qquad (3.6\text{-}11a)$$

$$\varepsilon_l = \varepsilon_{c2}\cos^2\theta + \varepsilon_{c1}\sin^2\theta \qquad (3.6\text{-}11b)$$

$$0.5\gamma = (\varepsilon_{c1} - \varepsilon_{c2})\sin\theta\cos\theta \qquad (3.6\text{-}11c)$$

균열이 발생한 철근콘크리트 합성 평면 요소의 평균 응력－변형률 관계를 사용하여 변형 적합 해석을 포함 한다면 모든 하중 단계에서 평면 요소의 응력 상태 뿐만 아니라 변형 크기와 최대 저항 능력인 강도까지를 모두 파악할 수 있다. 이에 대한 자세한 내용은 참고문헌 3.13을 참고하면 된다.

3.6.4 극한한계상태와 소성 하한해

실제 구조물 설계는 극한한계상태만을 검토해야 할 경우가 대부분이다. 트러스 작용을 하는 평면 요소로 구성된 부재의 극한한계상태를 논리적으로 간단하게 기술할 수 있다. 즉, 트러스를 구성하는 스트럿 콘크리트, 횡방향 타이 철근과 종방향 타이 철근이 재료의 극한한계상태에 도달할 때 부재의 극한한계상태가 된다. 따라서 균열면의 평형식 (3.6-9)에서 철근의 응력 f_{so}는 설계항복강도 $\phi_s f_y$를 초과하지 않아야 하며, 콘크리트 응력 f_{c2}는 설계유효압축강도 $\phi_c f_{c2,\max}$ 보다 크지 않아야 한다. 따라서 평면 요소의 극한한계상태는 다음 식으로 검증할 수 있다.

$$\phi_s \rho_t f_y \geq v \tan\theta + f_{n,t} \tag{3.6-12a}$$

$$\phi_s \rho_l f_y \geq v \cot\theta + f_{n,l} \tag{3.6-12b}$$

$$\phi_c f_{c2,\max} \geq v(\tan\theta + \cot\theta) \tag{3.6-12c}$$

여기서 $f_{c2,\max}$는 3.3.6절의 식 (3.3-27)로 정의된 값이다. 정상 설계 상황에서 재료계수는 콘크리트에 $\phi_c = 0.65$를 철근에 $\phi_s = 0.90$을 적용한다.

구조 설계에서는 기하적 치수와 재료의 강도가 주어진 조건에서 전단 저항 강도를 평가하는 경우가 많다. 평면 요소의 설계전단강도는 위 극한한계상태 조건식에서 쉽게 유도할 수 있다. 먼저 횡방향 철근이 항복하였을 때의 전단강도를 $v_{sd,t}$라면, 이것은 식 (3.6-12a)에서 철근 항복강도에 도달하는 전단응력에 해당하고, 종방향 철근의 항복을 기준으로 하는 전단강도 $v_{sd,l}$은 식 (3.6-12b)로부터, 그리고 콘크리트 스트럿의 압축 파괴를 기준으로 한 전단강도를 $v_{d,\max}$라고 하면 식 (3.6-12c)로 부터 각각 다음과 같이 나타난다.

$$v_{sd,t} = \frac{\phi_s \rho_t f_y - f_{n,t}}{\tan\theta} \tag{3.6-13a}$$

$$v_{sd,l} = \frac{\phi_s \rho_l f_y - f_{n,l}}{\cot\theta} \tag{3.6-13b}$$

$$v_{d,\max} = \frac{\phi_c f_{c2,\max}}{\tan\theta + \cot\theta} \tag{3.6-13c}$$

위 식을 살펴보면 극한한계상태에서 전단 저항 강도는 콘크리트 스트럿의 경사각 θ에 따라 크게 변화한다는 것을 알 수 있다. 즉, 트러스 모델은 경사각 θ라는 또 다른 미지수가 포함되기 때문에 내적 부정정 문제에 해당하며, 힘의 크기가 모두 미지수일 경우에는 평형 조건만으로 해석이 불가능하며 변형 적합 해석이 필요하다. 그러나 트러스를 구성하는 스트럿, 횡방향 타이, 종방향 타이의 3요소 중 2요소가 소성 또는 한계강도에 도달한 상태를 판요소의 극한한계상태라고 간주하면 이때 이 두 힘의 크기를 알기 때문에 평형식만으로 경사각이 결정된다. 이러한 방법으로 구한 해를 소위 **소성 하한해**(lower bound solution of plasticity)라고 한다.

일반적인 경우로 횡방향 타이 철근이 가장 먼저 항복하였다고 생각해 보자. 이 철근이 항복한 후 항복강도를 발휘하면서 소성 변형 상태에 놓이면 횡방향 변형률 ε_t가 순간적으로 크게 증가한다. 그림 3.42의 변형률 모어원에서 알 수 있듯이, 변형률 ε_t가 소성 변형으로 증가하면 스트럿 경사각 θ는 점차 작아진다. 45° 이하 범위에서 θ가 작아질수록 식 (3.6-13a)의 $\tan\theta$가 작아지기 때문에 $v_{sd,t}$는 오히려 증가하게 된다. 즉 횡방향 철근의 항복만으로는 평면 요소는 파괴되지 않는다. 반면에 횡방향 철근의 소성 변형으로 경사각이 점차 낮아지면, 종방향 철근 응력 $f_{so,l}$과 스트럿 콘크리트 응력 f_{c2}는 각각 식 (3.6-9b)와 식 (3.6-9c)에 따라 점점 증가한다. 왜냐하면 θ가 작아지면 $\cot\theta$가 커지기 때문이다. 종국적으로 횡방향 철근의 소성 변형이 진행되는 동안에 종방향 철근이 항복하거나 또는 스트럿 콘크리트가 압축 파괴에 도달하여 트러스의 극한한계상태가 된다는 것을 알 수 있다.

횡방향 철근의 소성 변형 동안에 종방향 철근이 먼저 항복한다면, 식 (3.6-13b)의 전단강도 $v_{sd,l}$과 식 (3.6-13a)의 $v_{sd,t}$는 동일하게 된다. 따라서 이때의 경사각은 두 식으로부터 다음 값이 산출된다.

$$\cot\theta = \sqrt{\frac{\phi_s \rho_l f_y - f_{n,l}}{\phi_s \rho_t f_y - f_{n,t}}} \tag{3.6-14}$$

만약 횡방향 철근의 소성 변형 동안에 스트럿 콘크리트가 유효압축강도 $\phi_c f_{c2,\max}$에 먼저 도달한다면, 이때 식 (3.6-13a)의 $v_{sd,t}$와 식 (3.6-13c)의 $v_{d,\max}$가 같게 되기 때문에 두 식을 등치하면

$$\cot\theta = \sqrt{\frac{\phi_c f_{c2,\max}}{\phi_s \rho_t f_y - f_{n,t}} - 1} \tag{3.6-15}$$

이러한 방법으로 결정한 경사각은 소성 하한해에 해당하는 값인데, 현실적으로 이 해를 구하기 위해서는 철근은 항복 후 항복강도가 일정하고, 콘크리트의 유효압축강도 $f_{c2,\max}$는 상수로 표현된 식 (3.3-27)을 사용하여야 한다. 이 각을 이용하여 전단강도를 평가하거나 소요 철

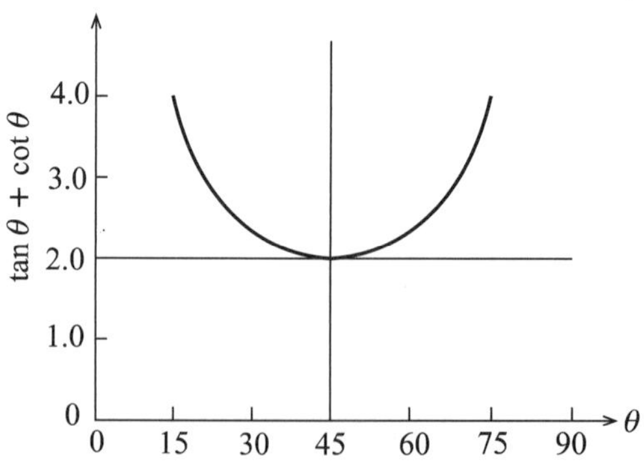

그림 3.43 $\tan\theta + \cot\theta$ 값의 변화

근량을 결정하는 방법을 소위 **변각 트러스 모델**(variable angle truss model) 설계법이라고 하며 도로교설계기준에서 채택하고 있다.

한편, 철근콘크리트 평면 요소의 두께가 상대적으로 얇거나, 양방향으로 철근이 과다하게 배치된 경우에는 두 방향 타이 철근의 항복 이전에 스트럿 콘크리트의 압축 파괴가 먼저 발생하여 극한한계상태에 도달한다. 이때 철근들은 탄성 상태에 있으며 경사각은 그림 3.41(a)와 같은 응력 상태에서 결정되는 탄성 경사각 θ_{el}이다. 즉 철근의 소성 변형이 없어 각이 변하지 않는다. 전단력만이 작용하는 경우 이 탄성 경사각은 항상 45°이며, 또한 식 (3.6-13c)의 분모가 $\tan 45° + \cot 45° = 2$로 최소가 되므로 평면 요소의 **절대 최대 전단강도** $v_{d,\max}$가 된다. 즉,

$$v_{d,\max} = \frac{\phi_c f_{c2,\max}}{2} \tag{3.6-16}$$

어떠한 경우에도 철근콘크리트 평면에서는 이보다 큰 전단응력을 저항할 수 없다.

평면 요소의 극한한계상태 검증 조건식 (3.6-12)를 살펴보면 양방향의 소요 철근량 합이나 소요 콘크리트 강도는 $\tan\theta + \cot\theta$의 항으로 나타난다는 것을 알 수 있다. 이것은 그림 3.43에 보인 것처럼 스트럿의 경사각을 $\theta = 45°$로 할 경우에 양방향 소요 철근량의 합이 최소가 되고, 동시에 콘크리트 스트럿의 저항 능력이 최대가 된다는 것을 의미한다. 그러나 실제 작용력에 따라 모어원을 이용하여 구한 주응력 방향 θ_{el}이 설계에 사용한 값과 큰 차이가 나면 콘크리트의 소성 능력에 한계가 있기 때문에 이러한 설계값을 구분없이 적용할 수가 없다. 설계자가 설계에 사용한 경사각 θ와 주응력 방향각 θ_{el}의 차이가 크다면 스트럿의 유효강도는 다음과 같이 감소시킨 값을 사용하도록 제한하고 있다.

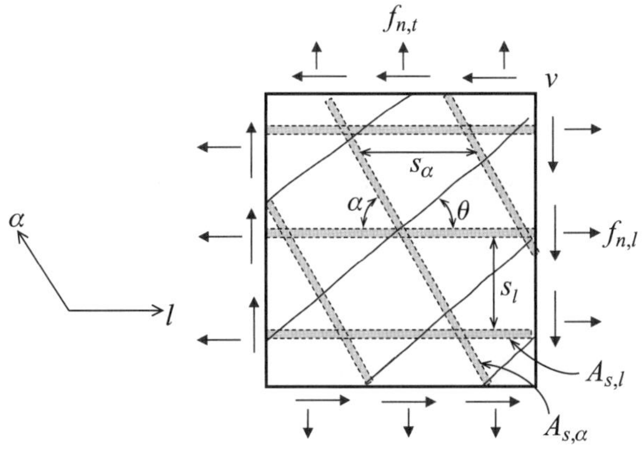

그림 3.44 철근을 경사 배치한 평면 요소

$$f_{c2,\max} = \nu f_{ck}(1 - 0.032|\theta - \theta_{el}|) \tag{3.6-17}$$

여기서 θ는 식 (3.6-14) 또는 식 (3.6-15)의 소성 하한해를 적용하여 설계한 경사각이며, θ_{el}은 실제 응력 상태의 식 (3.6-2)로 계산한 경사각이다. 이처럼 유효강도의 현저한 한계값 감소를 피하기 위해 설계기준에서 경사각 차이 $|\theta - \theta_{el}|$는 극한한계상태 검증 때는 15° 이하로 사용한계상태 검증 때는 5° 이하로 제한하도록 규정하고 있다.

3.6.5* 경사 철근을 갖는 평면 요소

그림 3.44에 나타낸 것처럼 양방향 철근이 서로 직교하지 않고 횡방향 철근이 종방향 철근과 $\alpha°$ 만큼 경사지게 배치된 평면 요소에서도 2축 힘을 받으면 트러스 작용이 형성되어 저항한다. 이때의 철근과 콘크리트 응력은 다음과 같이 나타난다. 극한한계상태에서 이 응력들이 재료의 설계강도에 도달할 때가 부재의 설계전단강도가 된다.

$$\phi_s \rho_\alpha f_y \geq \rho_\alpha f_{so,\alpha} = \frac{v\sin\theta + f_{n,t}\cos\theta}{\sin(\theta+\alpha)\sin\alpha} \tag{3.6-18a}$$

$$\phi_s \rho_l f_y \geq \rho_l f_{so,l} = v\frac{\cot\theta + \cot\alpha}{\cos\theta} + f_{n,l} - f_{n,t}\cot\theta\cot\alpha \tag{3.6-18b}$$

$$\phi_c f_{c2,\max} \geq f_{c2} = v\frac{1+\cot^2\theta}{\cot\theta + \cot\alpha} \tag{3.6-18c}$$

여기서 경사 방향 철근비와 종방향 철근비는 각각 다음과 같다.

$$\rho_\alpha = \frac{A_{s,\alpha}}{s_\alpha t\sin\alpha}, \qquad \rho_l = \frac{A_{s,l}}{s_l t} \tag{3.6-19}$$

예제 3.6-1 철근콘크리트 평면 요소 설계

아래와 같은 여러 경우의 응력 상태에 있는 철근콘크리트 평면 요소를 검토하려고 한다. 사용 콘크리트의 기준압축강도는 $f_{ck} = 40\,\mathrm{MPa}$이고 요소 두께는 $t = 400\,\mathrm{mm}$이며, 사용 철근의 기준항복강도는 $f_y = 500\,\mathrm{MPa}$이다. 주어진 응력에 필요한 철근비를 구하고, 콘크리트가 안전한가를 검토하라. 재료계수로 콘크리트에는 $\phi_c = 0.65$를 철근에는 $\phi_s = 0.90$를 적용한다.

풀이

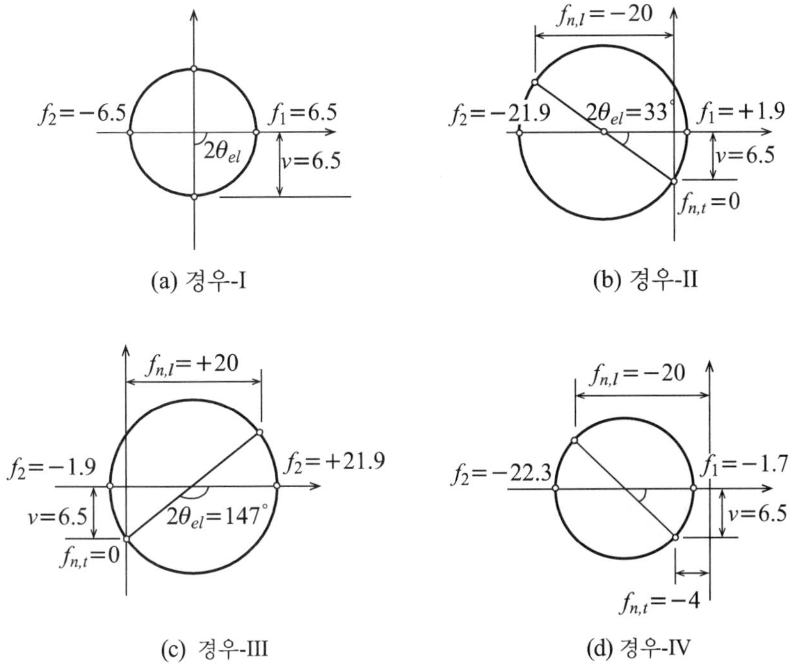

그림 3.45 예제 3.6-1의 평면 요소의 응력 상태를 나타내는 모어원

〈경우 Ⅰ〉 전단력만이 작용하는 평면 요소

해석에 의해 얻은 평면 요소에 작용하는 전단응력 $v=6.5\,\text{MPa}$이다.

그림 3.45(a)의 모어원에 보인 것과 같이 전단응력만 작용할 때는 간단하게 압축주응력이 $f_2=-6.5$ MPa이고, 인장주응력이 $f_1=-6.5$ MPa로 산출되며, 경사각은 $\theta=45°$가 된다. 이 탄성각을 사용할 경우의 종방향과 횡방향 철근 응력은 식 (3.6-12a와 b)를 이용하여

$$\phi_s \rho_t f_y \geq \ v\tan\theta = 6.5\tan 45° = 6.5\,\text{MPa}$$

$$\phi_s \rho_l f_y \geq \ v\cot\theta = 6.5\cot 45° = 6.5\,\text{MPa}$$

설계항복강도 $\phi_s f_y$를 기준으로 소요되는 횡방향철근비는 $\rho_t=\rho_l=6.5/(0.9\times 500)=0.0144$이 된다. 이 소요 철근비에 단면적을 곱하여 소요 철근량을 얻을 수 있다.

스트럿 콘크리트에 작용하는 압축력은 식 (3.6-12c)에 의해,

$$\phi_c f_{c2,\max} \geq v(\tan\theta + \cot\theta) = 6.5(\tan 45° + \cot 45°) = 13.0\,\text{MPa}$$

그런데 복부 콘크리트의 최대 설계 유효압축강도는 식 (3.3-27)로부터

$$\phi_c f_{c2,\max} = \phi_c \nu f_{ck} = 0.65(0.6)(1-40/250)(40) = 13.1\,\text{MPa} \geq 13.0\,\text{MPa}$$

복부 콘크리트의 응력이 설계압축유효강도보다 커서 적합한 설계가 된다. 이때 설계자는 $\theta=45°$를 사용하지 않고 다른 각을 선택하여 사용할 수 있다. 다른 각을 사용할 경우에는 스트럿의 응력이 더 증가

하게 된다.

〈경우 II〉 1축 압축력과 전단력이 작용하는 복부

해석에 의해 얻은 평면 요소에 작용하는 종방향 압축응력은 $f_{n,l}=-20\,\text{MPa}$이고, 횡방향 응력은 작용하지 않는 상태($f_{n,t}=0$)이며, 전단응력은 $v=6.5\,\text{MPa}$이다.

그림 3.45(b)에 보인 모어원과 식 (3.6-1)을 이용하면 압축 주응력은 $f_2=-21.9\,\text{MPa}$이고, 인장 주응력은 $f_1=1.9\,\text{MPa}$이 산출되며, 경사각은

$$2\theta_{el}=\tan^{-1}\frac{6.5}{0.5(20)}=33.0° \quad \text{따라서} \quad \theta_{el}=16.5°$$

이 탄성각을 사용할 경우의 종방향과 횡방향 철근 응력은

$$\phi_s\rho_t f_y \geq\ v\tan\theta_{el}-f_{n,t}=6.5\tan16.5°+0=1.9\,\text{MPa}$$

$$\phi_s\rho_l f_y \geq\ v\cot\theta_{el}-f_{n,l}=6.5\cot16.5°-20=1.9\,\text{MPa}$$

설계항복강도 $\phi_s f_y$를 기준으로 소요되는 횡방향철근비는 $\rho_t=\rho_l=1.9/(0.90\times500)=0.004$가 된다.
복부 스트럿 콘크리트에 작용하는 압축력은

$$f_{c2}=v(\tan\theta+\cot\theta)=6.5(\tan16.5°+\cot16.5°)=23.9\,\text{MPa}$$

그런데 복부 콘크리트의 최대 유효압축강도는 식 (3.3-27)로부터

$$\phi_c f_{c2,\max}=\phi_c\nu f_{ck}=0.65(0.6)(1-40/250)(40)=13.1\,\text{MPa}\leq23.9\,\text{MPa}$$

복부 콘크리트의 응력이 설계압축유효강도보다 커서 적합한 설계가 아니다.
만약, 설계자가 $\theta_{el}=16.5°$을 사용하지 않고 $\theta=45°$를 사용한다면, 콘크리트 스트럿의 압축응력은

$$f_{c2}=v(\tan\theta+\cot\theta)=6.5(1+1)=13.0\,\text{MPa}$$

이 콘크리트 스트럿 응력은 간신히 설계유효인장강도 $\phi_c f_{c2,\max}=13.1\,\text{MPa}$ 범위 내에 있다. 그러나 설계자가 가정한 각과 탄성각과의 차이 $\theta-\theta_{el}=45-16.5=28.5°$가 되어 15°보다 크기 때문에 허용할 수 없는 각을 가정한 것에 해당하며, 만약 설계자가 15°범위 내에서 각을 다시 선택한다 할지라도 콘크리트 설계유효강도가 충분하지 않아서 부적합 설계가 된다. 따라서 이 경우는 플랜지의 두께를 더 크게 설계하여야 한다.

〈경우 III〉 1축 인장력과 전단력이 작용하는 복부

해석에 의해 얻은 면요소에 작용하는 종방향 인장응력 $f_{n,l}=+20\,\text{MPa}$이고, 횡방향 응력은 작용하지 않는 상태($f_{n,t}=0$)이며, 전단응력 $v=6.5\,\text{MPa}$이다.

그림 3.45(c)에 보인 모어원을 이용하면 인장 주응력 $f_1=+21.9\,\text{MPa}$이고,
압축 주응력 $f_2=-1.9\,\text{MPa}$이 산출되며, 경사각은

$$2\theta_{el} = 180^o - \tan^{-1}\frac{6.5}{0.5(20)} = 147.0° \quad \text{따라서} \quad \theta_{el} = 73.5°$$

이 탄성각을 사용할 경우의 종방향과 횡방향 철근 응력은 식 (3.6-12a와 b)를 이용하여

$$\phi_s \rho_t f_y \geq \; v \tan\theta_{el} - f_{n,t} = 6.5 \tan 73.5° + 0 = 21.9 \text{ MPa}$$

$$\phi_s \rho_l f_y \geq \; v \cot\theta_{el} - f_{n,l} = 6.5 \cot 73.5° + 20 = 21.9 \text{ MPa}$$

설계항복강도 $\phi_s f_y$를 기준으로 소요되는 횡방향철근비는 $\rho_t = \rho_l = 1.9/(0.90 \times 500) = 0.042$가 된다. 복부 스트럿 콘크리트에 작용하는 압축력은 식 (3.6-12c)에 의해,

$$f_{c2} = v(\tan\theta + \cot\theta) = 6.5(\tan 73.5° + \cot 73.5°) = 23.9 \text{ MPa}$$

그런데 복부 콘크리트의 최대 유효압축강도는

$$\phi_c f_{c2,\max} = \phi_c \nu f_{ck} = 0.65(0.6)(1 - 40/250)(40) = 13.1 \text{ MPa} \leq 23.9 \text{ MPa}$$

복부 콘크리트의 응력이 설계 압축유효강도보다 커서 적합한 설계가 아니다. 만약 설계자가 15°범위 내에서 각을 다시 선택한다 할지라도 콘크리트 설계유효강도가 충분하지 않아서 부적합 설계가 된다. 따라서 이 경우에도 플랜지의 두께를 더 크게 설계하여야한다.

〈경우 IV〉 2축 압축력과 전단력이 작용하는 압축 플랜지 요소

해석에 의해 얻은 평면 요소에 작용하는 응력은 종방향으로 $f_{n,l} = -20\text{MPa}$이고, 횡방향으로 $f_{n,t} = -4\text{ MPa}$이며, 전단응력 $v = 6.5\text{MPa}$인 상태이다.

그림 3.45(d)에 보인 모어원으로 부터 주응력은 $f_2 = -22.3\text{MPa}$과 $f_1 = -1.7\text{MPa}$이 산출되어, 모두 압축응력이기 때문에 2.2.5절에서 기술한 2축 압축－압축 상태의 식 (2.2-23)에 의한 설계 유효압축강도는 다음과 같게 산정된다.

$$\phi_c \alpha_{cc} f_{c2,\max} = 0.65(0.85)(40)\frac{1 + 3.8(1.7/22.3)}{[1 + (1.7/22.3)]^2} = 24.6 \text{ MPa} \geq 22.3\text{MPa}$$

설계유효강도가 압축 주응력보다 크기 때문에 안전하다고 할 수 있다. 이 경우는 콘크리트의 주 압축력의 직각방향으로 압축력이 작용하는 상태이다. 따라서 설계 유효강도는 순수 1축 압축일 때의 설계강도 $f_{cd} = \phi_c(0.85 f_{ck}) = 0.65(0.85)(40) = 22.1\text{MPa}$ 보다 11% 정도 큰 값임을 알 수 있다.

참고문헌

3.1 도로교통협회 (2015), 도로교설계기준 (한계상태설계법), 국토교통부

3.2 김 우, 김진근, 오병환, 정 란, 최완철, (2012), 콘크리트구조설계, 도서출판 동화기술

3.3 ASCE/ACI Committee 447, (1993), *Finite Element Analysis of Reinforced Concrete Structures*, Proceedings of International Workshop, ed by J. Isenberg, American Society of Civil Engineers, New York.

3.4 European Committee for Standardization, (1992), *Eurocode 2(EN 1992) - Design of Concrete Structures*, EC Technical Committee CEN/TC 250.

3.5 CEB-FIP, (1993), *CEB-FIP Model Code 1990 - Design Code*, Comite Euro- International du Beton, Thomas Telford, London.

3.6 CEB-FIP, (1999), *Structural Concrete - Textbook*, fib Bulletin 2, Vol. 1 and 2.

3.7 FIB (2010), *Model Code 2010*, International Federation for Structural Concrete.

3.8 CEB-FIP, (1985), *Cracking and Deformations*, Bulletin d'Information No. 158, CEB-FIP, Paries, France.

3.9 Collins, M. P. and Mitchell, D., (1990), *Prestressed Concrete Structures*, Prentice Hall, Englewood Cliffs, NJ, USA.

3.10 Vecchio, F. J. and Collins, M. P., (1986), "The Modified Compression Field Theory for Reinforced Concrete Element Subjected to Shear," Journal of American Concrete Institute, Vol. 83, No. 2 pp. 219-231.

3.11 Nielsen, M. P. and Braestrup, M. W., (1975), "Plastic Shear Strength of Reinforced Concrete Beams," Bygningsstatiske Meddelelser, Vol. 45, No. 3, pp. 61-99.

3.12 Massicotte, B. Elwi, A. E. and MacGregor, J. G., (1990), "Tension-Stiffening Model for Planar Reinforced Concrete Members," Journal of Structural Engineering, ASCE, Vol. 116, No. 11, pp. 3039-3058.

3.13 Hsu, T. T. C., (1993), *Unified Theory of Concrete Structures*, CRC Press Inc, Boca Raton, FL, USA.

3.14 Hsu, T. T. C. and Mo, Y. L., (2010), *Unified Theory of Concrete Structures*, John Wiley and sons Ltd, West Susex, UK.

3.15 Hsu, T. T. C. and Jang, L. X., (1996), "Tension Stiffening in Reinforced Concrete Membrane Elements," Structural Journal of American Concrete Institute, Vol. 93, No. 1, pp. 108-115.

3.16 Hsu, T. T. C., (1988), "Softening Truss Model Theory for Shear and Torsion," Structural Journal of American Concrete Institute, Vol. 85, No. 6, pp. 624-635.

3.17 Okamura, H. and Maekawa, K., (1991), *Nonlinear Analysis and Constitutive Models of Reinforced Concrete*, ISBN4-7655-1506-0 C 3051, published in Japan.

3.18 MacGregor, J. (1997), *Reinforced concrete, Mechanics and Design, 3rd ed.*, Prentice Hall, Upper Saddle River, NJ, USA.

3.19 Kupfer, H. and Bulicek, H., (1992), "Consistent Model for Design of Shear Reinforcement in Slender beams with I- or Box-Shaped Cross Section," Proceedings of International Workshop on Concrete Shear, Elsevier Science Publisher, Inc., London-New York. pp. 256-265.

3.20 Kupfer, H. and Gerstle, K. H., (1973), "Behavior of Concrete under Bi-axial Stresses," Journal of Engineering Mechanics, ASCE, Vol. 99, No. 4, pp. 853-866.

3.21 Hendy, C. R. and Smith, D. A. (2007), *Designers' Guide To EN 1992-2, Eurocode 2: Design of Concrete Structures, Part 2: Concrete Bridges*, Thomas telford, London, England.

3.22 *Concrete Structures Euro-Design Handbook 1994/96*, (1994), ed by Eibl, J., Erst & sohn, Germany.

CHAPTER 4

구조 해석

4.1 개요

콘크리트 구조 설계에서 구조 해석은 작용 하중에 의해 구조물의 각 부위에 유발된 하중영향, 즉 부재력인 휨모멘트, 전단력, 축력 등과 변형인 처짐, 회전 등을 계산하는 과정을 일컫는다. **하중영향**(influence of load)은 하중 크기와 위치, 구조물의 기하학적 치수, 그리고 재료 성질에 따라 변한다. 예를 들면, 부재 한 단면의 휨모멘트 크기는 자중을 포함한 작용 하중, 지간 등에 관한 구조물 치수, 그리고 구성 재료의 탄성계수 등에 따라 달라진다. 하중의 작용에 의한 콘크리트 구조물의 거동은 상당히 복잡하여 현재까지 이에 대한 이해는 완전하지 않은 상태이다. 더욱이 구조물의 실제 거동을 비교적 정확하게 구하는 계산 방법일수록 매우 복잡하며 시간이 많이 소요된다. 이런 이유로 현실적으로 설계하기 위해서는 구조물의 거동에 대한 단순화 또는 이상화(idealization)가 필요하게 된다.

구조 해석은 구조 전체계全體界 해석(global analysis)과 부분部分 해석(local analysis)으로 나눌 수 있다. 이는 국부적인 거동을 포함한 전체 구조계 해석은 해석 시간은 물론 다루어야 할 자료의 양이 방대하여 분석에 소요되는 시간이 기하급수적으로 증가하기 때문에 비경제적인 과정이 된다. 따라서 전체 구조계 해석을 통하여 전반적인 거동 분석을 수행한 후 응력 교란 영역이나 중요한 부재에 대해 부분 해석을 수행하여 국부적인 거동을 분석하는 것이 보다 실질적인 해석 방법이다.

지금까지 간단하면서 가장 많이 사용하는 전체계 해석 방법은 구성 부재를 중심축과 일치된 선으로 보고 강성(stiffness)만 주어져 있는 것으로 가정하는 **골조 해석법**(frame analysis)이다. 그런데 해석에 사용된 가정들은 실제 사용하는 재료 혹은 구조물에 대하여 정확한 것이 아니며, 구한 해석 결과에 오차가 포함될 수도 있을 뿐만 아니라, 실제 구조물의 모든 하중영향을 반영할 수 없기 때문에 부분 구조계나 단위 부재에 대한 별도의 부분 해석을 추가적으로 수행하여 설계하게 된다. 그림 4.1에 나타낸 것처럼, 구조물은 서로 기능이 다른 여러 단위 **부재**部材(member)들의 조합으로 구성되어 있다. 구조 단위 부재들은 그들의 특성과 기능에 따라 보, 기둥, 슬래브, 벽체, 기초판 등으로 분류되며, 각 부재들의 기하학적 특성과 구조적 거동에 따라 적절히 이상화하여 해석한다.

보와 기둥의 각 단면은 하중을 받아 변형된 후에도 평면이 보존된다고 가정하면 보이론(beam theory)을 적용할 수 있어서 해석을 쉽게 할 수 있다. 슬래브와 판 부재도 일반적으로 평면 보존 가정이 유효하다고 간주하여 해석한다.

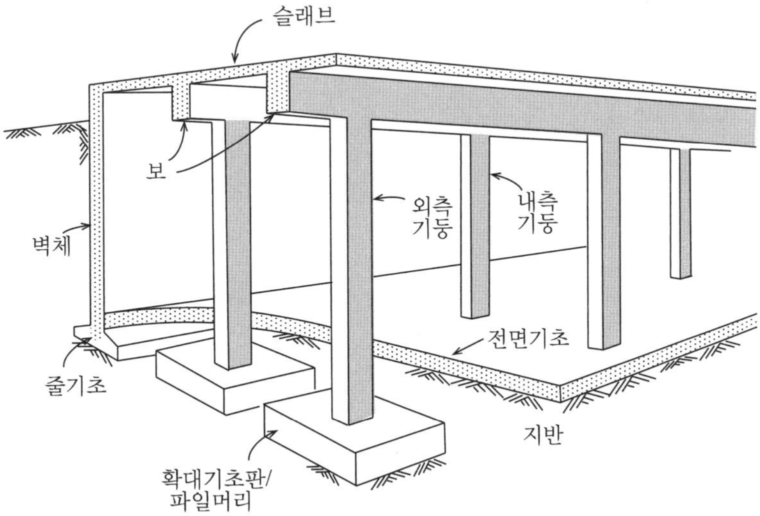

그림 4.1 철근콘크리트 구조물의 구성 부재

그러나 깊이에 비해 길이가 짧은 깊은 보와 벽체에서는 전단력에 의한 큰 변형이 동반되기 때문에 평면 보존 가정을 적용할 수 없다. 부재들의 연결부 등과 같은 곳에는 응력이 심하게 부등 분포하는 교란 영역(disturbed region)이 형성된다. 평면 보존 가정이 유효하지 않은 부재와 응력 교란 영역에 대해서는 이들의 영향을 반영하여 해석하여야 한다. 이러한 경우의 해석을 위하여 유한요소해석법을 사용할 수 있다. 이 방법에서는 실제 재료의 응력–변형률 곡선을 적용한 해석이 가능할 수도 있지만, 상당한 시간과 비용이 소요될 것이다. 대체 방법으로 스트럿-타이 모델 해석법을 사용할 수 있다.

크리프 변형과 같은 콘크리트의 시간 의존적 거동에 의한 하중영향은 시간에 따라 변한다. 어떤 경우에는 구조물의 시공 단계별로 구조계가 변한다. 따라서 시간과 공사 단계에 따라 적절한 기하 조건, 연결부 상태와 역학적 성질을 사용하고 인접 부재와의 상호 관계를 반영하여 해석하여야 한다. 일반적으로 사용한계상태를 검증하기 위해 구조물의 하중영향을 산정할 때는 비균열 전단면을 근간으로 한 선형 탄성 거동으로 가정하여 구조 해석을 수행한다. 다만, 간접하중(건조수축, 크리프, 온도, 부등침하 등)의 영향이 큰 경우에는 균열 단면을 근간으로 하는 선형 탄성 해석으로 단면력을 결정한다. 그러나 극한한계상태를 검증하기 위해 부재의 단면력을 산정할 때는 선형 탄성 해석, 소성 해석, 비선형 해석 등 구조물의 실제 거동 특성에 적합하게 선별하여 적용하여야 한다.

사용 수명 동안 예상되는 하중들의 조합 상태에 맞는 크기와 작용 위치에 재하하여 구조물을 해석해야 한다. 바닥 슬래브에 작용하는 차량 하중과 같은 활하중은 여러 형태로 재하 될 수 있는데 가장 불리한 배치 형태를 고려해야 한다. 또한 고정하중의 유리한 영향과 불리한 영향을 명확하게 구분해야 하는 경우, 2개의 서로 다른 하중계수($\gamma_{D,l}$와 $\gamma_{D,h}$)를 사용하여야 한다. 구조 요소가 지진 지역에 있거나 큰 충격하중을 받을 가능성이 있을 때는 순간적으로 마찰 구속을 유발하는 압축 반력이 발생하지 않을 수도 있으므로 마찰에 의해 발생하는 유리한 수평 구속을 허용하지 않는다.

4.2 구조물의 이상화

4.2.1 구조 해석 모델

구조물을 구성하고 있는 단위 부재들은 그들의 특성과 기능을 고려하여 보, 슬래브와 기둥으로 분류하는데, 간편하며 근사한 해석을 위해서 다음과 같이 이상화시켜 정의한다. 전체 단면 깊이에 대하여 4배 보다 큰 경간을 갖는 부재는 **보**(beam)로 해석하여야 하며, 그렇지 않은 경우에는 **깊은 보**(deep beam)로 해석하여야 한다. 단면 깊이가 폭의 4배 이하이며 길이가 단면 깊이의 3배 이상인 부재로서 축압축력을 주로 받는 부재는 **기둥**(column)으로 해석하여야 하며, 그렇지 않은 경우에는 **벽체**(wall)로 해석하여야 한다. 단면 깊이에 대하여 5배 이상의 폭을 갖는 부재는 **슬래브**(slab)로 해석한다. 슬래브 중심면에 직각으로 작용하는 하중을 받는 슬래브가 마주보는 두 변만 지지되어 있고 직각으로 놓인 다른 두 변이 지지되어 있지 않을 경우를 **1방향 슬래브**(one-way slab)라고 한다. 반면에 네 변이 모두 지지되어 있으며 그 변장비가 2이하인 슬래브는 2방향으로 휨모멘트가 발생하며 이들을 **2방향 슬래브**(two-way slab)라고 한다. 그림 4.1에 보인 슬래브는 보에 의해 두 변만 받쳐져 있으므로 1방향 슬래브에 해당한다. 기초판은 역학적으로 슬래브와 동일한 거동을 하기 때문에 설계에서는 슬래브에 적용하는 방법을 그대로 적용한다.

실제 복잡한 형상의 구조물을 그대로 해석하는 것은 현실적으로 매우 어려운 일이다. 그래서 대부분의 경우 실제 구조물을 이상화시켜 해석한다. 설계에서 3차원 구조는 구성 부재 중심축과 일치하는 직선들의 조합으로 표현하며, 표면의 일정한 면적에 작용하는 분포 하중은 한 점에 작용하는 집중 하중으로 가정하여 해석하기도 한다. 이때 각 부재를 나타내는 직선은 강성, 간격과 받침점 조건이 실제 구조물의 해당 값에 가깝도록 이상화하여 해석하여야 그 결과가 실제 값에 근접할 수 있다.

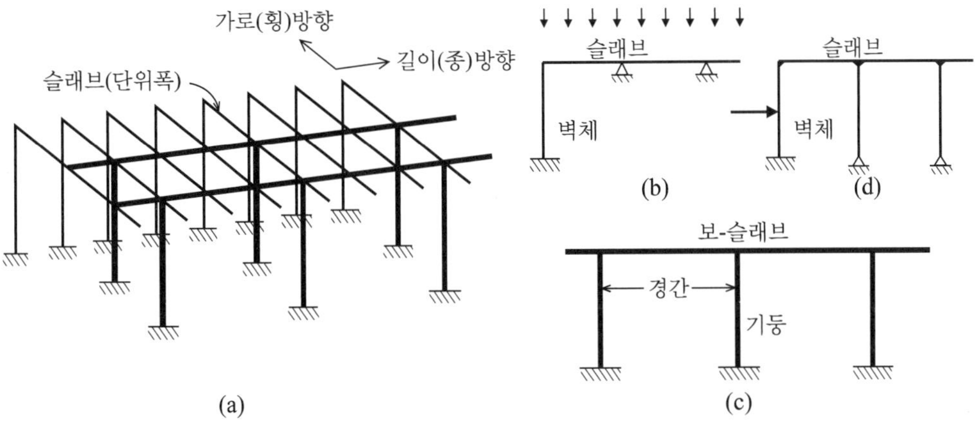

그림 4.2 그림 4.1의 구조물 설계를 위한 해석 모델

그림 4.2는 3차원 구조물인 그림 4.1의 구조 설계를 위한 해석 모델을 나타낸 것이다. 바닥 슬래브는 길이 방향으로 배치된 보와 벽체에 의해 지지된 상태로 1방향 슬래브에 해당한다. 따라서 일정폭을 갖는 일련의 선線부재로 이상화한다. 벽체도 길이 방향으로 일정폭을 갖는 일련의 선부재로 이상화한다. 길이 방향으로 배치된 보는 슬래브를 지지하면서 기둥에 의해 지지된 상태이다. 따라서 그림 4.1의 실제 구조는 그림 4.2(a)처럼 3차원 골조로 이상화할 수 있다. 이때 받침점 조건과 절점 상태를 적절하게 이상화하여야 한다. 실제 설계에서는 이 3차원 골조에 대한 전체계 해석을 수행하지 않고, 그림 4.2(b), (c)와 (d)에 보인 2차원 평면 부분 골조(sub-assembly)만 해석하여 설계한다. 입체 골조의 가로 방향으로는 그림 4.2(b)의 평면 골조(plane frame)로 나타내며 연직 하중을 작용하여 해석한 결과로 슬래브를 설계한다. 길이 방향으로는 그림 4.2(c)에 보인 평면 골조를 해석한 결과로 보와 기둥을 설계한다. 만약 벽체 배면의 채움 흙에 의한 토압과 같은 수평력의 영향을 반영하여 설계한다면, 그림 4.2(d)와 같이 평면 골조의 강성을 고려한 해석 모델을 사용해야 한다. 이처럼 부분 평면 골조는 평면 내 작용하는 면내面內력에 대해서만 해석하고, 면외面外력이나 면외 방향 결합은 무시한다[참고문헌 4.8].

골조 해석을 위해 실제 구조물을 몇 개의 2차원 평면 구조로 분할하여 해석할 때 부재 단부의 구속 조건을 정확하게 표현한다는 것은 어려운 일이다. 부재의 휨모멘트는 단부 구속 조건에 따라 크게 달라진다. 실제 구조물은 대부분 3차원 입체 구조로 절점에서의 회전 구속은 연결되어 있는 다른 부재의 강성에 의해 지배된다. 만약 보가 두꺼운 벽체와 일체로 된 상태이면 단부는 고정되어 있다고 간주할 수 있다. 그러나 벽체와 일체로 된 상태가 아니면 단부 회전 구속이 거의 없는 힌지 받침점으로 간주할 수 있다. 해석하는 평면 골조가 평면에 직각 방향으로 부재가 연결된 상태이고 그 비틀림 강성이 크다면 이 비틀림 강성을 고려하여 해석한다.

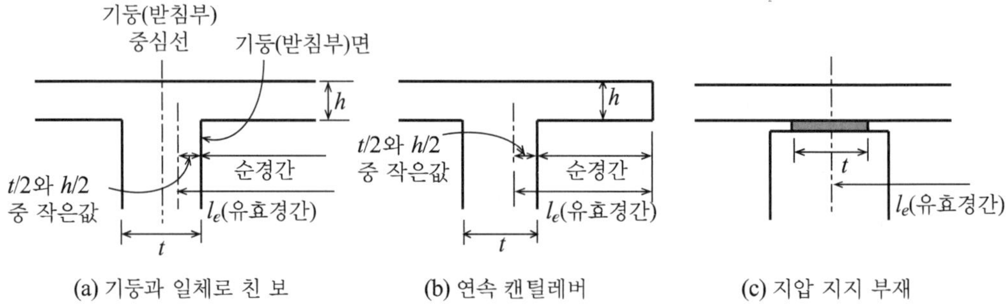

그림 4.3 여러 조건에서 유효 경간

4.2.2 유효 경간

구성 부재의 중심선을 지나는 직선들의 조합으로 구조물을 이상화할 때, 실제로는 기둥의 폭이나 보의 깊이는 상당한 크기를 갖고 있기 때문에 부재간의 순간격은 중심선 사이의 간격보다 상당히 작다. 그러므로 해석에서 한 부재의 강성이 일정하다고 하는 단순화는 엄격하게 말하면 옳지 않다. 그림 4.1에 보인 것처럼 기둥과 일체로 되어 있는 보에서 기둥면 사이 부분은 균등 단면을 갖지만 기둥 중심선에서 기둥면까지 부분의 단면은 훨씬 크게 되므로 단면2차 모멘트는 무한대에 가까워 기둥 중앙부의 정모멘트가 작게 발생하게 한다. 이때문에 그림 4.2(c)와 같은 평면 골조를 이용하여 정확한 해석 결과를 얻기 위해서는 부재의 단면 변화를 고려해야 한다. 따라서 수평 부재인 보에서는 일체로 연결된 기둥이나 받침 지압판의 폭의 영향을 고려한 **유효 경간**(effective span; l_e)을 사용하여 보의 설계 부재력을 결정한다.

일반적으로 기둥과 일체로 된 보의 유효 경간은 그림 4.3(a)에 보인 것처럼 기둥 폭 t의 1/2과 보 깊이 h의 1/2 중 작은 값에 해당하는 거리만큼 순경간을 지난 점에 받침점 중심이 있다고 간주한 경간 길이가 된다. 여기서 $h/2$의 제한을 둔 것은 폭이 매우 큰 기둥에 의해 지지된 보의 실제 받침점 위치를 나타내기 위한 목적이다. 이 받침점 위치는 그림 4.3(b)에 보인 연속 캔틸레버인 경우에도 동일하게 적용된다. 그러나 기둥과 일체로 된 독립 캔틸레버의 유효 경간은 순경간과 같다. 그림 4.3(c)에 보인 단순 지지된 보에서처럼 회전 구속이 없는 지압판(bearing plate)으로 지지된 보의 유효 경간 l_e는 지압판 중심선 사이의 거리로 한다.

보와 슬래브의 경우에는 받침부 중심선과 면사이의 휨모멘트 변화가 상당히 크기 때문에 유효 경간을 사용하여 해석한 결과로 보를 설계한다면 불필요하게 과대한 단면이 된다. 따라서 구조 해석 후 단면 설계 휨모멘트를 취할 때 몇 가지 사항을 고려하여야 한다. 그림 4.4(a)처럼 보나 슬래브가 받침 부재와 일체로 되어 단부端部가 구속된 경우에는 최대 휨모멘트 대신에 받침부 면에서 취한 휨모멘트로 단면을 설계할 수 있다. 이것은 그림에 보인 것처럼 지압

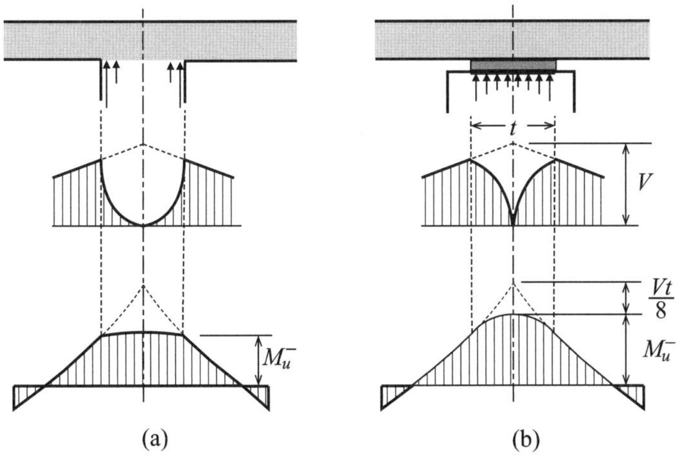

그림 4.4 받침부의 설계 휨모멘트 수정

반력의 대부분이 받침부 면에 집중되어 있어서 중심선 부근의 보에는 전단력이 존재하지 않는 상태가 되기 때문이다. 이때 받침부 면에서의 휨모멘트는 받침부 중심선 모멘트의 65퍼센트보다 큰 값이어야 한다.

반면에 그림 4.4(b)에 보인 것처럼 보가 단순히 지압 받침부에 지지되어 단부 회전 구속이 없는 경우에는 받침부 면에서 취한 휨모멘트로 단면을 설계하면 안전하지 않게 된다. 이 경우 단면 설계 휨모멘트는 받침부 중심선 휨모멘트와 받침부 면 휨모멘트 사이의 값으로 받침부 폭에 따라 달라진다. 그림 4.4(b)에 나타낸 것과 같이 중심선과 면사이의 휨모멘트 변화량은 두 점사이의 전단력도 면적과 같다. 단순 지압판으로 지지된 보에서 이 전단 면적은 대략 $Vt/2$가 된다. 여기서 V는 반력이고 t는 받침부 폭이다. 그런데 받침부의 실제 지압 반력 분포 상태를 정확하게 알 수는 없지만 상당한 부등 분포 상태이다. 이 지압 반력의 분포를 고려하면 보 단부의 실제 전단력도와 휨모멘트도는 실선으로 나타낸 선에 가까울 것이다. 따라서 지압부 위 전단력도 면적에서 실선 바깥 부의 면적 만큼에 해당하는 휨모멘트가 감소되는 효과가 있게 된다. 감소된 면적이 약 1/4 정도라고 안전하게 가정하면 $Vt/8$의 휨모멘트가 감소되는 효과가 있다는 의미이다. 여기서 사용한 폭 t는 사각형 형태의 받침부 일 때 적용하는 값이고 원형이나 다른 형태의 경우에는 달라진다. 원형 받침부일 때는 대략 중앙 절반 면적에 해당하는 폭 $D/3\pi$을 사용한다. 여기서 D는 지압력이 실제 작용하는 접촉 면적의 지름이어야 한다. 따라서 단순 지지된 부재의 받침부에서는 해석으로 구한 최대 휨모멘트에서 $Vt/8$만큼 감소된 휨모멘트로 단면을 설계할 수 있다.

4.2.3 유효 플랜지 폭

그림 4.1에 보인 구조물처럼 슬래브는 아래에 놓인 보와 일체로 되어 있는 상태가 일반적이다. 보통 콘크리트 타설은 보에서부터 슬래브까지 한 번에 이루어진다. 이런 경우 보의 스터럽은 슬래브까지 연장 배치된다. 따라서 슬래브는 보의 휨압축력을 함께 담당한다. 이러한 형태인 부재의 단면은 T형 또는 L형이다. 그림 4.5에 나타낸 것과 같이 슬래브는 **플랜지**(flange)를 형성하고 연결된 보는 **복부**(web)를 형성한다.

그림 4.5에서 플랜지의 폭이 복부 폭에 비해 그다지 크기 않으면 전체 플랜지는 휨모멘트에 의해 발생하는 압축력에 저항하는데 모두 유효하다고 간주할 수 있다. 그러나 그림 4.5(a)처럼 플랜지 폭이 큰 경우는 복부에서 먼 플랜지 부분은 복부 바로 위에 위치한 부분보다 압축력을 덜 받는다. 넓은 플랜지에서 면내 전단 연성(shear flexibility)은 플랜지 폭에 걸친 휨응력의 불균등한 분포를 발생시킨다. 복부와 연결된 부위의 플랜지에는 큰 휨압축응력이 발생되고 멀어질수록 휨응력이 작아진다. 이러한 현상을 **전단지연**(shear lag) 효과라 하며, 이 효과에 의해 T형 단면 부재의 휨강성도 작아진다.

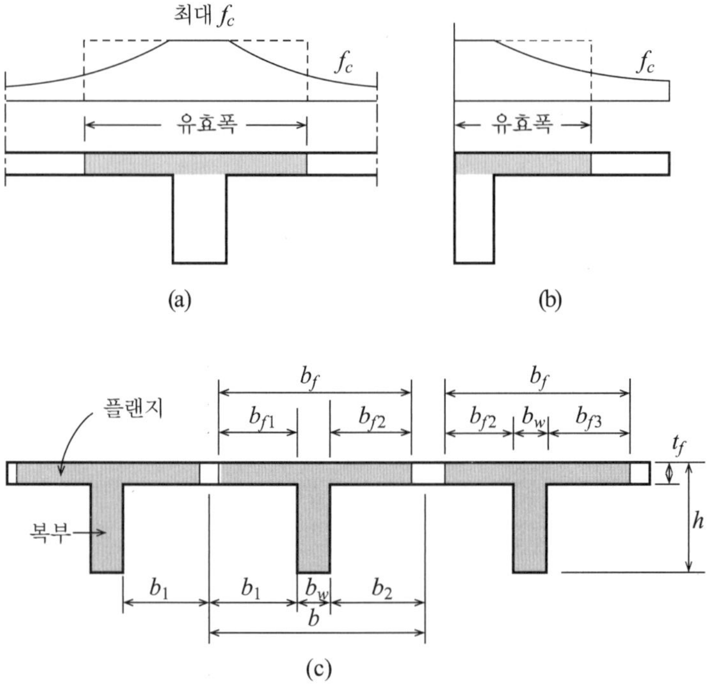

그림 4.5 플랜지 유효폭

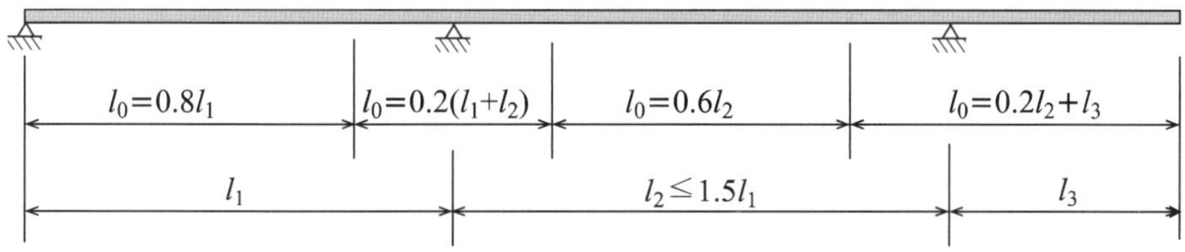

그림 4.6 등가 단순 경간 길이 l_o

이러한 현상을 간편하게 고려하는 방법으로 플랜지 유효폭 개념이 사용되고 있는데, 실제 폭보다 작은 등가의 유효폭을 사용함으로써 전단지연에 따른 휨응력의 변화와 강성의 감소를 모두 표현할 수 있다. 도로교설계기준에 따르면 설계 목적으로 상세한 해석을 수행하지 않는 경우 모든 극한한계상태의 저항 성능을 산정하기 위하여 합성 거동을 하는 콘크리트 플랜지의 유효폭을 아래와 같이 규정하고 있다.

(1) 대칭 T형 단면에 대해서 유효폭 b_f는 종방향 등가 단순 경간 길이 l_o의 1/4을 넘어서는 안 된다. 그리고 슬래브 두께 t_f의 12배와 복부폭 b_w를 더한 값 $(12t_f+b_w)$보다 커서도 안 되며, 인접 거더 사이의 중심간 거리인 실제 폭 b를 넘어서도 안 된다.

(2) 비대칭 T형인 외측 거더의 플랜지 유효폭 b_f는 인접한 내측 거더 유효폭의 1/2과 종방향 등가 단순 경간 길이의 1/8을 합한 값을 초과해서는 안 되며, 인접 거더 유효폭의 1/2에 플랜지 두께 t_f의 6배와 복부폭의 절반을 더한 값보다 커서도 안 된다. 그리고 인접 거더 유효폭의 1/2에 내민 플랜지 폭을 합한 실제 폭을 넘어서도 안 된다.

여기서 종방향 **등가 단순 경간 길이**는 종방향 휨모멘트가 0인 변곡점 사이 거리로, 그림 4.6에 보인 것과 같이 연속 거더의 내측 경간에서는 실제 경간의 0.6배, 외측 경간에서는 0.8배를 취하여 구할 수 있다. 높은 정밀도가 요구되지 않는 구조 해석에서는 경간 중앙의 플랜지 유효폭을 전 경간에 적용할 수 있다[1].

4.2.4 지반-구조 상호 작용

압축성 지반 위에 놓인 확대기초판이 상대적으로 작을 경우, 기초 지반의 회전 저항력을 기대

1) 콘크리트구조기준에서는 건물을 포함하는 일반 콘크리트 구조물에 적용하는 유효 플랜지 폭을 다음과 같이 규정하고 있다.
① 대칭 T형 보에서는 슬래브 두께의 16배와 복부폭을 더한 값$(16t_f+b_w)$보다 커서는 안 되며, 인접 보 사이의 중심간 거리인 실제 폭을 넘어서도 안 된다. 또한 보의 경간의 1/4보다 커지 않아야 한다.
② 비대칭 T형인 외측 보에서는 슬래브 두께의 6배와 복부폭을 더한 값$(6t_f+b_w)$이나 인접 보 사이의 중심선 거리인 실제 폭을 넘어서는 안 된다. 또한 보의 종방향 경간의 1/12에 복부폭을 더한 값보다 작아야 한다.

할 수 없기 때문에 기둥 하단부를 회전 받침점으로 간주해도 된다. 반면에 단단한 바위 위에 놓인 확대기초에 지지된 기둥이나 말뚝기초와 일체로 된 기초판(pile cap)에 연결된 기둥은 고정 받침점으로 간주하여 해석할 수 있으며, 전면 기초(mat foundation)에 일체로 되어 지지된 기둥의 하단도 고정된 것으로 간주할 수 있다.

기둥 하중이 크고 상대적으로 기초 지반이 취약하거나 침하의 가능성이 높은 지반에서는 지반과 구조의 상호 작용을 고려해야 한다. 압축성 지반에서 지반 반력의 크기는 지반의 침하량에 비례한다. 더욱이, 전면 기초나 복합 기초에서 기초판 자체의 강성이 비교적 작고 기둥 간격이 넓은 경우에는 상향 지반 반력에 의해 기초판이 위로 휘며, 침하량이 균등하지 않을 뿐만 아니라 선형으로 분포하지도 않는다. 따라서 지반의 성질과 기초판의 강성에 따라 다르게 해석해야 한다. 이러한 현상을 지반-구조 상호 작용(soil-structure interaction)이라 하며, 분리 해석과 연립 해석하는 두 가지 방법이 있다[참고문헌 4.8].

분리 해석법 : 이 방법은 먼저 지반이 변형하지 않는 강체라고 간주하고, 받침점 조건을 상황에 적합하게 고정 또는 힌지 받침점으로 간주하여 상부 구조를 해석한다. 그림 4.7(a)처럼 상부 구조에 표준하중들의 조합 하중이 작용할 때 각 기초판과 지반의 경계면에서 반력을 구한 후, 이 반력에 의한 지반의 침하량을 산정한다. 다음으로는 각 지반에서 부등 침하량을 상부 구조에 간접하중으로 작용시켜서 다시 구조 해석을 수행한다. 만약, 지반의 부등 침하량이 상부 구조의 단면력에 민감하게 영향을 미친다면, 앞의 과정을 반복해서 수행하여 그 차이가 대략 10퍼센트 이하이면 해석을 마치고 그 결과로 부재를 설계한다.

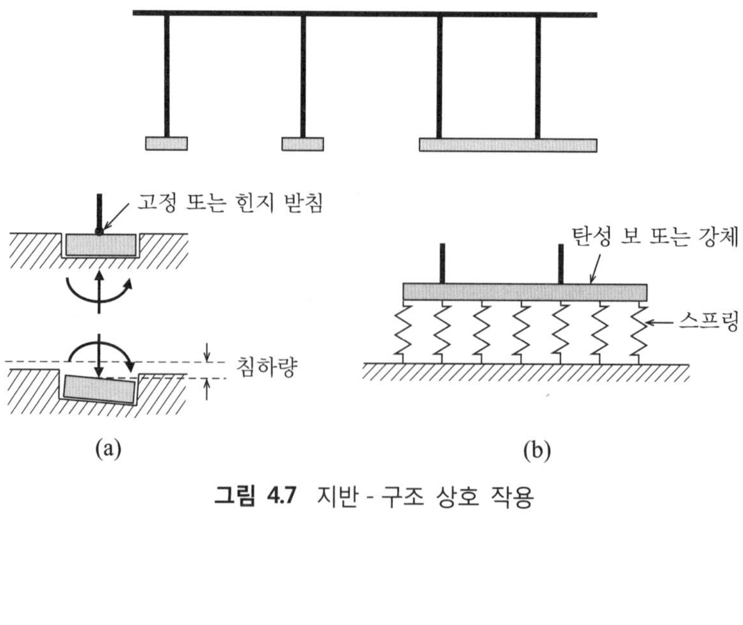

그림 4.7 지반 - 구조 상호 작용

연립 해석법 : 이 방법은 상부 구조와 지반을 한꺼번에 모델링하여 연립해서 해석하는 방법이다. 먼저, 지반의 압축-침하 관계로부터 지반의 강성을 구하여, 그림 4.7(b)와 같이 지반을 스프링으로 이상화 한다. 이때 작은 강성을 갖는 기초판이라면 기초판을 탄성 보로 이상화하며, 충분히 큰 강성의 기초판이라면 변형하지 않는 강체로 간주하여 해석한다.

4.2.5 기하학적 결함

구조물의 치수는 구조물, 부재와 단면의 형상, 크기와 전체적인 배열을 포함하며 구조 해석에 필요한 중요한 기본 변수이다. 구조물의 치수가 설계도에 주어진 값과 정확하게 일치하도록 시공하는 것은 현실적으로 불가능하다. 보통 인정할 수 있는 허용 오차가 주어지지만, 실제로 측정해 보면 이들 값들이 자주 초과된다. 따라서 보의 경간이나 부재 단면 어느 것도 설계도의 치수와 정확하게 맞지 않게 된다. 철근콘크리트에서 철근의 위치는 설계도에 나타낸 곳에서 쉽게 이탈할 수 있으며, 모든 구조물의 높이와 폭이 도면과 다를 수 있다. 이처럼 구조물의 치수는 일반적으로 확률 변수인데, 하중 및 재료 성질과 비교하면 구조물 치수의 변동성은 대부분의 경우 작거나 무시할 수 있다. 따라서 치수는 확률 변수로 간주하지 않고 설계도에 나타난 값을 공칭값(nominal value)으로 하여 해석에 그대로 사용할 수 있는 설계값(design value)이 된다. 1장에서 설명했듯이, 일반적인 구조물의 치수에 대한 오차는 보통 재료계수에 의해 포괄적으로 반영되었다고 간주하여 구조 해석에 반영하지 않는다.

그러나 어떤 치수의 편차가 하중영향에 심각한 영향을 미칠 때, 치수는 명시적으로 확률 변수로 간주하여 확률적 접근법을 적용하거나, 구조 해석에 고려하여야 한다. 특히, 철근콘크리트 구조물에서 수직 압축 부재는 중력 하중에 의해 큰 축압축력을 받고 있는 상태가 대부분이다. 이러한 부재의 대표적인 예가 교량의 교각이며 그 직선성과 연직성에 대한 시공 오차는 부재력을 확대시켜 구조 안정성에 상당히 불리하게 영향을 미치는 경우 많다. 따라서 기하적인 결함으로 구조 해석에 꼭 고려해야 할 사항으로 수직 압축 부재의 시공 오차를 들고 있으며, 아래 식으로 규정된 경사도 θ_i에 의한 하중영향을 구조 해석에 반영하도록 되어 있다.

$$\theta_i \geq \frac{2}{\sqrt{l}}\theta_o \tag{4.2-1}$$

여기서 θ_o는 기본 경사도 값으로서 1/200을 사용하며, l은 부재 실제 길이로 단위는 미터(m)이다. 다만 길이에 따른 보정은 $2/3 \leq 2/\sqrt{l} \leq 1$ 이내의 범위이어야 한다. 이 기하학적 결함을 극한한계상태 검증에 반드시 고려하여야 하며, 사용한계상태 검증에는 고려할 필요가 없다. 일반적인 설계기준에 규정된 최소 편심량은 단면 설계에 대한 것으로서 이를 구조 해석에는 포함하지 않는다.

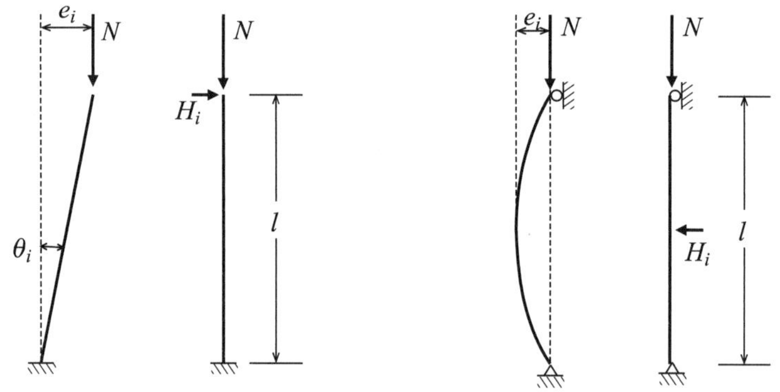

(a) 수평 변위 있는 경우 (b) 수평 변위 없는 경우

그림 4.8 기하적인 결함을 반영하는 등가 수평력

이 기하적인 결함을 구조 해석에 반영하는 방법은 구조 시스템에서 모델링하는 방법과 등가의 수평력으로 치환하여 해석하는 방법이 있다. 후자는 간편하게 사용할 수 있는 방법이지만 등가 수평력을 산정하기 위해서는 작용 축력을 미리 알아야 한다. 이러한 문제는 반복 계산을 수행하여 극복할 수 있다.

그림 4.8은 기하적인 결함을 등가等價(equivalent) 수평력으로 반영하는 방법을 보인 것이다. 그림 4.8(a)에 보인 수평 변위가 구속되지 않는 수직 부재에는 식 (4.2-1)에 주어진 기하적인 결함에 의해 상단에 편심 $e_i = \theta_i l$이 있는 상태가 된다. 이 편심에서 축력 N에 의한 하단의 휨모멘트 $N\theta_i l$과 가상의 수평력 H_i에 의한 하단의 휨모멘트 $H_i l$가 같아야 한다는 조건으로부터 등가 수평력 H_i의 크기는 다음과 같게 된다.

$$H_i = \theta_i N \tag{4.2-2}$$

한편, 그림 4.8(b)에 보인 수평 변위가 구속된 수직 부재인 경우에는 등가 수평력의 크기는 두 배가 된다. 기하적인 결함에 의한 부재의 편심량은 앞의 경우와 동일하지만, 그 편심과 축력에 의한 영향은 그림에 보인 것처럼 등가 수평력이 부재 중앙에 작용하여 발생한 영향과 같아야 한다. 즉 부재 중앙에서 편심량은 $\theta_i l/2$이고 축력에 의한 휨모멘트는 $N\theta_i l/2$가 되며 이때 부재 중앙에 작용하는 등가 수평력에 의한 휨모멘트는 $H_i l/4$가 되어 결국 등가 수평력 H_i는

$$H_i = 2\theta_i N \tag{4.2-3}$$

더 복잡한 받침 조건을 갖는 부재는 유효 좌굴 길이를 이용하여 등가 수평력을 쉽게 구할 수 있다. 이처럼 기하적 결함에 의한 등가 수평력은 실제 작용하중에 추가하여 구조물의 하중영향을 산정해야 한다.

4.3 구조 해석

4.3.1* 철근콘크리트 구조물의 거동 특성

철근콘크리트 구조물은 작용하는 하중이 점진적으로 증가하여 파괴 단계까지 이르는 동안 몇 단계로 구분할 수 있는 거동 특징을 갖고 있다. 초기 낮은 하중 단계에서 콘크리트의 최대 인장응력이 그 인장강도보다 작을 때는 균열이 발생하지 않아 부재 전체가 하중에 저항하는 데 유효하다. 하중을 더 증가시키면, 콘크리트의 인장응력이 곧 인장강도에 도달하여 균열이 발생하고, 점차 인접 부위로 확장된다. 균열이 발생된 부위의 콘크리트는 더 이상 인장응력에 저항할 수 없으며 대신에 배치된 철근이 인장력을 감당하게 된다. 하중을 계속 증가시키면 균열은 점차 확장되면서 철근의 응력과 변형이 비선형적으로 크게 증가하게 된다.

종국적으로 부재의 최대 하중 능력 상태에 도달하면 파괴는 두 가지 중 하나의 형태로 발생한다. 상대적으로 적은 철근량이 배치된 보는 인장 철근이 먼저 항복하고 심각한 처짐이 발생함과 동시에 균열의 폭은 눈에 띄게 넓어지면서 상당히 큰 변형을 수반하여 결국 압축 콘크리트가 파쇄 되거나 또는 철근이 파단되어 파괴된다. 반면에 상대적으로 많은 철근량을 배치한 보는 철근이 항복하기 전에 압축 콘크리트가 먼저 파쇄되어 파괴에 도달한다.

이처럼 철근콘크리트 부재는 전혀 성질이 다른 두 재료로 만들어 졌으며, 사용 중에 항상 균열을 갖고 있기 때문에 근본적으로 비균질(non-homogeneous)하다. 또한 콘크리트는 태생적으로 응력－변형률 관계가 **비선형**(non-linearity)이며 큰 취성을 갖고 있다. 이때문에 그 거동은 상당히 복잡하게 나타나며, 철근콘크리트 구조의 해석 방법은 강재나 목재, 혹은 다른 구조재료로 만들어진 부재 해석 방법과 다르게 된다.

(a) 선형 탄성 거동

콘크리트에 발생되는 응력이 인장강도보다 작은 한도 내에서는 인장 균열이 발생하지 않고, 이때 콘크리트의 응력과 변형률 관계는 선형 탄성(linear elastic)이다. 단면 응력의 분포는 선형적이고 균질한 재료로 된 부재와 본질적으로 같으며, 유일한 차이점은 철근이라는 다른 재료와 함께 거동한다는 것이다. 일반적으로 사용하는 철근은 표면에 이형 마디를 두어 콘크리트와 거의 완전하게 부착된다. 따라서 특히 낮은 하중 단계에서 철근과 콘크리트는 완전하게 일체 거동을 하고 있다고 간주할 수 있다. 철근의 높은 탄성계수는 환산 단면 개념을 이용하여 콘크리트 단면으로 환산할 수 있다. 따라서 균질한 부재와 동일하게 선형 탄성 해석 방법을 적용하여 부재의 휨모멘트와 전단력 등을 계산한다.

(b) 비선형 거동

철근콘크리트 구조물에 균열이 발생하고 나면 작용하고 있는 실제 휨모멘트는 선형 탄성 해석 결과와 현저히 다를 수 있다. 특히 부정정 구조물의 해석은 힘의 평형 조건 뿐만 아니라 변형의 적합 조건도 만족하여야 하는데 해석에 사용된 강성이 실제의 강성과 다르면 그 해석 결과도 다르게 된다. 그 대표적인 경우로 그림 4.9에 보인 연속보의 내측 경간을 들 수 있다. 보의 전체를 동일한 휨강성으로 간주하여 선형 탄성 해석하면 분포 하중 w에 의해 받침점 단면-A와 경간 중앙 단면-B에는 $M^- = wl^2/12$과 $M^+ = wl^2/24$가 각각 발생한다.

철근콘크리트 보에서 휨모멘트 분포는 받침부 위 구간에 균열이 발생하면 달라지기 시작한다. 이 구간의 휨모멘트는 경간 중앙보다 2배가 크기 때문에 균열이 빨리 발생하는데, 균열이 발생하면 휨강성이 현저하게 감소하게 되며 받침부 구간의 회전(rotation) 구속이 이완되어 M^-는 감소하고, 반면에 M^+는 증가하게 된다.

이때 부휨모멘트 감소량 ηM^-는 이 구간의 이완 회전량의 크기에 따라 달라진다. 극단적인 경우로 최소 철근량보다 적은 철근량이 배치된 상태라면 균열 발생과 동시에 균열폭이 크게 열려 받침부의 회전 구속이 거의 없는 단순보와 같은 거동으로 순간적으로 바뀌어 M^-는 0에 근접하는 휨모멘트도(bending moment diagram)가 나타날 것이다. 실제 적절하게 설계된 보에서는 그림에 점선으로 나타낸 것과 같은 휨모멘트도를 형성한다.

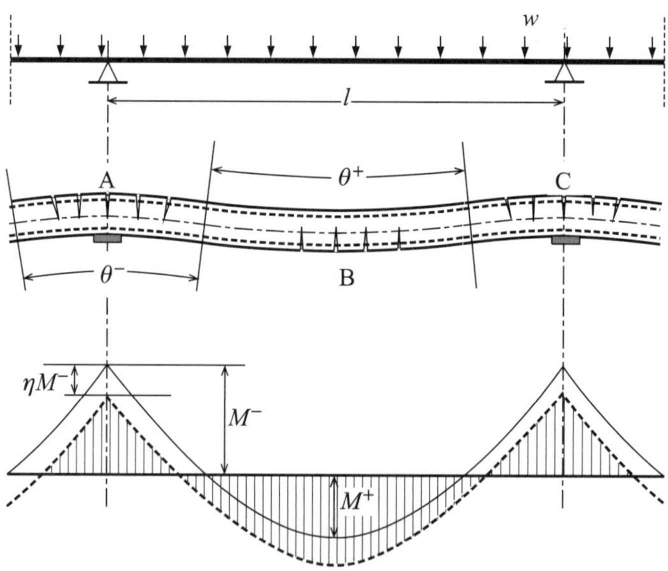

그림 4.9 철근콘크리트 부재의 휨모멘트 재분배

이러한 현상을 **휨모멘트 재분배**(moment redistribution)라고 하며, 탄성 해석 값과의 차이 ηM^-가 재분배되는 휨모멘트 크기이다. 철근콘크리트 보에서 재분배율 η는 하중 단계, 부재의 구속 상태와 단면 제원에 따라 그 크기가 변화한다.

그림 4.9에 보인 연속보에서 작용 하중 w의 크기에 따라 변곡점을 기준으로 부負휨모멘트 구간의 회전량 θ^-와 정正휨모멘트 구간의 회전량 θ^+의 변화를 그림 4.10에 실선과 점선으로 각각 나타냈다. 만약 두 곡선이 동일하다면 탄성 해석에서 가정한 상대 강성이 일정하기 때문에 그 해석 결과가 실제 휨모멘트도일 것이다. 그런데 실제 보에서는 그림에 나타난 것처럼 각 하중 단계마다 회전량 차이 $\Delta\theta$가 발생한다. 이 차이만큼이 변형 적합 조건을 만족하지 못한 상태이기 때문에 그에 상응하는 휨모멘트 재분배가 이루어진다.

균열휨모멘트 M_{cr} 이전 단계에서는 $\Delta\theta$가 없기 때문에 휨모멘트 재분배율 η은 0이고, 부휨모멘트 구간에 균열이 발생되면서 $\Delta\theta$가 발생되기 시작하여 재분배가 발생한다. 이 초기 재분배는 정휨모멘트 구간에 균열이 발생하기 직전 상태까지 증가한다. 실험에 의하면[참고문헌 4.9], 연속 슬래브에서 이 초기 단계에 대략 10퍼센트가 넘는 정도의 재분배가 발생하는 것으로 관찰되었으며, 그 후 하중이 증가하여 부휨모멘트 구간의 철근이 항복하면 $\Delta\theta$가 급격하게 증가하며 그에 따른 재분배량이 증가한다. 이 부휨모멘트 구간이 계속해서 회전 변형되는 사이 정휨모멘트 구간의 철근이 항복하게 되어 $\Delta\theta$가 최대가 되며 그 후 대략 일정하게 유지되는 상태가 된다. 연속 슬래브 실험 결과에 따르면 최종 단계에서 30퍼센트에 가까운 재분배율이 나타난 것으로 밝혀졌다. 이처럼 철근콘크리트 부재는 균열 발생 후 하중 단계부터 선형 탄성 해석 결과와 상당히 차이가 나는 거동을 한다.

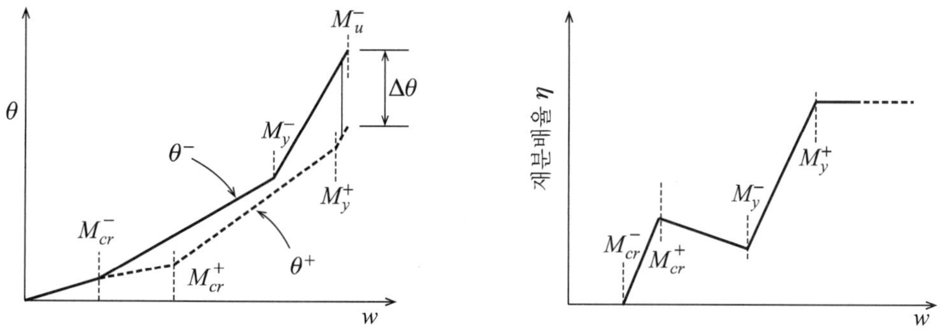

그림 4.10 회전량 차이와 재분배율 [참고문헌 4.10]

설계 관점에서 살펴보면 사용하중 상태보다는 극한한계상태에서의 실제 거동이 더 중요하다. 극한한계상태는 연속보에서 부휨모멘트 단면의 철근 항복 이후에 발생하는 소성회전능력의 차이에 의해 실제 휨모멘트의 분포가 달라진다는 것을 알 수 있다. 이 회전 변형이 경간 중앙 단면의 철근이 항복할 때까지 지속된다면 분배율이 크게 증가한다. 이처럼 극한한계상태에서 휨모멘트 재분배량은 위험 구간의 소성회전능력과 직접적인 상관 관계가 있다.

그림 4.9의 연속보에서 탄성 휨모멘트에 맞게 철근이 배치되어 있다면 소성회전능력이 필요하지 않다. 이론적으로 이때의 보는 양쪽 받침점 단면과 경간 중앙 단면의 철근이 동시에 항복한다. 반면에 받침점 단면의 철근량이 적다든지 또는 중앙 단면의 철근량이 많으면, 중앙 단면의 철근이 항복하여 최대 강도를 발휘할 때까지 받침점 단면의 소성회전능력이 필요하게 된다.

이 연속보의 상부와 하부가 대칭으로 동일한 철근량이 배치되어 받침점 단면과 중앙 단면의 항복 휨강도 M_y가 동일한 경우를 살펴보자. 이러한 상태에서 분포 하중 w를 점차 증가시키면, 받침점 단면에는 탄성 휨모멘트 $wl^2/12$가 발생하기 때문에 단면의 철근이 항복하는 휨강도 M_y에 도달 할 때의 하중 크기를 w_1이라고 하면 그림 4.11(a)로 부터 다음을 얻는다.

$$w_1 = 12\frac{M_y}{l^2} \tag{a}$$

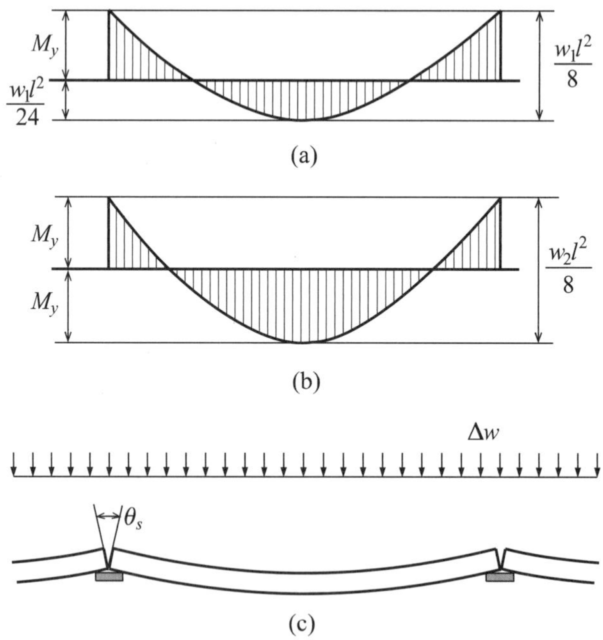

그림 4.11 휨모멘트 재분배와 소요 소성회전능력

이 하중에서 경간 중앙 단면의 정휨모멘트는 $w_1 l^2/24$로 그 항복 휨강도의 절반에 해당된다. 즉 양 받침점 단면을 제외한 다른 모든 곳에서는 여전히 탄성 거동을 하고 있다. 이 시점에서 해석 목적으로 받침점 단면을 **소성힌지**(plastic hinge)로 대체할 수 있다고 가정해보자. 여기서 소성힌지란 단면의 철근이 항복한 이후 M_y 크기의 일정한 휨저항강도를 발휘하면서 회전 변형은 계속 증가하는 절점 상태를 말한다. 양 받침점을 소성힌지로 치환하면 이때부터 보는 정정 단순보와 동일한 상태의 거동을 한다. 이 상태로 작용 하중을 더 증가시키면 결국 중앙 단면의 철근이 항복하는 M_y에 도달할 것이며, 이때의 분포 하중의 크기를 w_2라고 하면 그림 4.11(b)로 부터 다음과 같게 된다.

$$w_2 = 16\frac{M_y}{l^2} \tag{b}$$

식 (a)와 (b)를 비교해 보면, 첫 번째 위험 단면인 받침점 철근이 항복하는 하중보다 33.3퍼센트가 증가하였다. 즉 받침점 단면의 소성회전 변형에 의해 휨모멘트가 재분배되어서 배치된 철근의 잠재적인 강도를 모두 활용할 수 있게 된다. 만약 받침점 단면의 소성회전능력이 충분하지 않다면 재분배량도 그에 따라 작아진다. 따라서 중앙 단면의 철근이 항복할 때까지 필요한 받침점 단면의 소성회전능력이 확보되었는지를 확인할 필요가 있게 된다.

앞에서 설명한 바와 같이, 이 연속보는 받침점 단면이 항복하여 소성힌지가 형성된 이후에는 그림 4.11(c)에 보인 것처럼 더 이상 부정정 연속보가 아닌 정정 단순보 거동을 하기 시작한다. 다만 소성힌지에서는 소성 휨모멘트를 계속 저항하고 있는 상태이다. 이때부터 중앙 단면의 항복까지 추가되는 분포 하중의 크기 Δw는

$$\Delta w = w_2 - w_1 = 4\frac{M_y}{l^2} \tag{c}$$

이 하중은 단순보 거동을 하고 있는 동안 작용하고 있다. 따라서 Δw에 의해 단순보의 단부는 회전하게 되는데 이 회전각이 하중 Δw가 추가되는 동안 받침점 단면의 소성힌지의 회전각에 해당한다. 즉 받침점 단면에서 이 회전각이 발휘되어야만 Δw를 추가할 수가 있다. 이러한 관점에서 이 회전각을 **소요 소성회전능력**(required plastic rotational capacity) θ_s라고 부른다. 연속보의 예에서 소요 소성회전능력은 다음과 같이 단순보의 단부 처짐각이 된다.

$$\theta_s = 2 \times \frac{\Delta w\, l^3}{24 E_c I} \tag{d}$$

여기서 $E_c I$ 는 보의 휨강성으로 철근콘크리트 보에서는 상당히 조심스럽게 평가한 값을 사용

하여 위 식에 적용하여야만 실제에 가까운 소요 소성회전능력을 얻을 수 있다. 일반적으로 균열 단면의 휨강성을 전체 경간에 적용하면 안전한 설계를 보장할 수 있다.

설계에서 휨모멘트 재분배 현상을 인식하고 응용하면 구조물의 실제 하중 저항 능력을 활용할 수 있기 때문에 경제적인 설계가 가능하다. 즉, 설계자가 설계하려는 구조물의 휨모멘트를 일정 범위 내에서 수정하는 것이 가능해진다. 이러한 방식으로 실제 휨모멘트의 수정이 가능하게 되면 설계자는 큰 휨모멘트 구역에서 발생하는 철근 엉킴을 해소할 수 있을 뿐만 아니라 효율적인 단면 설계가 가능해진다. 즉 앞의 연속보를 예로 들면, 설계자는 탄성 해석하여 구한 받침점 부휨모멘트 M^-에 적용할 재분배율 η를 미리 선택할 수 있다. 그러면 받침점 단면은 $(1-\eta)M^-$에 해당하는 철근량만을 배치하고, 대신에 경간 중앙 단면에는 증가된 재분배 휨모멘트에 해당하는 철근을 추가로 배치해야 한다. 다만 이때 ηM^-에 해당하는 분포하중 Δw는 다음과 같으므로

$$\Delta w = \frac{8\eta M^-}{l^2} \tag{e}$$

이 하중을 식 (d)에 대입하여 산정한 소요 소성회전능력이 충분한지를 확인해야 한다.

(c) 소성회전능력

소성회전능력(plastic rotational capacity)이란 부재의 특정 구간에서 철근이 처음 항복한 후부터 파괴까지 구간의 각 단면에 발생되는 곡률을 적분하여 얻은 회전각을 말한다. 이미 3.5.4절에서 간단한 휨 요소의 곡률과 회전능력에 대해 설명하였다. 실제 철근콘크리트 부재에서 발생하는 소성회전능력의 평가는 이 휨 요소에 비해 상당히 복잡하다. 그림 4.12는 2경간 연속보의 내측 받침부에서 발생하는 소성회전능력을 보인 것이다. 등분포 하중에 의해 받침점 단면에서 최대 휨모멘트가 유발되며, 이 단면의 상부 철근이 가장 먼저 항복하게 된다. 철근 항복 후에도 부재는 파괴되지 않고 더 큰 휨모멘트 M_{uls}에 도달하여 파괴된다. 철근이 처음 항복 후 파괴될 때까지 곡률의 변화량은 단면 위치마다 달라 그림 4.12의 음영으로 나타낸 것과 같게 된다. 따라서 음영으로 나타낸 곡률도의 면적이 소성회전능력 θ_{pl}에 해당한다. 즉,

$$\theta_{pl} = \int_{-L^-/2}^{L^-/2} \left[\left(\frac{1}{r_x} \right)_{uls} - \left(\frac{1}{r_x} \right)_y \right] dx \tag{4.3-1}$$

여기서 x는 부재축 방향으로 잰 거리이며, L^-는 변곡점 사이의 부휨모멘트 구간의 길이이다.

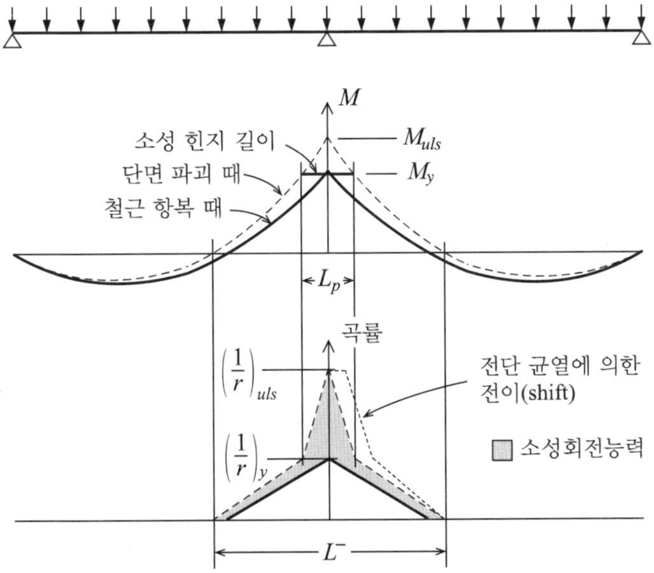

그림 4.12 소성힌지 형성과 소성회전능력 [참고문헌 4.11]

그림 4.12에 음영으로 나타낸 면적이 소성회전능력이라는 기하학적 사실로부터, 소성회전능력의 크기에 특히 지배적으로 영향을 주는 주요 변수는 받침점 단면의 한계 곡률 $(1/r)_{uls}$와 소성힌지 길이 L_p라는 것을 알 수 있다. 이미 3.5절에서 휨 요소의 연성비에 대해 설명했듯이, 한계 곡률은 인장 철근량에 따라 크게 달라지며, 중립축 깊이비 k_{uls} 또는 역학적 철근비 ω의 함수로 나타난다.

소성힌지 길이(plastic hinge length; L_p)는 부재의 첫 위험 단면이 파괴될 때 철근이 항복하여 소성 상태에 놓이는 구간의 길이를 말하며, 그림 4.12에 나타낸 것처럼 항복 휨모멘트 M_y와 한계 휨강도 M_{uls}의 차이가 클수록 힌지 길이가 증가한다는 것을 알 수 있다. 표 3.4에 정리된 해석 자료를 살펴보면, 동일한 재료 조건에서는 철근비가 작을수록 휨강도 비 M_{uls}/M_y가 증가하는 것을 볼 수 있다. 이것은 작은 철근비를 갖는 단면에서는 한계 곡률이 크게 되면서 단면의 모멘트 팔길이가 증가하는 현상이 나타나기 때문이다.

휨강도 비에 영향을 미치는 더 중요한 변수는 철근 자체의 항복강도에 대한 인장강도의 비 $K = f_u/f_y$이다. 2장의 그림 2.17에 보인 철근의 응력-변형률 곡선에 나타나 있듯이, 강도비 K가 큰 철근을 사용한 부재에서는 항복 후 극한한계상태에서 항복강도 f_y보다 큰 철근 응력이 발휘되기 때문에 휨강도 M_{uls}가 증가한다. 그림 4.13은 $K = 1.08$인 철근을 사용한 경우와 $K = 1.30$을 사용한 부재를 해석하여 구한 휨강도 비를 비교한 것이다. K가 큰 철근을 사용한 경우에는 M_{uls}가 현저하게 증가한다는 것을 알 수 있다. 그러므로 K가 큰 철근을 사용한 부재에서는 소성힌지 길이가 크게 되며 이에 따라 소성회전능력도 향상된다.

만약 철근의 강도비 K가 1.0이면 항복점 이후에는 하중의 증분이 없이도 변형이 계속되는 완전 소성 상태를 의미하며, 이 비를 가진 철근을 사용한 부재에서는 항복 이후에는 약간의 작용 하중의 증가에 의해 소성 변형이 지속되는 불안정 상태가 유발될 수 있게 된다. 즉 철근에서 가장 큰 응력 부위가 항복하면 그 위치에서 소성 변형이 집중해서 진행되고 인접 부위로 소성 구간이 확산되지 않는다. 따라서 부재의 소성회전능력은 매우 작은 상태로 제한된다. 이러한 현상 때문에 철근의 강도비 K에 대한 최소값이 설정되어 있으며, 도로교설계기준에서는 $K = 1.08$ 이상으로 규정하고 있다.

이처럼 휨 부재의 소성회전능력은 휨모멘트 분포도에 따른 철근의 변형률을 바탕으로 계산한 곡률을 적분하여 구할 수 있다. 이때 부재에 동시에 작용하고 있는 전단력의 영향을 고려할 수 있다. 전단력에 의해 복부에는 트러스 작용이 형성되어 휨인장 철근의 응력이 증가된다. 즉, 전단력이 충분히 커서 복부에 경사 균열이 완전하게 발생된 경우라면, 6장의 6.3절에서 설명하는 전단력의 영향에 의해 철근의 변형률이 증가한다. 따라서 증가된 변형률에 의한 곡률을 회전능력의 평가에 포함할 수 있다. 이와 같이 실제 부재가 갖는 소성회전능력은 부재의 철근비와 사용 재료의 연성 능력에 따라 크게 달라지며, 그 크기를 평가하는 것은 상당히 복잡한 과정을 거쳐야 한다. 그림 4.14는 현실적으로 조합 가능한 재료로 만든 보통 철근콘크리트 부재의 소성회전능력의 대략적인 범위를 나타낸 것이다.

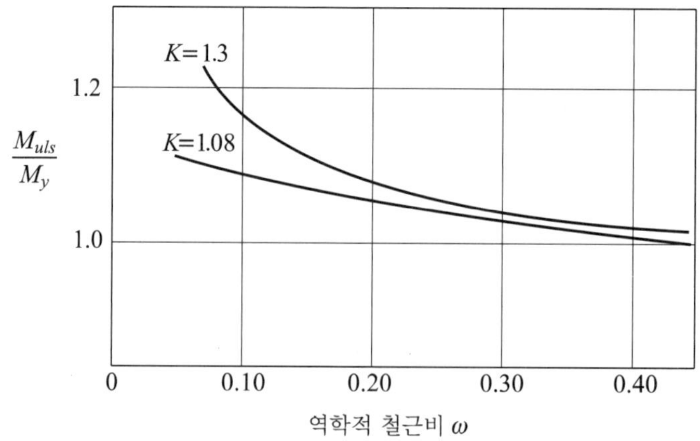

그림 4.13 단면 휨강도 비에 대한 철근의 강도비 K의 영향

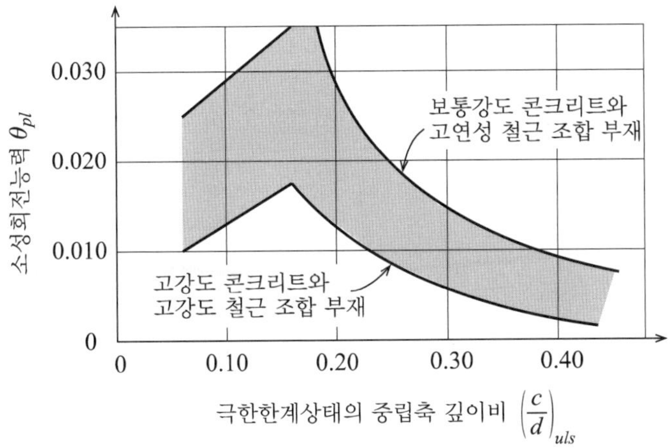

그림 4.14 철근콘크리트 부재의 소성회전능력 [참고문헌 4.10]

(d) 소성 거동

그림 4.9의 연속보에서 재분배된 휨모멘트의 추가로 인해 경간 중앙 단면의 철근이 항복한 이후에 하중이 더 증가하면 경간 중앙부에도 **소성힌지**가 형성된다. 이때 받침부 소성힌지와 경간 중앙부 소성힌지가 충분한 소성회전능력을 갖고 있다면 보의 회전과 처짐이 급격하게 증가하게 된다. 탄성 변형은 소성 변형에 비해 매우 작기 때문에 소성힌지 사이의 부재는 거의 강체剛體(rigid body)인 상태로 있으면서 모든 회전은 소성힌지에서 일어난다. 이러한 변형 상태에서 소성힌지는 일정한 휨모멘트에 대한 저항력을 갖고 있다. 3장의 그림 3.38에 나타낸 것과 같이, 철근콘크리트 부재에서 이 일정한 저항력은 항복휨강도 M_y보다 약간 큰 값인데 완전 소성 상태로 간주하여 **소성휨강도** M_p라고 한다. 이러한 거동은 부재의 두께가 얇으며 철근비가 상당히 낮고 고연성 철근을 사용한 경우에 발생할 수 있다. 보통 바닥판 용도로 사용하는 슬래브가 이 경우에 해당한다.

그림 4.15(a)를 보면 소성 상태에서 부재의 탄성 곡선은 급작스럽게 변하며, 하중 저항 메커니즘도 더 이상 휨강성에 지배되지 않고 모든 변형은 소성힌지에서 발생한다. 이러한 상태는 그림 4.15(b)에 보인 내부 소성힌지로 연결된 강체들의 조합으로 이상화할 수 있다. 소성 상태에 있는 부재의 소성힌지 위치와 파괴 하중은 힌지 사이 부재의 평형 조건을 사용하여 간단히 결정할 수 있다. 앞의 연속보의 경우처럼 좌우 대칭 상태인 경우에는 당연히 경간 중앙에 힌지가 형성된다. 일반적인 경우로 좌우 받침점 단면의 소성휨강도가 서로 다른 때는 평형 조건을 만족하도록 소성힌지가 형성된다.

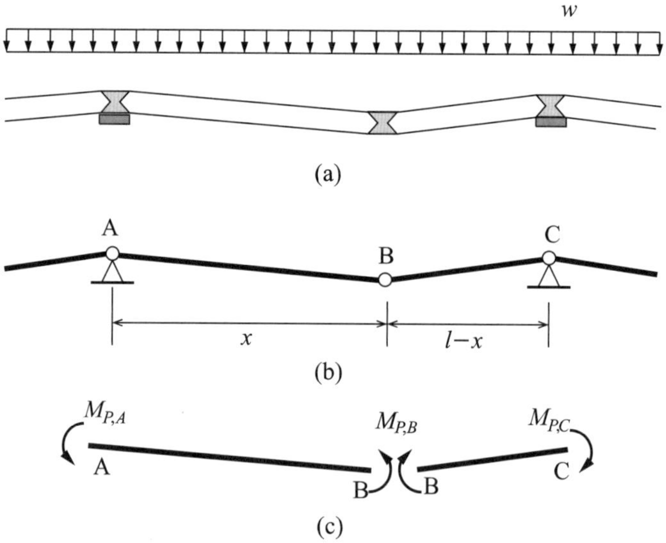

그림 4.15 소성 거동과 해석

그림 4.15(c) 보인 것과 같이 각 소성힌지의 소성휨강도가 각각 $M_{p,A}$, $M_{p,B}$ $M_{p,C}$로 주어진다면, 이때 힌지 위치와 분포 하중의 크기를 두 강체의 평형 조건으로 부터 구할 수 있다.

$$\frac{w_p x^2}{2} - (M_{p,A} + M_{p,B}) = 0 \text{ 그리고 } \frac{w_p (1-x)^2}{2} - (M_{p,B} + M_{p,C}) = 0 \qquad \text{(f)}$$

이 두 평형식으로부터 힌지의 발생 위치 x와 파괴 하중 w_p의 크기를 구할 수 있다.

이처럼 소성 해석으로 구한 파괴 하중 w_p는 실제 파괴 하중보다 큰 **상한해**上限解(upper bound solution)이다. 반면에 선형 탄성 해석처럼 적합 조건과 평형 조건을 만족하고 어느 단면에서나 항복 휨강도를 넘지 않게 하는 휨모멘트 분포를 발생시키는 하중, 즉 앞 연속보의 경우 식 (a)의 w_1을 **하한해**下限解(lower bound solution)라고 한다. 철근콘크리트 구조물이 하한해를 만족시키면 주어진 하중을 확실히 견딜 수 있다는 의미가 된다. 반면에, 상한해를 만족시키면 주어진 하중보다 더 큰 하중은 틀림없이 붕괴를 일으킨다. 따라서 실제 파괴 하중은 하한해와 상한해의 사이에 놓인다고 할 수 있다.

정정 구조물에서는 첫 위험 단면(critical section)이 항복 휨모멘트 M_y에 도달하면 하중 저항 능력(강도)이 거의 증가하지 않는다. 이러한 경우 상한해와 하한해가 일치한다. 반면에 부정정 구조물에서는 첫 위험 단면이 휨강도에 도달하더라도 구조물은 파괴되지 않는다. 최초 위험 단면이 휨강도 도달 후에 소성회전능력이 충분히 발휘된다면 하중은 다른 단면으로 재분배된다. 이 다른 단면은 아직 한계상태에 도달하지 않았기 때문에 전달되어온 하중에 저항할 수 있는 여유를 갖고 있다. 하중이 더 증가하면 두 번째 위험 단면이 소성 변형을 하는 동안 하중은 또 다른 여유 단면으로 재분배된다. 이러한 과정을 계속하다 전체 구조계가 불안정(unstable) 상태가 되면 붕괴된다. 이처럼 불안정 구조계가 형성되어 파괴하는 하중 크기가 **소성 상한해**가 된다. 실제 구조물에서는 각 위험 단면의 소성회전능력에 한계가 있어서 구조계가 완전한 소성 상태에 도달되기 이전에 붕괴된다. 이처럼 철근콘크리트 구조물의 극한한계상태 검증을 위한 구조 해석은 각 부재 단면의 소성회전능력에 따라 크게 달라진다.

4.3.2 설계기준의 해석 방법

앞에서 설명했듯이, 철근콘크리트 구조물의 거동은 상당히 복잡한 현상 중의 하나이다. 따라서 도로교설계기준에서는 보통의 경우 구조물의 사용 목적과 연성 능력에 따라 작용 하중에 의해 발생하는 하중영향을 다음과 같은 방법을 사용하여 산정할 수 있도록 규정하고 있다.

(a) 선형 탄성 해석
(b) 선형 탄성 해석과 재분배
(c) 소성 해석
(d) 비선형 해석

이 해석 방법들에서 선형 탄성 해석을 제외한 나머지 세 방법은 콘크리트 부재의 비선형 거동을 고려한 것으로, 각 방법들 사이의 차이는 단순화 정도, 재분배율, 그리고 소성회전능력의 검토 여부에 관련된 사항이다. 그리고 이 모든 전체계 해석법은 앞에서 설명한 유효 경간과 유효 플랜지 폭 등에 관한 기하학적 이상화를 적용할 수 있으며, 전단력과 축방향력에 의한 변형량이 휨에 의한 변형량의 대략 10퍼센트 미만으로 무시할 수 있을 경우에 적용해야 한다.

(a) 사용한계상태 검증을 위한 해석

사용한계상태 검증을 위한 구조 해석은 보통 각 부재의 강성이 일정하며 탄성 거동한다고 가정한 선형 탄성 해석으로 한다. 일반적으로 각 부재를 비균열 단면의 강성으로 가정하면 충분히 만족할만한 결과를 얻을 수 있다. 그러나 콘크리트 균열이 현저히 불리하게 작용하는 경우에는 이를 고려하여야 하며, 이때는 부재가 균열 단면의 평균 강성을 갖는다고 가정한다. 균열이 유리하게 작용하는 경우에는 변형 적합 조건을 만족할 때만 고려해야 한다.

사용한계상태 검증에서 장기 하중에 의한 시간 의존적 영향이 현저할 때는 고정하중과 활하중의 조합에 따른 유효 탄성계수를 사용하여 콘크리트의 시간 의존적 장기 거동에 의한 영향을 계산하여야 한다. 이것은 크리프에 의해 증가되는 변형은 탄성계수를 감소시키는 방법으로 반영할 수 있기 때문이다. 3.3.3절에 설명했듯이, 콘크리트 탄성계수 E_c와 크리프계수 $\varphi(\infty, t_o)$를 이용하면 장기 하중에서의 탄성계수는 $E_c/(1+\varphi)$로 간단하게 나타낼 수 있다. 따라서 장기 하중과 단기 하중이 조합된 경우의 유효 탄성계수 E_{ce}는

$$E_{ce} = \frac{(M_D + M_L)E_c}{M_L + (1+\varphi)M_D} \tag{4.3-2}$$

여기서 M_L은 차량 하중과 같은 순간 활하중에 의한 단면의 단기 휨모멘트이고, M_D는 지속적으로 작용하는 고정하중(또는 지속하중)에 의한 장기 휨모멘트이다. 온도 및 부등 침하 등의 간접하중에 의한 영향이 지배적인 경우에는 부재의 비선형 거동을 반영한 비선형 해석이 더 적합하다. 그러나 소성 해석은 사용하중 조건에서 사용해서는 안 된다.

(b) 극한한계상태 검증을 위한 해석

대부분의 실제 철근콘크리트 구조물은 여러 부재가 일체로 되어 있는 부정정 구조이다. 이러한 구조물의 실제 하중 저항 능력은 정정 구조물에서처럼 한 위험 단면의 강도에 단순하게 지배되지 않고 더 큰 저항 능력을 가질 수 있다.

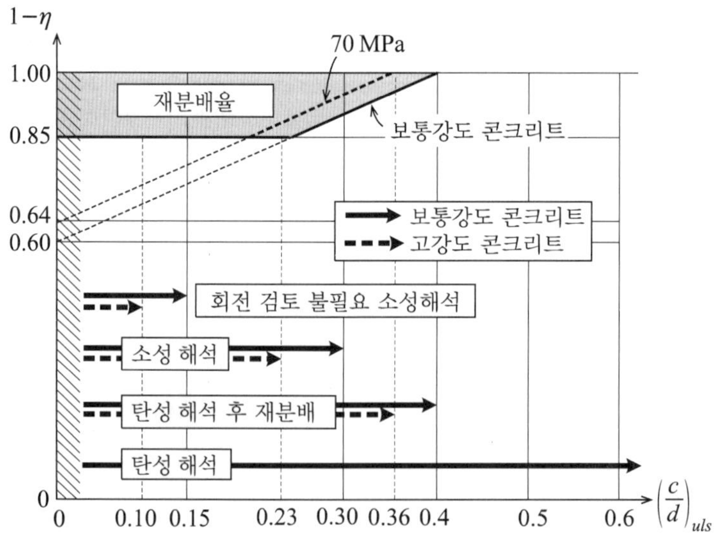

그림 4.16 중립축 깊이비에 따른 적용 가능 해석 방법과 재분배계수

따라서 부재의 변형 능력을 고려할 수 있는 비선형 해석은 구조물이 갖고 있는 잠재적 저항 능력을 활용할 수 있게 하여 경제적인 설계를 가능하게 한다. 이러한 목적으로 설계기준에서는 극한한계상태에서 적용할 수 있는 구조 해석 방법을 부재의 변형 능력에 따라 구분하여 단순화시킨 해석 방법들이 주어져 있다. 엄격하게 설계하기 위해서는 각 위험 단면마다 그 변형 능력을 평가하여야 하는데, 설계 단계에서 이를 정확히 평가하는 것은 어려울 뿐만 아니라 복잡한 계산이 수반되기 때문에 변형 능력을 간단히 나타내는 극한한계상태의 중립축 깊이비 $(c/d)_{uls}$의 크기에 따라 적용할 수 있는 해석 방법이 그림 4.16에 보인 것과 같이 주어져 있다.

(c) 선형 탄성 해석

선형 탄성 해석은 구조물을 설계할 때 가장 널리 사용되고 있는 방법이며 사용한계상태 검증은 물론 극한한계상태 검증에도 사용되는 방법이다. 콘크리트 재료의 응력－변형률 관계가 평균 탄성계수에 선형이라는 가정에서 선형 탄성 해석을 적용하고 있는데, 이는 높은 응력 수준과 극한한계상태에서 비선형으로 거동한다는 사실과는 부합되지 않지만 항상 평형 상태가 유지되며 재료의 극한한계값을 초과하지 않는 설계이기 때문에 안전 측의 설계 결과를 얻는다.

골조 해석에 선형 탄성 해석을 적용할 때 중요한 사항 중의 하나가 부재의 적합한 휨강성을 결정하는 일이다. 콘크리트 부재의 휨강성은 균열이 발생하면 크게 변한다. 그런데 균열의 크기는 균열휨모멘트에 대한 작용 휨모멘트의 상대적인 값에 따라 달라지기 때문에 구조 해석을 수행하기 위해서는 하중의 크기를 알아야 할 필요가 있다. 더욱이 사용하중 수준에서 보에는 큰 균열이 발생하는데 반해 기둥과 같은 압축 부재는 이러한 영향을 받지 않는다. 이처럼 복잡하게 주어진 조건에서는 단순화가 필요하게 된다. 대부분의 경우 해석 결과에 영향을 주는 것은 부재의 절대 강성이 아니고 상대 강성이다. 따라서 모든 부재에 일관된 가정을 적용한다면 비록 그 가정이 실제와 다르다 할지라도 상대 강성비에는 크게 영향을 주지 않는다.

선형 탄성 해석은 중첩 원리가 유효하다는 장점이 있다. 즉, 이 방법에서는 각각의 하중에 대해 개별 해석을 수행한 후에 해당 하중 조합에 따라 중첩할 수 있기 때문에 사용한계상태 검증에 적용한 결과를 재사용할 수 있을 뿐만 아니라 누락된 하중을 추가하는 것이 간단하게 된다. 더욱이 설계 최종 단계에서 결정되는 철근량과 그 배치 상태를 몰라도 해석이 가능하다. 따라서 해석에 소요하는 시간과 경비를 절약할 수 있다. 그러나 많은 경우에 선형 탄성 해석을 적용하면 비경제적인 설계가 된다.

(d) 휨모멘트 재분배

선형 탄성 해석 후 재분배 방법은 특히 활하중이 지배적인 구조물 설계에 경제적 이점을 살릴 수 있는 방법이다. 큰 활하중인 경우 유리한 영향과 불리한 영향에 따라 결정되는 부재력 포락선이 극단적으로 다르게 된다. 이러한 경우에 이 해석 방법을 적용하면 중첩의 원리를 적용할 수 있는 장점뿐만 아니라 경제적인 설계를 할 수 있는 이점이 있다. 이러한 이유로 실무 설계 기술자들이 극한한계상태 검증에 주로 사용하는 방법에 해당한다.

이 재분배 방법은 휨이 지배적이며 인접 경간 길이 비가 0.5에서 2.0 사이여야 하며 횡변위(sidesway)가 발생하지 않는 골조 구조인 경우에 적용하도록 제한되고 있다. 이러한 경우 작용하중과 평형을 유지하는 한, 선형 탄성 해석으로 구한 휨모멘트에 재분배계수 $1-\eta$를 곱한 값으로 단면 설계를 할 수 있도록 허용하고 있다. 여기서 재분배되는 휨모멘트 비 η는 다음과 같이 주어진다.

$$\eta = 1 - \frac{0.0033}{\varepsilon_{cu}}\left(0.6 + \left(\frac{c}{d}\right)_{uls}\right) \leq 0.15 \qquad (4.3\text{-}3)$$

여기서 ε_{cu}는 콘크리트 강도 등급에 따른 극한한계변형률으로 표 2.7에 주어진 값이다. 위 식은 설계 단계에서 소성회전능력에 대한 검증을 수행하지 않고도 휨모멘트 재분배를 할 수 있는 적용 범위와 재분배 양을 정한 것이다[2]. 따라서 어떤 특수한 경우 부재의 회전 능력을 확신할 수 없을 때에는 재분배를 하지 않아야 한다.

설계 전단력은 재분배되기 전의 값과 분배된 후의 값 중에서 큰 값을 취하는 것이 좋다. 전단 파괴의 매커니즘은 휨모멘트의 재분배를 허용할만한 충분한 연성을 갖고 있지 못해서 어떠한 경우에도 전단 파괴를 일으키지 않도록 설계하여야 하기 때문이다. 마찬가지로 하부 구조의 설계에 사용된 반력도 재분배되기 전의 값과 분배된 후의 값 중에서 큰 값을 취하는 것이 좋다. 또한, 일체식 교량에 대해서는 휨모멘트 재분배를 수행함에 있어 주의가 필요한데 이는 휨모멘트 재분배로 인한 추가적인 처짐이 지반 반력에 변화를 주기 때문이다.

프리스트레스트 콘크리트 골조의 접합부와 같이 확실한 회전 능력을 정의할 수 없는 경우에는 휨모멘트 재분배를 할 수 없으며, 곡선교 또는 사교의 경우에도 휨모멘트를 재분배하는 과정에서 비틀림 모멘트가 증가하여 갑작스런 취성 파괴를 일으킬 수 있기 때문에 휨모멘트 재분배를 할 수 없다. 또한 기둥의 설계에서는 골조 작용에 의해 유발된 탄성 휨모멘트를 재분배하지 않는 것이 좋다.

2) 콘크리트구조기준(2012)에서는 선형 탄성 해석으로 산정한 연속 휨 부재 받침부의 부휨모멘트는 20퍼센트 이내에서 $1{,}000\varepsilon_t$퍼센트만큼 재분배시킬 수 있다고 규정하고 있다. 여기서 ε_t는 휨모멘트를 감소시킬 단면 최외단 인장 철근의 순인장변형이며, 이 부휨모멘트 재분배는 ε_t가 0.0075 이상인 경우에만 가능하다.

(e) 소성 해석

소성 해석은 고연성 철근을 사용한 구조물의 극한한계상태에서만 적용하여야 한다. 위험 단면의 연성은 예상된 붕괴 메커니즘에 도달하기에 충분하도록 커야 한다. 소성 해석은 하한해나 상한해에 기초하여야 한다. 하한해는 슬래브에 대한 스트립 방법과 깊은 보, 코벨, 정착구, 벽, 면내력을 받는 판 등에 대한 스트럿–타이 모델을 적용하여 구한다. 상한해는 보, 골조, 1방향 슬래브 등에 대한 소성 힌지 방법과 슬래브에 대한 항복선 이론을 사용하여 구할 수 있다. 상한해를 적용할 때에는 최소 내하력을 결정하기 위해서 다양한 붕괴 메커니즘에 대해 검토하여야 한다. 일반적으로 하중 이력의 영향을 무시할 수 있으며, 단조 증가 하중으로 가정할 수 있다.

설계기준에서는 중립축 깊이비가 아래 조건을 만족할 때 정해진 간단한 회전 능력 평가 방법으로 소성 해석을 적용하여 설계 할 수 있다고 규정하고 있다.

$$c/d \le 0.30 \qquad : f_{ck} \le 40\ \text{MPa} \tag{4.3-4a}$$

$$c/d \le 0.23 \qquad : f_{ck} > 40\ \text{MPa} \tag{4.3-4b}$$

이 범위의 중립축 깊이비를 갖는 부재에서 소성힌지 구간에서 계산된 **소요 소성회전능력** θ_s가 부재의 **설계 소성회전능력** $\theta_{pl,d}$보다 작아야만 소성 거동을 보장할 수 있기 때문에 소성 해석을 적용하기 위해서는 다음 식을 검증하여야 한다.

$$\theta_s \le \theta_{pl,d} \tag{4.3-5}$$

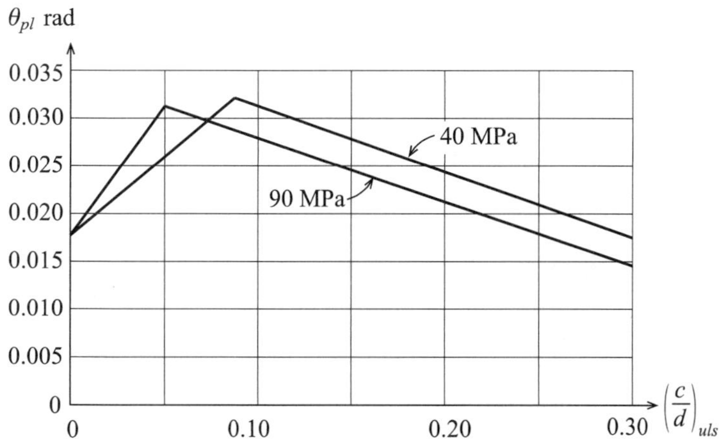

그림 4.17 부재의 기준 소성회전능력

여기서 소요 회전능력 θ_s는 재료의 설계값과 계수하중을 사용하여 산정해야 한다. 부재의 설계 소성회전능력 $\theta_{pl,d}$을 간단하게 그림 4.17의 그래프로 주어진 기준값 θ_{pl}을 보정하여 사용한다. 그림에 나타낸 **기준 소성회전능력** θ_{pl}은 전단지간비 $M_u/V_u d$가 3인 보에 대한 값이다. 따라서 전단지간비가 이와 다를 경우에는 전단지간비의 제곱근에 비례하여 보정한 값을 설계에 사용해야 한다. 즉, 부재의 설계 소성회전능력 $\theta_{pl,d}$를 다음과 같이 간단히 계산할 수 있다.

$$\theta_{pl,d} = k_\lambda \theta_{pl} \tag{4.3-6}$$

여기서 k_λ는 전단지간비에 따른 보정계수 $\sqrt{M_u/(3V_u d)}$로 계산하는 값이며, 이때 M_u와 V_u는 소성 구간 내 위험 단면의 계수휨모멘트와 계수전단력이다. 설계하려는 부재의 콘크리트 압축강도가 그림 4.17에서 주어진 압축강도의 사이인 경우 직선 보간하여 해당 기준값을 구한다.

소성 해석을 구조물의 극한한계상태에 적용하기 위해서는 식 (4.3-5)의 소성회전능력 요구 조건을 만족하는지 항상 검증하여야 한다. 다만, 받침부의 부휨모멘트에 대한 경간 중앙의 정휨모멘트 비는 0.5와 2.0 사이에 있으며 다음의 조건을 만족하면 요구 조건이 충분히 충족되기 때문에 회전능력 요구 조건을 검토하지 않아도 소성 해석을 극한한계상태에 적용할 수 있다.

$$c/d \le 0.15 \quad : f_{ck} \le 40\,\text{MPa} \tag{4.3-7a}$$

$$c/d \le 0.10 \quad : f_{ck} > 40\,\text{MPa} \tag{4.3-7a}$$

기둥은 연결된 부재에 의하여 전달될 수 있는 최대 소성휨모멘트에 대하여 검토하여야 한다. 플랫슬래브에 연결된 경우에는 최대 소성휨모멘트를 펀칭전단력 계산에 포함하여야 한다. 슬래브를 소성 해석할 때에는 균일하지 않게 배치된 철근, 접합부의 하향력, 그리고 자유단의 비틀림 등을 고려하여야 한다. 리브, 중공, 와플 슬래브의 거동이 특히 비틀림 효과에 관해서 슬래브와 비슷한 거동을 보인다면, 소성 해석법을 이들 슬래브에까지 적용할 수 있다.

예제 4.3-1 선형 탄성 해석 후 휨모멘트 재분배

그림 4.18에 나타낸 2경간 연속보에 계수분포하중 $90\,\text{kN/m}$가 작용하고 있다. 이 보를 설계기준의 방법에 따라 극한한계상태 검증을 위한 구조 해석을 하려고 한다. 사용된 콘크리트 f_{ck}는 $30\,\text{N/mm}^2$ 이고 철근은 SD 500으로 그 기준항복강도 f_y는 $500\,\text{N/mm}^2$이다.

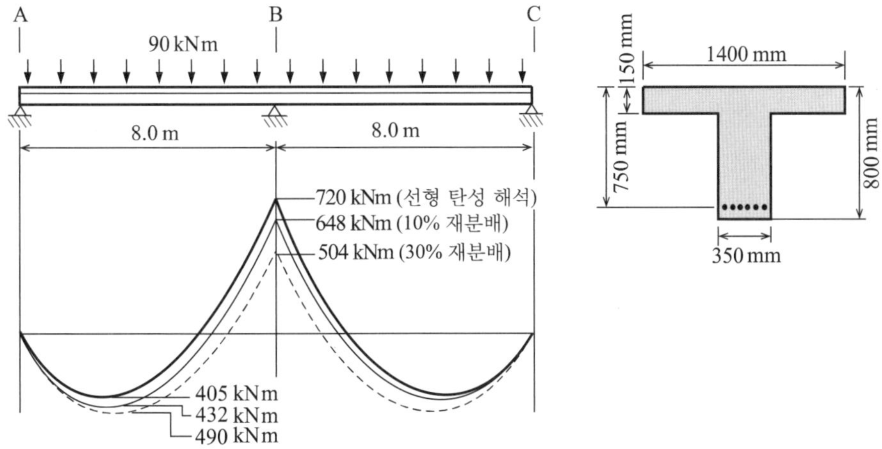

그림 4.18 휨모멘트 재분배 예제

풀이

(a) 선형 탄성 해석

선형 탄성 해석을 하면 내측 받침점 단면의 부휨모멘트는

$$M_u^- = \frac{wl^2}{8} = \frac{90(8)^2}{8} = 720\,\text{kNm}$$

외측 받침점 반력(전단력)은

$$V_{u,A} = \frac{1}{8}\left(\frac{90(8)^2}{2}\right) - \frac{720}{8} = 270\,\text{kN}$$

경간 중앙부의 최대 정휨모멘트는 외측 단부에서 3.0 m 지점에서 발생하며, 그 크기는

$$M_{u,\max}^+ = 270(3) - \frac{90(3)^2}{2} = 405\,\text{kNm}$$

(b) 선형 탄성 해석 후 재분배(소요 소성회전능력 검증 불필요)

재분배율 η를 10퍼센트($\eta = 0.10$)로 하면 감소된 부휨모멘트는

$$(1-\eta)M_u^- = 0.90(720) = 648\,\text{kNm}$$

외측 받침점 반력(전단력)은

$$V_{u,A} = \frac{1}{8}\left(\frac{90(8)^2}{2}\right) - \frac{648}{8} = 279\,\text{kN}$$

경간 중앙부의 최대 정휨모멘트는 외측 단부에서 279/90 = 3.1 m 지점에서 다음 크기로 발생한다.

$$M_{u,\max}^+ = 279(3.1) - \frac{90(3.1)^2}{2} = 432.45\,\text{kNm}$$

식 (3.5-21)의 휨모멘트 세기는

$$m_u^- = \frac{(1-\eta)M_u^-}{0.85\phi_c f_{ck} b_w d^2} = \frac{648 \times 10^6}{0.85(0.65)(30)(350)(750)^2} = 0.198$$

받침점 단면의 극한한계상태 중립축 깊이비는 압축 합력 계수 $\alpha = 0.80$이며 작용점 계수 $\beta = 0.41$과 함께 식 (3.5-23)에 의해

$$\left(\frac{c}{d}\right)_{uls} = \frac{1-\sqrt{1-4m_u^-\beta/\alpha}}{2\beta} = \frac{1-\sqrt{1-4(0.198)(0.41/0.80)}}{2(0.41)} = 0.280$$

식 (4.3-3)에 의해 가정한 η값을 확인하면

$$\eta = 1 - \frac{0.0033}{0.0033}(0.6+0.280) = 0.120 \geq 0.10 \qquad \text{<만족>}$$

즉, 재분배율 η를 10퍼센트로 하면 중립축 깊이비가 0.30 이하여야 하는데, 여기서는 0.28이므로 소성회전능력 검증이 불필요하다.

(c) 휨모멘트 재분배(소요 소성회전능력 검증 필요)

재분배율 η를 30퍼센트($\eta = 0.30$)로 하면 감소된 부휨모멘트는

$$(1-\eta)M_u^- = 0.70(720) = 504 \text{ kNm}$$

외측 받침점 반력(전단력)은

$$V_{u,A} = \frac{1}{8}\left(\frac{90(8)^2}{2}\right) - \frac{504}{8} = 297 \text{ kN}$$

지간 중앙부의 최대 정휨모멘트는 외측 단부에서 3.3 m 지점으로

$$M_{u,\max}^+ = 297(3.3) - \frac{90(3.3)^2}{2} = 490 \text{ kNm}$$

각 위험단면의 휨모멘트 세기는

$$m_u^- = \frac{504 \times 10^6}{0.85(0.65)(30)(350)(750)^2} = 0.154$$

$$m_u^+ = \frac{490 \times 10^6}{0.85(0.65)(30)(350)(750)^2} = 0.150$$

각 위험 단면의 극한한계상태에서 중립축 깊이비는

$$\left(\frac{c}{d}\right)_{uls}^- = \frac{1-\sqrt{1-4(0.154)(0.41/0.80)}}{2(0.41)} = 0.211$$

$$\left(\frac{c}{d}\right)_{uls}^+ = \frac{1-\sqrt{1-4(0.150)(0.41/0.80)}}{2(0.41)} = 0.205$$

따라서 식 (3.5-25)에 의해 각 위험 단면의 소요 철근량을 계산하면 다음과 같다.

$$소요\ A_s^- = \frac{M_u^-}{\phi_s f_y(1-\beta k)d} = \frac{504\times 10^6}{0.9(500)(1-0.41\times 0.211)750} = 1{,}635\,\text{mm}^2$$

$$소요\ A_s^+ = \frac{M_u^+}{\phi_s f_y(1-\beta k)d} = \frac{490\times 10^6}{0.9(500)(1-0.41\times 0.205)750} = 1{,}585\,\text{mm}^2$$

위 소요 철근량으로 각각 6-D19를 사용하면 $A_s^- = A_s^+ = 1{,}719\,\text{mm}^2$가 된다. 이렇게 철근을 배치한 보는 재분배를 하지 않을 경우 받침점 단면의 휨모멘트 504 kNm에 해당하는 분포하중 $w_1 = (1-0.3)90 = 63\,\text{kN/m}$만을 저항하는 보이지만, 받침부 단면의 철근이 이 하중 크기에서 항복한 후 소성 변형하는 사이에 27 kN/m가 추가된 $w_2 = 90\,\text{kN/m}$의 하중을 저항하게 되었다. 따라서 추가 하중 $\Delta w = 27\,\text{kN/m}$를 재분배하기 위한 받침부의 소요 소성회전능력을 검증하여야 한다. 식 (3.5-15)에 따른 균열 단면2차모멘트 $I_{cr} = 4{,}435\times 10^6\,\text{mm}^4$을 전 경간에 적용하여 안전하게 소요 소성회전능력을 평가하면 다음과 같다.

$$\theta_s = 2\times \frac{\Delta w\, l^3}{24 E_c I_{cr}} = \frac{27(8)^3}{12(27.5)(4{,}435)} = 0.0095\,\text{rad}$$

그림 4.17의 그래프로부터 받침점 단면의 $(c/d)_{uls} = 0.211$에 해당하는 기준 소성회전능력을 구하면 $\theta_{pl} = 0.023$이 된다. 전단지간비에 따른 $k_\lambda = \sqrt{M_u/(3V_u d)} = \sqrt{504/(3\times 423\times 0.75)} = 0.727$가 되어 받침부의 설계 소성회전능력은

$$\theta_{pl,d} = k_\lambda \theta_{pl} = 0.727(0.023) = 0.0167\,\text{rad} \geq 0.0095\,\text{rad} \qquad \text{<만족>}$$

받침부가 발휘할 수 있는 설계 소성회전능력이 소요 회전능력보다 크기 때문에 30퍼센트의 재분배가 가능하다.

4.3.3* 비선형 해석

콘크리트 구조물의 비선형 해석 결과는 구성 재료의 비선형 모델에 의해 좌우된다. 여기에는 콘크리트 균열과 부착 영향 및 재료의 비선형 거동이 포함된다. 따라서 평형 조건과 적합 조건을 만족하며 재료의 비선형 거동이 적절히 반영되었다면, 비선형 해석법은 극한한계상태와 사용한계상태 검증에 모두 적용할 수 있다. 해석은 2차해석을 포함할 수 있다. 극한한계상태에서 비탄성 변형이 발생하는 것으로 해석된 국부 위험 단면의 강도는 불확실성을 적절히 고려하여 검토하여야 한다. 비선형 해석을 하는 경우, 파괴에 대한 불확실성을 고려하는 것을 제외하고는 실질적인 강성을 나타내는 재료 성질을 사용하여야 한다. 또한 정적하중이 지배적인 구조물에 대하여, 하중 이력의 영향은 일반적으로 무시하며, 단조 증가 하중으로 가정할 수 있다. 2차영향을 무시할 수 없는 세장비가 큰 구조물은 기하적인 비선형 효과를 함께 고려하여야 한다.

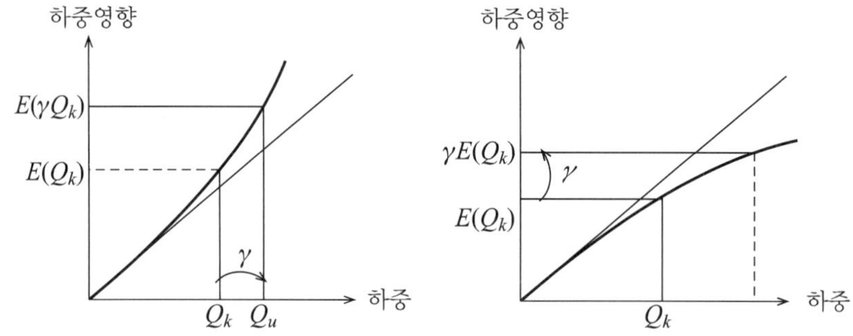

그림 4.19 비선형 해석에서 하중계수의 적용 방법 (단일 하중)

비선형 해석을 수행하는 경우에는 신뢰성이 검증된 해석법 또는 해석 프로그램을 사용하여야 한다. 신뢰성 검증에 사용되는 실험체는 국내외 다양한 연구자에 의하여 발표된 것으로서 그 수는 200개 이상이어야 한다[참고문헌 4.16]. 해석에서 사용되는 콘크리트와 철근의 응력－변형률 관계 또는 실험에 의해 검증된 재료의 역학적 특성을 사용하여야 한다. 한계상태 검증을 위해서는 구조물의 하중영향을 비선형 해석에 의한 직·간접하중 조합의 최대 하중영향 값으로 평가하며, 구조물 강도는 재료의 설계값에 대한 부분안전계수와 해석 모델에 대한 부분안전계수로 분해된 안전계수를 사용하여 평가하여야 한다.

하중영향은 하중, 구조물 치수, 그리고 경우에 따라서는 재료 성질에 따라 변한다. 이 하중영향의 계수값 (factored value of influence of load)은 원칙적으로 작용 하중의 크기뿐만 아니라, 구조 해석 방법의 불확실성도 고려하여야 한다. 1.5.2절에서 기술했듯이, 하중영향의 계수값 E_u는 다음과 같은 일반식으로 표현한다.

$$E_u = \gamma_a E\{\gamma_{f,i} Q_{k,i}; a_n\} \quad i \geqq 1 \tag{1.5-3}$$

여기서 a_n은 구조물 치수의 공칭값이며, γ_a는 구조 해석 방법의 불확실성에 관한 부분안전계수이고, $\gamma_{f,i}$는 각 하중 표준값에 대한 부분안전계수이다. 즉, 하중의 불확실성과 해석 방법의 불확실성을 별도로 구분하여 다룰 수 있다. 설계에서 구조물을 선형 탄성 해석을 할 때는 중첩의 원리가 적용되기 때문에 해석 방법에 관련된 부분안전계수를 고려하지 않고 대신에 모두 하중계수에 반영한 후 구조 해석을 수행하여 하중영향을 구하는 포괄적인 방법을 사용한다.

그러나 하중영향이 하중의 변화에 선형 비례하지 않는 비선형 해석에서 하중계수를 사용할 경우에는 특별한 문제가 발생할 수 있으므로, 하중계수를 조심스럽게 적용하여야 한다. 작용하중과 하중영향이 비선형 관계에 있는 경우, 하나의 독립 하중이 설계를 지배할 경우에는

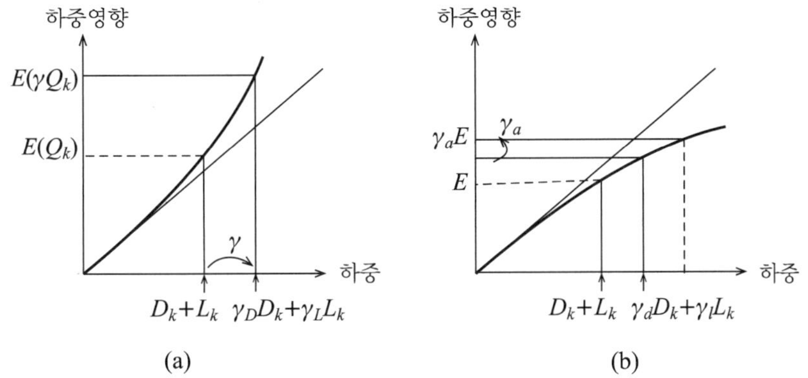

그림 4.20 비선형 해석에서 하중계수의 적용 (2개 하중)

그림 4.19에 보인 것처럼 간단한 법칙에 의해 하중계수를 적용하여야 한다.

(a) 그림 4.19(a)처럼 하중영향이 작용 하중보다 더 큰 비율로 증가하는 경우에는 하중 자체에 하중계수를 먼저 적용한 후 해석한 값으로 설계한다.

$$E_u = E\{\gamma Q_k\} \tag{4.3-8}$$

(b) 그림 4.19(b)처럼 하중영향이 작용 하중보다 더 낮은 비율로 변하는 경우에는 먼저 하중 표준값으로 해석한 결과에 하중계수를 적용한 값으로 설계한다.

$$E_u = \gamma E\{Q_k\} \tag{4.3-9}$$

대부분의 구조물 및 구조 요소는 전자인 (a) 경우에 해당한다. 실제 설계에서는 하중 종류에 따른 하중계수가 서로 다르기 때문에 그림 4.20처럼 안전계수 적용이 보다 더 복잡해진다. 예를 들면, 2개 하중이 작용할 때, 하중영향이 작용 하중보다 더 큰 비율로 증가하는 경우에는 하중에 하중계수를 곱한 계수하중으로 해석하여 구한 값으로 설계한다.

$$E_u = E\{\gamma_D D_k + \gamma_L L_k\} \tag{4.3-10}$$

그러나 그림 4.20(b)처럼 하중영향이 작용 하중보다 더 낮은 비율로 변하는 경우에는 각 하중계수를 두 성분으로 나누어 적용한다. 즉 $\gamma_D = \gamma_a \gamma_d$으로, $\gamma_L = \gamma_a \gamma_l$으로 구성되었다고 간주하고 해석 부분안전계수 γ_a를 분리시켜서 적용한다. D와 L의 조합하중영향에 γ_a를 곱한 다음과 같은 식으로 계산된 최종 하중영향으로 설계한다[참고문헌 4.7].

$$E_u = \gamma_a E\{\gamma_d D_k + \gamma_l L_k\} \tag{4.3-11}$$

4.4 장주 효과

4.4.1 개요

장주 효과란 축압축력과 횡방향 처짐의 상호 작용에 의한 추가적인 하중영향을 말한다. 그림 4.21에 보인 부재에서 수평력에 의해 처짐이 발생되어 있다면 축압축력에 의해 추가적인 휨모멘트를 일으키고 이것은 다시 처짐을 더욱 증가시킨다. 이러한 현상을 P-Δ효과라고도 하는데, 압축력 P(이 책에서는 N으로 표시)와 처짐 Δ에 의한 현상이라는 의미를 담고 있다.

대부분의 기둥은 휨모멘트와 축압축력을 동시에 받는다. 작용하는 휨모멘트는 기둥에 처짐을 발생시키거나 양단에 상대 변위를 유발시킨다. 이러한 변형이 발생된 상태에서 축압축력이 작용하면 휨모멘트가 추가로 발생하는데, 이렇게 발생된 휨모멘트를 ***2차휨모멘트***(secondary moment)라 하며, 변형에 민감한 가늘고 긴 부재에서는 기존의 휨모멘트에 더해져 큰 휨모멘트가 된다. 반면에 두껍고 짧은 부재에서는 초기 처짐이 작기 때문에 2차휨모멘트도 작게 유발되어 그 영향을 무시할 수 있는 수준이 된다. 이러한 장주 효과를 축압축력에 의한 **2차영향**(second-order effect)이라 하며, 그 값을 계산하는 것을 **2차해석**(second-order analysis)이라 한다. 2차해석은 중첩의 원리를 적용할 수 없고 모든 해당 계수하중조합에서 해석을 수행해야 하는 어려움이 있다. 한편 다행스럽게도 대부분의 콘크리트 압축 부재는 장주 효과가 작아서 해석을 수행할 필요가 없는 경우가 많다. 최근에는 고강도 재료와 설계법의 개선으로 과거보다 부재의 단면이 작고 길이가 긴 장주를 사용할 기회가 훨씬 많아졌으므로 2차해석이 필요한 경우가 증가하고 있다.

장주(slender column)는 가늘고 긴 기둥을 말하는데 단면의 크기에 비해 길이가 상대적으로 긴 상태여서 2차하중영향을 고려해야 하는 부재이다. 가늘고 긴 기둥일수록 장주 효과가 현저하게 나타난다. 이러한 장주의 특성과 그 2차영향은 잘 알려진 탄성 좌굴 이론과 관련이 있다. 탄성 좌굴은 실제 설계에 직접적으로 적용하지 않지만, 2차영향의 크기 정도를 파악할 수 있는 좋은 지표이며 1차 구조 해석 결과로부터 2차영향을 계산하는 기본 변수로 사용된다.

보통 2차해석은 상용 구조 해석 프로그램으로 수행할 수 있다. 2차해석에는 부재의 휨강성 EI가 일정하지 않다는 실제적 어려움이 따른다. 주어진 축력에서 균열에 의해 증가되는 휨모멘트와 콘크리트 재료의 비선형성이 더해져 휨강성이 감소한다. 즉 철근콘크리트 부재의 2차해석은 기하학적 관점과 동시에 재료적 관점에서 모두 비선형 해석이 된다. 따라서 해석을 수행할 때 정확한 휨강성을 결정하는 것이 매우 중요하며 균열, 재료 비선형성 및 크리프의 영향을 고려할 필요가 있게 된다.

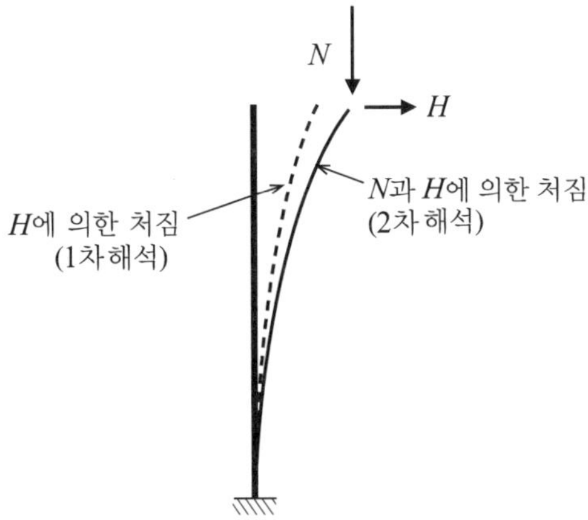

그림 4.21 장주 효과

보통 감소된 탄성계수를 갖는 선형 탄성 재료로 가정하여 해석하는 방법을 일반적으로 사용하고 있다. 또한 4.2.1절에서 설명한 기하적인 결함을 해석에 포함시켜야 한다. 기하적인 결함은 1차휨모멘트를 추가적으로 유발하므로 축력이 동반되면 2차휨모멘트가 더 커진다.

2차해석은 변형이 발생하는 방향으로 검토해야 하며, 필요하다면 2축 휨에 대해서도 검토해야한다. 종종 교량의 교각을 설계할 때 주어진 하중 조합에서 부축에 관한 휨모멘트가 주축에 비해 무시할 정도로 작은 경우일지라도 2축 휨 변형에 대한 검토가 필요할 경우가 있다. 그러나 기하적인 결함은 주축에 대해서만 반영해도 충분하다고 알려졌다. 2차영향이 해당 1차해석 값의 10퍼센트 미만이면 2차해석을 항상 수행할 필요는 없다.

4.4.2 유효 좌굴 길이

가늘고 긴 부재에 중심 축압축력을 작용시키면 축압축강도보다 낮은 하중에서 활처럼 휘기 시작하며 그 처짐과 압축력의 곱에 해당하는 2차휨모멘트가 계속 증가하여 부재는 순식간에 파괴된다. 이러한 현상을 **좌굴**(buckling)이라 한다. 중심 축압축력을 받는 장주의 좌굴에 관한 기본 이론은 200여년 전에 Euler에 의해 정립되었으며[참고문헌 4.12], 이 이론에 따르면 장주가 좌굴에 의해 파괴될 때의 **좌굴하중**은 다음 식으로 나타난다.

$$N_B = \frac{\pi^2 EI}{(kl)^2} = \frac{\pi^2 EA}{(kl/r)^2} \tag{4.4-1}$$

여기서 E는 재료의 탄성계수이고, I는 단면2차모멘트로서 Ar^2로 표현되는데 r은 $\sqrt{I/A}$인 단면 회전반경(radius of gyration)이다. 이 회전반경은 원형 균질 단면에서는 반지름의 절반에 해당하며, 그 밖의 다른 형태의 단면에서는 대체로 단면의 짧은 변 길이의 절반에 해당한다. 단면의 회전반경에 대한 유효 길이의 비 kl/r를 **세장비**細長比(slenderness ratio)라고 한다. 결국 좌굴하중은 세장비의 제곱에 반비례한다는 것을 알 수 있다.

좌굴하중은 그림 4.22에 보인 것과 같이 세장비의 증가에 따라 크게 감소한다. 반대로 세장비가 작은 경우에는 좌굴 발생 전에 압축에 의한 파괴가 발생한다. 이처럼 좌굴이 발생하는 한계 세장비가 존재한다. 이 한계 세장비 보다 큰 세장비를 갖는 기둥을 장주라고 하며 설계 때 장주 효과를 고려하여야 한다.

앞 식 (4.4-1)에서 kl은 **유효 좌굴 길이**로 부재의 양단 받침 조건에 따라 달라진다. 부재의 양 끝단이 힌지로 지지되어 있을 경우의 좌굴 변형은 그림 4.23(a)에 나타낸 것처럼 싸인 곡선의 절반에 해당하는 형태이다. 반면에 양단이 고정된 부재의 변형 형태는 그림 4.23(b)처럼 변곡점 사이의 모양이 양단 힌지 지지 보의 형상과 같게 되므로 이때의 유효 좌굴 길이는 $kl = l/2$가 된다. 따라서 식 (4.4-1)에 의한 좌굴하중은 양단 힌지인 부재에 비해 4배의 하중을 지지할 수 있게 된다. 그림 4.23(c)는 상단이 회전에 구속되어 있지 않는 기둥의 좌굴 형태를 나타낸 것으로 변곡점이 하단에서 $0.3l$ 위치에 존재한다. 따라서 이때 유효 길이는 $kl = 0.7l$으로 앞 두 경우의 중간에 해당하는 좌굴하중을 갖는다.

그림 4.23(d)는 캔틸레버 기둥의 좌굴 형태로서 하부는 고정단이고 상부는 자유단이므로 수평으로 이동할 수 있다. 이처럼 하단에 대한 상단의 상대 수평 변위를 **횡변위**(sidesway)라 한다. 이러한 상태는 다른 어떤 경우보다 좌굴이 쉽게 발생하는데, 유효 길이는 $kl = 2l$이 되어 양단 힌지인 부재 좌굴하중의 1/4에 해당하는 낮은 하중에서 좌굴이 발생한다. 그림 4.23(e)는 기둥의 상단이 회전은 구속된 상태이나 수평 변위가 발생되는 경우를 보인 것이다. 이때 유효 길이는 $kl = l$이며 양단 힌지인 기둥과 동일한 좌굴하중을 갖는다.

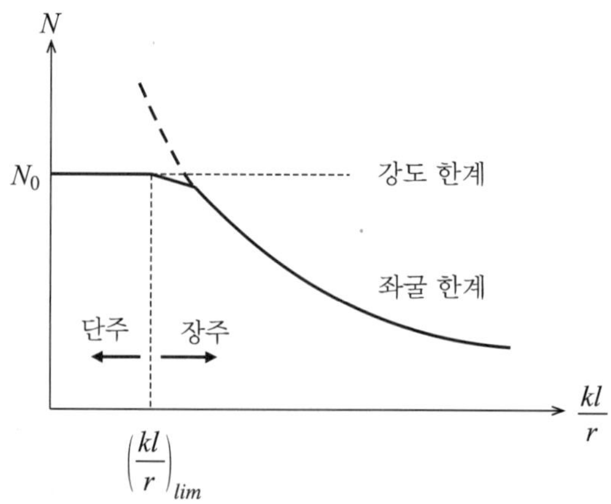

그림 4.22 축압축력을 받는 기둥의 장주 효과

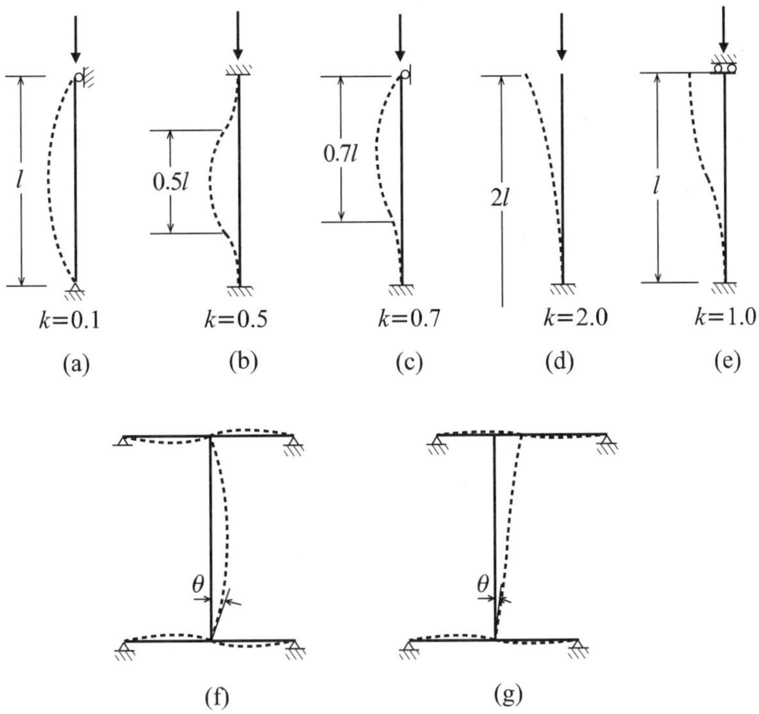

그림 4.23 축압축력을 받는 부재의 좌굴과 유효길이

그림 4.23(a), (b)와 (c)에 보인 기둥처럼 양단에서 수평 변위가 구속되어 있는 부재를 **횡구속 부재**(braced member)라 하며 좌굴 유효 길이는 항상 실제 길이와 같거나 작다. 반면에 그림 4.23(d)와 (e)의 경우처럼 한쪽 단에서 수평 변위가 발생될 수 있는 부재를 **비횡구속 부재**(unbraced member)라 하며 그 좌굴 유효 길이는 항상 실제 길이 보다 같거나 크다. 그림 4.24는 실제 교량 구조에서 상단에 고정 지압판이 설치된 교각의 수평 변위 구속 상태와 그 변형 상태를 나타낸 것이다.

대부분의 구조물에서 기둥 단부는 이상적인 힌지, 고정, 자유도 아니며 통상 연결된 수평 부재 또는 기초에 의해 어느 정도 부분 구속된다. 그림 4.24에 보인 교각의 경우 기초가 무한한 강성을 갖는 것으로 가정한 것이다. 그러나 실제는 그렇지 않으며 유효 길이는 이론적인 값보다 항상 크다. 예를 들면 그림 4.24(b)의 경우 유효 길이는 $2.0l$ 대신에 $2.3l$에 더 가깝다. 따라서 실제 유효 좌굴 길이에 대한 정확한 평가가 필요하게 된다.

그림 4.23(f)와 (g)는 기둥의 양 끝단이 고정과 힌지 사이의 중간적인 구속 상태에 놓인 경우를 보인 것이다. 기둥 끝단의 회전 구속 정도는 단부에 접합된 보의 회전 강성과 기둥 자체의

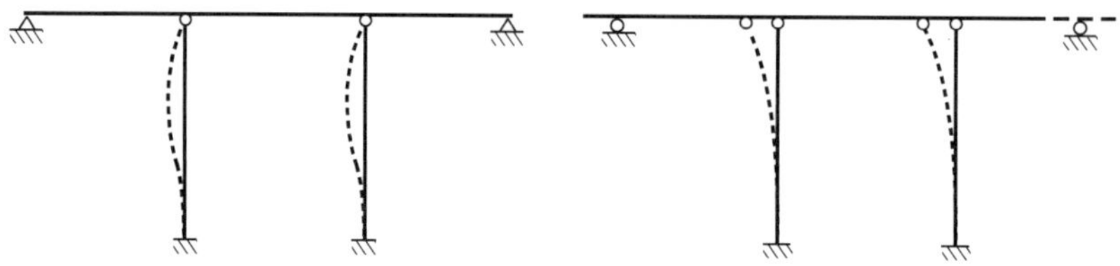

(a) 횡구속 교각 (b) 비횡구속 교각

그림 4.24 교각의 수평 변위 구속에 따른 변형 상태

회전 강성에 상대적이라는 것을 알 수 있다. 즉, 수평 보의 강성이 상대적으로 아주 크면 기둥의 단부는 고정에 가깝고, 수평 보의 강성이 매우 작다면 기둥의 단부는 힌지처럼 거동한다. 따라서 각 단부의 정확한 구속 값은 연결된 수평 부재의 회전 강성에 대한 기둥의 회전 강성의 상대적 비에 따라 결정되며, 이 상대 강성비 ψ를 다음과 같이 표현할 수 있다.

$$\psi = \frac{\text{기둥의 강성}(EI/l)}{\text{연결부재의 강성 합}(\Sigma EI/l),\text{또는 회전스프링계수}(M/\theta)} \tag{4.4-2}$$

여기서 연결된 보 부재는 기둥의 변형 방향과 동일 평면 안에 있어야 한다. 기둥의 하단이 기초와 직접 연결된 경우에는 기초의 회전스프링계수 M/θ를 고려해야 한다. 앞에서 기술한 바와 같이 횡구속 골조에서 k는 0.5∼1.0까지 범위이며, 비횡구속 골조에서는 1.0에서 ∞까지 변한다. 유효좌굴길이계수 k에 대해 간편한 근사 방법으로 그림 4.25에 보인 연결 도표(alignment chart)가 널리 사용되고 있다. 앞 식으로 기둥 양 끝단에서 계산한 ψ_1과 ψ_2 값을 도표에 위치시킨 후 두 점을 연결하는 선과 교차하는 값이 그 기둥의 유효계수 k가 된다. 더 정밀한 방법으로 다음 식을 사용하여 유효 좌굴 길이를 평가할 수 있다[참고문헌 4.4].

횡구속 부재 :

$$kl = 0.5l\sqrt{\left(1+\frac{\psi_1}{0.45+\psi_1}\right)\left(1+\frac{\psi_2}{0.45+\psi_2}\right)} \tag{4.4-3a}$$

비횡구속 부재 :

$$kl = l\sqrt{1+10\frac{\psi_1\psi_2}{\psi_1+\psi_2}} \quad \text{또는} \quad l\left(1+\frac{\psi_1}{1+\psi_1}\right)\left(1+\frac{\psi_2}{1+\psi_2}\right) \text{ 중 큰 값} \tag{4.4-3b}$$

여기서 ψ_1과 ψ_2는 기둥 양 단부의 상대 회전 강성비이다. 위 식을 살펴보면 기둥의 강성이 크면 상대 강성비가 증가하여 유효 길이가 커진다. 따라서 설계 관점에서 기둥의 강성을 계산할 때 비균열 단면으로 가정하면 일반적으로 안전한 설계가 될 것이다. 교량 교각인 경우에는 하부의 균열이 교각 전체의 변형을 크게 증가시키므로 강성이 현저하게 감소된다. 이러한 경우에는 균열 단면으로 유효 길이를 평가해야 한다. 그러나 대부분의 교각은 콘크리트 교각 자체의 강성보다는 지반의 강성이 지배하기 때문에 교각 자체의 강성 값이 덜 중요하게 되기도 한다. 교각과 상판이 일체로 된 교량에서 교각 상부의 상대 강성비를 판정할 때 상판의 균열 상태를 고려해야 한다.

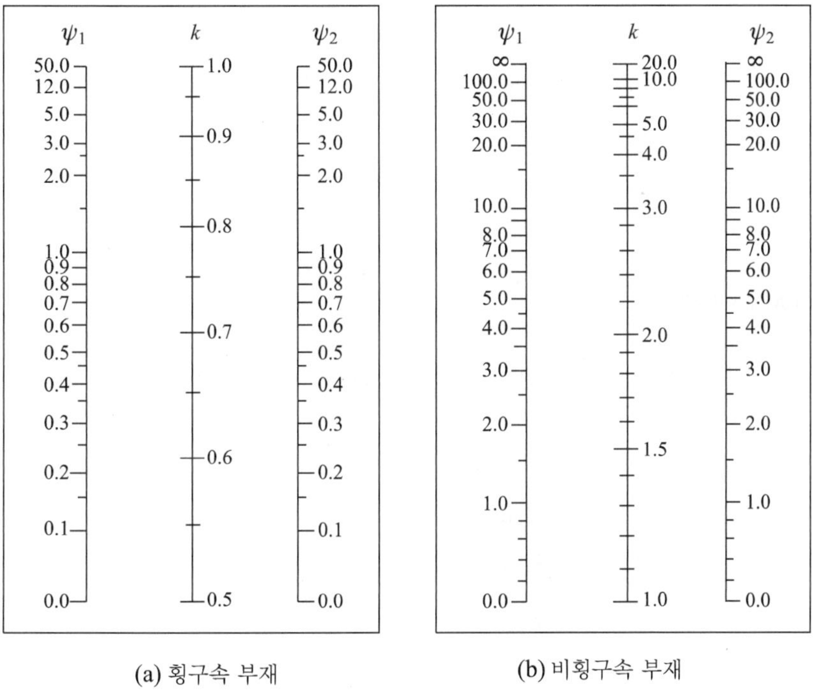

그림 4.25 좌굴 유효 길이를 결정하는 도표

예제 4.4-1 교각의 유효 좌굴 길이 산정

상단에 활동(sliding) 지압판을 가지며 24 m 높이인 철근콘크리트 교각의 유효 좌굴 길이를 산정하려고 한다. 교각의 단면은 지름이 3 m인 원형이며, 그 하부 파일 기초의 회전 강성(회전스프링계수)은 $43 \times 10^6 \mathrm{\,kNm/rad}$이고, 콘크리트의 탄성계수는 32 GPa이다.

풀이

교각 단면의 단면2차모멘트는

$$I = \frac{\pi d^4}{64} = \frac{\pi 3^4}{64} = 3.974 \mathrm{\,m}^4$$

교각의 회전 강성은

$$\frac{E_c I}{l} = \frac{32 \times 10^6 \times 3.974}{24} = 5.299 \times 10^6 \text{ kNm/rad}$$

교각 하단의 상대 강성비 ψ_1은 식 (4.4-2)에 따라

$$\psi_1 = \frac{E_c I/l}{M/\theta} = \frac{5.299}{43} = 0.123$$

교각 상단은 회전 구속이 없는 상태이므로 $\psi_2 = \infty$가 된다. 식 (4.4-3b)에 의해

$$k = \max\left[\sqrt{1+10\frac{0.123\times\infty}{0.123+\infty}}\ ;\left(1+\frac{0.123}{1+0.123}\right)\left(1+\frac{\infty}{1+\infty}\right)\right] = 2.219$$

따라서 유효 좌굴 길이는 $2.22l$이 되며, 이상적인 고정 받침 일 때의 $2l$ 보다 크다. 그림 4.25(b)의 도표에서 $\psi_1 = 0.123$과 $\psi_2 = \infty$를 연결하는 선과 교차점의 k도 비슷한 값을 나타낸다.

4.4.3 크리프 영향

장기 하중에 의해 유발되는 크리프는 부재의 처짐을 증가시킨다. 이 추가적인 처짐은 2차영향을 증가시키기 때문에 크리프의 영향을 2차해석에 포함하여야 한다. 크리프의 영향을 반영하기 쉬운 방법은 지속하중에 크기를 반영한 유효 크리프계수를 이용하여 단기 탄성계수를 수정하여 2차해석을 수행하는 것이다. **유효 크리프계수** φ_e는 다음과 같이 지속하중과 계수하중의 비에 따른 함수로 나타낼 수 있다.

$$\varphi_e = \varphi(\infty, t_o)\frac{M_{oD}}{M_{ou}} \tag{4.4-4}$$

여기서 $\varphi(\infty, t_o)$는 최종 크리프계수이며, M_{oD}는 지속하중을 작용시켜 구조 해석으로 구한 기둥의 휨모멘트이고, M_{ou}는 계수하중조합을 작용시켜 구한 1차휨모멘트이다. 교량에서 지속하중은 보통 자중에 의한 고정하중 크기이다. 기둥의 휨모멘트가 길이 방향으로 변하는 경우에는 최대 휨모멘트 단면에서 구한 M_{oD}와 M_{ou}를 사용할 수 있다.

중심 축하중인 경우에는 부재에 큰 크리프가 발생하더라도 횡방향 처짐이 유발되지 않기 때문에 2차영향이 나타나지 않는다. 반면에 편심이 큰 하중일 경우에는 단면의 적은 압축 영역에 발생하는 비대칭 크리프 수축 변형은 처짐을 증가시키기 때문에 2차영향을 크게 확대시킨다. 특히, 세장비가 큰 기둥일수록 이 비대칭 크리프 변형의 영향이 증가 된다. 이러한 이유로 단면이 모두 압축 상태에 놓일 경우에는 비대칭 크리프 변형 영향이 작기 때문에 2차해석에 크리프 영향을 고려하지 않아도 된다. 또한 세장비가 75보다 작은 경우이거나 크리프계수 φ가 2.0보다 작은 경우에도 크리프 영향을 무시할 수 있다.

크리프에 의한 처짐의 증가는 3장에서 설명한 유효 탄성계수를 사용하여 간단하게 반영할 수 있다. 이 유효 탄성계수 E_{ce}는 식 (4.4-4)의 유효 크리프계수를 사용하여 다음과 같이 계산한다.

$$E_{ce} = \frac{E_c}{1+\varphi_e} \tag{4.4-5}$$

여기서 E_c는 콘크리트 단기 탄성계수이다. 이렇게 구한 유효 탄성계수를 구조 해석에 적용하여 크리프의 영향을 반영할 수 있다.

4.4.4 휨모멘트 확대법

탄성 좌굴 하중 자체는 실제 콘크리트 구조물의 설계에 직접적으로 적용하기 어렵지만, 콘크리트 구조물에서 2차영향의 크기를 알 수 있는 중요한 기본 변수로 활용할 수 있다. 그림 4.26(a)에 보인 축압축력 N과 휨모멘트 M_o를 동시에 받는 압축 부재를 살펴보자. 만약 축압축력이 작용하지 않는다면 휨모멘트 M_o는 부재 전 길이에 걸쳐 동일한 값을 갖는다. 축압축력이 없고 휨모멘트만 작용할 때의 부재의 변형은 점선과 같이 나타나며 v_o는 휨모멘트에 의한 처짐이다. 여기에 축압축력 N이 작용하면 부재에는 축압축력과 처짐을 곱한 값만큼의 휨모멘트가 더해지고, 더해진 휨모멘트에 의해 다시 처짐이 증가한다. 따라서 M_o와 N이 동시에 작용할 때의 처짐 곡선은 실선과 같이 증가되며 총 휨모멘트는 다음과 같게 된다.

$$M = M_o + Nv \tag{4.4-6}$$

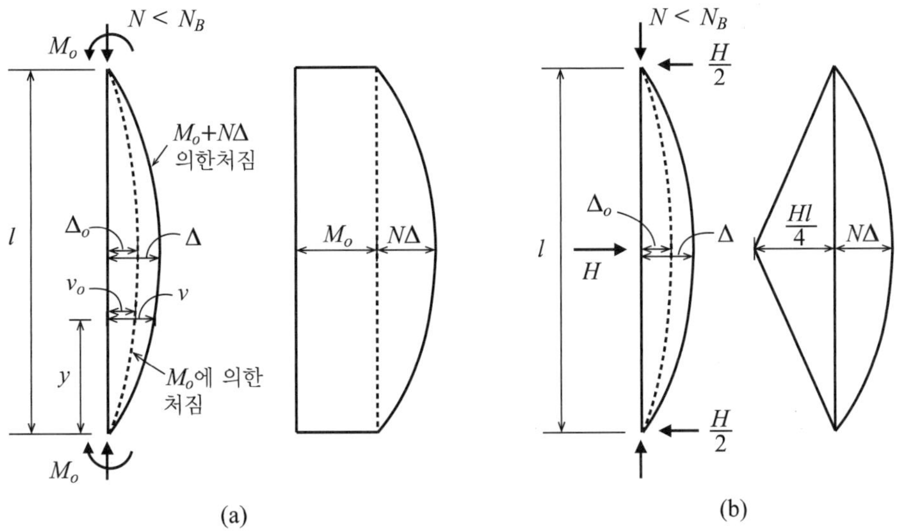

그림 4.26 휨과 축압축력을 받는 부재의 확대 휨모멘트 [참고문헌 4.3]

압축 부재에서 총 휨모멘트는 축력이 없을 때의 휨모멘트에 압축력과 처짐을 곱한 휨모멘트의 합으로 구성되어 있다는 것을 알 수 있다. 그림 4.26(b)에 보인 부재처럼 수평력 H가 부재 중앙에 작용할 경우에도 휨모멘트가 확대되는 동일한 효과가 일어난다. 축압축력 N이 없을 때 부재 중앙에서 $Hl/4$의 1차휨모멘트가 발생되며 여기에 압축력 N이 작용하면 $N\Delta$만큼의 새로운 휨모멘트가 추가된다. 이러한 현상이 장주 효과이다.

구조 안정론(structural stability)의 이론[참고문헌 4.12]에 따르면, 탄성 부재에서 휨과 축압축력이 동시에 작용할 때 부재의 임의 위치 y에서 평형식 $EI[d^2(v-v_o)/dy^2]+Nv=0$으로부터 탄성 처짐 곡선 v는 다음 식으로 나타난다.

$$v = v_o \frac{1}{1-N/N_B} \tag{4.4-7}$$

여기서 v_o는 휨모멘트 만에 의한 처짐 곡선이고, N_B는 식 (4.4-1)의 좌굴하중이다. 따라서 그림 4.26에 나타낸 것처럼 부재 중앙부에서 처짐을 Δ_o라면 총 휨모멘트 M은

$$M = M_o + N\Delta_o \frac{1}{1-N/N_B} \tag{4.4-8}$$

부재 중앙에서의 1차 처짐 Δ_o를 1차휨모멘트 M_o와 좌굴하중 N_B의 항으로 표현하여 위 식에 대입하여 정리하면

$$M = M_o\left[1+\frac{\beta_m}{(N_B/N)-1}\right] \tag{4.4-9}$$

여기서 β_m은 1차해석으로 구한 휨모멘트의 분포 형태에 따라 달라지는 값으로 휨강성 EI가 일정하다는 가정에서 곡률도에서 구한 값을 그림 4.27에 나타냈다. 부재 길이에 걸쳐 등분포 휨모멘트인 경우 β_m값은 1.232이고, 싸인(正弦) 곡선형일 경우는 1.0이며, 삼각형 분포도일 경우 0.822가 된다. 일반적인 부재의 휨모멘트 분포가 싸인 곡선형에 가깝다고 간주하여 β_m 값으로 1.0을 사용하면 위 식은 다음과 같이 간단한 형태가 된다.

$$M = M_o \frac{1}{1-N/N_B} \tag{4.4-10}$$

여기서 $1/(1-N/N_B)$를 **휨모멘트 확대계수**(bending moment magnification factor)라 하며, 1차휨모멘트 M_o가 축압축력 N에 의해 확대되는 비율을 뜻한다. 이 식은 β_m값으로 1.0을

사용했기 때문에 부재의 휨모멘트가 등분포하는 경우 이 식을 사용하면 불안전한 해석 결과가 될 수 있지만, 이 간단한 확대계수를 대부분의 압축 부재 설계에 적용한다. 이 식으로 부터 부재의 세장비가 증가하면 좌굴하중 N_B가 감소하므로 세장비가 클수록 부재의 총 휨모멘트 M이 크게 증가된다는 것을 알 수 있다. 교량의 교각처럼 구조적 안전성과 동시에 경제성이 중요할 뿐만 아니라 앞 4.2절에서 설명한 기하적인 결함을 반영해야 하는 경우에는 β_m값의 영향을 반영한 식 (4.4-9)의 확대계수를 적용할 필요가 있다.

앞의 경우처럼 한 부재에서 최대 1차휨모멘트와 최대 2차휨모멘트가 한 곳에서 발생하여 직접 더해지는 상태가 가장 불리한 경우에 해당한다. 많은 경우에 1차영향과 2차영향의 최대값이 한 곳에 일치하지 않는다. 그림 4.28에 보인 것과 같이 부재의 양 끝단의 1차휨모멘트의 크기와 방향이 다를 경우가 있다. 양 끝단의 휨모멘트가 서로 다른 때는 총 휨모멘트의 최대값이 서로 다른 위치에서 일어나고, 휨모멘트 확대는 크게 줄어든다.

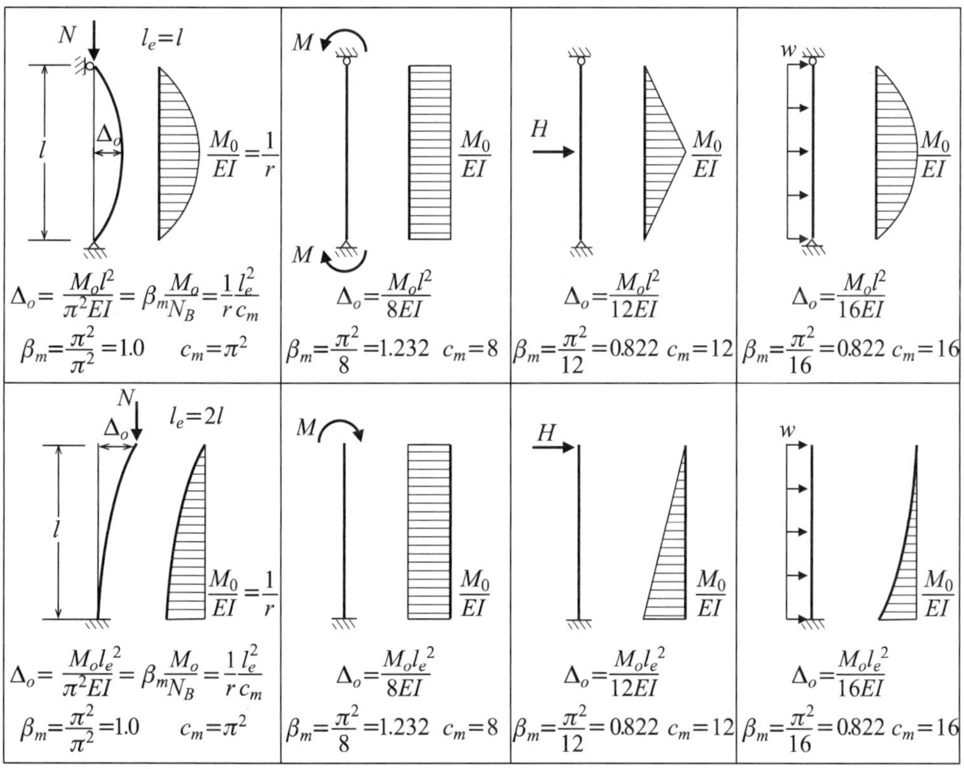

그림 4.27 곡률 분포 상태에 따른 β_m값과 c_m값의 변화

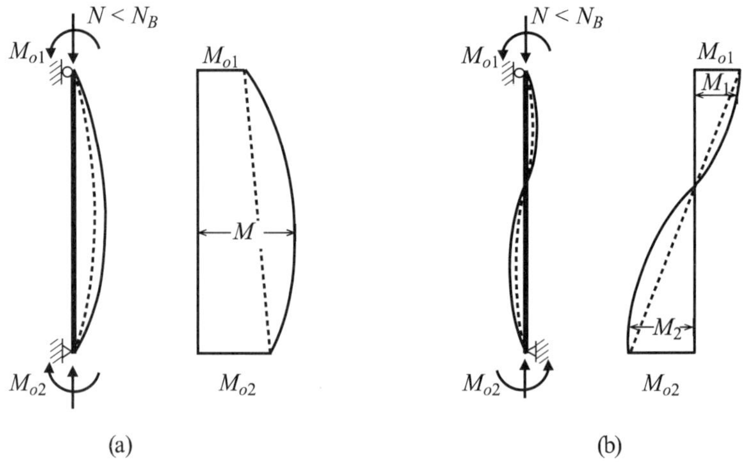

그림 4.28 횡구속 부재의 휨모멘트 확대

그림 4.28(a)에 보인 부재인 경우 양 끝단 휨모멘트가 서로 크기는 다르지만 같은 방향으로 부재를 휘게 한다. 이때 점선으로 표시된 1차휨모멘트도의 최대값은 하단이고, 2차휨모멘트의 최대값은 부재 중앙부에서 발생한다. 따라서 총 휨모멘트의 최대값은 중앙부 근처에 있게 된다. 만약 $M_{o1} = M_{o2}$이면 그림 4.26(a)와 같아지며 휨모멘트 확대가 최대가 된다. 반면에 M_{o2}에 비해 M_{o1}의 크기가 작아지면 휨모멘트 확대가 점진적으로 감소할 것이다. 한편, 그림 4.28(b)의 경우는 양 끝단 휨모멘트의 크기도 다르고 서로 다른 방향으로 휘게 한다. 점선으로 나타낸 선형 분포 1차휨모멘트도에 2차휨모멘트 Nv를 더한 총 휨모멘트도는 실선 형태가 된다. 1차휨모멘트는 양 끝단에서 최대가 되는데 2차휨모멘트는 양 끝단에서 약간 떨어진 곳에서 최대가 된다. 이 두 휨모멘트의 상호 크기에 따라 총 휨모멘트 $M = M_o + Nv$는 약간 달라지지만 그림에 나타낸 실선과 같은 형태가 되며 2차휨모멘트 Nv가 추가되어도 최대 휨모멘트 M_{o2}보다 조금 클 뿐이다. 이처럼 축압축력에 의한 휨모멘트의 확대는 거의 일어나지 않는다는 것을 알 수 있다.

그림 4.28에 보인 두 경우를 비교해 보면 다음과 같은 결론에 도달할 수 있다. 처짐 v_o의 최대와 1차휨모멘트 M_o의 최대가 되는 위치가 일치될 때 휨모멘트 M_o가 가장 크게 확대된다. 그림 4.28(a)에서처럼 양 끝단 휨모멘트의 크기는 다르지만 동일 부호로 단곡률일 때 M_o는 비교적 크게 확대된다. 반면에 그림 4.28(b)처럼 1차휨모멘트 M_o가 부재를 이중 곡률로 휘게 하여 중간에 변곡점이 생길 때는 축압축력 N에 의해서 유발되는 확대 휨모멘트는 그다지 크지 않다.

이와 같은 현상은 등가 등분포 1차휨모멘트(equivalent uniform first-order moment) M_{oe}로 치환하는 간편한 방법으로 해결할 수 있다. 이 등가 휨모멘트 방법은 부재 양단 휨모멘트 M_{o1}과 M_{o2}의 대략적인 중간 값 크기를 갖는 등가의 휨모멘트가 부재 전체에 등분포하는 1차휨모멘트에 해당하는 것으로 간주하여 식 (4.4-10)의 휨모멘트 확대계수를 그대로 적용하는 것이다. 여기서 **등가 1차휨모멘트** M_{oe}는 다음 식으로 정의한 값이다.

$$M_{oe} = 0.6M_{o2} + 0.4M_{o1} \geq 0.4M_{o2} \tag{4.4-11}$$

이 식에서 항상 M_{o1}은 작은 값이고 M_{o2}는 큰 휨모멘트이며 단곡률을 발생시키면 동일한 +부호이고 그렇지 않으면 −부호이다. 그리고 이 등가 휨모멘트는 부재 중간에 수평(횡) 하중이 없으며 횡구속 부재일 경우에만 적용된다. 이 등가 휨모멘트는 휨모멘트가 선형으로 분포하는 부재의 중앙부 1차휨모멘트에 해당하는 값이며 확대계수 $1/(1-N/N_B)$에 의해 확대된다. 이때 부재 단부에서 철근 설계를 위한 총 휨모멘트는 1차휨모멘트보다 작게 취해서는 안 된다.

식 (4.4-11)의 등가 휨모멘트를 사용하여 2차영향을 감소시키는 방법은 부재 중간에 수평 하중이 작용하여 발생된 1차휨모멘트에는 적용할 수 없다. 그런데 그림 4.8(b)에 보인 것과 같이 기하적인 결함을 반영하기 위한 등가 전단력은 부재 중간에 작용한다. 이러한 수평 하중과 더불어 단부 휨모멘트가 작용하는 부재의 총 휨모멘트를 계산할 때는 분리하여 각각의 확대 휨모멘트를 구하여 합하는 방법을 사용한다. 즉 수평 하중에 의한 1차휨모멘트는 식 (4.4-10)을 사용하여 확대 휨모멘트를 구하고, 단부 휨모멘트에 의한 확대 휨모멘트는 식 (4.4-11)의 등가 휨모멘트를 사용한 확대 휨모멘트를 구한 후 합하여 총 휨모멘트를 산정한다.

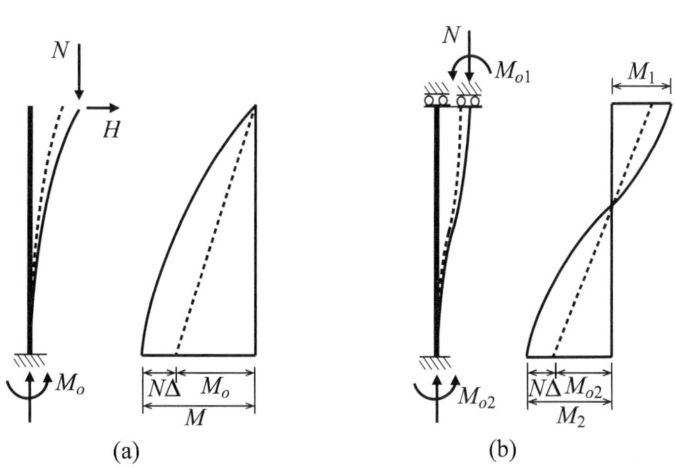

그림 4.29 비횡구속 부재의 휨모멘트 확대

또한, 식 (4.4-11)의 등가 휨모멘트를 사용하여 2차영향을 감소시키는 방법은 비횡구속 부재에도 적용할 수 없다. 그림 4.29에 보인 것처럼, 비횡구속 부재의 최대 1차휨모멘트 M_o는 항상 단부에서 발생하며, 2차휨모멘트 Nv도 단부에서 최대가 되어 단순히 서로 더해져 휨모멘트 확대가 단부에서 항상 최대가 된다. 그림 4.29(b)에 보인 것처럼 양 끝단의 1차휨모멘트가 서로 다를 지라도 2차영향은 단부에서 항상 최대가 된다. 즉 등가 휨모멘트에 의한 2차영향의 감소가 발생하지 않는다. 따라서 비횡구속 부재의 단부 휨모멘트는 항상 식 (4.4-10)을 사용하여 확대시켜 설계한다. 특히, 교량의 교각이나 건물의 기둥과 같은 압축 부재는 단독으로 서있기 보다는 거더나 바닥판과 연결된 구조의 한 부분으로 존재한다. 따라서 연결된 모든 교각이나 기둥은 같은 횡변위가 일어난다. 즉 각 높이의 횡변위는 그 높이의 모든 기둥에서 동시에 일어나게 되어 장주 효과는 연결된 모든 기둥과 연관하여 고려하여야 한다.

지금까지 설명한 탄성 이론에 바탕을 둔 2차영향 해석법은 강구조처럼 휨강성 EI가 항복까지 일정한 재료로 된 부재에 직접적으로 적용할 수 있는 방법이다. 한편, 균열 발생, 재료의 태생적인 비선형성, 크리프 현상 등을 갖는 콘크리트 구조에 적용하는 것은 훨씬 복잡하다. 즉 콘크리트 부재의 휨강성 EI는 작용 압축력 크기에 따라 달라지며, 작용 휨모멘트가 증가하면 감소하는 일정한 값이 아니다. 따라서 철근비, 축력비, 콘크리트 강도, 크리프 등의 모든 변수에 기반한 합리적인 **공칭 휨강성**(nominal stiffness)이 주어져야만 이 해석법을 사용할 수 있다. 이 공칭 휨강성은 일반적으로 아래 형태의 식을 사용하여 평가한다.

$$EI = K_c E_c I_g + K_s E_s I_s \tag{4.4-12}$$

여기서 E_c는 콘크리트 탄성계수, I_g는 콘크리트 전단면(gross section)에 대한 2차모멘트, E_s는 철근의 탄성계수 그리고 I_s는 부재 단면 중심선에 대한 철근의 단면2차모멘트이다. K_c는 콘크리트의 균열, 재료 비선형성과 크리프를 반영하는 계수이고, K_s는 철근이 기여하는 정도를 나타내는 계수이다. 계수 K_c와 K_s는 국가별 구조기준에 따라 약간씩 다르게 정의하고 있는 실정이며 우리 설계기준에서 정한 내용은 다음에서 다룬다. 이러한 배경에서 2차휨모멘트를 구하는 휨모멘트 확대법을 **공칭 휨강성법**(method based on nominal stiffness)이라 부르기도 한다.

4.4.5* 공칭 곡률법

장주 효과를 산정하는 다른 방법 중의 하나인 **공칭 곡률법**(method based on nominal curvature)은 구조물에서 압축 부재를 분리하여 해석할 수 있는 간편한 계산법이다. 이 방법은 부재의 처짐에 의한 편심량을 평가하여 2차휨모멘트를 구하는 것으로써, 부재의 경계 조건은 유효 좌굴 길이로 모두 표현할 수 있으며, 기하적인 결함을 쉽게 반영할 수 있는 방법이다. 그림 4.30은 공칭 곡률법을 설명하기 위해 가장 간단한 캔틸레버 기둥을 보인 것이다. 이 부재에는 수평력 H와 축압축력 N이 작용하고 있다. 여기서 수평력에는 기하적인 결함을 반영하는 등가 수평력을 포함하고 있다.

이 방법에서 2차휨모멘트는 부재 파괴 때의 공칭 곡률을 기반으로 구한 부재 상단 처짐 편심량 Δ를 이용하여 산정한다. M_o와 N이 동시에 작용하는 부재의 총 휨모멘트 M은

$$M = M_o + N\Delta \tag{4.4-13}$$

여기서 M_o는 1차휨모멘트이며 기하적인 결함의 영향을 포함하고 있다. 이 총 휨모멘트는 1차휨모멘트 M_o에 압축력 N과 처짐에 의한 편심량 Δ를 곱한 휨모멘트의 합으로 구성되는 것은 앞 식 (4.4-6)과 동일하다. 다만 편심량 Δ를 부재의 곡률도로부터 계산하는데 구조역학의 처짐 산정 방법에 따라 다음과 같은 일반 형태로 표현한다[참고문헌 4.16].

$$\Delta = \frac{1}{r}\frac{l_e^2}{c_m} \tag{4.4-14}$$

여기서 l_e는 유효 좌굴 길이이고, $1/r$은 부재 하단의 최대 곡률이며, c_m은 부재의 곡률 분포 형상에 따라 변하는 값이다.

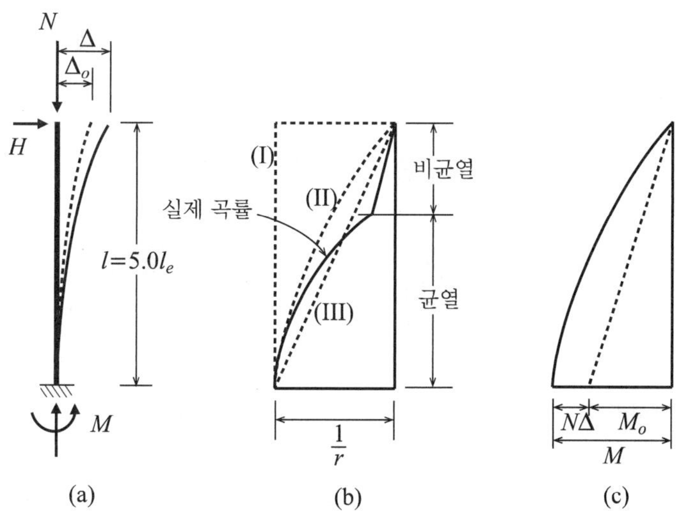

그림 4.30 캔틸레버 기둥의 장주 효과

철근콘크리트 부재에서 휨에 의한 실제 곡률 분포도는 하중 단계에 따른 균열 발생 정도와 단면 형상에 따라 크게 달라지며 상당히 복잡한 분포 형상을 갖는다. 그림 4.30(b)에 비횡구속 캔틸레버 부재에 가능한 곡률 분포를 점선으로 나타냈다. 부재 상단의 처짐 편심량 Δ를 부재의 좌굴 유효 길이 $l_e(=2l)$로 각각 계산하면, 그림 4.30(b)에 보인 (I)의 등분포 곡률도인 경우 c_m값은 8이고, (II)의 싸인 곡선형 분포도일 경우는 π^2이며, (III)의 삼각형 분포도일 경우 12가 된다. 그림 4.27에 보인 여러 형태의 부재들에서 양단 힌지로 지지된 부재의 곡률을 M/EI 항으로 나타낸 것을 살펴보면, 부재 길이에 걸쳐 등분포 곡률도인 경우 c_m값은 8이고, 싸인 곡선형 분포도일 경우는 π^2이며, 삼각형 분포도일 경우 12가 되어 비횡구속 캔틸레버 부재의 경우와 동일하다는 것을 알 수 있다. 이처럼 유효 좌굴 길이 항으로 처짐 편심량을 표현하면 부재 곡률도의 형태에 따른 c_m값만의 함수가 되어 부재의 지지 조건을 별도로 고려하지 않아도 된다는 것을 알 수 있다.

철근콘크리트 부재에서 실제 곡률 분포는 균열 발생 정도에 따라 크게 달라지며 정확한 계산은 상당히 번거로운 반복 과정을 동반한다. 그런데 앞에서 살펴 본 바와 같이 부재 상단부의 처짐량은 곡률 분포 형태에 크게 의존하지 않는다는 것을 알 수 있다. 그림 4.30의 부재인 경우 그 곡률 분포를 싸인 곡선형 분포로 가정하면 현실적으로 근접한 처짐값을 구할 수 있을 것이다. 실제 설계에서는 작용 하중의 형태에 따른 휨모멘트 분포를 파악한 후 적절한 c_m값을 선정하여 처짐량을 산정하면 충분히 정확한 값을 얻을 수 있다.

결국 처짐량 Δ를 결정하기 위해서는 부재 곡률도에서 최대 곡률 $1/r$을 합리적으로 평가해야 할 필요가 있게 된다. 그림 4.31(b)에 보인 기둥의 강도상관곡선을 살펴보자. 확대 휨모멘트가 없는 짧은 기둥에서는 하중이 증가하면 점선으로 표시된 직선을 따르다가 상관곡선과 만나는 점에서 파괴된다. 반면에 기둥이 세장한 경우에는 하중이 증가하면 처짐이 따라서 증가하고 확대 휨모멘트 $N\Delta$가 점차 증가하며, 그림 4.31(b)에 보인 실선을 따라간다. 이 실선과 상관곡선의 교차점(M, N)에서 기둥은 파괴된다. 이 파괴점에서 확대 휨모멘트 크기에 영향을 주는 Δ는 기둥 파괴 순간까지 발생한 최종 처짐량이다. 기둥이 파괴되는 것은 최대 단면력이 발생하는 단면이 극한한계상태에 도달할 때이며, 이때 처짐을 유발시키는 곡률은 파괴 때의 휨모멘트 M에 비례한다. 따라서 이 극한한계상태의 변형률 분포로 부터 구한 곡률 $1/r$을 식 (4.4-14)에 대입하여 최종 처짐량 Δ를 산정하기 위해서는 다음과 같은 형태로 평가하는 것이 합리적일 것이다[참고문헌 4.15].

$$\frac{1}{r} = K_n K_\varphi \frac{1}{r_o} \tag{4.4-15}$$

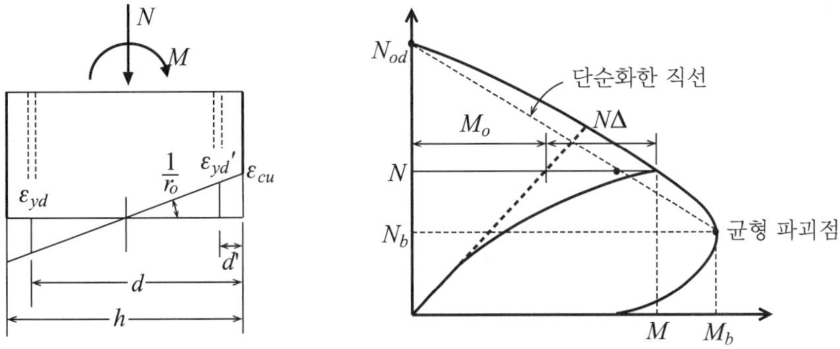

(a) 최대곡률에 관계되는 변형률 분포　　　　(b) 단순화한 강도상관도

그림 4.31 최대 곡률과 강도 상관 곡선

여기서 $1/r_o$는 부재 파괴 때 최대 기본 곡률이고, K_n은 작용하는 축방향력의 크기를 반영하는 계수이며, K_φ는 크리프의 영향을 고려하는 계수이다.

기본 곡률 $1/r_o$은 부재의 최대 휨모멘트 단면의 균형 파괴 상태의 곡률로 나타낸다. 따라서 그림 4.31(a)에 보인 것과 같이 철근이 대칭으로 배치된 사각형 단면인 경우 인장 철근과 압축 철근이 항복하는 순간의 곡률은 단면의 변형률 분포도에서 다음과 같이 나타난다.

$$\frac{1}{r_o} = \frac{\varepsilon_{yd}}{0.5(d-d')} \tag{4.4-16a}$$

여기서 ε_{yd}는 철근의 설계 항복 변형률이고, $d-d'$은 인장 철근과 압축 철근 사이 거리인데 근사적으로 $0.9d$로 대체할 수 있다. 철근이 대칭으로 배치되어 있지 않는 단면인 경우에는 인장 철근의 항복 변형률과 단면 압축 연단의 콘크리트 극한한계변형률 ε_{cu}를 이용하여 기본 곡률을 계산 할 수 있다.

$$\frac{1}{r_o} = \frac{\varepsilon_{yd} + \varepsilon_{cu}}{d} \tag{4.4-16b}$$

여기서 d는 단면의 유효깊이이다.

식 (4.4-15)의 K_n은 작용하는 축방향력 크기를 반영하는 계수이다. 휨과 축력을 동시에 받는 부재에 대해서는 5.5절에서 상세히 설명하고 있다. 휨과 축압축력이 동시에 작용하는 단면의 극한한계상태에서 축압축력이 클수록 곡률은 작아진다. 이것은 그림 4.31에 보인 축－휨강도 상관곡선을 살펴보면 쉽게 알 수 있다. 이 곡선에서 균형 파괴점 보다 큰 압축력이면 해당

휨모멘트가 감소하며 이에 비례하여 곡률도 감소한다. 따라서 휨강도를 균형점의 축력 N_b와 중심 축강도 N_{od} 사이에서 선형 관계로 간단하게 가정하면, 닮은꼴 삼각형의 비례 관계를 사용하여 곡률을 보정하는 계수 K_n을 아래와 같이 표현할 수 있다.

$$K_n = \frac{N_{od} - N}{N_{od} - N_b} \leq 1.0 \tag{4.4-17}$$

이때 중심 축강도를 $N_{od} = A_c f_{cd} + A_s f_{yd}$로 산정하며, N은 계수하중에 의해 부재에 발생된 축방향력이다. 식 (4.4-16b)의 기본 곡률은 철근이 항복하고 콘크리트는 극한한계변형률에 도달하는 균형 상태의 값이기 때문에 이때의 축력은 $N = N_b$가 되어 K_n은 항상 1이 된다. 즉 식 (4.4-16b)를 적용할 경우에는 K_n 값으로 1.0을 사용해야 한다. 균형점의 축력 N_b를 5장의 식 (5.5-10)을 이용하여 산정한다. 정밀한 해석을 필요로 하지 않는 경우에는 번거로운 계산 과정을 피하고 실제 설계를 간편하게 하기 위해 $N_b = 0.4N_{od}$로 간주하여 설계할 수 있다. 실제 설계에서 K_n의 값으로 1.0을 사용하면 항상 안전한 설계 결과를 얻을 수 있으며, 이때 경제성에는 크게 영향을 미치지 않는 것으로 알려졌다.

K_φ는 크리프의 영향을 반영하는 계수로, 4.4.3절에서 기술한 것처럼 유효 크리프계수를 기반으로 콘크리트 강도와 세장비의 함수로 구성된 다음 식으로 나타낸다[참고문헌 4.15].

$$K_\varphi = 1 + \varphi_e \left(0.35 + \frac{f_{ck}}{200} - \frac{\lambda}{150} \right) \geq 1.0 \tag{4.4-18}$$

여기서 φ_e는 식 (4.4-4)로 정의된 유효 크리프계수이고, λ는 부재의 세장비이다.

결국 여러 영향 인자를 반영하여 구한 식 (4.4-15)의 곡률을 **공칭 곡률**(nominal curvature)이라 하며, 이 값을 사용하여 처짐량 Δ를 산정한 후 2차휨모멘트 $N\Delta$를 계산한다. 이 곡률법은 비횡구속 교각 설계에 쉽게 적용할 수 있는 방법이다. 횡구속 부재에서 중간에 횡하중이 없는 경우도 양단 휨모멘트를 식 (4.4-11)의 등가 1차휨모멘트로 치환하여 이 곡률법을 적용할 수 있다.

4.4.6* 비선형 2차해석법

최근에는 휨모멘트 확대법에 의한 계산보다 범용 프로그램을 이용하여 비선형 2차해석을 수행하는 추세이다. 비선형 해석을 통하여 횡변위로부터 축력과 휨모멘트의 영향 또는 구조물의 횡변위를 직접 계산할 수 있으며, 결과적으로 휨모멘트와 처짐 결과에 장주 효과가 포함된다.

비선형 해석법은 상당히 합리적이며 휨모멘트 확대법보다 실제 휨모멘트와 부재력 계산이 더 정확하다. 특히, 큰 하중이 작용하는 구조 또는 횡변위가 큰 구조를 해석할 때 더욱 합리적이며, 설계 결과의 경제성을 크게 좌우할 수 있다.

비선형 2차해석은 재료의 비선형성, 균열과 곡률의 변화, 하중의 지속성, 건조수축과 크리프, 기초 지반과의 상호 작용 등을 고려하여야 하므로 다소 복잡하다. 구조 해석에 사용된 각 부재의 치수는 최종 설계도면에 표기되는 것이어야 하며, 그렇지 않을 경우에는 해석을 되풀이하여야 한다. 비선형 해석 프로그램은 강도 예측이 부정정 형태의 철근콘크리트 부재를 실험하여 얻은 결과와 대체로 약 15퍼센트 범위 내에서 일치한다는 것이 확인된 것이어야 한다. 또한 비선형 2차해석에서 휨강성 EI값들이 파괴 직전의 강성을 최소한 나타낼 수 있어야 한다.

비선형 2차해석은 반복법에 기초를 두고 있다. 그림 4.32와 같이 수평 하중 H와 수직 하중 N을 받는 골조를 살펴보자. 횡변위 Δ는 보통 탄성 해석에 의해 계산된다. 골조에 횡변위가 발생되었을 때 기둥 상하 단부 휨모멘트 그리고 횡변위에 의한 휨모멘트와 수평 하중에 의한 휨모멘트는 다음과 같이 평형을 이룬다.

$$\Sigma(M_1 + M_2) = Hl + \Sigma N\Delta \qquad (4.4\text{-}19)$$

여기서 Δ는 기둥 하단에 대한 상단의 상대적 수평 변위이며, ΣN은 수직력의 합이다. 휨모멘트 $\Sigma N\Delta$는 등가 수평력 $dH = \Sigma N\Delta / l$의 항으로 나타낼 수 있다. 이렇게 구한 추가 수평력을 기존 수평력 H에 더하고 구조물을 다시 해석하여 새로운 처짐과 증가된 휨모멘트를 구한다. 수평 변위가 증가하면 등가 수평력 dH를 다시 계산하여 이전 수평력과 합으로 재해석한다. 이와 같은 재해석은 그 차이가 크지 않다고 판단될 때까지 반복 수행하며, 보통의 경우 2~3회 정도 반복한다.

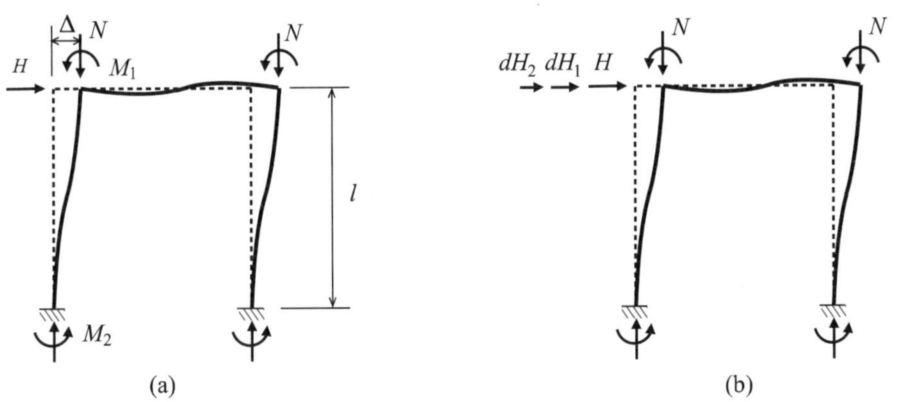

그림 4.32 비선형 2차해석

이러한 해석 결과의 정확성은 부재의 강성값, 기초의 구속력, 콘크리트의 크리프 등에 의해 크게 영향을 받으므로 적절하게 고려해야 한다. 횡변위를 발생시키는 수평 하중은 일시적인 풍하중과 지진하중이며 크리프 영향은 그리 크지 않다. 일반적으로 장기로 지속되는 수평 하중인 토압이나 수압을 저항하기 위한 구조로서는 비횡구속 골조를 사용하지 않는 것이 바람직하다고 하겠다.

4.4.7 설계기준의 장주 효과에 대한 규정

한계상태설계법에서는 2차해석을 적용하여 횡방향 변형에 의한 2차 하중영향을 고려하여야 하지만, 세장비 kl_u/r가 100 미만인 철근콘크리트 압축 부재를 설계할 때에는 근사 해석법으로 선형 탄성 전체계 구조 해석 후 휨모멘트 확대계수를 사용하는 단일 단계 조정법을 적용할 수 있도록 허용하고 있다.

(a) 한계 세장비

휨모멘트 확대계수법을 적용할 때 2차영향을 무시할 수 있는 한계 세장비를 규정하고 있다. 이 한계값은 2차영향이 1차영향의 약 10퍼센트 이하인 범위에 근거를 두고 있는 것으로 다음과 같이 횡구속 부재와 비횡구속 부재로 구별하여 규정하고 있다.

- 상대 변위가 구속되어 있지 않은 비횡구속 압축 부재에서 세장비 kl_u/r의 값이 22 이하인 경우에는 장주 효과를 고려하지 않아도 된다.
- 상대 변위가 구속되어 있는 횡구속 부재에서 세장비 kl_u/r의 값이 $34-12(M_1/M_2)$ 이하인 경우에는 장주 효과를 고려하지 않아도 된다. 이때 $34-12(M_1/M_2)$는 40을 초과할 수 없다.

여기서 l_u는 압축 부재의 순길이로 바닥 슬래브, 보 또는 헌치 면으로 부터 잰 비지지 길이이다. M_1과 M_2는 계수하중에 의해 부재 양 단에 발생한 휨모멘트이어야 하며, 두 값 중에서 항상 큰 값을 M_2로 하여 위 식에 적용한다. 작은 값인 M_1은 부재에 단곡률을 발생시키면 +, 이중 곡률이면 − 부호를 사용한다.

(b) 횡구속 부재의 휨모멘트 확대

설계기준에서는 계수하중조합에서 선형 탄성 구조 해석을 통하여 구한 축력 N_u와 휨모멘트를 바탕으로 다음과 같은 확대 휨모멘트를 산정하여 설계하도록 규정하고 있다. 횡구속 부재의 중앙부 확대 휨모멘트 M_c는 다음과 같다.

$$M_c = \delta_{ns} M_2 \qquad (4.4\text{-}20)$$

여기서 δ_{ns}는 횡구속(non-sway) 부재의 휨모멘트 확대계수로 다음과 같이 정의된다.

$$\delta_{ns} = \frac{C_m}{1 - N_u/(0.75 N_B)} \geq 1.0 \qquad (4.4\text{-}21)$$

여기서 0.75는 감소계수로서 좌굴하중을 안전측으로 평가하기 위한 목적으로 사용하는 값이다. 좌굴하중 N_b는 식 (4.4-1)로 계산하며 이때 비지지 길이 l_u를 사용한다. 식 (4.4-21)의 C_m은 다음과 같다.

$$C_m = 0.6 + 0.4 \frac{M_1}{M_2} \geq 0.4 \qquad (4.4\text{-}22)$$

이 식은 압축 부재의 받침점 사이에 횡방향 하중이 없는 경우에 사용되어야 한다. 이 C_m은 실제 휨모멘트도를 식 (4.4-11)의 등가의 등분포 휨모멘트도로 치환하는 역할을 하는 계수이다. 양단 휨모멘트 비 M_1/M_2에 따른 C_m의 변화를 그림 4.33에 나타냈다.

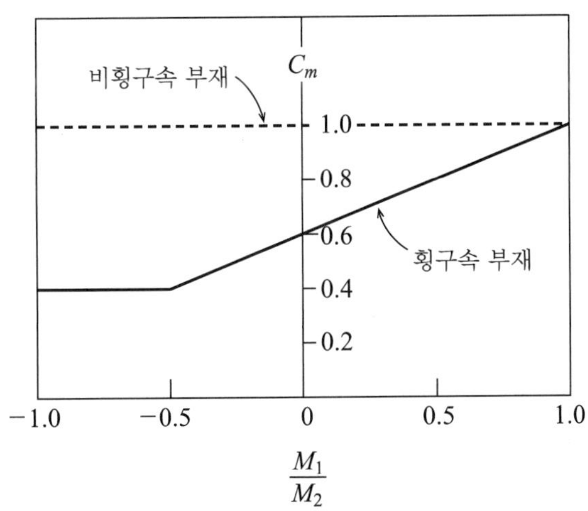

그림 4.33 확대 휨모멘트 감소계수 C_m

(c) 비횡구속 부재의 휨모멘트 확대

비횡구속 부재에서는 휨모멘트 확대가 단부에서 항상 최대가 된다. 그림 4.29(b)에 보인 것처럼 양 끝단의 1차휨모멘트가 서로 다를지라도 2차영향은 단부에서 항상 최대가 된다. 즉 등가 휨모멘트에 의한 2차영향의 감소가 발생하지 않는다. 따라서 비횡구속 부재의 단부 휨모멘트 M_s는 항상 다음 식을 사용하여 확대시켜 설계한다.

$$M_c = \delta_s M_s \tag{4.4-23}$$

여기서 δ_s는 비횡구속(sway) 부재의 휨모멘트 확대계수이다. 횡방향 구속이 없는 구조물에서 같은 높이에서 여러 개의 압축 부재군이 벤트(bent)를 형성하는 경우나, 동일한 상부 구조에 연결되어 수평 변위에 일체로 저항하는 경우 모든 압축 부재는 동일한 수평 변위가 일어난다. 이러한 경우 모든 압축 부재의 계수축압축력을 합한 값 ΣN_u와 좌굴하중을 합한 값 ΣN_B를 이용하여 확대계수를 산정하여야 한다.

$$\delta_s = \frac{1}{1 - \Sigma N_u / (0.75 \Sigma N_B)} \tag{4.4-24}$$

비횡구속 부재에서는 식 (4.4-22)의 C_m은 항상 1이다.

(d) 공칭 휨강성

좌굴하중 N_B와 유효 길이 kl_u를 산정할 때 사용하는 압축 부재의 휨강성 EI는 다음과 같이 주어져 있다.

$$EI = \frac{0.2E_c I_g + E_s I_s}{1 + \beta_d} \tag{4.4-25a}$$

또는 간편식으로

$$EI = \frac{0.4E_c I_g}{1 + \beta_d} \tag{4.4-25b}$$

여기서 E_c는 콘크리트의 탄성계수, I_g는 도심축에 대한 콘크리트 전단면의 단면 2차모멘트, E_s는 종방향 철근의 탄성계수, I_s는 도심축에 대한 종방향 철근의 단면 2차모멘트, β_d는 최대 계수축력에 대한 계수지속축력의 비이며 크리프의 영향을 반영하는 계수이다.

참고문헌

4.1 도로교통협회 (2015), 도로교설계기준(한계상태설계법), 국토교통부.

4.2 한국콘크리트학회 (2012), 콘크리트구조기준, 국토해양부.

4.3 김 우, 김진근, 오병환, 정 란, 최완철, (2012), 콘크리트구조설계, 도서출판 동화기술.

4.4 European Committee for Standardization, (1992), *Eurocode 2(EN 1992) - Design of Concrete Structures*, EC Technical Committee CEN/TC 250.

4.5 fib (1999), *Structural Concrete - Textbook*, fib Bulletin 2, Vol. 1 and Vol. 2

4.6 CEB-FIP (1993), CEB-FIP Model Code 1990 - Design Code, Comite Euro- International du Beton, Thomas Telford, London.

4.7 Gulvanessian, H. Calgaro, J.-A. and Holicky, M., (2002), Designers' Guide to EN 1990 - Basis of structural design, Thomas Telford, London.

4.8 H. Gulvanessian and M. Holicky, (1996), *Designers' Handbook to Eurocode - Part 1: Basis of design*, Thomas Telford, London.

4.9 Euro-International Committee(CEB), (1993), *Ductility-Reinforcement. Progressive Report of Task Group 2.2*, CEB Bulletin d'Information No. 218.

4.10 Euro-International Committee(CEB), (1997), *Non-linear Analysis. Discussion Papers from the Working Party in Commission 1*, CEB Bulletin d'Information No. 239.

4.11 FIB (2010), *Model Code 2010*, International Federation for Structural Concrete.

4.12 Timoshenko, S. P. and Gere, J. M., (1969), *Theory of Elastic Stability, 3rd ed.*, McGrow-Hill, New York.

4.13 MacGregor, J. (1997), *Reinforced concrete, Mechanics and Design, 3rd ed.*, Prentice Hall, Upper Saddle River, NJ, USA.

4.14 MacGregor, J. and Hage, S. E., (1977), "Stability Analysis and Design of Concrete Frame," J. Struct. Div. ASCE, Vol. 103, no. ST 10, pp. 1953-1977.

4.15 Hendy, C. R. and Smith, D. A. (2007), *Designers' Guide To EN 1992-2, Eurocode 2: Design of Concrete Structures, Part 2: Concrete Bridges*, Thomas telford, London, England.

4.16 *Concrete Structures Euro-Design Handbook 1994/96*, (1994), ed by Eibl, J., Erst & sohn, Germany.

CHAPTER 5

휨과 축력이 작용하는 부재의 설계

5.1 개요

철근콘크리트 구조물에서 주로 휨에 대해 저항하는 부재를 보(beam)라고 하며, 부재축에 직각 방향으로 작용하는 하중에 의한 휨모멘트와 전단력에 저항하는 기능을 한다. 압축력에 주로 저항하는 부재를 기둥이라고 하며, 기둥에서도 부재축에 평행한 편심 축하중이 작용하거나 연결된 인접 부재에서 전달되는 휨모멘트에 의해 단면에 축압축력과 동시에 휨모멘트가 동반된다. 보와 기둥을 선부재(linear member)로 분류하는데, 이 선부재의 단면에는 축력, 휨모멘트 및 전단력이 동시에 작용하고 있다. 따라서 작용 휨모멘트에 의해 부재 단면에는 법선응력(normal stress)인 압축응력과 인장응력이 발생하고, 축력에 의해서도 단면에 법선응력이 유발되며, 전단력에 의해서는 단면 접선응력(tangential stress)인 전단응력이 유발된다. 선부재에서 전단력의 영향을 제외시키면 축력과 휨모멘트에 의해 부재 단면에는 법선응력만 발생된 상태가 되며, 단면의 각 요소들은 1축 응력 상태에 놓이게 되어 동일한 역학 이론과 재료 법칙을 바탕으로 해석과 설계가 가능해진다.

그러나 부재 단면에 작용하는 전단응력을 주응력 해석하면 단면 요소는 2축 응력 상태가 되어, 특히 인장과 압축 특성이 현저하게 다른 콘크리트 부재에서는 적용하는 이론과 재료 성질이 다르게 된다. 이러한 배경에서 이 장에서는 휨과 축력을 받는 부재에 대해서만 다루고, 전단에 대한 해석과 설계는 다음 장에 별도로 분리하여 다루고 있다. 다만, 동시에 작용하는 휨과 전단의 상호작용을 고려하여 설계에 반영해야 하는데, 그 영향은 전이법칙(shift rule)으로 해결할 수 있으며 다음 장에서 다룬다.

최종적으로 선부재가 최대 하중 저항 능력 상태에 도달하면 파괴는 두 가지 형태 중 하나로 발생한다. 상대적으로 적은 철근량이 배치되었거나 또는 큰 휨모멘트가 작용하는 부재에서는 인장 철근이 먼저 항복하고 심각한 처짐이 발생함과 동시에 균열의 폭은 눈에 띄게 넓어지면서 파괴된다. 반면에 상대적으로 많은 철근량이 배치되었거나 큰 축압축력이 작용하는 부재에서는 철근이 항복하기 전에 콘크리트가 먼저 압축 파괴에 도달한다. 1장에서 기술한 바와 같이 철근콘크리트 구조물 설계는 계수하중에 의해 유발된 하중영향에 저항할 수 있는 충분한 강도를 확보해야 한다는 기본 원칙에 바탕을 두고 있다. 즉, 모든 가능한 설계 상황에 해당하는 계수하중영향과 설계강도를 기준으로 적합한 한계상태를 초과하지 않는다는 것을 검증하여야 한다. 휨과 축력을 받는 부재 설계에서는 작용 계수하중에 의해 단면에 발생하는 **계수휨모멘트**(factored bending moment) M_u와 **계수축압축력**(factored axial compressive force) N_u보다 부재의 극한한계상태에서 발휘되는 **설계휨강도**(design bending strength) M_d와 **설계축압**

축강도(design axial compressive strength) N_d가 각각 크다는 것을 검증해야 한다. 즉,

$$M_d \geq M_u \tag{5.1-1}$$

$$N_d \geq N_u \tag{5.1-2}$$

이 요구 조건은 가장 경제적인 단면을 가지면서 구조물의 수명동안 계속해서 유지되어야만 안전한 설계가 된다.

철근콘크리트 부재의 해석과 설계에 대한 기본 이론과 가정은 3장에서 설명하였으며, 특히 3.5절에 휨 부재의 해석을 위한 평면 보존 가정이 서술되어 있다. 여기서 다루는 부재의 극한한계상태 검증에도 동일한 가정이 적용된다. 이 장은 설계휨강도와 설계축압축강도를 산정하는 방법을 중심으로 단면의 결정과 철근 배치 등을 다룬다. 이 장에서 다루는 방법은 평면 보존 가정이 적용되는 구간에서만 유효한 가정이다. 반면에 단면의 응력 분포 상태가 국부적으로 교란되어 가정을 적용할 수 없는 구간인 교란 영역에 해당하는 부재 또는 구역에는 적용할 수 없다.

5.2 응력-변형률 곡선과 극한한계상태

5.2.1 응력-변형률 곡선

과거에는 콘크리트 구조 설계 목적으로 완전한 응력-변형률 관계가 굳이 필요하지 않았다. 사용한계상태에서 콘크리트 응력과 변형률은 대체적인 선형 탄성 구간 안에 놓인다고 간주할 수 있기 때문에 선형 탄성에 기초한 해석 방법으로 충분하였으며, 극한한계상태에서는 최대강도 관점으로 검증하기 때문에 부재의 극한한계상태에서 단면의 압축 합력 크기와 그 작용점 위치만을 실험으로 파악하여 설계에 적용하였다. 그러나 최근의 도로교설계기준(한계상태설계법)에서는 콘크리트 응력-변형률 곡선에 근거한 단면 설계법을 채택하고 있다. 부재 압축 영역의 응력과 변형률 관계를 특정한 응력-변형률 곡선으로 기술하여 부재에 발생하는 모든 응력 분포와 변형 크기를 계산하는 방법으로서, 동일한 논리에 의해 철근콘크리트 보, 슬래브, 기둥과 프리스트레스트 부재의 극한한계상태 검증에 필요한 해석과 설계를 할 수 있도록 한 것이다.

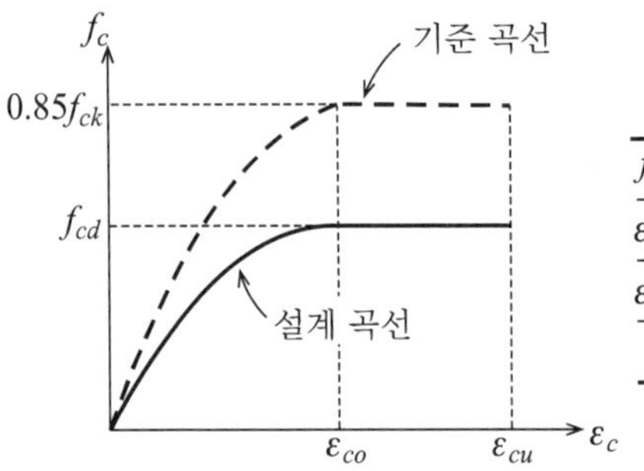

f_{ck}(MPa)	≤ 40	50	60	70	80	90
$\varepsilon_{co}(10^{-3})$	2.0	2.1	2.2	2.3	2.4	2.5
$\varepsilon_{cu}(10^{-3})$	3.3	3.2	3.1	3.0	2.9	2.8
n	2.0	1.92	1.50	1.29	1.22	1.20

그림 5.1 단면 설계를 위한 콘크리트 응력 - 변형률 설계 곡선

앞 2.2.4절과 3.3.4절에서 설명한 바와 같이, 부재의 설계강도를 산정하기 위해 단면의 압축영역에 적용하는 콘크리트의 응력－변형률 설계 곡선은 그림 5.1에 보인 **포물－사각형 응력－변형률 곡선**(parabola-rectangular stress-strain curve; **p-r 곡선**)을 사용하며 다음 식으로 나타낸다.

$$0 \le \varepsilon_c \le \varepsilon_{co} \quad : \qquad f_c = f_{cd}\left[1-\left(1-\frac{\varepsilon_c}{\varepsilon_{co}}\right)^n\right] \tag{2.2-22a}$$

$$\varepsilon_{co} < \varepsilon_c \le \varepsilon_{cu} \ : \qquad f_c = f_{cd} \tag{2.2-22b}$$

여기서 f_{cd}는 설계압축강도이며, ε_{co}는 콘크리트의 정점 변형률이고, ε_{cu}는 극한한계변형률이며, n은 상승 곡선부의 형상을 나타내는 지수로서 그림 5.1에 주어진 값을 갖는다. 이 p-r 곡선에서 극한한계변형률은 보통강도 콘크리트에서 0.0033을 적용하며 강도 등급에 따라 0.0001씩 감소한다. 이것은 고강도 콘크리트에 나타나는 취성을 반영한 것이다. 콘크리트의 **설계압축강도** f_{cd}는 기준압축강도 f_{ck}에 재료계수 ϕ_c와 유효계수 0.85를 곱한 값이다.

$$f_{cd} = 0.85\,\phi_c f_{ck} \tag{2.2.27}$$

여기서 ϕ_c의 값은 정상 설계 상황에서는 0.65, 지진과 같은 극단적 사고 상황에서 극한한계상태 검증 때는 1.0을 적용한다. 유효계수 0.85는 모든 철근콘크리트 부재에 사용하는 값이다. 이처럼 콘크리트의 강도에 따라 변하는 설계 곡선은 부재 단면의 중립축 위치를 산정하는데 직접 적용하여 부재의 설계강도를 산정한다.

그림 5.2는 도로교설계기준에서 사용하는 철근의 응력－변형률 설계 곡선을 나타낸 것으로서, 설계를 위해서는 기준항복강도와 그 변형률에 재료계수 ϕ_s를 곱한 **설계항복강도** f_{yd}와 **설계항복변형률** ε_{yd}를 사용한다.

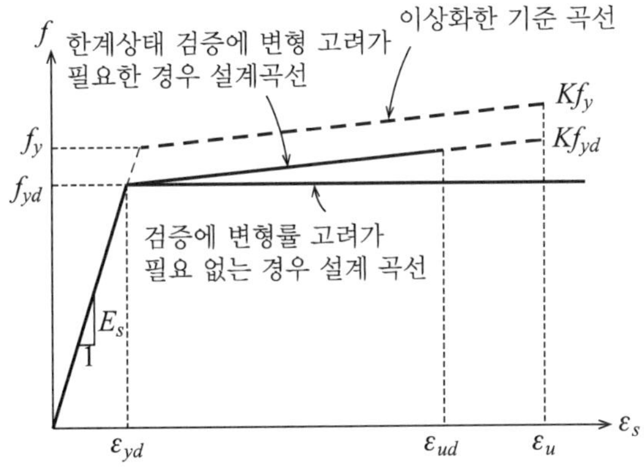

그림 5.2 설계에 사용하는 철근 응력 - 변형률 곡선

$$f_{yd} = \phi_s f_y \qquad\qquad \varepsilon_{yd} = \phi_s \varepsilon_y \tag{2.3-2}$$

철근의 재료계수 ϕ_s의 값은 정상 설계 상황에서 극한한계상태 검증 때는 0.90, 지진이나 폭발과 같은 극단 상황에서 한계상태를 검증할 때는 1.0을 적용한다.

설계 항복점 이후에는 두 종류의 응력－변형률 곡선을 사용 할 수 있다. 설계 항복점 이후 수평으로 나타낸 응력－변형 관계는 부재 설계 때 변형을 검토할 필요가 없고 강도 한계상태만을 검증할 경우에 사용한다. 이 관계는 항복 후 항복강도가 일정하게 계속 유지되는 소성상태이며 특별히 극한한계변형률을 규정할 필요가 없다. 왜냐하면, 부재의 휨강도는 철근의 극한한계변형률 ε_u의 크기에 거의 영향을 받지 않기 때문이다. 따라서 부재의 설계휨강도 M_d를 산정할 때는 항복 후 수평 형태의 응력－변형률 설계 곡선을 항상 적용한다. 그러나 부재의 소성회전능력이나 극한한계상태의 연성 능력을 평가할 때는 설계 항복점 이후 기울기를 갖는 응력－변형률 곡선을 사용한다. 이때는 강도비 K값이 주어져야 하며 설계 극한한계변형률은 $\varepsilon_{ud} = 0.9\varepsilon_u$를 사용한다.

5.2.2 극한한계상태

원론적으로 부재의 파괴 직전의 상태를 공학적 수치로 표현하는 것이 극한한계상태의 정의가 된다. 한계상태설계법에서는 휨과 축력을 받는 철근콘크리트 부재의 극한한계상태를 구성 재료인 철근과 콘크리트의 극한한계변형률 항으로 정의하고 있다. 즉, 부재에 작용하는 하중영향에 의해 철근과 콘크리트 중 하나가 먼저 극한한계변형률에 도달하는 순간이 그 부재의 극한한계상태가 된다. 극한한계상태에서 부재 단면의 변형률 분포를 바탕으로 계산한 변형과 곡률이 부재의 연성 능력이고, 동시에 앞에서 기술한 철근과 콘크리트의 설계 응력－변형률 곡선을 적용하여 구한 단면 분포 응력의 합력과 모멘트가 각각 설계축압축강도 N_d와 설계휨강도 M_d가 된다. 이렇게 구한 설계강도를 극한한계상태 검증에 직접 적용하여 부재를 설계한다. 그림 5.3은 휨과 축력을 받는 부재에 나타나는 단면의 극한한계상태의 변형률 분포를 나타낸 것이다. 이 분포도는 평면이 보존된다는 베르누이 가정에 근거한 것으로 부재의 균일영역(B-영역)의 설계에 적용한다.

(a) 인장 부재

철근콘크리트 부재에 축인장력이 작용하면 단면에는 인장응력이 발생하여 초기에 균열이 쉽게 발생한다. 그 후 모든 인장력은 철근이 담당하고 변형이 커지다가 결국 철근이 파단되면 부재는 파괴된다. 이때 철근의 파단은 공학적으로 철근의 변형률이 설계 한계변형률 ε_{ud}에 도달할 때라고 정의한다. 그림 5.3을 보면 철근이 배치된 인장 부재라면 그 극한한계상태는 영역-1 안에 놓인 단면 변형률 분포를 갖는다. 부재 단면의 전 영역이 인장 상태로 극한한계상태는 최소한 한쪽 철근이 설계 극한한계변형률 ε_{ud}에 도달한 상태로 정의한다. 중심 축인장력을 받는 부재에서는 두 철근이 모두 ε_{ud}에 도달할 때가 극한한계상태이나. 이 극한한계상태의 변형률 분포도를 바탕으로 부재의 변형 능력이 평가되며, 앞에서 설명한 설계 응력–변형률 관계를 적용하면 바로 부재의 설계축인장강도(design axial tensile strength)를 산정할 수 있다.

(b) 경량 보강 휨 부재

최소 철근량보다 적은 인장 철근량이 배치된 휨 부재는 하중이 작용하여 휨인장 균열이 발생하면 거의 순간적으로 파괴된다. 그래서 이러한 보를 무근콘크리트 휨 부재로 분류한다. 균열 발생 직전에 인장 영역의 콘크리트가 저항하고 있던 인장력은 균열이 발생하면 모두 인장 철근이 담당하게 되는데, 이 순간 콘크리트가 발휘하였던 인장력의 크기와 동일한 인장강도를 갖는 철근량을 **최소 철근량**이라고 한다. 만약 이 최소 철근량보다 적은 양이 배치된 부재(lightly reinforced concrete member)라면, 균열 발생 직후 철근은 과대 인장력을 받은 상태가 되어 순간적으로 늘어나 파단되면서 결국 부재가 파괴된다. 이러한 부재의 파괴는 철근이 없는 무근콘크리트 부재의 파괴와 실질적으로 동일한 상태이다. 이 파괴 상태를 나타내는 단면 변형률 분포는 그림 5.3의 영역-2에 놓인다. 즉 압축 콘크리트의 최대 변형률은 한계변형률 ε_{cu}이하이며, 인장 철근이 설계 극한한계변형률 ε_{ud}에 도달할 때 부재의 극한한계상태가 된다.

(c) 인장 지배 휨 부재

부재의 극한한계상태에서 단면 변형률 분포가 그림 5.3의 영역-3과 영역-4의 상태에 있는 부재를 보통 휨 부재라고 하며, 두 영역의 경계를 **균형 상태**(balanced state)라고 한다. 균형 상태

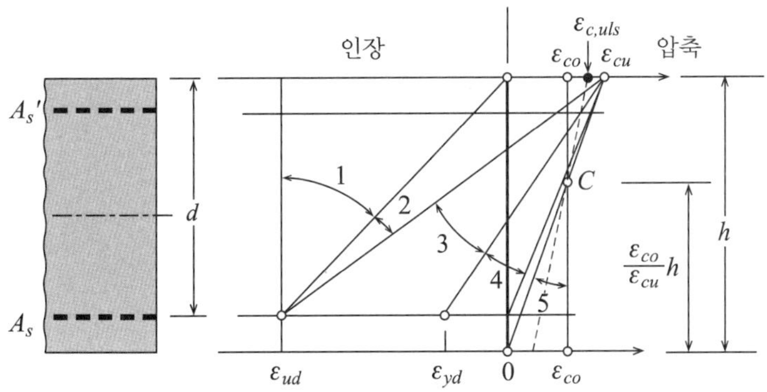

그림 5.3 부재 단면 극한한계상태의 변형률 분포

란 부재가 파괴되는 순간에 콘크리트의 압축 파괴와 철근의 항복이 동시에 발생하는 상태를 말하며, **균형 철근량**이라고 하는 어떤 일정량의 철근이 배치된 부재에서 발생한다. 이 균형 철근량보다 적은 철근량이 배치된 부재는 인장 철근이 먼저 항복하게 되며, 그 후 철근이 계속 늘어나면서 결국 압축 콘크리트가 그 극한한계변형률 ε_{cu}에 도달하면 부재는 파괴된다. 이러한 부재를 인장 지배 휨 부재라고 하며 극한한계상태는 영역-3에 놓인 단면 변형률 분포를 갖는다. 즉 인장 지배 휨 부재의 극한한계상태는 항상 압축 연단 콘크리트 변형률은 ε_{cu}가 되며, 인장 철근의 변형률은 설계항복변형률 $\varepsilon_{yd} = \phi_s \varepsilon_y$에서 극한한계변형률 ε_{ud}사이에 놓인 상태일 때 발생한다.

(d) 압축 지배 휨 부재

균형 철근량보다 많은 철근이 배치된 부재에 휨모멘트가 작용하면 압축 콘크리트의 파괴가 먼저 일어나며 철근은 항복하지 않는 상태로 남는다. 이러한 보를 압축 지배 휨 부재라고 하며, 그 극한한계상태는 영역-4에 놓이는 단면 변형률 분포로 나타낸다. 즉 파괴 순간의 철근 변형률은 0에서 $\phi_s \varepsilon_y$ 사이에 놓여 있다. 이것은 극한한계상태에서 철근의 응력이 항복응력보다 항상 작은 상태이기 때문에 경제적 관점에서 비효율적일 뿐만 아니라, 단면의 곡률이 작아서 부재의 전체 연성 능력이 작은 상태에서 파괴된다.

(e) 압축 부재

철근콘크리트 부재에 중심 축압축력이 작용하면 단면에는 등분포 압축응력이 유발된다. 반면에 편심 축압축력이 작용하면 압축력과 동시에 휨모멘트가 발생하여 단면에는 압축응력과 함께 인장응력이 유발되어 경사진 응력 분포 상태가 된다. 이러한 부재의 파괴 때 단면의 변형률 분포는 그림 5.3의 영역-4와 영역-5의 상태에 놓이게 되며, 보통 기둥 또는 압축 부재라고 부른다.

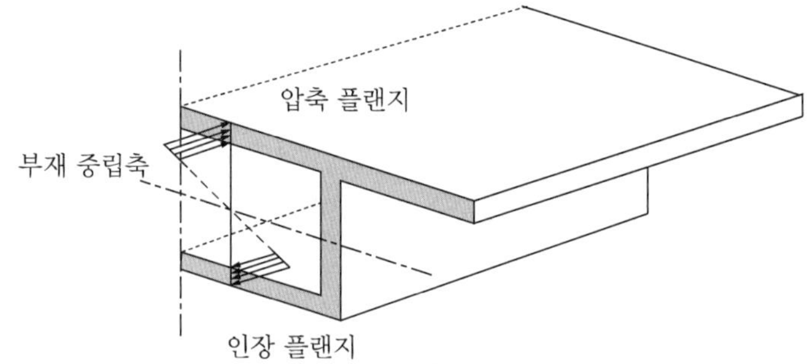

그림 5.4 압축 플랜지의 극한한계상태

특히, 3장의 3.3.4절에서 설명한 것과 같이, 콘크리트와 철근이 모두 압축 상태로 변형률 분포가 영역-5안에 놓이는 상태일 때는 콘크리트의 **단면 한계변형률**을 $\varepsilon_{c,uls}$로 제한한다. 중심 축압축인 경우 단면 한계변형률 $\varepsilon_{c,uls}$는 ε_{co}가 된다. 이것은 중심 축압축력을 받는 실제 콘크리트에서는 변형률이 ε_{co}에 도달할 때 최대 강도가 발현되며 이후 변형률이 증가할수록 강도가 오히려 감소하여서 순간적으로 파괴되는 실험 결과에 근거한 것이다. 반면에 변형률 경사가 있는 단면의 한계변형률은 그림 5.3에 나타낸 C점을 중심으로 회전시키는 보간법을 적용하여 식 (3.3-11)으로 결정한다. 여기서 C점은 중심 축압축 상태의 한계변형률 분포도와 0응력에서 ε_{cu}를 연결하는 분포도의 교점으로서 인장 연단에서 $h\varepsilon_{co}/\varepsilon_{cu}$ 높이에 위치한다. 따라서 압축부재의 단면 한계변형률 $\varepsilon_{c,uls}$는 ε_{co}에서 ε_{cu} 사이이며, 단면 하단 콘크리트의 압축 변형률은 0에서 ε_{co}사이의 압축 상태에 놓인다.

상자형 거더와 같은 속빈 단면 부재의 플랜지 또는 T형 단면의 플랜지의 극한한계상태를 정의할 때는 플랜지를 단면에서 분리시켜 독립 부재처럼 다루어야 한다. 속빈 단면의 전체 단면 관점에서 보면 속찬 단면처럼 상연단에서 극한한계변형률은 ε_{cu}라고 생각할 수 있다. 그러나 그림 5.4에 보인 것과 같이, 실제 압축 플랜지의 상연단과 하연단은 모두 압축 상태에 놓이며 앞에서 기술한 압축 부재와 동일한 거동을 하게 되므로 압축 부재의 단면 한계변형률 $\varepsilon_{c,uls}$를 적용하여 설계해야 한다. 도로교설계기준에서는 상자형 단면 또는 T형 단면 거더에서 중립축이 복부에 놓이면, 압축 플랜지는 독립된 압축재로 간주하여 설계해야 한다고 규정하고 있다. 이러한 플랜지는 독립 압축 부재처럼 0.002를 중심으로 변화하는 단면 한계변형률 $\varepsilon_{c,uls}$를 적용하여 설계한다.

이처럼 그림 5.3에 나타낸 영역-1 부터 영역-5까지의 변형률 분포는 휨과 축력이 작용하는 부재에 나타날 수 있는 모든 극한한계상태를 표현한 것이며, 이 변형률 분포를 바탕으로 앞에서 기술한 철근과 콘크리트 응력-변형률 곡선을 적용하여 구한 단면 분포 응력의 합력과 휨모멘트가 각각 설계축압축강도와 설계휨강도가 된다. 이렇게 구한 강도를 한 선으로 나타낸 것이 **축-휨강도상관곡선**(axial-flexural strength interaction curve)이며, 이를 극한한계상태 검증에 직접 사용하여 부재를 설계하게 된다. 또한 극한한계상태 변형률 분포도에서 구한 단면 곡률과 변형률은 부재의 연성 능력 평가에 직접 사용된다.

5.3 설계휨강도

5.3.1 단철근 사각형 단면 부재

휨 부재를 설계할 때 가장 많이 계산해야 하는 것이 극한한계상태의 하중 저항 능력인 설계휨강도(design flexural strength; M_d)이다. 극한한계상태에서 그림 5.3의 영역-3과 영역-4에 놓이는 변형률 분포를 갖는 부재를 휨 부재라고 하며, 압축 연단의 콘크리트가 극한한계변형률 ε_{cu}에 도달할 때를 부재의 극한한계상태라 한다. 극한한계변형률은 표 5.1에 정리된 것처럼 40 MPa 이하인 모든 보통강도 콘크리트에서 $\varepsilon_{cu}=0.0033$이고, 고강도 콘크리트에서는 강도 등급마다 0.0001씩 작은 값을 갖는다. 이러한 휨 부재의 극한한계상태에서 단면 변형률과 응력 상태를 아래 그림 5.5에 나타냈다.

한계상태설계법에서는 그림 5.1과 그림 5.2에 각각 나타낸 콘크리트와 철근의 응력-변형률 관계에서 실선으로 나타낸 설계 곡선을 적용하여 설계휨강도 M_d를 산정한다. 콘크리트 응력-변형률 관계에 포물-사각형 설계 곡선을 적용하면, 휨 부재의 극한한계상태일 때 단면 압축응력 분포는 그림 5.5(c)처럼 포물-사각형 형태가 나타난다.

표 5.1 휨 부재의 극한한계상태에서 한계변형률과 합력 무차원 계수 값

f_{ck} (MPa)	보통강도 콘크리트*							고강도 콘크리트				
	18	21	24	27	30	35	40	50	60	70	80	90
ε_{cu} (‰)	3.3							3.2	3.1	3.0	2.9	2.8
α	0.80							0.78	0.72	0.67	0.63	0.59
β	0.40							0.40	0.38	0.37	0.36	0.35
γ	1.0							0.97	0.95	0.91	0.87	0.84

* 우리나라 콘크리트표준시방서에서 규정하고 있는 강도 기준에 따른 호칭

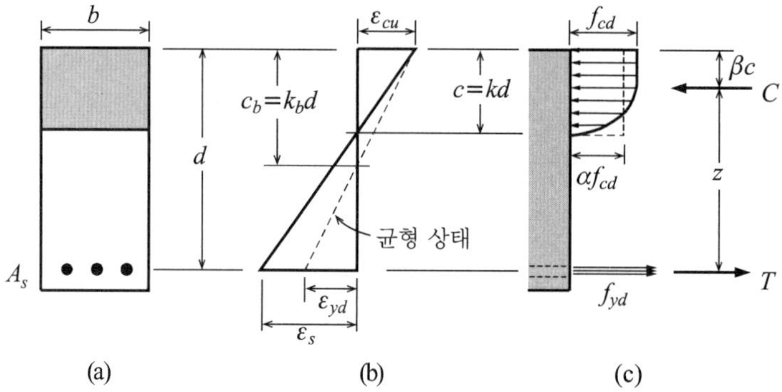

그림 5.5 휨 부재의 극한한계상태 단면 변형률과 응력 분포

더욱이 설계휨강도를 구할 때 콘크리트와 철근의 기준강도 f_{ck}와 f_y에 재료계수를 곱한 설계강도 $f_{cd}(=0.85\phi_c f_{ck})$와 $f_{yd}(=\phi_s f_y)$를 기준으로 계산한다.[1] 따라서 그림 5.5(c)에 보인 극한한계상태의 단면 응력 분포는 f_{cd}와 f_{yd}항으로 나타난다.

콘크리트의 응력−변형률 설계 곡선이 명시적인 수식으로 주어지기 때문에 그림 5.5(c)의 압축 영역에 분포된 압축응력의 합력과 작용점 위치는 산술적으로 결정되며, 이미 3장에서 유도한 식 (3.3-14)를 이용해 쉽게 구할 수 있다. 여기서는 이 식을 사용하여 미리 계산한 **평균 응력 계수** α와 **작용점 위치 계수** β값을 표 5.1에 정리하였다. 기준압축강도가 40 MPa 이하인 보통강도 콘크리트로 만든 휨 부재인 경우 극한한계상태에서 α와 β값은 각각 0.80과 0.40이다. 그림 5.5(c)에 나타낸 것과 같이 계수 α는 분포 압축응력의 평균 응력 크기를 나타내고, 계수 β는 중립축 깊이에 대한 합력의 작용점 깊이비를 나타내는 무차원 값이다.

극한한계상태에서 연단 응력이 설계압축강도 f_{cd}일 때 평균 응력 계수 α를 이용하면 콘크리트 압축 합력 크기 C는 다음과 같게 된다.

---

1) 콘크리트구조기준의 강도설계법에서는 콘크리트와 철근의 기준강도 f_{ck}와 f_y를 바탕으로 먼저 **공칭휨강도** (nominal flexural strength; M_n)를 계산한 후 **강도감소계수** ϕ를 곱하여 설계휨강도 M_d를 구한다. 즉,

$$M_d=\phi M_n \quad (주.5\text{-}1)$$

여기서 강도감소계수 ϕ는, 압축 연단의 콘크리트가 극한한계변형률 0.003에 도달 할 때 최외단 인장철근의 순인장변형률 ε_t에 따라 다르게 정의된 값으로, 옆 그림과 같이 0.005(또는 $2\varepsilon_y$)이상이면 0.85, 철근 항복변형률 ε_y이하이면 0.65, ε_t가 ε_y와 0.005 사이 값인 경우에는 0.65에서 0.85사이에 직선 보간한 값을 사용하고 있다. 또한, 압축 연단 콘크리트의 극한한계변형률은 모든 콘크리트 강도에서 0.003으로 동일하게 간주한다.

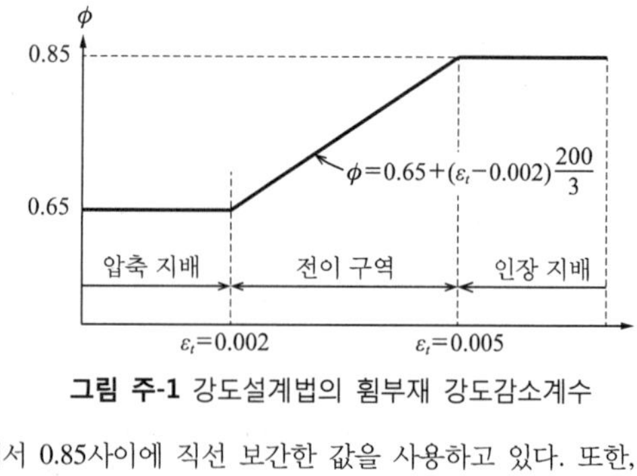

그림 주-1 강도설계법의 휨부재 강도감소계수

$$C = \alpha f_{cd} k b d \tag{5.3-1}$$

여기서 $k = c/d$인 **중립축 깊이비**이므로 중립축 깊이 c는 kd가 된다. 작용점 깊이 계수 β를 사용하면 내부 **모멘트 팔길이** z는 다음과 같게 된다.

$$z = (1 - \beta k)d \tag{5.3-2}$$

따라서 **설계휨강도** M_d는 단면 합력의 짝힘 작용에 의해 다음과 같게 된다.

$$M_d = Cz = \alpha f_{cd} k(1 - \beta k) b d^2 \tag{5.3-3}$$

이 식에 사용된 $f_{cd} = 0.85\phi_c f_{ck}$로 정의된 콘크리트의 설계압축강도로서 ϕ_c는 재료계수이며, 정상 설계 상황에서 0.65를 사용하고 지진 등의 극단 상황에서는 1.0을 사용한다. 또 0.85는 유효계수로 모든 철근콘크리트 휨 부재에 적용하는 값이다. 무근콘크리트 또는 경량 보강 콘크리트 부재에서는 유효계수 값으로 0.80을 적용한다.

식 (5.3-3)의 설계휨강도를 아래와 같은 무차원 세기(intensity)로 나타내면 **단위휨강도** m_d가 되어서 설계에 편리하게 사용할 수 있게 된다.

$$m_d = \frac{M_d}{f_{cd} b d^2} = \alpha\, k(1 - \beta k) \tag{5.3-4}$$

(a) 균형 상태

식 (5.3-4)를 살펴보면 주어진 단면의 설계휨강도는 중립축 깊이비 k의 함수라는 것을 알 수 있다. 그런데 휨모멘트가 주로 지배하는 부재를 설계할 때 여러 가지 이유로 k의 값을 제한하여야 한다. 먼저, 극한한계상태에서 인장 철근이 항복하도록 하는 것은 경제적 이유뿐만 아니라, 연성을 확보할 수 있기 때문에 사용자의 안전을 보장하는 관점에서 매우 중요하다. 극한한계상태에서 인장 철근이 설계항복강도에 도달하는 조건은 그림 5.5(b)의 변형률 분포도의 기하학적 조건으로부터 다음과 같은 관계이어야 한다.

$$\varepsilon_s = \varepsilon_{cu}\left(\frac{1-k}{k}\right) \geq \varepsilon_{yd} \tag{5.3-5}$$

그림 5.5(b)에 점선으로 나타낸 것과 같이, 압축 연단 콘크리트가 극한한계변형률 ε_{cu}에 도달함과 동시에 인장 철근이 설계항복점에 도달하는 상태를 **균형 상태**(balanced state)라고 한다. 이 균형 상태의 중립축 깊이비를 k_b라고 하면, 철근이 항복하기 위한 중립축 깊이비 k는 k_b보

다 작아야 한다. 즉,

$$k \le k_b = \frac{\varepsilon_{cu}}{\varepsilon_{yd} + \varepsilon_{cu}} \tag{5.3-6}$$

따라서 철근이 설계항복강도에 도달하기 위해서는 중립축 깊이는 항상 깊이 $c_b = k_b d$보다 작아야 한다. 대표적으로, 정상 설계 상황에서 보통강도 콘크리트와 SD 400 철근(기준항복강도가 400 MPa이며 설계항복변형률 $\varepsilon_{yd} = \phi_s \varepsilon_y = 0.90 \times 0.002$)으로 만든 부재에서 균형 상태의 중립축 깊이비는 $k_b = 0.0033/(0.0018 + 0.0033) = 0.647$이 된다.

(b) 인장 지배

그림 5.5(b)를 살펴보면 중립축 깊이 c가 c_b보다 작으면, 극한한계상태에서 철근은 항상 설계항복강도 $f_{yd}(=\phi_s f_y)$에 도달한다는 것을 알 수 있다. 이때 단면에 배치된 인장 철근량이 A_s이면 인장력 T는

$$T = f_{yd} A_s = \rho f_{yd} b d \tag{5.3-7}$$

여기서 $\rho = A_s / bd$로 정의된 **인장 철근비**이다. 이 인장력은 식 (5.3-1)의 압축 합력 C와 짝힘이기 때문에 두 힘은 항상 크기가 같아야 한다. 따라서 두 식을 등치하여 얻은 중립축 깊이비 k는 다음과 같게 된다.

$$k = \frac{\rho f_{yd}}{\alpha f_{cd}} = \frac{\omega}{\alpha} \tag{5.3-8}$$

여기서 ω는 다음과 같이 정의된 **역학적 철근비**(mechanical steel ratio/reinforcement index)이다.

$$\omega = \rho \frac{f_{yd}}{f_{cd}} = \frac{A_s f_{yd}}{b d f_{cd}} \tag{5.3-9}$$

이 역학적 철근비와 구별하기 위해 $\rho = A_s / bd$를 **기하학적 철근비**(geometrical steel ratio)라 부르기도 한다. 식 (5.3-8)에 의하면 보통강도 콘크리트의 $\alpha = 0.8$이므로 부재의 중립축 깊이비 k는 항상 역학적 철근비 ω의 1.25배가 된다는 것을 알 수 있다.

극한한계상태에서 철근이 항복했을 때 식 (5.3-7)의 철근 인장력과 내부 모멘트 팔길이 $z = (1 - \beta k)d$를 사용하여 설계휨강도를 산정하면,

$$M_d = Tz = \rho f_{yd} (1 - \beta k) b d^2 \tag{5.3-10}$$

이 식이나 또는 식 (5.3-3)을 역학적 철근비 ω항으로 표현하면 다음과 같게 된다.

$$M_d = \omega\left(1 - \frac{\beta}{\alpha}\omega\right) f_{cd}\, b\, d^2 \tag{5.3-11}$$

표 5.1에 주어진 값으로 β/α를 계산해보면 콘크리트 강도 등급에 따라 0.50에서 0.59까지 변한다. 보통강도 콘크리트일 때 이 값으로 0.5를 간편하게 사용할 수 있으므로 휨강도는 다음과 같게 된다.

$$M_d = \omega\,(1 - 0.5\omega) f_{cd}\, bd^2 \tag{5.3-12}$$

이 식은 설계에 간편하게 적용할 수 있어서 설계자들이 자주 사용한다.

(c) 압축 지배

중립축 깊이비가 균형값 k_b보다 크다면, 극한한계상태에서 콘크리트가 압축 파괴할 때 인장철근이 설계항복강도 $\phi_s f_y$에 도달하지 않는다. 이러한 상태에서 철근 응력 f_s는 변형 적합조건에 의한 변형률 ε_s에 따라 달라진다. 즉,

$$f_s = E_s\,\varepsilon_s = E_s\,\varepsilon_{cu}\left(\frac{1-k}{k}\right) \tag{5.3-13}$$

이때 철근 인장력은 $T = f_s A_s$가 되며, 식 (5.3-1)의 압축 합력 C와 크기가 같아야 한다.

$$\alpha f_{cd}\, kbd = A_s\, E_s\, \varepsilon_{cu}\left(\frac{1-k}{k}\right) \tag{5.3-14}$$

이 식은 미지수인 k에 대한 2차방정식이므로 산술적으로 k를 구하고, 식 (5.3-3)에 대입하면 설계휨강도 M_d를 산정할 수 있다.

콘크리트 압축 파괴는 폭발적이고 경고가 없이 순간적으로 발생하는 특징이 있다. 그러므로 콘크리트 압축 파괴보다 철근의 항복이 먼저 발생하여 파괴 전에 적절한 경고를 줄 수 있도록 충분히 적은 양의 철근을 배치하는 것이 필요하다. 이러한 이유로 휨 부재를 설계할 때 설계자는 먼저 사용하고자 하는 k값을 선정하여 설계휨강도를 산정한다.

(d) 등가 사각형 응력 블록

휨 부재의 극한한계상태에서 p-r 곡선에 의한 응력 분포를 간편한 **등가 사각형 응력 블록**(equivalent rectangular stress block)으로 대체할 수 있다. 즉 콘크리트 압축응력 분포를 중립축 깊이의 일정 비에 해당하는 깊이까지 응력이 균일하게 분포하는 가상의 사각형 응력 블록

으로 가정한다. 이러한 사각형 응력 블록을 이용하면 압축 합력의 작용점은 항상 응력 블록의 중앙이 되므로 모멘트 팔길이에 따른 설계휨강도 및 소요 인장 철근량을 간편하게 계산할 수 있다.

그림 5.6(a)에 보인 p-r 응력 분포와 동일한 작용점을 갖기 위해서는 오른편에 보인 등가 사각형 응력 블록의 깊이는 $a=2\beta c$이어야 하며, 이에 따른 등가의 합력 크기를 갖기 위해 사각형 블록의 응력 크기를 γf_{cd}로 나타내면, 합력은 $2\beta\gamma f_{cd} bc$가 된다. 이 합력은 $\alpha f_{cd} bc$와 같아야 하기 때문에 γ는 다음과 같게 된다.

$$\gamma = \frac{\alpha}{2\beta} \tag{5.3-15}$$

이 보정계수 γ의 크기는 보통강도 콘크리트에서는 1.0이고 고강도일수록 작아진다. 이렇게 계산한 값을 표 5.1에 콘크리트 강도 등급별로 정리하였다. 극한한계상태에서 휨인장 철근이 항복한 경우의 응력 블록의 깊이 a는 $C=T$ 로부터

$$a = \frac{f_{yd} A_s}{\gamma f_{cd} b} \tag{5.3-16}$$

따라서 내부 팔길이는 항상 $d-a/2$이므로 설계휨강도는 다음처럼 표현된다.

$$M_d = f_{yd} A_s \left(d - \frac{a}{2}\right) \tag{5.3-17}$$

인장 철근량 $A_s = \rho bd$를 대입하고 식 (5.3-16)의 a를 위 식에 대입하면 설계휨강도는 다음과 같은 형태로 나타난다.

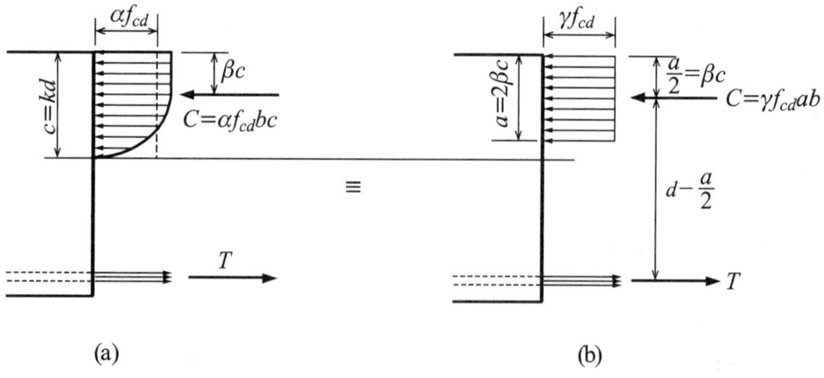

그림 5.6 극한한계상태 단면 해석을 위한 등가 사각형 응력 블록

$$M_d = \rho f_{yd} bd^2 \left(1 - 0.5\,\rho \frac{f_{yd}}{\gamma f_{cd}} \right) \tag{5.3-18}$$

이 식이 항상 유효하기 위해서는 휨인장 철근이 항복하여야 한다. 응력 블록 깊이와 중립축 깊이와 기하적인 관계 $a = 2\beta kd$와 식 (5.3-16)은 같아야 하므로 중립축 깊이비 k는 결국 역학적 철근비 ω항으로 표현된 식 (5.3-8)이 되며, 또한 위 휨강도 식은 식 (5.3-10)과 동일하다는 것을 알 수 있다.

특히, 40 MPa 이하의 보통강도 콘크리트에서는 $\gamma = 1$이 되어서 등가 사각형 응력 블록을 편하게 사용할 수 있게 된다. 즉 등가 사각형 응력 블록의 깊이 $a = 0.8c$이고 그 합력의 작용점 깊이는 $0.4c$가 된다.[2] 이 값은 부재 단면이 직사각형일 때(압축 영역이 사각형인 경우) 적용하는 값이며, 원형 또는 삼각형 단면 등과 같은 직사각형이 아닌 단면에는 적용되지 않는다. 만일 콘크리트 압축 영역의 형상이 중립축으로부터 멀어지면서 폭이 작아지는 경우에는 $\gamma = 0.95$를 적용하여 간단히 계산 할 수 있다.

2) 콘크리트구조기준에 따른 강도설계법에서는 콘크리트 압축응력-변형률 곡선을 명시적으로 정의하고 있지 않으며, 극한한계상태에서 압축 합력의 크기와 그 작용점 위치만을 실험적으로 구한 결과만을 반영하는 등가 사각형 응력 블록을 적용하여 설계한다. 이 방법은 옆 그림처럼 블록의 응력 크기를 $0.85f_{ck}$로 고정한 후, 깊이 a를 $\beta_1 c$로 정의하는데 여기서 β_1은 실험 상수로 다음과 같이 주어진다.

$$\beta_1 = 0.85 - 0.007(f_{ck} - 28) \geq 0.65 \tag{주.5-2}$$

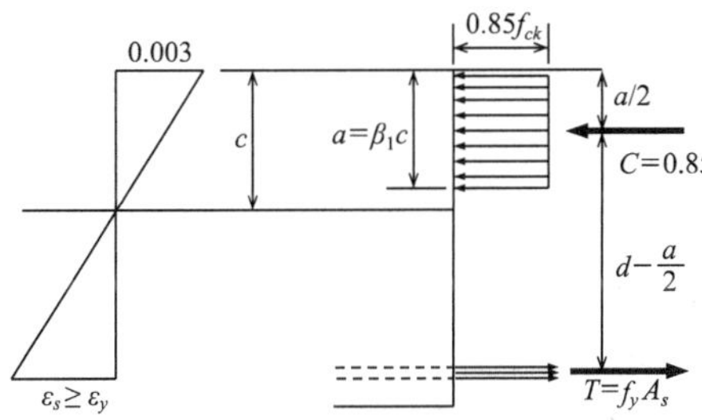

그림 주-2 강도설계법의 사각형 응력 블록

f_{ck}가 28 MPa 이하일 경우에는 $\beta_1 = 0.85$이다. 이 식에 따른 작용점 깊이비는 $0.5\beta_1$이므로 f_{ck}가 28 MPa에서 42 MPa 사이에서 0.425에서 0.376까지 변화된다. 한계상태설계법의 β값 0.4는 이 값들의 평균값에 해당한다는 것을 쉽게 알 수 있다.

강도설계법에서는 이 사각형 응력 블록을 바탕으로 공칭휨강도를 먼저 산정한다. 단면 압축 합력은 $C = 0.85f_{ck}ab$이고 철근 인장력은 $T = f_y A_s$이므로 $C = T$로 부터 응력 블록의 깊이는

$$a = \frac{f_y A_s}{0.85 f_{ck} b} \tag{주.5-3}$$

따라서 모멘트 팔길이는 $d - a/2$가 되어서 단면의 공칭휨강도 M_n을 $\rho = A_s/bd$ 항으로 표현하면,

$$M_n = f_y A_s \left(d - \frac{a}{2} \right) = \rho f_y bd^2 \left(1 - 0.59 \frac{\rho f_y}{f_{ck}} \right) \tag{주.5-4}$$

설계휨강도 M_d는 공칭휨강도에 강도감소계수 ϕ를 곱한 값이다. 이 공칭휨강도는 식 (5.3-18)에서 두 재료계수 $\phi_c = \phi_s = 1$과 $\gamma = 1$로 한 것과 동일한 식이라는 것을 알 수 있다.

예제 5.3-1 단철근 사각형 단면 설계휨강도

아래 그림과 같은 사각형 단면 부재의 설계휨강도 M_d를 계산하라. 인장 철근은 6개의 D22철근으로 구성되어 있으며, 사용한 콘크리트의 $f_{ck}=30\,\mathrm{MPa}$이고, 철근의 $f_y=400\,\mathrm{MPa}$이다. 재료계수로 $\phi_c=0.65$와 $\phi_s=0.90$을 적용한다.

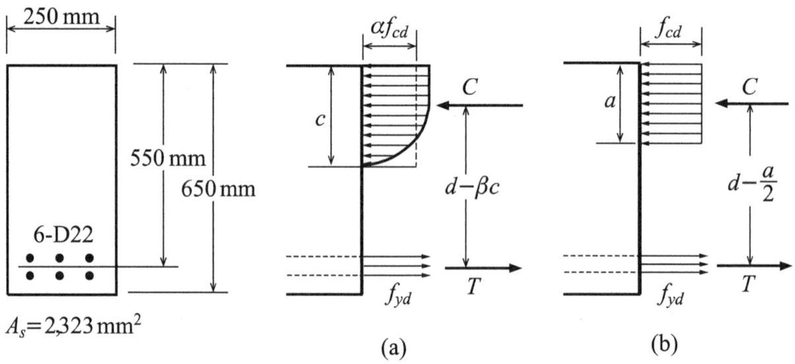

그림 5.7 예제 5.3-1의 단면

풀이

콘크리트의 설계압축강도는 $f_{cd}=0.65(0.85)(30)=16.6\,\mathrm{N/mm^2}$이고,

철근의 설계항복강도는 $f_{yd}=0.90(400)=360\,\mathrm{N/mm^2}$이다. 단면의 철근비는

$$\rho=\frac{2323}{250(550)}=0.0169,\qquad \omega=0.0169\frac{360}{16.6}=0.367$$

중립축 깊이비는 식 (5.3-8)에 의해 $k=\omega/\alpha=0.367/0.8=0.458$이다. 균형 상태의 중립축 깊이비 $k_b=0.0033/(0.0018+0.0033)=0.647$인데, 0.458은 이 한계값보다 작기 때문에 철근이 항복한다. 이러한 경우 아래와 같이 여러 방법으로 설계휨강도를 산정할 수 있다. 가장 간단한 방법으로서 역학적 철근비 ω를 이용하는 식 (5.3-12)에 의한 설계휨강도는

$$M_d=0.367(1-0.5\times0.367)(16.6)(250)(550)^2\times10^{-6}=376.1\,\mathrm{kNm}$$

(i) p-r응력 분포를 직접 이용하는 방법(그림 5.7(a))

압축 합력 $C=\alpha f_{cd}bc=0.8(16.6)(250)c$이고,

철근 인장력 $T=f_{yd}A_s=360(2{,}323)=836{,}280\,\mathrm{N}$이므로, $C=T$로부터

중립축 깊이 $c=\dfrac{836{,}280}{0.8(16.6)(250)}=252\,\mathrm{mm}$

내부 모멘트 팔길이 $z=d-\beta c=550-0.4(252)=449\,\mathrm{mm}$가 된다.

따라서 설계휨강도는

$$M_d=Tz=836{,}280(449)\times10^{-6}=375.5\,\mathrm{kNm}$$

(ii) 등가 사각형 응력 블록을 이용하는 방법(그림 5.7(b))

압축 합력 $C = f_{cd} a b = (16.6)(250) a$이고,

철근 인장력 $T = f_{yd} A_s = 360(2{,}323) = 836{,}280\,\mathrm{N}$이므로, $C = T$로부터

응력 블록의 깊이 $a = \dfrac{836{,}280}{16.6(250)} = 202\,\mathrm{mm}$

내부 모멘트 팔길이 $z = d - a/2 = 550 - 202/2 = 449\,\mathrm{mm}$가 된다.

따라서 설계휨강도는

$$M_d = Tz = 836{,}280(449) \times 10^{-6} = 375.5\ \mathrm{kNm}$$

위 세 방법으로 구한 설계휨강도는 유효 숫자에 따라 미소한 차이가 있을뿐 동일한 값이다. 이 설계휨강도는 $\phi_c = 1.0$과 $\phi_s = 1.0$을 사용하여 구한 소위 공칭휨강도 $M_n = 443\ \mathrm{kNm}$의 0.84배에 해당하는 크기이다. 이 비는 단면의 역학적 철근비 ω에 따라 달라지며, ω가 클수록 값이 작아진다.

(주) 강도설계법에 의한 휨강도 산정

콘크리트 압축강도 f_{ck}와 철근의 항복강도 f_y를 바탕으로 한 그림 주-2의 등가 사각형 응력 블록으로부터

- 압축 합력 $C = 0.85 f_{ck} a b = 0.85(30)(250) a$이고,
- 철근 인장력 $T = f_y A_s = 400(2{,}323) \times 10^{-3} = 929.2\,\mathrm{kN}$이므로, $C = T$로부터
- 응력 블록의 깊이 $a = \dfrac{929{,}200}{0.85(30)(250)} = 146\ \mathrm{mm}$이며,
- 내부 모멘트 팔길이 $z = d - a/2 = 550 - 146/2 = 477\,\mathrm{mm}$가 된다. 따라서 공칭휨강도는

$$M_n = Tz = 929.2(0.477) = 443.2\,\mathrm{kNm}$$

중립축 깊이 c는, $\beta_1 = 0.85 - 0.007(30 - 28) = 0.836$이므로

$$c = \frac{a}{\beta_1} = \frac{146}{0.836} = 175\ \mathrm{mm}$$

단면에 2단 배치된 최외단 철근의 중심까지 깊이 d_t를 590mm라면 극한한계상태의 순인장 변형률 ε_t는

$$\varepsilon_t = \varepsilon_{cu} \frac{d_t - c}{c} = 0.003 \frac{590 - 175}{175} = 0.0071 \geq 0.005$$

따라서 강도감소계수 $\phi = 0.85$가 되므로, 강도설계법에 따른 설계휨강도는

$$M_d = \phi M_n = 0.85(443.2) = 376.7\,\mathrm{kNm}$$

이 결과는 앞에서 산정한 설계휨강도와 차이를 분간할 수 없을 정도로 거의 동일한 값이라는 것을 알 수 있다.

5.3.2 복철근 사각형 단면 부재

부재의 단면 치수가 제한을 받으면 콘크리트가 주어진 휨모멘트에 저항할 수 있는 소요 압축력을 지니지 못하는 경우가 있다. 이러한 경우 압축 영역에도 철근을 배치하여 소요 강도를

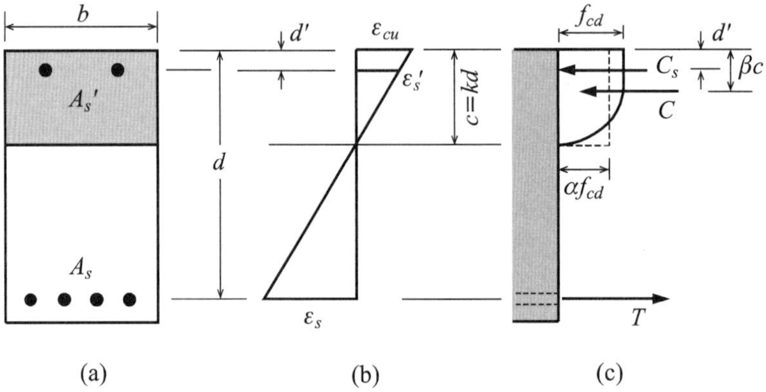

그림 5.8 복철근 휨 부재 극한한계상태의 단면 변형률과 응력 분포

확보해야 한다. 또한, 강도 이외의 목적으로 압축 철근이 사용되는 경우가 있다. 압축 철근이 배치된 부재는 장기적인 처짐이 작게 된다. 어떤 부재에는 정휨모멘트와 부휨모멘트가 서로 바뀌면서 교번으로 작용하는 경우도 있다. 이런 경우 상부 철근이 인장 철근 역할을 한다.

만약 휨 부재의 단면 인장 영역에 철근을 과다하게 배치하면, 극한한계상태에서 철근이 항복하지 않게 되며, 단면의 깊이가 증가하여 결과적으로 비경제적일 뿐만 아니라, 더욱 큰 문제는 중립축 깊이비 k가 매우 커져서 부재의 연성(ductility) 능력이 크게 제약된다. 이러한 경우 부재에 압축 철근을 배치하면 단면의 중립축 깊이가 작게 되어서 인장 철근이 더 유효하게 되어 경제적이면서 동시에 연성을 확보할 수 있는 설계가 된다.

그림 5.8(a)는 압축 연단에서 깊이 d'에 위치한 압축 철근 A_s'와 유효깊이 d에 인장 철근 A_s를 갖는 사각형 단면을 보인 것이다. 이처럼 인장 철근과 압축 철근을 모두 배치한 보를 **복철근 보**(doubly reinforced beam)라 한다. 사각형 단면 보의 변형률과 응력을 바탕으로, 인장과 압축 철근이 모두 항복하였을 때 압축 철근의 압축 합력 C_s는 $f_{yd}A_s'$이므로 단면력 평형식 $C+C_s=T$ 로부터

$$\alpha f_{cd}bc + f_{yd}A_s' = f_{yd}A_s \tag{5.3-20}$$

이 식을 중립축 깊이 c에 대해 정리하면

$$c = \frac{f_{yd}(A_s - A_s')}{\alpha f_{cd} b} \tag{5.3-21}$$

또한, 소요 압축 철근량에 대해 정리하면

$$A_s' = A_s - \frac{\alpha f_{cd} bc}{f_{yd}} \tag{5.3-22}$$

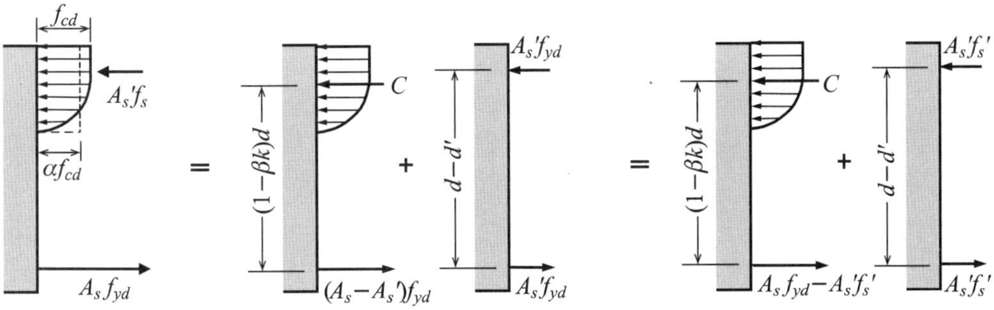

(a) 단면력 전체　　(b) 압축 철근 항복할 경우　　(c) 압축 철근 항복 안할 경우

그림 5.9 복철근 보의 휨강도

위 두 식은 두 철근량이 주어지고 또 모두 항복할 경우에 적용된다. 따라서 인장 철근이 항복하기 위해서는 단면 변형률 분포도가 식 (5.3-5)를 만족시켜야만 하며, 압축 철근이 항복하기 위해서는 그림 5.8(b)의 변형률 분포도에서 $\varepsilon_s{}'$가 ε_{yd}보다 크게 되는 아래의 기하적 조건을 만족하여야 한다.

$$c \geq \left(\frac{\varepsilon_{cu}}{\varepsilon_{cu} - \varepsilon_{yd}}\right) d' \tag{5.3-23}$$

복철근 보의 설계휨강도는 두 부분으로 나누어 생각할 수 있다. 그림 5.9(b)에 나타낸 바와 같이 압축 철근 $A_s{}'$가 발휘하는 압축력과 동일한 량의 인장 철근의 인장력으로 구성되는 짝힘에 의한 휨강도가 하나이고, 다른 한 부분은 나머지 인장 철근량이 발휘하는 인장력 $(A_s - A_s{}')f_{yd}$와 콘크리트 압축 합력으로 구성된 짝힘에 의한 휨강도이다. 따라서 두 철근이 모두 항복할 때의 복철근 단면의 설계휨강도 M_d를 다음과 같이 계산할 수 있다[3].

3) 강도설계법에서는 복철근 보의 극한한계상태에서 압축 철근이 항복하는 경우 공칭휨강도를 기준압축강도 f_{ck}와 항복강도 f_y를 바탕으로 다음과 같이 산정한다.

$$M_n = f_y(A_s - A_s{}')(d - a/2) + f_y A_s{}'(d - d') \tag{주.5-5}$$

여기서 콘크리트 압축응력 블록의 깊이 a는

$$a = \frac{f_y(A_s - A_s{}')}{0.85 f_{ck}\, b} \tag{주.5-6}$$

이때 압축 철근이 항복하기 위해서는 그림 15.8(b)의 변형률 분포도에서 콘크리트 극한한계변형률 $\varepsilon_{cu} = 0.003$을 기준으로 $\varepsilon_s{}'$가 ε_y보다 크게 되는 다음의 기하적 조건을 만족해야 한다.

$$c = \frac{a}{\beta_1} \geq \left(\frac{0.003}{0.003 - \varepsilon_y}\right) d' \tag{주.5-7}$$

복철근 보의 설계휨강도 M_d는 위 식 (주.5-5)의 공칭휨강도 M_n에 강도감소계수 ϕ를 곱한 값이다.

$$M_d = f_{yd}(A_s - A_s{}')(1-\beta k)d + f_{yd}A_s{}'(d-d') \qquad (5.3\text{-}24)$$

여기서 k식 (5.3-21)로 계산한 중립축 깊이 c의 유효깊이 d에 대한 비이다.

만약 극한한계상태에서 압축 철근이 항복하지 않는다면, 단면의 변형 적합 조건에 의해 압축 철근의 변형률을 구하여 상응하는 응력을 계산하고, 이 응력은 단면 평형 조건을 만족해야 한다. 압축 철근의 응력은 아직 미지수인 중립축 깊이 c로 다음과 같이 표현된다.

$$f_s{}' = E_s \varepsilon_{cu}\frac{c-d'}{c} \qquad (5.3\text{-}25)$$

그림 5.8(c)에서 수평 합력의 평형 조건을 고려하면

$$f_{yd}A_s = \alpha f_{cd}bc + A_s{}' E_s \varepsilon_{cu}\frac{c-d'}{c} \qquad (5.3\text{-}26)$$

위 식은 미지수인 c에 대한 2차방정식이므로, c에 대해 풀어서 중립축 깊이를 구할 수 있으며, 이 중립축 깊이를 식 (5.3-25)에 대입하여 압축 철근 응력 $f_s{}'$를 얻을 수 있다. 따라서 그림 5.9(c)에 보인 것처럼 압축 철근의 압축력 $f_s{}' A_s{}'$를 기준으로 인장 철근량을 두 부분으로 나누면 설계휨강도는 다음과 같게 된다.

$$M_d = f_{yd}\left(A_s - A_s{}'\frac{f_s{}'}{f_{yd}}\right)(1-\beta k)d + f_s{}'A_s{}'(d-d') \qquad (5.3\text{-}27)$$

여기서 k는 식 (5.3-26)으로부터 구한 c의 중립축 깊이비이다.

예제 5.3-2 복철근 부재의 휨강도

아래 그림처럼 폭 300 mm이고 유효깊이가 450 mm인 사각형 단면 보가 있다. 인장 철근은 두 층으로 배치된 6개의 D32 철근으로 구성되어 있다. 2개의 D29 압축 철근이 압축 연단에서 60 mm 깊이에 위치하고 있다. $f_y = 350\text{ MPa}$, $f_{ck} = 35\text{ MPa}$ 인 철근과 콘크리트를 사용하였다. 극한한계상태에서 재료계수는 $\phi_c = 0.65$, $\phi_s = 0.90$를 적용하여 설계휨강도를 계산하라.

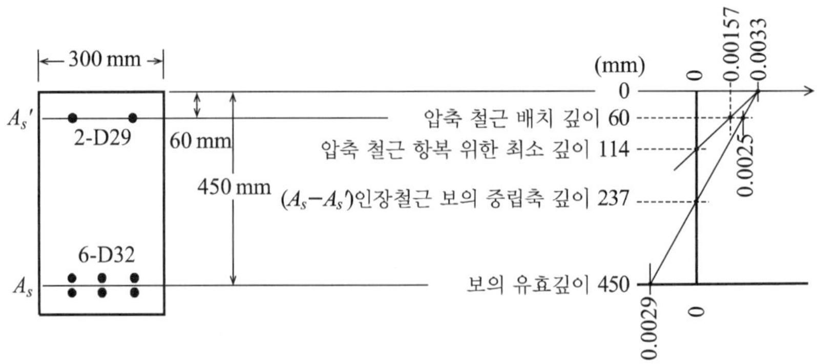

그림 5.10 예제 5.3-2의 단면과 변형률 분포

풀이

콘크리트의 설계압축강도 $f_{cd} = 0.85\,\phi_c f_{ck} = 0.85(0.65)(35) = 19.3\ \text{N/mm}^2$(MPa)이고,

합력 계수 $\alpha = 0.8$, $\beta = 0.4$이다.

철근의 설계항복강도 $f_{yd} = 0.90(350) = 315\ \text{N/mm}^2$이고,

설계항복변형률 $\varepsilon_{yd} = 0.90(350/200{,}000) = 0.00157$이다.

배치된 인장 철근량은 $A_s = 4{,}765\ \text{mm}^2$이고, 압축 철근량은 $A_s{}' = 1{,}285\ \text{mm}^2$이다.
먼저 압축 철근을 무시하면 극한한계상태에서 중립축 깊이비는 식 (5.3-8)로부터

$$k = \frac{c}{d} = \frac{f_{yd} A_s}{\alpha f_{cd} b d} = \frac{315(4{,}765)}{0.8(19.3)(300)(450)} = 0.720$$

그런데 인장 철근이 항복하기 위한 조건식 (5.3-6)에 따른 균형 k_b는

$$k_b = \frac{0.0033}{0.00157 + 0.0033} = 0.677, \text{ 따라서 균형 } c_b = 0.677 \times 450 = 305\ \text{mm}$$

이 균형값보다 실제 중립축 깊이가 크다. 따라서 이 보는 복철근 단면으로 해석한다.
실제 인장 철근량에서 압축 철근량만큼 제외하고 난 나머지 인장 철근량 $(A_s - A_s{}')$를 갖는 단철근 보의 극한한계상태($\varepsilon_{cu} = 0.0033$)에서 인장 철근이 설계항복강도에 도달하는 순간 압축 철근이 설계항복강도에 도달하는 조건식 (5.3-23)에 의해

$$c \geq \left(\frac{0.0033}{0.0033 - 0.00157}\right) \times 60 = 114\ \text{mm}$$

그림 5.10의 변형률 분포도에 보인 것처럼, 이 최소 중립축 깊이보다 큰 깊이에서 압축 철근은 항복상태에 놓인다. 그런데 인장 철근량이 $A_s - A_s{}'$인 보의 중립축 깊이는 식 (5.3-21)에 의해

$$c = \frac{315(4{,}765 - 1{,}285)}{0.8(19.3)(300)} = 237\text{mm} \text{ 이고, 이때 } k = 0.526\text{이다.}$$

이때 변형률 분포도에 보인 것처럼, 압축 철근의 변형률은 0.0025로 설계항복변형률 0.00157보다 크므로 설계항복강도에 도달한 상태이다. 따라서 휨강도는 식 (5.3-24)에 의해

$$M_{d1} = 315(4{,}765 - 1{,}285)(1 - 0.4(0.526))(450) \times 10^{-6} = 389\text{kNm}$$

$$M_{d2} = 315(1{,}285)(450 - 60) \times 10^{-6} = 158\text{kNm}$$

총 휨강도는

$$M_d = M_{d1} + M_{d2} = 547\text{kNm} \text{ 이다.}$$

이처럼 복철근 단면의 휨강도를 계산할 때 중립축 깊이를 사용하여 철근의 항복 여부를 판별한다.

(주) 강도설계법에 의한 설계휨강도 산정

배치된 인장 철근량은 $A_s = 4{,}765\,\text{mm}^2$이고, 압축 철근량은 $A_s{}' = 1{,}285\,\text{mm}^2$이므로, 철근량 $A_s - A_s{}'$에 의한 응력 블록의 깊이 a는

$$a = \frac{f_y(A_s - A_s{}')}{0.85 f_{ck}\, b} = \frac{350(4{,}765 - 1{,}285)}{0.85(35)(300)} = 136\,\text{mm}$$

응력 블록의 깊이 계수 $\beta_1 = 0.85 - 0.007(35-28) = 0.80$이므로 중립축 깊이는

$$c = \frac{a}{\beta_1} = \frac{136}{0.80} = 170\,\text{mm}$$

그림 주-2에 보인 것과 같이 연단 콘크리트가 극한한계변형률 0.003에 도달할 때 압축 철근의 변형률은

$$\varepsilon_s{}' = 0.003\left(\frac{c-d'}{c}\right) = 0.003\left(\frac{170-60}{60}\right) = 0.00194 \geq \varepsilon_y = 0.00175$$

압축 철근의 변형률은 0.00194로 항복변형률 0.00175보다 크므로 항복한 상태이다. 따라서 공칭휨강도는 식 (주.5-8)의 각 항에 의해

$$M_{n1} = 0.85 f_{ck}\, ab(d - a/2) = 0.85(35)(136)(300)(450 - 136/2) \times 10^{-6} = 463.7\,\text{kNm}$$

$$M_{n2} = f_y A_s{}'(d - d') = 350(1{,}285)(450-60) \times 10^{-6} = 175.4\,\text{kNm}$$

공칭휨강도는 $M_n = M_{n1} + M_{n2} = 639.1\,\text{kNm}$이다. 따라서 설계휨강도는 강도감소계수 $\phi = 0.85$를 적용하면

$$M_d = \phi M_n = 0.85(639.1) = 543.2\,\text{kNm}$$

이 값은 앞의 한계상태설계법에 따른 설계휨강도와 거의 동일한 값이라는 것을 알 수 있다..

5.3.3 T형 단면 부재

대부분의 철근콘크리트 구조물은 기둥, 보 및 슬래브가 단일체로 되어 있다. 보의 하면과 측면, 슬래브 하면 등에 거푸집을 설치한 후, 콘크리트의 타설은 가장 밑 부분부터 슬래브 위면까지 한 번에 이뤄지며, 보의 스터럽은 슬래브까지 연장 배치된다. 그러므로 슬래브의 일부는 휨압축력에 저항하는 보의 압축 영역과 함께 일체로 거동할 것이다. 이러한 형태의 단면은 직사각형이라기 보다는 T형이며, 슬래브 부분을 **플랜지**(flange)라 하고 보에 해당하는 부분은 **복부**(web)라고 부른다.

압축 영역에 플랜지가 있는 T형 단면 휨 부재의 해석과 설계는 중립축 위치에 따라 두 종류로 구별하여 수행한다. T형 단면 부재에서 중립축은 단면의 특성, 보강 철근량과 사용 재료의 강도 조합에 따라 플랜지에 위치할 수도 있고, 복부에 위치할 수도 있다.

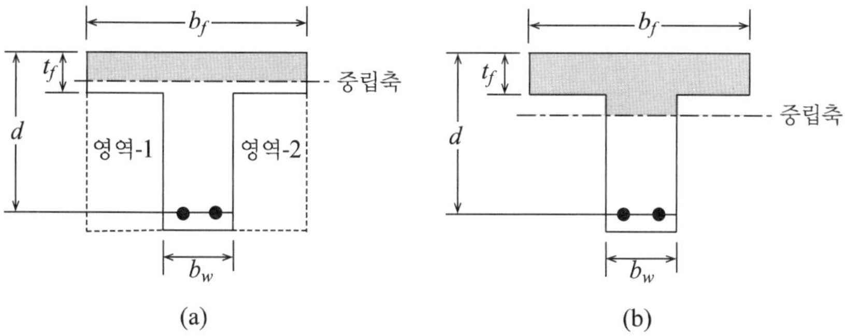

그림 5.11 T형 단면 부재 해석

만약 중립축 위치가 플랜지 안에 놓이는 경우, 유효 플랜지 폭 b_f와 같은 폭을 갖는 사각형 단면으로 간주하여 이와 동일한 방법으로 해석한다. 플랜지 안에 중립축이 놓이는 T형 단면 부재는 그림 5.11(a)에 음영으로 나타낸 압축 영역을 갖는다. 만약 영역-1과 -2에 해당하는 부분에 추가의 콘크리트를 타설한다면, 물리적 단면은 폭 b_f를 가진 사각형이 된다. 영역-1과 -2는 인장 영역에 해당하며, 인장 콘크리트는 휨강도를 계산할 때 무시되기 때문에 추가적인 휨강도는 없다. 따라서 원래의 T형 단면과 사각형 단면 부재의 휨강도는 동일하며, 휨강도를 계산할 때 사각형 단면 부재 해석 방법을 적용한다. 그러나 그림 5.11(b)와 같이 중립축이 복부에 놓일 경우, 사각형 단면 해석은 적합하지 않으며, 실제 T형 단면의 압축 영역을 고려하여 계산해야 한다.

(a) 등가 사각형 응력 블록을 이용한 해석

T형 단면 부재 해석에 사각형 단면 부재에 적용하는 등가 사각형 응력 블록을 사용하는 것이 간편하다. 균등 분포 압축응력을 갖는 사각형 응력 블록은 원래 사각형 단면 보의 연구 결과에 기초하여 고안되었기 때문에 T형 단면 부재에 대한 적용성은 의문스러울 수 있다. 그러나 실제 응력－변형률 곡선에 기초한 많은 계산은 원형이나 삼각형 단면 뿐만 아니라 T형 단면 부재에 대해서도 사각형 응력 블록은 약간의 오차가 발생할 수 있지만 타당하다고 알려져 있다.

극한한계상태에서 등가 사각형 응력 블록을 적용하여 설계할 때 응력 블록의 깊이 a가 플랜지 두께 t_f보다 같거나 적을 경우에도 사각형 단면으로 간주하여 설계할 수 있다. 이 경우 실제 중립축 깊이 c는 t_f보다 크지만, 응력 블록이 플랜지 안에 놓이기 때문에 근사적으로 허용한 것이며, 이에 따른 오차는 매우 작다. 응력 블록이 플랜지 내에 있다고 가정하여 응력 블록의 깊이 a를 콘크리트 압축 합력 C와 철근의 인장력 T가 같다는 평형 조건으로 부터 다음과 같이 계산할 수 있다.

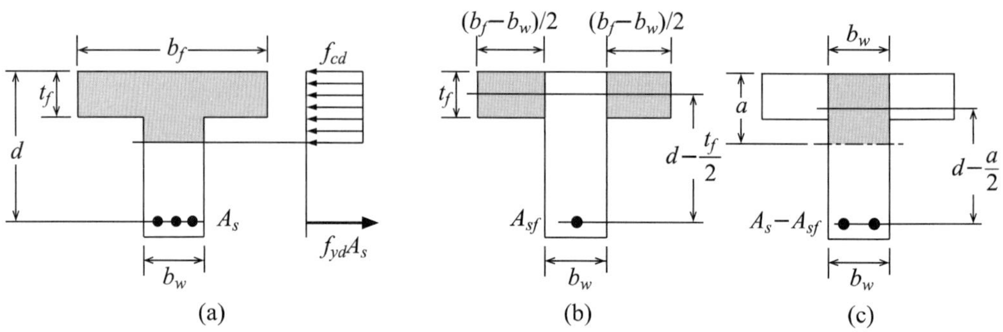

그림 5.12 등가 응력 블록을 이용한 T형 단면 부재 휨강도 계산

$$a = \frac{f_{yd} A_s}{f_{cd}\, b_f} \tag{5.3-28}$$

여기서 f_{cd}는 콘크리트 설계압축강도이며, f_{yd}는 철근의 설계항복강도이다. 만약 a가 플랜지 두께 t_f보다 작거나 같으면 부재는 폭 b_f를 갖는 사각형 단면 부재로 취급할 수 있다. 그러나 a가 t_f보다 크면 다음과 같은 T형 단면으로 해석해야 한다.

T형 단면 부재의 휨강도는 대부분 인장 철근의 항복에 의해 결정된다. 이것은 플랜지라는 넓은 압축 영역을 갖고 있기 때문이다. 휨강도를 계산할 때 총 인장 철근량을 두 부분으로 나누는 것이 편리하다. 하나는 그림 5.12(b)에 음영으로 나타낸 플랜지 내민부가 균등한 압축응력 f_{cd}를 받을 때의 합력과 크기가 같은 항복 인장력을 발휘하는 철근량이며, 이를 A_{sf}로 나타내면

$$A_{sf} = \frac{f_{cd}(b_f - b_w)t_f}{f_{yd}} \tag{5.3-29}$$

이 인장 철근량이 발휘하는 인장력 $f_{yd}A_{sf}$와 플랜지 내민부의 압축 합력 $f_{cd}(b_f - b_w)t_f$는 모멘트 팔길이 $d - t_f/2$를 갖는 짝힘 작용으로 다음과 같은 휨강도를 발휘한다.

$$M_{d1} = f_{yd} A_{sf}\left(d - \frac{t_f}{2}\right) \tag{5.3-30}$$

다른 하나는, 그림 5.12(c)에 보인 것처럼, 나머지 인장 철근량 $A_s - A_{sf}$는 폭이 b_w인 복부를 포함하는 사각형 단면의 인장 철근 역할을 한다. 이 사각형 단면의 등가 응력 블록의 깊이는

$$a = \frac{f_{yd}(A_s - A_{sf})}{f_{cd}\, b_w} \tag{5.3-31}$$

추가 휨강도는 철근의 인장력 $f_{yd}(A_s - A_{sf})$와 콘크리트의 압축력 $f_{cd}\, a b_w$가 팔길이 $d - a/2$의 짝힘 작용으로 발휘된다. 즉,

$$M_{d2} = f_{yd}(A_s - A_{sf})\left(d - \frac{a}{2}\right) \tag{5.3-32}$$

따라서 전체 설계휨강도 M_d는 M_{d1}과 M_{d2}의 합으로 구성된다[4].

$$M_d = M_{d1} + M_{d2} = f_{yd}A_{sf}\left(d - \frac{t_f}{2}\right) + f_{yd}(A_s - A_{sf})\left(d - \frac{a}{2}\right) \tag{5.3-33}$$

사각형 단면 부재와 마찬가지로 T형 단면 부재도 콘크리트의 압축 파괴에 의한 순간적인 파괴를 피해야 한다. T형 단면 부재의 대부분은 응력 블록이 플랜지 내에 놓이도록 설계된다. 따라서 사각형 단면 부재에 대한 수식은 대부분 T형 단면 부재에도 적용된다.

(b)* p-r 응력-변형률 곡선을 이용한 해석

T형 단면에서 중립축이 복부에 놓이는 경우, 포물-사각형 응력-변형률 곡선을 적용하면 압축 영역의 응력 분포를 실제에 가깝게 나타낼 수 있다. 반면에 압축 영역의 응력 분포를 등분포 상태로 가정하고 해석하는 등가 응력 블록 해석 방법과는 다르게, 응력 분포가 비선형 형태가 되므로 해석이 훨씬 복잡해진다. 즉, 단면의 변형 적합 조건에 따른 응력 분포를 고려하여 해석해야 한다. 현실적으로 p-r곡선을 적용하여 T형 단면 부재를 해석하기 위해서는 압축 영역을 두 부분으로 분리하여야 한다.

그림 5.13은 T형 단면의 압축 영역을 분리하는 두 가지 방법을 나타낸 것이다. 극한한계상태일 때 플랜지 하단과 상단의 변형률은 평면 보존 가정에 의해 기하학적으로 쉽게 알 수 있다. 이 변형률에 따른 각 영역의 압축 합력의 크기와 작용점 위치는 3장의 3.3.4(c)절에서 기술한

---

4) 강도설계법의 T형 단면 설계도 기준압축강도 f_{ck}와 항복강도 f_y의 항으로 아래와 같이 공칭휨강도 M_n을 먼저 구하여야 한다.

$$M_n = f_y A_{sf}\left(d - \frac{t_f}{2}\right) + f_y(A_s - A_{sf})\left(d - \frac{a}{2}\right) \tag{주.5-8}$$

여기서 $A_{sf} = \dfrac{0.85 f_{ck}(b_f - b_w)t_f}{f_y}$ 이며, $a = \dfrac{f_y(A_s - A_{sf})}{0.85 f_{ck}\, b_w}$ 로 계산한다. 설계휨강도 M_d는 이 공칭휨강도에 강도감소계수 ϕ를 곱한 값이 된다.

식 (3.3-13)을 이용하여 산정할 수 있다. 따라서 방법-1은 먼저 폭 b_f를 갖는 직사각형 단면 보로 간주하여 합력 영향을 산정한 값에서 영역-2의 합력 영향을 빼면 된다. 여기서 영역-2의 합력 크기와 작용점 계수를 하단 변형률 ε_{c1}값을 식 (3.3-13a)에 대입하여 구한다. 반면에, 방법-2는 플랜지 내민부를 별도로 분리하는 것으로서 이 영역은 중립축이 단면 밖에 놓인 상태이기 때문에 식 (3.3-13c)를 적용하여 합력 크기와 작용점 위치를 산정한다. 손으로 계산하는 경우 방법-2를 사용하는 것이 훨씬 효율적이다.

앞 절에서 설명한 중립축 깊이를 계산하는 식 (5.3-8)은 압축 영역이 사각형 일 때만 유효하기 때문에 T형 단면처럼 압축 영역의 폭이 변할 때는 적용할 수 없다. 따라서 T형 단면 해석은 시산법을 반복하여 수행해야 하는 번잡함이 있다.

특히, 플랜지가 압축력의 대부분을 담당하는 부재의 안전한 설계를 위해, 앞 5.2.2절에서 기술한 제한된 단면 한계변형률을 플랜지에 적용해야 한다. 상자형 단면 또는 T형 단면 거더에서 중립축 깊이가 플랜지 두께보다 크면, 플랜지는 전 단면이 압축 상태가 놓이므로 플랜지를 독립 압축 부재로 간주하여 압축 부재 단면 한계변형률 $\varepsilon_{c,uls}$ 기준을 적용하여 설계해야 한다.

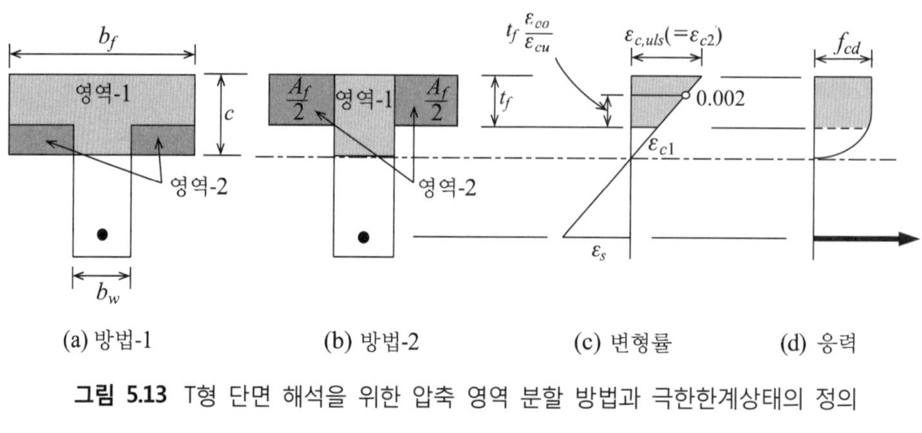

그림 5.13 T형 단면 해석을 위한 압축 영역 분할 방법과 극한한계상태의 정의

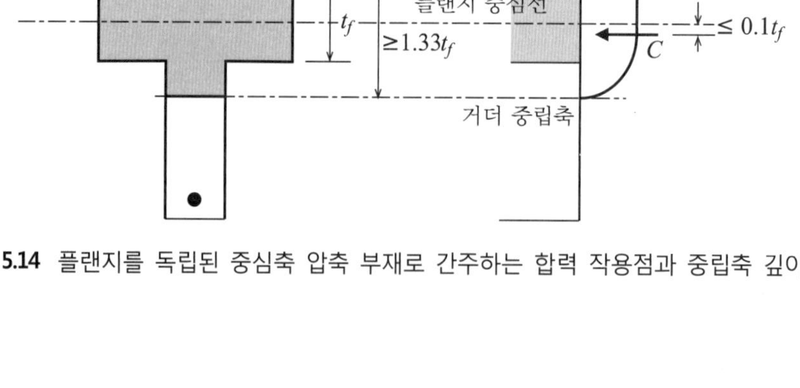

그림 5.14 플랜지를 독립된 중심축 압축 부재로 간주하는 합력 작용점과 중립축 깊이 범위

T형 단면 해석에서 중립축 위치가 그림 5.11(b)처럼 중립축이 복부에 있을 경우, 플랜지는 단면 전체가 압축 상태에 놓이기 때문에 그림 5.13(c)에 보인 것과 같이 플랜지 하면에서 $t_f \varepsilon_{co}/\varepsilon_{cu}$ 위치의 변형률이 0.002에 도달 할 때를 극한한계상태로 간주한다. 즉, 보통강도 콘크리트로 만든 T형 보일 경우 단면 한계변형률 $\varepsilon_{c,uls}$은 다음과 같게 된다.

$$\varepsilon_{c,uls} = 0.002 \frac{c}{c - t_f + t_f \dfrac{0.0020}{0.0033}} \simeq 0.002 \frac{c}{c - 0.4t_f} \tag{5.3-34}$$

이 단면 한계변형률은 중립축 깊이에 따라 달라진다. 따라서 먼저 중립축 깊이 c를 가정한 후, 위 식으로 한계변형률 $\varepsilon_{c,uls}$을 산정해야 한다. 이때의 변형률 분포를 바탕으로 콘크리트 응력과 철근 응력을 구한 후 압축 합력 C와 철근 인장력 T를 각각 계산한다. 이렇게 C와 T가 동일할 때까지 중립축 깊이를 시산법으로 결정해야 한다. C와 T가 동일할 때의 단면 휨모멘트가 설계휨강도가 된다.

이처럼 비선형인 p-r 곡선을 바탕으로 압축 부재의 단면 한계변형률을 적용하여 T형 단면을 해석한다는 것은 상당히 복잡한 반복 계산이 필요하게 된다. 이러한 어려움을 피하기 위하여 플랜지 내의 압축 합력의 작용점이 플랜지 중심에서 $\pm 0.1t_f$ 이내에 놓인다면, 이 압축 플랜지는 독립된 중심축 압축 부재로 간주하여 설계할 수 있다. 즉, 그림 5.14에 보인 것과 같이 거더의 중립축 깊이가 $1.33t_f$이상 일 때 플랜지 압축 합력의 편심량은 $\pm 0.1t_f$ 이내에 해당한다. 이러한 상태의 플랜지는 중심축 압축 부재처럼 단면 응력을 등분포 상태로 간주하여도 해석 결과에 거의 차이가 발생하지 않는다.

예제 5.3-3　T형 단면 부재

아래 그림과 같은 T형 단면 부재의 설계휨강도를 산정해 보자. 사용된 콘크리트의 $f_{ck} = 35\,\text{MPa}$이고, 철근의 $f_y = 500\,\text{MPa}$이다. 인장철근으로 21개의 D32를 3단으로 배치하였다. 콘크리트에 대해 $\phi_c = 0.65$를, 그리고 철근에 대해 $\phi_s = 0.9$를 적용한다.

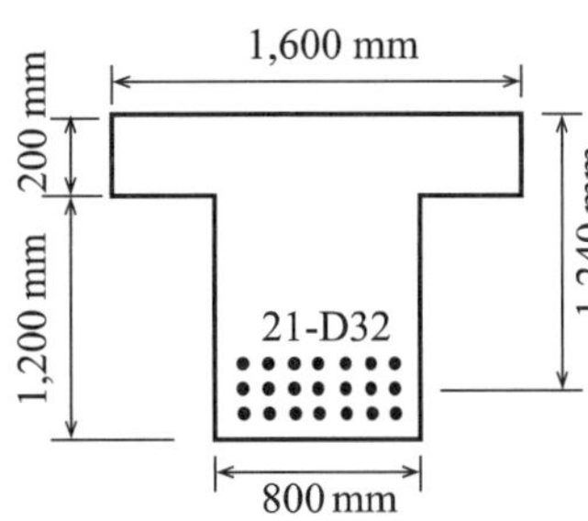

그림 5.15 예제 5.3-3의 T형 단면

풀이

콘크리트 설계강도 $f_{cd} = \phi_c 0.85 f_{ck} = 0.65(0.85)(35) = 19.3\,\text{MPa}$

철근 설계항복강도 $f_{cd} = \phi_s f_y = 0.9(500) = 450\,\text{MPa}$

배치된 철근량 $A_s = 21(794.2) = 16{,}677\,\text{mm}^2$

(a) 등가 사각형 응력 블록 적용

식 (5.3-28)에 의해 응력 블럭 깊이 a를 계산하면,

$$a = \frac{450(16{,}677)}{19.3((1{,}600)} = 243\,\text{mm} \geq 200\,\text{mm}$$

응력 블록 깊이 a가 플랜지 두께 보다 크다. 따라서 그림 5.12처럼 압축 영역을 플랜지 내민부와 복부 영역으로 구분하여 계산한다. 내민부에 작용하는 압축 합력은,

$$C_f = f_{cd} A_f = 19.3(800)(200) \times 10^{-3} = 3{,}088\,\text{kN}$$

이 힘에 해당하는 등가 철근량은

$$A_{sf} = \frac{C_f}{\phi_s f_y} = \frac{3{,}088 \times 10^3}{0.9(500)} = 6{,}862\,\text{mm}^2$$

이 플랜지 등가 철근량과 짝힘을 구성하는데 필요한 동일한 량의 철근량을 제외한 나머지 인장 철근량 $A_s - A_{sf}$은 복부의 압축 영역의 합력과 짝힘을 구성하는 단철근 보와 동일한 휨강도를 발휘한다. 따라서 나머지 인장 철근량과 짝힘을 구성하는 복부 압축 영역의 등가 응력 블록의 깊이는

$$a = \frac{\phi_s f_y (A_s - A_{sf})}{f_{cd} b_w} = \frac{0.9(500)(16{,}677 - 6{,}862)}{19.3(800)} = 286\,\text{mm}$$

설계휨강도는 내민 플랜지 기여분과 복부 기여분의 합으로 나타난다.

$$M_d = \phi_s f_y A_{sf}\left(d - \frac{t_f}{2}\right) + \phi_s f_y (A_s - A_{sf})\left(d - \frac{a}{2}\right) = 8{,}365\,\text{kNm}$$

이 방법은 사각형 단면 부재 설계 방법과 동일하게 시산법이 불필요하다. 따라서 실제 설계에서 간편하면서 쉽게 적용할 수 있는 방법이다.

(b) p-r 응력-변형률 곡선 적용

앞 해석 결과를 바탕으로 중립축 깊이는 플랜지 두께보다 크다는 것을 알 수 있으므로, 압축 플랜지를 독립된 압축 부재로 간주하여 0.002를 중심으로 변화하는 압축 부재 한계변형률 기준 $\varepsilon_{c,uls}$을 적용해야 한다. 즉, 플랜지 하연에서 $t_f(0.0020/0.0033) = 121\,\text{mm}$ 위치의 한계변형률은 0.002가 된다. 설계를 쉽게 하기 위해 그림 5.13(b)처럼 압축 영역을 플랜지 내민부와 복부의 두 영역으로 구분하여 계산하고 중첩하자.

많은 시산에 의한 최종 중립축 깊이 $c = 406\,\text{mm}$로 가정하면,

먼저, 내민 플랜지는 중립축이 단면 밖에 있는 경우에 해당하며, 이때 한계변형률은

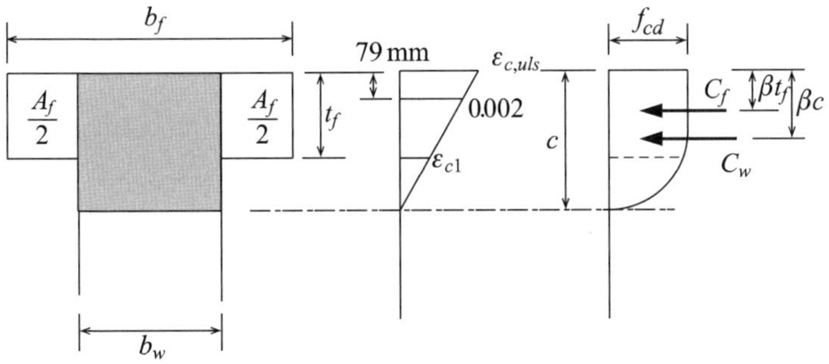

그림 5.16 p-r곡선을 적용한 T형 단면 해석 예제

$$\varepsilon_{c1} = 0.002\left(\frac{206}{206+121}\right) = 0.00126 = 1.26‰$$

$$\varepsilon_{c,uls} = 0.002\left(\frac{406}{206+121}\right) = 0.00248 = 2.48‰$$

이 변형률 값을 식 (3.3-13c)에 대입하면 압축 합력의 무차원 계수는

$$\alpha = \frac{14+4(1.26)-(1.26)^2}{18} = 0.969,\ \text{그리고}\ \beta = 0.494$$

이 계수를 이용하여 합력의 크기와 작용점을 산정하면,

$$C_f = \alpha f_{cd} A_f = 0.969(19.3)(800)(200)\times 10^{-3} = 2{,}992\ \text{kN}$$

$$\beta t_f = 0.494(200) = 99\ \text{mm}$$

다음으로 복부 압축 영역의 합력 크기와 그 작용점 위치는 중립축이 단면 내에 있는 경우에 해당하며, 이때의 연단 변형률은 $\varepsilon_c = 0.00248$이 되며, 이 값을 식 (3.3-13b)에 대입하면 $\alpha = 0.731$, $\beta = 0.389$를 얻게 된다.

$$C_w = \alpha f_{cd} b_w c = 0.731(19.3)(800)(406)\times 10^{-3} = 4{,}583\ \text{kN}$$

$$\beta c = 0.389(406) = 158\ \text{mm}$$

총 압축력 $C = C_f + C_w = 2{,}992 + 4{,}583 = 7{,}575\ \text{kN}$

이 압축 합력은 철근 인장력 $T = 450(16{,}677)\times 10^{-3} = 7{,}504\ \text{kN}$과 거의 동일하므로 가정된 중립축 깊이가 적합하다고 간주한다. 따라서 설계휨강도는

$$M_d = 7{,}504(1{,}240) - 2{,}992(99) - 4{,}583(158) = 8{,}285\ \text{kNm}$$

이 값은 사각형 응력 블록 방법에 의한 값보다 약 1%가 작은 값으로 많은 수고를 한 것에 비해 거의 동일한 결과를 얻었다. 따라서 등가 사각형 응력 블록을 적용해도 충분히 정확하다는 것을 알 수 있다.

(주) 강도설계법에 의한 휨강도 산정

콘크리트 압축강도와 항복강도 항으로 총 인장 철근량 에 대한 응력 블럭 깊이 a를 계산하면,

$$a = \frac{f_y A_s}{0.85 f_{ck} b_f} = \frac{500(16,677)}{0.85(35)(1,600)} = 175\,\text{mm} \le 200\,\text{mm}$$

응력 블록 깊이 a가 플랜지 두께 보다 작으므로 폭 b_f를 갖는 직사각형 단면으로 간주할 수 있다. 공칭휨강도는

$$M_n = f_y A_s \left(d - \frac{a}{2}\right) = 500(16,677)\left(1,240 - \frac{175}{2}\right) \times 10^{-6} = 9,610\,\text{kNm}$$

중립축 깊이 c는, $\beta_1 = 0.85 - 0.007(35-28) = 0.80$이므로

$$c = \frac{a}{\beta_1} = \frac{175}{0.80} = 219\,\text{mm}$$

하단에 3단으로 배치된 최외단 철근 중심까지 깊이 d_t를 1,320mm라면 극한한계상태의 순인장 변형률 ε_t는

$$\varepsilon_t = 0.003\frac{1,320 - 219}{219} = 0.015 \ge 0.005$$

따라서 강도감소계수 $\phi = 0.85$가 되므로, 강도설계법에 따른 설계휨강도는

$$M_d = \phi M_n = 0.85(9,610) = 8,168\,\text{kNm}$$

이 결과는 앞에서 산정한 설계휨강도보다 약 2퍼센트 작은 값이지만, 거의 동일한 값이라는 것을 알 수 있다.

5.4 휨 부재의 단면 설계

5.4.1 요구 조건

1장에서 기술한 바와 같이, 철근콘크리트 구조물 설계는 확률적으로 발생 가능한 계수하중에 의해 유발된 하중영향에 저항할 수 있는 충분한 강도를 확보해야 한다는 기본 원칙에 바탕을 두고 있다. 그러므로 휨 부재 단면 설계에서도 모든 가능한 설계 상황에서 단면에 발생하는 계수휨모멘트 M_u보다 단면의 극한한계상태에서 발휘되는 설계휨강도 M_d가 항상 크도록 설계해야 한다. 이 관계는 가장 경제적인 단면을 가지면서 구조물의 수명동안 계속해서 유지되어야만 안전한 설계가 된다는 것을 의미한다. 철근콘크리트 구조물은 장기간 대기에 노출되기 때문에 콘크리트의 탄산화 또는 여러 유해한 물질의 침투로 철근이 부식되어 초기의 강도가 발휘되지 못하는 경우에 대비하여 철근이 콘크리트 내부에서 충분히 보호되도록 설계되어야 한다.

콘크리트 구조물에서 철근은 하중을 저항하는데 매우 효율적인데 반해 그 내구성은 부식과 화재에 대해 상당히 취약하다. 따라서 콘크리트 내부에 배치되어 있는 철근을 적절히 보호하

기 위해 콘크리트 **피복**(cover)의 최소 두께를 유지해야 한다. 콘크리트 표면과 그에 가장 가까이 배치된 철근 표면 사이의 거리로 정의되는 **피복두께**는 부재의 종류와 노출 환경에 따라 달라진다. 만약 콘크리트 표면이 대기에 노출되거나 지반에 접촉하고 있으면 보호 피복두께는 적어도 50 mm 정도가 필요하다. 피복두께에 대한 자세한 사항은 8장에서 다룬다. 일반적으로 휨 부재에서 주철근의 중심은 표면으로 부터 60~70 mm 정도에 배치된다. 얇은 슬래브의 경우는 대략 25 mm 정도에 주철근이 배치된다. 경제적인 측면에서 부재 단면의 깊이 h를 폭 b의 2배나 3배 범위로 선정한다. 그러나 주변 여건 등에 의한 제약 때문에 다른 선택을 할 수도 있다.

또한, 계수하중에 대해 적절한 휨강도를 갖도록 설계된 부재일지라도 일반 사용하중(load at service)에서 적절한 거동을 해야 한다. 적절한 거동이란 처짐과 균열 등이 사용자에게 불편하지 않는 범위 내에 있도록 하는 것이다. 더욱이, 균열 발생으로 콘크리트의 인장강도 소멸에 따라 급작스럽게 발생될 수 있는 취성 붕괴를 피할 수 있도록 최소 휨인장 철근량 이상을 배치하여 사고 상황에 대비하도록 설계할 필요가 있다.

5.4.2 중립축 깊이비 선정

앞에서 작용 하중에 의한 단면 휨모멘트의 세기를 나타내는 무차원 계수 m을 정의하였다. 먼저, 단면에 작용하고 있는 휨모멘트 세기에는 계수하중영향을 나타내는 첨자 u를 사용하고, 반면에 단위휨강도를 나타내는 식 (5.3-4)에는 극한한계상태일 때 정해진 중립축 깊이비 k_{lim}을 대입하면 단면이 저항할 수 있는 설계 단위휨강도이므로 첨자 d를 사용하여 구분할 필요가 있다. 즉,

$$m_u = \frac{M_u}{b d^2 f_{cd}} \tag{5.4-1}$$

$$m_{d,lim} = \alpha k_{lim}(1 - \beta k_{lim}) \tag{5.4-2}$$

단철근 단면 부재의 극한한계상태에서 당연히 $m_{d,lim} \geq m_u$이어야 한다. 여기서 $m_{d,lim}$를 산정하는 식에 필요한 계수 α와 β의 값은 표 5.1에 주어진 콘크리트 강도 등급에 따라 이미 정해진 값들이다. 중립축 깊이비에 대한 제한 값 k_{lim}는 주로 다음과 같은 배경으로 정해진다.

(a) 절대 최대 휨강도 제한

주어진 단면에서 휨인장 철근량이 무한히 클 때 ($A_s \rightarrow \infty$) 절대 최대 설계휨강도가 발휘되

는데, 이때 이론적으로 중립축 위치는 철근 중심선에 접근하기 때문에 중립축 깊이비는 1.0이 된다. 즉 극한한계상태에서 단면의 유효깊이까지의 모든 콘크리트가 압축 상태에 놓이게 되어 단면이 저항할 수 있는 최대 휨강도가 발휘된다. 이때 보통강도 콘크리트를 사용한 부재라면 $\alpha = 0.80$과 $\beta = 0.4$ 값을 식 (5.4-2)에 대입하면 단면의 절대 최대 단위휨강도 $m_{d,lim} = 0.80(1.0)(1 - 0.4 \times 1.0) = 0.480$이 된다. 따라서 부재가 어떤 상황에 놓이더라도 작용 휨모멘트 세기 m_u값은 $m_{d,lim} = 0.480$를 초과할 수 없다. 참고로 압축역의 콘크리트가 모두 완전 소성 상태에 놓여 있다면 $\alpha = 1$이고 $\beta = 0.5$가 되므로 $m_{d,lim} = 0.500$가 되며, 이 값은 앞의 절대 $m_d = 0.480$과 크게 차이나지 않는다는 것을 알 수 있다.

(b) 경제적인 단면 설계

경제적이며 안전한 설계를 위해서는 극한한계상태에서 철근의 응력이 설계항복강도 이하에 있지 않도록 제한하여야 한다. 인장 철근이 항상 항복하기 위한 조건은 중립축 깊이비가 식 (5.3-6)의 균형 중립축 깊이비 k_b보다 작아야 한다. 이러한 경우 k_b가 k_{lim} 값이 된다. 보통강도 콘크리트와 SD 400 철근을 사용한다면 $k_b = 0.0033/(0.0018 + 0.0033) = 0.647$이고, 식 (5.4-2)에 대입하면 한계 $m_{d,lim} = 0.80(0.647)(1 - 0.4 \times 0.647) = 0.383$이 된다. 따라서 단면에 작용하는 m_u가 이 값보다 큰 경우 압축 철근을 배치하는 것이 경제적이다.

(c) 충분한 회전 능력 확보

앞 4장에서 설명했듯이, 부재의 충분한 연성 능력을 확보하기 위해 중립축 깊이의 제한을 두고 있다. 정정 구조물인 경우에도 파괴 전에 큰 변형이 발생하여 경고를 주도록 충분한 연성을 확보하기 위한 중립축 깊이비의 제한을 두어 설계하는 것이 바람직하다[5]. 정역학적 부정정 구조물을 효율적으로 설계하기 위하여 탄성 구조 해석으로 구한 휨모멘트에 재분배계수

---

5) 콘크리트구조기준에서는 휨부재의 연성을 확보하기 위하여 단면 최연단 철근의 순인장변형률 ε_t가 최소 허용변형률 $\varepsilon_{t,\min}$이 0.004 또는 $2\varepsilon_y$ 중 큰 값 이상이어야 한다고 규정하고 있다. 이 요구 조건을 인장 철근비 항으로 변환시켜 표현하면 다음과 같은 최대 철근비 조건이 된다.

$$\rho_{\max} = 0.85\beta_1 \frac{f_{ck}}{f_y} \frac{0.003}{0.003 + \varepsilon_{t,\min}} \left(\frac{d_t}{d} \right) \quad (주.5\text{-}9)$$

즉, 휨부재를 설계할 때 사용하는 인장 철근비는 항상 이 최대 철근비보다 작아야 한다. 더욱이, 탄성 해석으로 구한 연속 휨부재의 부휨모멘트를 재분배하여 설계하려면 순인장변형률 ε_t가 0.0075 이상인 경우에만 가능하며, 이때 재분배율은 $1{,}000\varepsilon_t$퍼센트로 하고 20퍼센트 이내이어야 한다고 규정되어 있다. 이 규정에 따라 연속보에서 부휨모멘트를 10퍼센트 재분배하려면 순인장변형률 $\varepsilon_{t,\min} = 0.010$ 이상이어야 하며, 이때의 허용 최대 철근비는 위 식으로 계산한다. 이처럼 콘크리트구조기준에서는 순인장변형률 ε_t의 제한값을 미리 선정하여 설계한다.

$1-\eta$를 곱한 값으로 단면 설계를 할 수 있도록 허용하고 있다. 그런데 이 η는 중립축 깊이비의 함수로 구성되어 있다. 따라서 중립축 깊이의 제한 규정을 설계에 적용하여야 한다면, 구조해석과 단면 설계에서 시산법을 적용하여야 하기 때문에 매우 번거로운 설계가 된다. 실제 설계에서 먼저 휨모멘트 재분배량을 결정하고 난 후, 압축 철근량을 조절하여 재분배량에 상응하는 연성을 충족하도록 중립축 깊이비를 제한한다. 4장에서 기술한 재분배 계수에 대한 식 (4.3-3)은 다음과 같이 주어졌다.

$$\eta = 1 - \frac{0.0033}{\varepsilon_{cu}}(0.6+k) \le 0.15 \tag{4.3-3}$$

정해진 재분배율 η에 해당하는 중립축 깊이비를 k_{lim}라 하여 위 식을 정리하면 다음과 같이 미리 정한 재분배율 η에 따라 결정된다.

$$k_{lim} = \frac{(1-\eta)\varepsilon_{cu}}{0.0033} - 0.6 \tag{5.4-3}$$

보통강도($f_{ck} \le 40\,\mathrm{MPa}$) 콘크리트에서는 $\varepsilon_{cu} = 0.0033$이므로 $k_{lim} = 0.4 - \eta$로 간단하게 된다. 즉 탄성 해석한 계수휨모멘트의 10퍼센트를 재분배하려고 한다면 극한한계상태의 중립축 깊이비가 0.3 이하여야 한다.

또한 연성이 매우 큰 상부 구조에서는 소성 해석을 허용하고 있다. 다만, 소성 해석을 하기 위해서는 중립축 깊이비가 다음 조건을 만족하여야 한다.

$$k_{lim} \le 0.30 \tag{5.4-4}$$

이처럼 제한 중립축 깊이비 k_{lim}가 먼저 정해지면, 식 (5.4-2)에 대입하여 단철근 보로 저항 가능한 설계 단위휨강도 $m_{d,lim}$를 얻게 되며 이때의 휨강도 $M_{d,lim}$는 다음과 같다.

$$M_{d,lim} = m_{d,lim}\, f_{cd} b d^2 = \alpha f_{cd} k_{lim}(1-\beta k_{lim}) b d^2 \tag{5.4-5}$$

따라서 단면에 작용하는 계수휨모멘트 M_u가 이 제한된 설계휨강도 $M_{d,lim}$를 초과하는 경우에는 압축 철근을 배치하여 설계하여야 한다. 설계자는 먼저 압축 철근을 배치하지 않는 상태에서 허용 재분배율 η를 선정한 후 위 식 (5.4-3)에 의해 해당하는 k_{lim}을 계산한다. 이 값을 이용하여 다시 단철근 보의 설계휨강도 $m_{d,lim}$(또는 $M_{d,lim}$)를 산정하여 다음과 같은 절차에 따라 실제 단면의 휨 설계를 수행한다.

5.4.3 계수휨모멘트 M_u가 단철근 휨강도 $M_{d,lim}$ 보다 작을 때

이 경우는 압축 철근을 배치하지 않고 인장 철근만으로 작용 휨모멘트에 저항할 수 있다. 작용 휨모멘트 세기 m_u가 주어졌을 때, 중립축 깊이비는 k에 대한 2차방정식인 식 (5.3-4)를 풀어서 구한 다음 관계식으로 산정할 수 있다.

$$k = \frac{1 - \sqrt{1 - 4m_u \beta / \alpha}}{2\beta} \tag{5.4-6}$$

중립축 깊이비 k를 알게 되면, 단면 팔길이 z는 식 (5.3-2)에 의해 결정되며,

$$z = (1 - \beta k)d \tag{5.3-2}$$

따라서 소요 인장 철근량은 아래 식으로 바로 구할 수 있다.

$$\text{소요 } A_s = \frac{M_u}{f_{yd}\, z} \tag{5.4-7}$$

예제 5.4-1 교량 바닥 슬래브(단철근)

두께(깊이)가 250 mm인 교량의 바닥 슬래브가 작용하는 계수하중에 의해 단위 폭 당 150 kNm/m의 계수휨모멘트를 받고 있다. 콘크리트의 강도는 30 MPa이고, 주철근으로는 SD 400을 사용하려고 한다. 하단의 피복을 고려한 유효깊이는 200 mm로 간주하여 소요되는 휨인장 철근량을 구하라. 콘크리트 재료계수 $\phi_c = 0.65$를 철근은 $\phi_s = 0.90$을 사용한다.

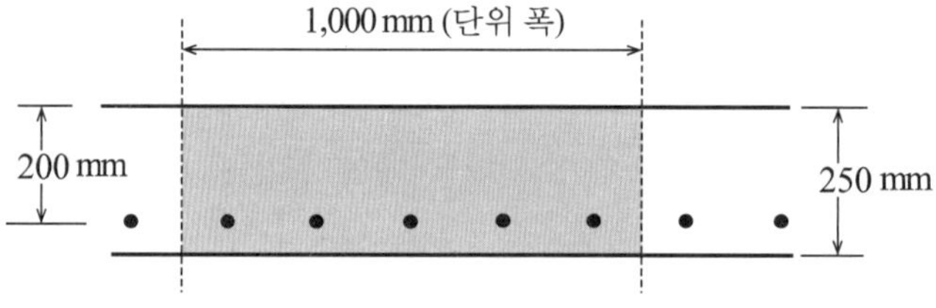

그림 5.17 예제 5.4-1의 교량 바닥 슬래브

풀이

콘크리트 설계강도 $f_{cd} = 0.65(0.85)(30) = 16.6\ \text{N/mm}^2$

철근 설계항복강도 $f_{yd} = 0.9(400) = 360\ \text{N/mm}^2$

극한한계상태에서 합력계수 $\alpha = 0.8,\ \beta = 0.4$

작용 휨모멘트 세기는 식 (5.4-1)에 따라,

$$m_u = \frac{150 \times 10^6}{1000(200)^2(16.6)} = 0.226$$

이때 중립축 깊이비는 식 (5.4-6)를 이용하여

$$k = \frac{c}{d} = \frac{1 - \sqrt{1 - 4(0.41/0.80)(0.226)}}{2(0.41)} = 0.317$$

균형상태 중립축 깊이비인 식 (5.3-6)을 만족하는지 검토

$$k_b \leq \frac{0.0033}{0.9(0.002) + 0.0033} = 0.647 \geq 0.317$$

따라서 휨인장 철근이 항복하며, 이때 중립축 깊이와 팔길이는

$$c = 0.317(200) = 63\ \text{mm}\ ,\ z = d - \beta c = 200 - 0.4(63) = 175\ \text{mm}$$

소요되는 철근량은

$$\text{소요}\ A_s \geq \frac{M_u}{f_{yd}\, z} = \frac{150 \times 10^6}{0.9(400)(175)} = 2{,}381\ \text{mm}^2/\text{m}$$

슬래브 단위폭(1,000 mm)당 D25 철근을 200 mm 간격으로 배치하면,

$$\text{사용}\ A_s = 2{,}534\ \text{mm}^2/\text{m}$$

소요 철근량 조건을 만족한다.

(주) 콘크리트구조기준의 강도설계법에 의한 산정

작용 계수휨모멘트 M_u는 식 (주.5-4)의 설계휨강도 M_d보다 같거나 작아야 하므로

$$M_u \leq \phi \rho f_y b d^2 \left(1 - 0.59 \rho \frac{f_y}{f_{ck}}\right)$$

$$150 \times 10^6 \leq 0.85 \rho (400)(1{,}000)(200^2)\left(1 - 0.59 \rho \frac{400}{30}\right)$$

위 2차방정식으로부터 $\rho \geq 0.0122$를 얻는다. 따라서 소요 인장 철근량은

$$\text{소요}\ A_s \geq \rho b d = 0.0122(1{,}000)(200) = 2{,}433\ \text{mm}^2$$

슬래브 단위폭(1,000 mm)당 D25 철근을 200 mm간격으로 배치하면, 사용 $A_s = 2{,}534\ \text{mm}^2/\text{m}$가 되어 소요 철근량 조건을 만족한다.

이 방법은 번거로운 계산이 필요하기 때문에 실제 설계에서는 반복 계산법을 많이 사용하여 철근량을 구한다. 즉 먼저 응력 블록 깊이 a를 가정하고 이 값으로 부터 소요 A_s를 구한다. 이 방법은 매우 쉽게 수렴한다. 예를 들면, a를 대략 $0.2d$로 가정하면, $a = 40\,\text{mm}$이므로

$$A_s = \frac{M_u}{\phi f_y (d - a/2)} = \frac{150 \times 10^6}{0.85(400)(200 - 20)} = 2{,}451\,\text{mm}^2$$

가정된 a를 다시 확인하면,

$$a = \frac{f_y A_s}{0.85 f_{ck} b} = \frac{400(2{,}451)}{0.85(30)(1{,}000)} = 38.4\,\text{mm}$$

이 결과는 거의 수렴된 값에 해당하므로 더 이상의 반복 계산이 불필요하다. 실제로 일반적인 휨부재의 a는 보통 $0.1d \le a \le 0.3d$ 범위에 있다.

앞에서 사용한 강도감소계수 $\phi = 0.85$는 순인장 변형률 $\varepsilon_t \ge 0.005$이어야만 유효하다. 따라서 설계에 사용된 철근량에 대한 ε_t를 확인하여야 한다. 사용 철근량 $A_s = 2{,}534\,\text{mm}^2/\text{m}$에 대한 응력 블록의 깊이는

$$a = \frac{400(2{,}534)}{0.85(30)(1{,}000)} = 40\,\text{mm}$$

여기서 $\beta_1 = 0.85 - 0.007(30-28) = 0.836$이므로 중립축 깊이 c는,

$$c = \frac{a}{\beta_1} = \frac{40}{0.836} = 47.5\,\text{mm}$$

배치된 철근의 순인장 변형률 ε_t는

$$\varepsilon_t = \varepsilon_{cu}\frac{d_t - c}{c} = 0.003\frac{200-47.5}{47.5} = 0.0096 \ge 0.005$$

따라서 강도감소계수 $\phi = 0.85$가 유효하다. 실제 설계에서는 최대 철근비 $\rho_{\max}$ 항으로 간편하게 확인하는 절차를 수행한다. 즉, 강도감소계수 $\phi = 0.85$가 되기 위한 조건인 $\varepsilon_t = 0.005$를 식 (주.5-9)에 대입하면,

$$\rho_{\max} = 0.85\beta_1\frac{f_{ck}}{f_y}\frac{0.003}{0.003+\varepsilon_{t,\min}}\left(\frac{d_t}{d}\right) = 0.85(0.836)\frac{30}{400}\frac{0.003}{0.003+0.005}\left(\frac{200}{200}\right) = 0.020$$

사용된 철근비는 $\rho = A_s/bd = 2{,}534/1{,}000(200) = 0.127$이며 $\rho_{\max}$보다 작기 때문에 $\phi = 0.85$가 유효하다.

5.4.4 계수휨모멘트 M_u가 단철근 휨강도 $M_{d,lim}$ 보다 클 때

이 경우는 작용 계수휨모멘트 M_u 중에서 압축 철근이 담당해야 할 휨모멘트 크기를 먼저 결정해야한다. 일반적으로 경제적인 설계를 위해 단철근 휨강도 $M_{d,lim}$를 초과 하는 휨모멘트 $M_u - M_{d,lim}$를 압축 철근이 담당하도록 한다. 따라서 이 경우의 제한된 중립축 깊이비 k_{lim}에 해당하는 중립축 깊이 c_{lim}와 단면 팔길이 z는 다음과 같게 된다.

$$c_{lim} = k_{lim}d \quad \text{그리고} \quad z = (1-\beta k_{lim})d \tag{5.4-8}$$

이때의 단철근 휨강도 $M_{d,lim}$는 식 (5.4-5)로 계산한다. 초과 휨모멘트를 저항하는데 필요한 압축 철근량은 다음과 같게 된다.

$$\text{소요 } A_s{}' = \frac{M_u - M_{d,lim}}{\phi_s f_s{}'(d-d')} \tag{5.4-9}$$

여기서 압축 철근의 응력은 그림 5.8(b)에 보인 변형 적합 조건에 의해 구할 수 있다.

$$f_s{}' = E_s \varepsilon_s{}' = E_s \varepsilon_{cu} \left(\frac{c_{lim} - d'}{c_{lim}} \right) \le \phi_s f_y \tag{5.4-10}$$

압축 철근이 배치될 때 인장 소요 인장 철근량은 인장 철근 단독으로 분담해야 하는 휨모멘트에 대해 필요한 철근량과 압축 철근과 짝힘을 구성하여 저항해야하는 휨모멘트에 필요한 철근량을 합산하여 구하며, 다음 식으로 표현된다.

$$\text{소요 } A_s = \frac{M_{d,lim}}{f_{yd}\, z} + A_s{}' \frac{f_s{}'}{f_y} \tag{5.4-11}$$

예제 5.4-2　교량 바닥 슬래브(복철근)

앞 예제의 교량 바닥 슬래브에서 다른 위험단면에는 단위폭 당 300 kNm/m의 계수휨모멘트가 작용하고 있다. 유효깊이 d=200 mm으로 하고 압축 철근(필요하다면) 위치 d' =50 mm이다. 필요한 소요 철근량을 구하라.

풀이

작용 휨모멘트 세기 m_u를 계산하면,

$$m_u = \frac{M_u}{b d^2 f_{cd}} = \frac{300 \times 10^6}{1{,}000 \times 200^2 \times 16.6} = 0.452$$

재분배를 하지 않을 경우 한계 중립축비 k_{lim}은 균형 상태 중립축 깊이비 $k_b = 0.647$이 되며, 이때 단철근 휨강도 $m_{d,\lim}$는 식 (5.4-2)에 따라

$$m_{d,lim} = 0.80(0.647)(1 - 0.4 \times 0.647) = 0.383$$

이 단철근 $m_{d,lim}$가 작용 휨모멘트 세기 $m_u = 0.452$보다 작으므로 압축 철근이 필요하다. 이때

$$c_b = k_b d = 0.647(200) = 129 \text{ mm}$$

$$z = [1 - 0.4 \times 0.647](200) = 148 \text{ mm}$$

따라서 압축 철근의 응력은 식 (5.4-10)에 의해,

$$f_s{}' = 200{,}000(0.0033)\left[\frac{129 - 50}{129}\right] = 404 \text{ MPa} \le \phi_s f_y$$

이것은 압축 철근이 항복하여 항복응력이 된다는 의미이기 때문에 소요 압축 철근량과 인장 철근량은 각각 식 (5.4-9)와 식 (5.4-11)에 의해,

$$\text{소요 } A_s{}' = \frac{(m_u - m_{d,lim}) f_{cd} b d^2}{\phi_s f_s{}'(d - d')} = \frac{(0.452 - 0.383)(16.6)(1{,}000)(200)^2}{0.9(400)(200 - 50)} = 848 \text{ mm}^2$$

$$\text{소요 } A_s = \frac{m_{d,lim} f_{cd} b d^2}{\phi_s f_y z} + A_s{}' \frac{f_s{}'}{f_y} = \frac{0.383(16.6)(1{,}000)(200)^2}{0.9(400)(148)} + 848 = 5{,}621 \text{ mm}^2$$

예제 5.4-3 연속보의 부휨모멘트 단면

그림처럼 폭 300 mm 이고 깊이가 550 mm인 사각형 단면 연속보의 내측 받침부 부휨모멘트 구간의 소요 철근량을 구하려고 한다. 구조 해석에 의해 내측 받침점 단면에는 계수부휨모멘트 $M_u^- = 440\,\text{kNm}$가 작용하고 있다. 압축 철근은 압축 연단에서 60 mm 깊이에 위치한다고 간주한다. $f_y = 400\,\text{MPa}$, $f_{ck} = 27\,\text{MPa}$ 인 철근과 콘크리트를 사용하고, 극한한계상태에서 재료계수는 $\phi_c = 0.65$, $\phi_s = 0.90$를 적용한다.

(a) 해석 결과를 재분배하지 않을 때 소요 철근량을 구하라.
(b) 해석 결과를 10퍼센트 재분배할 때 소요 철근량을 구하라.

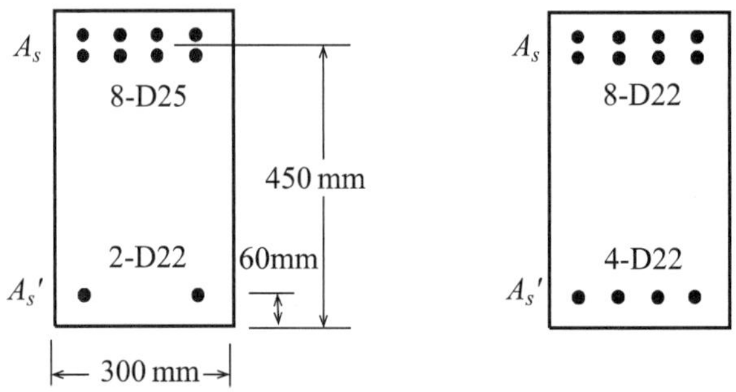

(a) 재분배 전 (b) 재분배 후

그림 5.18 연속보의 단면 설계 예제

풀이

콘크리트 설계압축강도 $f_{cd} = 0.65(0.85)(27) = 14.9\,\text{N/mm}^2$이고,

철근의 설계항복강도 $f_{yd} = 0.90(400) = 360\,\text{N/mm}^2$이 된다.

상부 인장 철근을 2단으로 배치한다면 가능한 유효깊이 $d = 450\,\text{mm}$가 된다.

(a) 재분배하지 않을 경우의 내측 받침부 계수부휨모멘트 $M_u^- = 440\,\text{kNm}$의 휨모멘트 세기를 계산하면,

$$m_u^- = \frac{M_u^-}{bd^2 f_{cd}} = \frac{440 \times 10^6}{300(450)^2 14.9} = 0.486$$

제한 중립축비 k_{lim}를 균형 중립축 깊이비 $k_b = 0.647$로 한다면, 이때 단철근 보의 $m_{d,lim}$는 식 (5.4-2)에 따라

$$m_{d,lim} = 0.80(0.647)(1 - 0.4 \times 0.647) = 0.383$$

작용 휨모멘트 세기 0.486이 0.380보다 크므로 압축 철근이 필요하다. 이때 중립축 깊이와 팔길이 z는

$$c_b = k_b d = 0.647(450) = 291\,\text{mm}, \quad z = [1 - 0.4(0.647)](450) = 334\,\text{mm}$$

압축 철근의 응력은 식 (5.4-10)에 의해,

$$f_s' = 200{,}000(0.0033)\left[\frac{291-60}{291}\right] = 524\ \mathrm{N/mm^2} \geq \phi_s f_y = 360\ \mathrm{N/mm^2}$$

이것은 압축 철근이 항복된다는 의미이기 때문에 소요 압축 철근량과 인장 철근량은 각각

$$\text{소요 } A_s' \geq \frac{(m_{u,B}^- - m_{d,lim}) f_{cd} b d^2}{\phi_s f_y (d-d')} = \frac{(0.486-0.383)(14.9)(300)(450)^2}{0.9(400)(450-60)} = 664\ \mathrm{mm^2}$$

$$\text{소요 } A_s \geq \frac{m_{d,lim} f_{cd} b d^2}{\phi_s f_y z} + A_s' = \frac{0.383(14.9)(300)(450)^2}{0.9(400)(334)} + 664 = 3{,}547\ \mathrm{mm^2}$$

상부 인장 철근으로 8개의 D25 철근을 2단으로 배치하면 $A_s = 4{,}054\ \mathrm{mm^2}$이 되며, 하부 압축 철근으로 D22철근 2개를 배치하면 사용 $A_s = 774\ \mathrm{mm^2}$이 되어 적합한 설계가 된다. 재분배를 하지 않는 경우에도 항상 k_{lim}을 균형 상태의 k를 취할 필요는 없으며, k_{lim}를 0.5 또는 0.4를 선택하여 설계할 수 있다.

(b) 계수휨모멘트의 10퍼센트를 재분배하면 받침부 단면은 $(1-0.1)440 = 396\ \mathrm{kNm}$의 휨모멘트에 저항해야 하며 동시에 소요 연성 능력을 확보하기 위해 중립축 깊이비는 $k_{lim} = 0.4 - \eta = 0.3$ 이하여야 한다. 이때의 한계 휨강도는

$$M_{d,lim} = \alpha f_{cd} k_{lim}(1-\beta k_{lim}) b d^2$$

$$= 0.8(14.9)(0.3)[1-0.4(0.3)](300)(450)^2 \times 10^{-6} = 191.2\ \mathrm{kNm}$$

이 제한된 단철근 휨강도를 초과하기 때문에 복철근으로 설계해야 한다. $k_{lim} = 0.3$일 때 중립축 깊이 $c_{lim} = 0.3(550) = 165\ \mathrm{mm}$이므로, 압축 철근의 응력은

$$f_s' = 200{,}000(0.0033)\left[\frac{165-60}{165}\right] = 420\ \mathrm{MPa} \geq \phi_s f_y = 360\ \mathrm{MPa}$$

이것은 압축 철근이 항복한다는 의미이기 때문에 소요 압축 철근량과 인장 철근량은 각각

$$\text{소요 } A_s' = \frac{(1-\eta)M_u^- - M_{d,lim}}{\phi_s f_y (d-d')} = \frac{(396-191.2)\times 10^6}{0.9(400)(450-60)} = 1{,}459\ \mathrm{mm^2}$$

$$\text{소요 } A_s = \frac{M_{d,lim}}{\phi_s f_y z} + A_s' = \frac{191.2 \times 10^6}{0.9(400)(384)} + 1{,}459 = 2{,}842\ \mathrm{mm^2}$$

상부 인장 철근으로 8개의 D22 철근을 2단으로 배치하면 사용 $A_s = 3{,}097\ \mathrm{mm^2}$되며, 하부 압축 철근으로 4개의 D22 철근 배치하면 $A_s' = 1{,}548\ \mathrm{mm^2}$이 되어 적합한 설계가 된다.

(주) 콘크리트구조기준의 강도설계법에 의한 산정

(a) 기준에서 규정하고 있는 휨부재의 최소 순인장 변형률 $\varepsilon_{t,\min} = 0.004$이므로 이에 해당하는 최대 철근비는

최연단 철근의 중심 깊이 $d_t = 490\text{mm}$라고 하면 다음과 같다.

$$\rho_{\max} = 0.85\beta_1 \frac{f_{ck}}{f_y} \frac{0.003}{0.003+\varepsilon_{t,\min}}\left(\frac{d_t}{d}\right) = 0.85(0.85)\frac{27}{400}\frac{0.003}{0.003+0.004}\left(\frac{490}{450}\right) = 0.0227$$

이 철근비일 때 단철근 보가 저항할 수 있는 최대 휨강도는

$$M_{d,\max} = \phi\rho_{\max} f_y bd^2\left(1-0.59\rho_{\max}\frac{f_y}{f_{ck}}\right)$$
$$= 0.85(0.0227)(400)(300)(450^2)\left(1-0.59(0.0227)\frac{400}{27}\right)\times 10^{-6} = 375.8\text{ kNm}$$

이 휨강도가 계수휨모멘트보다 작기 때문에 복철근 보로 설계하여야 한다. 먼저 $\phi = 0.85$가 충분히 확보될 수 있는 철근비로 $\rho = 0.02$를 선정하면, 철근량은 $A_s = 0.02(300)(450) = 2,700\text{ mm}^2$이다. 이때 응력 블록의 깊이 a는

$$a = \frac{f_y A_s}{0.85 f_{ck} b} = \frac{400(2,700)}{0.85(27)(300)} = 157\text{mm}$$

설계휨강도와 중립축 깊이는

$$M_{d,\lim} = \phi f_y A_s\left(d-\frac{a}{2}\right) = 0.85(400)(2,700)\left(450-\frac{157}{2}\right)\times 10^{-6} = 341\text{ kNm}$$

$$c = \frac{a}{\beta_1} = \frac{157}{0.85} = 185\text{mm}$$

압축 철근의 응력은

$$f_s{}' = 200,000(0.003)\left[\frac{185-60}{185}\right] = 405\text{ MPa} \ge f_y = 400\text{MPa} \quad (\text{항복})$$

소요 압축 철근량과 인장 철근량은 각각

$$\text{소요 } A_s{}' = \frac{M_u - M_{d,\lim}}{\phi f_y (d-d')} = \frac{(440-341)\times 10^6}{0.85(400)(450-60)} = 747\text{ mm}^2$$

$$\text{소요 } A_s = 2,700 + A_s{}' = 2,700 + 747 = 3,447\text{ mm}^2$$

상부 인장 철근으로 8개의 D25 철근을 2단으로 배치하면 $A_s = 4,054\text{ mm}^2$이 되며, 하부 압축 철근으로 D22 철근을 2개를 배치하면 사용 $A_s = 774\text{ mm}^2$이 되어 적합한 설계가 된다.

(b) 계수휨모멘트를 10퍼센트를 재분배하면 받침부 단면은 $(1-0.1)440 = 396\text{kNm}$의 휨모멘트에 저항해야 하며 동시에 소요 연성 능력을 확보하기 위해 기준에서 규정하고 분배율 $1,000\varepsilon_t$퍼센트 기준에 의해 최소 순인장 변형률 $\varepsilon_{t,\min} = 0.010$이므로 이에 해당하는 한계 철근비는

$$\rho_{\lim} = 0.85\beta_1 \frac{f_{ck}}{f_y} \frac{0.003}{0.003+\varepsilon_{t,\min}}\left(\frac{d_t}{d}\right) = 0.85(0.85)\frac{27}{400}\frac{0.003}{0.003+0.010}\left(\frac{490}{450}\right) = 0.0122$$

이 철근비에 해당하는 철근량은 $A_s = 0.0122(300)(450) = 1,647\text{ mm}^2$이다. 이때 응력 블록의 깊이 a는

$$a = \frac{f_y A_s}{0.85 f_{ck} b} = \frac{400(1,647)}{0.85(27)(300)} = 97\text{mm}$$

그리고 설계휨강도와 중립축 깊이는

$$M_{d,\lim}=\phi f_y A_s\left(d-\frac{a}{2}\right)=0.85(400)(1,647)\left(450-\frac{97}{2}\right)\times 10^{-6}=224.8\,\text{kNm}$$

$$c=\frac{a}{\beta_1}=\frac{97}{0.85}=114\,\text{mm}$$

압축 철근의 응력은

$$f_s{}'=200,000(0.003)\left[\frac{114-60}{114}\right]=284\,\text{MPa}\le f_y=400\,\text{MPa}\quad(\text{항복하지 않음})$$

소요 압축 철근량과 인장 철근량은 각각

$$\text{소요 } A_s{}'=\frac{0.9M_u-M_{d,\lim}}{\phi f_s{}'(d-d')}=\frac{(396-224.8)\times 10^6}{0.85(284)(450-60)}=1,818\,\text{mm}^2$$

$$\text{소요 } A_s=1,647+A_s{}'\frac{f_s{}'}{f_y}=1,647+1,818\frac{284}{400}=2,938\,\text{mm}^2$$

상부 인장 철근으로 8개의 D29 철근을 2단으로 배치하면 사용 $A_s=3,097\,\text{mm}^2$ 되며, 하부 압축 철근으로 4개의 D25 철근 배치하면 $A_s{}'=2,027\,\text{mm}^2$이 되어 적합한 설계가 된다. 앞에서 한계상태설계법으로 산정한 결과와 비교하면 약간 큰 철근량이 산출된다는 것을 알 수 있다.

5.4.5 최소 철근량

압축 철근 유무에 관계없이 설계기준에는 최소 철근비 및 최대 철근비에 대한 규정을 두고 있다. 휨균열 발생으로 콘크리트의 인장강도 소멸에 의해 유발되는 휨 부재의 취성 붕괴를 피하기 위해서 충분한 휨인장 철근을 배치할 필요가 있다. 이러한 배경에서 휨 부재에는 최소 철근량을 배치하며, 그 양은 균열휨모멘트에 저항할 수 있는 것에 해당하는 것으로 아래 식으로 계산된 값 이상으로 하여야 한다.

$$A_{s,\min}=\frac{0.25\sqrt{f_{ck}}}{f_y}b\,d\ge\frac{1.4}{f_y}b\,d \tag{5.4-12}$$

이 식들은 균열휨모멘트를 계산해야 하는 불편함을 덜기 위해 대략 $h=1.2d$, $z=0.9d$로 가정하여 직사각형 단면에 대해 유도된 간편식이다.[6)]

압축 플랜지를 갖는 T형 단면 부재인 경우 최소 철근량을 결정하는데 사용하는 폭 b는 인장을 받는 복부의 폭 b_w이어야 한다. 반면에 T형 단면에서 플랜지가 인장을 받는 상태일 때는

6) 콘크리트구조기준에서 규정한 최소 철근비도 동일하게 다음과 같이 규정하고 있다.

$$\rho_{\min}=\frac{0.25\sqrt{f_{ck}}}{f_y}\ge\frac{1.4}{f_y} \tag{주.5-10}$$

플랜지 폭 b_f와 $2b_w$ 중 작은 값을 위 식에 대입하여 최소 철근량을 계산하여야 한다. 만약 철근량이 위 최소 철근량보다 적게 배치된 부재는 무근콘크리트로 간주하여야 한다. 미리 제작된 세그멘트 조립 거더에서는 철근을 세그멘트 요소 연결면에 배치할 수 없기 때문에 최소 철근량 규정이 적용되지 않는다.

급작스런 균열이 발생할 수 있는 거더의 충분한 연성을 확보하기 위해 식 (5.4-12)에 의해 산정된 최소 철근량을 해당 경간의 받침점까지 연장하여야 한다. 이것은 받침점 위의 하부 연단 또는 플랜지가 압축력을 발휘할 수 있는 상태를 유지시키기 위한 의도이다. 동일한 논리가 인장을 받는 상부 플랜지에도 적용된다.

반면에, 너무 많은 철근이 단면에 배치되면 밀집된 철근 사이로 콘크리트 타설이 어려워지는 경우를 방지하기 위해 다음과 같은 최대 철근량 제한을 설정하고 있다.

$$A_{s,\max} \leqq 0.04\,A_c \qquad (5.4\text{-}13)$$

여기서 A_c는 단면의 전체 면적이다. 겹침이음부가 놓이는 단면에서는 위 철근량의 두 배인 $0.08A_c$까지 허용한다.

5.5 휨과 축력이 작용하는 부재의 설계

5.5.1 개요

휨과 축력을 동시에 받는 부재중에서 가장 대표적인 것이 기둥이며, 프리스트레스트 콘크리트 부재도 휨과 압축을 받는 부재이다. 기둥은 연결된 부재나 바닥판에서 전달되는 축압축력과 휨모멘트에 저항하는 수직 부재이다. 3.3.5절에서 설명한 바와 같이 중요한 압축 요소인 기둥은 길이 방향으로 배치된 주철근과 이를 감싸는 횡방향 철근으로 보강되어 있다. 주철근은 콘크리트와 함께 축력과 휨모멘트에 저항하며, 횡방향 철근은 시공 때 주철근의 위치를 고정시키고 사용 때는 주철근의 벌어짐을 구속하는 역할을 한다. 이러한 횡방향 철근으로 그림 3.14에 이미 설명한 것과 같이 일정 간격으로 배치되는 폐쇄형 철근을 띠철근(tie)이라 하며, 일정 피치로 연속해서 감는 형태의 철근을 나선철근이라고 한다. 띠철근은 사각형 단면을 갖는 압축 부재에 주로 사용되고 나선철근은 원형 단면 부재에 사용된다.

단면의 콘크리트와 모든 철근이 압축력을 받고 있는 압축 부재의 철근비, 즉 부재 전단면적

A_g에 대한 주철근의 총 단면적 A_{st}의 비에 대해 최소값과 최대값을 제한하고 있다. 최소 철근량 $A_{st,\min}$은 지속 압축력에 대해 콘크리트의 수축과 크리프의 영향을 줄이고 설계 때 예상하지 못한 휨모멘트에 저항하기 위한 목적으로 작용 계수축압축력 N_u의 최소한 10퍼센트를 철근이 담당할 수 있는 철근량으로 정하고 있다.

$$A_{st,\min} = \frac{0.1\,N_u}{f_{yd}} \tag{5.5-1}$$

단면에 배치되는 최대 철근량은 철근의 밀집으로 인한 철근 배치의 어려움을 방지하기 위해 규정된 것으로 $0.08A_g$를 초과하지 않아야 한다. 특히 단면의 각 모서리마다 적어도 하나 이상의 철근이 배치되어야 한다.

중심 축압축력을 받는 철근콘크리트의 특성은 3.3.5절에서 합성 독립 압축 요소의 기본 성질을 다룰 때 이미 설명한 바와 같이, 큰 축압축력을 주로 받는 부재는 극한한계상태에 접근하면 횡방향 구속이 없는 피복 콘크리트가 먼저 박리되면서 파괴된다. 이때 적절하게 횡방향 철근이 배치되었다면 심부 콘크리트는 횡방향 구속 효과가 나타나 그 강도와 한계변형률이 현저하게 증가된다. 따라서 피복 콘크리트의 박리로 손실된 압축력을 박리 후에 심부 콘크리트의 증가된 압축강도가 담당한다면 부재의 순간적인 취성 붕괴를 방지할 수 있다. 이러한 배경에서 횡방향 철근의 최소 크기와 최대 배치 간격에 대한 제한을 두고 있다. 특히 다른 부재와 연결되는 접합부 근처에는 큰 연성이 발휘되도록 충분한 철근을 배치하여야 한다.

횡방향 철근은 D10 이상 또는 주철근 지름의 0.25배 이상에 해당하는 지름을 갖는 철근 크기여야 하며, 간격은 주철근 지름의 20배 이하, 또는 부재 단면의 최소 치수 이하로 하여야 하고, 모든 경우에 400 mm 이하여야 한다. 보와 슬래브가 연결된 압축 부재의 상부와 하부에는 접합면에서 기둥 단면의 큰 치수 거리 이내의 구간과 철근의 겹침이음 구간에는 앞의 최대 간격에 0.6을 곱한 값으로 조밀하게 배치하여야 한다.

5.5.2 설계축압축강도

세장비의 영향을 고려하지 않아도 되는 짧은 압축 부재이며 그 단면에 대칭으로 철근이 배치되어 있고 중심 축압축력이 작용하는 경우에 압축 부재의 **설계축압축강도**(design axial compressive strength) N_{od}는 철근이 발휘하는 강도와 콘크리트가 기여하는 강도의 합으로 구성된다.

$$N_{od} = f_{cd}\,A_c + f_{s,uls}\,A_{st} \tag{5.5-2}$$

여기서 A_c는 콘크리트 단면적이고 A_{st}는 배치된 주철근의 단면적이다. f_{cd}는 콘크리트의 설계압축강도로 $\phi_c(0.85 f_{ck})$이며, 여기서 ϕ_c는 콘크리트의 재료계수로 정상 설계 상황이면 0.65를 극단 설계 상황이면 1.0을 사용한다. $f_{s,uls}$는 중심 축압축력을 받는 부재의 극한한계상태인 ε_{co}에 도달할 때의 철근 응력이다[7].

5.2절에서 이미 설명한 바와 같이, 중심 축압축을 받는 철근콘크리트 부재의 극한한계상태를 콘크리트 정점 변형률 ε_{co}로 정의하고 있으며 보통강도 콘크리트에서 이 값은 0.002가 된다. 따라서 이 기준에 따라 부재의 극한한계상태에서 철근의 응력은 이 한계변형률에 해당하는 값 $f_{s,uls}$이어야 한다. 만약 SD 500 철근($f_y = 500\,\text{MPa}$)을 사용한 부재라면 극한한계상태일 때 $f_{s,uls} = E_s \varepsilon_{co} = 400\,\text{MPa}$가 된다. 반면에 SD 300 철근($f_y = 300\,\text{MPa}$)을 사용한 경우이면 부재 극한한계상태일 때 이미 항복한 상태이기 때문에 $f_{s,uls} = f_{yd} = 270\,\text{MPa}$가 된다.

이처럼 중심 축압축을 받는 부재의 극한한계상태의 한계변형률을 제한하는 이유는 실제 콘크리트에 단기 하중을 작용하면 변형률이 대략 정점 변형률 ε_{co}에 도달할 때 최대 강도가 발현되며 이후에는 변형 연화에 의해 변형률이 증가할수록 강도가 감소하게 되는 실험 결과에 근거한 것이다. 이러한 한계 규정은 만약 크리프와 건조수축에 따른 장기적 변형에 의해 철근이 갖고 있는 강도를 모두 발휘하는 경우일지라도 항상 안전성을 보장할 수 있기 때문에 설계 관점에서 합당한 방법으로 간주되고 있다[참고문헌 5.15].

식 (5.5-2)의 중심 축압축강도 N_{od}는 2차영향과 기하적인 결함을 무시할 수 있는 경우에 적용하는 것으로서, 실제에는 횡변위가 방지되어 있는 대칭형 구조물의 내부 기둥 또는 교각과 같은 이상적인 상황에만 적용할 수 있다. 축압축력의 작용선과 부재의 중심선 사이의 편심이 무시할 정도로 작은 경우에는 철근을 배치하지 않는 무근 콘크리트 부재로 설계 할 수 있는데, 이때는 콘크리트 압축강도 유효계수 0.85를 더 작은 값인 0.80로 대체하여 식 (5.5-2)를 사용하여야 한다.

---

7) 콘크리트구조기준에서는 압축 부재의 콘크리트 극한한계변형률을 휨부재 경우와 동일하게 0.003으로 간주하며, 중심 축압축을 받을 때의 기준 축압축강도 N_o를 다음과 같이 나타낸다.

$$N_o = 0.85\, f_{ck}\, A_c + f_y A_{st} \qquad (주.5\text{-}11)$$

실제로는 기둥열의 맞춤이나 배치 철근들의 시공 오차 등으로 편심이 발생하고 이에 따른 휨모멘트는 기둥의 하중 저항 능력을 감소시키기 때문에 강도설계법에서는 최대 설계축압축강도를 다음과 같이 제한하고 있다.

- 띠철근 압축 부재 : $N_{od} = 0.80\phi[0.85 f_{ck} A_c + f_y A_{st}]$ (주.5-12a)
- 나선철근 압축 부재 : $N_{od} = 0.85\phi[0.85 f_{ck} A_c + f_y A_{st}]$ (주.5-12b)

여기서 ϕ는 강도감소계수로 띠철근 압축 부재에서는 0.65를, 나선철근 부재에서는 0.70을 사용한다.

부재에 축인장력이 작용할 경우의 극한한계상태는 그림 5.3의 영역-1에 해당되며, 단면에 배치된 모든 철근이 인장 상태에 놓인다. 이때 작용 인장력은 철근이 모두 저항하고 콘크리트는 균열이 발생하여 아무런 기여를 하지 않는다. 이때의 중심 축인장강도 N_{od}^{-}는 다음과 같이 간단하게 된다.

$$N_{od}^{-} = f_{yd} A_{st} \tag{5.5-3}$$

그림 5.3의 영역-1 이내 범위의 작은 편심 인장력이 작용할 때 상부 철근과 하부 철근이 모두 항복강도를 발휘할 수 있는 변형률 분포에 따라 배치 철근량을 결정하면 경제적인 설계가 된다.

5.5.3 휨–축강도상관곡선

(a) 소성중심과 편심

중심 축력만을 받는 부재는 실제 구조물에 거의 존재하지 않으며, 구조물의 연속성 때문에 압축 부재는 일체로 연결된 보나 슬래브로부터 휨모멘트가 전달된다. 또한 바람과 같은 수평하중 또는 브래킷에 의한 편심 하중 등으로 인하여 압축 부재에는 휨모멘트가 발생한다. 그림 5.19처럼 부재에 압축력 N과 휨모멘트 M이 함께 작용할 때 N이 등가 편심 $e = M/N$에 작용하는 것과 동일한 상태이다. **편심**(eccentricity)이 작은 경우에는 부재 전체 단면에 압축력이 발생하고, 큰 압축응력을 받는 연단의 콘크리트가 압축 파괴되면서 부재는 극한한계상태에 도달한다. 한편, 편심이 큰 경우, 즉 작용 휨모멘트가 상대적으로 큰 경우에는 단면의 일부에는 인장 균열이 발생하여 철근에는 인장력이 발생하고 다른 쪽은 압축이 발생한다. 이때의 극한한계상태는 편심의 크기에 따라 인장 철근의 파단 또는 압축 콘크리트의 파괴에 의해 결정된다.

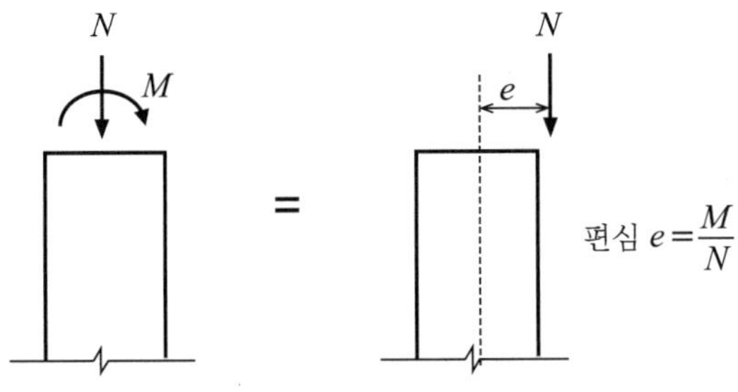

그림 5.19 압축 부재에 작용 하중의 등가 편심

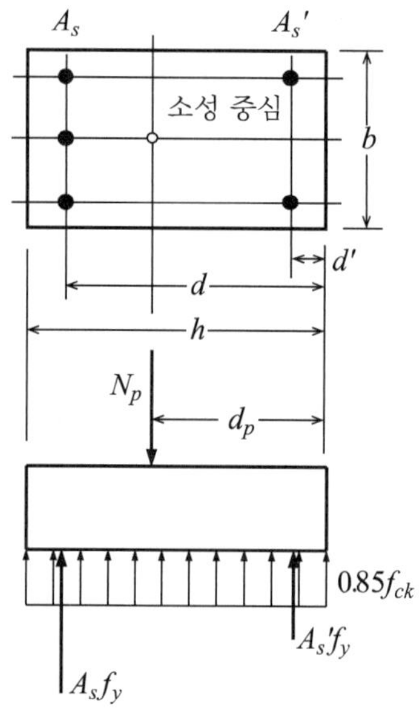

그림 5.20 비대칭 단면의 소성중심

대부분의 압축 부재에는 힘축(bending axis)에 대하여 대칭으로 철근을 배치한다. 그러나 종종 편심이 크고 한 방향으로만 휨모멘트가 작용하는 부재의 경우에는 인장 쪽에 대부분의 철근을 배치하는 비대칭 배치가 더 경제적일 수 있다. 편심 하중을 받는 비대칭 단면 부재는 소성중심을 부재의 중심축으로 간주하여 해석해야 한다. **소성중심**(plastic centroid)은 단면이 중심축압축 상태로 소성 상태에 도달할 때 콘크리트와 철근의 단면에 발생하는 총 합력의 작용점으로 정의한다. 이러한 비대칭 단면에서 편심량 e는 소성중심으로부터 거리이며, 단면력의 평형 방정식도 소성중심을 기준으로 유도하여야 한다. 그림 5.20에 보인 것처럼 단면의 소성중심은 내부 힘의 합력점이므로 큰 압축 연단에서 소성중심까지 깊이 d_p는

$$d_p = \frac{0.85f_{ck}bh^2/2 + f_yA_sd + f_yA_s'd'}{0.85f_{ck}bh + f_yA_s + f_yA_s'} \tag{5.5-4}$$

당연히 대칭 단면의 소성중심은 단면 도심과 일치한다.

압축 부재를 설계할 때 어느 경우일지라도 최소 휨모멘트에 저항할 수 있는 철근을 최소한 배치하여야 한다. 설계에서 고려하여야 할 최소 휨모멘트는 설계기준이 정한 최소 편심량으로 $h/30$와 20 mm 중에서 큰 값에 작용 축압축력을 곱한 값으로 하고, 특히 부재가 세장한 경우에는 횡방향 변위에 의해 2차적으로 유발된 휨모멘트를 추가한 값으로 하여 최소 철근량을 결정해야 한다.

(b) 변형 적합 해석

휨모멘트와 축압축력이 동시에 작용하는 부재의 거동은 중심 축하중과 순수 휨의 관점에서 살펴보면 순수 휨 부재에 등분포 압축응력이 추가된 경우로 취급 가능하다는 것을 알 수 있다. 그러므로 5.2절에서 기술한 기본 가정과 재료의 응력-변형률 관계, 그리고 극한한계변형률을 바탕으로 단면의 평형 조건과 적합 조건을 적용하여 설계한다.

5.2절에서 설명한 바와 같이, 단면에 편심이 영인 중심축 압축력만이 작용하여 등분포 압축응력 상태 일 때 단면 한계변형률 $\varepsilon_{c,uls}$값을 콘크리트의 정점 변형률 ε_{co}로 설정하고 있다. 편심이 작아서 단면 전체가 압축 상태에 놓일 경우, 즉 중립축이 단면 밖에 놓일 때는 그림 5.3의 영역-5에 나타낸 것과 같이 C점을 중심으로 회전하여 정한 콘크리트 압축 연단 변형률 $\varepsilon_{c,uls}$를 단면의 한계변형률로 한다. 그러나 작용 휨모멘트가 상대적으로 커서 중립축이 단면 내에 위치하는 경우에는 콘크리트의 극한한계변형률을 ε_{cu}로 한다.

그림 5.21은 휨모멘트 M과 축력 N이 작용하는 부재의 극한한계상태일 때 단면 변형률과 응력 분포도를 나타낸 것이다. 부재 단면의 평면이 보존된다는 가정에 의해 단면 변형률은 선형으로 분포한다. 휨과 축력이 작용하는 부재를 설계하기 위해서는 어느 단면에서나 변형 적합 조건을 적용하여야 한다.

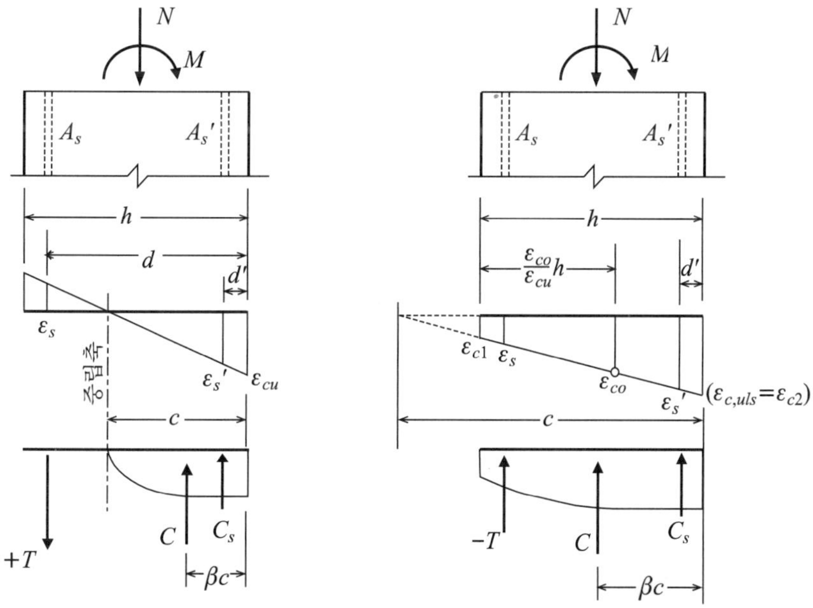

(a) 중립축이 단면 안에 있는 경우 (b) 중립축이 단면 밖에 있는 경우

그림 5.21 휨과 축력이 작용하는 부재의 단면 해석

먼저, 배치할 철근량을 가정하여 이에 해당하는 중립축 깊이를 계산한다. 극한한계상태에서 최대 압축 연단의 변형률을 앞에서 설명한 단면 한계변형률로 취하여 이 값과 중립축 위치를 이용하여 단면의 변형률 분포 상태를 계산할 수 있다. 이 변형률을 이용하여 단면 각 위치에 있는 철근과 콘크리트의 응력을 얻을 수 있어서 결국 극한한계상태에서 단면이 저항하는 축력과 휨모멘트를 구하게 된다.

그림 5.21(a)에 나타낸 것과 같이 중립축이 단면 내에 놓인 경우 파괴 직전의 순간인 극한한계상태에서 압축 연단 콘크리트의 한계변형률은 ε_{cu}가 된다. 단면 치수 b, h와 배치된 철근량 A_s, $A_s{}'$와 그 위치 d, d' 그리고 콘크리트와 철근의 설계강도 f_{cd}, f_{yd}가 주어진 단면에서 중립축 깊이 $c(=kd)$에 따라 단면 변형률 분포도의 기하학적 적합 조건을 이용하여 인장 철근과 압축 철근의 변형률 ε_s와 ε_s'를 아래와 같이 간단히 계산할 수 있다.

$$\varepsilon_s = \varepsilon_{cu}\frac{d-c}{c} \tag{5.5-5a}$$

$$\varepsilon_s' = \varepsilon_{cu}\frac{c-d'}{c} \tag{5.5-5b}$$

여기서 한계변형률 ε_{cu}는 보통강도($f_{ck} \leq 40$ MPa) 콘크리트에서 0.0033을 적용하며, 고강도 콘크리트에서는 2장 재료편에 주어진 값을 적용한다.

한편, 편심이 작아서 중립축이 단면 밖에 놓이는 경우에는 그림 5.21(b)에 보인 것과 같이 모든 단면이 압축 상태의 변형률 분포가 나타난다. 이 경우는 그림 5.3에 나타낸 영역 5에 해당하는 전 단면 압축 상태이므로 단면 한계변형률 $\varepsilon_{c,uls}$는 다음과 같은 값을 갖는다.

$$\varepsilon_{c,uls} = \varepsilon_{co}\left(\frac{c}{c-h(\varepsilon_{cu}-\varepsilon_{co})/\varepsilon_{cu}}\right) \tag{5.5-6}$$

따라서 이 경우 인장과 압축 철근의 변형률과 단면 다른 연단 콘크리트 압축 변형률 ε_{c1}은 아래와 같게 된다.

$$\varepsilon_s{}' = \varepsilon_{co}\left(\frac{c-d'}{c-h(\varepsilon_{cu}-\varepsilon_{co})/\varepsilon_{cu}}\right) \tag{5.5-7a}$$

$$\varepsilon_s = \varepsilon_{co}\left(\frac{c-d}{c-h(\varepsilon_{cu}-\varepsilon_{co})/\varepsilon_{cu}}\right) \tag{5.5-7b}$$

$$\varepsilon_{c1} = \varepsilon_{co}\left(\frac{c-h}{c-h(\varepsilon_{cu}-\varepsilon_{co})/\varepsilon_{cu}}\right) \tag{5.5-7c}$$

이처럼 단면 한계상태의 중립축 깊이가 주어진다면, 단면의 모든 변형률 값을 알 수 있다. 이것을 극한한계상태 단면 **변형 적합 해석**이라고 하며, 모든 형태의 단면과 비대칭으로 철근이 배치된 경우에도 적용할 수 있다.

특히, 그림 5.21(a)의 단면 변형률 분포도를 살펴보면, 어떤 특정한 중립축 깊이보다 적을 때는 항상 인장 철근이 항복점에 먼저 도달하는 인장 파괴 영역이 있고, 클 경우에는 콘크리트 한계변형률에 먼저 도달하는 압축 파괴 영역이 존재한다는 것을 알 수 있다. 따라서 이 두 파괴 형태의 경계를 균형 파괴(balanced failure)라고 하며, 이에 해당하는 중립축 깊이는 압축 연단의 변형률이 한계값 ε_{cu}이고 인장 철근은 설계항복변형률 ε_{yd}일 때 다음과 같이 기하적으로 정해진다.

$$c_b = d\frac{\varepsilon_{cu}}{\varepsilon_{yd} + \varepsilon_{cu}} \tag{5.5-8}$$

이렇게 산정한 중립축 깊이를 기준으로 인장 파괴와 압축 파괴가 나누어진다.

(c) 단면력 평형 조건과 강도상관곡선

앞에서 단면 변형 적합 해석에 의해 극한한계상태일 때의 철근과 콘크리트의 변형률을 파악하였다. 이렇게 각 요소의 변형률을 알게 된다면, 철근과 콘크리트의 응력－변형률 관계를 적용하여 단면의 응력 값을 알 수 있다. 그림 5.21(a)에 나타낸 것처럼, 한쪽 철근이 인장 상태에 있도록 중립축이 단면 안에 놓이는 경우, 콘크리트와 철근 요소들의 합력은 식 (5.5-5)에 의해 결정된 변형률에 상응하는 응력을 사용하여 다음과 같이 구할 수 있다.

$$C = \alpha f_{cd} bc \leq \alpha f_{cd} bh \tag{5.5-9a}$$

$$C_s = \varepsilon_s{}' E_s A_s{}' \leq \varepsilon_{yd} E_s A_s{}' \tag{5.5-9b}$$

$$T = \varepsilon_s E_s A_s \leq \varepsilon_{yd} E_s A_s \tag{5.5-9c}$$

여기서 α는 보통강도 콘크리트일 때 0.80이다. 이처럼 극한한계상태일 때의 합력에 의해 저항할 수 있는 단면의 축력과 휨모멘트를 각각 **설계압축강도** N_d와 **설계휨강도** M_d라고 하며 그 값은 다음과 같다.

$$N_d = C + C_s - T \tag{5.5-10}$$

$$M_d = C\left(\frac{h}{2} - \beta c\right) + C_s\left(\frac{h}{2} - d'\right) + T\left(d - \frac{h}{2}\right) \tag{5.5-11}$$

이 식에서 철근력 T는 인장력이면 +부호이고 반면에 압축력이면 −부호를 갖는다. 위의 두 식은 편심 축력을 받는 직사각형 단면 부재의 기본 평형 방정식이라고 한다. 이 단면 설계압축강도와 설계휨강도 식은 사각형 단면인 경우에 유효하며, 특히 휨강도는 대칭 단면일 때만 유효하다. 철근이 비대칭으로 배치된 사각형 단면인 경우에는 단면의 소성중심을 구하고 그 위치에서 취한 단면 휨모멘트가 설계휨강도가 된다.

중립축 깊이가 무한대($+\infty$) 일 때가 중심 축압축 하중이 작용하는 경우이며, 단면은 등분포 응력 상태로서, 이때의 압축 합력 계수 $\alpha = 1.0$이며, 양 철근이 모두 동일한 변형률과 응력을 갖는다. 이 상태의 중심축 설계압축강도가 N_{od}이며 식 (5.5-2)로 산정한 값이 된다. 반면에 중립축 깊이가 음의 무한대($-\infty$) 일 때가 중심 축인장 하중이 작용하는 경우이며, 콘크리트의 인장강도는 균열에 의해 소멸되고 철근이 모든 인장을 담당하는 상태가 되어 그 강도는 식 (5.5-3)과 같이 된다.

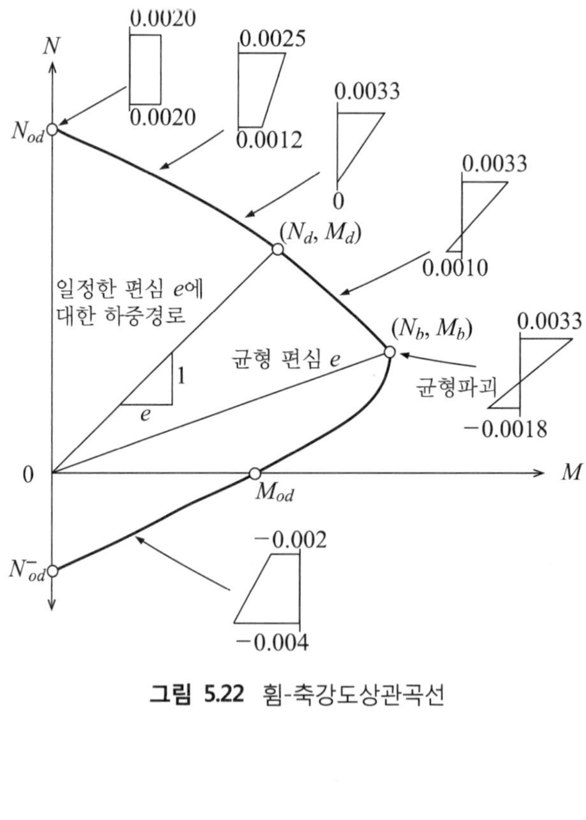

그림 5.22 휨-축강도상관곡선

이처럼 단면의 제원이 주어 졌을 때, 중립축 깊이 c를 식 (5.5-5)부터 (5.5-11)까지 차례로 적용하면 한 쌍의 설계강도 (N_d, M_d)가 구해진다. 중립축 깊이를 $+\infty$에서부터 $-\infty$까지 변화시키면서 이러한 과정을 연속으로 수행하여 구한 각 쌍의 설계강도를 연결한 선을 **휨-축강도상관곡선**(interaction diagram)이라고 하며, 그림 5.22와 같은 형태가 된다. 다만, 계산 과정에서 중립축 깊이 c가 $-$일 때는 콘크리트 인장강도를 무시한다. 여기서 앞에서 설명한 균형 파괴 때의 중립축 깊이 c_b를 대입하여 계산한 강도를 균형설계강도(N_b, M_b)라고 하며, 상관곡선에서 이 균형강도점을 기준으로 인장 파괴 구간과 압축 파괴 구간으로 나뉜다.

단면 해석에 의해 편심 e가 결정되고 이에 따라 파괴 형태가 달라지기 때문에 순수 휨 부재 설계와 달리 압축 부재 설계에서는 콘크리트의 압축 파괴 이전에 철근이 항상 먼저 항복하여 부재가 파괴되도록 할 수는 없다. 그러나 강도상관곡선의 균형 파괴점은 부재 설계에 중요한 기준점이 된다. 압축 파괴 구간에서는 그림 5.22에 보인 바와 같이 축압축력이 클 때 동반 휨모멘트가 작아야만 더 큰 압축력을 견딜 수 있다. 그러나 인장 파괴 구간에서는 동반 압축력이 커질수록 더 큰 휨모멘트에 저항할 수 있다는 것을 알 수 있다.

이러한 현상은 상관곡선에서 균형 파괴점 아래 부분인 인장 파괴 구간을 살펴보면 쉽게 이해할 수 있다. 압축 파괴는 콘크리트가 극한한계변형률에 도달할 때 부재 파괴가 일어난다. 축압축력 자체로만으로도 압축 변형이 크므로 휨모멘트에 의하여 압축 변형이 일어날 수 있는 여유가 작다. 반면에 인장 파괴 구간에서는 철근의 인장 파괴에 의하여 부재 파괴가 일어난다. 만약, 부재에 인장 철근이 항복할 정도로 휨모멘트가 가해진 후 축압축력이 더해지면 철근의 압축응력이 인장응력에 더해지며 이것은 철근 전체 응력을 항복점 밑으로 유도한다. 결과적으로 추가된 압축력 만큼 휨모멘트를 추가로 증가시킬 수 있다. 이처럼 압축 부재의 강도상관곡선 특성에 의해 휨모멘트 감소에 따라 축압축강도는 증가하고, 반면에 축압축력의 증가에 따라 오히려 휨강도가 증가하기 때문에 설계자는 휨모멘트와 그와 동반하는 축력의 모든 조합을 검토해야 한다.

그림 5.22에 몇 가지 하중 조합에 대한 단면의 한계변형률 분포를 표시하였다. 작용 계수하중에 의한 단면의 축력과 휨모멘트 (N_u, M_u) 조합 점이 이 강도상관곡선 안에 놓여있으면 그 부재는 안전한 상태이고, 만약 곡선 밖에 놓여지면 설계강도를 초과한 것이기 때문에 단면을 다시 설계하여야 한다. 이처럼 휨과 축력이 동시에 작용하는 부재의 설계는 단면을 가정한 후 그 강도상관곡선을 작성하고 작용 하중과 비교 검증하는 과정을 반복하여야 한다. 경제적인 설계를 위해서는 가정한 단면 제원으로부터 계산한 강도상관곡선을 기준으로 해석에서 구한 계수단면력 (N_u, M_u)점이 곡선에 근접하도록 단면을 조정하는 작업을 반복 수행한다.

예제 5.5-1 강도상관곡선 작성

단면이 300×500 mm인 기둥에 4개의 D22 철근($1{,}548\ \mathrm{mm}^2$)이 아래 그림에 보인 것과 같이 배치되어 있다. 콘크리트 기준압축강도 f_{ck}는 30 MPa이며 철근의 항복강도 f_y는 400 MPa이다. 정상설계상황으로 콘크리트 재료계수 $\phi_c = 0.65$이고 철근의 재료계수 $\phi_s = 0.90$을 사용한다.

(1) 균형 파괴 때의 N_b, M_b를 구하라.
(2) 강도상관곡선의 인장 파괴 구간에서 대표적인 한 점의 설계강도를 구하라.
(3) 강도상관곡선의 압축 파괴 구간에서 대표적인 한 점의 설계강도를 구하라.
(4) 기둥의 축압축강도와 축인장강도를 구하라.
(5) 기둥의 강도상관곡선을 그려라.

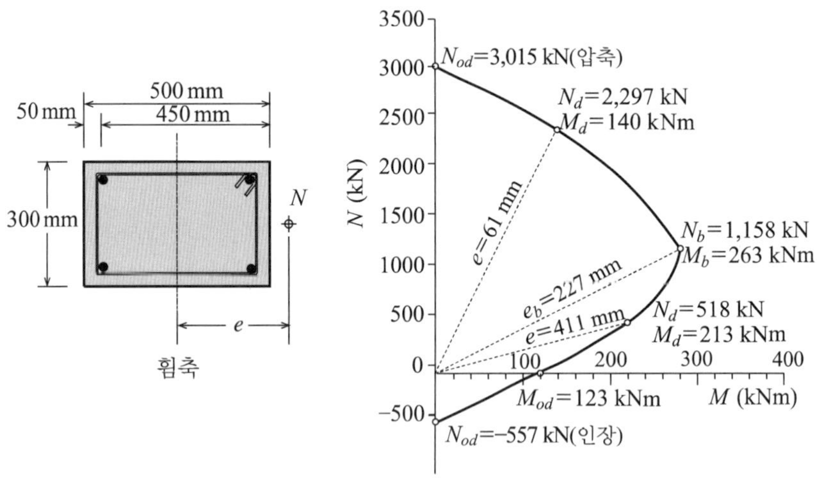

그림 5.23 예제 5.5-1의 부재 단면 제원과 그 강도상관곡선

풀이

콘크리트의 설계강도는 $f_{cd} = \phi_c(0.85)f_{ck} = 0.65(0.85)(30) = 16.6\ \mathrm{N/mm^2}$

철근의 설계항복강도는 $f_{yd} = \phi_s f_y = (0.9)(400) = 360\ \mathrm{N/mm^2}$

(1) 균형 상태 일 때 중립축은 $\varepsilon_{cu} = 0.0033$, $\varepsilon_{yd} = 0.9 \times 400/200{,}000 = 0.0018$, $d = 450$ mm를 기준으로 쉽게 구할 수 있다.

$$c_b = 450 \times \frac{0.0033}{0.0018 + 0.0033} = 291\ \mathrm{mm}$$

각 변형률을 식 (5.5-5)에 따라 산정 하면

$$\varepsilon_s = 0.0033 \times \frac{450 - 291}{291} = 0.0018,$$

$$\varepsilon_s{}' = 0.0033 \times \frac{291-50}{291} = 0.00273 \text{이다.}$$

위 변형률로부터 압축 철근도 항복된 상태라는 것을 알 수 있다.

$$f_s{}' = \phi_s f_y = 0.9(400) = 360 \text{ N/mm}^2$$

콘크리트의 압축력과 철근력은 식 (5.5-9)를 이용하여

$$C = \alpha f_{cd} b c_b = 0.8(16.6)(300)(291) \times 10^{-3} = 1{,}158 \text{ kN}$$

$$C_s = f_s{}' A'_s = 360(774) \times 10^{-3} = 279 \text{ kN}$$

$$T = f_s A_s = 360(774) \times 10^{-3} = 279 \text{ kN}$$

식 (5.5-10)에 의해 $N_d(=N_b)$와 식 (5.5-11)에 의해 $M_d(=M_b)$를 구하면

$$N_b = C + C_s - T = 1{,}158 + 279 - 279 = 1{,}158 \text{ kN}$$

$$M_b = \{1{,}158(250 - 0.4 \times 291) + 279(250-50) + 279(450-250)\} \times 10^{-3}$$

$$= 263 \text{ kNm}$$

이때 편심 $e_b = \dfrac{263 \times 10^3}{1{,}158} = 227 \text{mm}$가 된다.

(2) $c_b = 227\text{mm}$ 보다 작은 임의의 c를 선택하면 강도상관곡선에서 e_b보다 큰 편심을 갖는 인장 파괴 구간의 한 점을 구한다. 예컨대, $c = 130 \text{ mm}$을 선택한다. 이때 변형률은

$$\varepsilon_s = 0.0033 \frac{450-130}{130} = 0.00812, \ \varepsilon_s{}' = 0.0033 \frac{130-50}{130} = 0.00203$$

이 변형률은 설계항복변형률 $\phi_s \varepsilon_y = 0.0018$을 모두 초과하기 때문에 각 성분력은,

$$C = \alpha f_{cd} b c = 0.8(16.6)(300)(130) \times 10^{-3} = 518 \text{ kN}$$

$$C_s = 360(774) \times 10^{-3} = 279 \text{ kN}$$

$$T = 360(774) \times 10^{-3} = 279 \text{ kN}$$

식 (5.5-10)에 의해 N_d와 식 (5.5-11)에 의해 M_d를 구하면

$$N_d = 518 + 279 - 279 = 518 \text{ kN}$$

$$M_d = \{518(250 - 0.4 \times 130) + 279(250-50) + 279(450-250)\} \times 10^{-3}$$

$$= 213 \text{ kNm}$$

이때 편심 $e = \dfrac{213 \times 10^3}{518} = 411 \text{ mm}$이므로 균형 파괴가 일어날 때의 편심보다 크다.

(3) 강도상관곡선에서 압축 파괴 구간의 한 점을 얻기 위해 c_b보다 큰 $c = 520 \text{ mm}$을 선택한다. 이때, 식 (5.5-6)과 (5.5-7)을 이용하여 변형률을 계산하면,

$$\varepsilon_{c,uls} = 0.002\frac{520}{520-500(0.0033-0.0020)/0.0033} = 0.00321$$

$$\varepsilon_{c1} = 0.002\frac{520-500}{520-500(0.0033-0.0020)/0.0033} = 0.00012$$

$$\varepsilon_{s} = 0.002\frac{520-450}{520-450(0.0033-0.0020)/0.0033} = 0.00041 \leq 0.0018$$

$$\varepsilon_{s}' = 0.002\frac{520-50}{520-500(0.0033-0.0020)/0.0033} = 0.00291 \geq 0.0018$$

이때 ε_{c1}값을 사용하여 압축응력 합력계수 α, β값을 식 (3.3-13c)로 구하면, $\alpha = 0.803$, $\beta = 0.412$가 산정되며, 인장 철근은 항복하지 않고, 압축 철근은 항복한 상태라는 것을 알 수 있다. 따라서,

$$-f_s = \varepsilon_s \times E_s = 0.00012(200{,}000) = 24\ \mathrm{N/mm^2}\ (\text{압축응력 임})$$

$$f_s' = \phi_s f_y = 360\ \mathrm{N/mm^2}$$

단면의 각 성분 합력은

$$C = \alpha f_{cd} bh = 0.803(16.6)(300)(500)\times 10^{-3} = 1{,}999\ \mathrm{kN}$$

$$C_s = 360(774)\times 10^{-3} = 279\ \mathrm{kN}$$

$$-T = f_s A_s = 24(774)\times 10^{-3} = -19\ \mathrm{kN}(\text{압축력 임})$$

단면의 설계강도 N_d와 M_d를 구하면

$$N_d = C + C_s + T = 1{,}999 + 279 + 19 = 2{,}297\ \mathrm{kN}$$

$$M_d = \{1{,}999(250-0.412\times 500) + 279(250-50) - 19(450-250)\}\times 10^{-3}$$

$$= 140\ \mathrm{kNm}$$

이때 편심 $e = \dfrac{140\times 10^3}{2{,}297} = 61\ \mathrm{mm}$로서 균형 파괴가 일어날 때의 편심보다 작다.

(4) 중심 축압축력을 받는 기둥의 설계축압축강도는, $c = \infty$이고 $e = 0$이며 식 (5.5-2)에 의해 한계변형률 $\varepsilon_{co} = 0.002$에서 철근이 항복하므로 $f_{s,uls} = f_{yd}$가 된다.

$$N_{od} = f_{cd} A_c + f_{s,uls} A_{st} = 16.6(300)(500) + 360(1{,}548) = 3{,}015\ \mathrm{kN}$$

한편, 중심 축인장력을 받는 상태에서 설계축인장강도는 식 (5.5-3)에 의해

$$N_{od}^{-} = f_{yd} A_{st} = 360(1{,}548) = 557\ \mathrm{kN}$$

(5) 이상의 계산 방법을 통하여 중립축 깊이 c값을 $-\infty$부터 ∞까지 가정하여 계산하면 그림 5.23과 같은 강도상관곡선을 얻을 수 있다. 이 곡선으로부터 대체적인 모양과 균형 파괴점, 작은 편심과 큰 편심, 기둥의 축강도 들을 알 수 있다. 철근에 의한 빈 콘크리트 단면적은 계산에서 무시되었다. 철근 면적을 무시하여 발생하는 오차는 이 경우에 약 1퍼센트이다. 철근비가 최대값에 근접하는 경우를 제외하고는 일반적으로 무시하여도 된다.

(d) 원형 단면의 강도상관곡선

부재에 상대적으로 큰 휨모멘트가 작용할 때는 철근을 마주 보는 두 변을 따라 배치하는 것이 효율적이다. 반면에 편심량이 작고 압축력이 큰 경우에는 철근을 단면 둘레를 따라 균등하게 배치하는 것이 유리하다. 이때 중간 높이에 배치된 철근에 대해 특별한 주의가 필요하다. 이것은 극한한계상태에서 외곽 철근이 항복하더라도 중간 철근은 항복강도 이하에 머물기 때문이다. 이 경우에도 변형 적합 해석에 의해 단면의 강도상관곡선을 구할 수 있다. 그림 5.24에 보인 원둘레를 따라 등간격으로 철근이 배치되어 있는 원형 단면 부재를 살펴보자. 압축 연단 콘크리트가 한계변형률에 도달하는 순간의 변형률 분포를 살펴보면, 중간 깊이에 있는 철근은 작은 변형률을 나타낸다. 따라서 극한한계상태에서 변형 적합 해석을 하여 각 철근의 변형률을 계산한다. 철근의 변형률이 항복변형률을 초과 하면 항복응력에 도달한 것이며, 이보다 작은 변형률이면 철근의 응력을 $f_s = \varepsilon_s E_s$로 계산한다.

이렇게 계산한 응력과 철근 단면적을 곱해 구한 축력과 콘크리트 압축 합력을 모두 합하면 단면의 축강도가 되며, 이때 단면 중심에서 취한 모멘트가 휨강도가 된다. 특히, 원형 단면일 때 콘크리트 압축 영역의 합력을 계산하는 데 주의가 필요하다. 정밀한 계산을 위해서는 압축 영역을 잘게 나눠서 수치 적분을 수행하는 방법이 있다. 간편한 방법으로는 등가 사각형 응력 블록을 사용할 수 있다. 이 등가 응력 블록을 사용할 때는 압축 영역의 형상이 중립축으로부터 멀어지면서 폭이 작아지기 때문에 식 (5.3-18)을 사용할 때 $\gamma = 0.95$를 적용하여야 한다.

그런데 실제 설계에서 변형 적합 해석을 모두 거쳐서 휨과 축력을 받는 부재를 설계한다는 것은 현실적으로 효율적인 방법이 아니다. 설계에서는 훨씬 시간이 절약되는 방법을 사용한다. 이러한 방법의 대표적인 것이 설계 보조 자료를 사용하는 것인데, 무차원 계수로 나타낸 각 단면 부재의 축-휨강도상관곡선이 있다. 이 자료를 이용하면 부재를 간편하게 설계할 수 있다. 아래 예제에서 강도상관곡선을 이용하여 설계하는 방법을 소개하였다.

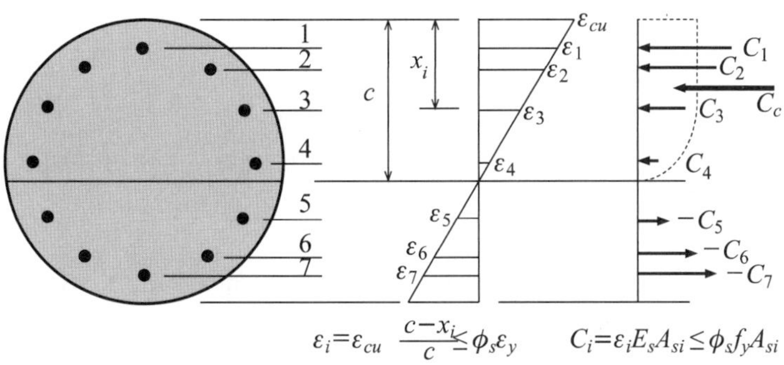

그림 5.24 원형 단면의 변형적합 해석

예제 5.5-2 강도상관곡선을 이용한 기둥 철근량 산정

철근콘크리트 기둥의 단면은 $b = 400$ mm 이고, $h = 500$ mm 로 정해진 상태에서 다음과 같은 축력과 휨모멘트의 조합하중을 받을 때 필요한 철근량을 결정하라. 기둥 단면 연단으로부터 철근 중심까지 거리는 75 mm 로 가정하고, 철근은 단면을 중심으로 마주보게 배치한다. 강축에 대한 휨을 가정하여 기둥을 계산하며 기둥에 사용된 콘크리트는 $f_{ck} = 27$ MPa 이고, 철근은 $f_y = 400$ MPa 이다.

(1) 계수하중에 의해 기둥에 작용하는 축압축력은 $N_u = 3{,}400$ kN 이고 휨모멘트는 $M_u = 216$ kNm 인 경우의 소요 철근량을 구하라.

(2) 계수하중에 의해 기둥에 작용하는 축압축력은 $N_u = 2{,}480$ kN 이고 휨모멘트는 $M_u = 216$ kNm 인 경우의 소요 철근량을 구하라.

풀이

사용된 콘크리트의 설계강도는 $f_{cd} = \phi_c 0.85 f_{ck} = 0.65(0.85)(27) = 14.9$ MPa

철근의 설계항복강도는 $f_{yd} = \phi_s f_y = 0.9(400) = 360$ MPa

(i) 작용력 $N_u = 3{,}600$ kN 와 $M_u = 216$ kNm 인 경우, 무차원 계수는

$$\frac{N_u}{bhf_{cd}} = \frac{3{,}400 \times 10^3}{400(500)(14.9)} = 1.14$$

$$\frac{M_u}{bh^2 f_{cd}} = \frac{216 \times 10^6}{400(500)^2(14.9)} = 0.145$$

계수 $\gamma = (500-150)/500 = 0.7$ 이므로 부록-그래프 A.1(c)에서 이 무차원 계수값을 사용하여 그래프에서 해당 철근비를 찾으면 대략적으로 철근비 $\rho_g = 0.023$ 이다.

소요 $A_{st} = 0.023(400)(500) = 4{,}600$ mm^2

철근량 8−D29를 마주보게 배치하면, 사용 $A_{st} = 5{,}140$ mm^{2}가 되어 적합한 설계가 된다.

(ii) 작용력 $N_u = 2{,}480$ kN 와 $M_u = 216$ kNm 인 경우

$$\frac{N_u}{bhf_{cd}} = \frac{2{,}480 \times 10^3}{400(500)(14.9)} = 0.832$$

$$\frac{M_u}{bh^2 f_{cd}} = \frac{216 \times 10^6}{400(500)^2(14.9)} = 0.145$$

계수 $\gamma = 0.7$ 이므로 그래프에서 역학적 철근비를 찾으면 대략 $\rho_g = 0.013$ 이다.

소요 $A_{st} = 0.013(400)(500) = 3{,}600$ mm^2

철근량 8−D22를 4개씩 마주보게 배치하면, 사용 $A_{st} = 3{,}097$ mm^{2}가 되어 적합한 설계가 된다.

예제 5.5-3　주어진 철근비에 맞는 기둥 단면 결정

계수하중영향 $N_u = 2{,}400\,\mathrm{kN}$과 $M_u = 700\,\mathrm{kNm}$을 받는 기둥을 설계하고자 한다. 콘크리트 기준압축강도는 $f_{ck} = 27\,\mathrm{MPa}$이며, 철근의 기준항복강도는 $f_y = 400\,\mathrm{MPa}$이다. 철근비 ρ_g는 약 0.03일 때 경제적이며 적정하다고 간주할 수 있는 기둥 단면 b, h를 선정하여라. 휨모멘트는 강축에 대해 작용하고 철근은 기둥의 두 연단에 마주보게 배치시킨다.

풀이

사용된 콘크리트의 설계강도는 $f_{cd} = \phi_c 0.85 f_{ck} = 0.65(0.85)(27) = 14.9\,\mathrm{MPa}$이고,

철근의 설계항복강도는 $f_{yd} = \phi_s f_y = 0.9(400) = 360\,\mathrm{MPa}$이다.

휨 축에 대해 수직되게 먼저 h값을 550mm으로 가정한다. 콘크리트 피복두께 75mm를 가정하고 $\gamma = 0.70$으로 보고 앞 예제와 같은 부록-그래프 A.1(c)를 이용한다. 하중에 의한 편심은 $e = 700{,}000/2{,}400 = 292\,\mathrm{mm}$이므로 $e/h = 292/550 = 0.53$이 된다. 그래프에서 $e/h = 0.53$과 $\rho_g = 0.03$의 교점은 대략 (0.28, 0.55)이다. 즉, N_u/bhf_{cd}는 0.55의 값을 갖기 때문에 가정한 $h = 550\,\mathrm{mm}$로부터 폭을 구하면

$$b = \frac{N_u}{0.55\,h\,f_{cd}} = \frac{2{,}400\times 10^3}{0.55(550)(14.9)} = 532\,\mathrm{mm}$$

따라서 단면은 $550\times 550\,\mathrm{mm}$로 하고 소요 철근량 $A_{st} = 0.03(550)(550) = 9{,}075\,\mathrm{mm}^2$이므로 주철근 12-D32로 하면 만족하며, 기둥의 두 면에 각각 6개씩 고른 간격으로 배치한다.

5.5.4 축력과 2방향 휨이 작용하는 부재

앞에서 설명한 바와 같이 단면의 치수와 보강 철근량이 주어진 기둥은 변형 적합 조건을 사용하여 해석할 수 있으며, 각각 강축(Y-축)과 약축(X-축)의 설계휨강도 M_{dy}, M_{dx}와 설계축압축강도 N_d에 관한 상관도를 구성할 수 있다. 그런데 계수하중에 의해 기둥에 축력 N_u와 동시에 단면의 강축과 약축에 대해 각각 M_{uy}, M_{ux}로 주어진 양방향 휨모멘트가 동시에 작용하는 경우가 있다. 이러한 상황은 보통 모서리에 배치된 외측 기둥이나 불규칙하게 배치된 내측 기둥에서 발생한다. 이처럼 기둥에 두 방향의 휨모멘트가 작용할 경우의 상호작용은 논리적으로 앞에서 기술한 한 방향 휨모멘트가 작용하는 기둥의 해석 이론을 단순히 확장하는 것에 불과하지만, 실제 설계에서는 상당히 복잡한 과정의 반복 계산이 필요하게 된다. 이러한 배경에서 많은 단순 설계법이 제안되었는데, **등축력선법**(axial load contour method)을 사용하여 간편하게 설계를 할 수 있다[참고문헌 5.12].

이 등축력선법은 그림 5.25에 나타낸 것과 같이 X-축과 Y-축의 강도상관곡선 사이의 같은 크기 축력면의 경계를 나타내는 등축력선을 아래 식과 같이 무차원 상관곡선으로 나타낸 것이다. 따라서 구조 해석에 의해 계수하중의 영향 N_u, M_{uy}, M_{ux}이 주어지면 이 식을 사용하여 극한한계상태를 검증할 수 있다.

$$\left(\frac{M_{ux}}{M_{dx}}\right)^{\alpha} + \left(\frac{M_{uy}}{M_{dy}}\right)^{\alpha} \leq 1.0 \tag{5.5-12}$$

여기서 M_{dx}는 약축에 대한 휨만이 작용할 경우의 설계휨강도이고, M_{dy}는 강축에 대한 휨만이 작용할 경우의 설계휨강도이다. α는 상관관계를 나타내는 지수로, 그림 5.25(c)에 보인 것과 같이 $\alpha = 1.0$이면 직선이고 $\alpha = 2.0$일 때 원형 곡선이 된다. 연구 결과에 의하면 강도상관곡선의 균형점 부근의 등축력선은 거의 직선 형상으로 나타나는데 반해, 축력이 증가하면 점차 원형이 되며 중심축강도 N_{od}에 접근하면 등축력선은 사각형 형상의 상관관계가 나타난다고 알려졌다. 이러한 현상을 반영하기 위해 아래 표와 같이 작용 축력의 상대 크기 N_u/N_{od}에 따라 지수 α값을 아래 표와 같이 주고 있다. 사이 값은 표에 주어진 값을 기준으로 선형 보간하여 설계에 사용할 수 있다.

N_u/N_{od}	≤0.1	0.7	1.0
α	1.0	1.5	2.0

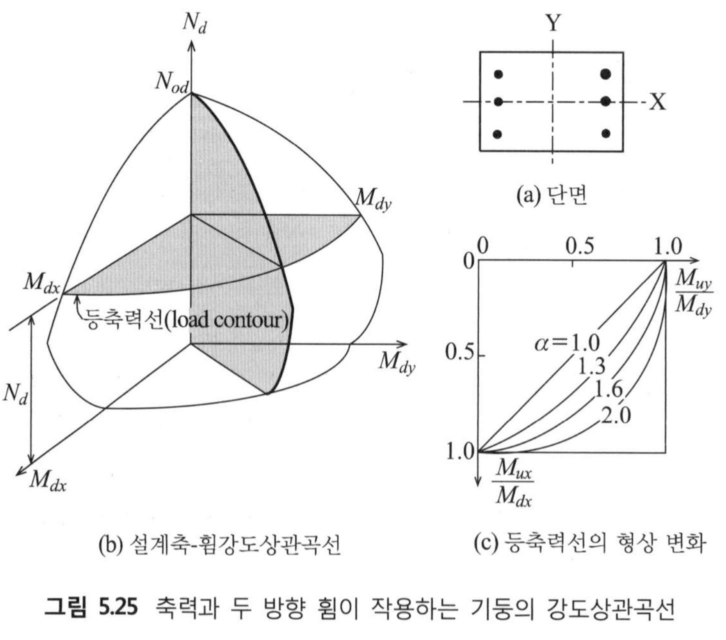

그림 5.25 축력과 두 방향 휨이 작용하는 기둥의 강도상관곡선

예제 5.5-4　2축 휨모멘트가 작용하는 기둥의 설계

아래 그림과 같이 8개의 D29철근으로 보강된 기둥 단면에 계수축력 $N_u = 1{,}700\,\mathrm{kN}$이 작용되고 있다. 이 하중의 편심 $e_x = 150\,\mathrm{mm}$, $e_y = 75\,\mathrm{mm}$일 때 등축력선법을 사용하여 기둥의 안전성을 검토하라. 콘크리트 기준압축강도 $f_{ck} = 27\,\mathrm{MPa}$, 철근의 기준항복강도는 $f_y = 400\,\mathrm{MPa}$이다.

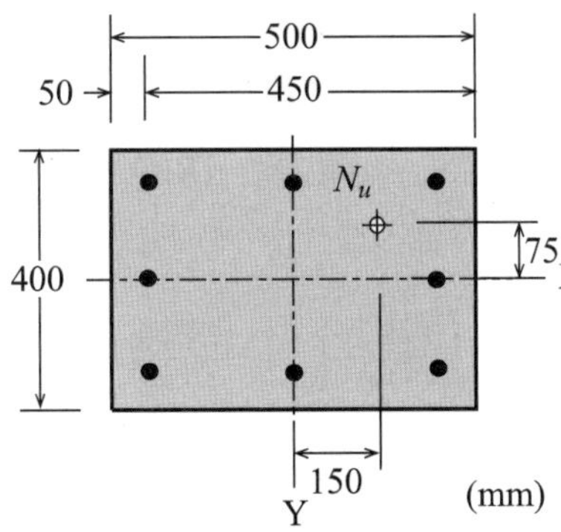

그림 5.26 2축 휨모멘트가 작용하는 기둥 설계 예제

풀이

사용된 콘크리트의 설계강도는 $f_{cd} = \phi_c 0.85 f_{ck} = 0.65(0.85)(27) = 14.9\,\mathrm{MPa}$이고,

철근의 설계항복강도는 $f_{yd} = \phi_s f_y = 0.9(400) = 360\,\mathrm{MPa}$이다.

(i) 강축(Y－축)에 대한 휨 : h는 $500\,\mathrm{mm}$이므로 $\gamma = 400/500 = 0.8$이고, $e_x = 150\,\mathrm{mm}$으로 $e/h = 150/500 = 0.3$이며, 철근비는 $\rho_g = 5{,}140/(400 \times 500) = 0.0257$이다. 부록－그래프 A.1 (g)에서 이 편심과 철근비가 만나는 교점의 휨모멘트 무차원 계수값을 읽으면 0.24를 얻는다. 즉, $M_d/f_{cd}bh^2$는 0.24의 값을 갖기 때문에 이것으로부터 M_{dy}를 구하면

$$M_{dy} = 0.24(14.9)(400)(500)^2 \times 10^{-6} = 342\,\mathrm{kNm}$$

강축에 대해 작용하고 있는 계수휨모멘트 M_{uy}는

$$M_{uy} = N_u e_x = 1{,}700(150) \times 10^{-3} = 255\,\mathrm{kNm}$$

(ii) 약축(X－축)에 대한 휨 : 여기서 b가 $400\,\mathrm{mm}$이므로 $\gamma = 300/400 = 0.75$인데, $\gamma = 0.8$인 그래프를 근사적으로 사용한다. $e_y = 75\,\mathrm{mm}$로 $e/b = 75/400 = 0.189$이며, 철근비는 앞과 동일하게 $\rho_g = 0.0257$이다. 해당 그래프에서 이 편심과 철근비가 만나는 교점의 휨모멘트 계수값은 대략 0.18이다. 즉, $M_d/f_{cd}bh^2$는 0.18의 값을 갖기 때문에 이것으로부터 M_{dx}를 구하면

$$M_{dx} = 0.18(14.9)(500)(400)^2 \times 10^{-6} = 214\,\mathrm{kNm}$$

약축으로 작용하고 있는 계수휨모멘트 M_{ux}는

$$M_{dx} = N_u e_y = 1{,}700(75) \times 10^{-3} = 127.5\,\text{kNm}$$

(iii) 식 (5.5-12)의 상관곡선에 따른 검증 : 편심비가 0이고 $\rho_g = 0.0257$에 해당하는 압축력 무차원 계수는 1.36이므로 설계축압축강도 N_{od}는 다음과 같다.

$$N_{od} = 1.36(14.9)(500)(400) \times 10^{-3} = 4{,}053\,\text{kN}$$

$N_u/N_{od} = 1{,}700/4{,}053 = 0.42$이므로 상관곡선에 적용하는 지수 α의 값은 본문에 주어진 표를 기준으로 선형 보간법에 의해 $\alpha = 1 + 0.5(0.42/0.6) = 1.35$가 된다. 따라서

$$\left(\frac{M_{ux}}{M_{dx}}\right)^{\alpha} + \left(\frac{M_{uy}}{M_{dy}}\right)^{\alpha} = \left(\frac{127.5}{214}\right)^{1.35} + \left(\frac{255}{342}\right)^{1.35} = 1.17 \geq 1.0$$

이 설계값은 1보다 크므로 상관곡선 밖에 놓이게 되어 기둥은 불안전 상태로 판단할 수 있다.

참고문헌

5.1 도로교통협회 (2015), 도로교설계기준(한계상태설계법), 국토교통부.

5.2 한국콘크리트학회 (2012), 콘크리트구조기준, 국토해양부.

5.3 김 우, 김진근, 오병환, 정 란, 최완철, (2012), 콘크리트구조설계, 도서출판 동화기술.

5.4 European Committee for Standardization, (1992), *Eurocode 2(EN 1992) - Design of Concrete Structures*, EC Technical Committee CEN/TC 250.

5.5 Kriz, L. B., (1959), "Ultimate Strength Criteria for Reinforced Concrete," J. Eng, Mech. Div., ASCE, Vol. 85, No. EM3, pp. 95-110.

5.6 Kriz, L. B. and Lee, S. L., (1960), "Ultimate Strength of Overreinforced Beams," J. Eng, Mech. Div., ASCE, Vol. 86, No. EM3, pp. 95-106.

5.7 Rusch, H., (1960), "Researches Toward a General Flexural Theory of Structural Concrete," J. ACI, Vol. 32, No. 1, pp. 1-28.

5.8 fib (1999), *Structural Concrete - Textbook*, fib Bulletin 2, Vol. 1 and Vol. 2

5.9 CEB-FIP (1993), *CEB-FIP Model Code 1990/2010 - Design Code*, Comite Euro- International du Beton, Thomas Telford, London.

5.10 FIB (2010), *Model Code 2010*, International Federation for Structural Concrete.

5.11 Richard, F. E. Brandtzaeg, A. and Brown, R. L., (1929), "The Failures of Plain and Spirally Reinforced Concrete in Compression," Univ. of Illinois, Eng. Exp. Bull 190.

5.12 Blesler, B., (1960), "Design Criteria for Reinforced Columns under Axial Loads and Biaxial Bending," J. ACI, Vol. 32, no. 5, pp. 481-490.

5.13 Parme, A. L., Nieves, J. M. and Gouwens, A., (1966), "Capacity of Reinforced Concrete Rectangular Members Subjected to Biaxial Bending," J. ACI, vol. 63, no. 9, pp. 911-923.

5.14 Hendy, C. R. and Smith, D. A. (2007), *Designers' Guide To EN 1992-2, Eurocode 2: Design of Concrete Structures, Part 2: Concrete Bridges*, Thomas telford, London, England.

5.15 *Concrete Structures Euro-Design Handbook 1994/96*, (1994), ed by Eibl, J., Erst & Sohn, Germany.

연습 문제

5.1 폭 b는 300 mm 이고 깊이 h가 600 mm인 사각형 단면 보에 3-D25 철근이 인장 연단에서 60 mm 깊이에 배치되어 있을 때 이 보의 설계휨강도 M_d를 계산하라. $f_y = 400$ MPa인 철근과 $f_{ck} = 27$ MPa인 콘크리트를 사용하고, 재료계수는 $\phi_c = 0.65$, $\phi_s = 0.90$을 적용한다.

5.2 폭 b는 300 mm이고 유효깊이 d가 500 mm인 사각형 단면 보를 아래와 같이 주어진 인장 보강 철근과 콘크리트의 조합으로 제작하였을 때, ① 재료계수 $\phi_c = 0.65$와 $\phi_s = 0.90$을 적용하여 각 경우의 설계휨강도 M_d를 산정하고, 또한 ② 각 경우에 재료계수 $\phi_c = 1.0$과 $\phi_s = 1.0$을 적용한 소위 공칭휨강도 M_n을 산정하여, 설계휨강도 M_d와의 비를 구하라.

(1) SD400($f_y = 400$ MPa) 3-D25 철근과 $f_{ck} = 24$ MPa인 콘크리트를 사용한 경우
(2) SD400의 6-D25 철근과 $f_{ck} = 24$ MPa인 콘크리트를 사용한 경우
(3) SD500($f_y = 500$ MPa) 3-D25 철근과 $f_{ck} = 35$ MPa인 콘크리트를 사용한 경우
(4) SD500의 6-D25 철근과 $f_{ck} = 35$ MPa인 콘크리트를 사용한 경우

5.3 폭 b는 250 mm 이고 깊이 h가 600 mm인 사각형 단면 보가 있다. 6-D32 철근으로 구성된 인장 철근은 인장 연단에서 100 mm 깊이에 배치되어 있고, 2-D32 철근으로 된 압축 철근은 압축 연단에서 60 mm 깊이에 배치되어 있을 때 이 보의 설계휨강도 M_d를 계산하라. $f_y = 400$ MPa인 철근과 $f_{ck} = 27$ MPa 인 콘크리트를 사용하고, 재료계수는 $\phi_c = 0.65$, $\phi_s = 0.90$을 적용한다.

5.4 폭 b는 250 mm 이고 깊이 h가 600 mm인 사각형 단면 보에 계수하중에 의해 400 kNm 의 휨모멘트가 작용하고 있을 때 소요되는 인장 철근량을 결정하라. 인장 철근은 인장 연단에서 80 mm 깊이에 배치된다고 간주하며, $f_y = 400$ MPa인 철근과 $f_{ck} = 27$ MPa 인 콘크리트를 사용하고, 재료계수는 $\phi_c = 0.65$, $\phi_s = 0.90$을 적용한다.

5.5 폭 b는 250 mm 이고 깊이 h가 600 mm인 사각형 단면 보에 계수하중에 의해 700 kNm 의 휨모멘트가 작용하고 있을 때 소요되는 철근량을 결정하라. 인장철근은 인장 연단에서 100 mm 깊이에 압축 철근은 압축 연단에서 60 mm 깊이에 각각 배치된다고 간주하며, $f_y = 400$ MPa인 철근과 $f_{ck} = 24$ MPa 인 콘크리트를 사용하고, 재료계수는 $\phi_c = 0.65$, $\phi_s = 0.90$을 적용한다.

5.6 그림과 같이 8개의 D29철근으로 보강된 기둥의 약축(Y－축)에 대한 축－휨강도상관곡선을 작성하라. 콘크리트 기준강도 f_{ck}=20 MPa, 철근의 기준항복강도는 f_y =400 MPa이다. 재료계수는 $\phi_c = 0.65$, $\phi_s = 0.90$을 적용한다.

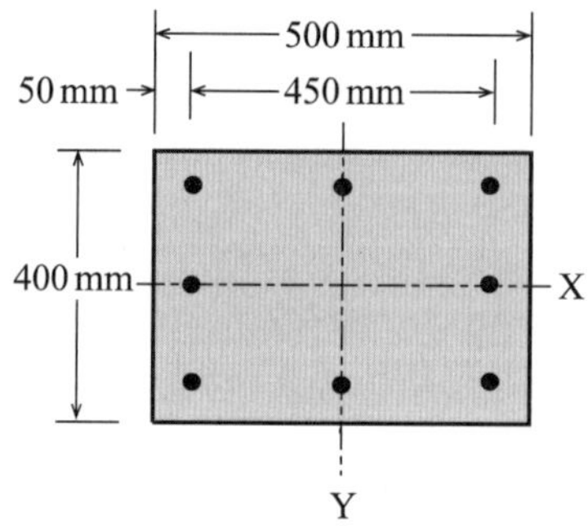

연습 문제 5.6

5.7 계수하중영향 $N_u = 3{,}500$ kN과 $M_u = 800$ kNm 을 받는 원형 단면 기둥을 설계하고자 한다. 콘크리트 기준압축강도 f_{ck}=30 MPa, 철근의 기준항복강도는 f_y =400 MPa이다. 철근비 ρ_g는 약 0.03일 때 경제적이며 적정하다고 간주할 수 있는 기둥 원형 단면의 지름을 선정하여라. 철근은 기둥의 둘레에 등간격으로 배치시킨다.

5.8 예제 5.5-4에서 철근을 8-D29에서 8-D32로 변경하고 나머지 조건이 동일한 경우일 때 등축력선법을 사용하여 기둥의 안전성을 검토하라.

CHAPTER 6

전단 및 비틀림이 작용하는 부재의 설계

6.1 개요

앞 장에서는 철근콘크리트 부재의 휨에 대한 해석과 설계를 주로 다루었다. 일반적인 부재에서 전단력은 휨모멘트와 항상 함께 작용한다. 이때문에 전단력의 영향은 동시에 작용하고 있는 휨모멘트의 영향에 따라 다른 파괴 형태를 나타낸다. 실험 결과에 의하면 부재의 전단 파괴는 휨 파괴와 다르게 나타나지만, 전단강도와 휨강도는 독립적이고 않고 서로 연관되어 있다고 알려졌다. 이러한 배경에서 약 100년 전에 Ritter와 Mörsch는 철근콘크리트 부재의 거동을 설명하기 위해 트러스 유사론(truss analogy)을 사용하였다[참고문헌 6.5]. 부재 내부에 형성된 상현재와 하현재가 휨을 담당하고, 그 사이의 복부는 전단을 담당한다는 간단한 논리로 전단과 휨을 동시에 받는 부재의 거동을 설명하였다. 이 트러스 유사론은 그동안 많은 연구에 의해 보완되어서 **트러스 모델**로 발전되었으며, 전단과 비틀림을 받는 철근콘크리트 부재 설계법의 기반 이론을 구성하고 있다.

철근콘크리트 부재의 전단 파괴를 더 정확하게 말한다면 콘크리트의 **사인장 파괴**(diagonal tension failure)이다. 이 파괴는 사전에 이무런 예고 없이 급작스럽게 발생한다. 이것은 현저하게 가시적인 균열과 큰 처짐이 동반되면서 점차적으로 발생하는 휨 파괴와는 본질적으로 다르다. 이러한 거동의 차이 때문에 철근콘크리트 부재는 극한한계상태에서 전단으로 파괴되기 전에 휨 파괴가 발생하도록 전단 보강 철근을 배치하는 것이 일반적이다.

휨모멘트와 전단력이 동시에 작용하는 부재와는 다르게 직접 전단력이 콘크리트 부재의 파괴를 유발시키는 상황이 있다. 프리캐스트 부재의 연결부에서 특히 자주 발생하며, 구조용 강재와 현장 타설 콘크리트의 사이 계면이나, 미리 타설한 콘크리트와 새로 타설한 콘크리트 사이의 시공 이음면에서도 발생한다. 이러한 경우에는 계면이나 이음면을 따라 전단 파괴 면이 형성될 수 있어서 보강 철근이 없으면 재난성 파괴를 초래할 수 있다.

횡방향 하중이 부재축에서 벗어나 작용하거나 또는 부재가 직선이 아닌 경우에 비틀림모멘트가 발생한다. 비틀림모멘트가 작용하면 부재의 각 부분에는 전단응력이 유발되어 사인장 균열에 의한 급작스런 파괴가 발생한다. 슬래브가 기둥에 직접 지지되어 있을 때, 또는 기초판이 기둥이나 교각으로부터 집중 하중을 받을 때는 기둥 주위의 전단력에 의해 펀칭(punching) 파괴가 발생할 수 있다. 이러한 파괴는 대부분 전단에 의해 지배되는 현상들이다. 이처럼 철근콘크리트 구조물에는 전단력이 유발시키는 다양한 형태의 파괴가 나타난다. 전단 파괴를 정확하게 예측하는 것은 어렵다. 오랫동안 많은 실험과 정밀한 해석 기법을 통해 연구하여 왔음에도 불구하고 아직까지 전단 파괴에 대한 이해가 충분하지 않은 상태이며, 이때문에 전단력을 받는 부재의 설계 방법은 실험 결과를 바탕으로 유도된 공식에 의존하는 경우가 아직도 많은 실정이다.

이 장에서는 전단력이 작용하는 부재의 설계 방법에 대한 바탕 이론과 그 응용에 대해 다룬다. 도로교설계기준(한계상태설계법)의 전단에 관련된 설계는 트러스 모델에 바탕을 두고 있다. 이미 3장에서 철근콘크리트 평면 요소 거동에 관한 트러스 모델 이론에 대해 깊이 있게 기술하였다. 여기서는 이 기본 모델을 기반으로 부재가 극한한계상태에 도달할 때의 전단 저항 능력인 설계전단강도를 유도하였다. 상자형 단면 또는 T형 단면 거더의 복부와 플랜지 사이 계면의 설계와 비틀림을 받는 부재 설계식도 이 트러스 모델을 적용하여 설계한다. 이장의 끝 부분에는 면내력과 동시에 면외력(out of plane force)이 작용하는 평면 요소로 구성된 구조물 설계에 적용할 수 있는 **겹판요소 모델**(three layered plate element model)에 대해서도 다뤘다.

6.2 사인장 균열

그림 6.1은 크기가 V인 전단력이 작용하고 있는 T형 단면 부재의 일부를 나타낸 것이다. 탄성 부재일 때 전단력이 V이면 단면의 평균 전단응력 v는 $V/b_w h$이지만, 실제 전단응력은 단면 깊이에 따라 변하며, 단면의 상하 연단에서는 0이고 중립축에서 항상 최대가 되는 포물선 분포 형태를 갖는다.

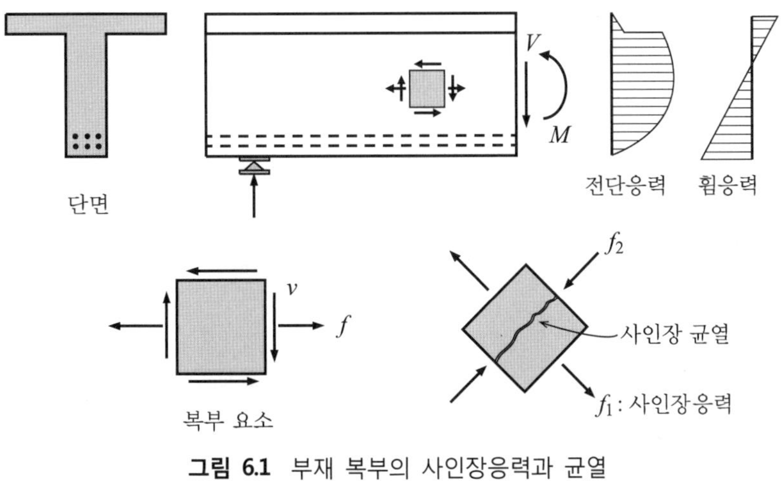

그림 6.1 부재 복부의 사인장응력과 균열

부재의 복부腹部에서 작은 정사각형 요소를 분리시켜 살펴보면, 이 요소에는 전단응력과 휨응력이 동시에 작용하고 있다. 이 응력 상태는 단면 깊이에 따라 변하는 전단응력 v와 휨응력 f의 조합으로 구성된다. 중립축 위치에서 휨응력은 0이고 전단응력은 최대 크기를 갖게 되지만, 연단에서 전단응력은 0이고 휨응력은 최대가 되며 그 사이에서는 휨응력과 전단응력이 함께 작용하고 있는 2축 응력 상태가 된다.

2축 응력 상태에 놓인 요소를 주응력 해석하면 경사진 인장 주응력 f_1과 압축 주응력 f_2만이 존재하는 상태가 되며 그 크기는 다음과 같게 된다.

$$\begin{matrix} f_1 \\ f_2 \end{matrix} = \frac{f}{2} \pm \sqrt{\frac{f^2}{4} + v^2} \tag{6.2-1}$$

이때 인장 주응력 f_1을 **사인장응력**(diagonal tensile stress)이라 하며, 특히 인장강도가 취약한 콘크리트 구조에서 사인장응력의 크기는 부재의 거동에 중요한 지표가 된다. 사인장응력이 콘크리트의 인장강도에 도달하면 그 직각 방향으로 균열이 발생하며, 이 균열을 **사인장 균열**(diagonal tensile crack)이라 한다. 사인장 균열은 전단력이 지배적으로 작용하여 발생한 것이므로 **전단 균열**(shear crack)이라고도 하며, 수직인 휨균열과 구별하기 위해 **경사 균열**이라 부르기도 한다.

T형 단면 부재처럼 복부가 얇은 경우에는 복부의 전단응력이 상대적으로 크게 되어 휨균열 발생 이전에 중립축 근처에서 사인장 균열이 먼저 발생한다. 이 균열은 휨응력의 영향이 적고 주로 전단응력에 의한 사인장응력에 기인하여 발생되기 때문에 그림 6.2(a)에 보인 것과 같이 그 방향이 45°에 가깝게 된다.

(a)

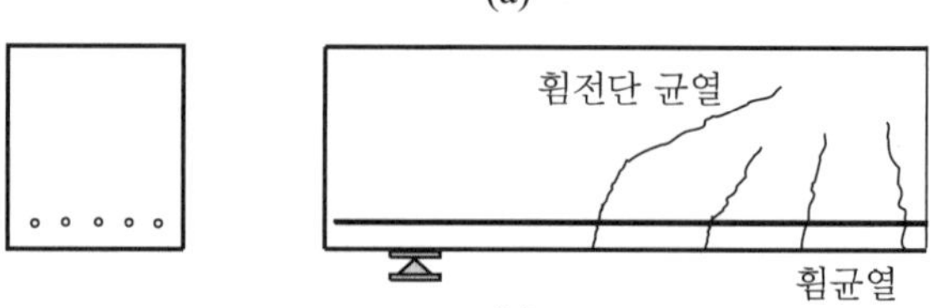

(b)

그림 6.2 철근콘크리트 부재의 사인장 균열 형태

이러한 균열을 **복부전단 균열**(web-shear crack)이라고 하며, 사인장응력 f_1이 콘크리트 인장강도 f_{ct}에 도달하면 발생한다. 중립축에서 휨응력은 $f=0$이기 때문에 식 (6.2-1)에 의해 중립축 근처에서는 $f_1 \approx v$가 되어 균열이 발생하는 전단응력 v_{cr}은 대략 콘크리트 인장강도 f_{ct}가 된다.

한편, 그림 6.2(b)에 보인 것처럼 복부의 폭이 큰 사각형 단면 부재의 전단 균열은 T형 단면 부재의 경우와 다르게 된다. 이러한 보에서는 하단에 휨균열이 먼저 발생하고 균열의 폭과 길이는 휨인장 철근에 의해 억제되어 작은 상태로 유지된다. 그러나 휨균열 중에 한 두 개의 균열 정점에서 사인장응력이 인장강도를 초과하면 균열이 쉽게 경사 방향으로 성장하게 되며 그 폭과 길이가 순간적으로 커진다. 이것을 **휨전단 균열**(flexural shear crack)이라 하며 콘크리트 구조물에서 일반적으로 발생되는 균열이다. 이러한 경우 복부에는 휨응력 f의 영향 뿐만 아니라 휨균열 발생으로 인한 복부 단면적 감소에 의해 전단응력이 증폭되어 사인장응력이 훨씬 커진다. 따라서 휨전단 균열이 발생하는 순간의 전단응력 v_{cr}은 복부전단 균열의 해당 값보다 훨씬 작다. 즉 훨씬 작은 전단력에서 휨전단 균열이 발생한다.

사인장 균열 발생 후의 거동은 휨균열 발생 후의 휨 거동과 근본적으로 다르다. 휨모멘트를 받는 부재에는 인장 측에 휨균열의 발생이 허용되며 부재의 휨강도에 영향을 주지 않는다. 그러나 주로 전단에 의해 유발되는 사인장 균열에 대해서도 동일한 거동을 할 것이라고 생각해서는 안 된다. 일반적인 휨인장 철근만 배치되고 다른 철근이 없는 부재라면 사인장 균열의 발생은 부재의 거동과 강도에 훨씬 치명적인 영향을 준다.

전단에 관한 많은 실험 결과에 의하면, 부재의 복부에 사인장 균열이 한 번 발생하면 즉시 또는 약간의 추가 하중에 의해서 그림 6.3에 보인 것과 같이 부재의 전체 깊이에 걸쳐 균열이 확장되면서 부재가 두 조각으로 분리되어 파괴된다. 이러한 파괴는 아무런 예보 없이 매우 순간적으로 일어난다. 만약 부재 복부에 보강 철근을 배치하지 않으면 예상하지 못한 과하중이 작용할 경우에 사전 예고없이 순간적으로 재난성 붕괴를 초래할 수 있다. 이때문에 비록 계산상 복부 보강 철근이 필요하지 않을 경우일지라도 최소한의 전단 철근을 항상 배치해야 한다.

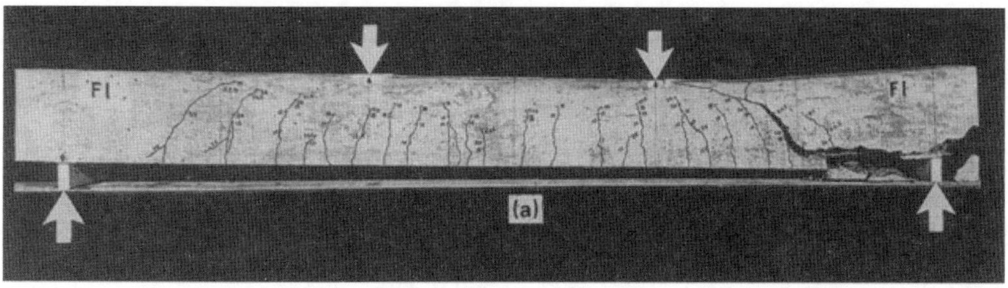

그림 6.3 전단 철근이 배치되지 않는 부재의 전단 파괴 형태 [참고문헌 6.3]

전단 보강 철근은 사인장 균열의 성장을 억제시켜 연성을 확보할 수 있기 때문에 부재가 붕괴되기 전에 가시적 예보를 줄 수 있다. 다만, 슬래브나 확대기초판의 경우에는 사인장 균열 발생 응력 v_{cr}에 비해 실제 응력이 워낙 낮은 수준이기 때문에 전단 보강 철근을 배치하지 않는 것을 허용하고 있다.

6.3 부재의 전단 설계

6.3.1 개요

철근콘크리트 구조물을 구성하는 부재의 형식에는 대표적으로 보, 기둥 그리고 슬래브가 있으며, 이 부재들에는 휨모멘트, 전단력과 축력이 동시에 작용하는 경우가 대부분이다. 앞에서 설명한 바와 같이 전단력은 부재의 복부에 사인장 균열, 즉 전단 균열을 발생시켜서 순간 또는 약간의 추가 전단력에 의해 급작스런 형태로 부재를 파괴시킨다. 따라서 부재의 복부에 사인장 균열이 발생할 때의 전단력이 그 부재가 저항할 수 있는 최대 전단력이므로 이것이 그 부재의 전단강도가 된다. 이 전단강도는 부재의 콘크리트만에 의한 저항력이므로 콘크리트 전단강도라고 부르고 보통 V_c로 나타낸다. 설계 목적으로 V_c에 적합한 안전률을 고려하여 감소시킨 값을 콘크리트 **설계전단강도**(design shear strength)라 부르며 V_{cd}로 표시한다.

경제적인 설계뿐만 아니라 여러 이유로 휨 파괴 이전에 전단 파괴에 의해 부재의 강도를 제한적으로 사용하기 보다는 부재 자체의 휨 저항 능력을 모두 발휘할 수 있도록 설계해야 한다. 또한, 부재의 극한한계상태에서 전단 파괴와 같이 순간적이며 폭발적인 형태로 파괴되지 않아야 하며, 충분한 연성을 나타내며 점진적으로 파괴되는 형태이어야 한다. 그러므로 콘크리트 전단강도보다 휠씬 큰 안전 여유를 갖게 하든지 또는 전단강도를 증가시키기 위해 **복부 철근**(web reinforcement)이라고 하는 전단 보강 철근을 배치하여야 한다.

복부에 철근을 적절히 배치하면 사인장 균열 발생 후의 거동이 근본적으로 달라지며 그 전단 저항 능력이 현저하게 증가한다. 이것은 사인장 균열의 발생으로 소멸된 콘크리트 인장력을 철근이 담당하여 트러스 작용을 형성시키기 때문이다. 이때 복부 철근이 설계항복강도를 발휘할 때의 전단력을 설계전단강도 V_{sd}라고 하며, 복부 콘크리트 스트럿이 설계 유효압축강도에 도달해서 압축 파괴할 때의 전단력이 **최대 설계전단강도** $V_{d,\max}$가 된다.

전단에 대한 일반 설계 방법은 부재의 **설계전단강도** V_d가 작용하는 계수하중영향에 의한 전단력 V_u보다 같거나 크다는 것을 검증하여 설계한다.

$$V_u \leq V_d \tag{6.3-1}$$

여기서 설계전단강도 V_d는 앞에서 정의한 세 종류의 설계전단강도이며 다음과 같이 정리할 수 있다.

V_{cd} : 전단 철근이 없는 부재의 콘크리트 설계전단강도

V_{sd} : 전단철근이 있는 부재의 전단 철근 항복을 기준으로 한 설계전단강도

$V_{d,\max}$: 복부 콘크리트 스트럿의 압축 파괴를 기준으로 한 최대 설계전단강도

작용하는 계수전단력 V_u가 전단 철근이 없는 부재의 설계전단강도 V_{cd}보다 작은 구간에는 이론적으로 전단 보강 철근이 불필요하다. 그런데 전단 철근이 불필요할지라도, 취성 파괴를 방지할 목적으로 **최소 전단철근량**을 배치한다. 다만, 하중이 충분히 인접 부위로 **횡분배**(lateral distribution)될 수 있으며 동시에 큰 전단응력이 유발되지 않는 슬래브와 기초판에는 최소 전단철근량을 배치하지 않아도 된다. 왜냐하면, 이들 형태의 부재는 보와 다르게 부재 내부에 작은 전단응력만이 유발되며 동시에 인접 부위로 횡분배되기 때문에 부재는 전단 철근 없이도 연성을 발휘하며 전단력에 저항할 수 있기 때문이다.

작용 계수전단력 V_u가 콘크리트 설계전단강도 V_{cd}보다 큰 구간에는 충분한 전단 보강 철근을 배치하여 식 (6.3-1)이 만족되도록 하여야 한다. 전단 철근이 배치된 부재의 설계전단강도는 보강 철근의 항복을 기준으로 정한 설계전단강도 V_{sd} 값으로 하며, 이 값은 콘크리트 경사 스트럿의 압축 파괴를 기준으로 정한 **최대 설계전단강도** $V_{d,\max}$를 초과하지 않아야 한다.[1] 이것은 복부 콘크리트의 압축 파괴보다는 먼저 복부 철근이 항복하여 연성을 갖는 파괴를 유도하기 위해서이다.

---

1) 콘크리트구조기준의 강도설계법에서는 전단력을 받는 부재는 다음 식을 검증하여 설계하도록 규정하고 있다.

$$V_u \leq \phi V_n \tag{주.6-1}$$

여기서 ϕ는 부재강도감소계수로 전단에 대하여서는 0.75의 값을 가지며, V_n은 부재의 공칭전단강도(nominal shear strength)로 다음과 같이 정의한다.

$$V_n = V_c + V_s \tag{주.6-2}$$

이 식에서 V_c는 콘크리트 기여 전단강도이고, V_s는 전단 철근 기여 전단강도이다. 이 공칭전단강도에 강도감소계수 ϕ를 곱한 값 $\phi(V_c + V_s)$이 부재의 설계전단강도 V_d가 된다. 이 강도설계법은 전단 철근이 배치된 부재의 경우 한계상태설계법에서 콘크리트 기여 강도 V_c를 고려하지 않는 것과 큰 차이가 있다. 이것은 한계상태설계법이 변각 트러스 모델 이론에 기반을 두고 있기 때문이며, 경사각을 45°보다 작게 취하여 전단 철근을 훨씬 유효하게 평가함으로서 전단강도의 크기에는 큰 차이가 발생하지 않는다.

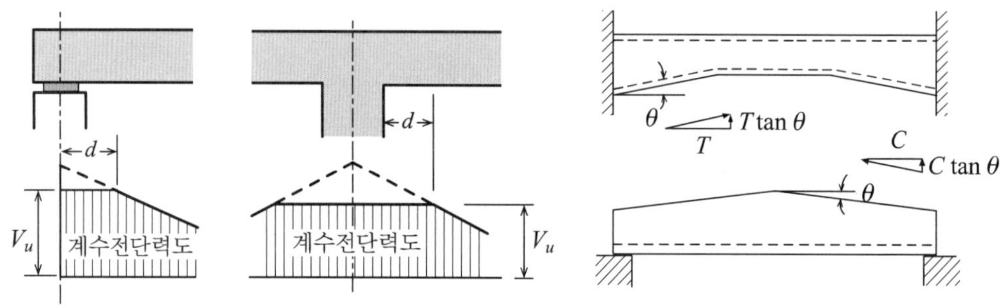

(a) 전단 설계 위험 단면 위치　　　　(b) 경사진 현재의 전단 성분

그림 6.4 전단 설계를 위한 위험 단면 위치와 깊이가 변하는 부재의 전단강도 추가 성분

그림 6.4(a)에 보인 것처럼 부재의 받침점 부근에서는 받침점에서 유효깊이 d 거리만큼 떨어진 단면의 계수전단력으로 설계할 수 있다. 이것은 받침부 부근에서는 받침 반력의 구속 효과에 의해 전단 균열이 쉽게 발생하지 않기 때문이다. 그러나 거리 d 안에 집중 하중이 작용하는 경우이거나, 받침 반력의 구속 효과가 없는 경우에는 받침점의 계수전단력으로 설계하여야 한다. 그림 6.4(b)처럼 깊이가 변하는 부재에서는 경사진 상현재와 하현재에 작용하는 힘의 수직 성분이 전단강도를 증진시키는 역할을 한다. 따라서 경사진 상현재와 하현재에 작용하는 힘의 수직 성분과 프리스트레스트 콘크리트 부재의 경사진 긴장재의 수직 성분을 전단강도에 추가할 수 있다.

6.3.2 전단 철근이 없는 부재

앞 절에서 설명하였듯이, 사인장응력의 크기는 전단응력 v와 휨응력 f의 조합에 의해 결정된다. 이 응력들은 부재 각 위치의 전단력 V와 휨모멘트 M에 비례한다. 그러나 휨균열이 발생한 부재의 전단응력 분포를 잘 알 수 없으며, 사인장응력을 계산하는 식 (6.2-1)을 적용할 수도 없다. 왜냐하면 미리 발생한 휨균열에 의해 콘크리트 단면적이 감소하고 또 휨응력과 조합되기 때문에 정확하게 사인장응력을 계산한다는 것은 매우 어렵다. 이러한 상황에서 신뢰할 만한 사인장응력 값을 산출하는 방법은 알려져 있지 않다.

그림 6.5는 하중에 의해 전단 균열이 발생한 순간의 보의 일부를 나타낸 것이다. 음영으로 표시된 균열 왼쪽 부분을 생각해 보자. 균열폭이 좁은 상태에서는 균열면에서 골재의 맞물림이나 마찰에 의해 상당한 전단력을 저항할 수 있다. 균열이 발생하지 않는 압축 영역의 비균열 단면 부위가 저항하는 전단력 성분도 존재한다. 휨인장 주철근의 **다월작용**(dowel action)에 의해서도 전단에 저항한다. 주철근의 다월 전단력은 주로 얇은 콘크리트 피복에 의해 저항하

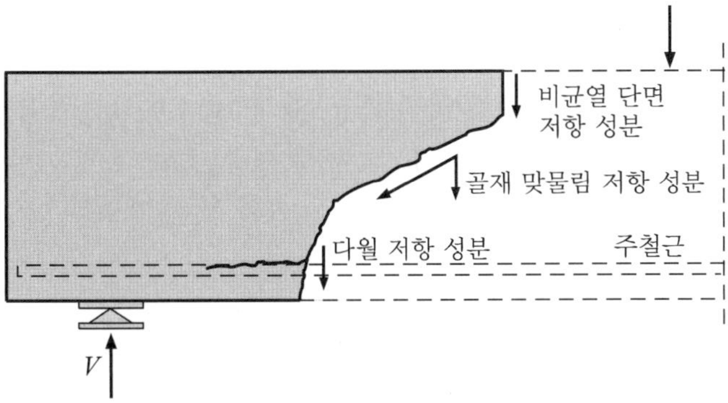

그림 6.5 전단 철근이 없는 부재의 전단 저항 성분

는 성분이며, 철근을 따라 쪼갬 균열이 발생되면서 약화된다. 배치된 주철근량이 많으면 균열폭의 확장을 상대적으로 억제하여 골재 맞물림 저항력과 비균열 단면의 저항 성분을 증대시키는 효과가 있어서 전단강도가 증가한다[참고문헌 6.10].

이처럼 부재에 휨모멘트와 전단력의 조합에 의해 사인장 균열이 발생하면 저항 구조계는 균열면의 골재 맞물림, 압축 영역 콘크리트 전단력과 주철근의 다월작용 저항 성분이 포함되어 작용 전단력에 저항하게 된다. 그러나 아직까지 이 성분들의 크기를 정확하게 예측하는 합리적 이론이 나타나지 않았으며, 이때문에 콘크리트 전단강도 V_{cd}를 결정하는 방법은 주요 영향 인자인 콘크리트 강도 f_{ck}, 단면 깊이 및 휨인장 철근비 ρ를 변수로 한 실험 결과를 분석하여 안전하게 유도된 공식에 의존하고 있다. 도로교설계기준에서는 전단철근이 없는 부재의 설계전단강도 V_{cd}는 다음 식으로 주어져 있다[2].

2) 콘크리트구조기준에서는 전단 철근이 없는 부재의 공칭전단강도를 간편하게 아래 식으로 산정한다.

$$V_c = \frac{1}{6}\sqrt{f_{ck}}\, b_w d \qquad \text{(주.6-3)}$$

더 정밀한 계산이 필요한 경우에는 구조기준 7.3.1에서 다음 식을 사용하도록 하고 있다.

$$V_c = \left(0.16\sqrt{f_{ck}} + 17.6\rho\frac{V_u d}{M_u}\right) b_w d \le 0.29\sqrt{f_{ck}}\, b_w d \qquad \text{(주.6-4)}$$

부재에 축력 N_u가 동시에 작용할 경우의 공칭전단강도는

축압축력인 경우 : $$V_c = \frac{1}{6}\left(1 + \frac{N_u}{14A_c}\right)\sqrt{f_{ck}}\, b_w d \qquad \text{(주.6-5)}$$

축인장력인 경우 : $$V_c = \frac{1}{6}\left(1 - \frac{N_u}{3.5A_c}\right)\sqrt{f_{ck}}\, b_w d \qquad \text{(주.6-6)}$$

전단 철근이 없는 부재의 설계전단강도 V_d는 위 식으로 산정한 공칭강도에 감소계수 ϕ를 곱한 ϕV_c이다.

$$V_{cd} = [0.85\phi_c \kappa \sqrt[3]{\rho f_{ck}} + 0.15 f_n] b_w d \qquad (6.3\text{-}2)$$

여기서 ϕ_c는 콘크리트 재료계수로 극한한계상태 검증에서는 0.65를 적용한다. κ는 크기효과를 반영하는 계수이고, f_{ck}는 콘크리트 기준압축강도이다. f_n은 단면에 작용하는 법선응력(normal stress)으로 $f_n = N_u / A_c \le 0.2\phi_c f_{ck}$이며, 여기서 N_u는 계수축력 (압축일 때 +)이고 A_c는 부재 단면적이다.

특히, 위 식은 축인장력과 축압축력의 영향을 한 공식으로 반영할 수 있는 형태로 주어져 있다. 이때 반영되는 축력은 프리스트레스나 외력에 의한 직접 작용력의 영향에 의한 값이어야 하며, 건조수축과 침하 등의 간접하중의 영향에 의한 값은 보통 고려하지 않는다. 왜냐하면 축압축력이 존재하면 전단강도가 증가되는 유리한 상황이 되는데, 간접하중에 의한 축압축력은 균열과 크리프 등에 의해 쉽게 이완될 수 있어서 유리한 상황을 항상 보장할 수 없기 때문이다. 그림 6.6에 동반하는 축력에 의한 전단강도의 변화를 그림으로 보였다.

많은 부재 실험 결과에 의하면[참고문헌 6.13], 부재의 단면 깊이가 커질수록 단위 전단강도 v_{cd}가 작아지는 현상이 나타난다고 알려졌다. 이러한 현상을 **크기효과**(size effect)라고 하며, 식 (6.3-2)에서는 크기효과를 고려하는 계수 κ를 다음과 같이 정의하고 있다.

$$\kappa = 1 + \sqrt{\frac{200}{d}} \le 2.0 \qquad (6.3\text{-}3)$$

여기서 d는 부재의 유효깊이로 단위는 mm이다. 이 κ의 값은 그림 6.7에 나타낸 것처럼 교량 구조의 실제적인 깊이의 범위에서 대략 1.3에서 2까지 변한다. 특히 교량 구조물은 일반 건물과 달리 현저하게 깊은 부재가 많기 때문에 이 계수를 포함한 것이다.

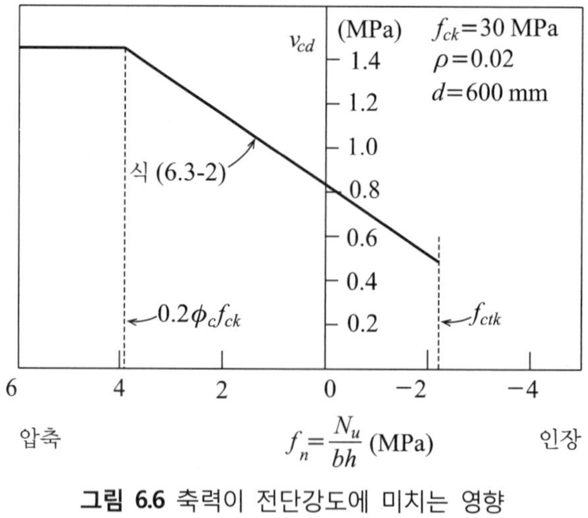

그림 6.6 축력이 전단강도에 미치는 영향

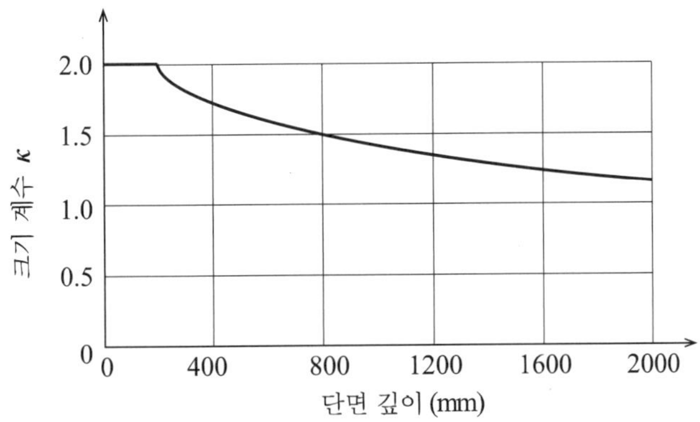

그림 6.7 크기계수

또한, 휨인장 철근이 전단강도에 현저한 영향을 주는 것으로 알려졌다. 휨인장 철근이 많으면 휨전단 균열의 성장을 억제하는 간접 효과에 의해 전단강도가 증가한다. 식 (6.3-2)에서 휨인장 철근비를 $\rho = A_s/(b_w d) \leq 0.02$로 정의하며, b_w는 단면의 복부 폭이다. 여기서 휨인장 철근비를 제한한 것은 철근비가 2퍼센트를 초과하면 전단강도의 증진이 현저하지 않다는 실험결과를 반영한 것이다.

이처럼 전단 철근이 없는 부재의 설계전단강도는 부재 깊이와 휨인장 철근비에 따라 크게 변화하도록 정해져 있다. 따라서 깊이가 크고 휨인장 철근이 아주 적은 경우에는 극단적으로 낮은 강도가 산출될 수 있다. 이것은 실제와는 다르기 때문에 식 (6.3-2)로 계산한 강도를 다음 식으로 산정되는 **최소 설계전단강도** $V_{cd,\min}$보다 작게 취할 필요가 없다.

$$V_{cd,\min} = (0.4\phi_c f_{ctk} + 0.15 f_n) b_w d \tag{6.3-4}$$

여기서 f_{ctk}는 콘크리트 기준인장강도이다.

예제 6.3-1 교량 슬래브의 전단강도

두께(깊이)가 250 mm인 교량 바닥 슬래브의 설계전단강도 V_{cd}를 구하라. 슬래브 하단에는 D22 철근이 200 mm 간격으로 배치되어 있으며 철근 중심까지 피복두께는 50 mm로 간주한다.
여기서 $f_{ck} = 30\text{ MPa}$ 이다. 콘크리트 재료계수 $\phi_c = 0.65$를 적용한다.

풀이

유효깊이 $d = 250 - 50 = 200\text{ mm}$이고, 단위폭(1,000 mm)당 철근량 $A_s = 1{,}936\text{ mm}^2/\text{m}$이므로

철근비 $\rho = \dfrac{1{,}936}{1{,}000(200)} = 0.0097 \leq 0.020$

크기계수 $\kappa = 1 + \sqrt{\dfrac{200}{200}} = 2.0 \le 2.0$

따라서 설계전단강도는 식 (6.3-2)에 따라

$$V_{cd} = 0.85(0.65)(2.0)\sqrt[3]{0.0097(30)}\ (1{,}000)(200) \times 10^{-3} = 146.5\ \text{kN/m}$$

(주) 콘크리트구조기준의 강도설계법에 따른 설계전단강도
식 (주.6-3)을 사용하면

$$\phi V_c = \phi\left[\frac{1}{6}\sqrt{f_{ck}}\ b_w d\right] = 0.75\left[\frac{1}{6}\sqrt{30}\ (1{,}000)(200)\right] \times 10^{-3} = 137\ \text{kN/m}$$

예제 6.3-2 교량 교각의 전단강도

단면의 폭이 1,200 mm 이고 깊이가 600 mm 인 사각형 단면 교각의 설계전단강도 V_{cd}를 구하라. 이 교각은 계수하중에 의해 2,600 kN의 축압축력과 2,300 kNm의 휨모멘트가 약축으로 작용하는 상태이다. 교각의 양 장변을 따라 D32 철근이 각각 11개씩 배치되어 있으며 철근 중심까지 피복두께는 60 mm로 간주한다. 여기서 f_{ck}=40 MPa인 콘크리트를 사용한다.

풀이

유효깊이 $d = 600 - 60 = 540\ \text{mm}$이고, 철근량 $A_s = 8{,}736\ \text{mm}^2$이므로

철근비 $\rho = \dfrac{8{,}736}{1{,}200(540)} = 0.0135 \le 0.020$

깊이계수 $\kappa = 1 + \sqrt{\dfrac{200}{540}} = 1.609 \le 2.0$

축압축응력 $f_n = \dfrac{N_u}{A_c} = \dfrac{2{,}600 \times 10^3}{1{,}200(600)} = 3.61\ \text{MPa} \le 0.2\phi_c f_{ck}$

따라서 설계전단강도는 식 (6.2-2)에 의해

$$V_{cd} = [0.85(0.65)(1.609)(0.0135 \times 40)^{1/3} + 0.15(3.61)](1{,}200)(540) \times 10^{-3}$$
$$= 820\ \text{kN}$$

축압축력이 없는 경우에는 설계전단강도가 469 kN이다. 즉, 축력에 의한 강도 증가 효과가 상당히 크다는 것을 알 수 있다.

(주) 콘크리트구조기준의 강도설계법에 따른 설계전단강도
식 (주.6-5)을 사용하면

$$V_{cd} = \phi\left[\frac{1}{6}\left(1 + \frac{f_n}{14}\right)\sqrt{f_{ck}}\ b_w d\right] = 0.75\left[\frac{1}{6}\left(1 + \frac{3.61}{14}\right)\sqrt{40}\ (1{,}200)(540)\right] \times 10^{-3} = 644.4\ \text{kN}$$

(a) 아치작용에 의한 전단강도 증진

하중이 받침점 가까이 작용하는 깊은 보 또는 브라켓과 같은 부재에서는 하중점에서 받침점으로 하중이 직접 전달되는 **아치작용**과 지압 반력의 횡방향 구속 효과에 의해 복부의 전단저항 능력이 현저하게 증가하여서 식 (6.3-2)에 의한 전단강도보다 큰 강도가 나타난다[참고문헌 6.7]. 따라서 경제적인 설계를 하기 위해서 하중이 받침점으로 직접 전달되는 크기에 비례하여 그림 6.8에 보인 것과 같이 콘크리트 전단강도를 증가시킬 수 있다. 설계기준에서는 간편하면서 안전하게 받침점에서부터 $0.5d \le x < 2d$인 구간 내에 하중이 작용하는 부재의 설계전단강도를 다음 식 (6.3-5)로 계산한 값까지 증가시킬 수 있도록 하였다. 이러한 전단강도의 증가는 하중이 부재의 상면에 작용하고 종방향 철근이 단부에 완전히 정착된 경우에만 유효하다.

$$V_{cd} = [0.85\phi_c \kappa \sqrt[3]{\rho f_{ck}} \left(\frac{2d}{x}\right) + 0.15 f_n] b_w d \le V_{d,\max} \tag{6.3-5}$$

한편, 하중점 위치가 받침점에 가까워지면 전단강도가 크게 증가하기 때문에 이 경우에는 복부 콘크리트에서 압축 파괴가 발생하여 극한한계상태에 도달할 수 있다. 따라서 다음 식으로 계산한 $V_{d,\max}$를 초과할 수 없도록 제한하고 있다.

$$V_{d,\max} = 0.5\phi_c f_{c2,\max} b_w d \tag{6.3-6}$$

여기서 $f_{c2,\max}$는 유효압축강도이며 식 (3.3-27)로 정의된 값이다. $V_{d,\max}$는 복부의 콘크리트가 압축 파괴되는 절대 최대 전단력에 해당하는 값으로서, 3.6.4절에서 설명한 바와 같이 복부 콘크리트에 유발되는 압축 주응력이 경사각 45°에서 유효압축강도 $f_{c2,\max}$에 도달할 때의 전단강도이며 식 (3.6-16)으로 주어진 값이다.

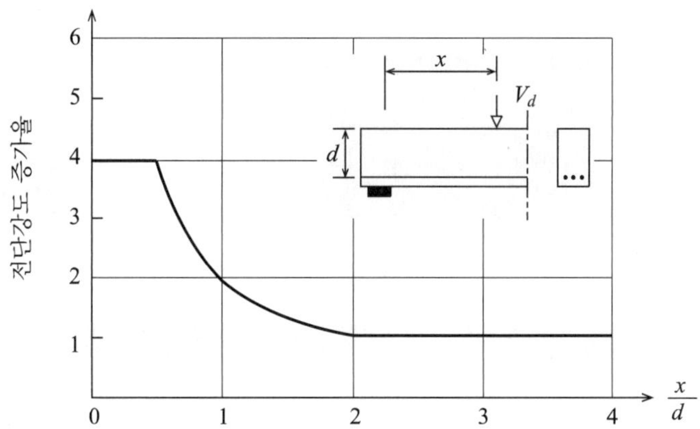

그림 6.8 하중이 받침점 근처에 작용하는 부재의 전단강도 증가

(b) 경량 콘크리트 부재

경량 콘크리트로 제작되었으며 전단 철근이 없는 부재의 설계전단강도 V_{cd}는 보통 콘크리트에 적용되는 식 (6.3-2)를 바탕으로 경량 콘크리트 계수를 고려한 아래 식 (6.3-7)로 산정하여야 하며, 이 값은 식 (6.3-8)로 계산한 최소 설계전단강도 $V_{d,\min}$보다 작게 취할 필요가 없다.

$$V_{cd} = [0.7\eta_l \phi_c \kappa (\rho f_{ck})^{1/3} + 0.15 f_n] b_w d \quad (6.3\text{-}7)$$

$$V_{d,\min} = (0.35\eta_l \phi_c f_{ctk} + 0.15 f_n) b_w d \quad (6.3\text{-}8)$$

여기서 η_l은 식 (2.2-9)에 정의된 경량 콘크리트 계수로서 $\eta_l = 0.4 + 0.6\gamma_g/2200$이며, γ_g는 절대(노)건조 밀도이다. 이때 주인장 철근비 ρ를 0.005 보다 작게 취할 필요는 없다.

6.3.3 전단 철근이 배치된 부재

계수하중영향에 의해 부재 단면에 유발된 전단력 V_u가 콘크리트 설계전단강도 V_{cd}를 초과하면 전단 보강 철근을 배치하여야 한다. 전단 철근이 배치된 부재의 전단 저항 메커니즘은 전단 철근이 없는 부재와는 크게 다르다. 그림 6.9는 T형 단면 부재의 복부에 적절하게 전단 철근을 배치하였을 때 발생한 균열의 형상을 보인 것으로서, 사인장 균열이 복부에 규칙적으로 고르게 분포되어 있는 현상을 관찰할 수 있다. 이처럼 복부에 철근을 배치하면 사인장 균열 발생 후의 거동이 근본적으로 달라지며 전단 저항 능력이 현저하게 증가한다. 이것은 사인장 균열 발생으로 소멸된 콘크리트 인장력을 철근이 담당할 뿐만 아니라 균열의 성장을 억제하면서 연성이 발휘되어 복부에 새로운 전단 저항 매커니즘인 트러스 작용이 형성되기 때문이다.

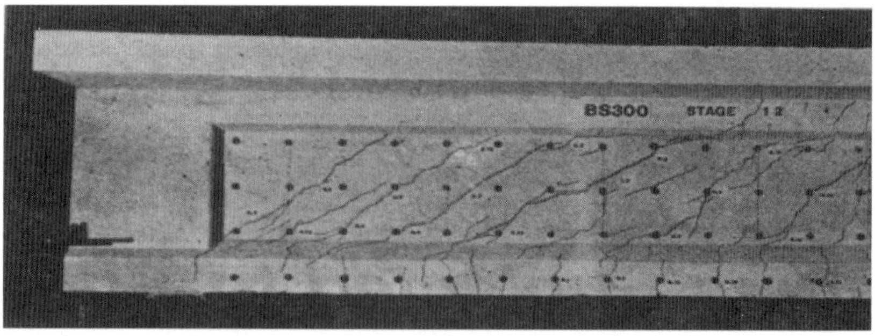

그림 6.9 복부 보강 철근이 배치된 부재의 사인장 균열 [참고문헌 6.14]

오래 전부터 휨과 전단 또는 축력이 동시에 작용하는 부재의 복부에 전단 균열이 발생한 이후의 거동을 트러스로 이상화하여 설명하였다. 트러스 유사론은 콘크리트 압축역을 압축 상현재(top chord)로 휨인장 철근이 하현재(bottom chord) 역할을 하는 1축 요소로 단순화하여 상-하현재가 휨모멘트에 저항하도록 하고, 상-하현재 사이에 놓인 복부는 평면 요소로 간주하여 전단에 저항하는 것으로서 부재의 거동을 설명하는 모델이다.

(a) 전단 보강 철근

대표적인 전단 보강 철근은 그림 6.10(a)와 같이 보의 길이 방향으로 정해진 간격을 두어 복부에 배치하는 수직 **스터럽**(stirrup) 형태이다. 구부림 가공이 쉽도록 지름이 작은 D10과 D13 철근을 일반적으로 사용한다. 스터럽은 그림 6.10(b)에 보인 것과 같이 단순 U형 스터럽을 가장 많이 사용하며, 가끔 복합 스터럽을 사용하기도 한다. 스터럽은 주인장 철근을 에워싸는 형태로 상단에는 작은 지름의 철근을 배치하여 시공 단계에서 스터럽을 지지할 수 있도록 해야 한다. 스터럽은 길이가 상대적으로 짧기 때문에 갈고리 형태의 특별한 정착을 해야 하며, 이에 대한 상세한 내용은 9장에서 다룬다.

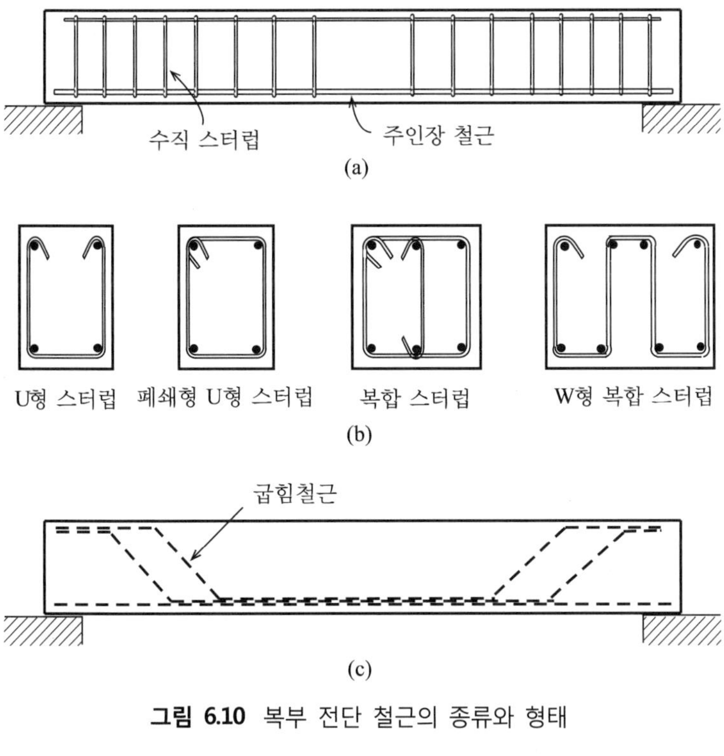

그림 6.10 복부 전단 철근의 종류와 형태

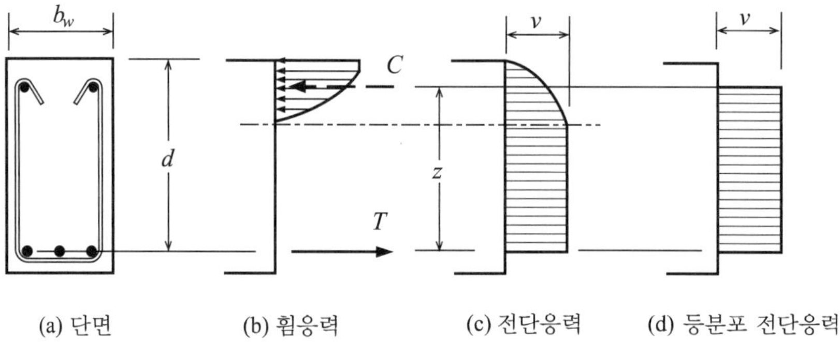

그림 6.11 단면 전단응력 분포

다른 형태의 전단 철근으로는 그림 6.10(c)에 보인 것처럼 더 이상 필요로 하지 않는 주인장 철근의 일부를 구부려 올린 형태의 **굽힘철근**(bent-up bar)이 있다. 연속보에서는 굽힘철근이 부휨모멘트에 대한 소요 철근의 일부 또는 전부가 되기도 한다. 그러나 굽힘철근은 보의 극한 한계상태에서 충분히 구속되지 않기 때문에 항상 수직 스터럽과 함께 사용되어야 한다. 또한 굽힘철근과 주인장 철근 사이의 각은 45°에서 90° 사이가 되도록 배치하여야 한다. 가끔 용접 철망을 전단 철근으로 사용하기도 하며, 특히 얇은 복부를 갖는 보나 프리캐스트 또는 프리스트레스트 콘크리트 보에서 사용된다.

(b) 설계전단강도

부재에 휨균열이 발생한 단면의 휨응력은 잘 알려진 바와 같이 그림 6.11(b)처럼 분포한다. 이 휨응력 분포에 따르는 전단응력은 철근 중심선에서 중립축까지는 균등 분포하고 중립축 위 부분은 휨응력만큼씩 감소하여 연단에서 0이 되는 그림 6.11(c)와 같이 된다. 이러한 전단응력 분포 상태를 그림 6.11(d)에 보인 것처럼 철근 중심선에서 압축 합력 작용선까지 영역에 균등 분포 하는 것으로 이상화하면 복부의 전단응력의 크기가 더 정확하며 분포 상태를 실제에 가깝게 표현할 수 있다. 이때 단면에 작용하는 전단력을 V라고 하면 전단응력은

$$v = \frac{V}{b_w z} \tag{6.3-9}$$

이처럼 단면의 철근 중심선과 압축 합력 작용선 사이의 복부를 등분포 응력 상태로 근사하게 표현할 수 있으므로 복부 철근이 있는 부재의 복부는 이미 3.6절에서 설명한 평면 요소에 관한 트러스 모델을 그대로 적용하여 해석과 설계를 할 수 있다.

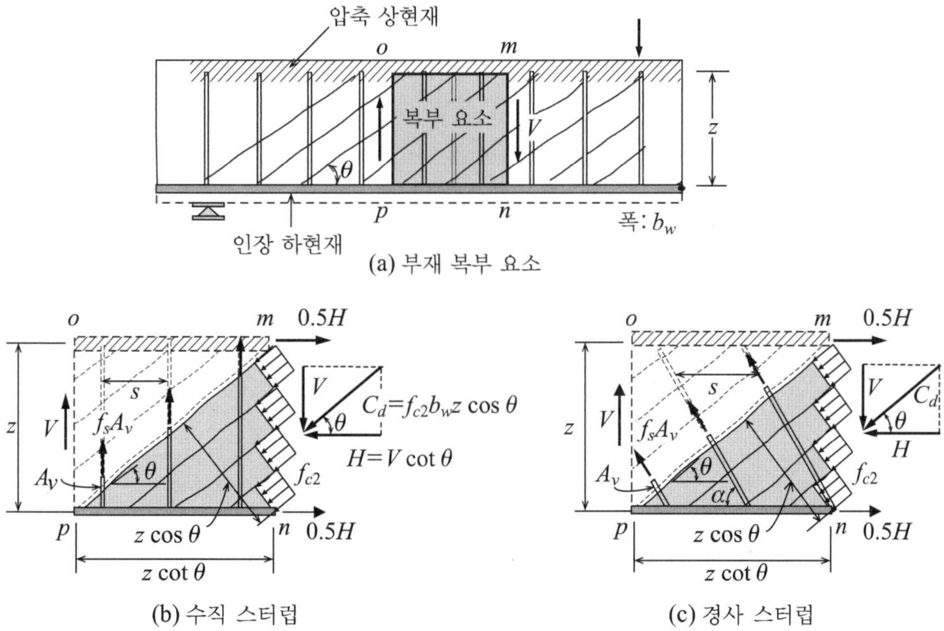

그림 6.12 전단철근이 배치된 보의 설계전단강도

그림 6.12는 스터럽이 배치된 부재에서 전단력에 의해 경사 균열이 발생된 상태를 보인 것이다. 주철근의 중심선과 압축 합력선 사이의 복부 요소 $mnop$를 그림 3.39(b)에 보인 철근콘크리트 평면 요소와 비교해 보면, 복부 요소에는 수직 스터럽만이 배치된 상태이지만, 요소 상하 연단에 놓인 상현재와 하현재가 종방향 철근 기능을 하는 상태라는 것을 알 수 있다. 여기서는 휨인장 철근이 하현재 역할을 하고, 콘크리트 압축역이 상현재 기능을 한다. 경사 균열에 의해 구획된 콘크리트는 1축 압축력을 받는 스트럿이 되고 스터럽은 횡방향 타이가 되어 상-하현재와 함께 트러스를 형성하여 작용 전단력에 저항한다. 따라서 복부의 극한한계상태를 3.6.4절에서 기술한 극한한계상태의 소성 하한해를 이용하여 검증할 수 있다.

부재에서 복부 요소의 등분포 응력장의 깊이는 z이고, 폭은 b_w가 된다. 그리고 철근량이 A_v이고 간격 s로 배치된 수직 스터럽은 횡방향 철근에 해당한다. 따라서 식 (3.6-13a)와 같이 스터럽의 항복을 기준으로 한 극한한계상태는 설계항복강도 $\phi_s f_{vy}$에 도달한 상태로 정의할 수 있다. 이때의 횡방향 철근비는 스터럽비 $\rho_v = A_v/b_w s$이고 스터럽의 항복강도 f_{vy}이다. 그리고 극한한계상태의 전단응력 v가 설계전단강도 $v_{sd} = V_{sd}/b_w z$가 된다. 이와 동일하게 경사 스트럿 콘크리트의 압축 파괴를 기준으로 정의한 복부의 또 다른 한계상태는 조건식 (3.6-13c)를 복부 콘크리트에 적용하여 최대 설계전단강도 $V_{d,\max}$를 유도할 수 있다. 즉, 전단응력만이 작용하는 평면 요소의 극한한계상태 조건을 부재의 복부에 적용하면 아래와 같게 된다.

$$v_{sd} = \phi_s f_{vy} \frac{A_v}{b_w s} \cot\theta \tag{6.3-10a}$$

$$v_{d,\max} = \phi_c f_{c2,\max} \frac{1}{\tan\theta + \cot\theta} \tag{6.3-10b}$$

위 식에 복부의 단면적 $b_w z$를 곱하면 수직 스터럽의 항복을 기준으로 한 부재의 **설계전단강도**는 다음과 같게 된다.

$$V_{sd} = \frac{\phi_s f_{vy} A_v z}{s} \cot\theta \tag{6.3-11}$$

여기서 z는 상현재와 하현재 중심간 거리로 단면의 모멘트 팔길이에 해당하는데, 간편한 설계를 위해 $0.9d$를 사용할 수 있다. 동일하게 복부 스트럿 콘크리트의 압축 파괴를 기준으로 정의한 **최대 설계전단강도** $V_{d,\max}$는 다음과 같게 나타난다.

$$V_{d,\max} = \frac{\phi_c f_{c2,\max} b_w z}{\cot\theta + \tan\theta} \tag{6.3-12}$$

여기서 $f_{c2,\max}$는 3.3.6절에서 설명한 유효압축강도 νf_{ck}이다.

$$f_{c2,\max} = \nu f_{ck} = 0.6\left[1 - \frac{f_{ck}}{250}\right] f_{ck} \tag{3.3-27}$$

이처럼 응력 항으로 표현된 트러스 모델 이론을 적용하여 보의 설계전단강도 식을 유도하였다. 한편, 응력 항 대신에 합력 항으로 동일한 전단강도 식을 유도할 수 있다. 그림 6.12(b)에 보인 것처럼, 작용 전단력 V에 의해 스터럽에는 인장응력 f_s가 발생하고, 경사 스트럿 콘크리트에는 압축응력 f_{c2}가 유발된다. 음영으로 표시된 영역 mnp의 자유물체도를 살펴보면, 각 θ를 갖는 대각선 경사 균열 $m-p$를 가로 지르는 스터럽이 항복하여 소성 상태에 놓이면 부재는 극한한계상태에 도달하며, 이때 스터럽 항복력의 합력이 설계전단강도 V_{sd}가 된다는 것을 쉽게 알 수 있다. 즉, 대각선 균열 $m-p$의 수평 투영 길이 $z\cot\theta$를 스터럽 간격 s로 나누어 스터럽 개수 $z\cot\theta/s$를 구한 후, 각 스터럽의 설계 항복력 $\phi_s f_{vy} A_v$를 곱하여 얻은 수직 합력이 스터럽 항복을 기준으로 하는 설계전단강도 V_{sd}이며, 그 결과는 식 (6.3-11)과 동일한 식이 된다. 또한, 그림에 보인 것처럼, 복부 요소의 경사 스트럿 콘크리트의 압축 단면적은 $b_w z\cos\theta$이며, 이 면적에 설계 유효압축강도 $\phi_c f_{c2,\max}$를 곱하면 스트럿 콘크리트의 설계압축강도는 $C_d = \phi_c f_{c2,\max} b_w z\cos\theta$가 된다. 이 스트럿 콘크리트 강도 C_d의 수직 성분력이 복부 콘크리트의 파괴를 기준으로 하는 최대 설계전단강도 $V_{d.\max}$이며 식 (6.3-12)와 동일하다는 것을 알 수 있다.

부재의 휨 설계에서 압축 콘크리트 파괴 전에 휨인장 철근의 항복이 먼저 발생하게 하여 취성파괴를 방지하고 연성을 확보하도록 설계하는 것과 동일하게, 부재의 전단 설계에서도 스트럿 콘크리트의 압축 파괴가 발생하기 전에 스터럽이 먼저 항복하도록 설계하여야 한다. 이러한 배경에서 스트럿 압축 파괴에 의한 전단강도를 최대값으로 설정한 것이며 설계 때는 항상 전단 철근이 먼저 항복하도록 아래 식을 만족하여야 한다.

$$V_{sd} \leq V_{d,\max} \tag{6.3-13}$$

최대 설계전단강도를 산정하는 식 (6.3-12)를 살펴보면, 경사각이 45°일 때 부재의 **절대 최대 전단강도**가 산정된다는 것을 알 수 있다. 이것은 3장의 그림 3.43에 보인 것처럼 $\tan\theta + \cot\theta$의 값은 45°일 때 최소값을 갖기 때문이다. 이 절대 최대 전단강도에서도 취성 파괴를 방지하기 위해 스터럽의 최대량을 제한하여야 할 필요가 있다. 경사각 $\theta = 45°$일 때, 식 (6.3-11)의 V_{sd}는 식 (6.3-12)의 $V_{d,\max}$보다 작아야 한다는 조건으로부터 부재에 허용할 수 있는 **최대 스터럽량**은 아래와 같게 된다.

$$\frac{A_{v,\max}}{s} \leq \frac{\phi_c f_{c2,\max} b_w}{2\phi_s f_{vy}} \tag{6.3-14}$$

그림 6.12(c)에 나타낸 것과 같이 복부 보강 철근이 경사지게 배치된 경우에도 수직 스터럽의 경우와 동일한 방법으로 극한한계상태의 설계강도를 유도할 수 있다. 3장의 식 (3.6-18a) 또는 그림 6.12(c)로 부터 경사 철근의 항복을 기준으로 하는 설계전단강도는 아래와 같게 된다.

$$V_{sd} = \frac{\phi_s f_{vy} A_v z}{s}(\cot\theta + \cot\alpha)\sin\alpha \tag{6.3-15}$$

여기서 α는 주철근과 복부 철근 사이 각이며, $\alpha = 90^o$일 경우가 수직 스터럽이다. 그리고 식 (3.6-18c)로 부터 콘크리트 스트럿의 압축 파괴를 기준으로 한 최대 설계전단강도는

$$V_{d,\max} = \phi_c f_{c2,\max} b_w z \frac{\cot\theta + \cot\alpha}{1+\cot^2\theta} \tag{6.3-16}$$

경사 복부 철근인 경우의 허용 최대 복부 철근량은 경사각 $\theta = 45^o$일 때 식 (6.3-15)의 V_{sd}는

식 (6.3-16)의 $V_{d,\max}$보다 작아야 한다는 조건으로부터 허용 최대 스터럽량은 아래와 같게 된다.

$$\frac{A_{v,\max}}{s} \leq \frac{\phi_c f_{c2,\max} b_w}{2\phi_s f_{vy} \sin\alpha} \tag{6.3-17}$$

기둥이나 프리스트레스트 콘크리트 부재에는 전단력과 함께 축방향 압축력이 동시에 작용한다. 부재에 축방향 압축력이 동반될 경우에는 복부 단면에 법선응력 f_n이 존재하게 되어 복부 콘크리트 스트럿의 응력 상태가 달라지므로 그 한계강도도 달라진다. 이러한 경우 최대 설계전단강도 $V_{d,\max,com}$을 다음과 같이 수정해야 한다.

$$V_{d,\max,com} = \alpha_{cw} V_{d,\max} \tag{6.3-18}$$

여기서 α_{cw}는 복부에 동시에 작용하는 축방향 압축응력 f_n의 영향을 반영하기 위해 다음과 같이 정해진 값으로서 그림 6.13과 같이 변한다.

f_n이 없는 경우 : $\alpha_{cw} = 1.0$ (6.3-19a)

$0 \leq f_n \leq 0.25\phi_c f_{ck}$: $\alpha_{cw} = 1 + f_n/\phi_c f_{ck}$ (6.3-19b)

$0.25\phi_c f_{ck} \leq f_n \leq 0.5\phi_c f_{ck}$: $\alpha_{cw} = 1.25$ (6.3-19c)

$0.5\phi_c f_{ck} \leq f_n \leq 1.0\phi_c f_{ck}$: $\alpha_{cw} = 2.5(1 - f_n/\phi_c f_{ck})$ (6.3-19d)

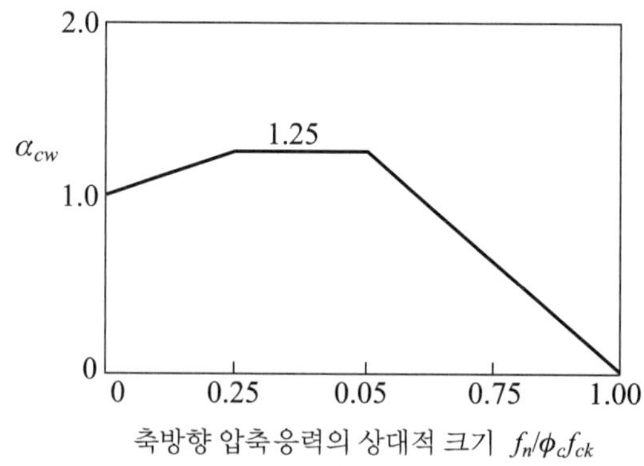

그림 6.13 축방향 압축력의 영향 계수

(c) 경사각 θ 선정

앞에서 설명한 설계전단강도 식을 살펴보면, 모든 전단강도는 경사각 θ에 따라 크게 달라진다는 것을 알 수 있다. 실제 부재에서 복부 스트럿의 경사각 θ는 작용하는 하중 단계에 따라 변한다. 그림 6.14(a)에 보인 보의 복부에서 관찰된 균열의 경사각 변화는 그림 6.14(b)와 같이 나타난다. 초기 단계에서 복부에 유발된 사인장응력이 콘크리트 인장강도에 도달하면 경사 균열이 발생하기 시작하며, 전단력의 증가에 따라 경사 균열이 점차 확산되면서 스트럿과 복부 철근의 변형률 증가에 의해 경사각이 작아지는 경사 균열 발생 단계가 형성된다. 그 후 경사 균열이 안정된 상태에서 전단력이 더 증가하면 복부 철근이 항복하게 된다.

복부 철근이 항복하면 소성 변형 상태에 놓이기 때문에 복부의 횡방향 변형률 ε_t가 급작히 크게 증가하게 된다. 그림 6.14(d)의 변형률 모어원에서 알 수 있듯이, 횡방향 변형률 ε_t가 커지면 경사각 θ는 작아지는 현상이 나타난다. 이처럼 복부 철근의 소성 변형 단계에서 경사각 θ가 눕게 되면, 식 (6.3-11)의 $\cot\theta$가 큰 값이 되기 때문에 V_{sd}가 증가한다. 이것은 경사각이 작아지면 대각선 균열을 가로 지르는 유효 스터럽 수가 많아지기 때문이라는 물리적 의미가 된다. 반면에, 경사각 θ가 눕게 되면 식 (6.3-12)의 $\cot\theta + \tan\theta$의 값이 증가하기 때문에 $V_{d,\max}$가 현저하게 감소한다. 이것은 경사각이 작아질수록 복부 스트럿의 압축응력이 크게 증가하기 때문이다.

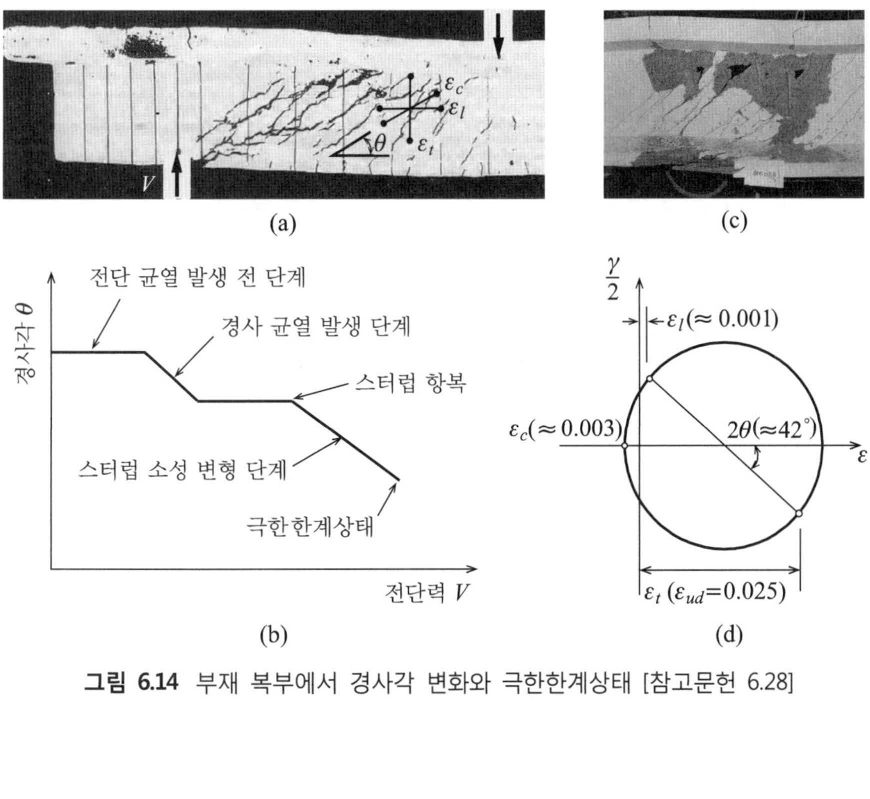

그림 6.14 부재 복부에서 경사각 변화와 극한한계상태 [참고문헌 6.28]

이처럼 복부 철근의 소성 변형이 증가하면, 종국에는 그림 6.14(c)에 보인 것처럼 복부 스트럿 콘크리트의 압축 파괴에 의해 복부가 파괴되거나, 또는 복부 철근이 파단 되어서 복부가 극한 한계상태에 도달한다. 상대적으로 복부 폭이 크고 복부 철근량이 적은 부재에서는 철근의 파단에 의해 복부가 파괴되며 이때의 전단강도는 식 (6.3-11)의 V_{sd}가 된다. 반면에 복부 폭이 얇고 복부 철근량이 많은 부재에서는 복부 콘크리트의 압축 취성 파괴가 먼저 발생하여 극한 한계상태에 도달하며 전단강도는 식 (6.3-12)의 $V_{d,\max}$가 된다. 특히, 복부 철근량이 지나치게 많을 경우에는 철근 항복 이전에 콘크리트 압축 파괴가 발생할 수 있다. 휨 설계와 마찬가지로, 복부 콘크리트의 압축 파괴는 큰 취성적 성질을 갖기 때문에 항상 복부 철근이 먼저 파단 되도록 설계하여야 한다.

이러한 배경에서 설계자가 경사각을 선정한 후 여기에 적합하도록 복부 폭이나 스터럽 철근량을 선정하는 순서에 따라 설계할 수 있다.[3] 현실적으로 복부 철근 인장 파괴와 복부 콘크리트 압축 파괴가 동시에 발생하도록 경사각을 선정하면 가장 경제적은 설계가 된다. 즉, 식 (6.3-11)의 V_{sd}와 식 (6.3-12) 또는 식 (6.3-18)의 $V_{d,\max}$를 등치하면 다음과 같은 한계 경사각 θ를 얻을 수 있다.

$$\cot\theta = \sqrt{\frac{\phi_c \alpha_{cw} f_{c2,\max} b_w s}{\phi_s f_{vy} A_v} - 1} \tag{6.3-20}$$

---

3) 콘크리트구조기준의 강도설계법에서는 경사각을 45° 고정각으로 간주하여 복부 철근 기여 전단강도 V_s를 구한다. 그림 6.12(b)에서 $\theta = 45°$이면 대각선 균열의 수평 투영 길이는 대략 유효깊이 d가 되어 유효 스터럽 개수는 d/s가 되며, 이때 스터럽 항복력의 합력에서 횡방향 성분력이 철근 기여 전단강도이다.

$$\text{수직 스터럽인 경우 :} \quad V_s = f_{vy} A_s \frac{d}{s} \qquad (\text{주}.6\text{-}7)$$

$$\text{경사 스터럽인 경우 :} \quad V_s = f_{vy} A_s \frac{d(\sin\alpha + \cos\alpha)}{s} \qquad (\text{주}.6\text{-}8)$$

어떠한 경우라도 철근 기여 전단강도는 $V_{s,\max} = 0.67\sqrt{f_{ck}}\, b_w d$를 초과하지 않아야 한다. 동시에 복부에 지나치게 폭이 큰 균열이 발생하는 것을 방지하기 위해 전단 철근의 항복강도를 $f_{vy} = 500\,\text{MPa}$ 이하로 제한하고 있다. 이 최대 전단강도 제한에 따르는 최소 단면 치수를 만족하면 복부 콘크리트의 압축 파괴가 발생하지 않는 것으로 간주하여 별도의 검증을 수행하지 않는다.
강도설계법에서 부재의 설계전단강도를 $\phi(V_c + V_s)$로 평가하기 때문에 작용 계수전단력에서 ϕV_c를 초과하는 전단력 $V_u - \phi V_c$는 전단 철근이 담당하도록 해야 한다. 따라서 소요 전단 철근량은

$$\text{소요 } \frac{A_v}{s} \ge \frac{V_u - \phi V_c}{\phi f_{vy} d} \qquad (\text{주}.6\text{-}9)$$

여기서 ϕ는 강도감소계수로 0.75값을 갖는다. 이처럼 강도설계법에서는 45° 고정각과 함께 콘크리트와 철근의 기여 강도의 합 $\phi(V_c + V_s)$으로 설계하는 것은 부재가 발휘할 수 있는 최대 강도 관점으로 검증하는 방법이기 때문이다.

여기서 α_{cw}는 식 (6.3-19)로 주어진 축압축력의 영향을 반영하는 계수로 축압축력이 없는 경우에는 $\alpha_{cw}=1.0$이다. 이 경사각을 소성 하한해라고 하며, 이 각을 사용하면 강도 관점에서 스터럽 항복에 의한 V_{sd}와 콘크리트 파괴에 의한 $V_{d,\max}$가 동일하게 되므로 가장 경제적인 설계가 된다.

실제 설계에서는 작용 계수전단력과 단면이 주어졌을 때 소요 전단 철근량을 산정해야 하는 경우가 대부분이다. 이때도 복부 콘크리트의 압축 파괴를 기준으로 한 최대 설계전단강도 $V_{d,\max}$와 작용 계수전단력 V_u가 같도록 경사각을 결정하고, 이 각을 사용하여 소요 전단 철근량을 산정하면 가장 경제적인 설계가 된다. 즉, 식 (6.3-12)의 $V_{d,\max}$를 V_u로 치환한 후 한계 경사각 θ에 관해 다시 정리하면,

$$\sin 2\theta = \frac{2V_u}{\phi_c f_{c2,\max} b_w z} \tag{6.3-21}$$

이 경사각을 식 (6.3-11)에 대입한 후 전단 철근량에 대해 정리하면 다음과 같이 소요 스터럽량을 구할 수 있다.

$$\text{소요 } \frac{A_v}{s} = \frac{V_u}{\phi_s f_{vy} z \cot\theta} \tag{6.3-22}$$

마치 휨 부재 설계에서 균형 파괴 때의 중립축 깊이비 k_b의 역할처럼, 한계 경사각 θ보다 작은 경사각이면 스터럽 파단 전에 복부 콘크리트가 먼저 파괴되고, 반면에 큰 경사각이면 스터럽이 먼저 항복하게 된다. 제원이 주어진 단면에서는 설계자가 한계 경사각 θ보다 큰 각을 선정하여 설계할 수도 있지만, 한계 경사각 θ를 사용할 때가 가장 경제적이다. 이 한계 경사각 θ는 다음에 주어진 범위 이내이어야 한다.

$$1.0 \le \cot\theta \le 2.5 \quad (22^o \le \theta \le 45^o) \tag{6.3-23}$$

최소 경사각을 22°로 제한하는 이유는 너무 작은 각일 경우에는 소성 능력의 한계에 의해 스터럽 철근이 파단 될 수 있기 때문이다. 그림 6.14(d)는 콘크리트 스트럿이 한계 변형률 ε_{cu}에 도달하고 동시에 스터럽이 극한한계변형률 ε_{ud}에 도달할 때 가능한 경사각을 모어원으로 표현한 것이다. 여기서는 일반적인 부재의 전단 경간 내에서 휨에 의한 단면 평균 인장 변형률 ε_l의 값을 대략적으로 0.001로 가정하였으며, 스터럽의 파단을 유발하는 설계 극한한계변형률을 0.025로 취하였다. 이 결과에 의한다면, 경사각 θ를 21°보다 작게 하면 스터럽이 극한계변형률에 도달하여 파단될 수 있다는 것을 알 수 있다. 따라서 보통 연성 철근이 아닌 연성

능력이 제한된 보강재로 복부를 보강한 경우라면 최소 경사각을 더 엄격하게 제한할 필요가 있을 것이다.

예제 6.3-3 단면의 설계전단강도 산정

아래 그림에 보인 사각형 단면의 치수는 b_w =250 mm, d=550 mm이다. 인장 철근은 D22 철근 6개를 사용하여 A_s =2,323 mm^{2}이다. 사용한 콘크리트의 기준강도 f_{ck} =30 N/mm^{2}이고, 재료계수 ϕ_c = 0.65와 ϕ_s =0.90을 적용한다.

(a) 전단 철근이 없는 단면의 설계전단강도 V_{cd}를 구하라.

(b) D13 철근을 U형 스터럽으로 하여 125 mm간격으로 배치했을 때 설계전단강도를 구하라. 스터럽 철근의 f_{vy} =400 N/mm^{2}이다.

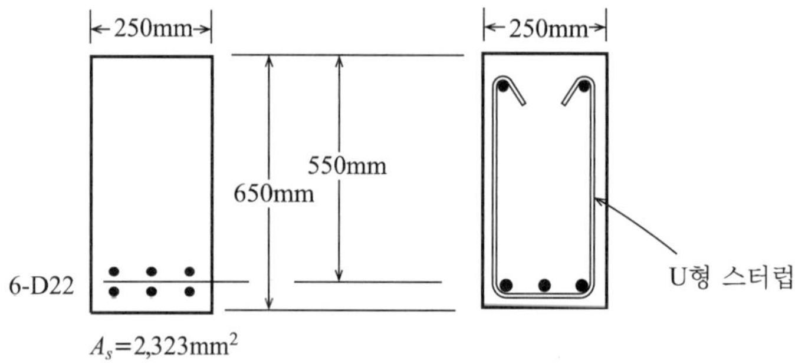

그림 6.15 예제 6.3-3의 해석 단면

풀이

(a) 부재의 유효깊이 $d = 550$ mm, 복부 폭 $b_w = 250$ mm

철근량 $A_s = 2{,}323\ \text{mm}^2$이므로 철근비 $\rho = \dfrac{2{,}323}{250 \times 550} = 0.0168 \le 0.020$

깊이계수 $\kappa = 1 + \sqrt{\dfrac{200}{550}} = 1.602 \le 2.0$

따라서 설계전단강도는 식 (6.3-2)에 따라

$$V_{cd} = 0.85(0.65)(1.602)\sqrt[3]{0.0168(30)} \times 250(550) \times 10^{-3}$$

$$= 96.7\ \text{kN}$$

(b) 스터럽 철근량 $A_v = 253\ \text{mm}^2$이고, 복부 콘크리트 스트럿의 유효압축강도는

$$\phi_c f_{c2,\max} = \phi_c \nu f_{ck} = 0.65(0.6)\left(1 - \frac{30}{250}\right)(30) = 10.3\ \text{N/mm}^2$$

가장 경제적인 설계는 $V_{sd} = V_{d,\max}$일 때의 한계 θ이므로 식 (6.3-20)에 의해

$$\cot\theta = \sqrt{\frac{10.3(250)(125)}{0.9(400)(253)} - 1} = 1.59 \le 2.5$$

설계전단강도는 식 (6.3-11)에 의해

$$V_{sd} = \frac{0.9(400)(253)(495)}{125} \times 1.59 \times 10^{-3} = 573.5 \text{ kN}$$

이 전단력에서 복부 콘크리트도 압축 파괴된다.

(주) 콘크리트구조기준의 강도설계법에 따른 설계전단강도

(a) 전단 철근이 없는 경우의 설계전단강도는 식 (주.6-3)을 사용하면

$$V_d = \phi V_c = \phi\left[\frac{1}{6}\sqrt{f_{ck}}\, b_w\, d\right] = 0.75\left[\frac{1}{6}\sqrt{30}\,(250)(550)\right] \times 10^{-3} = 94.1 \text{ kN}$$

(b) 전단 철근이 배치된 경우의 설계전단강도는 식 (주.6-5)에 따라

$$V_d = \phi V_c + \phi V_s = 94.1 + \phi\left[f_{vy} A_v \frac{d}{s}\right] = 94.1 + 0.75\left[(400)(253)\frac{550}{125}\right] \times 10^{-3} = 428.1 \text{ kN}$$

앞 결과와 비교하면 한계상태설계법에서 전단 철근을 훨씬 유효하게 평가하고 있다는 것을 알 수 있다.

(d) 전이법칙

3.6절에서 설명한 바와 같이, 전단력이 작용하는 부재 복부에 트러스 작용이 형성되면 종방향 응력이 유발된다. 즉, 그림 6.12(b)에 나타낸 것처럼, 단면에 작용하는 전단력 V에 의해 스트럿의 압축합력 C_d 뿐만 아니라 종방향 인장합력 H도 발생한다. 이 종방향 합력(또는 수평력) H의 크기는 다음과 같다.

$$H = V\cot\theta \tag{6.3-24}$$

그런데 보통 보의 복부에는 수평 철근이 배치되어 있지 않고, 대신에 상-하현재가 그 역할을 하기 때문에, 복부에 유발된 이 수평력은 단면의 평형 조건에 의해 상현재와 하현재가 각각 $H/2$씩 담당해야 된다. 따라서 그림 6.16에 나타낸 것처럼 인장을 받는 하현재는 휨모멘트에 의한 인장력 T에 전단에 의한 인장력 $0.5H$를 추가로 지지해야 한다.

$$\Delta T = 0.5\,V\cot\theta \tag{6.3-25}$$

반면에 압축을 받는 상현재에는 휨모멘트에 의한 압축력 C가 $0.5H$ 만큼 감소하게 된다. 이러한 현상을 **전이법칙**(shift rule)이라고 하며, 이 법칙에 의해 부재 설계에서 전단과 휨의 상호 작용을 반영한다. 실제 설계에서 부재의 설계전단강도를 V_{sd}로 설계하였다면, 위 식의 V를 V_{sd}로 치환하여 구한 추가 인장력 ΔT에 저항할 수 있도록 휨인장 철근을 추가하여야 하며, 철근의 정착과 부착에도 이 영향을 반영하여야 한다.

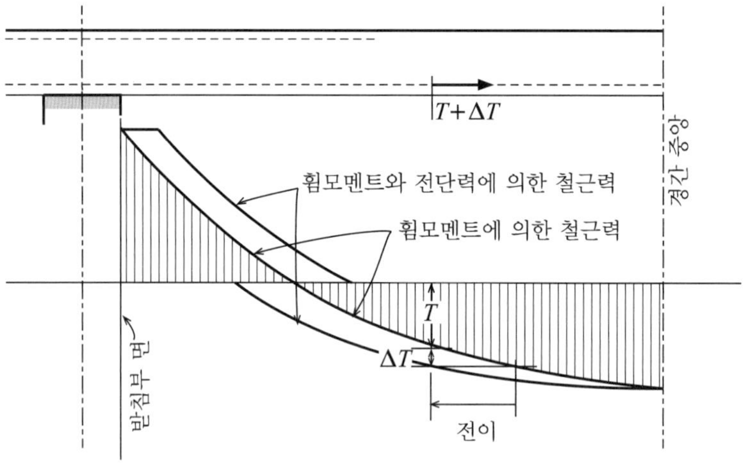

그림 6.16 휨모멘트와 전단력의 상호작용에 의한 전이법칙

(e) 아치작용에 의한 전단강도 증진

집중 하중이 받침점에 가까이 작용하면 현지하게 큰 전단력이 하중점에서 받침점으로 직접 전달된다. 따라서 경제적인 설계를 하기 위해서 하중이 받침점으로 직접 전달되는 크기에 비례하여 전단강도를 증가시킬 수 있다고 앞에서 설명하였다. 전단 철근이 배치된 부재에서도 아치작용에 의해 증가된 강도를 설계전단강도에 추가할 수 있다. 즉, 받침점 내면으로부터 $0.5d \leq x \leq 2.0d$인 구간 안에 하중이 부재 상면에 작용하는 깊은 부재의 설계전단강도를 다음과 같이 증가시킬 수 있다.

$$\text{수직 스터럽인 경우 : } V_d = V_{cd} + \phi_s f_{vy} A_v \left(\frac{0.75x}{s} \right) \tag{6.3-26a}$$

$$\text{경사 스터럽인 경우 : } V_d = V_{cd} + \phi_s f_{vy} A_v \left(\frac{0.75x}{s} \right) \sin\alpha \tag{6.3-26b}$$

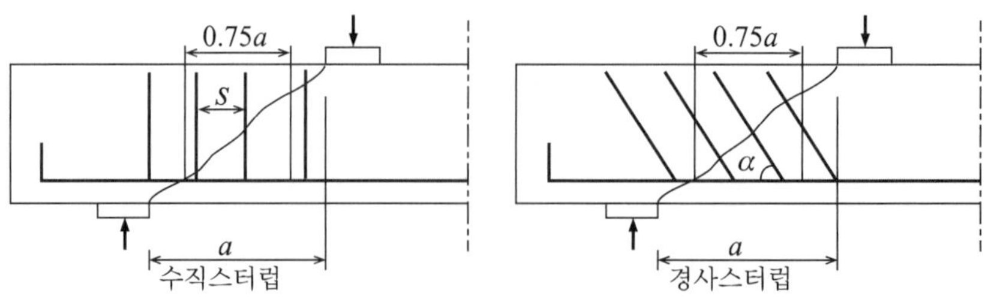

그림 6.17 깊은 보의 유효 스터럽

여기서 V_{cd}는 식 (6.3-5)로 산정한 전단강도이며, α는 그림 6.17에 나타낸 부재 축을 기준으로 잰 스터럽의 경사각이다. 깊은 부재에서 복부 스트럿의 경사각은 하중점에서 받침점 내면의 위치에 따라 제약된 상태로 정해진다. 특히, 전단 경간 길이의 75퍼센트 구간의 스터럽만을 유효하다고 제한한 것은 받침점 또는 하중점 단면에 가깝게 배치된 스터럽은 극한한계상태에서 항복하지 않는다는 관찰 결과에 근거한 것이다. 아치작용에 의한 전단강도의 증가는 하중이 부재의 상면에 작용하고, 휨인장 철근이 단부에 완전 정착된 경우에만 유효하며, 식 (6.3-6)으로 계산한 $V_{cd,\max}$를 초과할 수 없다.

(f)* 프리캐스트 부재

프리캐스트 요소를 그라우트하지 않는 외부 긴장재로 연결하는 세그멘트 가설 공법으로 시공된 거더의 경우, 인장 연단의 인장력이 증가하여 영응력(decompression) 상태가 되면 세그멘트 사이 연결부가 열려 틈이 발생할 수 있다. 이것은 거더의 전체적인 처짐이 크게 증가하는 경우이거나, 또는 영응력 후 단계에서 단면의 휨모멘트 팔길이가 현저하게 증가하는 속찬 단면(solid section) 형상을 갖는 거더인 경우에 자주 발생할 수 있다. 이러한 상태에서는 그림 6.18에 나타낸 것처럼 압축력을 저항하는데 유효한 경사 스트럿의 단면 깊이가 중립축 깊이 c 값까지 감소한다. 이때 유효한 설계전단강도는 먼저 θ를 가정하고, 깊이 c의 최소값을 도출하여 산정하여야 한다. 즉, 식 (6.3-12)에서 깊이 z 대신에 중립축 깊이 c로 대체하면,

$$c = \frac{V_u}{b_w \nu \phi_c f_{ck}}(\cot\theta + \tan\theta) \qquad (6.3\text{-}27)$$

설계 때 사용한 중립축 깊이 c가 유지되도록 충분한 프리스트레스 힘을 확보하여야만, 휨과 전단이 조합된 극한한계상태에서 이음부의 틈을 $h-c$ 값까지로 제한할 수 있다. 이때 작용 전단력에 저항할 수 있도록 아래 식으로 구한 스터럽 양을 각 세그멘트 이음면으로부터 $c\cot\theta$ 거리 이내에 배치하여야 한다.

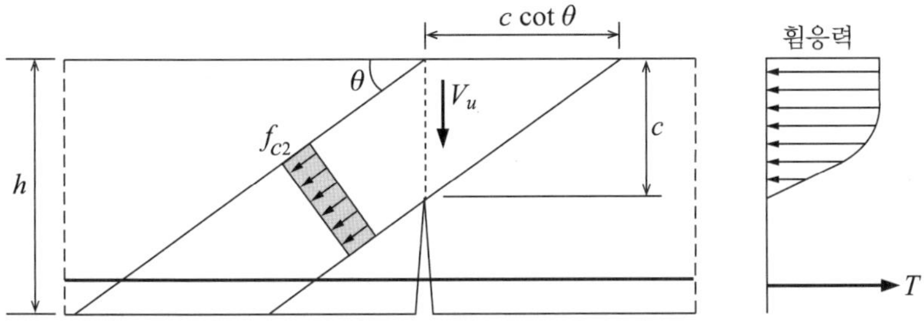

그림 6.18 세그멘트 조립 공법으로 제작된 거더 복부의 경사 응력장의 깊이 제한

$$\frac{A_v}{s} \geq \frac{V_u}{c\phi_s f_{vy}\cot\theta} \qquad (6.3\text{-}28)$$

(g) 전단 보강 철근 상세

부재의 복부에 배치하는 전단 보강 철근은 스터럽이나 굽힘철근 형태로 구성되며, 스터럽에는 부재축에 직각으로 배치하는 수직 스터럽 또는 경사지게 배치하는 경사 스터럽이 있다. 대부분의 스터럽은 종방향 주철근을 감싸는 형태의 수직 스터럽을 사용한다. 부재에서 전단 보강 철근으로 굽힘철근은 단독으로 사용될 수 없고, 스터럽과 함께 사용하여야만 하는데 이때 스터럽은 $0.5V_u$ 이상을 담당하도록 설계하여야 한다. 특히, 스터럽의 단부는 충분한 정착이 확보되어야 한다.

또한, 전단에 의한 부재의 취성 파괴를 방지하기 위한 최소 전단 철근량을 배치해야 한다. 설계기준에서 정한 **최소 전단 철근량** $A_{v,\min}$은 다음과 같다.

$$\frac{A_{v,\min}}{s} = 0.08\sqrt{f_{ck}}\frac{b_w}{f_{vy}} \qquad (6.3\text{-}29)$$

여기서 s는 스터럽 간격이고, f_{vy}는 스터럽의 기준항복강도이다. 콘크리트 강도가 증가할수록 취성이 강해지는 현상을 반영하기 위해 콘크리트 강도의 함수로 최소 전단 철근량이 규정되어 있다. 이 최소 전단 철근량 규정은 계수전단력이 설계전단강도 V_{cd}보다 작은 모든 부재와 구간에 적용해야 한다.[4] 다만 하중의 충분한 횡분배 능력이 있는 슬래브 및 확대기초판의 경우에는 적용하지 않는다.

더욱이 최소한 한 가닥 이상의 전단 철근이 발생 가능 전단 균열을 지나도록 스터럽의 최대간격 $s_{\max}$보다 작은 간격으로 보강 철근을 배치해야 한다. 수직 스터럽의 경우

$$s_{\max} = 0.75d \qquad (6.3\text{-}30a)$$

경사 철근인 경우의 최대 배치 간격은 다음과 같다.

---

4) 콘크리트구조기준의 강도설계법에 규정된 최소 전단 철근량은 다음과 같다.

$$\frac{A_{v,\min}}{s} = 0.0625\sqrt{f_{ck}}\frac{b_w}{f_{vy}} \qquad (\text{주}.6\text{-}10)$$

이 규정은 계수전단력 V_u가 ϕV_c의 1/2을 초과하지 않을 경우에는 적용하지 않는다. 전단 철근의 최대 간격은 $d/2$와 600 mm 중 작은 값으로 한다. 반면에 한계상태설계법에서는 V_u가 V_{cd}를 초과하지 않는 모든 경우에 식 (6.3-29)의 최소 전단 철근량 규정을 적용해야 한다.

$$s_{\max} = 0.75d(1+\cot\alpha) \tag{6.3-30b}$$

여기서 α는 경사 철근과 주인장 철근 사이 각이다. 이 최대 간격은 부재 길이 방향으로 잰 거리이다. 한편, 부재 단면 폭 방향 스터럽의 간격이 너무 크면 수직 타이의 인장력이 국부적으로 집중되어 등분포 가정과 달라진다. 따라서 폭 방향으로도 스터럽 배치 간격에 제한을 두어야 한다. 설계기준에서는 폭 방향 최대 간격 $s_{b,\max}$를 다음과 같이 주고 있다.

$$s_{b,\max} = 0.75d \le 600\,\mathrm{mm} \tag{6.3-30c}$$

전단 철근의 최대 간격을 일반적으로 적용하는 $0.5d$ 보다 크게 한 것은 기준의 전단 균열각이 $22° \le \theta \le 45°$ 사이로 낮기 때문이다.

예제 6.3-4 단면과 작용 전단력이 주어질 때 소요 전단 철근량 산정

앞 예제에서 주어진 사각형 단면에, (a) 계수전단력 $V_u = 50\,\mathrm{kN}$이 작용할 때 (b) 계수전단력 $V_u = 400\,\mathrm{kN}$이 작용할 때, (c) 이 단면이 저항할 수 있는 절대 최대 전단력과 이때 소요 최대 철근량을 구하라.

풀이

(a) 앞 예제에서 계산한 바와 같이 단면의 콘크리트 전단강도는 $V_{cd} = 96.7\,\mathrm{kN}$이므로, 작용 전단력 $V_u = 50\,\mathrm{kN}$이 이보다 작기 때문에 이론적으로 전단 철근을 배치할 필요가 없다. 그러나 예기치 않는 과하중에 의한 재난성 파괴에 대비하기 위해 이러한 경우에도 최소 전단철근량을 배치해야 한다. 최소 전단 철근량은 식 (6.3-29)에 따라

$$\frac{A_{v,\min}}{s} \ge 0.08\frac{\sqrt{30}}{400}(250) = 0.244\,\mathrm{mm^2/mm}$$

스터럽의 최대 간격은 $s_{\max} = 0.75d = 0.75(550) = 412\,\mathrm{mm}$이므로 400 mm 간격을 선정한다면 소요 단면적은 $98\,\mathrm{mm^2}$가 되며, D10 철근을 U형 스터럽으로 사용하면 $A_v = 142\,\mathrm{mm^2}$로 위 조건을 충분히 만족한다.

(b) 경제적인 설계를 위해 $V_{d,\max}$가 $V_u = 400\,\mathrm{kN}$와 같도록 경사각을 결정하면, 식 (6.3-21)에 따라 경사각 θ를 산정하면

$$\sin 2\theta = \frac{2V_u}{\phi_c f_{c2,\max} b_w z} = \frac{2(400)\times 10^3}{10.3(250)(495)} = 0.627$$

이때 $\theta = 19.4°$가 되어 식 (6.3-23)에 주어진 범위를 벗어난다. 따라서 최소값인 22°, 즉 $\cot\theta = 2.5$를 적용하여 소요 철근량을 결정해야 한다. 식 (6.3-22)로 부터

$$\text{소요 } \frac{A_v}{s} \ge \frac{V_u}{\phi_s f_y z\cot\theta} = \frac{400\times 10^3}{0.9(400)(495)(2.5)} = 0.898\,\mathrm{mm^2/mm}$$

배치 간격 s를 250 mm로 하면 스터럽 소요 면적이 224.5 mm^{2}이 되는데, D13철근을 U형으로 배치하면 A_v =253 mm^{2}이 되어 위 조건을 만족하는 전단 철근량이 된다.

(c) 경사각 $\theta = 45°$가 될 때 주어진 콘크리트 단면이 절대 최대 전단력을 저항하게 된다. 즉 $\cot\theta = 1.0$일 때 식 (6.3-12)에 의해

$$절대\ V_{d,\max} = \frac{10.3(250)(495)}{1+1} \times 10^{-3} = 637.3\ \mathrm{kN}$$

이때 소요되는 허용 최대 철근량은

$$\frac{A_{v,\max}}{s} \le \frac{V_{d,\max}}{\phi_s f_{vy} z \cot\theta} = \frac{637.3 \times 10^3}{0.9(400)(495)(1.0)} = 3.58\ \mathrm{mm^2/mm}$$

앞 경우와는 다르게, 절대 최대 강도에서 철근이 먼저 항복해야 한다. 계산된 최대 철근량 이하로 배치하여야만 철근이 먼저 항복한다. 따라서 배치 간격 s를 75 mm로 하면 스터럽 최대 허용량이 268 mm^{2}가 되는데, D13철근을 U형으로 하면 A_v =253 mm^{2}가 되어서 부재에 배치할 수 있는 실질적 최대 전단 철근량이다.

(주) 콘크리트구조기준의 강도설계법에 따른 소요 전단 철근량

(a) 앞 예제에서 계산한 콘크리트 전단강도는 $\phi V_c = 94.1$ kN이므로, 작용 전단력 $V_u = 50$kN이 이보다 작다. 기준에 따르면 작용 전단력이 $\phi V_c/2$보다 큰 경우일 때는 최소 전단 철근량을 배치해야 한다. 이때 최소 전단 철근량은 식 (주.6-10)에 따라

$$\frac{A_{v,\min}}{s} \ge 0.0625\frac{\sqrt{30}}{400}(250) = 0.214\ \mathrm{mm^2/mm}$$

스터럽의 최대 간격은 $s_{\max} = 0.5d = 0.5(550) = 275\,\mathrm{mm}$이므로 250mm 간격을 선정하면 소요 단면적은 53 mm^{2}가 되며, D10 철근을 U형 스터럽으로 사용하면 $A_v = 142$ mm^{2}로 위 조건을 만족한다.

(b) 계수전단력 $V_u = 400$ kN일 때 스터럽이 담당해야 할 전단력 ϕV_s는 $V_u - \phi V_c = 400 - 94.1 = 305.9$ kN이므로 식 (주.6-9)에 따라 소요 철근량을 결정해야 한다.

$$소요\ \frac{A_v}{s} \ge \frac{V_u - \phi V_c}{\phi f_{vy} d} = \frac{305.9 \times 10^3}{0.75(400)(550)} = 1.854\ \mathrm{mm^2/mm}$$

배치 간격 s를 125mm로 하면 스터럽 소요 면적이 232 mm^{2}가 되는데, D13철근을 U형으로 배치하면 $A_v = 253$ mm^{2}가 되어 위 조건을 만족하는 전단 철근량이 된다. 이 결과는 앞 한계상태설계법에 따른 소요 전단 철근량의 대략 2배에 해당한다는 것을 알 수 있다.

(c) 강도설계법에서 철근 기여 최대 전단강도 $V_{s,\max}$는 $0.67\sqrt{f_{ck}}\, b_w d$로 제한하고 있다. 따라서 부재가 저항할 수 있는 최대 설계전단강도는 다음과 같게 된다.

$$V_{d,\max} = \phi(V_c + V_{s,\max}) = \phi\left(\frac{1}{6}\sqrt{f_{ck}}\, b_w d + \frac{4}{6}\sqrt{f_{ck}}\, b_w d\right) = 0.75\left(\frac{5}{6}\right)\sqrt{30}(250)(550) \times 10^{-3} = 470.5\,\mathrm{kN}$$

강도설계법에서는 최대 허용 전단 철근량에 대한 제한 규정을 두지 않고 있다. 이 최대 설계강도 제한에 따르는 최소 단면 치수를 만족하고 동시에 전단 철근의 항복강도를 500 MPa이하로 제한하면, 복부의 콘크리트

압축 파괴가 방지되고 전단 균열폭이 제어된 것으로 간주하여 별도의 검증을 수행하지 않는다. 이러한 설계 원칙으로 말미암아 복부의 콘크리트 극한한계상태와 균열폭 검증을 항상 수행해야 하는 한계상태설계법에 비해 상당히 보수적인 설계 결과가 산출된다.

6.4 복부와 플랜지 계면 전단 설계

6.4.1 개요

T형 또는 상자형 단면 거더처럼 얇은 평면 요소로 구성된 부재에서 서로 다른 면이 만나는 계면界面(interface)에는 상대적으로 큰 응력이 유발된다. 그 대표적인 경우가 그림 6.19에 보인 것처럼 교량 거더의 복부와 플랜지 사이의 수직 계면으로, 거더의 종방향 휨모멘트가 변화하면 계면에는 면내面內(in-plane) 전단력이 발생하며, 동시에 종방향 휨모멘트에 의해 플랜지에는 압축력이 유발된다. 이때 극한한계상태에서 검증해야 할 항목은 압축력과 전단력에 의한 플랜지 콘크리트 스트럿의 압축 파괴와 횡방향 수평 철근의 항복을 포함하여야 한다. 따라서 앞 3.6절에서 설명한 면내력을 받고 있는 평면 요소가 되기 때문에, 복부를 평면 요소 해석법인 트러스 모델로 설계한 것과 동일하게, 플랜지도 트러스 모델을 적용하여 설계한다. 특히, 플랜지를 검토할 때는 복부 설계에 먼저 적용한 연직면 트러스 형상에 적합하도록 상부와 하부 플랜지의 수평면 트러스 형상을 구성하여 극한한계상태를 검증하여야 한다.

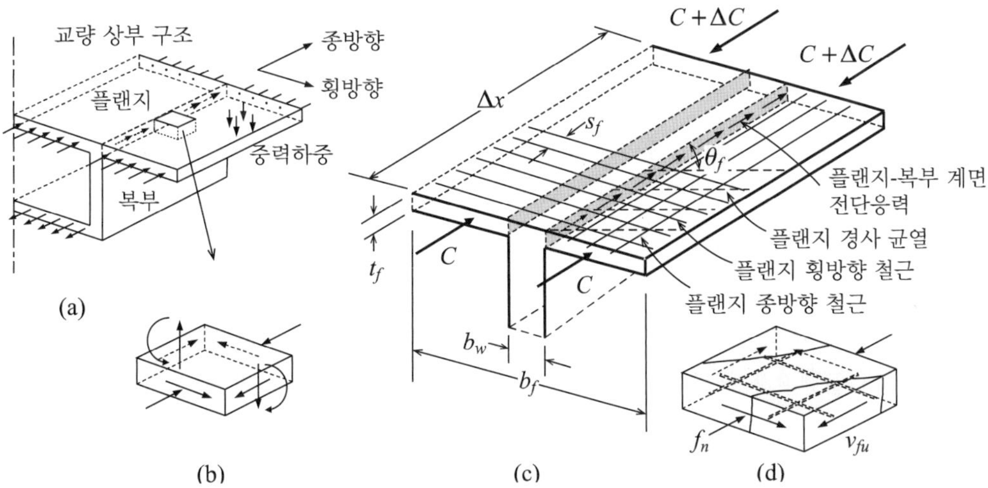

그림 6.19 플랜지와 복부 사이 계면 설계

이 방법은 기존에 적용하던 보이론에 따른 탄성 단면 해석법에 의한 복부의 전단응력 분포와 일치시키는 방법과 크게 다르다.

또한, 일반적인 교량 거더의 플랜지는 바닥 슬래브의 기능을 동시에 수행하기 때문에, 플랜지에는 큰 중력 하중이 작용한다. 따라서 그림 6.19(b)에 보인 것과 같이, 연직 하중에 의해 플랜지－복부 사이 계면에는 전단력 뿐만 아니라 휨모멘트가 동시에 유발된다. 플랜지에 작용하는 이러한 힘들을 면내력과 구분하여 면외력面外力(out-of-plane force)이라고 하며, 면외력을 받는 평면 요소의 설계법으로는 단순 방법과 **겹판요소 모델**(three layered plate element model) 설계법이 있다. 여기서는 단순한 설계 방법을 다루고, 겹판요소 모델은 6.8절에서 상세히 다룬다.

6.4.2* 계면 전단력에 대한 설계

그림 6.19(a)에서 보인 것과 같이 상부 구조에 작용하는 휨모멘트에 의해 플랜지는 종방향 축력을 받는 상태에 놓인다. 종방향으로 휨모멘트 크기가 변하기 때문에 플랜지 축력의 크기도 변한다. 그림 6.19(c)에 보인 것과 같이 압축을 받는 상부 플랜지를 생각해 보자. 종방향으로 거리 Δx 떨어진 내민 플랜지 단면의 압축력 차이가 ΔC라면, 이 힘은 플랜지와 복부 사이의 수직 계면에 전단응력을 유발시킨다. 이 계면의 전단응력의 합력은 ΔC와 크기가 같아야 하므로 플랜지와 복부 사이 계면에 작용하는 전단응력 v_{fu}를 다음과 같이 구간 Δx에서 평균값으로 간단히 산정할 수 있다.

$$v_{fu} = \frac{\Delta C}{t_f \Delta x} \tag{6.4-1}$$

여기서 ΔC는 구간 Δx에서 플랜지 단면에 작용하는 휨압축력의 차이이며, t_f는 플랜지 두께이다. 단순하면서 보수적인 설계를 할 경우에는 플랜지가 휨압축력을 모두 담당한다고 가정할 수 있다. 그러나 경제적인 설계를 위해서는 ΔC를 정확하게 산정할 필요가 있다. T형 단면의 휨압축력은 복부 안에 작용하는 힘과 플랜지의 내민부에 작용하는 힘으로 나뉜다. 일반적으로 복부 폭 b_w내에 남는 힘은 전체 힘의 b_w/b_f비 만큼에 해당한다고 간주할 수 있다. 전체 플랜지 폭 b_f가 휨압축력을 저항하는데 유효하지 않는다면, 복부 폭 내에 더 큰 힘이 남기 때문에 플랜지가 저항하는 압축력은 적어져서 상당한 양의 철근을 절약할 수 있다. Δx는 검토하는 구간의 길이로 특히 휨모멘트 변화율이 큰 구간을 포함하는 구간의 길이이어야 큰 면내 전단응력이 산정된다. 일반적으로 휨모멘트가 0인 단면에서 최대 휨모멘트 단면까지 거리의 1/2 이하로 취하며, 집중 하중이 작용하는 부재에서는 하중 사이의 간격보다 크지 않게 취한다.

이렇게 계산한 계면 전단응력이 플랜지에 작용하면 내민부 플랜지는 그림 6.19(d)와 같은 응력 상태의 평면 요소가 되며, 3.6절에서 기술한 평면 요소의 성질을 이용하여 해석과 설계를 할 수 있다. 즉 계면 전단응력에 의해 플랜지에는 경사 균열이 발생하며, 이 균열에 의해 형성된 콘크리트 스트럿과 종방향 및 횡방향 철근으로 구성된 트러스 작용이 형성되어 계면 전단력을 저항한다. 따라서 앞 3.6.4절에서 설명한 평면 요소의 극한한계상태 검증 방법에 따라 설계하여야 한다.

횡방향 철근의 항복을 기준으로 한 설계전단강도를 정의한 식 (3.6-13a)를 적용하면 플랜지에 배치할 횡방향 철근의 소요량 A_{vf}를 간단히 유도할 수 있다. 이 식에서 횡방향 법선응력은 없는 상태이며($f_{n,t}=0$), 철근비 ρ_t를 $A_{vf}/t_f s_f$로, 그리고 설계전단강도 $v_{sd,t}$는 계면 전단응력 v_{fu}보다 커야하기 때문에, A_{vf}에 대해 정리하면 다음과 같은 식을 얻는다.

$$\frac{A_{vf}}{s_f} \geq \frac{v_{fu} t_f}{\phi_s f_y} \tan\theta_f \tag{6.4-2}$$

여기서 s_f는 플랜지 횡방향 철근의 배치 간격이고, θ_f는 콘크리트 스트럿과 종방향 축 사이 각으로 식 (3.6-15)를 적용하여 선정할 수 있으며, 정밀한 계산법을 적용하지 않는 한 아래 범위의 값을 사용할 수 있다.

$$\text{압축 플랜지 : } \quad 1.0 \leq \cot\theta_f \leq 2.0 \tag{6.4-3a}$$

$$\text{인장 플랜지 : } \quad 1.0 \leq \cot\theta_f \leq 1.25 \tag{6.4-3b}$$

어떤 경우일지라도 식 (6.4-2)로 계산한 철근량은 앞에서 설명한 식 (6.3-27)의 최소 전단 철근량 $A_{v,\min}$보다 커야 한다.

플랜지 콘크리트 스트럿의 압축 파괴를 방지하기 위해서는 전단응력 v_{fu}에 의해 야기되는 스트럿의 압축응력이 설계 유효압축강도 $\phi_c f_{c2,\max}$를 초과하지 않아야 한다. 따라서 앞 3.6.4절에서 기술한 평면 요소의 스트럿 압축 파괴를 기준으로 한 설계전단강도인 식 (3.6-13c)로 부터 다음과 같은 조건을 얻을 수 있다.

$$v_{fu} \leq \frac{\phi_c f_{c2,\max}}{\tan\theta_f + \cot\theta_f} \tag{6.4-4}$$

계수하중에 의해 플랜지에 유발된 전단응력 v_{fu}가 플랜지 콘크리트 인장강도의 40퍼센트 보다 작을 경우에는 플랜지에 전단균열이 발생하지 않는 상태로 전단응력에 충분히 저항할 수 있기 때문에 최소 철근량 이상의 횡방향 철근을 배치하지 않는다.

6.4.3* 계면 휨모멘트에 대한 설계

일반적인 교량 거더의 플랜지는 바닥 슬래브의 기능을 동시에 수행하기 때문에, 그림 6.19(b)에 보인 것처럼 작용 중력 하중에 의해 플랜지-복부 사이의 수직 계면에는 전단력 뿐만 아니라 휨모멘트가 동시에 작용하게 된다. 따라서 플랜지의 횡방향 철근은 앞 절에서 기술한 계면 전단력과 휨모멘트를 동시에 저항할 수 있는 능력을 확보하여야 한다.

이러한 조합 하중이 작용하는 플랜지 설계에 적용할 수 있는 간단한 방법은 계면 휨모멘트에 소요되는 철근량 A_{bf}가 계면 전단력에 소요되는 철근량 A_{vf}의 1/2 이하 경우에는 휨철근을 추가할 필요가 없이 단지 식 (6.4-2)로 산정한 A_{vf}를 그림 6.20(b)처럼 휨에 저항하도록 조정하여 배치하는 방법이 있다. 반면에 소요 휨철근량 A_{bf}가 소요 전단 철근량 A_{vf}의 1/2 보다 큰 경우 일 때는 그림 6.20(c)처럼 소요 전단 철근량의 1/2에 소요 휨철근을 추가시켜야 한다.

만약 전단력과 동시에 큰 횡방향 휨모멘트가 작용하는 플랜지 계면 설계에서 콘크리트 경사 스터럿의 압축 파괴를 기준으로 검증할 경우에는 전단력만 작용하는 플랜지의 경우와는 다르게, 휨에 의해 휨균열이 발생하기 때문에 단면의 휨압축 영역에서만 경사 압축장이 유효하게 된다. 따라서 휨압축 영역 깊이에서 두 응력 성분을 중첩하여 검증하여야 한다. 얇은 평면 요소로 구성된 상자형 단면 거더의 플랜지 또는 복부에 여러 종류의 면내력과 면외력이 작용하는 경우의 정밀한 설계를 위해서는 6.8절에서 설명하는 겹판요소 모델을 사용하여 설계할 수 있다.

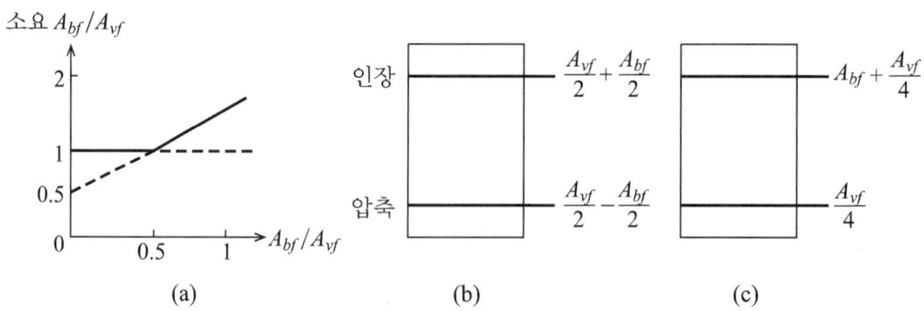

그림 6.20 플랜지-복부 계면의 횡방향 철근 배치 방법

6.5 시공 이음면 전단 설계

6.5.1 이음면의 전단응력

휨모멘트와 전단력이 동시에 작용하는 부재 복부와는 다르게, 직접 전단력이 콘크리트 부재의 파괴를 유발시키는 경우가 있다. 이러한 환경은 그림 6.21에 보인 것과 같이, 미리 제작된 부재와 현장에서 타설된 부분의 연결부에서 자주 발생하며, 또한 구조용 강재와 현장 타설 콘크리트 합성 구조물에서 발생한다. 서로 다른 시기에 타설된 콘크리트 시공 이음부의 완전한 일체 거동을 확보하기 위해서 시공 이음면에서 전단강도를 검토하여야 한다. 이러한 경우 응력 상태가 위치마다 다르기 때문에 아래 식과 같이 응력 항으로 검증한다.

$$v_{iu} \leq v_{id} \tag{6.5-1}$$

여기서 v_{iu}는 계수하중에 의해 계면에 발생한 전단응력이며, v_{id}는 이음면의 설계전단강도이다. 이음면 또는 전단면剪斷面(shear plane)의 면적을 위 식에 곱하면 전단력 항으로도 나타낼 수 있다.

그림 6.22에 보인 것처럼, 부재 단면에서 전체 휨압축력에 대한 새로 친 콘크리트가 분담하는 휨압축력의 비가 β라면, 종방향으로 Δx 구간 사이의 새 콘크리트에 작용하는 휨압축력의 차이를 $\beta \Delta C$로 나타낼 수 있다. 이 힘 $\beta \Delta C$는 계면에 전단응력 v_i를 유발시키며, 합력 $v_i b_i \Delta x$와 평형을 이뤄야 한다. 극한한계상태에서 ΔC는 계수휨모멘트 차이 ΔM_u에 의해 발생된 것이며, 이 ΔM_u는 $V_u \Delta x$와 같은 값이다. 즉, $\beta \Delta C = \beta \Delta M_u / z = \beta V_u \Delta x / z$이므로 계수 전단력 V_u에 의한 이음면의 전단응력은 다음 식과 같이 나타난다.

$$v_{iu} = \frac{\beta V_u}{b_i z} \tag{6.5-2}$$

여기서 V_u는 계수하중에 의한 부재 단면 전단력, z는 단면의 내부 모멘트 팔길이, b_i는 계면의 폭이며, β는 새로 친 콘크리트에 작용하는 종방향 휨압축력과 총 휨압축력 M_u/z의 비이다. 만약, 설계의 편의를 위해 $\beta = 1$로 하면 항상 안전한 설계가 된다. 얇은 평면 요소로 구성된 상자형 또는 T형 단면 거더에서는 플랜지가 대부분의 휨압축력을 담당한다. 따라서 상자형 단면 거더의 복부와 플랜지의 계면이 시공 이음면일 경우 대략적으로 $\beta = 1$로 간주할 수 있다. 그러나 다른 경우에는 그림 6.22에 보인 바와 같이 휨해석을 수행하여 β값을 정한다.

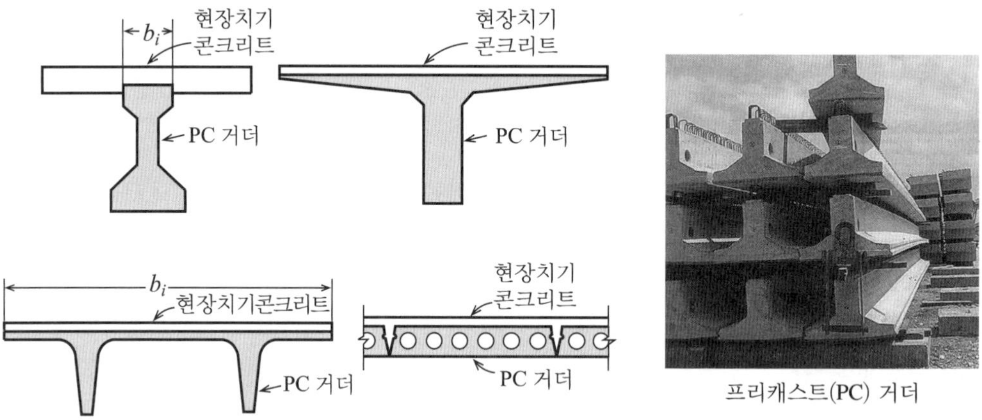

그림 6.21 서로 다른 시기에 타설된 콘크리트 시공 이음면의 종류

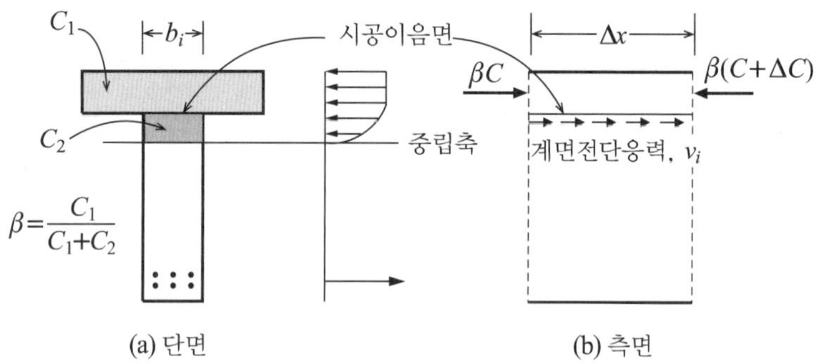

그림 6.22 이음면의 전단응력

식 (6.5-2)와 같은 이음면 응력 계산법은 비균열 단면 탄성 해석법에 의한 VQ/Ib보다 훨씬 실제적인 값을 산정할 수 있다. 비균열 단면 탄성 상태를 휨 해석하여 식 (6.5-2)를 적용하면 그 결과는 VQ/Ib와 동일한 결과를 얻는 반면에, 균열이 발생한 이후에는 그 차이가 커진다. 극한한계상태에서 거더에 균열이 발생하지 않도록 설계한 완전 프리스트레스트 콘크리트 부재에서는 비균열 단면 탄성 해석법을 적용하여야 한다.

6.5.2 이음면의 설계전단강도

시공 이음면은 **전단마찰 유사론**(shear-friction analogy)을 적용하여 설계한다. 기본 개념은 취약한 이음면에서 균열 또는 미끄러짐이 발생한다고 가정하고, 이 면을 가로지르는 철근을 배치하여 직접 전단 파괴를 방지하는 것이다. 그림 6.23(a)에 보인 것과 같이 수평 지면에 놓여 있는 무게 W인 물체를 밑면 자중에 마찰계수 μ를 곱한 크기 μW의 마찰력이 생긴다는 것이 마찰 이론이다. 그림 6.23(b)는 이음면을 사이에 두고 철근이 배치되어 있는 콘크리트 블록을 보인 것이다. 전단력이 이음면에 평행하게 작용하고 있고, 그 결과로 상부 블록과 하부 블록의 상대적인 미끄러짐을 이음면의 마찰력이 저항하고 있다. 이 마찰면에 철근이 직각($\alpha = 90^o$)으로 배치되어 있다면, 미끄러짐과 두 블럭의 분리에 의해 철근에는 인장응력이 유발된다. 실험 결과에 의하면 잘 정착된 철근은 마찰 파괴 때 항복응력에 도달한다는 것이 확인되었다. 따라서 이음면에 작용하는 최대 직각 압력은 $f_{yd}A_{is}$가 되며, 이때 마찰력은 $\mu f_{yd}A_{is}$가 된다. 여기서 A_{is}는 이음면을 가로 지르는 전단마찰 철근의 총 단면적이고, $f_{yd}\,(=\phi_s f_y)$는 철근의 설계항복강도이다.

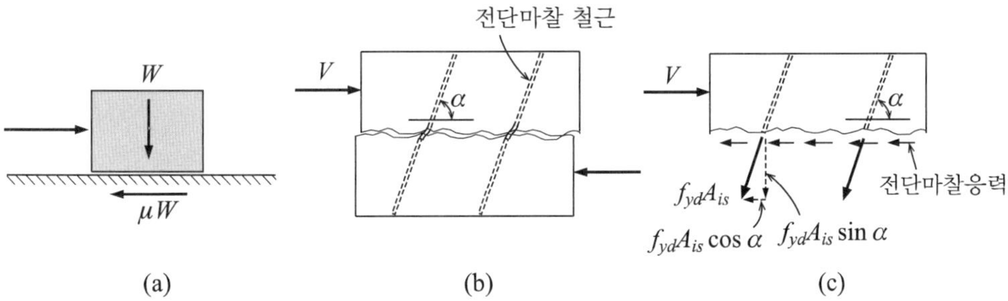

그림 6.23 전단마찰 설계법

그림 6.23(c)처럼 전단 마찰 철근이 마찰면에 경사지게 배치되어 있을 경우에는 마찰면에 직각 성분은 직각 압력으로 작용하고, 평행한 성분은 작용 전단력에 직접 저항하게 된다. 따라서 전단 저항 강도 V_{id}는 수평력의 평형 조건으로부터 다음과 같다.

$$V_{id} = \mu f_{yd} A_{is} \sin\alpha + f_{yd} A_{is} \cos\alpha \tag{6.5-3}$$

여기서 μ는 마찰계수이다. 이음면의 면적이 A_{ic}일 때 철근비를 $\rho = A_{is}/A_{ic}$로 정의하여 응력 항으로 나타낸 **전단마찰강도** v_{id}는 다음과 같게 된다.

$$v_{id} = \rho f_{yd}(\mu \sin\alpha + \cos\alpha) \tag{6.5-4}$$

만약 α가 90°보다 크다면 작용 전단력에 의해 철근의 인장력이 감소하여 철근이 항복한다는 가정이 성립되지 않는다. 이런 경우에는 철근의 배치를 다시 해야 한다.

도로교설계기준은 식 (6.5-4)에 바탕을 두고 시공 이음면의 설계전단마찰강도 v_{id}를 아래 식으로 산정하도록 하고 있다[5].

$$v_{id} = \mu_1 \phi_c f_{ctk} + \mu_2 f_n + \rho \phi_s f_y (\mu_2 \sin\alpha + \cos\alpha) \le 0.5 \nu \phi_c f_{c2,\max} \tag{6.5-5}$$

여기서 f_n은 이음면에 전단력과 동시에 작용하는 최소 법선응력(압축이 +)으로 압축일 경우 $0.6\phi_c f_{ck}$ 이하로, 인장일 경우 0으로 취한다. α는 그림 6.24에 정의한 사이 각으로 $45° \le \alpha \le 90°$의 범위이어야 한다. μ_1과 μ_2는 이음면의 거칠기에 따른 마찰계수로 정확한 실험 결과가 없다면 표 6.1에서 정한 값을 사용하여 설계할 수 있다. 식의 첫 번째 항은 이음면에 작용하는 콘크리트의 부착력을 반영한 것이고, 두 번째 항은 계면에 직각으로 작용하는 직각력에 의한 마찰력에 관련된 항이며, 세 번째 항은 이음면을 가로지르는 철근에 의해 공급되는 마찰력을 반영하는 것이다. 이 설계전단마찰강도는 어떠한 상황에서도 식 (3.6-16)의 절대 최대 전단강도 $v_{d,\max}$ 보다 크게 취하지 않아야 한다.

시공 이음면에 현저하게 큰 틈(열림 또는 균열)이 발생할 가능성이 있는 경우이거나 반복 또는 동적 하중이 작용하며 동시에 확실하게 사전 제작된 요철을 설치하지 않는 경우에는 이음면 콘크리트 표면의 잠재적 손상을 고려하여 계수 μ_1 값을 0으로 하여야 한다.

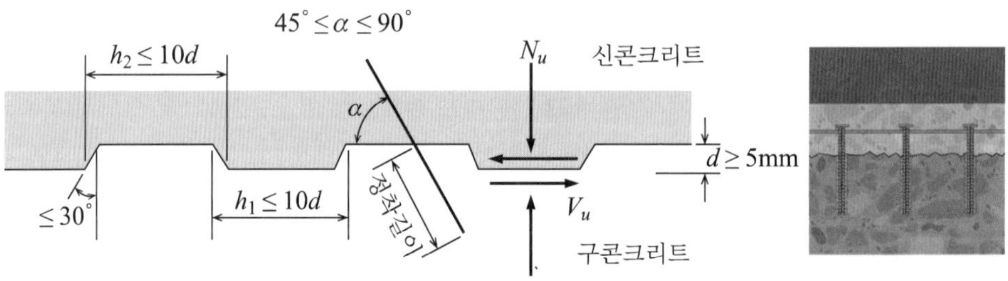

그림 6.24 요철 표면을 갖는 시공 이음부

5) 콘크리트구조기준에서의 이음면의 설계전단강도는 기본적으로 식 (6.5-5)와 동일하며, 다음과 같이 주어졌다.

$$v_{id} = \phi \rho f_y (\mu \sin\alpha + \cos\alpha) \tag{주.6-11}$$

여기서 ϕ는 전단에 대한 0.75를 사용하고, 마찰계수 μ는 아래에 주어진 값을 사용한다.

- 일체로 친 콘크리트 : 1.4
- 일부러 표면을 거칠게 만든 굳은 콘크리트와 새로 친 콘크리트 : 1.0
- 일부러 표면을 거칠게 만들지 않은 굳은 콘크리트와 새로 친 콘크리트 : 0.6
- 구조용 형강에 친 콘크리트 : 0.7

표 6.1 이음면의 표면 상태 분류와 마찰계수

표면 구분	계수	해당 표면 상태
매우 매끄러움	$\mu_1 = 0.25$, $\mu_2 = 0.5$	강재, 플라스틱 또는 특별 제작된 목재 거푸집에 타설한 표면
매끄러움	$\mu_1 = 0.35$, $\mu_2 = 0.6$	슬립폼 또는 사출 성형 거푸집에 타설한 표면 및 진동 다짐 후 더 이상의 표면처리하지 않은 자유 표면
거침	$\mu_1 = 0.45$, $\mu_2 = 0.7$	표면을 거칠게 하거나 골재의 노출 또는 기타 방법으로 약 40 mm 간격에 적어도 3 mm 거칠이 있는 표면
요철 표면	$\mu_1 = 0.50$, $\mu_2 = 0.9$	5 mm 이상 깊은 요철이 확실하게 사전 제작된 표면

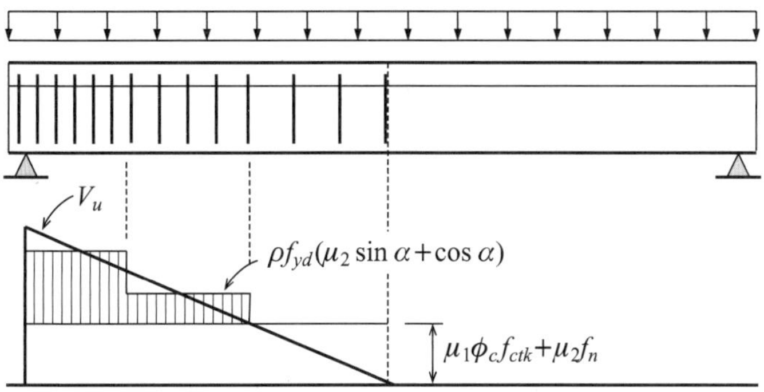

그림 6.25 시공 이음 계면의 전단 철근의 계단식 배치

그림 6.25에 보인 것과 같이, 합성 거더교에서 주형과 바닥판 사이의 이음면에 작용하는 전단력이 종방향으로 점진적으로 변화하는 부재에서는 보강 철근을 현실적으로 배치하기 위해 계단식으로 구분하여 각 구간을 등간격으로 할 수 있다. 또한, 보강 철근이 전단 계면과 경사를 이루고 있으며 전단력에 의해 철근에 인장력이 유발되는 경우에는, 철근의 인장력 중에서 전단면과 수직한 성분에 의해 전단력을 저항하게 된다. 이때 이음면의 설계전단강도 v_{id} 는 $45° \le \alpha \le 135°$ 경사로 배치된 각 철근으로부터 구한 직각 인장 합력을 기준으로 산정하여야 한다.

6.6 비틀림 설계

6.6.1 개요

부재에서 횡방향 하중이 부재축에서 벗어나 작용하거나 또는 부재가 직선이 아닌 경우에는 **비틀림모멘트**(torsional moment)가 발생한다. 비틀림에 대한 설계는 정역학적 정정과 부정정을 구분하여 수행한다. 구조물의 평형이 부재의 비틀림 저항력이 있어야만 유지되는 **평형비틀림**의 경우에만 극한한계상태 검증이 필요하다. 구조물의 평형이 구성 부재의 비틀림 저항력에 의존하지 않는 **적합비틀림**에 대해서는 일반적으로 극한한계상태 검증을 수행하지 않는다. 왜냐하면, 부정정 구조인 경우에 비틀림 균열이 발생하면 부재의 비틀림 강성은 휨강성에 비해 현저하게 작아져 인접 부재로 비틀림력이 재분배되어서 구조물이 곧바로 붕괴되지 않기 때문이다.

만약 부재를 비틀림만에 대해 설계한다면, 직교 철망이나 균열면에 직각으로 배치되는 나선 철근이 유리하다. 그러나 실제 구조 부재는 다른 단면력과 조합 하중을 받기 때문에 이러한 형태의 철근은 현실적이지 않으며, 비틀림, 전단 및 휨모멘트가 조합으로 작용하는 부재는 각각 개별 단면력에 대한 검증 과정을 수행한 뒤 서로의 상관 영향을 별도로 검토하여야 한다. 여기서 다루는 비틀림은 닫힌 단면(closed section)이나 속찬 단면(solid section)의 순환형 전단류(circulatory shear flow)에 의해 유발되는 선형 **순수비틀림**(St. Venant torsion)에 국한된다. 열린 단면(open section)에서 종종 발생하는 **뒤틀림**(warping torsion)은 보통 극한한계상태 검증을 생략한다. 그러나 특히 얇은 벽체로 구성된 U형 또는 T형 단면 부재를 설계할 때에는 뒤틀림을 검토하여야 할 경우가 있다.

6.6.2 바탕 이론과 이상화

(a) St. Venant 비틀림

그림 6.26은 순수비틀림을 받는 속찬 단면 부재의 일부를 나타낸 것이다. 재료가 탄성이라면 단면의 응력은 실선으로 보인 것과 같이 전 단면에 걸쳐 선형 분포하게 된다. 이때 최대 전단응력은 단면의 긴 변 중앙에서 발생한다. 그러나 콘크리트라면 점선으로 표시된 것과 같이 비선형으로 분포한다. 이 최대 전단응력 $v_{\max}$는 St. Venant 비틀림 이론에 의해 다음과 같게 나타난다.

$$v_{\max} = \frac{T}{kb^2 h} \tag{6.6-1}$$

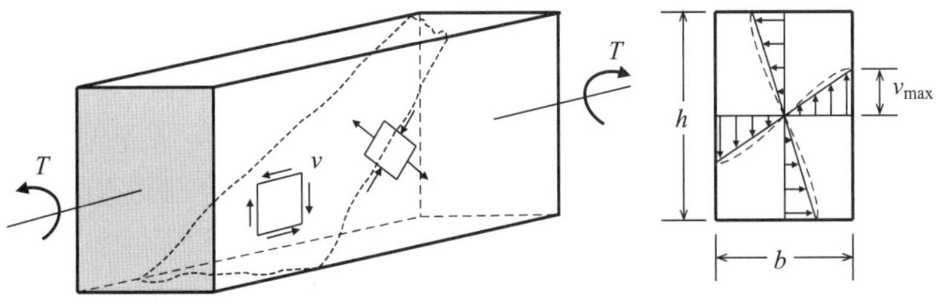

(a) (b)

그림 6.26 속찬 단면 부재의 비틀림에 유발된 응력

여기서 b는 단면의 짧은 변 길이이고, h는 긴 변 길이이다. 이 식에서 k는 단면 형상비에 따라 달라지는 값으로 다음 식으로 계산할 수 있다.

$$k = \frac{1}{3}\left[1 - 0.63\frac{b}{h}\left(1 - \frac{b^4}{12h^4}\right)\right] \tag{6.6-2}$$

부재 표면에는 그림에 나타낸 것과 같이 한쌍의 법선응력이 발생한다. 이 응력 상태는 전단응력과 동일한 크기인 인장응력과 압축응력에 해당한다. 이것은 앞 6.2절에서 설명한 전단력에 의해 유발되는 사인장응력과 동일한 성질이다.

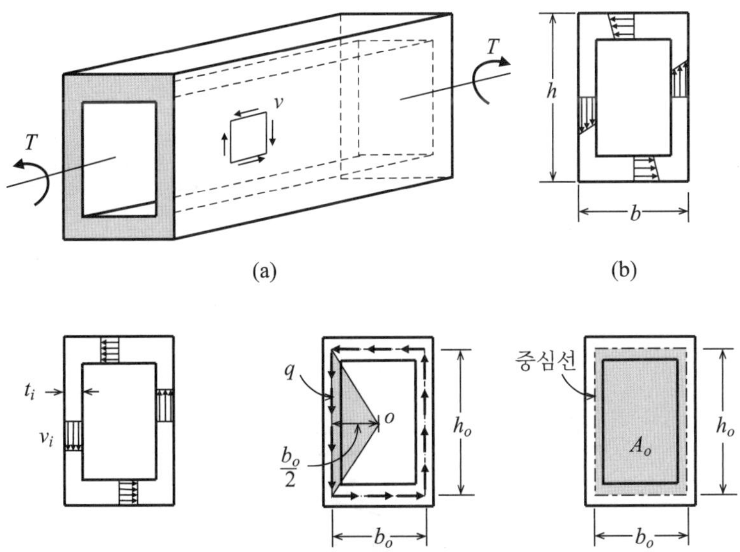

(a) (b)

(c) (d) (e)

그림 6.27 속빈 단면 부재의 비틀림에 유발된 응력

그림 6.27은 얇은 벽으로 구성된 속빈 단면(hollow section) 관(tube)이 비틀림을 받을 때의 응력 상태를 보인 것이다. 각 벽의 두께 t는 서로 다를 수 있으며, 이 부재의 양단에 비틀림모멘트 T가 작용하면 부재는 비틀리며 단면에는 전단응력 v가 유발된다. 벽 두께에 걸친 전단응력의 실제 크기는 그림 6.27(b)에 보인 것처럼 안쪽 면에서는 작고 바깥쪽 면에서는 큰 분포 상태가 된다. 만약 벽 두께가 전체 부재 크기에 비해 충분히 얇다면 벽 두께에 따른 응력 크기의 차이를 무시하고 그림 6.27(c)처럼 등분포 상태로 간주할 수 있다. 이러한 상태에서 벽 단위 길이 당 전단력은 다음과 같게 된다.

$$q = v_i t_i \tag{6.6-3}$$

이 값을 **전단류**(shear flow)라 하며 작용점은 벽 중심선이 된다. 전단류 q는 두께가 다른 벽과의 접합면에서 서로 힘의 평형을 이루어야 하기 때문에 벽 두께에 상관없이 어느 위치에서나 같은 크기를 갖는다는 특징이 있다. 이처럼 비틀림을 받는 속빈 닫힌 단면에서는 물이 파이프를 통해 흐르는 현상과 동일하게, 그림 6.27(d)처럼 벽을 따라 순환형 전단류 q가 유발된다. 따라서 부재를 구성하고 있는 벽 중에서 두꺼운 벽에는 작은 전단응력 발생하고 반면에 얇은 벽에는 큰 전단응력이 발생한다는 것을 알 수 있다.

작용 비틀림모멘트에 의해 각 벽체에 유발된 전단응력의 크기를 알아보기 위해 한 벽만을 생각해 보자. 그림 6.27(d)에 보인 왼쪽 수직 벽의 단면에 작용하는 전단류의 합력이 그 벽에 작용하는 V_i가 된다.

$$V_i = qh_o = v_i t_i h_o \tag{6.6-4}$$

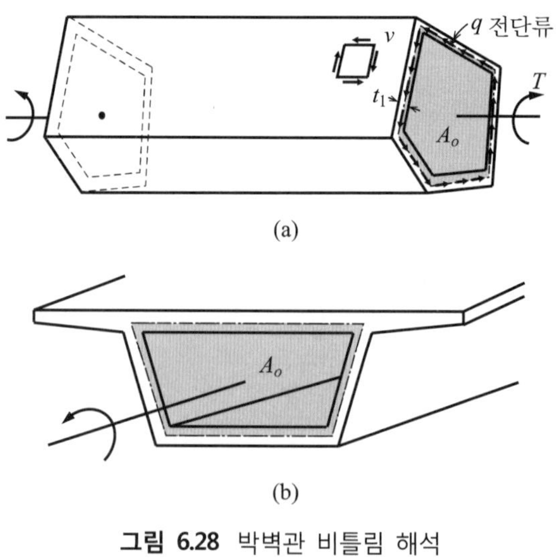

그림 6.28 박벽관 비틀림 해석

여기서 t_i와 h_o는 각각 수직 벽의 두께와 길이이다. 단면 중심 o에 대해 이 벽체 전단력이 만드는 모멘트가 작용 비틀림에 저항하는 성분 ΔT_i가 된다. 즉

$$\Delta T_i = qh_o \frac{b_o}{2} \tag{6.6-5}$$

동일하게 수평 벽에 작용하는 전단력은 qb_o가 되며, 단면 중심 o까지 거리 $h_o/2$를 곱하면 비틀림 저항 성분 ΔT_i를 얻을 수 있다. 이렇게 각 벽마다 저항 성분 ΔT_i를 계산하여 모두 합한 값은 작용 비틀림모멘트 T와 같아야 한다. 즉

$$T = \Delta T_1 + \Delta T_2 + \Delta T_3 + \Delta T_4 = 2qh_o b_o \tag{6.6-6}$$

여기서 $h_o b_o$는 그림 6.27(e)에 음영으로 나타낸 면적이라는 것을 알 수 있다. 이 면적을 A_o라고 표시하면, 위 식을 다음과 같이 간단하게 기하학적으로 표현할 수 있다.

$$T = 2qA_o \tag{6.6-7}$$

결국, 얇은 벽으로 이루어진 부재에 비틀림모멘트 T가 작용할 때 각 벽에 발생한 전단응력은 다음과 같게 된다.

$$v_i = \frac{q}{t_i} = \frac{T}{2t_i A_o} \tag{6.6-8}$$

이처럼 속빈 단면 부재에 비틀림모멘트가 작용할 때 단면의 어느 위치에서나 발생하는 전단응력을 알 수 있다. 그림 6.28에 보인 것과 같이 다양한 형태의 속빈 단면 부재에서도 t_i는 실제 벽 두께이고, 벽들의 중심선으로 닫힌 면적 A_o를 사용하여 모든 하중 단계에서 전단응력을 파악할 수 있게 된다. 이 방법은 벽 두께에 걸쳐 전단응력이 균등하다고 간주할 수 있는 얇은 벽이라고 가정하였기 때문에 **박벽관**(thin-walled tube) **비틀림 해석**이라 한다.

(b) 공간 트러스 이상화

비틀림모멘트에 의해 유발된 전단응력은 사인장응력을 유발시키며, 콘크리트의 인장강도 f_{ct}를 초과하면 취약 부위부터 균열이 발생하여 그림 6.26에 점선으로 나타낸 것과 같은 나선 형태로 부재 전체에 확장된다. 즉, $v_{\max} = \phi_c f_{ct}$를 발생시키는 비틀림모멘트 값을 균열비틀림모멘트(cracking torque) T_{cr}이라 하며, 속빈 단면 부재에서는 다음과 같다[6].

6) 콘크리트구조기준에서는 비틀림을 받는 부재의 콘크리트 인장강도를 $0.33\sqrt{f_{ck}}$로 나타내어 균열비틀림강도를 다음과 같이 산정한다.

$$T_{cr} = \phi \frac{1}{3} \sqrt{f_{ck}}\, t_i (2A_o) \tag{주.6-12}$$

여기서 ϕ는 전단과 비틀림에 적용하는 강도감소계수로 0.75값을 취한다.

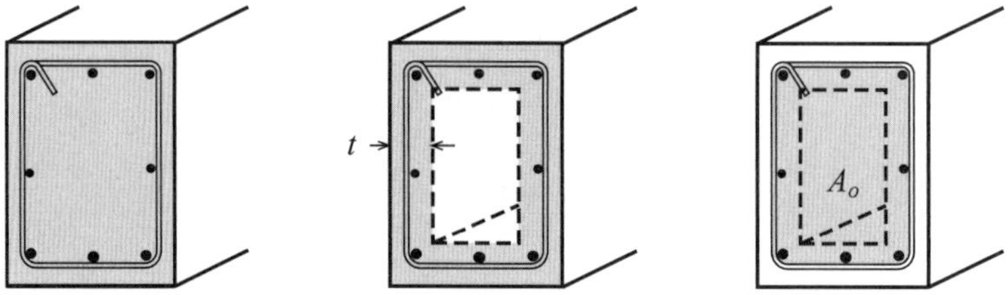

(a) 실제 단면 (b) 가상 박벽관 이상화 (c) 설계

그림 6.29 속찬 단면의 가상 박벽관 이상화

$$T_{cr} = \phi_c f_{ct} t_i (2A_o) \tag{6.6-9}$$

철근이 배치되어 있지 않는 부재는 비틀림 균열 발생 순간에 매우 취성적으로 파괴된다. 반면에 최소 철근량이 배치된 부재일지라도 비틀림 연성은 크게 증가한다.

작용하는 비틀림모멘트 T가 균열비틀림모멘트 T_{cr}을 초과할 경우에는 보강 철근을 배치하여 비틀림모멘트에 저항하게 해야 한다. 부재에 적절하게 철근을 배치하였다면 식 (6.6-9)의 균열강도와 같거나 또는 약간 큰 하중에서 균열이 발생한다. 이때 균열은 여러 개의 나선 형태로 발생하며, 콘크리트의 비틀림 강도는 균열 발생 순간에 대부분 사라지고 콘크리트의 인장력은 배치된 철근이 담당하며, 트러스 작용이 형성되어서 작용 비틀림모멘트를 저항하게 된다. 이러한 거동은 부재 복부의 전단 저항 메커니즘과 동일한 현상으로서, 경사 균열로 구획된 콘크리트는 일련의 스터럿이 되고 종방향과 횡방향 철근은 각각 수평 타이와 수직 타이가 되어 트러스 작용을 형성한다.

그림 6.29(a)에 보인 것과 같이, 표피 부근에 철근을 적절히 배치한 속찬 단면을 갖는 부재에도 비틀림 균열이 발생하면, 균열로 구획된 콘크리트와 표면 근처에 배치된 종방향과 횡방향 철근이 트러스 작용을 형성하여 작용 비틀림모멘트의 대부분을 담당한다. 이 거동은 앞에서 설명한 속빈 단면 부재와 동일한 현상이다. 단면의 깊숙한 내부 콘크리트에는 철근이 배치되어 있지 않기 때문에 트러스 작용이 형성되지 않는다. 이러한 상태에 놓인 속찬 단면은 그림 6.29(b)와 같은 등가의 가상 두께 t를 갖는 벽으로 구성된 **가상의 속빈 단면**으로 이상화할 수 있다. 속빈 단면으로 이상화한 후에는 앞에서 설명한 속빈 단면에 적용하는 박벽관 비틀림 해석을 적용할 수 있게 된다.

속빈 단면 부재나 속찬 단면 부재에서 비틀림 균열이 발생한 후에는 박벽관 해석이 가능해진다는 것을 알았다. 즉 비틀림이 작용하면 각 벽에는 순환형 전단류가 형성되어서 균열로 구획된 경사 스트럿에 압축력을 유발하며, 이 힘과 평형을 이루기 위해 횡방향 철근과 종방향 철근에 인장력이 발생되는 트러스 작용이 형성된다. 따라서 부재의 각 벽체는 3.6절에서 기술한 평면 요소와 동일한 상태가 되기 때문에 트러스 모델 이론으로 모든 해석과 설계가 가능하게 된다.

그림 6.30은 비틀림모멘트에 의해 균열 발생 후의 부재의 비틀림 저항 메커니즘을 공간 트러스로 나타낸 것이다. 비틀림모멘트가 작용하는 부재에 종방향 철근을 배치하지 않으면 트러스 작용이 유지되지 않기 때문에 비틀림에 저항할 수 없게 된다. 이때문에 비틀림을 받는 부재에는 각 모서리에 종방향 철근을 최소한 하나 이상 배치하여야 하며, 둘레를 따라 균등하게 배치해야 한다.

6.6.3 비틀림 철근

작용하는 비틀림모멘트 T가 균열비틀림모멘트를 초과할 때는 횡방향과 종방향 철근을 배치하여 비틀림모멘트에 저항하게 해야 한다. 실험 결과에 의하면 종방향 철근만으로는 비틀림 강도가 크게 증가하지 못하고 단지 15퍼센트 정도 증가하는 것으로 알려졌다. 이것은 스터럽과 같은 횡방향 철근이 배치되지 않아서 트러스 작용이 형성되지 않기 때문이다. 즉 콘크리트 경사 스트럿은 경사 압축력을 지지하고 종방향 철근은 수평 타이 역할을 하며, 스터럽은 수직 타이 역할을 한다.

비틀림 보강 철근으로 사용하는 스터럽은 부재의 모든 면에서 발생하는 사인장 균열을 가로질러서 소요 인장강도를 발휘할 수 있도록 폐쇄형이어야 하며, 부재축에 직각으로 배치하여야 한다. 보통 전단 보강 철근으로 사용하는 U형 스터럽은 비틀림 보강 철근으로 부적절하다. 한편 한 가닥으로 만든 폐쇄 스터럽은 현장에서 조립하기가 어렵다. 그래서 그림 6.31에 보인 것과 같이 두 조각으로 만들어 사용하기도 한다. 즉 U형 스터럽을 수평 상단 철근과 조합하여 적절하게 정착한다.

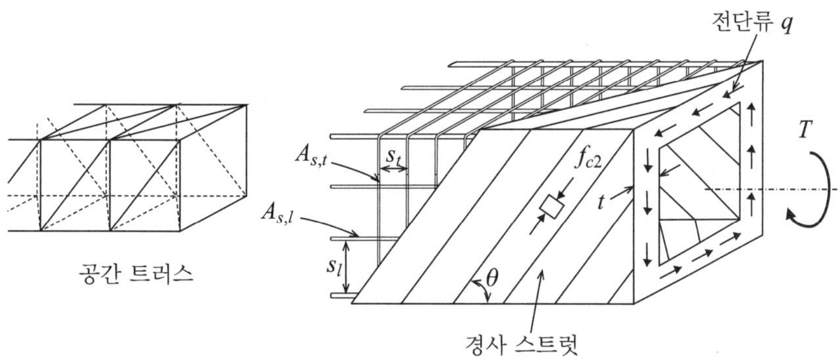

그림 6.30 비틀림 해석과 설계를 위한 공간 트러스 이상화

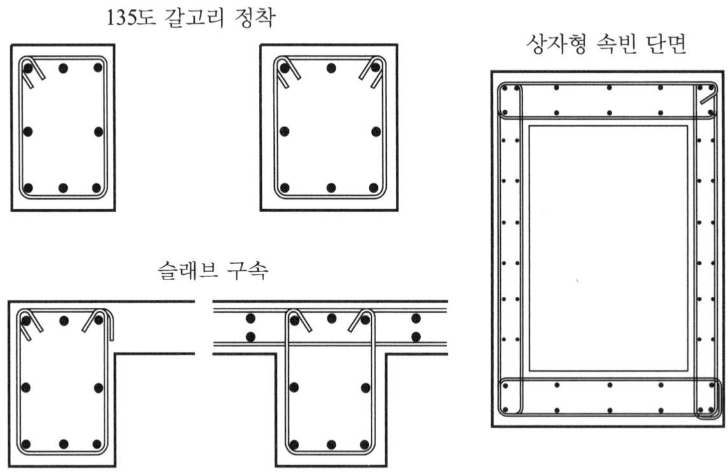

그림 6.31 비틀림 보강 철근의 형태

부재가 큰 비틀림 하중을 받게 되면 콘크리트 피복이 쉽게 박리되기 때문에 스터럽을 그림 6.31처럼 단면의 심부 콘크리트에 정착시켜야 한다. 따라서 스터럽을 종방향 철근 주위로 135° 갈고리에 의해 정착시켜야 한다. 다만 T형이나 L형 단면에서 슬래브나 플랜지에 의해 복부의 피복 박리가 방지되어 있는 부위에 스터럽을 정착할 경우에는 90° 갈고리를 사용할 수 있다. 만약 플랜지 단면의 비틀림 저항력을 설계에 포함할 때는 플랜지에도 폐쇄 스터럽을 배치해야 한다. 비틀림 거동도 근본적으로 전단 거동이기 때문에 스터럽 타이의 최소량과 최대 배치 간격은 전단 보강 스터럽의 제한 규정과 동일하게 적용한다.

공간 트러스 작용이 적절하게 발휘되도록 종방향 철근은 부재 단면의 각 모서리에 적어도 하나씩 배치되어야 하며 둘레를 따라 균일하게 분포하고 그 간격은 350 mm와 $p_{cp}/8$ 중에서 작은 값을 초과하지 않아야 한다. 여기서 p_{cp}는 단면의 둘레 길이이다. 기둥처럼 다른 부재와 연결된 비틀림 부재의 단부에서는 종방향 철근의 정착에 특별히 주의해야 한다. 왜냐하면 연결부에서 최대 비틀림력이 발생하는 경우가 많기 때문이다.

6.6.4 극한한계상태 검증

비틀림 설계 방법은 극한한계상태에서 작용하는 계수비틀림모멘트 T_u에 의해 각 벽에 유발되는 전단력 $V_{u,i}$를 기준으로 해당 벽의 설계전단강도 $V_{d,i}$와 비교하여 검증하는 것이다. 즉, 단면을 구성하는 각 벽체마다 다음 조건을 검증해야 한다.

$$V_{u,i} \le V_{d,i} \tag{6.6-10}$$

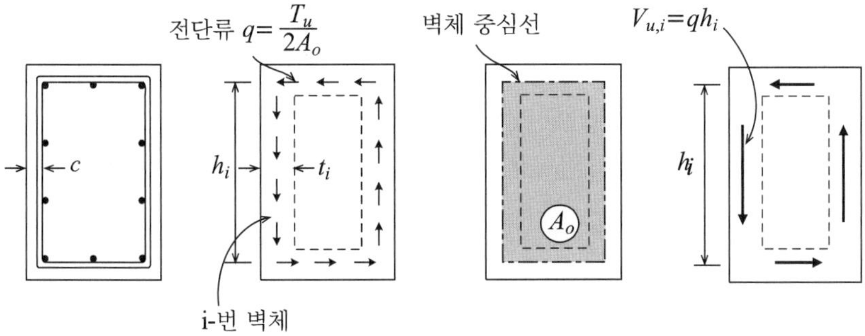

그림 6.32 속찬 단면의 가상 벽체에 작용하는 전단류와 전단력

작용하는 계수비틀림모멘트 T_u에 의해 단면 i-번 벽에 유발된 전단력을 다음과 같이 결정할 수 있다.

$$V_{u,i} = \frac{T_u}{2A_o} h_i \tag{6.6-11}$$

여기서 h_i는 i-번 벽의 길이이며, A_o는 벽 중심선으로 구획된 심부 단면적으로 속빈 부분도 포함한 것이다. $V_{d,i}$는 벽의 설계전단강도로 6.3절에서 기술한 방법에 의해 결정한다. 따라서 부재에 작용하는 계수비틀림력에 의해 각 벽에 유발된 계수전단력을 얻고 난 후에는 앞 6.3절에서 기술한 부재 전단 설계와 동일한 과정으로 각 벽을 설계한다. 이때 각 벽은 부재 전단 설계에 관련된 최소 철근비와 배치 간격 등의 모든 요구 조건을 만족하도록 해야 한다. 비틀림력과 함께 전단력이 조합으로 작용하는 경우에는 계수비틀림력에 의해 유발된 벽체의 전단력 $V_{u,T}$와 그 가상 벽체에 작용하는 계수전단력 $V_{u,V}$을 합한 전단력으로 검증해야 한다.

그림 6.32에 보인 것과 같이 속찬 단면의 비틀림 설계에는 가상 벽의 두께 t와 이에 따른 벽 중심선으로 구획된 심부 단면적 A_o라는 설계 변수를 결정하여야 한다. 실제 얇은 벽으로 구성된 속빈 단면의 벽 두께와 심부 단면적은 실제 치수에 의한 값이다. 그러나 속이 비어 있지 않은 속찬 단면 부재의 경우에는 다음과 같은 범위에서 가상 벽의 두께를 선정하여 설계한다[7].

$$2c \le t \le \frac{A_{cp}}{p_{cp}} \tag{6.6-12}$$

7) 콘크리트구조기준에서는 일반적인 직사각형 속찬 단면을 갖는 부재의 가상 벽 두께와 벽 중심선으로 구획된 단면적 A_o를 간편하게 다음과 같이 산정할 수 있다.

$$t = 0.75\frac{A_{cp}}{p_{cp}} \qquad A_o = 0.67A_{cp} \tag{주.6-13}$$

여기서 c는 종방향 철근의 피복두께이고, A_{cp}는 단면의 실제 단면적이며, p_{cp}는 실제 단면의 바깥 둘레 길이이다. 이 범위 내에서 벽 두께 t를 선정하면 벽 중심선으로 구성된 심부 단면적 A_o가 결정되어 부재 비틀림 설계를 간단히 수행할 수 있다. 그런데, 위 범위 내에서 큰 t값을 선정하여 설계하면 작은 A_o가 되므로 각 벽에는 큰 전단력이 산출되어 소요 철근량이 많아지게 되는 비경제적인 설계가 된다. 반면에 작은 t값을 선정하면 적은 소요 철근량이 산출되나 콘크리트 스트럿이 한계값에 빨리 도달할 수 있다. 따라서 경제적인 설계를 위해서는 콘크리트 스트럿의 유효강도를 모두 활용할 수 있도록 반복 시산법으로 두께를 결정하여야 한다. 콘크리트의 유효압축강도를 모두 활용하면서 보강 철근량을 최소화할 수 있는 최적 경사각을 선정하면 경제적인 설계가 된다.

(a) 경사각 θ 선정

한계상태설계법에서 비틀림 설계에 적용하는 스트럿 경사각 θ를 전단 설계와 마찬가지로 아래의 범위에서 선택할 수 있다.

$$22° \leq \theta \leq 45° \tag{6.6-13}$$

3.6.4절에서 설명했듯이, 주어진 비틀림 작용력에 저항할 수 있는 종합적으로 가장 경제적인 설계는 $\theta = 45°$로 할 때이다. 즉, 45°인 경우에 양방향으로 소요되는 철근량의 합이 최소가 되고, 동시에 콘크리트 스트럿의 저항 능력이 최대가 된다. 왜냐하면, 양방향 철근량의 합이나 콘크리트 저항 능력은 항상 $\tan\theta + \cot\theta$ 항으로 나타나며, 이 항의 값은 그림 3.43에 보인 것처럼 $\theta = 45°$일 때 최소가 되기 때문이다. 그러나 실제 부재 설계에서는 주어진 콘크리트 벽 두께가 충분히 크고 동반하는 휨철근량이 여유 강도를 갖고 있는 경우가 많다. 이러한 경우 주어진 콘크리트 강도와 여유 휨철근을 이용하고 소요 비틀림 스터럽량을 최소화하는 것이 경제적인 설계가 되기 때문에 작은 경사각을 사용하는 것이 유리해지는 경우가 있다.

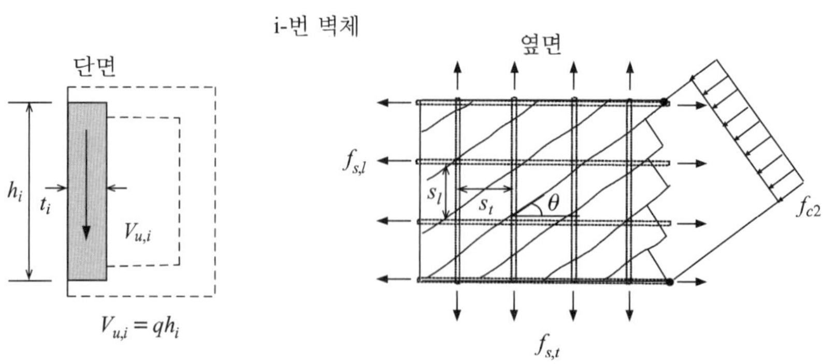

그림 6.33 비틀림을 받는 부재의 응력 상태

(b) 소요 철근량 산정

앞에서 설명한 바와 같이, 실제 또는 가상 박벽관에 비틀림이 작용하면 각 벽에 전단력이 유발되어 균열과 응력을 발생한다. 그림 6.33은 i-번 벽체에 계수비틀림력에 의한 전단력 $V_{u,i}$가 경사 균열을 발생시킨 후의 벽체의 응력 상태를 나타낸 것이다. 벽체 전단력 $V_{u,i}$는 콘크리트 스트럿에 압축응력 f_{c2}를 유발시킨다. 이와 평형을 이루기 위해 종방향과 횡방향 철근에 각각 인장응력 $f_{s,l}$과 $f_{s,t}$가 발생된다.

먼저, 벽체에 간격 s_t로 철근량 $A_{s,t}$를 갖는 횡방향 철근과 간격 s_l로 철근량 $A_{s,l}$을 갖는 종방향 철근이 배치되어 있다면, 식 (3.6-13a)와 식 (3.6-13b)와 같이 철근 항복을 기준으로 한 설계전단강도 $v_{sd,t}$와 $v_{sd,l}$을 갖는다. 이때의 횡방향 철근비 $\rho_t = A_{s,t}/t_i s_t$이고, 종방향 철근비 $\rho_l = A_{s,l}/t_i s_l$이며, 법선응력 $f_{n,t} = f_{n,l} = 0$인 상태이다. 극한한계상태에서 이 설계전단강도는 계수전단응력 $v_{u,i} = V_{u,i}/t_i h_i$보다 크거나 같아야 한다. 따라서 벽체의 단면 크기와 작용 전단력이 주어질 때, 선정된 경사각을 사용하여 극한한계상태에서 소요되는 각 방향 철근량을 다음과 같게 결정할 수 있다.

$$\text{소요 } \frac{A_{s,t}}{s_t} \geq \frac{V_{u,i}}{\phi_s f_y h_i \cot\theta} \tag{6.6-14}$$

$$\text{소요 } \frac{A_{s,l}}{s_l} \geq \frac{V_{u,i}}{\phi_s f_y h_i \tan\theta} \tag{6.6-15}$$

이 식은 계수비틀림력 T_u에 의해 각 벽마다 유발된 전단력을 기준으로 각 벽에 소요되는 철근량을 결정하는데 사용된다.

일반적인 철근콘크리트 부재에서 비틀림력은 휨 및 전단력과 동반하여 작용한다. 따라서 비틀림 설계 전에 휨에 대한 설계를 먼저 수행하여 휨철근으로 종방향 철근이 이미 배치된 상태에서 비틀림에 소요되는 철근을 추가하게 된다. 특히 속찬 단면 부재를 설계할 때는 각 가상 벽체마다 분리하여 소요 철근량을 산정하지 않고, 주어진 비틀림력으로 부터 소요 폐합 스터럽량을 바로 계산하고, 휨철근에 추가되는 종방향 비틀림 철근의 소요 총 단면적 $\Sigma A_{s,l}$을 산정하여 설계하는 경우가 있다. 이 경우에는 식 (6.6-14)와 식 (6.6-15)의 $V_{u,i}$를 식 (6.6-11)로 치환하면 다음과 같은 소요 비틀림 철근량 산정식을 얻을 수 있다.

$$\text{소요 } \frac{A_{s,t}}{s_t} \geq \frac{T_u}{2\phi_s f_y A_o \cot\theta} \tag{6.6-16}$$

$$\text{소요}\ \frac{\Sigma A_{s,l}}{p_o} \geq \frac{T_u}{2\phi_s f_y A_o \tan\theta} \tag{6.6-17}$$

여기서 p_o는 심부 면적 A_o의 둘레 길이, f_y는 철근의 항복응력이다. 소요 종방향 철근은 단면 둘레를 따라 분산 배치해야 한다. 비교적 작은 단면에서는 모서리에 집중 배치한다. 휨과 조합으로 작용하는 부재에서 휨에 저항하는 압축 현재의 휨압축력 C에서 종방향 비틀림 철근량이 발휘하는 인장력만큼 감소시킬 수 있다. 반면에 인장 현재의 종방향 비틀림 철근량은 소요 휨철근량에 추가하여야 한다.

(c) 설계비틀림강도

비틀림이 작용하는 부재의 검증은 기본적으로 각 벽으로 분리하여 수행한다. 종종 크기가 작은 속찬 단면에서 양방향 철근이 균등하게 배치된 경우에는 단면의 설계비틀림강도 T_d와 계수비틀림력 T_u로 검증하는 경우가 있다. 앞 3.6절의 식 (3.6-13a)에 $v_{sd,t} = T_{sd}/(2A_o t)$로 치환한 후에 T_{sd}에 관해 정리하면 다음과 같은 횡방향 철근의 항복을 기준으로 하는 설계비틀림강도 공식을 얻는다[8].

$$T_{sd} = 2\phi_s f_y A_{st} A_o \frac{\cot\theta}{s_t} \tag{6.6-18}$$

또한, 콘크리트 스트럿의 파괴를 기준으로 한 최대 설계비틀림강도는 식 (3.6-13c)에서 $v_{d,\max}$를 $T_{d,\max}/(2A_o t)$로 치환하여 정리하면 최대 설계비틀림강도 $T_{d,\max}$를 얻는다.

$$T_{d,\max} = 2\,\phi_c f_{c2,\max}\, t\, A_o \frac{1}{\tan\theta + \cot\theta} \tag{6.6-19}$$

여기서 $f_{c2,\max}$는 스트럿의 유효압축강도로 식 (3.3-27)로 정의된 값이다.

T형 단면처럼 열린 단면(open section) 부재의 경우에는 전체 단면을 사각형 단면으로 분해한

---

8) 콘크리트구조기준의 비틀림 설계 기본 개념도 박벽관 비틀림 이론과 공간 트러스 유사론에 바탕을 두고 있으며, 다음과 같이 스터럽의 기준항복강도를 사용하여 공칭비틀림강도 T_n을 구한후 강도감소계수 ϕ를 곱하여 설계비틀림강도 T_d를 산정한다.

$$T_d = \phi T_n = 2\phi f_{vy} A_{st} A_o \frac{\cot\theta}{s_t} \tag{주.6-14}$$

여기서 ϕ는 0.75이다. 결국 이 식은 식 (6.6-18)과 동일한 형태이며, 다만 재료계수 대신에 강도감소계수를 적용하는 것만 다르다. 강도설계법에서는 콘크리트 압축 파괴를 기준으로 한 최대 비틀림강도에 대한 제한 규정을 두지 않고 있다. 대신에 전단 설계와 동일하게 최대 비틀림응력을 $0.67\sqrt{f_{ck}}$로 제한하고 있다. 따라서 최대 비틀림응력 제한에 따르는 최소 단면 치수를 만족하면 복부의 콘크리트 압축 파괴가 방지되고 균열폭이 제어된 것으로 간주하여 별도의 검증을 수행하지 않는다.

후, 각 요소 단면 마다 강도를 산출하고 최종적으로 합하여 부재의 비틀림강도를 구한다. 이때 각 요소 단면이 분담하는 비틀림모멘트는 각 요소 단면의 비틀림 강성의 구성비에 비례하도록 정해야만 전체 단면에 대해 유도한 비틀림 강성이 최대가 된다. 각 요소 사각형의 비균열 단면 비틀림 강성을 다음 식으로 산정할 수 있다.

$$I_p = kht^3 \tag{6.6-20}$$

여기서 h는 분해된 사각형의 긴 변 길이이고, t는 짧은 변 길이이다. k는 사각형의 형상비 (t/h)에 따른 값으로 식 (6.6-2)로 얻을 수 있다. 식 (6.6-2)의 b는 여기서 t에 해당한다. 일반적인 범위의 형상비에서 계산한 k값을 표 6.2에 정리하였다.

표 6.2 단면 형상비에 따른 k값

h/t	k	h/t	k	h/t	k
1.0	0.141	1.5	0.196	4.0	0.281
1.1	0.153	1.8	0.218	5.0	0.291
1.2	0.165	2.0	0.229	7.5	0.305
1.3	0.177	2.5	0.250	10.0	0.312
1.4	0.185	3.0	0.263	∞	0.333

6.6.5 비틀림과 전단의 상호 작용

비틀림, 전단 및 휨모멘트가 동시에 조합으로 작용하는 부재는 각각 개별 단면력에 대한 검증 과정을 수행한 뒤 서로의 상관 영향을 별도로 검토하는 설계 방법이 일반적이다. 비틀림과 전단이 동시에 작용하는 부재를 설계할 때는 비틀림력과 전단력에 각각 필요한 철근량을 산정한 후 중첩하여 배치한다. 그런데 콘크리트 스트럿은 두 힘에 의해 유발된 압축응력이 중첩되기 때문에, 이 응력의 합은 스트럿의 설계유효강도를 초과하지 않아야 한다. 따라서 비틀림과 전단이 동시에 작용하는 부재의 최대 강도는 압축 스트럿의 강도에 의해 제한된다.

그림 6.34에 나타낸 것처럼, 속빈 단면 부재에서 전단과 비틀림의 조합 하중이 작용하는 경우, 전단과 비틀림에 의한 전단응력은 동일 위치의 벽에 동일 방향으로 발생하여 서로 중첩되어진다. 반면에 속찬 단면의 경우, 전단에 의한 전단응력 $v_{u,V}$는 단면 전체에 걸쳐 작용하지만 비틀림에 의한 전단응력 $v_{u,T}$는 가상 벽체 안에 작용하는 응력이기 때문에 벽체에 전단응력이 중첩되는 효과가 덜하게 된다. 즉, 수직 벽-A의 전단력은

$$V_{u,i} = (v_{u,T} + v_{u,V})t_i h_i \tag{6.6-21}$$

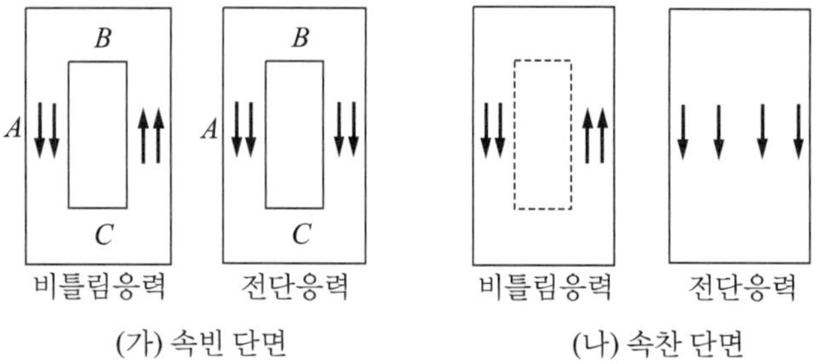

그림 6.34 비틀림응력과 전단응력의 조합

이러한 역학적 거동 차이를 전단과 비틀림 상관관계에 반영하기 위해, 속찬 단면에서는 곡선형 관계로, 속빈 단면에서는 직선형 관계로 간단하게 정의하여 조합 하중이 작용하는 부재의 극한한계상태를 검증한다. 이때 최대 설계전단강도 $V_{d,\max}$를 기준으로 검증하여 설계하여야 하며, 이 강도를 초과하지 않기 위해서는 다음 조건을 만족하여야 한다[9].

$$\text{속찬 단면} \quad : \quad \left(\frac{T_u}{T_{d,\max}}\right)^2 + \left(\frac{V_u}{V_{d,\max}}\right)^2 \le 1.0 \tag{6.6-22a}$$

$$\text{속빈 단면} \quad : \quad \left(\frac{T_u}{T_{d,\max}}\right) + \left(\frac{V_u}{V_{d,\max}}\right) \le 1.0 \tag{6.6-22b}$$

여기서 T_u와 V_u는 각각 계수비틀림모멘트와 계수전단력이며, $T_{d,\max}$로 식 (6.6-19)로 산정한 최대 설계비틀림강도이고, $V_{d,\max}$는 식 (6.3-12)의 최대 설계전단강도이다.

---

9) 콘크리트구조기준에서는 전단과 비틀림이 동시에 작용하는 부재의 한계상태를 검증하기 위해 두 작용력에 의해 유발된 응력의 합을 아래에 주어진 최대 전단응력이하로 제한하고 있다.

$$v_{d,\max} = \phi\left(\frac{V_c}{b_w d} + \frac{2}{3}\sqrt{f_{ck}}\right) \tag{주.6-15}$$

계수전단력 V_u와 계수비틀림모멘트 T_u가 작용하는 부재의 단면은 다음과 같은 조건을 만족하도록 최소한의 단면 치수를 확보해야 한다.

$$\text{속찬 단면 :} \quad \sqrt{\left(\frac{V_u}{b_w d}\right)^2 + \left(\frac{T_u p_h}{1.7A_{oh}^2}\right)^2} \le v_{d,\max} \tag{주.6-16a}$$

$$\text{속빈 단면 :} \quad \frac{V_u}{b_w d} + \frac{T_u p_h}{1.7A_{oh}^2} \le v_{d,\max} \tag{주.6-16b}$$

여기서 A_{oh}와 p_h는 각각 폐쇄 스터럽의 중심선으로 구획된 단면적과 그 둘레 길이이다. 이 응력 제한 조건을 만족하면 과도한 스터럽 보강으로 발생할 수 있는 취성적 콘크리트 파괴가 방지되고 사용하중에서 과도한 균열이 방지된다고 간주한다.

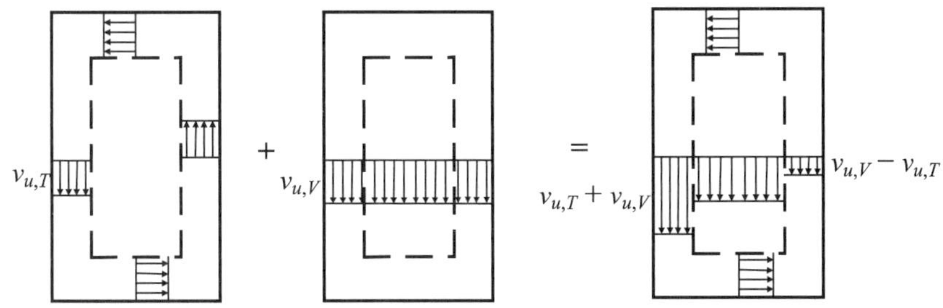

(a) 비틀림응력 (b) 전단응력 (c) 조합응력

그림 6.35 속찬 단면에서 비틀림응력과 전단응력의 조합

만약 그림 6.35에 보인 비틀림과 전단에 의한 조합 응력의 크기 $v_{u,T} + v_{u,V}$가 한쪽 벽에서 콘크리트 인장강도 f_{ct}보다 작으면 부재에는 전단 균열이 발생하지 않는다. 한편, 다른 쪽 벽에서 조합 전단응력은 훨씬 작은 값을 갖는다. 그러나 작용 전단력에 비해 비틀림력이 상대적으로 클 때는 오히려 상향 전단응력이 유발되기도 한다. 따라서 단면 양 측면의 조합 응력의 크기가 $0 \leq v_{u,T} + v_{u,V} \leq f_{ct}$ 사이에 놓이면, 부재에는 경사 균열도 발생하지 않으며 균열 열림도 발생하지 않는 상태가 되므로 작용하는 비틀림력을 무시하고 설계를 생략할 수 있을 것이다.

부재가 속찬 사각형 단면인 경우, 위와 같은 조합 응력 조건은 $v_{u,T} = T_u/(kb^2h)$와 $v_{u,V} = V_u/bd$ 관계와, 일반적인 부재에서 사각형 단면의 형상비가 대략 2일 때 $k = 0.23$에 해당하므로, 비틀림 설계를 생략할 수 있는 응력 범위는 다음과 같은 계수비틀림모멘트와 계수전단력 항으로 나타낼 수 있다.

$$T_u \leq \frac{V_u b}{4.5} \tag{6.6-23a}$$

$$V_u\left[1 + \frac{4.5\,T_u}{V_u b}\right] \leq V_{cd} \tag{6.6-23b}$$

여기서 V_{cd}는 식 (6.3-2)로 계산한 전단 철근이 없는 부재의 설계전단강도이다. 즉, 속찬 단면 부재에서 작용하는 비틀림모멘트와 전단력이 위 조건을 동시에 만족한다면, 단면의 전단응력은 $0 \leq v_{u,T} + v_{u,V} \leq f_{ct}$사이에 있게 되어 비틀림 설계를 생략할 수 있으며, 단지 최소 철근량만이 필요하다[10].

10) 콘크리트구조기준에서는 작용 계수비틀림모멘트 T_u가 식 (주.6-12)의 균열비틀림모멘트 T_{cr}의 25퍼센트 미만이면 비틀림의 영향이 크지 않기 때문에 비틀림 설계를 무시할 수 있게 규정하고 있다.

예제 6.6-1 속찬 사각형 단면 비틀림 설계

아래 그림에 주어진 사각형 단면($b=250\text{ mm}$, $d=550\text{ mm}$, $h=650\text{ mm}$) 부재를 비틀림 설계하려고 한다. 휨인장 철근은 D22 철근 6개를 사용하여 $A_s=2{,}323\text{ mm}^2$이고, 콘크리트의 기준강도 $f_{ck}=30\text{ N/mm}^2$이며 철근의 $f_y=400\text{ N/mm}^2$이다. 재료계수 $\phi_c=0.65$와 $\phi_s=0.9$를 적용한다.

(a) 계수비틀림모멘트 $T_u=60\text{ kNm}$가 작용할 때 소요 비틀림 철근량을 구하라.

(b) 계수비틀림모멘트 $T_u=40\text{ kNm}$과 동시에 $V_u=250\text{ kN}$가 작용할 때 소요 철근량을 구하라.

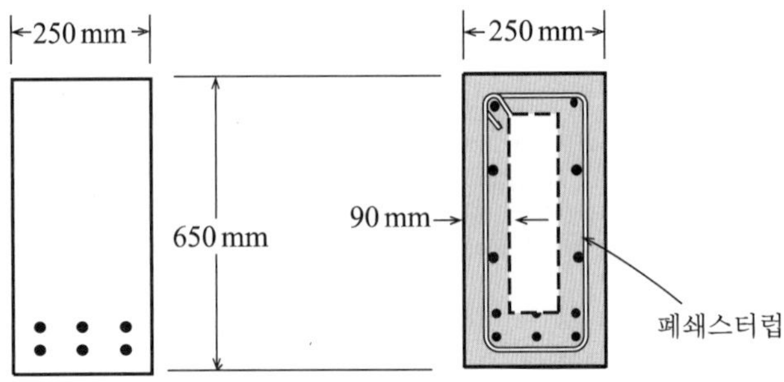

그림 6.36 예제 6.6-1의 속찬 사각형 단면의 비틀림

풀이

복부 콘크리트 스트럿의 유효압축강도는

$$\phi_c f_{c2,\max}=\phi_c\nu f_{ck}=0.65(0.6)\left(1-\frac{30}{250}\right)(30)=10.3\text{ N/mm}^2$$

단면 외곽 면적 $A_{cp}=250(650)=162{,}500\text{ mm}^2$

둘레 길이 $p_{cp}=2(250+650)=1{,}800\text{ mm}$

가상 벽 두께 $t=\dfrac{A_{cp}}{p_{cp}}=\dfrac{162{,}500}{1{,}800}=90.3\text{ mm}$이므로, 여기서는 $t=90\text{ mm}$를 적용한다.

벽 중심선 안 심부 콘크리트 면적 $A_o=(250-90)(650-90)=89{,}600\text{ mm}^2$

벽 중심선 둘레길이 $p_o=2(160+560)=1{,}440\text{ mm}$

(a) $T_u=60\text{ kNm}$가 작용하여 가상 벽에 유발된 전단류와 전단력은

$$q=\frac{T_u}{2A_o}=\frac{60\times10^6}{2(89{,}600)}=334.8\text{ N/mm}$$

$$V_u=qh_o=334.8(560)=187.5\text{ kN}$$

가상 벽이 저항할 수 있는 최대 설계전단강도는 $\theta=45°$일 때 식 (6.3-12)에 의해

$$V_{d,\max}=\frac{10.3(90)(560)}{1+1}\times10^{-3}=519\text{ kN}\geq187.5\text{ kN}$$

작용 전단력이 벽체 콘크리트가 견딜 수 있는 전단강도보다 작다. 따라서 가장 경제적인 경사각 $\theta = 45°$를 선정하면, $V_u = 187.5\,\mathrm{kN}$에 소요되는 횡방향과 종방향 철근량은 식 (6.6-14)와 식 (6.6-15)에 의해

$$\text{소요 } \frac{A_{s,t}}{s_t} = \frac{A_{s,l}}{s_l} \geq \frac{187.5 \times 10^3}{0.9(400)(560)(1)} = 0.93\,\mathrm{mm^2/mm}$$

횡방향 스터럽 간격 s_t를 75 mm로 하면 소요 철근량이 70 $\mathrm{mm^2}$인데 D10철근을 사용하면 $A_{s,t} = 71.3\,\mathrm{mm^2}$ 이 되어 위 조건을 만족한다. 종방향 철근은 구부림 작업이 불필요하므로 큰 지름의 철근을 사용할 수 있다. 간격 s_l을 200 mm로 하면 소요 철근량이 186 $\mathrm{mm^2}$인데 D16철근을 사용하면 $A_{s,l} = 198\,\mathrm{mm^2}$이 되어 위 조건을 만족하는 설계가 된다.

만약, 종방향으로 미리 배치된 휨철근량이 여유 강도를 갖고 있어서 횡방향 스터럽량만을 경제적으로 설계할 필요가 있는 경우에는, 벽체의 $V_{d,\max}$가 $V_u = 187.5\,\mathrm{kN}$와 같도록 경사각을 결정하면, 식 (6.3-21)에 따라

$$\sin 2\theta = \frac{2V_u}{\phi_o f_{c2,\max} t h_o} = \frac{2(187.5) \times 10^3}{10.3(90)(650-90)} = 0.722$$

이 때 $\theta = 23.1°$가 되어 $\cot\theta = 2.34$를 적용하여 소요 철근량을 결정해야 한다. 식 (6.3-22)로 부터

$$\frac{A_{s,t}}{s} \geq \frac{V_u}{\phi_s f_y h_o \cot\theta} = \frac{187.5 \times 10^3}{0.9(400)(560)(2.34)} = 0.40\,\mathrm{mm^2/mm}$$

배치 간격 s를 150 mm로 하면 횡방향 비틀림 철근 소요 면적이 60 $\mathrm{mm^2}$가 되는데, D10철근으로 하면 $A_{s,t} = 71.3\,\mathrm{mm^2}$가 되어 위 조건을 만족한다. 이 철근량은 앞 경우의 절반에 해당하는 것으로 경제적 설계가 된다.

(b) 계수비틀림모멘트 $T_u = 40\,\mathrm{kNm}$과 동시에 $V_u = 250\,\mathrm{kN}$가 작용할 때, 계수비틀림모멘트에 의해 가상 벽체에 유발된 전단응력과 계수전단력에 의해 유발된 단면 전단응력은

$$v_{u,T} = \frac{T_u}{2A_o t} = \frac{40 \times 10^6}{2(89{,}600)(90)} = 2.48\,\mathrm{N/mm^2}$$

$$v_{u,V} = \frac{V_u}{bd} = \frac{250 \times 10^3}{250(550)} = 1.82\,\mathrm{N/mm^2}$$

가상 벽의 전단력은

$$V_u = (v_{u,T} + v_{u,V}) t h_o = (2.48 + 1.82)(90)(560) \times 10^{-3} = 216.7\,\mathrm{kN}$$

가상 벽의 스트럿 콘크리트가 저항할 수 있는 최대 설계 전단강도 $V_{d,\max} = 519\,\mathrm{kN}$보다 작은 전단력이므로, 각 작용력에 대해 소요되는 철근량을 산정하여 중첩 배치하면 된다. 따라서 가장 경제적인 경사각 $\theta = 45°$를 선정한다.

비틀림력 $V_u = 40\,\mathrm{kN}$에 소요되는 횡방향과 종방향 철근량은 식 (6.6-16)과 식 (6.6-17)에 의해

$$\frac{A_{s,t}}{s_t} \geq \frac{T_u}{2\phi_s f_y A_o \cot\theta} = \frac{40 \times 10^6}{2(0.9)(400)(89{,}600)(1)} = 0.62\,\text{mm}^2/\text{mm}$$

$$\frac{\Sigma A_{s,l}}{p_o} \geq \frac{T_u}{2\phi_s f_y A_o \tan\theta} = 0.62\,\text{mm}^2/\text{mm}$$

횡방향 폐쇄 스터럽 간격 s_t를 100 mm로 하면 소요 철근 단면적이 62 mm^{2}이며, D10철근의 한 가닥 $A_s = 71.3\,\text{mm}^2$이 되어 위 조건을 만족하게 되는데, 실제 설계에서는 동반 전단력에 소요되는 철근량과 합해서 한꺼번에 고려하여 배치 간격과 철근 크기를 결정한다. 종방향 철근은 간격 s_l을 200 mm로 하면 소요 철근 단면적이 124 mm^{2}인데 D13철근을 사용하면 126.7 mm^{2}이 되어 위 조건을 만족하는 설계가 된다.

동반하는 전단력 $V_u = 254\,\text{kN}$에 소요되는 추가적인 스터럽량 A_v는 $\theta = 45°$에서

$$\frac{A_v}{s} \geq \frac{V_u}{\phi_s f_y z \cot\theta} = \frac{250 \times 10^3}{0.9(400)(0.9)(550)(1)} = 1.40\,\text{mm}^2/\text{mm}$$

이것은 U형 스터럽 두 가닥 철근 단면적이므로 한 가닥 소요 철근량은 $0.7\,\text{mm}^2/\text{mm}$가 된다. 따라서 비틀림 소요 철근량과 합하면 총 소요 철근량은 $0.62 + 0.7 = 1.32\,\text{mm}^2/\text{mm}$가 된다. 배치 간격 s를 75 mm로 하면 소요되는 횡방향 철근 한 가닥 단면적이 99 mm^{2}가 되는데, D13 철근을 사용하면 127 mm^{2}이 되어 소요 철근량 조건을 만족한다. 최종적으로 두 조합 하중에 소요되는 철근량으로, D13 철근을 폐쇄 스터럽으로 75 mm 간격으로 배치하고, 종방향으로는 D13 철근을 벽 중심선을 따라 200 mm 간격으로 배치하면 적합한 설계가 된다.

예제 6.6-2 T형 단면 부재

그림 6.37과 같이 T형 단면 부재에 $T_u = 40\,\text{kNm}$의 비틀림모멘트가 작용하고 있다. 이 부재의 복부에 소요되는 횡방향과 종방향 철근량을 산정하여 보자. 사용한 콘크리트 강도 $f_{ck} = 30\,\text{MPa}$이고, 횡방향 철근과 종방향 철근의 항복강도는 모두 $400\,\text{MPa}$이다. 비틀림 철근은 D10철근을 30 mm 피복을 갖도록 폐쇄 스터럽으로 구성할 때 필요한 철근의 배치 간격을 구해 보자.

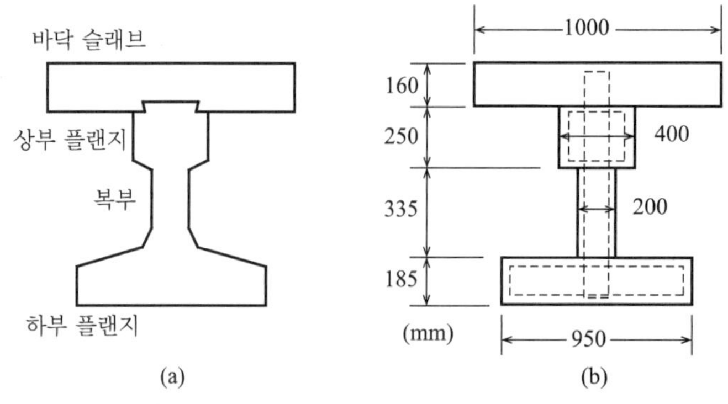

그림 6.37 예제 6.6-2 T형 단면 부재의 비틀림

풀이

(i) 각 요소 분담 비틀림력

먼저, 거더를 그림 (b)처럼 4개의 사각형으로 분해하여, 각 사각형의 비틀림 강성을 식 (6.6-20)을 사용하여 계산하면,

바닥 슬래브 $I_p = 0.5(0.3)(1{,}000)(160^3) = 6.144\times 10^8\,\mathrm{mm}^4$

상부 플랜지 $I_p = 0.204(400)(250^3) = 12.75\times 10^8\,\mathrm{mm}^4$

복부 $I_p = 0.233(335)(200^3) = 6.244\times 10^8\,\mathrm{mm}^4$

하부 플랜지 $I_p = 0.292(950)(185^3) = 17.59\times 10^8\,\mathrm{mm}^4$

총 비틀림 강성은 $\Sigma I_p = 42.73\times 10^8\,\mathrm{mm}^4$ 이기 때문에 각 요소 단면의 분담 비틀림은

바닥 슬래브 $T_{u1} = 40\times 6.144/42.73 = 5.75\,\mathrm{kNm}$

상부 플랜지 $T_{u2} = 40\times 12.75/42.73 = 11.95\,\mathrm{kNm}$

복부 $T_{u3} = 40\times 6.244/42.73 = 5.85\,\mathrm{kNm}$

하부 플랜지 $T_{u4} = 40\times 17.59/42.73 = 16.46\,\mathrm{kNm}$

(ii) 비틀림 철근 설계

바닥 슬래브 : 바닥 슬래브가 분담하는 비틀림 모멘트는 슬래브 휨모멘트와 함께 작용하는 상태가 된다. 이러한 조합하중에서 철근 배치는 겹판요소 모델을 이용하여 설계한다.

상부 플랜지 : 상부 플랜지는 속찬 단면으로 가상 벽의 두께는 식 (6.6-12)에 의해

$$\frac{A_{cp}}{p_{cp}} = \frac{400(250)}{2(400+250)} = 76.9\,\mathrm{mm}$$

그런데 벽 두께는 피복의 2배인 60 mm 보다 작게 하여서는 안 되기 때문에 여기서는 70 mm로 하면 적절하다. 이때 벽 중심선으로 구획된 심부 면적은,

$$A_o = (400-70)\times(250-70) = 59.4\times 10^3\,\mathrm{mm}^2$$

소요 횡방향 철근량은 경사각을 45°로 선정한 후 식 (6.6-16)을 이용하여

$$\frac{A_{s,t}}{s_t} = \frac{T_{u2}}{2\phi_s f_{vy} A_o \cot\theta} = \frac{11.93\times 10^6}{2(0.9)(500)(59{,}400)(\cot 45^o)} = 0.23\,\mathrm{mm}^2/\mathrm{mm}$$

이 철근량은 전단 철근량에 추가하여야 한다. 그림에 보인 것처럼 D10 철근으로 된 폐쇄 스터럽을 200 mm 간격으로 배치하면 $0.71\,\mathrm{mm}^2/\mathrm{mm}$가 되어 적합한 설계가 된다.

복부 : 속찬 단면으로 가상 벽의 두께는

$$\frac{A_{cp}}{p_{cp}} = \frac{200(335)}{2(200+335)} = 62.6\,\mathrm{mm}$$

여기서는 60 mm로 선정한다. 이 때 벽 중심선으로 구획된 심부 면적은,

$$A_o = (200-60)\times(335-60) = 38.5\times 10^3\,\mathrm{mm}^2$$

소요 횡방향 철근량은 경사각을 45도로 선정하면

$$\frac{A_{s,t}}{s_t}=\frac{T_{u2}}{2\phi_s f_{vy} A_o \cot\theta}=\frac{5.85\times10^6}{2(0.9)(500)(38{,}500)(\cot 45°)}=0.17\ \mathrm{mm^2/mm}$$

이 철근량은 매우 적은 양으로 전단 철근량에 추가하여야 한다. 복부에 D10 철근으로 된 폐쇄 스터럽을 200 mm 간격으로 배치하면 충분한 설계가 된다. 균열 경사각을 45도로 정하였기 때문에 종방향으로 비틀림에 의해 추가되어야 할 철근량은 위 횡방향 철근량과 동일하게 된다. 즉, 종방향 소요 총 철근량은 식 (6.6-17)을 이용하면,

$$\Sigma A_{s,l}=\frac{p_o T_u \cot\theta}{2\phi_s f_y A_o}=\frac{2(200+335)5.85\times10^6}{2(0.9)(500)38.5\times10^3}=180.6\ \mathrm{mm^2}$$

종방향 철근으로 D10을 한 측면에 3개씩 배치하면 모두 6가닥으로 428 $\mathrm{mm^2}$이 되어 충분하게 된다.

하부 플랜지 : 가상 벽의 두께는

$$\frac{A_{cp}}{p_{cp}}=\frac{185(950)}{2(185+950)}=77.4\ \mathrm{mm}$$

여기서는 70 mm로 선정한다. 이 때 벽 중심선으로 구획된 심부 면적은,

$$A_o=(185-70)\times(950-70)=101.2\times10^3\ \mathrm{mm^2}$$

소요 횡방향 철근량은 경사각을 45도로 선정하면

$$\frac{A_{s,t}}{s_t}=\frac{T_{u4}}{2\phi_s f_{vy} A_o \cot\theta}=\frac{16.46\times10^6}{2(0.9)(500)(101{,}200)(\cot 45°)}=0.18\ \mathrm{mm^2/mm}$$

이 철근량도 매우 적으므로 D10 철근 폐쇄 스터럽을 200 mm 간격으로 배치하면 충분한 설계가 된다. 소요 종방향 철근량도 매우 적기 때문에 하부 플랜지에 배치된 휨철근의 여유분이 담당할 수 있어서 설계에 특별히 고려할 필요가 없다.

예제 6.6-3 상자형 단면 거더

그림 6.38과 같은 상자형 단면 거더에, (a) 계수비틀림모멘트 $T_u=3{,}500\,\mathrm{kNm}$ 만이 작용할 때, (b) 계수비틀림모멘트 $T_u=1{,}500\,\mathrm{kNm}$ 와 동시에 계수전단력 $V_u=700\,\mathrm{kN}$ 이 작용할 때, 각각 소요 철근량을 각각 산정하라. 사용한 콘크리트 강도 $f_{ck}=40\,\mathrm{MPa}$ 이고, 횡방향 철근과 종방향 철근의 항복강도 f_y는 모두 500 MPa이다.

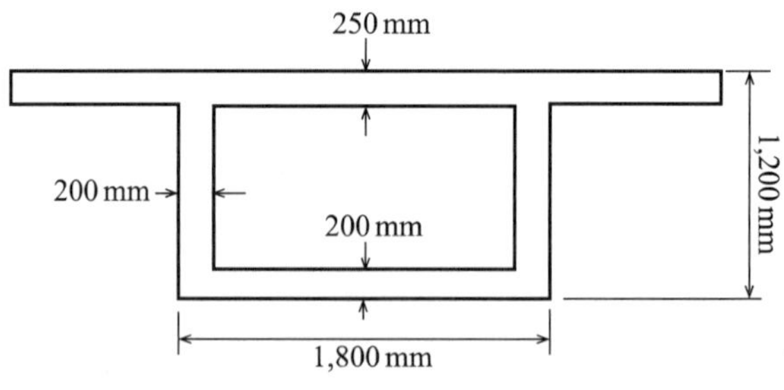

그림 6.38 예제 6.6-3의 상자형 거더 단면

풀이

콘크리트의 설계 유효압축강도는 식 (3.3-27)에 의해

$$\phi_o f_{c2,\max} = 0.65(0.6)\left(1-\frac{40}{250}\right)(40) = 13.1\,\text{N/mm}^2$$

단면 심부 둘레 길이 $p_o = 2(1{,}600)+2(1{,}200-100-125) = 5{,}150\,\text{mm}$

단면적 $A_o = 1{,}600(1{,}200-100-125) = 1{,}560{,}000\,\text{mm}^2$

(a) $T_u = 3{,}500\,\text{kNm}$ 가 작용하여 복부에 유발된 전단응력과 전단력은

$$v_u = \frac{T_u}{2A_o t_i} = \frac{3{,}500\times10^6}{2(1{,}560{,}000)(200)} = 5.61\,\text{N/mm}^2$$

$$V_u = v_{u,} t_i h_i = 5.61(200)(975) = 1{,}093.7\,\text{kN}$$

복부 콘크리트가 저항할 수 있는 최대 설계전단강도는 식 (6.3-12)에 의해

$$V_{d,\max} = \frac{13.1(200)(975)}{2}\times10^{-3} = 1{,}277.3\,\text{kN} \ \geq\ 1093.7\,\text{kN}$$

작용 전단력이 최대 설계전단강도보다 작으므로 보강 철근을 배치하면 복부 폭을 확대하지 않고도 설계가 가능하다. 경제적인 경사각 $\theta = 45°$를 선정하면, $V_u = 1{,}093.7\,\text{kN}$에 소요되는 횡방향과 종방향 철근량은 식 (6.6-14)와 식 (6.6-15)에 의해

$$\text{소요}\ \frac{A_{s,t}}{s_t} = \frac{A_{s,l}}{s_l} \geq \frac{1{,}093.7\times10^3}{0.9(500)(975)(1)} = 2.49\,\text{mm}^2/\text{mm}$$

그림 6.31에 보인 속빈 상자형 단면 부재에는 횡방향 철근을 벽체마다 두 가닥으로 배치할 수 있으므로, 간격 s_t를 200 mm로 하면 소요 철근량이 499 mm^2인데 D19철근을 배치하면 $A_{s,t} = 573\,\text{mm}^2$이 되어 위 조건을 만족한다. 종방향 철근도 간격 s_l을 200 mm로 동일한 D19 철근을 사용하면 만족스런 설계가 된다.

(b) 한 쪽 복부에는 작용 계수전단력에 의한 전단력 $V_u/2 = 350\,\text{kN}$과 $T_u = 1{,}500\,\text{kNm}$에 의한 전단력이 동시에 작용하고 있는 상태가 된다. $T_u = 1{,}500\,\text{kNm}$에 의한 복부 전단력은

$$v_u = \frac{T_u}{2A_o t_i} = \frac{1{,}500\times10^6}{2(1{,}560{,}000)(200)} = 2.40\,\text{N/mm}^2$$

$$V_u = v_u t_i h_i = 2.40(200)(975)\times10^{-3} = 468.7\,\text{kN}$$

복부에 작용하는 총 전단력은

$$V_u = 468.7+350 = 818.7\,\text{kN}$$

이 복부 전단력은 복부 콘크리트가 저항할 수 있는 최대 설계전단강도 $V_{d,\max} = 1{,}277.3\,\text{kN}$보다 작다. 따라서 복부 폭을 그대로 유지하고 소요 철근량을 배치한다. 경제적인 경사각 $\theta = 45°$를 선정

하면, 비틀림력 $V_u = 1{,}500$ kN에 소요되는 모든 벽체의 횡방향과 종방향 철근량은 식 (6.6-16)과 식 (6.6-17)에 의해

$$\frac{A_{s,t}}{s_t} \geq \frac{T_u}{2\phi_s f_y A_o \cot\theta} = \frac{1{,}500 \times 10^6}{2(0.9)(500)(1{,}560{,}000)(1)} = 1.07\ \mathrm{mm^2/mm}$$

$$\frac{\Sigma A_{s,l}}{p_o} \geq \frac{T_u}{2\phi_s f_y A_o \tan\theta} = 1.07\ \mathrm{mm^2/mm}$$

상하 플랜지에서 횡방향 철근은 간격 s_t를 200 mm로 하면 소요 철근 단면적이 214 $\mathrm{mm^2}$인데 D13 철근을 두 가닥씩 배치하면 $A_{s,t} = 253.4\ \mathrm{mm^2}$이 되어 위 조건을 만족하는 설계가 된다. 상하 플랜지와 복부에서 종방향 철근도 간격 s_l을 200 mm로 동일한 D13 철근을 사용하면 적합하게 된다. 한편, 복부에 배치되는 횡방향 철근은 동반 전단력에 소요되는 철근량과 합해서 한꺼번에 고려하여 배치 간격과 철근 크기를 결정해야 한다.
동반하는 전단력 $V_u = 700$ kN에 의해 복부에 소요되는 추가적인 횡방향 철근량 A_v는 $\theta = 45°$에서

$$\frac{A_v}{s} \geq \frac{0.5V_u}{\phi_s f_y z \cot\theta} = \frac{350 \times 10^3}{0.9(500)(975)(1)} = 0.80\ \mathrm{mm^2/mm}$$

따라서 복부에서 비틀림 소요 철근량과 합하면 총 소요 철근량은 $1.07 + 0.8 = 1.87\ \mathrm{mm^2/mm}$가 된다. 배치 간격 s를 200 mm로 하면 소요되는 횡방향 철근 두 가닥 단면적이 374 $\mathrm{mm^2}$가 되는데, D16 철근을 사용하면 397 $\mathrm{mm^2}$이 되어 소요 철근량 조건을 만족한다.

6.6.6* 프리캐스트 거더의 비틀림강도

부재의 비틀림에 대한 거동은 단면의 평면이 유지되어 변형률이 단면 중심으로부터 거리에 비례하는 선형 비틀림인 **순수비틀림**(St. Venant torsion)과, 단면의 평면이 유지되지 않는 비선형 비틀림 현상인 **뒤틀림**(warping torsion)으로 크게 두 종류로 분류한다. 속빈 닫힌 단면(hollow and closed section)의 선형 비틀림은 순환하는 전단류에 의해 저항하는 거동이기 때문에 이것을 **순환비틀림**(circulatory torsion)이라고 하며, 비틀림에 매우 효과적으로 저항한다. 뒤틀림은 H형 또는 I형 단면 부재의 플랜지 양단이 구속되었을 때, 종방향 면내 휨에 의해 저항하는 비틀림 거동으로 단면의 평면이 유지되지 않은 비선형 비틀림을 말한다.
부착된 프리스트레스 긴장재가 없는 프리캐스트 상자형 세그멘트 공법으로 제작된 거더에서 각 세그멘트 이음부에 비틀림에 의해 발생되는 국부적 전단력을 저항할 수 있는 적절한 전단키가 설치되어 있지 않는 경우, 인장 영역에서 큰 이음부 열림은 거더의 실질적 비틀림 저항을 닫힌 단면에서 열린 단면 저항으로 근본적으로 변화시킨다. 상자형 닫힌 단면 부재가 비틀림을 받으면, 그림 6.39(a)에 보인 것처럼 상자의 주변 벽을 따라 흐르는 순환형 전단류(circulatory shear flow; Bredt torsion)에 의해 매우 효과적으로 저항하게 된다.

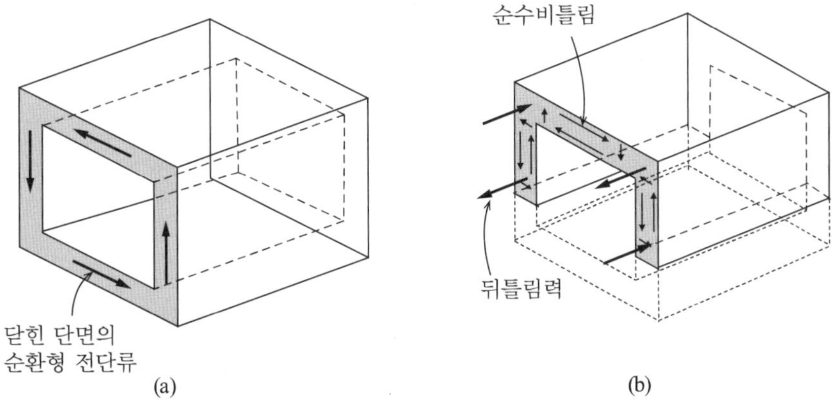

그림 6.39 상자형 거더에서 비틀림 거동 변화

만약 세그멘트 이음부에서 인장 플랜지의 깊이를 관통하여 이음부 열림이 발생하면, 상자형 단면 거더는 더 이상 닫힌 단면 거동을 할 수 없으며, 비틀림에 대해 매우 취약한 열린 단면처럼 거동하게 된다. 즉, 이음부 열림에 의해 상자형 단면은 π형 단면 형상이 되어서, 그림 6.39(b)에 보인 것처럼, 열린 단면은 **순수비틀림**과 단면의 **뒤틀림**의 조합 작용에 의해 작용 비틀림에 저항하게 된다. 이 경우 순수비틀림 효과는 매우 미약하며, 대신에 단면의 뒤틀림에 의해 작용 비틀림의 대부분을 저항하게 된다. 따라서 비틀림에 의해 유발된 실제 복부 전단력은 대략 두 배로 증폭 된다. 이러한 상황의 간단한 극한한계상태 검증은 휨, 전단 및 비틀림의 조합을 고려하고 있는 전단 설계에서 정한 절차에 따라 가장 큰 응력이 발생하는 복부에서 수행하여야 한다.

6.6.7* 뒤틀림 설계

앞 절에서 기술한 바와 같이, 비틀림모멘트를 받는 단면은 역학적으로 선형 거동을 하는 순수비틀림과 비선형 거동의 뒤틀림의 조합 작용에 의해 작용 비틀림에 저항한다. 따라서 뒤틀림 저항을 고려하지 않고 설계하면 당연히 안전한 결과가 도출된다. 상자형 단면과 같이 속빈 닫힌 단면에서는 뒤틀림 저항이 현저하지 않는 대신에 순환형 순수비틀림이 절대적으로 지배하게 된다. 직사각형 단면처럼 속찬 단면에서도 뒤틀림 저항은 무시할 정도로 미약한 현상이다. 이러한 이유로 속빈 닫힌 단면 부재나 속찬 단면 부재의 극한한계상태에서 뒤틀림에 대한 검증은 무시할 수 있다.

프리스트레스트 거더와 같은 열린 단면 부재인 경우이며 동시에 부재 단부에 설치된 다이아프램 등에 의해 종방향 변형이 구속되어 있는 상태이면, 뒤틀림이 대부분의 작용 비틀림모멘트를 저항하는 주요 저항 기구가 된다. 이 경우 거더의 복부는 이 뒤틀림에 의해 휨 거동이 나타나며, 복부를 연결하는 플랜지에는 순수비틀림이 주로 나타난다. 거더의 단부에 단단한 다이아프램이 설치되어서 종방향 변형을 확실히 구속하며 거더의 세장비가 작을수록 뒤틀림 저항이 지배하게 된다. 반면에 장경간 세장한 거더일수록 뒤틀림 저항은 미약해진다.

6.7 편칭전단 설계

6.7.1 개요

바닥 슬래브가 기둥에 직접 받쳐져 있을 때, 또는 기초판과 같이 슬래브가 집중 하중을 받을 때 기둥 주위의 전단은 매우 중요하다. 슬래브는 일반적으로 얇은 상태인데 이러한 슬래브의 파괴는 대부분 기둥 주변의 전단에 의해 지배되는 것으로 밝혀졌다. 슬래브 또는 기초판의 설계에 있어서는 두 종류의 전단력이 매우 중요하다. 하나는 일반적인 보에서 나타나는 사인장 파괴로서, 슬래브가 마주보고 있는 누 변으로만 지지되는 1방향 슬래브에서 나타나는 전단 파괴이다. 이 경우에는 슬래브를 단면 폭이 넓은 보처럼 간주하여 앞에서 설명한 보의 전단 파괴 기준을 적용하여 동일한 방법으로 설계한다.

또 다른 파괴로 그림 6.40에 보인 것과 같이 기둥 머리 주변에서 사인장 균열에 의해 원추형 또는 피라미드 모양으로 잘려지는 2방향 전단 파괴 형태가 있다. 파괴면은 슬래브 하단의 받침면부터 상단 표면까지 대각선 방향으로 형성된다. 실험에서 관찰된 결과에 의하면, 슬래브 상면의 휨인장 영역에서 부채꼴 형태의 방사 방향 휨균열이 먼저 발생하며, 뒤따라서 원주 방향 균열이 발생하여 사인장 균열 형태로 기둥면 또는 재하면 쪽으로 경사지게 성장한다. 하중이 더 증가하면 균열 정점 부근의 압축 영역 콘크리트에 휨－전단 파괴가 발생하는 순간에 그림 6.40에 보인 원추 형상으로 분리되어진다.

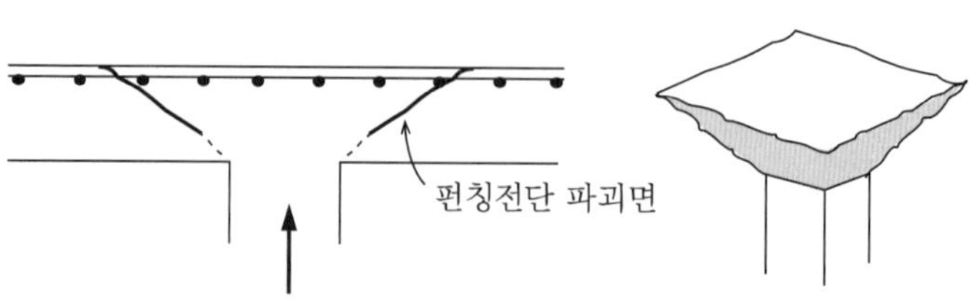

그림 6.40 펀칭전단 파괴 형상

실험 결과에 의하면 원추형 파괴면의 경사각 θ는 대개 $20°$에서 $40°$까지로 관찰되었다. 이러한 파괴를 **펀칭전단 파괴**(punching shear failure) 또는 뚫림 파괴라고 하며, 교량 구조물에서는 기초판이나 차량 바퀴가 접촉하는 바닥 슬래브에서 가장 일반적으로 발생한다. 따라서 비교적 작은 재하 면적에 작용하는 집중 하중이나 반력에 의해 유발되는 슬래브의 펀칭 파괴에 대해 설계에서 검토하여야 한다.

6.7.2 기본위험단면

앞 6.3절에서 기술한 보 또는 기둥과 같은 선부재에서는 전단에 저항하는 단면적이 대부분 일정하기 때문에 단면에 발생하는 전단응력은 작용 전단력의 크기에 직접 비례한다. 그러나 슬래브의 펀칭전단 저항 단면적은 기둥면으로 부터 거리가 멀어짐에 따라 단면적이 커지기 때문에 일정한 기둥력 즉 펀칭 전단력이 작용하는 상태인데도 불구하고 각 단면의 전단응력은 위치에 따라 크게 달라진다. 기둥면에서 거리가 먼 단면일수록 유발되는 전단응력이 작아지고, 기둥면 위치의 단면에서 최대 전단응력이 발생한다. 어느 한 단면의 전단응력 v는 펀칭 전단력 V를 기둥면에서 그 단면까지 거리만큼 떨어진 둘레 길이 u에 유효깊이 d를 곱한 단면적으로 나누어 구한다.

$$v = \frac{V}{ud} \tag{6.7-1}$$

만약 경사 균열각 θ를 $45°$로 가정한다면 전단 설계 위험 단면은 기둥면에서 $0.5d$ 거리로 간주할 수 있어서 이 거리만큼 떨어진 둘레 길이를 적용하여 전단응력을 계산하여야 하고, 만약 θ가 $26.5°$라면 기둥면에서 d 떨어진 둘레 길이로 전단응력을 산출하여야 한다. 이처럼 설계를 위한 기준 전단응력 평가는 파괴면의 경사각에 크게 의존하는 어려움이 따른다.

더욱이 기둥면에 가까운 단면의 콘크리트는 구속 효과에 의해 저항 강도가 크게 증가된다. 많은 실험 결과에 따르면, 기둥면에서 $0.5d$ 떨어진 단면에서 콘크리트 평균전단강도는 일반적인 보의 전단강도의 약 3~4배 정도 큰 값이 나타난다고 알려졌다. 반면에 기둥면에서 먼 단면일수록 구속 효과가 사라져서 콘크리트 전단강도는 감소하여 보통 보의 전단강도에 접근한다. 이처럼 펀칭전단 현상은 기둥면으로부터의 거리에 따라 전단응력의 크기와 파괴 강도가 변하는 특성을 갖고 있다. 따라서 펀칭전단에 대한 일관되고 합리적인 극한한계상태 검증을 위해서는 설계 기준 단면의 설정이 필요하게 된다.

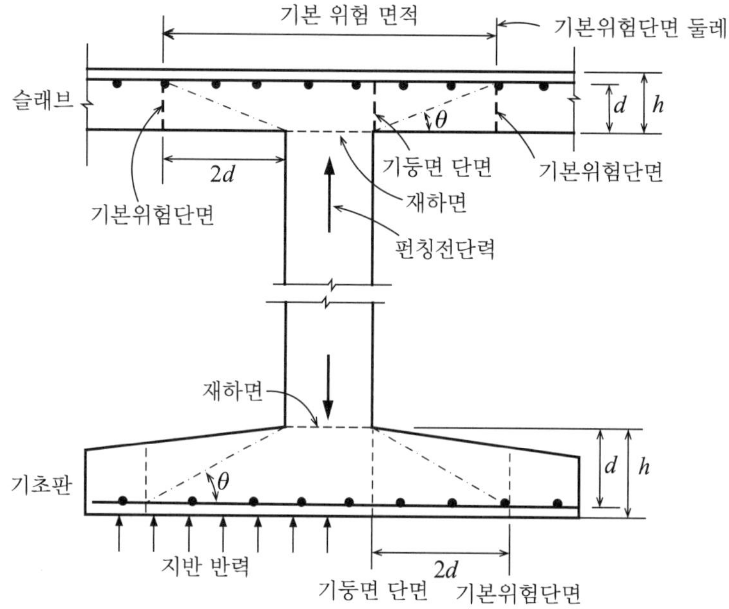

그림 6.41 편칭전단 설계 모델과 용어

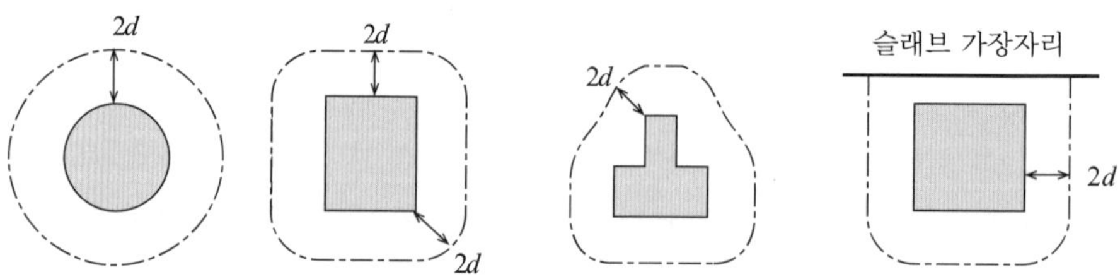

그림 6.42 기본위험단면의 둘레 형상과 길이

펀칭전단에 대한 극한한계상태 검증을 위해 설정된 **기본위험단면**(basic control section)은 그림 6.41에 보인 것처럼 기둥면으로 부터 $2.0d$ 거리를 유지하면서 최소가 되도록 취한 위치의 단면이다. 기본위험단면은 물리적으로 실제 파괴가 일어나는 단면과는 관련이 없으며, 단지 펀칭전단을 검증하기 위해 기준으로 설정한 위험 단면 중의 하나이다. 이렇게 기본위험단면을 설정한 배경은 다음과 같은 두 가지 이유를 갖고 있다. 첫 번째는 이 단면은 경사 균열각의 영향을 받지 않는 위치이며, 여러 형상의 기둥 단면일지라도 균일 응력 상태로 충분히 간주할 수 있는 위치이다. 두 번째는 구속 효과가 나타나지 않는 위치이기 때문에 이 단면에서 콘크리트 전단강도는 일반적인 콘크리트 전단 파괴 기준, 즉 보의 전단강도를 적용할 수 있기 때문이다.

이 기본위험단면에서 작용 전단력에 의해 발생된 펀칭전단응력이 콘크리트 전단강도보다 작으면 펀칭에 안전하다. 이때 콘크리트 전단강도는 보에서 사용하는 전단강도와 동일한 값을 사용한다. 반면에 이 단면에서 펀칭전단응력이 콘크리트 전단강도보다 크면 불안전한 상태이므로 슬래브 두께를 크게 하거나 또는 보강 철근을 배치해야 한다. 이 검증 방법의 신뢰성은 많은 실험 결과에 의해 확인되었다[참고문헌 6.7].

그림 6.42에 보인 것과 같이 기본위험단면의 둘레 길이 u_1은 하중 재하면 또는 기둥면으로부터 $2.0d$ 거리를 유지하면서 최소가 되도록 취하여야 한다. 재하면이 슬래브의 가장자리 또는 모서리 근처에 위치하는 경우, 위험 단면 둘레 길이는 그림과 같이 취한다.

기본위험단면은 둘레 길이 u_1이 폭이고 유효깊이 d를 갖는 단면이다. 이때 슬래브의 두 직교방향 유효깊이가 다를 경우에는 두 직교 단면의 유효깊이의 평균값을 취하여 슬래브의 유효깊이는 일정하다고 가정한다. 깊이가 일정한 슬래브의 경우, 위험 단면은 슬래브의 중심면에 수직이다. 깊이가 변하는 슬래브나 확대기초판의 경우, 유효깊이는 그림 6.41에 보인 바와 같이 재하면 둘레 위치의 유효깊이로 가정한다. 기본위험단면 안팎의 기타 둘레 길이 u_i는 기본위험단면 둘레 형상과 같아야 한다.

6.7.3 펀칭전단응력 산정

펀칭전단에 대한 설계 절차는 기본위험단면의 둘레와 동일한 형상을 갖는 일련의 위험 단면에 대한 응력 검토에 기초한다. 위험 단면에서 **설계펀칭전단강도**를 다음과 같이 구분하여 정의한다.

v_{cd} : 검토하는 위험 단면에 펀칭전단 철근이 없는 슬래브의 설계펀칭전단강도
v_{csd} : 검토하는 위험 단면에 펀칭전단 철근이 있는 슬래브의 설계펀칭전단강도
$v_{d,\max}$: 검토하는 위험 단면에서 최대 설계펀칭전단강도

검토하는 위험 단면에서 계수하중에 의한 펀칭전단응력 v_u를 산정하여 이 값이 v_{cd}보다 작은 경우에는 펀칭전단 철근을 배치할 필요가 없다. 이때 기둥면 둘레 또는 재하면 둘레에서 계수하중에 의해 유발된 최대 펀칭전단응력은 $v_u \leq v_{d,\max}$ 조건을 만족하여야 한다. 검토하는 위험 단면에서 v_u가 v_{cd}를 초과하는 경우에는 펀칭전단 보강 철근을 배치하여야 한다.

펀칭전단 위험 단면에서 계수하중에 의한 전단응력은 계수전단력을 위험 단면적으로 나누어 구한다.

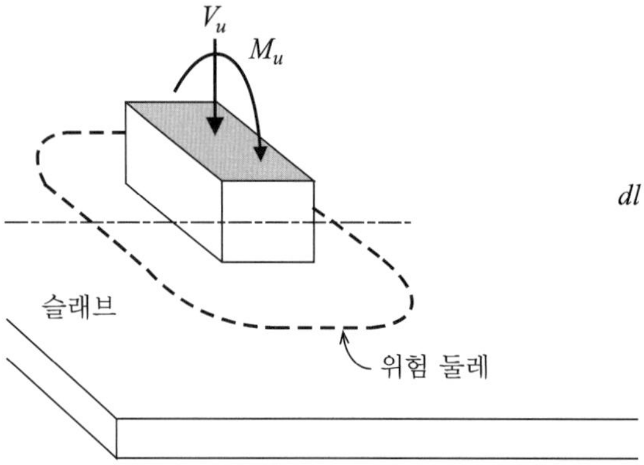

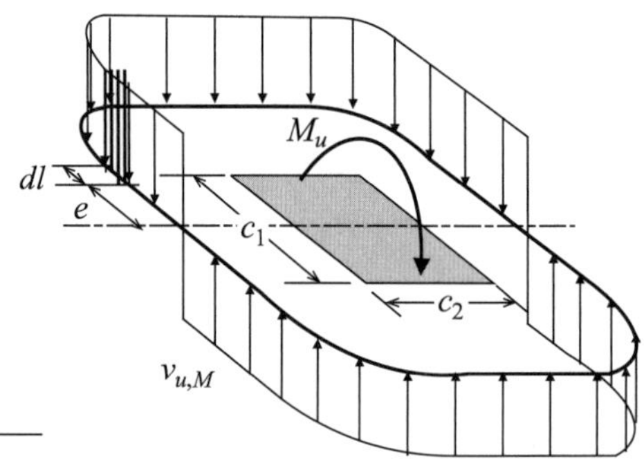

그림 6.43 불평형 휨모멘트에 의한 편칭전단응력

$$v_u = \frac{V_u}{u_i d} \tag{6.7-2}$$

여기서 d는 슬래브의 평균 유효깊이로서 슬래브 또는 기초판의 종방향 유효깊이 d_l과 횡방향 유효깊이 d_t의 중간값 $(d_l + d_t)/2$를 취한다. u_i는 검토하는 위험 단면의 둘레 길이로 그 형상은 기본위험단면의 둘레와 같아야 한다.

그림 6.43(a)에 보인 것처럼 편칭전단력이 휨모멘트와 동시에 작용하는 경우에는 위험 단면의 최대 전단응력은 위 식의 응력보다 크게 된다. 동반하는 휨모멘트에 의해 위험 단면에 유발된 전단응력을 $v_{u,M}$이라고 하면, 이 전단응력의 합력에 의한 모멘트는 작용하는 계수휨모멘트 M_u와 평형을 이뤄야 한다. 그림 6.43(b)에 보인 것과 같이 소성 응력 분포 상태로 가정하고, 위험 둘레를 따른 구간 dl에 작용하는 전단력은 $v_{u,M}\, d\, dl$이 되며, 휨축(bending axis)으로 부터 편심거리 e를 곱한 값이 dM_u가 된다.

$$dM_u = e\, v_{u,M}\, d\, dl \tag{6.7-3}$$

이 관계를 위험 둘레를 따라 전체 적분하면 다음과 같은 관계가 된다.

$$M_u = v_{u,M}\, d \int_0^{u_i} e\, dl \tag{6.7-4}$$

위 식 중의 적분 항은 위험 단면 둘레 길이에 대한 1차모멘트이며, W_i로 표시하면

$$W_i = \int_0^{u_i} e\,dl \tag{6.7-5}$$

W_i의 값은 위험 단면 둘레 길이 u_i의 크기와 형상에 따라 달라질 것이다. 이 값을 이용하여 휨모멘트에 의해 위험 단면에 추가되는 전단응력 $v_{u,M}$을 나타내면 다음과 같게 된다.

$$v_{u,M} = \frac{M_u}{W_i\,d} \tag{6.7-6}$$

따라서 펀칭전단력 V_u와 휨모멘트 M_u가 동시에 작용할 때 위험 단면의 최대 전단응력은 두 응력을 합한 값으로 다음과 같게 된다.

$$v_u = \frac{V_u}{u_i d} + \frac{M_u}{W_i\,d} = \beta\frac{V_u}{u_i\,d} \tag{6.7-7}$$

여기서 β는 최대 전단응력을 간편하게 산정할 수 있는 계수이며, 위 식을 다시 정리하면 다음과 같이 표현된다.

$$\beta = 1 + k\frac{M_u}{V_u}\frac{u_i}{W_i} \tag{6.7-8}$$

여기서 k는 그림 6.43(b)에 보인 기둥 치수 c_1과 c_2의 상대비에 따른 계수이며, c_1은 편심 방향과 평행한 방향의 기둥 치수이고, c_2는 편심 방향에 직각인 방향의 기둥 치수이다.

기둥이 사각형 단면일 경우, 기둥면에서 x 떨어진 위험 단면의 둘레 길이 u_i에 관한 1차모멘트 W_i는 다음과 같이 기둥 치수 c_1과 c_2의 함수로 나타난다.

$$W_i = \frac{{c_1}^2}{2} + c_1 c_2 + 2c_2 x + 4x^2 + \pi x c_1 \tag{6.7-9}$$

원형 단면 기둥인 경우에는 기본위험단면($x = 2d$) 둘레 길이의 1차모멘트를 구해 식 (6.7-8)에 대입하면 계수 β는 다음 식과 같이 간단하게 나타난다.

표 6.3 사각형 재하면인 경우 k 값

c_1/c_2	$\leq$ 0.5	1.0	2.0	$\geq$ 3.0
k	0.45	0.60	0.70	0.80

$$\beta = 1 + 0.6\pi \frac{e}{D + 4d} \tag{6.7-10}$$

여기서 D는 기둥의 지름이고, $e = M_u / V_u$로 계산한 하중 편심량이다.

계수 β를 사용하여 최대 전단응력을 산정하는 방법은 간편하며 불평형 휨모멘트가 작용하는 펀칭 검증에 적용할 수 있다. 교량 구조에서 기둥과 일체로 된 슬래브와 기초판이 대표적인 경우이다. 그러나 차량 바퀴 하중에 의한 바닥 슬래브의 검증에는 적용하지 않는다.

기초판의 계수펀칭전단력 V_u는 지반 반력이 유리하게 작용할 때 감소시킬 수 있다. 그림 6.41에 보인 기초판의 계수펀칭전단력 V_u는 계수기둥하중에서 검토하는 위험 단면 둘레 이내에 작용하고 있는 순 상향 지반 반력의 합력 ΔV_s를 차감한 값으로 하여야 한다. 여기서 순 상향 지반 반력은 실제 지반 반력에서 기초판의 자중을 뺀 값이며, 펀칭에 저항하는 성분력으로 유리하게 작용한다.

6.7.4 보강 철근이 없는 슬래브 또는 기초판의 펀칭전단강도

부분 재하 구속 콘크리트에 대해 3.3.5(b)절에서 설명했듯이, 기둥 주변 콘크리트는 구속 효과에 의해 저항 강도가 크게 증가된다. 많은 실험 결과에 따르면, 기둥면에서 $0.5d$ 떨어진 단면에서 콘크리트의 평균 펀칭전단강도는 일반 보의 전단강도의 약 3~4배 정도 큰 값이 나타난다고 알려졌다. 반면에 기둥면에서 먼 단면일수록 구속 효과가 사라져서 콘크리트 전단강도는 감소하여 보통 보의 전단강도에 접근한다. 이처럼 펀칭전단 현상은 기둥면에서 거리에 따라 전단응력의 크기와 한계 강도가 변하는 특성을 갖고 있다. 앞에서 정의한 기본위험단면은 기둥면에서 $2d$ 떨어져 있으므로 균일 응력 상태이며 구속 효과가 나타나지 않는 위치라고 간주할 수 있다. 즉, 기본위험단면에서 콘크리트 펀칭전단강도는 일반 콘크리트 보의 설계전단강도를 적용할 수 있을 것이다.

이러한 배경으로 도로교설계기준에서는 기본위험단면의 설계펀칭전단강도를 다음과 같이 보의 전단강도와 동일하게 평가하도록 하고 있다.

$$v_{cd} = 0.85\phi_c \kappa (\rho f_{ck})^{1/3} + 0.10 f_n \geq (0.4\phi_c f_{ctk} + 0.10 f_n) \tag{6.7-11}$$

여기서 f_{ck}와 f_{ctk}는 각각 콘크리트 기준압축강도와 인장강도이며, $\kappa = 1 + \sqrt{200/d} \leq 2.0$이다. $\rho = \sqrt{\rho_l \rho_t} \leq 0.02$로서 ρ_l과 ρ_t는 각각 슬래브의 종방향 및 횡방향의 인장 철근비이다. 이 철근비들은 각 방향의 슬래브 폭을 (기둥폭$+3d$)로 한 평균값으로 계산한다. 또한 단면에 작용하는 법선응력 $f_n = (f_{n,l} + f_{n,t})/2$로서, $f_{n,l}$과 $f_{n,t}$는 위험 단면에서 횡방향 및 종방향으로 각각 작용하고 있는 법선응력(압축이 +)이다.

또한, 펀칭전단강도는 어떤 단면에서도 콘크리트 내부 스트럿이 압축 파괴되는 절대 최대 전단강도 $v_{d,\max}$보다 작아야 한다. 이 절대 최대 설계펀칭전단강도 $v_{d,\max}$도 보의 절대 최대 전단강도와 동일한 값을 갖는다.

$$v_{d,\max} = 0.5\phi_c f_{c2,\max} \tag{6.7-12}$$

여기서 $f_{c2,\max}$는 식 (3.3-27)로 정의된 콘크리트 유효압축강도이며, 보의 전단 설계에 사용하는 값과 같다.

기본위험단면에서부터 기둥면 사이에 놓이는 위험 단면의 설계펀칭전단강도를 깊은 보의 전단강도와 동일하게 식 (6.3-5)를 적용하여 기둥면에서 거리 x에 따라 다음과 같이 산정한다.

$$v_{cd} = 0.85\phi_c \kappa (\rho f_{ck})^{1/3} \frac{2d}{x} \le 0.5\phi_c f_{c2,\max} \tag{6.7-13}$$

여기서 x는 기둥면에서부터 검토하는 위험 단면까지의 거리이다. 그림 6.44는 슬래브의 기본위험단면에서 기둥면 단면까지의 설계 펀칭전단강도의 크기 변화를 나타낸 것이다. 이 그림은 깊은 보의 전단강도 변화를 나타낸 그림 6.8과 동일하다. 이러한 펀칭전단강도의 변화를 살펴보면, 결국 일반적인 슬래브의 펀칭전단 검증은 기본위험단면에서 설계강도 v_{cd}와 기둥면 단면에서 $v_{d,\max}$에 대해서만 수행하면 된다는 것을 알 수 있다. 왜냐하면, 그 사이에 놓이는 검토 위험 단면의 작용 전단응력은 식 (6.7-2)에 따라 거리 x에 반비례하여 증가하지만, 식 (6.7-13)의 설계강도도 x에 반비례하여 증가하기 때문에, 기본위험단면에서 검증에 만족된 경우이면 당연히 사이에 놓이는 검토 위험 단면에서도 만족하는 상태가 되기 때문이다.

특별한 경우로서, 기초판의 펀칭전단 검증은 기둥면에서부터 $2.0d$ 거리 내에 있는 여러 위험 단면에 대해서 검토해야 할 필요가 있다. 기초판에는 상향 지반 반력이 작용하고 있어서 위험 단면 둘레 안에 작용하는 순 지반 반력의 합력 ΔV_s만큼 펀칭전단력 V_u가 감소되어 위험 단면에 작용하는 전단응력이 작아지는 유리한 효과가 나타난다. 검토 위험 단면이 기둥면 단면에 가까울수록 ΔV_s가 급격하게 작아져서 유리한 효과가 사라진다. 이때문에 기본위험단면에서 검증에 만족한 경우라도 다른 위험 단면에서는 만족하지 못하는 경우가 있다. 만약 순 상향 지반 반력의 유리한 효과를 무시한다면, 일반 슬래브처럼 기본위험단면에서 검증만으로 안전한 설계를 할 수 있다.

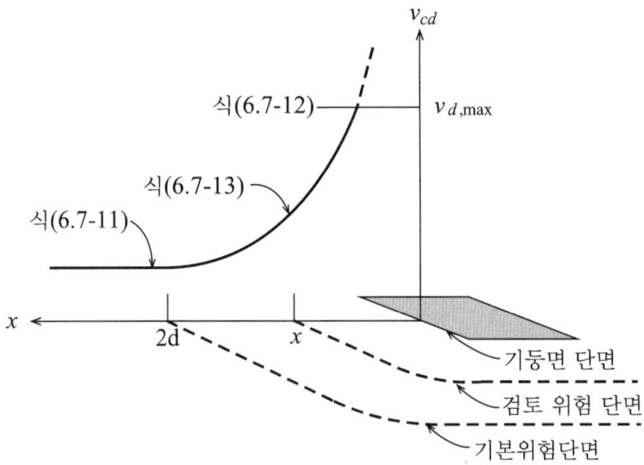

그림 6.44 슬래브의 콘크리트 설계펀칭전단강도

예제 6.7-1 교량 교각의 확대 기초판

아래 그림과 같이 교각을 지지하는 확대 기초판을 설계하려고 한다. 교각에는 계수압축력 $N_u = 3{,}500\ \text{kN}$과 계수휨모멘트 $M_u = 1{,}200\ \text{kNm}$가 동시에 작용한다. 사용한 콘크리트 강도는 $f_{ck} = 30\ \text{MPa}$이고, 철근의 항복강도는 $f_y = 400\ \text{MPa}$이다. 재료계수는 $\phi_c = 0.65$와 $\phi_s = 0.90$을 적용한다.

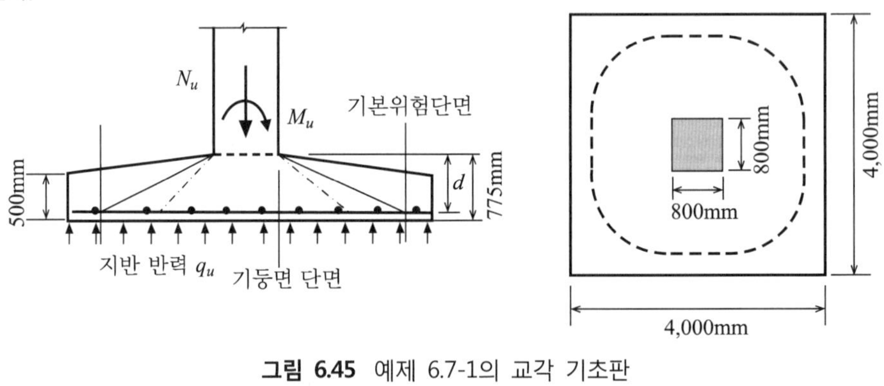

그림 6.45 예제 6.7-1의 교각 기초판

풀이

(i) 기초판의 휨 설계

기둥 압축력 $N_u = 3{,}500\ \text{kNm}$에 의한 평균 지반 반력은

$$q = \frac{N_u}{A_{foot}} = \frac{3{,}500}{4(4)} = 218.75\ \text{kN/m}^2$$

휨모멘트 $M_u = 1{,}200\ \mathrm{kNm}$에 의한 모서리 최대 지반 반력은

$$q_1 = \frac{1{,}200}{4^3/6} = 112.5\ \mathrm{kN/m^2}$$

기초판 중앙에서 단위 폭 당 휨모멘트는

$$M_u = 1(218.75)(2)(1) + 0.5(112.5)(2)(1.333) = 587.5\ \mathrm{kNm/m}$$

외측 피복두께를 70 mm로 가정하여 소요 휨철근량을 구해보면 D29철근을 200 mm 간격으로 양방향 동일하게 배치하면 된다. 이때 단위 폭(1m) 당 $A_{sl} = A_{st} = 3{,}212\ \mathrm{mm^2/m}$이다.

종방향 : $d_l = 775 - 70 - 29/2 = 690.5\ \mathrm{mm}$, $\rho_l = 0.0047$, $M_d = 719\ \mathrm{kNm/m}$ <적합>

횡방향 : $d_t = 775 - 99 - 29/2 = 661.5\ \mathrm{mm}$, $\rho_t = 0.0049$, $M_d = 687\ \mathrm{kNm/m}$ <적합>

(ii) 기본위험단면에서 응력 검토

기초판의 양방향 평균 유효깊이는 $d = (690.5 + 661.5)/2 = 676\ \mathrm{mm}$이고, 기본위험단면 둘레 길이 $u_1 = \pi(2)(2)(676) + 4(800) = 12{,}090\mathrm{mm}$이다. 이 기본위험단면 둘레 안의 면적은 $4\pi(676)^2 + 8(800)(676) + 800^2 = 10.7\ \mathrm{m^2}$이기 때문에 편칭전단력을 감소시키는 상향 순 지반 반력의 합력 $\Delta V_s = 218.75(10.7) = 2{,}340\ \mathrm{kN}$이 된다. 따라서 계수편칭전단력은

$$V_u = N_u - \Delta V_s = 3{,}500 - 2{,}340 = 1{,}160\ \mathrm{kN}$$

식 (6.7-9)의 $W_1(x = 2d)$과 그에 따른 β값은 식 (6.7-8)에 의해

$$W_1 = \frac{{c_1}^2}{2} + c_1c_2 + 2c_2(2d) + 4(2d)^2 + \pi(2d)c_1 = 13.83 \times 10^6\ \mathrm{mm^2}$$

$$\beta = 1 + k\frac{M_u}{V_u}\frac{u_i}{W_i} = 1 + 0.6\frac{1{,}200 \times 10^6}{1{,}160 \times 10^3}\frac{12{,}090}{13.83 \times 10^6} = 1.543$$

따라서 기본위험단면에서 계수편칭전단응력은

$$v_u = \beta\frac{V_u}{u_1 d} = 1.543\frac{1{,}160 \times 10^3}{12{,}090(676)} = 0.219\ \mathrm{N/mm^2}$$

평균 철근비 $\rho = (0.0047 + 0.0049)/2 = 0.0048$이고, 깊이계수 $\kappa = 1 + \sqrt{200/676} = 1.544$이다. 설계전단강도는 최소 전단강도에 지배되며, 그 크기는 식 (6.7-11)에 의해

$$v_{cd} = 0.4\phi_c f_{ctk} = 0.4(0.65)(2.23) = 0.58\ \mathrm{N/mm^2}$$

이 설계전단강도가 계수편칭전단응력 $v_u = 0.219\ \mathrm{N/mm^2}$보다 크기 때문에 안전하다.

(iii) 기초판에서 지반 반력의 유리한 효과를 고려할 때는 기본위험단면보다 안쪽 위험 단면에 대한 검토가 추가적으로 필요하다. 여기서 기둥면에서 d 떨어진 위험 단면에 대해 검토하면, 위험 단면 둘레 길이 $u_i = \pi(2)(2)(676) + 4(800) = 7{,}445\mathrm{mm}$가 되며, 이 위험 단면 둘레 안의 면적은 $\pi 676^2 + 4(800)(676) + 800^2 = 4.2\ \mathrm{m^2}$ 이므로

상향 순지반 반력의 합력 $\Delta V_s = 218.75(4.2) = 917.5\ \mathrm{kN}$이 된다. 따라서 계수편칭전단력은

$$V_u = N_u - \Delta V_s = 3{,}500 - 917.5 = 2{,}582.5\ \mathrm{kN}$$

식 (6.7-9)의 $W_i(x=d)$와 그에 따른 β값은 식 (6.7-8)에 의해

$$W_i = \frac{{c_1}^2}{2} + c_1c_2 + 2c_2(d) + 4(d)^2 + \pi(d)c_1 = 5.57\times10^6\,\mathrm{mm}^2$$

$$\beta = 1 + k\frac{M_u}{V_u}\frac{u_i}{W_i} = 1 + 0.6\frac{1{,}200\times10^6}{2{,}582.5\times10^3}\frac{7{,}445}{5.57\times10^6} = 1.372$$

따라서 위험 단면에서 계수펀칭전단응력은

$$v_u = \beta\frac{V_u}{u_i d} = 1.372\frac{2{,}582.5\times10^3}{7{,}445(676)} = 0.704\ \mathrm{N/mm}^2$$

평균 철근비 $\rho = (0.0047+0.0049)/2 = 0.0048$이고, 깊이계수 $\kappa = 1 + \sqrt{200/676} = 1.544$이다. 설계전단강도는 식 (6.7-11)에 의해

$$v_{cd} = 0.85\,\phi_c\kappa\sqrt[3]{\rho f_{ck}}\left(\frac{2d}{x}\right) = 0.85(0.65)(1.544)\sqrt[3]{0.0048(30)}\,(2) = 0.894\ \mathrm{N/mm}^2$$

이 설계강도는 검토 위험 단면의 계수전단응력 $v_u = 0.704\ \mathrm{N/mm}^2$보다 크기 때문에 안전하다.

(iv) 마지막으로 기초판의 기둥면 단면에서 계수전단응력을 절대 최대 설계전단강도 $v_{d,\max}$에 대해 검증해야 한다. 기둥면에서 위험 단면 둘레 길이 $u_o = 4(800) = 3{,}200\ \mathrm{mm}$가 되며, 이 둘레 안의 면적은 $800^2 = 0.64\ \mathrm{m}^2$ 이고, 순 지반 반력의 합력 $\Delta V_s = 218.75(0.64) = 140\,\mathrm{kN}$이 된다. 따라서 기둥면 단면의 계수펀칭전단력은

$$V_u = N_u - \Delta V_s = 3{,}500 - 140 = 3{,}360\ \mathrm{kN}$$

식 (6.7-9)의 $W_o(x=0)$와 그에 따른 β값은 식 (6.7-8)에 의해

$$W_o = \frac{{c_1}^2}{2} + c_1c_2 = 0.96\times10^6\ \mathrm{mm}^2$$

$$\beta = 1 + k\frac{M_u}{V_u}\frac{u_o}{W_o} = 1 + 0.6\frac{1{,}200\times10^6}{3{,}360\times10^3}\frac{3{,}200}{0.96\times10^6} = 1.714$$

따라서 기둥면 단면에서 최대 전단응력은

$$v_u = \beta\frac{V_u}{u_o d} = 1.714\frac{3{,}360\times10^3}{3{,}200(676)} = 2.662\ \mathrm{N/mm}^2$$

최대 설계전단강도는 식 (6.7-12)에 따라

$$v_{d,\max} = 0.5\,\phi_c f_{c2,\max} = 0.5(0.65)(0.6)\left(1-\frac{30}{250}\right)(30) = 5.148\ \mathrm{N/mm}^2$$

이 설계강도는 계수전단응력 $v_u = 2.662\ \mathrm{N/mm}^2$보다 크기 때문에 안전하다.

6.7.5 보강 철근이 있는 슬래브 또는 기초판의 펀칭전단강도

계수펀칭전단응력 v_u가 검토하는 단면의 설계펀칭전단강도 v_{cd}를 초과하는 경우에는 펀칭전단에 저항할 수 있는 보강 철근을 배치해야 한다. 펀칭전단 철근이 배치되는 영역에 소요되는 보강 철근량은 근본적으로 펀칭 파괴면의 경사각을 $\cot\theta = 2(\theta = 26.5°)$로 간주한 소성 트러스 모델을 바탕으로 다음 식에 의해 계산된다.

$$v_{csd} = 0.75v_{cd} + \frac{1.5d}{s_r}\phi_s f_{vy,e}\left(\frac{A_v}{u_1 d}\right)\sin\alpha \qquad (6.7\text{-}14)$$

여기서 A_v는 한 원주상에 배치된 전단 철근의 총면적이며(그림 6.47(a)의 경우 12개 철근 단면적의 합에 해당), s_r은 전단 철근의 방사 방향 배치 간격이다. α는 전단 철근과 슬래브 평면 사이의 각으로 수직 철근이면 $90°$에 해당한다. $\phi_s f_{vy,e}$는 펀칭전단 철근의 유효 설계항복강도로서 다음과 같이 정의된 값이다.

$$\phi_s f_{vy,e} = 250 + 0.25d \le \phi_s f_{vy} \ (\text{MPa}) \qquad (6.7\text{-}15)$$

이것은 슬래브 두께에 따른 전단 보강 철근의 정착 효율을 고려한 것으로서, 얇은 슬래브일수록 전단 철근의 정착 효율이 낮아지는 것을 반영한 것이다. 이러한 이유로 슬래브에 전단 보강 철근을 배치할 경우에는 슬래브 최소 두께는 200 mm 이상이어야 한다.

위 소요 펀칭전단 보강 철근량 산정 방법은 깊은 보의 전단 철근량 산정 방법과 동일하게 콘크리트 기여 강도 항이 포함되어 있다. 더욱이 가정한 파괴면의 수평 투영 거리를 $2d$ 대신에 0.75배에 해당하는 $1.5d$를 사용한 것은 그림 6.46에 보인 것과 같이 잠재 파괴면의 끝 부근에

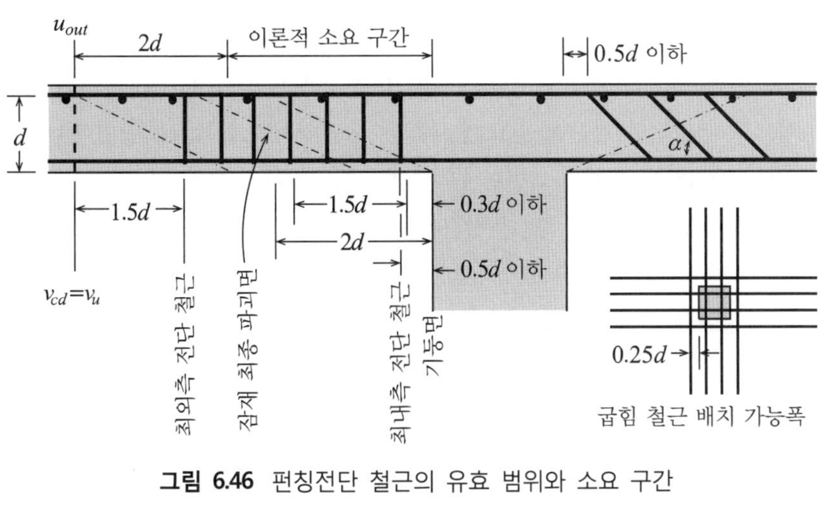

그림 6.46 펀칭전단 철근의 유효 범위와 소요 구간

배치된 전단 철근이 유효하지 않다는 사실을 반영한 것이다. 특히, 기둥면에서 거리 $0.3d$ 이내에 배치된 철근은 전단 저항에 실질적으로 기여하지 않는다고 알려졌다. 따라서 기둥면에서 가장 가깝게 배치되는 철근은 $0.3d$에서 $0.5d$ 사이에 배치하여야 한다. 만약 전단 보강 철근으로 굽힘철근을 사용한 경우라면, 굽힘 경사각 α는 30° 이상이어야 하며, 기둥면에서 가장 가깝게 배치되는 굽힘철근의 상단이 기둥면에서 $0.5d$ 이내에 위치하도록 배치되어야 한다. 또한 기둥면에서 거리 $0.25d$ 떨어진 위치 이내의 받침부 구간을 통과하는 철근만 굽힘철근으로 사용할 수 있다.

전단 보강 철근은 수평 간격이 $0.75d$ 이하로 배치하여야 한다. 계수펀칭전단응력 v_u가 설계펀칭전단강도 v_{cd}보다 작을 경우에는 슬래브에 보강 철근을 배치할 필요가 없다. 그러나 계수펀칭전단응력 v_u가 설계펀칭전단강도 v_{cd}를 초과하여서 펀칭전단 철근이 필요한 영역에 배치되는 전단 철근량은 항상 아래의 최소 전단 철근량 $A_{v,\min}$ 이상이어야 한다.

$$\frac{A_{v,\min}(1.5\sin\alpha+\cos\alpha)}{s_r\,s_t} \geq 0.8\frac{\sqrt{f_{ck}}}{f_y} \tag{6.7-16}$$

여기서 s_r은 방사(radial) 방향의 전단 철근 간격이고, s_t는 원주(circular) 방향의 전단 철근 간격이다.

기둥면으로부터 멀어질수록 단면적이 증가하므로 전단응력 v_u는 작아진다. 따라서 전단응력이 콘크리트 펀칭전단강도 v_{cd}와 같아지는 단면 둘레 길이 u_{out}은 다음 식으로 구할 수 있다.

$$u_{out} = \frac{V_u}{v_{cd}\,d} \tag{6.7-17}$$

앞에서 설명한 전단 보강 철근이 필요하지 않는 경우와 마찬가지로, 둘레 길이 u_{out}이 확보되는 위치로부터 안쪽으로 $2d$까지는 전단 철근이 불필요하다. 따라서 그림 6.46에 나타낸 것과 같이, 이론적으로 펀칭전단 철근이 필요한 구간은 u_{out}위치의 안쪽 $2d$ 단면에서 기둥면까지가 된다. 그러나 잠재적인 최종 파괴면의 끝에 배치되는 전단 철근이 실제로 유효하도록 보장하기 위해서는 최외측에 배치되는 전단 철근은 이론적인 소요 구간보다 더 멀어야 한다. 이러한 이유로 설계기준에서는 최외측 전단 철근은 u_{out}에서 안쪽으로 $1.5d$ 이하의 거리에 위치해야 한다고 규정하고 있다.

그림 6.47은 슬래브의 펀칭전단 보강재의 배치 평면과 그에 따른 유효 둘레 길이 u_{out}을 나타낸 것이다. 그림 6.47(a)는 전단 철근을 방사형으로 일정하게 배치한 형태이고, 그림 6.47(b)는 직교형 배치 형태를 보인 것이다. 일반적인 교량 구조에서는 슬래브의 수평 철근 배치에 따라

직교형 배치 형태를 보편적으로 사용한다. 어느 경우에나 최외측 전단 철근의 위치는 u_{out}둘레로부터 안쪽으로 $1.5d$ 이내에 있어야 한다. 또한 원주 방향으로의 배치 간격도 $2d$ 이하여야 한다. 만약 최외측 철근의 원주 방향 간격이 $2d$보다 큰 경우에는 u_{out} 둘레 길이가 모두 유효하지 않게 된다. 이러한 경우에는 그림 6.47(b)에 나타낸 것과 같이 $2d$ 둘레만 유효하다고 간주하여 u_{out} 둘레 길이를 산정해야 한다.

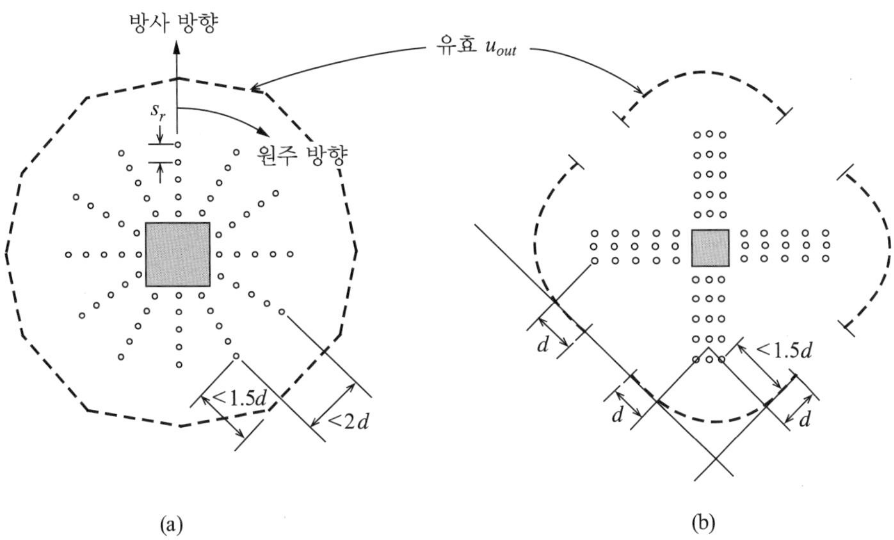

그림 6.47 펀칭전단 철근 배치와 유효 u_{out} 둘레 길이

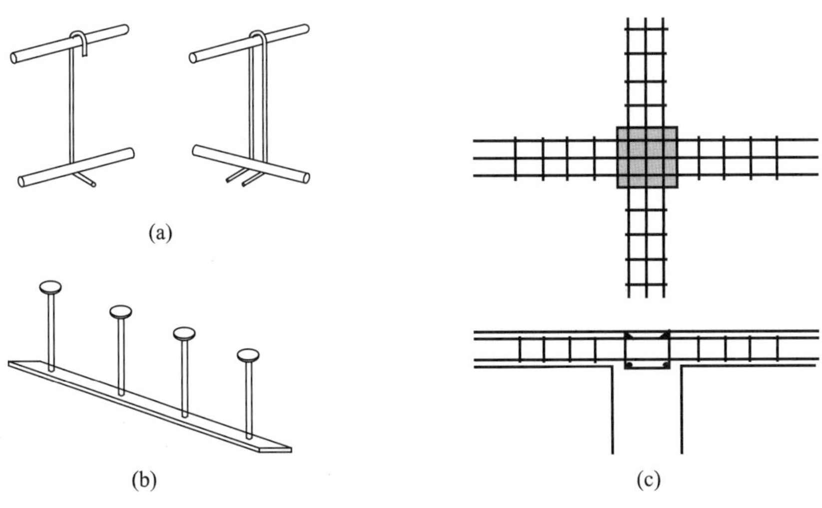

그림 6.48 펀칭전단 보강재의 종류

슬래브의 펀칭전단 보강재는 여러 종류가 있으며, 매우 특수한 보강재도 있다. 그림 6.48은 일반적으로 사용되는 보강재의 형상을 보인 것이다. 콘크리트 교량 구조에는 그림 6.48(a)와 (c)를 주로 사용하는데, 지름이 작은 철근을 갈고리 형태로 제작하여 상부와 하부 철근에 정착시키는 형태가 있다. 그림 6.48(c)에 보인 것처럼 전체적으로 슬래브 내에 보강 보를 형성하기 위하여 받침부에서 직교하는 양 방향으로 수직 스터럽과 수평 철근을 배치하는 방법이 있다. 스터럽의 각 모서리에 지름이 큰 수평 철근을 배치하며 폐쇄형 스터럽을 갈고리로 정착해야 한다. 그러나 이 방법은 250 mm보다 더 얇은 슬래브의 경우에는 스터럽의 적절한 정착을 확보하기 어렵다. 그림 6.48(b)는 얇은 슬래브에 많이 적용되는 **전단연결재**(shear stud)를 보인 것인데, 이것은 전단연결재를 강판에 용접한 형태이며 다른 철근의 배치에 방해를 덜 주면서 쉽게 사용할 수 있는 이점이 있다. 이 보강재를 사용할 때는 슬래브 상하부까지 필요한 피복두께를 확보하기 위해 간격재로 지지시켜야 한다. 특히, 폐쇄형 수직 철근, 굽힘철근 또는 철망 이외 형태의 전단 보강재인 경우에는 전단강도 v_{csd}를 실험으로 검증한 후 사용해야 한다.

또한, 보강재가 배치된 경우일지라도 펀칭전단강도는 어떤 단면에서도 콘크리트 내부 스트럿이 압축 파괴되는 절대 최대 전단강도 $v_{d,\max}$보다 작아야 한다. 절대 최대 설계펀칭전단강도 $v_{d,\max}$는 보에 적용하는 강도와 동일한 값이며, 식 (6.7-12)로 정의된 값을 갖는다. 특히, 기둥면 단면에서는 항상 최대 전단응력이 작용하기 때문에 펀칭전단 보강재가 배치된 경우에도 필수적으로 검토해야 한다.

예제 6.7-2　2방향 슬래브의 펀칭전단 보강

철근콘크리트 플랫 슬래브(플레이트)의 기둥 중심간 간격이 6.0×6.0 m이고, 기둥의 단면은 500×500 mm이며, 슬래브의 두께는 200 mm이다. 이 슬래브에 자중을 포함한 등분포 계수하중 15 kN/m^{2}이 작용하고 있을 때 내측 기둥 주변의 2방향 전단에 대해 검토하고, 필요하다면 전단 보강철근을 배치하라. 양방향 철근의 평균 유효깊이 $d = 160$ mm 이고, 평균 철근비 $\rho = 0.008$로 가정한다. 사용한 콘크리트 강도 $f_{ck} = 30$ MPa이고, 철근의 항복강도 f_y는 400 MPa이다. 재료계수 $\phi_c = 0.65$와 $\phi_s = 0.90$을 적용한다.

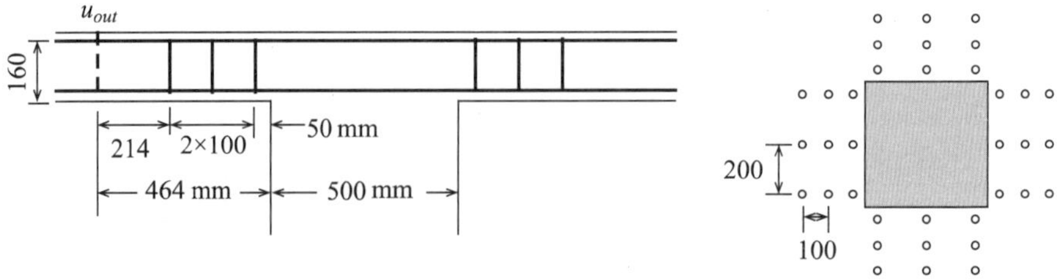

그림 6.49 예제 6.7-2의 2방향 슬래브의 펀칭전단 보강 철근

풀이

(i) 기본위험단면에서 응력 검토

내측 기둥 주위의 기본위험단면 둘레 길이 $u_1 = \pi(2)(2)(160) + 4(500) = 4{,}009\ \mathrm{mm}$ 이고, 이 기본위험단면 둘레 안의 면적은 $\pi 0.32^2 + 4(0.50)(0.32) + 0.50^2 = 1.21\ \mathrm{m}^2$ 이다. 따라서 기본위험단면에서 계수전단응력은

$$v_u = \frac{V_u}{u_1 d} = \frac{15(6^2 - 1.21) \times 10^3}{4{,}009(160)} = 0.814\ \mathrm{N/mm^2}$$

평균 철근비 $\rho = 0.008$ 이고, 깊이계수 $\kappa = 2$ 이므로 설계전단강도는 식 (6.7-11)에 의해

$$v_{cd} = 0.85\phi_c \kappa \sqrt[3]{\rho f_{ck}} = 0.85(0.65)(2)\sqrt[3]{0.008(30)} = 0.687\ \mathrm{N/mm^2}$$

이 설계전단강도가 계수전단응력 $v_u = 0.814\ \mathrm{N/mm^2}$보다 작기 때문에 전단 보강 철근이 필요하다. 전단 보강 철근이 필요한 구간을 산정하기 위해 계수전단응력이 콘크리트 펀칭전단강도와 같아지는 위험단면 둘레 길이를 구하면

$$u_{out} = \frac{V_u}{v_{cd} d} = \frac{15(6)^2 \times 10^3}{0.687(160)} = 4{,}912\ \mathrm{mm}$$

이 둘레 길이 위치는 $2\pi x_{out} + 4(500) = 4{,}912$로부터 기둥면으로부터 거리 $x_{out} = 464\ \mathrm{mm}$가 된다. 최외측 전단 철근의 위치는 기둥면으로 부터 $x_{out} - 1.5d = 224\ \mathrm{mm}$ 이내 이어야 하고, 최내측 전단철근의 위치를 0.3d 근처의 50 mm라고 하면, 전단 철근은 기둥면으로 부터 50 mm 부터 224 mm까지의 174 mm 구간에 배치해야 한다.

(ii) 슬래브의 두께가 충분한가를 검토하기 위해 기둥면 단면에서 절대 최대 설계전단강도 $v_{d,\max}$에 대해 검증해야 한다. 기둥면에서 둘레 길이 $u_o = 4(500) = 2{,}000\mathrm{mm}$가 되며, 이 둘레 안의 면적은 $0.5^2 = 0.25\ \mathrm{m}^2$ 이므로, 기둥면 단면에서 최대 전단응력은

$$v_u = \frac{V_u}{u_o d} = \frac{16(36 - 0.25) \times 10^3}{2{,}000(160)} = 1.79\ \mathrm{N/mm^2}$$

절대 최대 설계전단강도는 식 (6.7-12)에 의해

$$v_{d,\max} = 0.5\phi_c f_{c2,\max} = 0.5(0.65)(0.6)\left(1 - \frac{30}{250}\right)(30) = 5.14\ \mathrm{N/mm^2}$$

이 설계강도는 계수전단응력 $v_u = 1.79\ \mathrm{N/mm^2}$보다 크기 때문에 전단 보강 철근만 배치하면 슬래브의 두께를 증가시키지 않아도 설계가 가능하다.

(iii) 배치할 보강 철근으로 그림 6.48(a) 또는 (b) 형태를 사용한다면, 전단철근의 유효 항복강도는 식 (6.7-15)로 부터 $f_{vye} = 250 + 0.25(150) = 287.5\ \mathrm{N/mm^2}$가 된다. 식 (6.7-14)에 의한 소요 전단 철근량을 산정하면,

$$\text{소요}\ \frac{A_v}{s_r} \geq \frac{(v_u - 0.75v_{cd})u_1}{1.5\phi_s f_{vye}\sin\alpha} = \frac{(0.814 - 0.515)(4{,}082)}{1.5(0.9)(290)(1)} = 3.12\ \mathrm{mm^2/mm}$$

전단 철근의 방사 방향 최대 간격은 $s_{\max} = 0.75(160) = 120\,\mathrm{mm}$ 이므로, 전단 철근이 필요한 구간에 방사 방향 100 mm 간격으로 3개씩 그리고 각 방향으로 3개씩 배치한다면 한 원주 상에 9개가 되므로 전단 철근의 한 개의 소요 면적은

$$\text{소요 } A_v \geq \frac{3.12(100)}{9} = 35\,\mathrm{mm}^2$$

보강재 한 개의 단면적이 위 소요 A_v보다 큰 것으로 그림 6.49와 같이 배치하면 적합한 설계가 된다.

6.8 겹판요소 모델 설계법

6.8.1 개요

얇은 판으로 구성된 상자형 단면 거더 또는 T형 단면 거더의 플랜지나 복부는 평면 요소로 구성되어 있다. 그림 6.19(a)에 보인 상자형 단면 거더의 상부 플랜지는 종방향 휨에 의해 면내 압축력과 전단력이 작용할 뿐만 이니라 연직 하중에 의한 횡방향 휨모멘트 M_t와 면외 전단력이 조합으로 작용하는 대표적인 요소이다. 반면에 복부는 면내력과 동시에 면외 휨모멘트가 작용하는 요소이다. 이러한 면외력이 작용하는 요소는 3.6절에서 기술한 평면 트러스 모델 설계법을 직접적으로 적용할 수 없다.

그림 6.50(a)에 보인 것처럼 평면 요소의 중심면에 작용선이 놓이는 모든 힘을 면내력(in-plane force)이라고 하며, 종방향 축력 N_l, 횡방향 축력 N_t와 면내 전단력 V_{lt} 등이 있다. 면내력만이 작용하는 평면 요소를 **판요소**(plate element) 또는 **면요소**(membrane element)라 하며, 요소 두께 방향으로 변형률이 일정하다는 특징을 갖는다. 이러한 2방향 면내력만이 작용하고 있는 판요소는 앞의 3.6절에서 설명한 트러스 모델을 사용하여 합리적으로 해석과 설계를 한다.

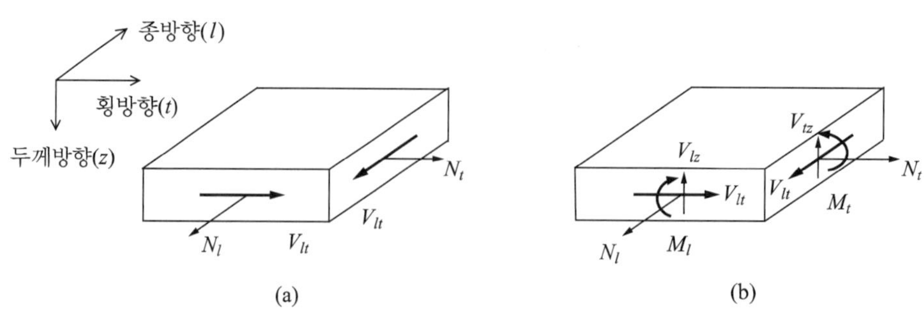

그림 6.50 평면 요소의 분류; (a) 판요소, (b) 쉘요소

그림 6.50(b)에 보인 것과 같이 평면 요소의 중심면에 작용선이 놓이지 않는 힘을 면외력(out of plane force)이라고 하며, 종방향 휨모멘트 M_l, 횡방향 휨모멘트 M_t, 면외 전단력 V_{tz}, V_{lz} 등이 있다. 이러한 면외력이 면내력과 동시에 작용하는 요소를 역학적으로 **쉘요소**(shell element)라고 하며, 두께 방향으로 변형률이 변화한다. 철근콘크리트 쉘요소에서 균열 발생 전의 낮은 하중 단계에서는 선형 탄성 연속체 거동을 하기 때문에 탄성 해석을 적용하여 응력과 변형률을 평가할 수 있다. 그러나 하중이 증가하여 균열이 발생하면, 그 거동은 매우 복잡해진다. 따라서 두께 방향의 각 깊이 마다 균열 발생 여부를 먼저 파악하여 설계하여야 한다. 만약 극한한계상태에서 전 깊이에 걸쳐 비균열 상태이면, 압축 주응력이 설계유효압축강도보다 작다는 것에 대한 검증만 필요하다. 그러나 극한한계상태에서 균열이 발생했다면 평면 요소의 설계와 검증에 다음에 설명하는 겹판요소 모델 설계법을 적용하여야 한다.

6.8.2* 겹판요소 모델

면내력과 동시에 면외력이 작용하는 철근콘크리트 판을 설계하기 위한 간단하면서 합리적인 방법으로 **겹판요소 모델**(sandwich model; three layered plate element model)이 있다. 이 모델을 적용하면 휨, 전단, 비틀림 및 축력을 조합으로 받는 부재에서 각 내부 힘들 사이의 상호작용(interaction)을 쉽게 해석할 수 있으며, 한계상태의 정의가 논리적으로 명료하게 된다.

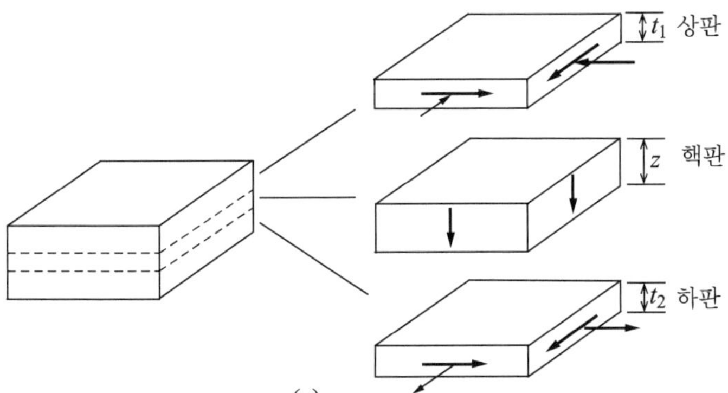

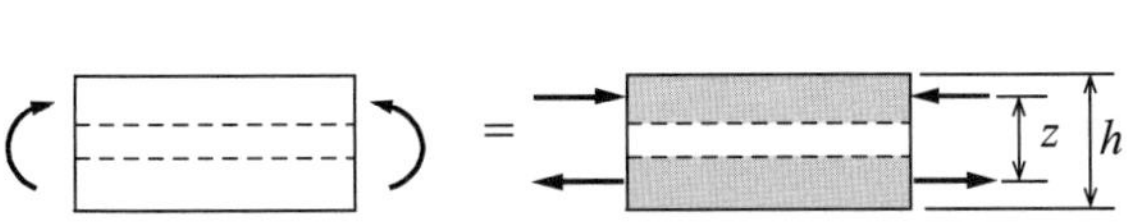

그림 6.51 겹판요소 모델

겹판요소 모델은 평면 요소를 그림 6.51(a)에 보인 것처럼 3개의 판으로 분할하고, 양 외측 판이 모든 면내력과 휨모멘트에 저항하게 한다. 이때 그림 6.51(b)에 나타낸 것과 같이 작용 휨모멘트를 짝힘(couple)인 압축력과 인장력으로 변환한 후에 상판과 하판에 각각 면내 축력으로 작용시킨다. 이렇게 하면 두 외측 판은 3.6절에서 기술한 평면 요소 설계 방법을 적용하여 설계 할 수 있게 된다. 그리고 면외 전단력은 중간에 놓인 핵판이 모두 저항하게 한다. 이때 핵판의 두께는 6.3절에서 다룬 보 설계에서와 동일하게 단면의 모멘트 팔길이 z로 간주한다. 핵판의 두께는 판 두께에서 상판과 하판의 두께를 뺀 나머지로 취하는 것이 아니다. 즉 핵판이 면외 전단력을 담당하는 것은 보에서 깊이 z의 복부가 작용 전단력에 저항하는 것과 동일한 방법이다.

그림 6.52에 보인 단위 폭을 갖는 평면 요소에는 하중영향에 의해 종방향 축력 n_l 및 면내 전단력에 의한 전단류 q와 동시에 횡방향 휨모멘트 m_t와 면외 전단응력 v_{tz}가 작용하는 상태이다. 전체 전단류 q는 양 외측 판이 담당한다고 간주하기 때문에, 상판이 담당하는 전단류 q_1과 하판이 담당하는 전단류 q_2의 합은 전체 전단류 q이어야 한다. 만약 상판과 하판의 두께가 동일하다면 $q_1 = q_2 = q_u/2$로 전단류를 양분하여 각 층이 절반씩 담당한다. 그러나 두 판의 두께가 다르다면, 두께 중앙에서 취한 1차모멘트의 합이 0이어야 한다는 조건을 만족하도록 q_1과 q_2를 분배한다. 면내 축력 n_l도 두 외측 판이 담당한다고 간주한다. 두 층에 분배되는 축력 n_1 및 n_2는 앞에서 설명한 전단류 분배법과 동일하다. 횡방향 휨모멘트를 내부 짝힘으로 환산할 때 짝힘의 팔길이는 양 외측 판의 중심간 거리를 취한다. 즉, 상판과 하판은 아래 식으로 산정한 면내 응력이 작용하는 평면 요소로 간주할 수 있게 된다.

상판의 전단응력 ; $$v_1 = \frac{q_1}{t_1} = \frac{q(h-t_2)}{(2h-t_1-t_2)t_1} \tag{6.8-1}$$

하판의 전단응력 ; $$v_2 = \frac{q_2}{t_2} = \frac{q(h-t_1)}{(2h-t_1-t_2)t_2} \tag{6.8-2}$$

상판의 종방향 압축응력 ; $$f_{n,l1} = \frac{n_{l1}}{t_1} = \frac{n_l(h-t_2)}{(2h-t_1-t_2)t_1} \tag{6.8-3}$$

하판의 종방향 압축응력 ; $$f_{n,l2} = \frac{n_{l2}}{t_2} = \frac{n_l(h-t_2)}{(2h-t_1-t_2)t_2} \tag{6.8-4}$$

상판의 횡방향 압축응력 ; $$f_{n,t1} = \frac{m_t}{[h-(t_1+t_2)/2]t_1} \tag{6.8-5}$$

하판의 횡방향 인장응력 ; $f_{n,t2} = \dfrac{m_t}{[h-(t_1+t_2)/2]t_2}$ (6.8-6)

여기서 t는 면요소의 두께이고, t_1와 t_2는 각각 상판과 하판의 두께이다.

이렇게 각 판에 작용하는 응력을 결정하면 평면 트러스 모델에 의해 설계가 가능해진다. 상판과 하판의 최적 두께는 3.6절에서 설명한 평면 요소 설계 방법을 반복 수행하여 결정할 수 있으며, 두 판의 경사각을 다르게 설정하여 설계할 수 있다. 가장 합리적인 방법은 팔길이 z 값으로 $2h/3$을 취하여 각 판의 두께를 정하는 것이다. 일반적으로 얇은 슬래브 또는 플랜지에 적용하는 가장 간단한 방법은 콘크리트 피복두께의 두 배를 판 두께로 하는 것이다. 이 간단한 방법은 각 판의 중앙에 철근이 배치되어 편심에 의한 저항 능력의 감소가 발생하지 않는다. 그러나 부재 중앙 부분을 유용하게 사용할 수 없는 비경제적 설계 결과가 도출될 수 있다. 특히, 상자형 단면 거더의 복부 판과 같이 전단력이 크게 작용하고 있는 판에서는 상당히 비경제적인 설계 결과가 산출될 수 있다. 따라서 이러한 상황에서는 보통 상－하판의 두께를 전체의 두께의 반으로 간주 ($t_1 = t_2 = t/2$)하여 사용하지 않는 영역을 없게 한다.

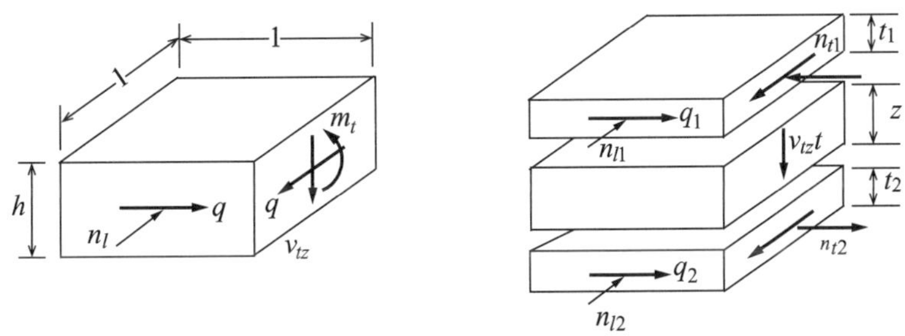

그림 6.52 겹판요소 모델의 작용력 분배

예제 6.8-1 상자형 거더 복부 설계

그림 6.53에 보인 상자형 단면 거더의 복부는 전단력과 동시에 상부 슬래브의 변형에 의해 횡방향 휨모멘트가 전달되어 작용하고 있다. 복부의 전단 보강 철근은 SD400으로 철근 중심까지 피복 두께는 50 mm로 간주한다. 한쪽 복부에 작용하는 전단력은 2,650 kN이고 동반하는 횡방향 휨모멘트는 단위폭당 110 kNm/m이다. 거더의 팔길이 z는 1,710 mm이고, 콘크리트 기준강도 f_{ck} =40 MPa이다. 겹판요소 모델을 적용하여 소요되는 복부 횡방향 철근량을 산정하라. 콘크리트의 재료계수 $\phi_c = 0.65$이고, 철근은 $\phi_s = 0.9$이다.

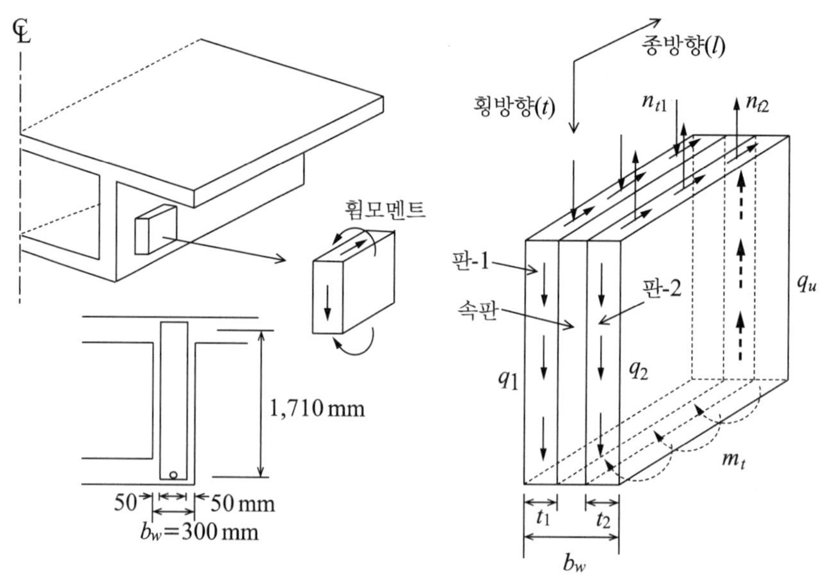

그림 6.53 겹판요소 모델을 이용한 거더 복부 설계

풀이

그림 6.53에 보인 것처럼 복부 요소를 겹판요소로 분할하여 안쪽을 판-1이라고 하고 바깥쪽을 판-2라고 하자. 복부 요소에 작용하는 전단류 q_u와 단위폭당 횡방향 휨모멘트 m_t는

$$q_u = \frac{V_u}{z} = \frac{2,650 \times 10^3}{1,710} = 1,550\ \mathrm{N/mm^2/mm}$$

$$m_t = 110\ \mathrm{Nm/mm}$$

(i) 먼저, 복부 철근이 판의 중심에 놓이도록 외측 판의 두께($t_1,\ t_2$)를 각각 100 mm로 설정하면, 판-1과 판-2가 담당해야 할 전단류의 크기는 $q_1 = q_2 = q_u/2 = 775\ \mathrm{N/mm}$ 가 되어서 각 판의 전단응력은

$$v_1 = v_2 = q/t = 775/100 = 7.75\ \mathrm{N/mm^2(MPa)}$$

횡방향 휨모멘트 m_t를 단면 짝힘으로 환산하면 안쪽 판-1에 축압축력 n_{t1}을 판-2에는 축인장력 n_{t2}로 변환된다. 이때 팔길이는 두 외측판 중심간 거리 200 mm이다.

$$f_{n,t1} = \frac{n_{t1}}{t_1} = \frac{m_t}{t_1(b_w - t_1/2 - t_2/2)} = \frac{-110,000}{100(200)} = -5.5\mathrm{N/mm^2}(\text{압축})$$

$$f_{n,t2} = +5.5\ \mathrm{N/mm^2}(\text{인장})$$

따라서 판-1의 응력 상태는 그림 6.54(a)에 나타낸 것과 같으며, 모어원을 이용하여 스트럿 경사각을 구하면, $\theta_{el} = 53.1°$이 된다. 콘크리트 스트럿의 압축응력은 식 (3.6-9c)에 의해

$$f_{c2} = v(\tan\theta + \cot\theta) = 7.75(\tan 53.1 + \cot 53.1) = 16.1\ \mathrm{N/mm^2}$$

콘크리트의 설계유효압축강도는 식 (3.3-27)로 부터

$$\phi_c f_{c2,\max} = 0.65(0.6)(1-40/250)(40) = 13.1\ \text{N/mm}^2$$

콘크리트 설계유효강도가 작용 응력 f_{c2} 보다 작아서 적합하지 않다.

휨에 의한 인장력을 받는 판-2의 응력 상태는 그림 6.54(b)와 같으며, 모어원을 이용하여 경사각을 구하면 $\theta_{el} = 36.9°$이 산출된다. 콘크리트 스트럿의 압축응력은

$$f_{c2} = v(\tan\theta + \cot\theta) = 7.75(\tan 36.9 + \cot 36.9) = 16.1\text{N/mm}^2$$

이 작용 응력은 콘크리트 설계유효강도 보다 커서 판-2도 적합하지 않다. 따라서 외측 판의 두께를 크게 설정하여 다시 계산을 반복해야 한다.

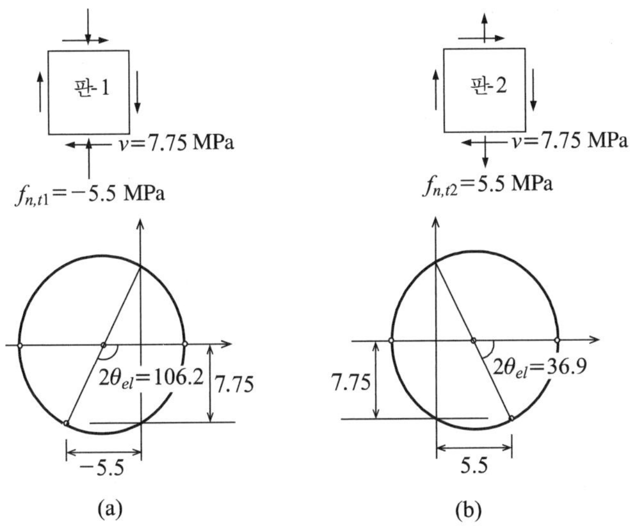

그림 6.54 예제 6.8-1의 응력 상태와 모어원

(ii) 두 외측 판의 두께를 최대인 150 mm로 설정

판-1과 판-2가 각각 담당 할 전단류 $q_1 = q_2 = q_u/2 = 775\ \text{N/mm}$ 이며, 각 판의 전단응력은

$$v_1 = v_2 = q/t = 775/150 = 5.17\text{N/mm}^2$$

횡방향 휨모멘트를 짝힘으로 변환할 때 적용하는 팔길이는 150 mm가 된다. 따라서 판-1의 축압축력 n_{t1}과 판-2의 축인장력 n_{t2}에 의한 응력은

$$f_{n,t1} = \frac{n_{t1}}{t_1} = \frac{m_{u,t}}{t_1(b_w - t_1/2 - t_2/2)} = \frac{-110{,}000}{150(150)} = -4.9\ \text{N/mm}^2(\text{압축})$$

$$f_{n,t2} = +4.9\ \text{N/mm}^2(\text{인장})$$

판-1은 전단응력 $5.17\ \text{N/mm}^2$과 횡방향 축압축력 $4.9\ \text{N/mm}^2$이 동시에 작용하는 응력 상태가 되며, 모어원을 작도하여 종방향 축과 스트럿 사이각과 스트럿의 압축응력을 구하면

$$\theta_{el} = 57.7°$$

$$f_{c2} = v(\tan\theta + \cot\theta) = 5.15(\tan 57.7 + \cot 57.7) = 11.4\ \mathrm{N/mm^2}$$

콘크리트의 설계유효강도는 $\phi_c f_{c2,\max} = 13.1\ \mathrm{N/mm^2}$ 보다 작기 때문에 적합하다.

따라서 소요 철근비는 식 (3.6-12a)에 의해

$$\rho_t = \frac{v\tan\theta + f_{n,t}}{\phi_s f_y} = \frac{5.17\tan 57.7 - 4.9}{0.9(400)} = 0.0091$$

판-1에 필요한 횡방향 철근량은 $A_s = 0.0091(150)(1{,}000) = 1{,}365\ \mathrm{mm^2/m}$ 이다.

인장력을 받는 판-2는 전단응력 $5.17\ \mathrm{N/mm^2}$과 횡방향 축인장력 $4.9\ \mathrm{N/mm^2}$이 동시에 작용하는 응력 상태가 되며, 모어원을 작도하여 경사각과 스트럿 압축응력을 구하면

$$\theta_{el} = 32.3°$$

$$f_{c2} = v(\tan\theta + \cot\theta) = 5.15(\tan 32.3 + \cot 32.3) = 11.4\ \mathrm{N/mm^2}$$

이 작용 압축응력은 콘크리트 설계유효강도가 보다 작아 적합하다.

소요 횡방향 철근비를 식 (3.6-12a)에 의해 산정하면,

$$\rho_t = \frac{v\tan\theta + f_{n,t}}{\phi_s f_y} = \frac{5.17\tan 32.3 + 4.9}{0.9(400)} = 0.023$$

이 철근비에 따른 판-2의 소요 철근량은

$$A_s = 0.023(150)(1000) = 3{,}450\ \mathrm{mm^2/m}$$

그런데 이 경우 판-1과 판-2에 배치된 철근이 판의 중심선과 일치하지 않기 때문에 계산한 철근량을 보정하여야 한다. 여기서는 보정값과 차이가 작기 때문에 보정 계산을 생략하였다. 이러한 보정 계산을 소거하기 위한 다른 방법으로는 철근의 피복을 75 mm로 조정하는 방법이 있다.

(iii) 부재의 휨과 전단에 대한 일반 설계식 적용

상자형 단면 한쪽 복부에 작용하는 전단력 $V_u = 110\ \mathrm{kN}$ 이기 때문에 부재의 전단 설계식 (6.3-22)에 의해 복부에 소요되는 전단철근비 ρ_v는 판-1과 판-2에 적용한 경사각의 평균값인 45°와 팔길이 $z = 1{,}710\ \mathrm{mm}$를 적용하면 다음과 같게 된다.

$$\rho_v = \frac{V_u}{\phi_s f_y b_w z\cot\theta} = \frac{110{,}000}{0.9(400)(300)(1710)(\cot 45)} = 0.0143$$

따라서 복부의 소요 전단 철근량은

$$A_v = 0.0143(300)(1000) = 4{,}290\ \mathrm{mm^2/m}$$ 이 되며,

한쪽 판에는 $A_v/2 = 2{,}145\ \mathrm{mm^2/m}$가 필요하다. 그런데 이 양은 앞에서 겹판요소 모델로 계산한 판-1의 소요 철근량 $A_s = 1{,}365\ \mathrm{mm^2/m}$ 보다 큰 철근량이 된다는 것을 알 수 있다.

복부에 작용하는 횡방향 휨모멘트 $M_t = 110\ \mathrm{kNm/m}$에 필요한 철근량 A_b는 팔길이를 대략 $z = 0.9b_w$로 가정하면

$$A_b = \frac{m_t}{\phi_s f_{vy} z} = \frac{110 \times 10^6}{0.9(400)(0.9)(250)} = 1{,}358\ \mathrm{mm^2/m}$$

이 휨 철근량과 절반의 전단 철근량의 합은 $A_v/2 + A_b = 3{,}503\ \mathrm{mm^2/m}$가 되어 앞에서 겹판요소 모델에 의한 판-2의 소요 철근량 $A_s = 3{,}450\ \mathrm{mm^2/m}$에 비해 약간 큰 값이다.

6.4절에서 설명한 횡방향 철근 배치 방법에 의하면, 소요 휨철근량 A_b가 소요 전단 철근량 A_v의 1/2 이하에 해당한다. 따라서 이 복부에는 휨 철근을 추가할 필요가 없으며, 그림 6.20(b)에 보인 것과 같이 소요 전단철근을 2등분하여 양측면에 배치하면 된다.

참고문헌

6.1 도로교통협회 (2015), 도로교설계기준(한계상태설계법), 국토교통부

6.2 한국콘크리트학회 (2012), 콘크리트구조기준, 국토해양부

6.3 김 우, 김진근, 오병환, 정 란, 최완철, (2012), 콘크리트구조설계, 동화기술

6.4 European Committee for Standardization, (1992), *Eurocode 2(EN 1992) - Design of Concrete Structures*, EC Technical Committee CEN/TC 250.

6.5 Mörsch, E., (1912), *Der Eisenbetonbau, seine Theorie und Anwendung* (Reinforced Concrete Theory and Application), Verlag Konrad Wittner, Stuttgart.

6.6 CEB-FIP, (1993), *CEB-FIP Model Code 1990 - Design Code*, Comite Euro- International du Beton, Thomas Telford, London.

6.7 CEB-FIP, (1999), *Structural Concrete - Textbook*, fib Bulletin 2, Vol. 1 and 2.

6.8 FIB (2010), *Model Code 2010*, International Federation for Structural Concrete.

6.9 ACI-ASCE Committee 326, (1962), "Shear and Diagonal Tension," Journal of ACI, Vol. 59, No. 2, pp. 277-333.

6.10 ACI-ASCE Task Committee 426, (1973), "The Shear Strength of Reinforced Concrete Members," Proceeding of ASCE, Vol. 99, No. ST6, pp. 1091-1187.

6.11 ACI-ASCE Committee 445, (1998), "Recent Approaches to Shear Design of Structural Concrete," Journal of Structural Engineering ASCE, Vol. 124, No. 12, pp. 1357-1417.

6.12 Zsutty, T. C., (1971), "Shear Strength Prediction for Separate Category of Simple Beam Tests," Journal of American Concrete Institute, Vol. 68, No. 2, pp. 138-143.

6.13 Kani, G. N., (1967), "How Safe Are Our Large Reinforced Concrete Beams?" Journal of American Concrete Institute, Vol. 64, No. 3, pp. 128-141.

6.14 Collins, M. P. and Mitchell, D., (1990), *Prestressed Concrete Structures*, Prentice Hall, Englewood Cliffs, NJ, USA.

6.15 Vecchio, F. J. and Collins, M. P., (1986), "The Modified Compression Field Theory for Reinforced Concrete Element Subjected to Shear," Journal of American Concrete Institute, Vol. 83, No. 2 pp. 219-231.

6.16 Nielsen, M. P. and Braestrup, M. W., (1975), "Plastic Shear Strength of Reinforced Concrete Beams," Bygningsstatiske Meddelelser, Vol. 45, No. 3, pp. 61-99.

6.17 Hsu, T. T. C., (1993), *Unified Theory of Concrete Structures*, CRC Press Inc, Boca Raton, FL, USA.

6.18 Hsu, T. T. C. and Mo, Y. L., (2010), *Unified Theory of Concrete Structures*, John Wiley and sons Ltd, West Susex, UK.

6.19 Hsu, T. T. C. and Jang, L. X., (1996), "Tension Stiffening in Reinforced Concrete Membrane Elements," Structural Journal of American Concrete Institute, Vol. 93, No. 1, pp. 108-115.

6.20 Hsu, T. T. C., (1988), "Softening Truss Model Theory for Shear and Torsion," Structural Journal of American Concrete Institute, Vol. 85, No. 6, pp. 624-635.

6.21 MacGregor, J. (1997), *Reinforced concrete, Mechanics and Design, 3rd ed.*, Prentice Hall, Upper Saddle River, NJ, USA.

6.22 Kupfer, H. and Bulicek, H., (1992), "Consistent Model for Design of Shear Reinforcement in Slender beams with I- or Box-Shaped Cross Section," Proceedings of International Workshop on Concrete Shear, Elsevier Science Publisher, Inc., London-New York. pp. 256-265.

6.23 Mattock, A. H., (1974), "Shear Transfer in Concret Having Reinforcement at an Angle to Shear Plane," Special Edition SP-42, American Concrete Institute, Detroit, MI. USA,

6.24 Thurlimann, B., (1979), "Torsional Strength of Reinforced and Prestressed Beams - CEB Approach," in Concrete Design; US and European Practice, ACI Special Publication SP-59 American Concrete Institute.

6.25 Hendy, C. R. and Smith, D. A. (2007), *Designers' Guide To EN 1992-2, Eurocode 2: Design of Concrete Structures, Part 2: Concrete Bridges*, Thomas Telford, London, England.

6.26 Eibl, J., (ed), (1994), *Concrete Structures Euro-Design Handbook 1994/96*, Erst & Sohn, Germany.

6.27 *Eurocode 2 Worked Examples*, (2008), ed by Jean-Pierre Jacobs, The European Concrete Platform ASBL, Brussels, Belgium.

6.28 Walraven, J. C., (2008), "Eurocode 2: Design of Concrete Structures", Symposium Eurocodes: Backgrounds and Applications, Brussels, 18-20 February 2008.

연습 문제

6.1 두께(깊이)가 250 mm인 교량 바닥 슬래브의 설계전단강도 V_{cd}를 구하라. 슬래브 하단에는 D25 철근이 250 mm 간격으로 배치되어 있으며 철근 중심까지 피복두께는 40 mm로 간주한다. 여기서 $f_{ck} = 30$ MPa이다. 콘크리트 재료계수 $\phi_c = 0.65$를 적용한다.

6.2 사각형 교각의 단면 폭이 1,500 mm이고 깊이가 750 mm이다. 이 교각의 설계전단강도 V_{cd}를 구하라. 이 교각은 계수하중에 의해 3,200 kN의 축압축력과 2,000 kNm의 휨모멘트가 약축으로 작용하는 상태이다. 교각의 양 장변을 따라 D32 철근이 각각 14개씩 배치되어 있으며 철근 중심까지 피복두께는 60 mm로 간주한다. 여기서 $f_{ck} = 35$ MPa인 콘크리트를 사용한다.

6.3 보의 단면의 치수는 $b_w = 400\ \mathrm{mm}$, $d = 550\ \mathrm{mm}$이다. 인장 철근은 D29 철근 6개를 사용하였다. 사용한 콘크리트의 기준강도 $f_{ck} = 30\ \mathrm{N/mm^2}$이고, 재료계수 $\phi_c = 0.65$와 $\phi_s = 0.90$을 적용한다.
  (a) 전단 철근이 없는 단면의 설계전단강도 V_{cd}를 구하라.
  (b) D13 철근을 U형 스터럽으로 하여 100 mm 간격으로 배치했을 때 설계전단강도를 구하라. 스터럽 철근의 $f_{vy} = 400\ \mathrm{N/mm^2}$이다.

6.4 사각형 단면의 $b = 350\ \mathrm{mm}$, $d = 700\ \mathrm{mm}$, $h = 750\ \mathrm{mm}$인 부재를 비틀림 설계하려고 한다. 이 부재의 휨인장 철근은 D25 철근 5개를 사용하였으며, 콘크리트의 기준강도 $f_{ck} = 30\ \mathrm{N/mm^2}$이며 철근의 $f_y = 400\ \mathrm{N/mm^2}$이다. 재료계수 $\phi_c = 0.65$와 $\phi_s = 0.9$를 적용한다.
  (a) 계수비틀림모멘트 $T_u = 100\ \mathrm{kNm}$가 작용할 때 소요 비틀림 철근량을 구하라.
  (b) 계수비틀림모멘트 $T_u = 50\ \mathrm{kNm}$과 동시에 $V_u = 400\ \mathrm{kN}$가 작용할 때 소요 비틀림 철근량을 구하라.

6.5 복부폭이 300 mm, 플랜지 폭이 1,200 mm, 플랜지 두께가 200 mm, 깊이가 900 mm인 T형 단면 부재에 $T_u = 140\ \mathrm{kNm}$의 비틀림모멘트가 작용하고 있다. 이 부재의 복부에 소요되는 횡방향과 종방향 철근량을 산정하여 보자. 사용한 콘크리트 강도 $f_{ck} = 30\ \mathrm{MPa}$이고, 횡방향 철근과 종방향 철근의 항복강도는 모두 400 MPa이다. 비틀림 철근은 D10철근을 30 mm 피복을 갖도록 폐쇄 스터럽으로 구성할 때 필요한 철근의 배치 간격을 구해 보자.

6.6 교각을 지지하는 확대 기초판을 설계하려고 한다. 교각에는 계수압축력 $N_u = 3{,}000\ \mathrm{kN}$과 계수휨모멘트 $M_u = 2{,}000\ \mathrm{kNm}$가 동시에 작용한다. 사용한 콘크리트 강도는 $f_{ck} = 24\ \mathrm{MPa}$이고, 철근의 항복강도는 $f_y = 400\ \mathrm{MPa}$이다. 기초판은 5×5 m 정사각형으로 할 때, 필요한 두께를 결정하라.

6.7 예제 6.8.1에 보인 상자형 단면 거더의 내민 플랜지는 면내 전단력과 동시에 중력 하중에 의해 횡방향 휨모멘트가 작용하고 있다. 복부의 전단 보강 철근은 SD400으로 철근 중심까지 피복이 50 mm로

간주한다. 플랜지와 복부의 수직 계면에는 면내 전단응력 1.2 $\mathrm{N/mm^2}$과 동시에 동반하는 휨모멘트는 단위폭 당 200 kNm/m이다. 플랜지의 두께는 t는 250 mm이고, 콘크리트 기준강도 $f_{ck} = 40$ MPa이다. 겹판요소 모델을 적용하여 소요되는 횡방향 철근량을 산정하라. 콘크리트의 재료계수 $\phi_c = 0.65$이고, 철근은 $\phi_s = 0.9$이다.

CHAPTER 7

교란 영역의 설계

7.1 개요

앞 장에서 휨과 축력이 작용하는 부재와 전단과 비틀림이 작용하는 부재의 극한한계상태 검증 방법에 대해 다뤘다. 이러한 부재 설계 방법은 평면인 단면은 변형 후에도 평면으로 보존된다는 가정을 전제로 단면의 평형 조건과 적합 조건을 만족하는 보이론(beam theory)에 바탕을 두고 있다. 그런데 평면 보존 가정은 부재의 하중 작용점으로부터 단면 깊이보다 먼 단면에서 변형률의 분포 특성이 일정해진다는 St. Venant 원리가 적용되는 구간에서만 유효한 반면에, 하중 작용점 또는 기하적 불연속점까지 거리가 가까운 위치에 놓인 단면에는 이 원리가 적용되지 않는다. 따라서 St. Venant 원리가 적용되는 않는 영역에서는 앞 장에서 기술한 부재 설계 방법을 적용할 수 없게 된다. 집중 하중 작용점, 개구부 또는 단면이 변하는 위치에 가까운 영역에서는 응력이 교란되는 현상이 현저하게 나타나기 때문에 힘의 실제 흐름을 근사하게 반영할 수 있는 설계 방법이 필요하게 된다.

간단한 예로서 그림 7.1에 나타낸 압축 부재를 살펴보자. 이 압축 부재 상단에는 집중 하중 F가 좁은 지압판을 통해 작용하고 있다. 하중 작용점에서 일정 거리 이상 먼 단면에서의 응력은 등분포 1축 압축 상태가 되며, 그림 7.1(c)처럼 하중 작용 전에 평면인 단면은 하중 작용에 의해 부재가 변형한 후에도 평면이 보존된다.

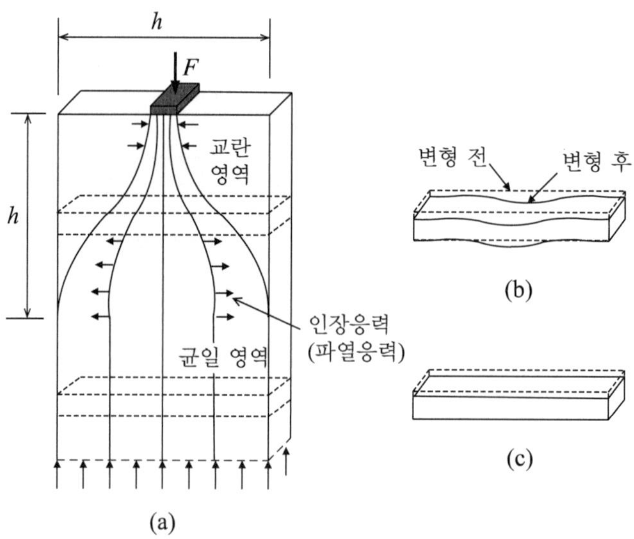

그림 7.1 응력 교란 영역

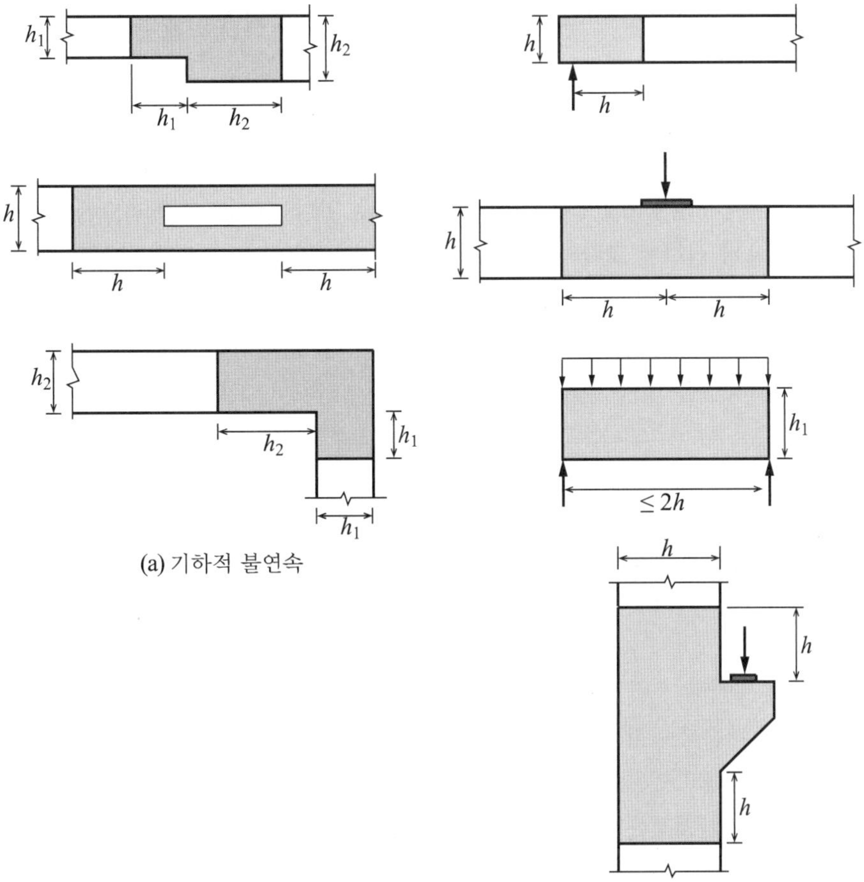

(a) 기하적 불연속

(b) 하중 불연속

그림 7.2 D-영역을 정의하기 위한 불연속 [참고문헌 7.8]

그러나 하중 작용점에 가까운 영역의 단면은 변형 후에 평면으로 보존되지 않고 그림 7.1(b)처럼 뒤틀림이 발생하며 이에 따른 응력 분포는 훨씬 복잡한 형태가 된다. 더욱이 지압판 아래의 큰 국부 압축력이 부재에 분산되면서 횡방향 응력을 유발시킨다. 이 응력에 의해 지압판 아래 부근의 콘크리트에 종방향 균열이 발생하는 파열 영역(bursting zone)이 존재하게 되며, 단면의 응력은 심하게 교란된 상태가 된다.

St. Venant 원리에 의하면, 집중 하중 작용에 의해 응력이 교란되어 불연속성이 단면 거동을 지배하는 영역은 그림 7.1에 보인 것처럼 부재 단면 폭과 동일한 깊이 이내 구간에 놓인다. 이러한 영역을 **교란 영역**(Disturbed region; D-영역)이라 부르고, 반면에 하중 작용점에서 단면 깊이보다 먼 구간을 **균일 영역**(Bernuolli region; B-영역)이라고 한다. 따라서 깊은 보나 브래킷은 전체가 교란 영역에 해당한다. 이처럼 철근콘크리트 부재를 평면 보존 가정이 유효한

B-영역과, 불연속성이 거동을 지배하는 부분인 D-영역으로 분리하여 설계할 필요가 있다. 그림 7.2에 일반적인 콘크리트 부재에서 D-영역에 해당 하는 구간을 나타내었다. 이들 구조물에서 B-영역은 D-영역을 제외한 나머지 부분에 해당한다.

콘크리트에 균열이 발생하지 않고 탄성 거동을 하는 낮은 하중 단계에서 교란 영역 내의 응력 상태는 탄성 이론이나 유한요소법을 적용하여 구할 수 있다. 그러나 콘크리트에 균열이 발생하면, 변형률 분포가 심하게 교란되어 내부 응력이 재분배되며 실제 응력 상태는 탄성 해석으로 예측할 수 없게 된다. 이러한 현상이 발생한 후에는 소위 **스트럿-타이 모델**(strut-and-tie model)이라고 불리는 트러스를 이용하여 교란 영역 내의 힘의 상태를 근사적으로 나타낼 수 있다. 이 모델은 복잡한 설계 문제를 간단하며 동시에 안전한 설계가 가능하도록 한다.

7.2 스트럿-타이 모델

철근콘크리트 부재에서 응력 교란 영역 내부 힘의 흐름은 스트럿-타이 모델을 이용하여 간단하면서 실제에 가깝게 나타낼 수 있다. 균열이 발생된 철근콘크리트에서 본질적으로 압축력은 콘크리트가 저항하고 인장력은 철근이 담당한다. 콘크리트에 발생된 균열이 현저해 질수록 콘크리트 압축력선의 궤적은 점차 직선에 가까워지는 경향이 나타나기 때문에 파괴 직전의 극한한계상태에서는 직선형의 압축 스트럿으로 근사하게 표현할 수 있다. 반면에 균열이 발생한 콘크리트 내부의 인장력은 모두 배치된 철근력으로 나타낼 수 있다.

그림 7.3에 보인 것과 같이 응력 교란 영역의 극한한계상태에서 내부 힘의 흐름은 압축 상태의 콘크리트를 나타내는 **스트럿**(strut), 철근을 나타내는 **타이**(tie), 그리고 스트럿과 타이 또는 스트럿과 스트럿이 교차되어 다축 응력 상태의 콘크리트 영역을 나타내는 **절점영역**(nodal zone)으로 표현할 수 있다. 이 모델은 스트럿, 타이 및 절점영역으로 구성된 트러스에 의해 외부 하중을 받침점이나 인접 B-영역으로 전달한다.

이 스트럿-타이 모델은 1980년대에 Schlaich, Schäfer와 Jennewein[참고문헌 7.8]에 의해 체계화 되었으며, 교란 영역의 응력 흐름에 관한 많은 연구에 바탕을 두고 있다. 특히, 스트럿-타이 모델을 적용하여 부재를 설계 할 때 스트럿과 타이의 실제 단면 치수를 결정하는 것이 매우 중요하다. 그림 7.3에 보인 것과 같이, 두께 b는 트러스 평면에 직각 방향으로 규정하고 폭 w를 트러스 평면 방향으로 규정한 치수이다. 일관성 있는 표현을 위해서 스트럿은 점선으로 타이는 실선으로 보통 나타낸다.

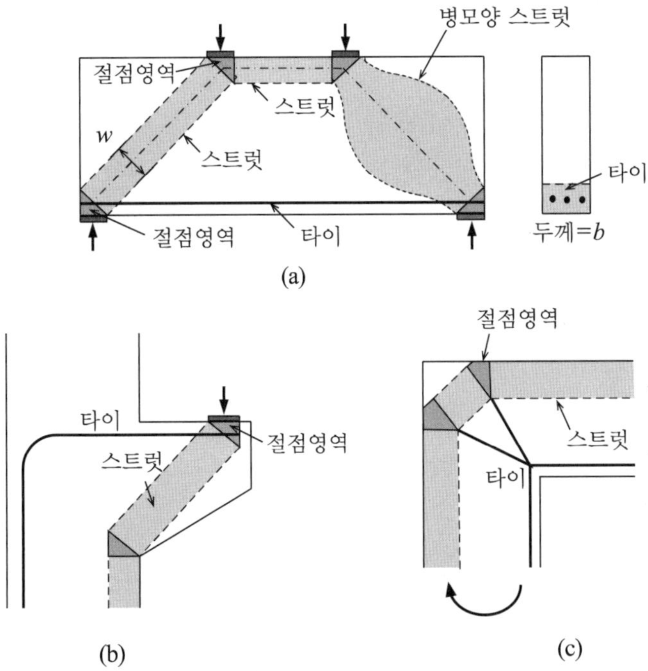

그림 7.3 스트럿, 타이 및 절점영역의 정의

7.2.1 스트럿

스트럿은 압축 요소로서 독립 요소, 평형 요소 또는 부채꼴 형상 요소로 분류한다. 그림 7.3에 나타낸 모든 스트럿은 타이와 함께 트러스를 형성하여 내부 힘의 평형을 유지하기 위한 평형 요소에 해당된다. 평형 요소 스트럿은 길이 방향으로 사각형 형상 또는 병모양 변단면 형태이기도 하는데, 병모양 스트럿은 절점 사이의 압축장이 옆으로 확산된 형태이다. 스트럿의 단면 치수는 스트럿과 절점영역의 접촉면 치수에 의해 결정된다.

그림 7.4는 판에 압축력이 좁은 지압판을 통해 작용하여 형성된 독립 요소 스트럿을 나타낸 것이다. 그림에 보인 것처럼 하중점 사이의 압축장이 옆으로 확산된 **병모양 스트럿**(bottle shape strut)으로 단부보다 중앙부에서 폭이 더 넓으며, 압축장이 중앙부에서 구속없이 횡방향으로 확산될 수 있는 곳에서 형성된다. 그림 7.4(a)는 부재의 길이 L이 깊이 h의 2배 보다 큰 경우($L > 2h$)로, 양단부에 교란 영역과 중앙부에 균일 영역이 형성된다. 따라서 중앙부에는 균일한 압축응력 분포가 형성된다. 반면에 그림 7.4(b)에 보인 것처럼 부재의 길이 L이 깊이 h의 2배 보다 작은 경우($L \le 2h$)에는 중앙부에 균일 영역이 형성되지 않고 모든 영역이 교란 영역에 해당된다. 이러한 병모양 스트럿은 압축력선이 확산되기 때문에 스트럿 축에

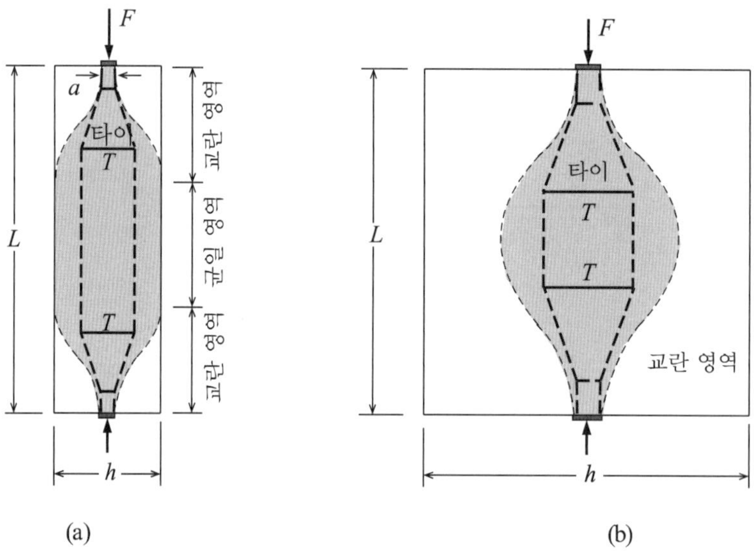

그림 7.4 병모양 스트럿

직각 방향의 인장응력, 즉 파열응력(bursting stress)이 유발되며 이에 따라 쪼갬 균열이 발생할 수 있다. 따라서 길이 방향 균열을 억제하기 위해 스트럿 내부에 횡방향 타이 철근을 배치해야 한다.

그림 7.3에 보인 부재 내부의 절점영역과 절점영역 사이에 형성된 실제 스트럿은 그림 7.4와 같은 병모양 스트럿 형태를 갖는 것이 일반적이다. 그러나 많은 경우에 병모양 스트럿을 등단면 스트럿으로 간단하게 이상화하여 설계에 적용한다. 왜냐하면 병모양 스트럿은 사각형 모양 스트럿에 비해 중앙부에서 단면적이 넓은데도 불구하고, 쪼갬 균열 때문에 그 압축강도의 증가가 거의 나타나지 않는다고 알려졌기 때문이다. 즉, 강도 관점에서는 병모양 스트럿과 등단면 스트럿을 구분할 필요가 없게 된다. 반면에 스트럿에 큰 압축력이 작용하면 파열이 발생할 수 있으므로 이에 대비한 철근을 배치하기 위한 의도 뿐만 아니라 정교한 해석과 철근 배치를 위한 목적으로 병모양 스트럿을 설계에 사용하는 경우가 있다. 이때 병모양 스트럿은 그림 7.4에 나타낸 것과 같이 내부 스트럿-타이 모델로 재구성하여 설계에 사용된다.

7.2.2 타이

타이는 스트럿-타이 모델 안의 인장 요소로서, 보강 철근과 그 주변 콘크리트로 구성된다. 따라서 타이의 거동은 3.4절에서 설명한 합성 요소의 인장 성질에 지배된다. 실제 설계에서는 주로 강도의 크기로 극한한계상태를 검증하기 때문에 타이를 구성하고 있는 콘크리트는 인장력에 저항하지 못한다고 간주한다. 콘크리트의 인장강도는 설계에 사용되지 않지만, 사용하중 상태에서 콘크리트는 인장강화효과에 의해 타이의 변형을 감소시키는 역할을 한다. 철근으로 된 타이의 설계강도는 철근의 설계강도 규정에 따라야 하며, 절점영역에 적절히 정착되어야 한다.

병모양 스트럿의 내부에는 파열응력에 저항하기 위한 횡방향 타이를 배치해야 한다. 이때 배치하는 타이 철근량은 분포 인장응력의 합력 T에 저항할 수 있어야 한다. 파열응력의 크기는 부재 단면 깊이에 대한 하중 재하 폭의 비 a/h에 따라 달라진다. $a/h=1$이면 등분포 응력 상태에 해당하므로 파열응력은 0이 되며, a가 작아질수록 파열응력의 크기는 증가한다. 많은 해석 결과에[참고문헌 7.8] 의하면, a/h가 0.2 이하인 경우 그림 7.5(a)에 나타낸 바와 같이, 횡방향 파열응력은 하중 작용점에서 $0.4h$ 떨어진 단면에서부터 h거리 단면까지 포물선 형태로 분포되며, 전체 인장력 T를 다음 식을 사용하여 근사적으로 구할 수 있다.

그림 7.4(a)처럼 $L>2h$일 경우 : $$T=0.25\left(1-\frac{a}{h}\right)F \qquad (7.2\text{-}1a)$$

그림 7.4(b)처럼 $L\le 2h$일 경우 : $$T=0.25\left(1-0.7\frac{a}{L/2}\right)F \qquad (7.2\text{-}1b)$$

그림 7.5(b)에 나타낸 것처럼, 이 인장력에 저항하기 위한 타이 철근력의 합력 위치는 파열응력의 합력점인 $0.7h$이어야 하며, 철근은 파열 인장응력이 발생하는 구간에 걸쳐 분산 배치되어야 한다.

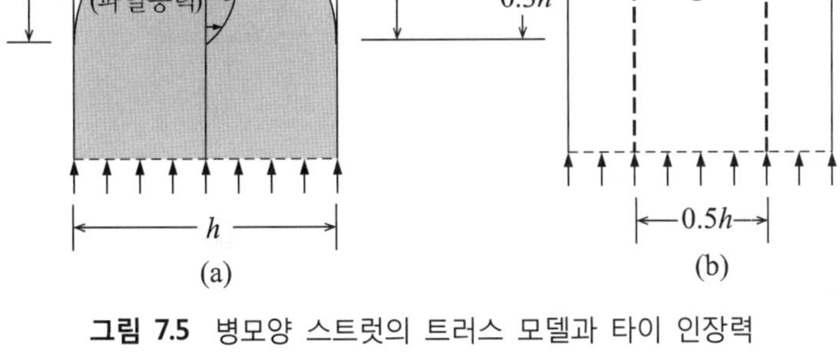

그림 7.5 병모양 스트럿의 트러스 모델과 타이 인장력

7.2.3 절점영역

절점은 스트럿－타이 모델 안의 스트럿, 타이 및 하중의 축이 교차하는 점이다. 절점영역은 그림 7.3에 나타낸 것과 같이 힘이 전달되는 절점과 그 근처의 콘크리트로 구성된다. 일반적으로 집중 하중이 작용하는 곳, 받침점, 철근 또는 프리스트레스 강선이 집중된 정착 영역, 철근을 구부린 곳, 부재의 이음과 모서리에 절점영역이 생긴다. 이 절점영역은 힘이 평형을 이루는 하나의 구역 또는 두개의 작은 구역으로 취급한다. 예를 들면, 그림 7.6(a)에 보인 절점 영역은 그림 7.6(b)에 보인 것과 같이 두개의 반력 R_1과 R_2가 각각 스트럿 압축력 C_1과 C_2의 수직력과 평형을 이루는 두 개의 영역으로 나눌 수 있다.

평형을 이루기 위해서 각 절점에는 최소한 3개의 힘이 작용해야 한다. 절점은 이러한 세 힘의 부호에 따라 그림 7.7과 같이 구별한다. 즉, C-C-C 절점은 세 압축력을 저항하고, C-C-T 절점은 두 압축력과 한 인장력에 저항한다. 그런데 인장력과 압축력은 모두 절점에서 압축력으로 취급하는데, 이것은 절점영역에 작용하는 인장력을 절점을 지나 반대 면으로 옮기면 절점영역에 압축력처럼 작용하기 때문이다. 따라서 절점영역은 그림 7.8(a)처럼 평면 정수압(hydrostatic pressure) 상태로 간주할 수 있게 된다. 인장 철근이 굽혀진 접합부에서는 두 인장력과 한 압축력이 만나는 C-T-T 절점이 만들어진다.

절점영역의 치수 w_{n1}, w_{n2}와 w_{n3}는 작용 압축력에 비례한다. 절점영역의 한 면의 치수는 지압판이나 기둥 단면과 같은 하중 접촉 면적에 근거하여 결정되며, 다른 나머지 면의 치수는 절점영역 내에서 일정 응력 수준이 유지될 수 있도록 설정한다. 이처럼 작용력에 비례하여 치수를 선정함으로써 절점영역의 각 면의 응력이 같게 된다.

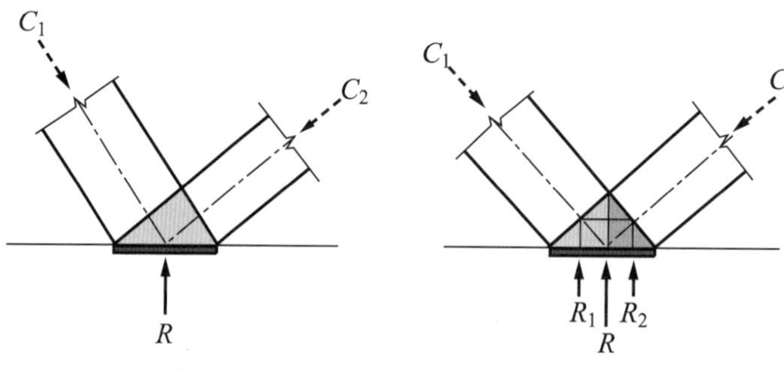

(a) 절점영역 (b) 재분할된 절점영역

그림 7.6 절점영역의 재분할 [참고문헌 7.3]

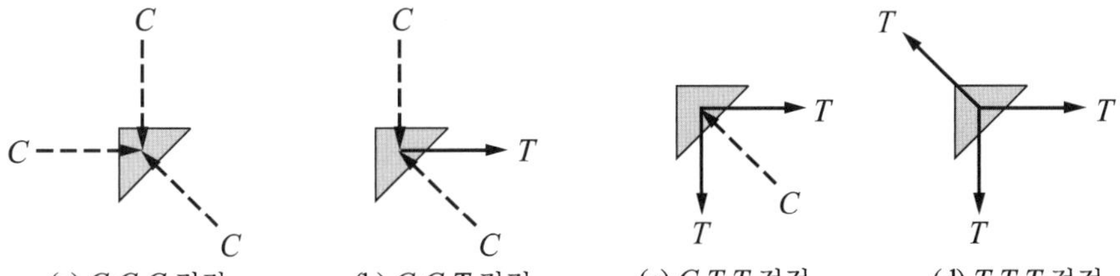

그림 7.7 절점영역의 분류

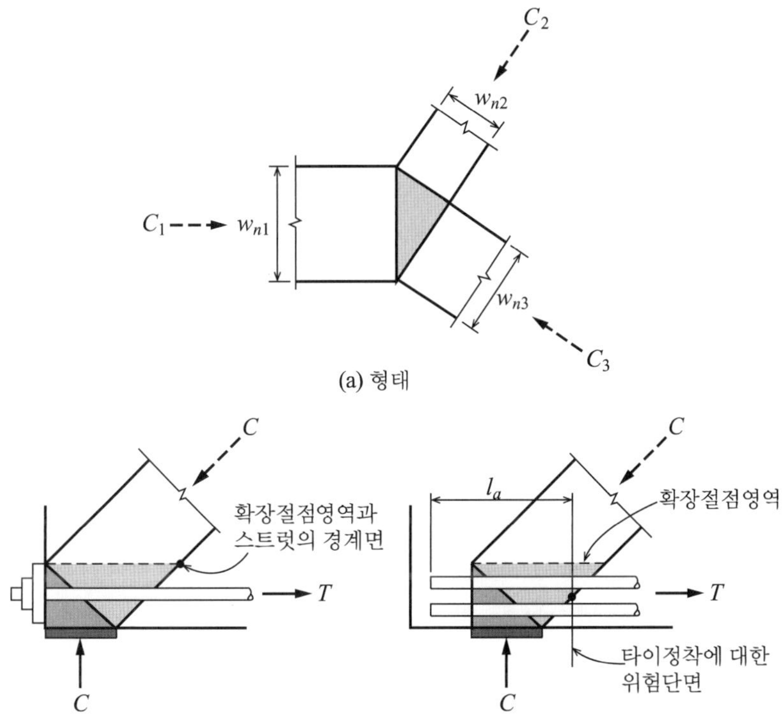

그림 7.8 절점영역과 확장절점영역 [참고문헌 7.3]

정수압 상태에 놓인 영역의 길이가 가끔 철근을 정착하는 데 필요한 길이보다 작을 수 있다. 이때는 그림 7.8(b)와 (c)에 보인 것처럼 절점영역과 스트럿의 교차 접촉면으로 구획된 **확장절점영역**(extended nodal zone)을 사용한다. 이 확장절점영역을 스트럿과 타이가 겹쳐지는 부분으로 간주할 수도 있다. 이것은 타이의 인장력이 콘크리트로 전달되는 길이를 크게 하여 타이의 정착길이를 확보할 수 있게 한다. 만약 필요하다면 그림 7.8(c)의 절점 왼쪽에 보인 것처럼 절점영역과 확장절점영역 바깥쪽까지 정착할 수도 있다. 압축-인장 절점영역의 철근 정착은 절점영역의 시작점에서 시작된다. 예를 들어 지점에서는 정착은 그 내면에서 시작된다. 정착길이는 전체 절점영역 길이에 걸쳐서 연장되어야한다. 어떤 경우에는 철근을 절점영역 밖에 정착할 수 있다.

7.3 스트럿 – 타이 모델 설계법

7.3.1 설계 순서

스트럿-타이 모델은 설계 과정 중에 여러 방법으로 사용된다. 초기의 개념 설계 단계에서 스트럿-타이 모델의 스케치는 구조적 거동과 철근 상세를 쉽게 파악할 수 있게 한다. 스트럿-타이 모델은 특수 구조물의 철근 배치 형태 등의 상세 설계에 사용할 수 있으며, 최종적으로 이 스트럿-타이 모델은 부재 철근 상세 설계의 바탕이 된다. 스트럿-타이 모델을 철근콘크리트 구조 설계에 적용할 때는 다음과 같은 단계별 작업을 수행하여야 한다.

단계 1 : D-영역을 정하고 분리한다.
단계 2 : 각 D-영역의 경계면에서 합력을 계산한다.
단계 3 : D-영역 내의 힘의 흐름을 나타내는 트러스 형상을 선정한다.
단계 4 : 스트럿-타이의 절점영역 치수를 선정한다.
단계 5 : 스트럿과 절점영역 경계면에서 강도한계상태를 검증한다,
단계 6 : 타이와 타이 정착부를 설계한다.
단계 7 : 설계 상세와 최소 철근 요구 조건을 검토한다.

실제 설계 과정은 위 각 단계마다 반복 수행이 필요하다. D-영역을 정의한 후의 다음 단계는 D-영역의 경계면에 작용하는 합력의 크기, 위치 및 방향을 결정하는 일이다. 이 힘들은 스트럿-타이 모델의 입력 자료가 되며, 트러스의 기하적 형상을 설정하는 기준이 된다. D-영역의 한 경계면에 분포 하중이 작용할 때 또는 단면 휨모멘트가 작용할 때는 그림 7.9에 보인 것처럼 그 경계면을 스트럿과 타이에 각각 작용하는 합력의 형태로 계산한다. 예를 들면, 그림 7.9(a)의 벽체의 상면에 작용하고 있는 분포 하중은 두 개의 집중 하중으로 분리하여 나타낼 수 있으며, 그림 7.9(b)의 열림 휨모멘트가 작용하는 슬래브 – 벽체 접합부의 경계면에 작용하는 단면 휨모멘트는 인장과 압축으로 구성된 짝힘으로 분리시켜 나타낼 수 있다.

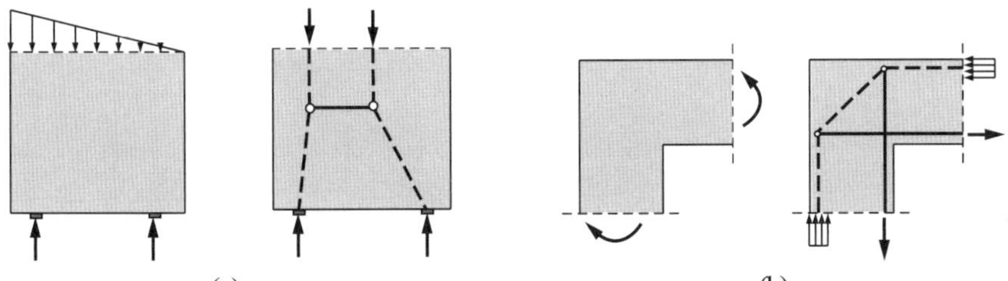

그림 7.9 D-영역의 경계면에 작용하는 힘의 변환

7.3.2 트러스의 형상 선정

스트럿-타이 모델을 나타내는 트러스는 D-영역 내에 적합해야 한다. 스트럿과 타이는 설계자가 의도하는 방향으로 설정할 수 있다. 따라서 다양한 설계 결과가 가능하게 된다. 트러스의 형상은 스트럿이 절점영역에서만 교차가 가능하다는 기하적 제약 조건을 만족하여야 한다. 타이는 스트럿을 가로지를 수 있다. 가장 효율적인 모델은 D-영역 내에서 최소에너지 배분이 가능하도록 가장 강성이 큰 하중 경로를 표현할 수 있어야 한다. 콘크리트 스트럿은 타이보다 항상 큰 강성을 갖기 때문에, 적은 수의 타이를 갖는 모델이 일반적으로 더 좋다. 또한 스트럿은 길이가 짧고 단면이 크게 될수록 강성이 크게 된다.

깊은 보에서 가능한 여러 형태의 내부 트러스를 그림 7.10에 비교하였다. 그림 7.10(a)는 집중하중이 작용하는 깊은 보를 보인 것이다. 그림 7.10(b)는 이 깊은 보에 가장 적합한 트러스를 나타낸 것이다. 이 모델에서 스트럿은 하중을 하중점에서 받침점으로 직접 전달하며, 하나의 타이로 연결되어 있다. 그림 7.10(c)에 보인 트러스는 효율이 작은 하중 경로를 보인 것으로, 하나의 스트럿이 두 개의 경사 타이에 지지되어 있는 형상이다. 이러한 경우는 절점과 타이의 수가 많아서 변형이 크게 되는 트러스이기 때문에 그림 7.10(b)에 보인 모델보다 훨씬 비효율적인 트러스라고 할 수 있다. 마지막으로, 그림 7.10(d)는 2중 스트럿과 타이로 된 트러스를 보인 것이다. 이러한 특수 형태는 불필요하게 복잡할 뿐만 아니라, 하부 타이의 과도한 변형 또는 파괴 이후에만 상부 타이가 유효하게 되는 모델이다.

이론적으로 스트럿-타이 모델에 대한 유일한 최소에너지 해가 존재할 수 있다. 그러나 현실적으로는 평형 조건을 만족하는 모델이며, 구조적 강성에 대해 주의를 한다면 충분히 만족스런 결과를 얻을 수 있다는 것이 증명되었다. 유한요소해석과 탄성론에 기초한 해석법을 적용하여 최대 응력이 발생하는 부위를 파악한 후 트러스를 구성할 수도 있다. 즉 선형 탄성 해석으로 구한 최대 압축 주응력을 따라 스트럿을 배치하고, 최대 인장 주응력 영역에 타이를 배치함으로써 효과적인 하중 경로를 구성할 수 있다.

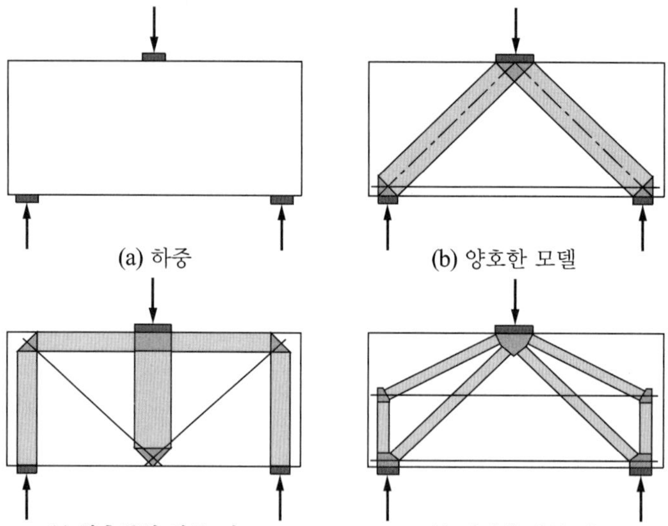

그림 7.10 깊은 보에 적용하는 여러 트러스 [참고문헌 7.16]

다양하고 복잡한 하중 경로를 갖는 구조물의 트러스 형상일지라도 그 트러스는 몇 종류의 기본 트러스 요소(basic truss element)의 조합으로 구성할 수 있다[참고문헌 7.7]. 그림 7.11은 이 기본 요소를 나타낸 것이다. 부재에서 받침 조건에 따라 가능한 기본 요소, 압축 부재와 인장 부재를 표현하는 기본 요소, 그리고 접합부에서 가능한 기본 트러스 요소를 나타낸 것이다. 하중 조건과 받침점 조건이 복잡한 구조물인 경우에는 전체 구조물을 몇 조각의 부분 구조물로 분해한 후, 각 경계면에 작용하는 단면력을 등가의 하중으로 간주하여 그림 7.11에 나타낸 기본 요소를 적용한다. 필요하다면 더 작은 부분 구조로 세분하여 정교한 트러스를 구성할 수 있고, 하나의 스터럿 내부에 다시 작은 트러스를 구성하여 조합하기도 한다.

그림 7.12는 큰 개구부가 있는 깊은 보의 설계를 위해 구성 가능한 트러스의 형상들을 보인 것이다[참고문헌 7.8]. 이 보는 전체가 D-영역으로 설계 과정이 상당히 복잡한 구조로 여겨진다. 먼저 하중점을 기준으로 보를 두 부분으로 나눈 후, 각 부분을 독립적으로 하중 경로(load path)를 고려하여 형상을 구성한다. 가장 간단하면서 가능한 트러스는 그림 7.12(a)에 보인 형상이 된다. 오른쪽은 단순 깊은 보로 하중점에서 받침점으로 직선 하중 경로로 간주하여 대각 스트럿을 두고, 왼쪽 부분은 개구부를 우회하여 하중점에서 받침점으로 하중이 전달되는 가장 단순한 형태가 그림 7.12(a)와 같게 된다. 이 단순한 스트럿–타이 모델로 설계가 충분히 가능하다. 더 정밀한 설계를 위해서 하중점에서 받침점까지 하중 전달 경로가 더 짧으며, 경로 수가 많은 그림 7.12(b)와 같은 트러스를 구성할 수 있다. 오른 쪽에는 응력이 확산되는 병모양

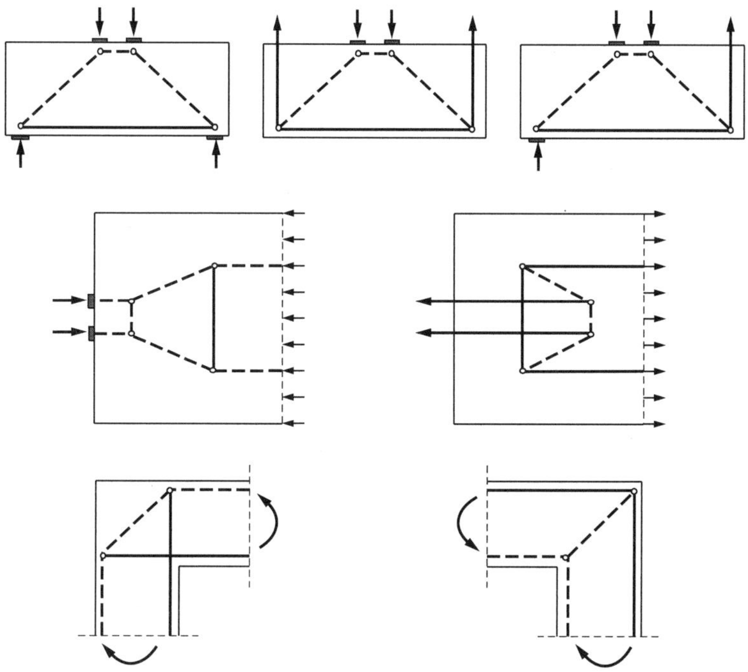

그림 7.11 기본 트러스 요소 [참고문헌 7.7]

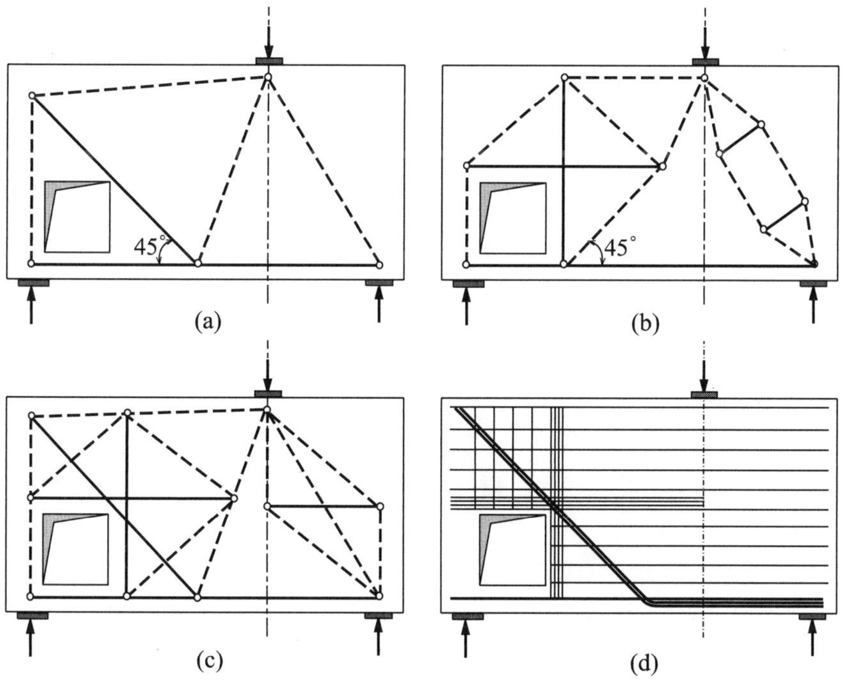

그림 7.12 큰 개구부를 갖는 깊은 보의 트러스 형상과 철근 배치 [참고문헌 7.8]

스트럿으로, 왼쪽에는 개구부 모서리에서 교차하는 타이가 스트럿의 길이를 짧게 고정하도록 구성한 것이다.

이 두 모델은 각각 그 자체로 충분히 설계에 적용할 수 있다. 더 정밀한 설계를 하기 위해 탄성 유한요소해석 프로그램을 사용하여 구한 최대 응력 방향과 크기를 바탕으로 스트럿과 타이의 위치와 방향을 선정할 수 있다. 유한요소해석 결과에 의하면 그림 7.12(c)에 보인 것과 같이 앞의 두 모델을 중첩하면 더 우수한 하중 경로를 표현할 수 있는 것으로 알려졌다. 그러나 중첩한 모델은 부정정 트러스가 되어서 실질적으로 설계에 사용하기 어렵다. 이러한 경우를 현실적으로 해결하기 위해 작용 하중의 절반은 그림 7.12(a) 트러스가 담당하고 나머지 반은 그림 7.12(b) 트러스가 담당한다고 간주하여 설계한 결과를 합하는 방법을 사용할 수 있다. 또한, 많은 경우 시공의 편리함을 위해 부재 내의 보강 철근은 수평 또는 수직 방향으로 배치한다. 따라서 스트럿-타이 모델을 구성할 때 타이의 방향을 가능하면 수직이나 수평 방향으로 배치하여야 그 해석 결과에 따라 소요 철근량을 쉽게 결정할 수 있게 된다. 그림 7.12(d)는 두 기본 트러스를 중첩한 모델을 적용하여 구한 타이 인장력을 바탕으로 소요되는 철근의 배치 상태를 나타낸 것이다.

7.3.3 강도 검증과 상세 설계

스트럿-타이 모델을 표현하는 트러스의 스트럿, 타이 및 절점영역은 일정한 폭과 크기를 가져야 한다. 트러스를 구성하는 각 요소의 폭은 연결된 부재의 치수에 따라 달라진다. 지압판이나 기둥과 같은 외부 요소가 절점영역의 크기를 결정할 수 있게 한다. 만약 지압판의 면적이 너무 작으면 절점영역에 큰 압축력이 유발되며, 또한 이에 해당하는 스트럿의 폭은 작용 하중을 저항하는데 충분하지 않게 된다. 이러한 경우의 해결 방법으로는 지압판의 크기를 키워서 접촉 압력을 감소시켜야 한다. 어떤 설계자들은 의도적으로 스트럿과 절점영역을 충분히 크게 하여 낮은 압축력이 유지되도록 한다. 이러한 경우에는 인장 타이에 대한 상세 설계만이 중요하게 된다. 균열을 최소화하고, 스트럿의 수축과 타이의 신장으로 인해 발생 가능한 비적합 변형을 피하기 위해, 절점에서 타이와 스트럿의 교차각을 25° 보다 크게 하여야 한다.

절점영역의 설계는 절점영역 내의 주응력이 연결된 스트럿이나 타이의 축에 평행하다는 가정에 기초한다. 스트럿과 타이의 폭은 일반적으로 그 부재에 작용하는 힘의 크기에 비례한다. 만약, 두 개 또는 그 이상의 스트럿이 그림 7.13(a) 및 (b)와 같이 한 면에 접근하면, 한 힘으로 합성한 후에 그림 7.13(c) 및 (d)에 보인 것처럼 합성된 한 힘에 직각 방향으로 절점영역의 면을 설정한다. 이러한 경우에 스트럿의 폭은 그림 7.13(a)에 보인 것처럼 지압판 또는 인장 타이의 치수에 의해 결정된다.

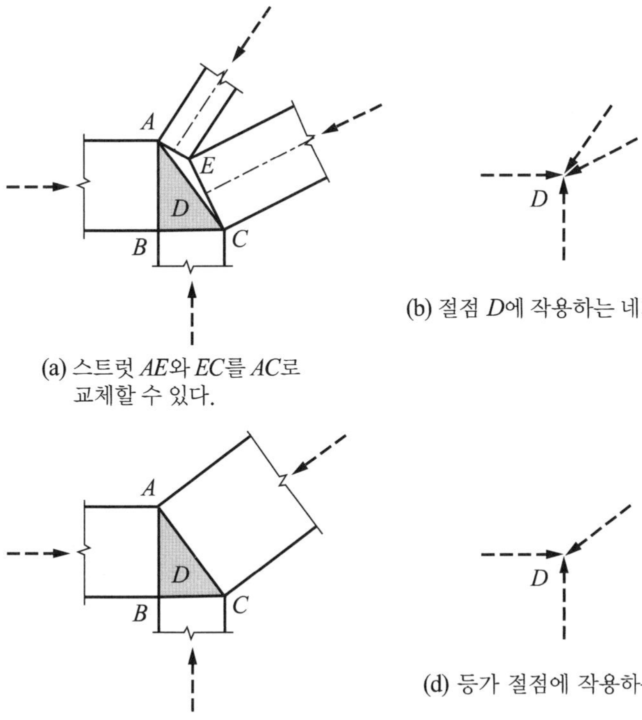

(a) 스트럿 *AE*와 *EC*를 *AC*로 교체할 수 있다.

(b) 절점 *D*에 작용하는 네개의 힘

(c) 등가 절점

(d) 등가 절점에 작용하는 힘

그림 7.13 절점영역에 작용하는 힘의 변환 [참고문헌 7.3]

스트럿, 타이 및 절점영역의 두께는 부재의 두께와 같다. 만약 지압판의 두께가 부재의 두께보다 작은 경우에는 스트럿과 타이의 두께를 감소시키든지 또는 두께 방향의 구속 철근을 배치하여 쪼갬 균열을 방지하여야 한다. 이러한 경우의 구속 철근량을 산정하기 위해서는 병모양 스트럿의 보강 타이 철근량 산정 방법과 동일한 논리를 적용하여야 한다.

스트럿의 강도는 스트럿 자체의 강도와 절점영역의 강도 모두에 근거하여야 한다. 만약 스트럿이 충분한 강도를 확보하지 않았다면, 압축 철근을 배치하든지 또는 절점영역의 크기를 증대시키는 방향으로 재설계하여야 한다. 절점영역의 크기를 증대시킨다는 것은 지압판이나 기둥의 크기에 영향을 준다.

D-영역의 균열을 제어하기 위해 사용하중 상태에서 타이의 응력이 항복응력보다 낮은 상태가 되도록 타이를 설계하여야 한다. 타이의 단면 치수는 타이 치수 내에 적합하도록 철근을 선택하여야 한다. 타이는 절점영역과 확장절점영역 내에 정착되어야 한다. 그림 7.14(a)는 확장절점영역과 타이의 가능 정착길이를 보인 것이다. 여기서 타이는 절점영역의 왼쪽 면에서부터 완전 정착길이가 확보되도록 연장되어야 한다. 확장절점영역의 형상은 스트럿 각 θ와 타이

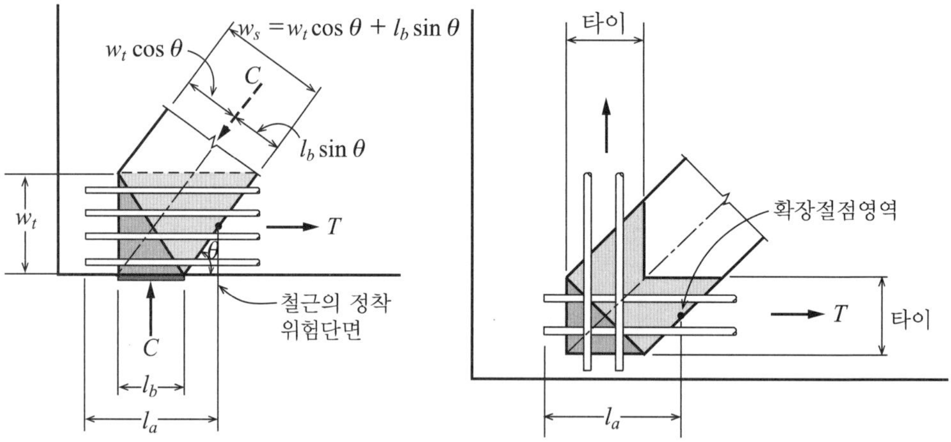

(a) C-C-T 절점 (b) C-T-T 절점

그림 7.14 스트럿의 폭과 확장절점영역의 정의 [참고문헌 7.3]

폭 w_t의 함수이다. 그림 7.14(a)는 다단 배치 철근으로 된 타이를 갖는 C-C-T 절점의 치수와 형상을 보인 것이다. 그림 7.14(b)는 C-T-T 절점영역을 보인 것이다. 만약, 절점영역과 확장절점영역 안에서 철근의 정착이 불충분하다면, 철근을 절점영역을 지나 연장하거나 또는 갈고리나 기계적 정착을 적용하여 완전히 정착시켜야 한다.

완전한 설계는 (1) 단면에 타이 철근 배치 가능, (2) 압축력과 인장 타이에 의한 절점영역 구속, (3) 최소 철근량 요구 조건의 만족 여부에 대한 검증이 포함되어야 한다. 타이 내의 철근은 구조설계기준에서 정한 철근 간격 요구 조건을 만족하여야 하며, 타이의 두께와 폭에 맞도록 배치하여야 한다. 타이는 절점영역에서 충분한 정착이 보장되도록 철근 상세를 검토하여야 한다. 계수전단력이 설계기준에서 정한 최대 전단강도보다 작도록 전단 철근을 배치하여야 하며 병모양 스트럿의 쪼갬 균열은 제어되어야 하고 최소 철근량 요구 조건을 만족하여야 한다.

7.4 극한한계상태 검증

철근콘크리트 교란 영역을 스트럿－타이 모델을 사용하여 설계할 때는 작용하는 계수하중에 의해 내부 트러스를 구성하는 각 요소인 스트럿, 타이와 절점영역에 유발된 힘이 해당 각 요소의 설계강도보다 작다는 것을 검증해야 한다. 또한, 원래 강도를 바탕으로 한 스트럿－타이 모델이 사용성 한계 기준을 항상 만족하는 것은 아니기 때문에, 사용하중 상태의 성능을 검토해야 한다. 사용성 기준을 만족시키기 위해서 타이 내의 철근 간격 등 설계기준에서 정한 상세 요구 조건을 만족하여야 한다.

7.4.1 스트럿의 압축강도

대부분의 실제 구조물에서 B-영역 뿐만 아니라 D-영역은 작용하는 다양한 하중에 의해 여러 방향의 응력을 동시에 받고 있는 상태이다. 예를 들어 깊은 보의 복부는 휨응력과 동시에 전단응력을 받아 2축 응력 상태에 놓인다. 이러한 경우 스트럿의 유효압축강도는 동반하는 횡방향 응력 상태에 따라 크게 영향을 받는다. 이미 3.3.6절에서 연화 콘크리트에 대해 상세히 설명하였듯이, 스트럿 축에 직각 방향으로 인장응력이 동반되면 스트럿의 유효압축강도는 크게 감소한다. 더욱이 스트럿 축에 직각이 아닌 경사 방향으로 인장응력이 작용하면 스트럿에는 경사 균열이 발생하게 되어 스트럿 압축력은 균열을 통과해야하는 불리한 상태가 발생할 수도 있다. 스트럿의 유효압축강도는 동반하는 횡방향 응력 또는 변형률의 크기의 함수이다. 특히, 균열이 발생된 후에는 그림 3.21에 나타낸 바와 같이 횡방향 변형률의 함수로 유효강도가 변하는 것으로 알려졌다. 실제 설계에서 변형률을 구해 유효강도를 구하는 방법은 현실적으로 힘들다. 따라서 설계에서는 몇 가지 경우로 단순하게 구분하여 유효압축강도 평가 방법을 사용한다.

스트럿의 압축강도는 콘크리트 설계 유효압축강도 $f_{cd,\max}$와 스트럿의 양끝에 있는 절점영역과의 경계면의 단면적 A_c에 의해 결정된다. 즉, 스트럿의 설계압축강도 C_d는 다음과 같이 산정된다.

$$C_d = f_{cd,\max} A_c \tag{7.4-1}$$

여기서 A_c는 스트럿 끝에서 스트럿 두께와 폭을 곱한 단면적이며, 콘크리트의 설계 유효압축강도 $f_{cd,\max}$는 스트럿에 횡방향으로 작용하는 응력의 유무와 보강 철근량에 따라 다음과 같이 세 가지 경우로 구분하여 평가한다.

(a) 그림 7.15(a)처럼, 횡방향으로 응력이 없거나 또는 횡방향 압축응력이 작용하는 스트럿의 설계 유효압축강도는 다음과 같은 콘크리트 1축 압축 설계강도 값을 갖는다.

$$f_{cd,\max} = 0.85\,\phi_c f_{ck} \tag{7.4-2}$$

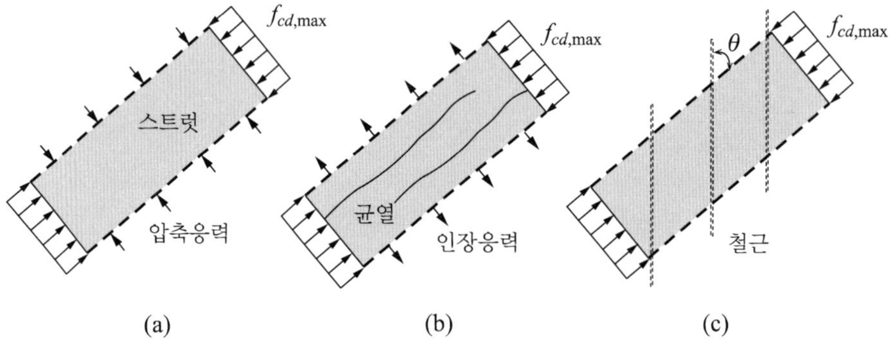

그림 7.15 콘크리트 스트럿의 분류

여기서 ϕ_c는 콘크리트의 재료계수로 정상 설계 상황일 경우 0.65를 적용하고, 지진과 같은 극단 설계 상황에서 검증할 경우 1.0을 적용한다. 이 유효강도는 5.5.2절에서 기술한 기둥의 설계압축강도와 동일한 값이다. 기둥과 같이 횡방향 철근에 의해서 실제로 횡방향으로 구속된 경우이거나 또는 횡방향 압축응력이 작용하여 구속 효과에 의한 압축강도의 증가가 현저할 경우에는 이를 고려할 수 있다.

(b) 그림 7.15(b)에 보인 것과 같이, 부재의 복부처럼 압축 주응력의 직각 방향으로 인장 주응력이 존재하여 사인장 균열이 발생한 영역의 콘크리트는 연화되어서 그 유효압축강도는 1축 강도보다 현저하게 작으며, 그 크기는 식 (3.3-27)로 간편하게 표현할 수 있다. 따라서 부재 복부에 형성되는 경사 스트럿의 유효압축강도는 식 (3.3-27)의 연화 콘크리트의 유효압축강도와 동일한 값을 갖는다. 즉,

$$f_{cd,\max} = 0.6\left(1 - \frac{f_{ck}}{250}\right)\phi_c f_{ck} \qquad (7.4\text{-}3)$$

이 설계유효강도는 6.3.3절의 보의 전단강도 산정에 사용되는 복부 콘크리트 스트럿 유효강도와도 같은 값이다. 많은 조사에 의하면 이 설계유효강도는 균열이 스트럿 축선에 평행한 경우뿐만 아니라 스트럿을 가로 지르는 경우에도 안전한 설계 결과를 산출한다고 알려졌다.

(c) 스트럿에 횡방향 철근을 배치하면 횡방향 변형이 억제되어 강도가 증가한다. 횡방향 철근이 0.4퍼센트 이상 배치된 스트럿에는 변형에 따른 구속 효과가 발현되어 유효강도가 증가한다. 이때 철근의 구속 효과는 스트럿 축에 직각으로 배치될 때 최대가 되며, 배치각 θ가 기울어질수록 감소한다. 이러한 현상을 간편하게 반영하기 위해 도로교설계기준에서는 다음과 같이 정하고 있다.

$$\theta > 75^\circ : \qquad f_{cd,\max} = 0.80\left(1 - \frac{f_{ck}}{250}\right)\phi_c f_{ck} \tag{7.4-4a}$$

$$75^\circ \geq \theta > 60^\circ : \qquad f_{cd,\max} = 0.70\left(1 - \frac{f_{ck}}{250}\right)\phi_c f_{ck} \tag{7.4-4b}$$

$$\theta \leq 60^\circ : \qquad f_{cd,\max} = 0.60\left(1 - \frac{f_{ck}}{250}\right)\phi_c f_{ck} \tag{7.4-4c}$$

여기서 θ는 철근과 스트럿 축선 사이의 각도이다. 배치된 횡방향 철근비가 0.4퍼센트 미만인 경우에는 구속 효과에 따른 유효강도의 증가가 거의 나타나지 않기 때문에 무근콘크리트로 간주하여 식 (7.4-3)의 연화 콘크리트의 유효강도를 적용해야 한다. 그림 7.16에 보인 것처럼 철근이 2방향으로 배치된 경우 철근의 구속 효과를 고려하기 위해서는 횡방향 철근비가 다음 조건을 만족하여야한다.

$$\Sigma \frac{A_{s,i}}{b\,s_i}\sin^2\theta_i \geq 0.004 \tag{7.4-5}$$

여기서 $A_{s,i}$는 철근 간격 s_i내 철근의 전체 면적이고, θ_i는 철근과 스트럿 축선 사이각이며, b는 스트럿 두께이다. 첨자 i는 철근 층을 지칭하며, s_i와 θ_i의 값을 그림 7.16에 표시하였다. 일반적으로 실제 설계에서는 스트럿의 유효강도를 산정할 때 횡방향 철근의 유리한 구속 효과를 무시하고 모든 경우에 식 (7.4-3)을 적용하기도 한다. 이것은 항상 안전한 설계 결과를 얻지만 대신에 비경제적인 설계가 된다[1].

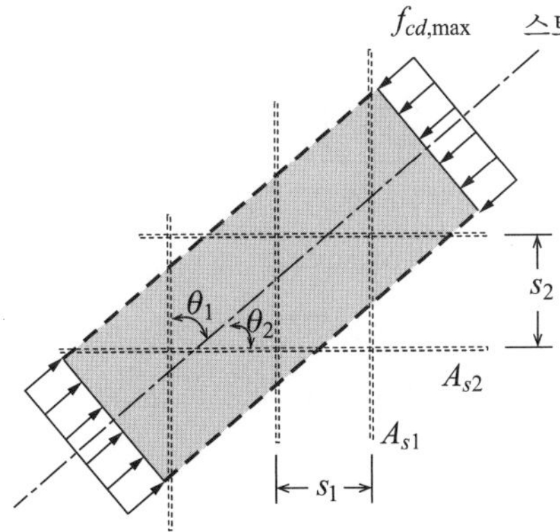

그림 7.16 스트럿 보강 철근

1) 콘크리트구조기준(2012)에서는 스트럿의 설계압축강도 C_d를 다음과 같이 산정한다.

$$C_d = \phi\, 0.85 \beta_s f_{ck} A_c$$

여기서 ϕ는 강도감소계수로 0.75를 적용하고, β_s 값으로 전 길이가 등단면인 평형 요소 스트럿일 때 모든 경우 $\beta_s = 0.6$을 적용하며, 다만 인장을 받는 부재 또는 플랜지 내의 스트럿인 경우는 $\beta_s = 0.4$를 적용한다.

7.4.2 타이의 인장강도

타이는 철근 또는 강선과 그 주변을 둘러싸고 있는 콘크리트로 구성된 내부 인장 요소이며, 나란히 배치된 철근과 강선의 조합으로 구성될 수도 있다. 타이의 유효폭 w_t는 타이 철근의 분포에 따라 다르다. 만약, 휨인장 철근이 한 개의 층으로 배치되어 있다면, 타이의 유효폭은 철근 단면 중심에서 잰 콘크리트 피복두께의 대략 2.5배 값으로 취한다. 다른 방법으로는 타이의 폭으로 기계적 정착판의 폭을 취할 수 있다. 타이의 현실적인 최대폭 $w_{t,\max}$는 절점영역의 강도와 치수에 적합한 값이어야 하며, 다음 식으로 계산한 값에 해당한다.

$$w_{t,\max} = \frac{T_d}{b f_{cd,\max}} \tag{7.4-6}$$

여기서 T_d는 타이의 설계인장강도이고, $f_{cd,\max}$는 절점영역 콘크리트의 유효압축강도로 다음 7.4.3절에서 정의된 값이며, b는 부재의 두께이다.

이러한 타이의 거동은 3.4절에서 다룬 합성 인장 요소의 성질에 따른다. 강도 관점에서 타이 콘크리트는 균열이 발생하면 인장력을 저항할 수 없기 때문에 극한한계상태에서 타이의 설계강도 T_d는 타이 내에 있는 철근의 설계강도와 프리스트레싱 강재의 설계강도의 합이다.

$$T_d = \phi_s f_y A_{st} + \phi_s f_{py} A_p \tag{7.4-7}$$

여기서 A_{st}는 철근의 면적, f_y는 기준항복강도이고, A_p는 프리스트레싱 강재의 면적, f_{py}는 강재 기준항복강도이다. ϕ_s는 철근과 프리스트레싱 강재의 재료계수로 정상 설계 상황일 경우 0.90를 적용하고 지진과 같은 극단 설계 상황에서 검증할 경우 1.0을 적용한다.

타이가 설계인장강도를 발휘하기 위해서는 확장절점영역을 벗어나기 전에 정착되어야 한다. 만약, 절점영역과 확장절점영역을 합한 값이 타이를 정착하는데 충분하지 않다면, 철근을 절점영역 뒤로 연장하여 충분한 정착길이를 확보하든지, 또는 90° 갈고리나 기계적 정착장치를 사용하여야 한다. 90° 갈고리를 사용할 때는 갈고리에 의한 쪼갬 균열을 방지하기 위해 구속 철근을 배치해야 한다.

7.4.3 절점영역의 강도

절점영역의 극한한계상태를 검증하기 위해서는 절점영역의 각 면에서 계수하중에 의해 발생하는 압축응력을 아래와 같이 계산하여 가장 큰 값이 절점의 설계압축강도 $f_{cd,\max}$보다 작다는 것을 확인해야 한다.

$$f_{c1} = \frac{C_1}{w_{n1}b}, \qquad f_{c2} = \frac{C_2}{w_{n2}b}, \qquad f_{c3} = \frac{C_3}{w_{n3}b} \tag{7.4-8}$$

여기서 C_i와 w_{ni}는 절점영역의 각 경계면에 작용하는 계수압축력과 폭으로 그림 7.17(a)에 표시되어 있다. 3개의 스트럿이 만나 형성되는 C-C-C 절점영역에서는 각 면에서 계산한 압축응력은 항상 동일하며 ($f_{c1} = f_{c2} = f_{c3}$), 이 상태를 평면 정수압 응력 상태라고 한다. 절점영역의 콘크리트가 극한한계상태에서 발휘할 수 있는 설계 유효압축강도를 다음과 같이 정한다.

(a) 타이가 정착되지 않은 압축 절점 (C-C-C 절점) : 그림 7.17(a)에 보인 것과 같이 3개의 스트럿이 만나는 곳의 평면 압축 영역의 설계 유효압축강도를 다음 식으로 산정한다.

$$f_{cd,\max} = \left(1 - \frac{f_{ck}}{250}\right)\phi_c f_{ck} \tag{7.4-9}$$

(b) 한쪽에 정착 타이가 있는 압축-인장 절점 (C-C-T 절점) : 그림 7.17(b)처럼 2개의 스트럿과 하나의 타이가 만나는 절점영역의 설계 유효압축강도는 다음과 같다.

$$f_{cd,\max} = 0.85\left(1 - \frac{f_{ck}}{250}\right)\phi_c f_{ck} \tag{7.4-10}$$

(c) 두 방향으로 정착 타이가 있는 압축-인장 절점(C-T-T 절점) : 그림 7.17(c)에 보인 것과 같이 하나의 스트럿과 두 타이가 만나는 절점영역의 설계 유효압축강도를 다음 식으로 산정한다.

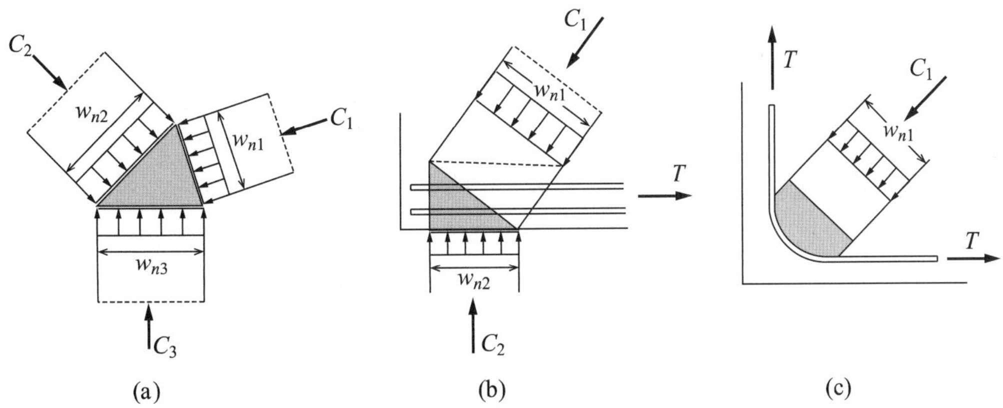

그림 7.17 절점영역의 종류

$$f_{cd,\max} = 0.75\left(1 - \frac{f_{ck}}{250}\right)\phi_c f_{ck} \tag{7.4-11}$$

앞에서 규정한 절점영역 콘크리트의 설계 유효압축강도는 안전성을 보장하기 위해 상당히 낮게 설정된 값이다. 따라서 다음과 같은 조건 중에서 적어도 1개의 조건이 적용된다면 앞에서 주어진 설계 유효압축강도를 10퍼센트까지 증가할 수 있도록 허용하고 있다.

① 3축 압축 상태
② 스트럿과 타이 사이의 모든 사이각이 55°보다 큰 경우
③ 받침점과 하중점에 작용하는 하중은 등분포이며 절점은 스터럽으로 구속될 때
④ 철근이 여러 층으로 배치된 경우
⑤ 절점이 지압에 의해 충분히 구속 되었을 때

특히, 스트럿-타이 모델을 구성하는 평면에 직각 방향의 면외 압축력이 작용하고 있는 경우의 절점영역은 3축 압축 상태의 구속 콘크리트가 된다. 이때 3방향 모두에 대해 힘의 분배를 안다면 2.2.5절에서 기술한 구속 콘크리트의 강도 식 (2.2-25)를 적용하여 절점영역의 유효압축강도[2)]를 검토할 수 있다. 그러나 지나치게 큰 유효강도가 산출되는 경우를 피하기 위해 $3(1-f_{ck}/250)\phi_c f_{ck}$ 값 이하로 유효강도의 크기를 제한하여야 한다.

7.5 깊은 보

7.5.1 거동 특성

순경간이 부재 깊이의 4배 이하인 보이거나 또는 받침점에서 부재 깊이의 2배에 해당하는 길이 안에 집중 하중이 작용하는 짧은 보를 **깊은 보**(deep beam)라 한다. 그림 7.18에 나타낸 것처럼, 깊은 보에서는 상면에 작용하는 하중의 많은 부분이 하중점에서 받침점으로 직접 전달되는 역학적 특징을 갖고 있다. 깊은 보에 하중이 작용하면 단면은 심하게 교란되어 평면보존 가정이 적용되지 않으며, 압축응력은 넓은 영역에 분산 분포하는 상태가 나타나 더 이상 보이론을 적용할 수 없다.

2) 콘크리트구조기준(2012)에서는 절점영역 콘크리트 설계 유효압축강도 $f_{cd,\max}$를 다음과 같이 산정한다.

$$f_{cd,\max} = \phi\, 0.85 \beta_n f_{ck}$$

여기서 ϕ는 강도감소계수로 0.75를 적용하고, β_n 은 절점영역의 교란 정도를 반영하는 계수로 C-C-C 절점에서는 1.0, C-C-T 절점에서는 0.8, C-T-T 절점에서는 0.6을 적용한다.

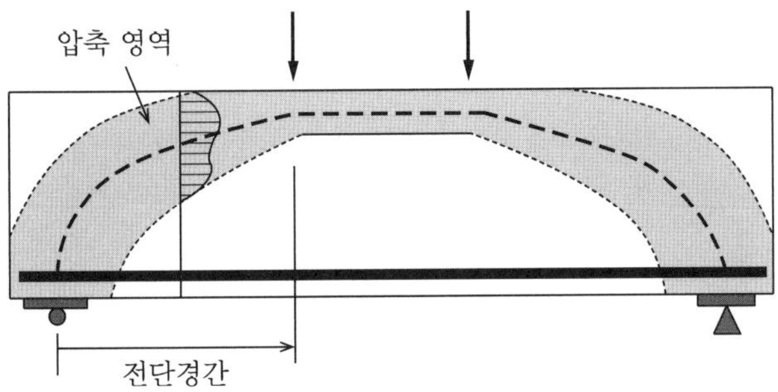

그림 7.18 깊은 보의 압축 영역과 하중 전달 경로

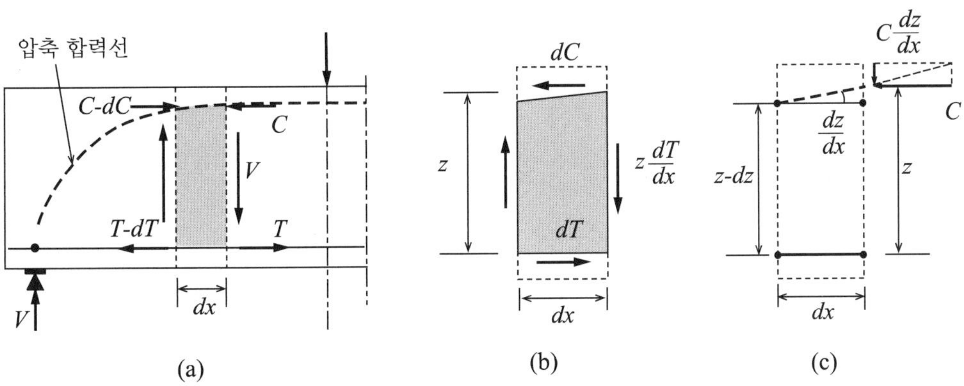

그림 7.19 깊은 보의 보작용과 아치작용

보에서 전단력은 휨모멘트의 변화율 $V = dM/dx$에 해당한다. 한 단면에서 휨모멘트는 $M = Cz$이므로 이 관계를 휨모멘트 변화율로 표현하면 다음 관계식이 된다.

$$V = \frac{d(Cz)}{dx} = z\frac{dC}{dx} + C\frac{dz}{dx} \tag{7.5-1}$$

평면 보존 가정이 적용되는 긴 탄성 보에서 단면 짝힘 사이의 팔길이 z는 단면 위치에 따라 변하지 않으므로 $dz/dx = 0$이 된다. 따라서 위 식의 두 번째 항은 0이 되며, 첫 번째 항만이 존재한다. 첫 번째 항은 그림 7.19(b)에 나타낸 바와 같이 물리적으로 인장 합력 T 또는 압축 합력 C의 길이 방향 변화율이 복부 요소에 전단류(shear flow)로 작용하여 발생된 전단력이다. 이것이 탄성론에서 다루는 소위 보이론(beam theory)이다. 평면 보존 가정이 적용되는 철근콘크리트 보에서도 보이론은 유효하며, 이 전단력에 의해 복부에 사인장 균열이 발생하고, 트러스 작용이 형성된다.

한편, 그림 7.19(a)에 보인 것처럼 철근콘크리트 깊은 보에서는 단면 압축 합력의 작용점은 위치에 따라 현저하게 변화되기 때문에 dz/dx는 0이 아닌 실제 값을 갖는다. 따라서 그림 7.19(c)에 나타낸 바와 같이 압축 합력 C의 기울기 dz/dx 성분만큼의 전단력이 유발된다. 이 현상을 **아치작용**(arch action)이라 하며, 반면에 보이론에 따른 전단 현상을 **보작용**(beam action)이라 구분한다. 보의 경간이 짧을수록 기울기 dz/dx가 커지므로 아치작용에 의한 전단력이 크게 증가한다는 것을 명료하게 알 수 있다.

7.5.2 전단강도 산정식에 따른 설계

깊은 보에서는 아치작용에 의해 전달되는 하중이 현저하기 때문에 복부의 보작용에 의해 전달되는 하중이 그만큼 감소한다. 따라서 깊은 보의 전단 저항 능력이 증가하여 경간 길이가 긴보의 전단강도보다 큰 강도를 갖는다. 6장에서 이미 기술한 바와 같이, 설계기준에서는 깊은 보의 설계전단강도를 전단경간-깊이비에 따라 증가시킬 수 있도록 식 (6.3-5)로 주어져 있다.

$$V_{cd} = 0.85\phi_c \kappa \sqrt[3]{\rho f_{ck}} \left(\frac{2d}{a}\right) b_w d \le 0.5\phi_c f_{c2,\max} b_w d \qquad (6.3\text{-}5)$$

전단 보강 철근이 배치된 깊은 보의 설계전단강도는 위 식의 V_{cd}에 복부의 트러스 작용에 의한 전단강도를 합한 강도로서 식 (6.3-24)로 주어져 있다.

$$V_d = V_{cd} + \phi_s f_{vy} A_v \frac{0.75a}{s} \sin\alpha \qquad (6.3\text{-}24)$$

여기서 a는 깊은 보의 전단경간 길이이고, α는 부재 축을 기준으로 잰 스터럽의 경사각으로서 수직 스터럽인 경우 $\sin\alpha = 1$이다. 만약 깊은 보에 작용하는 계수전단력 V_u가 식 (6.3-5)의 V_{cd}를 초과할 때 소요 전단 철근량은 식 (6.3-24)로부터 다음과 같게 된다.

$$\text{소요 } \frac{A_v}{s} \ge \frac{V_u - V_{cd}}{\phi_s f_y (0.75a) \sin\alpha} \qquad (7.5\text{-}2)$$

7.5.3 스트럿-타이 모델을 사용한 설계

깊은 보는 전체가 B-영역에 해당되므로 스트럿-타이 모델을 이용하여 해석과 설계를 수행할 수 있다. 만약 얇은 복부를 갖는 보라면, 복부 스트럿 콘크리트의 파열에 대해 검토해야 하며, 그림 7.20에 나타낸 것과 같은 모델을 적용하여 설계할 필요가 있게 된다. 그림 7.20(a)에 보인 짧은 깊은 보에서는 수평 철근이 더 효과적이며, 반면에 그림 7.20(b)처럼 긴보에서는 수직 철근이 더 효과적으로 균열을 억제한다. 이러한 이유로 얇은 복부를 갖는 깊은 보를 경제적으로 설계하기 위한 트러스 형상은 경간-깊이비가 0.5 보다 작은 경우에는 수평 타이를 갖는 스트럿-타이 모델을 적용하고, 반면에 큰 경우에는 수직 타이를 갖는 모델을 적용하여 설계한다.

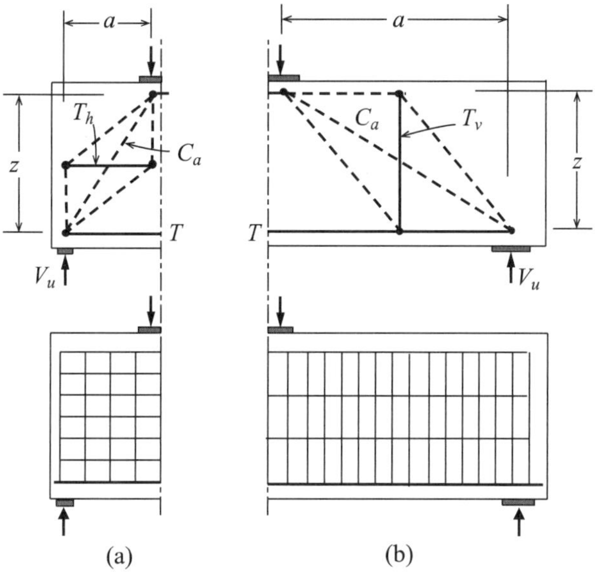

그림 7.20 깊은 보의 스트럿 - 타이 모델과 철근 배치

그림 7.20에 보인 트러스에서 대각선 스트럿력 C_a는 아치작용에 의한 전단 성분을 나타내고, 타이 인장력은 복부의 보작용에 의한 전단 성분의 크기를 나타낸다. 그런데 이 트러스는 힘의 평형 조건만으로 해석되지 않는 부정정 트러스이다. 이러한 경우에 스트럿과 타이력을 결정하기 위해서는 변형 적합 조건을 적용해야 하지만, 실제 설계에 적용한다는 것은 현실적으로 어려운 방법이다.

따라서 설계에 적용하기 위해서 그림 7.21에 나타낸 간편한 방법으로 복부 타이 인장력을 계산할 수 있다[참고문헌 7.6, 7.19]. 수직 타이 인장력 T_v는 전단경간-깊이비 a/z가 0.5보다 작은 경우에는 모든 하중이 스트럿을 통해 받침점으로 직접 전달되므로 더 이상의 복부 수직 전단 철근이 필요하지 않는 상태가 되고, a/z가 2보다 클 때는 모든 하중이 보작용에 의해 전달되므로 복부에는 보통 보에 소요되는 전단 철근량이 필요하게 되며, 그 사이 경우에는 선형 보간한 전단력에 해당하는 값이 된다고 단순화하여 타이 인장력을 구할 수 있다. 즉

$$T_v = \left(\frac{2a/z - 1}{3} \right) V_u \le V_u \tag{7.5-3}$$

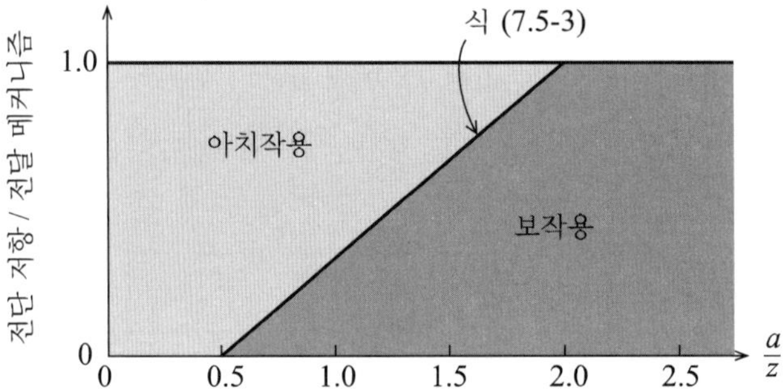

그림 7.21 경간-깊이 비에 따른 전단 저항 성분의 구성

이렇게 구한 수직 타이 인장력에 상응하는 수직 철근량을 다음 식으로 구하여 복부에 고르게 분산 배치한다.

$$\Sigma A_v = \frac{T_v}{\phi_s f_y} \tag{7.5-4}$$

그림 7.20(a)처럼 짧은 깊은 보이면서 복부가 얇아서 보강 철근이 필요한 경우에는 다음 식으로 수평 타이 인장력 T_h를 구할 수 있다.

$$T_h = \left(\frac{2z/a-1}{3+V_u/T}\right)T \le T \tag{7.5-5}$$

여기서 T는 주인장 철근 인장력이고, V_u는 보에 작용하는 계수전단력이다. 이때 소요되는 복부 수평 철근량 ΣA_{vh}는

$$\Sigma A_{vh} = \frac{T_h}{\phi_s f_y} \tag{7.5-6}$$

이 수평 철근은 정착을 위해 폐합형이어야 하며, 그림 7.20에 보인 것과 같이 전단면에 고르게 분포 배치해야 한다.

7.5.4 최소 철근량

깊은 보 복부의 수평과 수직 방향 철근량은 규정된 최소 철근량보다 작지 않아야 한다. 도로교설계기준 5.10.9절에 깊은 보의 양 측면에 수직과 수평 방향으로 최소 직교 철근을 배치해야 한다고 규정하고 있다. 즉, 수평과 수직 전단 철근은 다음 조건을 만족하여야 한다.

$$A_{vh} \ge 0.002 b_w s_h \qquad A_v \ge 0.002 b_w s_v \tag{7.5-7}$$

여기서 s_h와 s_v는 각 방향 철근의 간격이고, b_w는 복부 폭이다. 이 소요 철근량은 보의 양 측면에 나누어 배치하여야 하는데, 이는 각 측면에 최소 0.1퍼센트 철근비 이상의 철근량이며, 최소한 표면에서 수직과 수평 방향으로 각각 1 m당 150 mm^2 이상이어야 한다. 철근사이 배치 간격은 보 두께의 2배 또는 300 mm 중 작은 값 이하이어야 한다.[3] 또한 절점영역과 보 단부 사이에 정착길이가 충분하지 않는 경우, 타이 철근을 굽히거나, U형 가공 또는 기계적 정착 장치를 사용하여 절점영역에서 힘의 평형을 만족시키기 위해 완전히 정착되어야 한다.

예제 7.5-1 깊은 보 설계

한 변이 600 mm인 정사각형 단면의 기둥 하중을 아래 기둥에 전달시키는 보에 5,000 kN 크기의 두 기둥 계수하중이 보의 3분점에 그림 7.22(a)처럼 작용하고 있다. 보의 지간은 12 m이고, 두께는 600 mm이며, 전 깊이는 4 m이다. 이 보에 사용된 $f_{ck}=35$ MPa이며, $f_y=400$ MPa이다. 재료계수 $\phi_c=0.65$와 $\phi_s=0.90$을 적용하여 보를 설계하라.

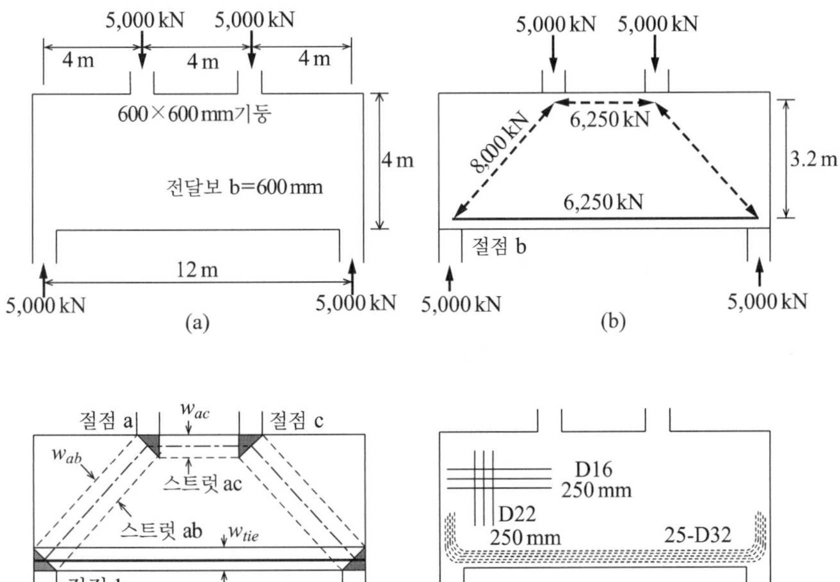

그림 7.22 예제 7.5-1의 깊은 보 설계

3) 콘크리트구조기준의 7.7.3절에 깊은 보의 수직 및 수평 방향으로 최소 철근량 이상을 배치하도록 규정하고 있다. 즉, 수직 전단 철근은 다음 조건을 만족하여야 한다.

$$A_v \geq 0.0025 b_w s$$

여기서 s는 철근의 간격이다. 또한, 수평 전단 철근은 다음 조건을 만족하여야 한다.

$$A_{vh} \geq 0.0015 b_w s_h$$

여기서 s_h는 복부 수평 철근의 간격으로 $d/5$ 또는 400 mm 이하로 하여야 한다.

풀이

(a) 전단강도 산정식을 이용한 설계

앞 6장에서 기술한 바와 같이, 설계기준에는 깊은 보의 전단강도를 산정할 수 있는 간편한 방법이 식 (6.3-5)와 식 (6.3-24)로 주어져 있다. 먼저, 이 식들을 사용하여 주어진 전달 보를 설계해 보자. 단면의 유효깊이 d를 대략 $0.9d$로, 팔길이 z를 $0.8d$로 가정하고 소요 휨철근량을 구하면,

$$\text{소요 } A_s = \frac{M_u}{\phi_o f_y z} = \frac{5{,}000(4)\times 10^6}{0.9(400)(3{,}200)} = 17{,}361\ \mathrm{mm}^2$$

D32 철근 25개를 5단으로 배치하면 $A_s = 19{,}855\ \mathrm{mm}^2$이다. 피복두께를 100 mm, 철근의 수직 간격을 100 mm로 하면 $d = 3.7\ \mathrm{m}$가 되어 가정과 거의 동일하며 안전한 결과가 된다.
전달 보의 콘크리트 설계전단강도 V_{cd}는 식 (6.3-5)에 의해

$$V_{cd} = 0.85(0.65)(1.23)\sqrt[3]{0.0089(35)}\left(\frac{2(3.7)}{4}\right)(600)(3{,}700)$$
$$= 1{,}891\ \mathrm{km}$$

계수전단력 $V_u = 5{,}000\ \mathrm{kN}$이 강도 V_{cd}보다 크므로 전단 철근이 필요하다. 식 (7.5-2)에 따른 소요 전단 철근량은

$$\text{소요 } \frac{A_v}{s} \geq \frac{V_u - V_{cd}}{\phi_s f_y (0.75a)} = \frac{(5{,}000 - 1{,}891)\times 10^3}{0.9(400)(0.75)(4{,}000)} = 2.88\ \mathrm{mm}^2/\mathrm{mm}$$

간격 s를 250 mm로 하면 소요 $A_v = 720\ \mathrm{mm}^2$이므로, D22 철근을 양 측면에 배치하면 사용 $A_v = 774.2\ \mathrm{mm}^2$가 되어 적합하다. 도로교설계기준에서 깊은 보의 복부에는 0.2퍼센트 이상의 철근량을 수직과 수평 방향으로 각각 배치해야 한다고 규정하고 있다. 앞에서 배치한 수직 철근량은 요구 최소 철근량 이상이므로 수평 방향 최소 철근량 만 추가로 배치한다.

$$\text{소요 } \frac{A_{vh}}{s_h} \geq 0.002b = 0.002(600) = 1.2\ \mathrm{mm}^2/\mathrm{mm}$$

간격 s_h를 250 mm로 하면 소요 $A_v = 300\ \mathrm{mm}^2$이므로, D16 철근을 양 측면에 배치하면 사용 $A_v = 397.2\ \mathrm{mm}^2$가 되어 적합한 설계가 된다.

(b) 스트럿-타이 모델을 이용한 설계

전달 보의 상면에 작용하는 기둥 하중이 하면의 기둥으로 전달되는 힘의 흐름을 그림 7.22(b)와 같이 단순 트러스로 나타낼 수 있다. (주: 여기서는 그림 7.20에 주어진 아치작용과 보작용의 조합을 나타낼 수 있는 경제적 형상을 사용하지 않고, 모델의 적용 방법을 쉽게 파악할 수 있도록 단순 트러스를 의도적으로 선정한 것임) 이 트러스는 사다리꼴 형태이지만, 절점은 실제로 힌지가 아니고 트러스 평면에서의 불안정은 스트럿-타이 모델과는 관계가 없기 때문에 충분히 가능하며, 대칭 구조이므로 2종류의 스트럿과 1종류 타이 그리고 2종류 절점영역으로 구성된다.

설계유효강도 산정 :

절점영역 a는 C-C-C 절점으로 설계강도는 식 (7.4-9)에 따라

$$f_{cd,\max} = (1 - 35/250)(0.65)(35) = 19.56\,\mathrm{N/mm^2}$$

절점영역 b는 C-C-T 절점으로 설계강도는 식 (7.4-10)에 의해

$$f_{cd,\max} = 0.85(1 - 30/250)(0.65)(30) = 16.63\,\mathrm{N/mm^2}$$

수평 스트럿의 설계강도는 식 (7.4-2)에 의해

$$f_{cd,\max} = 0.85\phi_c f_{ck} = 0.85(0.65)(35) = 19.33\,\mathrm{N/mm^2}$$

경사 스트럿의 설계강도는 0.4퍼센트 횡방향 철근이 있다고 간주하여 식 (7.4-4a)에 의해

$$f_{cd,\max} = 0.65(0.80)(1 - 35/250)(35) = 15.65\,\mathrm{N/mm^2}$$

스트럿과 절점영역의 치수 선정 : 보 상면에 작용하는 5,000 kN의 기둥 하중은 그림 7.22(b)와 같이 5,00 0kN의 지점 반력에 의해 평형을 이룬다. 수평 스트럿과 타이의 중심간 거리를 $0.8h$로 가정하면, 경사 스트럿의 각은 38.66°이고 8,000 kN 축력을 저항하여야 한다. 수평 스트럿은 6,250 kN의 압축력을, 하부 타이는 6,250 kN의 인장력을 지지해야 한다. 절점영역의 응력 p는 기둥과 경계면의 지압응력으로 결정한다. 따라서 이 응력은

$$p = \frac{5{,}000 \times 10^3}{600(600)} = 13.89\,\mathrm{N/mm^2} \le 19.56\,\mathrm{N/mm^2} \qquad \langle 만족 \rangle$$

이 응력을 이용하여 수평 스트럿 ac의 폭을 산정하면,

$$w_{ac} = \frac{C_{ac}}{b\,p} = \frac{6{,}250 \times 10^3}{600(13.89)} = 750\,\mathrm{mm}$$

동일한 방법으로, $w_{ab} = 960$ mm이고, $w_{tie} = 750$ mm가 된다. 수평 스트럿 ac와 타이의 중심간 거리는 $4 - 0.75 = 3.25$ m가 되며, 이것을 이용하여 경사 스트럿의 각을 다시 계산하면 39.1°가 산출된다. $\theta = 39°$를 이용하여 다시 각 부재력을 계산하면, 경사 스트럿은 7,945 kN, 수평 스트럿은 6,174 kN으로 수정되며, 이 수정된 부재력을 이용하여 각 부재 폭을 다시 계산하면, $w_{ab} = 953$ mm, $w_{ac} = w_{tie} = 741$ mm가 산출된다(반복 계산을 수행하면 최종적인 경사각을 산출할 수 있지만, 현실적으로 39°를 취해도 충분히 정확하며 안전한 값이다).

스트럿과 절점영역의 강도 검증 :

상부 수평 스트럿 ac의 설계강도는

$$C_d = f_{cd,\max}\, w_{ac} b = 19.33(741)(600) \times 10^{-3} = 8{,}594\,\mathrm{kN} \ge 6{,}174\,\mathrm{kN} \qquad \langle 만족 \rangle$$

경사 스트럿의 설계강도는

$$C_d = f_{cd,\max}\, w_{ab} b = 15.65(953)(600) \times 10^{-3} = 8{,}949\,\mathrm{kN} \ge 7{,}945\,\mathrm{kN} \qquad \langle 만족 \rangle$$

이 경사 스트럿의 강도는 0.4퍼센트 이상의 횡방향 보강 철근이 배치된 경우이다. 여기서는 앞 설계에서 산정한 철근량인 D22와 D16을 각각 수직과 수평 방향으로 250 mm 간격으로 배치한 상태라면,

$$\Sigma \frac{A_{si}}{bs_i}\sin^2\theta_i = \frac{774\sin^2 51^\circ + 397\sin^2 39^\circ}{600\times 250} = 0.0041 \geq 0.0040 \qquad \text{〈만족〉}$$

경사 스트럿의 강도는 충분히 만족한다. 또한, 이 트러스의 절점영역 a와 b의 기둥 경계면에서 지압응력은 $p = 13.89\ \mathrm{N/mm^2}$이다. 절점영역 a의 설계강도는 $f_{cd,\max} = 19.56\ \mathrm{N/mm^2}$이고, 절점영역 b의 강도는 $f_{cd,\max} = 16.63\ \mathrm{N/mm^2}$이므로, 모두 지압응력보다 크기 때문에 충분히 안전한 상태이다.

타이 설계 : 타이 설계는 철근량 계산, 정착 설계 및 타이 폭에 적합하도록 철근 배치의 3단계로 구성된다. 소요 철근량은

$$A_s = T_{tu}/\phi_s f_y = (6{,}174\times 10^3)/(0.90\times 400) = 17{,}150\ \mathrm{mm^2}$$

25개의 D32 철근을 5단으로 배치하면 $A_s = 19{,}855\ \mathrm{mm^2}$이다.

최소 철근량 요구조건 및 설계 상세 : 앞에서 처럼 D22와 D16을 각각 수직과 수평 방향으로 250 mm 간격으로 배치한 상태라면, 당연히 설계기준의 최소 철근량 조건을 만족하게 된다. 휨인장 철근 D32의 정착길이는 표 9.1에 따르면 820 mm로 확장절점영역을 고려하더라도 일부 철근의 정착길이가 충분하지 않으므로 기계적인 정착을 사용하거나 또는 갈고리 철근의 위치를 서로 엇갈리게 배치할 필요가 있게 된다. 갈고리에 비하여 기계적인 정착은 적은 공간이 필요하므로 보다 나은 방법이지만 대개는 단가가 비싸다. 그림 7.22(d)에 보인바와 같이 갈고리 철근을 서로 엇갈려 배치하여야 하며, 또한 부가적으로 D32철근을 구속하기 위해 보 단부에 U형 수평 철근을 배치하여야 한다. 최종적인 보 설계 상세를 그림 7.22(d)에 나타냈다.
종합적으로, 깊은 보 설계에서 간편한 전단강도 식을 이용한 설계 결과와 단순 스트럿-타이 모델을 사용한 설계 결과가 거의 동일하다는 것을 알 수 있다. 만약 그림 7.20(b)와 같은 트러스 형상을 사용한다면, 더 경제적인 설계 결과가 산출될 것이다.

예제 7.5-2 게르버 보의 설계

그림 7.23과 같이 교량의 주형 단부에 모서리가 난 게르버 보를 사용하는 경우가 있다. 게르버 보는 교량 높이를 조절할 수 있는 이점이 있지만, 보 단부의 작은 단면으로 전단을 지지해야 하는 어려움과, 모서리 영역을 기존의 이론을 적용하여 설계하기는 어렵다는 점이다. 따라서 모서리가 난 주형 단부는 스트럿-타이 모델을 사용하여 설계하는 것이 적합하다.
그림 7.23(a)에 보인 바와 같이 전 깊이가 1,400 m인 프리캐스트 콘크리트 T형 단면 게르버 보가 폭 800 mm인 복부에 의해 수직 방향 1,000 kN의 계수 지점 반력을 지지하고 있다. 보 단부는 수직 방향으로 700 mm, 보 길이 방향으로 500 mm의 모서리가 나 있다. 하중은 200×600 mm 크기의 지압판을 통해 지점으로 전달된다. 이 게르버 보의 단부 보강 철근을 설계하라. 이때 $f_{ck} = 30$ MPa이며, $f_y = 400$ MPa이다. 재료계수 $\phi_c = 0.65$와 $\phi_s = 0.90$을 적용하여 보를 설계하라.

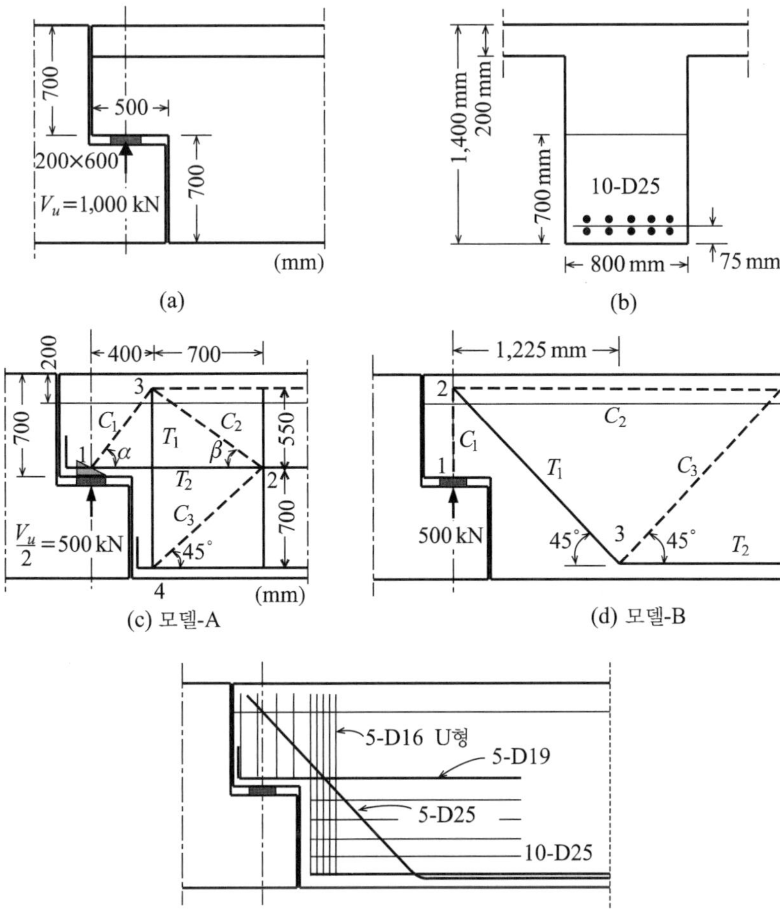

(a) (b)

(c) 모델-A (d) 모델-B

(e)

그림 7.23 예제 7.5-2의 게르버 보 단부 설계 [참고문헌 7.19]

풀이

적용 가능한 트러스 모델로서 그림 7.23(c) 및 (d)에 보인 두 가지 형태가 도로교설계기준에 제시되어 있다. (c)에 보인 트러스 모델은 보 내부에서 반력이 평형을 이루기 위해 내부 삼각형 트러스를 포함하고 있다. (d)의 모델은 수직 스트럿과 보 하부의 수평 인장재에 연결된 45° 경사 인장 타이를 포함하고 있는 단순하고 인장 타이 개수가 적은 트러스이다. 이 두 모델은 각각 그 자체로 충분히 설계에 적용할 수 있지만, 두 모델을 중첩하면 더 우수한 하중 경로를 표현할 수 있다. 그러나 중첩한 모델은 부정정 트러스가 되어서 실질적으로 설계에 사용하기 어렵다. 이러한 경우를 현실적으로 해결하기 위해 작용 하중의 1/2씩을 각 트러스가 담당한다고 간주하여 해석한 결과를 합하는 방법을 사용할 수 있다. 여기서도 500 kN으로 나누어서 각 모델로 해석한 결과로 얻은 철근을 중첩하는 방법을 사용하여 보자.

설계유효강도

절점영역-1은 C-C-T 절점으로 설계강도는 식 (7.4-10)에 의해

$$f_{cd,\max} = 0.85(1-f_{ck}/250)\phi_c f_{ck} = 0.85(1-30/250)(0.65)(30) = 16.63\,\text{N/mm}^2$$

(i) 트러스 모델-A

휨압축 합력의 작용점을 플랜지 중심이라 간주하면 수평 스트럿은 상면에서 100 mm에 위치한다. 하부 수평 타이는 철근 중심이 하면에서 75 mm에 놓이며, 지압판 위의 수평 타이도 표면에서 75 mm에 놓인다고 가정하자. 수직 타이는 여러 개의 철근으로 구성되므로 그 중심을 측면에서 200 mm로 미리 가정하자. 그러면 경사각 α와 β는 각각 다음과 같다.

$$\alpha = \tan^{-1}\frac{550}{400} = 54°, \qquad \beta = \tan^{-1}\frac{550}{700} = 39.2°$$

절점-1에서의 평형 조건에 의해

$$C_1 = \frac{500}{\sin\alpha} = 618\text{ kN}, \qquad T_2 = C_1\cos\alpha = 363.3\text{ kN}$$

절점-2에서의 평형 조건에 의해

$$T_2 = C_2\cos\beta + C_3\sin45° = 363.3\text{ kN}, \qquad C_2\sin\beta = C_3\sin45°$$

따라서

$$C_2 = \frac{363.3}{\sin54° + \cos39.2°} = 229.4\text{ kN}, \qquad C_3 = C_2\frac{\sin39.2°}{\sin45°} = 205\text{ kN}$$

절점-3에서의 평형 조건에 의해

$$T_1 = C_1\sin\alpha + C_2\sin\beta = 645\text{ kN}$$

절점영역-1에서 지압판의 압축응력 p는

$$p = \frac{500\times10^3}{200(600)} = 4.17\text{ N/mm}^2 \le 16.63\text{ N/mm}^2 \qquad \langle\text{만족}\rangle$$

절점영역의 압축응력이 그 강도의 1/4에 불과하므로 연결된 스트럿 압축강도를 검증할 필요가 없으며, 다른 절점영역은 철근 상세만으로 쉽게 조절이 가능하기 때문에 더 이상의 검증은 불필요하다. 따라서 계산된 타이력 T_1으로 부터 소요되는 수직 철근량은

$$A_{s1} \ge \frac{T_1}{\phi_s f_y} = \frac{645\times10^3}{0.9(400)} = 1{,}791\text{ mm}^2$$

D16 철근을 U형 스터럽 5개로 하면 $A_{s1} = 1{,}986\text{ mm}^2$이 되어 위 조건을 만족한다. 동일한 방법으로 수평 철근량은

$$A_{s2} \ge \frac{T_2}{\phi_s f_y} = \frac{428.5\times10^3}{0.9(400)} = 1{,}009\text{ mm}^2$$

D19 철근 5개를 한 층으로 배치하면 $A_{s2} = 1{,}433\,\text{mm}^2$이 되어 조건을 만족한다.

(ii) 트러스 모델-B

절점-1에서 평형 조건에 의해 $C_1 = 500\,\text{kN}$이고,

절점-2에서 평형 조건에 의해 $C_2 = C_1 = 500\,\text{kN}$이다.

절점-3에서 평형 조건에 의해 $T_1 = C_1 \sin 45° = 707\,\text{kN}$이고,

$$T_2 = (T_1 + C_3)\sin 45° = 1{,}000\,\text{kN}$$

따라서 계산된 타이력 T_1으로 부터 소요되는 경사 철근량은

$$A_{s1} \geq \frac{T_1}{\phi_s f_y} = \frac{707 \times 10^3}{0.9(400)} = 1{,}963\,\text{mm}^2$$

D25 철근 5개를 1열로 배치하면 $A_{s1} = 2{,}534\,\text{mm}^2$이 되어 위 조건을 만족한다. 동일한 방법으로 수평 철근량은

$$A_{s2} \geq \frac{T_2}{\phi_s f_y} = \frac{1{,}000 \times 10^3}{0.9(400)} = 2{,}778\,\text{mm}^2$$

이 철근량은 이미 배치되어 있는 휨인장 철근량 $A_{s1} = 4{,}560\,\text{mm}^2$이 담당하기에 충분하다.

(iii) 철근 배치

앞에서 각 모델 별로 계산한 철근량을 중첩시켜 배치하면 그림 7.23(e)에 보인 것과 같은 게르버 보 모서리 보강 철근도가 산출된다. 이 철근은 순전히 모서리에 특별히 추가 배치할 철근만을 표시한 것이므로, 일반 보에 필요한 최소 철근량을 각 방향으로 배치해야 한다.

7.6 내민 받침

미리 제작된 보를 지지하기 위해 기둥에 설치하는 내민 받침부를 **브래킷**(bracket)이라고 한다. 보통 기둥에 설치되는 것과 달리 벽에 설치하는 내민 받침을 **코벨**(corbel) 이라고 부르는데, 종종 서로 혼용되어 불리고 있다. 그림 7.24(a)에 나타낸 내민 받침은 하중점 거리 a가 깊이 h보다 작은 경우 교란 영역에 해당하므로 스트럿-타이 모델을 적용하여 설계한다. 내민 받침의 구조적 거동은 앞에서 설명한 깊은 보와 동일하며, 깊은 보에 적용하는 설계 방법을 대부분 그대로 사용하여 설계한다.

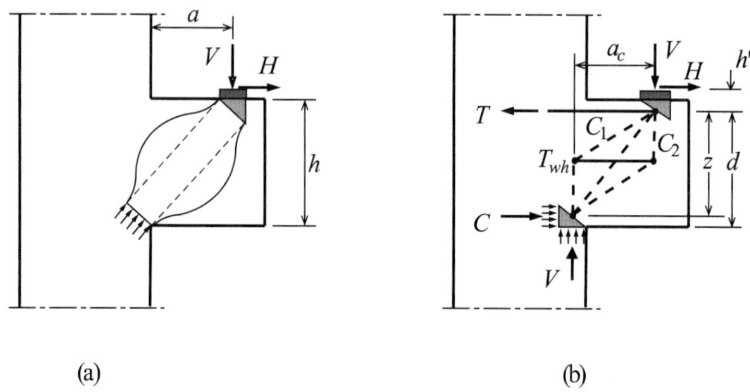

그림 7.24 내민 받침의 스트럿 - 타이 모델

그림 7.24(a)에 보인 것과 같이, 아래쪽으로 향하는 하중 V는 경사 압축 스트럿의 수직 성분에 의해 평형을 이루며, 이 압축 스트럿을 통하여 기둥으로 전달된다. 하중점에서 기둥으로 힘을 전달하는 경사 스트럿의 쪼갬 파괴를 방지하기 위해 스트럿 사이 중간부에 내부 타이를 배치해야 한다. 경사 압축 스트럿의 상부 수평 성분은 내민 받침 상부의 수평 타이 인장력과 평형을 이뤄야 하며, 이 인장력은 작용 수평력 H에 더해져 타이의 인장력이 된다. 내민 받침은 짧은 캔틸레버와 동일한 거동을 하기 때문에 상부 타이 철근은 인장 주철근의 역할을 한다. 따라서 계수연직력과 수평력에 대한 타이의 소요 철근량 A_s는

$$A_s = \frac{V_u\, a_c + H(z + h')}{\phi_s f_y\, z} \tag{7.6-1}$$

여기서 a_c는 기둥의 절점에서 하중점까지 수평 거리이고, z는 내부 모멘트 팔길이이다. 이 타이 철근은 극한한계상태에서 항복강도가 발휘되어야 하므로 세심하게 기둥에 정착되어야 한다. 일반적으로 인장 주철근은 90° 갈고리로 정착된다.

내민 받침의 또 다른 잠재적인 파괴는 전단과 관련된 복부 파괴이다. 하중점 거리 a가 상대적으로 짧은 경우에는 직접 전단에 의한 파괴가 발생할 가능성이 크고, a가 길 때는 일반 보와 같이 사인장 균열에 의한 전단 파괴가 발생한다. 도로교설계기준에서는 a가 $0.5h$보다 짧은 내민받침일 때는 그림 7.24(b)에 보인 스트럿－타이 모델을 적용하여 복부 수평 타이 인장력 T_{wh}를 구하고, 이에 해당하는 철근을 내민부와 기둥 경계면에 배치하도록 규정하고 있다. 이 때 소요되는 복부 수평 철근량 ΣA_{wh}를 다음과 같이 규정하고 있다.

$$\Sigma A_{wh} = \frac{T_{wh}}{\phi_s f_y} \geq 0.25\, A_s \tag{7.6-2}$$

여기서 A_s는 식 (7.6-1)로 산정한 주인장 철근량이다. 이 복부 수평 철근은 정착을 위해 폐합형이어야 하며, 그림 7.25(a)에 보인 것과 같이 전단면에 고르게 분포 배치되어야 한다. 그런데 그림 7.24(b)에 주어진 트러스는 힘의 평형식만으로는 해석되지 않는 부정정 트러스이기 때문에 스트럿 압축력 C_1과 C_2를 결정하기 위해서는 변형 적합 조건을 적용해야 한다. 실제 설계에서는 깊은 보에 사용하는 식 (7.5-5)를 사용하여 간편하게 복부 수평 타이 인장력 T_{wh}를 계산할 수 있다.

또한, 하중점까지 거리 a가 $0.5h$ 보다 큰 내민 받침일 때는 전단 파괴에 대해 추가로 검토해야 한다. 즉, 6장에서 기술한 보의 전단강도 공식에 따라 산정한 내민부의 설계전단강도 V_{cd}가 작용 계수전단력 V_u보다 작을 경우에는 전단력 $0.5\,V_u$에 저항할 수 있는 수직 스터럽을 추가로 배치해야 한다. 이때 소요되는 수직 스터럽 양은

$$\Sigma A_v \geq \frac{0.5\,V_u}{\phi_s f_y} \tag{7.6-3}$$

이 수직 스터럽도 폐합형이어야 하며, 그림 7.25(b)에 나타낸 것과 같이 기둥면과 하중점 사이에 분포되도록 배치하여야 한다. 깊은 보에서 아치작용에 의한 유리한 영향을 반영한 후 나머지 전단력에 대한 수직 철근을 배치하는 것처럼 내민 받침에서 아치작용의 유리한 영향을 반영하고 안전하며 간편하게 설계하도록 한 것이다. 반면에, 하중점까지 거리 a가 $0.5h$ 보다 작은 내민 받침일 때는 아치작용이 현저하기 때문에 전단 파괴에 대해 추가로 검토할 필요는 없다. 만약 균열 제어가 필요한 경우라면 대각선 철근을 내민 모서리에 배치할 수 있다.

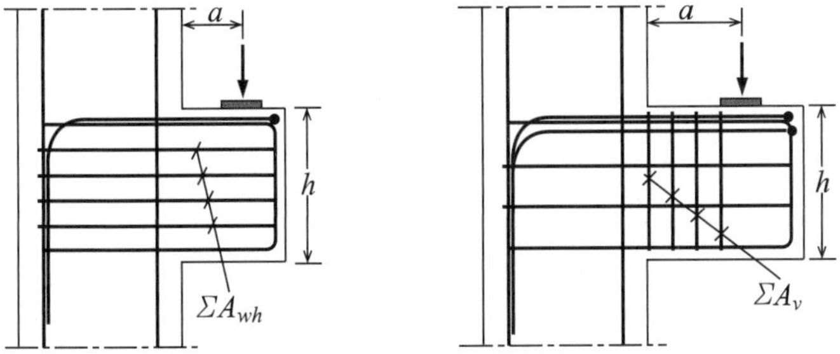

(a) (b)

그림 7.25 내민 받침의 철근 상세: (a) $a/h \leq 0.5$인 경우 (b) $a/h > 0.5$인 경우

예제 7.6-1 내민 받침

집중 하중 700 kN이 아래 그림과 같은 내민 받침에 작용하고 있다. 이 받침의 폭은 400 mm이고 사용된 콘크리트의 f_{ck} =30 MPa이며, 철근의 f_y =400 MPa이다. 스트럿－타이 모델을 사용하여 소요 철근을 배치하라.

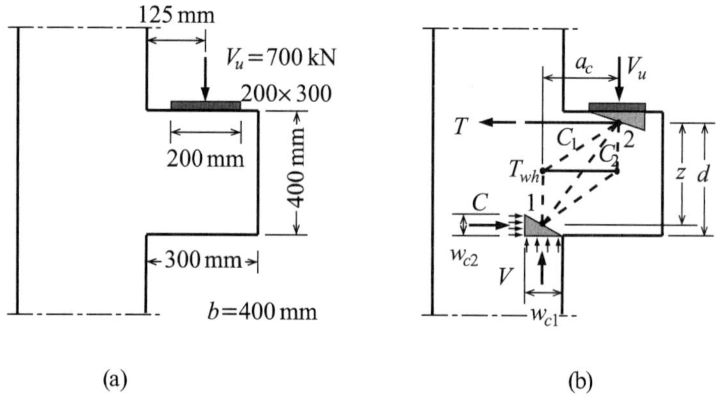

그림 7.26 예제 7.6-1의 내민 받침 [참고문헌 7.19]

풀이

도로교설계기준에 제시되어 있는 트러스 모델을 사용하면 그림에 보인 것과 같이 복부 수평 타이와 두개의 절점영역을 갖는다.

절점영역－1은 C-C-C 절점으로 설계강도는 식 (7.4-9)에 따라

$$f_{cd,\max} = \phi_c(1 - f_{ck}/250)f_{ck} = 0.65(1-30/250)(30) = 17.16\ \mathrm{N/mm^2}$$

절점영역－2는 C-C-T 절점으로 설계강도는 식 (7.4-10)에 의해

$$f_{cd,\max} = \phi_c 0.85(1 - f_{ck}/250)f_{ck} = 0.65(0.85)(1-30/250)(30) = 14.58\ \mathrm{N/mm^2}$$

절점영역－1의 폭은

$$w_{c1} = \frac{V_u}{f_{cd,\max}\, b} = \frac{700\times 10^3}{17.16(400)} = 102\ \mathrm{mm}$$

절점－1은 기둥면에서 $w_{c1}/2$ =51 mm에 위치하여 $a_c = 125+51$ =176 mm가 된다. 주인장 철근의 피복두께를 40 mm로 간주하고, 내부 모멘트 팔길이 $z=0.8d$로 하면 $z=0.8(360)$ =288 mm이며, 절점영역－1의 깊이 $w_{c2} = 2(0.2d) = 0.4(360)$ =144 mm가 된다. 절점－1에서 모멘트 평형식에 의해

$$T = C = \frac{700(176)}{288} = 428\ \mathrm{kN}$$

절점영역－1의 강도 검증

$$f_c = \frac{C}{w_{c2}\, b} = \frac{428\times 10^3}{2(72)(400)} = 7.43\ \mathrm{N/mm^2} \le 17.16\ \mathrm{N/mm^2} \qquad \langle 만족\rangle$$

절점영역 − 2의 강도 검증

$$f_c = \frac{V}{w_b b} = \frac{700 \times 10^3}{200(300)} = 11.67\,\mathrm{N/mm^2} \le 14.58\,\mathrm{N/mm^2} \qquad \langle\text{만족}\rangle$$

상부에 소요되는 주철근량은

$$\text{소요 } A_s \ge \frac{T}{\phi_s f_y} = \frac{428 \times 10^3}{0.9(400)} = 1{,}189\,\mathrm{mm^2} \ (\text{6-D16 사용하면 } A_s = 1{,}192\,\mathrm{mm^2})$$

도로교설계기준에서 주어진 트러스는 평형식만으로는 해석되지 않는 부정정 트러스이기 때문에 간편식 (7.5-5)를 이용하여 복부 수평 타이 인장력을 구하면,

$$T_{wh} = \left(\frac{2z/a_c - 1}{3 + V/T}\right) T = \left(\frac{2(288)/(125+51) - 1}{3 + 700/428}\right) 428 = 209\,\mathrm{kN}$$

이 인장력은 $0.25T$보다 크므로, 여기서는 $\Sigma A_{wh} \ge 209{,}000/450 = 464\,\mathrm{mm^2}$를 사용하여야 한다. 따라서 4개의 D10폐쇄형 스터럽을 사용하면 $\Sigma A_{wh} = 580\,\mathrm{mm^2}$이 되어 조건을 만족한다. 여기서는 a/h가 0.5보다 작은 경우이기 때문에 별도의 수직 철근을 추가할 필요가 없다.

7.7 접합부

7.7.1 개요

철근콘크리트 구조물의 붕괴는 구조 해석이나 부재 설계상의 오류보다는 흔히 철근 배치 상세의 잘못으로 일어나며, 특히 접합부 설계를 잘못하여 발생되는 것으로 알려졌다. 접합부의 기본적인 역할은 각 부재의 단부에 존재하는 힘을 접합부를 통해 연결된 부재에 원활히 전달해 주는 것이다. 그러므로 부재력이 교란되고 복합적인 응력 상태가 나타나는 부재 접합부에서 정착 철근, 주철근, 횡방향 철근의 상세 설계를 세심하게 수행하여야 한다. 접합부 상세를 실제로 시험해 본 결과에 의하면 철근 상세에 따라 발현 강도가 3배 이상의 차이가 나타나는 것으로 알려졌다.

접합부 설계에서는 실제로 고려해야 할 사항이 많다. 철근이 서로 가로 지르는 접합부에서 부재의 크기, 철근 지름, 배치 간격을 고려해야 하며, 콘크리트 타설을 어렵게 하는 철근의 혼잡한 배치를 최소화 하도록 설계하여야 한다. 좋은 해석 모델을 사용하면 철근콘크리트 거동을 잘 설명할 수 있다. 예컨데, 보의 휨강도 예측 모델이나 편심을 받는 기둥의 강도 예측 방법은 좋은 해석 모델로 일관성 있는 설계 결과를 산정할 수 있다. 그러나 접합부 설계에

대한 일반 모델이 주어져 있지 않는 상태이다. 이런 이유로 교란 영역인 접합부에 대한 설계 방법으로 스트럿-타이 모델을 사용한다. 스트럿-타이 모델은 일반적인 부재 접합부의 거동을 판단하는데 도움이 될 뿐만 아니라, 여러 형태의 접합부의 설계에 활용될 수 있다. 여기서는 다양한 형태의 접합부에 공통적으로 나타나는 철근 상세에 대해 다뤘다.

철근콘크리트 구조물에서 흔히 휨모멘트와 그 밖의 다른 힘들이 모서리 접합부를 통해 전달된다. 그러나 모서리부의 철근 상세는 대체로 불분명하다. Nilsson과 Losberg에 의한 실험 연구에 의하면 보편적으로 사용되는 접합부 상세는 기대한 강도의 극히 일부만이 전달되고 있는 것으로 나타났다[참고문헌 7.17]. 접합은 적어도 연결된 부재의 휨강도보다 큰 휨모멘트에 저항할 수 있어야 한다. 즉, 접합 효율이 100퍼센트 이상 발휘되어야 하나 실험 결과에 의하면 실제 접합부 철근 상세들의 접합 효율이 30퍼센트 이하인 경우도 있었다.

7.7.2 열림 모멘트가 작용하는 모서리 접합부

모서리 접합부에는 열림 모멘트(opening moment)에 의해 접합부의 안쪽에서 인장이 발생하고, 닫힘 모멘트(closing moment)에 의해 바깥쪽에서 인장이 발생한다. 일반적으로 열림 모멘트에 의한 거동이 더 위험하며, 이때의 접합부 철근 상세가 더 어렵다. 대표적인 예로, 그림 7.27(a)에 보인 저장 탱크 구조물의 모서리 접합부를 살펴보자. 그림 7.28(a)처럼 모서리 접합부에는 안쪽 모서리가 열리는 형태의 균열과, 바깥쪽 모서리가 쪼개지는 형태의 균열이 발생한다. 이것은 두개 압축력 C에 의해 대각선 바깥 방향으로 $\sqrt{2}\,C$와 두개의 인장력 T에 의해 대각선 안쪽 방향으로 $\sqrt{2}\,T$가 평형을 이루며 인장력으로 작용하고 있기 때문이다. 그림 7.28(b)에 보인 스트럿-타이 모델은 철근이 필요한 곳이 어딘지를 잘 나타내고 있다. 직각으로 작용하는 힘 T의 합력을 잡아 줄 수 있는 인장 철근을 대각선 방향으로 배치하여 압축 스트럿에 정착시켜야 할 필요가 있다는 것을 알 수 있다.

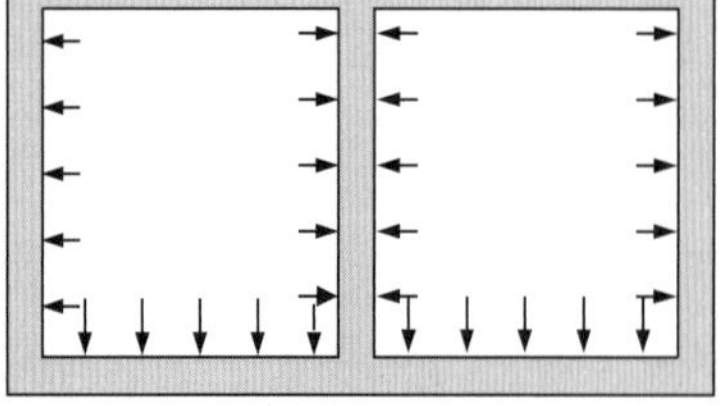

(a) 저류 구조물

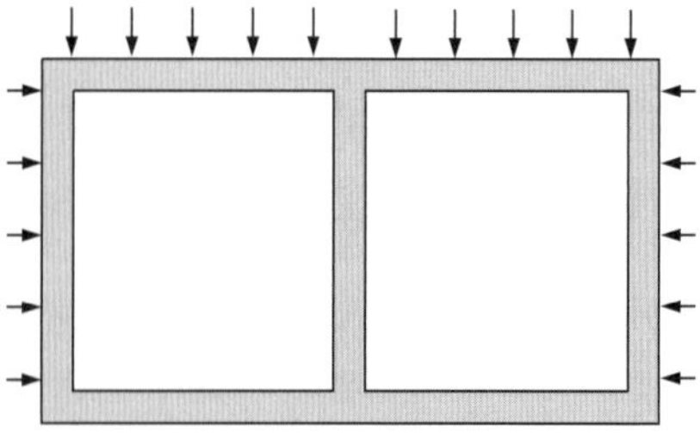

(b) 지하 구조물

그림 7.27 모서리에 열림 또는 닫힘 모멘트가 발생하는 구조물

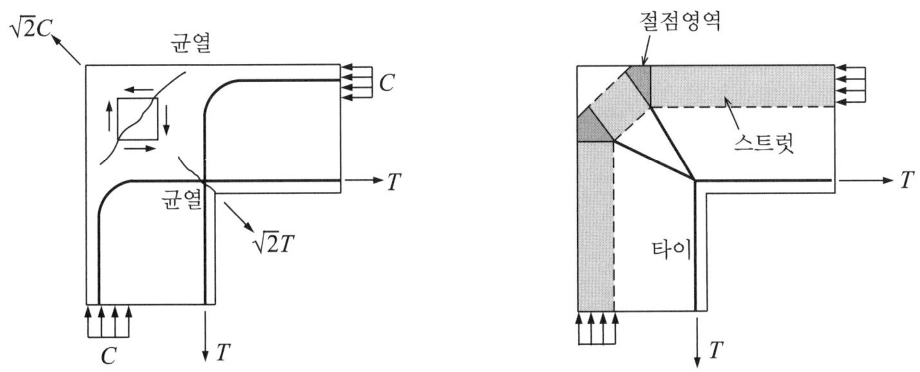

(a) 설계 오류에 의한 균열　　(b) 스트럿 타이 모델

그림 7.28 열림 모멘트를 받는 모서리 접합부

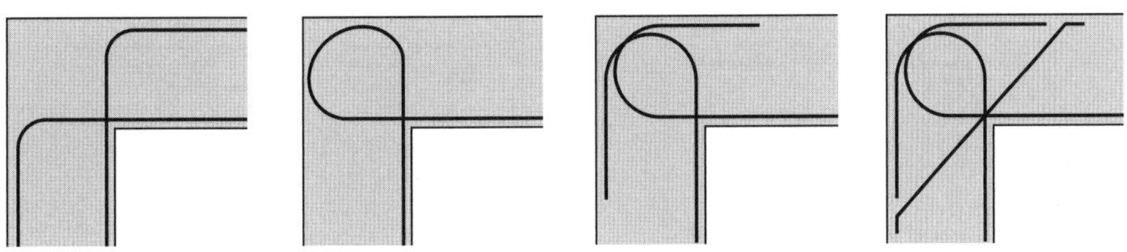

(a) 32%　　(b) 77%　　(c) 87%　　(d) 115%

그림 7.29 열림 모멘트를 받는 모서리 접합부의 보강 철근 상세에 따른 접합 효율

그림 7.29는 열림 모멘트가 작용하는 모서리 접합부에 여러 형태의 보강 철근을 배치하여 실험한 결과[참고문헌 7.17]를 접합 효율, 즉 연결 부재의 휨강도에 대한 접합부 파괴 휨강도의 비로 정리하여 나타낸 것이다. 그림 7.29(a)는 실제 많이 사용되는 단순한 형태인데, 단지 32퍼센트의 접합 효율을 발휘하였다. 그림 7.29(b)는 주철근을 루프 형태로 간단하게 감은 보강 상세인데 77퍼센트의 접합 효율을 보였다. 그림 7.29(c)는 U형 갈고리로 각 주철근을 모서리에 정착한 형태인데 87퍼센트의 효율을 발휘하고 있다. 가장 우수한 상세는 그림 7.29(d)에 보인 상세로 그림 7.29(c)에 대각 경사 철근을 추가한 상세이다. 이 상세는 접합 효율이 115퍼센트로 나타났다. 즉 접합부의 강도가 부재의 휨강도보다 크게 나타났다.

이러한 결과를 바탕으로 도로교설계기준 5.10.11에서는 열림 모멘트가 작용하는 모서리 접합부의 철근 상세를 작용하는 휨모멘트의 크기에 따라 두 가지로 구분하여 설계하도록 규정하고 있다. 슬래브와 벽체가 만나는 일반적인 접합부인 경우로 주철근 비가 2퍼센트 미만인 모서리 접합부에는 그림 7.30에 나타낸 스트럿-타이 모델을 사용할 수 있으며, 모서리의 철근은 그림처럼 두 개의 U형 철근을 겹친 형태와 경사 방향 연결 철근의 조합으로 구성하여야

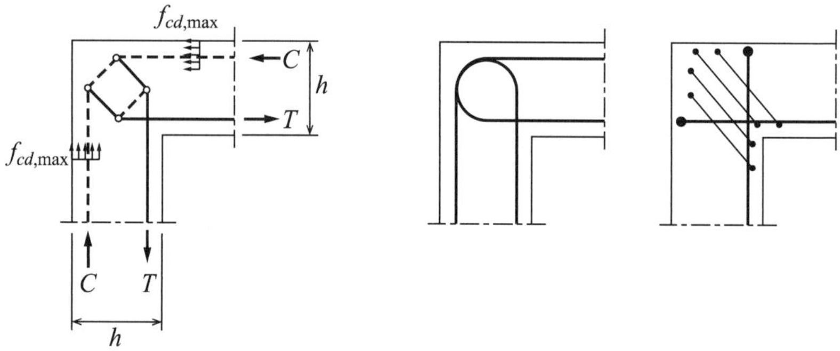

그림 7.30 작은 열림 모멘트가 작용하는 접합부(슬래브-벽체 접합부)

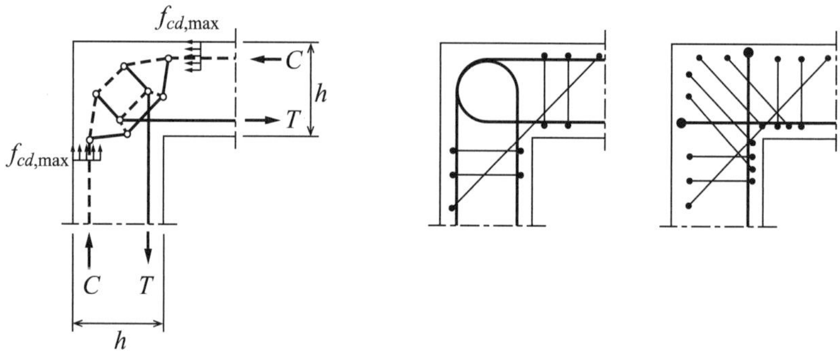

그림 7.31 큰 열림 모멘트가 작용하는 접합부 철근 상세(보-기둥 접합부)

한다. 반면에 일반적인 보와 기둥이 만나는 접합부로 주철근비가 2퍼센트 이상인 모서리에는 그림 7.31에 나타낸 모델을 사용할 수 있으며, 모서리 균열을 방지하기 위한 대각 경사 철근과 전단 철근을 추가로 배치하여야 한다. 이때 소요되는 대각 경사 철근량은 주철근량의 대략 절반 정도이면 충분한 것으로 알려졌다.

7.7.3 닫힘 모멘트가 작용하는 모서리 접합부

닫힘 모멘트가 작용하는 모서리 접합부는, 열림 모멘트가 작용하는 경우와 반대로, 대각 방향으로 압축 스트럿이 형성된다. 그림 7.32에 닫힘 모멘트를 받는 접합부에 적합한 기본적인 스트럿-타이 모델을 보였다. 대각 스트럿의 형상은 인장 주철근의 굽힘 반지름에 따라 약간씩 달라질 수 있다. 즉 굽힘 반지름이 크면 스트럿의 폭이 크게 되어 더 안전한 설계가 된다. 이때 연결된 부재의 모든 인장 주철근은 모서리에 구부려서 배치하여야 하며, 접합부내의 전단 철근 설계와 정착길이 검토는 수행하지 않아도 된다. 특수한 경우로서 연결되는 부재의 깊이가 서로 크게 다른 경우에는 대각 스트럿이 45°에서 많이 벗어나게 되어 축에 직각 방향으로 인장응력이 유발될 수 있기 때문에 대각 스트럿에 횡방향 타이를 배치해야 할 필요가 있는 경우도 있다.

도로교설계기준에서는 닫힘 모멘트가 작용하는 일반적인 모서리 접합부에 그림 7.33과 같은 스트럿-타이 모델과 철근 상세를 제시하고 있다. 연결 되는 두 부재의 깊이가 서로 50퍼센트 이상 크게 차이나는 접합부의 경우에는 그림 7.34처럼 대각 스트럿을 몇 단으로 분리하여 타이와 함께 모델을 구성하도록 정하고 있다. 이러한 경우 철근 상세는 복부에 직교 철근을 충분한 정착과 함께 배치하는 형상이 된다.

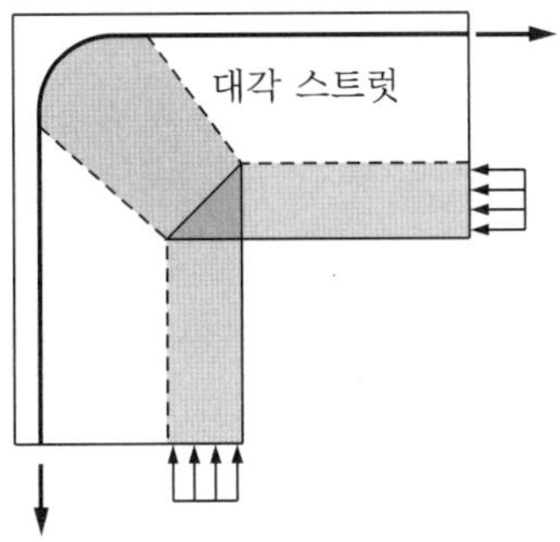

그림 7.32 닫힘 모멘트가 작용하는 모서리 접합부

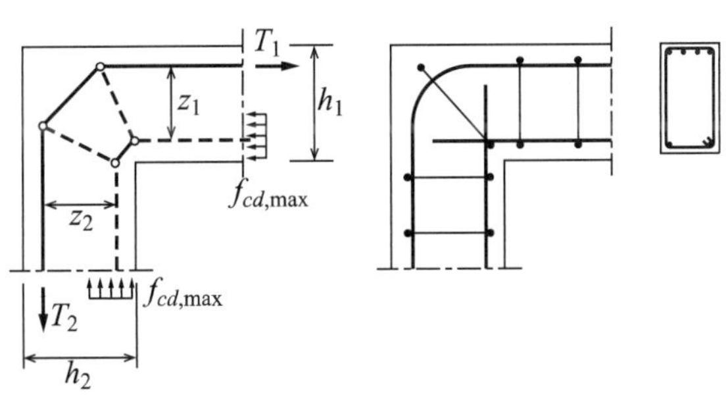

그림 7.33 닫힘 모멘트가 작용하는 접합부의 철근 상세

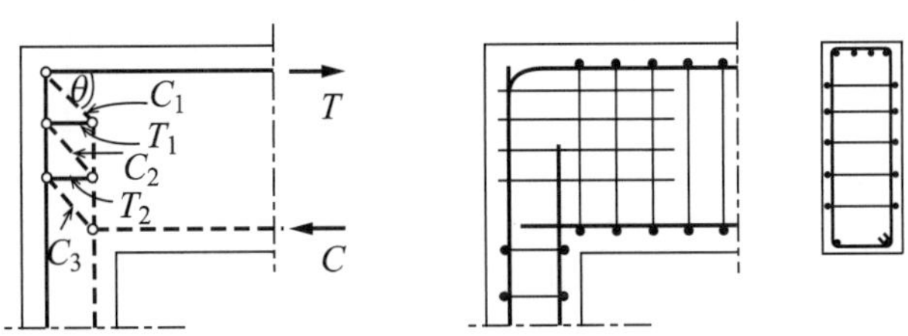

그림 7.34 닫힘 모멘트가 작용하는 접합부의 철근 상세(부재 깊이가 서로 50% 이상 차이가 나는 경우)

7.7.4 T형 접합부

그림 7.27과 같이 중간에 부재가 있는 구조물에서 휨모멘트를 받는 T형 접합부가 발생한다. 이러한 접합에 대한 실험 결과를 그림 7.35에 나타냈다[참고문헌 7.17]. 그림 7.35(a)와 같이 갈고리 철근을 벌린 형태의 철근 상세는 접합 효율이 24~40퍼센트인 반면에 그림 7.35(b)와 같이 갈고리 철근을 단순히 포개지게 배치하면 그 접합 효율은 82~110퍼센트로 향상되는 것으로 나타났다. 이 실험 결과는 접합부의 철근 상세가 얼마나 중요한 가를 잘 보여 주고 있다.

그림 7.36(a)는 수직 부재에 휨모멘트가 작용하면 수평 부재에는 전단력이 발생하는 상태가 되며, 이때 적합한 스트럿-타이 모델은 그림 7.36(b)에 보인 것과 같이 접합부에 대각 스트럿이 형성되어 전단력에 저항할 수 있어야 한다. 이 대각 스트럿의 상단이 주철근의 갈고리 정착 철근에 의해 감싸지는 형태로 구속 지지되어야만 접합부 대각선 스트럿이 확실한 기능을 할 수 있다는 것을 볼 수 있다. 만약 주철근의 갈고리 정착이 그림 7.35(a)처럼 벌려 배치되었다면, 대각 스트럿의 상단을 구속 지지하는 효과가 훨씬 줄어들 것이다. 따라서 T형 접합부의 철근 상세는 그림 7.35(a)와 같은 형태를 사용하면 안 된다.

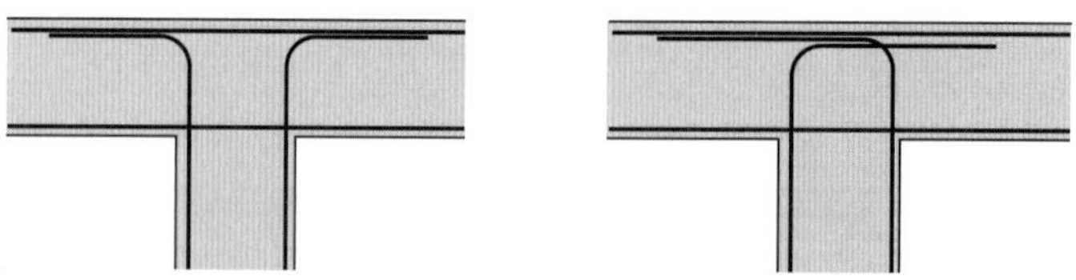

(a) 접합효율: 24-40% (b) 접합효율: 82-110%

그림 7.35 T형 접합부의 철근 상세와 접합 효율

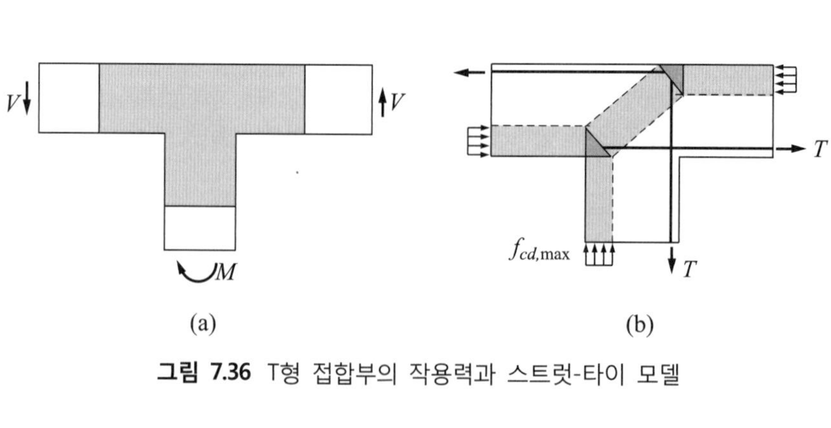

(a) (b)

그림 7.36 T형 접합부의 작용력과 스트럿-타이 모델

7.8 지압부

교량의 교각 상부 받침판 부위처럼 부분 영역에 큰 압축력이 작용하는 지압부에는 콘크리트의 국부적 압축 파괴와 횡방향 파열 인장 한계를 검증하여야 한다. 3.3.5(b)절에서 설명 했듯이, 콘크리트 부분 영역에 압축력이 작용하면 지압 작용면 아래 심부 콘크리트의 횡방향 팽창이 구속되는 3축 압축 상태가 되어 콘크리트 강도가 증가되는 현상이 나타난다. 강도의 증가는 에워싸고 있는 콘크리트의 면적의 함수로 식 (3.3-25)와 같이 나타낼 수 있다고 하였다. 따라서 그림 7.37처럼 하중이 면적 A_o에 작용할 경우의 **설계지압강도** F_d를 다음 식으로 산정할 수 있다.

$$F_d = \phi_c 0.85 f_{ck} A_o \sqrt{\frac{A_1}{A_o}} \leq 3(\phi_c 0.85 f_{ck} A_o) \tag{7.8-1}$$

여기서 A_o는 하중 재하 면적이며, A_1은 A_o와 같은 형상을 가지는 최대 설계 분포 면적으로 각 변의 길이는 재하면 해당 변의 3배 이하로 취한다. 하중 작용 방향의 분포 높이는 그림에 보인 것처럼 $(b_1 - b_o)$와 $(d_1 - d_o)$중 작은 값과 같게 한다. 분포 면적 A_1의 중심은 재하 면적 A_o의 중심선 상에 있어야 하며, 콘크리트 표면에 두개 이상의 압축력이 작용할 때 분포 면적 A_1을 겹칠 수 없다.

설계지압강도 F_d 값은 하중이 재하면에 균등하게 재하되지 않거나, 높은 수평 전단력이 작용할 때 감소시켜야 한다. 만약 작용 지압력이 면적 A_o에 등분포하지 않는 경우이면, 최대 지압 응력을 기준으로 검토해야 한다. 지압력 F_v의 작용 방향의 직각으로 전단력 F_h가 동시에 작

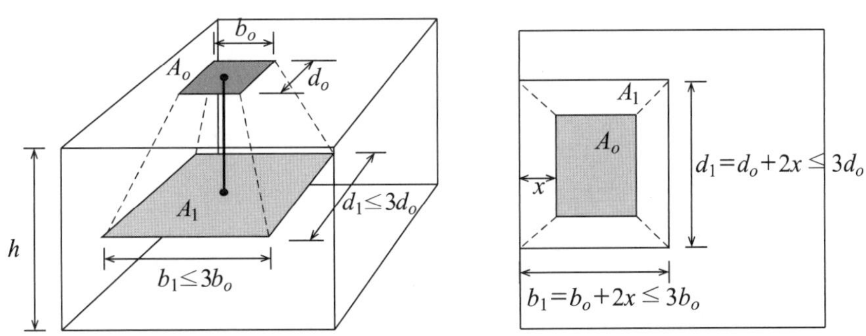

그림 7.37 부분 재하 영역의 지압강도 검토를 위한 설계 분포 면적

용하는 경우에는 설계지압강도를 감소시켜야 한다. 그러나 전단력이 작용하는 경우에는 아직까지 합리적인 방법이 제시되어 있지 않지만, 만약 전단력의 크기가 지압력의 10퍼센트 이하이면 전단력의 영향을 무시할 수 있다고 알려졌다. 그러나 이보다 큰 전단력이 작용하는 경우에는 두 작용력의 벡터 합을 기준으로 지압을 검토할 수 있다. 즉, 전체 지압력 F_t는 다음 식으로 계산된다.

$$F_t = F_v \sqrt{1 + \left(\frac{F_h}{F_v}\right)^2} \quad (7.8\text{-}2)$$

위와 같이 증가된 압축 강도를 사용한 지압부의 압축 파괴에 대한 검증은 그림 7.38에 보인 것과 같이 지압판 바로 아래 압축 영역에서 수행하여야 한다. 한편, 콘크리트 표면 일부에 압축력이 작용하면 하중이 횡방향으로 확산됨에 따라 지압판에서 일정 거리 떨어진 영역에는 횡방향 인장력이 유발되는 파열 영역이 존재한다. 즉, 하중 작용면에서 폭 b보다 짧은 교란영역에는 횡방향 파열응력이 발생한다. 이 파열응력의 합력은 그림 7.5에 보인 스트럿–타이 모델을 구성하여 계산하여야 하며, 설계에서는 보통 식 (7.2-1)을 사용하여 간편하게 구할 수 있다. 그림 7.1과 같이 평면인 상태일 때는 파열응력에 대비하는 횡방향 철근을 1방향으로만 배치하지만, 2방향으로 부분 재하된 경우일 때는 그림 7.38(b)처럼 양방향으로 철근을 배치해야 한다.

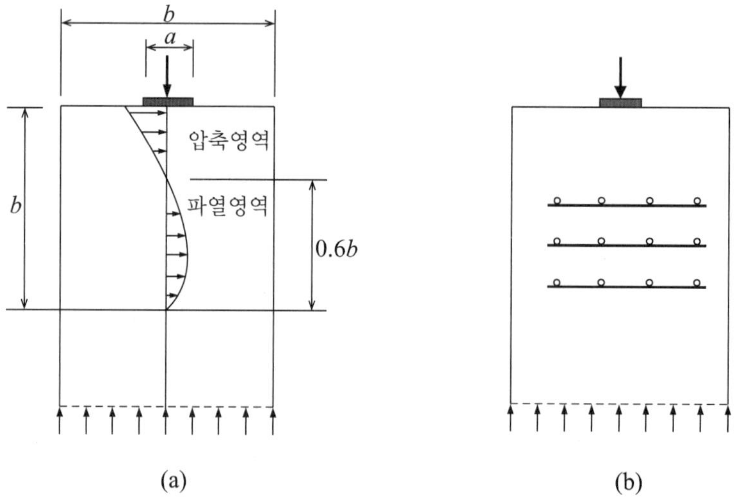

그림 7.38 지압부의 압축 파괴와 파열 한계 검증 영역과 보강 철근

참고문헌

7.1 도로교통협회 (2015), 도로교설계기준(한계상태설계법), 국토교통부

7.2 한국콘크리트학회 (2012), 콘크리트구조기준, 국토해양부

7.3 김 우, 김진근, 오병환, 정 란, 최완철, (2012), 콘크리트구조설계, 동화기술

7.4 European Committee for Standardization, (1992), *Eurocode 2(EN 1992) - Design of Concrete Structures*, EC Technical Committee CEN/TC 250.

7.5 fib (1999), *Structural Concrete - Textbook*, fib Bulletin 2, Vol. 1 and Vol. 2

7.6 CEB-FIP (1993), *CEB-FIP Model Code 1990 - Design Code*, Comite Euro- International du Beton, Thomas Telford, London.

7.7 FIB (2010), Model Code 2010, International Federation for Structural Concrete.

7.8 Schlaich, J., Schäfer, K. and Jennewein, M. (1987) “Toward a consistent design of structural concrete,” J. PCI, Vol. 32, no. 3, pp. 74-150.

7.9 Marti, P. (1985), “Basic tools for reinforced concrete design,” J. ACI, vol. 82, no. 1, pp. 45-56.

7.10 Schlaich, J. and Schäfer, K. (1991), “Design and detailing of structural concrete using strut-and-tie models,” Struct. Engineer, vol. 69, no. 6, pp. 13.

7.11 *Building code requirements for structural concrete and commentary,* (2002) *Appendix A*, ACI318-02 and ACI 318R-02, American Concrete Institute, Farmington Hills, MI

7.12 Uribe, C. M. and Alcocer, S. (2002), “Deep beam design in accordance with ACI 318-2002, Examples for the design of structural concrete with strut-and-tie models,” ACI SP 208, Karl-Heinz Reineck, ed., American Concrete Institute, Farmington Hills, MI, pp. 65-80.

7.13 Nowak, L. C. and Sprenger, H. (2002), “Deep beam with opening, Examples for the design of structural concrete with strut-and-tie models,” ACI SP 208, Karl-Heinz Reineck, ed., American Concrete Institute, Farmington Hills, MI, pp. 129-144.

7.14 Chow, L., Conway, H. and Winter, G. (1953), “Stresses in deep beams,” Trans. ASCE, vol. 118, p. 686.

7.15 *Examples for the design of structural concrete with strut-and-tie models*, (2002) ACI SP 208, Karl-Heinz Reineck, ed., American Concrete Institute, Farmington Hills, MI, USA

7.16 MacGregor, J. (1997), *Reinforced concrete, Mechanics and Design, 3rd ed.*, Prentice Hall, Upper Saddle River, NJ, USA.

7.17 Nilsson, I. H. E. and Losberg, A. (1976), "Reinforced Concrete Corners and Joints Subjected to Bending Moment," Struct. Div., ASCE, Vol. 102, pp. 1229-1254.

7.18 Hendy, C. R. and Smith, D. A. (2007), *Designers' Guide To EN 1992-2, Eurocode 2: Design of Concrete Structures, Part 2: Concrete Bridges*, Thomas Telford, London, England.

7.18 *Concrete Structures Euro-Design Handbook 1994/96*, (1994), ed by Eibl, J., Erst & Sohn, Germany.

7.19 *Eurocode 2 Worked Examples*, (2008), ed by Jean-Pierre Jacobs, The European Concrete Platform ASBL, Brussels, Belgium.

연습 문제

7.1 예제 7.5-1과 동일한 제원과 재료 성질을 갖는 깊은보가 보 중앙에 7,000 kN 크기의 계수하중이 작용하는 하나의 기둥만을 지지하고 있다. 기둥은 600 m 정사각형 단면이다. 이 보를 (a) 전단강도 산정식을 이용하여 철근을 배치하라. (b) 보 내부 힘의 흐름을 그림 7.10(b)와 같이 나타낸 스트럿-타이 모델로 재설계하라.

7.2 예제 7.6-1과 동일 형상의 내민 받침으로, 기둥면에서 하중점 까지 거리 $a = 400$ mm이고, 작용 연직력은 $V_u = 500$ kN이다. 다른 제원은 예제 7.6-1과 동일하다. 스트럿-타이 모델로 재설계하라.

7.3 지하에 설치되는 암거의 슬래브와 벽체의 두께는 동일한 300 mm이다. 슬래브와 벽체의 접합부 구간에서 슬래브의 상부와 벽체의 외측에는 SD500 D29 철근이 200 mm 간격으로 배치된 상태이며, 콘크리트의 강도는 $f_{ck} = 24$ MPa이다. 접합 효율이 100퍼센트 이상 되도록 접합부 철근 상세를 설계하라.

7.4 문제 7.3의 접합부가 열림 모멘트를 받고 있을 때 접합부 철근 상세를 설계하라.

CHAPTER 8

사용성과 내구성 설계

8.1 개요

지금까지 부재의 극한한계상태 검증에 대해 주로 다루었다. 극한한계상태 검증은 구조물의 수명동안 한두 번 정도 발생 가능한 매우 큰 크기의 하중 조합에서 부재가 적절한 안전성을 확보하였는가를 확인하는 것이었다. 한편, 실제로 빈번하게 작용하는 하중 크기에 해당하는 **사용하중**(load at service) 상태에서 구조물이 사용성(serviceability)을 갖도록 하는 것도 중요하다. 단순히 극한한계상태 검증에 의해서만 설계한다면 부재의 콘크리트와 철근에 과도한 응력이나 처짐 또는 큰 균열이 유발되는 경우가 있다. 이러한 경우 구조물의 사용 중 기능과 외관이 크게 손상될 수 있을 뿐만 아니라, 내구성(durability)을 저하시켜 구조물의 수명을 단축시킬 수 있다.

철근콘크리트 구조물의 사용한계상태는 과도한 응력, 큰 폭의 균열, 지나친 처짐과 불편한 진동에 의해 도달한다. 사용하중은 거의 매일 구조물에 작용하는 하중 크기를 말하며, 일반적으로 표준하중에 하중계수가 1.0 또는 더 작은 값을 곱하여 구한다. 콘크리트 구조물에 과도한 응력이 발생하면, 큰 압축응력은 비선형 크리프를 유발하여 처짐을 크게 증대시키며, 철근을 따라 균열이 발생할 수 있다. 또한, 큰 인장응력은 철근 부위에 심한 균열을 유발하여 콘크리트의 수밀성을 저하시키며, 사용 중 철근이 항복할 수 있어 큰 폭을 갖는 균열이 발생하게 한다.

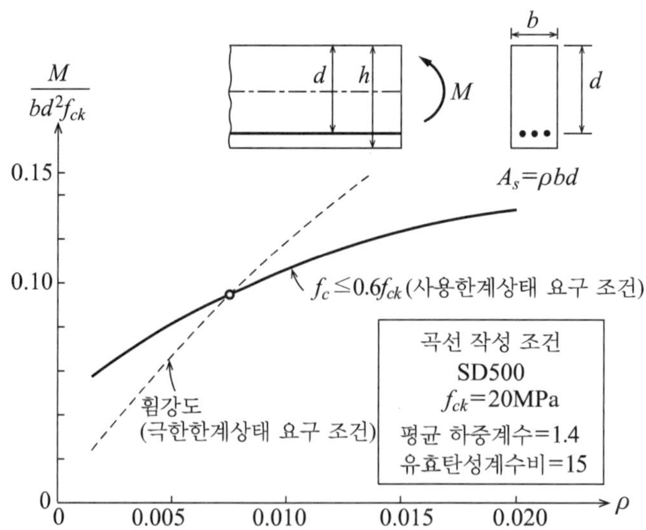

그림 8.1 극한한계기준과 사용한계기준의 비교

철근콘크리트 부재에 균열이 발생하는 것은 매우 일반적인 현상이다. 그러나 구조물의 원래 기능과 내구성을 손상시키거나 또는 외관상 수용할 수 없을 정도의 균열폭은 제한되어야 한다. 철근콘크리트 구조물에서 균열은 철근의 부식을 유발하고 촉진시킨다. 철근 주변에 발생하는 균열은 이산화탄소와 염소 이온이 철근으로 빨리 접근할 수 있는 통로를 제공하게 되며 콘크리트의 탄산화나 염화물이 철근 표면까지 침투하면 철근은 부식된다.

이러한 현상을 방지하기 위해서는 콘크리트 구조물에 사용한계상태를 설정하고 사용하중에서 한계값을 초과하지 않도록 설계해야 한다. 설계하려는 구조물의 작용 하중의 형태, 용도, 내구성 등의 사용한계기준에 따라 부재 크기 및 보강 철근량이 결정되는 경우가 많다. 그림 8.1에 나타낸 것처럼 철근비가 큰 부재에서는 극한한계상태 요구 조건 대신에 사용한계상태 요구 조건이 실제 설계 결과를 지배하는 경우가 많다. 실제 구조물의 정상 사용 중의 적합한 조합하중에 의해 정해진 사용한계를 초과할 수 있는 확률은 극한한계를 초과하는 확률보다 훨씬 크게 설정된다. 따라서 사용한계상태를 만족하지 않는다고 항상 구조물을 철거 또는 폐기하여야 할 필요는 없다.

사용한계상태 검증에서 일반적으로 처짐은 평균값으로 다루는 것으로 충분하다. 그러나 균열폭 한계값은 확률적으로 상위 특성값을 기준으로 한다. 선형 해석법 또는 비선형 해석법을 모두 사용할 수 있으나, 대부분의 사용한계상태 검증에는 선형 탄성 해석으로도 충분하다.

8.2 사용하중

사용한계상태의 검증은 사용하중 크기에서 수행한다. 사용한계상태의 검증은 구조물의 형태와 현장 주변 환경에 따른 사용성 요구 조건을 고려하여 정한 사용성 한계값과 구조 성능을 비교하여 수행한다. 이때 적합한 설계 상황에서 고려하여야 할 하중 조합은 사용성 요구 성능과 조건에 부합하여야 한다. 특히, 특정 구조의 사용한계상태를 검증할 때 사용하중의 크기와 조합을 결정하는 것은 검증에 매우 중요한 사항 중의 하나이다. 만약 한계 기준을 초과하여 구조물의 기능에 심각한 장애를 줄 수 있을 경우에는 확률적으로 쉽게 발생하지 않는 하중 크기를 적용하는 것이 타당할 것이다. 일반적으로 사용한계상태는 다음의 세 가지 하중 조합에서 검토한다.

지속하중조합(sustained load combination) : 구조물 수명동안 실제 지속적으로 작용하는 하중으로서 자중을 포함한 고정하중으로 주로 구성된다. 구조물 수명의 절반 이상 기간 동안 장기적으로 작용하는 설비 및 장치들의 하중도 지속하중으로 간주한다. 토압과 프리스트레스도 고정하중으로 간주하여 포함시켜야 하며, 건조수축이나 부등침하의 영향도 포함된다.

최빈하중조합(frequent load combination) : 구조물 수명동안 자주 발생하는 하중들의 조합으로서 하루 또는 일주일에 한번 정도로 작용하는 하중 크기이다. 이 조합에는 지속하중과 활하중의 일부가 포함되는데, 이때 포함되는 활하중의 크기는 표준값의 약 50~80퍼센트 크기에 해당한다.

표준하중조합(rare load combination) : 구조물의 수명동안 한두 번 정도 발생 가능한 최대 하중들의 조합으로서 고정하중과 활하중의 표준 크기 조합이다.

콘크리트 구조물에서 크리프와 처짐 등의 장기 거동에 관련된 한계상태를 검증하기 위해서는 자중을 포함하여 수명동안 지속해서 작용하는 실질적 지속하중조합을 사용해야 한다. 반면에 회복 불능 한계상태를 검증하기 위해서는 수명동안 한두 번 발생 가능한 크기인 표준하중조합을 사용하고, 회복 가능 사용한계상태는 실제 자주 발생하는 최빈하중조합으로 검증해야 한다. 필요하다면 건조수축과 크리프 등의 간접하중 영향도 고려하여야 한다. 표준하중조합과 지속하중조합에서 콘크리트 압축응력의 상한값을 설정하여 콘크리트의 손상이나 과도한 크리프 변형을 피해야 한다. 작용 하중에 의한 철근의 인장응력 상한값을 설정하여 비탄성 변형과 과도한 균열을 제한하여야 한다. 사용한계상태를 검증하기 위한 간단한 보조 방법이 주어진 경우에는 여러 하중 조합에 대한 상세한 계산을 생략할 수 있다. 사용한계상태를 검토할 때, 특별히 지정하지 않는 한 재료계수 값은 1.0을 취한다.

도로교설계기준(한계상태설계법)에서는 사용하중조합으로 표 1.8과 같이 규정된 하중 조합을 적용하도록 하고 있다. 사용하중조합-I은 표준하중조합에 해당되며, 사용하중조합-III과 -IV는 구조물에 실질적으로 빈번하게 발생 가능한 최빈하중조합을 나타내고 있다. 사용하중조합-III은 중력 하중이 지배적인 상부 구조의 최빈하중조합이고, 사용하중조합-IV는 수평 하중이 지배적인 교각 및 하부 구조의 최빈하중조합에 해당한다. 사용하중조합-V는 지속하중조합이다.

8.3 응력 한계상태 검증

8.3.1 콘크리트의 한계 압축응력

구조물 설계에서 콘크리트 압축응력을 제한하는 것은 크게 두 가지 이유에서이다. 첫째는 콘크리트 내의 과도한 크리프 변형을 방지하기 위한 의도이며, 둘째는 콘크리트 압축 영역에 묻혀있는 철근을 따라 발생할 수 있는 균열을 방지하여 내구성을 확보하기 위한 목적이다.

크리프는 부재의 변형을 현저하게 증가시키는 주요 인자이다. 일반적으로 크리프는 압축응력에 비례하여 증가한다고 알려졌다. 그림 2.8에 보인 것과 같이, 이 사실은 콘크리트 압축강도의 약 50퍼센트 수준의 응력까지 유효하고, 그 이상의 응력 수준에서는 크리프 변형이 비선형으로 크게 증가한다. 이때문에 설계기준에는 크리프를 유발하는 지속하중조합에서 콘크리트 압축응력의 한계값을 $0.45f_{ck}$로 규정하여 제한하고 있다.

콘크리트 압축강도의 약 70퍼센트 수준을 초과는 응력 상태에서는 콘크리트 내부에 미세 균열이 발생한다고 알려져 있다. 따라서 부재에서 콘크리트 압축응력이 과도하게 되면 압축 철근을 따라 쪼갬 균열이 발생될 수 있으며, 이 균열이 부재의 내구성을 크게 손상시킨다는 것은 자명한 사실이다. 콘크리트 피복두께가 충분하지 않는 경우이거나 또는 횡방향 철근이 배치되지 않은 경우에는 철근을 따라 쪼갬 균열이 쉽게 발생된다[참고문헌 8.16]. 설계기준에는 이러한 균열 발생을 방지하기 위해 유효 프리스트레스를 포함한 표준하중조합에서 콘크리트 압축응력이 $0.6f_{ck}$를 초과하지 않아야 한다고 규정되어 있다.

8.3.2 철근의 한계 인장응력

구조물의 사용 중에 만약 철근의 응력이 한번이라도 항복점을 초과하게 되면 잔류 변형이 발생하게 된다. 이 잔류 변형은 구조물의 내구성을 크게 해롭게 하는 큰 균열폭으로 남게 되므로 사용 중에 어떠한 하중에서도 철근이 항복되지 않도록 설계해야 한다. 이 조건을 만족시키기 위해 표준하중조합에서 보통 철근의 인장응력은 $0.8f_y$를 초과하지 않아야 한다고 규정하고 있다. 다만, 활하중을 고려하지 않은 상태에서 간접하중(크리프, 건조수축, 온도변화, 지점침하)에 의해 유발된 철근의 인장응력은 $1.0f_y$까지 허용하고 있다.

표 8.1 철근콘크리트 구조물의 사용 한계 응력 (도로교설계기준)

	한계 응력 검증을 위한 하중조합	한계 응력
콘크리트	지속하중조합(사용하중조합 – V)	$0.45f_{ck}$
	표준하중조합(사용하중조합 – I)	$0.60f_{ck}$
철근	표준하중조합(사용하중조합 – I)	$0.80f_y$

8.3.3 응력 계산 방법

구조물에 규정된 한계 응력을 검토하기 위해서는 응력을 계산하여야 하는데 다음과 같은 방법으로 계산한다. 표준하중조합은 구조물의 사용 수명동안 한두 번 정도 발생 가능한 매우 큰 하중에 해당한다. 이 하중 조합에서 비균열 단면 해석으로 구한 최대 인장응력이 콘크리트의 인장강도 미만이라면 사용 수명동안 균열이 발생하지 않는다고 간주할 수 있다. 따라서 비균열 단면 해석을 적용하여 사용하중에 의한 응력을 계산하여야 한다. 반면에, 표준하중조합에서 비균열 단면 해석으로 구한 콘크리트 인장응력이 인장강도를 초과한다면 균열 단면으로 간주하여 응력을 검토하여야 한다. 비균열 단면이 사용된 곳에는 모든 콘크리트 단면이 유효하며 철근과 콘크리트는 인장과 압축에서 모두 선형 탄성이라 간주한다. 균열 단면이 사용된 곳에서는 콘크리트가 인장력에 저항할 수 없으며 압축에서 탄성이라고 간주한다.

사용하중에 의한 응력 한계를 검증할 때, 고정하중과 활하중의 조합에 따른 유효 탄성계수를 사용하여 콘크리트의 시간 의존적 장기 거동에 의한 응력을 계산할 수 있다. 이것은 크리프에 의해 증가되는 변형을 탄성계수를 감소시키는 방법으로 반영할 수 있기 때문이다. 유효 탄성계수 E_{ce}는 3장의 3.3.3절에서 상세하게 설명하였다. 휨 해석에서 장기 하중과 단기 하중이 조합된 경우의 유효 탄성계수 E_{ce}는 다음과 같다.

$$E_{ce} = \frac{(M_D + M_L)E_c}{M_L + (1+\varphi)M_D} \tag{8.3-1}$$

여기서 M_L은 차량 하중과 같은 순간 활하중에 의한 단기 휨모멘트이고, M_D는 지속적으로 작용하는 고정하중(또는 지속하중)에 의한 장기 휨모멘트이다. 장기 사용하중 상태에서 단면 해석에 필요한 탄성계수비 n을 결정할 때 앞 식으로 구한 유효 탄성계수를 사용하여야 한다. 일반 교량에서 유효 탄성계수비는 고정하중과 활하중의 비에 따라 대략 10에서 15 사이의 값을 갖게 되며, 이 값을 사용하여 크리프의 영향을 반영할 수 있다.

2장에서 설명했듯이, 크리프와 건조수축은 주변 대기의 습도에 따라 크게 달라질 뿐만 아니라, 단면의 형태와 크기 및 콘크리트의 배합에 따라 차이가 발생한다. 특히, 크리프는 지속하중이 재하되기 시작할 때의 콘크리트 재령과 응력 크기에 따라 크게 변한다. 따라서 크리프계수나 건조수축 변형률을 평가하기 위해서는 이러한 변수들의 영향을 고려하여야 한다. 표 2.4와 표 2.5는 각각 보통 콘크리트의 크리프계수와 건조수축 변형률을 정리한 것이다.

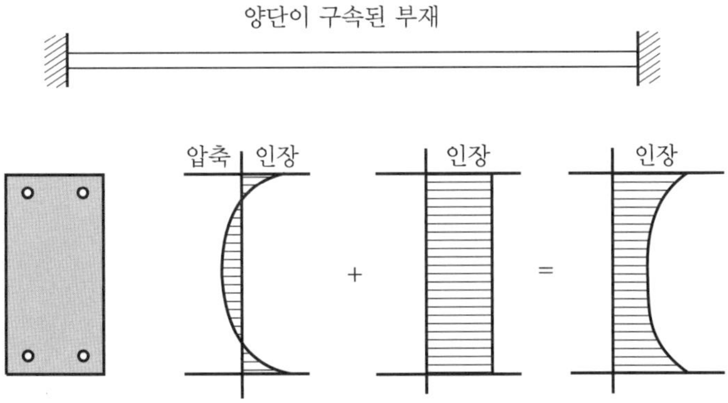

그림 8.2 건조수축 또는 온도에 의해 유발된 단면 응력 분포

부재 설계 때 온도 또는 건조수축에 의해 유발되는 응력을 검토할 경우가 많다. 특히, 지속하중조합에서 검토하는 경우에는 이 변형의 영향을 포함하여야 한다. 그림 8.2에 보인 변형에 의해 부재 단면에 유발되는 응력은 1차적인 자체 평형응력(primary self-equilibrating stress)과, 부정정 구조일 경우 변형을 구속함으로서 유발되는 2차응력(secondary stress)으로 구분할 필요가 있다. 부재가 비균열 단면 상태일 때는 자체 평형응력의 해석이 간단할 수 있으나, 균열이 발생하면 그 해석이 매우 복잡해진다. 그러나 온도나 건조수축 변형에 의해 균열이 발생할 경우에는 자체 평형응력의 대부분이 균열 발생에 의해 소멸된다. 따라서 응력 한계를 검증할 때는 온도에 의해 유발된 2차영향만을 검토한다.

예제 8.3-1 바닥 슬래브의 한계 응력 검증

깊이가 250 mm인 교량 바닥 슬래브에 표준하중조합에 의해 경간 중앙에서 85 kNm/m의 휨모멘트가 발생한다. 이 휨모멘트의 15%는 자중을 포함한 지속하중에 의한 것이고, 나머지 85%가 통행 트럭 하중인 활하중에 의해 유발된 것이다. 극한한계상태 검증에 의해 D16 철근이 100 mm 간격(A_s =1,986 mm^2/m)과 유효깊이 192 mm로 배치된 상태이다. 사용된 콘크리트는 f_{ck} =30 MPa이다. 이 바닥 슬래브의 사용 한계 응력 제한을 검토하라.

풀이

(i) 사용 기간 중 표준하중조합(사용하중조합-I)에서 균열 발생 여부 검토

비균열 단면2차모멘트 $I_g = bh^3/12 = 1000(250)^3/12 = 1{,}302 \times 10^6 \text{ mm}^4/\text{m}$

슬래브 인장 연단의 응력 $f_b = My/I_g = 85 \times 10^6 \times 125/1{,}302 \times 10^6 = 8.16 \text{ N/mm}^2$

이 응력은 콘크리트의 인장강도 $f_{ctm} = 0.3(30+4)^{2/3} = 3.15 \text{ N/mm}^2$

보다 크기 때문에 단면에는 균열이 발생한다. 따라서 균열 단면으로 응력을 검토해야 한다.

(ii) 교량이 개통 된 직후 크리프가 발생하지 않는 상태에서 응력 검토

철근과 콘크리트의 탄성계수는 각각 $E_s = 200$ GPa, $E_c = 8{,}500(30+4)^{1/3} = 27{,}500$ MPa

중립축 깊이비 k를 식 (3.5-11)에 $n = E_s/E_c = 7.3$과 철근비 $\rho = 0.0103$을 대입하여 구하면,

$$k = \sqrt{(7.3\times 0.01)^2 + 2(7.3)(0.01)} - 7.3(0.01) = 0.316$$

압축 연단 콘크리트 응력은 식 (3.5-13)을 사용하여

$$f_c = \frac{2M}{(1-k/3)bcd} = \frac{2\times 85\times 10^6}{0.895(1000)(60.7)(192)} = 16.3 \text{ MPa}$$

이 응력은 표준하중조합에서의 한계 압축응력 $0.6f_{ck} = 0.6(30) = 18$ MPa을 초과하지 않아 적합하다.

철근 응력은 식 (3.5-14)를 이용하면

$$f_s = \frac{M}{A_s(1-k/3)d} = \frac{85\times 10^6}{1986(1-0.316/3)(192)} = 249 \text{ MPa}$$

이 철근 응력은 한계 인장응력 $0.8f_y = 0.8(400) = 320$ MPa를 초과하지 않아 적합하다.

(iii) 지속하중에 의해 모든 크리프가 발생된 상태에서 응력 검토

이 교량이 습도가 높은 임해 지역에 있을 경우이며, 시공 때 거푸집을 2주 후에 제거한 경우 일 때 콘크리트의 최종 크리프계수는 표 2.4에서 $\varphi(\infty,14) = 2.2$로 내략 선택하면 유효 턴성계수는 식 (8.3-1)에 따라

$$E_{ce} = \frac{(0.15+0.85)(27{,}500)}{0.85+(1+2.2)(0.15)} = 20{,}680 \text{ MPa}$$

따라서 유효 탄성계수비 $n = E_s/E_{ce} = 9.7$이고, 중립축 깊이비 $k = 0.354$가 되어 중립축 깊이 $c = 68$ mm가 된다. 다시 콘크리트와 철근의 응력을 계산하면,

$$f_c = \frac{2\times 85\times 10^6}{0.882(1000)(68)(192)} = 14.8 \text{ MPa}$$

$$f_s = \frac{85\times 10^6}{1986(0.882)(192)} = 253 \text{ MPa}$$

크리프의 영향으로 콘크리트 압축응력은 감소하고, 철근의 응력은 약간 증가하였다. 이 응력 크기는 모두 한계 응력 보다 작은 값이므로 적합한 설계이다.

8.4 균열폭 한계상태 검증

8.4.1 한계 균열폭

직접 작용 하중 또는 간접 변형에 의해 유발된 휨, 전단, 비틀림 또는 인장을 받는 철근콘크리트 부재에 균열이 발생하는 것은 매우 일반적인 현상이다. 그러나 구조물의 원래 기능과 내구성을 손상시키거나 또는 외관상 수용할 수 없을 정도의 큰 균열폭은 제한되어야 한다. 균열은 통행 차량과 같은 직접하중이나 또는 건조수축과 같은 간접하중에 의해 유발된다. 소성수축, 철근 부식 또는 알칼리-실리카 반응과 같은 팽창성 화학 작용에 의해서도 균열이 발생하며 수용할 수 없을 정도로 클 수 있다.

철근콘크리트 구조물에서 균열은 철근의 부식을 유발하고 촉진시킨다. 초기에는 원래 콘크리트가 갖는 알칼리성이 철근의 부식을 근원적으로 방지한다. 그런데 콘크리트의 탄산화나 염화물이 철근까지 침투하면 이 부식 방지 기능은 소멸되며 철근은 부식되기 시작한다. 철근 주변에 발생하는 균열은 이산화탄소와 염소 이온이 철근으로 빨리 접근할 수 있는 통로를 제공하게 된다. 구조물의 완공부터 철근 부식 시작까지의 기간을 보통 부식 시작 단계(initiation phase)라 하며, 그 후 부식이 진행하는 기간을 활성화 단계(active phase)라고 한다. 철근 부식 시작 단계의 기간은 균열폭과 큰 연관이 있다. 큰 폭의 균열이 철근을 가로 질러 발생하면 2년 이내에 철근에 부식이 발생한다고 알려졌다. 특히, 균열이 철근을 따라 발생한 경우에는 매우 심각한 부식이 발생한다. 반면에 균열폭이 작은 경우에는 철근 부식이 지연되거나 또는 방지된다. 더욱이 가시적인 균열은 사용자를 불안하게 할 수 있기 때문에 눈에 쉽게 보이지 않도록 균열폭을 제한할 필요가 있다.

철근콘크리트 구조에서 한계 균열폭 검증은 지속하중조합으로 수행하여야 한다. 교량 구조에서 지속하중조합은 보통 통행 차량 하중이 포함되지 않고 변형 하중의 영향은 포함된다. 이 변형 하중 영향은 그림 8.2에 나타낸 2차응력만을 고려한다. 표 8.2는 일반 철근콘크리트 구조물에 설정된 사용 한계 균열폭을 정리한 것으로서, 최대로 허용되는 균열폭의 한계값을 지속하중조합 상태에서 0.3 mm로 정하고 있다. 이 요구 조건은 교량의 노출 환경에 상관없이 최소한 만족시켜야 한다. 특별히, 장대 교량이거나 심한 부식성 환경 또는 특수 목적의 콘크리트 교량이라면 더 엄격한 한계 균열폭 기준을 적용하여 설계 할 수 있다. 여기서 더 엄격한 한계 균열폭 기준이란 더 큰 하중에서 작은 균열폭 제한을 말한다.

표 8.2 일반 철근콘크리트 구조물의 사용 한계 균열폭

노출 환경	균열폭 검증을 위한 하중조합	표면 한계 균열폭(mm)
건조 또는 영구적 수중 환경(EC1)	지속하중조합 (사용하중조합-V)	0.4[1)]
부식성 환경(습기와 장기간 접촉; EC2, EC3, EC4)		0.3
고부식성 환경(염화물 또는 해수에 노출된 환경; ED1, ED2, ED3, ES1, ES2, ES3)		

1) 노출 환경 EC1에서는 균열폭의 크기가 내구성에 영향을 주지 않는다. 이때 한계 균열폭 제한은 심미적 이유로 설정하였다. 따라서 이러한 제한 요인이 필요하지 않는 경우에는 한계균열폭을 더 크게 설정할 수 있다.

8.4.2 최소 철근량

콘크리트 구조물에서 작용하는 직접 또는 간접 하중에 의해 인장응력 발생이 예상되는 콘크리트 영역의 균열 제어가 필요한 곳에는 최소 철근량 이상을 배치하여야 한다. 이때 최소 철근량은 균열 발생 직전의 인장력을 발생 직후 철근이 저항할 수 있는 최소한의 부착된 철근량으로 정의한다. 최소 철근량보다 적은 철근량이 배치되어 있다면, 처음 발생한 균열 위치의 철근은 균열 발생으로 소멸된 콘크리트 인장력이 철근으로 전달되는 순간에 높은 응력 상태에 놓이거나 또는 항복하여 큰 균열폭으로 남게 된다. 따라서 인장 영역에는 정해진 최소 철근량 이상을 배치하여 작은 폭의 균열이 많이 분산되도록 하여야 한다.

순수 인장력을 받는 철근콘크리트 부재에서 균열 발생 인장력은 $N_{cr} = f_{ct}A_{ct}$인데, 여기서 f_{ct}는 콘크리트 인장강도이며 A_{ct}는 콘크리트 인장 단면적이다. 철근의 최대 인장력은 f_yA_s이기 때문에 균열 발생 직후 다음과 같은 조건이 만족되어야 2차와 3차 균열이 발생하여 균열이 분산된다.

$$f_yA_s \geq f_{ct}A_{ct} \tag{8.4-1}$$

등분포 응력 상태가 아닌 다른 경우에 적용하기 위해서는 위 식을 수정할 필요가 있다. 실제 설계에서 정밀한 계산에 의해 적은 철근량으로도 충분하다는 것을 증명해 보이지 않는 한, 인장 영역내의 소요 최소 철근량 $A_{s,\min}$을 다음과 같이 계산할 수 있다.

$$A_{s,\min} = k_c k \frac{f_{ctm}A_{ct}}{f_y} \tag{8.4-2}$$

여기서 A_{ct}는 첫 균열 발생 직전 상태에서 계산된 인장 영역 콘크리트의 면적이고, f_y는 철근의 기준항복강도이다. 가끔 균열폭을 엄격히 제한하기 위해 항복강도보다 낮은 응력을 위 식에 적용할 필요가 있다. f_{ctm}은 첫 균열이 발생할 때 유효한 콘크리트 평균인장강도로, 재령 28일 이전에 균열 발생이 예상 된다면 더 낮은 인장강도를 적용하여야 한다. 수화열에 의한 균열처럼 타설 후 3~5일 이내에 균열 발생이 예측되는 곳에는 인장강도의 50퍼센트에 해당하는 값을 유효 인장강도로 취할 수 있다. 반면에 재령 28일 이후에 균열 발생이 예측되지만 그 시기를 확인 할 수 없는 경우에는 콘크리트 유효 인장강도 값으로 2.9 N/mm^{2}를 취할 수 있다. T형 단면 또는 상자형 단면 거더에서는 각 부분 단면 (복부, 플랜지)으로 분리하여 최소 철근량을 결정하여야 한다.

(a) 계수 k_c

최소 철근량을 산정하는 식 (8.4-2)에서 계수 k_c는 균열 발생 직전의 단면 내 응력 분포 상태와 균열 발생 직후의 팔길이 변화를 반영하는 계수이다. 이 계수 값으로 순수 인장인 경우에는 1.0이어야 한다. 그러나 순수 휨인 경우에는 0.4를 취한다. 이것은 휨 부재에서 인장 영역의 응력 분포를 삼각형으로 간주하면 0.5이어야 하지만, 철근의 배치 위치가 연단 쪽에 배치되어 콘크리트 압축 합력과 짝힘 작용에 의해 휨균열모멘트에 저항할 수 있고, 동시에 휨압축 영역의 강성에 의해 균열 성장이 억제 되는 현상을 반영하기 위한 의도이다. 휨과 축력이 동시에 작용하는 부재에서 프리스트레스나 또는 다른 요인에 의해 단면에 압축력이 작용하면, 그림 8.3에 보인 것처럼 계수 k_c 값은 감소하고 인장력이 작용하면 증가하며 다음 식 (8.4-3)으로 정한 값이다. 유효 프리스트레스를 포함한 표준하중조합에서 단면 전체가 압축 응력 상태에 놓이면 k_c값으로 0을 취하여 최소 철근을 배치하지 않는다.

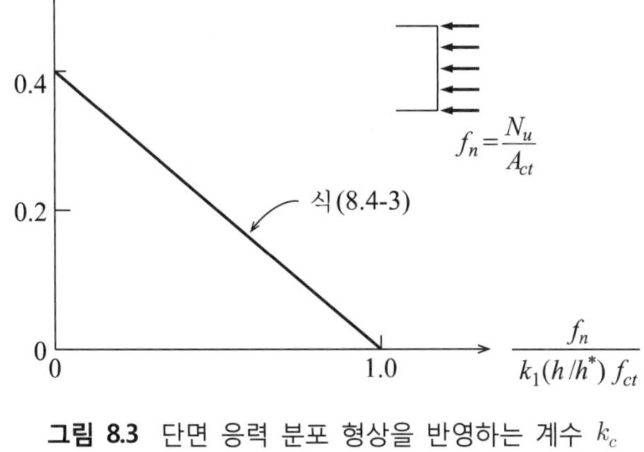

그림 8.3 단면 응력 분포 형상을 반영하는 계수 k_c

$$k_c = 0.4\left[1 - \frac{f_n}{k_1(h/h^*)f_{ct}}\right] \le 1 \tag{8.4-3}$$

여기서 f_n은 검토하는 단면에 작용하는 평균 법선응력 $(=N_u/bh)$이며, N_u는 단면에 작용하는 계수축력으로(압축이면 +) 표준하중조합 상태에서 결정한 값이다. h^*는 실제 부재 깊이 $h < 1.0$ m이면 $h^* = h$이고, $h \ge 1.0$ m이면 $h^* = 1.0$ m를 취한다. k_1은 축력이 응력 분포에 미치는 영향을 반영하는 계수로써, 만약 축력 N_u가 압축력이면 1.5, 인장력이면 $2h^*/3h$값을 취한다.

상자형 단면 거더나 T형 단면 거더의 인장 플랜지에서는 k_c를 다음 식으로 정한다.

$$k_c = 0.9\frac{N_{cr}}{A_{ct}f_{ctm}} \ge 0.5 \tag{8.4-4}$$

여기서 N_{cr}은 플랜지에 균열이 처음 발생하기 직전에 부재 전 단면에 작용하는 휨모멘트와 축력으로 계산한 플랜지의 인장력이고, A_{ct}는 인장 플랜지 면적이다.

(b) 계수 k

식 (8.4-2)에서 계수 k는 건조수축 및 기초 침하와 같은 변형에 의해 유발된 자체 평형응력의 단면 내 부등분포 상태를 반영하는 계수이다. 변형하중은 건조수축이나 온도 변화와 같은 부재 자체 내부의 수축 요인과 부등 침하와 같이 부재 외부 현상에 의한 수축 요인으로 구분해야 한다. 지반의 부등 침하와 같은 외부 요인에 의해 부재가 수축하면 단면의 인장응력은 부등 분포가 발생되지 않는다. 따라서 이러한 경우의 계수 k의 값은 1.0이 된다.

반면에 그림 8.2에 나타낸 것처럼 온도 및 건조수축에 의해 부재 내부에 유발된 인장응력은 단면 깊이에 따라 부등 분포한다. 왜냐하면, 온도나 건조수축에 의한 변형은 단면의 표면에서 빨리 진행하여 표면의 응력이 더 크게 되기 때문이다. 따라서 낮은 하중에서 균열이 발생하게 되며 이에 따라 적은 최소 철근량이 소요된다. 이때문에 계수 k를 작은 값으로 취할 수 있다. 단면 깊이가 300 mm 이하일 경우는 $k = 1.0$이고, 깊이가 800 mm 이상이면 $k = 0.65$를 적용한다. 단면 깊이가 300~800 mm 사이이면, 위 두 값 사이를 보간한 값을 사용할 수 있다.

앞에서 기술한 최소 철근량 산정 방법은 상당히 복잡하다. 더욱이 산정 과정에 많은 불확실한 변수들이 반영되고 있어 복잡한 계산이 불필요하다고까지 여겨진다. 그러나 많은 콘크리트 구조물의 설계, 특히 슬래브와 벽체의 설계는 최소 철근량 규정이 대부분 지배하며, 이 때문에 전체적인 건설비에 큰 영향을 미치고 있다는 사실을 인식해야 한다.

8.4.3 균열폭 간접 검증

직접 균열폭을 산정하고 한계값과 비교하여 사용한계상태를 검증하는 작업은 상당히 복잡한 계수들을 파악해야 하는 어려움이 있다. 그러나 실제 설계에서 한계 균열폭 이내에 있다고 간주할 수 있는 일정 기준을 만족한다면 균열폭의 직접 산정에 의한 검증 작업을 피할 수 있다.

콘크리트 균열폭은 주로 철근 응력과 지름에 따라 크게 변한다. 그러므로 설계 균열폭 산정식을 이용하여 한계 균열폭 0.3 mm를 만족하도록 각 응력 수준에서 필요한 철근의 최대 지름과 최대 간격을 미리 구할 수 있다. 표 8.3은 이렇게 균열폭 계산식의 변수 조사를 수행하여 얻은 결과를 나타낸 것이다. 이 표의 자료는 순수 휨만을 받는 사각형 단면 부재를 바탕으로, 콘크리트 인장강도가 $f_{ct}=2.9$ MPa이고, 피복두께는 $0.1h(=h-d)$로 고정한 후 미리 정한 응력 수준마다 철근의 지름과 간격을 변화시키면서 한계 균열폭에 해당하는 값을 구해 정리한 결과에 해당한다[1].

표 8.3 균열폭 제한을 위한 철근 최대 간격과 지름

철근 응력* (MPa)	철근 최대 간격(mm)		최대 철근 지름 d_b^*(mm)
	철근콘크리트 휨 단면	철근콘크리트 순수 인장 단면	철근콘크리트 단면
160	300	200	32
200	250	150	25
240	200	125	16
280	150	75	13
320	100	-	10
360	50	-	8

1) 콘크리트구조기준에서는 균열폭을 제어하기 위해 인장 철근의 최대 간격을 아래 식으로 계산된 간격 중에서 작은 값 이하로 제한하고 있다.

$$s=375\left(\frac{210}{f_s}\right)-2.5t_c \quad \text{또는} \quad s=300\left(\frac{210}{f_s}\right) \qquad (\text{주}.8\text{-}1)$$

여기서 f_s는 사용하중에서 인장 연단에 가장 가까운 철근 응력이고, t_c는 순피복두께이다. 이 식은 옥외에 노출된 부재의 균열폭을 0.3 mm 기준으로 유도된 것으로서, 이 최대 간격 제한을 만족하면 한계 균열폭 이내라고 간주하여 균열폭 검증을 수행하지 않아도 된다.

건조수축 또는 온도 등의 간접하중에 의한 균열 발생 후 거동은 직접하중에 의한 균열 발생 후의 거동과 상당히 다르다. 변형 구속에 의해 응력이 유발되어 균열이 발생한다면, 부재의 강성이 크게 감소하면서 균열 발생 전의 응력이 대부분 소멸된다. 이때문에 균열 단면의 철근 응력은 증가하지 않으며 2차 또는 3차 균열이 발생하는 균열 형성 단계(crack formation stage)가 존재하지 않는 것이 일반적이다. 이러한 경우에는 철근의 표면적 증가에 의한 부착 성능을 향상시켜서 발생된 균열이 크게 확장되는 것을 방지하는 것이 더 유효하다는 이론적 배경에서 표 8.3의 철근 최대 지름 제한을 적용하여야 한다. 즉 동일한 소요 철근량을 지름이 작은 철근으로 구성하면 전체 철근 표면적이 증가하여 그 만큼 부착 저항이 커진다.

만약 단면 치수와 재료 강도가 앞에서 가정한 것과 다르면 표 8.3의 값은 달라진다. 특히 콘크리트 피복두께 $0.1h$와 $f_{ck}=27$ MPa은 일반 구조에서 나타나는 값이고 특수 교량 구조에서는 이 값보다는 훨씬 큰 값을 사용하는 경우가 많다. 이런 경우 표 8.3의 기준들을 이용한다면 불안전한 설계를 할 수 있다. 그러나 한편에서는 피복 증가에 기인한 큰 균열폭의 불리함은 큰 피복두께에 의한 내구성 증진이라는 유리한 면에 의해 서로 상쇄되기 때문에 이 표를 적용해도 안전할 수 있다는 관점도 있지만, 표 8.3을 작성하는데 적용한 기준값과 크게 다를 때는 다음 식을 이용하여 최대 허용 철근 지름을 다음과 같이 수정하여 설계에 사용 할 수 있다.

$$d_b = d_b^* \frac{f_s A_s}{4(h-d)bf_{ct}^*} \geq d_b^* \frac{f_{ct}}{f_{ct}^*} \quad : \text{휨을 받는 단면} \tag{8.4-5a}$$

$$d_b = d_b^* \frac{f_s A_s}{2(h-d)bf_{ct}^*} \geq d_b^* \frac{f_{ct}}{f_{ct}^*} \quad : \text{순수 인장 단면} \tag{8.4-5b}$$

여기서 d_b^*는 표 8.3에서 주어진 최대 철근 지름이고, h는 단면의 전체 깊이, d는 단면 유효깊이이며, f_s는 균열 발생 후에 허용하는 철근 응력으로 보통 f_y를 적용하고, f_{ct}^*는 표 8.3의 최대 철근 지름 d_b^*를 결정하는 기준으로 사용한 인장강도($=2.9$ N/mm^2)이다.

앞에서 설명한 최소 철근량 이상이 충분히 배치되어 있다 할지라도, 주철근이 단면의 연단 부근에 집중 배치되고 깊이가 1,000 mm 이상인 부재에는 측면의 균열을 제어하기 위한 **표피철근**(skin reinforcement)을 배치하여야 한다. 특히, 주철근 지름이 32 mm보다 큰 경우에는 피복 박리에 저항하기 위한 표피철근을 배치하여야 한다. 교량의 거더에서는 초기 수화 균열을 제어하기 위해 표피철근을 배치하여야 하는데, 보통 이 수화열 제어 철근은 주인장 철근 위치에서부터 중립축까지의 인장 영역에 균등 분포시켜야 하며, 배치 철근량은 식 (8.4-2)에서 k_c를 0.5로 취하여 구한 값 이상이어야 한다. 적합한 철근 간격과 지름은 표 8.3에서 각각 구할 수 있는데, 이때 주철근 인장응력의 절반이 작용하는 순수 인장 상태로 가정한다. 철근의 정착과 상세 규정을 만족한다면, 종방향 표피철근을 휨 철근에 포함하여 휨강도를 산정할 수 있으며, 횡방향 표피철근을 전단 철근에 포함하여 전단강도를 계산할 수 있다. 즉, 표피철근의 절반은 휨인장 철근의 역할을 할 수 있기 때문에 이만큼에 해당하는 주인장 철근량을 감소시킬 수 있다.

철망 혹은 작은 지름의 철근으로 표피철근을 구성하여야 하며 그림 8.4와 같이 횡방향 철근의 바깥쪽에 배치하여야 한다. 부재에서 표피철근량 $A_{s,skin}$은 인장 철근과 평행한 방향과 수직한 방향의 양방향에 대해서 각각 $0.01A_{ct,ex}$ 이상이어야 한다. 여기서 $A_{ct,ex}$는 횡방향 철근 외측의 인장 콘크리트 면적이다. 피복두께가 70 mm를 초과하는 경우 내구성을 증진시키기 위한 표피철근을 배치하여야 하며, 이때 소요 표피 철근량은 각 방향으로 $0.005A_{ct,ex}$ 이상이어야 한다. 표피철근의 피복두께는 최소 피복두께 이상이어야 한다.

단면이 변하는 곳, 집중 하중점 근처, 철근 절단점 위치, 큰 부착응력이 발생되는 곳, 특히 겹침이음부 끝 등에서는 응력이 급변한다. 이러한 곳은 사전에 제거하든지 또는 헌치 등을 이용하여 응력 집중을 최소화하여야 하며, 철근 상세를 적절히 적용하여 균열을 제어하여야 한다. 상이한 지름의 철근을 혼합하여 사용한 단면에서는 평균 지름 $d_{b,m} = \Sigma d_{b,i}^2 / \Sigma d_{b,i}$를 적용하며, 다발 철근을 사용한 경우에는 실제 지름 대신에 등가 지름을 사용한다. 용접철망을 사용한 경우에는 한 가닥의 철선 지름을 사용할 수 있다.

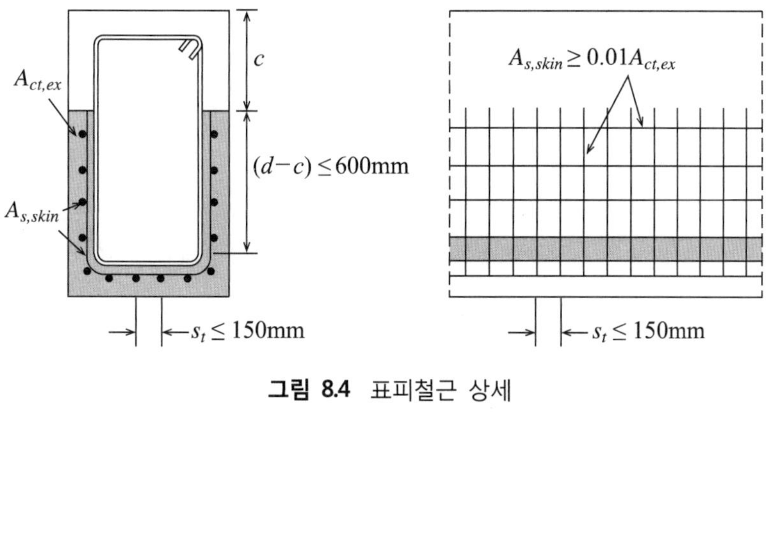

그림 8.4 표피철근 상세

예제 8.4-1 바닥 슬래브의 간접 균열 제한과 최소 철근량 검토

앞 예제 8.3-1에서 해석한 바닥 슬래브에 대해 간접 균열 제한 규정을 검토하고, 동시에 최소 철근량 규정도 검토해 보자. 바닥 슬래브의 제원과 작용력은 앞 예제와 동일하고, 주변 환경도 임해 지역으로 간주한다.

풀이

(i) 간접 균열 제한 검토

바닥 슬래브는 해수에 노출된 환경이기 때문에 표 8.2에 따라 표면 한계 균열폭은 지속하중조합에 의해 0.3 mm이다. 차량 하중은 지속하중조합에 포함되지 않는다. 반면에 온도와 같은 변형하중을 포함하여야 한다. 여기서는 편리상 15%에 해당하는 활하중과 85%에 해당하는 고정하중을 모두 고려한 상태에 대하여 간접 균열 제한과 최소 철근량을 검토하기로 하자. 앞 예제에서 사용하중 상태에서 철근의 응력은 249 MPa로 이미 계산되었다. 이 응력값을 기준으로

① 표 8.3에 의한 철근 최대 지름은 D16 이하이어야 한다.
② 표 8.3에 의한 철근 최대 간격은 190 mm(선형 보간한 값임) 이하이어야 한다.

이 바닥판에는 이미 D16 철근이 100 mm 간격으로 배치된 상태이기 때문에 위 ②의 규정을 만족하므로 간접 균열 제한 규정에 적합한 설계가 된다. 설계기준에 의하면 위 두 제한 규정을 모두 만족시킬 필요는 없다고 정하고 있다.

(ii) 최소 철근량 검토

최소 철근량을 산정하는 식 (8.4-2)에 필요한 콘크리트 인장 영역 면적은 균열 발생 직전의 인장 영역이므로 바닥 슬래브 단면의 절반에 해당한다.

$$A_{ct} = 1{,}000 \times 250/2 = 125{,}000\ \mathrm{mm}^2$$

콘크리트 평균인장강도는

$$f_{ctm} = 0.3(30+4)^{2/3} = 3.15\ \mathrm{MPa}\ \geq\ 2.9\ \mathrm{MPa}$$

바닥판에는 축력이 작용하지 않으므로 식 (8.4-3)에 의해

$$k_c = 0.4(1-0) = 0.4$$

깊이가 300 mm 이하인 직사각형 단면이므로

$$k = 1.0$$

최소 철근량 결정에 필요한 철근 응력의 크기를 아무런 제약 조건이 없다면 항복강도로 취할 수 있다. 그러나 이 바닥 슬래브에서는 간접 균열 제한 규정에 적합하도록 표 8.3에 따라 D16철근의 허용응력 240 MPa로 제한하거나, 또는 100 mm 간격에 부합하는 320 MPa로 정해야 한다. 여기서는 더 엄격한 240 MPa로 선정하는 것이 안전한 설계가 된다. 따라서 소요 최소 철근량은 다음과 같다.

$$A_{s,\min} = 0.4(1.0)(3.15)(125{,}000)/240 = 667\ \mathrm{mm}^2/\mathrm{m}$$

이미 배치된 철근량 $A_s = 1{,}986\ \mathrm{mm}^2/\mathrm{m}$는 이 최소 철근량보다 많아서 적합한 설계이다.

8.4.4 균열폭 산정

3장의 3.4절에서 순수 인장 요소의 기본 성질을 다룰 때 철근콘크리트 인장 부재의 균열에 대해 이미 기술하였다. 균열폭은 이론적으로 이웃하는 균열 사이의 철근 신장량과 콘크리트 신장량 차이이다. 즉, 다음 식과 같이 인접 균열 사이의 철근 평균 변형률 ε_{sm}과 콘크리트 평균 변형률 ε_{cm}의 차이에 균열 간격 s을 곱한 값이 균열폭 w에 해당한다.

$$w = s(\varepsilon_{sm} - \varepsilon_{cm}) \tag{3.4-16}$$

평균 변형률 차이 $(\varepsilon_{sm} - \varepsilon_{cm})$은 이론적으로 식 (3.4-19)로 나타낼 수 있다고 하였다.

(a) 휨 균열폭

그림 8.5에 보인 것처럼 휨을 받는 부재의 인장 영역에 발생하는 균열은 근본적으로 3.4절에서 설명한 인장 요소의 균열 거동과 동일한 현상이다. 따라서 순수 인장 요소의 균열 간격과 폭에 대한 공식을 그대로 사용하여 휨모멘트에 의해 발생하는 균열폭을 산정할 수 있다. 다만 단면 깊이에 따라 인장응력이 변하는 영역에 적용하기 위해서는 휨 부재의 인장 영역을 등가의 순수 인장 부재 즉, 인장 현재(tension chord)로 변환할 필요가 있게 된다. 많은 비선형 유한 요소해석 결과에 의해, 그림 8.6에 음영으로 보인 유효 인장 면적 A_{cte}를 사용하여 순수 인장 부재처럼 다룰 수 있다고 알려졌다[참고문헌 8.6]. 즉, 부재 형태에 따른 인장 현재의 깊이 d_{cte}를 다음과 같이 정할 수 있다.

보 : $$d_{cte} = 2.5(h-d) \tag{8.4-6a}$$

슬래브 : $$d_{cte} = 2.5t_c \le (h-c)/3 \tag{8.4-6b}$$

벽체 : $$d_{cte} = 2.5t_c \le 0.5t \tag{8.4-6c}$$

여기서 t_c는 인장 연단에서 철근의 중심까지의 피복두께이고, t는 벽체 두께이다.

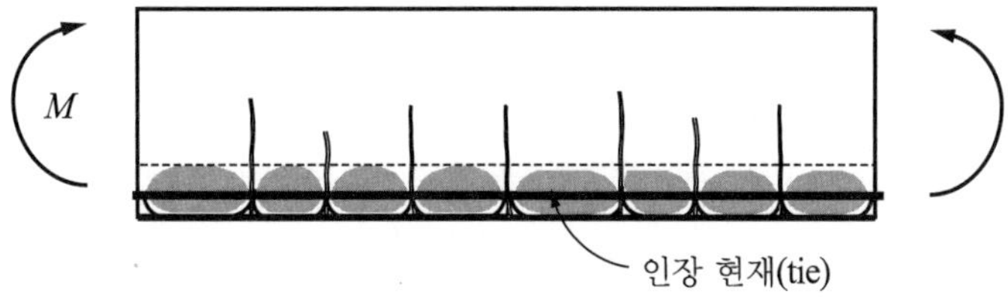

그림 8.5 부재 인장 영역의 인장 현재

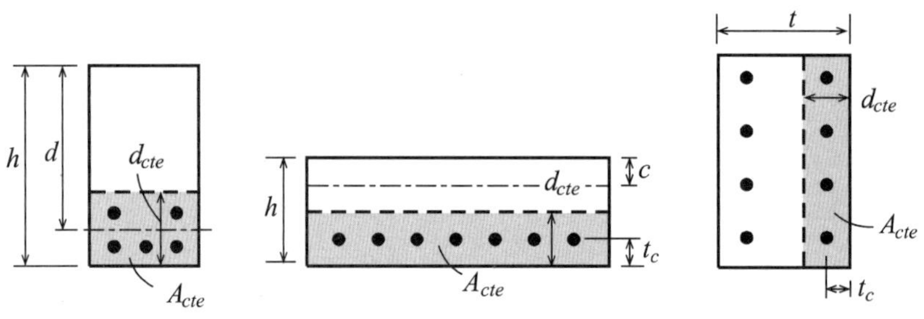

$d_{cte}=2.5(h-d)$ $d_{cte}=2.5t_c \le (h-c)/3$ $d_{cte}=2.5t_c \le t/2$

(a) 보 (b) 슬래브 (c) 벽체

그림 8.6 유효 인장 면적

이렇게 정해진 인장 현재 깊이를 이용하여 유효 인장 면적을 결정하면 등가의 인장 철근비는 다음과 같게 된다.

$$\rho_e = \frac{A_s}{A_{cte}} \tag{8.4-7}$$

이 값을 유효 철근비라 하며, A_s는 유효 인장 단면적 A_{cte} 내에 있는 인장 철근의 단면적이다. 3장의 식 (3.4-19)의 철근비 ρ를 유효 철근비 ρ_e로 치환하면, 휨 부재의 균열폭을 산정하기 위해 필요한 철근과 콘크리트의 평균 변형률 차이는 다음과 같이 표현된다.

$$\varepsilon_{sm} - \varepsilon_{cm} = \frac{f_{so}}{E_s} - \frac{0.4 f_{ct}(1+n\rho_e)}{E_s \rho_e} \tag{8.4-8}$$

여기서 f_{so}는 적합한 사용하중조합에 의해 유발된 균열면의 철근 응력이다.

앞에서 설명한 바와 같이 균열폭은 균열 간격의 함수이다. 그런데 정확한 균열 간격을 예측하는 것은 현실적으로 어려운 일이다. 실제 설계에서 사용한계상태 검증에 사용하는 균열 간격은 평균값보다 큰 특정 확률의 상위 분위에 해당하는 값을 사용한다. 도로교설계기준에서는 휨 부재의 실험 결과를 바탕으로 3.4절에서 기술한 식 (3.4-24)의 최대 **설계 균열 간격**(design crack space) s_k를 적용하여 균열폭을 산정할 수 있도록 하고 있다.

$$s_k = 3.4t_c + 0.425 k_1 k_2 \frac{d_b}{\rho_e} \tag{8.4-9}$$

여기서 t_c는 최외단 철근의 표면과 콘크리트 표면 사이의 순피복두께이고, k_1은 철근 표면 상태에 따른 계수로 이형 철근은 0.8, 원형 철근과 긴장재는 1.6의 값을 가지며, k_2는 인장응력 분포 형태에 따른 계수로 직접 인장 부재에서는 1.0, 휨 부재에서는 0.5를 취한다.

위 식들을 사용하여 평균 변형률 차이와 설계 균열 간격을 산정한 후 서로 곱하여 **설계 균열폭**(design crack width) w_k를 구한다. 즉,

$$w_k = s_k(\varepsilon_{sm} - \varepsilon_{cm}) \tag{8.4-10}$$

여기서 $\varepsilon_{sm} - \varepsilon_{cm}$은 식 (8.4-8)로 산정된 값이다. 이 식으로 계산된 설계 균열폭 w_k는 앞 절에서 기술한 한계 균열폭을 초과하지 않아야 한다. 일반적으로 균열 안정화 단계에서 콘크리트 변형률은 철근에 비해 상대적으로 매우 작은 값이다. 따라서 실제 설계에서는 종종 ε_{cm}을 무시하고 균열폭을 계산하기도 한다. 이렇게 계산된 균열폭은 항상 안전한 쪽이 된다.

앞 식들은 대부분 사각형 단면에 쉽게 적용되는 것이며, 원형 단면처럼 형상이 다른 부재인 경우에 적용하는 데는 주의가 필요하다. 원형 단면인 경우 최대 균열폭은 응력이 가장 크게 발생하는 철근 주변에서 발생할 것이다. 따라서 단면을 얇은 두께로 잘라서 응력이 가장 큰 철근을 포함한 얇은 직사각형 단면 보를 채취하여 균열 간격을 정하는 방법이 있다. 이때 얇은 보의 폭은 철근 간격이 되며, 해당하는 d_{cte}와 A_{cte}를 적용하여 ρ_e를 계산해서 위 식들에 적용한다. 다른 방법으로는 전체 원형 단면 해석에서 인장력의 합력점을 구하여 등가의 사각형 단면 보로 치환한 후에 앞에서 정한 식들을 적용하여 균열 간격을 산정하는 방법이 있다. 첫 번째 방법이 안전하게 큰 균열폭을 산출하는 경향이 있다.

예제 8.4-2　1방향 슬래브의 균열폭 산정

앞 예제 8.3-1에서 해석한 바닥 슬래브의 균열폭을 계산해 보자. 이 바닥 슬래브의 제원과 작용력은 앞 예제와 동일하다.

풀이

유효깊이가 192 mm이므로 철근 중심까지 피복두께 $t=58$ mm이고, 철근 표면까지 순피복두께 $t_c=50$ mm이다. 예제 8.3-1에서 계산한 중립축 깊이 $c=kd=68$ mm이다. 따라서 유효 인장 깊이는 식 (8.4-6b)에 의해

$$d_{cte} = \min[2.5(h-d) = 145;\ (h-c)/3 = 62.2] = 62.2\ \text{mm}$$

유효 철근비는

$$\rho_e = \frac{A_s}{A_{cte}} = \frac{1{,}986}{62.2 \times 1{,}000} = 0.0319$$

최대 설계 균열 간격은 식 (8.4-9)로부터

$$s_k = 3.4(50) + 0.425(0.8)(0.5)\frac{15.6}{0.0319} = 254\ \mathrm{mm}$$

철근과 콘크리트의 평균 변형률 차이는 식 (8.4-8)에 유효 탄성계수비 $n = 200/20.68 = 9.7$과 $f_{so} = 253\ \mathrm{N/mm^2}$을 적용하면,

$$\varepsilon_{sm} - \varepsilon_{cm} = \frac{f_{so}}{E_s} - \frac{0.4 f_{ct}(1 + n\rho_e)}{E_s \rho_e} = 0.00152$$

따라서 설계 균열폭은

$$w_k = s_k(\varepsilon_{sm} - \varepsilon_{cm}) = 254 \times 0.00152 = 0.39\ \mathrm{mm}$$

표 8.2에 따라 바닥 슬래브는 지속하중조합에서 0.3 mm의 폭을 한계값으로 규정하고 있다. 그런데 이 지속하중조합보다 큰 표준하중조합에 의한 균열폭이 0.39 mm이지만 지속하중의 크기가 표준하중의 단지 15%에 해당되기 때문에 충분히 적합한 설계라고 판단할 수 있다.

(b) 전단 균열폭

T형 단면 부재나 상자형 단면 거더의 복부는 얇은 상태에서 치밀한 조직을 유지할 필요성이 크기 때문에 균열 검토가 필수적인 경우가 많다. 이러한 부재 복부는 전단, 휨 및 축력의 조합 작용으로 항상 2축 응력 상태에 놓인다. 2장에서 설명했듯이, 2축 응력상태에 있는 콘크리트 유효인장강도는 1축 상태의 인장강도 f_{ct}와는 다르다. 인장 방향에 직각으로 압축응력이 작용하면 아래 식과 같이 인장강도가 감소하게 된다.

$$f_{cte} = \left(1 - 0.8\frac{f_2}{f_{ck}}\right) f_{ct} \tag{2.2-24}$$

여기서 f_2는 복부 요소의 2축 응력 상태를 주응력 해석하여 구한 압축 주응력이다. 만약, 인장 주응력이 $f_1 \le f_{cte}$이면 비균열 상태로 판별 할 수 있으며, 이때는 최소 철근량을 표 8.3의 규정에 부합하게 종방향으로 배치하여야 한다. 만약, $f_1 \ge f_{cte}$이면, 복부 균열이 발생한 상태이며 균열폭 검증 규정에 따라 균열폭을 제한하여야 한다. 그림 8.7에 보인 것과 같이 인장 주응력 f_1에 의한 균열폭을 등가의 철근비를 갖는 직접 인장 요소로 간주하여 산정할 수 있다.

직교 2방향으로 보강된 복부의 종방향 철근비가 ρ_l이고 횡방향 철근비가 ρ_t라면, 인장 주응력 방향의 등가 철근비 ρ_1은 축인장 강성을 기반으로 유도한 다음 식으로 산정할 수 있다.

$$\rho_1 = \rho_l \sin^4\theta + \rho_t \cos^4\theta \qquad (8.4\text{-}11)$$

여기서 θ는 종방향 축과 압축 주응력 방향 사이의 각이다. 따라서 그림 8.7에 음영으로 표시한 요소는 등가 철근비 ρ_1을 가지며 인장응력 f_1이 작용하는 순수 인장 부재로 간주할 수 있게 된다.

또한, 식 (8.4-9)에 의해 횡방향과 종방향으로 각각 계산한 설계 균열 간격을 $s_{k,t}$와 $s_{k,l}$이라면, 인장 주응력 방향의 설계 균열 간격 $s_{k,1}$을 다음 식으로 산정할 수 있다.

$$s_{k,1} = \frac{1}{\dfrac{\cos\theta}{s_{k,t}} + \dfrac{\sin\theta}{s_{k,l}}} \qquad (8.4\text{-}12)$$

인장 주응력 방향의 등가 철근비와 설계 균열 간격이 주어지면 식 (8.4-10)을 사용하여 전단 균열폭을 구할 수 있다. 직교 철근이 아닐 경우에는 위 식을 적절하게 수정하여 사용하여야 한다. 2축 응력 상태에 있는 복부 요소처럼 직교 2방향으로 보강된 부재에서 압축 주응력 축과 주철근 방향 사이의 각이 15° 보다 작을 때는 전단 균열폭 계산을 생략하고, 휨 균열폭만을 고려할 수 있다.

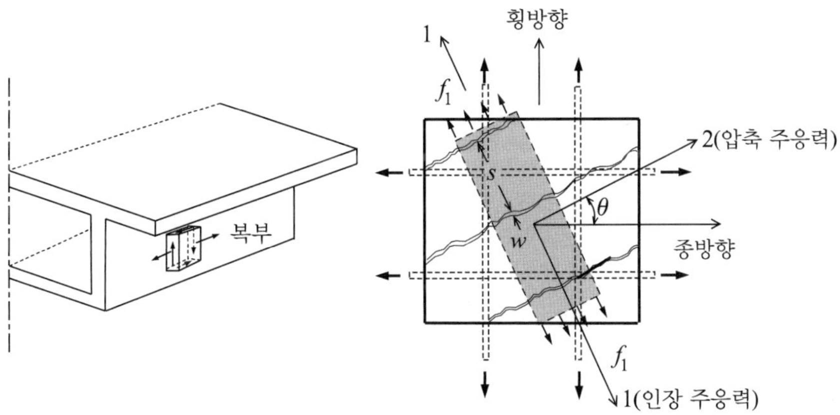

그림 8.7 복부 전단 균열

예제 8.4-3 상자형 단면 거더의 복부 균열폭 검토

그림 8.8은 상자형 단면 거더와 그 복부의 철근 상태를 보인 것이다. 한 쪽 복부 단면에 작용하는 전단력은 표준하중조합(사용하중조합-I)에서 1,800 kN이다. 복부의 폭은 300 mm이고 철근의 중심간 피복두께는 50 mm이다. 거더에 사용된 콘크리트는 $f_{ck}=40$ MPa이다. 이 복부의 균열폭을 검토해보자.

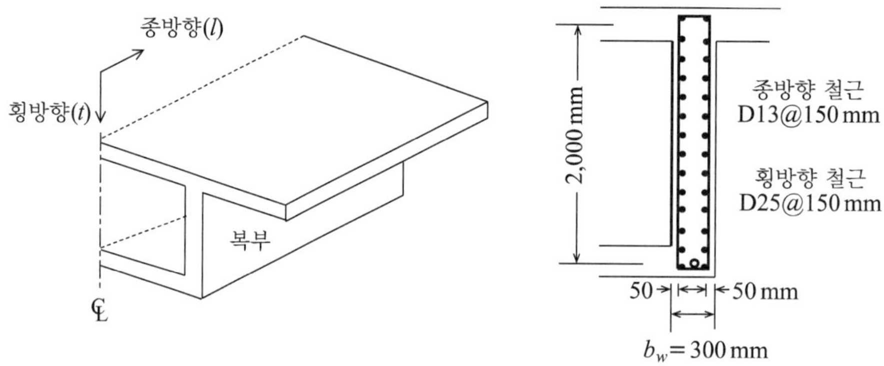

그림 8.8 예제 8.4-3의 복부 철근 배치도

풀이

(i) 복부의 평균 전단응력은 $v=1,800\times10^3/(2,000\times300)=3.0$ MPa이다. 휨응력의 영향을 무시하고 모어원을 이용하면, 평균 전단응력에 의한 압축 주응력 $f_2=3.0$ MPa이고 경사각 $\theta=45°$가 된다. 2축 응력장에서 유효 인장강도는 식 (2.2-24)에 따라

$$f_{cte}=\left(1-0.8\frac{f_2}{f_{ck}}\right)f_{ctk}=\left(1-0.8\frac{3}{40}\right)(0.21\times44^{2/3})=2.46\text{ MPa}$$

이 강도는 인장 주응력 $f_1=3.0$ MPa 보다 작으므로 균열이 발생한다. 복부의 철근비는

$$\text{횡방향 철근비 } \rho_t=\frac{2(506)}{150(300)}=0.0225$$

$$\text{종방향 철근비 } \rho_l=\frac{2(198)}{150(300)}=0.0088$$

인장 주응력 방향의 등가 철근비는 식 (8.4-11)을 이용하여

$$\rho_1=\rho_t\cos^4\theta+\rho_l\sin^4\theta=0.0225\cos^4 45°+0.0088\sin^4 45°=0.0078$$

휨응력을 무시하고 평균 전단응력만을 고려할 때 철근 응력은

$$f_{s,1}=\frac{f_1}{\rho_1}=\frac{3}{0.0078}=385\text{ MPa}$$

횡방향 철근의 피복두께는 $50-25.4/2=37$ mm이고, 종방향의 피복두께는 $50+25.4/2=63$ mm이다. 각 방향별 최대 설계 균열 간격은 식 (8.4-9)에 따라

$$s_{k,t} = 3.4(37) + 0.425(0.8)(0.5)\frac{25.4}{0.0225} = 318\text{ mm}$$

$$s_{k,l} = 3.4(63) + 0.425(0.8)(0.5)\frac{15.9}{0.0088} = 521\text{ mm}$$

주응력 방향 설계 균열 간격은 식 (8.4-12)로부터

$$s_{k,1} = \frac{1}{\cos 45°/318 + \sin 45°/521} = 279\text{ mm}$$

철근과 콘크리트의 평균 변형률 차이는 식 (8.4-8)에 대략 유효 탄성계수비로 $n = 10$을 적용하면,

$$\varepsilon_{sm} - \varepsilon_{cm} = \frac{f_{so}}{E_s} - \frac{0.4 f_{ct}(1 + n\rho_e)}{E_s \rho_e}$$

$$= \frac{385}{200{,}000} - \frac{0.4(2.46)(1 + 10 \times 0.0078)}{200{,}000(0.0078)} = 0.00129$$

최종적으로 균열폭은 다음과 같게 된다.

$$w_{k,1} = s_{k,1}(\varepsilon_{sm} - \varepsilon_{cm}) = 279(0.00129) = 0.36\text{ mm}$$

이 균열폭은 상당히 큰 값이다. 그런데 위 계산에서는 프리스트레스와 휨응력의 영향을 고려하지 않은 상태로 계산한 값이다.

(ii) 만약, 프리스트레스에 의한 복부의 종방향 평균 압축응력을 6 MPa이라 하고 그 영향을 살펴보자. 복부의 전단응력은 여전히 $v = 3.0$ MPa이고, 종방향 법선응력이 6 MPa일 때, 모어원을 이용하면 주응력은 $f_2 = 7.24$ MPa와 $f_1 = 1.24$ MPa이며, 경사각은 $\theta = 22.5°$가 된다. 이 2축 응력장에서 유효 인장강도는 식 (2.2-24)에 의해

$$f_{cte} = \left(1 - 0.8\frac{7.24}{40}\right)(0.21 \times 44^{2/3}) = 2.24\text{ MPa}$$

이 강도는 인장 주응력 $f_1 = 3.0$ MPa 보다 작으므로 균열이 발생한다.

인장 주응력 방향의 등가 철근비는

$$\rho_1 = 0.0225\cos^4 22.5° + 0.0088\sin^4 22.5° = 0.0166$$

주인장 방향의 등가 철근 응력은

$$f_{s,1} = \frac{f_1}{\rho_1} = \frac{1.24}{0.0166} = 75\text{ MPa}$$

식 (8.4-12)로부터 최대 설계 균열 간격은

$$s_{k,1} = \frac{1}{\cos 22.5°/318 + \sin 22.5°/521} = 275\text{ mm}$$

철근과 콘크리트의 평균 변형률 차이는 식 (8.4-8)에서 인장강화효과를 무시하면,

$$\varepsilon_{sm} - \varepsilon_{cm} = \frac{f_{so}}{E_s} = \frac{75}{200,000} = 0.000375$$

여기서 인장강화효과량이 너무 커서 안전한 설계가 되도록 생략한 것이다. 최종적으로 균열폭은 다음과 같게 된다.

$$w_k = s_{k,1}(\varepsilon_{sm} - \varepsilon_{cm}) = 275(0.000375) = 0.10\ \text{mm}$$

이 값을 프리스트레스를 고려하지 않는 폭 $w_k = 0.36\ \text{mm}$와 비교해 보면, 동반하는 프리스트레스에 의해 균열폭이 크게 감소한다는 것을 알 수 있다. 더욱이 경사각이 낮아져서 횡방향 철근을 훨씬 활성화된다는 것을 파악 할 수 있다.

8.5 처짐 한계상태 검증

8.5.1 한계 처짐량

구조물이나 부재의 처짐은 원래의 기능과 외관에 심각한 영향을 주지 않아야 한다. 따라서 적절한 처짐 한계를 초과하지 않도록 설계하여야 한다. 여기서 적절한 처짐 한계값이란 구조물의 특성, 마무리, 부대 시설, 고정 장치 및 기능에 따라 달라질 것이다. 이러한 관점에서 설계기준에서 정하고 있는 처짐 한계는 논리적으로 모든 형태의 구조에 적용하는 유일한 값이 아닌 것을 인식할 필요가 있다.

도로교설계기준에서 정하고 있는 처짐 한계는 앞에서 언급한 적절히 권장하는 수준에 해당하는 값이며, 이 값은 국제표준 ISO 4356[참고문헌 8.11]에서 권장하는 값을 택한 것이다. ISO 기준에 의하면, "보와 슬래브의 처짐은 지속하중조합 상태에서 $l/250$을 초과하지 않아야 하며 (여기서 l은 받침점 사이의 지간 길이), 받침점을 기준으로 산정해야 하고, 처짐의 일부 또는 전체를 보정하기 위해 사전솟음(pre-camber)을 갖도록 시공할 수 있는데, 이때 솟음량은 지간의 1/250을 초과하지 않도록 해야 한다" 고 권장하고 있다. 구조물의 처짐에 예민한 시설물 또는 장치가 있는 경우에는 준공된 후 처짐 한계를 지속하중조합서 지간의 1/500로 엄격하게 제한할 수 있다. 특별히, 교량의 바닥 슬래브에서는 표준하중조합에서 지간의 1/800까지 제한하기도 한다.

실제 설계에서 처짐 한계상태 검증은 부재의 지간-깊이비 l/d를 제한하는 방법, 또는 한계값과 직접 계산 처짐량을 비교하는 방법 중의 하나로 수행한다. 실제 처짐량은 계산 처짐량과 다를 수 있다. 그 차이는 재료의 성질, 환경 조건, 하중 이력, 받침점 구속 상태 및 지반 조건 등에 포함된 불확실성에 따라 달라질 것이다. 이러한 이유에서 계산 처짐량은 검증에서 참고 자료에 해당한다고 할 수 있으며, 부재의 지간-깊이비를 제한하는 방법이 더 확실한 설계일 것이다.

8.5.2 지간-깊이비 제한

일반적으로는 명시적 처짐 계산이 꼭 필요한 것은 아니다. 보통 환경에서는 부재의 지간-깊이비를 제한하는 방법으로 처짐 문제를 충분하게 방지할 수 있다. 이러한 방법으로 규제할 수 없는 부재에 대해서만 정밀한 직접 처짐 계산이 필요하다. 여기서 주어지는 지간-깊이비의 제한이 충족되도록 부재를 설계하였다면, 그 처짐은 설정한 처짐 한계값을 초과하지 않는다.

지간-깊이비의 한계값은 아래 식 (8.5-1)을 이용하여 간편하게 설정할 수 있다. 구조역학의 처짐 계산식에 근거하여 재료의 비선형성, 균열 하중, 단면, 받침점 조건, 지속하중의 수준을 현실적으로 가정하면 그림 8.9와 같은 주철근비에 따른 한계 지간-깊이비가 산출된다. 즉, 아래 식과 표 8.4에 주어진 값은 사각형 단면의 보와 슬래브에 대한 변수 영향 조사 결과로부터 추출된 것이다. 여러 종류의 콘크리트 강도와 항복강도가 500 MPa인 철근을 기준으로, 지속하중을 설계하중의 50퍼센트라고 가정하여 유도한 식이다. 아래 식은 이렇게 유도된 관계를 직선으로 단순화한 것에 해당한다.

$$\frac{l}{d} = q\left[11 + 1.5\sqrt{f_{ck}}\,\frac{\rho_o}{\rho} + 3.2\sqrt{f_{ck}}\left(\frac{\rho_o}{\rho} - 1\right)^{3/2}\right] \quad : \rho \leq \rho_o \qquad (8.5\text{-}1a)$$

$$\frac{l}{d} = q\left[11 + 1.5\sqrt{f_{ck}}\,\frac{\rho_o}{\rho - \rho'} + \frac{1}{12}\sqrt{f_{ck}}\sqrt{\frac{\rho'}{\rho_o}}\right] \quad : \rho > \rho_o \qquad (8.5\text{-}1b)$$

여기서 l/d는 지간-깊이비의 한계값이고, q는 부재의 구조계를 반영하는 계수로 표 8.4에 정리된 값이다. ρ_o는 기준 철근비로 $\rho_o = \sqrt{f_{ck}}\,10^{-3}$로 정의되며, ρ와 ρ'는 각각 계수하중에 의한 지간 중앙의 휨모멘트를 지지하는데 필요한 인장 철근비와 압축 철근비이다.

위 식은 항복강도가 500 MPa인 철근을 사용한 부재의 사용하중 단계에서 균열 단면으로 계산한 지간 중앙 단면의 철근 인장응력이 310 MPa라고 가정하여 유도한 것이다. 표 8.4는 식 (8.5-1)로 계산한 결과를 정리한 것이다. 이 식으로 계산된 한계 지간-깊이비는 다음과 같은 경우에는 보정하여 설계에 적용해야 한다.

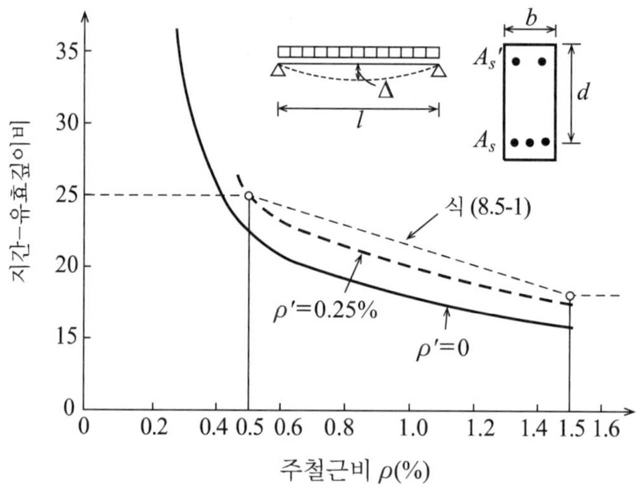

그림 8.9 지간 - 깊이비 한계 [참고문헌 8.16]

표 8.4 철근콘크리트 부재의 기본 한계 지간-깊이비

구조계	q	높은 콘크리트 응력 $\rho=1.5\%$	낮은 콘크리트 응력 $\rho=0.5\%$
단순지지보, 1방향 또는 2방향 단순 지지 슬래브	1.0	14	20
연속보의 외측지간, 1방향 또는 2방향 단순 지지 슬래브의 외측 판	1.3	18	26
보와 슬래브의 내측 지간	1.5	20	30
플랫슬래브 (지지보 없이 기둥만으로 지지되는 슬래브)	1.2	17	24
캔틸레버	0.4	6	8

1. 만약 사용 철근의 항복강도가 가정한 500 MPa가 아닌 경우에는 식 (8.5-1)로 계산한 지간-깊이비에 $500/f_y$를 곱해 보정해야 한다.

2. 또한, 철근의 인장응력 수준이 310 MPa와 다른 값이라면, $310/f_s$를 곱해 보정해야 한다. 이 응력 보정값은 안전하게 다음 식 (8.5-2)로 대체할 수 있다. 여기서 f_s는 적합한 사용하중조합에서 지간 중앙의 인장철근 응력이고, 사용 A_s는 지간 중앙 단면에 실제 배치된 철근량이며, 소요 A_s는 극한한계상태에서 중앙 단면에 계산상 필요한 철근량이다.

$$\frac{310}{f_s} = \frac{\text{사용 } A_s}{\text{소요 } A_s} \tag{8.5-2}$$

3. 플랜지를 갖는 단면에서 플랜지 폭이 복부 폭을 3배 이상 초과한다면, 식 (8.5-1)로 구한 l/d값에 0.8을 곱해야 한다.
4. 지간이 7 m를 초과하며 과도한 처짐에 의한 지지 시설 손상 가능성이 있는 보와 슬래브에서는 식 (8.5-1)로 계산한 l/d 값에 $7/l$을 곱하여야 한다. 여기서 l은 미터 단위이다.
5. 지간이 8.5 m를 초과하며 과도한 처짐에 의해 지지 시설의 손상 가능성이 있는 플랫 슬래브에서는 식 (8.5-1)로 구한 l/d 값에 $8.5/l$를 곱하여야 한다.

예제 8.5-1 한계 지간-깊이비 결정

사각형 단면 철근콘크리트 보를 10m 지간으로 구성된 3연속보로 설계하였다. 보의 폭 $b=250$ mm, 유효깊이 $d=550$ mm이다. 보에 사용된 콘크리트는 $f_{ck}=30$ MPa이고, 철근의 $f_y=400$ MPa이다. 연속보의 내측 지간 중앙부에서 계산상 소요 철근량은 $A_s=1{,}985$ mm^{2}이었으며, 실제로는 D22 철근 6개를 배치하여 사용 $A_s=2{,}323$ mm^{2}이다. 내측 지간에서 처짐을 직접 검증할 필요가 있는지를 판별하라.

풀이

내측 지간 중앙부에 실제 철근비 ρ와 기준 철근비 ρ_o는

$$\rho = \frac{2{,}323}{250(550)} = 0.0169 \quad \text{그리고} \quad \rho_o = \sqrt{f_{ck}} \times 10^{-3} = \sqrt{30} \times 10^{-3} = 0.0055$$

표 8.5에서 내측 지간의 구조계 계수 $q=1.5$이므로 식 (8.5-1b)에 따른 지간-깊이비는

$$\frac{l}{d} = q\left[11 + 1.5\sqrt{f_{ck}}\,\frac{\rho_o}{\rho - \rho'} + \frac{1}{12}\sqrt{f_{ck}}\sqrt{\frac{\rho'}{\rho_o}}\right]$$

$$= 1.5\left[11 + 1.5\sqrt{30}\,\frac{0.0055}{0.0169}\right] = 20.5$$

실제 배치된 철근량에 의한 영향을 보정하면,

$$\frac{l}{d}\left(\frac{\text{사용 } A_s}{\text{소요 } A_s}\right) = 20.5 \times \frac{2{,}323}{1{,}985} = 24$$

사용한 철근의 항복강도 영향을 보정하면,

$$24 \times \frac{500}{f_y} = 24 \times \frac{500}{400} = 30$$

만약, 부대 시설 또는 장치에 손상 가능성이 있는 구조라면,

$$30\times\frac{7}{l}=30\times\frac{7}{10}=21$$

이 연속보의 실제 지간-깊이비는 10/0.55 = 18.2로 한계비 21보다 작기 때문에, 직접 처짐 검증을 하지 않아도 처짐량이 한계 처짐량 이내에 있다고 판별할 수 있다.

8.5.3 처짐 산정

(a) 순간 처짐

휨을 받는 철근콘크리트 부재의 처짐 계산은 역학적으로 단면의 휨곡률(flexural curvature)을 적분하는 작업이다. 3장의 3.5절에서 설명하였듯이, 단면의 곡률은 부재의 단위 길이 당 각변화량에 해당한다. 그림 8.10처럼 변형 전의 평면은 변형 후에도 보존된다는 가정이 유효한 상태에서 단면에 작용하는 휨모멘트에 의해 유발된 변형률 분포가 주어지면 곡률은 다음 방법으로 나타낼 수 있다.

$$\frac{1}{r}=\frac{\varepsilon_c+\varepsilon_{sm}}{d} \tag{8.5-3}$$

여기서 ε_{sm}은 3.4절에서 설명한 인장강화효과를 고려한 인장 철근의 평균 변형률이며, 그 크기는 균열 단면의 철근 변형률 ε_{so}보다 항상 작은 값이다. 사용하중조합에 의해 단면에 유발된 휨모멘트가 주어지면, 균열 단면 해석으로 철근 응력 f_{so}를 구하고, 그 값을 다음에 대입하면 평균 변형률을 얻을 수 있다.

$$\varepsilon_{sm}=\frac{f_{so}}{E_s}\left(1-\beta\left(\frac{f_{scr}}{f_{so}}\right)^2\right) \tag{3.4-8}$$

여기서 β는 평균 변형률에 미치는 하중의 반복 지속 기간을 반영하는 계수로서, 단순 단기 하중에 대해 1.0을, 반복 장기 하중에 대해 0.5를 취한다. f_{scr}은 첫 균열이 발생하는 순간에 균열 단면을 기준으로 계산한 인장 철근 응력이다.

곡률은 단위 길이 당 각 변화량이기 때문에 부재에서 두 단면사이의 처짐각 변화량 $d\theta$는 두 단면 사이의 곡률을 적분한 값으로 나타난다.

$$d\theta=\int\frac{1}{r}dx \tag{8.5-4}$$

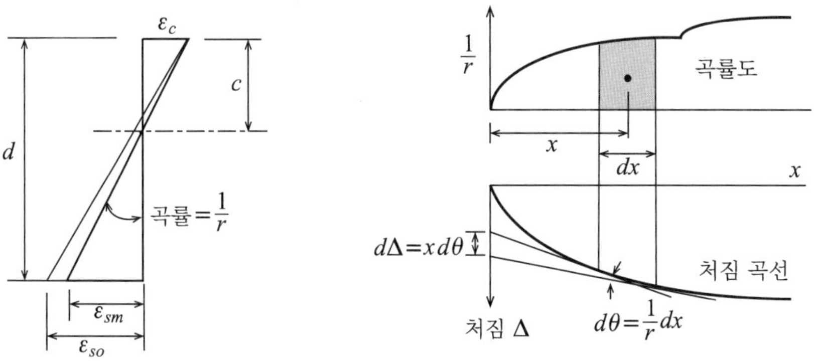

그림 8.10 부재의 곡률과 처짐

그림 8.10에 보인 것과 같이 처짐각 변화량 $d\theta$는 처짐 변화량 $d\Delta$를 유발한다. 따라서 두 단면 사이의 처짐량 Δ는 처침각 θ를 적분한 값에 해당한다는 것을 알 수 있다.

$$\Delta = \int x d\theta = \iint x \frac{1}{r} dx \tag{8.5-5}$$

이 식은 처짐에 대한 기본식으로 곡률 항으로 나타나 있다. 부재의 받침점 상태와 휨모멘트가 주어지면 수치적으로 곡률을 2중 적분하여 처짐을 구할 수 있다.

실제 부재에서 휨모멘트는 경간에 따라 변한다. 부재의 일부는 비균열 단면으로 남아있으며, 나머지 부분은 균열이 발생된다. 대부분의 실제 설계에서는 부재의 최대 처짐만이 필요하다. 이러한 상태의 부재 전 경간에 걸쳐 곡률을 적분하는 일에는 많은 시간이 소요된다. 따라서 3.5.4절에서 설명했듯이, 아래 식으로 주어진 최대 휨모멘트 단면의 **유효곡률** $(1/r)_e$을 사용하면 처짐을 간편하게 계산할 수 있다.

$$\left(\frac{1}{r}\right)_e = \varsigma\left(\frac{1}{r}\right)_{crack} + (1-\varsigma)\left(\frac{1}{r}\right)_{uncrack} \tag{8.5-6}$$

여기서 $(1/r)_{crack}$은 사용하중조합에 의해 유발된 부재의 최대 휨모멘트에 의해 균열 단면으로 계산한 곡률이고, $(1/r)_{uncrack}$은 균열 발생 직전의 곡률이다. ς는 아래 식으로 주어진 균열 발생 정도를 반영하는 분포 계수이다.

$$\varsigma = 1 - \beta\left(\frac{f_{scr}}{f_{so}}\right)^2 \tag{8.5-7}$$

여기서 β는 변형률에 미치는 하중의 반복 지속 기간을 반영하는 계수로서, 단순 단기 하중에 대해 1.0을 반복 장기 하중에 대해 0.5를 취한다. f_{so}는 균열 단면을 기준으로 계산한 인장 철근 응력이고, f_{scr}은 첫 균열이 발생하는 순간에 균열 단면을 기준으로 계산한 인장 철근 응력이다. 위 식에서 괄호 안의 철근 응력 비 f_{scr}/f_{so}는 휨의 경우 M_{cr}/M과 같은 값이며, 직접 인장의 경우 N_{cr}/N과 동일한 값이기 때문에 이것으로 대체 할 수 있다. 여기서 M_{cr}과 N_{cr}은 각각 균열휨모멘트와 균열인장력이다.

이처럼 식 (8.5-6)에 의해 부재의 유효곡률이 얻어지면 경간 중앙의 처짐량 Δ는 다음과 같게 된다.

$$\Delta = kl^2\left(\frac{1}{r}\right)_e \tag{8.5-8}$$

표 8.5 처짐 계산을 위한 계수 k값

	하중 형태	휨모멘트도	계수 k
	1	2	3
1	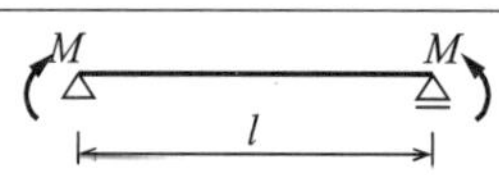		0.125
2	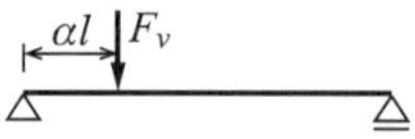	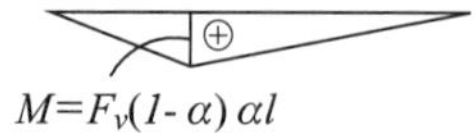	$\frac{3-4\alpha^2}{48(1-\alpha)}$
3			0.0625
4	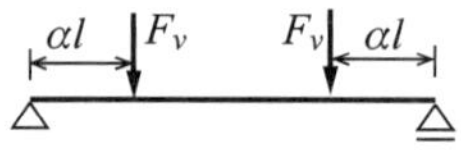	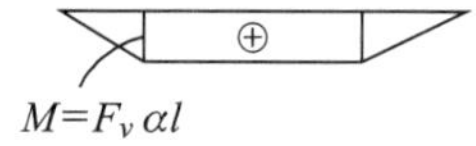	$0.125-\frac{\alpha^2}{6}$
5	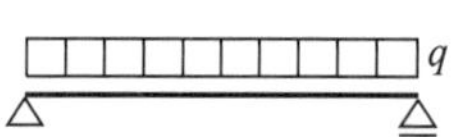	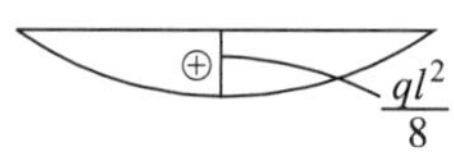	$\frac{5}{48}$
6	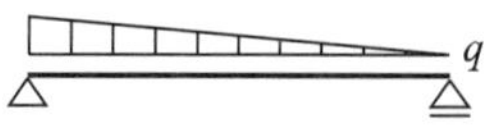	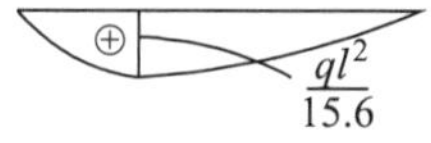	0.102
7	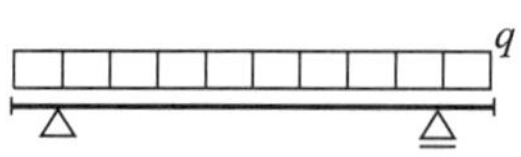	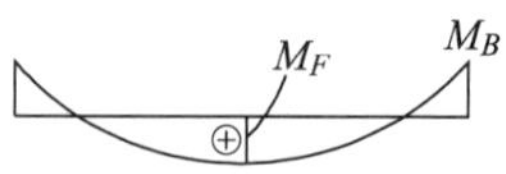	$k=\frac{5}{48}(1-\beta)$ $\beta=\lvert M_A \cdot M_B \rvert M_F$
8	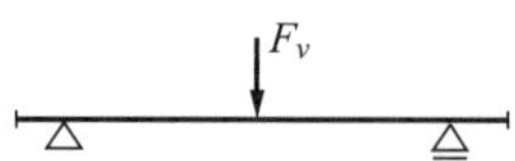	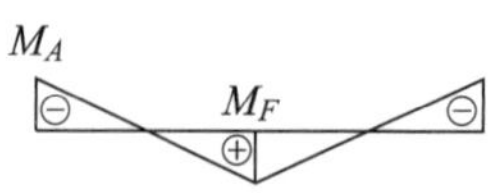	$k=0.083\left(1-\frac{\beta}{c}\right)$ $\beta=\lvert M_A \cdot M_B \rvert M_F$

여기서 k는 부재 휨모멘트도의 형태에 따른 값으로 구조역학의 탄성 처짐 공식으로 쉽게 유도할 수 있으며, 표 8.5에 정리하였다. l은 부재의 유효 경간 길이이다[2)].

(b) 장기 처짐

하중이 오랜 시간동안 지속적으로 작용하면 초기에 발생한 순간 탄성 처짐은 크리프와 건조수축에 의해 크게 증가한다. 따라서 처짐을 계산할 때는 두 영향을 모두 고려하여야 한다. 일반적으로 크리프의 영향이 훨씬 지배적이지만, 어떤 부재에서는 건조수축에 의한 처짐이 클 수 있기 때문에 각각의 영향을 분리하여 검토할 경우도 있다. 특히, 작은 하중이 작용하는 얇은 슬래브에서는 건조수축의 영향이 지배적이다.

크리프 변형은 압축응력의 크기에 직접 비례하며 시간에 따라 증가하기 때문에 초기 탄성 변형에 대한 장기적 시간 의존 변형의 비는 크리프계수 $\varphi(\infty, t_o)$로 주어진다. 3.3절에서 철근콘크리트 압축 요소의 유효 탄성계수 E_{ce}에 대해 설명 했듯이, 사용하중에 의한 장기 처짐을 검증할 때는 고정하중 휨모멘트와 활하중 휨모멘트의 조합에 따라 식 (8.3-1)로 주어진 유효 탄성계수 E_{ce}를 사용하여야 한다. 따라서 균열이 발생하지 않는 구간에서 콘크리트의 시간 의존적 거동에 의한 처짐을 계산할 때 크리프를 포함하는 하중에 의한 곡률을 다음 식으로 산정한다.

$$\left(\frac{1}{r}\right)_{uncrack} = \frac{M}{E_{ce} I_g} \tag{8.5-9}$$

균열이 발생한 구간의 곡률은 유효 탄성계수비 $n = E_s / E_{ce}$를 적용한 단면 해석을 수행하여 구한 철근 응력 f_{so}를 식 (3.4-8)에 대입하여 얻은 평균 변형률 ε_{sm}을 바탕으로 평균 곡률 $1/r$과 분포 계수 ζ로부터 처짐을 산정한다. 이것은 크리프에 의해 증가되는 변형은 탄성계수를 감소시키는 방법으로 반영할 수 있기 때문이다.

---

2) 콘크리트구조기준에서 부재의 처짐은 순간 처짐과 장기 처짐을 각각 계산하여 서로 합하여 산정한다. 휨강성을 엄밀한 해석으로 구하지 않는 한, 순간 처짐 Δ_i는 탄성계수 E_c와 다음 식으로 계산한 유효 단면2차모멘트 I_e를 바탕으로 산정한다.

$$I_e = \left(\frac{M_{cr}}{M}\right) I_g + \left[1 - \left(\frac{M_{cr}}{M}\right)^3\right] I_{cr} \tag{주.8-2}$$

여기서 균열휨모멘트 M_{cr}을 계산할 때 휨인장강도 $f_r = 0.63\sqrt{f_{ck}}$를 사용한다. 이 I_e와 E_c를 사용하여 사용하중에 의한 곡률 $M/E_c I_e$을 구해서 본문 식 (8.5-8)에 대입하여 순간 처짐 Δ_i를 산정한다. 장기 처짐 Δ_l은 해당 지속하중에 의해 생긴 순간 처짐에 다음 계수를 곱하여 간단하게 구한다.

$$\lambda = \frac{\xi}{1 + 50\rho'} \tag{주.8-3}$$

여기서 ρ'는 부재 최대 휨모멘트 구간에서 압축 철근비이고, ξ는 시간 경과에 따른 크리프 영향 계수로서, 3개월: 1.0, 6개월: 1.2, 1년: 1.4, 5년: 2.0의 값을 갖는다. 순간 처짐은 고려하는 활하중을 포함하는 사용하중에서 계산하고, 장기 처짐은 지속하중만에 의한 값이며, 최종 처짐은 이 두 처짐을 합한 값이다.

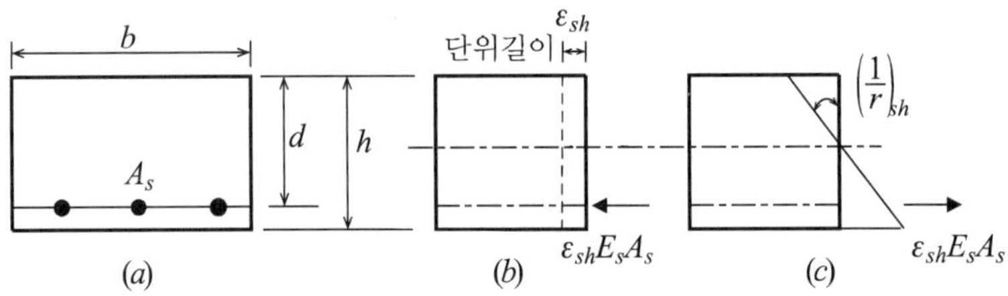

그림 8.11 철근콘크리트 슬래브의 건조수축 곡률

교량 구조에서 간접하중인 온도 또는 건조수축에 의해 유발되는 처짐을 검토할 경우가 많다. 특히, 지속하중조합으로 검토하는 경우에는 건조수축과 온도의 영향을 모두 포함하여야 한다. 반면에 활하중이 포함된 큰 표준하중조합을 적용할 경우에는 이 영향을 절반만 반영하여 계산할 수 있다. 그림 8.11에 나타낸 것과 같이 콘크리트의 건조수축은 보와 슬래브의 종방향 철근에 압축응력을 유발시켜서 콘크리트 인장응력과 평형을 유지한다. 만약 철근이 단면의 도심에 관해 대칭으로 배치되어 있지 않다면 건조수축에 의해 곡률이 유발되어 그에 따른 처짐이 발생한다. 일반적으로 철근은 휨인장 쪽에 많이 배치되기 때문에 건조수축에 의한 처짐은 하중에 의한 처짐과 같은 방향이 된다.

그림 8.11은 인장철근 A_s를 갖는 단철근 슬래브 단면을 보인 것이다. 콘크리트에 자유 건조수축 변형률 ε_{sh}가 유발되면 철근에는 압축력 $\varepsilon_{sh}E_sA_s$가 도심에서 $d-0.5h$만큼 떨어진 위치에 작용하는 상태가 되어 마치 휨모멘트 $M=\varepsilon_{sh}E_sA_s(d-0.5h)$가 작용하는 단면과 동일한 상태가 된다. 따라서 건조수축에 의한 곡률은 다음과 같이 나타낸다.

$$\left(\frac{1}{r}\right)_{sh} = \frac{\varepsilon_{sh}E_sA_s(d-0.5h)}{E_cI} = n\varepsilon_{sh}\left(\frac{S}{I}\right) \tag{8.5-10}$$

여기서 I는 단면 2차모멘트, $n=E_s/E_c$로 정의된 탄성계수비, S는 단면 중심축에 대한 철근 단면적의 1차모멘트이다. 이렇게 구한 건조수축 곡률을 식 (8.5-8)에 대입하여 처짐을 산정할 수 있다. 이때 역학적으로 $k=0.125$가 된다. 장기 처짐 계산에 정밀한 건조수축량이 필요하지 않는 경우에는 2장의 표 2.5에 주어진 최종 건조수축 변형률을 적용할 수 있다.

예제 8.5-2 처짐 산정

단면의 $b=200\text{ mm}$, $h=400\text{ mm}$, $d=350\text{ mm}$이고, 인장 철근량은 $A_s=440\text{ mm}^2$이며 콘크리트 기준강도 $f_{ck}=30\text{ MPa}$로 만든 단순 지지된 보가 있다. 이 보의 지간은 6 m이고, 보의 중앙에 집중하중 20 kN이 작용할 경우 지간 중앙에서의 순간 처짐량을 계산하여라. 또한, 장기 지속하중과 단기 하중의 조합 비율이 각각 50%일 경우 장기 처짐량을 계산 하여라.

풀이

(1) 콘크리트 인장강도 $f_{ctm} = 0.3(f_{ck}+4)^{2/3} = 0.3(34)^{2/3} = 3.15\ \mathrm{N/mm^2}$

휨인장강도 $f_r = \left(1.6 - \dfrac{h}{1{,}000}\right) f_{ct} \geq f_{ct}$로부터 $f_r = 3.15\ \mathrm{N/mm^2}$

균열휨모멘트는

$$M_{cr} = f_r S_t = 3.15 \frac{(200)(400)^2}{6} = 16.8\ \mathrm{kNm}$$

탄성계수 $E_c = 8{,}500 \sqrt[3]{(34)} = 27.5\ \mathrm{kN/mm^2}$가 되어,

탄성계수비는

$$n = E_s / E_c = 200{,}000/27{,}536 = 7.3$$

중립축 깊이비와 팔길이는 각각 다음과 같다.

$$k = \sqrt{(n\rho)^2 + 2n\rho} - n\rho = 0.26, \quad z = (1-0.26/3)(350) = 319\ \mathrm{mm}$$

1	2	3	4	5	6	7	8
x (mm)	M (kNm)	f_{so} ($\mathrm{N/mm^2}$)	$(1/r)ts$ ($\times 10^{-6}$)	$1/r$ ($\times 10^{-6}$)	$\Delta\theta_i$ ($\times 10^{-6}$)	$\Delta\theta_i \times \bar{x}$ ($\times 10^{-3}$)	처짐 (mm)
0	0.00	-	-	0.0	0.0	0.0	0.000
300	3.00	-	-	0.09	14	2	0.002
600	6.00	-	-	0.19	42	19	0.021
900	9.00	-	-	0.29	72	54	0.073
1,200	12.0	-	-	0.38	100	105	0.178
1,500	15.0	-	-	0.48	129	174	0.352
1,800	18.0	128	2.15*	0.60*	162	267	0.619
2,100	21.0	157	1.94	1.09	253	493	1.112
2,400	24.0	171	1.62	1.68	543	1,276	2.388
2,700	27.0	192	1.44	2.27	592	1,509	3.897
3,000	30.0	214	1.30	2.83	765	2,180	6.077
					최대 처짐		6.08 mm

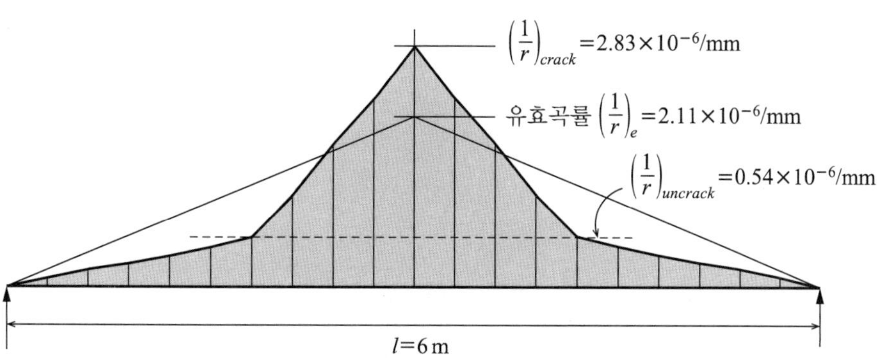

그림 8.12 예제 8.5-2의 단순보 곡률도

이 단순보는 대칭이고 경간이 6 m이기 때문에 좌측 받침점으로부터 간격 300 mm로 경간 중앙까지 10등분하여 각 점의 휨모멘트를 계산하고 아래 표의 칸-2에 정리하였다. 각 점의 휨모멘트와 균열휨모멘트를 기준으로 균열 단면 및 비균열 단면을 구분하여 각 점에서 균열면의 철근 응력 f_{so}를 계산하고 칸-3에 정리하였다. 균열이 발생한 단면에서 나타나는 인장강화효과에 의해 줄어드는 곡률 $(1/r)_{ts}$를 계산하여 칸-4에 정리하였다. 이때 단기 하중이므로 $\beta = 1.0$을 적용하였다. 인장강화효과가 반영된 곡률 $1/r$을 칸-5에 정리하고 그림 8.12에 나타냈다. 사다리꼴 공식(trapezoidal rule)을 이용하여 각 구간의 곡률도 면적 즉, 처짐각 변화량을 구하였다.

$$\Delta\theta_i = \frac{1}{2}[(1/r)_i + (1/r)_{i-1}](300)$$

이렇게 구한 각 변화량을 칸-6에 정리하였다. 각 변화량에 의한 처짐 변화량은 해당 구간의 곡률도 중심에서 받침점까지 거리 $\bar{x}$를 곱한 값으로 칸-7에 정리하였다. 결국, 각 점에서 처짐은 받침점에서부터의 처짐 변화량 $\Delta\theta_i \times \bar{x}$를 누적한 값에 해당하며, 경간 중앙에서 6.08 mm가 산정된다.

(2) 유효곡률을 사용한 순간 처짐 산정

번거로운 적분법 대신에 유효곡률을 적용하여 중앙 최대 처짐량을 간단히 구할 수 있다. 먼저 비균열 단면의 곡률은 전단면2차모멘트 I_g를 사용하면,

$$\left(\frac{1}{r}\right)_{uncrack} = \frac{M_{cr}}{E_c I_g} = 0.54 \times 10^{-6}/\text{mm}$$

지간 중앙의 최대 휨모멘트에서 곡률은 인장강화효과를 고려하면 다음과 같다.

$$\left(\frac{1}{r}\right)_{crack} = 2.83 \times 10^{-6}/\text{mm}$$

분포계수 ς는 식 (8.5-7)의 β를 단기 하중에 대한 값인 1.0을 취해 계산하면,

$$\varsigma = 1 - \beta\left(\frac{f_{scr}}{f_{so}}\right)^2 = 1 - (1.0)\left(\frac{119.7}{214}\right)^2 = 0.686$$

따라서 유효곡률은 식 (8.5-6)에 의해

$$\left(\frac{1}{r}\right)_e = [0.686(2.83) + 0.314(0.54)] \times 10^{-6} = 2.11 \times 10^{-6}/\text{mm}$$

이 유효곡률은 그림 8.12에 삼각형으로 표시된 것처럼 균질 등단면 탄성보가 집중 하중을 받을 때의 최대 곡률에 해당하므로 보의 중앙 처짐은 탄성 처짐 공식 (8.5-8)을 적용하여 구할 수 있다. 이때 k는 표 8.5에서 1/12이 된다.

$$\Delta = kl^2\left(\frac{1}{r}\right)_e = \frac{6{,}000^2(2.11 \times 10^{-6})}{12} = 6.33\ \text{mm}$$

앞에서 정밀하게 적분하여 구한 값과 매우 근사한 값이다. 그런데 균열 단면의 곡률을 구할 때 인장강화효과를 고려하지 않으면 유효곡률이 커져서 처짐량은 훨씬 큰 12.39 mm가 산출된다.

(3) 장기 처짐

장기 처짐은 크리프 변형이 반영된 유효 탄성계수 E_{ce}를 사용하여 계산한다. 크리프계수는 예제 8.3-1의 경우라고 간주하여 $\varphi(\infty,14)=2.2$를 적용하면 식 (8.3-1)에 따른 유효 탄성계수는

$$E_{ce}=\frac{(M_d+M_l)E_c}{M_l+(1+\varphi)M_d}=\frac{(0.5+0.5)(27{,}536)}{0.5+(1+2.2)(0.5)}=13{,}112\ \mathrm{N/mm^2}$$

유효 탄성계수비와 중립축 깊이비는

$$n=E_s/E_{ce}=200{,}000/13{,}112=15.25$$

$$k=\sqrt{(n\rho)^2+2n\rho}-n\rho=0.35$$

따라서 $c=122.5\ \mathrm{mm}$이며, $z=309\ \mathrm{mm}$가 되고, 균열면에서 철근 응력은

$$f_{so}=\frac{M_x\times10^6}{440(309)}$$

이 식에 의해 $f_{scr}=123.6\ \mathrm{N/mm^2}$이고, 최대 휨모멘트 단면에서 $f_{so}=220.6\ \mathrm{N/mm^2}$이다.

1	2	3	4	5	6	7	8
x (mm)	M (kNm)	f_{so} (N/mm^2)	$(1/r)_{ts}$ ($\times10^{-6}$)	$1/r$ ($\times10^{-6}$)	$\Delta\theta_i$ ($\times10^{-6}$)	$\Delta\theta_i\times\bar{x}$ ($\times10^{-3}$)	처짐 (mm)
0	0.00	-	-	0.0	0.0	0.0	0.00
300	3.00	-	-	0.21	31	4	0.004
600	6.00	-	-	0.43	96	43	0.047
900	9.00	-	-	0.64	160	120	0.167
1,200	12.0	-	-	0.86	223	234	0.401
1,500	15.0	-	-	1.07	289	390	0.791
1,800	18.0	132.4	1.26	1.65	408	673	1.464
2,100	21.0	154.5	1.08	2.31	594	1,158	2.622
2,400	24.0	176.5	0.95	2.93	786	1,768	4.390
2,700	27.0	198.6	0.85	3.52	967	2,465	6.855
3,000	30.0	220.6	0.76	4.09	1,141	3,251	10.106
						최대 처짐	10.11 mm

각 위치에서 계산한 응력값을 식 (3.4-8)에 대입하여 평균 변형률을 산정할 때, 장기 하중 영향을 반영하기 위해 $\beta=0.5$를 적용하여 평균 곡률을 구한다. 즉, 유효 탄성계수비를 이용하여 구한 철근 응력을 바탕으로 철근의 평균 변형률과 해당 곡률을 구하고, 앞에서 수행한 순간 처짐 계산과 동일한 방법으로 앞의 표와 같이 보의 장기 처짐을 구할 수 있으며, 경간 중앙에서 10.11 mm의 처짐이 산정된다. 이 처짐은 순간 처짐값보다 약 70% 증가된 값이다.

(4) 유효곡률을 사용한 장기 처짐 산정

균열 발생전의 곡률은 유효 탄성계수 E_{ce}와 전단면2차모멘트 I_g를 사용하여,

$$\left(\frac{1}{r}\right)_{uncrack} = \frac{M_{cr}}{E_{ce}I_g} = \frac{16.8\times 10^6}{13{,}112(200)(400)^3/12} = 1.20\times 10^{-6}/\mathrm{mm}$$

지간 중앙의 최대 휨모멘트에서 곡률은 앞 표에서

$$\left(\frac{1}{r}\right)_{crack} = 4.09\times 10^{-6}/\mathrm{mm}$$

분포계수 ς는 식 (8.5-7)의 β는 장기 하중에 대한 값인 0.5를 취해 계산하면,

$$\varsigma = 1-\beta\left(\frac{f_{scr}}{f_{so}}\right)^2 = 1-0.5\left(\frac{123.6}{220.6}\right)^2 = 0.843$$

따라서 유효곡률은

$$\left(\frac{1}{r}\right)_e = [0.843(4.09)+0.157(1.20)]\times 10^{-6} = 3.63\times 10^{-6}/\mathrm{mm}$$

최종 처짐은

$$\Delta = kl^2\left(\frac{1}{r}\right)_e = \frac{6{,}000^2(3.63\times 10^{-6})}{12} = 10.89\ \mathrm{mm}$$

앞에서 정밀하게 적분하여 구한 값과 거의 동일한 값이다.

8.6 내구성과 피복두께

8.6.1 성능 저하

철근콘크리트 구조물을 구성하는 부재는 가장 경제적인 단면을 가지면서 소요 안전성과 사용성을 구조물의 수명동안 계속해서 유지되어야만 안전한 설계가 된다. 구조물이 장기간 외부에 노출된 상태에 놓이면 물리적 및 화학적 작용에 의하여 콘크리트와 철근이 **열화**(deterioration)되어 그 성능과 기능이 점차 저하된다. 콘크리트 구조물의 **내구성**(durability)이란 오랜 시간에 걸쳐 외부 환경 작용에 대해 잘 견디어 내는 성능을 말한다.

철근콘크리트 구조물의 성능 저하 현상이 발생하는 원인은 시간 경과에 따라 콘크리트 내부에서 발생하는 원인과 외부에 노출되는 환경에 의한 것으로 크게 나눌 수 있다. 내부 원인으로는 알칼리-골재 반응, 유해 물질 유입, 열적 특성에 의한 부피 팽창, 투수에 의한 동결융해 손상이 있다. 외부 요인으로는 전기화학적 작용, 심한 온도 변화, 접촉하는 액체와 기체에 의한 영향 등이 있다. 특히, 외부 원인에 의한 손상 정도는 대부분 콘크리트 품질에 따라 큰

차이가 나타나는데, 극심한 환경에 노출된 경우에는 아무리 우수한 품질의 콘크리트라 할지라도 성능 저하를 피할 수 없다. 콘크리트 구조물의 성능 저하는 일반적으로 한가지 원인에 의해 발생되지 않고 여러 요인들의 복합적인 상호작용에 의해 발생한다.

철근콘크리트 구조물의 성능 저하는 3가지 구성 재료 즉, 골재, 시멘트풀, 철근 중에서 어느 하나의 손상에 의해 일어난다. 더욱이, 어떤 환경 조건에서는 한 재료가 손상되면 다른 원인이 상황을 더 악화 시킬 수 있다. 따라서 개개의 열화 현상을 이해하여야 할 뿐만 아니라 여러 요인들의 상호 연관성을 종합적으로 검토하여 설계해야 한다. 콘크리트 내외적 성능 저하 현상은 콘크리트 내부로 침투한 수분과 밀접한 관계가 있다. 즉 콘크리트 투수성은 열화에 대한 콘크리트 저항성을 결정하는 주요 척도가 되며, 열화에 대한 저항력을 가지려면 콘크리트 조직이 치밀하고, 균열이 적어 투수성이 낮아야 한다.

8.6.2 열화 원인과 환경

콘크리트는 다공질이며, 기포, 공극, 미세 균열 등의 결함 부분에 습기나 수분이 흡수되어 있다. 액체가 콘크리트와 접촉되면 내부로 투과된다. 물은 콘크리트 구조물에 여러 형태로 즉, 해수, 지하수, 유수, 눈, 습기로 자연스럽게 접촉하게 된다. 다공성 재료인 콘크리트에 접촉하는 수분은 모세관 흡인력에 의해 서서히 내부로 이동한다. 이러한 특성으로 물에 용해되어 있는 이온이나 가스 등은 그림 8.13에 보인 것과 같이 콘크리트 내부로 쉽게 이동하고 전달 확산되어서 콘크리트 성분과 작용하여 새로운 물질을 생성시킴으로서 콘크리트 본래의 조직을 손상시킨다. 또한 물은 기화열이 상대적으로 높기 때문에 상온에서 콘크리트 내부에 쉽게 오랫동안 존재하게 된다.

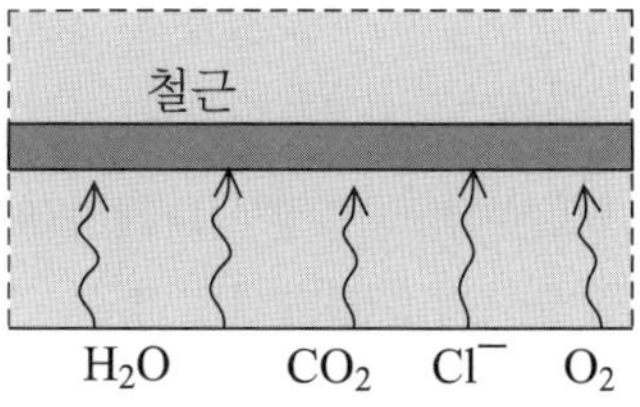

(a)

(b)

그림 8.13 유해 물질의 침투와 철근 부식 [참고문헌 8.20]

표 8.6 내구성에 대한 수분의 영향 [참고문헌 8.4]

상대습도	동결융해	탄산화	화학적 열화	철근 부식 (탄산화)	철근 부식 (염화물)
매우 낮음 (<45%)	0	1	0	0	0
낮음 (45～65%)	0	3	0	1	1
중간 (65～85%)	0	2	0	3	3
높음 (85～98%)	2	1	1	2	3
포화 상태 (> 98%)	3	0	3	1	1

주) 0=위험 없음, 1=낮은 위험도, 2=보통 위험도, 3=높은 위험도

콘크리트 공극이나 미세 균열에 내재하는 수분은 온도의 영향을 받으며, 고열 또는 동결할 때는 부피가 팽창한다. 이러한 현상이 반복되면 팽창 압력으로 내부에 응력이 유발되고 균열이 쉽게 발생한다. 콘크리트의 열화에 대한 상세한 사항은 참고문헌 8.4를 참조하면 된다.

콘크리트에서 수분의 영향은 열화 요인에 따라 결과에 차이가 있다. 콘크리트 내부의 수분과 관련된 물리-화학적 현상은 화학적 반응에 따라 달라진다. 특히 성능 저하 속도는 수분 내의 이온의 종류, 농도, 그리고 화학적 반응 물질과 생성물 등에 의해 영향을 받는다. 예를 들면, 동결융해는 습기가 높을수록 일어날 확률이 높다. 이에 비해 탄산화는 상대습도가 너무 높거나 낮은 경우에는 발생하지 않으며, 철근 부식은 건조 상태나 포화 상태에서는 일어나지 않는다. 표 8.6은 열화 원인에 따른 수분의 영향 차이를 개념적으로 정리한 것이다.

(a) 탄산화

콘크리트는 공기 중에 존재하는 이산화탄소와 반응하여 **탄산화**(carbonization)가 일어난다. 경화된 콘크리트는 시멘트의 수화 생성물인 수산화칼슘에 의해 pH가 12 정도의 강알칼리성을 띠며, 내부에 묻혀있는 철근의 표면에는 철수산화물의 보호 피막이 있기 때문에 철근이 부식되지 않는다. 이처럼 철근을 둘러싸고 있는 콘크리트의 알칼리성은 철근의 부식을 화학적으로 제어하고 있지만, 오랜 기간 동안의 탄산화 작용은 콘크리트를 점차적으로 중성화시켜 철근의 부식을 방지하는 기능이 약화되게 만든다. 탄산화는 주로 공기 중에 0.03퍼센트 정도 존재하는 이산화탄소에 의해 이루어지며, 온도가 높고 건조할수록 빠르게 일어난다. 습도가 높은 경우는 콘크리트 내부 공극에 존재하는 수분에 의해 탄산가스 확산이 저지되어 탄산화 진행 속도가 늦어진다.

탄산화에 미치는 영향 인자로는 이산화탄소의 농도, 습도와 온도 등의 환경 인자와 시멘트 종류, 단위 수량, 혼화 재료 등의 배합 인자가 있다. 시멘트 종류에 따라 탄산화 속도에 차이가 나며 혼합시멘트에서 탄산화가 빠르게 나타난다. 그러나 고로시멘트나 플라이애쉬를 사용하면 치밀한 조직을 형성하여 탄산화 진행을 줄일 수 있다. 콘크리트의 물-시멘트비가 탄산화 속도에 크게 영향을 미치며 0.5를 초과하면 급격히 증가하는 것으로 알려졌다. 따라서 탄산화를 줄이기 위해서는 물-시멘트비와 슬럼프를 낮게, 공기량과 잔골재량도 적게 하여 조직이 치밀한 콘크리트, 즉 투기성(air permeability)이 낮은 콘크리트를 만드는 것이 중요하다.

(b) 화학적 열화

콘크리트의 화학적 열화는 보통 황산염(sulfate)이나 산(acid)에 노출될 때 발생한다. 시멘트는 산에 대한 저항력이 매우 취약한 재료로, 지표수, 지하수, 해수 등에 장시간 접촉하면 손상이 발생한다. 나트륨(sodium), 칼륨(potassium), 칼슘 혹은 마그네슘의 황산염이 종종 토질이나 지하수에 녹아 침투하여 화학적 열화를 일으킨다. 유해한 화학 물질이 콘크리트 내부에 침투하면, 화학 반응에 의해 시멘트 경화체를 용해(dissolution) 또는 이완시키거나 팽창성 물질을 생성하여 콘크리트를 손상시킨다. 용해성 반응을 일으키는 화학 물질로는 산이 대표적이며, 반응성 염, 알칼리성 염기, 연수, 유지 등이 있다. 팽창성 반응은 대부분 황산염에 의해 발생한다.

콘크리트가 하수 처리 시설이나 여러 산업 시설로 사용될 때 화학 작용에 의해 열화된다. 하수 중에는 황산염이나 단백질, 유황 등이 포함되어 있어서 황산 세균에 의해 황화수소가 생성된다. 이 황화수소는 부식성 가스이며, 질소산화물, 불화수소 등도 이에 포함된다. 아황산가스와 질소산화물은 자동차 배기가스에도 포함되어 있으며, 빗물에 쉽게 용해되어 산으로서 콘크리트를 심하게 열화시킨다. 바닷물 중에 많이 포함되어 있는 황산염은 용해성 반응과 팽창성 반응을 함께 일으킨다고 알려졌다.

콘크리트를 구성하는 칼슘화합물은 알칼리 환경에서는 화학적으로 안정하지만, 중성이나 산성 환경에서는 불안정하여 분해된다. 외부로부터 이산화탄소, 염산, 황산, 초산 등이 침입하면 콘크리트는 분해되어 침식된다. 이때문에 산성 물질과 접촉하는 환경에 놓이면 화학적 침식을 받으며 칼슘화합물의 분해 속도는 화합물의 종류에 따라 다르다. 시멘트에 따른 화학적 저항성은 보통 및 조강 포틀랜드 시멘트에 비해 고로와 포졸란 혼합시멘트 혹은 저열 포틀랜드 시멘트가 좋으며, 내황산염 시멘트와 알루미나 시멘트가 우수한 것으로 알려졌다.

(c) 철근 부식

콘크리트는 강알칼리성이며 콘크리트에 묻힌 철근 표면은 얇은 부동태 피막을 형성하고 있기 때문에 철근은 부식으로부터 보호된 상태이다. 그러나 외부에서 염분이 침투하여 콘크리트에 일정량 이상 존재하면 염소이온에 의해 부동태 피막이 파괴되어 철근이 부식되기 쉬운 상태가 된다. 철근이 부식하면 본래 체적이 두 배 정도 팽창하게 되며, 그 팽창압으로 인해 콘크리트에 균열이 발생할 뿐만 아니라 콘크리트 피복이 박리된다. 그림 8.13(b)에 보인 것처럼, 균열과 박리가 발생하면 외부로부터 산소, 염화물, 물의 공급이 더욱 용이해져 철근 부식이 가속화된다. 철근의 부식은 콘크리트 구조물의 안전성을 크게 위태롭게 하는 매우 위험한 인자이다.

콘크리트에 묻혀있는 철근의 부식 발생에 관계되는 인자로서는 pH, 염소 이온량, 용존 산소, 온도, 피복두께, 균열, 주변 환경 등이 있다. 콘크리트 구조물에서 염화물에 의한 부식이 일어나기 위해서는, 산소, 철근의 전기적 기능, 전해질이라는 세 가지가 모두 만족되어야 한다. 따라서 철근의 부식을 방지하기 위해서는 세 가지 중 하나 이상을 차단할 수 있는 방법이 방식 대책이 된다. 일반적으로 철근 부식을 방지하기 위한 대책은 다음과 같다.

① 콘크리트의 조직을 밀실하게 하여 수분, 산소, 염화물 등의 부식성 물질의 침투를 차단하거나 지연시킨다.

② 콘크리트 피복두께를 증가시켜 부식성 물질의 침입과 확산을 방지한다.

③ 방식 성능이 우수한 강재를 사용한다.

④ 방청제를 사용한다.

⑤ 외부로부터 전류를 흐르게 하여 전위를 변화시켜 부식을 방지한다.

(d) 노출 환경 조건

설계 단계에서 고려해야 할 철근콘크리트 구조물의 열화 현상에 대하여 앞에서 설명하였다. 이러한 열화가 발생 가능한 환경 조건은 직접하중에 추가하여 구조물이 노출되어 있는 화학적이고 물리적인 조건을 말한다. 환경 조건은 일반적으로 표 8.7과 같이 분류한다. 특히 도로교설계기준에서는 각 환경 조건마다 열화 가능 정도에 따라 노출 등급을 설정하고 있다. 환경 조건에 따른 노출 등급은 탄산화, 염해, 동결융해, 화학적 침투 등의 콘크리트 열화 요인 별로 환경 조건에 따라 구분하였다. 실제 설계에서는 표 8.7에 정리된 환경 조건 외에 손상을 포함하는 유해한 환경 혹은 간접하중의 영향을 고려하여야 한다. 간접하중은 건조수축, 온도 및 부등침하 등을 말한다.

표 8.7 환경 조건에 따른 노출 등급

노출 등급	환경 조건	해당 노출 등급이 발생할 수 있는 사례
1. 부식이나 침투 위험 없음		
E0	• 철근이나 매입금속이 없는 콘크리트 : 동결/융해, 마모나 화학적 침투가 있는 곳을 제외한 모든 노출 • 철근이나 매입금속이 있는 콘크리트 : 매우 건조	• 공기 중 습도가 매우 낮은 건물 내부의 콘크리트
2. 탄산화에 의한 부식		
EC1	건조 또는 영구적으로 습윤한 상태	• 공기 중 습도가 낮은 건물의 내부 콘크리트 • 영구적 수중 콘크리트
EC2	습윤, 드물게 건조한 상태	• 장기간 물과 접촉한 콘크리트 표면 • 대다수의 기초
EC3	보통의 습도인 상태	• 공기 중 습도가 보통이거나 높은 건물의 내부 콘크리트 • 비를 맞지 않는 외부 콘크리트[1,2]
EC4	주기적인 습윤과 건조 상태	• EC2 노출등급에 포함되지 않는 물과 접촉한 콘크리트 표면
3. 염화물에 의한 부식		
ED1	보통의 습도	• 공기 중의 염화물에 노출된 콘크리트 표면
ED2	습윤, 드물게 건조한 상태	• 수영장 • 염화물을 함유한 공업 용수에 노출된 콘크리트 부재
ED3	주기적인 습윤과 건조 상태	• 염화물을 함유한 비말대에 노출된 교량 부위[3] • 포장 • 주차장 슬래브
4. 해수의 염화물에 의한 부식		
ES1	해수의 직접적인 접촉없이 공기 중의 염분에 노출된 해상대기중	• 해안 근처에 있거나 해안가에 있는 구조물
ES2	영구적으로 침수된 해중	• 해양 구조물의 부위
ES3	간만대 혹은 비말대 지역	• 해양 구조물의 부위
5. 동결/융해 침식		
EF1	제빙화학제가 없는 부분포화상태	• 비와 동결에 노출된 수직 콘크리트 표면
EF2	제빙화학제가 있는 부분포화상태	• 동결과 공기 중 제빙화학제에 노출된 도로 구조물의 수직 콘크리트 표면
EF3	제빙화학제가 없는 완전포화상태	• 비와 동결에 노출된 수평 콘크리트 표면

EF4	제빙화학제나 해수에 접한 완전포화상태	• 제빙화학제에 노출된 도로와 교량 바닥판 • 제빙화학제를 함유한 비말대와 동결에 직접 노출된 콘크리트 표면 • 동결에 노출된 해양 구조물의 물보라 지역
6. 화학적 침투		
EA1	조금 유해한 화학환경	• 천연 토양과 지하수
EA2	보통의 유해한 화학환경	• 천연 토양과 지하수
EA3	매우 유해한 화학환경	• 천연 토양과 지하수

주) 1. 속빈 구조물의 내부는 차도로부터의 배수 또는 누출수에 의해 영향을 받을 수 있는 표면을 제외하고 노출등급 EC3으로 간주할 수 있다
2. 규정에 따라 방수처리된 표면은 노출등급 EC3으로 간주할 수 있다.
3. 제빙화학제에 직접적으로 영향을 받는 모든 표면들은 ED등급에 대하여 표 8.12에 주어진 피복두께의 적절한 범위 내에서 각각 노출 등급 ED3, EF2, EF4로 간주하여야 한다. 이것은 차도로부터 6 m 이내에 있는 모든 난간, 벽체, 교각을 포함하며, 또한 차도로부터 배출되는 물에 노출되기 쉬운 신축이음부 (expansion joint) 하부 교각의 윗부분과 같은 표면을 포함한다.

8.6.3 내구성 확보 방법

철근콘크리트 구조물은 사용 기간 동안 각 부재에 현저한 손상이 없어야 하며 과도한 유지보수를 하지 않아도 사용성 및 안전성의 요구 조건을 만족하여야 한다. 구조물의 손상 방지 대책은 기능, 사용 수명, 유지 관리 계획 및 작용 하중을 고려하여 수립되어야 한다. 철근의 부식 방지는 콘크리트 피복의 밀도와 품질, 두께를 확보하여야 하며, 균열폭 한계기준도 만족하여야 한다. 콘크리트의 밀도와 품질을 얻기 위해서는 최대 물-시멘트비와 최소 시멘트량을 조절하여 콘크리트의 최소 강도 이상의 압축강도를 적용해야 한다. 철근의 부식 방지와 성능 저하를 억제하고, 구조물의 내구성을 확보하기 위하여 노출 환경 조건에 따라 정해진 최소 콘크리트 강도에 관한 규정을 따라야 한다[3]. 도로교설계기준에서 노출 환경 조건에 따라 요구하는 **최소 콘크리트 강도**를 표 8.8에 정리하였다. 이 규정에 따를 경우 구조 계산에 의하여

3) 콘크리트구조기준에서는 노출 환경을 구분하여 내구성 확보 최소 요구 조건을 정하고 있다. 동결융해에 대해서는 전체 공기량 요구 조건을, 황산염을 포함한 용액에 노출된 콘크리트에 대해서는 사용된 시멘트의 종류에 따라 최대 물-시멘트비와 최소 콘크리트 강도를, 제빙화학제에 노출된 콘크리트에 대해서는 최대 혼화재 비율을 각각 제한하고 있다. 특히, 특수 노출 환경에 따른 보통 콘크리트의 요구 조건은 다음과 같다(구조기준 4.4.5).

노출 환경	물-시멘트비	최소 콘크리트 강도
물에 노출될 때 낮은 투수성 콘크리트	0.50	27 MPa
동결융해 또는 제빙화학제에 노출된 콘크리트	0.45	30 MPa
바닷물, 염, 제빙화학제에 노출된 콘크리트	0.40	35 MPa

표 8.8 노출 환경 등급에 따른 최소 콘크리트 강도

노출 환경	부식									
	탄산화에 의한 부식				염화물에 의한 부식			해수의 염화물에 의한 부식		
	EC1	EC2	EC3	EC4	ED1	ED2	ED3	ES1	ES2	ES3
최소 콘크리트 강도(MPa)	21	24	30		30		35	30	35	

노출 환경	콘크리트 손상							
	위험 없음	동결/융해 침투				화학적 침투		
	EC0	EF1	EF2	EF3	EF4	EA1	EA2	EA3
최소 콘크리트 강도(MPa)	18	24		30		30		35

요구되는 강도보다 높은 압축강도가 요구될 수 있다. 결정된 압축강도가 구조 계산에 의하여 요구되는 강도보다 클 경우 더 큰 강도에 해당하는 평균인장강도 f_{ctm}값을 따른 최소 철근량과 균열폭 제어 계산에 적용하여야 한다.

적절한 환경과 관리 수준을 유지하는 경우 사용 수명 동안 발생하는 열화가 구조물의 기능을 해치지 않도록 구조물을 설계하여야 한다. 적절한 내구성을 갖는 구조물을 얻기 위해 다음 사항들을 설계에 고려하여야 한다.

1. 구조물의 기능과 용도 : 적합한 내구성을 확보하기 위해서는 설계하려는 구조물의 사용 기능과 용도에 따라 콘크리트 열화와 철근 부식 환경 조건이 달라지므로, 내구성을 확보하기 위한 전략을 고려하는 경우 정확한 노출 환경 조건을 예상하여야 한다. 노출 조건이 변하게 되는 경우에는 구조물 내구성에 대한 용도 변경의 영향을 설계에 고려하여야 한다.
2. 재료와 제품의 구성, 성질 및 성능 : 에폭시 도막 철근, 스테인레스 강재, 벽체 타일, 혹은 저침투성 콘크리트와 같이 내구성을 증진시키는 재료를 사용하는 것은 내구성에 관한 전략을 수립하는데 고려되어야 한다. 저장 시설 구조물에 대한 재료의 선택은 내구성에 관해 절대적일 수 있다.
3. 구조 시스템의 선택 : 설계 상황에서 선택된 구조들은 건전해야 하며, 구조 시스템의 여용도(redundancy)를 설계할 때 고려하여야 한다. 설계에서 예상되는 열화에 취약하거나 민감한 구조 시스템은 피하여야 하며, 환경 조건의 변화 및 이동 등을 견딜 수 있는 유연성을 갖도록 해야 한다. 예를 들면, 좋은 배수 및 차수 시설은 철근 부식의 위험을 최소화할 수 있다. 또 다른 예로, 교량에 신축이음부를 가능한 두지 않음으로 해서 도로 표면의 유수와 제빙제가 거더에 접근하게 되는 통로가 차단되어, 궁극적으로 염화물 침투에 의한 철근 부식을 줄이게 된다.

4. 부재 형태와 구조 상세 : 구조 부재의 형태와 상세는 구조물의 내구성에 영향을 미친다. 예를 들면, 배력 철근은 균열을 억제하여 철근 부식을 저지할 수 있다.

5. 특수 방지 대책 : 내구성을 증진시키기 위해 구조 부재는 유해한 환경과 접촉을 가능한 차단하여야 한다. 콘크리트 표면에 보호 코팅을 입힐 수 있으며, 강재는 도금을 하거나 페인트 피복 처리할 수 있다.

8.6.4 콘크리트 피복두께

콘크리트 피복두께는 철근(횡방향 철근, 표피철근 포함)의 표면과 그와 가장 가까운 콘크리트 표면 사이의 거리이다. 실제 구조물에서는 철근 부식을 방지하기 위해 콘크리트 피복두께에 대해 제한을 두고 있다. 설계도에 명시해야 하는 공칭피복두께 $t_{c,nom}$을 소요 최소 피복두께 $t_{c,\min}$와 설계 편차 허용량 $\Delta t_{c,dev}$의 합으로 정한다.

$$t_{c,nom} = t_{c,\min} + \Delta t_{c,dev} \tag{8.6-1}$$

(a) 최소 피복두께

철근콘크리트 부재의 적절한 피복두께는 내구성을 확보할 수 있어야 할 뿐만 아니라 철근의 부착력을 확보하는데 충분한 두께이어야 한다. 또한 콘크리트 피복두께는 충분한 내화성을 보장 할 수 있는 두께를 가져야 한다. 따라서 내구성과 부착 성능을 만족시키기 위한 **최소 피복두께** $t_{c,\min}$은 다음 중에서 큰 값을 설계에 사용하여야 한다.

$$t_{c,\min} = \max\{t_{c,\min,b};\ t_{c,\min,dur} + \Delta t_{c,dur,\gamma};\ 10\text{ mm}\} \tag{8.6-2}$$

표 8.9 부착 성능을 기준으로 한 최소 피복두께 $t_{c,\min,b}$

철근의 종류	부착 성능을 기본으로 한 최소피복두께[1] ($t_{c,\min,b}$)
일반	철근 지름
다발	등가 지름
포스트텐션 부재	• 원형 덕트 경우 : 덕트의 지름 • 직사각형 덕트 경우 : 작은 치수 혹은 큰 치수의 1/2배 중 큰 값으로서 50 mm 이상인 값 단, 두 종류의 덕트에 대하여 피복두께가 80 mm 보다 큰 경우는 없음.
프리텐션 부재	• 강연선 및 원형 강선 경우 : 지름의 2배 • 이형 강선 경우 : 지름의 3배

주) 1 공칭 최대 골재 치수가 32 mm 보다 크다면 $t_{c,\min,b}$은 다짐을 위하여 5 mm 증가시켜야 한다.

여기서 $t_{c,\min,b}$는 부착에 대한 요구 성능을 기준으로 한 최소 피복두께이며, 표 8.9에 주어진 $t_{c,\min,b}$값보다 더 큰 값을 사용하여야 한다. $t_{c,\min,dur}$은 주어진 환경 조건에서 내구성을 기준으로 한 최소 피복두께이다.[4)] 이 최소 피복두께 $t_{c,\min,dur}$는 노출 환경 등급에 따라 표 8.10에 주어진 값이다. $\Delta t_{c,dur,\gamma}$는 고부식성 노출 환경에서 피복두께 증가값으로서, 염화물 또는 해수에 노출되는 고부식성 환경에 대한 추가적인 확보하기 위한 목적이다. 이 $\Delta t_{c,dur,\gamma}$는 일반적인 상황에서 아래 값을 적용한다.

$$\Delta t_{c,dur,\gamma} = 5\,\text{mm} \quad : \text{ED1 / ES1 환경}$$
$$= 10\,\text{mm} \quad : \text{ED2 / ES2 환경}$$
$$= 15\,\text{mm} \quad : \text{ED3 / ES3 환경}$$

식 (8.6-2)의 최소 피복두께 $t_{c,\min}$은 ① 사용 수명이 50년보다 짧은 경우, ② 스테인레스 철근 혹은 에폭시 도막 철근을 사용하는 경우, ③ 콘크리트 표면에 내염 도장 처리를 한 경우, ④ 구조 계산에서 요구되는 강도보다 큰 콘크리트 강도를 사용한 경우, ⑤ 슬래브 형상의 얇은 부재인 경우와, ⑥ 콘크리트 제조에 특별한 품질 관리 대책이 확보된 경우 등에는 필요한 피복두께가 얇기 때문에 피복두께를 감소시킬 수 있다.

표 8.10 철근과 프리스트레스 강재의 내구성를 고려한 최소 피복두께, $t_{c,\min,dur}$(mm)

강재 종류	노출 등급						
	E0	EC1	EC2/EC3	EC4	ED1/ES1	ED2/ES2	ED3/ES3
철근	20	25	35	40	45	50	55
프리스트레스 강재	20	35	45	50	55	60	65

4) 콘크리트구조기준에서는 구조물의 노출 환경 등급을 상세하게 구분하지 않으며, 외부 요인으로 부터 철근을 보호하기 위해 실질적 노출 조건에 따라 다음과 같이 최소 피복두께를 규정하고 있다(콘크리트구조기준 5.4).
(1) 수중에 친 콘크리트 .... 100 mm
(2) 흙에 접하여 영구히 흙에 묻힌 콘크리트 .... 80 mm
(3) 흙에 접하거나 옥외의 대기에 노출된 콘크리트
① D29 이상의 철근 .... 60 mm
② D25 이하의 철근 .... 50 mm
③ D16 이하의 철근 또는 지름 16 mm 이하 철선 .... 40 mm
(4) 옥외의 대기나 흙에 직접 접하지 않는 콘크리트
① 보, 기둥 .... 40 mm
② 슬래브, 벽체, 쉘 (D35 이하의 철근) .... 20 mm
(5) 프리캐스트 콘크리트 부재는 배합, 치기, 양생이 우수하여 양질의 콘크리트 생산이 가능하므로 이에 따라 피복두께도 작게 할 수 있다. 철근 보호를 위해 특별한 조치를 한다면 여기서 규정된 값보다 더 적은 피복두께를 사용할 수 있다.

도로교설계기준(한계상태설계법)에서는 ① 표 8.9에서 요구하는 최소 강도보다 10 MPa(ED 또는 ES 환경일 경우)이상 큰 강도의 콘크리트를 사용할 경우, ② 시공 과정에서 철근의 위치 변동이 적은 슬래브 형상의 부재인 경우와, ③ 콘크리트 제조에 특별한 품질 관리 대책이 확보되는 경우에는 최소 피복두께를 각각 5 mm 감소시키는 것을 명시적으로 허용하고 있다.

프리캐스트 부재와 현장 타설 콘크리트가 서로 접하는 콘크리트 부재에서는 ① 콘크리트 강도가 25 MPa 이상이고, ② 콘크리트 표면이 외기에 노출된 시간이 짧으며(28일 미만), ③ 접촉면이 거칠게 처리되어 있는 경우이면, 철근에서 표면까지의 최소 피복두께를 표 8.9의 부착 성능을 기준으로 한 최소 피복두께 $t_{c,\min,b}$값으로 감소시킬 수 있다. 반면에 노출 골재 등과 같은 요철 표면의 경우 최소 피복두께를 적어도 5 mm 증가시켜야 한다.

(b) 설계 편차 허용량

설계도에 나타나는 **공칭피복두께** $t_{c,nom}$은 소요 최소 피복두께 $t_{c,\min}$에 **설계 편차 허용량** $\Delta t_{c,dev}$를 더하여야 한다. 건물이나 교량의 $\Delta t_{c,dev}$의 값은 설계자의 판단에 따라 정의되어야 하며, 일반적으로 10 mm를 사용한다. 특정 설계 상황에서는 이 크기를 줄여 사용할 수 있다. 예를 들면, 프리캐스트 부재의 경우 정밀한 시공과 측정이 가능하기 때문에 설계 편차 허용량을 감소시킬 수 있다. 즉, 측정 항목에 콘크리트의 피복두께 측정을 포함하는 품질 보증 시스템을 적용하는 경우, 설계편차 허용량은 $10\text{ mm} \geq \Delta t_{c,dev} \geq 5\text{ mm}$ 사이의 값을 사용할 수 있다.

반면에, 울퉁불퉁한 표면에 타설한 콘크리트의 최소 피복두께는 증가시켜야 한다. 최소 피복두께는 요철 메우기 등 미리 준비된 지면에 타설한 콘크리트에 대하여는 20 mm, 토양에 직접 타설한 콘크리트에 대하여는 50 mm이다. 요철 마감과 골재가 노출된 경우와 같은 표면 상태에서는 피복두께를 증가시켜야 한다.

예제 8.6-1 철근콘크리트 거더의 피복두께

바닷가에 인접한 콘크리트 교량 거더의 피복두께를 결정하려고 한다. 콘크리트 강도 $f_{ck} = 27\text{ MPa}$로 일반적인 품질 관리 대책을 사용하였다. 하부 주인장 철근량은 5-D25이고 스터럽은 D10 철근을 사용하였다.

풀이

노출 등급은 표 8.7의 ES1에 해당되고, 콘크리트 보의 내구성을 적절히 확보하기 위해서 최소 콘크리트 강도는 30 MPa로 규정되어 있다. 그러므로 사용할 콘크리트 강도를 30 MPa로 증가시켜야 한다. 피복두께는 표 8.10에서 ES1에 해당하는 45 mm이며, 부착 성능을 기준으로 한 최소 피복두께는 스터렵 철근을 기준으로 표 8.9에 따라 $t_{c,\min,b}=10\text{mm}$가 된다. 따라서 식 (8.6-2)에 따라

$$t_{c,\min}=\max\{10;\ \ 45;\ \ 10\}=45\ \text{mm}$$

공칭 허용 편차량을 일반적인 상황으로 10 mm를 적용하면 설계도에 나타낼 공칭피복두께는 $t_{c,nom}=45+10=55\ \text{mm}$가 된다.

참고문헌

8.1 한국교량및강구조학회-교량설계핵심기술연구단 (2015), 도로교설계기준(한계상태설계법) 해설, 도서출판 건설정보사.

8.2 한국콘크리트학회 (2012), 콘크리트구조기준, 국토해양부

8.3 김 우, 김진근, 오병환, 정란, 최완철, (2012), 콘크리트구조설계, 도서출판 동화기술

8.4 최완철, (2014), 콘크리트 공학, 도서출판 동화기술

8.5 European Committee for Standardization, (1992), *Eurocode 2(EN 1992) - Design of Concrete Structures*, EC Technical Committee CEN/TC 250.

8.6 fib (1999), *Structural Concrete - Textbook*, fib Bulletin 2, Vol. 1 and Vol. 2

8.7 CEB-FIP (1993), CEB-FIP Model Code 1990 - Design Code, Comite Euro-International du Beton, Thomas Telford, London

8.8 CEB (1981), *Cracking and Deformation*, CEB Bulletin d'Information No. 143

8.9 CEB (1984), *CEB Design Manual Cracking and Deformation*, CEB Bulletin d'Information No. 158

8.10 CEB (1997), *Behaviour and modeling in serviceability limit states including repeated and sustained loads*, CEB Bulletin d'Information No. 235

8.11 International Standards Organization, (1992), *Basis for Design of Structures - Serviceabilty of Structures*, ISO, Geneva, ISO 10137.

8.12 International Standards Organization, (1985), *Evaluation of Human Exposure to Whole Body Vibration Part 3*, ISO, Geneva, ISO 2631:3.

8.13 Holicky, M. and Holicka, N., (1993), *Serviceabilty and Tolerance*, CEB International Colloquium on Structural Serviceabilty, Goteborg, Sweden.

8.14 ACI committee 224, (1986), "Cracking of Concrete Members in Direct Tension", Journal of ACI, Vol., No. 1, pp. 3-13.

8.15 ACI committee 224R-80, (1989), "Control of Cracking in Concrete Structures", ACI Manual of

Concrete Structures, Part 3, pp. 1-41.

8.16 Gergley, P. and Lutz, L. A., (1968), "Maximum Crack Width in Reinforced Flexural Members, Causes, Mechanism and Control of Cracking in Concrete, Control of Cracking in Concrete Structures", ACI Special Publication SP-20, pp. 87-117.

8.17 Leonhardt, F., (1988), "Cracks and Crack Control in Concrete Structures", PCI journal, July-Aug., pp. 124-145.

8.18 Hendy, C.R. and Smith, D. A., (2007), *Designers' Guide To EN 1992-2, Eurocode 2: Design of Concrete Structures, Part 2: Concrete Bridges*, Thomas telford, London.

8.19 Eibl, J., (1994), *Concrete Structures Euro-Design Handbook 1994/96*, Erst & Sohn, Germany.

8.20 Walraven, J. C., (2008), "Eurocode 2: Design of Concrete Structures", Symposium Eurocodes: Backgrounds and Applications, Brussels, 18-20 February 2008.

연습 문제

8.1 폭이 300 mm이고, 깊이가 550 mm이고 경간이 5.5 m인 사각형 단면의 단순보가 있다. 자중을 포함한 고정하중 20 kN/m이고, 활하중 35 kN/m가 작용하고 있다. 철근은 D22 4개를 한 층으로 배치하고, 콘크리트의 $f_{ck} = 27$ MPa이고 철근은 $f_y = 400$ MPa를 사용하였다.

(a) 이 보가 내륙 대도시 근교에 만들어지며, 50년 사용 수명이라 한다면, 소요 최소 피복두께를 결정하고, 가능한 최대 유효깊이를 결정하라.

(a) 앞 유효깊이일 때 콘크리트와 철근의 사용 한계 응력을 만족하는지 검증하라.

(b) 균열 제어를 위한 한계 기준이 만족되는지 확인하라.

8.2 문제 8.1과 동일한 보에서, 4-D22 철근 대신에 2-D32 철근을 배치한다면, 보가 균열에 대해서 안전한지를 확인하라.

8.3 문제 8.1과 동일한 보의

(a) 간접 처짐 제한을 만족하는지 한계 지간-깊이비를 기준으로 확인하라.

(b) 경간 중앙의 순간 처짐량을 산정하라.

(c) 거푸집을 10일 후에 철거하였다고 간주하여, 경간 중앙의 장기 처짐량을 산정하라.

CHAPTER 9

철근의 정착과 이음

9.1 개요

철근콘크리트 구조가 의도하는 성능을 발휘하기 위해 배치되는 철근의 위치와 간격, 절단점과 굽힘점 위치, 가공과 조립, 정착과 이음 등에 관련된 사항을 철근의 **상세**(detailing)라고 한다. 철근콘크리트 구조물의 최종 성능은 철근 상세에 따라 크게 달라진다. 예상하지 못한 구조물의 파괴는 대부분 철근의 조그마한 상세 오류에 의해 발생한다. 철근의 가공과 배치에 관한 상세 설계 규정은 콘크리트 구조물의 안전성을 확보하기 위해 꼭 필요할 뿐만 아니라 공사비와 공사 기간에 크게 영향을 주는 중요한 사항이다.

3장에서 기술 했듯이, 콘크리트의 취약한 인장 성능을 철근으로 보강하기 위해서는 콘크리트와 철근 사이에 충분한 부착이 이루어져야 한다. 만약 철근콘크리트 보에서 철근과 콘크리트가 부착되지 않는 상태라면 이 보는 무근콘크리트 보와 다름없이 하중을 받으면 철근은 주변 콘크리트와 쉽게 미끄러져 힘을 받지 않는 상태로 남아있게 된다. 이러한 경우 철근콘크리트 구조 해석과 설계의 중요한 전제 조건의 하나인 보강 철근과 주변 콘크리트의 변형률이 같다는 가정은 더 이상 유효하지 않게 된다. 따라서 소정의 합성 거동을 하기 위해서는 철근과 콘크리트 접촉면에서 미끄러짐을 방지할 수 있는 충분한 부착이 필요하다.

철근의 강도를 발현하기 위한 배치 상세는 부착 성능과 직접적으로 관련되어 있다. 적절한 부착 강도를 확보하기 위해서는 콘크리트가 철근 사이에 밀실하게 채워진 상태여야 한다. 이러한 배경에서 콘크리트 안에 배치되는 철근의 최소 간격에 제한을 두고 있다. 철근의 최소 순간격은 철근 지름의 1.5배, 굵은 골재 최대 치수의 1.5배, 또는 40 mm 중 큰 값 이상이어야 한다. 부재 내에서 철근을 다층으로 배치할 때는 위와 아래 철근을 동일 연직면 내에 배치하고, 각 철근 층 사이의 연직 순간격은 25 mm 이상이며 철근의 지름 이상으로 하여야 한다.

또한, 철근이 필요한 부착력을 확보하기 위해서는 콘크리트가 박리되지 않도록 적절한 피복두께를 가져야한다. 설계에서 보통 묻힌 철근의 지름에 해당하는 크기의 피복두께를 최소한 확보하도록 규정하고 있다. 지름이 큰 철근이나 다발 철근에는 더 큰 피복두께를 추가적으로 요구하고 있다. 휨에 의해 곡률이 크게 변형되는 부재에서는 피복두께를 증가시켜야 한다. 이러한 소요 피복두께를 확실하게 확보하기 위해서는 철근을 조립할 때 거푸집과 철근 사이에 받침대(chair)와 간격재(spacer)를 사용하여야 한다.

철근이 자체의 강도를 충분히 발휘하기 위해서는 콘크리트 내부에 충분히 정착되어야 한다. 철근의 정착은 적절한 부착강도가 발휘되는 콘크리트 내부에 일정 길이 이상 묻히게 하여야 하며, 또는 철근의 끝 부분을 구부려 갈고리(hook)로 한다. 이때 철근의 구부림 과정에서 구부림 부분에 균열이나 파손이 발생하지 않아야 한다. 이때문에 철근을 가공할 때 허용 최소 굽힘 반지름을 규정하고 있다. 또한, 철근의 구부린 부분 안쪽에 있는 콘크리트가 극한한계상태에서 압괴 또는 쪼갬 파괴가 일어나지 않아야 한다. 철근 단부에 갈고리를 둘 공간이 없거나 횡방향 철근을 사용할 수 없을 때 기계적 장치를 이용할 수 있다. 콘크리트에 손상을 주지 않고 철근의 강도를 발휘할 수 있도록 설치한 어떠한 기계적 장치도 사용할 수 있다.

철근은 제작과 운반의 제한성 때문에 한정된 길이로 생산된다. 긴 경간을 갖는 부재나 시공상의 이유로 철근 조립에서 철근의 길이가 짧은 경우가 많아 현장에서는 자주 철근 이음이 필요하다. 철근의 이음에는 겹침이음, 용접, 기계적 장치 이음 등의 방법이 있다. 어느 경우에나 철근 힘의 전달이 연속적이어야 하며, 응력 집중 등의 불리한 영향이 발생하지 않도록 철근을 연결해야 한다. 철근 이음부 부근은 자연적으로 응력이 집중되어 철근 파단과 콘크리트 균열이 쉽게 발생할 수 있다. 이러한 철근 이음은 극한한계상태에서 취성적 파괴 가능성이 잠재되어 있어서 그 상세 요구 조건이 상대적으로 엄격하게 규정되어 있다.

9.2 철근의 정착

9.2.1 정착길이

그림 9.1에 보인 단순보를 살펴보면, 휨모멘트는 단면-A에서 최대이고 받침부에서 0이다. 만약 휨 설계에 따라 철근 응력이 단면-A에서 f_s이면 총 인장력 $f_s A_s$는 거리 l 내에 있는 철근의 표면 부착응력에 의해 철근에서 콘크리트로 전달되어야만 한다. 즉 철근이 단면-A에서 담당하고 있는 인장력을 완전히 발휘하기 위해서는 단면 양쪽에 충분히 정착되어 뽑히지 않도록 묻혀 있어야 한다. 만약 필요한 정착길이 보다 짧게 묻혀 있다면 부착 파괴가 먼저 발생하여 철근은 요구되는 인장력에 저항할 수 없는 상태가 된다.

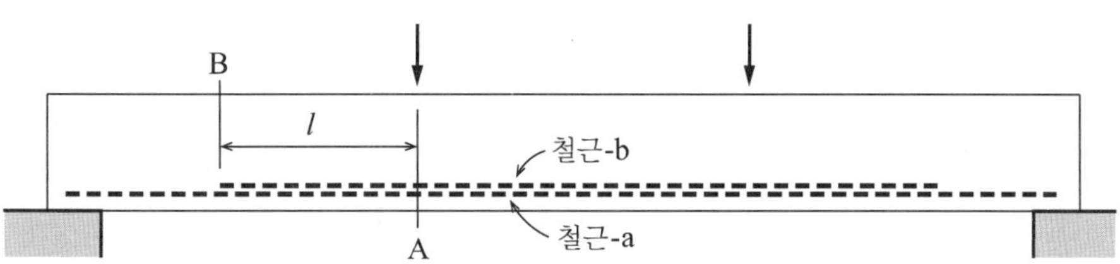

그림 9.1 철근의 정착

일반적인 철근콘크리트 구조물을 설계할 때에는 부재의 최대 휨모멘트 단면에서 철근의 항복강도 f_y를 기준으로 소요 철근량을 산정하여 배치한다. 그림 9.1에 보인 것처럼 단면-A 위치에서 모든 철근(철근-a와 -b)은 항복강도가 발휘되며, 휨모멘트가 작아서 더 이상 필요하지 않는 곳에서는 철근의 일부(철근-b)를 절단한다. 이러한 경우 단면-A에서 절단점(단면-B)까지 묻혀있는 철근의 길이는 항복강도가 발휘될 수 있는 정착길이보다는 최소한 더 길어야 한다. 동일한 논리가 절단되지 않는 철근-a에도 적용된다. 이론적으로 철근-a는 단면-B에서 항복강도가 발휘되어야 그 단면의 휨모멘트를 저항할 수 있다. 따라서 단면-B에서 받침부 위 자유단까지 철근-a의 묻힘 길이는 철근의 항복강도가 발휘되도록 충분히 길어야 한다. 이러한 철근의 정착 조건을 만족하여야 5장에서 기술한 방법에 의해 설계된 휨 부재의 강도 안전성을 보장할 수 있다.

(a) 기본정착길이

철근의 **정착길이**(development length)는 콘크리트에 묻혀 있는 철근이 힘을 받을 때 뽑히거나 미끄러짐 변형이 발생하는 일 없이 항복강도를 발휘할 수 있게 하는 최소한의 묻힘 길이를 말한다. 이 정착길이는 철근과 콘크리트 사이 계면의 부착강도와 직접 관련되어 있다. 철근콘크리트 구조물에서 부착은 철근과 콘크리트 사이에 힘을 전달시키는 필수적 기능을 하기 때문에, 구조물의 저항 강도와 연성 능력을 달라지게 하는 중요한 기본 인자이다.

부착 현상에 대해 3장의 3.2절에서 이미 설명 했듯이, 도로교설계기준에서는 일반 이형 철근의 설계부착강도 f_{bd}는 다음과 같이 정하고 있다.

$$f_{bd} = \phi_c 2.25\, \eta_1 \eta_2 f_{ctk} \tag{3.2-1}$$

여기서 f_{ctk}는 콘크리트 기준인장강도이다. η_1은 철근의 위치에 따라 변하는 부착 상태를 반영하는 보정 계수로서, 보통의 경우 $\eta_1 = 1.0$이며, 부재 단면에서 300 mm 이상의 높이에 배치된 상부 철근인 경우 $\eta_1 = 0.7$을 적용한다. η_2는 철근 지름의 영향을 반영하는 계수로 지름 d_b가 32 mm 이하인 경우는 $\eta_2 = 1.0$이고, 그 이상의 큰 지름을 갖는 철근인 경우에는 $\eta_2 = (132 - d_b)/100$를 사용한다.

그림 9.2와 같이 콘크리트에 묻혀 있는 철근에 인장력이 작용하면, 초기에는 부착응력이 표면 가까이에만 발생하고 깊은 곳에 위치한 철근 표면에는 부착응력이 거의 발생하지 않는다. 작용 인장력이 증가하여 파괴에 가까이 이르러서는 부착응력이 전 길이에 걸쳐 거의 균등하게 분포된다. 극한한계상태에서 묻힌 철근 표면의 설계부착강도 f_{bd}의 합과 철근의 설계 항복력 $\phi_s f_y A_s$는 평형을 이루어야 하므로 다음 관계가 성립되어야 한다.

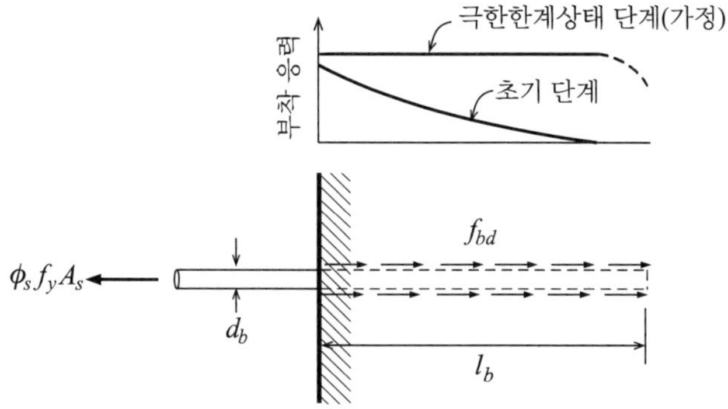

그림 9.2 철근의 정착길이

$$f_{bd}\pi d_b l_b = \phi_s f_y \frac{\pi d_b^2}{4} \tag{9.2-1}$$

이 식으로부터 정착길이 l_b는 다음과 같게 된다.

$$l_b = \frac{\phi_s f_y d_b}{4 f_{bd}} \tag{9.2-2}$$

이 정착길이는 철근과 콘크리트의 재료 자체의 성질만을 반영한 것이므로 **기본정착길이**(basic development length)라고 한다. 이 길이는 철근의 직선 구간 길이이며, 보통의 이형 철근과 다른 경우에는 그 부착 특성을 고려하여야 한다.

기둥의 주철근처럼 압축을 받는 철근에도 정착길이는 확보되어야 한다. 압축 철근의 정착 저항도 인장 철근과 동일한 표면 부착에 의한다. 따라서 직선 상태의 압축 철근에도 식 (9.2-2)의 기본정착길이를 동일하게 적용한다.[1] 여러 상황의 콘크리트에 묻힌 철근의 정착길이는 부재마다 주어진 조건들이 다르기 때문에 각 조건별로 보정 계수를 정하여, 식 (9.2-2)로 계산한 기본정착길이에 보정 계수를 곱한 값으로 설계한다. 표 9.1은 정상 설계 상황에서 식 (9.2-2)로 계산한 기본정착길이를 정리한 것이다.

1) 콘크리트구조기준에서 압축 철근의 정착 저항을 계면에서 부착 저항과 철근 단부의 지압 저항의 조합으로 판단하여 인장 철근 정착길이보다 훨씬 작은 정착길이로 설계한다. 그러나 한계상태설계법에서는 압축 부재에서 축압축력에 의해 철근을 따라 쪼갬균열이 쉽게 발생할 수 있는 불리한 영향[참고문헌 9.10]을 고려하여 인장 정착길이와 동일한 값으로 설계한다.

표 9.1 철근의 기본정착길이(mm) (양호한 부착 조건 $\eta_1 = 1$, $\phi_c = 0.65$, $\phi_s = 0.90$을 적용)

f_y (MPa)	f_{ck} (MPa)	철근 D10	D13	D16	D19	D22	D25	D29	D32
300	24	227	303	380	456	530	607	681	760
	27	212	284	355	426	496	567	638	710
	30	200	267	334	401	466	533	600	668
	40	168	225	281	338	392	449	506	562
400	24	306	405	506	608	707	809	911	1,013
	27	286	378	473	569	660	756	851	947
	30	269	355	445	534	621	711	800	890
	40	226	299	375	450	523	599	674	750
500	24	382	505	633	760	883	1,011	1,139	1,266
	27	357	473	592	711	826	945	1,064	1,183
	30	336	444	556	668	777	889	1,001	1,113
	40	283	374	468	563	654	748	843	937

(b) 갈고리 정착

철근의 정착길이는 최대 응력점 양쪽에 모두 필요하다. 그러나 부재의 위치에 따라서는 직선 철근으로 정착길이를 충분히 확보할 수 없는 곳이 있다. 예를 들면, 외측 기둥에 연결된 보의 접합부에서 보의 상부 철근은 기둥 안에서 정착되어야 하는데 기둥의 폭이 철근의 정착길이보다 작을 경우이다. 이러한 때에 쉽게 사용할 수 있는 방법이 그림 9.3에 보인 것처럼 철근의 끝 부분을 90° 또는 그 이상 구부려 갈고리(hook)로 하는 것과, 철근에 직각 방향으로 다른 철근을 용접하는 것이 있다. 갈고리가 달린 철근은 직선 부분의 부착력과 갈고리의 지압력에 의한 복합 작용으로 뽑힘에 저항하기 때문에 좁은 공간에서도 철근이 항복할 때까지 인장력을 지지할 수 있게 된다. 이러한 저항 성능을 가지기 위해서는 직선 부분의 필요한 정착길이와 함께 갈고리도 나머지 몫의 정착 저항력을 발휘할 수 있는 형태로 가공되어야 한다. 실제 설계에서 안전하고 간편하게 사용하기 위해 갈고리의 치수와 굽힘 형태를 표준화하고 있으며 이들을 **표준갈고리**(standard hook)라 한다.

그림 9.3(a)와 (b)의 갈고리는 구부린 반원 끝에서 $5d_b$ 이상 더 연장되어야 한다. 용접 횡철근인 경우에는 횡철근의 지름은 정착 철근 지름의 0.6배보다 커야하며, 용접 위치는 최대 응력점에서 $5d_b$ 이상이어야 한다.

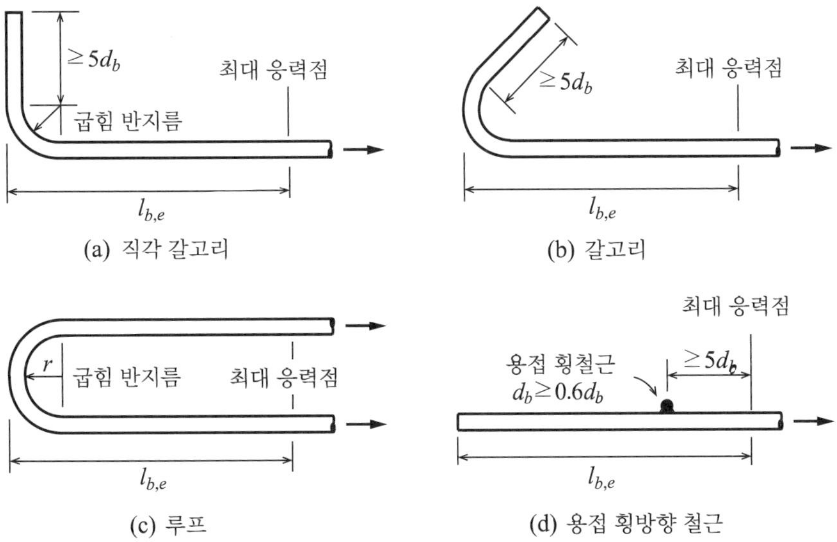

그림 9.3 철근의 갈고리 정착 방법

갈고리는 인장 철근을 정착하는데만 유효하다. 갈고리가 인장을 받는 경우라면 철근 중심선 전체 길이를 인장 정착길이로 간주한다. 그러나 압축을 받는 철근인 경우에는 갈고리가 압축 정착에 유효하지 않다. 따라서 압축을 받을 때 갈고리의 정착길이는 그림 9.3에 나타낸 것처럼 최대 응력점에서 구부린 반원 외면까지 직선거리인 $l_{b,e}$만 압축 정착에 유효하다고 간주해야 한다. 도로교설계기준에서는 압축 철근 단부의 지압 저항력을 허용하지 않고 있다.

철근의 구부림 과정에서 굽힘 부분에 과도한 변형에 의해 균열이나 파손이 발생하지 않아야 한다. 이러한 배경에서 철근을 가공할 때 허용 **최소 굽힘 반지름**을 표 9.2와 같이 제한하고 있다. 여기서 굽힘 반지름은 구부린 철근의 안쪽 면부터 잰 거리이다. 최소 굽힘 반지름은 철근 재료의 소성 변형 능력, 구부리는 속도와 온도의 영향을 받는다. 철근의 이형 마디도 허용 굽힘 반지름에 크게 영향을 준다.

표 9.2 철근의 자체 손상을 막기 위한 허용 최소 굽힘 반지름

	최소 굽힘 반지름	
	D16 이하의 철근	D19 이상의 철근
원형 철근	$1.25d_b$	$2.5d_b$
이형 철근	$2d_b$	$3.5d_b$

표 9.3 철근 굽힘부 안쪽 콘크리트의 손상을 막기 위한 최소 굽힘 반지름

구부림 면에 직각 방향 콘크리트의 피복두께 또는 인접 철근 사이 간격의 1/2, a_b	구부림 철근의 최소 내면 반지름 r_m
$a_b \geq$ 100 mm 이고 $> 7d_b$	$5d_b$
$>$ 50 mm 이고 $> 3d_b$	$7.5d_b$
$\leq$ 50 mm 또는 $\leq 3d_b$	$10d_b$

철근의 구부림 내부 면과 접촉하는 콘크리트에는 큰 부분 지압응력이 발생된다. 이 지압응력이 지나치면 콘크리트가 파열 균열로 쪼개져 파괴될 수 있다. 특히 굽힘 반지름이 작은 경우에는 부분 지압응력이 더 크게 된다. 철근의 구부린 부분 안쪽에 있는 콘크리트가 극한한계상태에서 압괴 또는 쪼갬 파괴가 일어나지 않아야 한다. 적합한 굽힘 반지름은 콘크리트 강도, 철근의 정착력, 콘크리트 피복두께와 철근의 굽힘 형상에 따라 달라진다. 횡방향 철근이 배치된 경우이면 허용 최소 굽힘 반지름을 감소시킬 수 있다. 이러한 콘크리트 손상을 방지하기 위해 철근의 굽힘 반지름을 제한하여야 하며, 허용 최소 내면 반지름 r_m을 다음 식으로 산정할 수 있다.

$$r_m \geq \frac{T_{bt}}{2f_{cd}}\left(\frac{1}{a_b}+\frac{1}{2d_b}\right) \tag{9.2-3}$$

여기서 T_{bt}는 부재의 극한한계상태일 때 구부림 시작점 위치에서의 철근 인장력이고, a_b는 인접 배치된 철근의 중심 사이 거리의 1/2, 또는 부재 표면에 인접한 철근 또는 철근망의 경우 a_b는 피복두께이다. 보통 콘크리트에 대하여 굽힘 반지름은 철근 굽힘부 안쪽의 콘크리트의 파열을 막기 위하여 표 9.3에 규정된 값으로 제한하여야 한다. 경량 콘크리트의 경우 이 값은 50퍼센트 증가시켜 적용하여야 한다.

(c) 설계정착길이

식 (9.2-2)로 주어진 기본정착길이는 철근과 콘크리트의 자체 재료 성질만을 반영한 정착길이이다. 실제 구조물에서는 여러 상황의 콘크리트에 묻힌 철근의 정착길이는 부재마다 주어진 조건들에 따라 다르다. 이때문에 설계에서는 실제 주어진 조건에 따라 기본정착길이를 보정하여 설계에 적용하여야 한다.

일반 이형철근을 사용한 철근콘크리트 부재에서는 피복의 쪼갬 파괴가 뽑힘에 의한 부착 파괴보다 더 일반적이다. 피복 쪼개짐은 철근의 이형 마디가 쐐기작용을 일으켜 파괴를 발생시킨다. 이형 마디 쐐기작용력의 방사 방향 분력은 실린더 내부의 압력과 동일한 작용을 한다. 그림 9.4에 점선 표시한 원으로 나타낸 것과 같이, 이때 가상의 두꺼운 실린더의 내부 지름은 철근의 지름과 같고 외부 반지름은 작은 피복두께 c 또는 인접 철근 간격의 절반 $s/2$와 같다고 할 수 있다. 만약 수평 피복두께가 $s/2$보다 작은 경우에는 그림 9.4(a)와 같이 외측 수평 쪼갬 균열이 유발되어 정착 파괴가 발생한다, 반면에 철근 간격이 좁은 경우라면 그림 9.4(b)처럼 내부 수평 쪼갬 균열에 의해 정착이 파괴된다. 수직 피복두께가 작은 경우라면 그림 9.4(c)처럼 부재 밑면에 쪼갬 균열이 철근을 따라 발생하여 정착이 파괴된다.

따라서 가상 실린더 벽체의 강도가 정착강도에 직접적으로 영향을 미친다는 관점에서 살펴보면, 철근콘크리트 부재에서 철근의 정착길이에 영향을 주는 인자들을 쉽게 파악할 수 있다. 콘크리트의 인장강도와 피복두께는 정착강도에 영향을 주는 가장 중요한 인자가 된다. 콘크리트 인장강도의 영향은 부착강도 f_{bd}에 이미 반영되어 있다. 경량 콘크리트일 경우에는 2장에서 설명한 식 (2.2-9)의 경량 콘크리트 계수를 부착강도에 곱하여 간단히 반영할 수 있다. 피복두께 또는 철근 간격은 부착강도를 지배하는 중요한 인자이므로 설계정착길이를 결정할 때 고려해야 한다.

그림 9.5에 보인 것과 같이 주철근의 정착부에 배치된 횡방향 구속 철근의 강도와 간격도 정착강도에 현저한 영향을 주는 인자이다. 횡방향 철근의 구속이 클수록 콘크리트의 균열을 억제하므로 부착강도가 증가하여 정착길이를 작게 할 수 있다. 또한 주철근의 정착부에 구조적으로 구속 압축력이 존재하면 부착강도가 증가하여 정착길이를 짧게 할 수 있다. 이처럼 정착

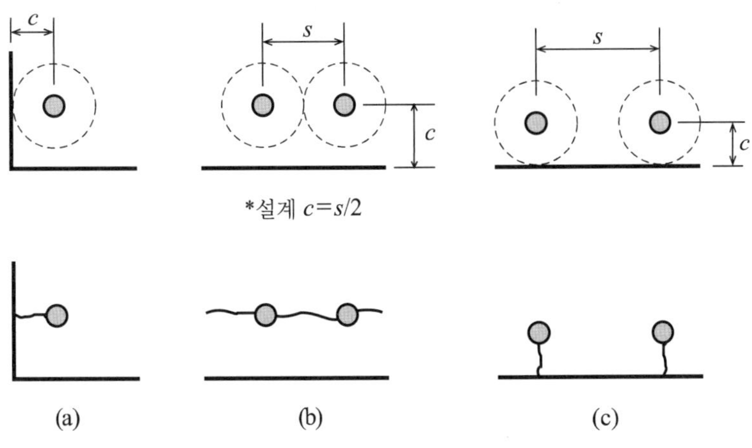

그림 9.4 철근콘크리트 부재의 피복두께와 철근의 정착 파괴 형태

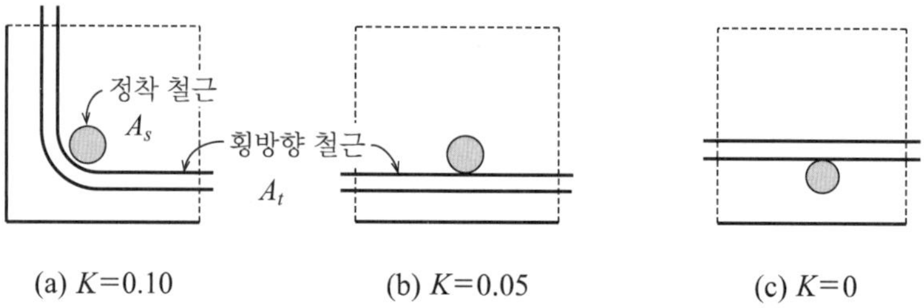

그림 9.5 횡방향 구속 철근과 위치에 따른 K값

길이에 영향을 주는 기본적인 요인들은 피복두께, 철근 간격, 횡방향 철근의 유무 등이다. 이러한 요인들의 영향은 주로 실험을 통하여 얻은 결과를 분석하여 간편한 보정 계수를 도입하여 설계에 적용되고 있다[2)].

이러한 배경에서 실제 설계 조건별로 보정 계수를 정하여, 식 (9.2-2)으로 계산한 기본정착길이 l_b에 아래와 같이 보정 계수를 곱한 값으로 설계하며, 이 길이를 철근의 **설계정착길이** (design development length)라 하며 l_{bd}로 표시한다.

---

2) 콘크리트구조기준에서는 인장 철근의 정착길이와 압축 철근의 정착길이를 명시적으로 구분하여 규정하고 있다. 인장 철근의 정착길이는 ① 피복두께가 $1.0d_b$이상이고 철근 사이 순간격이 $1.0d_b$이상 이면서 스터럽과 띠철근이 규정의 최소값 이상인 경우와 ② 피복두께가 $1.0d_b$이상이고 철근 사이 순간격이 $2.0d_b$이상인 경우에 대해 설계정착길이 l_{bd}를 다음과 같이 산정하도록 규정하고 있다(콘크리트구조기준 8.3.2).

$$l_{bd} = \alpha\beta\gamma \frac{0.6 f_y d_b}{\sqrt{f_{ck}}} \qquad (주.9\text{-}1)$$

여기서 α, β, γ는 다음과 같은 값은 가지는 보정 계수들이다.

α=철근 위치 계수	: 철근 아래 300 mm 이상 깊이의 콘크리트가 타설된 경우	1.3
	기타 철근	1.0
β=에폭시 도막 계수	: 에폭시 도막된 철근으로 피복두께가 $3d_b$미만인 경우	1.5
	기타 에폭시 도막 철근	1.2
	도막되지 않은 철근	1.0
γ=철근 크기 계수	: D19 이하	0.8
	D22 이상	1.0

이 설계정착길이는 휨부재 설계 때 해석에서 요구되는 철근량을 초과하여 배치한 경우에는 (소요 A_s/배치 A_s)의 곱으로 감소시킬 수 있다. 다만 정착이 특별히 철근의 항복강도까지 경우이거나 지진 지역에는 감소시키지 않아야 한다.

압축을 받는 이형 철근의 정착길이는 다음과 같다(콘크리트구조기준 8.2.3).

$$l_{bd} = \frac{0.25 f_y d_b}{\sqrt{f_{ck}}} \geq 0.043 f_y d_b \qquad (주.9\text{-}2)$$

이 정착길이는 해석 결과로 소요되는 철근량 이상일 경우 (소요 A_s/배치 A_s)의 비로 감소시킬 수 있으며, 또한 기둥에서 나선철근이나 띠철근이 100mm 이하의 간격으로 배치된 경우에는 0.75를 곱한 길이로 감소시킬 수 있다.

$$l_{bd} = \alpha_1 \alpha_2 \alpha_3 \alpha_4 \alpha_5 l_b \tag{9.2-4}$$

여기서 $\alpha_1, \alpha_2, \alpha_3, \alpha_4, \alpha_5$는 다음과 같은 값을 가지는 보정 계수들이다.

	인장 철근	압축 철근
α_1 = 철근의 형상 계수		
① 직선 철근	1.0	1.0
② 갈고리 철근 $c \geq 3d_b$	0.7	1.0
$c < 3d_b$	1.0	1.0
α_2 = 콘크리트 피복두께 계수	$0.7 \leq 1-0.15\dfrac{c-d_b}{d_b} \leq 1.0$	1.0
α_3 = 횡방향 철근 구속 계수	$0.7 \leq 1-K\dfrac{\Sigma A_t - \Sigma A_{t,\min}}{A_s} \leq 1.0$	1.0
α_4 = 횡방향 용접 철근 계수	0.7	0.7
α_5 = 횡방향 압축응력 구속 계수	$0.7 \leq 1-0.04p \leq 1.0$	–

여기서 c는 피복두께와 철근 간격의 절반 중에서 작은 값을 취하며, ΣA_t는 설계정착길이 l_{bd} 길이 안에 배치된 횡방향 철근의 단면적이며, $\Sigma A_{t,\min}$은 횡방향 철근의 최소 단면적으로 보에서는 $0.25A_s$를 슬래브에서 0으로 취한다. A_s는 최대 지름을 가진 정착 철근 한 개의 단면적이며, K는 그림 9.5에 나타난 크기이다. p는 l_{bd}내의 극한한계상태에서 횡방향 압축응력(MPa)이다.

식 (9.2-4)로 산정한 설계정착길이 l_{bd}는 최소 정착길이 $l_{b,\min}$보다 커야 한다. 다른 제한 조건이 더 이상 적용되지 않는 경우, 최소 정착길이는 다음과 같다.

인장 철근 : $l_{b,\min}$은 $0.3l_b$, $15d_b$, 100 mm 중 큰 값

압축 철근 : $l_{b,\min}$은 $0.6l_b$, $15d_b$, 100 mm 중 큰 값

9.2.2 복부 철근의 정착

부재의 복부에 횡방향으로 배치되는 스터럽과 띠철근은 최대한 부재 상면과 하면 가까이 배치하는 것이 효과적일 뿐만 아니라 적절하게 정착하는 것이 중요하다. 부재 복부가 전단력이나 비틀림력을 받을 때, 스터럽은 전 길이에서 인장강도가 발휘되므로 직선 묻힘 길이만으로

는 매우 불안전하게 된다. 뿐만 아니라 복부 철근이 힘을 받으면 쉽게 단면의 콘크리트 피복이 박리된다. 이때문에 스터럽은 그림 9.6(a)에 나타낸 것처럼 보통 90° 또는 135° 갈고리를 상부에 만들고 하부는 종방향 주철근을 감싸면서 90°로 굽힌 형태로 하여 단면 심부 콘크리트에 정착되도록 하여야 한다.

휨 설계에서 상부 철근이 필요하지 않는 정휨모멘트 구간에는 스터럽을 지지할 수 있는 상부 철근이 배치되어야 하며 보통 스터럽과 동일한 지름의 철근을 사용한다. 이 철근은 갈고리의 정착을 개선시키고 철근의 조립을 원활하게 하며, 콘크리트를 타설할 때 철근들의 위치를 고정시키는 역할을 한다.
스터럽은 단부에 철근을 용접하여 정착하기도 하는데, 이 경우 스터럽은 충분한 용접 성능이 확보되어야 한다. 부재에 비틀림모멘트가 작용하지 않는 경우의 전단 보강 철근은 그림 9.6(b)에 보인 것과 같이 복부에서 겹침이음하여도 좋다.

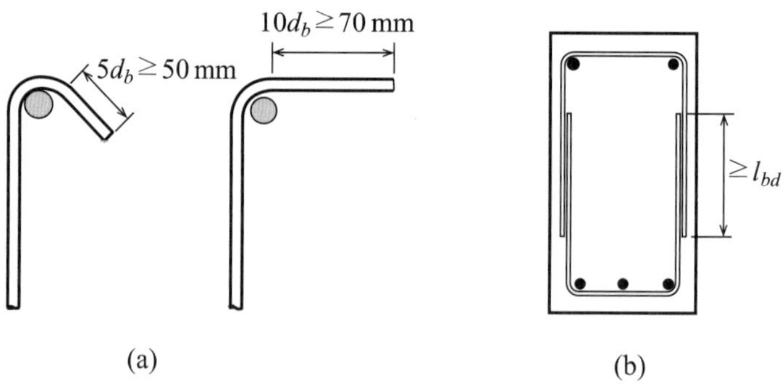

그림 9.6 스터럽과 띠철근의 정착

9.2.3 기계적 장치에 의한 정착

깊은 보의 경우처럼 휨 철근 단부에 갈고리를 할 공간이 없거나 횡방향 철근을 사용할 수 없을 때 그림 9.7에 보인 것과 같은 기계적 장치를 이용할 수 있다. 콘크리트에 손상을 주지 않고 철근의 강도를 발휘할 수 있도록 설치된 어떠한 기계적 장치도 정착에 사용할 수 있다. 기계적 정착 장치의 성능은 항상 시험에 의해 입증되어야 한다. 이때 철근의 정착은 기계적 장치와 철근의 최대 응력점과 기계적 정착 장치 사이 철근의 추가 매입길이의 조합으로 이루어진다. 기계적 정착 장치를 사용한다면 상세한 내용이 설계 도서에 제시되어야 한다.

일반적인 기계적 정착 장치의 형태는 지압판에 용접형, 나사형, 끼움형들이 있는데 이러한 대부분의 것들은 상업적으로 이용 가능한 특허 제품들이다. 설계 도서에는 특허를 받은 연결

장치가 사용되는 부분마다 시험 및 승인 절차가 포함되어야 한다. 유럽설계기준(참고문헌 10.5]에는 기계적 정착 장치의 안전성에 대해, 인장력이 작용하는 끝단의 미끄러짐은 극한한계강도의 70퍼센트 수준에서 0.1 mm를 초과하지 않아야 하고, 95퍼센트 수준에서 0.5 mm를 초과하지 않아야 한다고 규정하고 있다. 또한 장치의 피로 강도를 입증하지 않을 경우에는 장치의 설계강도를 극한한계강도의 50퍼센트 이하로 취해야 한다.

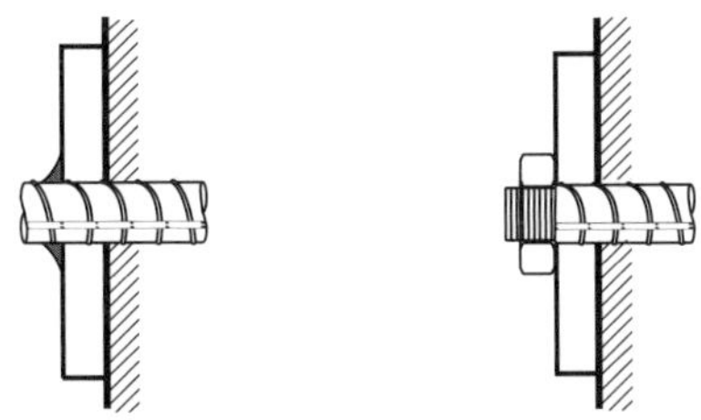

그림 9.7 기계적 정착 장치 예

9.3 철근의 이음

철근은 제작과 운반의 제한성 때문에 한정된 길이로 생산된다. 긴 경간을 갖는 부재나 시공상의 이유로 철근을 조립할 때 철근의 길이가 짧은 경우가 많아 현장에서 자주 철근 이음이 필요하다. 철근의 이음에는 겹침이음, 용접, 기계적 장치 이음 등의 방법이 있다. 어느 경우에나 철근 힘의 전달이 연속적이어야 하며, 응력 집중 등의 불리한 영향이 발생하지 않도록 철근을 연결해야 한다. 철근 이음을 용접이나 기계적 이음을 할 때에는 철근이 $1.25f_y$ 이상의 응력을 발휘할 수 있도록 완전한 이음으로 하여야 한다. 이것은 과하중을 받을 때 이음부의 취성 파괴 보다는 이음부에서 떨어져 있는 부분에서 연성 항복에 의해 파괴되도록 하기 위한 목적이다.

현장에서 가장 쉽게 사용하는 방법은 **겹침이음**(lap splice)이다. 겹침이음은 한쪽 철근에서 다른 쪽 철근으로 부착에 의해 힘을 전달시키기 위한 충분한 길이로 서로 겹치게 하는 방법이다. 콘크리트 내부에 묻혀 있는 철근은 항복 응력점을 지나 정착길이 만큼 연장되어야 한다. 그림 9.8에 보인 두 철근이 콘크리트 내부에 정착길이 만큼 겹쳐져 있다면 이론적으로는 한쪽 철근에서 다른 쪽 철근으로 항복력이 전달된다. 즉, 두 철근은 항복력을 발휘하는 하나의 철근과 동일한 상태가 된다. 이처럼 철근 겹침이음은 정착과 근본적으로 동일한 현상이며 그 이음 길이는 최소한 정착길이와 같아야 한다는 것을 알 수 있다.

철근의 정착은 철근 이형 마디의 쐐기작용에 의한 부착에 주로 의존한다. 그림 9.8에 나타낸 것과 같이 극한한계상태에서 철근 주변의 콘크리트 내부에는 철근 마디에 의해 경사 균열이 발생하며, 그로 인해 경사 압축대가 형성되어 힘을 전달한다. 만약 두 철근이 거리 s만큼 떨어져 이음되어 있다면 경사 압축대에 의해 힘이 전달되는 부분만이 역학적으로 겹침이음 길이 즉 정착길이가 된다. 따라서 두 철근이 거리 s만큼 떨어져 이음된 경우에는 45°로 가정하여 실제 겹침 길이는 s만큼 더 길어야 한다. 또한, 양 철근의 인장력에 의해 경사 압축대는 회전하며 경사 압축력의 횡방향 성분에 해당하는 횡방향 인장력이 발생한다. 철근 표면의 부착응력은 하중 작용 쪽에 크고 자유단 쪽으로 갈수록 작아지는 분포이기 때문에 이에 따른 횡방향 인장력의 분포도 이음부 양단부에서 현저하게 크게 되는 경향이 나타난다. 따라서 횡방향 인장력에 저항하도록 횡방향 철근을 배치해야 하며, 이때 철근은 양단부에 집중적으로 배치할 필요가 있게 된다. 그림 9.8에 나타낸 두 철근 사이의 횡방향 순간격 s는 $4d_b$또는 50 mm보다 커서는 안 된다. 이를 만족하지 못하는 경우, 이음 길이는 $4d_b$ 또는 50 mm를 초과하는 거리만큼 증가시킨 길이 l_o+s로 겹쳐야 한다.

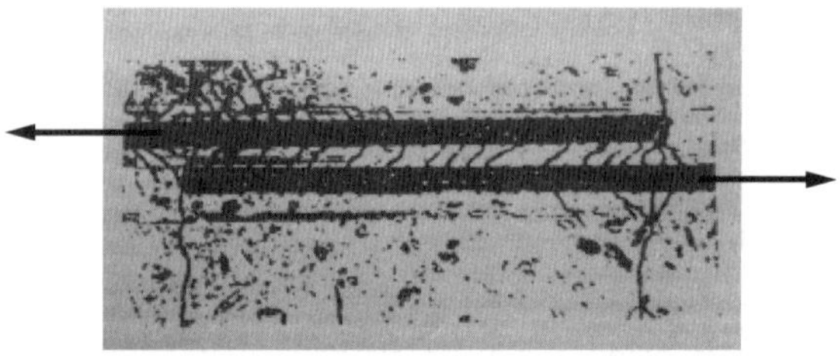

겹침이음의 파괴 전의 균열 형상 [참고문헌 9.9]

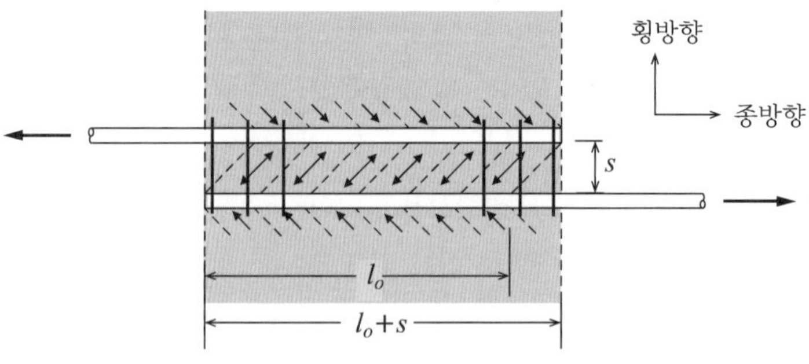

그림 9.8 철근 겹침이음의 힘 전달

이처럼 겹침이음은 현장에서 쉽게 사용할 수 있는 방법인 반면에, 이음부에서 균열 발생 가능성과 극한한계상태에서 취성적 파괴 가능성이 잠재되어 있는 방법이기 때문에 그 상세 요구 조건이 상대적으로 엄격하게 규정되어 있다. 이음부 콘크리트에는 박리가 발생하지 않아야 하고, 구조 성능에 영향을 주는 균열은 발생하지 않아야 한다. 부재에서 응력이 큰 영역에는 겹침이음을 피해야 하며, 철근 사이에서 서로 엇갈리게 계단 형태 또는 교번 형태로 배치하고, 일반적으로 부재 내에서는 대칭으로 배치한다. 그림 9.9에 겹침이음 사이의 상세 요구 조건을 나타냈다.

인접한 두 겹침 이음부의 배치 종방향 순간격은 이음길이 l_o의 0.3배보다 커야 하며, 횡방향 순간격은 $2d_b$ 또는 20 mm보다 작아서도 안 된다. 이러한 조건을 만족하는 겹침이음 배치이면, 인장 철근의 겹침이음 허용 비율은 단면의 철근이 한 층으로 모두 배열된 상태인 경우 100퍼센트로 할 수 있다. 만약 단면의 철근이 여러 층에 배열된 경우에는 50퍼센트로 감소시켜야 한다. 모든 압축 철근과 배력 철근은 한 단면에서 겹침이음이 되어도 된다.

앞에서 설명한 바와 같이 겹침이음길이는 근본적으로 철근의 정착길이와 동일하며, 다만 겹침이음의 밀집 정도와 횡방향 철근의 영향을 반영하는 정도만 달리하여 **설계겹침이음길이** (design length of lap splice)를 다음 식으로 산정한다[3].

$$l_o = \alpha_1\, \alpha_2\, \alpha_3\, \alpha_5\, \alpha_6\, l_b \tag{9.3-1}$$

여기서 $\alpha_1, \alpha_2, \alpha_3, \alpha_5$의 값들은 설계정착길이를 산정할 때 사용한 값과 같다. 단지, 횡방향 철근의 영향을 반영하는 보정 계수 α_3의 계산에서 $\Sigma A_{t,\min}$을 $1.0A_s$로 하여야 한다. 보정 계수 α_6는 겹침이음의 밀집도를 반영하는 것으로서 다음과 같이 결정한다.

$$\alpha_6 = \sqrt{\rho_1/25} \leq 1.5 \tag{9.3-2}$$

---

3) 콘크리트구조기준에서는 인장 철근과 압축 철근의 겹침이음길이를 분리해서 다루고 있다. 인장 철근의 겹침이음길이는 정착길이 l_{bd}로 정의하고, 두 등급으로 나누어서 A급 이음은 $1.0l_{bd}$ 이상으로 하고 B급 이음은 $1.3l_{bd}$이상으로 겹침을 하도록 규정하고 있다. A급 이음은 이음부에서 배치된 철근 면적 A_s가 계산상 소요 A_s보다 2배 이상이면서 동시에 이음 철근의 50퍼센트 이하가 한 이음 구간에서 이음되었을 때 허용하며 그 외에는 B급 이음으로 설계해야 한다.

압축 철근의 최소 겹침이음길이는 구조기준 8.6.3에 다음과 같이 규정하고 있다.

$$l_o = \left(\frac{1.4f_y}{\sqrt{f_{ck}}} - 52\right)d_b \tag{주.9-3}$$

이 이음길이는 $f_y \leq 400\,\text{MPa}$ 경우 $0.072f_y d_b$보다 길 필요는 없고, $f_y > 400\,\text{MPa}$인 경우에는 $(0.13f_y - 24)d_b$ 보다 길 필요가 없다. 그러나 이 길이들은 300 mm이상이어야 한다.

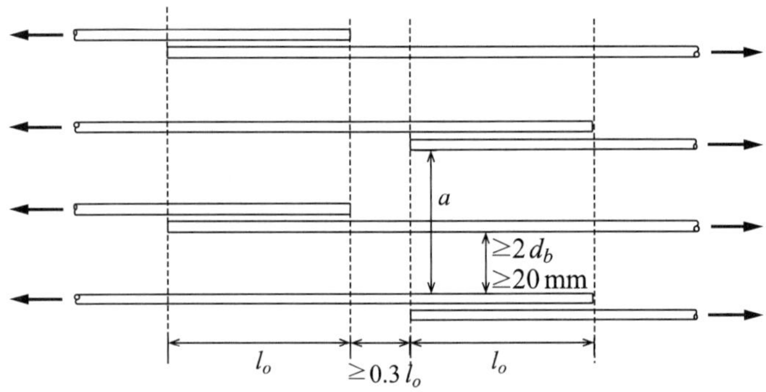

그림 9.9 인접 겹침이음 사이의 요구 조건

여기서 ρ_1은 겹침이음의 중앙을 기준으로 $0.65l_o$ 이내 구간에 놓이는 겹침이음 철근의 백분율이며, α_6의 값은 표 9.4에 주어져 있다. 한 예로, 그림 9.10에서 2번 철근과 3번 철근은 검토하는 단면의 외측에 있다. 따라서 이 경우의 겹침이음의 비율은 50퍼센트이고 $\alpha_6 = 1.4$가 된다. 설계겹침이음길이 l_o는 $0.3\alpha_6 l_b$, $15d_b$, 또는 200 mm 중 큰 값보다 작지 않아야 한다. 즉,

$$l_{o,\min} = \max\{0.3\alpha_6 l_b;\ 15d_b;\ 200\,\mathrm{mm}\} \tag{9.3-3}$$

인장 철근의 겹침이음 영역에는 횡방향 인장력에 저항하도록 횡방향 철근을 배치하여야 한다. 이때 이음 철근의 지름이 20 mm 보다 작은 경우 또는 이음 철근의 비율이 어느 한 부분에서 25퍼센트 보다 작은 경우에는, 전단 철근이나 띠철근으로 배치된 횡방향 철근이 횡방향 인장력에 대해 충분하다고 가정할 수 있다. 겹침이음 철근의 지름이 20 mm 이상인 경우, 횡방향 철근의 전체 단면적 A_t는 이음된 철근 하나의 면적 A_s보다 작아서는 안 된다. 즉, $\sum A_t \geq 1.0\,A_s$이어야 한다. 횡방향 철근은 겹침이음 철근과 콘크리트 표면 사이에 배치하여야 한다. 만약에 50퍼센트 이상의 철근이 한 단면에서 겹침이음되고 또한, 단면 내에서 이웃하는 겹침이음 사이의 간격(그림 9.9에 표시된 거리 a)이 $10d_b$ 이하라면 횡방향 철근은 띠철근 또는 단면 내에 정착되는 U형 철근 형태로 배치하여야 한다. 이러한 횡방향 철근은 그림 9.11(a)에 나타낸 것과 같이 이음부의 외측 3분 구간에 배치되어야 한다.

표 9.4 계수 α_6의 값

총 단면적에 대한 겹침이음 철근의 비율	< 25%	33%	50%	>50%
α_6	1	1.15	1.4	1.5

주) 중간 값들은 보간법으로 결정할 수 있다.

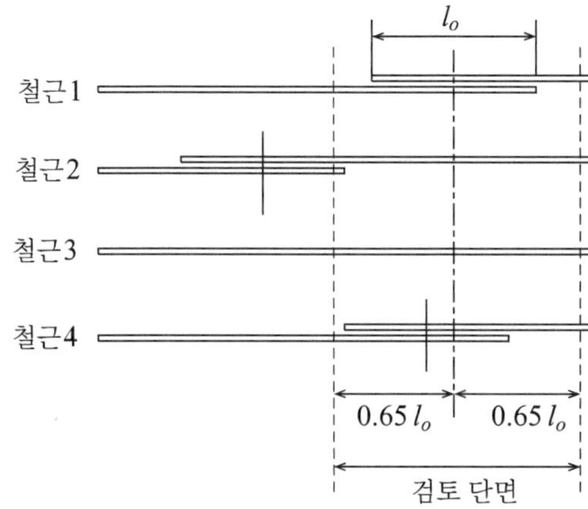

그림 9.10 한 단면에서 겹침이음 된 철근의 비율

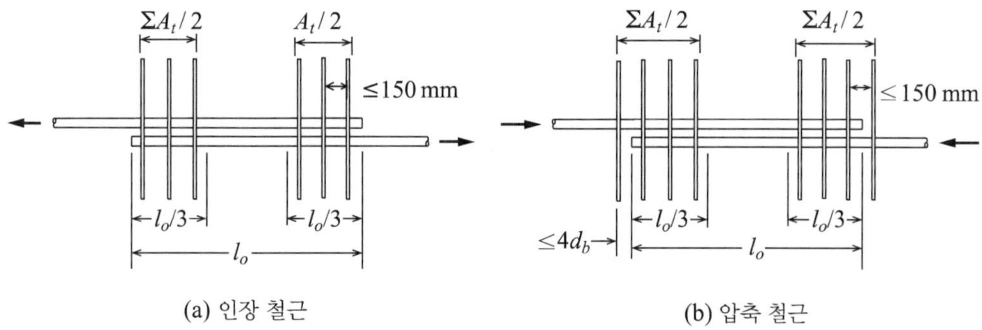

그림 9.11 겹침이음부 횡방향 철근 배치

압축력을 받는 철근의 겹침이음부는 극한한계상태에서 철근 단부의 높은 지압력에 의해 항상 콘크리트 피복의 박리로 파괴된다[참고문헌 9.10]. 이러한 파괴를 방지하기위해 그림 9.11(b)에 보인 것처럼 압축철근의 횡방향 철근은 인장을 받는 철근에 관한 규정 외에 겹침 이음부 양단의 바깥 부분 $4d_b$ 안에 추가로 하나의 횡방향 철근을 배치하여야 한다. 만약에 50퍼센트 이상의 철근이 한 지점에서 겹침이음 되고 한 단면 내에서 이웃하는 겹침이음 사이의 거리 a가 $10d_b$ 이하라면, 횡방향 철근은 갈고리 형태 또는 단면 내에 정착되는 U형 철근 형태로 배치되어야 한다.

예제 9.3-1　철근의 겹침이음 상세 설계

깊이 h =250 mm인 교량 바닥 슬래브의 상부 부휨모멘트 철근과 하부 정휨모멘트 철근으로 SD 500의 D25를 150 mm 간격으로 배치하려고 한다. 철근 중심까지의 피복두께는 45 mm이고, 사용한 콘크리트는 f_{ck} =35 MPa이다. 철근의 겹침이음 상세를 설계하라.

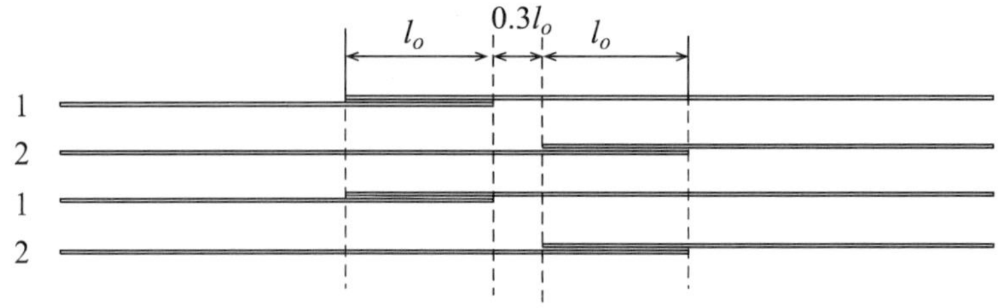

(a) 교번 배치

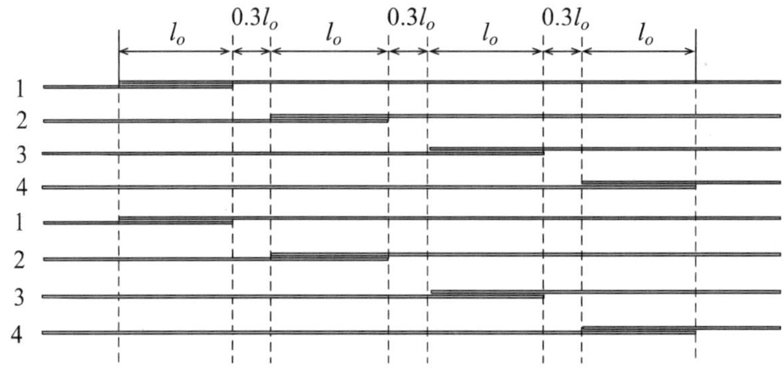

(b) 계단 배치

그림 9.12 예제 9.3-1의 겹침이음 배치 형태

풀이

콘크리트 기준인장강도 $f_{ctk} = 0.7(0.3)(35+4)^{2/3} = 2.44\,\text{MPa}$

콘크리트 설계부착강도 $f_{bd} = \phi_c 2.25\,\eta_1 \eta_2 f_{ctk} = 0.65(2.25)(1)(1)(2.44) = 3.56\,\text{MPa}$

여기서 위치 보정 계수 $\eta_1 = 1.0$을, 철근 크기 계수 $\eta_2 = 1.0$을 취하였다.

기본정착길이는 식 (9.2-2)에 따라

$$l_b = \frac{\phi_s f_y d_b}{4 f_{bd}} = \frac{0.9(500)(25)}{4(3.56)} = 790\,\text{mm}$$

보정 계수는

$$\alpha_1 = 1.0$$

$$\alpha_2 = 1 - 0.15\frac{45-25}{25} = 0.88 \geq 0.7 \quad (\text{여기서 } c = \min\{45; 150/2\} = 45\,\text{mm})$$

$\alpha_3 = 1.0$ (여기서 횡방향 철근이 이음 철근의 안쪽에 위치하므로 $K=0$)

$\alpha_5 = 1.0$ (여기서 횡방향 압축응력 $p=0$인 상태)

$\alpha_6 = 1.4$: 그림 9.12(a)의 교번 배치 (여기서 겹침이음 비율=50%)

$\quad = 1.0$: 그림 9.12(b)의 계단 배치 (여기서 겹침이음 비율=25%)

최소 겹침이음길이는 식 (9.3-3)에 따라

$$l_{o,\min} = \max\{0.3(1.4)(790); 15(25); 200\} = 375\,\text{mm} \ \ : \text{그림 9.12(a)의 교번 배치}$$
$$l_{o,\min} = \max\{0.3(1.0)(790); 15(25); 200\} = 375\,\text{mm} \ \ : \text{그림 9.12(b)의 계단 배치}$$

따라서 설계겹침이음길이는 식 (9.3-1)에 의해

$$l_o \geq 1.0(0.88)(1.0)(1.0)(1.4)(790) = 973\,\text{mm} \ \ : \text{그림 9.12(a)의 교번 배치인 경우}$$
$$l_o \geq 1.0(0.88)(1.0)(1.0)(1.0)(790) = 695\,\text{mm} \ \ : \text{그림 9.12(b)의 계단 배치인 경우}$$

겹침이음부의 횡방향 철근 배치 : 설계기준에 따라, 인장 이음 철근의 지름이 20 mm 이상이므로, 이음 철근 D25 하나의 단면적 $A_s = 506.7\,\text{mm}^2$보다 큰 횡방향 철근량을 이음길이 내의 외측 3분 구간에 걸쳐 이음 철근과 콘크리트 표면 사이에 배치하여야 한다. 따라서 D13 철근을 교번 배치인 경우에는 150 mm 간격으로, 계단 배치인 경우에는 100 mm 간격으로 그림 9.11처럼 배치한다.

9.4 철근의 절단

앞 5장에서 휨 부재의 설계에 대해서 다뤘다. 휨모멘트에 대한 설계 위험 단면은 일반적으로 경간 중앙과 받침부에 위치하며, 이 단면에서 소요 철근량과 단면 치수 등을 산정한다. 단순보나 연속보에서 휨 철근량은 휨모멘트에 거의 비례하여 휨모멘트가 큰 단면에서 많아지고 휨모멘트가 작은 곳에서 철근량이 적어진다. 그러므로 필요하지 않는 철근은 더 연장할 필요가 없어 절단하거나 또는 굽혀서 배치할 수 있다.

그림 9.13은 등분포 하중이 작용하는 연속보의 주철근 배치와 그 절단점을 결정하는 방법을 보인 것이다. 이 보에서는 경간 중앙에서 최대 정휨모멘트가 발생하고 받침부에서 최대 부휨모멘트가 발생하며, 그 분포는 그림에 빗금친 부분과 동일한 형태가 된다. 여기서 정휨모멘트 분포도와 부휨모멘트 분포도가 서로 연결되어 있지 않는 것은 각 위험 단면의 설계 휨모멘트를 결정하기 위한 재하 방법이 서로 다르기 때문이다. 이 휨모멘트에 따라 보에 필요한 철근 인장력 T는

$$\text{소요 } T = \frac{M_u}{z} \tag{9.4-1}$$

여기서 M_u는 계수휨모멘트 값이고, z는 단면 내부 팔길이이다. 대체로 팔길이는 변화가 작기 때문에 소요 철근 인장력은 휨모멘트에 비례하여 그림 9.13에 점선으로 나타낸 것과 같게 된다.

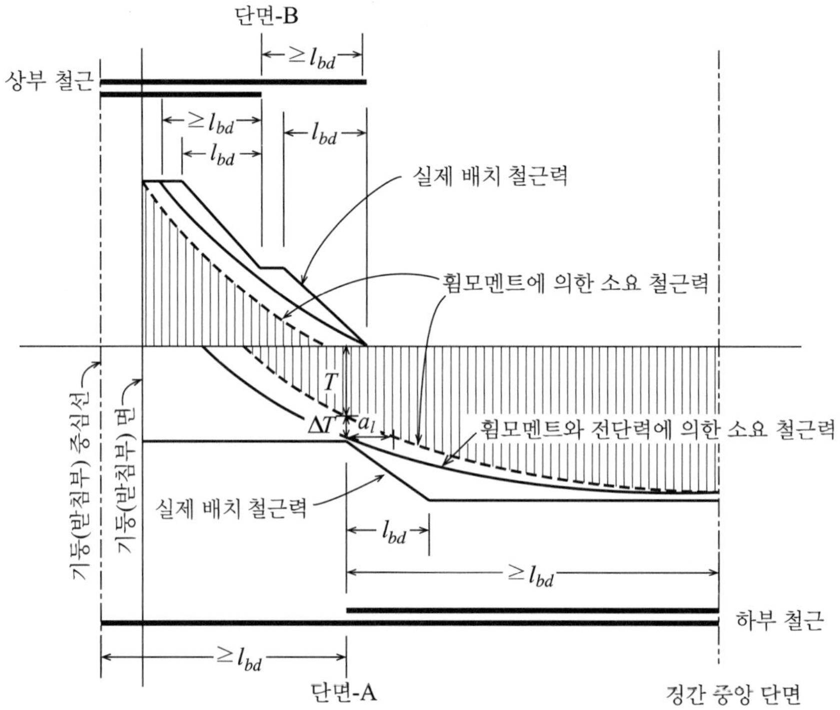

그림 9.13 휨 부재의 주철근 배치와 절단점

앞 6장의 6.3.3절에서 설명했듯이, 보의 복부에 전단 철근이 배치되어 있는 경우에는 작용 전단력 V_u에 의한 트러스 작용이 형성되어 축방향력이 유발된다. 이때문에 단면의 평형을 유지하기 위해서 주인장 철근에 인장력 ΔT가 추가로 발생하게 되며, 주인장 철근은 휨모멘트에 의한 인장력 T와 전단에 의한 인장력 ΔT를 모두 저항할 수 있어야 한다. 이때 복부 전단력에 의한 추가 인장력은 다음과 같다.

$$\Delta T = 0.5\, V_u \cot\theta \tag{6.3-24}$$

여기서 θ는 보를 설계할 때 설계자가 사용한 복부 스트럿의 경사각이다. 만약 설계자 큰 경사각을 선정하여 부재를 설계하면, 소요 스터럽량이 많아지는 대신에 추가 인장력 ΔT가 작아진다. 반면에 낮은 경사각을 선정하면 소요 스터럽량은 적어지지만, 휨인장 철근에 큰 인장력 ΔT가 추가된다. 이러한 현상은 그림 9.13에 점선으로 나타난 원래 철근 인장력 T 분포도가 실선으로 보인 인장력 $T+\Delta T$ 분포도로 거리 a_l만큼 전이(shift)된다고 하여 전이법칙이라고 하며, 이에 따라 부재 설계에서 휨과 전단의 상호작용(interaction)을 반영한다. 이때 추가되는 ΔT에 해당하는 전이 거리 a_l은 다음과 같게 된다.

$$a_l = \frac{z(\cot\theta - \cot\alpha)}{2} \tag{9.4-2}$$

여기서 α는 전단 철근과 주인장 철근 사이의 경사각으로 수직 스터럽인 경우 $90°$가 되어 $\cot\alpha = 0$이 된다.

그림 9.13에 휨모멘트에 소요되는 철근 인장력과 전단력에 의해 추가되는 인장력을 합한 총 소요 철근 인장력을 실선으로 나타냈다. 이 소요 인장력 분포를 바탕으로 배치할 철근량을 결정하고, 더 이상 불필요한 철근은 절단하거나 굽혀야 한다. 이때 항상 배치된 철근의 설계 항복 인장력은 소요 인장력보다 같거나 커야 한다. 먼저 최대 휨모멘트인 경간 중앙부나 받침부에 배치할 철근량을 결정하고, 그림에 보인 것과 같이 경간을 따라 더 이상 불필요한 철근을 절단할 위치를 찾는다. 일반적으로 절단하려는 철근량을 최대 단면에 배치되는 철근량의 1/2 또는 1/3로 정하고 그에 따라 절단점을 한 곳 또는 두 곳으로 설정하는데 대부분의 실무에서는 절단점을 한곳에 둔다.

그림 9.13에 나타낸 단면-A에서 소요 인장력에 해당하는 철근량만 남겨두고 나머지 철근은 그 단면에서 절단한다. 이때 단면-A의 위치는 계수휨모멘트에 의해 더 이상 필요하지 않는 단면 즉 이론적 절단점을 지나 전이 거리 a_l만큼 연장된 곳이어야 한다.[4] 또한 절단점인 단면-A에서 절단 철근의 최대 응력점인 경간 중앙 단면까지 거리는 철근의 설계정착길이 l_{bd}보다 항상 커야 한다. 절단되는 철근의 인장력은 정착길이 내에서 그림과 같이 선형으로 변화하는 것으로 간주할 수 있다. 이것은 철근 표면 부착 면적에 선형 비례하여 철근이 인장력을 받을 수 있기 때문이다. 동일한 방법이 부휨모멘트를 저항하는 상부 철근에도 적용한다. 이 절단점 위치는 굽힘점과 동일하게 간주하여 굽힘 철근을 배치한다. 굽힘 철근이 전단 보강 철근의 기능을 하는 경우, 그 정착길이는 인장 영역에서는 $1.3\,l_{bd}$, 압축영역에서는 $0.7\,l_{bd}$ 이상이어야 한다. 이때의 정착길이는 굽힘철근의 축과 종방향 철근의 교차점을 기준으로 한다.

한편, 전단 철근이 배치되지 않은 부재의 복부에는 트러스 작용이 형성되지 않고 일반적으로 경사 전단 균열이 발생하는 순간에 부재는 파괴된다. 그림 9.14에 보인 것과 같이, 경사 균열이 발생하면 최대 휨모멘트 단면의 짝힘 작용은 단면-A의 압축력 C와 단면-B의 인장력 T에 의해 형성되어 최대 휨모멘트를 저항하게 된다. 이때문에 단면-A와 단면-B사이의 철근 인장력은 최대 휨모멘트 단면-A의 인장력과 동일하게 된다. 보에서 전단 균열이 발생하는 순간의

4) 콘크리트구조기준에는 이론적 절단점을 지나 d 또는 $12d_b$ 만큼 연장된 위치에서 절단하도록 규정하고 있다. 이것은 고정 경사각 45°를 사용하는 전단 설계법 채택과 충분한 안전률 확보라는 배경 때문일 것이다. 그러나 한계상태설계법에서는 45°도 보다 작은 경사각을 사용하는 변각 트러스 전단 설계법을 사용하기 때문에 전이 거리 a_l만큼 연장된 위치를 절단점으로 설계한다.

경사각은 대략 45°가 되며, 결국 철근 인장력은 거리 d만큼 전이되어 실선으로 나타낸 인장력 분포도를 갖게 된다. 즉 전단 철근이 배치되지 않는 보의 소요 철근 인장력 분포는 $a_l = d$ 만큼 이동시키는 방법으로 반영할 수 있으며, 절단점의 위치도 휨모멘트에 의한 이론적 절단점을 지나 d 만큼 연장된 점이어야 한다. 최종적으로 주인장 철근의 배치량과 겹침이음 등은 이 추가 인장력을 고려하여 설계하여야 한다. 특히, 받침점 단면에서 전이된 철근 인장력 ΔT를 저항할 수 있는 철근량이 배치되어야 하며, 받침점 단면을 지나 정착길이 만큼 연장되어야 한다.

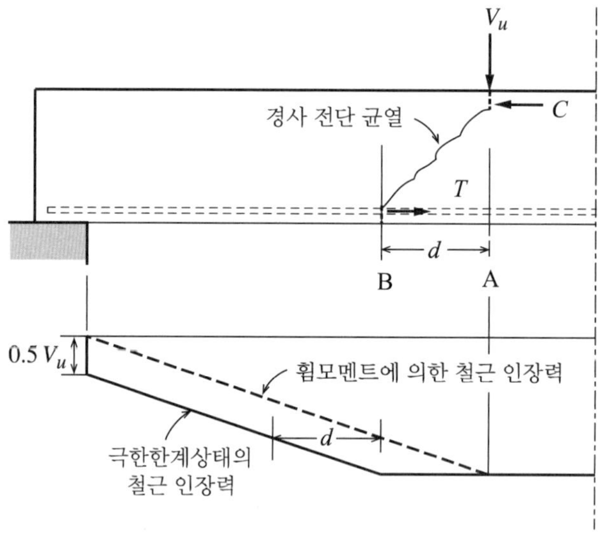

그림 9.14 전단 철근이 없는 보의 철근 인장력

9.5 용접 철망

용접 철망은 연강선 재료를 늘려 가공하여 가로와 세로의 격자 상태로 교차시켜 전기 용접한 철망으로서, 최근 슬래브나 벽체 등의 보강에 사용되는 추세가 커지고 있다. 그러나 용접 철망의 낮은 피로 성능 때문에 교량 구조에는 잘 사용되지 않는다. 이러한 용접 철망에도 이형 철망과 원형 철망이 있으며 설계기준에는 용접 철망의 정착 길이와 이음 방법에 대해 규정하고 있다.

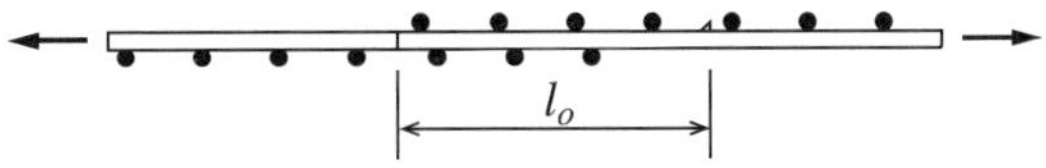

(a) 교번 배열 구조

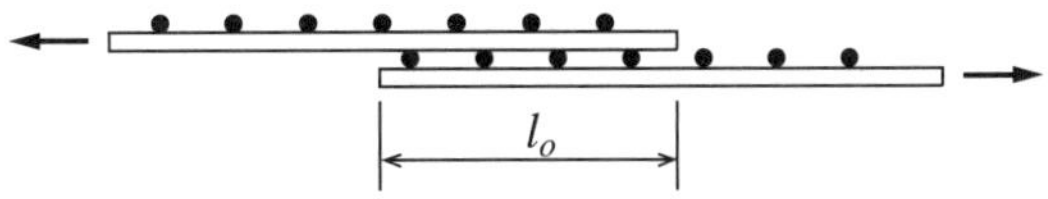

(b) 층 배열 철망 구조

그림 9.15 용접철망의 겹침이음

용접 철망이 부재 축방향 주 보강재로 사용될 경우의 겹침이음은 그림 9.15에 보인 것과 같이 교번 배열(intermeshing) 또는 층 배열(layering of fabrics)로 만들 수 있다. 피로 하중이 발생하는 경우에는 교번 배열을 적용하여야 한다. 교번 배열의 경우, 겹침이음은 일반 철근의 규정을 따라야 한다. 횡방향 철근의 어떠한 유리한 효과라도 무시하고, 횡방향 철근의 구속 계수 $\alpha_3 = 1.0$을 취한다.

층 배열 겹침이음인 경우, 일반적으로 극한한계상태에서 계산된 철선의 응력이 설계강도의 80퍼센트를 넘지 않는 영역에서 가능하다. 이 한계 응력을 초과한다면 휨강도를 계산하기 위한 철망의 유효깊이를 인장 면에서 가장 멀리 떨어진 층으로 하여야 한다. 또한, 겹침이음부 끝단 바로 다음 영역에서 균열을 검토하는 경우, 사용한계상태에서 철근의 응력은 겹침이음부 끝단의 불연속성 때문에 25퍼센트를 증가시켜야 한다. 어느 한 단면에서 겹침이음 되는 철망의 비율은 다음에 따라야 한다. 교번 배열의 경우, 표 9.5에 주어진 값을 적용할 수 있다. 층 배열 격자의 경우, 한 단면에서 겹침이음 되는 주철근의 비율은 용접 철망의 단위 단면적 A_s/s에 따라 다르다.

사용 $A_s/s \le 1,200\,\mathrm{mm^2/m}$의 경우 : 100%

사용 $A_s/s \ge 1,200\,\mathrm{mm^2/m}$의 경우 : 60%

여기서 s는 철선 간격이고, 사용 A_s/s는 사용한 철선의 단위 단면적 (철선 단면적을 철선 간격으로 나눈 값)이다. 복수 층의 연결부는 최소한 $1.3l_o$만큼 엇갈리게 배치해야 한다. 겹침이음 영역에서의 추가적인 횡방향 철근은 필요하지 않다. 용접 철망이 가외(secondary) 또는 배력(distribution) 용도로 사용될 경우에는 모두 같은 위치에서 겹침 이음을 할 수 있다.

표 9.5 배력용으로 사용된 층 배열 철망의 소요 겹침이음길이

철선의 지름	겹침이음길이
$d_b \le 6$	$\ge 150\,\mathrm{mm}$: 겹침이음길이내에서 최소한 1 철망 간격
$6 < d_b \le 8.5$	$\ge 250\,\mathrm{mm}$: 최소한 2 철망 간격
$8.5 < d_b \le 12$	$\ge 350\,\mathrm{mm}$: 최소한 2 철망 간격

9.6 지름이 큰 철근

지름이 32 mm를 초과하는 철근의 경우는 앞 절에서 주어진 규정 외에 다음 규정이 적용된다. 지름이 큰 철근을 사용할 때는 표피철근을 사용하거나 해석을 수행하여 균열을 제어 할 수 있다. 지름이 큰 철근으로 인해 쪼갬 힘은 더욱 커지고 다월작용도 더욱 커진다. 이러한 철근에는 기계적 정착이 필요하다. 직선 철근으로 정착하는 경우에는 구속 철근으로서 갈고리를 가진 횡방향 철근을 사용하여야 한다. 일반적으로 지름이 큰 철근은 겹침이음을 하지 않지만, 단면 치수가 1,000 mm 이상이거나 철근 응력이 설계강도의 80퍼센트를 넘지 않는 단면에서는 예외로 한다.

횡방향 압축응력이 존재하지 않는 정착 구역에는 전단철근 외에 압축용 횡방향 철근을 추가로 배치하여야 한다. 이 추가적인 보강 철근의 단면적은 다음의 값 이상이어야 한다.

$$\text{인장면에 평행한 방향으로 : } A_{sh} = 0.25 A_s n_1$$

$$\text{인장면에 직각인 방향으로 : } A_{sv} = 0.25 A_s n_2$$

여기서 A_s는 정착 철근의 단면적이고, n_1은 부재 내의 같은 위치에 정착된 철근 층의 수이며, n_2는 각 층에서 정착된 철근의 수이다. 이 추가 횡방향 철근은 정착 구역에서 균일하게 분포되어야 하고, 철근의 간격은 주철근 지름의 5배를 넘어서는 안 된다. 지름이 큰 철근에 대한 표피철근량은 큰 지름 철근의 직각 방향으로는 $0.01\,A_{ct,\,ex}$, 평행한 방향으로는 $0.02\,A_{ct,\,ex}$보다 작아서는 안 된다. 여기서 $A_{ct,\,ex}$는 그림 8.4에 나타낸 횡방향 철근의 바깥쪽 인장 콘크리트 면적이다.

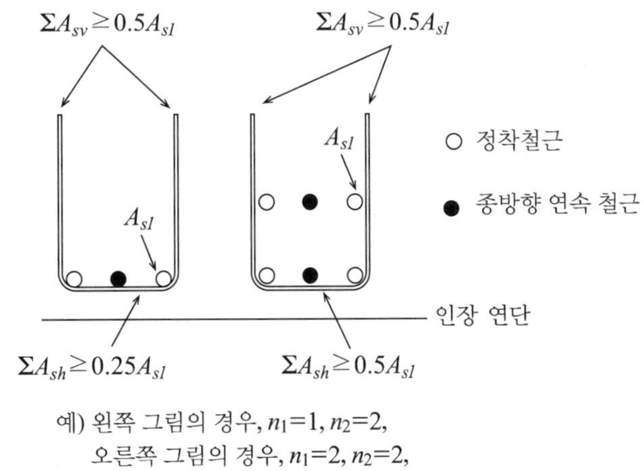

그림 9.16 지름이 큰 철근의 정착

9.7 다발 철근

높은 철근비가 사용되는 부재에서 철근을 묶어서 사용하면 간격 확보와 콘크리트 부어넣기 등에서 유리할 때가 있다. 여러 개의 철근을 묶어서 단일 철근의 기능을 발휘하게 하는 것을 **다발 철근**이라 한다. 다발로 사용하는 경우 철근의 수는 4개를 초과할 수 없으며, 휨 부재에서 D35보다 더 큰 지름을 갖는 철근은 2개까지 다발로 사용할 수 있다. 다른 규정이 없다면, 개별 철근에 대한 규정은 다발 철근에도 적용된다. 다발로 묶는 철근들은 서로 동일한 특성(형태 및 등급)을 지녀야 한다. 지름의 비가 1.7을 넘지 않는 경우에는 다른 크기의 철근과 함께 묶을 수 있다.

설계에서는 다발 철근을 동일한 면적과 동일한 무게 중심을 가지는 가상의 철근으로 대체한다. 이 가상 철근의 등가 지름은 다음과 같이 산정한다.

$$d_{b,n} = d_b\sqrt{n_b} \leq 55\ \mathrm{mm} \qquad (9.7\text{-}1)$$

여기서 n_b는 다발에서 철근의 개수로서, 압축 영역의 수직 철근과 겹침이음 철근이면 $n_b \leq 4$이며, 그 외의 경우에는 $n_b \leq 3$으로 제한하여 적용한다.

다발 철근에서 간격은 철근의 해당 규정을 따른다. 이때 다발 사이의 순간격으로 실제 철근 다발의 외곽 면으로부터 측정값을 사용한다. 두 개의 철근이 아래와 위로 접촉되는 경우와 부착 조건이 양호한 경우에는 이들 철근을 다발 철근으로 취급할 필요는 없다. 다발 철근은 스터럽이나 띠철근으로 둘러싸여야 한다. 다발 철근 내의 각 철근이 지간 내에서 끝날 때에는 적어도 철근 지름의 40배 이상 길이로 서로 엇갈리게 끝내야 한다. 철근 사이의 간격 제한이 철근 크기를 기준으로 적용될 경우 다발의 지름은 등가 단면적으로 환산되는 한 개의 철근 지름으로 계산하여야 한다. 특히, 개별 사이의 상호 위치가 고정되도록 철선 또는 다른 방법으로 다발 철근을 묶어야 한다.

인장 영역의 다발 철근을 받침부와 중간 지점부를 넘어 절단할 수 있다. 등가 지름이 32 mm 미만인 다발은 엇갈리지 않고 받침부 근처에서 절단할 수 있다. 받침부 근처에서 정착된 등가 지름이 32 mm 이상의 다발 철근은 그림 9.17에 나타낸 것과 같이 종방향으로 서로 엇갈리게 배치되어야 한다. 개별 철근이 $1.3l_{bd}$보다 큰 엇갈림 거리로 정착되는 경우, l_{bd}를 산정할 때 철근의 실제 지름을 사용할 수 있다. 그 외의 경우에는 다발 철근의 등가 지름 $d_{b,n}$을 사용하여야 한다. 압축 영역에 정착되는 다발 철근을 엇갈리게 배치할 필요는 없다. 등가 지름이 32 mm 이상인 다발 철근의 단부에는 지름이 12 mm 이상인 횡방향 철근을 최소한 4개 배치하여야 한다. 단락된 철근 단부를 바로 넘어서는 영역에는 또 다른 횡방향 철근을 배치하여야 한다.

다발 철근의 겹침이음 길이는 등가 지름 $d_{b,n}$을 사용하여 일반 철근에 적용하는 방법을 따라 계산하여야 한다. 등가 지름이 32 mm 이하인 2개의 철근으로 구성된 다발 철근은 개별 철근을 엇갈리지 않고 겹쳐 이을 수 있다. 등가 지름이 32 mm 보다 큰 2개의 철근으로 구성되거나 또는 3개의 철근으로 구성된 다발 철근의 경우, 개별 철근은 그림 9.18에 나타낸 것과 같이 종방향으로 최소한 $1.3l_o$정도 엇갈리게 배치되어야 한다. 이런 경우 철근 1개의 지름을 l_o의 계산에 사용할 수 있다. 어떠한 겹침이음 단면에서도 4개 이상의 철근이 배치되지 않도록 주의하여야 한다.

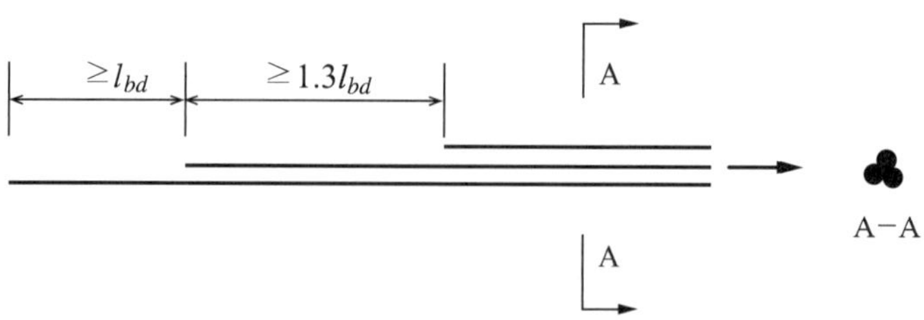

그림 9.17 엇갈린 다발철근의 정착

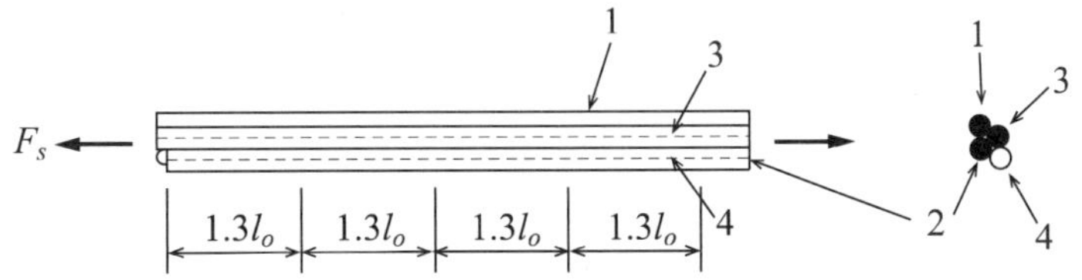

그림 9.18 4개의 철근을 포함하는 인장 영역의 겹침이음 연결부

9.8 구조 일체성 확보

철근 상세를 약간 변경함으로써 구조물의 일체성을 크게 향상시킬 수 있다. 횡구속이 잘된 철근이 받침부를 지나 연장되어 있다면 붕괴 위험이 있다 할지라도 보의 현수작용(catenary action)에 의해 전체 붕괴를 막아준다. 일반적으로 보의 상부와 하부 철근이 앞에서 기술한대로 배치되어 있고 스터럽으로 묶여있을 때 현수작용이 일어날 수 있다. 따라서 하중의 변화, 받침부의 침하, 횡하중 또는 다른 원인으로 인한 휨모멘트의 변동에 대비하여 정휨모멘트에 의하여 인장력을 받게 되는 하부 철근 중 일부를 받침부 내로 연장하는 것이 필요하다.

보의 하부 철근은 단부가 구속되어 있지 않은 경우라도 경간 중앙부 정휨모멘트 철근량의 1/4 이상의 철근을 경간 전체에 걸쳐 배치하여야 하며, 이 철근은 그림 9.19에 보인 것처럼 받침부 면을 지나 설계정착길이만큼 연장 배치되어야 한다. 이때 정착 철근에 작용하는 힘은 휨모멘트와 함께 동시에 작용하는 전단력과 축인장력을 포함시켜 고려되어야 하며, 이를 기초로 하여 철근의 정착길이를 결정하여야 한다. 정착길이는 보와 받침부가 접촉하는 받침부 면을 기준으로 결정한다. 받침부에 지압 반력이 작용하는 경우에는 이 반력에 의하여 철근에 작용하는 횡방향 구속 압력의 효과를 고려할 수 있다.

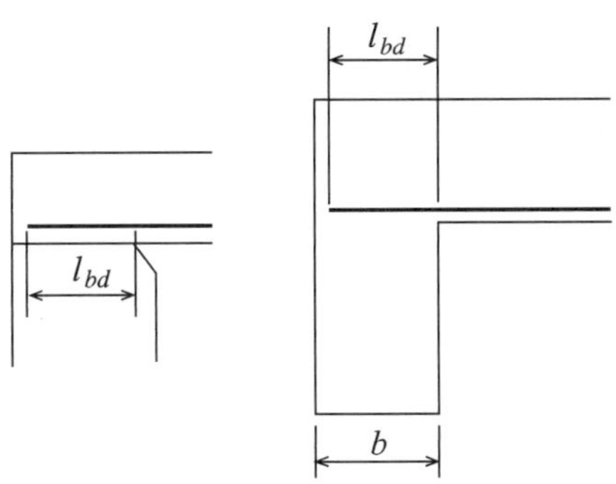

그림 9.19 외측 받침부 철근 정착

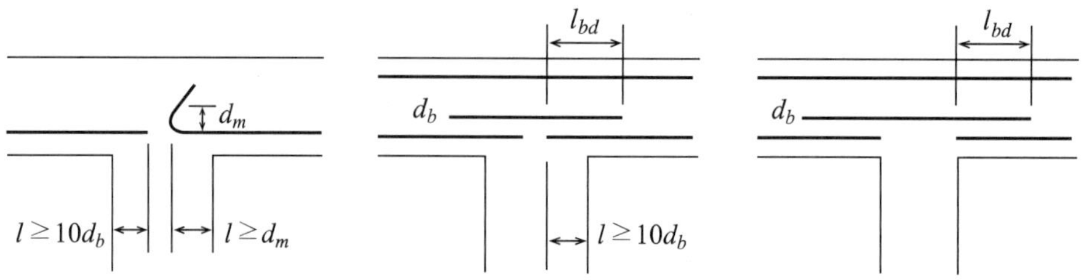

그림 9.20 내측 받침부의 철근 정착과 이음

외측 받침부와 동일하게, 내측 받침부에도 경간 내에 배치된 철근량의 1/4 이상의 철근을 배치하여야 한다. 그림 9.20에 나타낸 것처럼, 직선 철근의 정착길이는 $10\,d_b$ 이상이어야 한다. 갈고리 철근의 경우, 지름이 16 mm 이상인 철근의 정착길이는 갈고리 굽힘 반경의 2배 이상이어야 하며, 지름이 16 mm 미만인 철근의 정착길이는 갈고리 굽힘 반경의 4배 이상이어야 한다. 좀 더 정밀한 해석을 수행하는 경우에는 앞에서 규정한 최소값보다 작은 정착길이로 설계할 수 있다. 또한, 내측 받침부의 지점 침하 등에 의하여 발생할 수 있는 정휨모멘트에 저항할 수 있도록, 하부 철근을 배치하여야 한다. 이때는 그림 9.20처럼 겹침이음으로 연속시키는 방법으로 하부 철근의 역할을 하도록 하여도 좋다.

참고문헌

9.1 도로교통협회 (2015), 도로교설계기준(한계상태설계법), 국토교통부

9.2 한국콘크리트학회 (2012), 콘크리트구조기준, 국토해양부

9.3 김 우, 김진근, 오병환, 정란, 최완철, (2012), 콘크리트구조설계, 도서출판 동화기술

9.4 fib (1999), *Structural Concrete-Textbook*, fib Bulletin 2, Vol. 2

9.5 CEB (1992), CEB-FIP Model Code, Tohmas Telford.

9.6 CEB (1982), *Manual on Technology of Reinforcement*, CEB Bulletin d'Information No. 140.

9.7 CEB (1990), *Recommendations for mechanical splices of reinforcing bars, spacers, chairs and tying of steel reinforcement*, CEB Bulletin d'Information No. 201.

9.8 Eligehausen, R (1979), *Tensile lapped-splices of ribbed bars with straight ennds*, DASStb Heft 301.

9.9 Goto, Y (1971), "Cracks formed in concrete around deformed tension bars", ACI Journal, Vol. 68, No. 4, pp. 711-721.

9.10 Leonhardt, F., Teichen, K. (1972), *Compression splices of reinforcing bars*, DASStb Heft 222.

9.11 Rehm, G., Eligenhausen, R., Neubert, B. (1978), *Explanation of the New Detailing Rules*, DIN 1045, Section 18, Edition 12/78, DASStb Heft 300.

9.12 Den Uijil, J. A. (1992), *Background of the CEB-FIP Model Code 90 clauses on anchorage and transverse tensile actions in the anchorage zone of prestressed concrete members*, CEB Bulletin d'Information No. 212.

9.13 ACI committee 408, (1979), "Suggested Development, splice, and Standard Hook Provisions for Deformed Bars in Tensio", Journal of ACI, Vol. 1, No. 7, pp. 44-46.

CHAPTER 10

부재 형태에 따른 설계

10.1 개요

철근콘크리트 구조물을 구성하는 부재의 설계는 작용하는 **계수하중**(factored load)에 저항할 수 있는 충분한 **설계강도**(design strength)를 확보해야 한다는 기본 원칙에 바탕을 두고 있다. 엄밀하게 말한다면, 수명동안 모든 가능한 설계상황에 해당하는 최대 계수하중조합에서 부재의 적합한 **한계상태**(limit state)를 초과하지 않는다는 것을 **검증**(verification)하여야 한다. 이 기본 원칙은 가장 경제적인 크기를 가지면서 수명동안 지속적으로 유지되어야만 한다. 철근콘크리트 구조물은 장기간 대기에 노출되기 때문에 콘크리트의 탄산화 또는 여러 유해한 물질의 침투로 철근이 부식되어 초기의 강도가 발휘되지 못하는 경우에 대비하여 철근이 콘크리트 내부에 충분히 보호되도록 설계되어야 한다.

또한 계수하중에 대해 충분한 강도를 확보한 부재일지라도 일반 **사용하중**(load at service)에서 적절한 거동을 해야 한다. 단순히 극한한계상태 검증에 의해서만 설계한다면 부재의 철근과 콘크리트에 사용중에 과도한 응력이나 처짐 또는 큰 균열이 발생되는 경우가 있다. 과도한 처짐과 균열은 사용자에게 불편하게 하며, 구조물의 기능과 외관을 손상시킬 뿐만 아니라 내구성을 저하시켜 구조물의 수명을 단축시킬 수 있다. 이러한 현상을 방지하기 위해 사용하중에서 사용 한계값을 초과하지 않도록 설계해야 한다. 더욱이, 균열 발생으로 콘크리트의 인장강도 소멸에 따라 급작스럽게 발생될 수 있는 취성 붕괴를 피할 수 있도록 충분한 철근을 배치하여 사고 상황에 대비하도록 설계할 필요가 있다.

철근콘크리트 구조물은 기능이 서로 다른 단위 부재들의 조합으로 구성되어 있다. 부재들은 형태와 기능에 따라 보, 슬래브, 기둥 및 기초판 등으로 분류되며, 실제 설계에서는 전체 구조계를 구조 해석하여 **하중영향**(influence of load)을 구한 후 단위 부재 별로 설계하는 것이 일반적이다. 하중과 하중조합에 대해서는 1장에서 설명하였으며, 하중영향을 산정하는 구조 해석 방법은 4장에서 기술하였다. 휨에 대한 소요 철근량 산정과 전단 보강 철근량에 대해서는 각각 5장과 6장에서 상세히 설명하였다. 부재들의 연결부분에서 응력이 심하게 부등분포하는 교란 영역(D-영역)을 설계하는 방법에 대해서는 7장에서 다뤘다. 8장에서는 사용한계상태 검증 방법을, 그리고 9장에서는 철근의 정착과 절단에 대해 설명하였다. 이 장에서는 앞에서 이미 다뤘던 기본 내용을 여러 형상을 갖는 부재의 설계에 실질적으로 적용하는 방법을 종합적으로 기술하였다. 또한 기초판과 옹벽을 설계하는 방법에 대해서도 포함하여 다뤘다.

10.2 보 설계

10.2.1 예비 설계와 단면 선정

철근콘크리트 구조물에서 주로 휨에 저항하는 부재를 보라고 하며, 부재 축선에 직각 방향으로 작용하는 하중에 의해 휨모멘트와 전단력 또는 비틀림력이 발생한다. 따라서 철근콘크리트 보는 극한한계상태에서 계수하중영향에 저항할 수 있는 강도 요구 조건을 만족해야 하며, 동시에 사용하중 상태에서 규정된 사용성 요구 조건을 충족하도록 설계되어야 한다. 보에 배치되는 휨철근은 콘크리트와 부착에 의해 충분히 정착되도록 상세 설계에 고려해야 한다. 휨철근량과 그 배치는 후속으로 수행되는 전단 설계와 비틀림 설계에 직접적으로 관련이 있으며, 뿐만 아니라 현실적으로 구입 가능한 철근의 품질과 규격, 시공상의 배치 간격 등에 관련된 허용 공차와 시방서(specification) 기준들을 고려하여야 한다.

콘크리트 구조물에서 철근은 하중을 저항하는데 매우 효율적인데 반해 그 내구성은 부식과 화재에 대해 상당히 취약하다. 따라서 콘크리트 내부에 배치되는 철근을 적절히 보호하기 위해 콘크리트 피복(cover)의 최소 두께를 유지해야 한다. 콘크리트 표면과 그에 가장 가까이 배치된 철근 표면 사이의 거리로 정의되는 피복두께는 부재의 종류와 노출 환경에 따라 달라진다. 만약 콘크리트 표면이 대기에 노출되거나 지반에 접촉하고 있으면, 보호 피복두께는 적어도 40 mm 정도가 필요하다. 피복두께에 대한 자세한 사항을 8장에서 다뤘다. 일반적으로 휨 부재에서 주철근의 중심은 표면으로 부터 60∼70 mm 정도에 배치된다. 얇은 슬래브의 경우는 대략 25 mm 정도에 주철근이 배치된다.

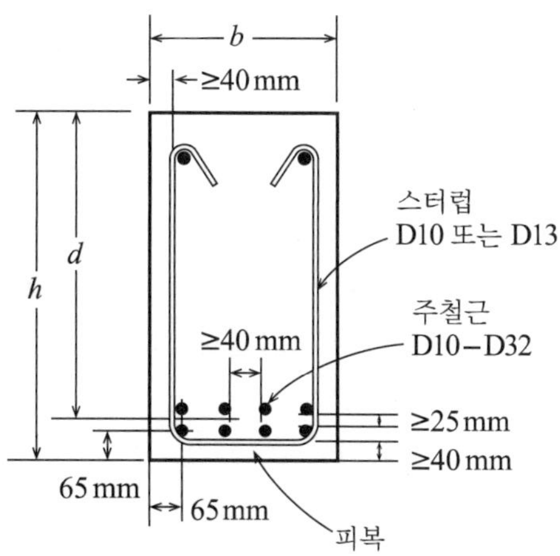

그림 10.1 부재 단면의 상세 요구 사항

단면의 크기와 형상을 정하고 필요한 철근량을 최적화하기 위해서 여러 지름의 철근을 조합하여 배치할 수 있다. 그러나 실제로 시공상 이유 때문에 철근을 조합으로 배치할 때에는 지름의 변화를 통상적으로 두 종류 이하로 한다. 배치된 철근 사이로 콘크리트가 원활히 타설될 수 있도록 철근 사이에 최소 거리를 유지하는 것이 필요하다. 철근의 배치 최소 순간격은 ① 철근 지름의 1.5배, ② 굵은 골재 최대 치수의 1.5배, 또는 ③ 40 mm 중 큰 값 이상이어야 한다. 부재 내에서 철근을 다층으로 배치할 때는 위와 아래 철근을 동일 연직면 내에 배치하고 각 철근 층 사이의 연직 순간격은 25 mm 이상이며 철근의 지름 이상으로 하여야 한다.

보의 휨강도는 폭보다는 깊이에 의해 크게 지배된다. 따라서 경제적인 측면에서 부재 단면의 깊이 h를 폭 b의 2배나 3배 범위에서 선정한다. 사용 공간 등의 제약 때문에 다른 선택을 할 수도 있지만, 너무 작은 깊이이면 처짐과 균열폭이 증가되며, 200 mm 보다 얇은 폭을 갖게 되면 주철근의 간격과 측면 피복을 확보하기 어렵게 된다. 보의 지간-깊이비는 보통 14에서 30 범위에서 선정할 수 있으며, 8장에서 설명했듯이 주로 처짐 요구 조건에 따라 결정된다.

10.2.2 소요 휨 철근량 산정

구조 해석을 수행하여 설계하려는 보의 휨모멘트도(bending moment diagram)가 얻어지고, 몇 차례 반복 계산으로 최대 계수휨모멘트에 저항 가능하도록 적절한 단면의 폭 b와 유효깊이 d 및 사용하려는 콘크리트와 철근의 강도가 선정되면 각 위험 단면에서 소요 철근량을 산정하여야 한다. 5장에서 설명했듯이, 단면에 작용하는 계수휨모멘트 M_u, 단면의 폭 b와 깊이 d가 주어지면 단면의 휨모멘트세기 m_u는

$$m_u = \frac{M_u}{b d^2 f_{cd}} \tag{10.2-1}$$

여기서 $f_{cd} = 0.85\phi_c f_{ck}$로 정의된 콘크리트 설계압축강도이며, ϕ_c는 정상 설계 상황에서 0.65이다. 극한한계상태에서 중립축 깊이비 k를 나타내는 식 (5.4-6)에 보통강도 콘크리트($f_{ck} \leq 40\text{MPa}$)의 합력 계수 $\alpha = 0.8$과 작용점 계수 $\beta = 0.4$를 대입하면, 주어진 m_u에 따른 중립축 깊이비 k와 내부 모멘트 팔길이 z를 아래 식으로 구할 수 있다.

$$k = 1.25(1 - \sqrt{1 - 2m_u}) \tag{10.2-2}$$

$$z = 0.5(1 + \sqrt{1 - 2m_u})d \tag{10.2-3}$$

따라서 소요 인장 철근량을 아래와 같이 산정할 수 있다.

$$\text{소요 } A_s \geq \frac{M_u}{f_{yd}\, z} \tag{10.2-4}$$

여기서 f_{yd}는 $\phi_s f_y$로 정의된 철근의 설계항복강도이며, 정상 설계 상황에서 ϕ_s는 0.90을 취한다.

(a) 중립축 깊이비 제한

경제적이며 충분한 연성 능력을 갖는 보를 설계하기 위해서는 중립축 깊이에 대한 다음과 같은 요구 조건을 충족시켜야 한다.

(가) 극한한계상태에서 철근의 응력이 설계항복강도 이하에 있지 않도록 하여야 한다. 인장 철근이 항상 항복하기 위한 조건은 중립축 깊이비가 균형 중립축 깊이비 k_b보다 작아야 한다.

$$k \leq k_b \tag{10.2-5}$$

보통강도 콘크리트와 SD 400 철근을 사용한 보에서는 $k_b = 0.647$이다.

(나) 부정정 구조물을 경제적으로 설계하기 위하여 탄성 구조 해석으로 구한 계수휨모멘트를 재분배하여 단면 설계를 할 수 있다. 설계에서는 먼저 휨모멘트 재분배율 η를 결정한 후에 이에 상응하는 중립축 깊이비 요구 조건이 충족되도록 k를 제한하여야 한다. 4장에서 기술한 재분배 계수에 대한 식 (4.3-3)에서 정해진 재분배율 η에 해당하는 중립축 깊이비 제한은 보통강도 콘크리트일 때 다음과 같게 된다.

$$k \leq 0.4 - \eta \tag{10.2-6}$$

(다) 연성이 매우 큰 상부 구조에서 소성 해석에 의한 설계를 할 수 있다. 다만, 소성 해석을 하기 위해서는 중립축 깊이비는 다음 조건을 만족하여야 한다.

$$k \leq 0.30 \tag{10.2-7}$$

이처럼 중립축 깊이비 k의 요구 조건을 만족시키는 범위에서 적절한 k값을 설계자가 선정할 수 있다. 이때 단면 내부 팔길이 z는 다음과 같게 된다.

$$z = (1 - 0.4k)d \tag{10.2-8}$$

이 z값을 식 (10.2-4)에 적용하여 소요 인장 철근량을 산정하여야 한다.

(b) 압축 철근량 산정

만약 주어진 휨모멘트 세기 m_u로부터 식 (10.2-2)를 사용하여 구한 중립축 깊이비 k가 앞에서 기술한 제한 중립축 깊이비보다 클 경우는 복철근 보로 설계하여야 한다. 이때 작용계수휨모멘트에서 제한된 중립축 깊이비 k_{lim}에 상응하는 휨강도 $M_{d,lim}$를 초과하는 휨모멘트 $M_u - M_{d,lim}$를 압축 철근이 담당하도록 한다. 중립축 깊이비를 균형 중립축 깊이비 k_b로 제한하는 것이 일반적이며, 중립축 깊이비가 선정되면 해당 한계 휨강도 $M_{d,lim}$는 다음과 같게 된다.

$$M_{d,lim} = 0.8 f_{cd} k_{lim} (1 - 0.4 k_{lim}) b d^2 \qquad (10.2\text{-}9a)$$

또는 단위 휨강도 $m_{d,lim}$로 나타내면,

$$m_{d,lim} = 0.8 k_{lim} (1 - 0.4 k_{lim}) \qquad (10.2\text{-}9b)$$

초과 휨모멘트를 저항하는데 필요한 압축 철근량은 다음과 같게 된다.

$$\text{소요 } A_s{}' \geq \frac{M_u - M_{d,lim}}{\phi_s f_s{}' (d - d')} \qquad (10.2\text{-}10)$$

여기서 압축 철근의 응력은 다음의 변형 적합 조건에 의해 결정된다.

$$f_s{}' = E_s \varepsilon_s{}' = E_s \varepsilon_{cu} \left(\frac{c_{lim} - d'}{c_{lim}} \right) \leq \phi_s f_y \qquad (10.2\text{-}11)$$

여기서 $c_{lim} = k_{lim} d$인 중립축 깊이이다. 압축 철근이 배치될 때 소요 인장 철근량은 인장 철근 단독으로 분담해야 하는 휨모멘트 $M_{d,lim}$에 필요한 철근량과 압축 철근과 짝힘을 구성하여 저항하는 휨모멘트에 필요한 철근량을 합산하여 구하며, 다음 식으로 계산한다.

$$\text{소요 } A_s \geq \frac{M_{d,lim}}{f_{yd}\, z} + A_s{}' \frac{f_s{}'}{f_y} \qquad (10.2\text{-}12)$$

(c) 최소 및 최대 철근량 제한

압축 철근 유무에 관계없이 설계기준에는 최소 철근량 및 최대 철근량에 대한 규정을 두고 있다. 휨균열 발생으로 인한 콘크리트 인장강도의 소멸에 따른 휨 부재의 취성 붕괴를 방지하기 위해서 충분한 휨인장 철근을 배치할 필요가 있다. 이러한 배경에서 휨 부재에는 최소 철근량을 배치하며, 그 양은 균열휨모멘트를 저항할 수 있는 것에 해당하는 것으로 다음과 같다.

$$A_{s,\min} = \frac{0.25\sqrt{f_{ck}}\,bd}{f_y} \geq \frac{1.4}{f_y}bd \tag{10.2-13}$$

여기서 f_{ck}는 콘크리트의 기준압축강도이다. 또한, 너무 많은 철근이 단면에 배치되면 밀집된 철근 사이로 콘크리트 타설이 어려워지는 경우를 방지하기 위해 다음과 같이 최대 철근량 제한을 설정하고 있다.

$$A_{s,\max} \leq 0.04\,A_c \tag{10.2-14}$$

여기서 A_c는 단면의 전체 면적이다. 겹침이음부가 놓이는 단면에서는 위 철근량의 두 배인 $0.08A_c$까지 허용한다.

10.2.3 소요 전단 철근량 산정

철근콘크리트 부재의 전단에 대한 설계 방법은 6장에서 자세히 기술하였다. 보에서도 설계전단강도 V_d가 계수하중에 의한 전단력 V_u보다 같거나 크다는 것을 검증하여 설계한다. 구조해석으로 구한 계수전단력 V_u가 주어졌을 때 보에 소요되는 전단 철근량은 아래와 같이 산정한다.

(1) 계수전단력 V_u가 콘크리트 설계전단강도 V_{cd}보다 작은 경우에는($V_u \leq V_{cd}$) 최소 전단 철근량을 배치해야 한다. 이때 최소 전단 철근량 $A_{v,\min}$은 다음 식으로 계산한다.

$$\frac{A_{v,\min}}{s} = 0.08b_w\frac{\sqrt{f_{ck}}}{f_{vy}} \tag{10.2-15}$$

여기서 f_{vy}는 스트럽 철근의 기준항복강도이고, s는 스터럽 간격이며, b_w는 복부의 폭이다.

(2) 계수전단력이 콘크리트 설계전단강도보다 큰 경우에는($V_u > V_{cd}$) 복부에 스터럽을 배치하여야 한다. 이때 경제적인 설계를 위한 경사각은 아래 식으로 구한다.

$$\theta = 0.5\sin^{-1}\left[\frac{2V_u}{\phi_c f_{c2,\max} b_w z}\right] \tag{10.2-16}$$

여기서 $f_{c2,\max}$는 복부 콘크리트의 유효압축강도로서 다음과 같은 값을 갖는다.

$$f_{c2,\max} = 0.6\left(1 - \frac{f_{ck}}{250}\right)f_{ck} \tag{10.2-17}$$

만약, 계산된 경사각 θ가 22°보다 작을 경우에는 $\theta = 22°$로 취해야 하며, 경사각 θ가 22° 보다 클 경우에는 계산된 각을 사용하여 소요 전단 철근량을 다음 식으로 산정한다.

$$\text{소요 } \frac{A_v}{s} \geq \frac{V_u}{\phi_s f_{vy} z \cot\theta} \tag{10.2-18}$$

여기서 $z = 0.9d$로 할 수 있다. 이때 스터럽은 다음의 최대 간격보다 작게 배치해야 한다.

$$s_{\max} = 0.75d \tag{10.2-19}$$

(3) 계수전단력 V_u는 어떤 경우에도 $\cot\theta = 1(\theta = 45°)$일 때의 $V_{d,\max}$보다 크지 않아야 한다.

$$V_u \leq V_{d,\max(\cot\theta = 1)} = \frac{\phi_c f_{c2,\max} b_w z}{2} \tag{10.2-20}$$

또한, 보에 배치하는 수직 스터럽은 아래 최대 철근량 $A_{v,\max}$를 초과하지 않아야 한다.

$$\frac{A_{v,\max}}{s} = \frac{\phi_c f_{c2,\max} b_w}{2\phi_s f_{vy}} \tag{10.2-21}$$

만약 $V_u \geq V_{d,\max(\cot\theta = 1)}$인 경우에는 단면을 재설계한 후 위와 같은 절차를 반복하여 수행하여야 한다.

그림 10.2에 보인 것과 같이, 보의 받침부 근처에서는 받침점에서 유효깊이 d 거리만큼 떨어진 단면의 계수전단력으로 설계할 수 있다. 길이 방향으로 전단력이 변하는 경우에는 보통 2~3개 구간으로 나누어 각 구간의 최대 계수전단력을 기준으로 소요 전단 철근량을 산정한 후 해당 구간 내에 등간격으로 배치한다. 부재의 복부에 배치되는 스터럽은 최대한 부재 상면과 하면에 가깝게 배치하고 적절하게 정착하는 것이 중요하다. 상부 철근이 구조적으로 필요하지 않는 정휨모멘트 구간에는 스터럽을 지지할 수 있는 철근이 배치되어야 하며, 보통 스터럽과 같은 지름의 철근을 사용한다.

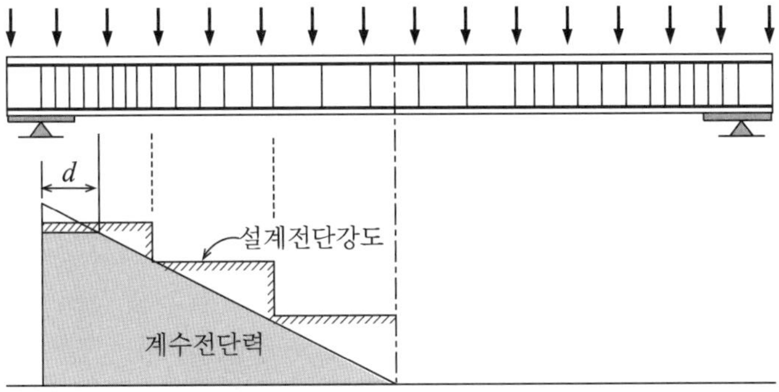

그림 10.2 전단 철근의 구간별 배치

10.2.4 사용성과 내구성 요구 조건

철근콘크리트 구조물의 사용성과 내구성 한계상태 검증에 대해 8장에서 상세히 기술하였다. 보에서 사용성과 내구성은 파괴와 관련된 강도 안전성만큼 중요하다. 구조물의 극한한계상태는 수명동안 한 두 차례 발생 가능한 상황에 관한 것인데 반해, 사용한계상태는 수명동안 훨씬 자주 발생 가능하며 쉽게 구조물의 파괴를 촉진하는 요인이 된다. 따라서 보를 설계할 때 아래와 같이 철근의 간격과 지름, 피복두께 및 부재의 강성에 대한 검토를 수행해야 한다.

(가) 철근의 지름, 배치 간격과 양에 관해 규정된 최대값과 최소값을 검토하여야 한다. 철근은 최소 간격 이상으로 배치하여 콘크리트 타설 때 철근 사이로 콘크리트가 쉽게 흘러서 치밀한 조직의 콘크리트가 되도록 하여야 한다. 또한 규정된 최대 간격 이내로 배치하여 인장 영역에서 국부적으로 과대한 균열이 발생하는 것을 방지해야 한다. 동일한 이유로 부재에 배치되는 철근의 최대 지름과 최소 철근량을 규정에 맞게 사용해야 한다.

(나) 피복두께를 모든 규정된 값 이상으로 확보함으로써 외부로 부터 유해한 물질이나 습기가 침투하지 못하도록 하여 철근의 부식을 방지하는 것은 매우 중요하다. 더욱이 화재로부터 철근을 보호하기 위해서도 적정한 피복두께를 갖도록 설계해야 한다.

부재의 강성을 충분히 확보하여 과도한 처짐을 방지해야 한다. 과도한 처짐은 큰 균열폭을 유발할 뿐만 아니라, 부대 시설 및 장치에 손상을 미치며, 특히 교량에서는 통행 차량에 의해 심한 충격 하중이 유발될 수 있다. 설계기준에는 기본 지간-깊이비가 설정되어 있어서 이 기준을 만족하면 처짐에 대한 직접 검증을 하지 않아도 된다.

10.2.5 철근 상세

9장의 '철근의 정착과 이음'에서 상세히 설명했듯이, 보를 설계할 때 철근 상세는 다음 규정을 준수해야 한다.

(가) 최소한 경간 중앙 하부 철근량의 1/4 이상을 받침부까지 연장하여야 한다. 이 연장된 철근은 외측 받침부에서는 받침부 면에서 설계정착길이 l_{bd} 이상으로 정착되어야 하며(그림 9.19 참조), 내측 받침부에서는 받침면에서 $10d_b$에 해당하는 길이 이상 연장되어야 한다. 특히 내측 받침부에서는 예상치 않는 부등 침하에 대비하기 위해 양쪽 경간에서 연장된 하부 철근의 일체성을 확보하도록 이음 철근을 배치하여 연결시켜야 한다(그림 9.20 참조).

(나) 외측 받침부가 단순 지지되었을 경우, 전단 전이법칙에 의한 철근력 증가분 $0.5\,V_u$를 저항할 수 있도록(그림 9.14 참조) 보의 외측 단부에 하부 철근을 배치하여야 한다.

(다) 외측 받침부가 기둥과 일체로 되었을 때, 해석에서 단순 받침점으로 간주하여 해석했더라도 보 단부 상부에 철근을 배치해야 한다. 이때 외측 단부의 상부 철근량은 경간 중앙 정휨모멘트 철근량의 1/4 이상이어야 한다.

보에서 작용하는 휨모멘트가 길이 방향으로 감소함에 따라 더 이상 필요하지 않는 철근은 절단하여 철근량을 줄인다. 실제로 하중, 구조 거동 및 해석에는 불확실성이 포함되어 있는 설계 기본 변수를 많은 가정을 통해 이상화하였기 때문에, 설계에서 계산한 철근 절단점의 위치는 실제 정확한 것이 아니라는 것을 인식해야 한다. 더욱이, 사용성과 내구성에 관련된 철근의 지름과 간격 제한이나 전단 영향에 의한 철근 인장력의 전이 등에 의해 절단점의 위치는 크게 변한다. 따라서 관련된 모든 설계 원칙에 의해 이론적으로 산정한 절단점을 지나 충분히 정착되도록 철근의 정착길이 이상 연장하여야 한다.

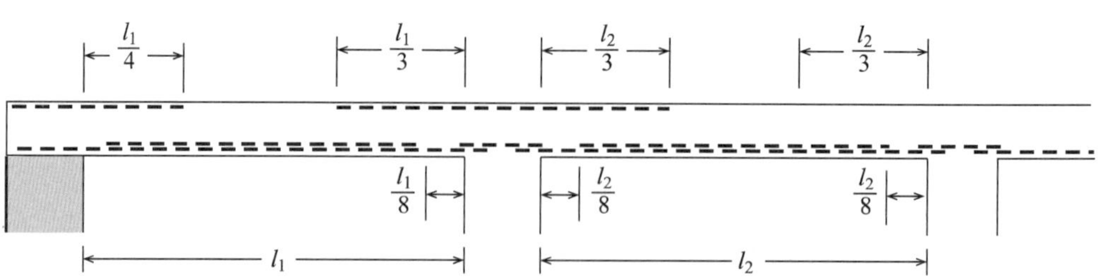

그림 10.3 등분포 하중을 받는 연속보의 철근 표준 절단점

보에 작용하는 하중이 상당히 분포 하중에 가깝고, 활하중의 크기가 고정하중 크기와 비슷하거나 작으며, 동시에 인접 경간의 길이가 서로 비슷한 연속보에서는 단순화하여 주어진 절단점 위치를 적용할 수 있다. 도로교설계기준에서는 단순화한 절단점 위치 기준이 규정되어 있지 않지만, 콘크리트구조기준에는 그림 10.3과 같이 주어져 있다. 이 그림에서는 외측 받침부가 단순 지지된 보의 경우이며, 만약 외측 기둥 또는 벽체와 일체화되어 있다면 내측 경간에 사용된 상세를 외측 경간에도 똑같이 적용할 수 있다.

예제 10.2-1 단순보 설계

내륙도시 근처의 어떤 시설물을 몇 개의 보로 지지하여 설치하려고 한다. 이들 보는 7.6 m 순경간으로 400 mm 폭의 받침부에 단순 지지하도록 설계하려고 한다. 한 개 보가 분담하는 하중은 등분포 고정하중 50 kN/m과 함께 분포 활하중 30 kN/m이다. 콘크리트는 $f_{ck}=30$ MPa를 철근은 $f_y=400$ MPa를 사용하려고 한다. 예비 설계를 통해 보의 단면은 깊이 $h=650$ mm와 폭 $b=350$ mm로 선정하였다.

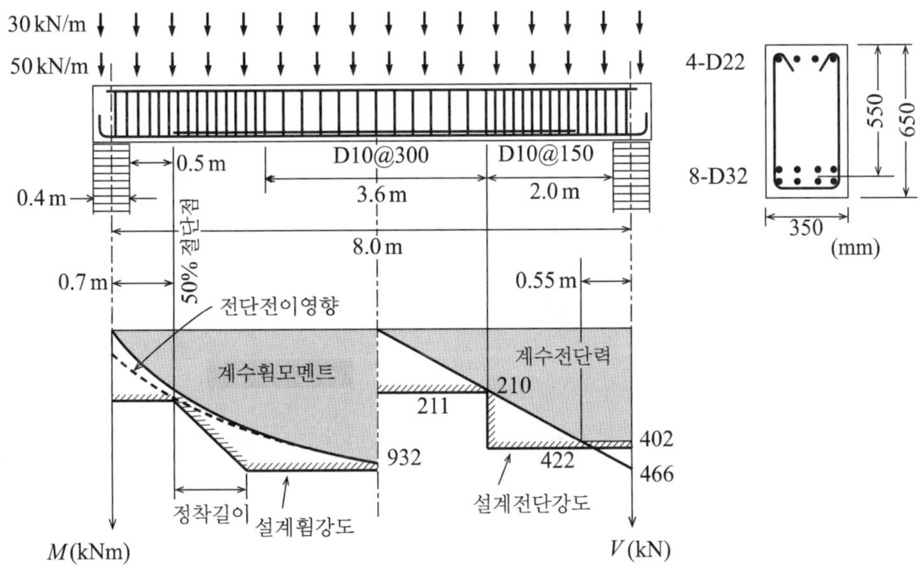

그림 10.4 예제 10.2-1의 단순 지지 보 설계

풀이

(a) 단순 지압 받침부에 지지되어 있으므로 유효 경간은 받침부 중심간 거리인 8 m가 되며, 계수하중은 $w_u=\gamma_D w_D+\gamma_L w_L=1.25(50)+1.8(30)=116.5$ kN/m 이다.

보의 최대 계수휨모멘트와 계수전단력은

$$M_u = \frac{w_u l^2}{8} = \frac{116.5(8)^2}{8} = 932\text{ kNm}, \qquad V_u = \frac{w_u l}{2} = \frac{116.5(8)}{2} = 466\text{ kN}$$

계수휨모멘트도와 계수전단력도는 그림에 나타낸 것과 같다. 이 보는 해안에 인접한 외부 노출 환경에서 사용 수명 50년이라고 설정하면, 표 8.10에서 노출 등급 EC3에 해당하는 최소피복두께는 35 mm이며 공칭 허용 편차량으로 10 mm를 적용하면 공칭피복두께는 45 mm가 되므로, 2단 철근 배치를 전제로 유효깊이 $d = 550$ mm로 한다.

(b) 소요 휨 철근량 산정

콘크리트 설계압축강도 $f_{cd} = 0.85(0.65)(30) = 16.6\text{ N/mm}^2$으로 작용 휨모멘트 세기 m_u를 계산하면,

$$m_u = \frac{M_u}{bd^2 f_{cd}} = \frac{932 \times 10^6}{350(550)^2 16.6} = 0.530$$

한계 중립축비 k_{lim}를 균형 상태 중립축 깊이비 $k_b = 0.647$로 선정하면, 단위 설계휨강도는

$$m_{d,lim} = 0.8(0.647)(1 - 0.4 \times 0.647) = 0.380$$

이 $m_{d,lim}$가 작용 휨모멘트 세기 $m_u = 0.452$보다 작으므로 압축철근이 필요하다. 이때 중립축 깊이와 팔길이 z는

$$c_b = k_b d = 0.647(550) = 356\text{ mm},$$

$$z = [1 - 0.4(0.647)](550) = 407\text{ mm}$$

따라서, 압축 철근의 응력은

$$f_s{}' = 200{,}000(0.0033)\left[\frac{356 - 60}{356}\right] = 548\text{ MPa} \geq \phi_s f_y = 360\text{ MPa}$$

이것은 압축 철근이 항복한다는 의미이기 때문에 소요 압축 철근량과 인장 철근량은 각각

$$\text{소요 } A_s{}' = \frac{(m_u - m_{d,lim}) f_{cd} b d^2}{\phi_s f_y (d - d')} = \frac{(0.530 - 0.380)(16.6)(350)(550)^2}{0.9(400)(550 - 60)} = 1{,}495\text{ mm}^2$$

$$\text{소요 } A_s = \frac{m_{d,lim} f_{cd} b d^2}{\phi_s f_y z} + A_s{}' = \frac{0.380(16.6)(350)(550)^2}{0.9(400)(407)} + 1{,}495 = 6{,}053\text{ mm}^2$$

하부 인장 철근으로 D32철근 8개를 2단으로 배치하면 사용 $A_s = 6{,}354\text{ mm}^2$이다. 상부 압축 철근으로 D22 철근 4개를 배치하면 $A_s{}' = 1{,}548\text{ mm}^2$이 되어 적합한 설계가 된다.

(c) 소요 전단 철근량 산정

받침점 위의 최대 계수전단력은 466 kN이므로 받침점에서 d만큼 떨어진 단면의 계수전단력은 466 − 116.5(0.55) = 402 kN이다. 유효깊이 $d = 550$ mm이고, $\kappa = 1 + \sqrt{200/550} = 1.604$이므로 전단 보강 철근이 없는 상태일 때 전단강도는,

$$V_{cd} = 0.85\,\phi_c \kappa \sqrt[3]{\rho f_{ck}}\; bd$$

$$= 0.85(0.65)(1.604)\sqrt[3]{0.02(30)}\;(350)(550) \times 10^{-3} = 143.9\text{ kN/mm}^2$$

따라서 전단 철근 배치가 필요하다. 그러나 보 중앙부 전단력이 작은 구간에는 최소 전단철근량을 배치해야 한다. 최소 전단철근량은

$$\frac{A_{v,\min}}{s} \geq 0.08(350)\frac{\sqrt{30}}{400} = 0.383\text{ mm}^2/\text{mm}$$

스터럽의 최대 간격 $s_{\max} = 0.75d = 0.75(550) = 412\text{ mm}$이므로 300 mm 간격을 선정하면 소요 단면적은 115 mm^2가 되며, D10 철근을 U형 스터럽으로 사용하면 $A_v = 142\text{ mm}^2$로 위 조건을 충분히 만족한다. 이 최소 철근량이 발휘할 수 있는 설계전단강도는,

유효압축강도 $\quad \phi_c f_{c2,\max} = 0.65(0.6)\left(1 - \dfrac{30}{250}\right)(30) = 10.3\text{ kN/mm}^2$

경사각 $\quad \cot\theta = \sqrt{\dfrac{10.3(350)(300)}{0.9(400)(142)} - 1} = 4.49 \geq 2.5$

따라서 2.5 사용하면,

$$V_{sd} = \frac{0.9(400)(142)(0.9)(550)(2.5)}{300} \times 10^{-3} = 211\text{ kN}$$

여기서 211/116.5 = 1.81 m이므로 경간 중앙부 3.6 m 구간에 D10 철근 U형 스터럽을 300 mm 간격으로 배치한다. 나머지 양쪽 단부 2.2 m 구간에는 계수전단력 402 kN에 대해 소요 스터럽량을 산정하면,

$$\theta = 0.5\sin^{-1}\left[\frac{2(402) \times 10^3}{10.3(350)(495)}\right] = 13.4° \leq 22°$$

최소값인 22°, 즉 $\cot\theta = 2.5$를 적용하여 소요 철근량을 결정해야 한다.

$$\frac{A_v}{s} \geq \frac{V_u}{\phi_s f_y z \cot\theta} = \frac{402 \times 10^3}{0.9(400)(495)(2.5)} = 0.902\text{ mm}^2/\text{mm}$$

배치 간격 s를 150 mm로 하면 스터럽 소요 면적이 135 mm²가 되는데, D10철근을 U형으로 하면 A_v = 142 mm²가 되어 위 조건을 만족하므로 보의 양단부 2.2 m 구간에 동일하게 배치하면 적합한 설계가 된다. 이때 V_{sd} = 422 kN가 되어 V_u = 402 kN보다 크다.

(d) 사용한계상태 검증

① **한계 응력 검증** : 고정하중에 의한 경간 중앙의 휨모멘트 $M = 50(8)^2/8 = 400\text{ kNm}$가 지속적으로 작용하여 모든 크리프가 발생된 상태에서 응력을 검토한다. 이 보는 습도가 높은 임해 지역에 있는 경우이며, 시공 때 거푸집을 2주 후에 제거한 경우라고 할 때 콘크리트의 최종 크리프계수는 표 2.4에서 $\varphi(\infty, 14) = 2.2$를 선택하면 유효 탄성계수는,

$$E_{ce} = \frac{(w_D + w_L)E_c}{w_D + (1+\varphi)w_L} = \frac{(50+30)(27{,}500)}{30 + (1+2.2)(50)} = 11{,}579\text{ MPa}$$

$n = E_s/E_{ce} \approx 17$이므로 대략 15를 사용하고, $\rho = (6{,}354 - 1{,}548)/(350 \times 550) = 0.025$이므로 중립축 깊이비 k는

$$k = \sqrt{(15 \times 0.025)^2 + 2(15)(0.025)} - 15(0.025) = 0.687$$

중립축 깊이 $c = 378\ \text{mm}$가 된다. 경간 중앙의 압축 연단 콘크리트 응력은

$$f_c = \frac{2M}{(1-k/3)bcd} = \frac{2 \times 400 \times 10^6}{0.771(350)(378)(550)} = 14.3\ \text{MPa}$$

이 응력은 한계 압축응력 $0.45 f_{ck} = 0.45(30) = 13.5\ \text{MPa}$을 약간 초과한다. 엄격하게 말한다면 단면 또는 철근량을 재조정하여야 한다. 여기서는 실제 상황에서 허용가능한 범위라고 간주하자. 표준 하중조합에서 경간 중앙 $M = 80(8)^2/8 = 640\ \text{kNm}$일 때 철근 응력은

$$f_s = \frac{M}{A_s(1-k/3)d} = \frac{640 \times 10^6}{6{,}354(1-0.687/3)(550)} = 233\ \text{MPa}$$

이 철근 응력은 한계 인장응력 $0.8 f_y = 0.8(400) = 320\ \text{MPa}$를 초과하지 않아 적합다.

② **한계 균열폭 검증** : 유효깊이가 550 mm이므로 인장 철근 중심까지 피복두께 100 mm이므로 유효 인장 깊이는 $d_{cte} = 2.5(10) = 250\ \text{mm}$이고, 유효 철근비는

$$\rho_e = \frac{A_s}{A_{cte}} = \frac{6{,}354}{250(350)} = 0.0726$$

최대 설계 균열 간격은 식 (8.4-9)로부터

$$s_k = 3.4(50) + 0.425(0.8)(0.5)\frac{31.8}{0.0726} = 244\ \text{mm}$$

철근과 콘크리트의 평균 변형률 차이는 $n \approx 15$와 $f_{so} = 233\ \text{N/mm}^2$일 때,

$$\varepsilon_{sm} - \varepsilon_{cm} = \frac{233}{200{,}000} - \frac{0.4(2.9)(1 + 15 \times 0.0726)}{200{,}000(0.0726)} = 0.00101$$

따라서 설계 균열폭은

$$w_k = s_k(\varepsilon_{sm} - \varepsilon_{cm}) = 244 \times 0.00101 = 0.245\ \text{mm}$$

이 균열 폭은 한계 균열폭 0.3 mm보다 작으므로 충분히 적합한 설계라고 할 수 있다.

③ **처짐 한계 검증** : 먼저 지간-깊이비 제한 방법을 사용하면, 경간 중앙부에 실제 철근비 ρ와 ρ'는

$$\rho = \frac{6{,}354}{350(550)} = 0.033, \quad \rho' = \frac{1{,}548}{350(550)} = 0.008$$

기준 철근비 $\rho_o = \sqrt{f_{ck}} \times 10^{-3} = \sqrt{30} \times 10^{-3} = 0.0055$이고, 표 8.4에서 구조계 계수 $q = 1.0$이므로 식 (8.5-1b)에 따른 기본 지간-깊이비는

$$\frac{l}{d} = 1.0\left[11 + 1.5\sqrt{30}\,\frac{0.0055}{0.033 - 0.008} + \frac{1}{12}\sqrt{30}\sqrt{\frac{0.008}{0.0055}}\right] = 13.3$$

실제 배치된 철근량에 의한 영향을 보정하면,

$$\frac{l}{d}\left(\frac{\text{사용 } A_s}{\text{소요 } A_s}\right)=13.3\times\frac{6{,}424}{6{,}053}=14.1$$

사용한 철근의 항복강도 영향을 보정하면, 이 보의 한계 지간-깊이비는

$$14.1\times\frac{500}{f_y}=14.1\times\frac{500}{400}=17.7$$

보의 실제 지간-깊이비는 $8/0.55=14.5$로 한계비 17.7보다 작기 때문에, 직접 처짐 검증을 하지 않아도 처짐량이 한계 처짐량 이내에 있다고 판별할 수 있다.

(e) 철근 상세

① **철근 절단점** : 하부 인장 철근으로 4-D32 씩 두 층으로 배치된 철근 중에서 상단의 4-D32를 더 이상 필요하지는 않는 위치에서 절단 할 수 있다. 이 절단점 단면에서 남는 4-D32가 발휘할 수 있는 인장력은 $0.9(400)(3{,}177)\times10^{-3}=1{,}144\text{ kN}$이다. 이때 중립축 깊이는 식 (5.3-8)을 이용하면,

$$c=kd=\rho\frac{f_{yd}}{\alpha f_{cd}}d=\frac{3{,}177}{350(580)}\frac{360}{0.8(16.6)}(580)=245\text{ mm}$$

따라서 팔길이는 $z=499\text{ mm}$가 되어, 휨강도는 570.7 kNm가 되며, 이 휨강도에 해당하는 이론적 절단점은 받침점에서 거리를 x_o라 하면, $466x_o-0.5(116.5)x_o^2=570.7$로 부터 $x_o=1.51\text{ m}$가 산출된다. 이론적 절단점에서 전이길이 $a_l=z\cot\theta/2=499(2.5)/2=624\text{ mm}$ 만큼 연장하면 받침점으로 부터 $1.51-0.62=0.89\text{ m}$가 되므로 안전하게 0.7 m 위치에서 절단한다.

② **단부 철근 정착** : 최소한 하부 철근량의 1/4 이상을 받침부까지 연장하여야 하며, 이 철근은 받침면으로 부터 설계정착길이 이상 연장하여야 한다. 이 보에서는 남는 4개 철근 중 2개 이상을 단부에 정착하여야 한다. 표 9.1로부터 D32 철근의 기본정착길이는 890 mm이다. 설계정착길이를 산정할 때, 받침부의 받침 반력에 의한 횡방향 구속응력 $p=466/(400\times350)=3.33\text{ N/mm}^2$이므로 $\alpha_5=1-0.004(3.33)=0.87$이고, 설계정착길이 $l_{bd}=0.87(890)=774\text{ mm}$가 된다. 받침부 폭이 400 mm이므로 374 mm 이상을 굽혀서 정착하여야 한다.

예제 10.2-2 3경간 연속보 설계

앞 예제와 동일한 상황에서 시설물을 몇 개의 3경간 연속보로 지지하여 설치하려고 한다. 각보는 7.6 m 순경간을 갖는 3경간 연속보로서 외측 받침부를 400 mm 폭의 벽체에 단순 지지하고 내측은 일체식 기둥으로 지지하려고 한다. 기둥의 폭도 400mm이다. 한 개 보가 분담하는 하중은 자중을 포함한 등분포 고정하중 50 kN/m와 함께 분포 활하중 30 kN/m이다. 콘크리트는 f_{ck}=30 MPa를 철근은 f_y=400 MPa를 사용한다. 앞 예제와 같게 보의 단면은 깊이 h=650 mm와 폭 b=350 mm로 선정하였다.

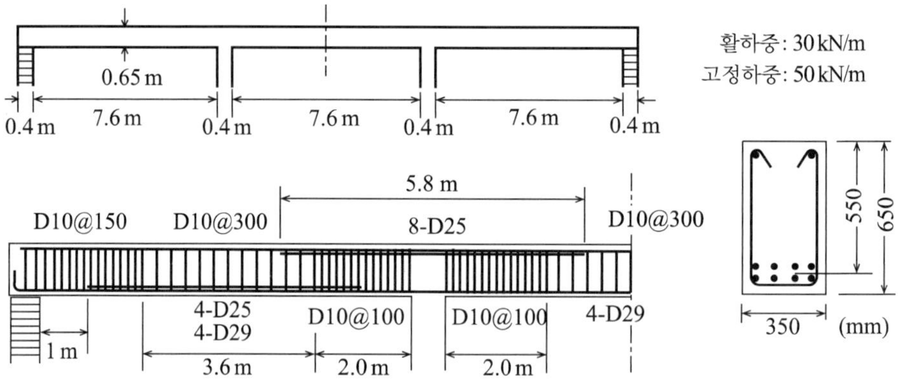

그림 10.5 예제 10.2-2의 3경간 연속보 설계

풀이

(1) 구조 해석

① **유효 경간** : 해석을 위한 유효 경간 길이는, 외측 받침부는 단순 지압 지지이므로 중심선에 받침점을 두고, 내측 받침부도 기둥 폭의 1/2과 보 높이의 1/2 중 작은 값에 해당하는 거리만큼 순경간을 지난 점에 받침점 중심이 있다고 간주한 경간 길이이어야 하므로, 이 연속보의 해석을 위한 유효 경간은 모두 받침부 중심간 거리인 8 m이다.

② **하중 재하** : 활하중은 가장 불리한 하중영향이 나타나도록 작용시켜야 하므로, 최대 정휨모멘트는 그 경간과 한 경간씩 건너서 작용할 때 일어나고, 받침부의 최대 부휨모멘트는 그 받침부에 인접한 양쪽 경간에 작용할 때 일어난다. 따라서 모두 4가지의 하중 경우(load case; LC)에 대해 해석해야 한다.

하중 경우-1 (LC-1) : 고정하중 $w_D = 50\,\mathrm{kN/m}$이 세 경간에 모두 작용하는 경우
하중 경우-2 (LC-2) : 활하중 $w_L = 30\,\mathrm{kN/m}$이 양 외측 경간에 작용하는 경우
하중 경우-3 (LC-3) : 활하중 $w_L = 30\,\mathrm{kN/m}$이 내측 경간에만 작용하는 경우
하중 경우-4 (LC-4) : 활하중 $w_L = 30\,\mathrm{kN/m}$이 받침부 인접 두 경간에 작용하는 경우

③ **해석 방법과 결과** : 선형 탄성 해석을 위한 여러 방법이 가능하다. 특히, 이 보처럼 간단한 부정정 구조는 컴퓨터 해석보다는 3연모멘트법이나 처짐각법을 사용하여 손으로 계산하는 것이 훨씬 효율적이다. 해석 결과를 다음 그림에 정리하였다. 일체로 된 받침부를 갖는 구조물에서 유효 경간을 사용하여 해석한 결과로 부휨모멘트 구간을 설계한다면 불필요하게 많은 철근이 필요하게 된다. 이 보의 내측 받침부는 기둥과 일체로 된 경우이므로 받침부 중심 대신에 받침부 면에서 취한 휨모멘트로 설계 할 수 있다. 아래 그림에서 내측 받침점 반력은 양 인접 경간의 전단력 항으로 나누어 표시된 것이다.

④ **계수휨모멘트 결정** : 앞에서 계산한 구조 해석 결과로 부터 단면 설계를 위한 위험 단면의 최대 계수휨모멘트를 산정하면,

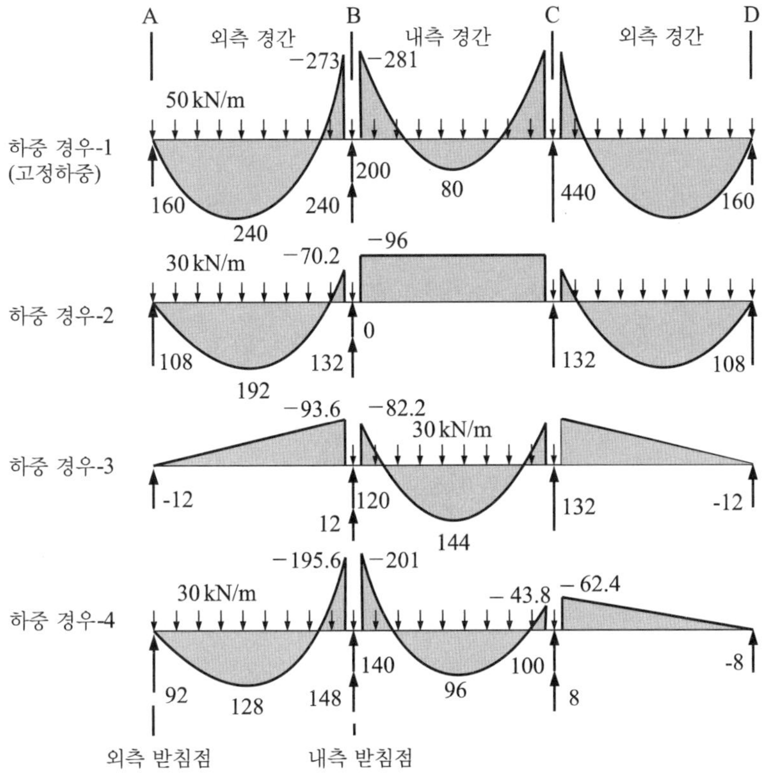

그림 10.6 3경간 연속보의 구조 해석 결과

외측 경간의 계수정휨모멘트 : $M^+_{u,AB} = 1.25(240) + 1.8(192) = 645.6$ kNm (LC1 + LC2)

내측 경간의 계수정휨모멘트 : $M^+_{u,BC} = 1.25(80) + 1.8(144) = 359.2$ kNm (LC1 + LC3)

내측 받침부 계수부휨모멘트 : $M^-_{u,B} = 1.25(281) + 1.8(201) = 713$ kNm (LC1 + LC4)

각 경간 부재 단부의 최대 계수전단력은

외측 경간의 계수전단력 : $V_{u,AB} = 1.25(160) + 1.8(108) = 394.4$ kN (LC1 + LC2)

$V_{u,BA} = 1.25(240) + 1.8(148) = 566.4$ kN (LC1 + LC4)

내측 경간의 계수전단력 : $V_{u,BC} = 1.25(200) + 1.8(140) = 502$ kN (LC1 + LC4)

(II) 선형 탄성 해석에 의한 설계

각 위험 단면의 최대 계수휨모멘트와 전단력을 기준으로 소요 철근량을 산정하여 앞 단순보 예제에 적용한 방법으로 설계할 수 있다.

(a) 휨 설계

① **내측 받침부** : 내측 받침부 계수부휨모멘트 $M^{-}_{u,B}=713\text{ kNm}$의 휨모멘트 세기를 계산하면,

$$m^{-}_{u,B}=\frac{M^{-}_{u,B}}{bd^2f_{cd}}=\frac{713\times10^6}{350(550)^2 16.6}=0.405$$

균형 파괴 중립축 깊이비 $k_b=0.647$보다 작은 한계 중립축비 $k_{lim}=0.6$으로 선정하면, 이때 $m_{d,lim}$는

$$m_{d,lim}=0.8(0.6)(1-0.4\times0.6)=0.365$$

작용 휨모멘트 세기 0.405가 $m_{d,lim}$보다 크므로 압축 철근이 필요하다. 이때 중립축 깊이와 팔길이 z는

$$c_{lim}=k_{lim}d=0.6(550)=330\text{ mm},\qquad z=[1-0.4(0.6)](550)=418\text{ mm}$$

따라서, 압축 철근의 응력은 식 (5.4-10)에 의해,

$$f_s{}'=200{,}000(0.0033)\left[\frac{418-60}{418}\right]=565\text{ MPa}\geq\phi_s f_y=360\text{ MPa}$$

이것은 압축 철근이 항복 된다는 의미이기 때문에 소요 압축 철근량과 인장 철근량은 각각

$$\text{소요 } A_s{}'\geq\frac{(m^{-}_{u,B}-m_{d,lim})f_{cd}bd^2}{\phi_s f_y(d-d')}=\frac{(0.405-0.365)(16.6)(350)(550)^2}{0.9(400)(550-60)}=399\text{ mm}^2$$

$$\text{소요 } A_s\geq\frac{m_{d,lim}f_{cd}bd^2}{\phi_s f_y z}+A_s{}'=\frac{0.365(16.6)(350)(550)^2}{0.9(400)(418)}+399=4{,}662\text{ mm}^2$$

상부 인장 철근으로 D29철근 8개를 2단으로 배치하면 사용 $A_s=5{,}140\text{ mm}^2$이 된다. 하부 압축 철근량이 너무 작다. 경간 정휨모멘트 철근의 1/4을 받침부에 연장 배치하여야 하기 때문에 이 연장된 철근이 소요 압축 철근 역할을 할 수 있다. 참고로, 여기서는 한계 중립축 비로 $k_{lim}=0.6$을 선정하여 설계한 것인데, 이보다 작은 한계 중립축비, 예컨데 0.5나 0.4를 선정하여 설계할 수 있으며 더 합리적인 결과를 얻을 수 있다.

② **외측 경간** : 계수정휨모멘트 $M^{+}_{u,AB}=645.6\text{ kNm}$의 세기를 계산하면,

$$m^{+}_{u,AB}=\frac{M^{+}_{u,AB}}{bd^2f_{cd}}=\frac{645.6\times10^6}{350(550)^2 16.6}=0.367$$

균형 파괴 때 $m_{d,lim}=0.380$보다 작으므로 단철근 보로 설계할 수 있다. 이때 팔길이 z는

$$z=0.5\left[1+\sqrt{1-2(0.367)}\right](550)=417\text{ mm}$$

소요 인장(하부) 철근량은

$$\text{소요 } A_s=\frac{645.6\times10^6}{0.9(400)(417)}=4{,}301\text{ mm}^2$$

하부 철근으로 4개의 D25와 4개의 D29 철근을 2단으로 배치하면 사용 $A_s = 4{,}597\ \mathrm{mm}^2$이 된다.

③ **내측 경간** : 정휨모멘트 $M^+_{u,BC} = 359.2\ \mathrm{kNm}$의 세기를 계산하면,

$$m^+_{u,BC} = \frac{M^+_{u,BC}}{bd^2 f_{cd}} = \frac{359.2 \times 10^6}{350(580)^2 16.6} = 0.184$$

이때 1단 배치를 전제로 하면 유효깊이 $d = 580\ \mathrm{mm}$가 되어 팔길이 z는

$$z = 0.5\left[1 + \sqrt{1 - 2(0.184)}\right](580) = 520\ \mathrm{mm}$$

소요 인장(하부) 철근량은

$$\text{소요 } A_s = \frac{359.2 \times 10^6}{0.9(400)(520)} = 1{,}919\ \mathrm{mm}^2$$

내측 경간 하부 인장 철근으로 D25철근을 4개를 1단 배치하면 사용 $A_s = 2{,}017\ \mathrm{mm}^2$된다.

(b) 전단 설계

① 전단 보강 철근이 없을 때에는 앞 단순보 경우와 동일한 $V_{cd} = 143.9\ \mathrm{kN}$의 전단강도를 갖는다. 따라서 경간 단부의 계수 전단력이 모두 크기 때문에 전단 철근 배치가 필요하다. 그러나 보 중앙부 전단력이 작은 구간에는 최소 전단 철근량을 배치해야 한다. 최소 전단 철근 배치도 앞 단순보의 경우와 동일하게 하면, D10 철근 U형 스터럽을 300 mm간격으로 배치한다. 이때 설계 전단강도는 $V_{sd} = 211\ \mathrm{kN}$이며, 211/116.5 = 1.81 m이므로 각 경간 중앙부 3.6 m 구간에 D10 U형 스터럽을 300 mm 간격으로 배치한다.

② **외측 경간의 외측 받침부 구간** : 계수전단력은 $V_{u,AB} = 394.4\ \mathrm{kN}$이며, d만큼 떨어진 단면의 계수 전단력 394.4 − 116.5(0.55) = 330.3 kN에 대해 소요 스터럽량을 산정할 때,

$$\theta = 0.5\sin^{-1}\left[\frac{2(394.4) \times 10^3}{10.3(350)(495)}\right] = 13.2° \le 22°$$

최소값인 22°, 즉 $\cot\theta = 2.5$를 적용하여 소요 철근량을 결정해야 한다.

$$\frac{A_v}{s} \ge \frac{V_u}{\phi_s f_y z \cot\theta} = \frac{394.4 \times 10^3}{0.9(400)(495)(2.5)} = 0.885\ \mathrm{mm}^2/\mathrm{mm}$$

배치 간격 s를 150 mm로 하면 스터럽 소요 면적이 135 mm^{2}가 되는데, D10철근을 U형으로 하면 $A_v = 142\ \mathrm{mm}^2$가 되어 위 조건을 만족하므로 외측 단부 2.2 m 구간에 동일하게 배치하면 적합한 설계가 된다. 이때 $V_{sd} = 422\ \mathrm{kN}$가 되어 $V_u = 394.4\ \mathrm{kN}$보다 크다.

③ **외측 경간의 내측 받침부 구간** : 계수전단력은 $V_{u,BA} = 566.4\ \mathrm{kN}$이며, d만큼 떨어진 단면의 계수 전단력 566.4 − 116.5(0.55) = 502.3 kN에 대해 소요 스터럽량을 산정하면,

$$\theta = 0.5\sin^{-1}\left[\frac{2(502.3) \times 10^3}{10.3(350)(495)}\right] = 17.1° \le 22°$$

최소값인 22°, 즉 $\cot\theta = 2.5$를 적용하여 소요 철근량을 결정해야 한다.

$$\frac{A_v}{s} \geq \frac{V_u}{\phi_s f_y z \cot\theta} = \frac{502.3 \times 10^3}{0.9(400)(495)(2.5)} = 1.127\ \mathrm{mm^2/mm}$$

배치 간격 s를 100 mm로 하면 스터럽 소요 면적이 113 mm^{2}가 되는데, D10철근을 U형으로 하면 $A_v = 142\ \mathrm{mm^2}$가 되어 위 조건을 만족하므로 외측 단부 2.2 m 구간에 동일하게 배치하면 적합한 설계가 된다.

④ **내측 경간의 양 받침부 구간** : 계수전단력 $V_{u,BC} = 502$ kN인데, 이 크기는 외측 경간의 $V_{u,BA} =$ 566.4 kN보다 약간 작기 때문에 동일한 철근량을 사용하면 충분히 안전한 설계가 된다. 즉 내측 경간 양 받침부 구간에는 외측 경간 내측 받침부와 동일하게 U형 D10철근을 100 mm 간격으로 배치한다.

(c) 사용한계상태 검증

① **한계 응력 검증** : 외측 경간에서 고정하중에 의한 경간 중앙의 휨모멘트 $M = 240$ kNm가 지속적으로 작용하여 모든 크리프가 발생된 상태에서 응력 검토한다. 앞 예제의 단순보 경우와 동일하므로 $n \approx 15$를 사용하고, $\rho = 4{,}597/(350 \times 550) = 0.0239$이므로 중립축 깊이비 k는

$$k = \sqrt{(15 \times 0.0239)^2 + 2(15)(0.0239)} - 15(0.0239) = 0.561$$

중립축 깊이 $c = 309\ \mathrm{mm}$가 된다. 경간 중앙의 압축 연단 콘크리트 응력은

$$f_c = \frac{2M}{(1-k/3)bcd} = \frac{2 \times 240 \times 10^6}{0.813(350)(309)(550)} = 9.9\ \mathrm{MPa}$$

이 응력은 한계 압축응력 $0.45 f_{ck} = 0.45(30) = 13.5\ \mathrm{MPa}$보다 작은 값이므로 적합한 설계이다. 표준하중조합에서 경간 중앙 휨모멘트는 하중 경우－1과 하중 경우－2가 조합될 때이므로 $M = 240 + 192 = 432\ \mathrm{kNm}$가 되며, 이때 철근 응력은

$$f_s = \frac{M}{A_s(1-k/3)d} = \frac{432 \times 10^6}{4{,}597(0.813)(550)} = 210.2\ \mathrm{MPa}$$

이 철근 응력은 한계 인장응력 $0.8 f_y = 0.8(400) = 320\ \mathrm{MPa}$를 초과하지 않아 적합하다.

② **한계 균열폭 검증** : 외측 경간의 철근 응력이 앞 예제의 단순보 경우보다 낮은 수준이고 다른 조건이 거의 같으므로 균열폭도 작기 때문에 여기서는 별도의 계산을 하지 않는다. 동일하게 처짐에 대해서도 별도의 검토를 하지 않아도 적합한 설계가 된다고 판별할 수 있다.

(III) 선형 탄성 해석 후 재분배에 의한 설계

선형 탄성 해석 후 재분배 방법은 특히 활하중이 지배적인 구조물 설계에 경제적인 이점을 살릴 수 있는 방법이다. 큰 활하중이 작용하면 받침부 부휨모멘트가 경간의 정휨모멘트보다 극단적으로 크게 된다. 이 연속보 경우 활하중의 크기가 고정하중보다 작은 데도 불구하고 받침부 부휨모멘트가 경간 정휨모멘트보다 상당히 크다. 여기서는 부휨모멘트의 10퍼센트를 재분배하여 설계해 보자.

(a) 재분배 해석

내측 받침부 계수부휨모멘트에 대해 10퍼센트($\eta = 0.10$)를 재분배하면 감소된 부휨모멘트는

$$(1-\eta)M_{u,B}^{-} = 0.9(713) = 641.7\text{ kNm}$$

이 재분배에 따른 외측 경간의 받침점 반력(전단력)과 중앙 정휨모멘트는 계수하중 $w_u = 1.25(50) + 1.8(30) = 116.5\text{ kN/m}$ 이 작용하는 상태의 부재 AB만의 평형 조건으로 부터,

$$V_{u,AB} = \frac{1}{8}\left(\frac{116.5(8)^2}{2}\right) - \frac{641.7}{8} = 385.8\text{ kN}$$

$$V_{u,BA} = 116.5(8) - 385.8 = 546.2\text{ kN}$$

$$M_{u,AB}^{+} = 385.8(4) - 116.5\frac{4^2}{2} = 608\text{ kNm}$$

외측 경간 정휨모멘트가 530.4 kNm에서 608 kNm로 77.6 kNm만큼 증가하였다. 재분배에 따른 내측 경간 휨모멘트도는 지배 하중 경우−3처럼 대칭이므로, 부휨모멘트의 변화량만큼 평행 이동한다. 따라서 경간 중앙의 정휨모멘트 크기는 $\eta M_{u,B}^{-} = 0.1(713) = 71.3\text{ kN/m}$ 만큼 증가한다. 반면에 내측 경간의 전단력은 재분배 전과 후에 변하지 않는다. 즉,

$$M_{u,BC}^{+} = 359.2 + 71.3 = 430.5\text{ kNm}$$

$$V_{u,BC} = 502\text{ kN}$$

외측 경간의 전단력은 재분배 후에 한 쪽은 증가하고 다른 쪽은 감소하였다. 전단 설계를 할 때 계수전단력으로 재분배 전의 값과 분배 후의 값 중에서 큰 값을 취하여 설계하여야 한다.

(b) 휨 설계

① **내측 받침부** : 10퍼센트를 재분배할 수 있기 위해서는 해당하는 소성회전능력을 확보할 수 있도록 중립축 깊이비가 $k_{lim} = 0.4 - \eta = 0.3$ 이하이어야 한다. 이때의 휨강도는

$$M_{d,lim} = \alpha f_{cd} k_{lim}(1 - \beta k_{lim})bd^2$$

$$= 0.8(16.6)(0.3)[1 - 0.4(0.3)](350)(550)^2 \times 10^{-6} = 371.2\text{ kNm}$$

받침부 단면 $(1-\eta)M_{u,B}^{-} = 641.7\text{ kNm}$가 한계 휨강도를 초과하기 때문에 복철근으로 설계해야 한다. $k_{lim} = 0.3$일 때 중립축 깊이 $c_{lim} = 0.3(550) = 165\text{ mm}$이므로, 압축 철근의 응력은

$$f_s{}' = 200{,}000(0.0033)\left[\frac{165-60}{165}\right] = 420\text{ MPa} \geq \phi_s f_y = 360\text{ MPa}$$

이것은 압축 철근이 항복한다는 의미이기 때문에 소요 압축 철근량과 인장 철근량은 각각

$$\text{소요 } A_s{}' = \frac{(1-\eta)M_{u,B}^{-} - M_{d,lim}}{\phi_s f_y(d-d')} = \frac{(641.7 - 371.2) \times 10^6}{0.9(400)(550-60)} = 1{,}533\text{ mm}^2$$

$$소요\ A_s = \frac{M_{d,lim}}{\phi_s f_y z} + A_s{}' = \frac{371.2 \times 10^6}{0.9(400)(484)} + 1{,}533 = 3{,}663\ \mathrm{mm}^2$$

상부 인장 철근으로 D25철근 8개를 2단으로 배치하면 사용 $A_s = 4{,}054\ \mathrm{mm}^2$되며, 하부 압축 철근으로 D22 철근 4개를 배치하면 $A_s{}' = 1{,}548\ \mathrm{mm}^2$이 되어 적합한 설계가 된다.

② 외측 경간 : 재분배에 따른 외측 경간 중앙 정휨모멘트 $M^+_{u,AB} = 608\ \mathrm{kNm}$ 인데, 이 값은 LC1+LC2 하중경우의 정휨모멘트 $M^+_{u,AB} = 645.6\ \mathrm{kNm}$ 보다 작기 때문에 645.6 kNm로 소요 철근량을 산정하여야 한다. 따라서 재분배하지 않는 경우에서 계산한 하부 철근으로 4개의 D25와 4개의 D29 철근을 2단으로 배치한다.

③ 내측 경간 : 재분배에 따른 내측 경간 정휨모멘트 $M^+_{u,BC} = 430.5\ \mathrm{kNm}$ 의 세기는,

$$m^+_{u,BC} = \frac{M^+_{u,BC}}{bd^2 f_{cd}} = \frac{430.5 \times 10^6}{350(580)^2 16.6} = 0.220$$

이때 팔길이 z는 1단 철근 배치를 전제로 $d = 580\ \mathrm{mm}$를 적용하면

$$z = 0.5\left[1 + \sqrt{1 - 2(0.220)}\right](580) = 507\ \mathrm{mm}$$

소요 인장(하부) 철근량은

$$소요\ A_s = \frac{430.5 \times 10^6}{0.9(400)(507)} = 2{,}359\ \mathrm{mm}^2$$

내측 경간 하부 인장 철근으로 D29철근 4개를 배치하면 사용 $A_s = 2{,}570\ \mathrm{mm}^2$이 된다. 결국, 10퍼센트 재분배하여 설계하면, 내측 받침부의 휨인장 철근량이 8-D29에서 8-D25로, 내측 경간의 철근량이 4-D25에서 4-D29로 변경되어서 경제적인 결과가 산출된다.

(c) 전단 설계

전단 설계를 할 때 계수전단력으로 재분배 전의 값과 분배 후의 값 중에서 큰 값을 취하여 설계하여야 한다. 그런데 재분배 후의 계수전단력은 모든 단면에서 거의 같거나 약간 감소된 상태이다. 따라서 앞에서 이미 수행한 탄성 해석 설계 결과를 그대로 적용할 수 있다.

10.3 슬래브 설계

10.3.1 기능과 형태

철근콘크리트 슬래브(slab)란 수평하게 놓인 넓은 평판으로 상하면이 서로 나란하거나 거의 나란한 것을 말하며, 보, 기둥, 벽체 또는 지반에 의해 지지되어, 건물의 바닥과 지붕, 그리고 교량의 바닥 판기능을 한다. 기하학적으로는 단면 폭과 지간이 두께의 5배 이상인 것을 판으로 정의하며, 기둥에 의해서 직접 지지되는 플랫(flat) 슬래브 구조와 보 또는 벽체에 의해 변 지지되는 보-슬래브 구조가 있다. 슬래브는 마주 보는 두 변만으로 지지될 수 있으며, 이 경우 구조적으로 하중이 한 방향으로만 보에 전달되는 1방향 거동을 한다. 이러한 슬래브를 **1방향 슬래브**(one way slab)라고 분류한다. 한편, 네 변이 모두 보에 의해 지지되는 경우는 구조적으로 2방향으로 거동한다. 즉, 슬래브 상면에 작용하는 하중은 두 방향 경로로 보에 전달된다. 이러한 슬래브를 **2방향 슬래브**(two way slab)라고 한다.

슬래브의 보강 철근은 일정한 피복두께를 유지하면서 휨모멘트의 분포에 따라 표면에 평행하게 상부와 하부에 배치된다. 슬래브는 얇고 표면적이 넓기 때문에 온도와 건조수축의 영향을 다른 형식의 부재보다 훨씬 많이 받는다. 이러한 이유로 슬래브에는 온도와 건조수축 균열을 방지하기 위하여 일정량의 철근이 배치되어야 한다. 또한 슬래브는 사용자들이 직접 접촉하는 구조 요소이며 얇기 때문에 그에 따른 처짐과 균열이 쉽게 발생할 수 있어서 사용성에 크게 민감한 부재에 해당한다.

10.3.2 1방향 슬래브

1방향 슬래브의 구조적 거동은 하중에 의해 변형된 상태를 살펴보면 쉽게 이해할 수 있다. 그림 10.7(a)는 마주보는 두 장변만이 지지되어 있는 슬래브를 보인 것이다. 표면에 연직 분포하중이 작용하면 원통형처럼 휘며, 곡률은 한 방향으로 동일한 반면에 장변 방향으로는 곡률이 발생하지 않는다는 것을 쉽게 알 수 있다. 곡률이 발생하지 않으면 휨모멘트도 없기 때문에 장변 방향의 휨모멘트는 발생되지 않고, 단변 방향으로만 휨모멘트가 발생된다는 의미이며, 이에 따른 보강 철근도 단변 방향으로 필요하게 된다. 이것은 마치 폭이 l_b로 매우 넓고 깊이가 h인 사각형 단면을 갖는 보와 동일한 거동을 한다. 따라서 1방향 슬래브는 나란한 단변 방향 보들의 집합으로 구성되어 있다고 간주할 수 있다. 이러한 슬래브는 단위 폭으로 나누어서 해석과 설계를 하며, 보에 적용하는 방법을 그대로 사용한다. 1방향 슬래브의 주방향에 대한 최소 및 최대 철근비는 보에 적용하는 값을 동일하게 적용한다. 다만 슬래브의 최소 인장 철근량은 극한한계상태에 필요한 철근량의 1.5배보다 클 필요는 없다.

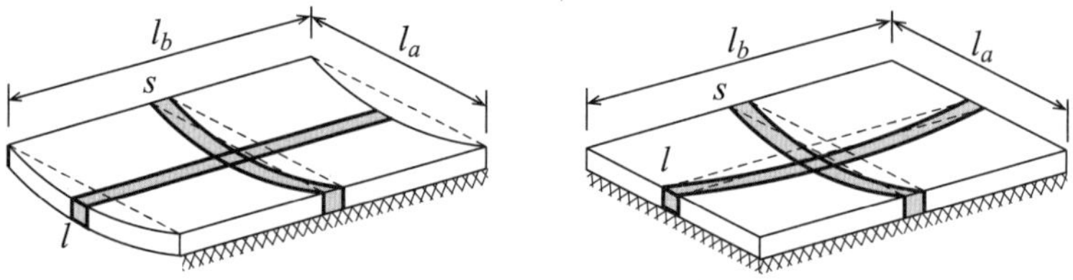

(a) 1방향 슬래브 (b) 2방향 슬래브

그림 10.7 1방향 슬래브와 2방향 슬래브의 거동

(a) 구조 해석

1방향 슬래브의 휨모멘트와 전단력은 4장의 구조 해석에서 설명한 해석 방법 즉, 보에 사용하는 해석 방법을 적용하여 구한다. 수평 부재인 슬래브에서는 받침 지압판이나 일체로 연결된 보의 폭의 영향을 고려한 유효 경간을 사용하여 부재력을 결정하여야 한다. 회전 구속이 없는 지압판으로 지지된 슬래브의 유효 경간은 지압판 중심선 사이 거리로 한다. 보와 일체로 된 슬래브의 유효 경간은 받침보의 폭 b_w의 1/2과 슬래브 두께 t_f의 1/2 중 작은 값에 해당하는 거리만큼 순경간을 지난 점에 받침점이 있다고 간주한 경간 길이가 된다. 유효 경간을 사용하여 해석한 결과가 슬래브의 부재력이 되지만, 단면 설계를 위한 부휨모멘트는 최대 휨모멘트 대신에 보와 일체로 된 경우에는 보 측면에서 취하며, 폭이 t인 단순 지압판인 경우에는 최대 휨모멘트에서 $Vt/8$만큼 감소시킨 값으로 설계할 수 있다.

(b) 배력 및 수축 온도 철근

1방향 슬래브는 구조적으로 한 방향으로 힘을 전달하기 때문에 주철근을 그 방향으로 배치한다. 주철근의 직각 방향으로 작용 하중을 분배시키거나 건조수축 및 온도 변화에 의한 균열을 방지하기 위해 철근을 배치하여야 한다. 대부분의 슬래브는 다른 부재와 함께 일체로 연결되어 있어서 자유롭게 수축할 수 없도록 되어 있다. 특히, 교량처럼 옥외에 노출된 슬래브는 온도 변화와 건조수축에 민감할 뿐만 아니라 하중이 부분 영역에 집중으로 작용하는 경우가 많다. 콘크리트는 인장에 취약하기 때문에 온도 변화와 수축 변형에 의해 균열이 쉽게 발생할 수 있다.

1방향 슬래브에서 휨모멘트에 저항하는 주철근이 한 방향의 균열을 제어하거나 고르게 분산시키는 역할을 한다. 그러나 주철근의 직각 방향으로 철근을 배치하지 않으면 국부적인 집중 하중의 작용과 수축에 의해 심한 균열이 발생할 수 있다. 따라서 1방향 슬래브에는 주철근에 직각 방향으로 힘을 분산시키도록 **배력철근**(distribution reinforcement)을 배치해야 한다. 배치해야 할 배력철근량은 주철근량의 20퍼센트 이상이어야 하며, 항상 온도·건조수축에 소요되는 철근량 이상이어야 한다. 도로교설계기준에서는 건조수축 및 온도 변화에 대한 얇은 슬래브의 보강에 대하여 다음과 같이 규정하고 있다.

$$A_s \geq 0.75 \frac{A_g}{\phi_s f_y} \tag{10.3-1}$$

여기서 A_g는 슬래브 단면적이다. 이 철근은 단면의 상-하부에 균등하게 나누어 배치해야 한다. 건조수축 및 온도 변화에 대한 철근의 간격은 슬래브 두께의 3배 또는 450 mm를 초과하지 않아야 한다.

(c) 철근 상세

보 설계에서와 동일하게, 슬래브 설계에서도 철근의 간격 제한이나 구조 일체성을 확보하기위해서 관련된 모든 설계 원칙에 의해 이론적으로 산정한 절단점을 지나 충분히 정착되도록 철근의 정착길이 이상 연장하여야 한다. 9장의 철근의 정착과 이음에서 상세히 설명했듯이, 보와 동일하게 슬래브를 설계할 때 철근 상세(detail)는 다음 규정을 준수해야 한다.

(가) 최소한 경간 중앙 하부 철근량의 1/4 이상을 받침부까지 연장하여야 한다. 이 연장된 철근은 외측 받침부에서는 받침부 면으로부터 설계정착길이 l_{dd} 이상으로 정착되어야 하며, 내측 받침부에서는 받침면에서 $10d_b$에 해당하는 길이 이상 연장되어야 한다. 특히 내측 받침부에서는 예상치 않는 부등 침하에 대비하기 위해 양쪽 경간에서 연장된 하부 철근의 일체성을 확보하도록 이음 철근을 배치하여 연결시켜야 한다.

(나) 외측 받침부가 보와 일체로 되어 있지 않고 보가 단순 지지되었을 경우, 전단 전이법칙에 의한 철근력 증가분 $0.5\,V_u$를 저항할 수 있도록 보의 외측 단부에 하부 철근을 배치하여야 한다.

(다) 외측 받침부가 보와 일체로 되었을 때, 해석에서 단순 받침점으로 간주하여 해석했더라도 보 단부 상부에 철근을 배치해야 한다. 이때 외측 단부의 상부 철근량은 경간 중앙 정휨모멘트 철근량의 1/4 이상이어야 한다. 받침부 면에서부터 잰 철근의 길이는 인접한 경간 길이의 0.2배 이상이어야 한다. 이 철근은 내부 받침부를 가로질러 연속되어야 하며, 단부 받침부에서 정착되어야 한다. 단부 받침점에서의 작용 휨모멘트는 인접 경간

최대모멘트의 15퍼센트 이상으로 한다.

(라) 집중 하중 또는 최대 휨모멘트가 작용하는 영역에서는

- 주철근의 중심간 간격은 슬래브 두께의 2배 이하 또는 250 mm 이하로 해야 하며,
- 배력철근 간격은 슬래브 두께의 3배 이하 또는 400 mm 이하로 해야 한다.

그 외의 영역에서는

- 주철근 간격은 슬래브 두께의 3배 이하 또는 450 mm 이하로 해야 하며,
- 배력철근의 간격은 슬래브 두께의 3.5배 이하 또는 450 mm 이하로 해야 한다.

배력 방향으로 휨모멘트가 발생하지 않는 영역에서는 받침점 부근의 상부 주철근에 대한 배력철근을 배치할 필요가 없다. 실제 설계에서는 철근의 가공과 조립에 소요되는 과다한 비용을 줄이기 위해, 보통 철근 간격이 슬래브 두께의 1.5배 정도가 되도록 먼저 결정한 다음 소요 철근 크기를 결정하여 배치한다.

(마) 지지되지 않은 슬래브 자유단 모서리에는 축방향 철근과 횡방향 철근을 배치하여야 하며, 일반적으로 그림 10.8과 같이 배치한다. 슬래브에 배치된 정상적인 철근은 모서리철근의 역할을 한다.

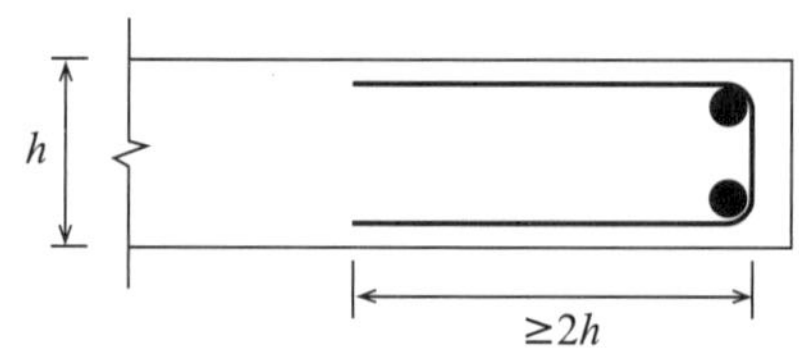

그림 10.8 슬래브의 자유단 모서리 철근

10.3.3 2방향 슬래브

앞 절에서 그림 10.7(a)로 설명한 1방향 슬래브는 하중에 의해 원통 모양으로 변형하며, 구조적으로 지지된 변에 직각 방향으로 1방향 작용을 한다. 그러나 대부분의 사각형 슬래브는 네 변이 모두 지지되어 있어서 2방향으로 거동한다. 이러한 슬래브는 그림 10.7(b)에 보인 것처럼 하중이 작용하면 접시 모양으로 변형하는데, 이것은 슬래브 내의 어떤 위치에서도 두 방향으로 휘어 있다는 의미이며, 휨모멘트는 곡률에 비례하기 때문에 2방향으로 휨모멘트가 발생된다. 이 휨모멘트에 저항하기 위해서 슬래브에는 2방향으로 철근을 배치해야 하는데, 최소한 2방향으로 서로 직교하는 두 층의 철근을 배치하여 각 방향으로 분담하는 하중에 저항할 수 있도록 설계해야 한다.

2방향 거동을 하는 가장 간단한 형태의 슬래브는 콘크리트 보, 벽체 또는 강재 보로 네 변이 견고하게 지지되어 있는 슬래브이다. 그림 10.7(b)에 나타낸 2방향 휨 작용을 명확하게 이해하기 위해 슬래브를 서로 직교하는 2개의 띠로 생각해 보면 하중은 각 띠를 통해 받침보로 전달된다는 것을 알 수 있다. 이 가상의 띠는 실제 일체로 타설된 슬래브의 일부이기 때문에 교차점의 처짐량은 반드시 같아야 한다. 분포 하중이 작용하는 경우에 각 방향 띠의 중앙 처짐이 동일하므로 다음과 같은 관계가 성립되어야 한다.

$$\frac{5w_a{l_a}^4}{384EI} = \frac{5w_b{l_b}^4}{384EI} \tag{a}$$

여기서 w_a는 단변 방향으로 전달되는 w의 부분이며, w_b는 장변 방향으로 전달되는 분담 하중이다. 이 두 부분 하중의 비는 위 식으로 부터

$$\frac{w_a}{w_b} = \left(\frac{l_b}{l_a}\right)^4 \tag{b}$$

두 방향 분담 하중의 비는 변장비의 4제곱에 반비례하며, 단변 방향으로 훨씬 많이 분배된다는 것을 알 수 있다. 즉, 변장비가 2라면 하중의 94퍼센트가 단변 방향으로 전달되고, 오직 6퍼센트만이 장변 방향으로 전달된다. 이것은 단변 방향으로 모든 하중이 전달되는 1방향 슬래브와 거의 동일하게 거동한다고 할 수 있다. 따라서 실제 설계에서는 네 변이 지지된 슬래브일지라도 변장비가 2 이상이면 1방향 슬래브로 간주하여 설계한다. 즉, 장변에 직각인 단변 방향으로 주철근을 배치하며, 배력철근은 장변 방향으로 배치해야 하고, 이때의 해석 방법과 철근 상세도 앞 절에서 기술한 1방향 슬래브에 적용하는 기준을 그대로 적용해야 한다.

변장비가 2 이하인 경우에는 2방향 슬래브로 해석하여 설계해야 한다. 2방향 슬래브에서 최대 휨모멘트는 곡률이 가장 큰 곳에서 발생한다. 그림 10.7(b)를 살펴보면 단변 방향 띠 s의 중앙부에 최대 휨모멘트가 발생하는 위치라는 것을 알 수 있다. 이 위치에서 철근이 항복하여 소성 상태에 놓일 때, 만약 이 띠가 독립된 보라면 즉시 파괴될 것이다. 그러나 슬래브 전체 거동을 생각하면 이 띠는 즉시 파괴되지 않고, 주위의 띠들이 추가 하중을 부담하게 된다는 것을 알 수 있다. 이러한 **비탄성 재분배** 현상은 슬래브 중앙부부터 양방향으로 점차 확대되며, 종국에는 슬래브 전체가 점진적으로 파괴된다. 이러한 이유로 슬래브는 각 방향의 절대 최대 휨모멘트에 대해 설계할 필요가 없으며, 슬래브 일정 면적에 분포된 휨모멘트의 평균값으로 설계한다.

2방향 슬래브의 해석과 설계는 그림 10.9에 보인 것과 같이 슬래브 판을 **주열대**(column strip)와 **중간대**(middle strip)로 구분하여 수행한다. 이것은 휨모멘트가 기둥선에 집중되는 경향을 반영

한 것이다. 주열대는 기둥 중심선에서 양쪽으로 $l_2/4$ 또는 $l_1/4$에 해당하는 폭을 가지는 설계대로, 보가 있는 경우에 보는 주열대에 포함되며, 중간대는 주열대 사이에 구획된 설계대이다.

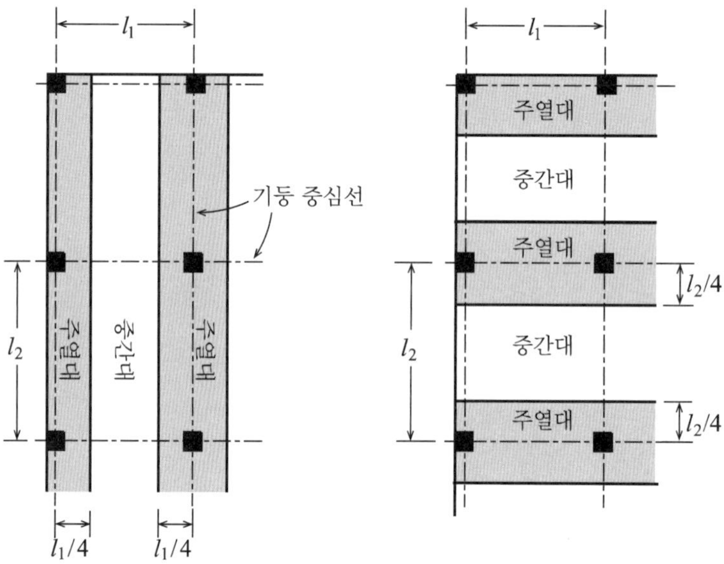

그림 10.9 주열대와 중간대

10.3.4 플랫슬래브

그림 10.10(a)에 보인 슬래브와 같이 기둥으로 받쳐진 상대적으로 얇고 휘기 쉬운 약한 보에 의해 네 변이 지지된 사각형 슬래브이거나, 그림 10.10(b)에 보인 슬래브처럼 기둥 중심선에 보가 설치되어 있지 않고 기둥만으로 지지된 슬래브를 **플랫슬래브**(flat slab)라고 부른다.[1] 기둥선에 보가 없는 경우에는 각 방향 기둥 중심선을 중심으로 한 넓은 슬래브 띠가 보와 같은 역할을 하여 전체 하중이 2방향으로 각각 전달된다. 보가 없는 플랫슬래브는 일정한 두께를 갖거나 또는 기둥과 접합부에 일체로 된 지판(drop pannel)이 설치되는 경우가 대부분이다.

플랫슬래브는 네 변이 견고하게 지지된 2방향 슬래브와 다르게 각 변에 상대적으로 처짐이 발생하며, 위치에 따라 휨모멘트가 변한다. 이러한 슬래브에서 단부와 중앙부의 휨모멘트의 크기는 일체로 연결되는 슬래브, 보 및 기둥의 강성에 따라 달라진다. 따라서 플랫슬래브는 힘의 평형 조건과 변형 적합 조건을 만족하는 어떠한 방법도 사용하여 해석할 수 있는데, 격자해석, 유한요소법, 항복선이론 또는 등가골조법과 같은 검증된 방법을 사용하여 해석하여야

1) 보와 기둥으로 지지된 슬래브를 플랫슬래브라고 하고, 기둥만으로 지지된 슬래브를 플랫플래이트로 구분하여 부르기도 한다.

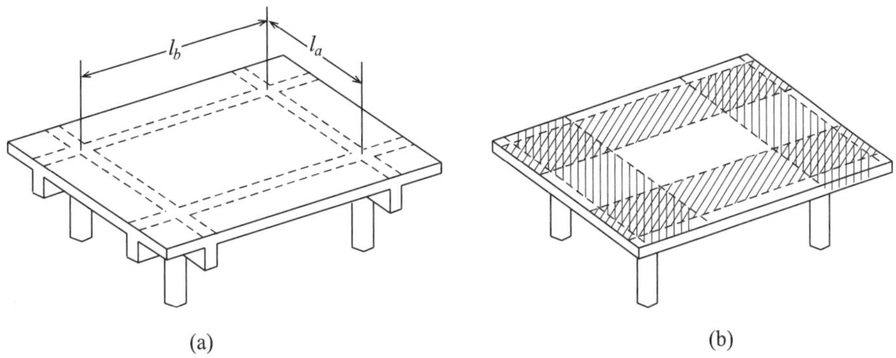

그림 10.10 기둥에 의해 지지되는 슬래브

한다. 이때 적절한 기하학적 특성 및 재료 특성을 반영하여야 한다. 실제 토목 구조물 설계에서 가장 일반적으로 사용할 수 있는 방법이 등가골조법인데, 도로교설계기준에는 상세하게 규정되어 있지 않는 상태이기 때문에 이 방법을 적용하여 플랫 슬래브를 설계할 때는 콘크리트구조기준의 10.5절의 규정을 적용할 수 있을 것이다.

10.3.5 등가골조법

2방향 슬래브의 하중영향을 산정하기 위한 가장 일반적인 방법은 **등가골조법**(equivalent frame method)으로, 3차원의 실제 구조물을 기둥 중심선을 기준으로 일련의 2차원의 평면 골조로 분할하여 해석하는 방법이다. 이 방법은 1948년 Peabody[참고문헌 10.5]에 의해 처음 제안된 탄성 해석 방법을 근간으로 많이 개선되어 사용되고 있다. 등가골조법은 구조 해석법인 모멘트분배법을 2방향 슬래브 구조에 적용하기 위해 유도되었다. 따라서 구조 해석에 사용되는 입력 자료에 대한 특별한 모델링 기법이 필요하게 된다.

그림 10.11에 빗금으로 나타낸 부분과 같이, 등가골조법은 2방향 슬래브를 기둥선을 중심으로 양쪽의 슬래브를 포함한 등가의 부분 평면 골조로 분할하여 해석하는 방법이다. 분할된 부분 골조는 그림 10.12와 같은 형태로서 기둥이 수직 부재가 되고, 기둥 중심선에 배치된 보를 포함한 양쪽의 슬래브가 수평 부재가 된다. 보통의 보와 기둥만으로 구성된 평면 골조의 해석 방법을 이 부분 골조 해석에 적용하기 위해서는 몇 가지 특별한 사항들을 추가적으로 고려해야 한다. 부정정 평면 골조의 부재력은 각 부재의 강성에 따라 달라진다. 그림 10.12에 보인 골조는 기둥 폭에 비해 슬래브 폭이 너무 넓어서 그 휨강성과 응력 분포가 심하게 부등 분포하게 된다. 따라서 수평 부재와 수직 부재의 상대 강성비는 기하적으로 주어진 단면으로 구한 상대 강성비와 크게 다르게 된다. 또한 보와 슬래브로 구성된 수평 부재의 단면 응력은 기둥 중심선 근처에 집중되는 경향이 심하게 나타난다.

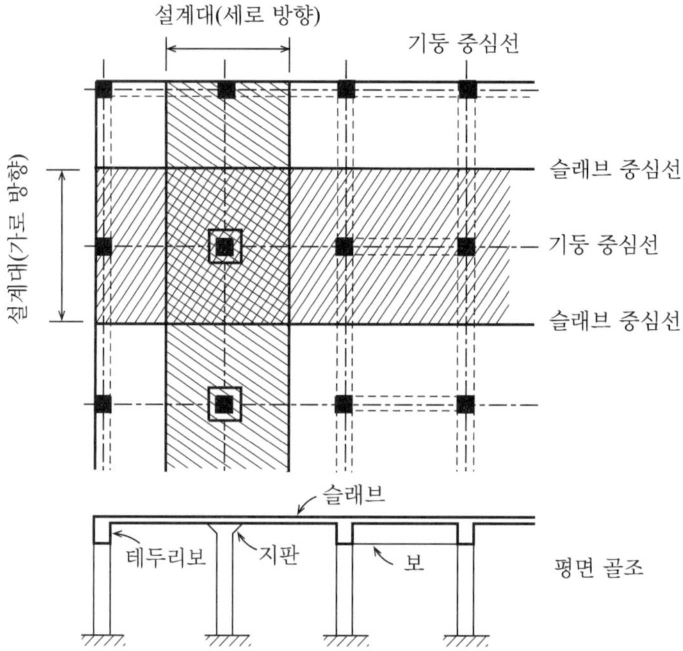

그림 10.11 등가 골조 이상화

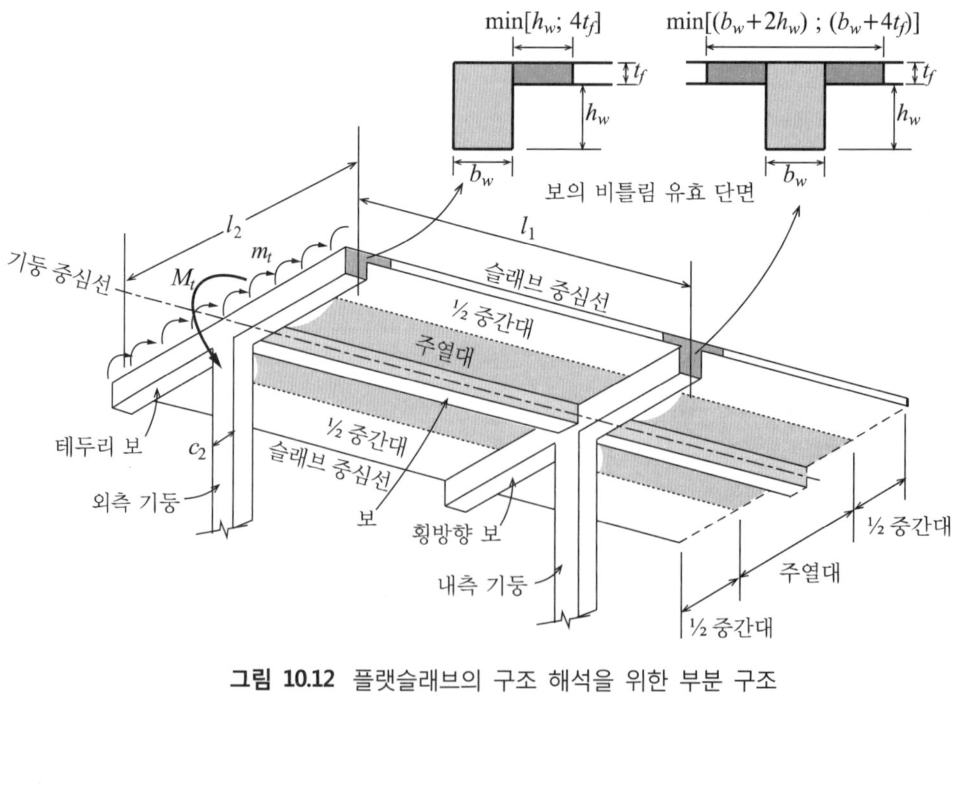

그림 10.12 플랫슬래브의 구조 해석을 위한 부분 구조

그림 10.12에 보인 부분 구조를 등가의 평면 골조로 해석하기 위해 사용하는 단면2차모멘트는 철근을 무시한 콘크리트 단면을 기본으로 하지만, 부재 축에 따른 단면의 변화를 고려하여야 한다. 부재의 강성은 전단면을 사용하여 계산할 수 있다. 연직 하중에 대한 강성은 슬래브의 전체 폭을 기준으로 계산할 수 있다. 다만 수평 하중에 대하여는 슬래브 전체 폭에 대한 강성의 40퍼센트를 사용하여야 한다.

(a) 구조 해석

그림 10.12에 보인 플랫슬래브의 부분 구조를 2차원 평면 등가골조로 이상화하여 휨모멘트를 산정하기 위한 해석에서 기둥은 해석하는 골조 평면에 직각으로 놓인 횡방향 보 또는 테두리 보의 비틀림 강성을 반영하여 슬래브와 연결되어 있다고 간주한다. 기둥과 횡방향 보의 거동은 연속 슬래브 구조의 외측 절점에서 회전 변형 상태를 나타내는 그림 10.12를 살펴보면 쉽게 이해할 수 있다. 슬래브 외측 끝단의 회전에 대한 구속은 기둥의 휨강성 뿐만 아니라 테두리 보의 비틀림 강성에 의해 영향을 받는다. 슬래브에 작용하는 하중에 의해 테두리 보에는 분포 비틀림력 m_t가 발생하며 기둥에는 절점 휨모멘트 M_t가 발생한다. 이에 의해 테두리 보에서 슬래브 중심선 위치의 회전각은 기둥 중심선 위치의 회전각보다 크다. 이 현상은 실제 기둥의 휨강성이 감소되는 것과 같은 결과를 낳는다. 따라서 실제 기둥보다 작은 강성을 가진 등가 기둥으로 대체하여 해석해야 한다.

이러한 영향을 고려하기 위하여 실제 기둥과 횡방향 보의 전체 연성을 실제 기둥과 보의 연성의 합으로 정의되는 등가 기둥으로 치환하여야 한다. 즉,

$$\frac{1}{K_{ec}} = \frac{1}{K_c} + \frac{1}{K_t} \tag{10.3-1}$$

여기서 K_{ec}는 등가 기둥의 휨강성 EI/l이고, K_c는 실제 기둥의 휨강성이며, K_t는 테두리 보의 비틀림 강성이다. 이 식을 살펴보면, 테두리 보가 매우 큰 비틀림 강성을 갖고 있는 경우에는 실제 기둥의 휨강성이 등가 기둥의 휨강성이 되고, 반면에 테두리 보의 강성이 작을수록 등가 기둥의 강성은 실제 기둥의 강성보다 작게 된다는 것을 알 수 있다.

그림 10.12에 보인 것과 같이, 일체로 타설된 횡방향 보에는 양측으로 내민 슬래브가 포함되는데, 내민 슬래브의 유효폭은 복부 깊이 h_w 또는 슬래브 두께 t_f의 4배 이하로 취하여 비틀림 강성을 다음 식으로 구할 수 있다.

$$K_t = \Sigma \frac{9E_c C}{l_2(1-c_2/l_2)^3} \tag{10.3-2}$$

여기서 E_c는 콘크리트 탄성계수이고, c_2는 기둥의 폭이며, C는 단면 변장비에 따른 단면 상수로써, 단면을 사각형 형태로 나눈 후 각 단위 사각형의 비틀림 강성을 합하여 구한다. 이때 각 사각형 단면의 짧은 변을 x로 긴 변을 y로 취하여 다음 식으로 산정한다.

$$C = \Sigma\left(1 - 0.63\frac{x}{y}\right)\frac{x^3 y}{3} \qquad (10.3\text{-}3)$$

이렇게 등가 골조의 수평 부재 휨강성과 등가 기둥의 휨강성을 얻게 되면, 적합한 하중에 의해 발생하는 부재의 휨모멘트는 여러 탄성 해석 방법을 사용하여 구할 수 있다.

원래 등가골조법은 모멘트분배법을 이용하여 해석하기 위해 개발된 방법이지만, 현재 실무 기술자들은 대부분 컴퓨터를 사용하며, 골조 해석은 강성법에 기초한 범용 프로그램을 통하여 이루어지고 있다. 이러한 평면 골조 해석 프로그램을 슬래브 해석에 사용할 경우에는 기둥머리나 지판으로 단면이 변하는 위치에 절점을 추가로 두어야 할 필요가 있으며, 각 기둥의 K_{ec}에 해당하는 등가의 단면2차모멘트를 사용하여야 한다.

(b) 주열대와 중간대의 휨모멘트 분배

등가 골조를 해석하여 구한 수평 부재의 정휨모멘트와 부휨모멘트는 설계대의 보와 슬래브 폭 전역이 저항해야 한다. 그런데 그림 10.12에 보인 것처럼 등가 골조의 실제 수평 부재는 일반적인 평면 골조와 다르게 보와 슬래브로 구성되어 있으며, 그 폭이 경간에 비해 매우 큰 상태이기 때문에 단면 폭에 따른 응력 분포가 심하게 부등 분포하며, 기둥 중심선 근처에 집중된다. 이러한 현상을 고려하기 위해 등가 골조 해석으로 구한 위험 단면의 휨모멘트를 다시 주열대와 중간대로 분배하여 설계해야 한다.

탄성 해석에서는 휨모멘트가 기둥 중심선 쪽으로 집중되는 경향이 있다. 기둥 중심선을 따라 슬래브 아래 보가 있는 경우에는 주열대 휨강성이 커지기 때문에 보가 없는 경우에 비하여 주열대가 담당해야 하는 몫이 커진다. 이 분배 휨모멘트 양은 슬래브 변장비 l_2/l_1, 슬래브와 보의 상대 휨강성 비 α, 테두리 보의 상대 비틀림 강성비 β_t에 따라 달라진다. 보와 슬래브의 상대 강성비는 다음 식으로 정의된다.

$$\alpha = \frac{I_b}{I_s} \qquad (10.3\text{-}4)$$

여기서 I_b와 I_s는 각각 보와 슬래브의 단면2차모멘트이다. 보와 슬래브의 휨강성은 전체 콘크리트 단면을 바탕으로 계산하고, 철근과 균열을 고려하지 않으며, 지판의 단면 변화 영향도 무시할 수 있다. I_b는 그림 10.12에 보인 횡방향 보의 비틀림 유효 단면 기준을 종방향 보에 적용해 계산하며, I_s는 슬래브 두께와 중심선 사이 폭을 갖는 직사각형 단면으로 구한다. 다만 수평 하중에 대하여는 슬래브 전체 폭에 대한 강성의 40퍼센트를 사용하여야 한다.

테두리 보의 상대 비틀림 강성비는 다음과 같이 정의된다.

$$\beta_t = \frac{C}{2\,I_s} \tag{10.3-5}$$

여기서 I_s는 해석하려는 등가 골조의 경간 방향에 직각인 슬래브 설계대 길이를 폭으로 하여 계산한다.

주열대와 중간대가 각각 분담하는 정 및 부휨모멘트는 l_2/l_1과 $\alpha_1 l_2/l_1$에 따라 달라진다. 여기서 α_1과 α_2는 l_1과 l_2 방향의 상대 휨강성비를 나타낸다. 외측 부휨모멘트는 테두리 보의 상대 강성비 β_t에 따라서도 달라진다. 표 10.1에 주열대가 담당하는 휨모멘트 분담률을 정리하였다. 예를 들면, l_2/l_1가 1.55이고 $\alpha_1 l_2/l_1$가 0.6이고 테두리 보가 없는 경우($\beta_t = 0$)이면 외측 부휨모멘트의 100퍼센트를 주열대가 담당해야 한다. 반면에 테두리 보가 있어서 $\beta_t = 0.6$이라면 선형 보간법에 의해 주열대가 65퍼센트를 담당한다. 이처럼 휨모멘트는 위험 설계 단면의 폭에 대하여 분배해야 한다. 설계에 있어서 전체 설계대의 양쪽의 주열대와 이웃한 중간대의 1/2로 이루어지고, 주열대가 부담하지 않는 휨모멘트는 2개의 절반 중간대에 할당한다. 각각의 분할된 설계대 내에서 휨모멘트가 일정하다고 가정한다.

표 10.1 플랫슬래브의 주열대에서 휨모멘트 분담률(%)

			l_2/l_1		
			0.5	1.0	2.0
내측 부휨모멘트	$\alpha_1 l_2/l_1 = 0$ (보가 없는 경우)		75	75	75
	$\alpha_1 l_2/l_1 \geq 1.0$ (보가 있는 경우)		90	75	45
외측 부휨모멘트	$\alpha_1 l_2/l_1 = 0$ (보가 없는 경우)	$\beta_t = 0$	100	100	100
		$\beta_t \geq 2.5$	75	75	75
	$\alpha_1 l_2/l_1 \geq 1.0$ (보가 있는 경우)	$\beta_t = 0$	100	100	100
		$\beta_t \geq 2.5$	90	75	45
경간 정휨모멘트	$\alpha_1 l_2/l_1 = 0$ (보가 없는 경우)		60	60	60
	$\alpha_1 l_2/l_1 \geq 1.0$ (보가 있는 경우)		90	75	45

주: 주열대와 중간대가 각각 분담하는 휨모멘트의 총합은 항상 100%가 되어야 한다.

표 10.2 보가 없는 플랫슬래브에 대한 휨모멘트의 단순 분배

	부(−)휨모멘트	정(+)휨모멘트
주열대	60∼80%	50∼70%
중간대	40∼20%	50∼30%

주: 주열대와 중간대에 분배되는 총합은 항상 100%가 되어야 한다.

보가 없는 플랫슬래브의 극한한계상태에서는 소성 재분배 능력이 크게 활성화되기 때문에 각 설계대에 소요되는 총 철근량을 배치한다면, 주열대와 중간대의 휨모멘트는 표 10.2에 주어진 범위에서 설계자가 적절하게 선정하여 분배할 수 있다.

(c) 휨 철근 배치

네 변이 지지된 2방향 슬래브의 휨철근은 직교 형태로 각 변에 평행하고 서로 직각으로 배치한다. 정휨모멘트 철근이 서로 직교하도록 배치될 때, 두 철근 중 위 철근은 아래 철근에 비해 철근 지름만큼 유효깊이가 작게 된다. 따라서 장변 방향의 휨모멘트가 작기 때문에 장변 방향 철근을 위쪽에 배치하는 것이 효과적이다. 반면에, 변장비가 2보다 큰 사각형 슬래브 판은 1방향 작용에 대해서만 단변 방향 휨철근을 배치한다. 이때 물론 균열을 제어하는 수축 온도 철근 또는 배력 철근은 장변 방향으로 배치해야 한다.

보가 없는 플랫슬래브의 내측 기둥부에서는 펀칭전단과 기둥 중심선에 집중하는 부휨모멘트를 효과적으로 저항하는 하기 위해, 주열대에 소요되는 상부 철근량의 2/3를 주열대 폭의 1/2 중심 폭에 집중해서 배치하여야 한다. 또한 연속 슬래브에 배치되는 주열대 하부 철근은 하나의 받침부가 손상 또는 파괴될 때, 현수 작용에 의하여 인접 받침부로 하중을 전달하여 줄 수 있도록, 각각의 직교 방향으로 2개 이상의 완전히 연속된 하부 철근이 내측 기둥의 심부를 통과하도록 배치하여야 한다.

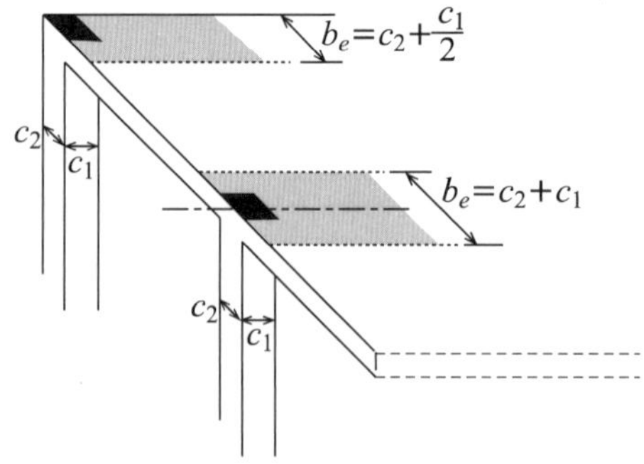

그림 10.13 슬래브 모서리의 유효폭 정의

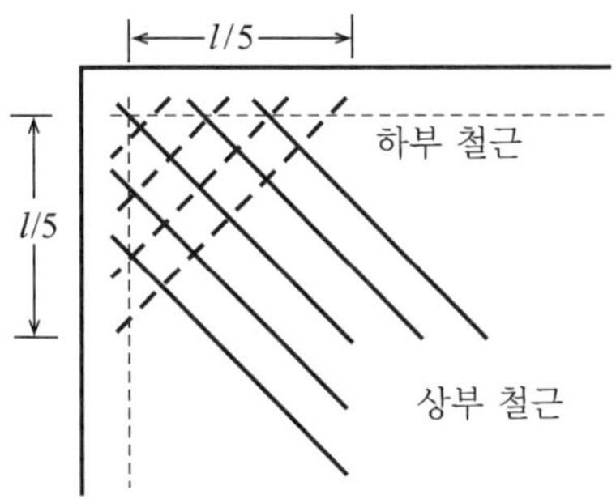

그림 10.14 2방향 슬래브의 모서리 보강

한편, 보가 없는 플랫슬래브의 외측 기둥부에서는 슬래브에서 외측 기둥으로 휨모멘트를 전달하기 위한 철근은 그림 10.13에 나타낸 유효폭 b_e 내에 배치하여야 하며, 이때 외측 기둥 또는 모서리 기둥으로 전달되는 휨모멘트는 사각형 기둥의 경우 $0.17b_e d^2 f_{ck}$ 이하로 취한다. 이 경우 외측 경간의 정휨모멘트는 적절하게 조정하여야 한다. 사각형 단면이 아닌 기둥의 경우에는 등가 사각형 단면으로 치환하여 적용한다.

보가 있는 슬래브의 모서리 부근에서는 휨모멘트 뿐만 아니라 비틀림모멘트가 유발되며, 모서리의 솟음이 구속되는 국부적 교란 현상이 발생된다. 이러한 현상으로 슬래브 하면에 대각선 방향 균열과 상면에 대각선 직각 방향 균열이 발생되는 경향이 있다. 따라서 슬래브 모서리의 상하면에 장변 순경간의 1/5 범위에 그림 10.14와 같은 특별한 보강을 해야 한다. 상면에는 대각선 방향으로, 하면에는 대각선 방향에 직각으로 철근을 배치한다.

(d) 전단 설계

2방향 슬래브가 기둥에 의해 직접 지지되어 있을 때, 또는 슬래브가 집중 하중을 받을 때는 기둥 주위 또는 집중 하중 재하 영역 주위의 전단은 매우 중요하다. 보가 없는 플랫슬래브의 하중 저항 능력은 대부분 전단에 의해 지배되며, 두 가지 형태의 전단 파괴가 나타난다. 첫 번째는 일반적인 보에서 나타나는 사인장 파괴로서, 주열대에 직교 방향으로 지지되는 넓은 보처럼 거동하면서 나타나는 **1방향 전단** 파괴이다. 경사 균열이 일어나면 설계대 슬래브의 전체 폭 l_2에 걸쳐 진전되어 간다. 보의 경우와 같이 설계전단강도 V_{cd}는 작용 계수하중에 의한 전단력 V_u보다 같거나 커야 한다. 보가 없는 플랫슬래브는 보에 적용하는 전단강도 산정 공식에서 $b_w = l_2$를 적용하여 6.3절에서 설명한 보의 전단 설계법에 따라 설계한다.

다른 파괴 형태로는 보가 없는 플랫슬래브의 기둥 주위에서 발생하는 사인장 균열에 의해 원추 모양이나 피라미드 모양으로 잘려지는 **2방향 전단** 파괴이다. 파괴면은 슬래브 하면의 받침점부터 상부 표면까지 대각선 방향으로 확장되어 나간다. 이러한 파괴를 펀칭전단 또는 뚫림 전단이라 하여 6장의 6.7절에서 그 설계법을 이미 설명하였다. 이 설계법에 따라 만약 2방향 전단 보강이 필요한 경우에는 슬래브의 최소 두께는 200 mm 이상이어야 한다. 이때 전단 철근의 수평 간격은 $0.75d$ 이하로 배치하여야 한다. 2방향 전단 철근이 필요한 영역에서의 최소 전단 철근량 $A_{v,\min}$은 다음과 같다.

$$\frac{A_{v,\min}(1.5\sin\alpha + \cos\alpha)}{s_r\, s_t} \geq 0.8\frac{\sqrt{f_{ck}}}{f_y} \tag{10.3-6}$$

여기서 α는 주철근과 전단 철근 사이의 경사각으로 수직 스터럽인 경우 $\alpha = 90°$이다. s_r은 방사(radial) 방향의 전단 철근 간격이고, s_t는 접선(tangential) 방향의 전단 철근 간격이다.

보가 있는 플랫슬래브에서는 T형 단면 보처럼 전단력의 대부분을 보가 담당하게 된다. 보와 슬래브의 상대 강성비 $\alpha_1 l_2/l_1$ 가 1.0 이상인 플랫슬래브에서는 그림 10.15에 나타낸 바와 같이 슬래브 표면 재하 면적에 작용하는 하중에 의한 전단력을 모두 견디도록 보를 설계해야 한다. 반면 $\alpha_1 l_2/l_1$ 가 1.0 미만일 때는 상대 강성비의 값에 비례하도록 보가 분담하는 전단력을 구하고, 나머지 하중은 슬래브가 부담해야 할 전단력으로 한다.

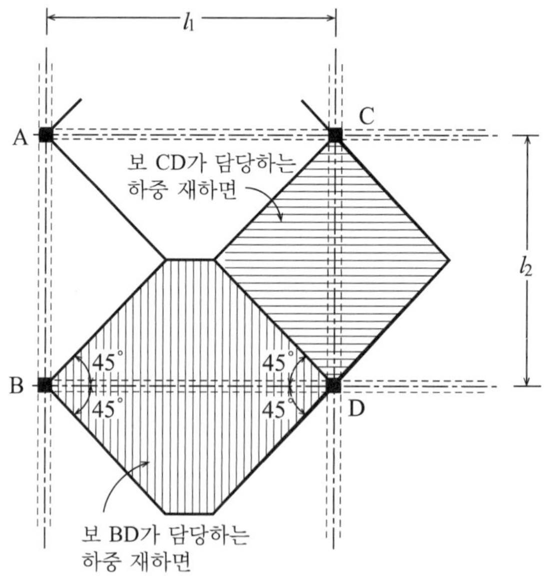

그림 10.15 보의 전단력 산정을 위한 재하면

10.4 확대 기초판 설계

10.4.1 기능과 형태

기초는 구조물의 일부인 하부 구조로서 보통 지표면 밑에 놓여서 기둥 하중을 지반이나 암반으로 전달하고 분산시키는 기능을 한다. 흙은 하중을 받으면 상당히 압축되기 때문에 지지된 구조물이 침하한다. 그러므로 하중에 의해 유발된 지반 반력이 지반地盤의 안전한 지지력(bearing capacity)을 초과하지 않아야 한다. 기초판을 설계할 때 검증해야 할 중요한 조건은 전체 침하량이 허용할 수 있을 정도로 작아야 하며, 한 구조물 내의 부등不等 침하를 가능한 한 제거해야 하는 것이다. 구조물의 잠재적 손상 관점에서 볼 때 부등 침하를 제거하는 것이 전체 침하량을 제한하는 것보다 훨씬 중요하다.

기초의 침하량을 한계값 이내로 줄이기 위해서는 (1) 상부 구조의 하중을 지지력이 충분한 지반에 전달하거나, (2) 하중을 넓은 지반 위에 분산시키는 것이 필요하다. 하부 구조 아래 적합한 지반이 없는 경우, 하중이 깊은 단단한 토층에 전달될 수 있도록 말뚝(pile)이나 케이슨과 같은 **깊은 기초**(deep foundation)를 적용해야 한다. 만약 하부 구조 바로 밑에 적합한 토층이 있다면, 하중을 넓게 분산시키기만 하면 된다. 이러한 하부 구조를 **확대 기초판**(spread footing)이라고 하는데 여기서는 이 확대 기초판에 대해서만 다룬다.

확대 기초판은 독립 확대 기초판과 복합 기초판으로 분류할 수 있다. **독립 확대 기초판**은 일반적으로 기둥 하단부에 정사각형 또는 직사각형 형태의 판으로 설치하는 간단하고 경제적인 기초 형식이다. **복합 기초판**은 큰 하중을 받는 기둥이 조밀하게 배치되어 있을 때 여러 기둥을 하나의 기초판으로 지지하는 형식이다. **전면 기초**(mat foundation)는 전체 바닥 면에 슬래브를 배치하여 하중을 큰 면적에 분산시키는 2방향 슬래브 구조와 같다. 이 기초는 자체의 강성으로 부등 침하를 최소화한다. 강성을 증대시키고 경제적인 기초 구조 형식으로 하기 위해 기초판에 보를 설치하기도 한다. 이때 보는 각 기둥선에 배치하고 판에는 철근을 2방향으로 배치한다.

10.4.2 설계지지력과 계수하중조합

기초판이 놓이는 지반의 한계 지지력은 재하 시험과 기타 여러 실험을 기초로 한 토질역학의 일반 원리로 부터 결정된다. 한계상태설계법에서는 기초의 극한한계상태에서 계수하중에 의한 지반 반력 q가 지반의 **설계지지력** q_d를 초과하지 않으면, 사용하중 상태에서 침하량이 허용 한도 내에 제어된다고 간주한다. 이때 q_d는 지반의 극한한계(공칭)지지력 q_{ult}에 안전계수인 저항계수 ϕ_b를 곱한 값이다.

$$q_d = \phi_b q_{ult} \tag{10.4-1}$$

여러 종류 지반의 극한한계지지력 q_{ult}의 범위를 표 10.3에 정리하였다. 지반에 대한 저항계수 ϕ_b는 극한한계지지력을 평가하는 방법의 신뢰도와 흙의 종류에 따라 정해진 값으로 표 10.4에 나타냈다. 정확한 정보가 부족한 경우에는 모든 지반의 지지력 저항계수로 0.45를 취할 수 있다.

기둥의 계수하중이 주어지면, 계수하중에 의해 발생하는 지반 반력 q가 지반의 설계지지력 q_d보다 작아야 안전한 설계가 된다. 이때 지반 반력은 기초판의 면적에 따라 달라지므로, 기초판의 소요 면적 A_{foot}는 다음과 같이 계산된다.

표 10.3 지반의 극한한계지지력

지반 종류	극한한계지지력(kN/m^2), q_{ult}
사암	2,000～4,000
셰일	600～2,000
다짐된 자갈 또는 모레와 자갈	600
보통 밀도 모레	100～300
느슨하고 가는 모레	100 미만
매우 단단한 진흙	300～600
진흙	300 이하

표 10.4 지반에 대한 저항계수 (도로교설계기준)

		지지력 결정 방법/흙/조건	저항계수
지지력	ϕ_b	이론적 방법, 점성토	0.50
		이론적 방법, 사질토, CPT 사용	0.50
		이론적 방법, 사질토, SPT 사용	0.45
		반경험적 방법, 모든 지반	0.45
		암반 위에 설치된 기초	0.45
		평판 재하 시험	0.45
활동	ϕ_t	사질로 위에 설치된 현장타설 콘크리트	0.80
		점성토 위에 설치된 현장타설 콘크리트	0.85
		활동에 저항하는 수동 토압	0.50

$$소요\ A_{foot} \geq \frac{N_u}{q_d} \tag{10.4-2}$$

여기서 N_u는 계수하중에 의해 기초판에 작용하는 연직력이다. 기초판의 크기를 결정한 후에는 작용 하중으로 인하여 기초판에 발생된 휨모멘트와 전단력에 저항할 수 있도록 기초판을 구조적으로 안전하게 설계해야 한다. 이렇게 하기 위해서는 다른 형식의 구조 부재의 극한한계상태 검증과 마찬가지로 하중계수와 설계강도를 적용해야 한다.

기초판의 극한한계상태 검증를 위한 계수하중의 크기를 결정할 때, 1장에서 설명하고 표 1.7에 정리된 것과 같이, 작용하는 각 하중의 유리한 영향과 불리한 영향을 명료하게 구분하여 2개의 서로 다른 하중계수를 적용하여야 한다. 고정하중일 경우, 기초판에 불리한 영향을 주면 1.0보다 큰 하중계수 $\gamma_{D,h}$을 적용하고 유리한 영향을 주면 1.0보다 작은 하중계수 $\gamma_{D,l}$을 적용하여야 한다. 활하중일 경우, 기초판에 불리한 영향을 주면 정해진 하중계수 γ_L을 적용하여 반영하여야 하지만, 유리한 영향을 줄때는 해석에서 활하중을 고려하지 않아야 한다. 간단한 예로 그림 10.16에 보인 구조물에 활하중 L, 자중 D와 수평 토압 H인 세 종류의 하중이 작용하였을 때 두 기초판의 극한한계상태를 검증하기 위한 계수하중조합을 생각해 보자. 기초판의 지반 파괴 또는 침하 한계상태 관점에서 살펴보면, 수평 토압 H는 왼쪽 기초판 A에 항상 지반 반력을 증가시키는 불리한 영향을 주는 반면에, 오른쪽 기초판 B에는 반력을 감소시키는 유리한 영향을 미친다. 한편 기초판 B의 떠올림(uplift)과 전도(overturning) 한계상태 관점에서 본다면, 수평 토압 H는 떠올림과 전체 전도에 불리한 영향을 미치며, 자중 D와 활하중 L은 유리한 영향을 준다. 따라서 다음과 같은 하중조합을 적용해야 한다.

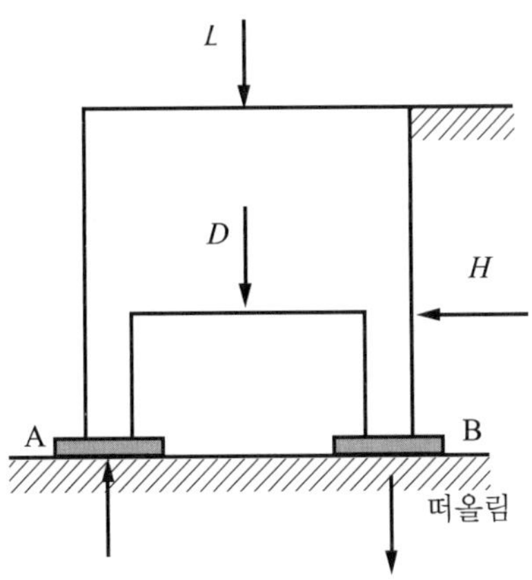

그림 10.16 하중계수 적용 예

- 기초판 A의 지반 파괴 또는 침하 극한한계상태 검증 하중조합 :

$$1.8L+1.25D+1.5H$$

- 기초판 B의 떠올림 또는 전체 전도 극한한계상태 검증 하중조합 :

$$0.9D+1.5H$$

위와 동일한 원리에 따른 하중 조합을 기초판의 강도 안전성 한계상태 검증에도 적용해야 한다.

기초판의 구조적 강도를 결정하는 판의 두께와 철근량은 극한한계상태의 가장 불리한 하중조합에 의한 지반 반력을 바탕으로 계산한다. 대부분 실제 설계에서 지반 반력은 선형 분포한다고 간주한다. 이것은 기초판이 무한 강성이고 지반은 선형 탄성 재료라는 가정에 바탕을 둔 것이다. 실제로 흙은 상당한 소성 거동 특성을 갖고 있으며, 기초판은 한정된 강성만을 발휘할 뿐만 아니라 지반 반력은 시간에 따라 변하는 특성이 있다.

10.4.3 독립 확대 기초판

단일 기둥 독립 확대 기초판은 보통 정사각형으로 설계한다. 다만 큰 휨모멘트가 동반하는 경우에는 경제적 설계를 위해 직사각형으로 하기도 한다. 확대 기초판의 가장 간단한 형태는 단순 평판 슬래브 형이며, 다른 형태로는 기둥과 기초판 사이에 계단을 두거나 또는 상면을 경사지게 하여 하중을 효과적으로 분산시킬 수 있게 한다. 그러나 이러한 형태는 거푸집 작업이 추가되기 때문에 평판식보다 경제적이지 않다.

독립 확대 기초판은 구조적으로 기둥에서 2방향으로 내민 캔틸레버이며, 상향 지반 반력이 분포 하중으로 작용하는 슬래브에 해당한다. 따라서 슬래브 설계에 적용하는 양방향 휨모멘

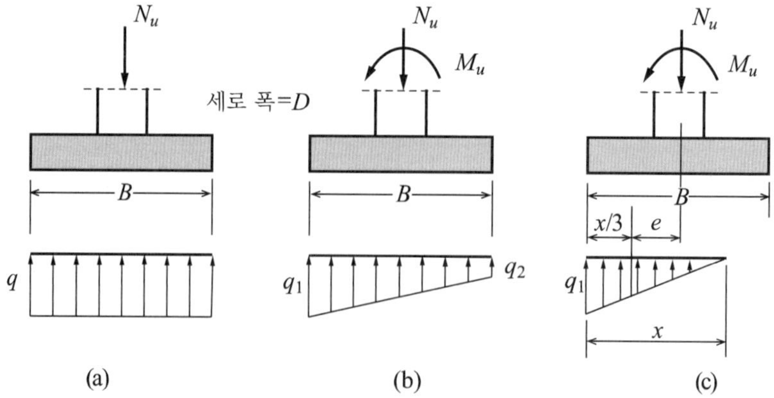

그림 10.17 독립 확대 기초판의 지반 반력 분포

트, 1방향 전단 및 펀칭전단에 대한 극한한계상태 검증을 수행하여야 한다. 기둥이 기초판의 도심에 놓여있지 않거나, 또는 기초판과 연결된 기둥에 연직 축력과 휨모멘트가 동시에 작용하고 있을 경우에는 기초판에 편심 하중이 작용하는 경우에 해당한다. 이러한 경우 그림 10.17에 보인 것처럼 기초판 도심에 연직 하중 N과 휨모멘트 M이 동시에 작용하는 상태로 일반화하며, 상향 지반 반력은 선형으로 분포한다고 간주하여 설계한다.

(a) 지반 반력 산정

그림 10.17에 나타낸 것과 같이 기초판에 작용하는 기둥 하단 연직 계수축력 N_u와 계수휨모멘트 M_u의 조합에 따라 세 가지 형태의 지반 반력 분포가 발생한다. 휨모멘트가 없고 축력만 작용하는 경우 그림 10.17(a)처럼 등분포 지반 반력 q가 발생한다.

$$q = \frac{N_u}{BD} \tag{10.4-3}$$

여기서 B는 기초판의 가로 폭이고 D는 세로 폭이다. 한편, 휨모멘트가 동반될 경우 지반 반력은 축력에 의한 반력과 휨모멘트에 의한 반력의 합으로 구성된다. 즉, 그림 10.17(b)에 나타낸 최대 반력 q_1과 최소 반력 q_2의 크기는 기초판 밑면의 단면계수 $DB^2/6$를 이용하면 다음과 같다.

$$\begin{matrix} q_1 \\ q_2 \end{matrix} = \frac{N_u}{BD} \pm \frac{6M_u}{DB^2} \tag{10.4-4}$$

기초판의 밑면과 지반이 항상 접촉된 상태로 놓이기 위해서는 최소 반력 q_2가 양수(+)값을 가져야 한다. 만약, q_2가 음수 값을 갖는다면 기초판의 한쪽 끝에 부압력(인장)이 발생한다는 의미인데, 실제로는 지반과 기초판 사이의 계면에서는 인장력이 전달될 수 없기 때문에 위 식 (10.4-4)는 더 이상 유효하지 않으며, 이때 지반 반력 분포는 그림 10.17(c)와 같게 된다. 따라서 지반에 기초판이 항상 접촉된 상태가 되기 위해서는 최소 반력 q_2가 양수(+)값을 가져야 한다. 즉,

$$q_2 = \frac{N_u}{BD} - \frac{6M_u}{DB^2} \geq 0 \tag{10.4-5}$$

축력과 휨모멘트가 동시에 작용하는 경우를 축력만으로 변환할 때 편심 거리 $e = M_u/N_u$ 라는 관계를 위 조건식에 대입하면,

$$e \leq \frac{B}{6} \tag{10.4-6}$$

이것은 기초판에 부압력이 발생하지 않기 위해서는 연직 합력이 항상 **단면핵**(kern) 안에 작용하여야 한다는 의미이다. 즉, 사각형 판인 경우에는 합력의 작용점이 중앙 3분 구간 안에 놓여야 한다는 것을 알 수 있다.

만약 기초판에서 연직 합력의 작용점이 중앙 3분 구간을 벗어나면 그림 10.17(c)에 보인 것처럼 지반 반력은 삼각형 분포 형태가 된다. 작용 연직 합력과 상향 지반 반력의 합력이 평형을 이뤄야 하기 때문에 다음과 같은 관계가 된다.

$$0.5\, q_1 D x = N_u \tag{10.4-7}$$

여기서 x는 상향 지반 반력이 작용하는 구간의 길이이다. 이 지반 반력 분포도의 도심은 편심 위치와 같아야 하므로

$$\frac{x}{3} = \frac{B}{2} - e \tag{10.4-8}$$

이 식을 식 (10.4-7)에 대입하면 최대 지반 반력 q_1은 다음과 같게 된다.

$$q_1 = \frac{2N_u}{3D(0.5B - e)} \tag{10.4-9}$$

(b) 전단에 대한 검증

지반의 설계지지력 q_d와 기초판 위 계수하중에 의해 기초판의 크기가 결정된 후에는 기초판의 두께 h를 결정해야 한다. 많은 경우 확대 기초판의 두께는 전단력에 의해 결정된다. 기초판은 2방향 플랫슬래브의 기둥 부위 거동과 동일하다. 그러나 슬래브와 다르게, 확대 기초판에 전단 철근을 사용하는 것은 비경제적이기 때문에 모든 전단력을 콘크리트가 저항할 수 있도록 설계한다. 만약 두께의 제한이 있는 특별한 상황에서 전단 철근을 사용해야 하는 경우에는 일반 슬래브의 전단 설계 방법을 기초판에 적용한다.

독립 확대 기초판은 구조적으로 기둥에서 2방향으로 내민 캔틸레버이며, 상향 지반 반력이 분포 하중으로 작용하는 슬래브에 해당한다. 따라서 기초판에는 두 종류의 전단 검토가 필요하며, 하나는 일반적인 보에서 나타나는 1방향 전단 파괴로 단면 폭이 넓은 캔틸레버 보처럼 간주하여 보의 전단 파괴 기준으로 설계한다. 그림 10.18(a)에 보인 것처럼 기둥면에서 d 떨어진 위치에 위험 단면 d-c를 설정하여 6장의 6.3절에서 기술한 방법에 따라 전단 검토를 수

행하여야 한다. 이때 위험 단면에 작용하는 계수전단력 V_u는 위험 단면 밖 영역 abcd 안에 작용하는 상향 지반 반력 q의 합력이 된다.

또 다른 파괴로는 기둥 부근에 원추형 또는 피라미드 모양으로 잘려지는 2방향 전단 파괴인 펀칭전단이며, 슬래브에 적용하는 펀칭전단 파괴 기준을 적용하여 설계한다. 6.7절에서 설명했듯이, 기초판의 펀칭전단에 대한 극한한계상태 검증은 기본위험단면과 기둥면 단면에서 수행되어야 한다. 그림 10.18(a)에 보인 것처럼 기본위험단면은 기둥면으로 부터 $2d$ 떨어진 위치의 단면이며, 기둥면 단면은 기둥 둘레를 따르는 단면이다.

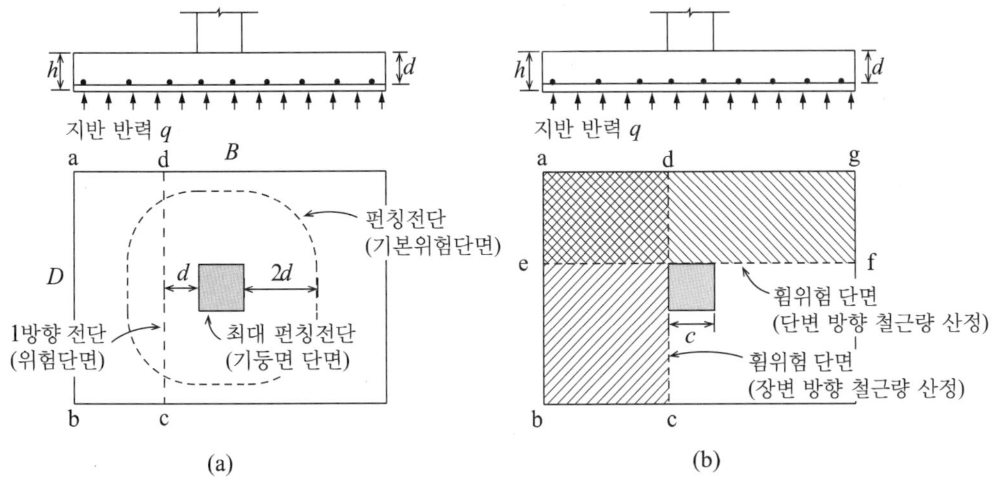

그림 10.18 확대 기초판의 극한한계상태 검증을 위한 위험단면

(c) 휨모멘트에 대한 검증

기초판의 임의 단면에서 상향 지반 반력에 의한 휨모멘트는 정역학적으로 쉽게 구할 수 있다. 그림 10.18(b)는 기둥면에 접한 단면 c-d가 휨모멘트에 대한 위험단면이라는 것을 나타내고 있다. 단면 c-d의 계수휨모멘트는 이 단면의 한쪽 면 abcd에 작용하는 상향 지반 반력 q에 의해 발생한다. 이 단면에 직각으로 배치하는 철근량(장변 방향 철근량)은 이 휨모멘트로 계산한다. 동일한 방법으로, 단면 e-f의 휨모멘트는 면 aefg에 작용하는 지반 반력에 의해 유발되며, 단변 방향 철근량은 이 휨모멘트로 계산한다. 이처럼 기초판과 기둥이 일체로 된 경우에서 휨모멘트 위험 단면은 기둥면이 된다. 그러나 기둥이 기초판과 일체로 되어 있지 않고 단순히 놓여 있는 강재 기둥이나 조적식 기둥을 지지하는 기초판의 휨모멘트 위험 단면은 기둥면과 기둥 중심과의 중간 단면이 된다. 이러한 이론적 바탕은 4장의 4.2.1절에서 상세히 설명하였다.

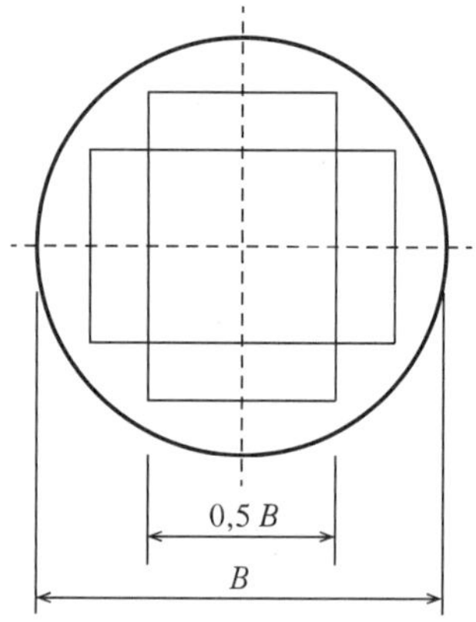

그림 10.19 원형 기초판의 직교 철근 배치

정사각형 기초판에서는 소요 철근량을 판의 폭 전체에 균등하게 각 방향으로 배치한다. 한편, 직사각형 기초판에서는 장변 방향 철근은 해당 폭 전체에 균등하게 배치하지만, 단변 방향 철근은 기둥이 놓이는 중앙 구간에 집중 배치되어야 한다. 이것은 단위 폭 당의 휨모멘트가 기둥 바로 아래에서 가장 크며, 기둥에서 멀어질수록 작아지기 때문이다. 이러한 경우 단변 방향 소요 총 철근량의 2/3를 중앙부 구간 폭 $c+3d$에 집중 배치하도록 권장하고 있다. 여기서 c는 기둥 폭이며 d는 판의 유효깊이다.

원형 확대 기초판인 경우 주철근은 직교 방향으로 배치하여야 하며, 그림 10.19에 보인 것과 같이 기초판 지름의 50±10퍼센트 폭에 해당하는 기초판 중앙부에 철근을 집중 배치하여야 한다. 이 경우 철근이 배치되지 않은 부분은 무근 콘크리트로 취급한다. 만약, 하중에 의해 확대 기초판 상부 표면에 인장력이 유발되는 경우, 인장응력의 영향을 검토해야 하며 필요에 따라 보강하여야 한다. 기초판에 큰 전도 모멘트가 작용하여 그림 10.17(c)처럼 판의 일부만 지압면이 될 경우에도 기초판의 상부에 철근을 배치해야 한다.

(d) 철근의 정착

확대 기초판은 다른 형식의 구조 부재에 비해 작은 크기인데도 불구하고, 일반적으로 지름이 큰 철근을 대부분 사용하여 설계한다. 따라서 인장 철근의 정착에 대한 극한한계상태 검증이 필수적이다. 일반적인 부재에서는 철근의 최대 응력점에서 설계정착길이만큼 연장 배치하면 만족한 설계가 된다. 동일한 설계 방법을 확대 기초판에 적용하면, 그림 10.18(b)에 나타낸 휨 위험 단면에서부터 가장자리까지 거리가 사용 철근의 설계정착길이 l_{bd}보다 크면 만족한 설계가 된다고 생각할 수 있다. 그러나 확대 기초판의 철근 정착은 극한한계상태에서 발생할 수 있는 경사 균열의 영향을 추가적으로 고려하여 설계해야 한다.

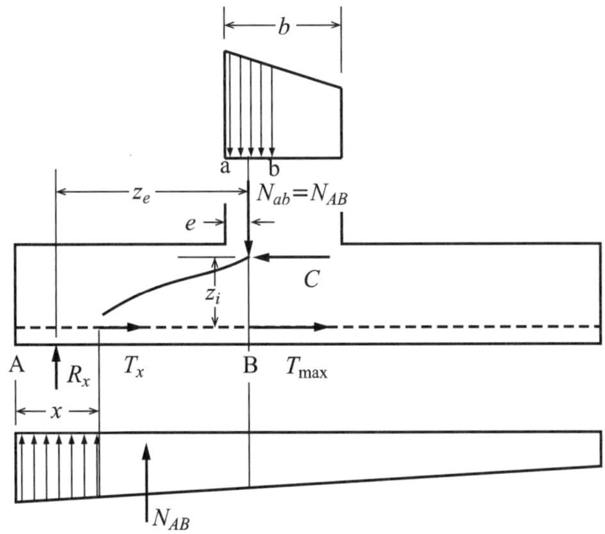

그림 10.20 경사 균열을 고려한 철근 인장력 해석

그림 10.20에 나타낸 것과 같이, 기초판에서 x위치까지 경사 균열이 발생하면, x거리 이내 지반 반력의 합력 R_x가 만드는 모멘트 $R_x z_e$는 x 위치의 인장력 T_x에 의한 모멘트 $T_x z_i$와 평형을 이뤄야 한다. 따라서 단부에서 x거리 떨어진 단면의 철근 인장력 T_x는 다음과 같게 된다.

$$T_x = R_x \frac{z_e}{z_i} \tag{10.4-10}$$

여기서 z_i는 수평력 C와 철근 사이의 거리 내부 팔길이이고, z_e는 R_x와 수직력 N_{ab} 사이의 거리이다. N_{AB}는 A와 B점 사이 상향 지반 반력의 합력이며 그 하향 반력점은 단면 B에 위치 한다.

그런데 N_{AB}의 반력점 위치는 기둥 단면에 발생하는 응력 분포도에서 N_{AB} 크기에 해당하는 응력 블록 a-b의 합력 N_{ab}의 작용점 위치 e와 일치하여야 한다. 따라서 위치 e는 간단한 식으로 구해지지 않으며, 반복 계산을 수행하여 결정하여야 한다. 실제 설계에서는 단순 계산법으로서 $e = 0.15b$로 가정하여 결정할 수 있고, z_i는 $0.9d$를 사용할 수 있다.

이렇게 구한 철근 인장력 T_x는 x 구간 내에 묻힌 철근에 의해 정착되어야 한다. 인장력 T_x에 필요한 소요 정착길이는 식 (9.2-4)의 항복을 기준으로 정한 설계정착길이 l_{bd}에 인장력 비 T_x / T_{yd}에 비례하여 계산할 수 있다. 만약 T_x를 정착하기 위한 철근 길이가 충분하지 않은 경우 정착길이를 증가시키기 위해 갈고리 철근이나 단부 정착 장치를 사용할 수 있다. 직선 철근의 정착 검증에서는 x의 최소값이 가장 큰 영향을 미친다. 왜냐하면, 경사 균열이 누워질수록 철근 인장력이 증가하기 때문이다. 현실적으로 x의 최소값을 근사적으로 결정할 때는 $x_{\min} = h/2$로 가정할 수 있다. 그 외 다른 종류로 정착되는 철근에 대해서는 더 큰 x값을 사용할 수 있다.

(e) 지압과 파열에 대한 검증

기둥이 기초판 위에 놓여 있을 때 기둥에서 전달되는 압축력은 기초판의 일부분에만 전달된다. 이처럼 부분 영역에 큰 압축력이 작용하는 지압부에서는 국부적 압축 파괴와 횡방향 파열 인장 한계를 검증하여야 한다. 7장의 7.8절에서 설명 했듯이, 기초판의 부분 영역에 압축력이 작용하면 기둥 하단 지압부 아래 콘크리트의 횡방향 팽창이 구속되는 3축 압축 상태가 되어 극한한계 강도가 증가하는 현상이 나타난다. 따라서 7장의 식 (7.8-1)에 따라 지압강도를 평가하여 압축 파괴에 대해 검증하여야 한다.

기둥 하단에 작용하는 축력과 휨모멘트는 콘크리트 압축과 철근에 의해 기초판으로 전달된다. 따라서 기둥의 주철근을 기초판 내부로 연장하거나, 또는 기초판에 전달철근(dowel bar)을 배치하여 기둥과 기초판의 일체적 거동을 확보하여야 한다. 이러한 기둥 철근이나 전달철근의 길이는 접합부면 양쪽에서 각각 요구되는 정착길이 이상 확보해야 한다.

그림 10.21처럼 확대 기초판이 단단한 암반 위에 설치되어 기둥을 지지하는 경우에는 기초판의 파열을 방지하기 위한 횡방향 철근이 배치되어야 한다. 7.8절의 지압부에서 설명한 바와 같이, 표면의 부분 영역에 압축력이 작용하면 압축력이 횡방향으로 확산되면서 파열응력(bursting stress)이 유발된다. 일반적으로 암반에 설치되는 기초판은 매우 큰 지반 반력을 받는 상태에 있기 때문에, 기초판 내부에 파열 쪼개짐이 발생할 수 있다. 이러한 파열에 대비하기 위해 횡방향 철근을 그림 10.21에 보인 것처럼 기초판 표면에서 부터 높이 h 이상 구간에 균일하게 배치하여야 한다. 이때 횡방향 소요 철근량은 7.2절에서 기술한 것과 동일한 배경에 의해 다음 식으로 계산한 타이 인장력 T에 저항 할 수 있어야 한다.

$$T = 0.25\left(1 - \frac{c}{h}\right) N_u \tag{10.4-11}$$

여기서 h는 B 와H 중 작은 값을 취하며, c는 기둥의 폭이다. 도로교설계기준에서는 암반위에 설치된 기초판의 지반 반력이 계수압축력에 의해 5 MPa 이상이면, 기초판에 위와 같은 횡방향 폐합형 철근을 배치하여야 한다고 규정하고 있다.

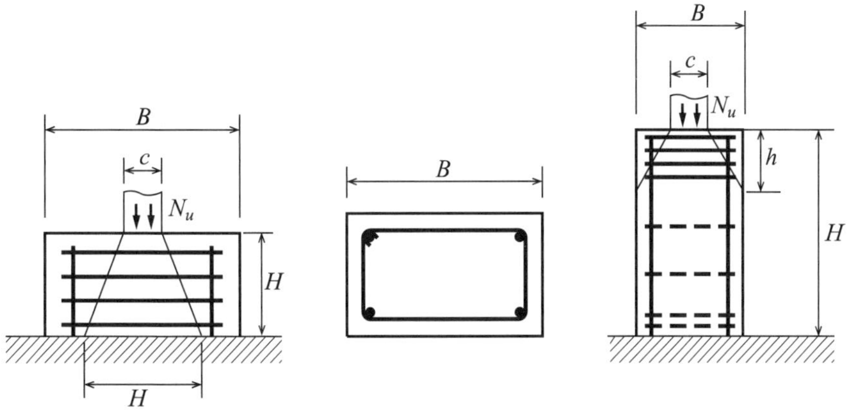

그림 10.21 암반 위 기초판의 파열 방지 철근

예제 10.4-1 확대 기초판 설계

그림 10.22와 같은 기둥의 확대 기초판을 설계하려고 한다. 기둥에는 계수축력 $N_u = 2{,}000$ kN 만이 작용하고 있다. 사용한 콘크리트 강도는 f_{ck} =24 MPa이고, 철근의 항복강도 f_y는 400 MPa이다. 지반의 극한한계지지력 q_{ult} =450 kN/m^{2}로 간주한다. 재료계수 ϕ_c =0.65, ϕ_s =0.90 및 저항계수 ϕ_b = 0.45를 각각 적용한다.

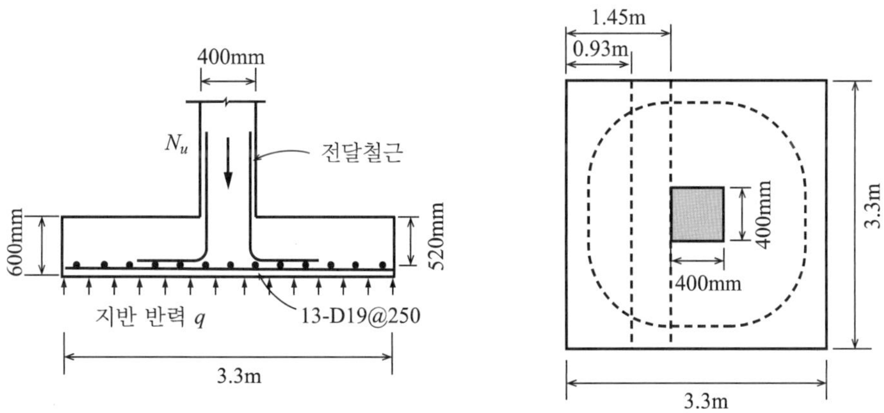

그림 10.22 예제 10.4-1의 확대 기초판

풀이

기초판의 자중을 170 kN으로 가정하면, 기둥 축력 $N_u = 2{,}000$ kN을 지지할 수 있는 기초판의 소요 면적은

$$\text{소요 } A_{foot} \geq \frac{N_u}{q_d} = \frac{2{,}000 + 170}{0.45(450)} = 10.72 \text{ m}^2$$

기초판을 한변이 3.3 m인 정사각형으로 하면, $A_{foot} = 10.89\ \mathrm{m}^2$가 된다. 극한한계상태에서 순 상향 지반 반력은

$$q = \frac{N_u}{A_{foot}} = \frac{2,000}{(3.3)^2} = 184\ \mathrm{kN/m^2}$$

(i) **1방향 전단에 대한 검토** : 평균 유효깊이 $d = 520\ \mathrm{mm}$로 가정하면, 1방향 전단을 검토하기 위한 위험 단면은 기둥면으로 부터 $d = 520\ \mathrm{mm}$ 거리에 있으므로 이 단면 밖에 작용하는 상향 지반 반력의 합력 $184(3.3)(0.93) = 565\ \mathrm{kN}$이 계수전단력이다. 따라서 전단응력은

$$v_u = \frac{565 \times 10^3}{3,300(520)} = 0.329\mathrm{N/mm^2}$$

최소 설계전단강도에 대한 식 (6.3-4)에 의해

$$v_{cd,\min} = 0.4\phi_c f_{ctk} = 0.4(0.65)(1.96) = 0.51\ \mathrm{N/mm^2}$$

최소 설계전단강도보다 계수전단응력이 작으므로 적합하다.

(ii) **절대 최대 전단에 대한 검토** : 기초판의 기둥면 단면에서 최대 설계전단강도 $v_{d,\max}$에 대해 검증해야 한다. 기둥면에서 위험 단면 둘레 길이 $u_o = 4(400) = 1,600\ \mathrm{mm}$가 되며, 이 둘레 안의 면적은 $0.16\ \mathrm{m}^2$으로, 기둥면 단면의 계수펀칭전단응력은

$$v_u = \frac{V_u}{u_o d} = \frac{[2,000 - 184(0.16)] \times 10^3}{1,600(520)} = 2.37\ \mathrm{N/mm^2}$$

최대 설계전단강도는 식 (6.7-12)에 의해

$$v_{d,\max} = 0.5\phi_c f_{c2,\max} = 0.5(0.65)(0.6)\left(1 - \frac{24}{250}\right)(24) = 4.23\ \mathrm{N/mm^2} \geq 2.37\ \mathrm{N/mm^2}$$

이 설계강도는 검토 단면의 계수전단응력 $v_u = 2.37\ \mathrm{N/mm^2}$보다 크기 때문에 안전하다.

(iii) **기본위험단면에서 펀칭전단응력 검토** : 양방향 평균 유효깊이는 $d = 520\ \mathrm{mm}$이고, 기본위험단면 둘레 길이 $u_1 = \pi(4)(520) + 4(400) = 8,133\ \mathrm{mm}$이다. 이 기본위험단면 둘레 안의 면적은 $\pi(2d)^2 + 4c(2d) + c^2 = 5.22\ \mathrm{m}^2$이므로, 이 면적 안에 작용하는 반력의 합력을 뺀 기본위험단면의 순수 펀칭전단력은 $V_u = 184(3.3^2 - 5.22) = 1,043\ \mathrm{kN}$이 된다. 따라서 기본위험단면의 계수펀칭전단응력은

$$v_u = \frac{V_u}{u_1 d} = \frac{1,043 \times 10^3}{8,133(520)} = 0.25\ \mathrm{N/mm^2}$$

부재의 최소전단강도 $v_{cd,\min}$가 $0.51\ \mathrm{N/mm^2}$인 것과 비교하면 이 응력의 크기는 충분히 작은 값이므로 가정한 기초판의 두께 $h = 600\ \mathrm{mm}$는 적합하다.

(iv) **소요 휨철근량 산정** : 기둥면 휨 위험 단면에서 순수 상향 지반 반력에 의한 휨모멘트는

$$M_u = 184(3.3)(1.45)\left(\frac{1.45}{2}\right) = 638.3\ \mathrm{kNm}$$

유효길이 $d = 520\ \mathrm{mm}$로 가정하면 작용 휨모멘트 세기는

$$m_u = \frac{M_u}{f_{cd} b d^2} = \frac{638.3 \times 10^6}{0.65(0.85)(24)(3{,}300)(520)^2} = 0.054$$

따라서 팔길이 $z = 0.5(1 + \sqrt{1 - 2(0.054)})(520) = 505\ \mathrm{mm}$인데, 안전한 설계를 위해 $0.95d = 494\ \mathrm{mm}$를 사용하여 소요 휨철근량을 구하면,

$$\text{소요 } A_s \geq \frac{M_u}{f_{yd} z} = \frac{638.3 \times 10^6}{0.9(400)(494)} = 3{,}589\ \mathrm{mm}^2$$

D19철근을 250 mm 간격으로 13개씩 양방향 동일하게 배치하면 $A_{s,l} = A_{s,t} = 3{,}724\ \mathrm{mm}^2$된다. 종방향 철근을 위층에 배치하면 $d_l = 520\ \mathrm{mm}$, $\rho_l = 0.0022$이고, 횡방향 철근의 $d_t = 520 + 19 = 539\ \mathrm{mm}$, $\rho_t = 0.0021$가 된다.
또한, 피복두께는 $600 - 539 - 19/2 = 51\ \mathrm{mm}$가 확보 된다.

(vi) **철근 정착길이 검토** : 지반 반력은 등분포 상태이며, 먼저 수직력의 작용점 e를 결정해야 한다. 지반 반력의 단위 길이 당 크기는 $184(3.3) = 607.2\ \mathrm{kN/m}$이고, 이에 해당하는 기둥 단면 분포 응력의 단위 길이 당 크기는 $184(3.3)(3.3)/0.4 = 5{,}009.4\ \mathrm{kN/m}$인 상태이다.

1차로 $e = 0.25b = 100\ \mathrm{mm}$로 가정하면,

지반 반력의 A에서 B까지 합력 $N_{AB} = 607.2(1.45 + 0.1) = 941\ \mathrm{kN}$

기둥 응력의 a에서 b까지 합력 $N_{ab} = 5{,}009.4(2 \times 0.1) = 1{,}002\ \mathrm{kN}$

두 크기가 다르기 때문에 다시 $e = 90\ \mathrm{mm}$로 가정하면,

$$N_{AB} = 607.2(1.45 + 0.09) = 935\ \mathrm{kN}, \qquad N_{ab} = 5{,}009.4(2 \times 0.09) = 902\ \mathrm{kN}$$

3차로 $e = 93\mathrm{mm}\,(= 0.232\mathrm{b})$로 다시 가정하면,

$$N_{AB} = 607.2(1.45 + 0.093) = 937\ \mathrm{kN}, \qquad N_{ab} = 5{,}009.4(2 \times 0.093) = 932\ \mathrm{kN}$$

거의 동일하므로 $e = 93\ \mathrm{mm}$로 결정할 수 있다.
기초판 단부에서 정착을 검토하기 위한 길이 x를 최소 길이 $0.5h = 300\ \mathrm{mm}$으로 선정하면, $z_e = 1.45 - 0.15 + 0.093 = 1.393\ \mathrm{m}$가 되고, 앞 (iv)의 휨해석에서 $z_i = 0.505\ \mathrm{m}$이다. 따라서 철근 인장력은 식 (10.4-10)에 따라

$$\Sigma T_x = R_x \frac{z_e}{z_i} = 607.2(0.3)\frac{1.393}{0.505} = 502.5\ \mathrm{kN}$$

단면에 13개의 D19가 배치되어 있으므로 한 개의 철근 인장력 $T_x = 502.5/13 = 38.65\ \mathrm{kN}$이다. 철근의 기본정착길이는 식 (9.2-2) 또는 표 9.1에서 $l_b = 608\ \mathrm{mm}$이므로 소요 정착길이는

$$\text{소요 정착길이} = \frac{T_x}{T_{yd}} l_b = \frac{38.65}{0.9(400)(286.5) \times 10^{-3}} \times 608 = 228\ \mathrm{mm}$$

길이 x의 300 mm가 소요 정착길이 228 mm 크기 때문에 안전한 설계이다. 실제 설계에서는 부식을 방지하기 위해 철근의 끝단을 표면에서 50 mm 안쪽에 배치한다. 이러한 경우 가능 정착길이는 250 mm이므로 정착에 안전하다.

10.4.4 복합 기초판

두개 이상의 기둥이나 벽을 지지하는 기초판을 복합 확대 기초판(combined footing)이라 한다. 두개의 기둥을 지지하는 복합 기초판은 독립 기초판으로 하중을 충분히 지지할 수 있는 경우에도 다음과 같은 경우에 두 기둥 복합 기초판을 적용해야 한다. (1) 기둥이 토지 경계선에 너무 근접하여 독립 기초판으로 하면 경계선을 침범하거나 편심에 의해 기초판이 심하게 전도되는 경우, (2) 인접 기둥간의 간격이 너무 가까워 기초판이 중첩되는 경우이다. 지반의 지지력이 약해서 넓은 지압면이 필요한 경우에는 3개 이상의 기둥을 지지하도록 연속 띠 기초판(srip footing)을 적용한다. 일반적으로 띠 기초판은 2방향으로 배열하는 격자형으로 하는데, 독립 기초판보다 경제적이며 효율적이다.

격자 기초판으로도 지반 지지력이 충분하지 않을 경우에는 전면 기초(mat foundation)로 해야 한다. 이것은 구조물 바닥 전체에 슬래브를 둔 것이다. 이 기초판은 구조적으로 플랫슬래브와 동일하게 상향 지반 반력이 하중으로 작용하고 기둥의 하향 압축력이 반력이 되는 구조가 된다. 전면 기초는 최대 지압 면적을 갖는 기초 형식이다. 복합 기초판이나 전면 기초판은 큰 지압 면적을 갖는 장점이 있을 뿐만 아니라, 부등 침하를 최소화하는 또 다른 장점을 갖는 기초 형식이다. 이러한 이유로 부등 침하의 가능성이 높은 지반에서는 전면 기초판이나 복합 기초판을 적용해야 한다. 만약 전면 기초를 적용해도 충분한 지지력을 확보할 수 없을 경우에는 말뚝이나 케이슨과 같은 깊은 기초를 적용해야 한다.

두 기둥을 지지하는 복합 기초판은 가능한 한 두 기둥 하중의 합력과 기초판의 도심이 일치하도록 설계하여야 균등한 지반 반력이 유발되어 안전하며 경제적인 설계가 된다. 만약 하나의 기초판 도심과 기둥의 중심을 일치시킬 수 없을 경우에는, 이 기둥은 기초판에 편심 되도록 하고 가장 가까운 인접 기둥의 기초판과 보로 연결하는 방법이 있다. 이 연결보(strap)는 편심을 받는 기초판의 전도를 방지하고 지반 반력이 등분포 되도록 하는 역할을 한다. 이러한 기초판을 연결 기초판(strap footing)이라 한다.

예제 10.4-2 복합 기초판 설계

아래 그림과 같은 두 기둥을 지지하는 확대 기초판을 설계하려고 한다. 각 기둥에는 활하중과 고정하중이 그림에 나타낸 것처럼 작용하고 있으며, 기둥은 각각 한 변이 300 mm와 400 mm인 정사각형 단면이고, 중심선 사이의 거리는 3 m이다. 사용한 콘크리트 강도는 f_{ck} =30 MPa이고, 철근의 항복강도 f_y는 400 MPa이다. 지반의 극한한계지지력 q_{ult} =700 kN/m^{2}이며, 재료계수 ϕ_c =0.65, ϕ_s =0.90 및 저항계수 ϕ_b =0.55를 적용한다.

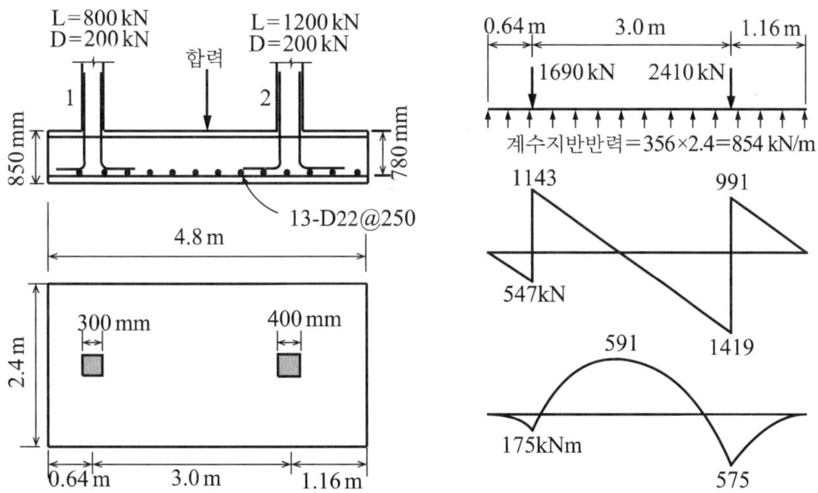

그림 10.23 예제 10.4-2의 복합 확대 기초판

풀이

(i) 기초판 크기 결정 : 각 기둥의 계수하중은

기둥−1 : $N_{u,1} = 1.8(800) + 1.25(200) = 1{,}690\ \mathrm{kN}$

기둥−2 : $N_{u,2} = 1.8(1{,}200) + 1.25(200) = 2{,}410\ \mathrm{kN}$

기둥−2의 중심선을 기준으로 두 기둥력의 합력 작용점 위치는

$$x = \frac{1{,}690(3)}{1{,}690 + 2{,}410} = 1.24\ \mathrm{m}$$

기초판의 자중을 200 kN으로 가정하여 기둥 합력 4,100 kN을 지지할 수 있는 기초판 소요 면적은

$$\text{소요 } A_{foot} \geq \frac{N_u}{q_d} = \frac{4{,}100 + 200}{0.55(700)} = 11.17\ \mathrm{m}^2$$

기초판의 길이를 4.8 m로 가정하면 폭이 2.4 m인 직사각형이 되며, $A_{foot} = 11.52\ \mathrm{m}^2$이다. 따라서 기초판의 도심과 기둥 합력선이 일치하기 위해서는 각 기둥 중심선으로 부터 0.64 m와 1.16 m 내민부가 형성된다. 극한한계상태에서 순상향 지반 반력은

$$q = \frac{N_u}{A_{foot}} = \frac{4{,}100}{11.52} = 356\ \mathrm{kN/m^2}$$

(ii) 먼저, 기초판의 두께 $h = 850\ \mathrm{mm}$와 평균 유효깊이 $d = 780\ \mathrm{mm}$로 가정하고, 기초판의 기둥면 단면에서 최대 설계편칭전단강도 $v_{d,\max}$에 대해 검증해야 한다. 최대 설계전단강도는 식 (6.7-12)에 의해

$$v_{d,\max} = 0.5\phi_c f_{c2,\max} = 0.5(0.65)(0.6)\left(1-\frac{30}{250}\right)(30) = 5.15\ \mathrm{N/mm^2}$$

기둥－1에서 위험 단면 둘레 길이 $u_o = 4(300) = 1{,}200\ \mathrm{mm}$이고, 면적은 $0.09\ \mathrm{m^2}$으로, 기둥면 단면의 계수펀칭전단응력은

$$v_u = \frac{V_u}{u_o d} = \frac{[1{,}690 - 356(0.09)]\times 10^3}{1{,}200(780)} = 1.77\ \mathrm{N/mm^2}$$

기둥－2에서 위험 단면 둘레 길이 $u_o = 4(400) = 1{,}600\ \mathrm{mm}$이고, 면적은 $0.16\ \mathrm{m^2}$이므로,

$$v_u = \frac{V_u}{u_o d} = \frac{[2{,}410 - 356(0.16)]\times 10^3}{1{,}600(780)} = 1.89\ \mathrm{N/mm^2}$$

이 두 계수전단응력은 단면의 최대 설계강도 $5.15\ \mathrm{N/mm^2}$보다 훨씬 작기 때문에 안전하며, 가정한 기초판의 두께를 사용하여 설계한다.

(iii) **계수휨모멘트와 계수전단력 분포** : 이 복합 기초판을 평면 구조로 간주하면 단위 길이당 $356(2.4) = 854\ \mathrm{kN/m}$의 상향 등분포 하중이 작용하고, 기둥이 받침점이 되는 단순한 정정 구조이다. 단순 구조 해석에 의해 계산한 기초판의 휨모멘트도와 전단력도는 그림에 나타낸 것과 같다. 기둥 사이의 최대 휨모멘트는 591 kNm이며 기둥－1의 중심선에서의 거리는 1.36 m이다. 전단 설계 위험 단면의 최대 계수전단력은

$$V_u = 1{,}419 - 854(0.78 + 0.2) = 582\ \mathrm{kN}$$

(iv) **소요 휨철근량 산정** : 기둥 사이의 최대 휨모멘트 591 kNm에 대한 소요 철근량을 계산하기 위한 유효깊이 d=780 mm이므로 작용 휨모멘트 세기는

$$m_u = \frac{M_u}{f_{cd} b d^2} = \frac{591\times 10^6}{0.65(0.85)(30)(2{,}400)(780)^2} = 0.025$$

따라서 팔길이 $z = 0.5(1+\sqrt{1-2(0.025)})(780) = 770\ \mathrm{mm}$가 되므로, $0.95d = 741\ \mathrm{mm}$을 사용하여 소요 휨철근량을 계산하면

$$A_s \ge \frac{M_u}{f_{yd} z} = \frac{591\times 10^6}{0.9(400)(741)} = 2{,}215\ \mathrm{mm^2} \le A_{s,\min} = \frac{0.25\sqrt{f_{ck}}}{f_y} bd = 3{,}451\ \mathrm{mm^2}$$

D22 철근을 9개 배치하면 $A_s = 3{,}484\ \mathrm{mm^2}$가 되며, 이 철근을 기초판 상부에 배치한다.

기둥－2의 위험 단면에서 순수 상향 지반 반력에 의한 휨모멘트는

$$M_u = 854(1.16 - 0.2)^2\left(\frac{1}{2}\right) = 393.5\ \mathrm{kNm}$$

팔길이 $z = 0.95d = 741\ \mathrm{mm}$를 사용하여 소요 휨철근량을 계산하면

$$A_s \ge \frac{M_u}{f_{yd} z} = \frac{393.5\times 10^6}{0.9(400)(741)} = 1{,}475\ \mathrm{mm^2}$$

그런데 최소 철근량 $A_{s,\min}=3{,}451\,\mathrm{mm}^2$이므로 이보다 큰 철근량을 사용해야 한다. D22 철근을 9개 배치하면 $A_s=3{,}484\,\mathrm{mm}^2$가 되며, 이 철근을 기초판 하부에 배치한다. 이 복합 기초판은 종방향으로 두 기둥에 의해 지지된 슬래브와 같다. 그런데 이 기초판의 폭은 기둥의 폭에 비해 상당히 넓기 때문에 기둥 하중이 효과적으로 분산되도록 하부에 횡방향 철근을 배치할 필요가 있다.

(v) 전단에 대한 최종 검토 : 기초판의 철근비 $\rho=2{,}579/(2{,}400\times780)=0.0018$, 깊이계수 $\kappa=1+\sqrt{200/780}=1.507$이다. 설계전단강도는 식 (6.2-2)에 의해

$$V_{cd}=0.85\,\phi_c\kappa\,\sqrt[3]{\rho f_{ck}}\,bd$$

$$=0.85(0.65)(1.507)\sqrt[3]{0.0018(30)}\,(2{,}400)(780)\times10^{-3}=589\ \mathrm{kN}$$

그런데 최소 설계전단강도 $V_{cd,\min}=0.4\phi_c f_{ctk}=0.4(0.65)(2.23)=1{,}085\,\mathrm{kN}$이므로 설계전단강도는 1,085 kN이며, 계수전단력 $V_u=582\,\mathrm{kN}$보다 크기 때문에 안전하다. 기초판은 슬래브이기 때문에 최소 전단철근량을 배치할 필요가 없다.

10.5 옹벽 설계

10.5.1 기능과 형태

옹벽(retaining wall)은 흙과 같은 느슨한 물질의 붕괴를 방지하기 위해 설치하는 구조물이다. 옹벽이 필요한 경우로는 정해진 토지 안에서 절토나 성토를 할 때 흙의 자연 사면을 유지하는데 필요한 토지를 충분히 확보하기 어려울 때이다. 또한 구조물의 벽체가 해당 토지 내에서 주변 흙을 지지해야 할 경우에도 옹벽을 사용한다. 교량 양 끝에 설치되는 교대(abutment)는 대표적인 옹벽 구조이다. 옹벽에는 여러 형태가 있는데, 일반적으로 많이 사용하는 형태는 그림 10.24에 보인 것과 같이 중력식 옹벽, 캔틸레버식 옹벽, 그리고 부벽식 옹벽이다. 이러한 옹벽을 설계할 때는 작용 하중에 의해 유발된 휨과 전단에 관한 구조적 **강도 안전성**(strength safety)에 대한 검증 뿐만 아니라, 구조체가 넘어지거나 미끄러지는 **외적 안정성**(external stability)도 검증해야 한다.

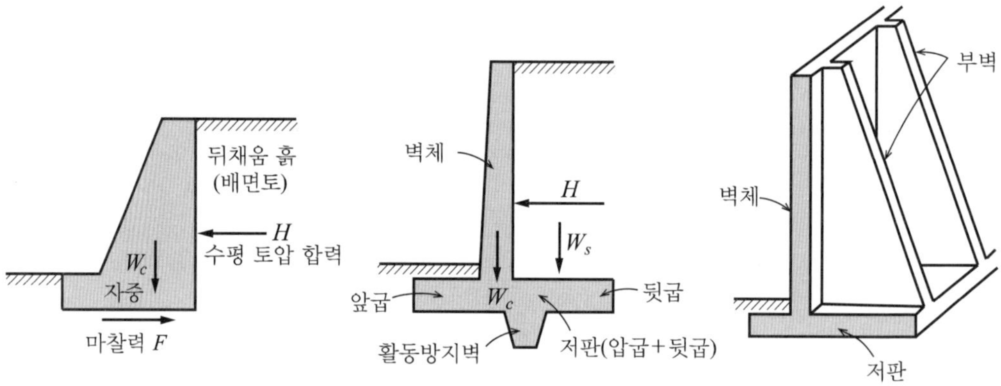

(a) 중력식 옹벽 (b) 캔틸레버식 옹벽 (c) 부벽식 옹벽

그림 10.24 옹벽의 종류와 형태

중력식 옹벽은 철근을 사용하지 않고 콘크리트만으로 보통 시공하는 구조로, 그림 10.24(a)에 보인 것과 같이 전체 뒤채움 흙을 옹벽 자체의 자중에 의해 지지하는 형식으로 상대적으로 낮은 높이 일 때 경제적이며, 보통 3 m 이하 정도로 사용한다. 이 형식의 옹벽은 자중만으로 수평 도압에 의해 넘어지기나 미끄러지는 것에 저항하는 구조이다. 중력식 옹벽은 작용 하중에 비해 상대적으로 구조체가 큰 매스 콘크리트(mass concrete)이기 때문에 휨, 전단 및 처짐이 매우 작아서 구조적 보강 철근이 필요하지 않으며 강도 안전성에 대한 검증을 수행하지 않는다. 가끔 건조수축과 온도 응력에 대비하는 철근을 배치하는 경우도 있지만, 일반적으로 철근을 전혀 배치하지 않는 경우가 많다. 다만 수화열과 건조수축을 감소시키기 위해 콘크리트 배합과 양생 및 타설 공정에 상당한 주의가 필요한 구조 형태이다.

캔틸레버식 옹벽은 그림 10.24(b)에 보인 것처럼 수직 **벽체**(wall)와 수평 **저판**(base plate)으로 구성되어 뒤채움 흙을 지지하는 형태로서, 뒤채움 흙의 자중과 옹벽 자중에 의해 외적 안정성을 확보한다. 벽체는 캔틸레버 기능을 하기 때문에 높이가 커지면 소요 두께가 급격하게 커진다. 따라서 휨과 전단에 대비하는 보강 철근을 배치해야 하며, 각 위험 단면에서 강도 안전성에 대한 검증을 수행해야 한다. 토지 소유권 문제 또는 다른 제약 때문에 저판의 끝에 벽체를 설치하는 **L형 옹벽**으로 설계하는 경우도 있지만, 가능하다면 앞굽(toe)이 있는 **역T형 옹벽**이 구조적으로 우수하며, 이때 앞굽의 길이는 저판의 1/3에서1/4일 때 가장 경제적이다. 저판의 마찰력에 의한 미끄러짐 저항력이 충분하지 않을 때는 저판에 **활동방지벽**(shear key)을 설치하여 수평 저항력을 증가시키기도 한다. 이 캔틸레버식 옹벽은 보통 3~7 m 높이 일 때 경제성이 있고, 이 보다 높은 경우에는 부벽식 옹벽을 사용한다.

부벽식 옹벽은 그림 10.24(c)처럼 캔틸레버식 벽체의 구조적 효율성을 높이기 위해 일정한 간격으로 벽체에 **부벽**(counterfort)을 설치하여 벽체의 휨 저항 능력을 증가시키는 형식이다. 따라서 높고 얇은 벽체를 갖는 옹벽에 자주 사용하는 형태이다. 부벽의 간격은 벽체 높이의 1/2 또는 벽체 높이와 거의 동일하게 한다. 수평 토압이 부벽식 옹벽의 벽체에 전달되는 경로는 캔틸레버식 옹벽과 다르다. 캔틸레버식 옹벽 벽체의 주철근은 수직 방향이 되는데 반해, 부벽식 옹벽의 주철근은 보통 수평 방향이 된다. 두 부벽 사이의 벽체는 수평 토압이 작용하는 곳인데, 세 변이 두 부벽과 저판으로 지지되고 상단은 자유단인 슬래브와 동일한 기능을 한다. 수평 토압의 크기는 높이에 따라 변하기 때문에 이러한 벽체의 휨모멘트와 전단력을 산정하는 것은 상당히 어렵다. 일반적으로 저판에 의한 지지를 무시하고 부벽에 의해 지지되는 1방향 연속 슬래브로 간주하여 해석하고 설계한다.

10.5.2 토압

물리적으로 흙은 액체와 고체의 중간 상태에 해당한다. 흙을 덤프트럭에서 내리면 액체처럼 흐르지만 수평면을 형성하지 않고 경사면을 이루며 쌓인다. 흙은 일반적으로 구성 입자간의 마찰계수와 대략 비슷한 기울기인 안식각(angle of repose)을 갖는 경사면을 이루며 안정된다. 만약 수직 벽체를 바위와 같은 고체에 접하여 축조한다면 벽체에 수평 압력이 작용하지 않는다. 그러나 댐처럼 벽체가 물을 지지하고 있다면 정수압 $w_w h$를 받게 되는데, 여기서 w_w는 물의 단위중량이고 h는 수면으로 부터 연직 거리이다. 벽체가 흙을 지지하고 있을 경우, 수평 토압은 다음과 같게 표현할 수 있다.

$$p_h = C_o w h \tag{10.5-1}$$

여기서 w는 흙의 단위중량이고, C_o는 정지토압계수(coefficient of earth pressure at rest)라고 한다.

토압계수 C_o는 뒤채움 흙의 종류뿐만 아니라 다짐 상태에 따라 달라진다. 실험 결과에 의하면, 모래와 자갈과 같은 비다짐성, 비점착성 흙의 C_o는 0.4에서 0.5 범위에 있으며, 점착성 흙의 C_o는 0.7에서 1.0 범위이다. 모래나 자갈은 배수가 잘되고 토압계수가 작기 때문에 뒤채움재로 사용하도록 권장하고 있다. 일반적으로 벽체는 배면에 작용하는 토압에 의해 약간 이동한다. 벽체가 밀려나오면 배면토는 경사진 활동면(sliding plane)을 따라 미끄러져 내려오면서 벽체에 압력으로 작용하게 된다. 이때의 토압을 **주동토압**(active earth pressure)이라 한다. 반면에 옹벽 압굽 측면처럼 흙이 밀리는 상태이면 토압계수 크기는 훨씬 크며, **수동토압**(passive earth pressure)이라 한다.

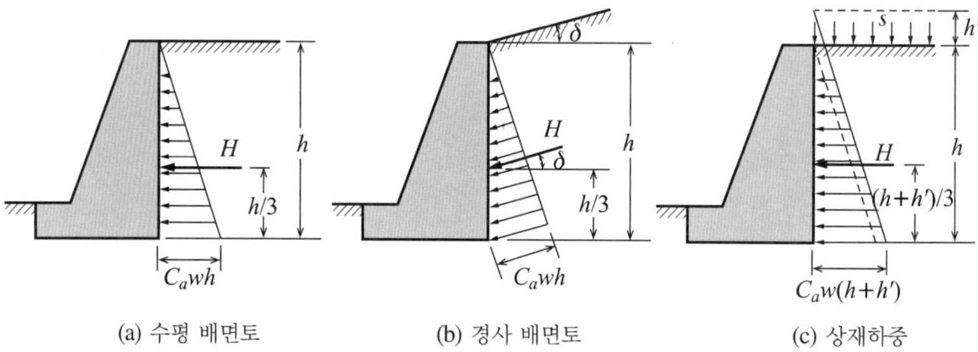

그림 10.25 토압 분포도

그림 10.25에 나타낸 것과 같이, 옹벽을 설계할 때 대부분 세 경우에서 수평 토압을 산정하게 된다. (a) 배면토의 상면이 수평인 경우, (b) 배면토의 상면이 경사진 경우, (c) 수평 배면토 위에 상재하중(surcharge)이 작용하는 경우이다. 토압계수의 크기를 산정하는 대표적인 방법은 Rankine이 제안 한 것으로서, 배면토의 상면이 수평인 경우 주동토압계수 C_a는

$$C_a = \frac{1-\sin\phi}{1+\sin\phi} \tag{10.5-2}$$

그리고 수동토압계수 C_p는

$$C_p = \frac{1+\sin\phi}{1-\sin\phi} \tag{10.5-3}$$

배면토의 지표면 경사각이 δ이면 주동토압계수는 다음 식으로 산정할 수 있다.

$$C_a = \cos\delta\left(\frac{\cos\delta - \sqrt{\cos^2\delta - \cos^2\phi}}{\cos\delta + \sqrt{\cos^2\delta - \cos^2\phi}}\right) \tag{10.5-4}$$

여기서 ϕ는 흙의 내부마찰각이며, 그 크기를 결정하는 정확한 방법은 아직까지 많은 논란이 있다. 건조하고 비점착성인 토질의 ϕ는 간단한 실험실 실험으로 결정할 수 있지만, 점토와 같이 입자간의 마찰력은 적고 점착력이 대부분인 흙의 마찰각을 결정하는 것은 불가능하다. 그러므로 실제 마찰각에다 점착력의 효과를 고려하기 위해 마찰각을 일정 값만큼 증가시켜 사용한다. 더욱 중요한 것은 흙의 간극수량에 따라 토압은 크게 증가한다. 따라서 배면 배수는 토압을 감소시키는 중요한 요소이다. 배면 배수 시설이 잘 되어 있을 경우라도 집중 강우기에 배면의 유입량이 배수량보다 많을 때는 일시적으로 토압이 증가하게 되고, 동결 작용도 부피를 팽창시켜 토압을 증가시킨다.

표 10.5 흙의 단위중량, 내부 마찰각, 콘크리트와 마찰계수

토 질	단위중량 $w\,(\mathrm{kN/m^3})$	마찰각 ϕ (도)	마찰계수 μ
1. 미세입자가 없고 투수성이 좋은 모래 또는 자갈	17~19	33~40	0.5~0.6
2. 실트질을 함유한 투수성이 좋지 않은 모래 또는 자갈	19~20	25~35	0.4~0.5
3. 실트질 모래, 양질의 점토를 함유한 모래 또는 자갈	17~19	23~30	0.3~0.4
4. 촘촘한 또는 중간 정도의 점토	16~19	25~35	0.2~0.4
5. 느슨한 점토, 실트*	14~16	20~25	0.2~0.3

* 점토나 실트질의 포화 상태에서 ϕ는 0에 가깝다.

이러한 이유 때문에 실제 설계에서는 안전한 마찰각을 선택하여 설계한다. 매우 예외적인 경우를 제외하고 대부분의 경우에는 실제 실험으로 구한 값보다 상당히 작은 마찰각을 사용한다. 많은 실험과 경험을 바탕으로 실제 설계에 사용하는 토압계수 값들은 토질역학 관련 서적에 정리되어 있다. 표 10.5에 실무에서 보통 사용하는 흙의 단위중량 w와 마찰각 ϕ를 정리하였다. 이 표에는 콘크리트와 토질 사이의 마찰계수도 함께 정리되어 있다.

상재하중은 배면토 위에 적재된 화물 또는 통행하는 차량 하중 등을 말한다. 이러한 상재하중은 등가의 등분포 하중 s로 변환하여 옹벽 상부에 높이가 h'인 가상의 토층으로 다음과 같이 환산한다.

$$h' = \frac{s}{w} \tag{10.5-5}$$

이렇게 구한 가상의 토층 높이 h'를 이용하면 벽체에 작용하는 토압은 식 (10.5-1)의 h를 $(h+h')$로 치환하여 계산한다. 각 경우에 벽체에 작용하는 수평 토압의 분포는 그림 10.25에 나타낸 것과 같이 정리할 수 있다. 옹벽을 설계할 때는 슬래브 설계와 마찬가지로 수평 방향으로 단위 폭만을 고려하여 설계한 다음에 동일한 결과를 모든 나머지 부위에 적용한다. 옹벽의 단위 폭당 작용하는 토압의 크기는 토압 분포도의 면적이며, 작용선은 분포도의 도심점을 지나게 된다.

상시 또는 일시적으로 지하수면 아래에 저판이 설치되는 옹벽의 경우, 지하수면 위에 있는 배면 토압은 앞에서 설명한 방법으로 계산한다. 그러나 지하수면 아래 부분은 수압과 토압을 합한 압력을 받는다. 수압은 완전 정수압 $p_w = w_w h_w$이 되며, 여기서 h_w는 지하수면으로 부터 깊이이다. 지하수면 아래의 토압은 식 (10.5-1)로 계산하는데, 다만 흙의 단위 중량 w를 $(w-w_w)$로 대체해야 한다. 이처럼 흙의 유효 단위중량을 흙의 단위중량에서 물의 단위중량

을 뺀 값으로 사용하는 것은 지하수에 잠긴 토층은 부력에 의해 중량이 감소하기 때문이다. 이런 경우의 수평 토압은 배수가 된 경우보다 훨씬 크게 되는데, 이러한 상황은 배면 배수 시설이 충분하지 않는 상태에서 폭우가 내리는 도중 또는 직후에 발생할 수 있다. 겉으로 간단해 보이는 토압 계산은 실제로 그렇게 간단하지 않다. 실제 토압은 흙의 불규칙한 성질, 간극수와 배수 상태 또는 다른 요인에 의해 크게 영향을 받기 때문에 쉽게 공식화 할 수 없다. 또한 토압과 안전성이 현장에 따라 큰 차이가 있다는 것을 인식할 필요가 있다.

10.5.3 극한한계상태 검증

1장에서 설명했듯이 옹벽의 극한한계상태는 붕괴 또는 구조적 파괴와 같은 한계상태로 다음과 같이 세 가지 항목에 대해 검증해야 한다.

① 옹벽 전체의 정역학적 평형 손실 한계상태
② 저판 아래 지반의 지지력 한계상태
③ 벽체와 저판의 파괴 또는 과도한 변형 한계상태

일반적으로 위 ①과 ②는 옹벽을 강체로 간주한 **외적 안정성**(external stability) 검토이며, ③은 벽체와 저판의 각 위험 단면에서 **강도 안전성**(strength safety) 검토에 해당 한다.

(a) 정역학적 평형 손실 검증

정역학적 평형 손실에 대한 검증은 옹벽이 극한한계상태에서 배면 토압에 의해 옹벽 전체가 넘어지는 **전도**(overturning)나 미끄러지는 **활동**(sliding)에 대해 안전하다는 것을 확인하는 작업이다. 가장 간단한 경우로 그림 10.26(a)에 보인 중력식 옹벽의 경우를 생각해 보자. 이 옹벽은 배면에 작용하는 수평 토압 H에 의해 미끄러지지 않기 위해서는 계수수평력 $\gamma_{D,h} H$보다 자중 W_c에 의한 설계 마찰력 $\phi_t \mu \gamma_{D,l} W_c$이 커야 한다. 여기서 $\gamma_{D,h}$는 고정하중인 수평 토압의 상위 하중계수이고, $\gamma_{D,l}$은 자중의 작은 하중계수를 적용하여야 한다. 이것은 수평 토압에는 1.0보다 큰 값을 갖는 하중계수를 적용하여 불리하게 하고, 마찰력을 발생시키는 자중은 유리하게 작용하므로 1.0보다 작은 값의 하중계수를 적용하여만 안전을 확실하게 보장할 수 있기 때문이다.[2)]

---

2) 콘크리트구조기준의 강도설계법에서는 옹벽의 극한한계상태의 외적 안정성 검토는 하중계수가 1인 사용하중으로 계산한 값에 바탕을 두고 있다. 사용하중 상태에서 계산한 전도와 활동에 대한 안전률을 1.5 이상 확보하고, 지반 반력은 지반의 허용지지력보다 작도록 설계한다. 반면에, 한계상태설계법에서 외적 안정성 검토는 강도 안전성 검토와 동일하게 적합한 하중계수를 적용한 계수하중으로 계산한 계수값을 기준으로 비교하여 전도와 활동을 검토하며, 계수지반반력이 저항계수를 적용한 설계지지력 이내에 들도록 설계한다.

표 10.6 도로교설계기준(한계상태설계법)의 고정하중계수

하중의 종류			고정하중계수, γ_D	
			불리한 영향 $\gamma_{D,h}$	유리한 영향 $\gamma_{D,l}$
자중		• 구조 부재와 비구조 부착물	1.25	0.90
		• 포장과 시설물	1.50	0.65
토압	수평 토압	• 주동	1.50	0.90
		• 정지	1.35	0.90
	연직 토압	• 옹벽 및 교대 검증	1.35	1.00
수압		• 정수압, 유수압, 부력	1.00	0

표 10.6에 정리된 것과 같이 도로교설계기준에서 주동토압의 하중계수 $\gamma_{D,h} = 1.5$이고, 자중의 $\gamma_{D,l} = 0.9$를 적용하도록 규정되어 있다. 따라서 중력식 옹벽의 활동에 대한 검증은 다음 식을 만족시켜야 한다.

$$1.5H \le 0.9\phi_t \mu W_c \tag{10.5-6}$$

여기서 μ는 마찰계수이고, ϕ_t는 활동에 대한 저항계수로서 현장 타설 콘크리트일 경우에는 0.8을 적용한다.

중력식 옹벽이 넘어지지 않는다는 것을 검증하기 위해서는 앞굽의 모서리 A점을 중심으로 전도하려는 **불안정화 전도모멘트** $\gamma_{D,h}Hy$가 **안정화 저항모멘트** $\gamma_{D,l}W_c x$보다 작다는 것을 확인하여야 한다. 즉, 중력식 옹벽의 전도에 대한 검증은 다음 식을 만족시켜야 한다.

$$1.5Hy \le 0.9W_c x \tag{10.5-7}$$

여기서 x는 자중 W_c의 작용점에서 모서리 A점 까지 수평 거리이고, y는 수평력의 작용점에서 A점까지 수직 거리이다.

그림 10.26(b)에 보인 역T형 옹벽에서도 중력식 옹벽과 동일한 방법으로 정역학적 평형 손실에 대해 검증한다. 역T형 옹벽에서는 뒷굽 위에 놓인 뒤채움 흙의 중량은 옹벽의 활동과 전도에 매우 유리하게 작용하는 연직 토압에 해당한다. 즉 이 연직 토압 W_s는 저판 밑면에 마찰력을 증가시키며, 동시에 전도에 저항하는 안정화 모멘트를 현저하게 크게 한다. 이처럼 유리하게 작용하는 연직 토압에는 하중계수 $\gamma_{D,l} = 1.0$을 적용하여 안정성을 검증하여야 한다. 옹벽 자중 W_c도 활동과 전도에 유리한 영향을 주므로 하중계수 $\gamma_{D,l} = 0.9$를 적용하여 검증하여야 한다.

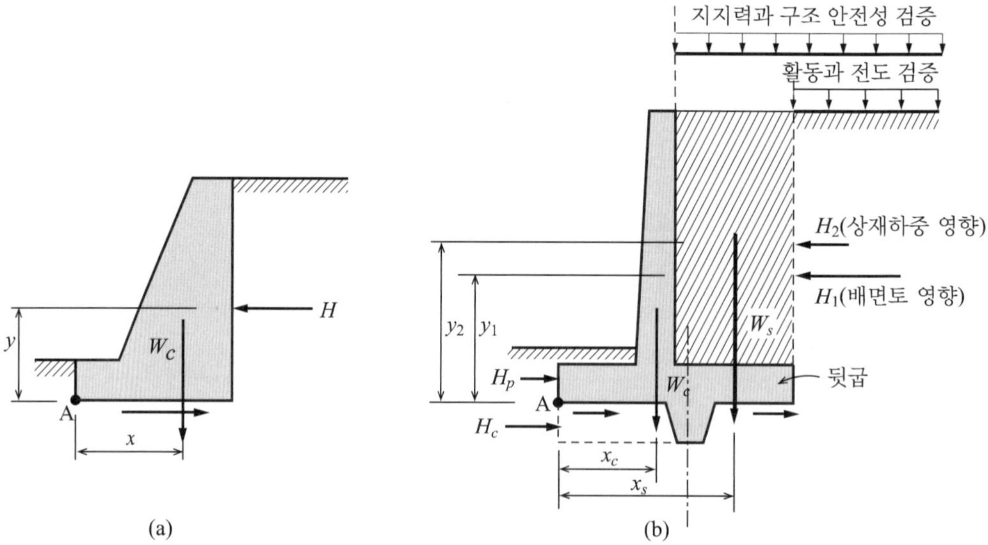

그림 10.26 옹벽에 작용하는 힘과 안정성 검증

배면토 위에 상재 활하중이 작용하는 경우, 이 상재하중은 옹벽의 전도와 활동에 유리하게 작용한다. 따라서 전도와 활동을 검증할 때는 그림 10.26(b)에 보인 것처럼 뒷굽 끝단 연직면까지만 상재하중을 재하하여야 한다. 이것은 안정성에 유리한 연직력을 발생하는 경우에는 상재 활하중을 재하하지 않으며, 반면에 안전성에 불리한 수평력을 발생하는 경우에는 활하중을 재하하며 이때 하중계수는 $\gamma_L = 1.8$을 적용해야 한다.

만약 저판 마찰력에 의한 활동 저항력이 충분하지 않을 경우에는 **활동방지벽**(shear key)을 설치하여 이 벽에 의한 수동 토압 H_c를 추가 시킬 수 있다. 따라서 그림 10.26(b)에 나타낸 옹벽의 활동에 대한 검증은 아래 식을 만족시켜야 한다.

$$1.5H_1 + 1.8H_2 \leq \phi_t \mu (0.9W_c + 1.0W_s) + \phi_t (0.9H_c) \tag{10.5-8}$$

여기서 H_1과 H_2는 각각 뒤채움 흙과 상재하중에 의한 수평토압이고, ϕ_t는 활동에 대한 저항계수로서 표 10.4에 규정된 값이며, 지반 마찰에 대해서는 0.8을, 수동토압에 대해서는 0.5를 적용한다. 또한, 실제 옹벽이 앞쪽으로 활동하기 시작하면 앞굽 전면의 흙이 밀리면서 수동토압 H_p가 발생한다. 이 수동토압은 활동에 저항하기 때문에 저항계수 $\phi_t = 0.5$를 적용하여 위 식 오른쪽 활동 저항력에 추가할 수 있다. 그러나 이 저항력은 상당히 큰 경우에만 추가해야 한다. 즉, 옹벽 배면의 뒤채움 흙을 채우기 전에 앞굽 전면 흙을 성토한 경우이어야 하며, 옹벽 수명동안 앞굽의 흙을 제거하지 않는 경우에만 적용해야 한다. 그렇지 않는 경우에는 이 수동토압 H_p는 활동 저항에 고려하지 않아야 한다.

옹벽이 넘어지지 않는다는 것을 검증하기 위해서는 앞굽의 모서리 A점에서 전도하려는 불안정화 계수모멘트가 안정화 설계모멘트보다 작다는 것을 확인하여야 한다. 역T형 옹벽의 전도에 대한 검증은 배면의 연직 토압 W_s의 영향을 포함한 다음 식을 만족시켜야 한다.

$$1.5H_1 y_1 + 1.8H_2 y_2 \le 0.9\,W_c x_c + 1.0\,W_s x_s \tag{10.5-9}$$

여기서 x_s는 뒷굽 위에 놓이는 흙의 무게 중심에서 압굽 A점까지 수평 거리이다.

(b) 지반 지지력 검증

저판 아래 지반에 발생하는 반력은 지반의 설계지지력을 초과하지 않아야 한다. 이 지지력 한계 검증은 앞 절에서 다룬 확대기초판의 설계와 동일한 방법을 적용한다. 옹벽에는 편심 연직력과 전도 모멘트의 조합 작용에 의해 저판은 모멘트 M과 압축력 N을 받는 상태가 된다. 그림 10.26(b)에 보인 역T형 옹벽의 저판 중심에서 계수하중에 의한 모멘트를 취하면,

$$M_u = \gamma_1 H_1 y_1 + \gamma_2 H_2 y_2 + \gamma_3 W_c\left(\frac{B}{2} - x_c\right) - \gamma_4 W_s\left(x_s - \frac{B}{2}\right) \tag{10.5-10}$$

그리고 연직 계수축력은

$$N_u = \gamma_2 L + \gamma_3 W_c + \gamma_4 W_s \tag{10.5-11}$$

여기서 γ_1, γ_2, γ_3 및 γ_4는 지반 지지력 검증을 위해 해당 하중에 적용하는 적합한 하중계수 값을 사용해야 한다. 식 (10.5-10)의 M_u가 클수록 앞굽 모서리 A점의 지반 반력 p_1이 증가한다. 이때 수평 토압 H_1, H_2와 자중 W_c는 불리한 영향을 주는 하중에 해당하므로 γ_1은 수평 토압의 $\gamma_{D,h} = 1.5$를, 그리고 γ_2는 활하중 하중계수 $\gamma_L = 1.8$을, γ_3는 자중의 $\gamma_{D,h} = 1.25$를 적용하여 M_u를 계산하여야 한다. 한편, 뒤굽 끝단에서 지반 반력 p_2는 M_u가 클수록 작아지므로 수평 토압은는 유리한 하중에 해당된다. 이처럼 각각의 하중계수 조합에 따라 다른 지반 반력이 계산된다. 일반적으로 최대 지반반력을 기준으로 검증하기 때문에 모멘트와 축력이 모두 크게 되는 하중계수를 적용해야 하며, 상재 활하중은 그림 10.26(b)에 보인 바와 같이 벽체까지 재하하여 하중계수 $\gamma_L = 1.8$을 적용하여야 한다.

예제 10.5-1 캔틸레버식 옹벽 설계

높이 3.6 m의 배면토를 지지하고, 배면토의 지표면은 수평이며, 상재하중으로 활하중이 10 kN/m의 크기로 작용하고 있는 캔틸레버식 옹벽을 설계하려고 한다. 경험과 자료를 바탕으로 예비 검토를 수행하여 선정한 아래 그림과 같은 제원을 갖는 옹벽을 최종 검토하려고 한다. 배면토와 기초 지반은 약간 습한 사질토가 대부분이며, 부분적으로 실트질을 함유하고 있다. 이때 흙의 단위중량은 w =19 kN/m^3, 내부마찰각은 $\phi = 30°$, 그리고 저판과의 마찰계수는 $\mu = 0.5$이며, 지반의 극한한계지지력 q_{ult} =600 kN/m^{2}이다. 사용할 콘크리트의 f_{ck} =24 MPa이고 철근의 f_y =400 MPa이다. 해당하는 재료계수는 $\phi_c = 0.65$와 $\phi_s = 0.90$를 적용하고, 지반 지지력에 대한 저항계수 $\phi_b = 0.45$를, 마찰력에 대한 저항계수는 $\phi_b = 0.80$ 그리고 수동토압에 대해서는 $\phi_b = 0.50$을 사용한다.

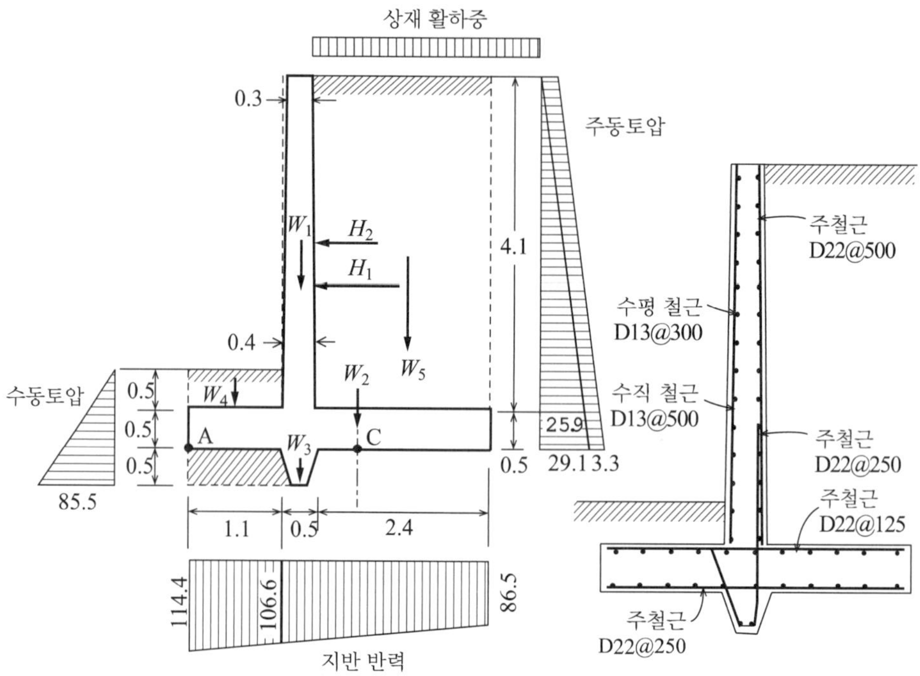

그림 10.27 캔틸레버식 옹벽 설계

풀이

옹벽과 접촉하는 흙의 주동토압계수와 수동토압계수는 각각 식 (10.5-2)와 (10.5-3)에 따라

$$C_a = \frac{1-\sin 30}{1+\sin 30} = 0.333, \qquad C_p = \frac{1+\sin 30}{1-\sin 30} = 3.0$$

상재 활하중의 등가 높이 $h' = 10/19 = 0.52\,\mathrm{m}$가 된다. 따라서 벽체의 수평 토압 상태는

배면 채움흙 $p_h(4.6) = C_a wh = 0.333(19)(4.6) = 29.1\,\mathrm{kN/m^2}$

$$p_h(4.1) = C_a wh = 0.333(19)(4.1) = 25.9\,\mathrm{kN/m^2}$$

상재 활하중 $p_h = C_a wh' = 0.333(19)(0.52) = 3.3\,\mathrm{kN/m^2}$

압굽 전면에서 수동토압은

$$p_h(1.5) = C_p wh = 3(19)(1.5) = 85.5\,\mathrm{kN/m^2}$$

그림에 나타낸 것과 같이, 옹벽은 수평 주동토압과 동시에 연직 상재 활하중, 상향 지반 반력 그리고 수평 수동토압이 직접하중으로 작용하고 있는 상태에 놓인다. 이러한 하중 상태에서 옹벽은 전도, 활동 및 침하에 대한 외적 안정성을 확보해야 하며, 동시에 일반 부재와 같이 벽체와 저판은 파괴되지 않는 강도 안전성이 보장되도록 설계해야 한다.

(a) 안정성 검토(정역학적 평형 손실 한계상태 검증)

(i) 전도(overturnig) : 압굽 모서리 A점을 중심으로 넘어지게 하는 힘은 벽체에 작용하는 두 수평 하중이다. 그림에 나타낸 응력 상태로 부터 단위 폭을 기준으로 산정하면,

배면토 $H_1 = \dfrac{1}{2}(29.1)(4.6) = 66.9\,\mathrm{kN}$

상재 활하중 $H_2 = 3.3(4.6) = 15.1\,\mathrm{kN}$

불안정화 전도모멘트를 산정할 때는 수평 하중에 큰 하중계수를 적용하고 활하중을 포함해야 한다.

$$\begin{aligned} M_{ou} &= \gamma_{D,h} H_1 y_1 + \gamma_L H_2 y_2 \\ &= 1.5(66.9)(4.6/3) + 1.8(15.1)(4.6/2) = 216.4\,\mathrm{kNm} \end{aligned}$$

안정화 저항모멘트의 성분으로는 옹벽의 자중과 저판 위에 채운 흙의 연직 토압으로 전도에 유리하게 작용하므로 하위 하중계수를 적용하여 계산하면 아래 표와 같다. 상재하중도 고려하지 않는다.

하중 분류	하중계수	하중(kN)	거리(m)	안정화 저항모멘트(kNm)
벽체 자중	0.9	$W_1 = 0.35(4.1)(24.5) = 35.2$	1.35	42.7
저판 자중	0.9	$W_2 = 0.5(4)(24.5) =$ 36.8	2.00	88.2
방지벽 자중	0.9	$W_3 = 0.4(0.3)(24.5) =$ 2.9	1.35	3.5
연직 토압	1.0	$W_4 = 0.5(1.1)(19) =$ 10.5	0.55	5.7
연직 토압	1.0	$W_5 = 2.4(4.1)(19) =$ 186.9	2.80	523.5
		합계		663.6

안정화 모멘트가 663.6 kNm로 불안정화 계수모멘트 216.4 kNm보다 크므로 안정하다.

(ii) **활동**(sliding) : 옹벽이 앞으로 밀려나게 하는 힘은 벽체에 작용하는 배면 수평 토압 $H_1 = 66.9\,\mathrm{kN}$과 $H_2 = 15.1\,\mathrm{kN}$이다. **불안정화 활동 수평력**을 산정할 때 불리한 하중계수를 적용하고, 활하중의 영향을 포함시켜야 하므로

$$H_u = \gamma_{D,h} H_1 + \gamma_L H_2 = 1.5(66.9) + 1.8(15.1) = 138.7\,\mathrm{kN}$$

안정화 활동 수평력 성분으로는 옹벽의 자중과 저판 위에 채운 흙의 연직 토압에 의한 저판 밑면의 마찰력과 활동방지벽에 의한 수동 토압이다. 안정화 설계 수평력을 산정할 때는 하중에 하위 하중계수를 적용하여 계산해야 한다.

- 설계 마찰력 $\phi_t \mu(\Sigma\gamma_{D,l} W_i) = 0.8(0.5)[0.9(35.2+49+2.9)+1.0(10.5+186.9)] = 110.3\,\text{kN}$
- 설계 수동 토압 $\phi_t \gamma_{D,l} H_p = 0.5(0.9)\dfrac{1}{2}(79.8)(1.4) = 28.9\,\text{kN}$

안정화 설계 수평력 $110.3+28.9 = 138.9$ kN이 불안정화 계수 수평력 138.7 kN보다 크므로 활동에 안정하다.

(iii) **지반 지지력** : 저판의 밑면 중심 C점에 관해 계수하중에 의한 모멘트를 산정하면 다음 표와 같게 된다.

	하중계수	하중 (kN)	C점부터 거리(m)	계수모멘트(kNm)
벽체 자중	1.25	W_1 = 35.2	0.65	28.6
저판 자중	1.25	W_2 = 49.0	0	0
방지벽 자중	1.25	W_3 = 2.9	0.65	2.4
연직 토압	1.35	W_4 = 10.5	1.45	20.6
연직 토압	1.35	W_5 = 186.9	−0.80	−201.9
배면 도입	1.5	H_1 = 66.9	1.53	153.5
활하중 토압	1.8	H_2 = 15.1	2.3	34.7
	합계			$M_u = 37.9$

저판 밑면의 계수 압축력은

$$N_u = \gamma_{D,h}(W_1 + W_2 + W_3) + \gamma_{D,h}(W_4 + W_5) + \gamma_L L$$

$$= 1.25(35.2+49+2.9) + 1.35(10.5+186.9) + 1.8(10)(1.4) = 400.6\ \text{kN}$$

편심거리 $e = M_u/N_u = 37.9/400.6 = 0.095$ m가 되므로, 합력의 작용점은 거의 저판 중심에 위치한다. 저판 모서리에서 최대 계수 지반 반력은 식 (10.4-4)에 따라

$$\begin{matrix} q_1 \\ q_2 \end{matrix} = \frac{400.6}{1(4)} \pm \frac{6(37.9)}{1(4)^2} = \begin{matrix} 114.4 \\ 86.5 \end{matrix}\ \text{kN/m}^2$$

지반의 설계지지력 $q_d = \phi_b q_{ult} = 0.45(600) = 270\ \text{kN/m}^2$이므로, 지반 지지력과 침하에 대해 안전하다.

(b) 강도 안전성 검토(소요 철근 배치)

(i) **벽체** : 벽체는 수직 캔틸레버와 동일한 거동을 하며 하단 저판과 접합부에는 두 수평 하중에 의해 휨모멘트가 유발된다. 옹벽 단위 폭 1 m에 대해

배면토 $H_1 = \dfrac{1}{2}(25.9)(4.1) = 53.1\ \text{kN}$

상재 활하중 $H_2 = 3.3(4.1) = 13.5\text{ kN}$

벽체 하단의 계수휨모멘트를 산정할 때 상위 하중계수를 적용하면,

$$M_u = \gamma_{D,h} H_1 y_1 + \gamma_L H_2 y_2$$
$$= 1.5(53.1)(4.1/3) + 1.8(13.5)(4.1/2) = 158.7\text{ kNm/m}$$

벽체의 두께는 400 mm이고 피복두께를 80 mm로 하면, 유효깊이 d=320 mm이다. 작용 휨모멘트 세기는

$$m_u = \frac{M_u}{f_{cd} b d^2} = \frac{158.7 \times 10^6}{0.65(0.85)(24)(1{,}000)(320)^2} = 0.117$$

따라서 팔길이 $z = 0.5(1 + \sqrt{1 - 2(0.117)})(320) = 300\text{ mm}$가 되어 소요 휨철근량은

$$\text{소요 } A_s \geq \frac{M_u}{f_{yd} z} = \frac{159.1 \times 10^6}{0.9(400)(300)} = 1{,}473\text{ mm}^2/\text{m}$$

D22철근을 250 mm 간격으로 배치하면 $A_s = 1{,}548\text{ mm}^2/\text{m}$ 된다. 벽체의 휨모멘트는 상단 쪽으로 올라 갈수록 급격하게 작아지기 때문에 주철근의 일부만 필요하므로 중간 높이에서 철근량의 1/2을 절단하여 상부에서 500 mm 간격으로 배치해도 된다. 벽체의 휨모멘트도를 이용하면 하단으로 부터 약 1.2 m에서 발생한 계수휨모멘트와 주인장 철근량의 절반이 발휘하는 설계휨강도가 동일해진다. 표 9.1에 의하면 철근의 기본정착길이는 707 mm이므로 이론적 절단점에서 절단하여도 안전하다. 이러한 경우, 경제적인 철근 배치 방법으로 벽체 주철근의 절반을 저판으로 부터 대략 1.5 m 높이에서 절단하므로, 절단되는 되는 철근을 미리 저판에 배치해 놓으면 이 철근에 대해서는 겹침이음이 불필요하게 되고, 나머지 절반 철근만이 저판에 미리 배치한 다월철근에 겹침이음하여 상단까지 배치한다. 특히, 다월철근을 미리 활동방지벽까지 연장하여 배치하면 시공이 훨씬 간편하면서 안전한 설계가 된다.

(ii) **압굽 슬래브** : 압굽 슬래브는 위쪽으로 처짐이 발생하는 캔틸레버와 같은 거동을 한다. 작용하는 하중은 상향 지반 반력과 하향의 압굽 슬래브 자중과 그 위에 채움 흙의 자중이다. 이때 압굽 자중은 슬래브의 휨모멘트와 전단력을 감소시키는 유리한 영향을 미치므로 작은 하중계수 0.9를 적용한다. 상향 지반 반력은 이미 하중계수가 반영된 하중에 의해 유발된 계수 지반 반력이므로 앞에서 가장 불리한 하중조합으로 계산한 지반 반력 분포도에서 해당 합력은 $\Sigma q_{(1.1)} = 0.5(161.5 + 102)(1.1) = 144.9\text{ kN}$으로 위험 단면에서 0.62 m에 작용한다. 압굽 자중은 $0.5(1.1)(24.5) = 13.5\text{ kN}$이며, 채움 흙의 자중은 $0.5(1.1)(19) = 10.45\text{ kN}$이다. 접합부 단면이 압굽 슬래브의 휨 위험 단면이 되며, 이 단면의 단위폭 당 계수휨모멘트는

$$M_u = 144.9(0.62) - 0.9(13.5)(1.1/2) - 1.0(10.45)(1.1/2) = 77.5\text{ kNm/m}$$

압굽 슬래브의 두께는 500 mm이고 피복두께를 80 mm로 하면 유효깊이 d=420 mm이다. 슬래브의 단위폭 1,000 mm에 대해 작용 휨모멘트 세기

$$m_u = \frac{M_u}{f_{cd}bd^2} = \frac{77.5 \times 10^6}{0.65(0.85)(24)(1{,}000)(420)^2} = 0.033$$

따라서 팔길이 $z = 0.5(1+\sqrt{1-2(0.033)})(420) = 411\text{ mm} \ \geq \ 0.95d = 399\text{ mm}$가 되어 소요 휨철근량은

$$\text{소요 } A_s \geq \frac{M_u}{f_{yd}z} = \frac{77.5 \times 10^6}{0.9(400)(399)} = 540\text{ mm}^2/\text{m}$$

소요 최소 철근량 $A_{s,\min} = \dfrac{0.25\sqrt{f_{ck}}}{f_y}bd = \dfrac{0.25\sqrt{24}}{400}(1{,}000)(420) = 1{,}286\text{ mm}^2$이므로, D22 철근을 250 mm 간격으로 저판 하부에 전체 폭에 걸쳐 배치하면 $A_s = 1{,}548\text{ mm}^2/\text{m}$ 된다.

유효깊이는 420 mm이므로, 접합면에서 420 mm 떨어진 전단 위험 단면의 계수전단력은 $\Sigma q_{(0.78)} = 0.5(161.5+119.5)(0.78) = 109.6\text{ kN}$이고, 단부에서 위험 단면까지 앞굽 자중은 $0.5(0.78)(24.5) = 9.6\text{ kN}$이며, 채움 흙의 자중은 $0.5(0.78)(19) = 7.41\text{ kN}$이므로, 전단 위험 단면의 단위폭 당 계수전단력은

$$V_u = 109.6 - 1.0(7.41) - 0.9(9.6) = 93.6\text{ kN}$$

이 앞굽 슬래브의 $d = 420\text{ mm}$이고, 휨인장 철근비 $\rho = 794/(420 \times 1{,}000) = 0.0019$로 너무 작기때문에 설계전단강도는 식 (6.3-2) 대신에 식 (6.3-4)의 최소 설계전단강도를 산정하면

$$\begin{aligned} V_{cd,\min} &= 0.4\phi_c f_{ctk} bd \\ &= 0.4(0.65)(1.96)(1{,}000)(420) \times 10^{-3} = 214\text{ kN} \end{aligned}$$

이 설계전단강도가 계수전단력 $V_u = 93.6\text{ kN}$보다 크기 때문에 안전하며, 슬래브로 간주하여 최소 전단 철근을 배치하지 않아도 된다.

(iii) **뒷굽 슬래브** : 뒷굽 슬래브는 채움 흙 자중과 상재하중 그리고 뒷굽 자중에 의해 처짐이 발생하는 캔틸레버 거동 한다. 작용하는 하중으로는 그 위에 채움 흙의 자중 $W_5 = 186.9\text{ kN}$, 상재 활하중 $10(2.4) = 24\text{ kN}$, 그리고 뒷굽 슬래브 자중은 $0.5(2.4)(24.5) = 29.4\text{ kN}$이다. 이 하중들은 슬래브의 휨모멘트와 전단력을 증가시키는 불리한 영향을 미치므로 큰 하중계수를 적용한다. 부재 강도 안전성을 검토하는 경우 연직 토압의 하중계수는 1.35를 적용한다. 상향 지반 반력은 단면력을 감소시키는 유리한 영향을 하므로 여기서는 안전하게 무시하고 설계한다. 접합부 단면이 뒷굽 슬래브의 휨 위험 단면이 되며, 이 단면의 단위폭 당 계수휨모멘트는

$$\begin{aligned} M_u &= 1.35(186.9)(2.4/2) + 1.8(24)(2.4/2) + 1.25(29.4)(2.4/2) \\ &= 377.1\text{ kNm/m} \end{aligned}$$

뒷굽 슬래브의 두께는 500 mm이고 피복두께를 80 mm로 하면 유효깊이 d =420 mm이다. 슬래브의 단위폭 1,000 mm에 대해 작용 휨모멘트 세기

$$m_u = \frac{M_u}{f_{cd} b d^2} = \frac{377.1 \times 10^6}{0.65(0.85)(24)(1{,}000)(420)^2} = 0.161$$

따라서 팔길이 $z = 0.5(1 + \sqrt{1 - 2(0.161)})(420) = 383\ \mathrm{mm}$가 되어 소요 휨철근량은

$$\text{소요 } A_s \geq \frac{M_u}{f_{yd} z} = \frac{108.9 \times 10^6}{0.9(400)(383)} = 2{,}735\ \mathrm{mm^2/m}$$

D22 철근을 125 mm 간격으로 단면 상단에 배치하면 $A_s = 3{,}097\ \mathrm{mm^2/m}$ 된다.

유효깊이는 420 mm이므로, 접합면에서 420 mm 떨어진 전단 위험 단면의 계수전단력은, 단부에서 전단 위험 단면까지 뒷굽 자중은 $0.5(1.98)(24.5) = 24.3\ \mathrm{kN}$이며,

채움 흙의 자중은 $4.1(1.98)(19) = 154.2\ \mathrm{kN}$이고, 상재 활하중은 $10(1.98) = 19.8\ \mathrm{kN}$이므로, 전단 위험 단면의 단위 폭 당 계수전단력은

$$V_u = 1.25(24.3) + 1.35(154.2) + 1.8(19.8) = 274.2\ \mathrm{kN}$$

주철근비가 $\rho = 0.0074$이므로 설계전단강도는

$$V_{cd} = 0.85(0.65)(1.69)\sqrt[3]{0.0074(24)}\,(1{,}000)(420) \times 10^{-3} = 320.8\ \mathrm{kN}$$

이 설계전단강도는 계수전단력 $V_u = 274.2\ \mathrm{kN}$보다 크기 때문에 안전하다. 뒷굽도 슬래브로 간주하여 최소 전단 철근을 배치하지 않아도 된다. 최종적으로 벽체와 저판에 주철근에 직각 방향으로 건조수축과 온도 철근으로 D13을 300 mm 간격으로 양면에 배치한다.

10.5.4 배수 및 기타 상세

옹벽이 파괴 또는 손상되는 주요 원인은 대부분 배면토의 과하중에 의한 전도이거나 또는 배면의 불충분한 배수 때문이다. 후자인 경우 강우기에 간극수의 누적으로 정수압에 의한 수평력이 급격하게 증가할 수 있다. 또한 추운 동절기에는 뒤채움 흙의 공극에 존재하는 물이 얼면서 부피가 팽창하면서 수평력이 증가하기도 한다. 가끔 이 두 원인이 중첩되면서 저판 아래 지반 반력이 크게 증가하기도 한다. 지반 지지력은 신중하게 결정하여 설계에 반영하여야 한다. 옹벽을 설계하기 위해서는 저판 밑의 토질뿐만 아니라 더 깊은 지층의 토질을 파악해야 한다. 만약 믿을 만한 자료가 없다면, 최소한 옹벽 높이에 해당하는 깊이의 보링 시험을 수행하여야 한다. 물론 저판은 동결융해가 발생할 수 있는 동결심도보다 더 깊은 위치에 놓여야 한다.

옹벽 배면의 배수에는 여러 가지 방법이 있다. 대표적으로 지름이 100 mm 이상인 관을 2~3 m 간격으로 벽체에 매입해 배수공을 설치하여, 배수공으로 물이 잘 모이도록 두께 300 mm 이상의 자갈층을 옹벽 배면에 설치하는 방법이 있다. 이것은 깬 돌이나 자갈로 벽체 배면에 한 개 이상의 종방향 배수층을 설치하는 방법이 있다. 종방향 배수층으로 옹벽의 양 끝이나 중간 지점에 유출구를 설치해야 한다. 가장 효과적인 배수 방법은 옹벽 배면 전체에 자갈로

구성된 배수층을 설치하는 것이다.

옹벽이 긴 경우에는 온도 변화와 건조수축에 의한 손상을 방지하는 대책을 마련해야 한다. 콘크리트 구조물을 설계할 때 수화열, 온도 변화, 건조수축 등 간접하중에 대한 별도의 구조해석을 수행하지 않는 경우에는 신축이음을 설치해야 하며, 반면에 간접하중에 대한 구조 해석을 수행하여 설계한 경우에는 그 결과에 따라 소요 수평 철근을 배치할 수 있다. 신축이음은 수축과 팽창을 제어할 수 있는 위치에 두어야 하고, 보통 30 m 이하의 간격으로 설치한다. 신축이음 대신에 균열이 모일 수 있도록 균열 유발 줄눈을 설치할 수 있는데, 보통 10 m 이하의 간격으로 설치한다.

참고문헌

10.1 도로교통협회 (2015), 도로교설계기준(한계상태설계법), 국토교통부

10.2 한국콘크리트학회 (2012), 콘크리트구조기준, 국토해양부

10.3 김 우, 김진근, 오병환, 정 란, 최완철, (2012), 콘크리트구조설계, 동화기술

10.4 fib (1999), *Structural Concrete - Textbook*, fib Bulletin 2, Vol. 2

10.5 Mosley, W., Bungey, J. and Hulse, R., (2007), Reinforced Concrete Design to Eurocode 2, 6th Ed. palgrave macmillan.

10.5 Peobody, D. (1948), Continuous Frame Analysis of Flat Slabs, J. Boston Society Civil Engineering, 1948

10.6 ASCE-ACI Task Committee 426, (1974), "The Shear Strength of Reinforced Concrete Members - Slabs," J. of Structural Division, ASCE, Vol. 100, No. ST8, 1974

10.7 ASCE-ACI Task Committee 352, (1988), "Recommendation for Design of Slab-column Connection in Monolithic Reinforced Concrete Structures," ACI Structural Journal, Vol. 85, No. 6

10.8 Terzaghi, K. and Reck, R. B. and Mesri, G., (1996), Soil Mechanics in Engineering Practice, 3rd Ed., John Wiley and Sons, New York

10.9 Hognestad, E., (1953), "Shear Strength of Reinforced Concrete Footings," ACI Journal, Vol. 45

연습 문제

10.1 아래 그림에 보인 바와 같이 보가 있는 2방향 슬래브의 기둥 중심간 간격은 6.0×7.5 m이다. 기둥은 500×500 mm이고, 외측 테두리 보는 250×750 mm이며, 내측 보는 300×600 mm이다. 사용된 콘크리트 f_{ck}는 27 N/mm^2 이고 철근의 기준항복강도 f_y는 500 N/mm^{2}이다. 고정하중은 슬래브 자중을 포함하여 1.0 kN/m^{2}이고 활하중은 5 kN/m^{2}가 작용하고 있다. 등가골조법을 사용하여 구조 해석을 하고, 외측 판의 소요 철근량을 산정하라.

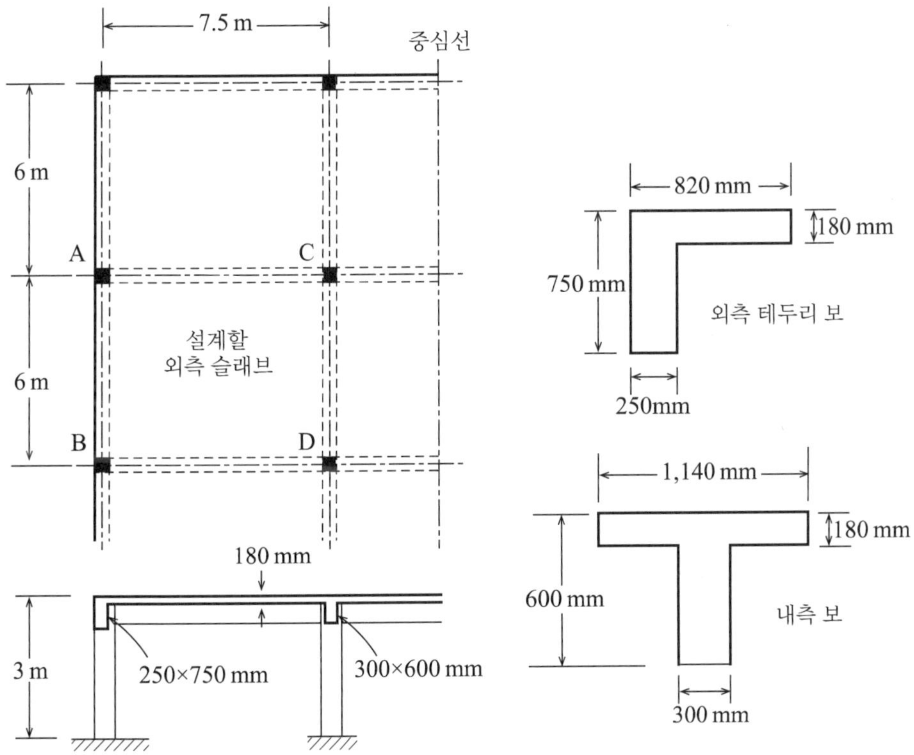

그림 10.28 연습 문제 10.1의 2방향 슬래브

10.2 두께가 300 mm인 벽을 줄기초판으로 지지하려고 한다. 이 벽에는 자중을 포함한 고정하중 40 kN/m과 활하중 150 kN/m가 작용하고 있다. 기초판 밑면은 지표면에서 1.2 m 아래에 위치한다. 지반의 극한한계지지력 q_{uls} =600 kN/m^{2}이다. 콘크리트의 f_{ck} =24 MPa이고 철근은 f_y = 400 MPa를 사용하려고 한다. 해당하는 재료계수는 ϕ_c =0.65, ϕ_s =0.90, ϕ_b =0.45를 사용한다. 이 줄기초판을 설계하라.

10.3 정사각형 단면 기둥이 고정하중 2,000 kN/m과 활하중 2,400 kN/m를 받고 있다. 이 기둥 단면은 700 × 700 mm이고, 12개의 D35 철근으로 보강 되어 있으며, 기둥 표면에서 50 mm 안쪽에 위치하고 있다. 콘크리트의 $f_{ck}=24$ MPa이고 철근은 $f_y=400$ MPa를 사용했다. 이 기둥을 정사각형 독립 확대 기초판으로 지지하려고 한다. 기초판 밑면은 지표면에서 2 m 아래에 놓이도록 한다. 지반의 극한한계지지력 $q_{uls}=600$ kN/m^{2}이다. 해당하는 재료계수는 $\phi_c=0.65$, $\phi_s=0.90$, $\phi_b=0.45$를 사용한다. 이 확대 기초판을 설계하라.

10.4 기존 지표면에서 높이가 5 m인 성토 지반을 지지하기 위해 캔틸레버식 옹벽을 설계하려고 한다. 뒷채움 흙은 배수가 우수한 자갈로서 단위중량 $w=19$ kN/m^{3}이고 내부마찰각 $\phi=33°$, 그리고 저판과의 마찰계수 $\mu=0.5$이다. 배면토의 지표면은 수평이며, 상재하중은 작용하지 않는다. 활동에 저항하기 위해 필요하다면 활동방지벽을 설치할 수 있다. 저판 밑면은 기존 지표면에서 2 m 아래에 놓이도록 한다. 지반의 극한한계지지력 $q_{uls}=600$ kN/m^{2}이다. 콘크리트의 $f_{ck}=24$ MPa이고 철근은 $f_y=400$ MPa을 사용하려고 한다. 해당하는 재료계수는 $\phi_c=0.65$, $\phi_s=0.90$, $\phi_b=0.45$를 사용한다.

(a) 외적 안정성을 확보하도록 이 옹벽의 치수를 정하라.

(b) 완전한 설계가 되도록 배치 철근과 절단점 등을 정하라.

CHAPTER 11

프리스트레스트 콘크리트 부재 설계

11.1 개요

현대 구조 공학은 고강도 재료의 사용과 더불어 정밀한 해석법을 적용하여서 점차적으로 경제적인 구조물을 설계하는 추세에 있다. 이러한 경향은 구조 부재의 단면 크기를 감소시킬 수 있기 때문에, 특히 자중이 큰 콘크리트 구조물에서는 하중의 대부분을 차지하는 자중을 현저하게 줄일 수 있는 큰 장점을 갖게 한다. 즉, 콘크리트 구조물의 저항 성능을 정밀하게 평가할 수 있는 현대의 설계법의 등장과 함께 고강도 콘크리트와 고강도 강재의 사용에 따라 자중을 현저하게 감소시킬 수 있어서 장대 경간을 갖는 구조물의 축조가 가능하게 되었다.

원래의 철근콘크리트 구조물에 고강도 재료의 적용에 따르는 효용 가치는 균열과 처짐에 관련된 사용성 요구 조건에 의해 크게 제약된다. 왜냐하면 부재에 발생하는 균열폭은 철근의 변형률(또는 응력)의 크기에 비례하므로 사용하중 상태에서 높은 응력 수준에 놓이는 고강도 철근을 사용하면 큰 폭을 갖는 균열이 발생하기 때문이다. 또한, 부재에 고강도 콘크리트를 사용하면 소요 단면이 감소되어 휨강성이 작아지기 때문에 큰 처짐이 발생하게 된다. 이러한 큰 처짐과 균열폭은 구조물의 사용성을 저해시킬 뿐만 아니라 유해 물질의 침투로 인한 열화가 발생하여 부재의 조기 파괴를 유발한다.

이와 같은 철근콘크리트에서 고강도 재료의 효용 가치의 제약은 프리스트레스트 콘크리트 공법을 사용하여 대부분 해결할 수 있다. '**프리스트레스**(prestress)'는 실제 하중이 작용하기 전에 구조물 내부에 인위적으로 미리 도입시킨 응력을 일컫는다. 즉, 프리스트레스는 긴장(tensioning)된 강재에 의해 콘크리트에 도입된 응력을 말한다. 콘크리트는 근본적으로 압축재료이며 그 인장강도는 상대적으로 매우 취약하여 쉽게 균열이 발생한다. 프리스트레싱(prestressing)에 의해 미리 도입된 압축응력은 이 불리한 인장응력을 감소시키거나 제거할 수 있으므로, 사용하중 상태에서 균열 발생을 최소화하거나 또는 전적으로 방지할 수 있다. 또한 처짐을 원하는 크기로 제어할 수 있으며, 실제로 사용하중 상태의 부재에 프리스트레스를 도입하여 처짐이 없도록 제어할 수 있다. 이처럼 프리스트레스 공법을 적용하여 처짐과 균열을 제어할 수 있다는 사실은 고강도 콘크리트와 함께 강선, 강연선 및 강봉 형태의 고강도 강재를 콘크리트 구조 설계에 경제적이며 효율적 사용을 가능하게 하여, 일반 철근콘크리트 구조로 할 수 있는 범위를 훨씬 뛰어 넘는 긴 경간의 갖으며 혁신적인 새로운 형태의 콘크리트 구조물 설계가 가능해진다.

프리스트레스는 조합 하중의 일부로서 다른 외력과 함께 부재에 작용하며, 그 하중영향으로 휨모멘트와 축력이 발생하게 된다. 프리스트레스트 콘크리트 구조에서 프리스트레스의 영향을 하중에 의해 유발된 인장응력을 감소 또는 제거한다는 응력 제어 개념으로 쉽게 이해할 수 있다. 먼저, 직사각형 단면을 갖는 무근콘크리트 단순보를 생각해 보자. 자중을 포함한 분포 하중 w가 점차 작용하면 단면에는 휨응력이 유발되며, 보의 하연의 인장응력이 휨인장강도에 도달하면 균열이 발생하여 상부까지 확장되면서 보가 파괴된다. 그런데 그림 11.1(a)에 보인 것과 같이 동일한 보에 하중 w가 작용하기 전에 미리 중심 축압축력 P를 작용시키면 보의 단면에는 등분포 압축응력 $f_c = P/A_c$인 프리스트레스가 발생된다. 이 상태에서 하중 w를 작용시키면 단면에는 휨응력이 발생하는데 w의 크기를 조절하여 경간 중앙 단면 하연단의 인장응력 크기가 선행 압축응력 f_c의 크기와 같게 하면, 단면의 하연에서는 인장응력이 제거된 상태에 놓이며, 반면에 상연단에서는 압축응력이 $2f_c$로 증가된다.

선행 압축력을 더 효율적으로 사용하기 위해, 그림 11.1(b)처럼 축압축력 P를 하연단 쪽에 치우치게 작용시킬 수 있다. 예를 들면, P를 부재 중심선에서 $h/6$에 작용시킨다면 항상 상연에서 응력은 0이 되고 하연에 최대 압축응력이 발생된다. 앞에서 설명한 중심 축압축력 P와 같은 크기이라면 하연의 압축응력은 $2f_c$가 된다. 따라서 하연의 응력을 0으로 하기 위한 분포하중의 크기는 $2w$가 된다. 즉, 선행 압축력 P를 편심 $e = h/6$으로 작용시키면 작용 하중이 두 배이어도 하연의 인장응력이 제거된 상태로 남는다는 것을 알 수 있다.

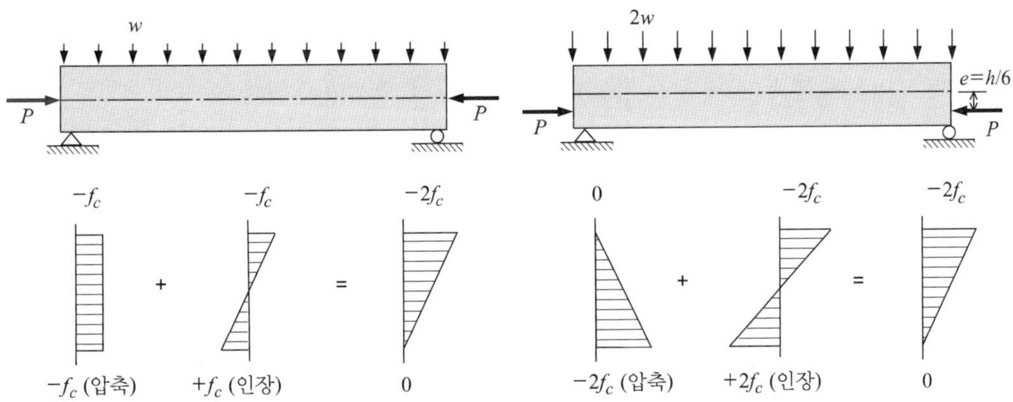

(a) 편심 $e=0$ 인 경우

(b) 편심 $e=h/6$인 경우

그림 11.1 프리스트레스 영향

11.2 프리스트레싱 방법

콘크리트 부재에 프리스트레스를 도입하기 위해서는 그림 11.1처럼 부재에 축압축력 P를 인위적으로 작용시켜야 한다. 이 압축력 P를 작용시키는 방법에는 여러 종류가 있으며, 강선(wire), 강연선(strand), 강봉(bar) 형태의 고강도 강재에 인장력을 작용하여 긴장된 상태로 그 끝을 부재 끝에 고정하는 방법이 가장 일반적이다. 이러한 목적으로 사용되는 고강도 강재를 **PS 강재**라고 하며, 이 강재가 긴장되어 발휘하는 압축력을 **긴장력**(prestressing force)이라 하고, 긴장력을 도입 할 수 있는 상태이거나 도입된 PS 강재를 **텐던**(tendon) 또는 **긴장재**라 부른다. 긴장재는 부재 양 측면 외부에 배치할 수도 있지만, 보통은 부재 내부를 관통하도록 배치한다. 이러한 방법에는 강재에 긴장력을 도입할 때 콘크리트의 경화 여부에 따라 **프리텐션**(pre-tensioning)과 **포스트텐션**(post-tensioning)으로 크게 구분한다.

11.2.1 포스트텐션 방식

포스트텐션 방식은 그림 11.2에 보인 것처럼 콘크리트 부재 내의 의도한 위치에 강재를 배치한 후, 콘크리트가 충분한 강도를 발현하게 되면 보 자체를 반력 받침으로 한 유압잭(hydraulic jack)을 사용하여 미리 배치된 강재를 긴장시켜서 양 단부에 기계적으로 정착시키는 것이다. 이 방식은 부재 내부에 덕트(duct)를 미리 준비해 놓아야 하며, 이러한 덕트를 만들기 위해서 보통 얇은 철판으로 된 주름진 관인 **쉬스**(sheath)를 콘크리트 타설 전에 거푸집 안에 배치해 두어야 한다. 즉 철근망을 조립하고 그 안의 해당 위치에 쉬스를 배치한 후 콘크리트를 타설하고 양생시킨다. 콘크리트 강도가 발현된 후, 쉬스 안에 배치된 강재의 한 끝 또는 양끝에 유압잭을 설치하여 소요 인장력을 가해 배치된 강재에 긴장력을 도입한 상태에서 그림 11.3에 보인 것과 같은 기계적 장치를 사용하여 부재 단부에 정착시킨다. 그림 11.4는 유압잭을 사용하여 긴장 작업을 하는 모습을 보인 것이다. 긴장재를 정착한 이후에는 곧바로 강재의 부식을 방지하고 콘크리트와 부착시키기 위해 그림 11.2(d)처럼 쉬스 내부에 시멘트풀 등을 주입하여 그라우트(grout)한다.

쉽게 휘어지는 쉬스와 그 안에 배치되는 강선 또는 강연선을 주로 사용하는 포스트텐션 방식은 긴장재를 곡선으로 배치할 수 있는 큰 장점을 갖는다. 그림 11.2(b)는 공장에서 미리 제작된 프리캐스트 세그멘트들을 포스트텐션 방식을 사용하여 일체로 제작한 거더를 보인 것이다.

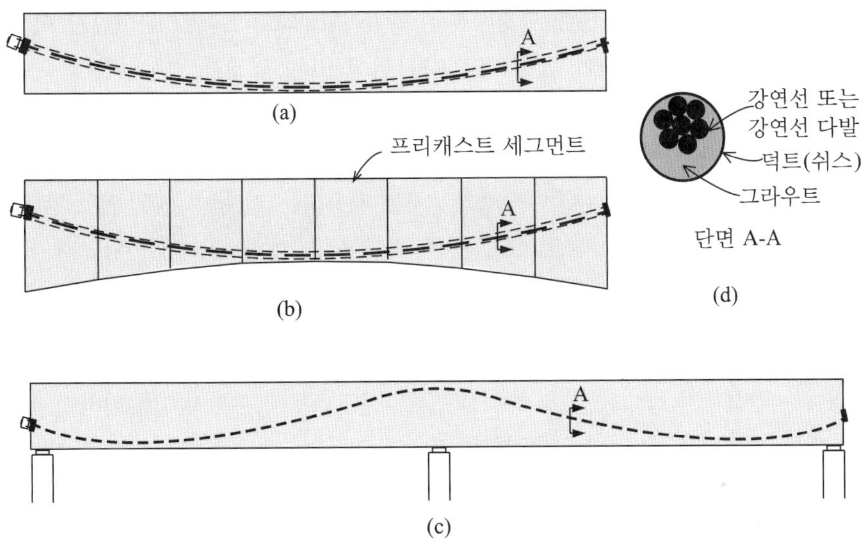

그림 11.2 포스트텐션 방식

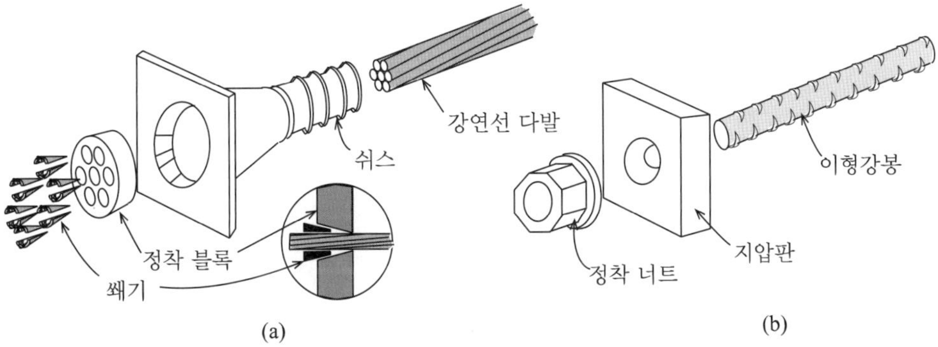

그림 11.3 포스트텐션 방식에 사용하는 정착장치

그림 11.2(c)는 연속 거더에 곡선 배치된 긴장재를 보인 것이다. 이처럼 포스트텐션 방식은 ① 콘크리트 부재 자체를 반력 받침으로 긴장력을 도입할 수 있기 때문에 현장에서 쉽게 사용하는 공법이며, ② 긴장재를 곡선으로 배치할 수 있어서 장대 교량과 같은 대형 구조물의 건설에 매우 효율적으로 적용할 수 있는 큰 장점이 있다.

포스트텐션 방식에 사용하는 정착장치(anchorage device)는 여러 부품(component)으로 구성되는데, 그 대표적인 것을 그림 11.3에 보였다. 그림 11.3(a)에 보인 장치는 강선이나 강연선을 정착하는데 사용된다. 여러 개의 강선 또는 강연선으로 구성된 긴장재를 중공(center hole) 유압잭으로 긴장한 후, 두 조각 또는 세 조각으로 구성된 쐐기(wedge)를 사용하여 개별 강재를 정착 블럭(지압판)에 설치된 구멍에 고정시키는 방법이다. 쐐기가 블럭 구멍에서 미끄러지면서 강한 지압력을 발휘하게 되어 높은 인장력을 받고 있는 강재를 정착시킨다. 한편, 그림 11.3(b)에 보인 장치는 지름이 상대적으로 큰 강봉을 정착시키는 대표적인 방법이다. 강봉의 표면에 특수하게 설계된 이형의 나선을 이용하여 너트(nut)와 지압판(bearing plate)으로 긴장재를 정착하는 간편한 방법이다. 이처럼 정착장치는 사용하는 강재의 종류, 긴장 방법과 고정시키는 장치에 따라 여러 가지가 있으며, 많은 것이 상용 특허 기술에 해당한다.

덕트 안에 배치되어 높은 응력을 지속적으로 받는 긴장재는 응력 부식을 받기 쉬운 상태에 항상 놓여 있으므로 녹슬지 않도록 엄격하게 보호할 필요가 있는 중요한 재료이다. 포스트텐션 방식에서는 긴장재가 녹스는 것을 방지하고, 또 콘크리트에 부착시키기 위하여 쉬스 안에 시멘트풀 또는 모르터를 주입한다. 이러한 목적으로 만든 시멘트풀 또는 모르터를 **그라우트**(grout)라 부르며, 그라우트를 쉬스 내부에 주입하는 일을 **그라우팅**(grouting)이라고 한다. 이 그라우트는 그림 11.2(d)에 보인 것처럼 쉬스관에 밀실하게 채어져 내부 긴장재 표면을 완전히 둘러싸야 하며, 부재 콘크리트와 긴장재가 일체로 거동할 수 있도록 충분히 부착되게 해야 한다. 따라서 그라우트는 적절한 유동성과 팽창성을 갖는 품질이어야 한다. 사용 중에 주기적으로 재긴장이 필요한 경우처럼 특별한 상황에서 덕트와 긴장재 사이에 그라우트를 하지 않는 경우에는 긴장재의 부식을 방지하기 위해서 기름(oil)으로 채워야 한다.

그림 11.4 유압잭을 이용한 포스트텐션 잭킹 작업 모습[참고문헌 11.7]

11.2.2 프리텐션 방식

프리텐션 방식은 PS 강재에 인장력을 가해 긴장해 놓은 상태로 콘크리트를 치고, 콘크리트가 충분히 경화한 후에 강재의 인장력을 풀어서 프리스트레스를 도입하는 방식이다. 따라서 이 방식에서 강재는 콘크리트와 부착에 의해 긴장력이 콘크리트에 도입된다. 그림 11.5에 보인 것처럼 미리 견고하게 만들어 놓은 외부 인장대를 사용하여서 잭으로 강재를 긴장시키고 고정한 상태에서 내부에 거푸집을 설치한 후 콘크리트를 타설하고 양생한다. 콘크리트가 충분한 강도를 발현할 때 외부 인장대에 의한 긴장력을 해제한다. 결국 그림 11.5(c)에 나타낸 바와 같이 콘크리트 내부에 묻힌 긴장재는 부재 단부의 부착력에 의해서 긴장력을 발휘하게 된다. 따라서 부재 양끝에서 강재의 긴장력이 0이며, 점차 내부로 갈수록 콘크리트와 강재 사이의 부착력에 의해 긴장력이 발현된다. 단부 부착에 의해 의도한 긴장력이 발현되는 부착 길이를 전달길이(transfer length)라고 한다.

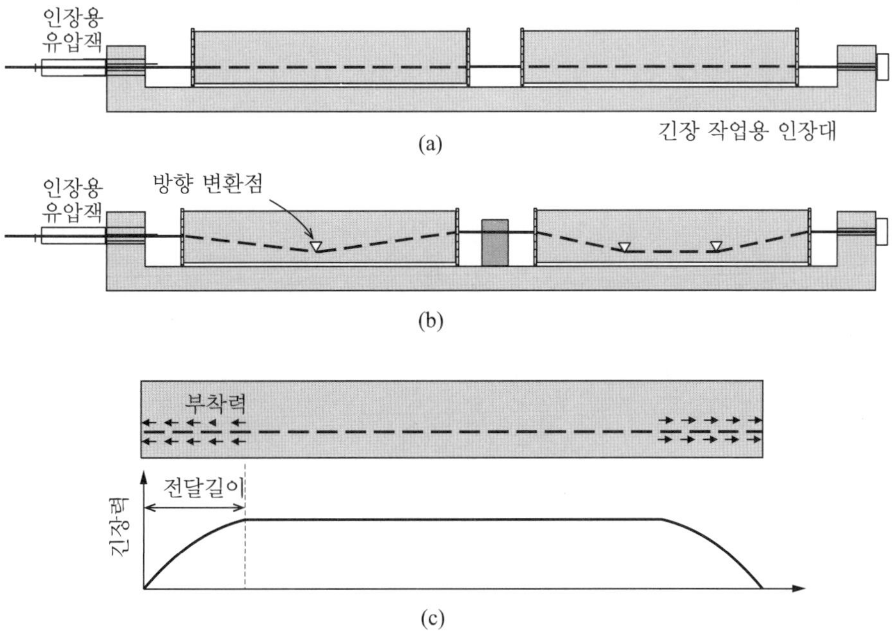

그림 11.5 프리텐션 방식과 부착에 의한 정착

이 프리텐션 방식은 긴장재와 콘크리트 사이의 부착이 매우 중요하기 때문에 사용되는 강재는 우수한 부착 성능을 갖는 작은 지름의 강선이나 강연선을 일반적으로 사용하며, 쉬스나 기계적 정착 장치 등이 필요하지 않는 이점이 있다. 따라서 이 방식은 작은 크기의 동일한 부재를 대량으로 만드는 공장 생산에 적합한 방법이다. 그림 11.5(a)에 보인 것처럼 긴 인장대

에 여러 개의 부재를 배열하여 제작한 후에 사이의 강재를 단순히 절단하기만 하면 된다. 더우기 공장 생산이 가능하므로 증기 양생과 같은 특별한 양생 기법을 적용하여 우수한 품질의 프리캐스트 부재 생산이 가능하며, 거푸집을 반복으로 사용할 수 있는 경제적인 방법이다.

반면에 이 프리텐션 방식은 긴장재를 곡선으로 배치하는데 제약이 있다. 곡선 배치가 필요할 경우에는 그림 11.5(b)에 보인 것처럼 방향 변환 장치를 미리 설치한 후에 프리텐션 작업을 진행하여서 편심을 변화시킬 수 있다. 그럼에도 불구하고 프리텐션 방식은 부재의 전 구간에 걸쳐 프리스트레스 분포를 효율적 조절할 수 없는 단점이 있으며, 외부 인장대가 필요하기 때문에 대형 부재의 제조에는 적합하지 않다.

11.3 프리스트레스트 콘크리트 재료

11.3.1 개요

프리스트레스트 콘크리트 기술의 발전은 금속과 콘크리트에 관련된 재료 공학의 발전 속도와 그 궤를 같이 하였으며, 특히 20세기 전반에 세계대전을 겪으면서 축적된 고강도 강재 기술이 프리스트레스트 콘크리트 공법을 비약적으로 발전시키는 계기가 되었다. 고강도 재료 기술이 없었던 19세기 말엽에 낮은 강도의 일반 철근을 사용하여 콘크리트 부재에 프리스트레스를 도입하려고 했던 초기 시도는 실패하였다. 왜냐하면 철근에 도입된 낮은 긴장력이 콘크리트의 건조수축과 크리프 변형에 의해 쉽게 손실되었기 때문이었다.

그림 11.6에 보인 것과 같은 부재에 보통의 철근($f_y = 240\,\mathrm{N/mm^2}$)을 사용하여 초기에 항복 응력 수준으로 긴장시켜 양단에 정착하였다면 이때 철근의 인장 변형률은

$$\varepsilon_s = \frac{f_y}{E_s} = \frac{240}{200,000} = 1.2 \times 10^{-3}$$

그런데 콘크리트는 시간 흐름에 따라 건조수축과 크리프에 의해 수축하는 특성을 갖고 있다. 보통 콘크리트라면 이 장기 변형률은 대략 0.9×10^{-3} 수준에 이르며, 초기에 철근에 도입된 변형률은 콘크리트 장기 변형률만큼 소멸되므로 결국 0.3×10^{-3}만 남게 되므로 이때의 철근에는 $60\,\mathrm{N/mm^2}$만 유효하게 되어서 초기 긴장력의 75퍼센트가 손실된다. 만약 약간의 다른 손실이 추가된다면 초기 긴장력은 모두 소멸되어 프리스트레스 효과가 사라진다.

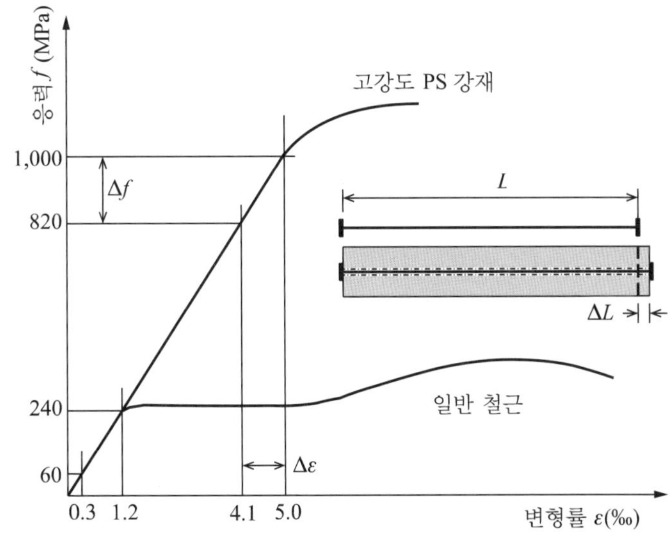

그림 11.6 콘크리트 건조수축과 크리프에 의한 긴장력 손실

반면에 항복강도가 $1,000\,\mathrm{N/mm^2}$인 고강도 강재를 사용하여 초기에 항복력 수준으로 긴장하였다면, 이때 고강도 강재의 초기 변형률은

$$\varepsilon_s = \frac{f_y}{E_s} = \frac{1,000}{200,000} = 5.0 \times 10^{-3}$$

동일한 크기의 장기 변형률 0.9×10^{-3}이 콘크리트에 발생하면 강재에는 4.1×10^{-3}만큼의 변형률이 남게 되므로 강재의 응력 $f_s = E_s \varepsilon_s = 200,000(0.0041) = 820\ \mathrm{N/mm^2}$이 되어서 초기 긴장력의 18퍼센트가 손실되고 82퍼센트가 남아서 유효하게 된다. 이처럼 콘크리트의 건조수축과 크리프에 의한 프리스트레스 긴장력의 상대적 유효율은 고강도 강재를 사용할수록 증가하여 프리스트레싱에 의한 경제성을 확보할 수 있게 된다.

콘크리트의 건조수축과 크리프는 프리스트레스를 손실시키는 가장 큰 원인이다. 그러므로 프리스트레스의 감소를 줄이기 위해서는 건조수축과 크리프가 적게 일어나는 콘크리트이어야 한다. 또한 높은 수준의 프리스트레스를 도입하기 위해서는 압축강도가 큰 고강도 콘크리트를 사용하여야 한다. 따라서 프리스트레스트 콘크리트의 목적을 달성하고 경제성을 확보하기 위해서 설계기준에는 일반적인 경우의 프리스트레스트 콘크리트 구조물은 다음의 최소 강도 요구 조건을 만족하여야 한다고 규정되어 있다.

포스트텐션 부재 : 콘크리트 기준압축강도는 30 MPa 이상
프리텐션 부재 : 콘크리트 기준압축강도는 35 MPa 이상

이것은 높은 강도의 콘크리트를 사용함으로써 보다 경제적인 단면을 얻을 수 있고, 높은 탄성계수에 의한 프리스트레싱 중의 탄성 수축 감소와 크리프 및 건조수축의 감소 등으로 프리스트레스 손실을 최소화할 수 있는 등의 장점이 있기 때문이다. 특히 프리스트레스트 콘크리트 부재에는 프리스트레싱에 의해 실제로 콘크리트에 큰 응력이 발생한다. 프리텐션 방식의 최소 압축강도를 포스트텐션 방식보다 크게 정한 배경은 프리텐션 부재에서는 PS 강재와 콘크리트 사이에 충분한 부착강도의 확보가 더 중요하기 때문이다.

11.3.2 프리스트레싱 강재

(a) 종류와 등급

콘크리트에 충분한 크기의 선행 압축력(precompression)을 도입하기 위하여 높은 응력 수준으로 미리 긴장(tensioning)할 수 있는 고강도 강재를 사용한다. 이러한 목적으로 사용하는 강재를 **긴장재**(tendon) 또는 **프리스레싱 강재**(prestressing steel; PS **강재**)라고 한다. 프리스트레싱 강재는 그림 11.7에 보인 것과 같이 크게 **강선**(steel wire), **강연선**(steel strand cable), 강봉(steel bar)의 세 가지 형태이다. 이 프리스트레싱 강재의 성질 가운데 가장 중요하게 요구되는 것은 높은 항복강도이다. 높은 강도를 얻기 위해서 일반적으로 냉간압연 또는 열처리하는 방법으로 가공 생산한다.

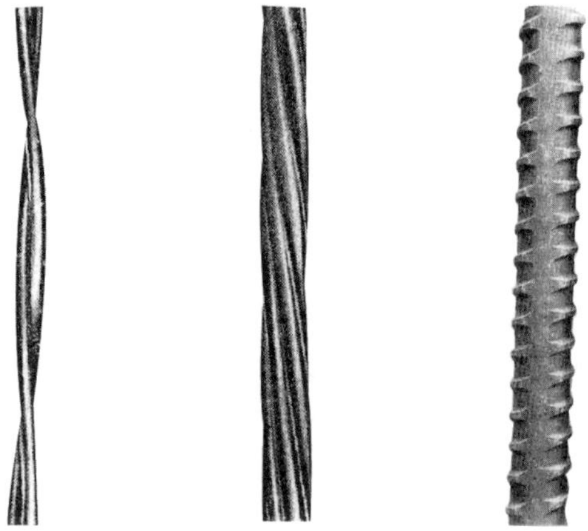

(a) 강연선-2연선 (b) 강연선-7연선 (c) 이형강봉

그림 11.7 프리스트레싱 강재의 형태

표 11.1 KS 표준에 따른 프리스트레싱 강재의 분류와 최소 강도 조건

KS 표준	기호		최소 항복강도 (kN)	최소 인장강도 (kN)	비고
KS D 7002 PC 강선 및 강연선(2011)	SWPC1AN	2.9 mm	11.3	12.7	
	SWPC1AL	3.5 mm	14.2	16.2	
	SWPD1N	4 mm	18.6	21.1	
	SWPD1L	4.5 mm	22.6	25.5	
		5 mm	27.9	31.9	
		6 mm	38.7	44.1	
		7 mm	51.0	58.3	
		8 mm	64.2	74.0	
		9 mm	78.0	90.2	
	SWPC1BN	5 mm	29.9	33.8	
	SWPC1BL	7 mm	54.9	62.3	
		8 mm	69.1	78.9	
	SWPC2N SWPC2L	2.9 mm 2연선	22.6	25.5	
	SWPD3N SWPD3L	2.9 mm 3연선	33.8	38.2	
	SWPC7AN	7연선 6.2 mm	33.8	40.2	
	SWPC7AL	7연선 7.9 mm	54.9	64.7	
		7연선 9.3 mm	75.5	88.8	
		7연선 10.8 mm	102	120	
		7연선 12.4 mm	136	160	
		7연선 15.2 mm	204	240	
	SWPC7BN	7연선 9.5 mm	86.8	102	
	SWPC7BL	7연선 11.1 mm	118	138	
		7연선 12.7 mm	156	183	
		7연선 15.2 mm	222	261	
	SWPC7CL	7연선 12.7 mm	182	214	
		7연선 15.2 mm	255	300	
	SWPC7DL	7연선 12.7 mm	202	237	
		7연선 15.2 mm	283	333	
	SWPC19N	19연선 17.8 mm	330	387	
	SWPC19L	19연선 19.3 mm	387	451	
		19연선 20.3 mm	422	495	
		19연선 21.8 mm	495	573	
		19연선 28.6 mm	807	949	
KS D 3505 PC 강봉	SBPR 785/1,030		785 MPa	1,030 MPa	
	SBPR 930/1,080		930 MPa	1,080 MPa	
	SBPR 930/1,180		930 MPa	1,180 MPa	
	SBPR 1,080/1,230		1,080 MPa	1,230 MPa	
	SBPD 930/1,080		930 MPa	1,080 MPa	
	SBPD 1,080/1,230		1,080 MPa	1,230 MPa	
	SBPD 1,275/1,420		1,275 MPa	1,420 MPa	

강 선 – 프리스트레싱 강선은 지름이 2.9 mm에서 9 mm까지의 철선(wire)을 말하며, 5 ~ 7 mm 지름을 주로 사용한다. 프리스트레스트 콘크리트에 사용하기 위한 강선의 규격과 성질은 KS D 7002(PC 강선 및 PC 강연선)에 규정되어 있으며, 보통 **PS 강선**이라 부르고 원형 강선과 이형 강선이 있다. 이형 강선은 부착강도를 증가시키기 위하여 표면에 요철을 둔 강선을 말한다.

강연선 – 강연선은 여러 개의 강선을 새끼처럼 꼰 꼬임선을 말하며, 7개의 강선을 꼬아 만든 7연선이 많이 사용되고 있다. 그 밖에 2연선, 3연선, 19연선 등도 있다. 이러한 강연선은 큰 지름일지라도 케이블 형태로 쉽게 휠 수 있어서 곡선형으로 콘크리트 부재 안에 배치할 수 있다.

강 봉 – 프리스트레싱 강봉은 9.2 ~ 32 mm의 큰 지름을 갖는 고강도 철봉(bar)이며, 쉽게 휘어지지 않기 때문에 직선으로 콘크리트 내에 배치되는 경우에 주로 사용한다. 강봉에는 표면이 매끄러운 원형 강봉과 표면에 요철 마디를 둔 이형 강봉이 있다. 강봉은 지름이 작은 강선에 비해 단위 강도가 작지만, 나선 가공하여 쉽게 정착과 이음을 할 수 있는 장점이 있다. 프리스트레스트 콘크리트에 사용하기 위한 강봉의 규격과 성질은 KS D 3505(PC 강봉)에 규정되어 있다.

프리스트레싱 강재의 인장강도는 일반적으로 사용되는 철근 인장강도의 대략 2.5배에서 6배이다. 이러한 강재는 ① 기준항복강도 f_{py} (또는 $f_{p0.2k}$) 및 인장강도 f_{pu}를 기준으로 하는 강도 등급(grade), ② 지름 크기, ③ 표면 특성과, ④ 릴랙세이션 정도의 차이를 기준으로 구분한다. 우리나라 KS 표준에서 규정한 프리스트레싱 강재의 분류와 그 기호 및 최소 요구 강도를 표 11.1에 정리하였다. 가장 많이 사용되는 7연 강연선의 경우 A종과 B종의 두 가지 등급이 있는데, A종의 인장강도는 1,720 MPa, B종은 1,800 MPa이다. 강봉의 경우 등급에 따라 최소 인장강도는 1,030 MPa에서 1,420 MPa까지 규정되어 있다.

프리스트레싱 긴장재는 그 성능을 저하시킬 수 있는 결함이 없어야 하며, KS D 7002(PC 강선 및 PC강연선) 및 KS D 3505(PC 강봉)에 규정된 품질 시험에 준한 인장강도, 기준항복강도 등을 정하여야 한다. 특히 일반적이지 않은 고강도의 PS 강재를 사용하는 경우에는 지연파괴의 검토 등 설계와 시공 상의 주의 사항에 대해 별도의 검토가 필요하다.

(b) 응력-변형률 곡선

그림 11.8은 다양한 종류의 프리스트레싱 강재에 대한 응력-변형률 곡선을 나타낸 것이다. 철근과 비교하기 위해 SD 400 철근의 응력-변형률 곡선을 함께 나타냈다. 철근과 비교하여 프

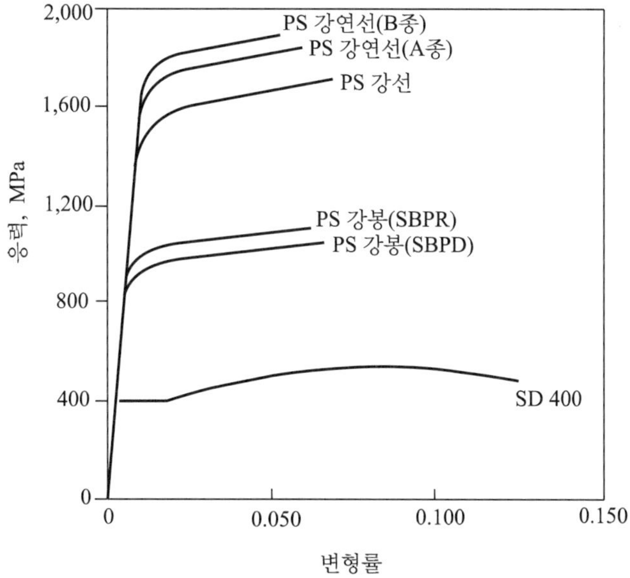

그림 11.8 프리스트레싱 강재의 응력-변형률 곡선

리스트레싱 강재는 뚜렷한 항복점이나 항복고원이 나타나지 않는다는 것을 알 수 있다. 항복은 점차적으로 발생하고 비탄성 구간에서 곡선은 인장강도에 도달하기까지 계속적으로 상승한다. 이러한 특성 때문에 프리스트레싱 강재의 기준항복강도 f_{py}는 그림 2.16(b)에 보인 것과 같이 인장력을 가할 때 0.2퍼센트 잔류 변형률이 일어나는 하중 값을 공칭 단면적으로 나눈 값 $f_{p0.2k}$으로 정의하며, 기준인장강도 f_{pu}의 값은 인장력을 가할 때 파단이 일어나는 최대 하중의 값을 공칭 단면적으로 나눈 값으로 정의한다. 또한 프리스트레싱 강재의 항복강도에 대한 인장강도의 비 $K = f_{pu}/f_{py}$가 철근의 강도비 보다 작으며, 강재가 파단되는 극한한계변형률 ε_{pu}도 더 작다. 이것은 철근에 비해 프리스트레스 강재가 더 취성적(brittle)이라는 것을 의미한다.

철근의 탄성계수 E_s가 200 GPa인 반면에, 프리스트레싱 강재의 탄성계수 E_p는 강재의 형태(강연선과 강선 또는 강봉)와 사용 상태에 따라 변하며, 제조자에 의해 정해지거나 실험에 의해 결정된다. 강선 및 강봉에 대한 탄성계수 E_p의 실제값은 제작 방법에 따라 대략 195 ~ 210 GPa의 범위에 있지만, 구조 설계값으로 200 GPa를 사용하여도 좋다. 강연선은 꼬임선이기 때문에 그 탄성계수는 강봉보다 일반적으로 더 작으며 185 ~ 205 GPa의 범위에 있다. 콘크리트에 부착되지 않는 강연선의 탄성계수는 185 GPa까지 낮아지기도 하며, 콘크리트에 매입된 강연선인 경우에는 195 GPa까지 높아진다. 이 값들은 통상 ±5퍼센트 정도의 변동이 있을 수 있으며, 정밀한 값을 구하기 위해서 현장에서 시험 긴장을 통하여 탄성계수를 측정할 수 있다. 프리스트레스 강재는 KS D 3505, KS D 3552 및 KS D 7002 등의 규격에 따라 적절한 연성을 가져야 한다.

구조 해석과 단면 설계는 프리스트레싱 강재의 공칭단면적, 기준항복강도 f_{py}와 극한한계변형률 ε_{pu}의 값에 기초하여 수행하여야 한다. 2장에서 설명한 철근의 설계강도와 동일하게, 구조물 설계에 사용하는 프리스트레싱 강재의 설계강도(design strength)는 기준강도에 재료계수 ϕ_s를 곱한 값이다. 강재의 설계항복강도는 f_{pyd}로 나타내며 다음과 같이 결정한다.

$$f_{pyd} = \phi_s f_{py} \tag{11.3-1}$$

여기서 ϕ_s는 철근의 경우와 동일하게 정상 설계 상황에서 0.9를 극단 설계 상황에서 1.0을 사용한다.

설계의 목적과 필요한 정밀도에 따라 그림 11.9에 나타낸 것처럼 두 가지로 이상화한 응력-변형률 곡선을 설계에 사용한다.

① 항복 이후 한계변형률 $\varepsilon_{pud} = 0.9\varepsilon_{pu}$까지 경사 직선으로 이상화한 곡선
② 항복 이후 변형률 한계가 없는 수평 직선으로 이상화한 곡선

항복 이후 변형률 한계가 있는 경사 직선으로 가정한 곡선을 사용할 경우, 정확한 실제 응력-변형률 관계를 알 수 있다면 이를 기초로 강도비 K와 ε_{pud}를 결정하여 설계할 수 있다. 이들 값에 대한 정확한 값을 알지 못하는 경우라면, 설계 한계변형률 ε_{pud}로는 0.020, 강도비

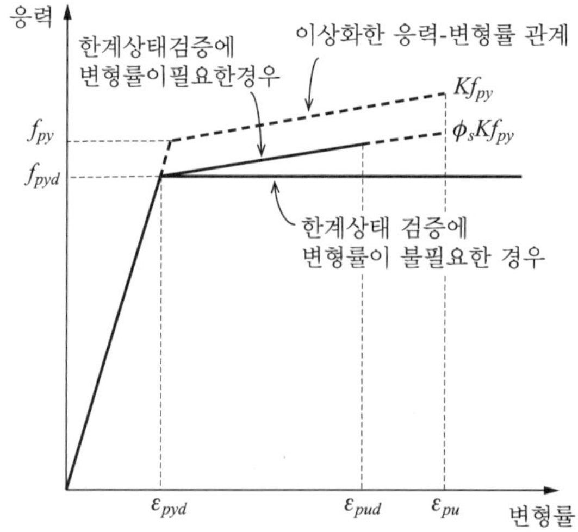

그림 11.9 설계에 사용하는 프리스트레싱 강재의 응력-변형률 곡선

$K = f_{pu}/f_{py} = 1.1$의 값을 사용할 수 있다. 필요에 따라서는 시험에 의해 증명된 경우 실제의 응력-변형률 관계를 사용할 수 있다. 항복 이후 수평으로 이상화한 곡선은 강도 관점에서 한계상태를 검증하는 경우일 때만 사용하는 응력-변형률 관계이며, 이 곡선에서는 강재의 설계 한계변형률 ε_{pud}를 제한할 필요가 없다. 왜냐하면 부재의 휨강도는 강재의 한계변형률 ε_{pud}의 크기에 따라 거의 변하지 않기 때문이다.

설계 목적으로 사용되는 프리스트레싱 강재의 평균 밀도는 철근과 동일하게 $7{,}850\ \text{kg/m}^3$를 사용할 수 있으며, 열팽창계수는 $12 \times 10^{-6}/℃$로 가정하여도 좋다. 이 값과 콘크리트 열팽창계수의 차이는 일반적으로 무시하여도 좋다. 이 값들은 완성된 구조물 내에서 프리스트레싱 강재의 온도 범위가 $-40℃$와 $+100℃$사이에 있으면 유효하다.

(c) 릴랙세이션

프리스트레싱 강재는 최초에 인장을 가하여 긴장할 때의 응력 수준과, 그리고 사용하중을 받을 때의 응력 수준에 이르면 **릴랙세이션**(relaxation)으로 알려진 이완 현상이 나타난다. 릴랙세이션이란 일정한 길이로 긴장시킨 강재에 응력이 지속적으로 작용할 때, 응력이 점차 감소하는 현상을 의미한다. 이 현상은 지속하중을 받는 콘크리트에서 변형률이 증가하는 크리프와 동일한 현상이다. 프리스트레스트 부재에서는 항복강도의 70 ~ 80퍼센트 수준으로 강재를 초기에 긴장시켜 정착하는데, 시간이 지남에 따라 강재의 응력은 초기값 f_{pi}로 부터 점차 감소하여 손실된다. 이러한 릴랙세이션으로 인해 콘크리트에 도입된 프리스트레스의 손실(loss)이 발생하고 처짐이 변화하기 때문에 설계에서 중요한 항목으로 다루어지고 있다.

릴랙세이션에 의한 프리스트레스의 손실량은 강재의 종류와 등급, 재하 기간, 초기 응력 크기에 따라 변화한다. 릴랙세이션에 관련하여 표 11.2에 정리한 것과 같이 강재를 3가지 등급(class)으로 구분한다.

등급-1 : 강선 또는 강연선 - 보통 릴랙세이션 긴장재
등급-2 : 강선 또는 강연선 - 저 릴랙세이션 긴장재
등급-3 : 열간압연(hot-rolled) 강봉

프리스트레싱 강재의 릴랙세이션으로 인한 손실량은 평균 기온 20℃에서 긴장한 이후 1,000시간이 경과하였을 때의 릴랙세이션 손실인 ρ_{1000}(%) 값에 기초하여 산정한다. 여기서 ρ_{1000} 값은 초기 응력 f_{pi}에 대한 백분율로 표시되며, 초기 응력이 $0.7f_{pu}$일 때 얻은 값이다. ρ_{1000} 값은 생산자가 제공한 시험 증명서로부터 구할 수 있다. 만약 그렇지 않으면 표 11.2에 나타낸 것과 같이 등급-1에 대하여 8 %, 등급-2에 대하여 2.5 % 및 등급-3에 대하여 4 %로 가정할

수 있다.

릴랙세이션 손실은 초기 긴장 응력에 대한 응력 변화의 백분율로 정의하여 다음 식으로 결정할 수 있다.

$$\text{등급 1 :} \quad \frac{\Delta f_{pr}}{f_{pi}} = 5.39\rho_{1000}\, e^{6.7\mu}\left(\frac{t}{1000}\right)^{0.75(1-\mu)} 10^{-3} \ (\%) \tag{11.3-2a}$$

$$\text{등급 2 :} \quad \frac{\Delta f_{pr}}{f_{pi}} = 0.66\rho_{1000}\, e^{9.1\mu}\left(\frac{t}{1000}\right)^{0.75(1-\mu)} 10^{-3} \ (\%) \tag{11.3-2b}$$

$$\text{등급 3 :} \quad \frac{\Delta f_{pr}}{f_{pi}} = 1.98\,\rho_{1000}\, e^{8\mu}\left(\frac{t}{1000}\right)^{0.75(1-\mu)} 10^{-3} \ (\%) \tag{11.3-2c}$$

여기서 Δf_{pr} = 릴랙세이션에 의한 강재의 응력 변화(손실)량이고,

f_{pi} = 초기 응력

t = 긴장 이후 경과 기간(시간)

$\mu = \dfrac{f_{pi}}{f_{pu}}$, 여기서 f_{pu}는 프리스트레싱 강재의 인장강도

ρ_{1000} = 긴장 이후 1,000시간이 경과하였을 때의 릴랙세이션 손실률(%)

릴랙세이션 손실의 장기(최종)값은 500,000시간(약 50년)에 대하여 산정한 값으로 간주할 수 있다. 릴랙세이션 손실은 강재의 응력 수준이 높을수록 크게 증가한다. 또한, 릴랙세이션 손실은 강재의 온도에도 매우 민감하므로, 열처리를 하는 경우에는 해당 규정을 적용하여야 하며, 그렇지 않은 경우 강재의 온도가 30℃를 넘을 것으로 예상되면 시험에 의한 특별 검증이 수행되어야 한다.

표 11.2 프리스트레싱 강재의 릴랙세이션 등급(도로교설계기준)

등급(Class)	프리스트레싱 강재의 종류	ρ_{1000} (20℃에서 1,000시간 후 손실률)
1	강선 또는 강연선-보통 릴랙세이션	8.0 %
2	강선 또는 강연선-저 릴랙세이션	2.5 %
3	열연 강봉	4.0 %

예제 11.3-1 프리스트레싱 강재의 릴랙세이션 손실

다음과 같은 성질을 갖고 있는 프리스트레싱 강재의 릴랙세이션 손실을 각각 구해 보자.

(i) 15.2 mm 지름의 7연 강연선으로 릴랙세이션 등급-1인 보통 강재이며, 기준인장강도 f_{pu}는 1,860 MPa이다.

(ii) 위와 동일한 종류의 강재이며 동일한 기준인장강도를 갖고 있는데, 릴랙세이션 등급-2인 저 릴랙세이션 강연선 일 경우

이 강재에 초기 응력이 $f_{pi} = 1{,}340$ MPa상태로 긴장되었을 때 장기 릴렉세이션 손실량을 산정하라.

풀이

장기 릴랙세이션 손실을 산정하기 위해서는 $t = 500{,}000$ 시간(50년)을 취해야 하며, 응력비는 $\mu = f_{pi}/f_{pu} = 1{,}340/1{,}860 = 0.72$이다.

(i) 표 11.2에서 보통 릴랙세이션 강연선의 $\rho_{1000} = 8\,\%$이고, 식 (11.3-2a)에 따라

$$\frac{\Delta f_{pr}}{f_{pi}} = 5.39 \times 8.0 \times e^{(6.7 \times 0.72)} \times \left(\frac{500{,}000}{1{,}000}\right)^{0.75(1-0.72)} \times 10^{-3} = 19.8\,\%$$

따라서 응력 손실량은 $\Delta f_{pr} = 1{,}340(0.198) = 265$ MPa가 된다.

(ii) 저 릴랙세이션 강연선의 $\rho_{1000} = 2.5\,\%$이다. 식 (11.3-2b)에 의해

$$\frac{\Delta f_{pr}}{f_{pi}} = 0.66 \times 2.5 \times e^{(9.1 \times 0.72)} \times \left(\frac{500{,}000}{1{,}000}\right)^{0.75(1-0.72)} \times 10^{-3} = 4.3\,\%$$

응력 손실량은 $\Delta f_{pr} = 1{,}340(0.043) = 58$ MPa가 된다.

11.4 프리스트레스의 도입과 손실

11.4.1 프리스트레스 도입

콘크리트에 프리스트레스를 도입하는 일을 프리스트레싱 또는 긴장 작업이라 한다. 포스트텐션 방식에서는 유압잭으로 PS 강재를 인장시켜서 **긴장력**(prestressing force)을 발생시킨 후, 정착장치를 이용하여 부재 양단에 고정 정착함으로써 콘크리트에 프리스트레스가 도입된다. 프리텐션 방식에서는 외부 인장대에 지지되어 인장 상태에 놓인 PS 강재의 고정을 풀어줌으로써 부착을 통해 콘크리트에 프리스트레스가 도입된다. PS 강재를 긴장할 때는 작업 중에 강재가 항복하여 소성 변형이 발생하지 않아야 하며, 콘크리트에는 균열이나 압축 파괴가 발

생하지 않도록 긴장력의 최대 크기를 제한해야 할 필요가 있다. PS 강재에 가하는 초기의 최대 긴장력 $P_{o,\max}$ 즉, 긴장 작업 때 긴장재 가동단에 작용시키는 초기 인장력으로 보통 잭킹력(jacking force)이라고도 부르는데 다음 값을 초과해서는 안 된다.

$$P_{o,\max} \leq A_p \, f_{po,\max} \tag{11.4-1}$$

여기서 A_p는 긴장재의 단면적이며, $f_{po,\max}$는 긴장재에 허용할 수 있는 최대 응력으로서 의도하지 않는 높은 응력이 유발되어 항복점을 초과하면 긴장재에 영구적인 잔류 변형이 발생하는 것을 방지하기 위한 목적이다. 도로교설계기준(한계상태설계법)에서는 긴장 작업 때 허용하는 최대 응력 $f_{po,\max}$를 $0.9\,f_{py}$ 또는 $0.8f_{pu}$이하로 규정하고 있다. 다만, 긴장 작업 때 정밀한 측정 장치를 동원하여 긴장재가 항복하지 않는다는 것을 보장할 수 있다면 더 큰 응력으로 긴장하는 것을 허용하고 있다.

콘크리트에 높은 수준의 프리스트레스가 도입되면 콘크리트가 압축 파괴할 수도 있다. 특히 부재 양단의 정착부 콘크리트에는 높은 압축응력과 파열응력이 쉽게 유발되기 때문에 긴장 작업 때 충분한 콘크리트 강도가 확보되지 않으면 순간 파괴될 수 있다. 또한 지나치게 큰 콘크리트 응력은 비선형 크리프로 인한 큰 변형을 유발시킨다. 정착부에서 먼 영역에서도 강재를 따라 피복 콘크리트에 쪼갬 균열이 발생할 수 있다. 따라서 이들을 방지하기 위해 콘크리트 응력을 제한할 필요가 있게 된다. 도로교설계기준에서는 프리스트레스를 도입할 때 초기 프리스트레스와 자중에 의해 유발되는 콘크리트 초기 압축응력을 다음과 같이 제한하고 있다.

$$f_c \leq 0.6\,f_{ck}(t) \tag{11.4-2}$$

여기서 $f_{ck}(t)$는 긴장 작업 때의 콘크리트 압축강도로서 작업 때에 해당하는 콘크리트 재령 t에서 발현되는 강도는 2장의 식 (2.2-2)에 따라 정할 수 있다. 프리텐션 부재의 경우, 시공과 품질의 관리 정도를 높일 수 있을 뿐만 아니라 정착부에 큰 국부 응력이 없으므로 실험이나 경험에 의해 안전하다는 것을 입증할 수 있다면 프리스트레스 도입 때의 콘크리트 응력을 $0.7\,f_{ck}(t)$까지 증가할 수 있다. 포스트텐션 부재의 경우, 긴장 작업 때 긴장재의 인장력과 신장량을 정밀 계측으로 조사 할 수 있다면, 마찰에 의한 실제 손실량을 고려하여 초기 콘크리트 압축응력의 허용 최대값을 증가할 수 있다. 만약 압축응력이 지속적으로 $0.45f_{ck}$를 초과할 때는 크리프의 비선형성을 검토해야 한다.

11.4.2 프리스트레스 손실

강재에 초기 도입된 **긴장력**(prestressing force)은 시간의 경과에 따라 여러 요인으로 손실되어 작아진다. 긴장력이 도입되어 시간 t가 경과된 후 부재 긴장단으로 부터 거리 x인 단면에서의 긴장력 $P(t, x)$는 긴장단에서의 최대 힘인 잭킹력 $P_{o,\max}$에서 손실을 제외한 값이 된다.

$$P(t, x) = P_{o,\max} - \Delta P_i(x) - \Delta P_{c+s+r}(t) \tag{11.4-3}$$

여기서 $\Delta P_i(x)$는 프리스트레스 도입 직후 순간적으로 발생하는 **즉시 손실**(immediate loss)로서, 아래 손실을 모두 합한 값이다.

① 마찰에 의한 손실 ΔP_μ
② 정착장치의 활동에 의한 손실 ΔP_{sl}
③ 탄성 수축에 의한 손실 ΔP_{el}

$\Delta P_{c+s+r}(t)$는 프리스트레스 도입 후부터 시간 t가 경과함에 따라 발생하는 **장기 손실**(long-term loss)로 다음과 같은 요인에 의해 발생한다.

① 콘크리트 건조수축에 의한 손실 ΔP_{sh}
② 콘크리트 크리프에 의한 손실 ΔP_{cre}
③ 강재의 릴랙세이션에 의한 손실 ΔP_r

이러한 손실은 프리텐션 부재와 포스트텐션 부재에서 모두 발생하지만, 긴장 방식과 사용 재료에 따라 손실 크기가 달라진다. 탄성 수축 손실은 포스트텐션 방식을 사용한 부재에서는 훨씬 작게 발생한다. 이것은 프리텐션에서는 프리스트레스가 일시에 순간 도입되지만 포스트텐션에서는 순차적으로 도입되기 때문이다. 긴장재가 곡선 형태로 배치되는 포스트텐션 부재에서는 잭킹 작업 때 덕트와 긴장재 사이의 마찰에 의해 손실이 추가로 발생한다. 크리프와 건조수축에 의한 손실량은 콘크리트의 재료 성질에 따라 크게 달라지며, 특히 프리스트레스 도입 때의 콘크리트 재령은 크리프 변형량에 큰 영향을 주기 때문에, 콘크리트가 성숙되지 않는 이른 재령에 도입하면 크리프에 의한 손실량이 증가한다.

긴장재의 정착 가동단에 최초로 준 잭킹력 $P_{o,\max}$는 정착 작업이 완료되면서 즉시 손실이 발생하여 **초기 긴장력** P_i로 작아진다, 그 후 시간이 지남에 따라 건조수축이 발생하고 자중을 포함한 지속하중의 작용에 의해 콘크리트 크리프와 강재 릴랙세이션에 따른 장기 손실이 추가로 발생되어 시간 t에서 최종적으로 남는 긴장력을 **유효 긴장력** P_e라 한다. 프리스트레스트 콘크리트 부재의 설계에서 유효 긴장력을 다음과 같이 나타내면 편리하다.

$$P_e = RP_{o,\max} \tag{11.4-4}$$

여기서 R을 긴장력의 **유효율**(effective ratio)이라고 한다. 따라서 **손실률**은 $1-R$이 된다. 일반적인 상황에서 긴장력의 손실률은 대략 $20 \sim 30$퍼센트 정도에 해당한다.

11.4.3 정착 직후의 즉시 손실

(a) 마찰에 의한 손실

긴장재를 유압잭으로 긴장할 때, 포스트텐션 긴장재는 덕트 사이 마찰력이 발생하여 긴장력이 손실되어 일정하지 않게 된다. 이 마찰 손실은 긴장재의 의도된 배치 곡선의 각 변화에 기인한 **곡률마찰**(curvature friction)과, 의도하지 않게 구불거리게 배치된 덕트와의 마찰에 기인한 **파상마찰**(wobble friction)의 합으로 구성된다.

곡률 마찰은 그림 11.10(a)에 나타낸 것과 같이 곡선 배치된 긴장재의 각 변화률(곡률)에 기인한다. 긴장재의 길이 dx에 걸쳐 각 변화량이 $d\theta$라면, 직각(방사) 방향으로 유발되는 힘 N은 $2P\sin(0.5d\theta)$이 되며, 긴장재와 덕트 사이의 마찰계수 μ를 곱한 양 μN만큼의 마찰 손실이 일어난다. 각 변화량 $d\theta$는 일반적으로 매우 작기 때문에 기하학적으로 $2\sin(0.5d\theta) \cong d\theta$로 나타낼 수 있다. 따라서 길이 dx에서 발생한 곡률에 의한 마찰 손실은 $\mu P\, d\theta$가 된다.

추가적으로 그림 11.10(b)에 보인 것과 같이, 긴장재 길이 방향으로 의도하지 않게 파상으로 배치되는 쉬스와 마찰에 의해 손실이 발생한다. 이것을 파상마찰 손실(wobble friction loss)이라 하며, 그 손실 크기는 쉬스의 지름과 강성, 긴장재 종류와 시공 방법에 따라 달라진다. 긴장재 길이 dx에 걸쳐 발생하는 파상마찰 손실은 $kPdx$로 나타낼 수 있으며, 여기서 k는 파상마찰계수로 실험으로 얻어지는 계수이다.

그러므로 긴장재 길이 dx에 걸쳐 발생하는 마찰 손실량은 두 성분의 합으로 다음과 같게 나타낼 수 있다.

$$dP = \mu Pd\theta + kPdx \tag{11.4-5}$$

따라서 긴장재의 A점에서 B점까지에 걸쳐 발생하는 마찰 손실은

$$\int_A^B \frac{dP}{P} = \mu \int_0^\theta d\theta + k\int_0^x dx \tag{11.4-6}$$

이 식을 적분하면,

$$P_B = P_A\, e^{-(\mu\theta + kx)} \tag{11.4-7}$$

정착단에서 긴장력이 P_o일 때 거리 x 떨어진 위치까지의 마찰 손실량 $\Delta P_\mu(x)$는 다음과 같게 나타난다.

$$\Delta P_\mu(x) = P_o(1 - e^{-(\mu\theta + kx)}) \tag{11.4-8}$$

여기서 θ는 거리 x에 걸쳐 누적된 각 변화의 절대 총량이며[1], μ는 **곡률마찰계수**이다. x는 긴장력이 P_o인 점으로부터 긴장재를 따라 잰 거리이며, k는 **파상마찰계수**이다. 포스트텐션 강재의 곡률마찰계수 μ와 파상마찰계수 k는 시험에 의해 결정하여야 한다.

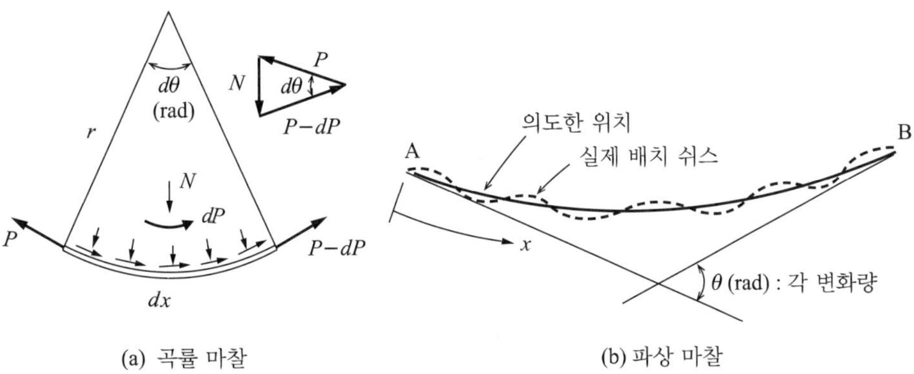

그림 11.10 마찰 손실 [참고문헌 11.4]

1) 포스트텐션 구조에서는 긴장재를 보통 포물선 형상으로 배치한다. 단순보에서는 한 단순 포물선이지만, 연속보에서는 일련의 포물선이 연속되기 때문에, 아래 그림처럼 몇 개의 부분 구간으로 나누어 기술하면 긴장재의 위치(높이)와 각 변화량을 기하학적으로 쉽게 나타낼 수 있다. 접선 기울기가 0인 단면과 변곡점 단면을 경계로 하여 분리하면 각 부분 구간마다의 긴장재 위치는 2차함수 $y = ax^2$로 표현할 수 있으며, 모든 위치에서 기울기를 쉽게 구할 수 있다. 아래 그림처럼 부분 구간-2에서 0점을 원점으로 $x = l_o$에서 $y = e_o$이므로 $y = e_o(x/l_o)^2$이 된다. 따라서 B점에서 기울기 $dy/dx = 2e_o/l_o$이므로 구간-2에서 총 각변화량 θ_{O-B}는 기하학적으로 $2e_o/l_o$가 된다. 다른 구간에서도 동일한 방법으로 각 변화량을 쉽게 산정할 수 있다.

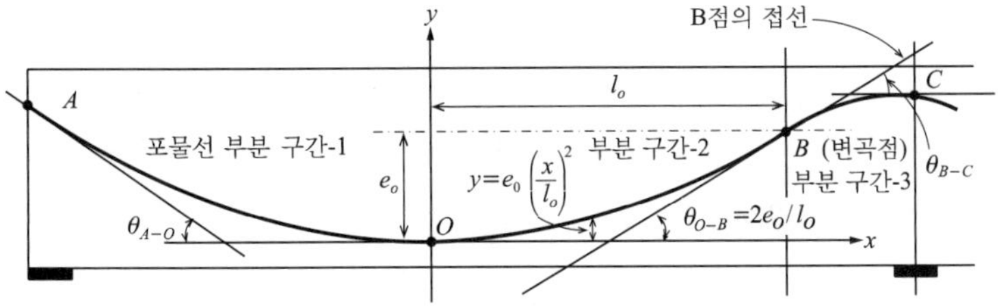

표 11.3 포스트텐션 긴장재의 곡률마찰계수 μ (도로교설계기준)

	포스트텐션 긴장재	비부착 외부 긴장재			
		강재 덕트/ 윤활유 주입안함	폴리에틸렌 덕트/ 윤활유 주입안함	강재 덕트/ 윤활유 주입	폴리에틸렌 덕트/ 윤활유 주입
냉간 압연 강선	0.17	0.25	0.14	0.18	0.12
강연선	0.19	0.24	0.12	0.16	0.10
이형 강봉	0.65	-	-	-	-
원형 강봉	0.33	-	-	-	-

만약 정밀한 실험 자료가 없을 경우에는 곡률마찰계수 μ값으로 도로교설계기준(한계상태설계법)에서 권장하는 표 11.3에 주어진 값을 사용할 수 있으며, 파상마찰계수 k의 값은 단위 m당 일반적인 범위인 $0.001 \sim 0.007$을 사용할 수 있다. 강성(stiff) 덕트는 콘크리트 타설 중에 현저한 변형이 없어서 정확한 위치를 유지할 수 있도록 충분한 강도를 가져야 하며, 용접 또는 맞물림 연결로 조립하여 파상마찰 손실을 최소화해야 한다. 콘크리트 내부에 묻히지 않는 외부 긴장재가 평행한 강선이나 강연선으로 구성된 경우에는 파상마찰 손실을 무시할 수 있다. 프리텐션 긴장재가 직선이 아닌 절곡 배치 형상이 되도록 중간 방향 변환 받침 장치에 지지된 상태로 잭킹(jacking)하는 경우, 중간 받침 장치의 마찰에 의한 손실이 발생한다. 그러나 긴장재가 직선으로 배치되어 변환 장치가 없는 경우에는 마찰 손실이 생기지 않는다.

(b) 정착장치에서 손실

잭킹에 의한 긴장 작업이 끝나면 곧바로 긴장재를 정착하여야 한다. 포스트텐션 방식에서는 이 정착 작업 때, 정착 방식과 장치의 변형에 의해 추가 손실이 발생한다. 그림 11.3(a)와 같은 쐐기식 정착장치를 사용하여 강연선을 정착하는 경우, 쐐기가 미끄러져 안정되기까지 대략 6 mm 정도 활동(slip)하게 된다. 이 쐐기식 정착에서는 비교적 큰 활동량이 생기므로 정착할 때의 활동량을 미리 파악하여 긴장력의 감소량과 그 영향 범위를 검토해야 한다. 반면에, 그림 11.3(b)와 같은 지압식 정착장치에서는 지압판의 변형에 의해 주로 손실이 발생한다. 지압식 정착장치의 변형량은 1 mm 정도로 작기 때문에 무시하기도 한다. 정착장치의 활동량과 변형량의 크기는 장치의 제작 회사에서 제공한다. 정착장치로 인한 손실량 산정은 긴장재와 덕트 사이에 마찰이 있는 경우와 없는 경우를 구분하여 다뤄야 한다.

긴장재와 덕트 사이에 마찰이 없는 경우 – 연성(flexible) 덕트이거나 윤활유 등을 사용하여 마찰 저항을 무시할 수 있는 경우에는 정착장치의 활동량 Δl에 의한 긴장재의 변형률 변화는 전체 길이 l에 균등하게 분포하게 된다. 따라서 프리스트레스의 감소는 긴장재의 전체 길이에서 일정하게 발생하므로 긴장력의 손실 ΔP_{sl}은 다음 식에 의해 산정한다.

$$\Delta P_{sl} = A_p E_p \frac{\Delta l}{l} \tag{11.4-9}$$

여기서 A_p는 긴장재의 단면적이고, Δl은 정착장치의 활동량이다. 이 식을 살펴보면 정착장치의 활동에 의한 손실량은 긴장재의 길이 l에 반비례하고 있다는 것을 알 수 있다. 따라서 긴장재의 길이가 짧은 경우에는 큰 손실이 발생한다.

긴장재와 덕트 사이에 마찰이 있는 경우 – 정착장치의 활동으로 인한 긴장력 감소는 잭킹하는 가동단 근처 부위에 한정되며, 가동단에서 멀어지면 손실이 발생하지 않는다. 이것은 잭킹할 때 활성화된 마찰력이 정착장치 활동 때의 마찰력과 반대 방향으로 작용하고 있기 때문이다. 그림 11.11은 정착장치의 활동으로 인한 정착단 부분의 긴장력 변화를 보인 것이다. 정착장치 활동으로 이완될 때의 마찰 저항력은 긴장재를 잭킹할 때 마찰 저항력과 같아야 하기 때문에, 그림에 나타낸 바와 같은 정착장치의 활동량 Δl에 의해 긴장재 잭킹력은 활동 손실 후 긴장력으로 ΔP_{sl}만큼 감소된 상태가 되며, 수평축에 관해 대칭인 삼각형 형태가 될 것이다. 이때 활동으로 인해 긴장력이 변화된 구간의 길이를 l_{set}이고, 이 구간의 단위 길이당 마찰력을 p라고 하면,

$$l_{set} = \frac{\Delta P_{sl}}{2p} \tag{11.4-10}$$

이 구간 길이 l_{set}에 걸쳐 활동량 Δl에 해당하는 긴장재 수축 변형이 발생되어야 하므로

$$\Delta l = \frac{0.5\,\Delta P_{sl}\, l_{set}}{A_p E_p} \tag{11.4-11}$$

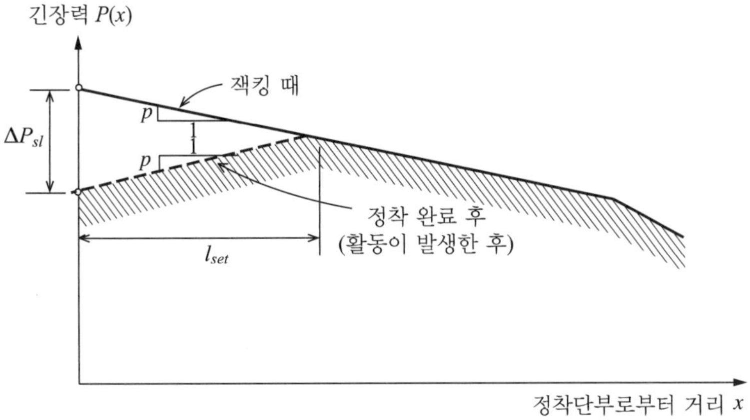

그림 11.11 정착 장치의 활동에 의한 긴장력 변화

결국 활동에 의한 긴장력의 정착 구간 길이 l_{set}은 앞의 두 식으로 부터

$$l_{set} = \sqrt{\frac{\Delta l\, A_p E_p}{p}} \tag{11.4-12}$$

(c) 탄성 수축에 의한 손실

긴장재가 정착된 후 프리스트레스가 도입될 때 콘크리트는 압축력을 받게 되므로 순간적인 탄성 수축이 발생한다. 이 콘크리트 수축량에 해당하는 변형률만큼 배치된 긴장재의 인장 변형률도 줄어들기 때문에 긴장력이 손실된다. 이 손실량의 크기를 산정하기 위해서는 단면의 긴장재 위치의 콘크리트 응력을 먼저 알아야 한다. 부재에서 긴장단으로부터 거리 x인 단면의 긴장재 위치에서 콘크리트 응력 $f_{c,p}$는 다음과 같게 나타난다.

$$f_{c,p} = \frac{P_o}{A_c} + \frac{(P_o e) \times e}{I_c} \tag{11.4-13}$$

여기서 P_o는 강재의 긴장력이고, e는 편심이다. 이 응력에 의한 콘크리트 수축 변형률 $\varepsilon_{c,p}$는 $f_{c,p}/E_c(t)$이므로 탄성 수축에 의한 긴장력의 손실량 ΔP_{el}는 다음 식으로 산정할 수 있다.

$$\Delta P_{el} = A_p \frac{E_p}{E_c(t)} f_{c,p} = A_p n f_{c,p} \tag{11.4-14}$$

여기서 A_p와 E_p는 각각 긴장재의 단면적과 탄성계수이고, $E_c(t)$는 프리스트레스가 도입될 때의 재령 t인 콘크리트 탄성계수로서 2장의 식 (2.2.3)의 재령에 따른 강도발현계수를 E_c에 곱하여 구하며, n은 이때의 탄성계수비 $E_p/E_c(t)$이다.

앞 식 (11.4-14)는 탄성 수축을 발생시키는 긴장력을 P_o로 단순하게 가정하여 유도한 간략식에 해당한다. 실제로는 탄성 수축 변형을 발생시키는 하중은 수축에 의해 손실되고 남는 긴장력이어야 한다. 즉 탄성 수축에 의한 손실 후의 긴장력 P'은 $P_o - \Delta P_{el}$이어야 하므로 이때 긴장재 위치의 콘크리트 응력은

$$f_{c,p} = \frac{P'}{A_c} + \frac{P' e^2}{I_c} = \frac{P'}{A_c}\left(1 + \frac{e^2 A_c}{I_c}\right) \tag{11.4-15}$$

이 응력에 의한 콘크리트 수축 변형률은 $f_{c,p}/E_c(t)$이며, 이 변형률에 E_p를 곱한 크기 만큼 긴장재 응력이 감소한다. 즉 긴장재의 응력 감소는 $\Delta f_{p,el} = n f_{c,p}$가 된다. 따라서 손실 후의

긴장력 $P^{'}$는 $P_o - A_p n f_{c,p}$이어야 하므로

$$P^{'} = P_o - P^{'} n \frac{A_p}{A_c}\left(1 + \frac{e^2 A_c}{I_c}\right) = \frac{P_o}{1 + n\frac{A_c}{A_p}\left(1 + \frac{e^2 A_c}{I_c}\right)} \tag{11.4-16}$$

탄성 수축에 의한 긴장력 손실량은 $\Delta P_{el} = P_o - P^{'}$이므로 위 식을 다시 정리하면 다음과 같이 정밀하게 표현할 수 있다.

$$\Delta P_{el} = \frac{A_p n f_{c,p}}{1 + n\frac{A_p}{A_c}\left(1 + \frac{e^2 A_c}{I_c}\right)} \tag{11.4-17}$$

이 정밀식에서 분모의 두번째 항은 강재가 수축에 저항하는 성분비를 나타낸 것이다. 이 성분을 무시한다면 분모는 1이 되어 식 (11.4-14)의 간략식이 된다는 것을 알 수 있다.

프리텐션 부재에서는 일시에 모든 긴장력이 도입되기 때문에 앞 식으로 산정한 탄성 수축 손실이 모두 동시에 발생한다. 그러나 긴장재 다발이 배치된 포스트텐션 부재인 경우에는 각 긴장 순서마다의 콘크리트 변형에 따른 힘의 손실을 고려하여야 한다. 긴장 순서에 따라서 최초 긴장한 긴장재는 최종 긴장한 긴장재에 비하여 콘크리트의 탄성 변형에 의한 손실이 크다. 이것은 초기 긴장에 의한 콘크리트 수축량은 후속으로 진행되는 인접 긴장재의 긴장 때마다 계속해서 발생되기 때문이다. 여러 긴장재를 순차적으로 긴장하는 경우에는 각 긴장마다의 손실량을 순차적으로 계산하여야 한다. 따라서 포스트텐션 부재에서 탄성 변형에 의한 손실은 다음과 같이 개별 강연선의 평균적인 손실 합으로 간편하게 산정할 수 있다.

$$\Delta P_{el} = A_p E_p \sum \left[\frac{j \Delta f_{c,p}(t)}{E_c(t)}\right] \tag{11.4-18}$$

여기서 $\Delta f_{c,p}(t)$는 시간 t일 때 긴장력이 도입되는 각 긴장재 위치의 콘크리트 응력 변화량으로서 순차적으로 긴장하는 개별 강재의 긴장력에 의한 콘크리트 응력에 해당하고, j는 $(n-1)/2n$로 정해지는 계수로서 n은 연속적으로 긴장되는 동일한 강연선의 개수이다. 개수 n이 많은 경우에는 j의 값으로 0.5를 근사적으로 취할 수 있다. 부재에서 긴장력이 모두 도입된 이후에 작용하는 지속하중에 의한 탄성 수축 손실량을 계산할 때는 j의 값으로 1.0을 적용해야 한다. 개별 긴장재의 긴장력과 이에 따른 변형을 계산해야 하는 특수 교량의 설계와 시공에서는 정밀한 계산이 필요하다.

예제 11.4-1 포스트텐션 부재의 긴장력 즉시 손실

아래 그림에 보인 2경간 연속 거더에 지름 15.2 mm인 강연선 20개를 포물 곡선으로 배치하여 포스트텐션 하였다. 부재 중심선에서 강연선 다발의 도심까지의 편심은 경간 중앙에서 $e=0.75\,\mathrm{m}$, 내측 받침점에서 $e=0.6\,\mathrm{m}$로 그림과 같이 배치되어 있다. 대칭으로 배치된 강연선을 거더 양단에서 동시에 $0.85f_{py}$로 긴장하였다. 강연선의 항복강도 $f_{py}=1{,}640\ \mathrm{MPa}(f_{pu}=1{,}860\ \mathrm{MPa})$이다. 이 거더에 사용된 콘크리트의 기준압축강도 $f_{ck}=40\ \mathrm{MPa}$이다. 거더의 단면적은 $A_c=0.385\ \mathrm{m}^2$이며, 단면2차모멘트는 $I_c=0.293\ \mathrm{m}^4$이다. 거더의 초기 긴장력 즉시 손실량을 계산하라.

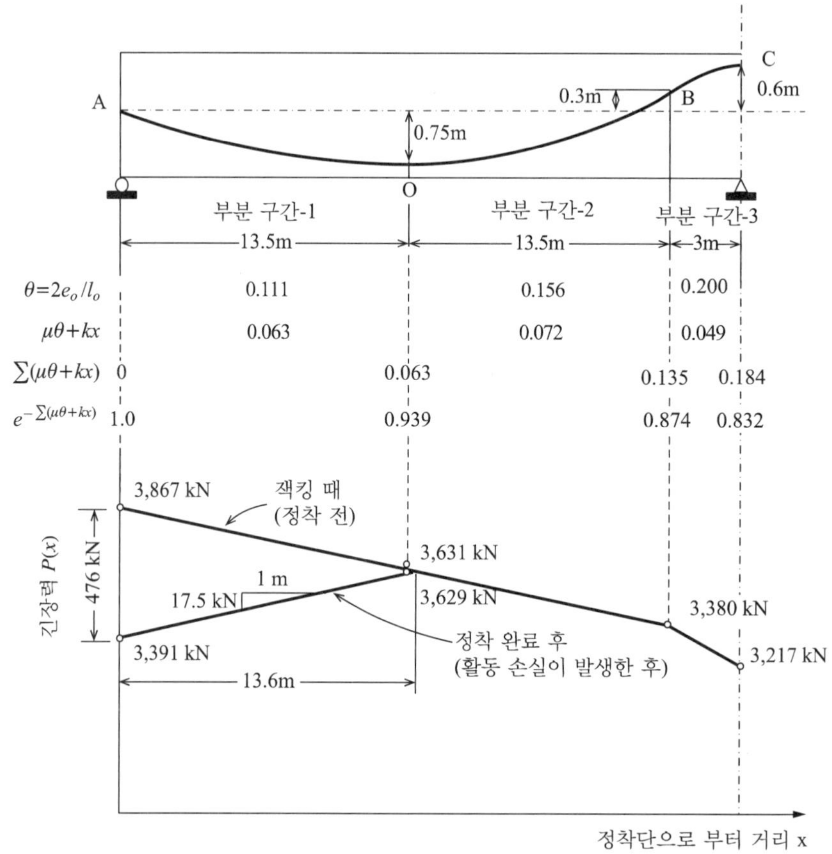

그림 11.12 마찰 손실 예제

풀이

- 긴장재의 단면적 : $A_p=20(138.7)=2{,}774\ \mathrm{mm}^2$, 탄성계수 : $E_p=195\ \mathrm{GPa}$
- 곡률마찰계수 : $\mu=0.20$, 파상마찰계수 : $k=0.0030/\mathrm{m}$
- 정착 장치의 활동량 : $\Delta l=6\ \mathrm{mm}$
- 콘크리트 탄성계수 : $E_c=30\ \mathrm{GPa}$

① **마찰 손실** : 최초 잭킹 긴장력은 $P_{o,\max} = 0.85(1{,}640)(2{,}774) \times 10^{-3} = 3{,}867$ kN이다. 마찰 손실을 구하기 위해 그림과 같이 세 부분 구간으로 나누워 다루면 간편해진다. 먼저, 부분 구간-1에서 O점을 원점으로 한 긴장재 포물 곡선식 $y = e_o(x/l_o)^2$을 바탕으로 구간-1에서 발생하는 각 변화량은 $y = 2e_o/l_o$이므로(주석-1 참조), $l_o = 13.5$ m와 $e_o = 0.75$ m를 적용하면 $\theta = 0.111$ rad이 된다. 따라서 구간-1에서 $\mu\theta + kx = 0.20(0.111) + 0.003(13.5) = 0.063$이어서, 이 구간의 마찰에 의한 손실 긴장력은 식 (11.4-8)에 따라

$$\Delta P_\mu(13.5) = 3{,}867(1 - e^{-0.063}) = 236\,\text{kN}$$

이 손실량에 의한 경간 중앙 단면의 긴장력은 $3{,}867 - 236 = 3{,}631$ kN이 된다. 이러한 과정을 부분 구간-2와 -3에 대해 동일하게 반복하여 그 결과를 그림 11.12에 정리하여 나타냈다. 경간 중앙 단면에서 마찰에 의한 손실률은 $236/3{,}867 = 0.061$로 6.1%에 해당한다.

② **정착장치의 활동 손실** : 앞에서 계산한 부분 구간-1의 13.5 m 안에서 발생한 236 kN의 손실을 단위 길이당 마찰력으로 환산하면 $p = 236/13.5 = 17.5$ kN/m가 된다. 정착장치의 활동량 $\Delta l = 6$ mm에 따른 손실 후의 정착 구간 l_{set}은 식 (11.4-12)에 의해

$$l_{set} = \sqrt{\frac{6(2{,}774)(195 \times 10^3)}{17.5}} = 13.6\,\text{m}$$

따라서 정착장치의 활동에 의한 정착 단부에서의 손실량은 $2(17.5)(13.6) = 476$ kN에 달한다. 그러나 그림에 보인 것처럼 경간 중앙 단면에서 활동에 의한 손실은 $17.5(13.6 - 13.5) = 1.75$ kN (0.05%)가 되어 거의 발생하지 않는다는 것을 알 수 있다.

③ **탄성 수축 손실** : 부재 전체의 탄성 수축에 의한 손실을 구할 때는 긴장력뿐만 아니라 자중과 프리스트레스의 2차영향을 포함하여 전 길이에 걸쳐 발생하는 긴장재 위치 콘크리트 응력을 평균하여야 한다. 여기서는 한 예로써 자중과 2차영향이 적다고 간주하여 그 영향을 무시하고, 긴장력에 의한 경간 중앙 단면에서만의 손실을 구해보자. 마찰과 활동 손실 후 이 단면에 작용하는 긴장력 $P_o = 3{,}629$ kN이고, 편심 $e = 0.75$ m이므로, 긴장재 위치 콘크리트 응력 $f_{c,p}(x = 13.5)$은 식 (11.4-13)에 따라

$$f_{c,p} = \frac{3{,}629 \times 10^3}{0.385 \times 10^6} + \frac{3{,}629 \times 10^3 \times 750^2}{0.293 \times 10^{12}} = 16.4\,\text{MPa}$$

포스트텐션으로 각 강연선을 순차적으로 긴장하여야 하므로 식 (11.4-18)을 적용해야 하며, 이때 $j = (n-1)/2n = (20-1)/40 = 0.475$이고, 콘크리트가 28일 재령에 도달했을 때 긴장 작업을 수행한다고 간주하면 $E_c(t)$는 단기 탄성계수 $E_c = 30$ GPa이다.

$$\Delta P_{el} = 2{,}774(195 \times 10^3) \times \frac{0.475(16.4)}{30 \times 10^3} \times 10^{-3} = 140.5\,\text{kN}$$

이 손실량은 최초 잭킹력 $P_{o,\max}$를 기준으로 $140.5/3{,}867 = 0.036$로 즉, 3.6%에 해당한다.

11.4.4 시간 의존 장기 손실

정착 작업이 완료 된 후 즉시 손실에 의해 감소되고 남는 초기 긴장력에 의해 콘크리트에 도입된 프리스트레스는 지속적인 압축응력으로 작용한다. 이 지속응력은 시간이 지남에 따라 콘크리트의 건조수축 및 크리프와 강재의 릴랙세이션을 유발시켜 추가적인 긴장력 손실이 발생한다. 시간 의존 손실 계산 방법은 긴장재의 초기 응력 또는 초기 변형률이 장기간 일정하게 유지된다는 가정을 바탕으로 유도된다. 그러나 콘크리트 내부에 배치된 긴장재의 응력은 크리프, 건조수축과 릴랙세이션으로 인해 일정하게 유지되지 못하고 시간의 경과와 더불어 계속 변하고 감소한다. 이처럼 긴장재의 응력 감소분 Δf_p에 해당하는 긴장력 감소량 $\Delta P = \Delta f_p A_p$가 다시 콘크리트의 응력을 감소시키며, 그 크기는 다음과 같다.

$$\Delta f_{c,p} = \frac{\Delta f_p A_p}{A_c}\left(1 + \frac{e^2 A_c}{I_c}\right) \tag{11.4-19}$$

이 평형식을 바탕으로 건조수축, 크리프 및 릴랙세이션에 의한 손실을 각각 유도해야 한다.

(a) 건조수축에 의한 손실

콘크리트의 건조수축 변형률이 ε_{sh}라면, 인장 상태에 있는 긴장재도 ε_{sh}만큼 수축 변형을 일으켜서 긴장력이 감소된다고 가정하면, 건조수축에 의한 긴장력의 손실 ΔP_{sh}은 다음과 같이 간단하게 표현할 수 있다.

$$\Delta P_{sh} = A_p E_p \varepsilon_{sh} \tag{11.4-20}$$

그러나 식 (11.4-19)의 평형식으로 설명했듯이, 건조수축에 의한 프리스트레스 손실량 만큼 콘크리트 응력이 다시 감소하기 때문에, 건조수축에 따른 실제 손실 변형률은 $\varepsilon_{sh} - \Delta f_{c,p}/E_{ce}$가 된다. 여기서 E_{ce}는 크리프의 영향을 반영한 콘크리트 유효 탄성계수로 3.3.3절에서 설명하였다. 이 실제 손실 변형률은 긴장재의 변형률과 같아야 한다. 즉,

$$\varepsilon_{sh} - \frac{\Delta f_{c,p}}{E_{ce}} = \frac{\Delta f_p}{E_p} \tag{11.4-21}$$

이 변형 적합식과 응력 평형식 (11.4-19)로 부터 콘크리트 건조수축에 의한 긴장재의 응력 손실은 다음과 같게 나타난다.

$$\Delta f_p = \frac{\varepsilon_{sh} E_p}{1 + n_e \frac{A_p}{A_c}\left(1 + \frac{e^2 A_c}{I_c}\right)} \tag{11.4-22}$$

여기서 n_e는 유효 탄성계수비 E_p/E_{ce}이다. 이 응력 손실량에 긴장재의 단면적 A_p를 곱하면 건조수축에 의한 긴장력 손실 ΔP_{sh}가 된다. 콘크리트의 건조수축 변형률은 상대습도, 시멘트 종류, 부재 치수등 여러 영향에 따라 달라진다. 특별한 자료가 없는 경우에는 표 2.5에 주어진 값을 사용하여 손실을 계산할 수 있다.

(b) 크리프에 의한 손실

프리스트레스는 장기적 지속 압축응력이므로 콘크리트에 크리프 변형을 유발시키며, 이로 말미암아 긴장력 손실이 발생한다. 2장의 2.2.3(c)절에서 설명했듯이, 크리프 변형률은 콘크리트의 초기 순간 탄성 변형률 $\varepsilon_{ci} = f_{c,p}/E_c$에 비례하며 크리프계수 $\varphi(t, t_o)$를 곱한 값에 해당한다. 이 크리프 수축 변형률만큼 긴장재가 수축한다고 간단하게 가정하면 긴장력 손실량은 다음과 같게 된다.

$$\Delta P_{cre} = \varphi(t,t_o)\Delta P_{el} = \varphi(t,t_o) A_p n f_{c,p} \tag{11.4-23}$$

그러나 실제로는 크리프 수축 변형에 의해 긴장력이 감소되고, 이에 따라 다시 콘크리트 응력이 $\Delta f_{c,p}$만큼 감소되므로, 크리프에 의한 긴장재의 순수 수축 변형률은

$$\phi(t, t_o)\frac{f_{c,p}}{E_c} - \frac{\Delta f_{c,p}}{E_{ce}} = \frac{\Delta f_p}{E_p} \tag{11.4-24}$$

이 적합식과 평형식 (11.4-19)로 부터 콘크리트 크리프에 의한 긴장재의 응력 손실은

$$\Delta f_p = \frac{\phi(t, t_o) n f_{c,p}}{1 + n_e \frac{A_p}{A_c}\left(1 + \frac{e^2 A_c}{I_c}\right)} \tag{11.4-25}$$

여기서 t_o는 프리스트레스가 도입될 때의 재령이고, t는 손실을 알려고 하는 시점의 콘크리트 재령이지만 보통 매우 정밀한 계산이 필요하지 않는 경우에는 표 2.4에 정리된 최종 크리프계수 $\varphi(\infty, t_o)$를 사용하여 크리프 손실량을 산정한다. 이 응력 감소량에 긴장재의 단면적 A_p를 곱하면 크리프에 의한 손실량 ΔP_{cre}된다. 이 ΔP_{cre}는 앞 식 (11.4-17)의 탄성 수축 손실량 ΔP_{el}에 크리프계수 $\varphi(t, t_o)$를 곱한 값에 해당한다는 것을 쉽게 알 수 있다.

(c) 릴랙세이션으로 인한 손실

PS 강재에 긴장력을 작용시켜 지속적으로 유지하면 초기의 긴장력이 시간의 경과에 따라 점차 감소하는 현상을 릴랙세이션이라 하며, 이로 인해 긴장력 손실이 발생한다. 강재의 릴랙세이션에 대해서는 앞에서 이미 설명하였으며, 식 (11.3-2)를 이용하여 릴랙세이션에 의한 응력 손실 Δf_{pr}을 산정한 후, 이 응력에 의한 변형률과 긴장재의 수축 변형률이 같다고 가정하면 긴장력 손실량 ΔP_r은 Δf_{pr}에 단면적 A_p를 곱하면 된다. 그러나 실제로는 긴장력 손실량만큼 콘크리트 응력이 $\Delta f_{c,p}$만큼 다시 감소하기 때문에 긴장재의 순수 수축 변형률은

$$\frac{\Delta f_{pr} - \Delta f_{c,p}}{E_p} = \frac{\Delta f_{c,p}}{E_{ce}} \tag{11.4-26}$$

이 변형 적합식과 응력 평형식 (11.4-19)로부터 강재의 릴랙세이션에 의한 긴장재의 응력 손실은

$$\Delta f_p = \frac{\Delta f_{pr}}{1 + n_e \dfrac{A_p}{A_c}\left(1 + \dfrac{e^2 A_c}{I_c}\right)} \tag{11.4-27}$$

(d) 장기 손실의 근사 계산법

앞에서 기술한 크리프와 릴랙세이션에 의한 긴장력의 시간 의존 손실 계산 방법은 긴장재의 초기 응력 또는 변형률이 장기간 일정하게 유지된다는 이상화한 가정을 바탕으로 유도된 식이다. 그러나 부재 속에 배치된 긴장재의 응력은 크리프, 건조수축과 릴랙세이션으로 인해 일정하게 유지되지 못하고 시간의 경과와 더불어 계속 변하고 감소한다. 크리프 손실 계산에 기준으로 사용된 순간 탄성 변형률 ε_{ci}는 일정하게 유지되지 않으며, 실제로는 시간에 따라 감소한다. 더우기 콘크리트의 크리프와 건조수축에 의한 변형률 변화 현상은 상호 의존적이다. 또한 릴랙세이션 손실 산정하는 식 (11.4-27)도 응력이 오랫동안 일정하게 유지되는 상황에서 유도된 공식이므로 응력이 점차 작아지는 상황에서는 적합하지 않다.

따라서 시간의 경과에 따라 실제로 발생하는 크리프와 건조수축 및 릴랙세이션에 의한 프리스트레스의 감소는 서로의 조합 영향을 일정 시간 단계마다 반영하여 앞에서 설명한 각개 손실을 반복 계산한 후 누적하여야 정밀한 결과를 얻을 수 있다. 그러나 크리프와 건조수축 자체를 매 시간 단계마다 정밀하게 파악하는 것은 아직까지 어려우며 또한 많은 계산이 소요되기 때문에 실제 설계를 위한 여러 가지 근사적 해법이 제안되어 있다. 도로교설계기준(한계상

태설계법)에서는 크리프와 건조수축, 그리고 릴랙세이션에 의한 시간 의존적 프리스트레스 장기 손실 $\Delta f_{p,c+s+r}$ 을 다음의 근사식을 사용하여 산정할 수 있도록 하고 있다.

$$\Delta f_{p,c+s+r} = \frac{\varepsilon_{sh}\ E_p + 0.8\,\Delta f_{pr} +\ \varphi(t,t_o)\,n\,f_{c,p(\mathrm{v})}}{1+n\dfrac{A_p}{A_c}\left(1+\dfrac{A_c}{I_c}e^2\right)[1+0.8\,\varphi(t,t_o)]} \tag{11.4-28}$$

여기서 ε_{sh} = 건조수축 변형률로 2.2.3절에서 기술한 방법에 의해 평가된 값

E_p = 프리스트레싱 긴장재의 탄성계수로 11.3.2(b)절에 기술된 값

Δf_{pr} = 릴랙세이션에 의해 손실된 강재의 응력으로 식 (11.3-2)에 따라 계산된 값

$\varphi(t,t_o)$ = 시간 $t-t_o$ 동안 발생한 크리프계수로 2.2.3절에 의해 평가된 값

$n = E_p/E_c$ 로 정의된 탄성계수비

$f_{c,p(\mathrm{v})}$ = 긴장재 위치의 콘크리트 응력으로 지속하중(사용하중조합-V)에 의한 값

A_p = 프리스트레스 긴장재의 단면적

A_c = 콘크리트 단면적

I_c = 콘크리트 단면2차모멘트

e = 부재 중심축으로부터 긴장재 도심까지 거리인 편심량

이 근사식은 강선의 릴랙세이션에 영향을 주는 초기 응력이 계속해서 변하면서 작아지는 영향을 감소계수 0.8을 적용하여 반영한 것이며, 크리프와 건조수축에 의한 긴장력의 감소가 다시 크리프에 영향을 미치는 2차효과를 고려하기 위해 감소계수 0.8을 분모에도 적용한 것이다. 시공 단계가 복잡한 구조물에서 크리프 변형 값은 긴장 시점과 기간, 습도 등의 함수에 따라 시간 단계별 해석으로 손실량을 계산해야 하나, 시공 단계가 복잡하지 않은 보통의 프리스트레스트 콘크리트 부재에서는 감소계수 0.8을 적용하여 충분한 정도의 장기 손실량을 구할 수 있다. 또한, 근사식에서 유효 탄성계수비 n_e 대신에 단기 탄성계수비 n을 사용한 것은 안전 측의 결과가 산출되기 때문이다[참고문헌11.18].

식 (11.4-28)의 분모에서 두번째 항은 콘크리트 수축에 강재가 저항하는 성분비에 해당하는 것으로서, 이 저항 성분에 의해 프리스트레스 손실량도 감소하는 것을 반영한 것이다. 이 항을 무시한다면 분모가 1이 되어서 상당히 큰 결과가 산출되며, 대부분의 설계자에게 익숙한 식이 된다는 것을 알 수 있다. 정밀한 장기 손실 평가를 위해서는 일정 기간마다 손실에 따른 응력의 감소를 단계별로 고려해야 하며, 이러한 계산은 컴퓨터 프로그램을 통해 수행할 수 있다.

예제 11.4-2 포스트텐션 부재의 긴장력 장기 손실

앞 예제 11.4-1의 2경간 연속 거더의 경간 중앙에서 프리스트레스의 장기 손실을 구해보자. 거푸집 해체는 콘크리트 타설 후 20일이며 습윤 양생하였고, 거더 단면의 평균 두께는 $300\ \mathrm{mm}$라고 가정한다. 사용한 긴장재는 등급-2의 저 릴랙세이션 강연선이다. 자중과 2차영향에 의한 휨모멘트는 $1{,}850\ \mathrm{kNm}$이고, 부재의 단면적은 $A_c = 0.385\ \mathrm{m}^2$이며, 단면2차모멘트는 $I_c = 0.293\ \mathrm{m}^4$이다.

풀이

먼저, 건조수축, 크리프와 릴랙세이션에 관련된 변수를 결정하여 보자.

① **건조수축** : 2장의 2.2.3(d)절에서 기술한 바와 같이 식 (2.2-19)에 따라 최종 건조수축 변형률 $\varepsilon_{sh}(\infty)$를 결정할 수 있다. 단면의 개념치수는 평균 두께의 대략 절반에 해당하므로 여기서는 $h_m = 150\ \mathrm{mm}$으로 가정할 수 있으며, 1종시멘트를 사용한 보통콘크리트로서 옥외 구조물로 간주하여, 표 2.5로부터 프리스트레스 손실을 산정하기 위한 최종 건조수축 변형률을 $\varepsilon_{sh} = 325 \times 10^{-6}$로 결정한다.

② **크리프** : 프리스트레스와 지속하중이 재하되기 시작한 재령을 30일로 간주하고, 옥외 습윤한 대기 환경, 개념치수 $h_m = 150\ \mathrm{mm}$로 가정하여 2장의 2.2.3(c)절에 따라 해당 크리프계수를 계산할 수 있다. 여기서는 표 2.4로 부터 최종 크리프계수 $\varphi(\infty, t_o) = 1.9$가 된다.

③ **릴랙세이션** : 강재의 인장강도는 $f_{pu} = 1{,}860\ \mathrm{MPa}$이고, 항복강도 $f_{py} = 1{,}640\ \mathrm{MPa}$인데, $0.85 f_{py}$로 긴장하였다. 즉시 손실은 마찰에 의해 6.1%, 탄성 수축에 의해 3.6%가 발생하였다.
따라서 초기 인장응력은 $f_{pi} = (1 - 0.061 - 0.036)(0.85)(1{,}640) = 1{,}259\ \mathrm{MPa}$이므로, 응력비 $\mu = f_{pi}/f_{pu} = 1{,}259/1{,}860 = 0.68$이다. 장기 릴랙세이션 손실을 산정하기 위해서는 $t = 500{,}000$시간(50년)을 취할 수 있으며, 표 11.2에서 저 릴랙세이션 강연선의 $\rho_{1000} = 2.5\ \%$이다. 릴랙세이션 손실률은 식 (11.3-2b)에 의해

$$\frac{\Delta f_{pr}}{f_{pi}} = 0.66 \times 2.5 \times e^{(9.1 \times 0.68)} \times \left(\frac{500{,}000}{1{,}000} \right)^{0.75(1-0.68)} \times 10^{-3} = 3.6\%$$

따라서 응력 손실량은 $\Delta f_{pr} = 1{,}259(0.036) = 45\ \mathrm{MPa}$가 된다.

④ **지속응력** : 장기간 지속적으로 작용하는 하중인 프리스트레스, 자중과 2차영향에 의한 휨모멘트 $1{,}850\ \mathrm{kNm}$에 의한 경간 중앙 단면의 응력이 필요하다. 경간 중앙부의 단면적은 $A_c = 0.385\ \mathrm{m}^2$이며, 단면2차모멘트는 $I_c = 0.293\ \mathrm{m}^4$이다. 초기 응력 $f_{pi} = 1{,}259\ \mathrm{MPa}$에 해당하는 긴장력은 $P_i = 1{,}259(2{,}774) \times 10^{-3} = 3{,}492\ \mathrm{kN}$이다. 따라서 긴장재 위치의 콘크리트 응력은

$$f_{c,p} = \frac{3{,}492 \times 10^3}{0.385 \times 10^6} + \frac{3{,}492 \times 10^3 \times 750^2}{0.293 \times 10^{12}} - \frac{1{,}850 \times 10^6 \times 750}{0.293 \times 10^{12}}$$

$$= 9.04 + 6.68 - 4.73 = 10.99\ \mathrm{MPa}$$

이 응력은 $0.45f_{ck} = 18\,\text{MPa}$보다 작아서 비선형 크리프에 대해 안전한 상태이다.

⑤ 경간 중앙에서 총 장기 손실 : 탄성계수비 $n = E_p/E_c = 195/30 = 6.5$와 함께 식 (11.4-28)에 따라

$$\Delta f_{p,c+s+r} = \frac{325\times10^{-6}\times195\times10^{3}+0.8(45)+6.5(1.9)(10.99)}{1+6.5\left(\dfrac{2{,}774}{0.385\times10^{6}}\right)\left(1+\dfrac{0.385\times10^{6}\times750^{2}}{0.293\times10^{12}}\right)(1+0.8\times1.9)}$$

$$= \frac{235.1}{1.205} = 195.1\,\text{MPa}$$

따라서 $\Delta P_{c+s+r} = \Delta f_{p,c+s+r}\, A_p = 195.1(2{,}774)\times10^{-3} = 541.2\,\text{kN}$

이 장기 손실량은 최초 잭킹력 $P_{o,\max} = 3{,}867\,\text{kN}$에 대해 14%에 해당한다. 결국, 마찰에 의한 손실 6.1%, 탄성 수축에 의한 손실 3.6%, 그리고 건조수축 및 크리프와 릴랙세이션에 의한 장기 손실 14%로, 2경간 연속 거더의 경간 중앙에서 총 23.7%의 프리스레스 손실이 발생한다고 할 수 있다.

11.5 프리스트레스 영향

11.5.1 개요

프리스트레스트 콘크리트 부재의 해석과 설계를 위한 모든 원리와 가정은 철근콘크리트 부재에 적용하는 것과 동일하다. 단지 강재의 긴장력은 콘크리트에 압축력으로 작용하여 프리스트레스로 도입되기 때문에, 부재의 거동을 결정할 때 프리스트레스 영향을 추가로 반영하여야 한다. 즉, 긴장력 P를 외력外力인 고정하중처럼 취급하여야 하며 다른 작용 하중들과 함께 항상 평형을 이뤄야 한다.

그림 11.13은 긴장재가 곡선으로 배치된 전형적인 프리스트레스트 단순보를 보였다. 긴장력만이 작용할 때 보의 왼쪽 일부분을 자유물체도로 나타내면 왼쪽 단부에는 긴장재의 정착장치를 통해 압축력 P가 작용하는 상태이며, 단면-x에는 전단응력과 법선응력이 유발되는데 그 합력은 항상 단면의 긴장력 P의 크기와 작용 위치가 된다. 이때 경사진 긴장력 P를 수평 성분 $H = P\cos\theta$와 연직 성분 $V = P\sin\theta$로 나누어 고려하는 것이 편리하다. 여기서 θ는 부재축에 대한 긴장재의 경사각이다. 대부분의 실제 구조물에서 이 경사각 θ는 매우 작아서 $\cos\theta = 1$에 가깝기 때문에 수평 성분 $H = P$로 간주하여 단면 해석을 하여도 충분히 정밀한 결과를 얻는다. 그러나 연직 성분 V는 부재의 전단 저항 성능에 기여하기 때문에 부재 전단강도를 평가할 때 추가할 수 있는 전단 저항 성분력이 된다.

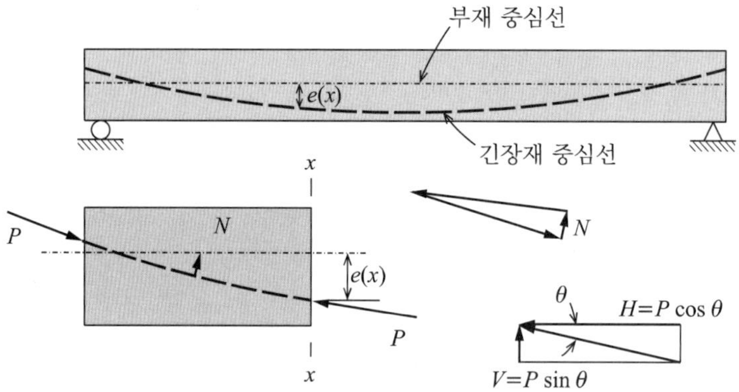

그림 11.13 콘크리트에 작용하는 프리스트레싱력

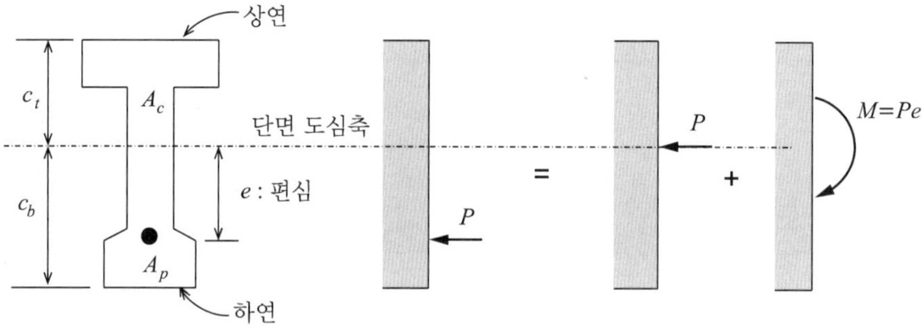

그림 11.14 프리스트레스 영향과 기호

그림 11.14는 프리스트레싱력 P에 의해 단면에 나타나는 영향을 나타낸 것이다. 중심축으로부터 편심 e로 배치된 강재에 작용하는 힘 P는 중심축 압축력과 편심에 따른 휨모멘트 Pe를 동시에 유발시킨다. 즉, 프리스트레스는 주로 부재 축력과 휨모멘트에 영향을 미치기 때문에 프리스트레스트 부재를 해석하고 설계할 때는 이 압축과 휨을 외력에 의한 하중영향에 추가하여 검토해야 한다.

정정 구조물에서 프리스트레스에 의한 구속 반력의 변화가 없지만, 부정정 구조물에서는 프리스트레스에 의한 변형이 구속되므로 반력이 발생하고 이로 인해 2차영향이 나타난다. 이 2차영향은 평형 조건만에 의해 구할 수 없다. 특히 균열이 발생하여 탄성 해석 범위를 벗어나는 부재에서 프리스트레스에 의한 2차영향은 부재의 강성의 영향을 받으므로 단면력이 변화한다. 프리스트레스에 의한 2차영향은 크리프와 릴랙세이션과 같은 시간에 따른 강성의 변화에도 영향을 받으며 비선형 해석에서 고려해야 한다.

11.5.2 단면 응력 해석

일반적으로 프리스트레스트 콘크리트 부재는 사용하중 상태에서 휨균열이 발생하지 않도록 설계한다. 균열이 발생되지 않는 부재는 전단면(gross section)이 유효한 상태이며, 응력과 변형률 관계는 거의 선형 탄성 거동에 근접하기 때문에 탄성체로 간주하여 해석한다. 그라우팅되어 주변 콘크리트와 부착된 긴장재인 경우에는 주변 콘크리트의 변형률은 긴장재의 변형률과 같다고 간주한다. 그러나 부착되지 않은 긴장재의 경우에는 이러한 가정이 유효하지 않으며, 긴장재와 그 주변 콘크리트의 변형이 다르다. 이 경우에는 긴장재의 응력은 양쪽 정착단 사이에서 동일하다고 간주하며, 일반적으로 부재의 변형에 의해 긴장재의 응력은 증가한다.

부재 설계를 위한 단면 해석을 수행할 때는 손실 단계별 긴장력의 영향, 자중에 의한 휨모멘트 M_o의 영향, 고정하중에 의한 휨모멘트 M_D 및 활하중에 의한 휨모멘트 M_L의 영향을 각각 별도로 계산하여 중첩시키는 방법이 효율적이다.

그림 11.15는 면적이 A_c인 단면의 중심에서 강재가 편심 e로 배치된 경우의 비균열 단면에 발생하는 응력 상태를 나타낸 것이다. 초기 긴장력 P_i만의 영향에 의해서는 등분포 압축응력 $-P_i/A_c$와 편심 모멘트 $P_i e$에 의한 휨응력이 동시에 유발되어 그림 11.15(a)와 같은 응력 상태에 놓인다. 단면의 상연과 하연의 응력을 각각 f_t와 f_b라면,

$$f_t = -\frac{P_i}{A_c} + \frac{P_i e c_t}{I_c} = -\frac{P_i}{A_c}\left(1 - \frac{e c_t}{r^2}\right) \tag{11.5-1a}$$

$$f_b = -\frac{P_i}{A_c} - \frac{P_i e c_b}{I_c} = -\frac{P_i}{A_c}\left(1 + \frac{e c_b}{r^2}\right) \tag{11.5-1b}$$

여기서 c_t와 c_b는 그림 11.14에 나타낸 것처럼 각각 단면 중심에서 상연과 하연까지 깊이이고, r은 $\sqrt{I_c/A_c}$ 으로 정의 된 단면 회전반경이며, 압축에 $-$부호를 사용하였다.

초기응력 상태 – 보통 부재의 중심축 아래 편심력이 작용하면 부재는 상향 처짐이 발생하게 된다. 긴장 작업이 완료되는 순간 부재 자중이 작용하여서 단면에는 휨모멘트 M_o가 작용하게 된다. 이러한 초기 상태의 단면 응력은 다음과 같게 된다.

$$f_t = -\frac{P_i}{A_c}\left(1 - \frac{e c_t}{r^2}\right) - \frac{M_o c_t}{I_c} \tag{11.5-2a}$$

$$f_b = -\frac{P_i}{A_c}\left(1 + \frac{e c_b}{r^2}\right) + \frac{M_o c_b}{I_c} \tag{11.5-2b}$$

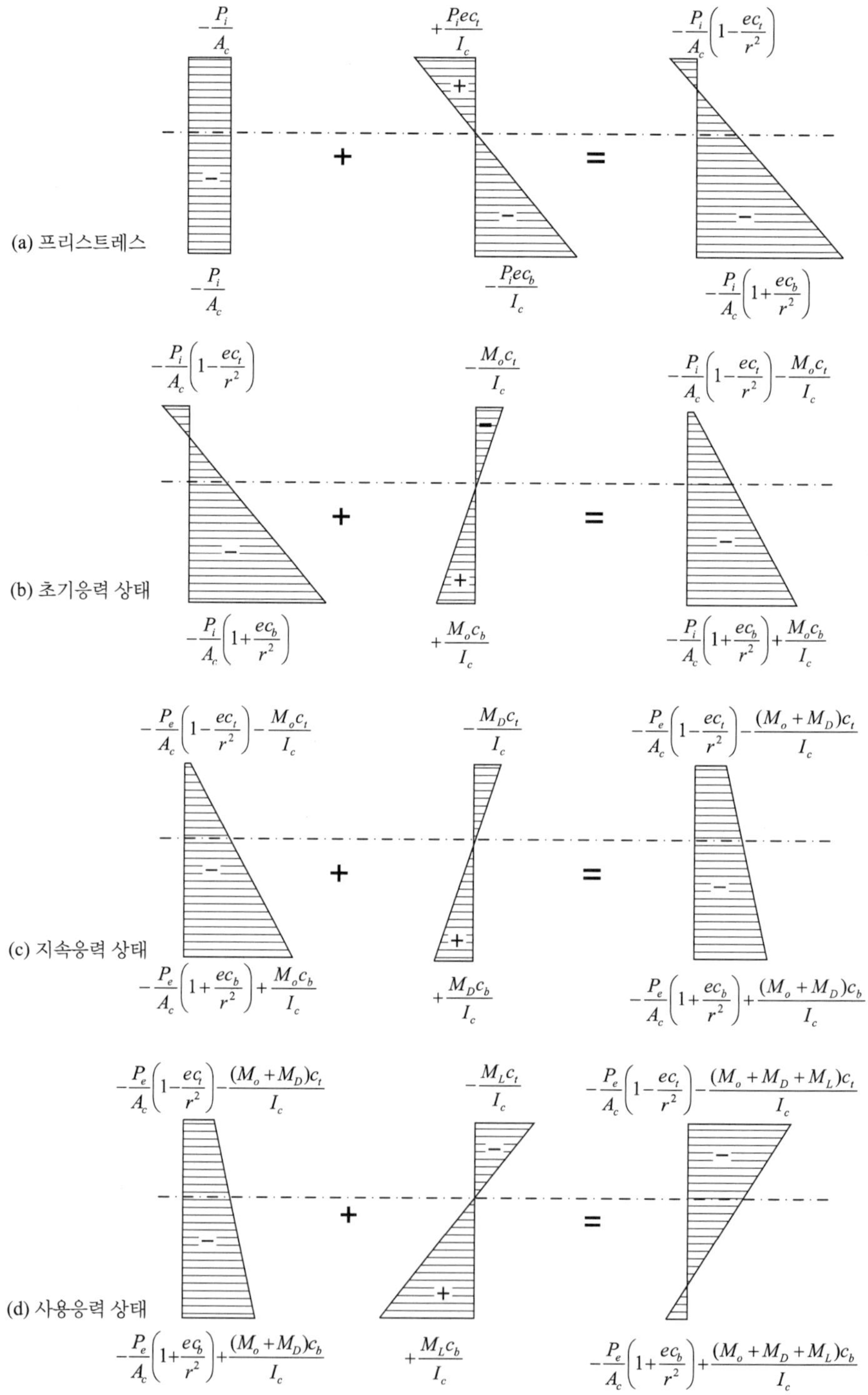

그림 11.15 콘크리트 단면 응력 상태

이 응력 상태는 실질적으로 프리스트레스가 도입된 직후에 발생하기 때문에 초기응력(initial stress)이라 하고, 도로교설계기준(한계상태설계법)에서는 콘크리트의 초기 압축응력을 $0.6f_{ck}(t)$이내로 제한하고 있다. 즉,

$$f_b \leq 0.6 f_{ck}(t) \tag{11.4-2}$$

여기서 $f_{ck}(t)$는 긴장 당시의 콘크리트 재령 t일 때 발현되는 콘크리트 강도이다.

지속응력 상태 – 초기 상태를 지나 시간이 흐름에 따라 크리프, 건조수축 및 릴랙세이션에 의한 시간 의존적 긴장력 손실이 발생되며, 초기 긴장력 P_i는 점차 작아져서 유효 긴장력 P_e가 된다. 부재에 실제 사용하중이 작용하기 전 단계에서 이 유효 긴장력 P_e와 부재 자중과 수명동안 지속적으로 작용하는 설비물의 고정하중에 의한 단면의 응력 상태는 그림 11.15(c)와 같게 된다.

$$f_t = -\frac{P_e}{A_c}\left(1 - \frac{e\,c_t}{r^2}\right) - \frac{(M_o + M_D)\,c_t}{I_c} \tag{11.5-3a}$$

$$f_b = -\frac{P_e}{A_c}\left(1 + \frac{e\,c_b}{r^2}\right) + \frac{(M_o + M_D)\,c_b}{I_c} \tag{11.5-3b}$$

여기서 M_o는 부재 자중에 의한 휨모멘트이고, M_D는 슬래브와 포장 등과 같이 지속적으로 작용하는 하중에 의한 단면 휨모멘트이다. 이렇게 지속하중조합에서 발생한 응력을 **지속응력**(sustained stress)이라 하며, 균열 및 처짐 등 사용한계상태 검증에 바탕이 된다.

사용응력 상태 – 사용 단계에서 자중과 고정하중이 지속적으로 작용하는 상태에서 사용 활하중이 순간 순간 추가로 작용하게 되면 단면의 응력 상태는 그림 11.15(d)에 보인 것과 같이 변화하며, 이때의 단면의 상연과 하연의 응력은

$$f_t = -\frac{P_e}{A_c}\left(1 - \frac{e\,c_t}{r^2}\right) - \frac{(M_o + M_D + M_L)\,c_t}{I_c} \tag{11.5-4a}$$

$$f_b = -\frac{P_e}{A_c}\left(1 + \frac{e\,c_b}{r^2}\right) + \frac{(M_o + M_D + M_L)\,c_b}{I_c} \tag{11.5-4b}$$

여기서 M_L은 사용 활하중(최빈값 또는 표준값)에 의한 단면 휨모멘트이다. 이 사용하중조합 상태에서 유발된 응력을 **사용응력**(stress at service)이라 하며, 도로교설계기준(한계상태설계법)에서는 콘크리트의 사용응력을 사용한계상태의 한계 응력 $f_{c,sls}$와 $f_{t,sls}$이내로 제한하고

있다. 즉,

$$f_t \le f_{c,sls} \text{ 와 } f_b \le f_{t,sls} \tag{11.5-5}$$

여기서 $f_{c,sls}$와 $f_{t,sls}$는 각각 프리스트레스트 콘크리트 부재의 사용한계상태에서 한계 압축응력과 한계 인장응력이다. 도로교설계기준에서는 구조물의 중요성과 노출 환경 및 하중조합에 따라 사용 한계 응력을 다르게 규정하고 있으며 이에 대한 내용은 다음 절에서 다룬다.

특히, 프리스트레스트 콘크리트 부재는 대부분의 경우 긴장력에 의해 단면에 인장응력이 발생하지 않도록 설계한다. 따라서 단면의 **핵점**(kern point)의 위치를 파악하는 것은 설계에 매우 유용한 기준이 된다. 핵점은 전체 단면에 걸쳐 인장응력을 전혀 유발시키지 않는 프리스트레스 합력점의 한계 위치를 말한다. 즉, 그림 11.16에 보인 것과 같이, 편심 긴장력에 의해서 인장 연단에 유발된 응력이 0일 때의 편심이 핵점에 해당하므로 다음으로 부터 구할 수 있다.

$$f_b = -\frac{P_i}{A_c}\left(1+\frac{e\,c_b}{r^2}\right) = 0$$

이때의 편심 e가 상핵점(upper kern point; k_t)의 위치에 해당한다. 즉,

$$e = k_t = -\frac{r^2}{c_b} \tag{11.5-6a}$$

동일한 방법으로 하핵점(lower kern point)의 위치는 아래와 같게 된다.

$$k_b = \frac{r^2}{c_t} \tag{11.5-6b}$$

이 두 핵점 사이 영역을 **단면핵**(kern/core of section)이라 부르며, 긴장력이 이 단면핵 안에 작용하는 모든 경우에는 단면에 인장응력이 유발되지 않으며 압축응력만 존재한다.

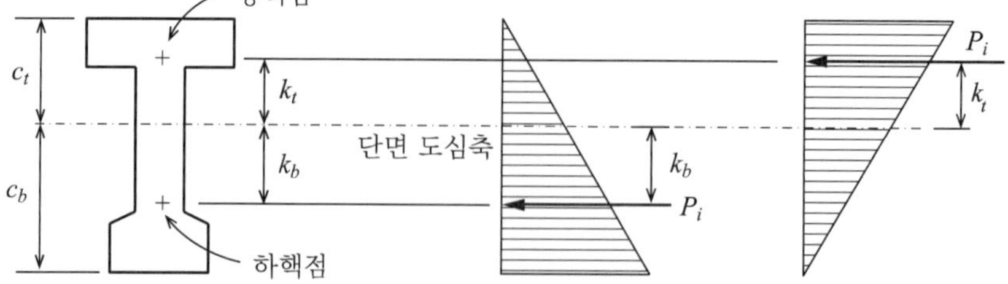

그림 11.16 상핵점과 하핵점 위치

응력 계산에 사용되는 A_c와 I_c 등의 단면 성질 값은 주어진 부재의 실제 상황을 고려하여 결정하여야 한다. 포스트텐션 방식으로 제작되는 부재는 긴장 직후 보통 그라우트를 하여 덕트 안의 공극을 채우고 강재와 콘크리트를 부착시킨다. 식 (11.5-2)를 사용하여 초기응력을 검토할 때는 그라우트를 고려하지 않아야 하지만, 사용하중 상태에서 사용응력을 검토할 때는 덕트 내의 그라우트를 고려하여 전체 단면을 유효 단면적으로 간주하여야 한다. 이때는 철근콘크리트 부재 해석과 동일하게 환산 단면적을 사용하여 응력을 계산하여야 한다. 그러나 덕트가 상당히 크지 않을 경우에는 전체 단면을 기준으로 한 A_c와 I_c를 사용하여도 충분히 만족스런 결과를 산정할 수 있다.

예제 11.5-1 프리스트레스트 사각형 단면 단순보

폭 $b=150\,\text{mm}$이고 깊이 $h=300\,\text{mm}$인 사각형 단면을 갖는 프리스트레스트 콘크리트 단순보가 경간 $l=4\,\text{m}$인 상태에서 사용 활하중 $w_L=10\,\text{kN/m}$을 지지하고 있다. 긴장재는 부재 중심선 아래 편심 $e=65\,\text{mm}$로 배치되어 있다.
(i) 자중과 활하중에 의해 경간 중앙에서 인장응력이 발생하지 않는데 필요한 최소 유효 긴장력 P_e를 구하고, 또한 (ii) 이 P_e일 때 자중 만에 의한 단면 응력 상태를 계산하라.

풀이

단면 성질 – 단면적 : $A_c=bh=150(300)=45\times10^3\,\text{mm}^2$

$$\text{단면2차모멘트 : } I_c=\frac{bh^3}{12}=\frac{150(300)^3}{12}=337.5\times10^6\,\text{mm}^4$$

$$\text{회전반경 : } r^2=I_c/A_c=\frac{337.5\times10^6}{45\times10^3}=7{,}500\,\text{mm}^2$$

하중 – 자중 : $w_o=0.15(0.3)(25)=1.12\,\text{kN/m}$이므로 경간 중앙에서 휨모멘트는

$$M_o=\frac{w_o l^2}{8}=\frac{1.12(4)^2}{8}=2.24\text{ kNm}$$

활하중 : $w_L=10\,\text{kN/m}$

$$M_L=\frac{w_L l^2}{8}=\frac{10(4)^2}{8}=20\text{ kNm}$$

(i) 경간 중앙 단면 하연에서 인장응력이 0이기 위해서는 식 (11.5-4b)로 부터

$$f_b=-\frac{P_e}{45\times10^3}\left(1+\frac{65(150)}{7{,}500}\right)+\frac{(2.24+20)\times10^6\times150}{337.5\times10^6}=0$$

이로부터 소요 최소 유효 프리스트레싱력 $P_e=193\,\text{kN}$이 산출된다.

(ii) 유효 긴장력 $P_e=193\,\text{kN}$일 때 자중에 의한 응력 상태는 식 (11.5-3)에 의해

$$f_t = -\frac{193\times10^3}{45\times10^3}\left(1-\frac{65(150)}{7{,}500}\right)+\frac{(2.24\times10^6)\times150}{337.5\times10^6} = 0.3\,\mathrm{N/mm^2}\ (\text{인장})$$

$$f_b = -\frac{193\times10^3}{45\times10^3}\left(1+\frac{65(150)}{7{,}500}\right)+\frac{(2.24\times10^6)\times150}{337.5\times10^6} = -8.9\,\mathrm{N/mm^2}\ (\text{압축})$$

콘크리트의 인장강도가 대략 $3\,\mathrm{N/mm^2}$인 점을 고려하면 프리스트레스에 의해 상연에서 균열이 발생하지 않는 상태이며, 하연에서도 압축에 충분히 안전한 상태에 놓여 있다. 참고로, 이와 같은 응력 상태에 있게 하는데 소요되는 강재를 대략 계산해 보자. 지름 5mm인 강선(공칭단면적 $19.6\,\mathrm{mm^2}$, 항복강도 $f_{py}=1{,}600\,\mathrm{MPa}$)을 사용하여 $0.85f_{py}$로 긴장하고 손실률이 25%라고 가정하면, $193\times10^3/[0.75(0.85)(19.6)(1{,}600)]=9.65$이므로 10개의 강선이 소요되게 된다. 이 결과를 보통의 철근콘크리트 부재와 비교하여 보면, 고강도 강재를 사용한 프리스트레스트 부재는 매우 우수한 구조 성능을 발휘한다는 것을 알 수 있다.

예제 11.5-2 프리스트레스트 I형 단면 단순보

단순 지지된 보의 단면은 아래 그림과 같이 대칭 I형이며, 프리텐션 방식으로 제작하여 12.2 m 단순 경간으로 설치되어 있다. 이 단순보에는 자중 외에 사용하중(설비물 자중과 사용 활하중) 11 kN/m 이 작용한다. 이 보에는 다중 강연선이 일정 편심으로 직선 배치되어 있으며, 보 중심축에서 강재 단면 도심까지 편심은 $e=198\,\mathrm{mm}$이다. 긴장력 도입 직후의 초기 긴장력은 $P_i=703\,\mathrm{kN}$이고, 시간적 장기 손실 후의 유효 긴장력은 $P_e=596\,\mathrm{kN}$이다. 콘크리트의 기준압축강도는 $f_{ck}=35\,\mathrm{MPa}$이고, 긴장력 도입 때의 강도는 $f_{ck}(t)=26\,\mathrm{MPa}$이다. 이 보의 단면 성질은 다음과 같다

단면적 : $A_c=110\times10^3\,\mathrm{mm^2}$

단면2차모멘트 : $I_c=4.69\times10^9\,\mathrm{mm^4}$

회전반경 : $r^2=42.6\times10^3\,\mathrm{mm^2}$

(i) 긴장력 도입 직후 경간 중앙에서 초기응력 상태를 계산하고, 또한 (ii) 모든 장기 손실이 발생하고 난 후에 사용하중이 작용 할 때의 사용응력 상태를 구하라.

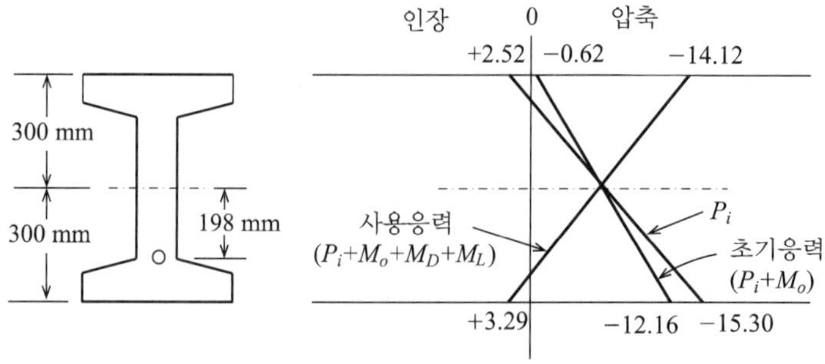

그림 11.17 프리텐션 I형 단면 보 예제

풀이

(i) 긴장력 도입 직후의 초기 긴장력 $P_i = 703\,\text{kN}$에만 의한 응력은 식 (11.5-1)에 의해

$$f_t = -\frac{703\times10^3}{110\times10^3}\left(1-\frac{198(300)}{42.6\times10^3}\right) = +\,2.52\,\text{N/mm}^2 \ (\text{인장})$$

$$f_b = -\frac{703\times10^3}{110\times10^3}\left(1+\frac{198(300)}{42.6\times10^3}\right) = -\,15.30\,\text{N/mm}^2 (\text{압축})$$

도입 때 보의 자중 $w_o = 110\times10^{-3}\times24 = 2.64\,\text{kN/m}$은 순간 작용하게 된다. 이 자중에 의한 경간 중앙의 휨모멘트는

$$M_o = \frac{w_o l^2}{8} = \frac{2.64(12.2)^2}{8} = 49.1\ \text{kNm}$$

이 휨모멘트에 의해 연단 응력이 $(49.1\times10^6)(300)/(42.6\times10^3) = 3.14\,\text{MPa}$ 만큼 발생되므로, 초기 긴장력과 자중에 의한 초기응력은

$$f_t = +2.52-3.14 = -\,0.62\,\text{N/mm}^2 \quad (\text{압축})$$

$$f_b = -15.30+3.14 = -12.16\,\text{N/mm}^2 \ (\text{압축})$$

단면은 압축응력 상태이며 도로교설계기준(한계상태설계법)의 $0.6f_{ck}(t) = 0.6(26) = 15.6\,\text{MPa}$ 제한 응력값 이내에 놓인다.

(ii) 모든 손실이 끝난 후 유효 긴장력 $P_e = 596\,\text{kN}$과 보 자중에 의한 응력은

$$f_t = +2.52\,\frac{596}{703} - 3.14 = -\,1.00\,\text{N/mm}^2 \ (\text{압축})$$

$$f_b = -15.30\,\frac{596}{703} + 3.14 = -\,9.83\,\text{N/mm}^2 (\text{압축})$$

사용하중인 설비물 자중과 활하중에 의해 경간에는 $M_D + M_L = 11(12.2)^2/8 = 205\ \text{kNm}$의 휨모멘트가 발생되며 이로 인해 단면 연단에는 응력 $(205\times10^6)(300)/(42.6\times10^3) = 13.12\,\text{MPa}$가 발생된다. 따라서 중앙 단면의 사용응력은

$$f_t = -1.00-13.12 = -\,14.12\,\text{N/mm}^2 \ (\text{압축})$$

$$f_b = -9.83+13.12 = +\,3.29\,\text{N/mm}^2 \ (\text{인장})$$

이 사용응력은 다음에서 기술하는 사용한계상태의 한계 응력 이내 이어야 한다.

11.5.3 긴장재의 응력

앞에서 콘크리트에 일어나는 응력에 대해 알아보았다. 여기서는 강재에 발생하는 응력을 조사

해 보자. 프리스트레스트 콘크리트 부재에서 긴장과 정착 작업이 완료되는 순간 즉시 손실이 발생되고 동시에 상향 솟음에 따른 부재 자중이 작용하게 되어서 강재는 초기 인장응력 f_{pi}의 크기를 갖는다. 그 후 장기 손실과 외부 하중이 작용하면 강재의 응력은 변한다. 프리스트레스의 시간 의존 손실이 발생하고 난 후에 사용하중이 작용할 때 강재의 응력은 그림 11.18과 같이 변화한다.

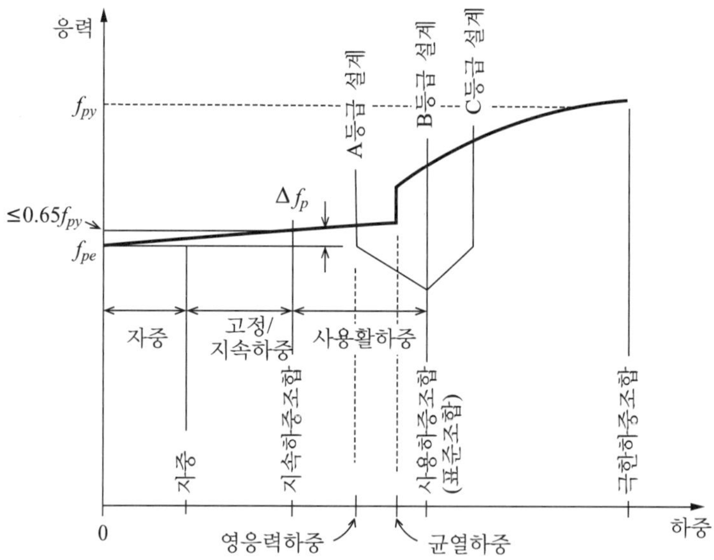

그림 11.18 작용 하중에 의한 강재 응력 변화

사용하중이 작용하게 되면 강재의 응력은 증가한다. 강재와 콘크리트 사이에 부착이 유지되는 경우에는 강재 응력의 증가량은 같은 위치에 있는 콘크리트 응력 증가량의 n배가 된다. 콘크리트 하연 응력이 0으로 되는 **영응력** 하중(decompression load) 단계를 지나 균열이 발생하기 전까지 강재의 응력은 선형으로 계속 증가한다. 균열이 발생하는 균열 하중에서는 강재의 응력이 급격하게 증가한다. 이것은 콘크리트가 담당하고 있었던 인장력이 강재로 옮겨가기 때문이다. 균열 발생 후 강재의 응력은 그 전보다 더 큰 변화율로 증가한다. 항복강도에 도달한 후 강재의 항복 후 성질에 따라 약간의 응력 증가가 일어난다.

(a) 부착된 강재

강재와 주변 콘크리트가 부착된 경우에는 일체로 변형하게 되므로, 강재의 변형률 증가량 $\Delta\varepsilon_p$는 같은 위치의 콘크리트 변형률 변화량 $\Delta\varepsilon_{c,p}$와 같다. 따라서 강재의 응력 변화량 Δf_p는

$$\Delta f_p = \frac{E_p}{E_c}\Delta f_{c,p} = n\Delta f_{c,p} \tag{11.5-7}$$

여기서 n은 탄성계수비이고, $\Delta f_{c,p}$는 강재 위치의 콘크리트 응력 변화량이다. 자중을 포함한 외부 작용 하중에 의한 단면의 휨모멘트가 M_{ext}이라면,

$$\Delta f_p = n\frac{M_{ext}\,e}{I_c} \tag{11.5-8}$$

따라서 강재 응력 f_p는 긴장 응력과 응력 증가량의 합이 된다.

$$f_p = f_{pe} + \Delta f_p \tag{11.5-9}$$

(b) 비부착된 강재

강재와 콘크리트가 부착되지 않는 비부착 강재인 경우에는 콘크리트 응력과 강재 응력이 서로 비례하지 않는다. 마찰 영향을 무시한다면 비부착 강재의 응력은 부재 어느 위치에서나 같을 것이다. 이러한 경우 강재의 응력 증가량은 부재 전 길이에 걸쳐 강재 도심 위치에 있는 콘크리트가 얼마만큼 변형하는가에 따라 달라진다. 외부 작용 하중영향에 의해 M_{ext}를 받고 있는 단면에서 강재 위치의 콘크리트 변형률 변화량 $\Delta\varepsilon_c$는

$$\Delta\varepsilon_{c,p} = \frac{\Delta f_{c,p}}{E_c} = \frac{M_{ext}\,e}{E_c I_c} \tag{11.5-10}$$

부재 전 길이에 걸쳐 강재 위치 콘크리트 신장량(elongation) Δl은

$$\Delta l = \int_0^l \Delta\varepsilon_{c,p}\,dx = \int_0^l \frac{M_{ext}\,e}{E_c I_c}dx \tag{11.5-11}$$

이 콘크리트 신장량 만큼 강재가 늘어나므로 부재 전 길이에 걸친 강재의 평균 변형률 증가량은 $\Delta l/l$가 되어서, 그에 따른 강재 응력 증가량은

$$\Delta f_p = E_p\frac{\Delta l}{l} = \frac{n}{l}\int_0^l \frac{M_{ext}\,e}{I_c}dx \tag{11.5-12}$$

결국, 비부착 강재의 응력 증가량은 길이 방향 거리 x에 따라 변하는 M_{ext}와 강재 편심 e의 함수로 결정된다는 것을 알 수 있다.

(c) 강재의 응력 제한

구조물의 사용 중에 만약 강재가 한번이라도 항복점을 초과하게 되면 잔류 변형이 발생하게 된다. 이 잔류 변형은 구조물의 내구성에 크게 해롭게 하는 큰 균열폭으로 남게 된다. 그러므로 구조물의 사용 기간 중에 어떠한 하중에서도 강재는 항복되지 않도록 설계해야 한다. 이 조건을 만족시키기 위해, 지속하중조합에서 프리스트레스싱 강재의 응력은 모든 손실을 반영한 후 $0.65f_{py}$를 초과하지 않아야 한다고 규정하고 있다.

11.6 사용한계상태

11.6.1 콘크리트 사용 한계 압축응력

크리프는 부재의 변형을 현저하게 증가시키는 주요 인자이며, 압축응력에 비례하여 증가한다. 이 현상은 콘크리트 압축강도의 약 50퍼센트 수준의 응력 까지 유효하고, 그 이상의 응력 수준에서는 그림 2.8에 보인 것처럼 크리프 변형이 비선형으로 크게 증가한다. 이러한 배경 때문에 설계기준에서는 크리프를 유발하는 프리스트레스를 포함한 지속하중조합(사용하중조합-V)에서 콘크리트 압축응력의 한계값을 $0.45f_{ck}$로 제한하고 있다.

콘크리트 압축강도의 약 70퍼센트 수준을 초과는 응력 상태에서는 콘크리트 내부에 미세 균열이 발생하며, 부재에서 콘크리트 압축응력이 과도하게 되면 압축 철근을 따라 쪼갬 균열이 발생될 수 있다. 이러한 균열 발생을 방지하기 위해 유효 프리스트레스를 포함한 표준하중조합(사용하중조합-I)에서 콘크리트 압축응력은 $0.6f_{ck}$를 초과하지 않아야 한다고 규정하고 있다.

11.6.2 콘크리트 사용 한계 인장응력과 균열폭

프리스트레싱 강재는 일반 철근에 비해 부식에 훨씬 민감하다. 이것은 재료적인 것에 일부 기인하지만, 대부분의 이유는 작은 단면으로 훨씬 큰 응력을 감당하기 때문이다. 프리스트레싱 강재는 내구 수명동안 항복강도의 70퍼센트 수준 이상의 응력을 거의 전 구간에 걸쳐 받는 상태이다. 이처럼 프리스트레싱 강재는 일반 철근에 비해 가늘고 작용 응력 수준이 높기 때문에 부식에 훨씬 민감하게 된다. 그러므로 프리스트레스트 콘크리트 부재는 부식에 대해 훨씬 엄격한 제한이 필요하게 되어 한계 균열폭을 작게 규정할 뿐만 아니라 영(0)응력 한계상태 조건이 추가되어 있다.

도로교설계기준(한계상태설계법)에는 콘크리트 구조물을 완전 프리스트레스트 부재부터 일반 철근콘크리트 부재까지 다섯 등급으로 구분하여 사용성 설계를 하도록 정하고 있다. 표 11.4에 정리된 것과 같이, 영(0)응력과 균열폭 한계상태를 설정하고 이를 검증하는 하중조합을 다음과 같이 차별화하여 설계 등급을 정하고 있다.

A 등급 설계 : 표준하중조합(사용하중조합-I)에서 부재 하면에 인장응력을 전혀 허용하지 않는 **완전 프리스트레스트 부재**(full prestressed member) 설계를 말한다. 이 등급으로 설계된 부재는 사용 수명동안 균열이 발생하지 않을 것으로 기대되는 완전한 구조에 해당한다.

B 등급 설계 : 최빈하중조합(사용하중조합-III/IV)에서 부재 하면에 인장응력을 허용하지 않지만, 수명동안 한 두 차례 작용할 수 있는 큰 크기의 표준하중조합(사용하중조합-I)에서 균열 발생을 허용하는 **부분 프리스트레스트 부재**(partial prestressed member) 설계를 말한다. 이 등급으로 설계된 부재는 확률적으로 수명동안 수차례 정도 균열이 발생할 것으로 예측되는 구조에 해당한다.

C 등급 설계 : 지속하중조합(사용하중조합-V)에서 부재 하면에 인장응력이 발생되지 않도록 하는 낮은 단계의 부분 프리스트레스 부재 설계를 말한다. 따라서 사용 활하중이 작용하는 순간마다 인장응력과 균열이 발생되지만, 활하중이 지나가면 균열이 곧바로 닫히는 상태가 된다.

D 등급 설계 : 부재 하면의 인장응력에 대한 제한이 없으며, 균열폭만 작게 제한하는 설계를 말한다. 일반 건물에 사용하는 프리스트레스트 부재에 적용하는 설계이다.

E 등급 설계 : 일반 철근콘크리트 부재에 적용하는 사용성 설계를 말한다.

표 11.4는 설계 등급마다 설정된 구체적인 한계값과 그 검증 하중조합을 나타낸 것이다. 여기서 영(0)응력 한계상태를 검증한다는 것은 긴장재를 중심으로 하여 100 mm이내의 주변 콘크리트에 인장응력이 존재하지 않다는 것을 확인하는 것이다. 이것은 긴장재까지 부식 유해물질의 직접 이동 통로의 차단을 보장하기 위한 의도이지, 최소 피복 두께를 100 mm 확보해야 한다는 의미는 아니다. 세 종류의 사용하중조합에 대해서는 8.2절에서 상세히 설명하였다. 특히, 기존의 강도설계법에서는 사용하중조합에 대한 세분화된 정의가 없었는데 반하여, 한계상태설계법에서는 사용하중을 세 종류의 크기로 엄격하게 구분하여 적용하고 있다.

표 11.4 설계 등급에 따른 사용 한계값과 검증 하중조합(도로교설계기준)

설계 등급	한계상태 검증을 위한 하중조합		표면 한계 균열폭(mm)
	영(0)응력 한계상태	균열폭 한계상태	
A	사용하중조합-I	-	-
B	사용하중조합-III/IV	사용하중조합-I	0.2
C	사용하중조합-V	사용하중조합-III/IV	0.2
D	-	사용하중조합-III/IV	0.2
E	-	사용하중조합-V	0.3

표 11.5 노출 환경에 따라 요구되는 최소 설계 등급(도로교설계기준)

노출 환경	최소 설계 등급			
	포스트텐션	프리텐션	비부착 프리스트레싱	철근콘크리트
옥내 또는 영구적 수중 환경 (EC1)	D	D	E	E
습기 또는 물과 장기간 접촉 환경 (EC2, EC3, EC4)	C	C	E	E
염화물 또는 해수에 노출된 환경 (ED1,ED2, ED3 ES1, ES2, ES3)	C	B	E	E

도로교설계기준(한계상태설계법)에서는 구조물의 종류와 노출 환경에 따라 요구되는 최소 설계 등급을 표 11.5와 같이 규정하고 있다. 대표적인 예로, 일반적인 습윤 환경에 장기간 노출되는 프리스트레스트 콘크리트 교량 거더의 최소 설계 등급은 C이어야 한다. 이 설계 등급-C는 지속하중조합(사용하중조합-V)에서 부재 하면 콘크리트에 인장응력을 허용하지 않는 영응력 한계상태를 만족하여야 하며, 동시에 최빈하중조합(사용하중조합-III)에서 균열이 허용되고 그 폭은 0.2 mm이내 이어야 한다. 그러나 염화물 등과 같은 고부식성 환경에 노출된 구조라면 더 큰 하중인 최빈하중조합(사용하중조합-III)에서 영응력을 확보하여야 하며 동시에 표준하중조합에서 폭 0.2 mm의 균열을 허용하고 있다.

교량 구조에서 지속하중조합은 통행 차량하중이 포함되지 않고 온도 하중의 영향은 포함한다. 부착된 긴장재를 갖는 프리스트레스트 부재에서 균열폭을 검증할 때도 간접변형하중에 의한 2차응력을 포함한다. 비부착 긴장재만 배치된 프리스트레스트 부재는 철근콘크리트 부재의 요구 조건을 적용한다. 비부착 긴장재와 부착 긴장재가 혼합되어 배치된 부재는 부착 부재의 요구 조건을 적용해야 한다. 왜냐하면 부착 긴장재의 사용성 요구 조건은 우선적으로 만족되어야 하기 때문이다.

표 11.6 철근에 대한 PS 강재의 부착 성능 비 ξ

PS 강재	부착강도 비 ξ		
	프리텐션 강재	부착된 포스트텐션 강재	
		≤ 40 MPa	> 40 MPa
원형 강봉과 강선	사용되지 않음	0.3	0.15
강연선	0.6	0.5	0.25
이형 강선	0.7	0.6	0.3
이형 강봉	0.8	0.7	0.35

프리스트레스트 콘크리트 부재의 균열폭을 산정하는 방법은 8.4.4절에서 기술된 철근콘크리트 부재의 균열폭 계산 방법과 동일하다. 다만 프리스트레싱 강재가 추가되기 때문에 식 (8.4-7)의 유효 인장 철근비를 다음과 같이 수정하여 적용해야 한다.

$$\rho_e = \frac{A_s + \xi_1 A_p}{A_{cte}} \tag{11.6-1}$$

이 ρ_e는 유효 철근비로서, A_s와 A_p는 콘크리트 유효 인장 단면적 A_{cte} 내에 있는 철근과 프리스트레싱 강재의 단면적이다. 여기서 ξ_1은 강재의 부착 성능 계수로서, 강재의 표면 상태와 지름이 일반 철근과 차이가 있어 부착 성능이 달라지는 것을 반영하기 위한 것이며 다음 식으로 주어진다.

$$\xi_1 = \sqrt{\xi(d_b/d_p)} \tag{11.6-2}$$

여기서 d_b와 d_p는 각각 철근과 강재의 지름이고 ξ는 표 11.6에 주어진 강재의 부착 강도비이다. 만약 일반 철근이 배치되어 있지 않고 강재만 배치된 경우라면 $\xi_1 = \sqrt{\xi}$ 가 된다. 프리스트레스 강재의 부착에 대한 정보가 전혀 없는 경우이거나 간편한 설계를 할 경우에 $\xi_1 = 0.5$를 적용할 수 있다.

또한, 균열 간격 s_k을 산정하는 식 (8.4-9)는 부착되지 않은 강재가 배치된 부재에는 적용할 수가 없다. 이런 경우에는 콘크리트에 균열이 발생하였다고 간주하고 단면 해석을 수행하여 중립축 깊이 c를 구한다. 이때 균열은 중립축까지 발생한 상태이며 균열 높이는 $h-c$가 된다. 경험에 의하면 비부착 강재가 배치된 부재의 균열 간격은 균열 높이의 1배에서 2배 사이에 놓인다고 한다. 따라서 다음과 같이 균열 간격을 정할 수 있다.

$$s_{\max} = 1.3(h-c) \tag{11.6-3}$$

다른 일반 고정하중과 동일하게, 긴장력의 변동 가능성을 고려하여 유리한 영향과 불리한 영향을 반영하는 하중계수를 적용하여 사용한계상태를 검증할 수 있다. 즉, 프리스트레스 힘은 두 가지 계수(설계)값을 사용한다.

$$P_{d,h} = \gamma_{ps,h}\, P_m \tag{11.6-4a}$$

$$P_{d,l} = \gamma_{ps,l}\, P_m \tag{11.6-4b}$$

여기서 P_m은 평균 긴장력이다. $P_{d,h}$는 불리한 경우에 사용하는 계수긴장력이며 $P_{d,l}$은 유리한 경우 계수긴장력이고, $\gamma_{ps,h}$와 $\gamma_{ps,l}$은 해당 하중계수이며, 다음과 같은 값을 갖는다.

프리텐션 부재와 비부착 강선 : $\gamma_{ps,h} = 1.05$, $\gamma_{ps,l} = 0.95$

포스트텐션 부재와 부착 강선 : $\gamma_{ps,h} = 1.10$, $\gamma_{ps,l} = 0.90$

그러나 사용한계상태 검증에서 긴장력의 유리한 영향과 불리한 영향 경우를 판별하기 쉽지 않으며, 더욱이 설계기준에서 이에 대해 특별히 규정된 내용을 찾을 수 없다. 따라서 일반적인 상황에서 긴장 작업을 정밀하게 수행하는 경우에 한정하여 $\gamma_{ps,h}$와 $\gamma_{ps,l}$를 1.0으로 할 수 있다.

예제 11.6-1 프리텐션 I형 단면 합성 거더의 사용한계상태 검증

대부분의 교량 상부 구조물은 미리 만들어 놓은 프리캐스트 거더를 소정의 위치에 가설한 후 현장에서 바닥 슬래브를 이어쳐서 완성한다. 이러한 구조를 합성 구조 또는 합성 거더라 한다. 아래 그림과 같은 프리텐션한 프리캐스트(PC) 거더에 현장 타설 바닥 슬래브를 합성시킨 프리스트레스트 I형 단면 부재의 응력 상태를 조사해 보자. 이 거더는 단순 지지되어 있으며, 단면 성질은 그림에 나타낸 것과 같다. 프리스트레싱 강재는 공칭지름이 $15.2\,\text{mm}$인 강연선(7연선) 29개를 몇 개의 층으로 직선 배치하였으며 그 도심은 그림에 나타낸 것과 같다. 강연선 한 개의 공칭단면적은 $138.7\,\text{mm}^2$(총 강재량 $A_p = 29 \times 138.7 = 4{,}022\,\text{mm}^2$)이고, 항복강도 $f_{py} = 1{,}470\ \text{MPa}$, 인장강도 $f_{pu} = 1{,}670\ \text{MPa}$이며 탄성계수 $E_p = 195\ \text{GPa}$이다. 최초 재킹 긴장 응력은 $0.85 f_{py}$이다. PC 거더와 슬래브에 사용된 콘크리트의 기준압축강도는 각각 $f_{ck} = 40\ \text{MPa}$과 $f_{ck} = 30\ \text{MPa}$이다. 초기 긴장은 거더 콘크리트 강도가 $30\ \text{MPa}$ 발현될 때 수행하였다. 거더 자중, 슬래브 자중, 및 설비 하중(포장, 난간 등)에 의한 경간 중앙 휨모멘트는 각각 $M_o = 465\,\text{kNm}$, $M_{D1} = 360\,\text{kNm}$ 및 $M_{D2} = 215\,\text{kNm}$이고, 사용 최빈 활하중과 표준 활하중에 의한 경간 중앙 휨모멘트는 각각 $M_L = 1{,}120\,\text{kNm}$과 $M_L = 1{,}400\,\text{kNm}$이다.
이 거더에 (i) 긴장력이 도입될 때의 응력 상태와 (ii) 최종 사용하중에서 응력 상태를 검토하라.
프리스트레싱력에 대한 하중계수는 1.0을 적용한다.

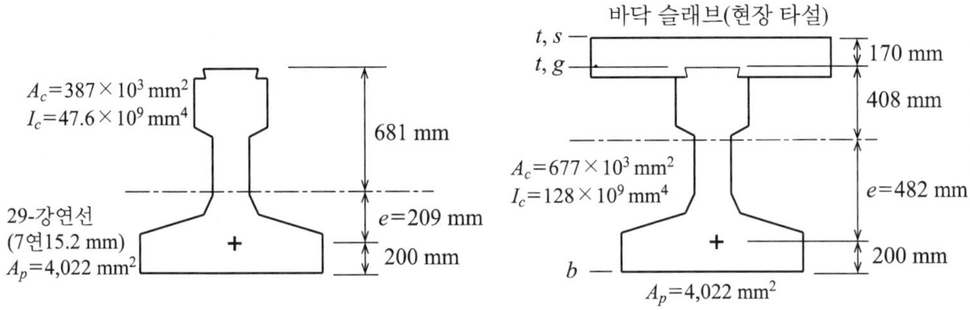

그림 11.19 프리스트레스트 I형 단면 합성 거더 예제

풀이

(i) 프리스트레스 도입 때 경간 중앙 단면 응력 상태

초기 긴장력 P_i 산정 : 프리텐션이므로 마찰 손실과 활동 손실이 발생하지 않고 탄성 수축 손실만 발생한다. 최초 긴장력 P_o는 $0.85(1{,}470)(4{,}022)\times10^{-3}=5{,}025\,\text{kN}$이므로, 자중을 고려하지 않고 긴장재 위치 콘크리트 응력은 식 (11.4-13)에 따라

$$f_{c,p}=\frac{5{,}025\times10^3}{387\times10^3}+\frac{5{,}025\times10^3\times209^2}{47.6\times10^9}=17.6\,\text{MPa}$$

프리스트레스 도입 당시에 발현된 콘크리트 강도가 30 MPa이므로, $E_c(t)=27.5\,\text{GPa}$가 되어(표 2.3 참조) $n=195/27.5=7.1$이다. 탄성 수축 손실은 식 (11.4-17)에 따라

$$\Delta P_{el}=\frac{4{,}022(7.1)(17.6)\times10^{-3}}{1+7.1\dfrac{4{,}022}{387\times10^3}\left(1+\dfrac{209^2(387\times10^3)}{47.6\times10^9}\right)}=456\,\text{kN}$$

따라서 즉시 손실이 완료된 후의 초기 긴장력은 $P_i=5{,}025-456=4{,}569\,\text{kN}$가 된다. 이 손실량은 거더 자중에 의한 응력을 반영하지 않은 손실이다. 자중의 영향을 고려하면 콘크리트 응력 $f_{c,p}$ 크기를 감소시키기 때문에 더 작은 손실량이 산출된다. 따라서 설계 관점에서 자중을 고려하지 않는 것이 더 안전측 결과가 된다.

초기응력 산정 : 초기 긴장력 $P_i=4{,}569\,\text{kN}$과 자중($M_o=465\,\text{kNm}$)에 의한 응력 상태는 식 (11.5-2)에 의해, 여기서 $r^2=(47.6\times10^9)/(387\times10^3)=123\times10^3$ 이므로

$$f_t=-\frac{4{,}569\times10^3}{387\times10^3}\left(1-\frac{209(681)}{123\times10^3}\right)-\frac{(465\times10^6)\times681}{47.6\times10^9}=-4.8\,\text{N/mm}^2\ (\text{압축})$$

$$f_b=-\frac{4{,}569\times10^3}{387\times10^3}\left(1+\frac{209(409)}{123\times10^3}\right)+\frac{(465\times10^6)\times409}{47.6\times10^9}=-16.0\,\text{N/mm}^2\ (\text{압축})$$

단면 전체가 압축 상태에 놓이며, 초기 한계 압축응력 $0.6f_{ck}(t)=18\,\text{N/mm}^2$이내에 있다.

(ii) 사용 상태에서 최종 응력

유효 긴장력 P_e 산정 :

① 단면의 개념치수는 평균 두께의 대략 절반에 해당하므로 여기서는 $h_m = 150\text{ mm}$으로 가정할 수 있으며, 옥외 구조물이므로, 표 2.5로부터 최종 건조수축 변형률은 $\varepsilon_{sh} = 325 \times 10^{-6}$로 결정한다.

② 프리스트레스와 지속하중이 재하되기 시작한 재령을 15일로 간주하고, 옥외 습윤한 대기 환경, 단면의 평균 개념치수 $h_m = 150\text{ mm}$로 가정하여 표 2.4로 부터 최종 크리프계수 $\varphi(\infty, t_o) = 2.3$으로 읽을 수 있다.

③ 즉시 손실 후 초기 긴장력 $P_i = 4{,}569\text{ kN}$에 의한 강재의 초기 인장응력은 $f_{pi} = 4{,}569 \times 10^3 / 4{,}022 = 1{,}136\text{ MPa}$이고 인장강도는 $f_{pu} = 1{,}670\text{ MPa}$이므로, 응력비 $\mu = 1{,}136/1{,}670 = 0.68$이다. 따라서 저 릴랙세이션 강연선의 손실률은 식 (11.3-2b)에 의해

$$\frac{\Delta f_{pr}}{f_{pi}} = 0.66 \times 2.5 \times e^{(9.1 \times 0.68)} \times \left(\frac{500{,}000}{1{,}000}\right)^{0.75(1-0.68)} \times 10^{-3} = 3.6\%$$

따라서 릴랙세이션 응력 손실량은 $\Delta f_{pr} = 1{,}136(0.036) = 40.9\text{ MPa}$가 된다.

④ 크리프에 영향을 미치는 하중은 지속하중이다. 여기서 장기간 작용하는 지속하중으로는 초기 긴장력 $P_i = 4{,}569\text{ kN}$, 거더 자중 $M_o = 465\text{ kNm}$과 슬래브 자중 $M_{D1} = 360\text{ kNm}$이다. 이에 의한 긴장재 위치의 콘크리트 응력 $f_{c,p}$는

$$\begin{aligned} f_{c,p(V)} &= \frac{P_i}{A_c} + \frac{P_i e^2}{I_c} - \frac{(M_o + M_{D1})e}{I_c} \\ &= \frac{4{,}569 \times 10^3}{387 \times 10^3} + \frac{4{,}569 \times 10^3 \times 209^2}{47.6 \times 10^9} - \frac{(465 + 360) \times 10^6 \times 209}{47.6 \times 10^9} \\ &= 11.81 + 4.19 - 3.62 = 12.38\text{ N/mm}^2 \end{aligned}$$

이 응력은 $0.45 f_{ck} = 18\text{ MPa}$보다 작아서 비선형 크리프에 대해 안전한 상태이다. 여기서 현장 타설로 이어친 슬래브 자중은 굳지 않는 상태에서 부터 거더 자체가 담당해야 하는 고정하중에 불과하다. 즉, 슬래브 자중은 합성 단면으로 저항하지 못한다. 또한, 설비 하중(포장, 난간, 배관 등)을 지속하중으로 간주하여 위 계산에 포함할 수도 있다. 만약 설비 하중을 고려한다면 지속응력이 더 작아져서 크리프 손실이 작아진다. 따라서 설계 관점에서 설비 하중을 지속하중에 포함하지 않는 것이 더 안전한 결과가 산출된다.

⑤ 경간 중앙에서 총 장기 손실 : 탄성계수비 $n = E_p/E_c = 195/30 = 6.5$와 함께 식 (11.4-28)에 따라

$$\Delta f_{p,c+s+r} = \frac{325 \times 10^{-6} \times 195 \times 10^3 + 0.8(40.9) + 6.5(2.3)(12.38)}{1 + 6.5\left(\frac{4{,}022}{387 \times 10^3}\right)\left(1 + \frac{387 \times 10^3 \times 209^2}{47.6 \times 10^9}\right)(1 + 0.8 \times 2.3)} = 223\text{ N/mm}^2$$

따라서 장기 손실량은 $\Delta P_{c+s+r} = 223(4{,}022) \times 10^{-3} = 897\text{ kN}$가 되며, 유효 긴장력은 $P_e = 4{,}569 - 897 = 3{,}672\text{ kN}$이다. 이것은 도입 긴장력 $P_o = 5{,}025\text{kN}$에서 27% 손실량이다.

⑥ 사용하중조합에서 단면 응력 : 유효 긴장력 $P_e = 3{,}672\,\text{kN}$, 거더 자중 $M_o = 465\,\text{kNm}$, 슬래브 자중 $M_{D1} = 360\,\text{kNm}$, 설비 하중 $M_{D2} = 215\,\text{kNm}$와 사용 최빈 활하중 $M_L = 1{,}120\,\text{kNm}$의 조합하중(최빈하중조합으로서 도로교설계기준 사용하중조합-III에 해당)에 의한 거더 단면의 응력을 계산할 때, 거더 자중과 슬래브 자중은 거더 자체 단면에 의해 지지되고, 현장 타설한 슬래브의 강도 발현으로 거더와 합성된 이후에 작용하는 설비 하중과 활하중은 합성 단면이 저항한다. 따라서 최빈하중조합에서 거더 상연의 응력 $f_{t,g}$는

$$f_{t,g} = -\underset{(\text{프리스트레스})}{\frac{P_e}{A_c}\left(1-\frac{e\,c_t}{r^2}\right)} - \underset{(\text{거더 단면})}{\frac{(M_o+M_{D1})\,c_t}{I_c}} - \underset{(\text{합성 단면})}{\frac{(M_{D2}+M_L)c_{t,g}}{I_c}}$$

$$= -\frac{3{,}672\times10^3}{387\times10^3}\left(1-\frac{209(681)}{123\times10^3}\right) - \frac{(465+360)\times10^6\times681}{47.6\times10^9} - \frac{(215+1{,}120)\times10^6\times408}{128\times10^9}$$

$$= 1.49 - 11.80 - 4.26 = -14.57\,\text{N/mm}^2 \ (\text{압축})$$

거더 하연의 응력 f_b는

$$f_b = -\underset{(\text{프리스트레스})}{\frac{P_e}{A_c}\left(1+\frac{e\,c_b}{r^2}\right)} + \underset{(\text{거더 단면})}{\frac{(M_o+M_{D1})\,c_b}{I_c}} + \underset{(\text{합성 단면})}{\frac{(M_{D2}+M_L)c_b}{I_c}}$$

$$= -\frac{3{,}672\times10^3}{387\times10^3}\left(1+\frac{209(409)}{123\times10^3}\right) + \frac{(465+360)\times10^6\times409}{47.6\times10^9} + \frac{(215+1{,}120)\times10^6\times682}{128\times10^9}$$

$$= -16.08 + 7.09 + 7.11 = -1.88\,\text{N/mm}^2 \ (\text{압축})$$

현장 타설된 슬래브는 합성 된 이후에 작용하는 설비 하중과 활하중만을 합성 단면의 일부로 저항한다. 슬래브 자중은 거더가 저항하고 있는 상태이기 때문에 슬래브에는 자기 자중에 의한 응력이 유발되지 않는다. 따라서 슬래브 상연의 응력 $f_{t,s}$는

$$f_{t,s} = -\underset{(\text{합성 단면})}{\frac{(M_{D2}+M_L)c_{t,s}}{I_c}} = -\frac{(215+1{,}120)\times10^6\times578}{128\times10^9} = -6.03\,\text{N/mm}^2 \ (\text{압축})$$

⑦ 지속하중조합에 의한 응력 : 설비 하중을 지속하중으로 간주하면,

$$f_{t,g} = 1.49 - 11.80 - 0.69\left(\frac{215}{215+1{,}120}\right) = -10.42\,\text{N/mm}^2 \ (\text{압축})$$

$$f_b = -16.08 + 7.09 + 1.15\left(\frac{215}{215+1{,}120}\right) = -8.80\,\text{N/mm}^2 \ (\text{압축})$$

$$f_{t,s} = -\frac{M_{D2}c_{t,s}}{I_c} = -\frac{215\times10^6\times578}{128\times10^9} = -0.97\,\text{N/mm}^2 \ (\text{압축})$$

콘크리트 압축응력은 지속하중조합에서 $0.45f_{ck} = -18\,\text{N/mm}^2$ 제한 조건에 만족하고 있다.

⑧ 표준하중조합에서 단면 응력은

$$f_{t,g} = 1.49 - 11.80 - 4.26\left(\frac{215+1,400}{215+1,120}\right) = -15.46\,\mathrm{N/mm^2}\ (\text{압축})$$

$$f_b = -16.08 + 7.09 + 7.11\left(\frac{215+1,400}{215+1,120}\right) = -0.39\,\mathrm{N/mm^2}\ (\text{압축})$$

$$f_{t,s} = -6.03\left(\frac{215+1,400}{215+1,120}\right) = -7.29\,\mathrm{N/mm^2}\ (\text{압축})$$

거더 상면의 압축응력 제한 $0.6f_{ck} = -24\,\mathrm{N/mm^2}$을 만족하고 하면의 콘크리트도 압축 상태에 놓여 있으므로 사용성 요구 조건을 충분히 만족하고 있다.

11.6.3 처짐

프리스트레스 공법을 적용하여 만든 긴 경간의 세장(slender)한 부재의 처짐은 조심스럽게 다뤄야 한다. 프리스트레스트 콘크리트 부재 설계 때 다른 모든 설계 요구 조건을 만족시키는 부재가 과도한 처짐으로 인해 사용성 요구 조건을 만족시키지 못하는 경우가 많다. 종종 프리스트레스에 의한 부재의 지나친 처짐은 인접 부재와의 변형 차이를 야기하여 문제가 되는 수가 있다. 이러한 문제는 실계에서 적절히 고려하여 해결할 수 있다.

프리스트레스가 처음으로 작용하면, 부재는 보통 위로 솟음이 발생한다. 시간이 지남에 따라 건조수축과 크리프로 인해 프리스트레스 힘이 점차 감소한다. 이러한 힘의 감소에도 불구하고 솟음은 더 증가한다. 이것은 높은 압축을 받는 하연의 크리프 변형량이 상연의 크리프 변형량보다 크게 되는 차등 크리프(differential creep)에 기인한 것이다. 이 솟음은 이후 고정하중과 활하중이 작용하면 일부 또는 전부 소멸되어 0이거나 하향 처짐이 발생한다. 그러므로 처짐량을 산정할 때 하중이 작용하는 시점의 콘크리트 재령과 지속 기간에 대해 주의를 기울여야 한다.

처짐 산정은 과업에서 요구되는 정밀도에 따라 몇 가지 방법을 사용할 수 있다. 어떤 경우에는 지간-깊이비 간접 제한 방법으로 사용성을 만족시키는 설계를 할 수 있다. 반면에, 특별한 경우로 장경간 교량에서는 모든 하중 단계마다 가능한 모든 자료를 이용하여 일정 시간 단계마다 계산된 처짐 변화량을 누적하는 방법으로 처짐을 구한다. 이 시간 단계별 누적 방법에서는 매 시간 단계마다 긴장력, 재료 성질과 하중에 대한 시간 의존적 변화량을 파악하여야 한다. 일반적으로 대부분의 프리스트레스트 부재의 경우 직접적으로 처짐을 산정해서 규정된 한계 처짐량과 비교해서 검증해야 한다. 여기서는 일반적인 상황에서 상당히 정밀하다고 알려진 근사법에 대해서만 기술한다.

보통 설계에서 일차적으로 검토해야 할 주요 처짐은 초기 긴장력 P_i와 자중이 작용하는 초기 단계와, 시간 의존 손실에 따른 유효 긴장력 P_e와 사용하중이 작용하는 단계이다. 처짐은 지속적으로 작용하는 프리스트레스와 다른 지속하중에 기인한 크리프 양에 비례하여 간단하게 수정하는 방법으로 구할 수 있다.

초기 긴장력에 의한 처짐 Δ_{pi}는 부재 길이에 따라 변하는 프리스트레스 휨모멘트도를 바탕으로 모멘트-면적법과 중첩법의 원리를 적용하여 구할 수 있다. 정역학적 단순보에서 프리스트레스 휨모멘트도는 편심의 변화와 동일한 형상을 갖으며, 부정정 연속보에서는 강재의 도심선 대신에 압축 합력선까지 편심 변화와 동일한 형상이 된다. 거더 자중에 의한 하향 처짐 Δ_o는 자중의 등분포 하중에 의한 처짐이기 때문에 쉽게 계산할 수 있다. 따라서 프리스트레스가 도입된 직후의 **초기 처짐**은

$$\Delta = -\Delta_{pi} + \Delta_o \tag{11.6-5}$$

여기서 음수 표시는 상향 처짐을 의미한다.

시간이 지남에 따라 손실이 발생하여 초기 긴장력 P_i는 유효 긴장력 P_e로 감소되면서 장기 처짐(long-term deflection)이 생긴다. 실제로 크리프로 인한 손실은 점진적으로 발생된다. 따라서 많은 시간 간격으로 나누어 단계별 계산으로 누적해야 하지만, 간편한 계산을 위해서, 프리스트레스 초기값과 최종 유효값의 중간값에 해당하는 응력 크기로 장기간 일정한 상태에서 크리프가 발생한다고 단순하게 가정한다면, 프리스트레스 만에 의한 총 처짐량은

$$\Delta = -\Delta_{pe} - \varphi(\infty, t_o)\frac{\Delta_{pi} + \Delta_{pe}}{2} \tag{11.6-6}$$

여기서 $$\Delta_{pe} = \Delta_{pi}\frac{P_e}{P_i}$$

그리고 $\varphi(\infty, t_o)$는 최종 크리프계수로 표 2.4에 주어진 값을 사용할 수 있다.

거더 자중에 의한 장기 처짐도 크리프에 의해 증가되며, 그 증가량은 즉시 처짐 Δ_o에 최종 크리프계수를 곱하여 얻을 수 있다. 따라서 유효 긴장력과 자중에 의한 장기 처짐량은

$$\Delta = -\Delta_{pe} - \varphi(\infty, t_o)\frac{\Delta_{pi} + \Delta_{pe}}{2} + [1 + \varphi(\infty, t_o)]\,\Delta_o \tag{11.6-7}$$

설비 하중과 사용 활하중에 의한 추가적 장기 처짐량은 위 식에 더하여 거더의 총 장기 처짐

량을 계산할 수 있다. 이때 설비 하중은 지속하중으로 분류하여 크리프계수의 영향을 반영하여야 하고, 사용 활하중은 순간 하중으로 크리프의 영향을 반영하지 않는다. 즉,

$$\Delta = -\Delta_{pe} - \varphi(\infty, t_o)\frac{\Delta_{pi} + \Delta_{pe}}{2} + [1 + \varphi(\infty, t_o)](\Delta_o + \Delta_D) + \Delta_L \qquad (11.6\text{-}8)$$

여기서 Δ_D와 Δ_L은 각각 설비 하중과 활하중에 의한 즉시 처짐이다.

이렇게 프리스트레스트 부재의 처짐을 계산할 때 사용하는 휨강성은 단면에 균열 발생 여부에 따라 달라진다. 표준하중조합은 구조물의 수명동안 한 두번 정도 발생 가능한 매우 큰 하중에 해당한다. 이 하중조합에서 비균열 단면 해석으로 구한 최대 인장응력이 콘크리트 인장강도 미만이라면 사용 수명동안 균열이 발생하지 않는다고 간주할 할 수 있을 것이다. 따라서 비균열 단면 성질을 바탕으로 한 휨강성을 적용한다. 반면에 표준하중조합에서 단면 최대 인장응력이 인장강도를 초과하면 균열 단면 성질을 바탕으로 한 휨강성을 적용해야 한다.

예제 11.6-2 프리스트레스트 콘크리트 부재의 처짐 산정

아래 그림과 같이 경간 12 m 이며 T형 단면인 단순보에 초기 긴장력 $P_i = 1{,}400\,\mathrm{kN}$ 인 강재가 포물선으로 배치되어 있다. 경간 중앙에서 중심선으로부터 편심은 아래로 195 mm 이며 받침점 단면에서는 위로 75 mm 이다. 장기 손실로 인해 감소되고 난 최종 유효 긴장력은 $P_e = 1{,}190\,\mathrm{kN}$ 이다. 보의 자중 $w_o = 4.8\,\mathrm{kN/m}$ 외에 표준 활하중 $w_L = 13.0\,\mathrm{kN/m}$ 이 작용하고 있다. 모든 하중 단계에서 이 보의 처짐을 산정하라. 최종 크리프계수 $\varphi(\infty, t_o) = 2.0$를 그리고 탄성계수 $E_c = 28\,\mathrm{GPa}$를 사용한다.

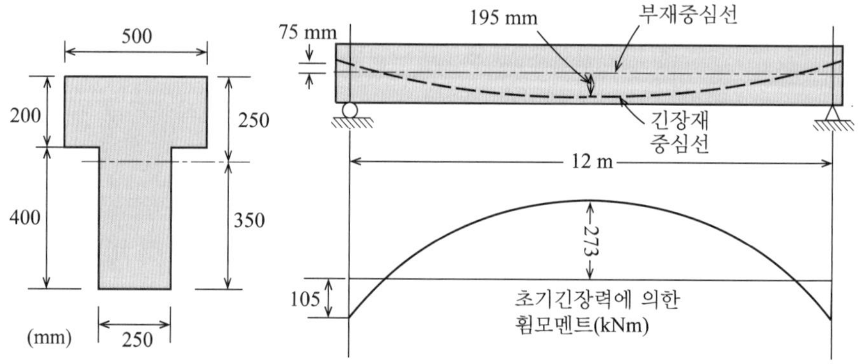

그림 11.20 프리스트레스트 보의 처짐 산정 예제 [참고문헌 11.7]

풀이

유효 긴장력+자중+표준 활하중의 조합에서 단면 하연에 1.0 MPa의 압축응력이 발생한다. 따라서 이보는 수명동안 균열이 발생하지 않는다고 간주하여 처짐 산정은 비균열 단면 성질을 적용한다.

전단면 2차모멘트는 $I_c = 6.172 \times 10^9 \,\mathrm{mm}^4$이 된다. 간편한 계산을 위해 각 하중마다 별도로 처짐을 구해 나중에 중첩시키자.

초기 긴장력 $P_i = 1{,}400\,\mathrm{kN}$에 의한 휨모멘트도는 그림에 나타낸 것과 같으므로 이에 따른처짐은

$$\Delta_{pi} = \frac{[-378(6)(2/3)(6)(5/8) + 105 \times 6^2/2] \times 10^{12}}{28 \times 10^3 \times 6.172 \times 10^9} = -21.9\,\mathrm{mm} \quad (솟음)$$

보의 자중에 의한 하향 처짐량은 잘 알려진 등분포 하중에 의한 처짐 공식으로

$$\Delta_o = \frac{5w_o l^4}{384 E_c I_c} = \frac{5(4.8)(12^4) \times 10^{12}}{384(28 \times 10^3)(6.172 \times 10^9)} = 7.5\,\mathrm{mm}$$

긴장력이 도입된 직후의 초기 즉시 처짐은

$$\Delta_{pi} + \Delta_o = -21.9 + 7.5 = -14.4\,\mathrm{mm} \quad (솟음)$$

장기 손실 후 긴장력은 유효 긴장력 $P_e = 1{,}190\,\mathrm{kN}$로 감소하였기 때문에 긴장력으로 인한 처짐도 감소한다.

$$\Delta_{pe} = -21.9\frac{1{,}190}{1{,}400} = -18.6\,\mathrm{mm}$$

따라서 장기 손실 후 유효 긴장력과 자중에 의한 장기 처짐량은

$$\Delta = -18.6 - \frac{21.9 + 18.6}{2} \times 2.0 + 7.5(1 + 2.0) = -36.6\,\mathrm{mm} \quad (솟음)$$

긴장력이 감소했음에도 불구하고, 솟음량이 크게 증가했다는 것을 볼 수 있다.
마지막으로 사용 활하중까지 모든 하중이 작용하는 장기 처짐량은

$$\Delta = -36.6 + 7.5\frac{13.0}{4.8} = -16.3\,\mathrm{mm}$$

활하중이 작용하는 순간에도 솟음이 발생된 상태이며 $l/1{,}358$에 해당한다.

11.7 극한한계상태

11.7.1 설계휨강도

사용성 요구 조건에 만족하도록 설계된 프리스트레스트 콘크리트 부재는 극한한계상태에서 작용하는 계수하중영향에 충분히 저항할 수 있는지를 검토하여야 한다. 프리스트레스트 콘크리트 부재의 휨에 대한 설계는 가장 위험한 하중조합에 의한 계수휨모멘트 M_u가 부재의 설계휨강도 M_d를 초과하지 않는다는 것을 검증해야 한다. 이때 철근콘크리트 부재의 극한한계상

태 검증 때와 동일한 하중계수와 재료계수를 적용한다.

프리스트레스트 콘크리트 부재에 하중이 작용하여 인장 연단의 응력이 콘크리트 인장강도에 도달하면 균열이 발생하여서 강재의 인장력이 급작하게 증가한다. 왜냐하면 균열 전에 콘크리트가 저항했던 인장력을 강재가 모두 담당해야 하기 때문이다. 균열 발생 이후의 프리스트레스트 보의 거동은 근본적으로 철근콘크리트 보의 거동과 동일하게 된다. 단면 인장 영역의 콘크리트는 더 이상 인장에 저항하지 못하는 균열 단면 거동을 한다. 하중이 더욱 증가함에 따라 단면의 압축 영역의 응력 분포는 선형 탄성 삼각형 분포에서 점차 비선형 분포로 변하여, 종국에는 압축 연단의 콘크리트가 극한한계변형률 ε_{cu}에 도달하면 부재는 파괴된다. 즉, 프리스트레스트 콘크리트 보의 극한한계상태는 5.3절에서 기술한 철근콘크리트 보의 극한한계상태와 정확하게 동일하며, 극한한계상태에서 콘크리트 압축 영역의 응력 분포도 p-r 곡선 형태가 된다. 따라서 프리스트레스트 콘크리트 부재의 극한한계상태는 철근콘크리트 부재에 적용하는 것과 같으며, 동일한 단면 변형 적합 조건을 그대로 적용하여 설계휨강도 M_d를 산정한다.

다만, 그림 11.21(b)에 나타낸 것과 같이 극한한계상태의 변형 적합 조건은 긴장재 위치 콘크리트의 영변형률(또는 영응력)부터 잰 변형률 $\Delta\varepsilon_p$를 기준으로 하여야 한다. 따라서 극한한계상태에서 강재의 변형률 ε_p는 프리스트레스에 의한 강재의 선행 변형률 ε_{po}와 추가 변형률 $\Delta\varepsilon_p$의 합으로 나타난다.

$$\varepsilon_p = \varepsilon_{po} + \Delta\varepsilon_p \tag{11.7-1}$$

여기서 ε_{po}는 강재의 선행 변형률로 유효 긴장 응력 f_{pe}를 기준으로 한 변형률이다. 즉,

$$\varepsilon_{po} = \frac{f_{pe}}{E_p} \tag{11.7-2}$$

극한한계상태에서 강재의 응력은 응력-변형률 곡선에서 변형률 ε_p에 해당하는 인장응력 f_p를 취하여 강재의 인장력 T_p를 산정한다. 그림 11.9에 보인 강재의 응력-변형률 곡선에서 항복 후 경사 곡선과 항복 후 수평 곡선인 두 가지 설계 곡선을 사용하여 강재의 응력을 결정 할 수 있다. 일반적으로 휨강도를 산정할 때는 수평 설계 곡선을 사용한다. 이때 강재의 인장력 T_p는

$$\varepsilon_p \leq \varepsilon_{pyd} : \quad T_p = \varepsilon_p E_p A_p \tag{11.7-3a}$$

$$\varepsilon_p > \varepsilon_{pyd} : \quad T_p = f_{pyd} A_p \tag{11.7-3b}$$

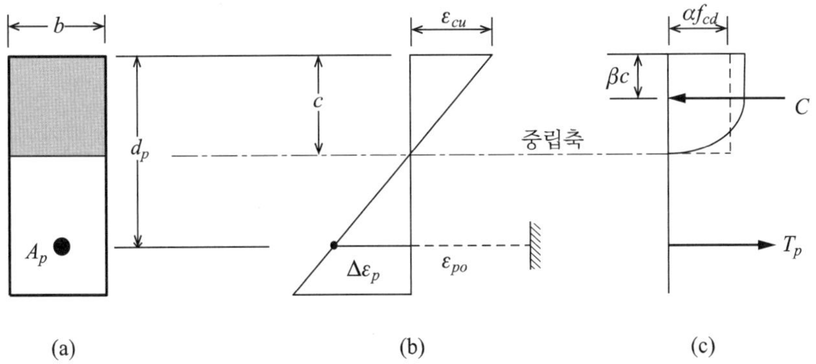

그림 11.21 프리스트레스트 보의 극한한계상태

압축 영역의 콘크리트 압축 합력 C와 그 작용점 위치는 철근콘크리트 부재 단면에 적용했던 것과 동일한 표 5.1의 합력 계수 α, 작용점 위치 계수 β, 한계변형률 ε_{cu}를 적용한다. 재료계수 ϕ_s와 ϕ_c는 철근콘크리트 부재에서와 같은 값이다. 이렇게 산정한 콘크리트 압축 합력 C와 강재의 인장력 T_p는 크기가 같아야 한다는 조건과 그림 11.21(b)의 변형률 분포를 적용하여 중립축 깊이 c를 구하고 설계휨강도 M_d를 산정한다.

극한한계상태에서 강재가 항복하고 사각형 단면이라면, 중립축 깊이 c는 압축 합력 $C=\alpha f_{cd}bc$와 강재 인장력 $T_p=f_{yd}A_p$가 같아야 한다는 평형 조건으로부터 쉽게 구할 수 있다. 그러나 대부분의 프리스트레스트 부재는 사각형 단면과는 다른 형상이며, 강재는 몇 개의 층으로 배치되고, 더욱이 철근과 함께 사용되는 경우가 많다. 이러한 경우 중립축 깊이를 결정하기 위해서는 단면의 평형 조건과 변형 적합 조건을 모두 만족할 때까지 반복 시산법을 동원하는 것이 일반적이다.

먼저, 한 중립축 깊이 c를 가정하면, 그림 11.21(b)에 보인 변형률 분포도의 기하학적 적합 조건에 의해 강재의 추가 변형률 $\Delta\varepsilon_p$는 다음과 같게 된다.

$$\Delta\varepsilon_p = \varepsilon_{cu}\left(\frac{d_p - c}{c}\right) \tag{11.7-4}$$

여기서 d_p는 강재 도심까지 유효깊이이다. 이 추가 변형률과 선행 변형률 ε_{po}를 합한 값 $\varepsilon_p = \Delta\varepsilon_p + \varepsilon_{po}$가 극한한계상태의 긴장재 변형률이다. 이 변형률 값에 따라 식 (11.7-3)을 이용하여 강재의 인장력 T_p를 구한다. 그리고 가정한 c에서 압축 합력 C를 계산한다.

$$C = \alpha f_{cd} bc \tag{11.7-5}$$

이렇게 구한 압축 합력 C가 강재 인장력 T_p와 같으면 가정한 c가 적합한 값이다. 만약 T_p와 C가 같지 않다면, 다시 c를 가정하여 동일한 계산을 반복하여야 한다.

압축 합력 C의 크기와 강재의 인장력 T_p 크기가 같으면 이때 단면 휨모멘트가 설계휨강도 M_d이다. 즉, 중립축 위치에서 모멘트를 취하면,

$$M_d = C(c-\beta c) + T_p(d_p - c) \tag{11.7-6}$$

강재의 응력-변형률 관계에서 항복 후 경사 설계 곡선을 사용하면 항복한 후에도 응력 증분이 발생하므로 휨강도가 증가 된다. 그러나 항복 후 수평 설계 곡선을 사용하여 구한 설계휨강도에 비해 그 증가량은 무시할 정도로 작다.

예제 11.7-1 프리텐션 사각형 단면 프리캐스트 콘크리트 부재

아래 그림에 보인 사각형 단면을 갖는 프리캐스트 부재에 지름 5 mm 인 강선 10개를 프리텐션하여 배치하였다. 이 부재에 사용된 콘크리트의 기준압축강도 $f_{ck} = 35$ MPa이고, 강선의 공칭단면적은 $19.6\ \text{mm}^2$, 항복강도 $f_{py} = 1{,}600$ MPa이다. 초기 긴장 응력은 $f_{po} = 1{,}120$ MPa이며, 프리스트레스 총 손실률이 30%일 때 설계휨강도를 구하라.

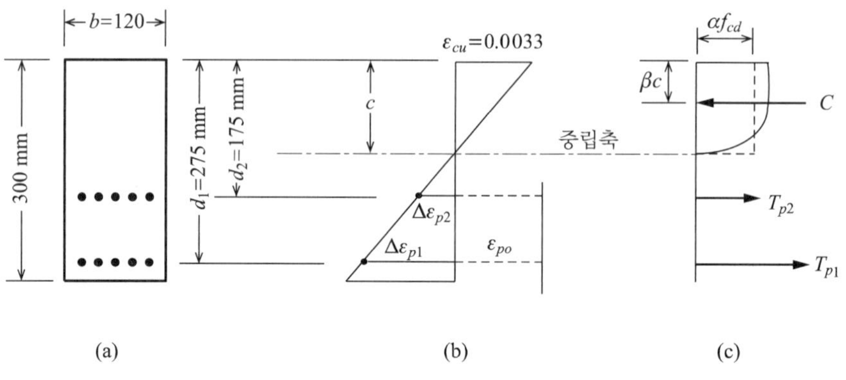

그림 11.22 프리스트레스트 콘크리트 부재 휨강도 산정 예제 1

풀이

- 정상 설계 상황의 재료계수 : 콘크리트 $\phi_c = 0.65$, 강선 $\phi_s = 0.9$
- 콘크리트 설계강도 : $f_{cd} = \phi_c(0.85 f_{ck}) = 0.65(0.85)(35) = 19.3$ MPa
  $\alpha = 0.8$ 그리고 $\beta = 0.4$
- 강선 설계항복강도 : $f_{pyd} = \phi_s f_{py} = 0.9(1{,}600) = 1{,}440$ MPa
  탄성계수 : $E_p = 205$ GPa

극한한계상태에서 변형 적합 해석에 의한 압축 합력 C와 강선의 인장 합력 T_p가 같게 되는 중립축 깊이 c를 구하기 위해서는 반복 시산법이 필요하게 된다. 먼저 c를 적당히 가정 한 후 이에 따른 C와 T_p를 산정하고, 두 합력이 동일하지 않으면 다시 c를 바꾸어 $C = T_p$가 될 때까지 여러 차례의 계산을 반복하여 해야 한다. 여기서는 많은 시행 착오 끝에 최종 시도로, $c = 130\,\text{mm}$를 선정하면, 그림 11.22(b)에 보인 변형률 분포도에서

$$\Delta\varepsilon_{p1} = \varepsilon_{cu}\left(\frac{d_1 - c}{c}\right) = 0.0033\left(\frac{275-130}{130}\right) = 0.00368$$

$$\Delta\varepsilon_{p2} = \varepsilon_{cu}\left(\frac{d_2 - c}{c}\right) = 0.0033\left(\frac{175-130}{130}\right) = 0.00114$$

긴장력에 의한 강선의 선행 변형률 ε_{po}는 초기 긴장 응력에 손실률을 고려하여

$$\varepsilon_{po} = \frac{0.7 f_{po}}{E_p} = \frac{0.7(1{,}120)}{205\times 10^3} = 0.00382$$

따라서 극한한계상태에서 각 층의 긴장재는 다음과 같은 변형률이 발생한다.

$$\varepsilon_{p1} = \Delta\varepsilon_{p1} + \varepsilon_{po} = 0.00368 + 0.00382 = 0.00750 > \varepsilon_{pyd}$$

$$\varepsilon_{p2} = \Delta\varepsilon_{p2} + \varepsilon_{po} = 0.00114 + 0.00382 = 0.00496 < \varepsilon_{pyd}$$

강선의 설계항복변형률 $\varepsilon_{pyd} = f_{pyd}/E_p = 1{,}440/205{,}000 = 0.00702$이므로, 극한한계상태에서 아래층 강선은 설계항복응력을 발휘하고, 위층 강선은 탄성 구간에 놓여 있다. 그러므로 배치된 강재의 인장력은

$$T_{p1} = A_{p1} f_{pyd} = 5(19.6)(1{,}440)\times 10^{-3} = 141.1\,\text{kN}$$

$$T_{p2} = A_{p2}\varepsilon_{p2}E_p = 5(19.6)(0.00496)(205{,}000)\times 10^{-3} = 99.6\,\text{kN}$$

강재의 총 인장력 $T_p = T_{p1} + T_{p2} = 141.1 + 99.6 = 240.7\,\text{kN}$이다.

중립축 깊이 $c = 130\,\text{mm}$일 때, 콘크리트 압축 합력 C의 크기를 산정하면,

$$C = \alpha f_{cd} b c = 0.8(19.3)(120)(130)\times 10^{-3} = 240.8\,\text{kN}$$

$$\beta c = 0.4(130) = 52\,\text{mm}$$

이 압축 합력의 크기와 강선의 인장 합력 크기가 같으므로 가정한 중립축 깊이 130 mm는 적합한 값이다. 이 상태에서 중립축 위치에 관해 모멘트를 취하여 설계휨강도 M_d를 구하면,

$$\begin{aligned} M_d &= C(c-\beta c) + T_{p1}(d_1 - c) + T_{p2}(d_2 - c) \\ &= [240.8(130-52) + 141.1(275-130) - 99.6(175-130)]\times 10^{-3} \\ &= 43.7\,\text{kNm} \end{aligned}$$

이 설계휨강도는 강선의 응력-변형률 관계를 항복 후 수평 설계 곡선(그림 11.9 참조)을 사용하여 산정한 값이다. 항복 후 경사 설계 곡선을 사용하면 휨강도가 약간 증가 된다. 그러나 그 증가량은 무시할 정도로 작다.

예제 11.7-2 긴장재와 철근을 함께 사용한 부재

앞 예제의 프리캐스트 보에 여러 개의 작은 강선 대신에 공칭지름이 12.4mm인 강연선 하나를 프리텐션하고 일반 D10 철근 2개를 아래 그림처럼 배치하였다. 사용된 콘크리트의 기준압축강도는 $f_{ck}=35$ MPa이고, 강연선의 공칭단면적은 $A_p=92.9\,\text{mm}^2$, 기준항복강도 $f_{py}=1{,}600$ MPa, 탄성계수는 $E_p=195$ GPa이다. 초기 긴장 응력은 $f_{po}=1{,}120$ MPa이며, 프리스트레스 총 손실률이 30%이다. 긴장하지 않는 철근의 항복강도 $f_y=500$ MPa이며 탄성계수 $E_s=200$ GPa이다. 이 보의 설계휨강도를 구하라.

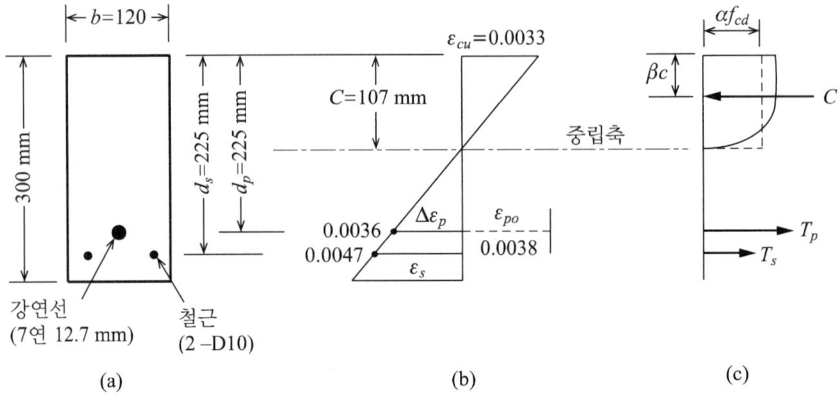

그림 11.23 프리스트레스트 콘크리트 부재 휨강도 산정 예제 2

풀이

- 콘크리트 설계압축강도 : $f_{cd}=\phi_c(0.85f_{ck})=0.65(0.85)(35)=19.3$ MPa
- 강연선 설계항복강도 : $f_{pyd}=\phi_s f_{py}=0.9(1{,}600)=1{,}440$ MPa
- 철근 설계항복강도 : $f_{yd}=\phi_s f_y=0.9(500)=450$ MPa

이 보의 극한한계상태에서 강연선과 철근이 모두 항복하였다고 먼저 가정하면,

- 강연선의 인장력 : $T_p=A_p f_{pyd}=92.9(1{,}440)\times10^{-3}=133.7$ kN
- 철근의 인장력 : $T_s=A_s f_{yd}=142.7(450)\times10^{-3}=64.2$ kN

따라서 인장 합력 $T=T_p+T_s=133.7+64.2=197.9$ kN이다. 이 인장 합력은 콘크리트 압축 합력 $C=\alpha f_{cd}bc$와 같아야 하므로 중립축 깊이 c는

$$c=\frac{T}{\alpha f_{cd}b}=\frac{197.9\times10^3}{0.8(19.3)(120)}=107\text{ mm}$$

$c=107$mm일 때, 그림 11.23(b)에 보인 변형률 분포도로 부터

$$\Delta\varepsilon_p=\varepsilon_{cu}\left(\frac{d_p-c}{c}\right)=0.0033\left(\frac{225-107}{107}\right)=0.00364$$

$$\varepsilon_s = \varepsilon_{cu}\left(\frac{d_s - c}{c}\right) = 0.0033\left(\frac{260-107}{107}\right) = 0.00472 > \varepsilon_{yd}$$

긴장력에 의한 강선의 선행 변형률 ε_{po}는 초기 긴장응력에 손실률을 반영한 후,

$$\varepsilon_{po} = \frac{0.7 f_{po}}{E_p} = \frac{0.7(1{,}120)}{205\times 10^3} = 0.00382\text{이므로,}$$

극한한계상태에서 강연선의 변형률은 다음과 같게 된다.

$$\varepsilon_p = \Delta\varepsilon_p + \varepsilon_{po} = 0.00364 + 0.00382 = 0.00746 > \varepsilon_{pyd}$$

강연선의 설계항복변형률 $\varepsilon_{pyd} = f_{pyd}/E_p = 1{,}440/195{,}000 = 0.00738$이고, 철근의 항복변형률 $\varepsilon_{yd} = f_{yd}/E_s = 450/200{,}000 = 0.00225$이므로, 강연선과 철근은 당초 가정한데로 극한한계상태에서 설계항복응력을 발휘하고 있는 상태이다. 따라서 압축 합력 작용점에 관해 모멘트를 취하여 설계휨강도 M_d를 구하면,

$$M_d = T_p(d_p - \beta c) + T_s(d_s - \beta c)$$

$$= [133.7(225 - 04\times 107) + 64.2(260 - 0.4\times 107)]\times 10^{-3}$$

$$= 38.3\ \text{kNm}$$

이처럼 극한한계상태에서 강재가 항복할 경우에는 반복 시산법을 사용하지 않고도 휨강도를 계산 할 수 있다. 만약 항복하지 않을 경우에는 앞 예제처럼 반복 시산법을 사용하여야 한다.

예제 11.7-3 프리스트레스트 I형 합성 부재

아래 그림과 같은 프리캐스트(PC) 거더에 현장 타설 바닥 슬래브를 합성시킨 프리스트레스트 I형 단면 부재의 설계휨강도를 산정해 보자. PC 거더에 사용된 콘크리트의 $f_{ck} = 40$ MPa이고, 현장 타설 바닥 슬래브는 $f_{ck} = 30$ MPa이다. 강재는 공칭지름이 15.2 mm 인 강연선(7연선) 21개를 사용하였으며, 이 강연선의 공칭단면적은 139 mm^2이고, 기준항복강도 $f_{py} = 1{,}470$ MPa이며 탄성계수 $E_p = 195$ GPa 이다. 초기 긴장 응력은 $0.75f_{py}$이며, 총 손실률은 30%라고 간주한다. 설계휨강도에 적용하는 재료계수로 콘크리트에 대해 $\phi_c = 0.65$를, 그리고 강재에 대해 $\phi_s = 0.9$를 적용한다.

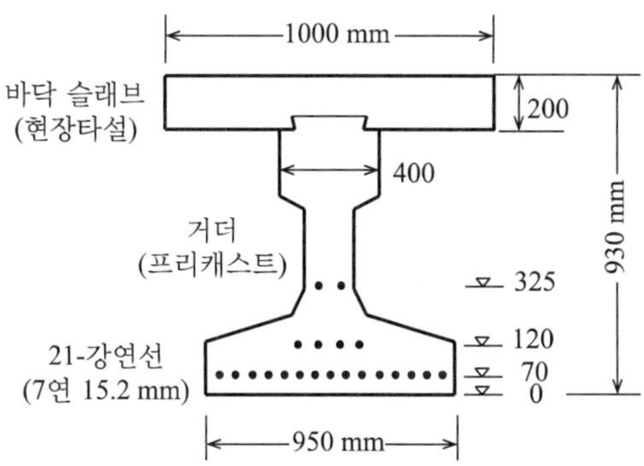

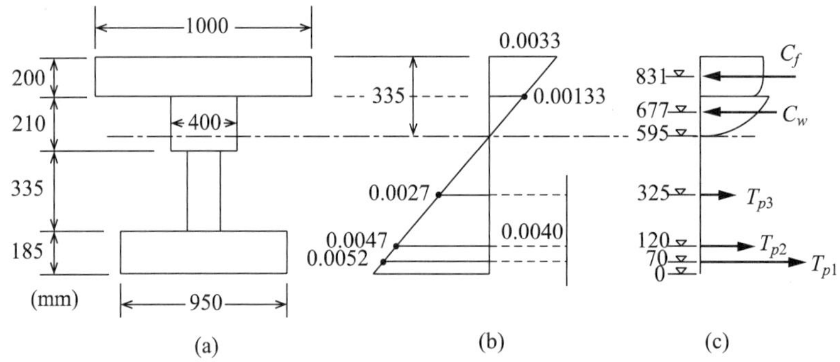

그림 11.24 프리스트레스트 I형 합성 부재 예제

풀이

- 콘크리트 설계압축강도 : 거　더 $f_{cd} = \phi_c(0.85f_{ck}) = 0.65(0.85)(40) = 22.1\text{ MPa}$

  슬래브 $f_{cd} = \phi_c(0.85f_{ck}) = 0.65(0.85)(30) = 16.6\text{ MPa}$
- 강연선 설계항복강도 : $f_{yd} = \phi_s f_y = 0.9(1{,}470) = 1{,}323\text{ MPa}$

(i) 적절한 중립축 깊이를 가정하여 극한한계상태의 변형 적합 해석을 단면 압축 합력 C와 인장 합력 T_p가 같아질 때까지 수치례에 반복하여서 구한 중립축 깊이가 $c = 335\text{ mm}$라 하면, 단면 변형률 분포의 기하학적 적합조건에 의해 그림 11.24(b)에 나타낸 것과 같은 각 층의 변형률 크기를 구할 수 있다. 유효 긴장력에 의한 강재의 선행 변형률 ε_{po}는 초기 긴장 응력에 손실률을 고려하면,

$$\varepsilon_{po} = 0.7(0.75)(1{,}470)/(195 \times 10^3) = 0.0040$$

극한한계상태에서 각 층의 강연선에는 다음과 같은 변형률이 발생한다.

$$\varepsilon_{p1} = 0.0052 + 0.0040 = 0.0092$$

$$\varepsilon_{p2} = 0.0047 + 0.0040 = 0.0087$$

$$\varepsilon_{p3} = 0.0027 + 0.0040 = 0.0067$$

강연선의 항복변형률 $\varepsilon_{pyd} = f_{pyd}/E_p = 1{,}323/195{,}000 = 0.0067$이고 위 변형률이 모두 항복변형률보다 크거나 같다. 그러므로 배치된 강재 모두 극한한계상태에서 설계항복응력을 발휘하고 있다.

$$T_{p1} = 15(139)(1{,}323) \times 10^{-3} = 2{,}758.4\text{ kN}$$

$$T_{p2} = 4(139)(1{,}323) \times 10^{-3} = 735.5\text{ kN}$$

$$T_{p3} = 2(139)(1{,}323) \times 10^{-3} = 367.8\text{ kN}$$

따라서 강재의 총 인장력 $T_p = 21(139)(1{,}323) \times 10^{-3} = 3{,}861\text{ kN}$이다.

콘크리트 압축 합력을 계산하기 위해서는 5.3.3절의 T형 단면 휨해석 방법을 적용해야 한다. 중립축이 플랜지(바닥 슬래브)에 놓이지 않는 상태이며 복부와 플랜지의 콘크리트 강도가 서로 다르기 때문에, 계산을 쉽게 하기 위해 압축 영역을 현장 타설 슬래브와 프리캐스트 거더 영역으로 구분하여 각각 계산하고 중첩하자. 중립축 깊이 $c = 335$ mm일 때 슬래브 하면의 변형률 그림에 보인 것처럼 0.00133이다. 이 변형률 값을 식 (3.3-13c)에 대입하면 슬래브 단면 압축 합력의 무차원 계수는

$$\alpha = \frac{14 + 4(1.33) - (1.33)^2}{18} = 0.975, \text{ 그리고 } \beta = 0.495$$

이 계수를 이용하여 합력의 크기와 작용점을 산정하면,

$$C_f = \alpha f_{cd} A_f = 0.975(16.6)(1{,}000)(200) \times 10^{-3} = 3{,}237 \text{ kN}$$

$$\beta t_f = 0.495(200) = 99 \text{ mm}$$

다음으로, 거더 복부 압축 영역의 합력 크기와 그 작용점 위치는 식 (3.3-13a)에 연단 변형률은 $\varepsilon_c = 0.00133$을 대입하면, $\alpha = 0.499$와 $\beta = 0.361$를 얻게 된다. 따라서 압축력은

$$C_w = \alpha f_{cd} b_w (c - t_f) = 0.499(22.1)(400)(335 - 200) \times 10^{-3} = 595 \text{ kN}$$

$$\beta(c - t_f) = 0.389(335 - 200) = 53 \text{ mm}$$

총 압축 합력 $C = C_f + C_w = 3{,}237 + 595 = 3{,}832$ kN이다. 이 압축 합력은 강재의 인장 합력 3,861 kN과 거의 동일하므로 가정된 중립축 깊이가 적합하다고 간주한다. 따라서 중립축에 대한 모멘트를 취하여 설계휨강도를 구하면,

$$M_d = 3{,}237(0.236) + 595(0.082) + 367.8(0.270) + 735.5(0.475) + 2{,}758.4(0.525)$$

$$= 2{,}709 \text{ kNm}$$

(ii) 엄격하게 설계하기 위해서는, 압축 플랜지를 독립된 압축 부재로 간주하여 0.002를 중심으로 변화하는 압축 부재 한계변형률 기준 $\varepsilon_{c,uls}$을 적용해야 한다. 앞 해석 결과를 바탕으로 중립축 깊이가 슬래브(플랜지) 밖에 놓이기 때문에 슬래브 단면은 모두 압축 상태에 있다는 것을 알 수 있기 때문이다. 즉, 슬래브 하연에서 $t_f(0.0020/0.0033) = 121$ mm 위치의 변형률이 0.002가 될 때 슬래브는 극한한계상태에 놓인다. 설계를 간단하게 하기 위해 아래 그림과 같이 압축 영역을 슬래브와 복부의 두 영역으로 구분하여 계산하고 중첩하자.

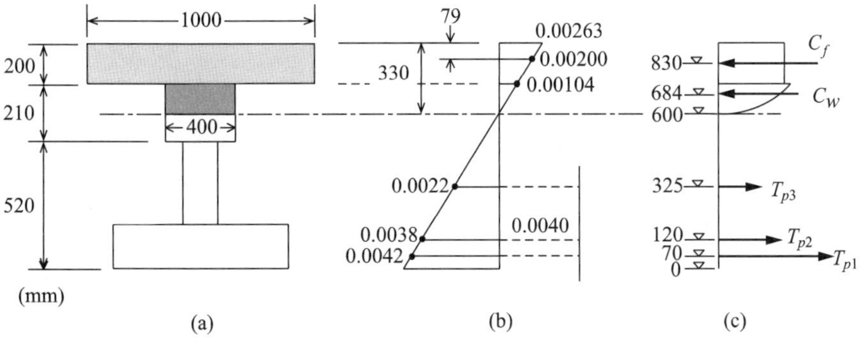

그림 11.25 합성 거더의 휨강도 산정 예제(엄밀 해석)

많은 시산에 의해 최종 중립축 깊이 $c = 330\,\text{mm}$로 가정하면, 이때 슬래브 상연에서 단면 한계변형률과 하연의 변형률은

$$\varepsilon_{c,uls} = 0.002\left(\frac{330}{130+121}\right) = 0.00263 = 2.63\,‰$$

$$\varepsilon_{c1} = 0.002\left(\frac{330}{130+121}\right) = 0.00104 = 1.04\,‰$$

또한, 중립축 깊이가 $1.33t_f = 266\,\text{mm}$보다 크므로 슬래브는 간단하게 중심축 압축으로 간주할 수 있기 때문에 슬래브 중심에 합력이 작용하며 그 크기는

$$C_f = f_{cd}A_f = 16.6(1{,}000)(200) = 3{,}320\,\text{kN}$$

다음으로 복부 압축 영역의 합력 크기와 그 작용점 위치는 연단 변형률은 $\varepsilon_c = 0.00104$이므로, 이 값을 식 (3.3-13a)에 대입하면 $\alpha = 0.430$, $\beta = 0.351$을 얻게 된다.

$$C_w = \alpha f_{cd} b_w c = 0.430(22.1)(400)(130) \times 10^{-3} = 494\,\text{kN}$$

$$\beta c = 0.351(130) = 46\,\text{mm}$$

총 압축력 $C = C_f + C_w = 3{,}320 + 494 = 3{,}814\,\text{kN}$

단면 한계변형률 $\varepsilon_{c,uls} = 0.00263$과 중립축 깊이 $c = 330\,\text{mm}$을 바탕으로 변형 적합 해석에 의해 극한한계상태에서 각 층의 강연선에는 그다음과 같은 변형률이 발생한다.

$$\varepsilon_{p1} = 0.0042 + 0.0040 = 0.0082$$

$$\varepsilon_{p2} = 0.0038 + 0.0040 = 0.0078$$

$$\varepsilon_{p3} = 0.0022 + 0.0040 = 0.0062$$

강연선의 항복변형률 $\varepsilon_{pyd} = 0.0067$이므로 아래 두 층에 배치된 강재만 극한한계상태에서 설계항복응력을 발휘하고 있다.

$$T_{p1} = 15(139)(1{,}323) \times 10^{-3} = 2{,}758.4\,\text{kN}$$

$$T_{p2} = 4(139)(1{,}323) \times 10^{-3} = 735.5\,\text{kN}$$

$$T_{p3} = 2(139)(0.0062)(195{,}000) \times 10^{-3} = 336.1\,\text{kN}$$

따라서 강재의 총 인장력 $T_p = 2{,}758.4 + 735.5 + 336.1 = 3{,}830\,\text{kN}$이다.

이 인장력은 압축 합력 $C = 3{,}814\,\text{kN}$과 거의 동일하므로 가정된 중립축 깊이가 적합하다고 간주한다. 따라서 설계휨강도는 중립축 위치에서 모멘트를 취하여 구할 수 있다.

$$M_d = 2{,}758.4(0.53) + 735.5(0.48) + 336.1(0.275) + 3{,}320(0.23) + 494(0.084)$$

$$= 2{,}712\,\text{kNm}$$

이 값은 앞에서 계산한 값과 거의 동일한 값이다. 이것은 많은 수고를 한 것에 비해 거의 동일한 결과를 얻었다.

11.7.2 취성 파괴 방지

만약 콘크리트에 균열이 발생되지 않는 상태에서 내부에 배치된 긴장재가 부식이나 파단 된다면 매우 위험한 상황이 초래될 수 있다. 즉, 부재에 균열 발생 순간에 적절한 휨저항 능력이 확보되지 않는다면 균열 발생과 동시에 부재는 폭발적으로 급작스럽게 붕괴된다. 긴장재의 부식 또는 개별 파단에 의해 초래할 수 있는 부재의 위험한 취성 붕괴가 발생하지 않도록 프리스트레스트 부재를 설계해야 한다. 이러한 상황을 방지하기 위해서는 긴장재의 부식이나 파단이 발생하였다는 경고로서 보에 가시적인 균열이 먼저 나타나도록 설계해야 한다. 프리스트레스트 콘크리트 구조물은 이러한 급작스런 취성 파괴를 방지하기 위해 다음의 두 방법 중 하나를 선택하여 설계해야 한다.

(a) 최빈하중조합에서 관찰 가능한 가시적 휨균열을 발생시키는 방법

(b) 최소 철근량을 배치하는 방법

(a) 가시적 균열 발생 방법

일반적인 프리스트레스트 콘크리트 부재에서 강재의 부식은 시간의 경과에 따라 서서히 점진적으로 진행된다. 긴장재의 일부가 부식 또는 결함에 기인하여 파단되는 과정 중에 상시적인 사용하중 상태에서 관찰 가능한 가시적인 균열이 발생하고, 동시에 파단 후 남아 있는 강재가 이 상시 사용하중을 저항하는데 충분하다면 급작스런 취성 파괴를 방지할 수 있다. 왜냐하면, 사용 한계응력에 만족하도록 설계된 부재일지라도 그 휨강도는 강재의 항복/인장강도에 지배되기 때문에 극한한계상태에서 사용하중을 충분히 저항할 수 있는 크기를 갖기 때문이다.

이러한 방법으로 설계하기 위해서는, 최빈하중조합에서 부재에 휨균열이 발생할 수 있도록 긴장재의 수를 가상으로 감소시켜 보아야 한다. 이때 콘크리트 휨인장강도는 평균 강도 값 f_{ctm}을 적용한다. 즉, 식 (11.5-4b)에서 사용하중으로 인한 휨모멘트에 의해 하연의 응력 f_b가 인장강도 f_{ctm}가 되어야 균열이 발생한다. 따라서 식 (11.5-4b)로 부터 필요한 유효 긴장력 P_e는

$$P_e = \frac{\dfrac{M}{Z_b} - f_{ctm}}{\dfrac{1}{A_c} + \dfrac{e}{Z_b}} \tag{11.7-7}$$

여기서 $M = M_o + M_D + M_L$인 사용하중조합에 의한 부재 최대 휨모멘트이며, $Z_b = I_c / c_b$인 단면계수이다. 유효 긴장력 P_e가 위 값보다 크다면 최빈하중조합에서 균열이 발생하지 않는

다. 따라서 관찰 가능한 균열이 발생하기 위한 조건은 긴장력 P_e가 위 값과 같거나 적어야 한다. 이때문에 위의 값을 발휘하는데 필요한 강재만 남고 여분은 파단된 상태로 가정한다. 남는 강재량 $A_{p,r}$은 P_e를 유효 긴장 응력 f_{pe}로 나누어 구할 수 있다.

$$A_{p,r} = \frac{P_e}{f_{pe}} = \frac{M/Z_b - f_{ctm}}{f_{pe}(1/A_c + e/Z_b)} \tag{11.7-8}$$

그런데 이렇게 가상으로 감소시키고 남는 강재만에 의한 휨강도는 최빈하중조합에 의해 유발된 부재의 휨모멘트 M을 저항하는데 충분하여야만 급작스런 취성 파괴를 방지할 수 있다. 여기서 남는 강재에 의한 휨강도를 산정할 때 적용하는 재료계수 ϕ_c와 ϕ_s는 극단 설계 상황(extreme/accidental load combination)에 적용하는 값인 1.0을 모두 사용할 수 있으며, 교량의 상부구조가 부정정 구조 형식일 경우에는 휨모멘트 재분배도 허용된다. 즉,

$$A_{p,r} f_{py} z_p \geq M \tag{11.7-9}$$

여기서 z_p는 남아 있는 강재만의 극한한계상태일 때 모멘트 팔길이이다. 이처럼 최빈하중조합에서 휨균열이 발생하도록 강재의 수를 감소시키는 조건은 정상적인 교통 운용 상태에서 가시적인 균열이 발생함으로써, 이에 따른 조치를 즉시 취할 수 있도록 하기 위한 의도에서 마련된 것이다.

여기서 최빈하중조합(frequent load combination)은 교량의 수명동안 정상 운용 상태에서 자주 발생하는 상시 사용하중으로서, 도로교설계기준에서 사용하중조합-III으로 규정된 설계 하중 조합에 해당한다. 이 하중 조합의 크기를 확률적으로 표현하면, 그 빈도가 1차선 교량인 경우 하루에 한번 정도, 2차선 교량인 경우에는 1년에 1회 정도 발생이 기대되는 크기의 하중 조합이다.

또한, 프리스트레스트 콘크리트 개별 부재의 긴장재는 소수의 강재 파괴가 전체 부재의 파괴를 유발하지 않도록 표 11.7의 최소한의 개수의 강재로 구성되어져야 한다. 이 최소 개수 조건은 긴장재를 구성하는 강재의 품질 불량 또는 부식에 기인하여 긴장 작업 중이나 사용 중에 강재 하나 또는 일부의 파괴가 부재 전체의 파괴를 즉시 유발하지 않는 최소한의 안전을 보장하기 위한 것이다.

표 11.7 프리스트레스트 콘크리트 개별 부재의 인장 영역에 배치되는 긴장재의 최소 개수

긴장재 종류	최소 개수
강봉 또는 강소선	3
강연선 또는 다발 강선의 소선	7
강연선 이외의 긴장재	3

(b) 최소 철근량 배치 방법

최소 철근량 배치 방법은 철근콘크리트에 적용하는 방법과 동일한 것으로서, 휨균열 발생으로 인해 소멸된 콘크리트 인장력을 감당하는데 필요한 최소 철근량이다. 이 최소 철근량 $A_{s,\min}$은 다음 식으로 산정할 수 있다.

$$A_{s,\min} = \frac{M_{cr}}{z_s f_y} \tag{11.7-10}$$

여기서 M_{cr}은 프리스트레스를 무시한 균열휨모멘트이고, z_s는 철근만에 의한 내부팔길이며, f_y는 철근의 기준항복강도이다.

예제 11.7-4 포스트텐션 콘크리트 상자형 거더의 취성 파괴 방지

아래 그림에 보인 프리스트레스트 콘크리트 교량 상자형 거더의 취성 파괴 방지에 대한 검토를 하려고 한다. 긴장재는 그라우트에 의해 부착된 상태이며, 콘크리트 강도 $f_{ck} = 40$ MPa이다. 이 거더의 기하적 제원은 $A_c = 17\ \mathrm{m}^2$, $I_c = 33.5\ \mathrm{m}^4$, $Z_t = 21.3\ \mathrm{m}^3$, $Z_b = 17.5\ \mathrm{m}^3$ 이며, 단면 중심축은 상연으로부터 1,586 mm이다. 프리스트레스 강재는 35개의 다발 강연선으로 구성되며, 각 강재의 단면적은 2,850 mm^2이고 항복강도는 $f_{py} = 1{,}600$ MPa다. 강재는 항복강도의 85% 수준으로 긴장하였고, 총 손실률은 25%이며, 이들 강재의 도심은 거더 상단으로부터 평균 3,000 mm 깊이에 위치하고 있다. 최빈하중조합(사용하중조합-III)에 의해 유발된 휨모멘트가 $M = 175{,}000$ kNm 일 경우의 취성 붕괴에 대해 검토하라. 또한, 취성 붕괴를 방지하기 위한 다른 방법으로 최소 철근량을 배치하려고 할 때 소요되는 최소 철근량을 산정하라.

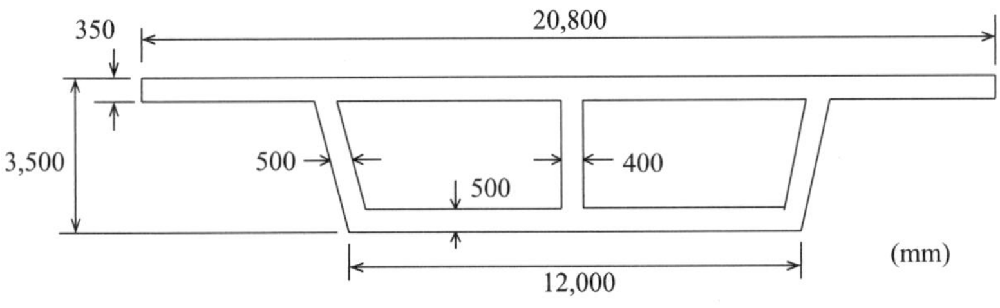

그림 11.26 프리스트레스트 상자형 거더의 단면

풀이

(i) 최빈하중조합(사용하중조합-III)에 의한 휨모멘트 $M = 175{,}000$ kNm 에서 균열이 발생하기 위해 필요한 유효 긴장력 P_e는 식 (11.7-7)을 이용하여 구할 수 있다. 이때 $f_{ck} = 40$ MPa 콘크리트의 인장강도 $f_{ctm} = 0.3(40+4)^{2/3} = 3.74\ \mathrm{N/mm^2}$이다.

$$P_e = \frac{(175 \times 10^9 / 17.5 \times 10^9) - 3.74}{1/(17 \times 10^6) + 1{,}414/(17.5 \times 10^9)} \times 10^{-3} = 44{,}835\ \mathrm{kN}$$

이 긴장력 발휘하는데 필요한 강재량 $A_{p,r}$은

$$A_{p,r}=\frac{P_e}{f_{pe}}=\frac{44,835\times10^3}{0.75(0.85)(1,600)}=43,956\text{ mm}^2$$

이 강재량은 $43,956/2,850=15.42$이므로 16개의 강봉에 해당한다. 따라서 당초 35개 중에서 19개가 파단 되었을 때 가시적인 균열이 발생될 것이다. 이처럼 균열이 발생된 상태로 상시적인 통행차량 하중에 붕괴되지 않는다는 것을 검증하여야 한다. 즉, 실제 남는 강재량 $A_{p,r}=16(2,850)=45,600\text{mm}^2$에 의해 저항할 수 있는 휨모멘트를 산정하여야 한다. 이때는 사고에 해당하는 극단설계상황(extreme design situation)에 해당하기 때문에 재료계수 $\phi_c=1.0$, $\phi_s=1.0$를 사용한다. 한계상태에서 긴장재의 응력은 항복응력 f_{py}라고 가정하여 중립축 깊이를 구하면,

$$c=\frac{\phi_s f_{py}A_{p,r}}{\alpha\phi_c(0.85f_{ck})b_f}=\frac{1.0(1,600)(45,600)}{0.8(1.0)(0.85)(40)(20,800)}=129\text{ mm}$$

중립축은 상부 플랜지 내에 위치한다. 플랜지 전단면이 압축 상태에 있지 않기 때문에 플랜지의 한계 변형률은 0.0033을 적용하여야 하며, 이때 강재의 변형률은

$$\varepsilon_p=0.0033\left(\frac{3,000-129}{129}\right)=0.0734\geq\varepsilon_{py}$$

이것은 강제기 확실히 항복한다는 의미이다. 따라서 휨강도는 식 (11.7-9)에 의해

$$M_d=1,600(45,600)(3000-0.4\times129)\times10^{-6}=215,115\text{ kNm}\geq175,000\text{ kNm}$$

가상으로 파단 되고 남는 강재로 상시적으로 작용하는 사용하중에 저항할 수 있으므로, 그 사이에 균열을 관찰할 수 있는 시간적 여유가 주어지기 때문에 재난성 파괴를 방지하는 조치를 취할 수 있을 것이다.

(ii) 최소 철근량 산정 : 식 (11.7-10)에 따라 산정된 최소 철근량으로 $f_y=400$ MPa를 갖는 철근을 하부 플랜지 중앙 깊이에 배치한다면, 유효깊이 $d=3,250$ mm이다. 계산에 필요한 최소 철근량의 한계상태에 해당하는 내부 모멘트 팔길이 z_s의 값으로 $0.9d$를 적용할 수 있다.

$$A_{s,\min}=\frac{f_{ctm}Z_b}{z_sf_y}=\frac{3.74(17.5\times10^9)}{0.9(3,250)(400)}=55,940\text{ mm}^2$$

이 철근량은 D22 철근을 150 mm 간격으로 하부 플랜지의 상부와 하부에 배치하면 된다. 그러나 이 최소 철근량은 포스트텐션 상자형 거더 설계에서 상대적으로 많은 양으로, 경제적 관점에서 바람직하지 않는 설계이다.

11.7.3 설계전단강도

프리스트레스트 콘크리트 부재도 극한한계상태에서 전단에 대해 검토해야 한다. 6.3절에서 기술한 철근콘크리트 부재의 전단 설계와 동일하게, 프리스트레스트 콘크리트 부재의 전단에

대한 설계는 가장 위험한 계수하중영향에 기인한 계수전단력 V_u가 부재의 설계전단강도 V_d를 초과하지 않는다는 것을 검증하는 것에 바탕을 두고 있다. 프리스트레스트 콘크리트 부재가 전단력에 저항하는 거동은 철근콘크리트 부재의 거동과 근본적으로 동일하고, 다만 프리스트레스에 의해 유리하게 전단에 저항하여 전단강도가 현저하게 증가하기 때문에 이를 고려하여 설계해야 한다.

대부분의 부재에는 휨과 함께 전단력이 작용한다. 이때문에 그림 6.2에 보인 것처럼 휨균열이 형성된 상태에서 전단 균열이 발생하여 한계상태에 도달하는 경우도 있고, 휨균열이 전혀 형성되지 않는 상태에서 전단 균열이 발생하여 전단 한계상태에 도달하는 경우도 있다. 전자를 **휨-전단 파괴** (flexural-shear failure)라고 하며, 후자를 **복부-전단 파괴** (web-shear failure)라고 분류한다. 앞 6장에서 설명한 전단강도는 휨-전단 파괴 강도에 해당하는 것으로서, 대부분의 부재에서는 이 휨-전단 파괴 형태가 일반적이다. 복부-전단 파괴는 보통 휨균열이 발생하지 않는 경우에 발생하는데 짧은 경간을 갖는 깊은 부재 또는 프리스트레스트 부재에서 일반적으로 관찰되며, 이러한 부재의 전단강도는 휨-전단 강도 보다 훨씬 크게 된다.

(a) 전단 철근이 없는 프리스트레스트 부재

전단 철근이 배치되어 있지 않는 프리스트레스트 콘크리트 부재의 한계상태에서 휨균열이 발생한 단면은 휨-전단 파괴에 해당되기 때문에 설계전단강도 V_{cd}는 6장에서 기술한 식 (6.3-2)를 이용하여 구한다.

$$V_{cd} = [0.85\phi_c \kappa \sqrt[3]{\rho f_{ck}} + 0.15 f_n] b_w d \tag{6.3-2}$$

이 설계전단강도는 다음 식으로 산정되는 최소 설계전단강도 $V_{cd,\min}$보다 작게 취할 필요가 없다.

$$V_{cd,\min} = (0.4\phi_c f_{ctk} + 0.15 f_n) b_w d \tag{6.3-4}$$

여기서 ϕ_c는 콘크리트 재료계수로 정상 설계 상황에서는 0.65를 지진과 같은 극단 설계 상황에서는 1.0 적용하며, $\kappa = 1 + \sqrt{200/d} \le 2.0$인 크기 계수이고, f_{ck}와 f_{ctk}는 각각 콘크리트 기준압축강도와 기준인장강도이다. f_n은 단면에 작용하는 법선응력(normal stress)으로서 프리스트레스트 부재에서는 유효 긴장력 P_e에 의한 단면의 평균 프리스트레스에 해당한다. 즉,

$$f_n = \frac{\gamma_p P_e}{A_c} \le 0.2\phi_c f_{ck} \tag{11.7-11}$$

여기서 P_e는 유효 긴장력이며, γ_p은 긴장력이 유리하게 작용하는 경우에 적용하는 하중계수로 1.0를 취한다. A_c는 부재 단면적이다. 이 휨균열이 발생한 단면의 전단강도 산정식은 철근콘크리트 부재에 적용하는 식과 동일하며, 프리스트레스의 유리한 영향을 법선응력 f_n 항을 통해서 반영하고 있다.

한편, 휨균열이 발생하지 않는 구간은 복부-전단 파괴 가능 영역으로 분류하며, 복부의 사인장응력이 콘크리트의 설계인장강도에 도달할 때를 극한한계상태로 간주한다. 사인장응력은 식 (6.2-1)로 표현되므로 복부의 극한한계상태는 다음과 같게 된다.

$$\frac{f}{2}+\sqrt{\left(\frac{f}{2}\right)^2+v^2}=\phi_c f_{ctk} \tag{11.7-12}$$

여기서 f는 검토하는 위치의 법선응력으로서 휨응력 $f_b = M_u y/I$와 유효 긴장력에 의한 프리스트레스의 합으로 나타나는 값이며(모두 압축 응력일 때 +), v는 $V_u Q/I_c b_w$로 산정한 전단응력이다. 여기서 I_c 는 비균열단면으로 계산한 단면2차모멘트이고, y는 검토하는 위치와 중립축 사이의 거리이며, Q는 y 높이 위 단면적의 중립축에 대한 1차모멘트이다. 위 식의 전단응력 v를 설계전단강도 V_{cd}일 때 유발되는 응력 $V_{cd}Q/Ib_w$으로 치환하고, 휨응력 $f_b=0$인 중립축 위치에서 유도하면 휨균열이 발생하지 않은 단면의 설계전단강도를 얻을 수 있다.

$$V_{cd}=\frac{Ib_w}{Q}\sqrt{(\phi_c f_{ctk})^2+\alpha_l f_n \phi_c f_{ctk}} \tag{11.7-13}$$

여기서 b_w는 덕트 등에 의해 형성된 빈 공간을 고려하여 보정한 단면의 복부폭이고, Q는 중립축 위쪽 단면적의 중립축에 대한 단면1차모멘트이고, f_n은 프리스트레스에 의한 단면 도심축 위치의 압축응력으로 식 (11.7-11)로 계산한 값이다. 프리텐션 강재는 부착력에 의해 프리스트레스가 콘크리트에 도입되기 때문에 정착부의 전달길이 구간 내의 단면에서 프리스트레스의 크기는 $\alpha_l = l_x/l_{pt2}$에 선형 비례한다고 가정할 수 있다. 여기서 l_x는 전달길이의 시작점부터 검토하는 단면까지의 거리이며, l_{pt2}는 프리텐션 긴장재의 전달길이로 그림 11.34로 나타낸 값이다. 따라서 프리텐션 부재에서는 $\alpha_l \leq 1.0$이어야 하지만, 기타 프리스트레스트 부재에서는 $\alpha_l = 1.0$을 취하여야 한다.

앞 식은 부재의 복부폭이 깊이에 따라 변하지 않는 일반적인 경우에 해당한다. 그런데 가끔 폭이 깊이에 따라 변하는 경우는 중립축(도심축)이 아닌 위치에서 최소 전단강도가 산정될 수 있다. 따라서 이러한 경우는 여러 위치에서 전단강도를 구해 그 중 적은 값을 설계전단강도로 취해야 한다. 이때 중립축이 아닌 위치이면 휨인장응력 f_b가 존재하기 때문에 이를 반영하는 다음 식으로 설계전단강도를 산정하여야 한다.

$$V_{cd} = \frac{Ib_w}{Q}\sqrt{(\phi_c f_{ctk})^2 + (\alpha_l f_n + f_b)\phi_c f_{ctk}} \tag{11.7-14}$$

I형 단면 또는 상자형 단면 거더를 설계 할 때, 부재 인장 연단의 응력이 콘크리트의 설계인장강도 $\phi_c f_{ctk}$를 초과하지 않는 구간에서는 중립축에서 식 (11.7-13)이나 또는 압축플랜지와 복부 사이 계면에서 식 (11.7-14)에 의한 검토만으로 충분하다. 부재의 극한한계상태에서 휨균열이 발생한다면 위 복부-전단강도 설계식 (11.7-13)과 (11.7-14)를 적용할 수 없으며, 대신에 앞 절에서 설명한 휨균열이 형성된 휨-전단강도 설계식 (6.3-2)를 사용하여 설계전단강도를 산정하여야 한다.

특히, 긴장재가 경사지게 배치된 부재에서는 긴장력의 수직 성분만큼을 계산된 설계전단강도에서 추가 또는 감소시켜야 한다. 그림 11.13에 보인 것과 같이, 긴장재가 곡선으로 배치된 부재에서는 유효 긴장력 P_e의 연직 성분 $P_e \sin\theta$는 부재에 작용하는 전단력에 저항하는 유리한 성분이다. 여기서 θ는 부재축에 대한 긴장재의 경사각이어야 한다. 따라서 이 성분을 부재 단면의 전단강도에 포함시킬 수 있다.

프리스트레스트 콘크리트 부재에서 긴장재를 배치하기 위해 설치한 쉬스관은 복부 콘크리트 유효 폭을 감소시켜 복부 콘크리트의 인장이나 압축 저항 능력을 크게 떨어뜨린다. 따라서 쉬스관이 배치된 경우에는 복부폭을 감소시킨 후 전단강도를 산정하여야 한다. 그라우트 되어 있고 지름이 $b_w/8$보다 큰 강재(steel) 쉬스(덕트)가 복부 단면에 있다면 아래 식 (11.7-15a)를, 그라우트 되어 있지 않는 비부착 긴장재와 그라우트 되어 있지만 프라스틱 쉬스일 경우에는 식 (11.7-15b)를 적용하여 구한 공칭 복부폭 b_{wn}을 사용하여 설계전단강도를 산정하여야 한다.

$$b_{wn} = b_w - 0.5\,\Sigma\Phi \tag{11.7-15a}$$

$$b_{wn} = b_w - 1.2\,\Sigma\Phi \tag{11.7-15b}$$

여기서 $\Sigma\Phi$는 덕트 외측 지름의 합이며, 복부에서 가장 불리한 높이의 수평면에서 계산한다. 위 식에서 쉬스관 지름의 1.2배에 해당하는 폭을 감소한 이유는 관에 의해 주변 콘크리트 응력 집중 현상이 쉽게 발생할 수 있기 때문이다. 만약 주변에 충분한 횡방향 보강 철근이 배치된 경우라면 1.2 대신 1.0을 사용할 수 있다. 이때 충분한 횡방향 보강 철근이란 쉬스관 주변을 스트럿-타이 모델로 해석하였을 때 충분한 철근을 확보한 경우에 해당한다.

또한, 강재 쉬스관에 비해 프라스틱 쉬스관에 더 큰 단면 손실을 고려해야 하는 이유는 강재 쉬스관 자체의 강성과 강도가 횡방향 보강 철근 기능을 할 수 있는데 반해, 프라스틱 쉬스관은 이러한 유리한 효과가 적거나 없기 때문이다. 따라서 복부폭이 설계를 크게 지배하는 장경간 상자형 거더인 경우에는 프라스틱으로 된 연성(flexible) 쉬스 보다 강재로 된 강성(stiff) 쉬스를 사용하여야 할 필요가 있게 된다.

예제 11.7-5 포스트 텐션 콘크리트 상자형 거더의 설계전단강도

앞 예제 11.7-4에서 다뤘던 프리스트레스트 콘크리트 교량의 상자형 거더를 사용하중에 의해 균열이 발생하지 않는 B 등급 부재로 설계하려고 할 때, 설계전단강도를 산정하려고 한다. 긴장재는 그라우트에 의해 부착된 상태이며, 콘크리트 강도 $f_{ck} = 40$ MPa이다. 프리스트레스 강재는 35개의 긴장재로 구성되며, 각 긴장재의 단면적은 $2{,}850\ \text{mm}^2$이고, 항복강도 $f_{py} = 1{,}600$ MPa이다. 긴장재는 항복강도의 85% 수준으로 초기 긴장하였으며, 총 손실률은 25%이다. 20개의 긴장재는 하부 플래지 수평 중심선을 따라 배치되어 있고, 각 복부에는 5개의 긴장재가 복부 연직 중심선을 따라 5단으로 배치되어 있어서 이들 긴장력 합력 중심은 바닥 연단으로부터 644mm 높이에 위치한다. 각 긴장재는 102mm 지름의 강재 쉬스관 안에 배치되이 있다.

풀이

거더 단면의 기하학적 성질 : $A_c = 17\ \text{m}^2$, $I_c = 33.5\ \text{m}^4$, $Z_t = 21.3\ \text{m}^3$, $Z_b = 17.5\ \text{m}^3$

중립축 깊이 $c = 1{,}586$ mm

중립축 위 단면적의 1차모멘트 $Q = 11.36\ \text{m}^3$

거더에 작용하는 손실 후 유효 긴장력은

$$P_e = 35(2{,}850)(1{,}600)(0.85)(0.75) \times 10^{-3} = 101{,}745\ \text{kN}$$

포스트텐션이므로 $\alpha_l = 1.0$이고 유리한 경우의 하중계수 $\gamma_p = 1.0$이므로, 복부에서 긴장력에 의한 평균 압축응력은

$$f_n = \frac{\gamma_p P_e}{A_c} = \frac{1.0(101{,}745) \times 10^3}{17 \times 10^6} = 5.98\ \text{MPa} \geq 5.2\ \text{MPa}$$

이 압축응력은 $0.2\phi_c f_{ck} = 0.2(0.65)(40) = 5.2$ MPa은 크기 때문에 $f_n = 5.2$ MPa를 적용해야 한다.

3개 복부의 공칭 복부폭의 합은 식 (11.7-15a)로 부터

$$b_{wn} = 500 + 400 + 500 - 3(0.5)(102) = 1{,}247\ \text{mm}$$

콘크리트의 기준인장강도 $f_{ctk} = 0.21(40+4)^{2/3} = 2.62\ \text{N/mm}^2$

따라서 식 (11.7-13)에 따른 복부 설계전단강도는

$$V_{cd} = \frac{33.5 \times 10^{12} \times 1{,}247}{11.36 \times 10^9} \sqrt{(0.65 \times 2.62)^2 + 1.0(5.2)(0.65 \times 2.62)} \times 10^{-3} = 12{,}608\ \text{kN}$$

이 설계전단강도는 중립축에서 균열 발생을 기준으로 산정한 강도이다. 더 위험한 위치인 상부 플랜지 하면과 복부 사이 계면을 기준으로 한 전단강도를 계산해 보자. 이 계면을 기준으로 상부 플랜지의 단면1차모멘트는

$$Q = 20{,}800(350)(1{,}588-175) = 10.287\times 10^9\ \mathrm{mm^3}$$

작용하중에 의한 단면 휨모멘트를 무시하고 프리스트레스에 의한 응력만을 고려한다면, 유효 긴장력의 편심에 의한 휨모멘트는 $P_e\, e = 92.6\times 10^6\times(1{,}912-644) = 117.4\times 10^9\ \mathrm{Nmm}$ 이다. 따라서 계면에서 법선응력의 합은

$$\alpha_l f_n + f_b = 1.0(5.45) - \frac{117.4\times 10^9\times(1588-350)}{33.5\times 10^{12}} = 1.12\ \mathrm{MPa}$$

계면의 복부폭은 모두 유효하며, 그 설계전단강도는 식 (11.7-14)에 따라

$$V_{cd} = \frac{33.5\times 10^{12}\times 1400}{10.287\times 10^9}\sqrt{(0.65\times 2.62)^2 + 1.0(1.12)(0.65\times 2.62)} = 9{,}994\ \mathrm{kN}$$

계면의 설계전단강도가 중립축에서 강도보다 작아서 더 위험하다는 것을 알 수 있으며, 이 작은 값이 이 단면의 설계전단강도이다.

(b) 전단 철근이 배치된 프리스트레스트 부재

프리스트레스트 콘크리트 부재의 전단 보강 철근에 대한 설계 방법은 철근콘크리트 부재에 적용하는 방법과 실질적으로 동일하다. 이 방법의 배경 이론과 설계식 유도 과정은 이미 6.3절에서 상세히 설명하였으므로 여기서는 간략하게 요약하였다. 폭이 b_w 인 복부에 횡방향으로 단면적 A_v 인 수직 스터럽이 간격 s 로 배치된 프리스트레스트 콘크리트 부재에서도 항복강도가 f_{vy} 인 스터럽의 항복을 기준으로 한 부재의 설계전단강도 V_{sd} 는 다음과 같아야 한다.

$$V_{sd} = \frac{\phi_s f_{vy} A_v z}{s}\cot\theta \tag{6.3-11}$$

여기서 z 는 단면의 모멘트 팔길이로 간편한 설계를 위해 $0.9d$ 를 사용할 수 있으며, ϕ_s 는 철근에 대한 재료계수로 정상 설계 상황에서 0.9, 극단 설계 상황에서 1.0을 적용한다. θ 는 복부 콘크리트 스트럿의 경사각으로 다음에 주어진 범위 이내이어야 한다.

$$1.0 \le \cot\theta \le 2.5 \quad (22^\circ \le \theta \le 45^\circ) \tag{6.3-23}$$

프리스트레스트 부재에는 전단력과 함께 긴장력에 의한 축방향 압축력이 동시에 작용한다. 부재에 축방향 압축력이 동반될 경우에는 단면에 법선응력 f_n 으로 프리스트레스가 존재하여

서 복부 콘크리트 스트럿의 응력 상태가 달라지기 때문에, 스트럿의 압축 파괴를 기준으로 정의한 최대 설계전단강도 $V_{d,\max}$는 다음과 같게 된다.

$$V_{d,\max} = \frac{\alpha_{cw}\,\phi_c\,f_{c2,\max}\,b_w\,z}{\cot\theta + \tan\theta} \tag{6.3-18}$$

여기서 $f_{c2,\max}$는 복부 콘크리트의 유효압축강도 $\nu f_{ck} = 0.6(1 - f_{ck}/250)f_{ck}$이며. α_{cw}는 복부에 동시에 작용하는 단면 평균 프리스트레스 f_n의 영향을 반영하기 위해 다음과 같이 정해진 값이다.

$$f_n\text{이 없는 경우} \quad : \quad \alpha_{cw} = 1.0 \tag{6.3-19a}$$

$$0 \le f_n \le 0.25\phi_c f_{ck} \; : \quad \alpha_{cw} = 1 + f_n/\phi_c f_{ck} \tag{6.3-19b}$$

$$0.25\phi_c f_{ck} \le f_n \le 0.5\phi_c f_{ck} \; : \; \alpha_{cw} = 1.25 \tag{6.3-19c}$$

$$0.5\phi_c f_{ck} \le f_n \le 1.0\phi_c f_{ck} \; : \; \alpha_{cw} = 2.5(1 - f_n/\phi_c f_{ck}) \tag{6.3-19d}$$

전단 설계에서 스트럿 콘크리트가 압축 파괴하기 전에 스터럽 철근이 먼저 항복하도록 설계하여야 한다. 이러한 배경에서 설계 때는 항상 전단 철근이 먼저 항복하도록 아래 식을 만족하여야 한다.

$$V_{sd} \le V_{d,\max} \tag{6.3-13}$$

이 조건에 따라 설계자가 식 (6.3-23)에 주어진 경사각 범위에서 적절한 θ를 먼저 선정한 후, 이에 적합하도록 복부 폭이나 스터럽 철근량을 산정하는 순서에 따라 설계할 수 있다. 현실적으로 복부 철근 인장 파괴와 복부 콘크리트 압축 파괴가 동시에 발생하도록 경사각을 선정하면 가장 경제적인 설계가 된다. 즉, 식 (6.3-11)의 V_{sd}와 식 (6.3-18)의 $V_{d,\max}$를 같게 한다면 다음과 같은 한계 경사각 θ를 얻을 수 있다.

$$\cot\theta = \sqrt{\frac{\phi_c\alpha_{cw}f_{c2,\max}\,b_w\,s}{\phi_s f_{vy}A_v} - 1} \tag{6.3-20}$$

이 한계 경사각 θ보다 작은 경사각이면 스터럽 항복 전에 복부 콘크리트가 먼저 파괴되고, 반면에 큰 경사각이면 스터럽이 먼저 항복하게 된다. 제원이 주어진 단면에서는 설계자가 한계 경사각 θ보다 큰 각을 선정하여 설계할 수도 있지만, 한계 경사각 θ를 사용할 때가 가장 경제적이다.

실제 설계에서는 작용 계수전단력과 단면이 미리 주어졌을 때 소요 전단 철근량을 산정해야 하는 경우가 대부분이다. 이때도 복부 콘크리트의 압축 파괴를 기준으로 한 최대 설계전단강도 $V_{d,\max}$와 작용 계수전단력 V_u가 같도록 경사각을 결정하고, 이 각을 사용하여 소요 전단 철근량을 산정하면 가장 경제적인 설계가 된다. 즉, 식 (6.3-12)의 $V_{d,\max}$를 V_u로 치환한 후 경사각 θ에 관해 다시 정리하면,

$$\sin 2\theta = \frac{2V_u}{\phi_c f_{c2,\max} b_w z} \tag{6.3-21}$$

이 경사각을 식 (6.3-11)에 대입한 후 전단 철근량에 대해 정리하면 다음과 같이 소요 스터럽량을 구할 수 있다.

$$\text{소요 } \frac{A_v}{s} = \frac{V_u}{\phi_s f_{vy} z \cot\theta} \tag{6.3-22}$$

또한, 전단력에 의한 부재의 취성 파괴를 방지하기 위한 최소 전단 철근량을 항상 배치해야 한다. 설계기준에서 정한 **최소 전단 철근량** $A_{v,\min}$은 다음과 같다.

$$\frac{A_{v,\min}}{s} = 0.08\sqrt{f_{ck}}\,\frac{b_w}{f_{vy}} \tag{6.3-29}$$

여기서 s는 스터럽 간격이고, f_{vy}는 스터럽의 기준항복강도이다. 콘크리트 강도가 증가할수록 취성이 강해지는 현상을 반영하기 위해 콘크리트 강도의 함수로 최소 전단철근량이 규정되어 있다. 이 최소 전단 철근량 규정은 계수전단력이 설계전단강도 V_{cd}보다 작은 모든 부재와 구간에 적용해야 한다.

예제 11.7-6 프리스트레스트 콘크리트 부재의 전단 철근 설계

아래 그림에 보인 단면을 갖는 30 m 경간의 단순 지지 프리스트레스트 콘크리트 보의 전단 보강 철근을 설계하려고 한다. 긴장재는 2차포물선 형태로 받침부에서는 단면 중심에서 편심 300 mm 이고 경간 중앙 단면에서는 편심 750 mm 으로 배치되어 있다. 이 보에는 자중을 포함한 계수하중 $w_u = 40\,\text{kN/m}$가 작용하고 있다. 사용한 콘크리트 강도 $f_{ck} = 35$ MPa 이고, 긴장재의 총 단면적은 $A_p = 3{,}450\,\text{mm}^2$으로 손실 후 유효 긴장력은 $P_e = 2{,}590$ kN 이다. 전단 보강 철근으로 항복강도 400 MPa를 사용한다.

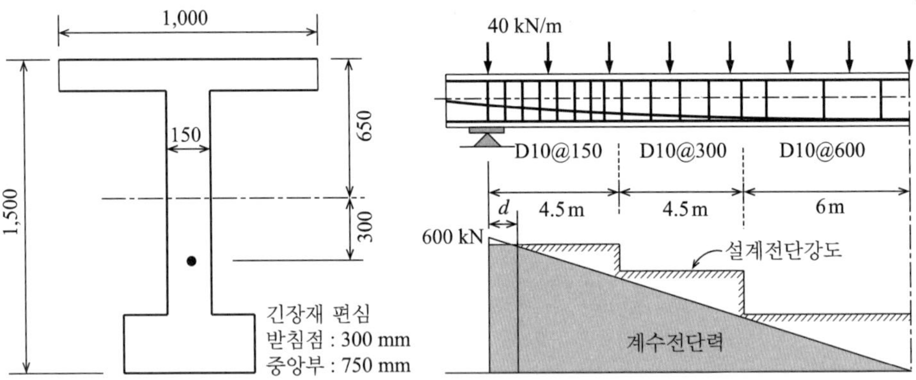

그림 11.27 프리스트레스트 콘크리트 부재 전단 철근 설계 예제

풀이

- 단면 성질 : $A_c = 500{,}000\,\mathrm{mm}^2$, $I_c = 145.1 \times 10^9\,\mathrm{mm}^2$
- 복부 콘크리트 유효압축강도 : $f_{c2,\max} = 0.6(1 - f_{ck}/250) f_{ck} = 0.6(1 - 35/250)35 = 18.1\,\mathrm{MPa}$

  기준인장강도 : $f_{ctk} = 2.42\,\mathrm{MPa}$

(i) 단순 지지되어 있으며 경간은 30 m이므로, 계수하중은 $w_u = 40\,\mathrm{kN/m}$ 에 의한 최대 계수전단력은 아래와 같으며 그 분포는 그림에 나타낸 것과 같다.

$$V_u = \frac{w_u l}{2} = \frac{40(30)}{2} = 600\ \mathrm{kN}$$

프리스트레싱 강재가 철근과 동일한 기능을 하는 보강재이므로 받침점 단면의 유효깊이: $d = 1{,}500 - 850 + 300 = 950\ \mathrm{mm}$가 된다. 따라서 받침점에서 d 떨어진 설계 위험 단면의 계수전단력은 $600 - 0.95(40) = 562\,\mathrm{kN}$이 된다.

(ii) 받침점 단면에서 설계전단강도를 검토하여 보자.

크기 계수 : $\kappa = (1 - \sqrt{200/950}) = 1.46 \le 2.0$,

강재비 : $\rho = \dfrac{A_p}{A_w} = \dfrac{3{,}450}{150(950)} = 0.0242 \ge 0.02$

단면 법선응력 : $f_n = \dfrac{P_e}{A_c} = \dfrac{2{,}590 \times 10^3}{500{,}000} = 5.18\,\mathrm{N/mm^2} \ge 4.55\ \mathrm{N/mm^2}$

따라서 휨-전단강도는 식 (6.3-2)에 따라

$$V_{cd} = [0.85\phi_c \kappa \sqrt[3]{\rho f_{ck}} + 0.15 f_n] b_w d$$

$$= [0.85(0.65)(1.46)\sqrt{0.02(35)} + 0.15(4.55)](150)(950) \times 10^{-3}$$

$$= 193\ \mathrm{kN}$$

최소 설계전단강도는 식 (6.3-4)에 따라

$$V_{cd,\min} = [0.4(0.65)(2.42) + 0.15(4.55)](150)(950) \times 10^{-3} = 187\,\text{kN}$$

(iii) 경사진 긴장재에 의한 전단 저항 성분

경간 중앙의 긴장재 위치를 원점으로 하여 긴장재 위치를 2차 포물선 $y = ax^2$으로 나타내면, 받침점 단면에서 $x = 15\,\text{m}$이고 $y = 0.75 - 0.3 = 0.45\,\text{m}$이므로, 포물선은 $y = 0.45(x/15)^2$가 된다. 따라서 긴장재 기울기 $dy/dx = 0.9x/15^2$가 되어 설계 위험 단면($x = 14.05\,\text{m}$)에서 긴장력 P_e의 수직 성분력은

$$V_p = P_e \frac{dy}{dx} = 2{,}590 \frac{0.9(14.05)}{15^2} = 146\,\text{kN}$$

설계 위험 단면의 설계 전단 강도는 $V_{cd} + V_p = 193 + 146 = 339\,\text{kN}$으로 위험 단면의 계수전단력 562 kN보다 작으므로 전단 보강 철근 설계가 필요하다.

(iv) 소요 전단 철근량 산정

보 중앙부 전단력이 작은 구간에는 최소 전단 철근량을 배치해야 한다. 최소 전단 철근량은

$$\frac{A_{v,\min}}{s} \geq 0.08(150)\frac{\sqrt{35}}{400} = 0.177\,\text{mm}^2/\text{mm}$$

스터럽의 간격으로 600 mm 간격을 선정하면 소요 단면적은 $106.5\,\text{mm}^2$가 되며, D10 철근을 U형 스터럽으로 사용하면 $A_v = 142\,\text{mm}^2$로 위 조건을 충분히 만족한다. 이 최소 철근량이 발휘할 수 있는 설계전단강도는,

유효압축강도 $f_{c2,\max} = (0.6)\left(1 - \dfrac{35}{250}\right)(35) = 18.1\,\text{kN/mm}^2$

프리스트레스 영향 계수 $\alpha_{cw} = 1 + \dfrac{5.18}{0.65(35)} = 1.23$

경사각 $\cot\theta = \sqrt{\dfrac{0.65(1.23)(18.1)(150)(600)}{0.9(400)(142)} - 1} = 4.95 \geq 2.5$ 따라서 2.5 사용

$$V_{sd} = \frac{0.9(400)(142)(0.9)(1{,}400)(2.5)}{600} \times 10^{-3} = 268\,\text{kN}$$

따라서 $268/40 = 6.7\,\text{m}$이므로 경간 중앙부 12 m 구간에 D10 철근 U형 스터럽을 600 mm 간격으로 배치한다. 나머지 양쪽 단부 구간에는 계수전단력 562 kN에 대해 소요 스터럽량을 산정하면,

$$\theta = 0.5\sin^{-1}\left[\frac{2(562)\times 10^3}{0.65(18.1)(150)(0.9)(950)}\right] = 24.1^o \geq 22^o$$

즉 $\cot 24.1^o = 2.24$를 적용하여 소요 철근량을 결정해야 한다.

$$\frac{A_v}{s} \geq \frac{V_u}{\phi_s f_y z \cot\theta} = \frac{562 \times 10^3}{0.9(400)(0.9)(950)(2.24)} = 0.815\,\text{mm}^2/\text{mm}$$

배치 간격 s를 150 mm로 하면 스터럽 소요 면적이 123 mm^2가 되는데, D10철근을 U형으로 하면 $A_v = 142\ \mathrm{mm}^2$가 되어 위 조건을 만족하므로 보의 양단부 4.5 m 구간에 동일하게 배치하면 적합한 설계가 된다. 부재 양단부와 중앙부 사이 4.5 m 구간은 양쪽 철근량의 중간에 해당하도록 D10 철근을 U형으로 하여 300 mm 간격으로 배치하면 충분히 적합한 설계가 된다.

11.8 정착부 설계

11.8.1 포스트텐션 정착부

프리스트레스트 콘크리트 부재에서 긴장력 P는 한 곳에 큰 압축력으로 작용한다. 기계적 정착장치를 갖는 포스트텐션 부재에는 매우 큰 긴장력이 좁은 정착판을 통하여 작용하고 있다. 그림 7.1로 설명했던 것과 같이, 정착판에서 일정 거리 이상 먼 단면에서는 응력이 선형 분포 상태가 되지만, 정착판에 가까운 영역은 변형 후 평면으로 보존되지 않고 뒤틀림이 발생하여 이에 따른 응력 분포는 훨씬 복잡한 형태가 된다.

그림 11.28에 나타낸 것과 같이, 포스트텐션 부재의 **정착부**는 정착판에 집중된 긴장력이 횡방향으로 분산되어 일정거리에 떨어져 있는 위치에서 응력 분포가 전단면에 걸쳐서 균일 응력 분포를 보이는 곳까지의 영역을 일컫는다. 이 정착부의 길이는 단면의 높이 또는 폭 중 큰 값 이상이어야 하며, 이는 부재의 길이보다 크지 않아야 한다. 이것은 St.Venant 원리에 따라 교란 영역의 범위를 정한 것이다. 그러나 기하학적 특성과 하중 특성에 따라 달라질 수 있으므로 해석에 의해 합당한 근거가 있을 경우 달리 정의할 수 있다.

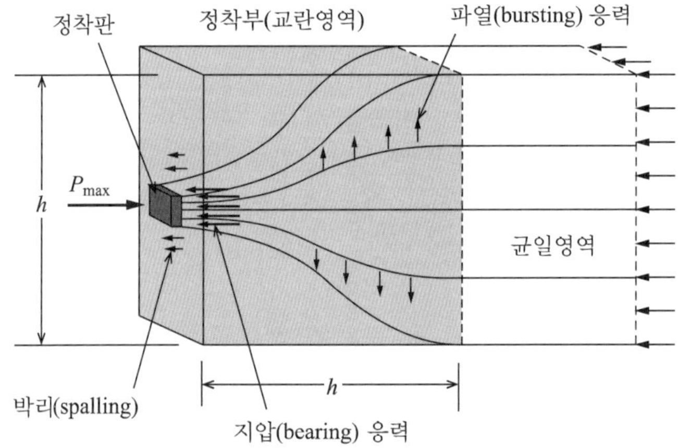

그림 11.28 포스트텐션 정착부

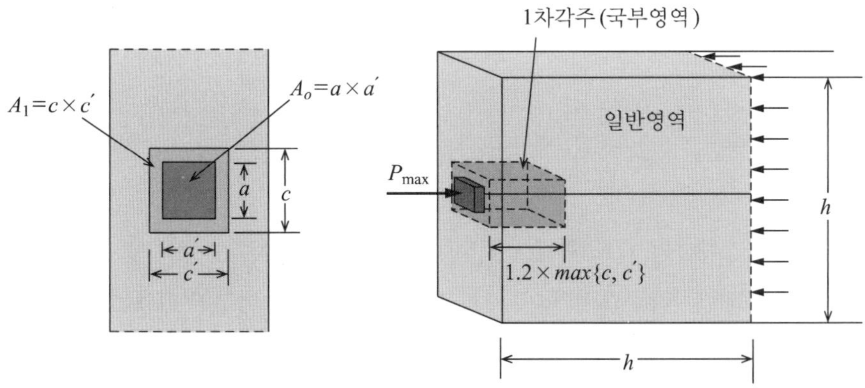

그림 11.29 정착부의 1차각주(국부영역)와 일반영역

정착판 바로 아래 콘크리트에는 매우 큰 지압응력이 작용할 뿐만 아니라, 부분 재하된 긴장력이 부재 단면으로 확산되면서 부재 길이 방향으로 균열이 발생할 수 있는 파열 영역(bursting zone)이 존재한다. 동시에 정착판 바로 아래 콘크리트는 큰 압축력에 의해 횡방향으로 팽창하기 때문에 정착판 주변의 표면 콘크리트가 박리될 수 있다. 따라서 이러한 정착부를 설계할 때는 다음과 같은 극한한계상태를 검토해야 한다.

- 정착판 아래 큰 지압(bearing)
- 정착부에 유발되는 파열(bursting)
- 정착단의 단부 표면에서 박리(spalling)

이러한 극한한계상태를 검증하기 위해서는 그림 11.29에 보인 것과 같이 정착부를 정착판 바로 아래의 큰 지압력을 받는 **1차각주**(primary prism)와 파열력이 주로 발생되는 **일반영역**(genernal zone)의 두 부분으로 구별하여 설계할 필요가 있게 된다. 1차각주는 **국부영역**(local zone)이라 불리기도 하는데, 정착판에 작용하는 큰 긴장력은 이 영역을 통해 부재 전 단면으로 확산된다.

1차각주의 단면적은 지압력을 저항하는 면적으로서, 정착판 바로 아래의 매우 높은 응력을 받는 콘크리트 부분이 분포 응력 $0.6f_{ck}(t)$이하가 되도록 하는데 필요한 면적이어야 한다. 즉, 1차각주의 단면적 $A_1 = c \times c'$는 다음 식을 만족해야 한다.

$$\frac{P_{\max}}{A_1} = 0.6 f_{ck}(t) \tag{11.8-1}$$

여기서 $P_{\max}$는 프리스트레싱 강재에 작용하는 최대 긴장력이고, $f_{ck}(t)$는 긴장 때의 콘크리트 강도이다. 이때 각주의 단면적은 정착판과 닮은꼴로서 그 크기는 아래 조건보다 크지 않아야 한다.

$$\frac{c}{a} \le 1.25\sqrt{\frac{A_1}{A_o}} \quad 그리고 \quad \frac{c'}{a'} \le 1.25\sqrt{\frac{A_1}{A_o}} \tag{11.8-2}$$

여기서 a와 a'는 정착판의 가로와 세로 치수이고, c와 c'는 1차각주의 단면 치수이며, A_o와 A_1은 각각 정착판과 1차각주의 면적이다. 1차각주는 콘크리트 내부에 있어야 하며 인접 각주와 겹치지 않아야 한다. 1차각주의 중심축은 긴장재의 축이며 그 길이는 단면의 큰 치수의 1.2배, 즉 $1.2\,Max\,\{c, c'\}$로 한다.

콘크리트의 지압 파괴를 방지하기 위해 1차각주는 최소한 아래의 횡방향 철근량 이상으로 보강되어야 한다.

$$\Sigma A_s = 0.15\frac{\gamma_p P_{\max}}{\phi_s f_y} \tag{11.8-3}$$

여기서 $P_{\max}$는 정착판에 작용하는 최대 긴장력으로서, 정착부의 구조적 영향을 검증할 때 하중계수 γ_p는 1.2를 사용한다. f_y는 철근의 기준항복강도이고, ϕ_s는 재료계수로 정상설계상황에서 0.9를 적용한다. 설계항복강도 $\phi_s f_y$를 기준으로 소요 철근량을 산정한다면, 균열에 관한 사용성 검증을 수행하여야 한다. 만약, 철근 응력이 300 MPa 이하가 되도록 철근량을 더 배치한다면 균열에 대한 검토를 하지 않아도 된다. 이 소요 철근량 ΣA_s는 1차각주 전 길이에 걸쳐 균등하게 분포시켜야 하며, 동일한 철근량을 수직과 수평 양방향으로 배치해야 한다. 따라서 나선형 철근을 1차각주의 길이에 걸쳐 배치하는 것이 가장 실제적인 방법이다.

정착판에 작용하는 긴장력은 1차각주를 통해서 부재 전체 단면으로 확산된다. 그러므로 정착부의 일반영역은 대표적인 B-영역에 해당하며, 콘크리트에 길이 방향 균열을 발생시키는 파열응력이 유발된다. 이 균열을 방지하기 위한 소요 철근량을 결정하기 위해서는 7장에서 기술한 스트럿-타이 모델을 적용하여야 한다. 이때 정착부에서 힘의 흐름을 나타내는 트러스 형상을 구성하기 위한 가장 간단한 방법은 그림 11.30에 나타낸 것처럼 근사적으로 프리스트레싱력이 정착장치의 끝에서 부터 $\beta = \tan^{-1}(2/3)$의 각도로 확산되는 것으로 가정하여 트러스를 구성하는 것이다. 플랜지가 있는 경우에는 복부에서 β각으로 확산된 힘이 플랜지와 만난 위치에 플랜지 압축력이 집중 하중으로 작용하는 것으로 간주하여야 하며, 이 집중 하중은 플랜지 내에서 다시 β각으로 확산하는 것으로 가정하여 타이력을 계산한 후 플랜지의 파열을 방지하는데 소요되는 철근량을 산정한다.

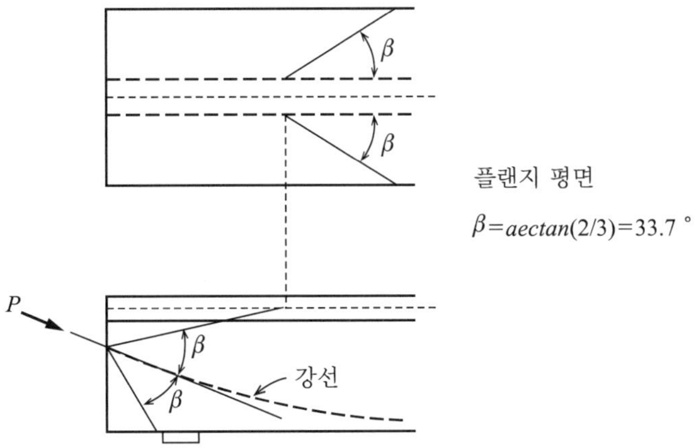

그림 11.30 긴장력의 확산 이상화

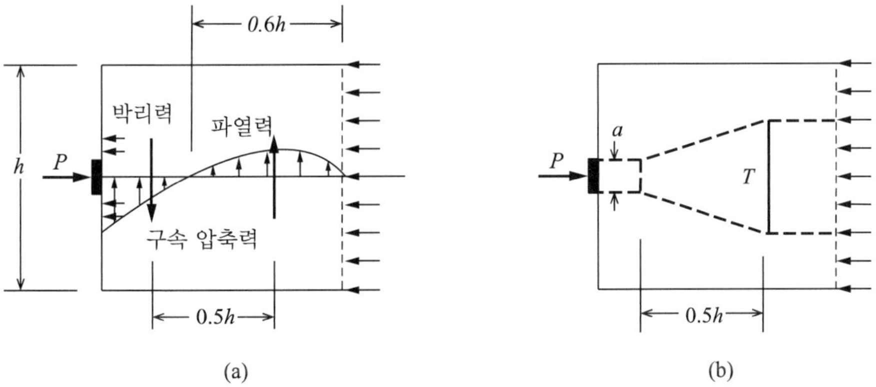

그림 11.31 정착부 응력 분포와 스트럿-타이 모델

그림 11.31(a)는 긴장력 P가 단부 중앙에 작용하고 있는 포스트텐션 부재 정착부의 극한한계 상태에서 부재 중심 수평면을 따라 발생하는 횡방향 응력 상태를 나타낸 것이다. 정착판 바로 아래 콘크리트는 높은 지압력에 의해 횡방향으로 팽창하게 되는데 주변 콘크리트에 구속된 상태가 된다. 이로 인해 수평면에는 압축응력이 발생된다. 정착판에서 멀어지면 지압력이 넓게 확산 되면서 이에 따라 파열 인장응력이 유발되며 대략적으로 $0.6h$에 걸쳐 포물선 형태로 나타난다. 이 파열 인장응력의 합력점과 구속 압축응력의 합력점 사이의 팔길이는 대략 $0.5h$가 된다고 알려졌다. 이러한 사실을 바탕으로 정착부의 스트럿-타이 모델을 구성하면 그림 11.31(b)와 같은 형태가 될 것이다. 이 모델을 해석하여 구한 타이력 T는 수평면에 작용하는 파열응력의 합력에 해당한다. 따라서 정착부의 파열을 방지하기 위해서는 타이력 T에 저항할 수 있는 철근량을 응력 분포 구간인 $0.6h$에 걸쳐 분산 배치해야 한다.

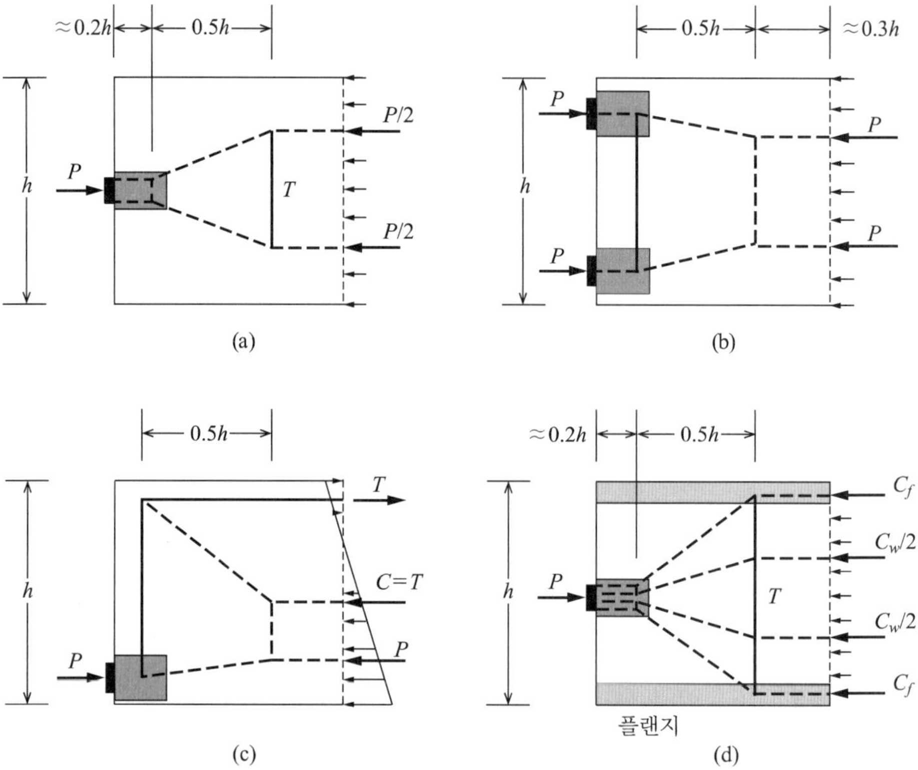

그림 11.32 포스트텐션 정착부의 스트럿-타이 모델

포스트텐션 부재의 정착부에 관해 조금 더 보수적이며 체계적으로 소요 철근량을 산정하기 위해서는 그림 11.32에 나타낸 스트럿-타이 모델을 적용할 수 있다[참고문헌 11.8]. 모든 경우에 정착부의 전체 평형 조건은 항상 만족하도록 스트럿-타이 모델을 구성하여야 한다. 그림에 보인 모든 경우에 적용한 팔길이 $0.5h$는 앞에서 설명한 것과 동일한 이론적 배경에서 채택된 것이다. 반면에 타이의 위치는 각 경우마다 다르며 탄성 유한요소해석 결과에 따라 정할 수 있지만, 그림 11.32(a)와 (d)인 경우에는 단부에서 $0.7h$인 단면으로 하는 것이 가장 일반적이다. 이 방법은 정착 장치의 끝에서 부터 $\beta = \tan^{-1}(2/3)$의 각도로 확산되는 것으로 가정하는 방법과 거의 동일한 타이력을 산정한다. 한편 그림 11.32(b)와 (c)인 경우에는 단부에서 $0.2h$ 이내 구간에 타이를 위치시켜야 한다.

적합한 스트럿-타이 모델을 이용하여 산정한 타이 인장력 T를 구하면, 이를 저항해야 하는 소요 철근량은 다음 식으로 쉽게 구할 수 있다.

$$\Sigma A_s = \frac{T}{f_{yd}} \tag{11.8-4}$$

철근의 설계항복강도를 기준으로 소요 철근량을 산정하면 복부에서 균열 검토를 수행해야 한다. 이러한 균열 검토를 피하기 위해서는 철근을 더 배치하여 철근의 응력을 300 MPa 이하로 제한하면 균열 검토를 하지 않아도 된다. 이렇게 구한 철근량은 타이 위치를 기준으로 일정 구역에 균등하게 분포 배치한다. 7.1절에서 설명했듯이, 그림 11.30(a)와 (d)인 경우에는 $0.6h$ 구간에 균등 배치한다. 실제 많은 설계에서는 전체 정착부에 추가적으로 연장 배치하는 것이 일반적이다.

그림 11.28에 나타낸 것과 같이, 정착부 단부의 높은 지압력으로 인해 주변 콘크리트가 팽창하면서 정착판 주변의 표면 콘크리트가 박리(spalling)될 수 있다. 따라서 이를 방지하기 위해 단부 표면 가깝게 표피 철근을 배치할 필요가 있다. 설계기준에서는 이 철근에 대해 구체적인 규정이 마련되어 있지 않는 상태이지만 일반적으로 긴장력의 3퍼센트를 담당할 수 있는 철근량으로 단부 표면 가까이 배치한다[참고문헌 11.8].

$$\Sigma A_s = 0.03 \frac{\gamma_p P_{\max}}{f_{yd}} \tag{11.8-5}$$

여기서도 철근의 응력을 300 MPa 이하로 제한하면 균열 검토를 하지 않아도 된다.

예제 11.8-1 포스트텐션 정착부의 소요 철근

아래 그림에 보인 프리스트레스트 콘크리트 교량의 상자형 거더의 정착부에는 각 복부마다 두개의 강재가 정착되어 있다. 각 강재는 지름이 15.2 mm(공칭 단면적은 138.7 mm^2)인 강연선 19개로 구성되어 있으며, 항복강도는 $f_{py} = 1{,}670$ MPa이다. 그림에 보인 것처럼 정착판은 한 변이 310 mm인 정사각형이며, 정착부에서 수평으로 배치되어 있다고 간주할 수 있다. 강재는 $0.85 f_{py}$로 초기 긴장하였으며, 이때 콘크리트 강도는 30 MPa에 도달된 상태이다. 여기서는 강재의 도심은 거더의 중심과 일치하게 배치되어 있다고 가정한다. 거더 복부의 정착부를 설계하라.

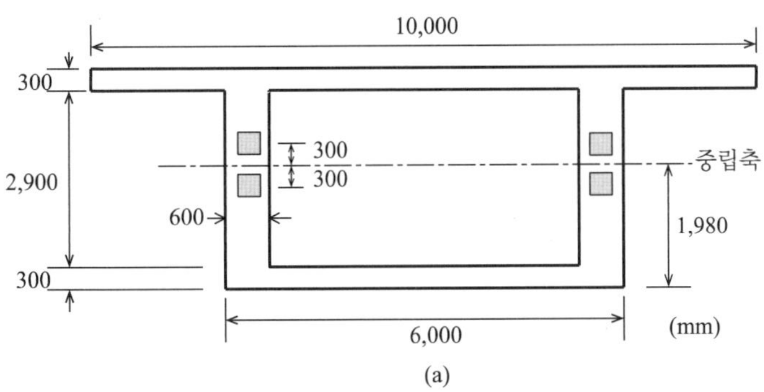

(a)

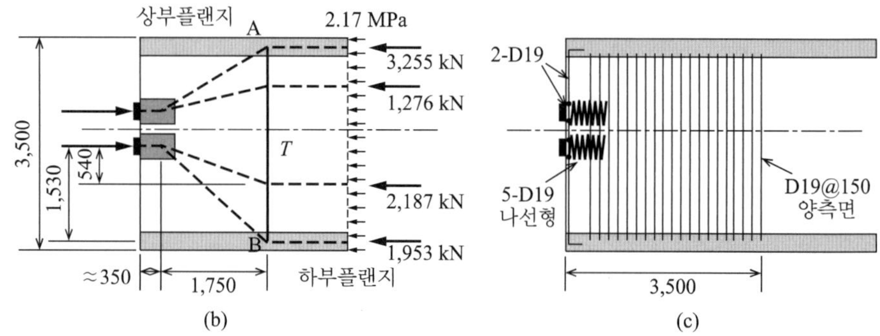

그림 11.33 포스트텐션 정착부 설계 예제

풀이

(i) 1차각주의 철근 설계

각 강재의 최대 긴장력 $P_{\max}$는

$$P_{\max} = 19(138.7)(0.85)(1{,}670) \times 10^{-3} = 3{,}741 \text{ kN}$$

1차각주의 단면적은 식 (11.8-1)에 의해

$$A_1 = \frac{3{,}741 \times 10^3}{0.6(30)} = 207{,}833 \text{ mm}^2$$

따라서 정사각형 각주의 한 변의 길이는 456 mm 이어야 하며, 길이는 1.2(456) = 547 mm가 된다. 1차각주의 지압 파열을 방지하기 위한 SD 400 철근의 소요량은 식 (11.8-2)에 따라

$$A_s = 0.15\frac{\gamma_p P_{\max}}{\phi_s f_y} = 0.15\frac{1.2(3{,}741 \times 10^3)}{0.9(400)} = 1{,}871 \text{ mm}^2$$

엄밀하게 말한다면, 이 소요 철근량을 배치할 경우에는 균열폭 한계상태를 검증하여야 한다. 이 검증을 피하기 위해서는 철근 응력을 300 MPa이하로 제한할 수 있다. 이때 소요되는 철근량은 $1{,}871(0.9)(400)/300 = 2{,}245 \text{ mm}^2$이 된다. 이 철근량은 1차각주 길이 547 mm에 걸쳐 배치되어야 하므로, 5개의 U형 D19 철근을 사용하면 $2{,}865 \text{ mm}^2$가 되어 조건을 충분히 만족한다. 이 지압 파열 철근은 수직과 수평 양 방향으로 동일한 철근이 소요되기 때문에 철근을 5피치 나선형으로 가공하여 배치하는 것이 가장 현실적이다.

(ii) 일반영역 파열 철근 설계

단부의 압축력 $P_{\max}$는 1차각주에서부터 일반영역를 통해 확산되어서 균일 영역(B-영역)으로 전달된다. 이때도 일반영역에서 응력은 수평과 수직 양방향으로 확산되면서 이에 따른 파열 응력이 유발된다. 그런데 수평 방향으로는 단부 지압판 폭과 복부폭이 거의 같기 때문에 수평 방향 파열력이 거의 유발되지 않는다. 따라서 여기서는 수직 방향 파열력에 대한 소요 철근량만을 결정하면 된다. 긴장재의 합력이 거더의 중립축에 위치하므로 B-영역의 단면에는 등분포 응력이 발생되며, 그 크기는 거더 전체 단면 등분포 응력$=\dfrac{1.2(2)(3{,}741\times 10^3)}{4.14\times 10^6}=2.17\,\text{MPa}$

상부 플랜지 압축 합력$=5{,}000(300)(2.17)\times 10^{-3}=3{,}255\,\text{kN}$

중립축 위 복부 압축 합력$=980(600)(2.17)\times 10^{-3}=1{,}276\,\text{kN}$

중립축 아래 복부 압축 합력$=1{,}680(600)(2.17)\times 10^{-3}=2{,}187\,\text{kN}$

하부 플랜지 압축 합력$=3{,}000(300)(2.17)\times 10^{-3}=1{,}953\,\text{kN}$

이 합력들의 평형조건과 팔길이 $0.5h=1{,}750\,\text{mm}$를 바탕으로 정착부의 스트럿-타이 모델을 구성하면 그림 11.33(b)와 같은 형태가 된다. 이때 횡방향 타이 인장력 T는

$$T=1{,}953\frac{1{,}530}{1{,}750}+2{,}187\frac{540}{1{,}750}=2{,}382\,\text{kN}$$

균열폭 검증을 수행하지 않기 위해 철근 응력을 300 MPa로 제한할 때의 소요 철근량은

$$\text{소요 }\Sigma A_s=\frac{2{,}382\times 10^3}{300}=7{,}941\,\text{mm}^2$$

이 철근량은 타이 위치에서 좌우로 $\pm 0.3h=2{,}100\,\text{mm}$ 구간에 균등 분포시켜 배치해야 한다. 복부 양 측면에 150 mm 간격으로 배치하면 28가닥의 D19 철근을 배치하면 사용 $A_s=8{,}022\,\text{mm}^2$가 되어 적합하게 된다. 실제 설계에서는 정착부 나머지 구간에도 연장하여 추가로 배치한다. 이때 실제 사용 철근량은 $8{,}022(3{,}500/2{,}100)=13{,}370\,\text{mm}^2$가 된다.

(iii) 단부 표면 박리 철근 설계

단부 표면 콘크리트 박리를 방지하는데 필요한 철근량은 식 (11.8-5)에 따라

$$\Sigma A_s=0.03\frac{1.2(3{,}741\times 10^3)}{300}=449\,\text{mm}^2$$

D19 철근 2 가닥을 각 정착판 모서리 위치에 수직과 수평 양방향으로 배치한다.

11.8.2 프리텐션 정착부

그림 7.1로 설명했던 것과 같이, 정착판에서 일정 거리 이상 먼 단면에서는 응력이 선형 분포 상태가 되지만, 반면에 정착판에 가까운 영역의 단면에는 변형 후 평면으로 보존되지 않고 뒤틀림이 발생하여 이에 따른 응력 분포는 훨씬 복잡한 형태가 된다. 이러한 현상은 정착장치가 없는 프리텐션 부재에서도 마찬가지로 발생한다. 다만, 긴장력이 전달길이를 통하여 점진적으로 도입되기 때문에 국부적 현상이 덜 가혹하다.

프리텐션 부재에서는 초기 잭킹력을 해제할 때 강재와 콘크리트 사이의 부착에 의해 프리스트레스가 도입된다. 즉 부재 단부에서 긴장재의 응력은 0이고, 단부로 부터 거리에 따라 점차

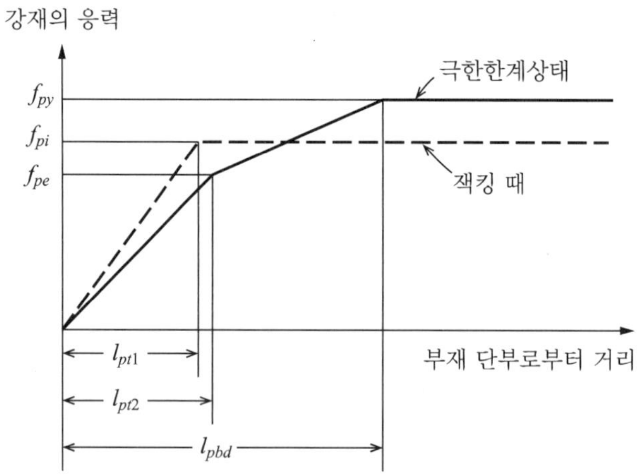

그림 11.34 프리텐션 부재 단부의 긴장재 응력

응력이 증가하여 결국 어떤 거리 만큼 떨어진 단면의 응력이 잭킹 응력과 같아지게 되는데 이 거리를 **전달길이**(transfer length; l_{pt})라고 한다. 이것은 강재의 긴장력이 부착에 의해 콘크리트로 전달하는데 필요로 하는 길이를 말한다. 전달길이 이내의 강재의 인장응력은 그림 11.34에 보인 바와 같이 0에서 부터 긴장 응력 크기까지 점진적으로 증가한다. 긴장재의 전달길이는 긴장력의 크기, 강재의 종류(강선, 강연선, 강봉)와 지름, 표면 상태(원형, 이형), 콘크리트 품질, 그리고 잭킹력의 해제 속도에 따라 달라진다. 따라서 전달길이를 정확하게 산정하는 것은 어려운 일이어서, 설계기준에서는 실험 결과를 바탕으로 설계에 사용하는 전단길이 l_{pt} 값으로 안전하며 간단하게 긴장재 지름의 60배로 취할 수 있다고 허용하고 있다.

사용하중이 작용하여 유효 프리스트레스가 일정할 때의 전달길이는 일정할 수 있지만, 부재의 극한한계상태에서는 강재의 모든 인장강도가 발휘되어야 하기 때문에 부착 길이가 더 커야한다. 프리스트레스 강재가 항복강도에 도달하는데 필요한 부착 길이를 강재의 정착길이(development length; l_{pbd})라고 한다. 프리스트레스트 콘크리트 부재는 사용한계상태 뿐만 아니라 극한한계상태의 요구 조건도 만족해야 하므로 강재는 항상 단부에서 정착길이 이상으로 부착 길이를 확보해야 한다. 도로교설계기준에서는 프리텐션 부재에서 다음 식으로 강연선의 정착길이를 산정하고 있다.

$$l_{pbd} = \frac{4f_{pbt}d_b}{f_{ck}} + \frac{6.4(f_{py} - f_{pe})d_b}{f_{ck}} + 250 \tag{11.8-6}$$

여기서 d_b는 강연선의 공칭지름, f_{pbt}는 긴장 때 강재의 응력, f_{pe}는 강재의 유효응력이다. 강재 아래 타설되는 콘크리트 깊이가 300 mm 이상인 경우에는 위 식으로 계산된 값에 1.3을 곱한 정착길이를 확보해야 한다.

프리스트레싱 강연선의 전달길이는 프리텐션 부재 단부의 전단강도와 휨강도에 영향을 미친다. 앞 절에서 기술한 복부-전단강도를 산정하는 식 (11.7-13)에는 전달길이 l_{pt2}의 항이 포함되어 있다는 것을 알 수 있다. 이것은 그림 11.34에 보인 것과 같이 부재의 극한한계상태에서 전달길이에 따른 강재 응력의 변화를 선형으로 가정하여 프리스트레스 영향을 고려하였기 때문이다.

프리텐션 부재에서도 정착 영역의 콘크리트 파열에 저항하도록 단부에 횡방향 철근을 배치해야 한다. 이때 소요되는 횡방향 철근량은 근본적으로 포스트텐션 부재에서와 동일하게 스트럿-타이 모델을 적용하여 계산한다. 다만, 사용한계상태의 균열 제어를 위해서는 철근 응력을 140 MPa 이하가 되도록 하여야 한다. 특히 프리텐션 부재에서는 단부까지 분산 배치하여야 한다.

11.9 부재 상세

11.9.1 프리스트레싱 강재 및 덕트의 최소 간격

콘크리트에 묻혀서 큰 인장력을 발휘하고 있는 강재는 주변으로 콘크리트가 밀실하게 채워져 우수한 부착이 발휘되도록 강재 및 덕트들 사이 일정한 간격 이상이 확보되어야 한다. 도로교 설계기준(한계상태설계법)에서는 다음과 같은 경우마다 강재 및 덕트의 최소와 최대 간격을 규정하고 있다.

1. 프리텐션 부재의 정착부에서 강연선(피복이 있는 것도 포함)의 순간격은 골재 최대 치수의 1.33배 이상으로 하여야 하며, 중심 간격은 표 11.7의 값 이상으로 하여야 한다. 실물 실험에 의하여 검증된다면 부재 단부에서 프리텐션 강연선의 순간격을 감소시켜도 좋다. 강연선 다발 사이의 순간격은 골재 최대치수의 1.33배 이상 또는 25 mm 이상으로 하여야 한다.
2. 직선으로 배치되는 포스트텐션 덕트의 순간격은 38 mm 이상 또는 굵은 골재 최대 치수의 1.33배 이상으로 하여야 한다. 정착부로부터 900 mm 이내 구간에서 덕트 사이의 간격이 이 규정대로 유지된다면 3개 이하의 덕트를 다발로 사용할 수 있다. 덕트 다발 사이의 수평

순간격은 100 mm 이상으로 하여야 한다. 2개 이상의 평면으로 배치되는 덕트는 동일 평면에서 2개까지의 덕트를 다발로 만들 수 있다. 덕트 다발의 연직 순간격은 38 mm 이상, 굵은 골재 최대치수의 1.33배 이상으로 하여야 한다. 프리캐스트 공법에서 덕트 다발의 수평 순간격은 75 mm 까지 감소되어도 좋다.

3. 프리캐스트 슬래브의 프리텐션 강연선은 합성 슬래브 총 두께의 1.5배 이하, 450 mm 이하의 간격으로 대칭으로 등분포 배치되어야 한다. 슬래브의 포스트텐션 긴장재는 중심 사이의 간격이 합성 슬래브 최소 두께의 4배 이하여야 한다.

표 11.7 프리텐션 강연선의 중심 간격

강연선 지름 (mm)	간격 (mm)
15.2 14.3	50
12.7 11.1	44
9.5	38

11.9.2 곡선 긴장재의 영향을 고려한 부재 상세

긴장재가 직선에서 벗어난 곡선 상태에서 큰 인장력을 발휘하고 있을 때는 주변 콘크리트에 원주 방향력(radial force)을 유발시킨다는 사실을 인식하는 것은 중요하다. 그림 11.35(a)에 보인 것과 같이 긴장재가 곡률반경 r인 곡선으로 배치되어 있다면, 단위 길위당 P/r의 힘으로 콘크리트를 밀어낸다. 또한 그림 11.35(b)처럼 긴장재가 각 θ만큼 한 곳에서 절곡된 상태라면 $2P\sin(0.5\theta)$의 힘을 유발시킨다.

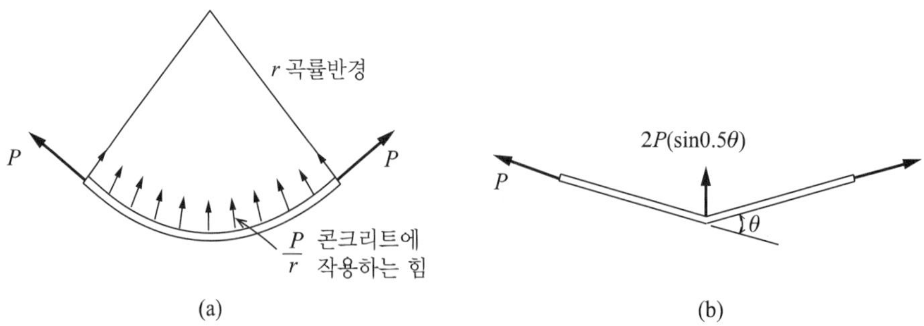

그림 11.35 긴장재의 방향 전환에 의해 유발되는 면내력

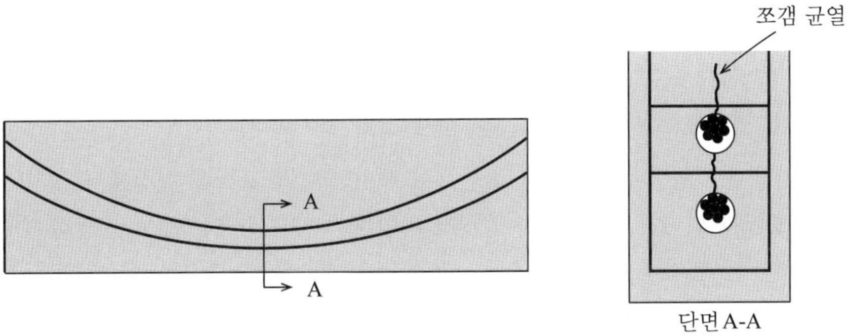

그림 11.36 곡선 긴장재에 의한 쪼갬 균열

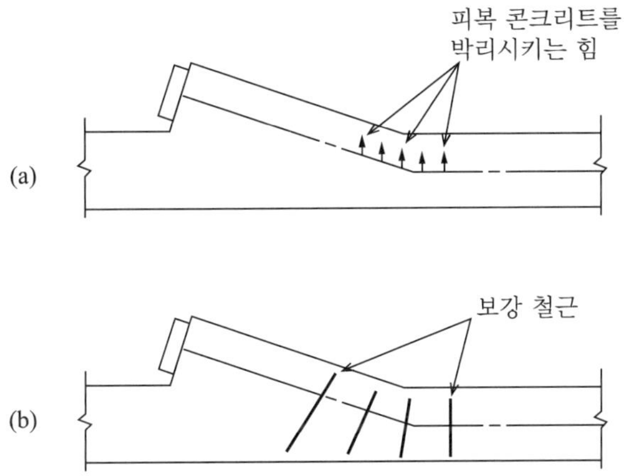

그림 11.37 돌출 정착장치의 면외력

그림 11.36에 보인 것과 같이 거더 복부에 긴장재가 곡선으로 배치되어 있을 때 긴장재의 긴장력 $P_{\max}$와 곡률 $1/r$에 의해 발생되는 면내 단위 길이당 방사 방향력 F_u는 다음과 같다.

$$F_u = \frac{\gamma_p P_{\max}}{r} \tag{11.9-1}$$

여기서 γ_p는 긴장력에 대한 하중계수로 불리한 경우에 해당하므로 1.2를 취하여 적용한다. 따라서 복부에 곡선으로 배치되는 긴장재는 철근으로 횡구속시켜야 한다. 횡구속 철근은 사용한계상태에서 균열폭을 제어하기 위해서는 응력이 300 MPa를 초과해서는 안 된다. 횡구속 철근의 간격은 덕트 지름의 3배 또는 600 mm 보다 작게 하여야 효과적이다.

긴장재가 곡선 거더의 복부나 플랜지에 배치되어 오목한 모서리나 내부 공동에 인접하여 곡선 배치된 경우에는 면외력이 발생한다. 예를 들면 그림 11.37에 보인 바와 같은 돌출 정착부에는 면외력이 발생한다. 이에 대한 적절한 보강을 하지 않으면 긴장재 방향 변환력에 의해 바깥쪽의 콘크리트가 밀려나거나 피복 콘크리트가 파손될 수 있다. 따라서 콘크리트 피복두께를 증가하거나 횡구속 철근을 배치하여야 한다.

포스트텐션 긴장재를 의도대로 완전한 직선으로 배치하려 해도 실제 현장에서는 의도하지 않게 직선에서 벗어나게 된다. 이 의도하지 않게 파상 배치된 긴장재는 주변 콘크리트에 횡방향 응력을 야기하게 된다. 이 횡방향 응력은 그림 11.38에 나타낸 것과 같은 균열을 발생시킬 수 있기 때문에 모든 포스트텐션 부재의 얇은 복부에는 최소량의 횡방향 철근을 미리 배치하여야 좋은 설계가 된다.

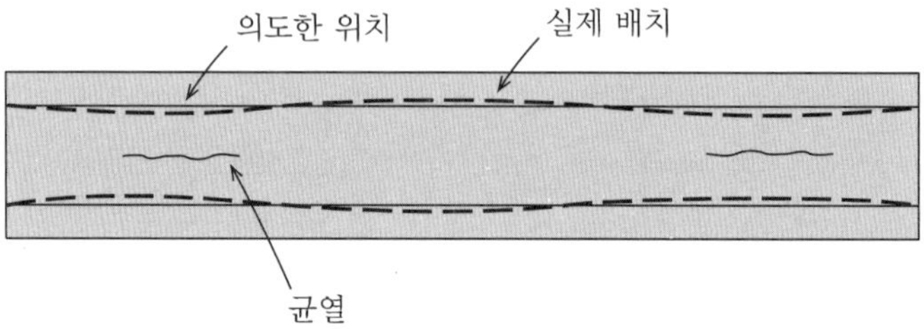

그림 11.38 의도하지 않게 파상 배치된 긴장재에 의한 균열

참고문헌

11.1 한국교량및구조공학회·교량설계핵심기술연구단 (2015), 도로교설계기준(한계상태설계법) 해설

11.2 한국콘크리트학회 (2012), 콘크리트구조기준, 국토해양부

11.3 Nilson, A. H. (1987), *Design of Prestressed Concrete, 2nd ed.*, John Willey, New York, USA.

11.4 Collins, M. P. and Mirchell, D. (1991), *Prestressed Concrete Structures*, Prentice Hall, Englewood Cliffs, NJ, USA.

11.5 Naaman, A. E. (1982), *Prestressed Concrete Analysis and Design*, McGrow Hill, NY, USA.

11.6 Nawy, E. G. (2002), *Prestressed Concrete*, Prentice Hall, Englewood Cliffs, NJ, USA.

11.7 Nilson, A. H., Darwin, D. and Dolan, C. W., (2003), *Design of Concrete Structures*, *13th ed.*, McGrow Hill, NY, USA.

11.8 European Committee for Standardization, (1992), *Eurocode 2(EN 1992) - Design of Concrete Structures*, EC Technical Committee CEN/TC 250.

11.9 American Association of State Highway and Transportation Officials, (2004), AASHTO LRFD *Bridge Design Specification, 3rd Ed.*

11.10 fib (1999), *Structural Concrete - Textbook*, fib Bulletin 2, Vol. 1 and Vol. 2

11.11 CEB-FIP (1993), *CEB-FIP Model Code 1990 - Design Code*, Comite Euro- International du Beton, Thomas Telford, London.

11.12 FIB (2010), Model Code 2010, International Federation for Structural Concrete.

11.13 CIRIA Guide 1, (1976), *A Guide to the design of Post-tensioned Prestressed Concrete Members*, CIRIA, London.

11.14 Schlaich, J., Schäfer, K. and Jennewein, M. (1987) "Toward a consistent design of structural concrete," J. PCI, Vol. 32, no. 3, pp. 74-150.

11.15 Schlaich, J. and Schäfer, K. (1991), "Design and detailing of structural concrete using strut-and-tie models," Struct. Engineer, vol. 69, no. 6, pp. 13.

11.16 *Building code requirements for structural concrete and commentary, (2002) Appendix A*, ACI 318-02 and ACI 318R-02, American Concrete Institute, Farmington Hills, MI

11.17 *Examples for the design of structural concrete with strut-and-tie models*, (2002) ACI SP 208, Karl-Heinz Reineck, ed., American Concrete Institute, Farmington Hills, MI, USA

11.18 Hendy, C. R. and Smith, D. A. (2007), *Designers' Guide To EN 1992-2, Eurocode 2: Design of Concrete Structures, Part 2: Concrete Bridges*, Thomas Telford, London, England.

11.19 *Concrete Structures Euro-Design Handbook 1994/96*, (1994), ed by Eibl, J., Erst & Sohn, Germany.

11.20 *Eurocode 2 Worked Examples*, (2008), ed by Jean-Pierre Jacobs, The European Concrete Platform ASBL, Brussels, Belgium.

연습 문제

11.1 그림 11.39에 보인 포스트텐션 부재가 경간 30 m로 단순 지지되어 있으며, 긴장재는 단순 포물선으로 배치되어 경간 중앙에서 편심은 640 mm이고, 단부에서는 0이다. 이 부재의 단면 성질은 $A_c = 1.05\,\text{m}^2$이고, $I_c = 0.36\,\text{mm}^4$이다. 긴장재의 총 단면적은 $A_p = 7{,}500\,\text{mm}^2$이고, 초기 긴장력 $P_{o,\max} = 10{,}500\,\text{kN}$이다. 곡률마찰계수 $\mu = 0.19$이고, 파상마찰계수 $k = 0.01/m$, 긴장력이 도입될 때 콘크리트 탄성계수는 $E_c(t) = 32\,\text{GPa}$, 최종 크리프계수 $\varphi(\infty, t_o) = 1.7$, 건조수축 변형률 $\varepsilon_{sh} = 330 \times 10^{-6}$이며, 강재는 저 릴랙세이션 등급이다. 이 부재에서 경간 중앙에서 프리스트레스 손실을 파악해 보라.

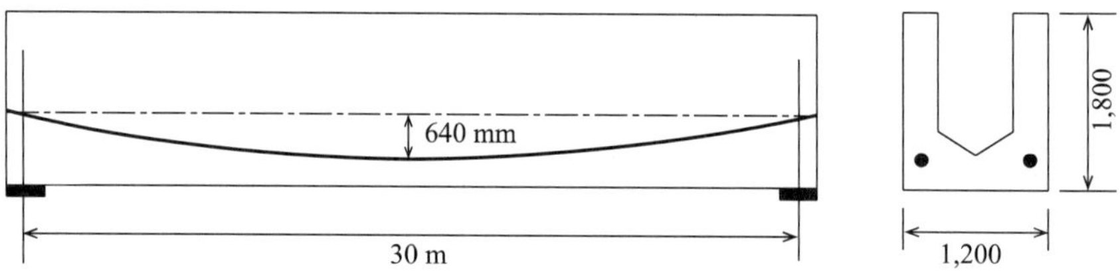

그림 11.39 연습 문제 11.1

11.2 폭 $b=300\,\text{mm}$이고 깊이 $h=700\,\text{mm}$인 직사각형 단면을 갖는 포스트텐션 부재가 경간 12 m로 단순 지지되어 있으며, 긴장재는 단순 포물선을 배치되어 경간 중앙에서 편심은 200 mm이고, 단부에서는 0이다. 즉시 손실이 완료된 후의 초기 긴장력 $P_i=1{,}500\,\text{kN}$이고 장기 손실률은 15퍼센트이다. 이 부재에서 다음과 같은 하중 경우일 때 경간 중앙에서 응력 상태를 파악하려고 한다. (i) 초기 긴장력만 작용할 때, (ii) 자중이 작용할 때, (iii) 자중과 추가 고정하중 $w_D=4\,\text{kN/m}$가 작용할 때, (iv) 자중, 고정하중과 사용 활하중 $w_L=10\,\text{kN/m}$이 작용할 때

11.3 그림 11.40(a)와 같이 폭 $b=120\,\text{mm}$이고 깊이 $h=300\,\text{mm}$인 직사각형 단면을 갖는 프리캐스트 부재에 지름 5 mm인 강선 5개를 프리텐션하여 배치하였다. 이 부재에 사용된 콘크리트의 기준압축강도 $f_{ck}=35$ MPa이고, 강선의 공칭단면적은 19.6 mm^2, 항복강도 $f_{py}=1{,}600$ MPa이다. 초기 긴장 응력은 $f_{po}=1{,}120$ MPa이다. 프리스트레스 총 손실률이 25%일 때 설계휨강도를 구하라.

11.4 그림 11.40(b)와 같이 폭 $b=120\,\text{mm}$이고 깊이 $h=300\,\text{mm}$인 직사각형 단면을 갖는프리캐스트 부재에 지름 12.7 mm인 강연선 2개를 프리텐션하여 배치하고, 일반 철근 D10을 5개 배치하였다. 이 부재에 사용된 콘크리트의 기준압축강도 $f_{ck}=35$ MPa이고, 강연선의 공칭단면적은 92.9 mm^2, 항복강도 $f_{py}=1{,}600$ MPa이다. 초기 긴장 응력은 $f_{po}=1{,}120$ MPa이다. 프리스트레스 총 손실률이 25%일 때 설계휨강도를 구하라.

11.5 앞 예제 11.3에서 다뤘던 그림 11.40(a)와 같은 단면을 갖는 프리캐스트 부재가 경간 4 m로 단순 지지되어 자중과 계수활하중 $w_L=10\,\text{kN/m}$이 작용할 때 소요 전단 철근을 배치하라.

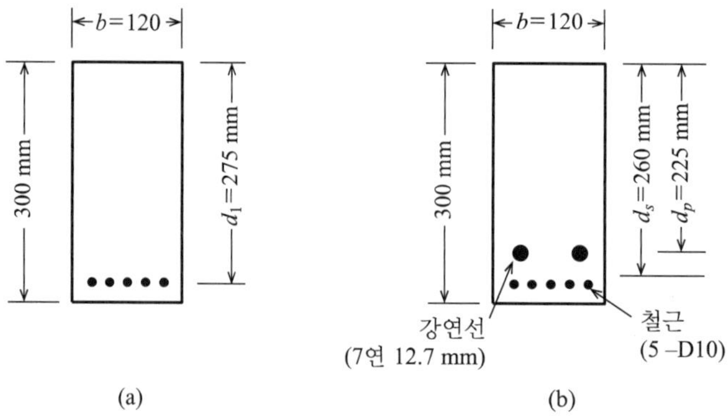

그림 11.40 연습 문제 11.3과 11.4

APPENDIX

A. 설계도표

B. SI단위 및 환산표

A. 설계도표

표 A.1

철근의 공칭 지름, 공칭 단면적, 공칭 둘레, 단위 무게

호칭명	공칭 지름(mm)	공칭 단면적(mm^2)	공칭 둘레(mm)	단위 질량(kg/m)
D6	6.35	31.67	20	0.249
D10	9.53	71.33	30	0.560
D13	12.7	126.7	40	0.995
D16	15.9	198.6	50	1.56
D19	19.1	286.5	60	2.25
D22	22.2	387.1	70	3.04
D25	25.4	506.7	80	3.98
D29	28.6	642.4	90	5.04
D32	31.8	794.2	100	6.23
D35	34.9	956.6	110	7.51
D38	38.1	1,140	120	8.95
D41	41.3	1,340	130	10.5
D51	50.8	2,027	160	15.9

표 A.2

여러 개 철근의 단면적(mm^2)

호칭명	철근 개수											
	1	2	3	4	5	6	7	8	9	10	11	12
D 6	31.67	63.34	95.01	126.7	158.4	19.00	221.7	253.4	285.0	316.7	348.4	380.0
D10	71.33	142.7	214.0	285.3	356.7	428.0	499.3	580.6	641.8	713.3	784.6	856.0
D13	126.7	253.4	380.1	506.8	633.5	760.2	886.9	1,014	1,140	1,267	1,394	1,520
D16	198.6	397.2	596.0	794.0	993.0	1,192	1,390	1,589	1,787	1,986	2,185	2,383
D19	286.5	573.0	860.0	1,146	1,433	1,719	2,006	2,292	2,579	2,865	3,156	3,438
D22	387.1	774.2	1,161	1,548	1,936	2,323	2,710	3,097	3,484	3,871	4,258	4,645
D25	506.7	1,013	1,520	2,027	2,534	3,040	3,547	4,054	4,560	2,067	5,574	6,080
D29	642.4	1,285	1,927	2,570	3,212	3,854	4,497	5,140	5,780	6,424	7,066	7,709
D32	794.2	1,522	2,383	3,177	3,971	4,765	5,559	6,354	7,148	7,942	8,736	9,530
D35	956.6	1,913	2,870	3,826	4,783	5,740	6,696	7,653	8,609	9,566	10,520	11,480

표 A.3

여러 개 철근의 둘레(mm)

호칭명	철근 개수											
	1	2	3	4	5	6	7	8	9	10	11	12
D6	20	40	60	80	100	120	140	160	180	200	220	240
D10	30	60	90	120	150	180	210	240	270	300	330	360
D13	40	80	120	160	200	240	280	320	360	400	440	480
D16	50	100	150	200	250	300	350	400	450	500	550	600
D19	60	120	180	240	300	360	420	480	540	600	660	720
D22	70	140	210	280	350	420	490	560	630	700	770	840
D25	80	160	240	320	400	480	560	640	720	800	880	960
D29	90	180	270	360	450	540	630	720	810	900	990	1,080
D32	100	200	300	400	500	600	700	800	900	1,000	1,100	1,200
D35	110	220	330	440	550	660	770	880	990	1,100	1,210	1,320

표 A.4

슬래브 단위 폭당 철근의 단면적(mm^2/m)

철근간격 (mm)	철근 호칭명						
	D10	D13	D16	D19	D22	D25	D29
100	713.3	1,267	1,986	2,865	3,871	5,067	6,424
125	570.6	1,014	1,589	2,292	3,097	4,054	5,139
150	475.5	844.7	1,324	1,910	2,581	3,378	4,283
175	407.6	724.0	1,350	1,637	2,212	2,895	3,671
200	356.7	633.5	993.0	1,436	1,936	2,534	3,212
225	310.7	563.1	882.7	1,273	1,720	2,252	2,855
250	285.3	506.8	794.4	1,146	1,548	2,027	2,579
275	259.4	460.7	722.2	1,042	1,408	1,843	2,336
300	237.8	422.3	662.0	955.0	1,290	1,689	2,141

표 A.5

PS강선 및 PS강연선의 표준지름 및 공칭단면적 (KS D 7002 : 2002)

기 호	호 칭	표준 지름 (mm)	공칭 단면적 (mm^2)	단위 무게 (kg/km)
SWPC 1AN SWPC 1AL SWPC 1BN SWPC 1BL SWPC 1N SWPC 1L	(2.9 mm)	2.9	6.605	51.8
	(3.5 mm)	3.5	9.621	75.5
	(4 mm)	4.0	12.57	98.7
	(4.5 mm)	4.5	15.90	125
	5 mm	5.0	19.64	154
	(6 mm)	6.0	28.27	222
	7 mm	7.0	38.48	302
	8 mm	8.0	50.27	395
	9 mm	9.0	63.62	499
SWPC 2N SWPC 2L	2.9 mm 2연선	2.9	13.21	104
SWPD 3N SWPD 3L	2.9 mm 3연선	2.9	19.82	156
SWPC 7AN SWPC 7AL	(7연선 6.2 mm)	6.2	23.23	182
	(7연선 7.9 mm)	7.9	37.42	293
	7연선 9.3 mm	9.3	51.61	405
	7연선 10.8 mm	10.8	69.68	546
	7연선 12.4 mm	12.4	92.90	729
	7연선 15.2 mm	15.2	138.7	1101
SWPC 7BN SWPC 7BL	7연선 9.5 mm	9.5	54.84	432
	7연선 11.1 mm	11.1	74.19	580
	7연선 12.7 mm	12.7	98.71	774
	7연선 15.2 mm	15.2	138.7	1101
SWPC 19N SWPC 19L	19연선 17.8 mm	17.8	208.4	1652
	19연선 19.3 mm	19.3	243.7	1931
	19연선 20.3 mm	20.3	270.9	2149
	19연선 21.8 mm	21.8	312.9	2482
	19연선 28.6 mm	28.6	532.4	4229

비고 : (1) 7연선 및 9연선의 표준지름은 연선의 외접원의 지름으로 한다.
(2) ( ) 를 붙인 호칭의 강선 및 강연선은 사용하지 않는 것이 좋다.

표 A.6

PS강선 및 PS강연선의 역학적 성질 (KS D 7002 : 2002)

기 호	호 칭	0.2% 영구연신율에 대한 하중(kN)	인장 하중 (kN)	연신율 (%)	릴레세이션 값(%)	
					N	L
SWPC 1AN SWPC 1AL SWPD 1N SWPD 1L	(2.9 mm)	11.3 이상	12.7 이상	3.5 이상	8.0 이하	2.5 이하
	(3.5 mm)	14.2 이상	16.2 이상	3.5 이상	8.0 이하	2.5 이하
	(4 mm)	18.6 이상	21.1 이상	3.5 이상	8.0 이하	2.5 이하
	(4.5 mm)	22.6 이상	25.5 이상	4.0 이상	8.0 이하	2.5 이하
	5 mm	27.9 이상	31.9 이상	4.0 이상	8.0 이하	2.5 이하
	(6 mm)	38.7 이상	44.1 이상	4.0 이상	8.0 이하	2.5 이하
	7 mm	51.0 이상	58.3 이상	4.5 이상	8.0 이하	2.5 이하
	8 mm	64.2 이상	74.0 이상	4.5 이상	8.0 이하	2.5 이하
	9 mm	78.0 이상	90.2 이상	4.5 이상	8.0 이하	2.5 이하
SWPC 1BN SWPC 1BL	5 mm	29.9 이상	33.8 이상	4.0 이상	8.0 이하	2.5 이하
	7 mm	54.9 이상	62.3 이상	4.5 이상	8.0 이하	2.5 이하
	8 mm	69.1 이상	78.9 이상	4.5 이상	8.0 이하	2.5 이하
SWPC 2N SWPC 2L	2.9 mm 2연선	22.6 이상	25.2 이상	3.5 이상	8.0 이하	2.5 이하
SWPD 3N SWPD 3L	2.9 mm 3연선	33.8 이상	38.2 이상	3.5 이상	8.0 이하	2.5 이하
SWPC 7AN SWPC 7AL	(7연선 6.2 mm)	33.8 이상	40.2 이상	3.5 이상	8.0 이하	2.5 이하
	(7연선 7.9 mm)	54.9 이상	64.7 이상	3.5 이상	8.0 이하	2.5 이하
	7연선 9.3 mm	75.5 이상	88.8 이상	3.5 이상	8.0 이하	2.5 이하
	7연선 10.8 mm	102 이상	120 이상	3.5 이상	8.0 이하	2.5 이하
	7연선 12.4 mm	136 이상	160 이상	3.5 이상	8.0 이하	2.5 이하
	7연선 15.2 mm	204 이상	240 이상	3.5 이상	8.0 이하	2.5 이하
SWPC 7BN SWPC 7BL	7연선 9.5 mm	86.8 이상	102 이상	3.5 이상	8.0 이하	2.5 이하
	7연선 11.1 mm	118 이상	138 이상	3.5 이상	8.0 이하	2.5 이하
	7연선 12.7 mm	156 이상	183 이상	3.5 이상	8.0 이하	2.5 이하
	7연선 15.2 mm	222 이상	261 이상	3.5 이상	8.0 이하	2.5 이하

<table>
<tr><td rowspan="5">SWPC 19N
SWPC 19L</td><td>19연선 17.8 mm</td><td>330 이상</td><td>387 이상</td><td>3.5 이상</td><td>8.0 이하</td><td>2.5 이하</td></tr>
<tr><td>19연선 19.3 mm</td><td>387 이상</td><td>451 이상</td><td>3.5 이상</td><td>8.0 이하</td><td>2.5 이하</td></tr>
<tr><td>19연선 20.3 mm</td><td>422 이상</td><td>495 이상</td><td>3.5 이상</td><td>8.0 이하</td><td>2.5 이하</td></tr>
<tr><td>19연선 21.8 mm</td><td>495 이상</td><td>573 이상</td><td>3.5 이상</td><td>8.0 이하</td><td>2.5 이하</td></tr>
<tr><td>19연선 28.6 mm</td><td>807 이상</td><td>949 이상</td><td>3.5 이상</td><td>8.0 이하</td><td>2.5 이하</td></tr>
</table>

비고 : 릴렉세이션 값은 1000시간 값을 기준으로 한 것이며 N은 보통의 PS강선 및 PD 강연선에 대한 값이고, L은 저릴렉세이션 PS강선 및 PS강연선에 대한 값이다.

표 A.7

PS 강봉(KS D 3505-2002)

<table>
<tr><th colspan="3">종 류</th><th>기 호</th><th>0.2% 항복강도 (N/mm^2)</th><th>인장강도 (N/mm^2)</th><th>호칭명</th><th>표준지름 (mm)</th><th>공칭면적 (mm2)</th></tr>
<tr><td rowspan="4">원형강봉</td><td>A종</td><td>2호</td><td>SBPR 758/1030</td><td>785 이상</td><td>1,030 이상</td><td rowspan="4">9.2 mm
11 mm
13 mm
17 mm
23 mm
26 mm
32 mm
36 mm
40 mm</td><td rowspan="4">9.2
11.0
13.0
17.0
23.0
26.0
32.0
36.0
40.0</td><td rowspan="4">66.48
95.03
132.7
227.0
415.5
530.9
804.2
1018.0
1257.0</td></tr>
<tr><td rowspan="2">B종</td><td>1호</td><td>SBPR 930/1080</td><td>930 이상</td><td>1,080 이상</td></tr>
<tr><td>2호</td><td>SBPR 930/1180</td><td>930 이상</td><td>1,180 이상</td></tr>
<tr><td>C종</td><td>1호</td><td>SBPR 1080/1230</td><td>1080 이상</td><td>1,230 이상</td></tr>
<tr><td rowspan="3">이형강봉</td><td>B종</td><td>1호</td><td>SBPD 930/1080</td><td>930 이상</td><td>1,080 이상</td><td rowspan="3">7.4 mm
9.2 mm
11 mm
13 mm</td><td rowspan="3">7.4
9.2
11.0
13.0</td><td rowspan="3">40.0
64.0
70.0
125.0</td></tr>
<tr><td>C종</td><td>1호</td><td>SBPD 1080/1230</td><td>1080 이상</td><td>1,230 이상</td></tr>
<tr><td>D종</td><td>1호</td><td>SBPD 1275/1420</td><td>1275 이상</td><td>1,420 이상</td></tr>
</table>

표 A.8(a)

균열 단면의 선형 탄성 해석을 위한 k와 j값, $k=\sqrt{(n\rho)^2+2n\rho}-n\rho$; $j=1-k/3$

ρ	$n=7$		$n=8$		$n=9$		$n=10$	
	k	j	k	j	k	j	k	j
0.0030	0.185	0.938	0.196	0.935	0.207	0.931	0.217	0.928
0.0040	0.210	0.930	0.223	0.926	0.235	0.922	0.246	0.918
0.0050	0.232	0.923	0.246	0.918	0.258	0.914	0.270	0.910
0.0054	0.240	0.920	0.254	0.915	0.267	0.911	0.279	0.907
0.0058	0.247	0.918	0.262	0.913	0.275	0.908	0.287	0.904
0.0062	0.254	0.915	0.269	0.910	0.283	0.906	0.296	0.901
0.0066	0.261	0.913	0.276	0.908	0.290	0.903	0.303	0.899
0.0070	0.268	0.911	0.283	0.906	0.298	0.901	0.311	0.896
0.0072	0.271	0.910	0.287	0.904	0.301	0.900	0.314	0.895
0.0074	0.274	0.909	0.290	0.903	0.304	0.899	0.318	0.894
0.0076	0.277	0.908	0.293	0.902	0.308	0.897	0.321	0.893
0.0078	0.280	0.907	0.296	0.901	0.311	0.896	0.325	0.892
0.0080	0.283	0.906	0.299	0.900	0.314	0.895	0.328	0.891
0.0082	0.286	0.905	0.303	0.899	0.317	0.894	0.331	0.890
0.0084	0.289	0.904	0.306	0.898	0.321	0.893	0.334	0.889
0.0086	0.292	0.903	0.308	0.897	0.324	0.892	0.338	0.887
0.0088	0.295	0.902	0.311	0.896	0.327	0.891	0.341	0.886
0.0090	0.298	0.901	0.314	0.895	0.330	0.890	0.344	0.885
0.0092	0.300	0.900	0.317	0.894	0.332	0.889	0.347	0.884
0.0094	0.303	0.899	0.320	0.893	0.335	0.888	0.350	0.883
0.0096	0.306	0.898	0.323	0.892	0.338	0.887	0.353	0.882
0.0098	0.308	0.897	0.325	0.892	0.341	0.886	0.355	0.882
0.0100	0.311	0.896	0.328	0.891	0.344	0.885	0.358	0.881
0.0104	0.316	0.895	0.333	0.889	0.349	0.884	0.364	0.879
0.0108	0.321	0.893	0.338	0.887	0.354	0.882	0.369	0.877
0.0112	0.325	0.892	0.343	0.886	0.359	0.880	0.374	0.875
0.0116	0.330	0.890	0.348	0.884	0.364	0.879	0.379	0.874
0.0120	0.334	0.889	0.353	0.882	0.369	0.877	0.384	0.872
0.0124	0.339	0.887	0.357	0.881	0.374	0.875	0.389	0.870
0.0128	0.343	0.886	0.362	0.879	0.378	0.874	0.394	0.869
0.0132	0.347	0.884	0.366	0.878	0.383	0.872	0.398	0.867
0.0136	0.351	0.883	0.370	0.877	0.387	0.871	0.403	0.866
0.0140	0.355	0.882	0.374	0.875	0.392	0.869	0.407	0.864
0.0144	0.359	0.880	0.378	0.874	0.396	0.868	0.412	0.863
0.0148	0.363	0.879	0.382	0.873	0.400	0.867	0.416	0.861
0.0152	0.367	0.878	0.386	0.871	0.404	0.865	0.420	0.860
0.0156	0.371	0.876	0.390	0.870	0.408	0.864	0.424	0.859
0.0160	0.374	0.875	0.394	0.869	0.412	0.863	0.428	0.857
0.0170	0.383	0.872	0.403	0.866	0.421	0.860	0.437	0.854
0.0180	0.392	0.869	0.412	0.863	0.430	0.857	0.446	0.851
0.0190	0.400	0.867	0.420	0.860	0.438	0.854	0.455	0.848
0.0200	0.407	0.864	0.428	0.857	0.446	0.851	0.463	0.846
0.0204	0.410	0.863	0.431	0.856	0.450	0.850	0.467	0.844
0.0208	0.413	0.862	0.434	0.855	0.453	0.849	0.470	0.843
0.0212	0.416	0.861	0.437	0.854	0.456	0.848	0.473	0.842
0.0216	0.419	0.860	0.440	0.853	0.459	0.847	0.476	0.841
0.0220	0.422	0.859	0.443	0.852	0.462	0.846	0.479	0.840
0.0224	0.425	0.858	0.446	0.851	0.465	0.845	0.482	0.839
0.0228	0.427	0.858	0.449	0.850	0.467	0.844	0.485	0.838
0.0232	0.430	0.857	0.451	0.850	0.470	0.843	0.488	0.837
0.0236	0.433	0.856	0.454	0.849	0.473	0.842	0.490	0.837
0.0240	0.436	0.855	0.457	0.848	0.476	0.841	0.493	0.836
0.0244	0.438	0.854	0.459	0.847	0.479	0.840	0.496	0.835
0.0248	0.441	0.853	0.462	0.846	0.481	0.840	0.499	0.834
0.0250	0.442	0.853	0.463	0.846	0.483	0.839	0.500	0.833

표 A.8(b)

균열 단면 선형 탄성 해석을 위한 k와 j값 $k=\sqrt{(n\rho)^2+2n\rho}-n\rho$; $j=1-k/3$

ρ	$n=11$		$n=12$		$n=13$		$n=14$		$n=15$	
	k	j	k	j	k	j	k	j	k	j
0.0030	0.226	0.925	0.235	0.922	0.243	0.919	0.251	0.916	0.258	0.914
0.0040	0.256	0.915	0.266	0.911	0.275	0.908	0.283	0.906	0.292	0.903
0.0050	0.281	0.906	0.292	0.903	0.301	0.900	0.311	0.896	0.319	0.894
0.0054	0.290	0.903	0.301	0.900	0.311	0.896	0.321	0.893	0.330	0.890
0.0058	0.299	0.900	0.310	0.897	0.320	0.893	0.330	0.890	0.339	0.887
0.0062	0.307	0.898	0.318	0.894	0.329	0.890	0.339	0.887	0.348	0.884
0.0066	0.315	0.895	0.327	0.891	0.337	0.888	0.347	0.884	0.357	0.881
0.0070	0.323	0.892	0.334	0.889	0.345	0.885	0.355	0.882	0.365	0.878
0.0072	0.327	0.891	0.338	0.887	0.349	0.884	0.359	0.880	0.369	0.877
0.0074	0.330	0.890	0.342	0.886	0.353	0.882	0.363	0.879	0.373	0.876
0.0076	0.334	0.889	0.346	0.885	0.357	0.881	0.367	0.878	0.377	0.874
0.0078	0.337	0.888	0.349	0.884	0.360	0.880	0.371	0.876	0.381	0.873
0.0080	0.341	0.886	0.353	0.882	0.364	0.879	0.374	0.875	0.384	0.872
0.0082	0.344	0.885	0.356	0.881	0.367	0.878	0.378	0.874	0.388	0.871
0.0084	0.347	0.884	0.359	0.880	0.371	0.876	0.381	0.873	0.392	0.869
0.0086	0.351	0.883	0.363	0.879	0.374	0.875	0.385	0.872	0.395	0.868
0.0088	0.354	0.882	0.366	0.878	0.377	0.874	0.388	0.871	0.398	0.867
0.0090	0.357	0.881	0.369	0.877	0.381	0.873	0.392	0.869	0.402	0.866
0.0092	0.360	0.880	0.372	0.876	0.384	0.872	0.395	0.868	0.405	0.865
0.0094	0.363	0.879	0.375	0.875	0.387	0.871	0.398	0.867	0.408	0.864
0.0096	0.366	0.878	0.378	0.874	0.390	0.870	0.401	0.866	0.412	0.863
0.0098	0.369	0.877	0.381	0.873	0.393	0.869	0.404	0.865	0.415	0.862
0.0100	0.372	0.876	0.384	0.872	0.396	0.868	0.407	0.864	0.418	0.861
0.0104	0.377	0.874	0.390	0.870	0.402	0.866	0.413	0.862	0.424	0.859
0.0108	0.383	0.872	0.396	0.868	0.408	0.864	0.419	0.860	0.430	0.857
0.0112	0.388	0.871	0.401	0.866	0.413	0.862	0.425	0.858	0.436	0.855
0.0116	0.393	0.869	0.406	0.865	0.419	0.860	0.430	0.857	0.441	0.853
0.0120	0.398	0.867	0.412	0.863	0.424	0.859	0.436	0.855	0.446	0.851
0.0124	0.403	0.866	0.417	0.861	0.429	0.857	0.441	0.853	0.452	0.849
0.0128	0.408	0.864	0.422	0.859	0.434	0.855	0.446	0.851	0.457	0.848
0.0132	0.413	0.862	0.426	0.858	0.439	0.854	0.451	0.850	0.462	0.846
0.0136	0.417	0.861	0.431	0.856	0.444	0.852	0.455	0.848	0.467	0.844
0.0140	0.422	0.859	0.436	0.855	0.448	0.851	0.460	0.847	0.471	0.843
0.0144	0.426	0.858	0.440	0.853	0.453	0.849	0.465	0.845	0.476	0.841
0.0148	0.431	0.856	0.444	0.852	0.457	0.848	0.469	0.844	0.480	0.840
0.0152	0.435	0.855	0.449	0.850	0.461	0.846	0.473	0.842	0.485	0.838
0.0156	0.439	0.854	0.453	0.849	0.466	0.845	0.478	0.841	0.489	0.837
0.0160	0.443	0.852	0.457	0.848	0.470	0.843	0.482	0.839	0.493	0.836
0.0170	0.453	0.849	0.467	0.844	0.480	0.840	0.492	0.836	0.503	0.832
0.0180	0.462	0.846	0.476	0.841	0.489	0.837	0.501	0.833	0.513	0.829
0.0190	0.470	0.843	0.485	0.838	0.498	0.834	0.510	0.830	0.522	0.826
0.0200	0.479	0.840	0.493	0.836	0.507	0.831	0.519	0.827	0.531	0.823
0.0204	0.482	0.839	0.497	0.834	0.510	0.830	0.522	0.826	0.534	0.822
0.0208	0.485	0.838	0.500	0.833	0.513	0.829	0.526	0.825	0.537	0.821
0.0212	0.488	0.837	0.503	0.832	0.516	0.828	0.529	0.824	0.541	0.820
0.0216	0.492	0.836	0.506	0.831	0.519	0.827	0.532	0.823	0.544	0.819
0.0220	0.495	0.835	0.509	0.830	0.523	0.826	0.535	0.822	0.547	0.818
0.0224	0.498	0.834	0.512	0.829	0.526	0.825	0.538	0.821	0.550	0.817
0.0228	0.501	0.833	0.515	0.828	0.529	0.824	0.541	0.820	0.553	0.816
0.0232	0.503	0.832	0.518	0.827	0.532	0.823	0.544	0.819	0.556	0.815
0.0236	0.506	0.831	0.521	0.826	0.534	0.822	0.547	0.818	0.559	0.814
0.0240	0.509	0.830	0.524	0.825	0.537	0.821	0.550	0.817	0.562	0.813
0.0244	0.512	0.829	0.527	0.824	0.540	0.820	0.553	0.816	0.565	0.812
0.0248	0.515	0.828	0.529	0.824	0.543	0.819	0.556	0.815	0.567	0.811
0.0250	0.516	0.828	0.531	0.823	0.544	0.819	0.557	0.814	0.569	0.810

표 A.9

포물-사각형 응력-변형률 곡선에 근거한 압축철근이 없는 사각형 단면보의 설계도표

휨모멘트 세기 $m=\frac{M}{f_{cd}bd^2}$	중립축 깊이비 $k=\frac{c}{d}$	역학적 철근비 w	z/d	극한한계상태			비 고
				콘크리트 변형률 ε_c (‰)	철근 변형률 ε_s (‰)	철근력 f_s (MPa)	
0.01	0.013	0.010	0.995	0.77	25.00	360	철근 파단
0.02	0.025	0.020	0.990	1.15	25.00		
0.03	0.038	0.030	0.984	1.46	25.00		
0.04	0.051	0.041	0.979	1.76	25.00		
0.05	0.064	0.051	0.974	2.06	25.00		
0.06	0.077	0.062	0.968	2.37	25.00		
0.07	0.091	0.073	0.963	2.68	25.00		
0.08	0.104	0.084	0.957	3.01	25.00		철근 파단
0.09	0.118	0.095	0.952	3.30	24.53		
0.10	0.132	0.106	0.946	3.30	21.59		
0.11	0.146	0.117	0.940	3.30	19.19		
0.12	0.160	0.128	0.934	3.30	17.19		
0.13	0.175	0.140	0.928	3.30	15.49		
0.14	0.189	0.152	0.922	3.30	14.03		
0.15	0.204	0.163	0.916	3.30	12.77		
0.16	0.219	0.176	0.910	3.30	11.66		
0.17	0.235	0.188	0.904	3.30	10.68		
0.18	0.250	0.200	0.897	3.30	9.81		
0.19	0.266	0.213	0.891	3.30	9.03		
0.20	0.282	0.226	0.884	3.30	8.33		
0.21	0.298	0.239	0.878	3.30	7.69		
0.22	0.315	0.252	0.871	3.30	7.10		
0.23	0.332	0.266	0.864	3.30	6.57		
0.24	0.349	0.279	0.857	3.30	6.08		
0.25	0.367	0.293	0.850	3.30	5.63		
0.26	0.385	0.308	0.842	3.30	5.21		
0.27	0.403	0.322	0.835	3.30	4.82		
0.28	0.422	0.337	0.827	3.30	4.45		
0.29	0.441	0.353	0.819	3.30	4.11		
0.30	0.461	0.368	0.811	3.30	3.79		
0.31	0.481	0.385	0.803	3.30	3.49		
0.32	0.501	0.401	0.794	3.30	3.21		
0.33	0.523	0.418	0.786	3.30	2.94		
0.34	0.545	0.436	0.777	3.30	2.68		
0.35	0.567	0.454	0.767	3.30	2.44		
0.36	0.591	0.473	0.758	3.30	2.21		
0.37	0.615	0.492	0.748	3.30	1.98	397	항복 안함
0.38	0.641	0.512	0.737	3.30	1.77	354	
0.3824	0.647	0.517	0.725	3.30	1.72	344	
0.39	0.667	0.534	0.727	3.30	1.56	313	항복 안함

그래프 A.1 (a)

직사각형 단면 기둥의 강도상관도

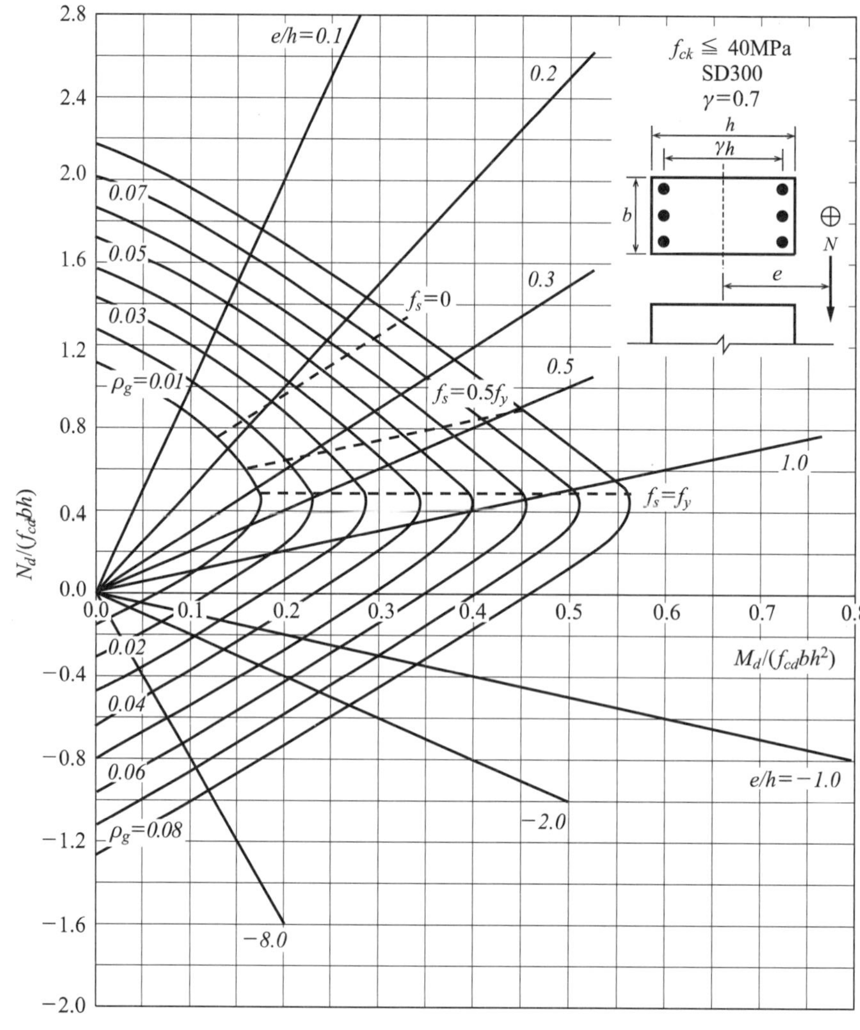

그래프 A.1 (b)

직사각형 단면 기둥의 강도상관도

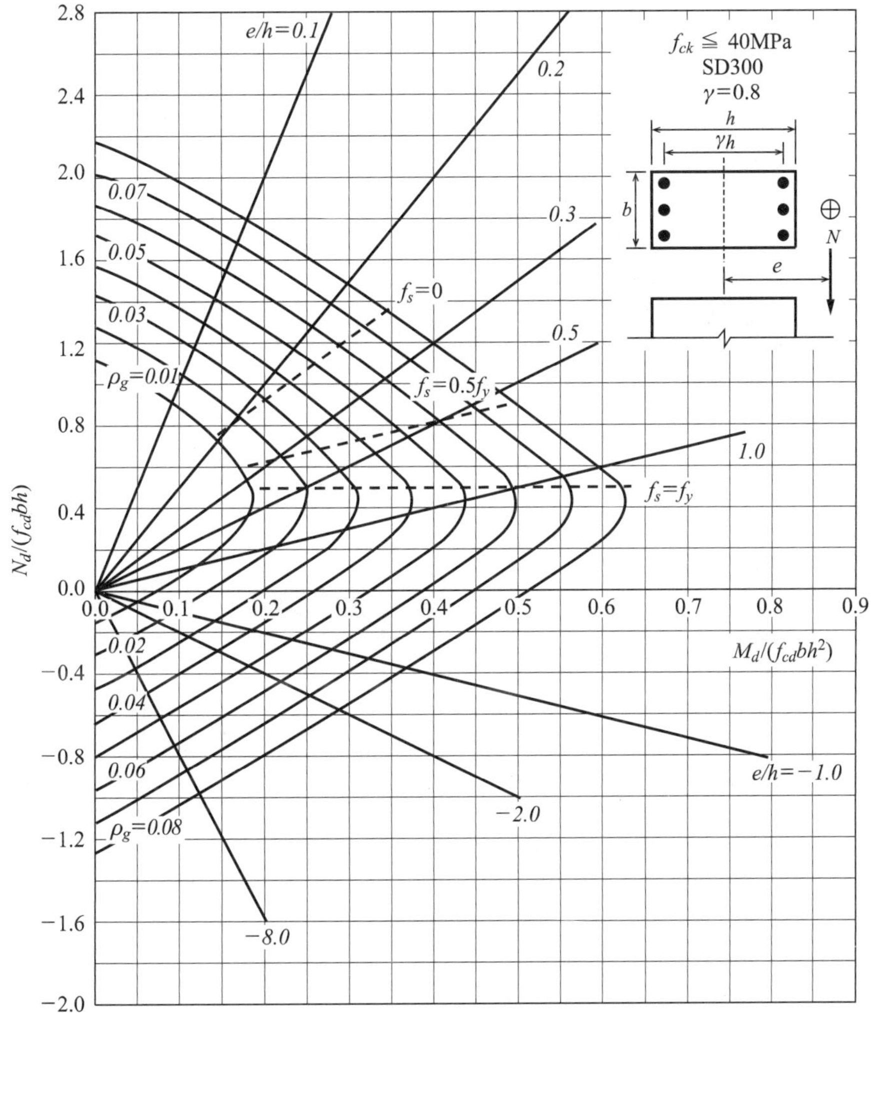

그래프 A.1 (c)

직사각형 단면기둥의 강도 상관도

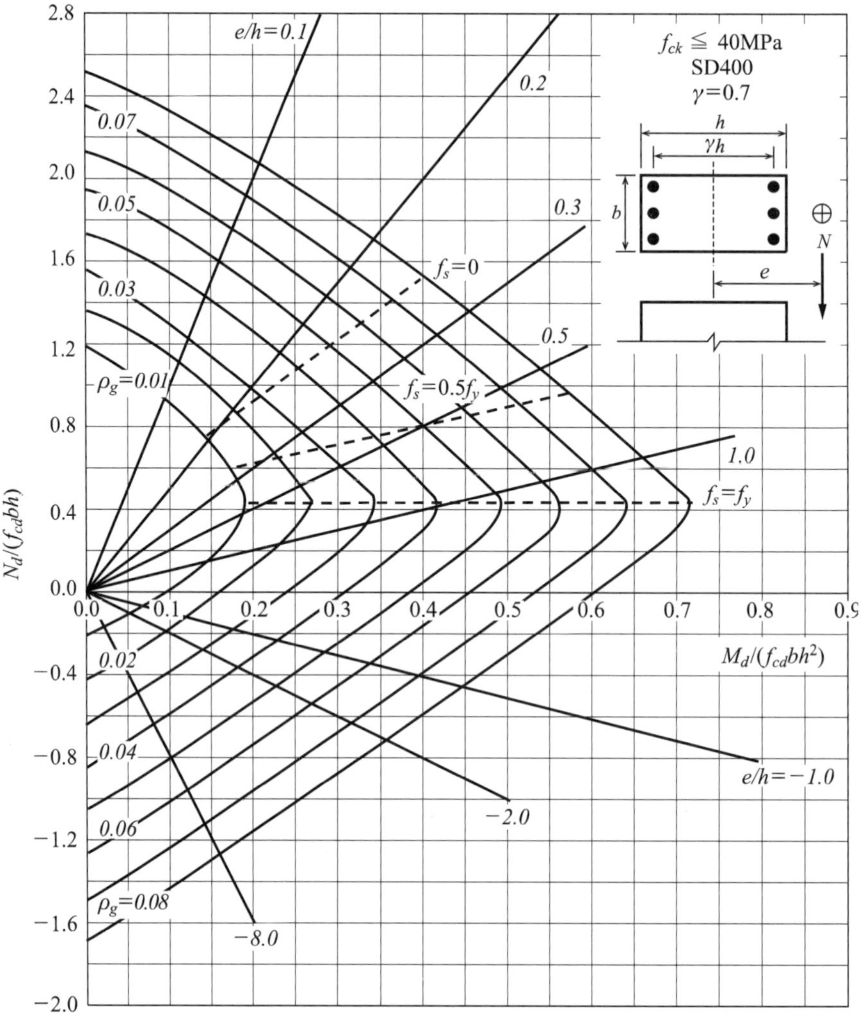

그래프 A.1 (d)

직사각형 단면 기둥의 강도상관도

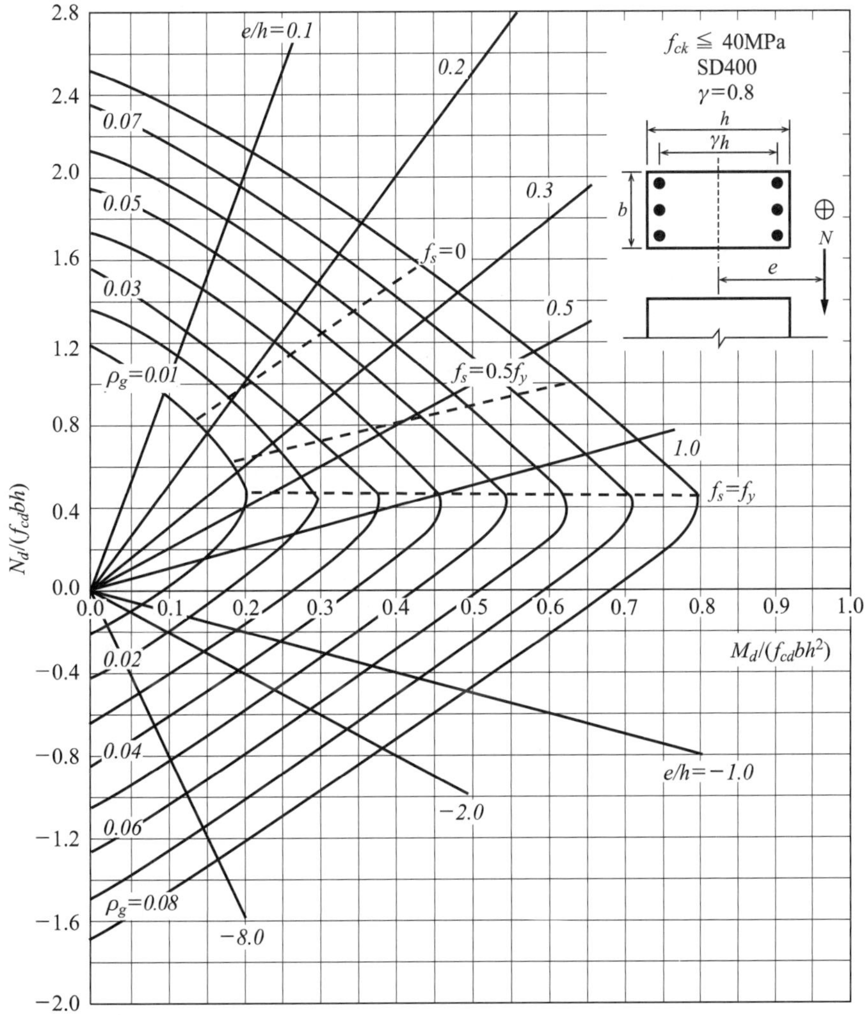

그래프 A.1 (e)

직사각형 단면 기둥의 강도상관도

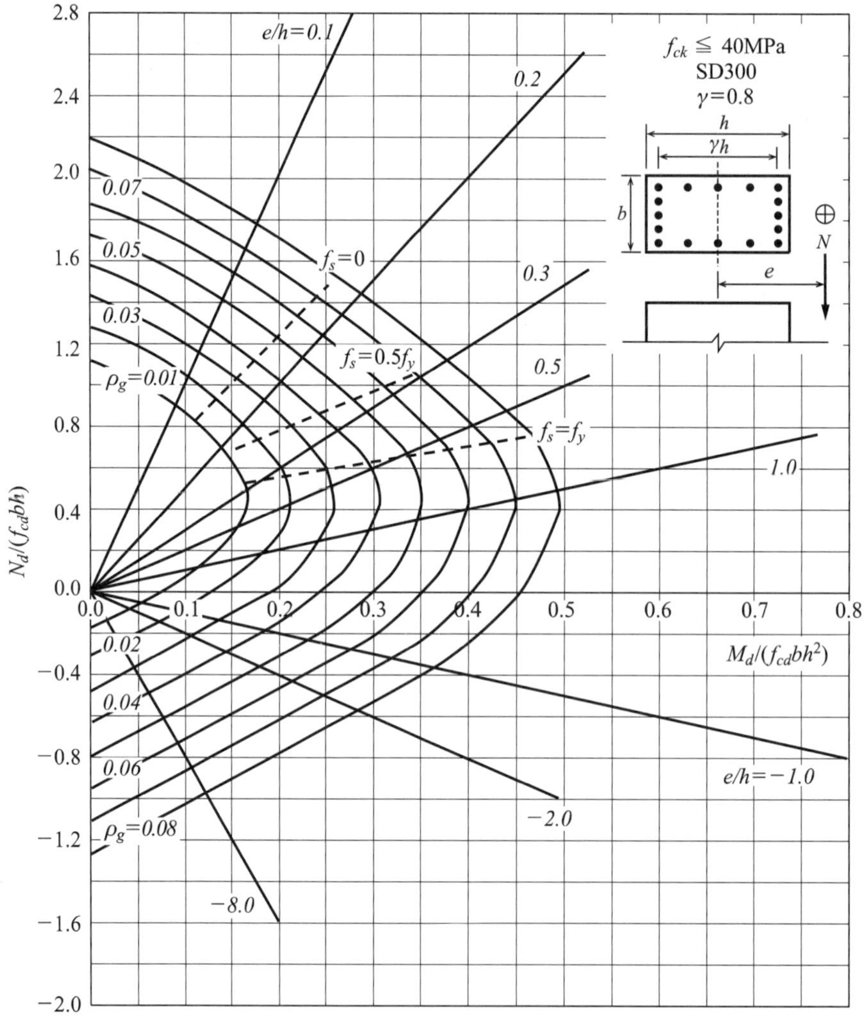

그래프 A.1 (f)

직사각형 단면 기둥의 강도상관도

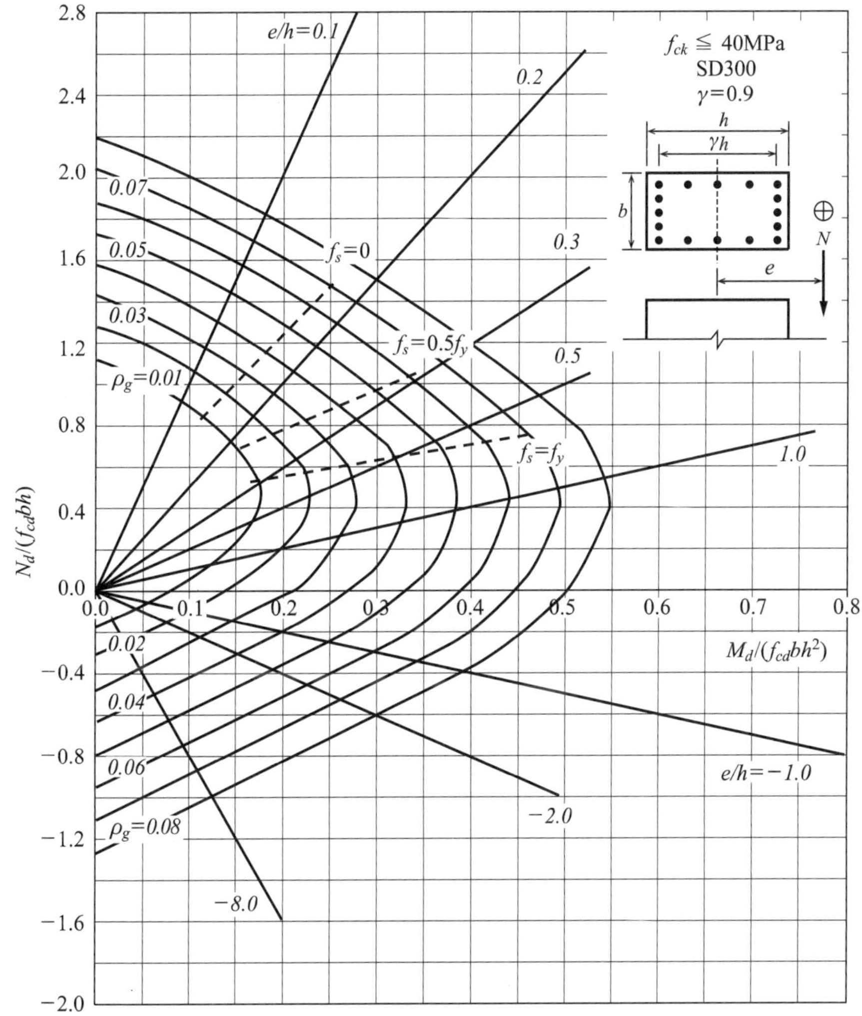

그래프 A.1 (g)

직사각형 단면 기둥의 강도상관도

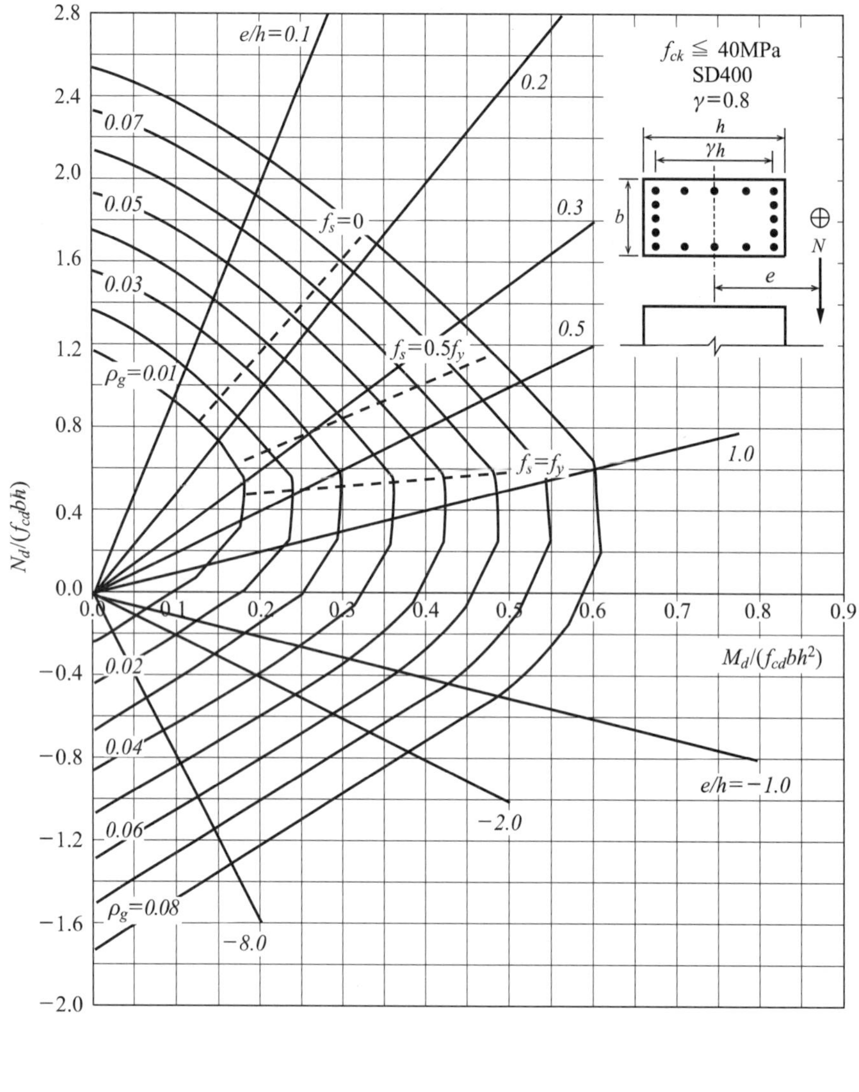

그래프 A.1 (h)

직사각형 단면 기둥의 강도상관도

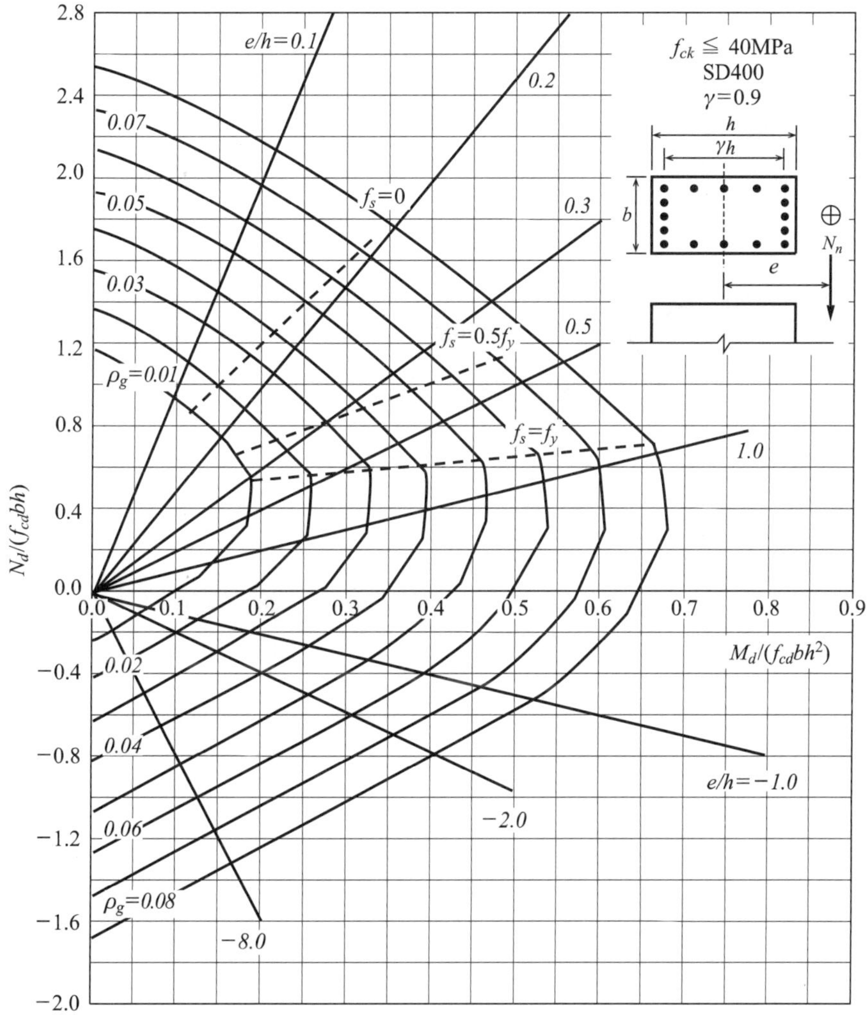

그래프 A.1 (i)

원형 단면 기둥의 강도상관도

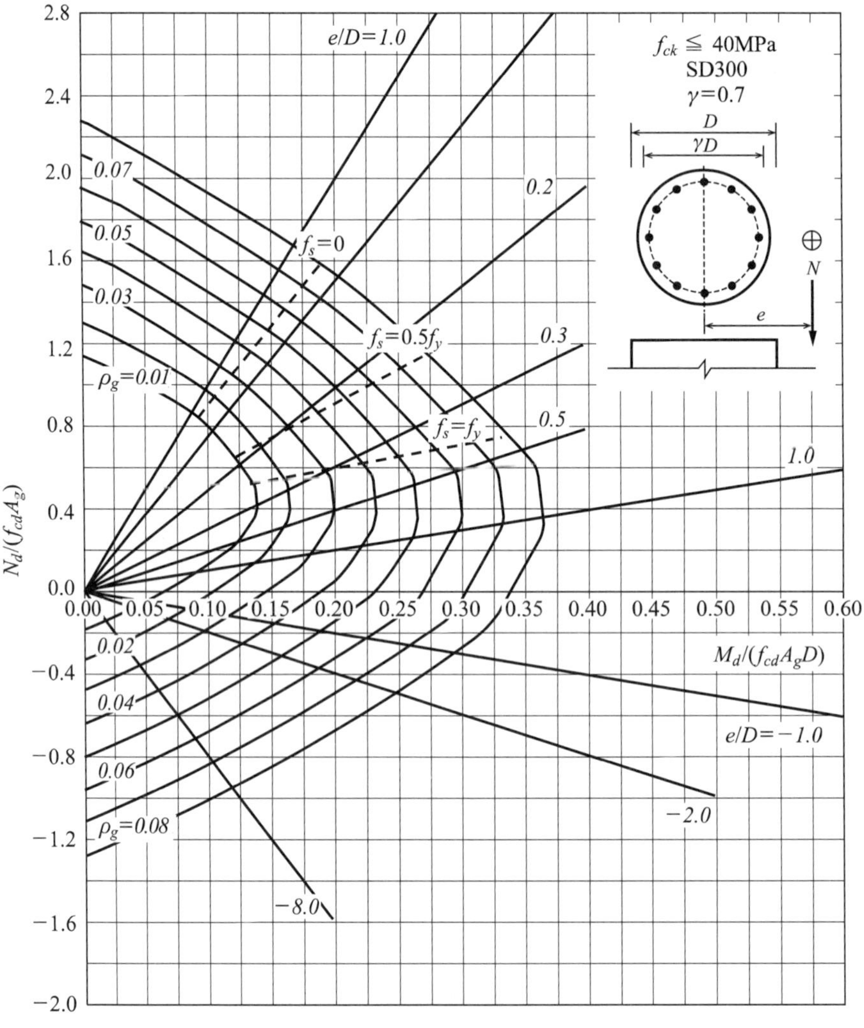

그래프 A.1 (j)

원형 단면 기둥의 강도상관도

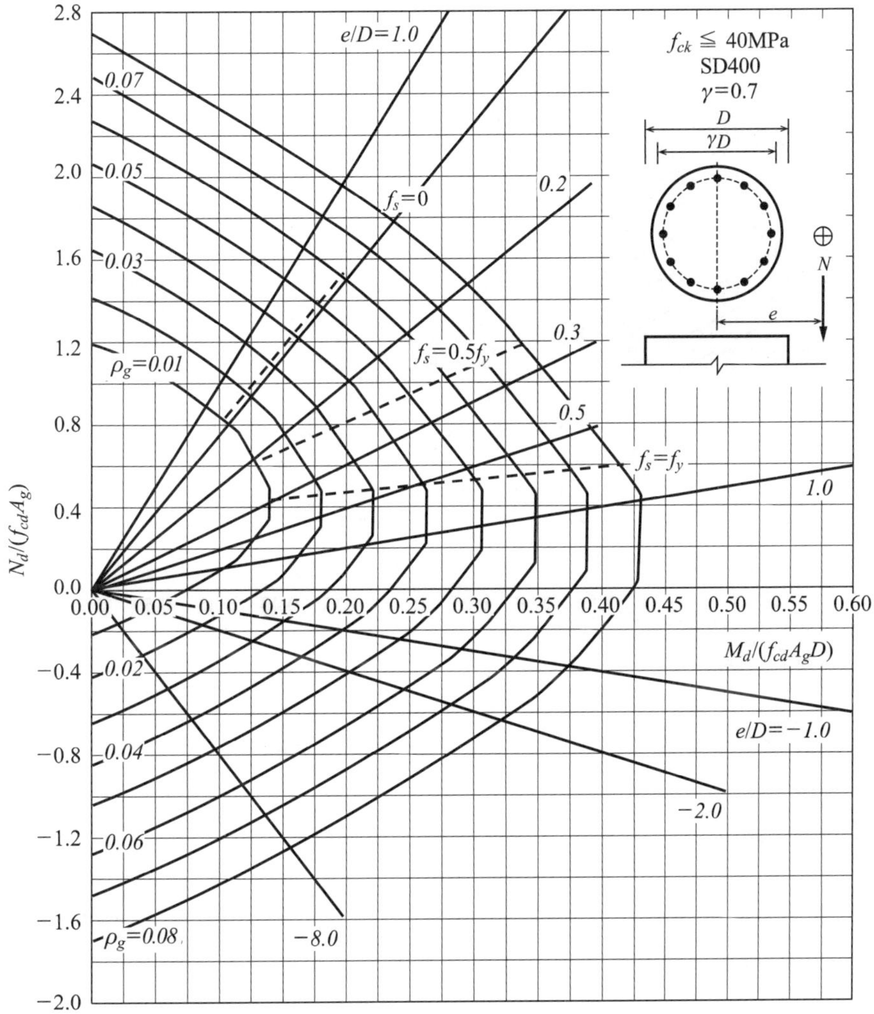

그래프 A.1 (k)

원형 단면 기둥의 강도상관도

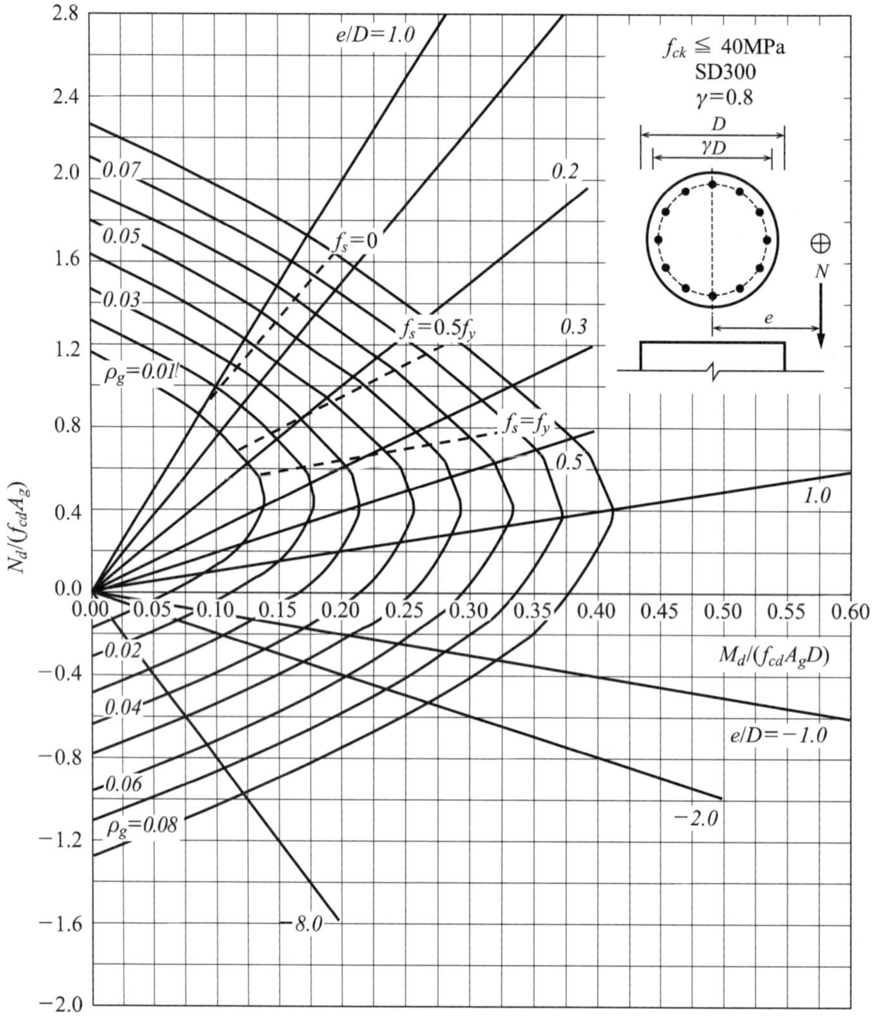

그래프 A.1 (I)

원형 단면 기둥의 강도상관도

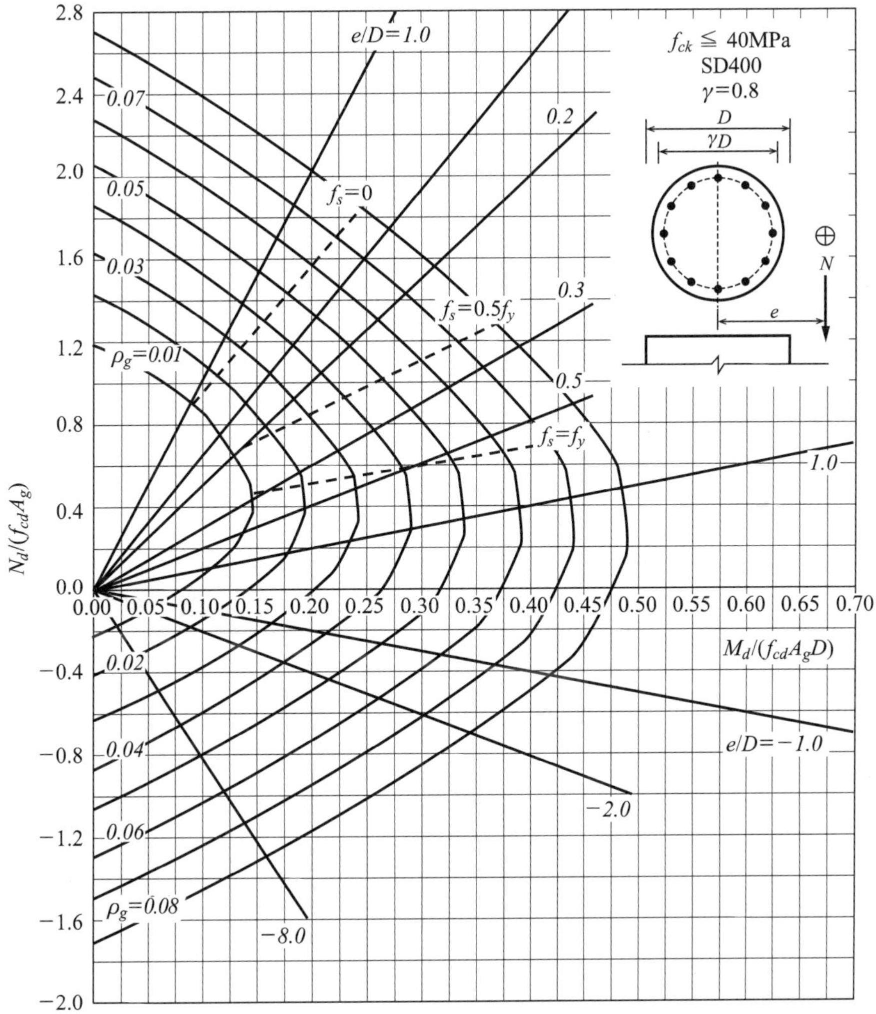

B. SI단위 및 환산표

표 B.1

단위 대조표

단위계 \ 양	길이	질량	시간	힘	응력	압력	에너지 (일)
SI단위계	m	kg	s	N	N/m^2 또는 Pa	Pa (Pascal)	j (Joule)
CGS계	cm	g	s	dyn	dyn/cm^2	dyn/cm^2	erg
MKS계	m	kg	s	kgf	kgf/m^2	kgf/m^2	kgf · m
U.S.Customary Units	ft	lb	s	lb	lb/in^2	lb/in^2	ft · lb

표 B.2

SI접두어

단위에 곱하는 배수	접두어의 명칭	기호	단위에 곱하는 배수	접두어의 명칭	기호
10^{12}	테라(tera)	T	10^{-1}	데시(deci)	d
10^{9}	기가(giga)	G	10^{-2}	센티(centi)	c
10^{6}	메가(mega)	M	10^{-3}	밀리(milli)	m
10^{3}	킬로(kilo)	k	10^{-6}	마이크로(micro)	μ
10^{2}	헥토(hecto)	h	10^{-9}	나노(nano)	n
10	데카(deca)	da	10^{-12}	피코(pico)	p

표 B.3

힘

N	dyn	kgf	lb
1	1×10^{5}	1.01972×10^{-1}	2.2481×10^{-1}
1×10^{-5}	1	1.01972×10^{-6}	2.2481×10^{-6}
9.80665	9.80665×10^{5}	1	2.20462
4.44822	4.44822×10^{5}	4.5359×10^{-1}	1

표 B.4

모멘트

N · m	kgf · m	ft · lb
1	0.10197	0.73756
9.80665	1	7.23305
1.35581	0.13825	1

표 B.5

응력

kPa	MPa(N/mm^2)	kgf/mm^2	kgf/cm^2	psi(lb/in^2)
1	1×10^{-3}	1.01972×10^{-4}	1.01972×10^{-2}	1.4504×10^{-1}
1×10^{3}	1	1.01972×10^{-1}	1.01972×10	1.4504×10^{2}
9.80665×10^{3}	9.80665	1	1×10^{-2}	1.4504×10^{3}
9.80665×10	9.80665×10^{-2}	1×10^{-2}	1	1.4504×10
6.89476	9.80665×10^{-3}	7.031×10^{-2}	7.031×10^{-2}	1

표 B.6

압력

Pa	bar	kgf/cm^2	atm	psi(lb/in^2)
1	1×10-5	1.01972×10^{-5}	9.86923×10^{-6}	1.4504×10^{4}
1×10^{5}	1	1.01972	9.86923×10^{-1}	1.4504×10
9.80665×10^{4}	9.80665×10^{-1}	1	9.67841×10^{-1}	1.4223×10
1.01325×10^{5}	1.01325	1.03323	1	1.470×10
6.89476×10^{3}	6.89476×10^{-2}	7.031×10^{-2}	6.804×10^{-2}	1

표 B.7

응력 환산표(1)

kgf/cm^2	psi	MPa	kgf/cm^2	psi	MPa
1	14.2	0.098	210	2.987	20.6
4	56.9	0.39	240	3.414	23.5
12	170.7	1.18	280	3.982	27.5
16	227.6	1.57	350	4.978	34.3
60	853.4	5.88	500	7.112	49.0
70	995.6	6.86	1,400	19.912	137.3
80	1,138	7.85	2,400	34.135	235.4
90	1,280	8.83	4,200	59.737	411.9
100	2,560	17.65			

표 B.8

응력 환산표(2)

psi	MPa	kgf/cm^2	psi	MPa	kgf/cm^2
1	0.007	0.07	4,000	27.6	281
60	0.41	4.22	5,000	34.5	352
150	1.03	10.5	20,000	137.9	1,406
200	1.38	14.1	30,000	206.8	2,109
500	3.45	35.2	33,000	227.5	2,320
2,500	17.2	176	40,000	275.8	2,812
3,000	10.7	211	60,000	413.7	4,219
3,500	24.1	246			

표 B.9

응력 환산표(3)

MPa	kgf/cm^2	psi	MPa	kgf/cm^2	psi
1	10.2	145	23	234.5	3,336
3	30.6	435	28	285.5	4,061
7	71.4	1,015	35	357	5,076
9	91.8	1,305	137	1,397	19,870
18	183.5	2,611	235	2,396	34,084
21	214.1	3,046	412	4,201	59,756

표 B.10

삼각함수 환산표

θ	$\sin\theta$	$\cos\theta$	$\tan\theta$	$\cot\theta$	θ	$\sin\theta$	$\cos\theta$	$\tan\theta$	$\cot\theta$
0°	0.0000	1.0000	0.0000	∞	46°	0.7193	0.6947	1.0355	0.9657
1°	0.0175	0.9998	0.0175	57.2900	47°	0.7314	0.6820	1.0724	0.9325
2°	0.0349	0.9994	0.0349	28.6363	48°	0.7431	0.6691	1.1106	0.9004
3°	0.0523	0.9986	0.0524	19.0811	49°	0.7547	0.6561	1.1504	0.8693
4°	0.0698	0.9976	0.0699	14.3007	50°	0.7660	0.6428	1.1918	0.8391
5°	0.0872	0.9962	0.0875	11.4301	51°	0.7771	0.6293	1.2349	0.8098
6°	0.1045	0.9945	0.1051	9.5144	52°	0.7880	0.6157	1.2799	0.7813
7°	0.1219	0.9925	0.1228	8.1443	53°	0.7986	0.6018	1.3270	0.7536
8°	0.1392	0.9903	0.1405	7.1154	54°	0.8090	0.5878	1.3764	0.7265
9°	0.1564	0.9877	0.1584	6.3138	55°	0.8192	0.5736	1.4281	0.7002
10°	0.1736	0.9848	0.1763	5.6713	56°	0.8290	0.5592	1.4826	0.6745
11°	0.1908	0.9816	0.1944	5.1446	57°	0.8387	0.5446	1.5399	0.6494
12°	0.2079	0.9781	0.2126	4.7046	58°	0.8480	0.5299	1.6003	0.6249
13°	0.2250	0.9744	0.2309	4.3315	59°	0.8572	0.5150	1.6643	0.6009
14°	0.2419	0.9703	0.2493	4.0108	60°	0.8660	0.5000	1.7321	0.5774
15°	0.2588	0.9659	0.2679	3.7321	61°	0.8746	0.4848	1.8040	0.5543
16°	0.2756	0.9613	0.2867	3.4874	62°	0.8829	0.4695	1.8807	0.5317
17°	0.2924	0.9563	0.3057	3.2709	63°	0.8910	0.4540	1.9626	0.5095
18°	0.3090	0.9511	0.3249	3.0777	64°	0.8988	0.4384	2.0503	0.4877
19°	0.3256	0.9455	0.3443	2.9042	65°	0.9063	0.4226	2.1445	0.4663
20°	0.3420	0.9397	0.3640	2.7475	66°	0.9135	0.4067	2.2460	0.4452
21°	0.3584	0.9336	0.3839	2.6051	67°	0.9205	0.3907	2.3559	0.4245
22°	0.3746	0.9272	0.4040	2.4751	68°	0.9272	0.3746	2.4751	0.4040
23°	0.3907	0.9205	0.4245	2.3559	69°	0.9336	0.3584	2.6051	0.3839
24°	0.4067	0.9135	0.4452	2.2460	70°	0.9397	0.3420	2.7475	0.3640
25°	0.4226	0.9063	0.4663	2.1445	71°	0.9455	0.3256	2.9042	0.3443
26°	0.4384	0.8988	0.4877	2.0503	72°	0.9511	0.3090	3.0777	0.3249
27°	0.4540	0.8910	0.5095	1.9626	73°	0.9563	0.2924	3.2709	0.3057
28°	0.4695	0.8829	0.5317	1.8807	74°	0.9613	0.2756	3.4874	0.2867
29°	0.4848	0.8746	0.5543	1.8040	75°	0.9659	0.2588	3.7321	0.2679
30°	0.5000	0.8660	0.5774	1.7321	76°	0.9703	0.2419	4.0108	0.2493
31°	0.5150	0.8572	0.6009	1.6643	77°	0.9744	0.2250	4.3315	0.2309
32°	0.5299	0.8480	0.6249	1.6003	78°	0.9781	0.2079	4.7046	0.2126
33°	0.5446	0.8387	0.6494	1.5399	79°	0.9816	0.1908	5.1446	0.1944
34°	0.5592	0.8290	0.6745	1.4826	80°	0.9848	0.1736	5.6713	0.1763
35°	0.5736	0.8192	0.7002	1.4281	81°	0.9877	0.1564	6.3138	0.1584
36°	0.5878	0.8090	0.7265	1.3764	82°	0.9903	0.1392	7.1154	0.1405
37°	0.6018	0.7986	0.7536	1.3270	83°	0.9925	0.1219	8.1443	0.1228
38°	0.6157	0.7880	0.7813	1.2799	84°	0.9945	0.1045	9.5144	0.1051
39°	0.6293	0.7771	0.8098	1.2349	85°	0.9962	0.0872	11.4301	0.0875
40°	0.6428	0.7660	0.8391	1.1918	86°	0.9976	0.0698	14.3007	0.0699
41°	0.6561	0.7547	0.8693	1.1504	87°	0.9986	0.0523	19.0811	0.0524
42°	0.6691	0.7431	0.9004	1.1106	88°	0.9994	0.0349	28.6363	0.0349
43°	0.6820	0.7314	0.9325	1.0724	89°	0.9998	0.0175	57.2900	0.0175
44°	0.6947	0.7193	0.9657	1.0355	90°	1.0000	0.0000	∞	0.0000
45°	0.7071	0.7071	1.0000	1.0000					

INDEX
찾아보기

(ㄱ)

(ㅇ)

(영문)

(기타)

김 우

· 서울대학교 공과대학 토목공학과
· 미국 Cornell대학교 석사 및 공학박사
· 전남대학교 공과대학 토목공학과 교수
· 한국콘크리트학회 구조설계기준위원장(역)

제2판 콘크리트구조한계상태설계 정가 35,000원

인 쇄 2014년 10월 10일 초판 1쇄
발 행 2015년 9월 20일 2판 1쇄
저 자 김 우
발행인 정우용
발행처 도서출판 동화기술
경기도 파주시 광인사길 201(문발동, 파주출판도시)
Tel (031)955-4211~6 donghwae@kornet.net
Fax (031)955-4217 www.donghwapub.co.kr
(등록) 1977년 12월 19일/9-16호

Printed in Korea
ISBN 978-89-425-9020-9